JN438833

FOURTH EDITION

화공유체역학

Fluid Mechanics for Chemical Engineers

Fluid Mechanics for Chemical Engineers, 4th Edition

1 2 3 4 5 6 7 8 9 10 HT 20 22

Original: Fluid Mechanics for Chemical Engineers, 4th Edition © 2021
By Noel de Nevers
ISBN 978-1-26-047552-4

This authorized Korean translation edition is jointly published by McGraw-Hill Education Korea, Ltd. and Hantee Edu. This edition is authorized for sale in the Republic of Korea.

This book is exclusively distributed by Hantee Edu.

When ordering this title, please use ISBN 979-11-9001-717-6

Printed in Korea.

Noel de Nevers
Geoffrey D. Silcox

FOURTH EDITION

화공유체역학

Fluid Mechanics for Chemical Engineers

김희택 강상현 김범수 서동철 이영기 정인우 정현택 공역

Mc Graw Hill

(주)한티에듀

역자 소개

김희택(대표)	한양대학교	재료화학공학과 교수	(서문, 1, 2장, Appendix)
강상현	서경대학교	나노화학생명공학과 교수	(7, 8, 9장)
김범수	충북대학교	화학공학과 교수	(3, 4, 5장)
서동철	호서대학교	화학공학과 교수	(6장)
이영기	한경대학교	식품생명화학공학부 교수	(10장)
정인우	경북대학교	응용화학과 교수	(11~15장, 21장)
정현택	대진대학교	에너지공학부–화학공학전공 교수	(16~20장)

화공유체역학 4판

발 행 일 2022년 02월 28일 초판 1쇄
지 은 이 Noel de Nevers, Geoffrey D. Silcox
옮 긴 이 김희택 강상현 김범수 서동철 이영기 정인우 정현택
펴 낸 이 김준호
펴 낸 곳 (주)한티에듀 | 서울시 마포구 동교로 23길 67 Y빌딩 3층
등 록 제2018-000145호 2018년 5월 15일
전 화 02) 332-7993~4 | **팩 스** 02) 332-7995
ISBN 979-11-90017-17-6 (93570)
가 격 35,000원

마 케 팅 노호근 박재인 최상욱 김원국 김택성
편 집 김은수 유채원
관 리 김지영 문지희
인 쇄 우일미디어

이 책에 대한 의견이나 잘못된 내용에 대한 수정정보는 아래의 한티미디어 홈페이지나 이메일로 알려주십시오.
독자님의 의견을 충분히 반영하도록 늘 노력하겠습니다.

홈페이지 www.hanteemedia.co.kr | **이메일** hantee@hanteemedia.co.kr

---

역자 서문

화학공학은 다양한 물질의 합성과 그 물질들로 만들어지는 제품의 대량생산에 핵심적인 구실을 하는 학문분야로 물질과 공정에 관련된 여러 주제를 교육한다. 이들 중 유체역학은 화학공정 중의 유체 이동에 대한 기초이론을 이해시키고 관련 장치의 원리를 습득시키는 것을 목표로 하는 과목인데, 화학공학을 전공으로 하는 학부생들에게는 비교적 이해하기 어려운 학문분야의 하나이다.

한편 학부과정에서 사용되는 기존의 유체역학 교재들은 기계공학이나 토목공학 전공자들에 의해 집필된 것이 대부분이어서 교재의 구성이나 강조하는 내용들이 화학공학을 전공하는 미래의 화공 엔지니어들에게는 적합하지 않은 면들이 있었다. 반면 기존에 출간된 화학공학 전공자를 위한 유체역학 교재들은 운동량, 열 및 물질 전달 원리를 다루는 이동현상으로 통합하여 집필한 교재들이 많고, 이론적이고 수학적인 모델을 주로 다루고 있어서 내용이 너무 어려운 경향이 있었다. 그러나 최근 들어 다양한 실무 경험과 연구 및 강의 경력을 갖고 있는 Noel de Nevers와 Geoffrey D. Silcox가 저술한 「Fluid Mechanics for Chemical Engineers」 제4판은 제목에서 알 수 있듯이 화학공학을 전공으로 하는 학부생들을 위한 유체역학 입문서로 힘과 운동량보다는 에너지에 기초하고 따라서 벡터보다는 스칼라를 주로 다루며 필요할 때만 벡터를 사용하여 집필된 교재로 평균적인 화학공학 전공 학생들이 유체역학과 관련된 공성들에 대한 물리적 통찰력을 기르고, 각 장에서 다루어지는 식들을 통하여 실제적인 자연현상들을 기술하는 것임을 이해할 수 있는 화공유체역학 교재로 적합하고 훌륭한 교재라 생각한다. 따라서 이 책을 통해 질량과 에너지 보존에 대한 개념을 이해하고 더 나아가 유체역학과 관련된 문제 해결에 이들이 어떻게 사용되는지를 살펴볼 기회를 주어 화학공학 전공 학생들이 유체역학이라는 주제에 대하여 거부감 없이 읽고 이해할 수 있도록 인도하리라 확신한다.

역자들은 원문에 충실하면서도 직역이 아닌 개념 설명에 주력하였으며 한국화학공학회에서 발간한 「화학공학술어집」 제3판을 근거로 학술용어를 사용하였다. 번역에 임하면서 가능하면 저자가 의도하는 의미를 정확하게 전달하기 위하여 노력을 기울였지만 의도치 않은 번역상의 오류나 어색한 부분들이 있을 것으로 생각되는바, 그런 부분에 대하여 지적 및 의견을 제공해 주시면 수정 및 보완해 나갈 것을 약속드린다. 아울러 추후 이 책을 사용하는 교수, 강사들께서도 비평과 의견을 주신다면 더 좋은 번역서를 출간하는 데 적극적으로 반영할 것을 다짐한다.

끝으로 이 책을 번역하여 출간할 수 있도록 적극적으로 지원해 주시고 여러 가지로 수고해 주신 (주)한티에듀 김준호 사장님을 비롯한 관계자분들과 교정 작업에 참여해 주신 여러분에게 감사드리며, 2019년에 갑작스럽게 세상을 떠난 Noel de Nevers 교수에게 늦게나마 애도의 뜻을 전한다. 아무쪼록 저자가 서문에서 언급한 바와 같이 이 책의 목표는 평균적인 화학공학 전공 학생들이 유체역학이라는 주제에 대하여 읽고 이해할 수 있는 교재를 제공하는 것이다. 이 책을 통하여 유체역학과 관련된 여러 가지 유용한 문제들을 다룰 수 있게 되기를 기대해 본다.

2022년 2월

역자 일동

저자 서문

이 책은 화학공학을 전공하는 학부생들을 위한 유체역학 입문서이다.

이 책 전체를 통하여 물리적 실체와 그에 대한 수학적 모델 사이의 연관성을 강조하였다. 수학적 모델을 통한 해는 궁극적으로 실험 결과를 예측할 수 있어야 한다. 수학적으로는 옳은 모델이라도 적용되는 가정이 잘못된 경우에는 대부분 틀린 결과를 제공한다. 따라서 본 교재에서는 가끔 이러한 잘못된 해를 일부러 제시하여 학생들에게 주의하도록 하였다.

가능한 한 기술적인 세기와 일치하는 단순한 수학적 접근법을 사용하였다.

일반적으로 학생들이 식 중의 변수들에 대한 단위 때문에 흔히 어려움을 당하기 때문에 이러한 단위들에 대하여 특히 주의를 기울였다. 이렇게 하는 것은 식 중의 기호들이 실제적인 물리량을 나타내는 것임을 상기시켜 주기 때문이다.

이 책은 크게 네 부분으로 나누어진다. 1부 서문에서는 유체역학을 공부하기 위한 기본개념들을 다루는데 여기에는 수지식에 대한 내용을 다루는 별도의 장도 포함된다. 어떤 이들은 수지개념과 같이 간단한 내용을 별도의 장으로 할 필요가 있을까 생각하겠지만 학생들에게는 매우 중요한 내용으로 항상 어려움을 겪는 기본적인 개념이다. 특히 수지개념은 화학공학 분야에 널리 적용되는 보편적인 개념으로 열역학 법칙, 뉴턴 역학, 화학양론 등을 적용하여 기본적인 수학적 모델을 수립하거나 화학반응계에 대한 공부를 하는 데 필수적인 개념이다. 그 밖에 열역학 제1법칙을 다루는 장이 포함되는데 이는 유타대학교의 학부생들은 유체역학을 공부하기 전에 필수적으로 열역학에 대한 기본개념 및 내용들을 공부해야 하므로 이 내용들을 요약하여 4장에서 다룬다.

2부에서는 1차원 유체흐름이나 1차원으로 취급 가능한 흐름에 대하여 다룬다. 이 책의 구성은 기계공학자나 토목공학자들이 집필한 일반적인 유체역학 교재들과는 상당한 차이가 있다. 즉, 본 교재는 1차원 유체역학을 우선 다룬 후에 2차원과 3차원 유체역학을 다루게 구성되어 있고, 반면 기계공학자나 토목공학자들에 의해 집필된 교재들은 3차원 유체역학을 먼저 다루고 나중에 1차원으로 내려오는 구성이다. 이와 같이 서로 다른 구성에 대해서는 1.11절에서 자세히 설명한다. 1부와 2부의 내용들이 본 교재의 핵심으로, 유체역학에 대한 기본개념들과 화학공학자들이 관심을 갖는 다양한 문제들을 다루었다.

3부는 1차원 유체역학으로 취급이 가능한 새로운 주제들에 대하여 다룬다. 여섯 개의 장으로 구성되어 있는데, 화학공학자들이 실질적으로 관심 있어 할, 그러나 다루지 않았던 또 다른 영역들에 대하여 다룬다. 이 내용들은 순서에 관계없이 보충자료나 강의에서 간단하게 다룰 수 있는 내용들이다. 따라서 학생들에게 필요한 용어와 기본개념들을 소개하였고, 최근에 발표된 관련 자료들을 읽을 수 있게 도움을 주고자 노력하였다.

한편 4부에서는 2차원과 3차원 유체역학을 다룬다. 이와 같은 2차원, 3차원 유체흐름을 설명하기 위하여 도입되는 새로운 방법들과 2부와 3부에서 사용하였던 간단한 방법들과의 관계에 대해서도 살펴보았다. 2차원과 3차원 유체역학 문제들은 수작업으로 쉽게 풀 수 있는 문제들(매우 적은 수)도 있지만 대부분은 전산유체역학 프로그램을 이용하여 푼다. 특별히 19장에서는 화학공학의 중요 개념의 하나이나 그동안 유체역학 교재에서는 다루지 않았던 혼합(mixing)에 대하여 소개한다.

4판에는 새로운 내용과 수정 보완된 예들이 다수 포함되어 있다. 즉, 2장(유체정역학) 및 6장(정상상태 1차원 흐름의 유체 마찰)에는 암석을 파쇄하는 데 필요한 최소 표면 압력과 유체를 암석에 꾸준히 밀어 넣는 데 필요한 표면 압력의 계산을 통해 수압파쇄를 소개하며, 10장(펌프, 압축기, 터빈)에는 풍력 터빈에 대한 새로운 내용들이 포함되었다. 또한 연동 펌프와 일회용 액체 디스펜서를 포함하는 세 가지 새로운 정변위 펌프에 대한 설명도 추가되어 있다. 이들은 유체역학의 주요개념, 현상 및 장치들이 가정용품에서 통찰력 있게 사용되는 예이다. 최근의 신소재를 기반으로 하는 약 30개의 새로운 연습문제들을 추가하였다. 또한 4판의 새로운 점은 생물학, 의학 및 화학 분석 등에 중요하게 적용할 수 있는 미세유체학에 대한 내용의 21장을 추가한 것이다.

한편 필요에 따라 이전 예제들이 업데이트되었는데 예를 들면 2장의 커피 여과기는 현대식 커피 메이커로 교체되었고, 7장의 그림 7.15에 나타낸 제트엔진은 현대적이고 보다 효율적인 설계로 대체되었다.

컴퓨터가 있다고 해서 수작업 계산이 필요 없는 것은 아니다. 컴퓨터로 푼 새로운 해라고 해서 무조건 받아들여서는 안 된다. 즉, 컴퓨터에 의해 얻어진 해가 우리가 생각하는 문제의 해와 같은 것인지, 또 물리적으로 타당한 것인지를 먼저 수작업으로 검토해 보아야 한다. 한편 물리적 통찰력은 성공적인 기술자에게 가장 중요한 도구인데 컴퓨터 패키지에 단순히 수치를 대입하기만 해서는 이러한 통찰력을 얻을 수가 없다. 따라서 실제 문제에 대한 간단한 형을 수작업으로 풀어 물리적 이해를 얻고 난 후, 간략화한 것을 원상 복귀시켜서 다양하고 광범위한 조건에 대하여 컴퓨터로 해를 얻고, 이 컴퓨터 해의 타당성을 수작업으로 검토해 보도록 하는 것이 좋은 교육법이라 생각한다.

처음에는 SI단위계 사용에 매달리던 공학교육자들이 영국단위계가 쉽게 사라질 것 같지 않다는 것을 알게 되었다. 따라서 학생들은 여러 나라의 말을 유창하게 말하고 쓸 줄 아는 지식인처럼 되어야 한다. 즉, SI단위계와 영국단위계에 익숙해져서 전통적인 미터법과 cgs 단위를 이해하고, slug와 poundal 단위 등을 사용한 교재들을 읽고 이해할 수 있어야 한다. 이 책에서는 이러한 여러 단위계를 소개하고 예제를 통하여 SI 단위와 영국 단위를 동시에 다룬다. 이는 어느 한 가지만을 추구하는 순수주의자들에게는 불만이겠지만, 학생들에게는 도움이 될 것이다.

우리의 목표는 평균적인 화학공학 전공 학생들이 유체역학이라는 주제에 대하여 읽고 이해할 수 있는 교재를 제공하는 것으로, 이 책을 통해 여러 가지 유용한 문제들을 다룰 수 있게 되기를 바란다. 학생들이 유체역학과 관련된 공정들에 대한 물리적 통찰력을 기르고, 각 장에서 다루어지고 있는 식들이 실제 자연현상들을 기술하는 것임을 이해하는 데 도움이 되도록 노력하였다. 특히 예제는 학생들 자신들이 경험할 수 있고 일상생활에서 접할 수 있는 문제들을 선택하려고 노력하였다. 가정은 화학공학의 원리들을 관찰할 수 있는 좋은 장소이다. 따라서 훌륭한 선생은 학생들이 가정에서 보고 접하는 현상들을 화학공학 원리의 관점에서 해석할 수 있도록 도와주는 자라고 믿는다.

일반적으로 교재의 질적 평가에 대한 기준은 엔지니어들의 책장에서 어떤 책들이 가장 낡고 해졌는가이다. 이미 대학을 졸업한 학생들의 평가에 의하면 본 교재는 초판에서 3판까지 이미 이와 같은 기준을 만족하였다. 따라서 이번 4판도 많은 사람에게 선택되어 그 어떤 교재들보다 더 낡고 해지기를 기대한다.

이 책을 사용하는 강사들은 교재의 웹사이트(http://www/mhhe.com/denevers4e)를 참조하기 바란다.

감사의 말

우리는 그동안 이 책의 초판에서부터 4판까지 원고를 정리해 준 여러 비서들에게 감사한다. 또한 이전 판의 출판에 참여하여 검토 및 조언을 해 준 여러 동료 교수들과 본 교재를 사용해 보고 비평과 의견을 준 여러 학생들에게 진심으로 감사한다.

Noel de Nevers
Geoffrey D. Silcox

저자 소개

Noel de Nevers는 1954년에 Stanford 대학교 화학공학과를 졸업(B.S.)하고, 1956년과 1959년에 Michigan 대학교 화학공학과에서 각각 석사(M.S.)와 박사(Ph.D.) 학위를 받았다.

그는 1958년부터 1963년까지 Chevron Oil Company에서 화학공정개발, 화학 및 정유공정 설계, 석유 2차 회수 부분의 연구들을 수행하였고, 1963년부터 2019년 갑작스럽게 사망하기까지 Utah 대학교 화학공학과 교수로 재직하였으며, 2002년부터는 명예교수로 후진들을 양성하였다.

그 밖에 Idaho 주 Idaho Falls에 있는 National Reactor Testing Site에서 핵문제에 대한 일을 수행하였고, Washington DC에 있는 U.S. Army Harry Diamond Laboratory에서 무기 관련 연구, North Carolina 주 Durham에 있는 U.S. EPA의 Office of Air Programs에서 대기오염에 대한 연구 등을 수행하였다.

그는 1954~1955년에 독일 Technical University of Karlsruhe 화학공학과 Fulbright 장학생이었고, 1974년 여름에는 콜롬비아 Cali에 있는 Universidad del Valle, 1996년 가을에는 우루과이 Montevideo의 Universidad de la República와 아르헨티나의 Universidad Naciónal Mar del Plata에서 대기오염에 관한 Fulbright 강사로 각각 봉사하였다.

그의 연구 및 저술 분야는 유체역학, 열역학, 대기오염, 기술과 사회, 에너지 정책, 폭발과 화재 등이다. 따라서 그는 정기적으로 대기오염 문제, 폭발 및 화재와 독성 노출 등에 대하여 자문을 수행하였다.

1993년에는 ASEE의 화학공학부로부터 그해 화학공학 교육부문에서 최우수 논문상인 Corcoran Award를 수상하였다. 최우수 논문으로 선정된 논문 제목은 "'Product in the Way' Processes"이다.

2017년에는 Waveland Press에서 그의 대표적인 저서인 「Air Pollution Control Engineering」 제3판이 출간되었다. 2012년에는 John Wiley에서 그의 또 다른 저서인 「Physical and Chemical Equilibrium for Chemical Engineers」 제2판이 출간되었다.

이상과 같은 그의 전공분야에 대한 업적 이외에 그는 최근의 'Murphy's Laws' 편찬에 세 개의 'de Nevers's Laws'를 수록하였고, 1983년에 Salt lake City에서 개최되었던 Last Annual Jell O Salad Festival에서 'Poet Laureate of Jell-O Salad'타이틀을 획득하였다. 그는 Arches 국립공원에 있는 Private Arch를 공식적으로 처음 발견한 발견자로 등록되어 있다.

Geoffrey D. Silcox는 Utah 대학교 화학과에서 1976년에 학사(B.S.) 학위, 1985년에는 화학공학과에서 공학박사(Ph.D.) 학위를 각각 받았으며, 현재 Utah 대학교 화학공학과 교수(강사)로 재직 중이다. 그는 2000년부터 부위원장, 2003년부터 학부위원회 위원장, 2006년부터 화학공학 ABET 위원회 위원장 등을 역임하였고, 1987년에 대학에 합류하기 전에는 California Irvine에 있는 Energy and Environmental Research Corporation에서 연구 엔지니어 및 그룹 리더로 근무하였다. 그의 최근 연구 및 저서 분야는 대기오염 및 연도가스의 연소와 관련된 수은화학이 포함된다.

기호

a	acceleration	ft/s^2	m/s^2
a	some arbitrary direction or length (Sec. 2.1)	ft	m
a	resistance of filter medium (Sec. 11.4)	1 / ft	1 / m
a_x, a_y, a_z	x, y, and z components of acceleration	ft/s^2	m/s^2
a_c	centrifugal acceleration	ft/s^2	m/s^2
a, b, c, d	exponents in algebraic procedure (Sec. 9.3)	—	—
A	area or cross-sectional area perpendicular to flow	ft^2	m^2
A	independent variable (Sec. 9.3)	various	various
A, B, C, D	arbitrary constants	various	various
b	background concentration (Sec. 3.6)	lbm/ft^3	kg/m^3
B	dependent variable (Sec. 9.3)	various	various
c	volume fraction in hindered settling	—	—
c	speed of light (Chap. 4 only)	ft / s	m / s
c	speed of sound	ft / s	m / s
c	concentration	lbm/ft^3	kg/m^3
C	heat capacity	Btu / lbm · °F or Btu / lbmol · °F	J / kg · K or J / mol · K
C_d	drag coefficient (Sec. 6.13)	—	—
C_i	constants of integration	various	various
C_l	lift coefficient (Sec. 6.13)	—	—
C_f	integrated drag coefficient (Sec. 17.2)	—	—
C'_f	local drag coefficient (Sec. 17.2)	—	—
C_P	heat capacity at constant pressure	Btu / lbm · °F or Btu / lbmol · °F	J / kg · K or J / mol · K
C_v	orifice or venturi coefficient (Sec. 5.8)	—	—
C_V	heat capacity at constant volume	Btu / lbm · °F or Btu / lbmol · °F	J / kg · K or J / mol · K
CC	capital cost factor (Sec. 6.12)	1 / yr	1 / yr
D	diameter	ft	m
D_p	particle diameter	ft	m
D/Dt	Stokes or substantive or convective derivative	1 / s	1 / s
$\mathscr{D}$	diffusivity, molecular or turbulent	ft^2/s	m^2/s
erf	gauss error function (see Fig. 19.5)	—	—
E	energy	Btu or equivalent	J
E	voltage	volt	volt
E_s	surface energy	$ft \cdot lbf/ft^2$	J/m^2
f	Fanning friction factor (Sec. 6.4)	—	—
$f_{P.M.}$	friction factor for porous medium (Sec. 11.1)	—	—
$f(n)$	spectrum function (Sec. 18.4)	1 / hertz	1 / hertz
°F	temperature or temperature interval, degrees Fahrenheit	°F	
F	force	lbf	N
$\mathscr{F}$	friction heating per lbm	ft · lbf / lbm or equivalent	J / kg
F_x, F_y, F_z	x, y, and z components of force	lbf	N
F_θ	tangential component of force	lbf	N
$F_I, F_V, F_G, F_S, F_E, F_P$	inertia, viscous, gravity, surface, elastic, and pressure forces (Sec. 9.3)	lbf	N

$F(n)$	spectrum function (Sec. 18.4)	—	—
$\mathscr{F}r$	Froude number	—	—
g	acceleration of gravity	ft / s^2	m / s^2
g_c	conversion factor $= 1 = 32.2$ lbm · ft / lbf · s^2	—	—
h	height or depth	ft	m
h	enthalpy per unit mass or mole $(u + Pv)$	Btu / lbm or Btu / lbmol	J / kg or J / mol
h_c	centroid depth measured from free surface (Prob. 2.26)	ft	m
H	enthalpy $(U + PV)$	Btu	J
H	height	ft	m
H	effective stack height (Chap. 19)	ft	m
H	mixing height (Chap. 3)	ft	m
hp	horsepower	ft · lbf / s	
$\mathscr{H}e$	Hedstrom number (Chap. 13)	—	—
HR	hydraulic radius	ft	m
i, j, k	unit vectors in the x, y, and z directions	—	—
I	electric current (dQ / dt)	amp	amp
I	angular moment of inertia (Chap. 7)	lbm · ft^2	kg · m^2
I_{sp}	specific impulse	lbf · s / lbm	N · s / kg
J_x, J_y, J_z	x, y, and z components of the electric current density (Sec. 16.3)	amp / m^2	amp / m^2
k	number of independent dimensions (Sec. 9.3)	—	—
k	ratio of specific heats, C_P / C_V (Sec. 8.1)	—	—
k	thermal conductivity (Sec. 16.3)	Btu / hr · °F · ft	W / m · K
k	permeability (Sec. 16.3 and Chap. 11)	ft^2	m^2
k	ratio of radii in a Couette viscometer	—	—
k	turbulent ke per unit mass	Btu / lbm	J / kg
ke	kinetic energy per unit mass	Btu / lbm	J / kg
K	arbitrary constant in "power law" (Chap. 13)	lbf · s^n / ft^2	N · s^n / m^2
K	bulk modulus (Sec. 8.1)	lbf / in^2	Pa
K	resistance coefficient (Sec. 6.9)	—	—
K	arbitrary constant in jet equation (Chap. 19)	—	—
KE	kinetic energy	Btu	J
l	length	ft	m
L	length or lever arm	ft	m
L	angular momentum (Chap. 7)	lbm · ft^2 / s	kg · m^2 / s
m	mass	lbm	kg
$\dot{m}$	mass flow rate	lbm / s	kg / s
M	molecular weight	lbm / lbmol	g / mol
$\mathscr{M}$	Mach number	—	—
n	number of independent variables	—	—
n	number of moles	lbmol	mol
n	arbitrary power in "power law" (Chap. 13)	—	—
n	frequency	cyc / s	hertz
n	constant in Chézy Eq. (Chap. 6)	—	—
N	$4f\, \Delta x / D$ (Sec. 8.4)	—	—
N	rotation rate (rpm or rps)	1 / min; 1 / s	1 / min; 1 / s
pe	potential energy per unit mass	Btu / lbm	J / kg
P	pressure	lbf / in^2	Pa
Po	power	ft · lbf / s	W
PE	potential energy	Btu	J
PC	pumping cost (Sec. 6.12)	$ / yr · hp	
PP	purchased price factor for a pipe (Sec. 6.12)	$ / in · ft	
q	emission rate per unit area (Sec. 3.6)	lbm / s · ft^2	kg / s · m^2
q_x, q_y, q_z	x, y, and z components of heat flux (Sec. 16.3)	Btu / h · ft^2	W / m^2
Q	volumetric flow rate	ft^3 / s	m^3 / s
Q	heat	Btu	J
Q	charge	coul	coul
r	radius	ft	m

R	universal gas constant	See inside back cover	See inside back cover
R	correlation coefficient (Sec. 18.5)	—	—
R	radius of curvature (Chap. 14)	ft	m
$\mathcal{R}$	Reynolds number	—	—
$\mathcal{R}_p$	particle Reynolds number	—	—
$\mathcal{R}_{\text{P.M.}}$	Reynolds number for porous media	—	—
$\mathcal{R}_x$	Reynolds number based on distance from leading edge	—	—
$\mathcal{R}_{\text{power law}}$	Reynolds number for power law fluids	—	—
$\mathcal{R}_{\text{Bingham}}$	Reynolds number for Bingham plastics	—	—
$\mathcal{R}_{\text{impeller}}$	Reynolds number for a mixer impeller	—	—
s	entropy per unit mass or per mole	Btu / lbm · °R or Btu / lbmol · °R	J / kg · K or J / mol · K
s	cake compressibility coefficient (Sec. 11.4)	—	—
SG	specific gravity	—	—
t	time	s	s
t	wall thickness (Sec. 2.4)	ft	m
T	absolute temperature	°R or K	K
T	relative intensity of turbulence (Sec. 18.4)	—	—
u	internal energy per unit mass or per mole	Btu / lbm or Btu / lbmol	J / kg or J / mol
u^*	friction velocity (Sec. 17.4)	ft / s	m / s
u^+	V_x / u^* (Sec. 17.4)	—	—
U	internal energy	Btu	J
υ	volume per unit mass	ft^3 / lbm	m^3 / kg
υ	fluctuating component of velocity (Chaps. 17 and 18)	ft / s	m / s
V	velocity	ft / s	m / s
V	volume	ft^3	m^3
V_x, V_y, V_z	x, y, and z components of velocity	ft / s	m / s
V_θ	tangential component of velocity	ft / s	m / s
V_r	radial velocity	ft / s	m / s
V_{avg}	average velocity	ft / s	m / s
$V_{\text{centerline}}$	centerline velocity in a pipe	ft / s	m / s
V_∞	free-stream velocity	ft / s	m / s
V_s	superficial velocity (Sec. 11.1)	ft / s	m / s
V_I	interstitial velocity (Sec. 11.1)	ft / s	m / s
V_{mf}	minimum fluidizing velocity (Sec. 11.5)	ft / s	m / s
W	work	ft · lbf	J
W	weight	lbf	N
W	width	ft	m
$W_{\text{n.f.}}$	non-flow work (excluding injection work)	ft · lbf	J
W	volumetric solids content of slurry (Sec. 11.4)	—	—
x, y, z	directions of coordinate axes, or lengths	ft	m
x	distance	ft	m
y	distance perpendicular to the flow direction	ft	m
y^+	$(r_{\text{wall}} - r)u^* / \nu$ (Sec. 17.4)	—	—
z	elevation	ft	m
α	coefficient of thermal expansion	1 / °F	1 / K
α	specific resistance of filter cake (Sec. 11.4)	1 / lbf	1 / N
α	small angle, jet angle (Chap. 19)	rad	rad
α	thermal diffusivity	ft^2 / s	m^2 / s
α	constant in Chézy Eq. (Chap. 6)	—	—
β	isothermal compressibility $= 1$ / (bulk modulus)	1 / (lbf / in^2)	1 / Pa
γ	specific weight $= \rho g$	lbf / ft^3	N / m^3
Γ	torque	ft · lbf	N · m
δ	boundary-layer thickness (Chap. 17)	ft	m
δ^*	displacement thickness (Sec. 17.2)	ft	m
ε	absolute roughness	ft	m

ε	porosity or void fraction or volume fraction of gas	—	—
ε	eddy (kinematic) viscosity	ft^2/s	m^2/s
ε	turbulent dissipation rate	ft^2/s^3	m^2/s^3
ζ	vorticity $= 2\omega$	$1/s$	$1/s$
η	efficiency	—	—
η	$y(V_x/\nu_x)^{1/2}$ (Sec. 17.2)	—	—
η	viscosity (non-Newtonian fluids)	$lbm/ft \cdot s$ or cP	$Pa \cdot s$
θ	angle	rad	rad
θ	momentum thickness (Sec. 17.2)	ft	m
θ	contact angle (Sec. 17.3)	rad	rad
μ	viscosity	$lbm/ft \cdot s$ or cP	$Pa \cdot s$
ν	kinematic viscosity (μ/ρ)	ft^2/s or cSt	m^2/s
π	number of dimensionless groups (Chap. 9)	—	—
ρ	density	lbm/ft^3	kg/m^3
ρ	resistivity (Sec. 16.3)	—	$ohm \cdot m$
σ	surface tension	lbf / ft	N / m
σ	stress	lbf/in^2	Pa
σ	shear rate	$1/s$	$1/s$
$\sigma_x, \sigma_y, \sigma_z$	turbulent dispersion coefficients (Chap. 19)	ft	m
σ_{xx}	normal stress in the x direction	lbf/in^2	Pa
τ	shear stress	lbf/in^2	Pa
τ_{xy}	shear stress in the x direction on a face perpendicular to the y axis	lbf/in^2	Pa
τ_{wall}	shear stress at a solid wall	lbf/in^2	Pa
τ_0	shear stress at a solid surface	lbf/in^2	Pa
τ_{yield}	yield stress for a Bingham fluid	lbf/in^2	Pa
ϕ	potential	ft^2/s for fluid flow	m^2/s for fluid flow
$\phi(t)$	arbitrary function of time (Sec. 16.2)	—	—
ψ	stream function	ft^2/s	m^2/s
ω	angular velocity	rad / s	rad / s
Superscripts			
*	sonic condition (Chap. 8)		
$\overline{X}$	time average of X	various	various
Subscripts			
R	reservoir state in Chap. 8		
S	isentropic condition (speed of sound)		
1, 2	arbitrary states		
x, y	conditions before and after a normal shock in Chap. 8		
Vector			
boldface	indicates a vector	various	various
∇	$\nabla = \mathbf{i}\dfrac{\partial}{\partial x} + \mathbf{j}\dfrac{\partial}{\partial y} + \mathbf{k}\dfrac{\partial}{\partial z}$	1 / ft	1 / m

차례

Chapter 1 서론

PART 1 서문

Chapter 2 유체정역학

Chapter 3 수지식과 질량수지

Chapter 4 열역학 제1법칙

PART 2 1차원 또는 1차원으로 간주되는 유체흐름

Chapter 5 베르누이 식

Chapter 6 정상상태 1차원 흐름의 유체 마찰

Chapter 7 운동량수지

Chapter 8 1차원 고속 기체 흐름

PART 3 1차원 유체역학 방법으로 다룰 수 있는 몇 가지 다른 주제들

Chapter 9 모델, 차원해석, 무차원수

Chapter 10 펌프, 압축기, 터빈

Chapter 11 다공성 매질을 통한 흐름

PART 4 2차원, 3차원 유체역학

Chapter 15 다차원 유체역학

Chapter 16 퍼텐셜 흐름

Chapter 17 경계층

Chapter 20 전산유체역학

Chapter 21 미세유체학

부록

A 표와 선도

B 유도 및 증명

CHAPTER

1

서론

1.1 유체역학이란?

역학은 힘과 운동에 관한 학문이다. 따라서 유체역학(fluid mechanics)은 유체에서의 힘(force)과 거동(motion)을 다루는 학문이다. 그러면 유체란 무엇인가? 누구나 이미 알고 있듯이 공기, 물, 휘발유, 윤활유, 우유 등은 분명히 유체이다. 반면 강철, 금강석, 고무밴드, 종이 등은 유체가 아닌 고체로 분류됨을 알고 있다. 그러나 이 중간에 해당하는 것들도 있는데, 예를 들면 묵, 땅콩버터, 콜드크림, 마요네즈, 치약, 풀, 밀가루반죽, 그리스(grease) 등이 있다.

'유체'라는 말의 의미를 정하려면 먼저 전단응력을 생각해야 되는데, 인장응력 및 압축응력과 비교하여 생각하면 쉬울 것이다(그림 1.1).

그림 1.1(*a*)를 보면 끈에 추가 매달려 있는데, 이 추의 무게가 끈을 아래로 잡아당기게 된다. 응력이란 작용하는 힘과 이 힘이 미치는 면적의 비이므로, 이 끈의 응력은 추의 무게를 끈의 단면적으로 나눈 값이 된다. 물체를 잡아당기는 힘을 **인장력**(tensile force)이라 하고, 이 때문에 생기는 응력을 **인장응력**(tensile stress)이라 한다.

그림 1.1(*b*)를 보면 강철 막대 위에 추가 놓여 있는데, 이 추의 무게가 막대를 내리누른다. 이러한 종류의 힘을 **압축력**(compressive force)이라 하고, 이 막대의 응력, 즉 이 압축력을 막대의 단면적으로 나눈 값을 **압축응력**(compressive stress)이라 한다.

그림 1.1(*c*)에서는 추가 접착제에 의해 일시적으로 고정되어 있는데, 이 추의 무게 때문에 추가 면을 따라 내려오게 되며, 이때 접착제에 전단 작용을 미친다. 이 힘, 즉 한 표면이 이와 인접한 표면에 평행으로 움직이게 하는 힘을 **전단력**(shear force)이라 하고, 접착제의 응력, 즉 전단력을 접착제의 접착 면적으로 나눈 값을 **전단응력**(shear stress)이라 한다.

위의 예들을 좀 더 자세히 살펴보면, 실제로는 어느 경우에나 세 가지 응력이 모두 존재

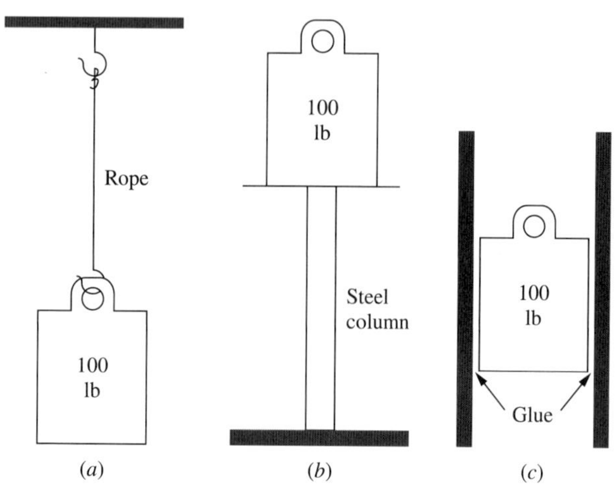

그림 1.1
인장응력, 압축응력, 전단응력의 비교. (*a*) 끈은 인장응력, (*b*) 막대는 압축응력, (*c*) 접착제는 전단응력을 나타낸다.

하는 것을 알 수 있다. 그러나 여기서는 주된 것만을 언급한 것이다.(이에 관한 자세한 내용은 재료역학 교과서를 참고하기 바란다.)

이제 유체와 고체의 차이에 관하여 살펴보자. 고체는 비교적 큰 전단력에도 영구적으로 저항하는 물체라 말할 수 있다. 즉, 고체가 전단력을 받으면 짧은 거리를 움직이고[탄성 변형(elastic deformation)], 외력에 저항하는 내부 전단응력이 발생하여 곧바로 움직임이 정지된다. 반면에 유체인 물질은 아무리 작은 전단력이 작용하더라도 이에 영구적으로 저항하지 않는다. 유체는 전단력을 받으면 움직이는데, 전단력이 작용하는 동안에 계속 움직인다.

한편, 고체와 유체의 중간 특성이 있는 물체는 작은 전단력에는 영구적으로 저항하지만 큰 전단력에는 그렇지 못하다. 가령 액체를 한 방울 수직벽에 붙이면 중력이 작용하여 곧바로 벽을 따라 흘러내린다. 그러나 강철이나 금강석을 벽에 단단히 붙여 놓으면 아무리 기다려도 그 자리에 그대로 있다. 땅콩버터를 벽에 붙이면 그 자리에 있겠지만, 칼로 펴서 전단응력을 증가시키면 유체처럼 흐를 것이다. 물론 강철은 칼로 펼 수 없다.

이처럼 땅콩버터와 강철의 차이가 이 물질이 저항할 수 있는 전단응력의 크기라면 이것은 종류의 차이가 아니라 정도의 차이이다. 전단응력이 아주 크면 강철도 '유체처럼 흐르게'만들 수 있다. 이 책에서는 공기와 물처럼 어떤 전단력에도 영구적으로 저항하지 못하는 물질을 주로 다룬다. 그러나 이와 다른 '유체'거동도 늘 염두에 두어야 할 것이다[1].(대괄호 안의 숫자는 각 장 끝에 정리되어 있는 참고문헌의 번호이다.)

1.2 유체역학의 효용성

유체역학의 문제는 일반역학(고체역학)이나 열역학의 문제와 근본적 차이가 없으므로, 원리적으로는 이러한 분야에서 사용되는 것과 같은 방법으로 문제를 풀 수 있다. 그러나 유체흐름(또는 유체를 통한 물체운동)에 관한 문제에서는 역학 문제의 해법과 열역학 문제의 해법을 조합하여 해를 얻는 경우가 많다. 또한 수력학 문제(댐, 운하, 갑문, 강흐름 등)에 적용할 수 있고, 화학반응기, 증류탑, 고분자 압출 다이에서의 흐름 등과 같은 화학공학 문제에도 적용할 수 있다. 따라서 이러한 유사한 부류의 문제를 모아서 한 분야를 만드는 것이 좋은데, 이러한 학문 분야를 유체역학이라 한다.

유체역학의 의의를 파악하기 위하여 일상생활에서 유체의 중요성을 알아보기로 하자. 중요한 유체로는 우리가 숨 쉬는 공기, 마시는 물, 여러 가지 음식, 난방 및 자동차 연료, 그리고 신체 내부 환경을 만드는 혈액을 비롯한 체액 등을 들 수 있다. 따라서 유체의 거동을 어느 정도 파악하지 못한다면 이러한 우리 주변의 세계를 제대로 이해할 수 없다.

유체역학의 구성 분야와 응용 분야의 예를 들면 다음과 같다.

1. 수력학(hydraulics): 강, 관, 운하, 펌프, 터빈에서의 물흐름
2. 공기역학(aerodynamics): 비행기, 로켓, 탄환, 구조물 주변에서의 공기흐름
3. 기상학(meteorology): 대기흐름
4. 분립체역학(particle dynamics): 입자 주변의 유체흐름, 입자와 유체의 상호작용(분진 침강, 슬러리, 공기 수송, 유동층, 공기오염 입자 등)
5. 수문학(hydrology): 땅에서 물과 오염물의 흐름
6. 저장역학(reservoir mechanics): 유층에서 석유, 가스, 물의 흐름
7. 다상흐름(multiphase flow): 여과형 커피메이커, 유정(oil well), 연료분사장치, 연소실, 분무탑
8. 유체흐름과 조합: 연소에서 화학반응, 전자유체역학(magnetohydrodynamics)에서 전기자기적 현상, 증류나 건조에서 물질 전달과 조합된 유체흐름
9. 점성흐름: 윤활, 사출 성형, 전선 피복, 화산 분출, 대륙 이동

1.3 유체역학의 기본 개념

유체역학은 주로 다음 네 가지 기본 개념에 바탕을 두고 이해되어진다.

1. 질량 보존의 원리
2. 열역학 제1법칙(에너지 보존의 원리)
3. 열역학 제2법칙
4. 뉴턴의 운동법칙, 즉 $F = ma$

이러한 개념들은 모두 실험 결과를 일반화한 것으로서, 이들 중 어떤 개념도 다른 개념이나 이미 알고 있는 원리로부터 얻어낼 수는 없다. 수학적으로 '증명'할 수는 없지만, 이러한 개념들이 유효한 것은, 이를 시험하려고 실험을 수행하였을 때 그 결과를 바르게 예측

할 수 있기 때문이다.

유체역학에서는 이러한 네 가지 기본 개념과 대상 물질의 물성 측정치를 사용하여 곧바로 수학적으로 풀어서 필요한 힘, 속도 등을 구할 때도 있지만, 이는 대개 아주 간단한 흐름일 경우에만 가능하다. 대부분의 유체흐름 거동은 아주 복잡하여 이 네 원리로부터 직접 풀 수가 없으므로 실험에 의존할 수밖에 없다. 때로는 차원해석(dimensional analysis)이라는 기법(9장)을 사용하여 한 가지 실험 결과로부터 상당히 다른 실험 결과를 예측할 수도 있다. 따라서 유체역학에서는 실험을 주의 깊게 수행하여야 한다. 오늘날에는 슈퍼컴퓨터가 개발되어, 전에는 실험이 필요하던 복잡한 문제도 수학적으로 풀 수 있게 되었다(4부). 앞으로 컴퓨터가 더욱 빨라지고 저렴해지면 더 많은 복잡한 유체역학 문제를 슈퍼컴퓨터로 풀게 될 것이다. 그러나 최종적으로는 컴퓨터 풀이를 실험을 통하여 검증해야 한다.

네 가지 기본 개념은 유체역학 문제에 다음과 같이 적용된다. 1장 서론에서는 유체역학에 대한 논의를 여는 장으로 유체에 대한 중요한 개념들을 정의하였다. 1부(2~4장)에서는 유체역학을 공부하기 위한 예비단계적인 내용을 다루었다. 이 내용은 유체흐름을 이해하는 데 필요하며, 실제적인 문제를 풀어 해를 구하는 데 긴요하게 사용될 것이다. 이어지는 2부와 3부(5~14장)에서는 1차원 유체흐름에 대한 전반적인 내용을 다루었다. 마지막 4부(15~20장)는 2차원과 3차원 유체역학을 다루었다.

본 교재를 가지고 공부하는 사람은 기초 열역학을 알아야 한다. 3장과 4장에서는 이미 배운 내용을 개관하였는데, 이러한 내용은 유체역학의 중심이 되는 원리이기 때문이다. 또한 열역학 제2법칙을 가끔 사용하므로 이를 알아야 한다. 요컨대 본 교재에서는 네 가지 기본 원리와 실험 결과를 유체흐름 문제에 응용할 것이다. 상당히 자세하게 들어간 곳도 있지만, 기본 개념은 몇 가지가 안 된다.

1.4 액체와 기체

유체에는 액체와 기체의 두 가지가 있는데 분자 수준에서 보면 이 두 가지는 아주 다르다. 액체에서는 분자가 서로 아주 가까이 있어서 상당한 인력으로 서로 붙들고 있다. 기체에서는 분자가 비교적 멀리 떨어져 있어서 인력이 액체보다 매우 약하다. 일반적으로 기체의 비용(specific volume)은 액체보다 약 1000배 정도 큰데 이는 평균 분자 간 거리(분자들의 중심 간 거리)가 전형적인 기체는 액체보다 약 10배 크기 때문이다. 온도와 압력이 증가하면 이러한 차이는 점점 줄어서 임계 온도와 임계 압력에서는 액체와 기체가 서로 같아진다. 액체와 기체의 거동은 팽창되었을 때 현저하게 차이가 나타난다. 그림 1.2에서 피스톤 아래의 공간에 어떤 유체가 완전히 차 있다고 하자. 피스톤을 위로 올리면 유체가 차지하는 부피가 늘어난다. 이 유체가 기체이면 쉽게 팽창하여 공간 전체를 메우게 되는데, 이처럼 기체는 공간에서 제한 없이 팽창한다. 그러나 이 유체가 액체일 경우 피스톤을 위로

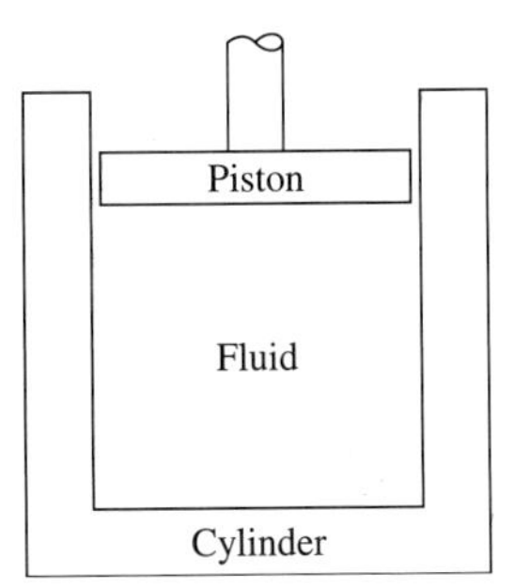

그림 1.2
피스톤과 실린더. 만약 실린더 내부의 유체가 기체이면 비교적 쉽게 피스톤을 올렸다 내렸다 할 수 있으며, 이에 따라 기체는 실린더 내부를 채우기 위해 팽창되거나 압축되어진다. 반면 액체는 상당한 압력을 가하지 않으면 피스톤을 쉽게 내릴 수 없게 되며, 피스톤을 올리면 액체 일부가 증발하여 기체를 형성하여 이 공간을 채우게 된다.

올리면 액체는 조금밖에 팽창하지 않는다. 이때 피스톤과 액체 사이에는 무엇이 들어 있는가? 액체 일부가 비등하여 기체로 변해야 이 기체가 팽창하여 공간을 메우게 될 것이다. 이러한 현상을 분자 수준에서 설명할 수 있다. 즉, 인력이 분자들을 붙들어서 액체를 만드는데, 이 분자들 사이에는 최대 거리가 존재하며, 분자가 이 최대 거리 이상으로 떨어지면 더 이상 액체로 거동하지 않고 기체로 거동한다.

액체는 분자 간격이 좁기 때문에 기체보다 밀도, 점도, 굴절률 등이 크다(연습문제 1.2). 공학에서는 이 때문에 액체의 거동과 기체의 거동에 큰 차이가 생길 때가 많은데, 이 문제에 대해서는 뒤에서 살펴볼 것이다.

1.5 유체의 성질

유체역학을 다루는 문제의 계산에서 가장 자주 이용되는 유체의 물성은 밀도, 점도, 표면장력이다.

1.5.1 밀도

밀도(density) ρ는 단위 부피당 질량으로 정의한다.

$$\rho = \frac{m}{V} \tag{1.1}$$

납과 나무의 밀도가 서로 다르다는 것은 이미 다 알고 있는 사실이다. 그러면 물질의 밀도를 어떻게 측정하는가? 어떤 액체의 밀도를 알려면, 질량과 부피를 아는 병에 액체를 채우고 질량을 측정한 다음, 식 (1.1)로 밀도를 계산할 수 있다.[이 방법은 실험실에서 밀도를 측정하는 표준법이다. 이러한 목적으로 특별히 고안된 병을 비중병(pycnometer)이라 한다. 연습문제 1.5 참조.] 한편, 고체 입방체의 밀도를 알려면 변의 길이를 특정하여 부피를 계산한 다음 저울로 달고 식 (1.1)을 이용하여 계산하면 된다.

많은 구멍을 가진 스위스 치즈 조각의 밀도를 구한다고 하자. 큰 치즈 덩어리가 있다면 입방체로 잘라낸 다음에, 변은 길이를 측정하여 부피를 구하고 이어 무게를 재어 밀도를

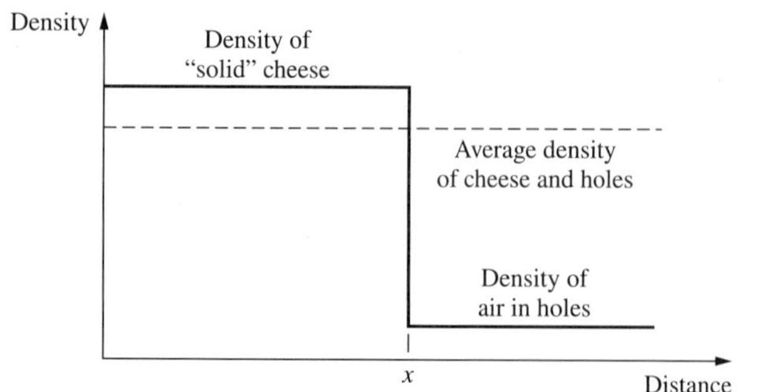

그림 1.3
스위스 치즈의 밀도는 길이에 따라 일정하지 않다. 그러나 해당 지점에서 국부적인 밀도값을 가지므로 평균 밀도값이 존재한다.

구한다. 이때 구한 밀도는 치즈 내부 구멍에 들어 있는 공기의 밀도를 포함한 평균 밀도가 된다. 큰 치즈 덩어리를 취급하는 경우 이러한 밀도값을 알면 충분하다. 그러나 이 덩어리 내부의 어느 한 점의 밀도를 알고자 할 때, 잘라낸 점이 고체만으로 되어 있는 곳에 있다면 그 밀도를 쉽게 측정할 수 있고, 또 이 점이 구멍 안의 공기라면 그 공기 밀도를 측정하면 된다. 그러나 이 점이 구멍 표면에 있다면 밀도가 불연속적이 되어(그림 1.3) 문제가 간단하지 않다. 즉, 이 경우 x에서의 밀도는 어느 한 값으로 나타낼 수 없게 된다.

여기서 스위스 치즈의 밀도를 장황하게 설명한 데는 이유가 있다. 이 세상이 온통 빈 공간(hole)으로 되어 있기 때문이다. 원자물리학에 따르면 강철 막대에서조차 전자, 양성자, 중성자 등이 차지하는 공간은 극히 일부에 지나지 않고 나머지는 비어 있다는 것이다. 분자 수준일 때도 구멍이 있다. 즉, 전형적 기체에서 기체 분자가 어느 순간에 실제로 차지하는 부피는 전체 공간의 일부에 불과하다. 따라서 어느 점의 밀도를 말하고자 할 때는 스위스 치즈에서와 같은 문제에 봉착하게 된다. 그러므로 여기서는 밀도의 정의를 이러한 구멍들을 평균하여 나타낼 수 있을 정도로 충분히 큰 시료에 한정하기로 한다. 유체역학에서는, 다루는 시료가 일반적으로 크기 때문에, 이렇게 밀도를 정의하여도 문제가 되지 않는다. 그러나 분자나 원자 크기의 시료에는 밀도의 개념을 쉽게 적용할 수 없음을 기억하기 바란다.

한편, 복합물의 밀도를 정의할 때도 조심하여야 한다. 예를 들어 철근 콘크리트 조각은 밀도가 다른 여러 부분으로 되어 있다. 이러한 물질을 다룰 때는 자갈이나 철근의 **입자밀도**(particle density)와 혼합체의 **겉보기밀도**(bulk density)를 구별하여야 한다. 겉보기밀도를 말할 때는 한 입자의 치수에 비하여 시료가 커야 한다. 복합 고체의 예는 주철, 유리섬유강화 플라스틱(FRP), 나무 등이 있고, 복합 액체의 예로는 진흙, 밀크셰이크, 치약과 같은 슬러리(slurry), 균질 우유, 마요네즈, 콜드크림과 같은 에멀션(emulsion) 등이 있다. 연기와 구름은 복합 기체의 거동을 한다.

예제 1.1 전형적인 진흙은 70 wt%의 모래와 30 wt%의 물로 구성되어 있다. 진흙의 밀도를 구하라. 단, 모래는 순수 석영(SiO_2)으로 $\rho_{\text{sand}} = 165\ \text{lbm/ft}^3 (2.65\ \text{g/cm}^3)$이다.

물에 대한 물성값들은 부록 E에 수록된 값을 사용하라.

우선 모래와 물의 혼합으로 인한 부피 변화는 없는 것으로 가정한다. 에탄올과 물 혼합물의 경우와 같이 일반적으로는 혼합으로 인한 부피 변화가 있지만 대부분의 경우 변화 정도가 작으므로 무시가 가능하다. 따라서 아래 식으로부터 혼합물의 밀도를 구한다.

$$\rho = \frac{m}{V} = \frac{m_{\text{sand}} + m_{\text{water}}}{V_{\text{sand}} + V_{\text{water}}} = \frac{m_{\text{sand}} + m_{\text{water}}}{(m/\rho)_{\text{sand}} + (m/\rho)_{\text{water}}} \tag{1.A}$$

[이 책에 있는 모든 식은 고유 번호를 가진다. 그러나 예제 풀이를 위해 필요한 경우나 특별한 목적으로 요구되는 식의 경우는 위와 같이 장을 나타내는 숫자와 대문자 알파벳이 사용된다.]

식 (1.A)를 적용하기 쉽게 하기 위해 진흙 100 lbm를 기준으로 하면, 결과적으로

$$\begin{aligned}\rho &= \frac{m_{\text{sand}} + m_{\text{water}}}{\left(\dfrac{m}{\rho}\right)_{\text{sand}} + \left(\dfrac{m}{\rho}\right)_{\text{water}}} = \frac{70\text{ lbm} + 30\text{ lbm}}{\left(\dfrac{70\text{ lbm}}{165\text{ lbm/ft}^3}\right)_{\text{sand}} + \left(\dfrac{30\text{ lbm}}{62.3\text{ lbm/ft}^3}\right)_{\text{water}}} \\ &= 110.4\,\frac{\text{lbm}}{\text{ft}^3} = 1769\,\frac{\text{kg}}{\text{m}^3}\end{aligned} \tag{1.B}$$

를 얻는다. ■

■ 표시는 예제의 끝을 나타낸다.

1.5.2 비중

비중(specific gravity, SG)은 다음과 같이 정의한다.

$$\text{SG} = \frac{\text{밀도}}{\text{기준 온도와 압력에서의 물의 밀도}} \tag{1.2}$$

이와 같이 비로 정의하면 선택한 단위계에 관계없이 순수한 수치로 나타낼 수 있다는 이점이 있다. 그러나 경우에 따라 물의 기준 온도가 달라서 혼동을 일으키는 경우가 있는데, 60°F, 70°F, 또는 39°F(= 4°C)(모두 1 atm)를 기준 온도로 사용한다. 이 차이는 작은 값이기는 하지만 상당히 주의하여야 한다.

39°F(= 4°C)에서의 물의 밀도는 1.000 g/cm^{3}이므로, 이를 기준으로 측정하면 비중값은 g/cm^3(또는 kg/L, ton/m^3) 단위로 측정한 밀도값의 수치와 같아진다. 즉, 예제 1의 진흙에 대한 비중은 SG = 1.769이다.

많은 산업공정 분야에서는 유체 밀도의 특수 척도를 사용하는데 이들을 비중(gravity)이라 할 때가 많다. 석유와 석유화학 제품에 관한 API(American petroleum Institute) 비중(연습문제 1.6), 제당업에서 상용하는 브릭스(Brix) 비중, 황산에 관한 보메(Baumé) 비중 등을

예로 들 수 있는데, 이러한 비중은 환산표나 공식을 이용하여 밀도로 환산할 수 있다.

한편, 기체의 비중을 나타낼 때는 일반적으로 다음과 같이 정의된다.

$$\begin{pmatrix}\text{기체}\\\text{비중}\end{pmatrix} = \left(\frac{\text{기체 밀도}}{\text{공기 밀도}}\right)_{\text{같은 온도와 압력 조건에서}} \tag{1.3}$$

이상기체에 대한 일반 기체들의 비중은 $M_{\text{gas}}/M_{\text{air}}$으로 구한다.

이 책에서는 액체나 고체의 비중을 4°C의 물을 기준으로 사용하였다. 따라서 가령 어떤 액체제의 비중이 0.8이라고 하면, 그 밀도는 0.8 g/cm^{3}이다.

1.5.3 점도

점도(viscosity)는 흐름에 대한 내부 및 마찰 저항의 정도로 정의된다. 가령 물잔을 엎으면 순식간에 물이 다 쏟아져서 다시 세워도 거의 남아 있지 않게 된다. 그러나 꿀항아리를 엎었을 경우에는 다시 세우면 꿀이 대부분 그대로 남아 있게 되는데 그것은 꿀이 물보다 흐름에 대한 저항, 즉 점도가 크기 때문이다. 다음의 실험을 통하여 좀 더 정확하게 점도에 대하여 살펴보기로 하자.

두 개의 긴 고체 평면 사이에 유체 박막(thin film)이 들어 있다고 하자(그림 1.4). 이 실험은 개념적으로나 수학적으로는 파악하기가 쉽지만 실제로 수행하기는 어렵다. 왜냐하면 유체가 옆으로 새어 나오기 때문이다. 따라서 실제로 점도를 측정할 때는 수학적으로는 복잡하지만 수행하기 쉬운 방법을 이용한다(예제 1.2 및 6장과 13장 참조). 위쪽의 판을 속도 V_0로 x 방향으로 일정하게 움직이려면, 판 사이 유체의 마찰을 극복하기 위한 힘이 필요하다. 이 힘은 속도, 판 크기, 유체의 종류, 판 사이의 거리에 따라서 달라진다. 이 힘을 판의 단위 면적당 기준 힘(전단응력 τ로 정의)으로 측정하면 판 크기의 영향을 배제할 수 있다.

실험을 통해 확인한 바로는 V_0가 작을 때 판 사이 유체의 속도구배(velocity profile)는 직선이 된다. 즉,

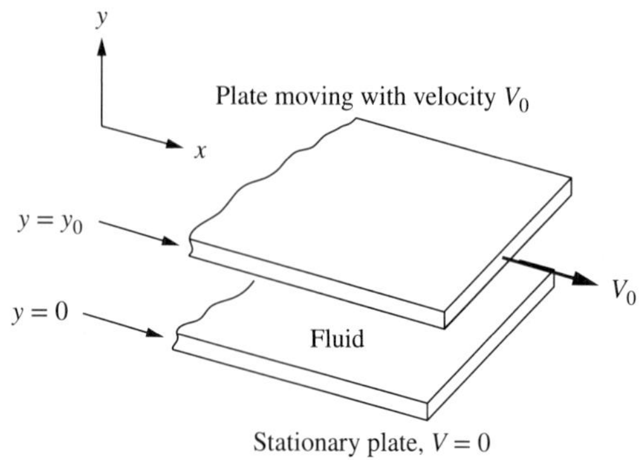

그림 1.4
평판 끌기 실험

$$V = \frac{V_0 y}{y_0} \tag{1.C}$$

따라서

$$\sigma = \begin{pmatrix} \text{직각 좌표에} \\ \text{대한 전단속도} \end{pmatrix} = \frac{dV}{dy} = \frac{V_0}{y_0} \tag{1.D}$$

이다. 또한 대부분의 유체에 대하여 이러한 실험 결과를 τ 대 dV/dy의 그림으로 나타내면 편리 하다(그림 1.6). 여기서는 dV/dy가 단순히 속도를 거리로 나눈 값이지만, 복잡한 형태에서는 한 점에서 속도/거리비의 극한값이다. 이 값을 **전단속도**(shear rate), **변형속도**(rate of strain), 또는 **전단변형속도**(rate of shear deformation)라 하지만 다 같은 의미이다.

예제 1.2 그림 1.5에 **쿠에트 점도계**(Couette viscometer)라고 하는 전형적인 동심-실린더 점도계(concentric-cylinder viscometer)('cup & bob')의 단면 사진을 나타내었다. 이 점도계는 바깥 실린더(cup)는 고정되어 있고 내부 실린더(bob)는 회전하는 구조로 되어 있다. 이때 회전하는 bob의 각속도(angular velocity)와 돌림힘(torque)은 측정 장치에 의해 기록된다. bob의 크기가 $D_1 = 25.15$ mm, $L = 92.27$ mm이고 반면 cup은 $D_2 = 27.62$ mm, 길이는 bob보다 약간 더 긴 점도계의 bob에 각속도 10 rpm, 돌림힘 $\Gamma = 0.005$ N·mm가 적용될 경우, τ와 dV/dy를 각각 구하라.

주어진 점도계는 외곽이 실린더 형태를 갖는, 그림 1.4를 보여 주는 장치이다. 이와 같은 장치를 사용하면 가장자리에서의 유체의 누수 문제나 두 판 사이의 일정 거리 유지의 어려움 등을 해결할 수 있게 된다. 여기서 우리는 식 (1.5)의 y를 r로 바꾸어야 한다. 왜냐하면 속도가 반지름 방향으로 변하기 때문이다. 즉, $\Delta y = y_0$ 대신에

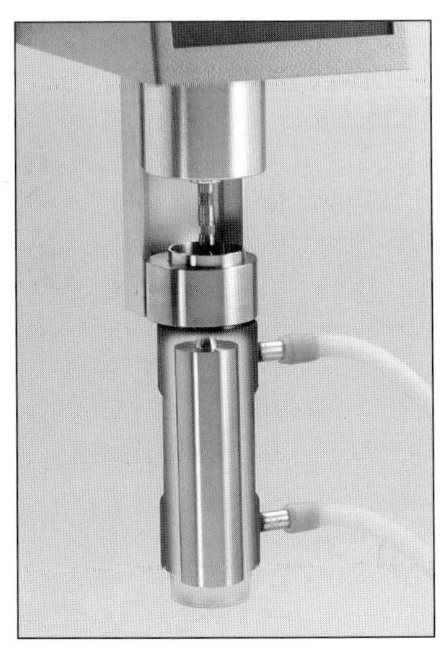

그림 1.5
동심-실린더 점도계의 단면 사진. 이것은 그림 1.4의 평판 끌기 실험 장치를 실린더 형태로 제작한 것으로, 가장자리에서의 유체 누수 문제를 해결한 비교적 간단한 장치이다. 즉, 이중 실린더로 구성되어 있는데 바깥쪽 실린더(cup)는 고정되어 있고, 반면 안쪽 실린더(bob)는 원하는 속도로 회전할 수 있도록 고안되었다. 회전 속도는 측정 및 조절이 가능하고 동시에 돌림힘도 측정 가능하다. 바깥 실린더에는 두 개의 호스가 연결되어 있어 일정 온도의 물이나 또 다른 유체들이 순환될 수 있고 이를 통하여 실린더 내의 온도가 일정하게 유지된다. 예제 1.2에 장치의 구체적인 크기가 나와 있다. (Brookfield Engineering Company 제공)

$$\Delta r = 0.5(D_2 - D_1) = 0.5(27.62 - 25.15) = 1.235 \text{ mm} \tag{1.E}$$

를 사용하며, 속도는

$$V_0 = \pi D_1 \cdot \text{rpm} = \pi \cdot 25.15 \text{ mm} \cdot \frac{10}{\text{min}} = 790.1 \frac{\text{mm}}{\text{min}} = 13.17 \frac{\text{mm}}{\text{s}} \tag{1.F}$$

가 된다. 따라서

$$\frac{dV}{dr} = \frac{V_0}{\Delta r} = \frac{13.17 \text{ mm/s}}{1.235 \text{ mm}} = 10.66 \frac{1}{\text{s}} \tag{1.G}$$

이다. 이는 반지름 방향의 속도 변화가 선형이라 가정하고 얻은 결과로 좀 더 정확한 결과(연습문제 1.10)인 12.26(1/s)와 비교하면 15%의 오차를 보인다. 앞으로는 정확한 값을 사용하게 될 것이다.

다음으로 내부 실린더 표면에서의 전단응력을 구하면

$$\tau = \frac{F}{A} = \frac{\Gamma / r_1}{\pi D_1 L} = \frac{0.005 \text{ N·mm} / (0.5 \cdot 25.15 \text{ mm})}{\pi \cdot 25.15 \text{ mm} \cdot 92.37 \text{ mm}} = 5.45 \cdot 10^{-8} \frac{\text{N}}{\text{mm}^2} = 0.0545 \frac{\text{N}}{\text{m}^2} \tag{1.H}$$

이다. ■

예제 1.2에서는 bob 바닥에서의 응력은 무시하였는데, 실제 점도 측정에서는 효과는 작으나 고려되어야 한다. 또한 온도 의존 효과를 나타내므로 장비 일체는 항온조에 담가 사용한다.

실험 결과로부터 네 가지 곡선을 그림에 나타내었는데, 모두 자연계에서 관찰할 수 있는 것들이다(그림 1.6). 자연계에서 가장 일반적인 거동은 원점을 통과하는 직선으로 나타낸 것이다. 이 직선은 뉴턴의 점도법칙으로 기술되기 때문에 뉴턴 거동(newtonian behavior)이라 한다.

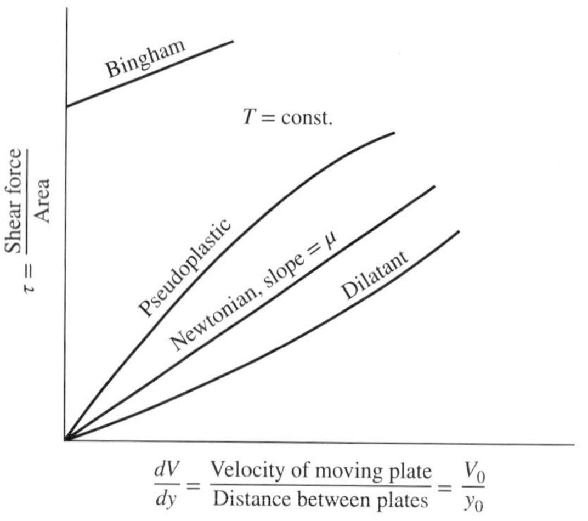

그림 1.6
등온, 등압 조건에서 평판 끌기 실험의 가능한 결과

$$\tau = \mu \frac{dV}{dy} \quad \text{[뉴턴 유체]} \tag{1.4}$$

이 식은 전단응력 τ가 속도구배 dV/dy에 선형적으로 비례함을 나타내며, 이 식으로부터 점도를 정의할 수 있다.

$$\mu = \frac{\tau}{dV/dy} \tag{1.5}$$

여기서 μ를 **점도**(viscosity) 또는 **점도계수**(coefficient of viscosity)라 한다.[이 식의 앞에 − 기호를 붙여서 나타내기도 하는데, 이는 열전도식이나 질량확산식과 같은 형태로 나타내기 위한 것이다([2], pp. 266, 515). 전단응력의 방향에 +기호를 붙인 것은 임의적인 것으로서, −기호를 붙여서 전단응력의 방향을 반대로 나타낼 수도 있다. 어느 경우에도 결과는 식 (1.5)에서와 마찬가지가 된다.] 예제 1.2에 대한 점도를 구하면 다음과 같다.

$$\mu = \frac{\tau}{dV/dy} = \frac{0.0545\ \text{N/m}^2}{12.26/\text{s}} = 0.0044\ \frac{\text{N}\cdot\text{s}}{\text{m}^2} \tag{1.I}$$

공기와 같은 유체는 점도 μ가 아주 낮아서 거동을 관찰하면 그림 1.6에서 원점을 통과하면서 dV/dy 축에 아주 가까운 직선이 된다. 반면 옥수수시럽과 같은 유체는 μ 값이 아주 커서 원점을 통과하면서 τ 축에 아주 가까운 직선이 된다.

평판 끌기 실험에서 이러한 거동을 하는 유체 즉 뉴턴의 점도법칙에 따르는 유체를 **뉴턴 유체**(newtonian fluid)라 하고 다른 것은 모두 **비뉴턴 유체**(nonnewtonian fluid)라 한다. 뉴턴 유체에는 어떤 것들이 있는가? 기체는 모두 뉴턴 유체이고, 액체 중에서 물, 벤젠, 에탄올, 사염화탄소, 헥산 등 간단한 화학식으로 쓸 수 있는 액체도 모두 뉴턴 유체이다. 또한 무기염이나 설탕의 수용액이나 벤젠 용액처럼 간단한 분자의 수용액 또는 유기용매 용액은 대부분 뉴턴 유체이다. 한편, 비뉴턴 유체에 속하는 것들로는 일반적으로 복잡한 혼합물로서 슬러리, 풀, 겔, 고분자 용액 등을 들 수 있다. 대부분의 비뉴턴 유체는 서로 다른 크기의 입자들로 구성되어 있다. 예를 들면 치약은 다양한 고분자들로 이루어진 수용액에 고체 입자들이 부유하는 상태인데, 이러한 고체 입자들이나 고분자들은 물 분자보다 수천 수백만 배나 크다.

비뉴턴 유체를 다룰 때는 점도의 의미에 관해 합의하여야 한다. 식 (1.5)의 정의를 그대로 사용한다면, 임의의 온도에서의 점도가 dV/dy에 관계없이 일정하지 않으므로, dV/dy의 함수로 고려하여야 한다. 그림 1.7에서 선 OA, OB, OC는 각각 기울기 μ가 다르므로 dV/dy가 증가하면 점도가 감소한다.[그림 1.7에서 정의되는 점도를 **겉보기점도**(apparent viscosity)라 한다.] 이러한 정의를 사용하면 세 가지 형태의 일반적 비뉴턴 유체를 관찰할 수 있다(그림 1.6).

1. **유사가소성 유체**(pseudoplastic fluid): 속도구배의 증가에 따라 점도가 감소한다. 대부

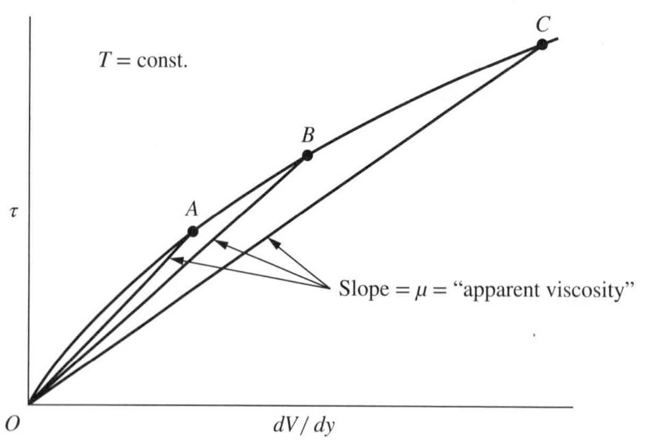

그림 1.7
유사가소성 유체의 겉보기 점도

분의 슬러리, 진흙, 고분자 용액, 천연고무 용액, 혈액 등을 예로 들 수 있다. 이러한 유체는 비뉴턴 거동을 하는 전형적인 형태로 담화(shear thinning) 유체라 한다.

2. 빙햄 유체(Bingham fluid): 빙햄 플라스틱(Bingham plastic)이라고도 하며, 작은 전단응력에는 무기한 저항하지만, 전단응력이 클 때는 쉽게 흐른다. 따라서 응력이 작을 때는 점도가 무한하고. 응력이 클 때는 점도가 속도구배의 증가에 따라 감소한다고 할 수 있다. 밀가루반죽, 치약, 젤리, 몇 가지 슬러리를 예로 들 수 있다.
3. 팽창 유체(dilatant fluid): 속도구배에 따라 점도가 증가한다. 이런 거동을 농화(shear thickening)라 하는데 흔치 않은 경우이지만 녹말 현탁액이나 진흙 등이 이와 같은 거동을 한다. 이 유체에서는 액체가 하나의 고체 입자의 이동을 윤활시키는 역할을 하며, 전단속도가 증가하면 윤활 효과가 파괴되어 고체 입자들이 서로 미끄러지는 데 저항이 증가하게 된다.

지금까지는 τ 대 dV/dy 곡선이 시간의 함수가 아니라고 가정하였다. 즉, 평판을 일정한 속도로 움직이는 데 필요한 힘이 항상 같은 경우에 관하여 언급하였다. 그러나 모든 유체가 다 이러한 것은 아니다. 보다 완전한 그림을 그림 1.8에 나타내었는데, τ 대 dV/dy 대 시간 곡선에서 실선을 보면 dV/dy 값이 약간 기울어짐을 볼 수 있다. 따라서 세 가지 경우가 있을 수 있다.

1. 점도가 시간에 관계없이 일정한 경우. 이러한 것을 시간 독립성 유체(time-independent fluid)라고 한다.
2. 점도가 시간에 따라 감소하는 경우. 이러한 것을 딕소트로픽 유체(thixotropic fluid)라고 한다.
3. 점도가 시간에 따라 증가하는 경우. 이러한 것을 레오펙틱 유체(rheopectic fluid)라고 한다.

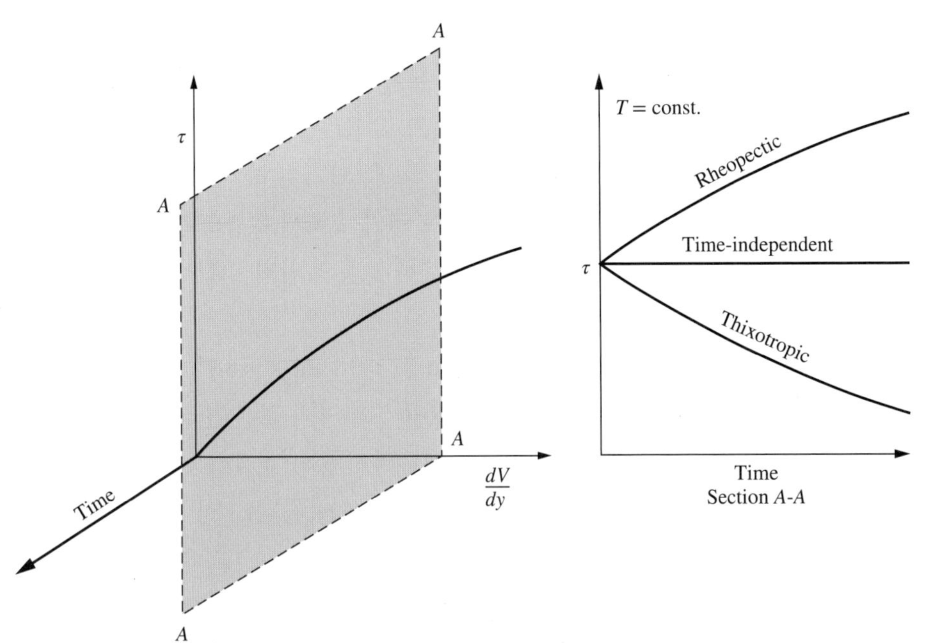

그림 1.8
시간에 무관하거나 또는 시간 의존적 거동을 나타내는 유체의 점도

모든 뉴턴 유체와 대부분의 비뉴턴 유체는 시간 독립적이다. 딕소트로픽 유체로 알려진 것에는 여러 가지가 있는데, 대부분은 고분자 용액이나 슬러리로 되어 있다. 반면 레오펙틱 유체로 알려진 것은 몇 가지밖에 안 된다.

한편, 어떤 유체는 그림 1.6과 1.8에 나타낸 거동을 할 뿐만 아니라 탄성(elastic property)을 가지고 있어서 전단응력을 제거하면 다시 '튀어 오르는'성질이 있는데 이러한 것을 **점탄성 유체**(viscoelastic fluid)라 한다. 가장 일반적인 예는 달걀 흰자위, 쿠키 반죽 및 문구점에서 파는 고무풀이다. 고무풀을 병에서 조금 쏟다가 손을 재빨리 움직여서 다시 병에 넣으면 점탄성을 가장 쉽게 입증할 수 있다. 달걀 흰자위도 마찬가지로 점탄성을 나타낸다. 물과 같은 보통 유체의 경우에는 이러한 현상은 일어나지 않는다.

이와 같은 특이한 유체들의 거동은 사용하는 데 실질적인 편리성을 제공한다. 즉, 좋은 치약이라면 빙햄 유체일 것인데, 치약 튜브에서 쉽게 짜지지만 칫솔에서 물이나 꿀처럼 흘러내리지 않는다. 좋은 페인트라면 딕소트로픽 유체일 것인데, 통 안에 있을 때는 점성이 아주 커서 바닥에 가라앉지 않지만 흔들면 점도가 줄어들어서 솔을 사용하여 표면에 쉽게 바를 수가 있다. 또한 솔질을 하면 일시적으로 점도가 감소하여 옆으로 흐르기 때문에 솔질 자국이 없어진다.[도료업에서는 이를 **균엽**(leveling)이라 한다.] 그러나 가만히 두면 다시 점도가 증가하여 방울이 생기거나 벽을 따라 흘러내리지 않는다.

공학적으로 응용되는 유체는 대부분 물, 공기, 기체, 단순 유체이므로, 대부분의 유체흐름 문제는 뉴턴 유체에 관한 것이다. 따라서 본 교제에서도 뉴턴 유체와 관련된 문제들을 주로 다루었다. 그러나 비뉴턴 유체도 그 거동 때문에 마찬가지로 중요하다.(비뉴턴 유체는 13장에서 다루게 될 것이다.)

헬륨과 같이 아주 단순한 기체의 점도는 한 개의 실험 측정치를 이용하여 기체 운동론으로부터 모든 온도와 압력에서 값을 계산할 수 있다[2]. 그러나 대부분의 기체와 액체는, 온도와 압력의 변화에 따른 점도의 변화를 예측하는 방법이 있기는 하지만, 몇 개의 실험 측정치가 필요하다[3]. 일반적으로 기체의 점도는 온도 증가에 따라 **조금씩 증가**하지만, 액체의 점도는 온도 증가에 따라 **급격히 감소**한다. 저압이나 보통의 압력 조건에서는 기체와 액체의 점도는 모두 다 실질적으로 압력에 무관하다.

점도의 기본 단위는 poise(P)이다. 1 P = 1 g/(cm·s) = 0.1 Pa·s = 6.72 × 10^{-2} lbm/(ft·s)이다(부록 D 참조). 이 단위는 고분자 용액이나 용융 고분자와 같은 물질에 널리 사용되지만, 보통 유체일 때는 단위가 너무 크다. 우연의 일치로 약 68°F = 20°C에서 물의 점도는 0.01 poise이다. 따라서 미국에서는 주로 centipoise(cP)를 사용한다. 1 cP = 0.01 P = 0.01 g/(cm·s) = 0.001 N·s/m^2 = 0.001 Pa·s = 6.72 × 10^{-4} lbm/(ft·s)이다. 유체의 점도를 cP 단위로 나타내면 상온일 때 물의 점도에 대한 비와 같아진다. 일반 액체와 기체의 점도를 부록 A.1에 나타내었다. 예제 1.2에서 얻어진 유체의 점도는 4.4 cP에 해당된다.

1.5.4 운동 점도

공학적 문제에서 점도가 점도와 밀도의 비로 사용되는 경우가 많은데, 이에 따라 다음과 같은 새로운 점도를 정의한다.

$$\text{운동점도} = \nu = \mu / \rho \tag{1.6}$$

이와 같은 운동점도의 가장 일반적 단위는 centistoke(cSt)이다.

$$1\ \text{cSt} = \frac{1\ \text{cP}}{1\ \text{g}/\text{cm}^3} = 10^{-6}\,\frac{\text{m}^2}{\text{s}} = 1.08 \cdot 10^{-5}\,\frac{\text{ft}^2}{\text{s}} \tag{1.J}$$

상온(68°F = 20°C)에서 물의 운동점도는 1.004 ≈ 1 cSt이다. 앞에서 사용한 점도와 이 운동점도의 혼동을 피하기 위하여 점도 μ를 **절대점도**(absolute viscosity)라 하여 구분하기도 한다. 운동점도의 편리한 점은 열확산도 및 분자확산도의 차원과 같은 차원[(길이)^2/시간]을 갖는다는 것이다. 6장에서 실제적인 적용 문제들을 다룰 것이다.

1.5.5 표면장력

액체는 잡아당겨진 고무판처럼 마치 수축되는 피부로 둘러싸인 것과 같은 거동을 하는데 이러한 현상을 **표면장력**(surface tension)이라 한다. 일상적으로도 이러한 현상을 볼 수 있는데, 가령 유리잔의 물을 천천히 쏟으면 잔 끝에서 흘러내려서 실망하는 일이 많다(그림 1.9)

그림 1.9
표면장력에 의한 낙담효과. 용기의 표면을 따라 물이 흘러내린다.

표면장력은 액체의 인력에 기인한다. 모든 분자는 서로 끌어당기는데 중심에서는 모든 방향에서 똑같이 끌어당기지만, 표면에서는 바깥쪽으로 끌어당기는 액체 분자가 없으므로 중심 방향으로 끌어당기게 된다(그림 1.10). 분자가 중심으로 모이려 하기 때문에 중심 가까이에 분자 수가 가장 많아지는 모양, 즉 구를 이루게 된다(연습문제 1.11). 구 이외의 어떤 다른 모양도 단위 부피당 더 큰 표면적을 가지므로 유체의 형태에 관계없이 인력으로 인하여 유체를 끌어모아서 구를 만들려고 한다. 중력과 같은 힘들은 표면장력과는 반대 방향으로 작용하는 힘이다. 따라서 구형은 내수 처리된 표면에서의 작은 물방울 같은 작은 계에서만 볼 수 있다. 결과적으로 유체는 표면적을 최소화하려는 경향이 있다.(2차원에서 유사한 상황을 군대개미(army ant)의 거동에서 관찰할 수 있다. 일개미는 집단을 이루어서 이동하는데, 위에서 내려다보면 이 무리는 원처럼 보인다. 이 개미는 다른 개미의 냄새로 서로 끌어당기는데, 냄새가 가장 강한 쪽으로 모이려 한다. 모든 개미가 한 평면에 있으므로, 둘레/면적 비가 가장 작은 평면을 이루게 되는데 이것이 원이다[4].)

표면이 수축하는 정도를 그림 1.11에 나타낸 기구로 측정할 수 있다. 한쪽이 움직이도록 만든 철사 틀을 유체에 담갔다가 조심하여 꺼내면 이 틀이 만드는 공간에 액막이 형성

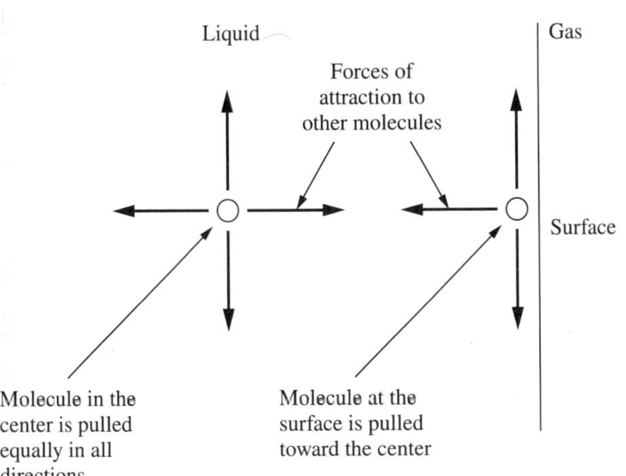

그림 1.10
표면장력은 분자 사이의 인력 때문에 생긴다.

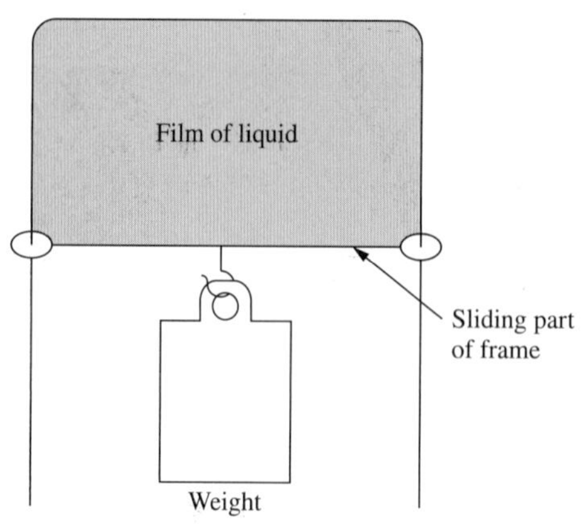

그림 1.11
간편한 표면장력 측정법(예제 1.3 참조)

된다. 이 막은 구형을 만들려고 하지만, 철사에 붙어 있기 때문에 틀의 이동 부분을 잡아당기게 된다. 이러한 움직임에 저항하는 데 필요한 힘을 추를 달아서 측정할 수 있다. 실험을 통하여 확인한 바로는, 온도가 일정할 때 동일한 유체에서는 철사들의 크기에 관계없이 이 힘과 이동 부분 철사 길이의 비가 항상 같다는 것이다. 이 틀 안의 액막은 표면이 둘(안과 밖)이므로, 한 표면의 단위 길이당 힘은 측정한 전체 힘의 꼭 절반이 된다. 따라서 액체의 표면장력은 다음과 같이 정의한다.

$$\text{표면장력} = \frac{\text{한쪽 막에서의 힘}}{\text{길이}} \quad \text{또는} \quad \sigma = \frac{F}{l} \tag{1.7}$$

예제 1.3 그림 1.11과 같은 장치를 이용하여 유체에 대한 표면장력을 측정하려고 한다. 틀 내 움직이는 부분의 길이가 10 cm이고, 형성된 액막이 잡아당기는 힘은 추의 무게 0.6 g일 경우 0.00589 N이다. 유체의 표면장력을 구하라.

식 (1.7)로부터

$$\sigma = \frac{F(\text{one film})}{l} = \frac{0.005\,89\ \text{N} / 2}{0.1\ \text{m}} = 0.0294\ \frac{\text{N}}{\text{m}} = 0.000\,168\ \frac{\text{lbf}}{\text{in}} \tag{1.K}$$

이다. ■

그림 1.11과 같은 장치는 개념을 이해하기에는 편리한 장치이지만 측정 장치로 실용적인 것은 아니다. 따라서 14장에서 좀 더 실용적인 측정 장치에 대하여 다룰 것이다.

표면장력은 주변 기체(공기, 수증기, 기타 기체)에 따라 미소하지만 영향을 받는다. 공기에 노출된 액체 표면에 대한 표면장력 값을 표 1.1에 나타내었다. 표면장력의 전형적인 단위는 dyne/cm = 0.001 N/m이다. 이 표에서 보면, 68°F = 20°C에서 대부분 유기용매에 대한 표면장력은 대개 비슷한 값(≈ 25 dyne/cm)들을 가지나 물의 경우는 이들의 약 세 배이고 수은은 20배 정도나 크다는 것을 알 수 있다.

표 1.1
68°F = 20°C 공기에 노출된 순수 유체의 표면장력

Fluid	Surface tension, dyne / cm = 0.001 N / m	Surface tension, lbf / in
Acetic acid	27.8	0.000 159
Acetone	23.7	0.000 135
Benzene	28.25	0.000 161
Carbon tetrachloride	26.95	0.000 154
Ethyl alcohol	22.75	0.000 130
n-Octane	21.8	0.000 124
Toluene	28.5	0.000 163
Water	72.74	0.000 415
Mercury	484	0.002 763

Lide, David R. *Handbook of Chemistry and Physics*. Boca Raton, FL: CRC Press, 2003; and various other handbooks.

그림 1.11의 기구에서 액체가 고체에 들러붙는 것을 설명하였다. 그러나 액체는 어떤 고체에는 강하게 들러붙지만 어떤 고체에는 그렇지 않다. 예를 들면, 물은 유리에는 강하게 들러붙지만, 폴리에틸렌에는 매우 약하다. 이와 같은 사실이 표면장력에 대한 전반적인 논제를 매우 복잡하게 만든다. 그림 1.9와 같은 현상은 유리나 세라믹 또는 금속 잔에서는 흔히 나타나지만, 폴리에틸렌이나 테플론 잔에서는 그렇지 못하다.

표면장력 때문에 일어나는 현상으로는 또 좁은 관이나 다공질 심지에서의 액체의 모세관 상승(이러한 현상이 없다면 석유등이나 납땜 이음쇠는 제대로 작용하지 못할 것이다)과, 액체를 분사하면 깨져서 방울이 되는 경향(정원 호스나 디젤 연료 분사 장치 또는 잉크젯 프린터 등에서 볼 수 있다)을 들 수 있다. 표면장력 효과는 큰 표면적이 관여하는 시스템에서 아주 중요한데, 에멀션(마요네즈, 콜드크림, 수성페인트)과 다공질 매체를 통한 다상 흐름(유전)을 예로 들 수 있다(14장 참조)[5, 6].

1.6 압력

압력(pressure)은 압축응력이나 단위 면적당 작용된 압축력으로 정의한다. 정지 유체에서는 단위 면적에 작용하는 압축력이 모든 방향에서 다 같다. 고체나 유동 유체에서는 한 점에서 단위 면적에 미치는 압축력이 모든 방향에서 다 같지 않을 수 있다. 고무 지우개를 두 손가락으로 누를 때 일어나는 현상을 통해 그 이유를 설명할 수 있을 것이다(그림 1.12). 이때 고무 지우개가 가늘고 길어지는데, 지우개의 응력을 분석하면 y 방향에서는 압축력이 작용하고 x 방향에서는 장력이 작용한다.(이상하게 생각될지 모르지만, 지우개는 x 방향으로 늘어나는데, 이때 탄성력 때문에 원상으로 돌아가려 한다. 따라서 인장력이 작용한다고 볼 수 있다.) 탄성 고체에서 한 방향의 압축과 다른 방향의 팽창을 푸아송의 비(Poisson ratio)로 설명할 수 있다.(재료역학에 관한 교과서를 참고하기 바란다.) 인장력과 압축력은

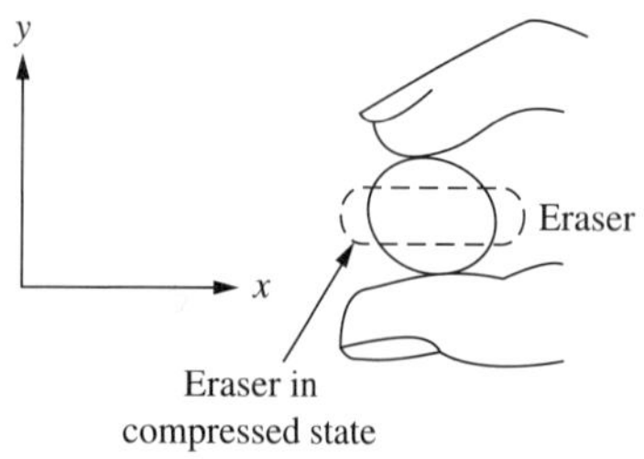

그림 1.12
탄성 고체를 한 방향에서 압축하였을 때의 반응

서로 직각을 이루므로 x축과 45° 되는 곳에서 또한 강한 전단응력이 존재한다.

한편, 컵 속의 물을 손가락으로 누르려 하면 어떤 현상이 일어나는가? 말할 것도 없이 물이 손가락 사이로 빠져나가서 손가락끼리 맞부딪치게 될 것이다. 왜 이렇게 되는가? 처음에 물을 손가락으로 누르기 시작할 때는 지우개와 같은 거동을 하는데, 지우개의 경우와 같은 방향에서 내부 전단력과 인장력이 생긴다. 그러나 일반 유체는 전단력에 영구적으로 저항하지 못하므로 물이 흐르기 시작하여 결국 빠져나가게 된다. 지우개 역시 새로운 형태를 취할 때까지 흐르게 되는데, 이때는 내부 인장력과 전단 저항이 아주 커서 손가락이 맞부딪치지는 않는다. 물은 이러한 저항을 가질 수 없어서 흐르게 되는 것이다.

정말로 물을 누르려 한다면 새어 나갈 수 없는 용기에 넣으면 될 것이다. 이 용기를 누르면 지우개에서와 마찬가지로 용기의 측면이 밀려 나올 것이다.

지금까지 정지 유체의 한 점에서의 압력이 모든 방향에서 같은 이유를 설명하였다. 사실을 증명한 것은 아니므로 이에 관하여서는 부록 B.1을 참고하기 바란다.

고체에서의 압력은 액체에서처럼 분명치 않다. 고체의 한 점에서의 압축응력은 모든 방향에서 같지 않다. 고체에서의 압력은 대개 다음과 같이 정의한다. 즉, 한 점에서의 압력은 세 직각 방향에서 측정한 압축응력의 평균이다. 정지 유체에서는 이 세 응력이 다 같으므로 이 두 가지 정의가 같다. 유동 유체에서는 세 직각 압축응력이 같지 않을 수 있다. 그러나 이 차이가 현저하게 되는 것은 전단응력이 아주 커서 유체역학의 일반적 문제의 범위를 벗어날 정도일 때이다. 따라서 전단응력이 아주 큰 경우(성형 다이를 통한 금속이나 고분자 용융물의 흐름)를 제외하고는 정지 유체나 유동 유체에 별 차이가 없다고 본다. 고분자 용액이나 용융 고분자에서는 서로 직각인 방향에서의 압축응력이 아주 현저하게 다르므로 단순한 유체에서와는 아주 다른 거동을 하게 된다[7].

기체가 관여하는 문제의 풀이에서는 대부분 절대 의미의 압력, 즉 압축응력 0에 대한 상대 압력을 취급하는 것이 편리한데, 이를 **절대압력**(absolute pressure)이라 한다. 그러나 수력학이나 개방 탱크에서와 같이 자유표면을 갖는 액체에 대한 문제의 풀이에서는 대개 임의의 기준(보통 그 지역의 기압) 이상의 압력을 다루는 것이 편리하다. 이 국부 기압에 대한 상대 압력을 **계기압력**(gauge pressure)이라 한다.

이 두 가지 측정법은 모두 통용되므로, 압력을 나타낼 때는 어떤 압력인지를 분명히 하여야 한다. 가령 '압력 15 lbf/in^2'[이 단위를 psi(pounds per square inch)라 한다]일 때, 절대

압력이면 '15 psia'로, 계기압력이면 '15 psig' 등으로 나타내어 구별한다. 압력의 SI 단위는 pascal(Pa)이며 1 Pa = 1 N/m^{2}이다. 이 단위를 사용할 때도 절대압력과 계기압력을 밝혀야 한다.

한편, 높이(고도)를 측정할 때에도 두 가지 기준이 사용된다. 가령 산봉우리, 도로 및 강의 높이는 평균 해수면을 기준으로 한 상대 높이로 나타내는데, 이때 해수면은 '절대'기준면인 셈이다. 그러나 건물을 설계하여 건축할 때는 국부 높이(대개 지표)에 대한 상대적인 값을 사용한다. 이처럼 높이와 압력차를 나타내는 방법을 그림 1.13에서 비교하여 보면 분명히 알 수 있을 것이다. 압력계는 대부분 측정 압력과 국부 대기압의 차이를 보여 주는 계기압력을 나타낸다. 예를 들어 압축공기에 대한 측정계기의 압력이 20 psi를 나타내면 이는 대기압을 기준으로 한 계기압력으로서 20 psig(= 137.8 kPa gauge)이다. 이것은 마치 지표를 기준으로 한 건물 높이가 100 ft(= 30.5 m)라고 하는 것과 같은 표현이다. 이처럼 국부 기준으로 나타내면 −값이 될 수 있는데, 가령 지하실의 높이는 지표를 기준으로 하면 −30 ft(= −9.15 m)가 될 수 있고, 마찬가지로 진공장치의 압력이 대기압보다 5 psig 낮으면 −5 psig(= −34.5 kPa gauge)가 된다.

평균 해수면에 대하여 상대적으로 나타낼 때도 −(음수)값을 가질 수 있다. 예를 들어 사해는 해수면보다 1200 ft(= 366 m) 낮다. 마찬가지로 −(음수) 절대압력이 있을 수 있는가? 물론이다. −(음수) 절대압력은 −(음수) 압축응력, 즉 인장응력이다. 이러한 일은 고체에서는 자주 일어나고, 액체에서는 드물게 일어나며, 기체에서는 결코 일어나지 않는다. 모든 액체는 유한한 증기압을 가지고 있으므로 이 증기압 이하로 액체의 압력을 낮추면 액체가 비등하여 더 낮은 평형 증기압으로 대체되기 때문이다. 그러나 정말 순수한 액체에서는 자발적으로 비등하는 일이 결코 없지만[8], 불순물의 작은 입자나 용기 벽 때문에 이러한 비

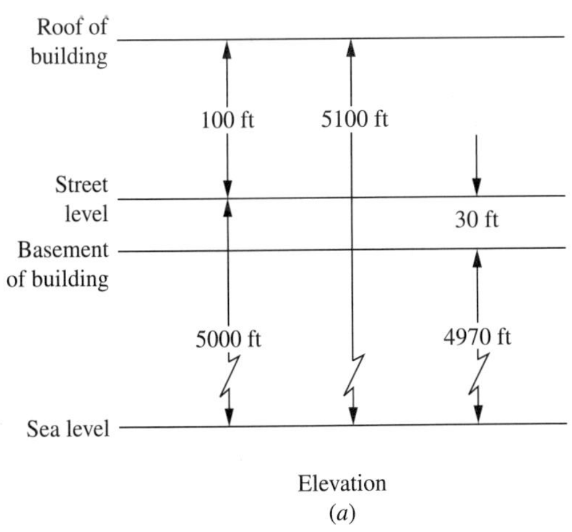

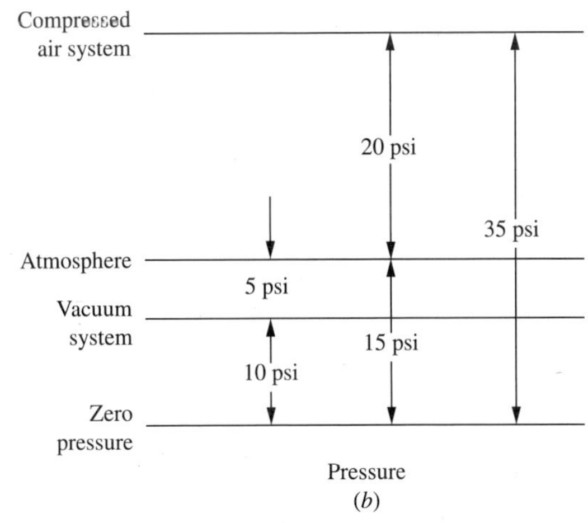

그림 1.13
계기압력과 절대압력의 관계 및 고도 측정과의 비교

등이 일어나게 된다.(차가운 탄산음료를 유리잔에 따를 때 누구나 이러한 현상을 볼 수 있다. 기포는 대부분 유리잔 벽에서 생기고, 내부에서는 별로 생기지 않는다. 또한 차가운 청량음료에 설탕을 떨어뜨리면 이러한 현상이 분명하게 나타난다.) 따라서 액체가 아주 순수하고 용기 벽이 아주 매끈하면 액체에는 −(음수) 절대압력에서 장력이 존재하게 된다. 이 상태는 불안정하여 조금만 교란되어도 액체가 비등하게 된다[9].

1.7 힘, 질량, 무게

유체역학에서는 힘, 질량, 무게(중량)를 다루는 일이 많다. 힘과 질량의 단위 문제는 다음 절에서 다룬다. 힘의 불균형이 생기면 물체의 속도나 방향이 변하게 된다. 이 세계의 힘은 대부분 반대 힘과 균형을 이룬다.(건물은 지면에 힘을 미치지만, 지면은 이와 동일한 반대 힘을 건물에 미치므로, 어느 것도 움직이지 않는다.) 따라서 고정된 물체를 움직이게 하거나 움직이는 물체를 정지시키려면 불균형적인 힘이 미쳐야 한다.

질량(mass)은 존재하는 물질[여기서 물질(matter)은 벽돌, 분자, 원자, 핵, 쿼크(quark) 등 어떤 크기라도 상관없다]의 양을 나타내는 것으로, 물질의 양이 많아지면 질량은 증가한다. 질량은 또한 어떤 양의 물질을 움직이게 하거나 움직이는 물질을 멈추게 하기가 얼마나 어려운가를 나타내는 척도이기도 하다. 만약 50 ft/s(15.2 m/s)로 움직이는 야구공은 손에 상처를 입지 않고도 누구나 멈추게 할 수 있지만, 이 속도로 달리는 자동차 앞에 선다면 죽게 될 것이다. 이는 자동차는 야구공보다 질량이 매우 커서 멈추기가 어렵기 때문이다.

무게(weight)는 힘이다. 즉, 중력가속도 때문에 물체가 내는 힘이다. 중력이 없으면 무게는 없다.(인공위성 안에서는 중력이 없으므로 무게가 없는 **무중력** 상태이다.)

1.8 단위와 환산인자

공학에서는 측정할 수 있고 측정 단위로 기술할 수 있는 실제 물체를 다룬다. 공학 계산에서는 대부분 이러한 측정 단위를 취급하는데, 이러한 단위가 한 종류이고 온 세상이 이 한 종류의 단위 사용에 동의한다면 간단하겠지만, 현재 그렇지 못하다. 미국에서는 주로 영국단위계를 사용하는데 이는 foot(ft), pound(lbm), degree fahrenheit(°F)에 기초한 것이다. 그러나 meter(m), kilogram(kg), degree celsius(°C)에 기초한 미터단위계(또는 SI단위계)를 사용하는 곳이 많다. 미국에서는 1866년부터 미터단위계를 공식으로 수용하였고, 1975년 이후에는 이 단위계로 환산하도록 하는 정책을 밝혔지만[10] 그 진척은 실망스러울 정도로 느리다.

상황은 언어와 비슷하다. 온 세상 사람들이 한 가지 언어를 사용한다면 좋겠지만, 저마다 다른 언어를 사용하는 실정이다. 유럽에서 교육을 받은 사람들은 적어도 두 개의 언어를 할 줄 알며 일반적으로 하나 또는 둘 이상의 언어를 읽을 줄 안다. 마찬가지로 미국의 엔지니어들은 영국단위계에 익숙할 뿐 아니라, centimeter-gram-second(cgs) 단위로 발표된 오래된 문헌을 이해할 수 있고, 여러 가지 특수 단위, 예를 들어 poundal(pdl), slug, 그리고 석유 제품에 관한 42-gallon barrel과 같은 특수 산업에서 사용되는 단위, in H_2O와 같은 압력차 단위 등도 잘 알아야 할 것이다. 한편, 미국의 엔지니어들은 자동차의 대기 오염물 방출량을 나타내는 g/mile과 같은 혼합 단위들에 대해서도 알아야 한다. 또한 통용되는 미터단위계와 SI단위계의 차이에 관해서도 제대로 이해하고 있어야 할 것이다.

유체역학에서는 12나 3.66과 같은 무차원수(pure number, dimensionless number)보다는 12 ft/s(= 3.66 m/s)와 같이 차원이 주어지는 양, 즉 차원량(dimensioned quantity)을 주로 사용한다. 우리는 종종 단위를 생략하고 말하는 경우가 있다. 예를 들면, "내가 어제 60으로 운전했어"라고 말할 경우, 미국에서는 당연히 60 mi/h로 이해하나 그 밖의 나라들에서는 60 km/h로 이해하게 되는 차이점들이 존재한다. 1999년에 1억 2500만 달러를 들인 미국의 화성 탐사선이 잘못된 단위 입력으로 인해 파괴된 예도 있다[11]. 기술적인 작업에서는 항상 단위 점검을 잊어서는 안 된다. 따라서 유체역학 문제를 제대로 다루려면 단위와 환산인자를 잘 알아야 한다. 이러한 단위와 환산인자를 소홀하게 다루고, 또 힘과 질량을 겉보기에 같은 단위로 나타내는 것은 기술자들이 어려움을 겪는 주된 원인이 된다.

실수를 저지르지 않고 한 차원의 공학적 양을 어떤 단위로부터 다른 단위로 일관성 있게 환산하려면 다음 두 가지 규칙에 따르면 좋을 것이다.

1. 공학적 양을 쓸 때는 언제나 단위를 함께 쓴다.
2. 원하는 답을 구하기 위하여 이 단위를 다른 단위로 환산할 때는 1을 곱하거나 1로 나눈다.

예제 1.4 속도 327 mi/h를 ft/s 단위로 계산하라.

먼저 다음과 같이 단위를 포함한 식을 쓴다.

$$\text{속도} = 327 \text{ mi/h} \tag{1.L}$$

이 값은 327 km/h나 327과는 다른 것이다. 만일 단위를 생략하면 위 식의 327은 아무 의미도 없게 된다. 이제 mile과 foot의 환산관계를 쓴다.

$$1 \text{ mi} = 5280 \text{ ft} \tag{1.M}$$

이 식의 양변을 1 mi로 나누면

$$\frac{1 \text{ mi}}{1 \text{ mi}} = 1 = \frac{5280 \text{ ft}}{\text{mi}} \tag{1.N}$$

5280 ft/mi이 1과 같다는 생각에 익숙지 않겠지만, 이 식에서 알 수 있듯이 이 값은 분

명히 1과 같다. 마찬가지로 hour의 정의, 즉 h와 s의 환산관계를 쓴다.

$$1\ \text{h} = 3600\ \text{s} \tag{1.O}$$

이 식의 양변을 3600 s로 나누면

$$\frac{3600\ \text{s}}{3600\ \text{s}} = 1 = \frac{\text{h}}{3600\ \text{s}} \tag{1.P}$$

역시 1 h/3600 s가 1과 같다는 생각에 익숙지 않겠지만, 이는 사실이다. 이제 식 (1.L)로 돌아가서, 양변을 식 (1.N)의 1과 식 (1.P)의 1로 두 번 곱하면 다음과 같다.

$$\text{속도} \cdot 1 \cdot 1 = \frac{327\ \text{mi}}{\text{h}} \cdot \frac{5280\ \text{ft}}{\text{mi}} \cdot \frac{\text{h}}{3600\ \text{s}} \tag{1.Q}$$

어떤 값에 1을 몇 번 곱하더라도 변하지 않으므로, 좌변은 그대로이고, 우변에서는 분자와 분모의 단위를 소거하면 다음과 같이 답을 얻을 수 있다.

$$\text{속도} = \frac{327\ \cancel{\text{mi}}}{\cancel{\text{h}}} \cdot \frac{5280\ \text{ft}}{\cancel{\text{mi}}} \cdot \frac{\cancel{\text{h}}}{3600\ \text{s}} = \frac{327 \cdot 5280\ \text{ft}}{3600\ \text{s}} = 480\ \frac{\text{ft}}{\text{s}} = 146\ \frac{\text{m}}{\text{s}} \tag{1.R}$$

■

이 예제는 비교적 쉬운 문제이므로 여기서 푼 것처럼 모든 과정을 거칠 필요는 없겠지만, 보다 복잡한 문제에서는 이러한 절차를 이용하는 것이 좋다.

예제 1.5 시간 2.6 h를 s 단위로 구하라.

역시 먼저 단위를 포함한 식으로 시간을 나타낸다.

$$\text{시간} = 2.6\ \text{h} \tag{1.S}$$

s 단위의 값을 구하려면 양변을 다음과 같이 1로 나누면 된다.

$$\text{시간} = 2.6\ \text{h} \cdot \frac{3600\ \text{s}}{\text{h}} = 2.6 \cdot 3600\ \text{s} = 9360\ \text{s} \tag{1.T}$$

■

예제 1.4에서는 1 h/3600 s(= 1)를 곱하였지만, 예제 1.5에서는 나누었다. 어떤 때 곱하고 어떤 때 나누는가? 어느 경우에나 불필요한 단위가 소거되고 원하는 단위가 얻어지도록 하면 된다. 이때 다음 세 가지를 생각하면 좋다.

1. 단위를 대수적 양으로 취급하여 곱하거나 나눈다.
2. 1은 곱하거나 나누어도 값이 달라지지 않는다.
3. 어떤 단위환산 관계식이라도 한 변을 다른 변으로 나누어서 1 = 1의 형태로 환산할 수 있다.

이 마지막 생각의 예를 들면 다음과 같다.

$$1 = \frac{60\text{ s}}{\text{min}} = \frac{12\text{ in}}{\text{ft}} = \frac{7000\text{ gr}}{\text{lbm}} = \frac{\text{mi}^2}{640\text{ acres}} = \frac{\text{Btu}}{252\text{ cal}} = \frac{\text{W}}{\text{VA}} = \text{등등} \tag{1.8}$$

위에서 다룬 예제들은 단위환산이 간단한 것들이지만, 힘과 질량, 열에너지와 기계적 에너지에 관한 항들이 포함되면 다소 복잡해진다. 힘과 질량에 관하여 항상 SI단위계에서 힘의 단위는 newton(N), 질량의 단위는 kilogram(kg), 그리고 에너지의 단위는 기계적 에너지의 단위인 joule(J)인데, 1 J = 1 N·m이다.

그러나 영국단위계와 유럽에서 통상적으로 사용되는 재래의 미터단위계에서는 힘-질량의 단위환산이 어렵다. 가령 유럽 남자에게 몸무게가 얼마냐고 물었을 때 "80 kilo"라고 대답한다면 이는 80 kg이라는 뜻이다. SI 단위로 말할 수 있는 사람이라면 몸무게의 단위로 kg을 사용하지는 않을 것이다. SI단위계에서 무게(힘)의 단위는 N이므로, "784.8 N"이라고 대답하였을 것이다. 즉, 중력가속도가 9.807 m/s^2 = 32.17 ft/s^{2}인 표준 중력장에서 질량 80 kg의 무게는 784.8 N이기 때문이다. 공학을 처음 공부하는 사람에게 무게와 질량의 차이를 설명하기란 쉬운 일이 아니다. 하물며 대중에게 80 kg의 질량이 나타내는 힘이 80 kg이 아니라는 생각을 가지게 하기는 불가능하다. 따라서 할 수 없이 kilogram 단위에는 kilogram-mass(kgm)와 kilogram-force(kgf)의 두 가지가 있다고 보는데 이때 1 kgm는 표준 중력장에서 1 kgf의 힘을 낸다고 정의한다. 실제로 세상 사람들이 생각하는 것과 같은 것이다. 마찬가지로 영국단위계에서도 두 가지의 pound, 즉 pound-mass(lbm)와 pound-force(lbf)가 필요하다. 이 경우에는 표준 중력장에서 1 lbm의 질량이 1 lbf의 무게에 해당한다고 정의한다.

이것이 문제가 되는 이유는 무엇일까? kgm와 kgf가 비슷하게 보이기 때문에 사람들은 이 두 가지가 같은 것으로 생각하고, lbm와 lbf가 비슷하게 보이기 때문에 이 둘 또한 같은 것으로 생각한다. 그러나 실제로는 같은 것이 아니므로, 공학 계산에서 심각한 오류를 범하게 되는 것이다.

뉴턴의 운동 제2법칙은 다음과 같다.

$$F = ma \tag{1.9}$$

여기서 F는 힘, m은 질량, a는 가속도이다. 1 lbf는 1 lbm의 질량에 작용하여 32.2 ft/s^{2}의 가속도를 내는 힘으로 정의한다. 이 정의를 식 (1.9)에 대입하면

$$1\text{ lbf} = \text{lbm} \cdot 32.2\,\frac{\text{ft}}{\text{s}^2} \tag{1.U}$$

양변을 1 lbf로 나누면 다음을 얻는다.

$$1 = \frac{\text{lbf}}{\text{lbf}} = 32.2\,\frac{\text{lbm}\cdot\text{ft}}{\text{lbf}\cdot\text{s}^2} \tag{1.V}$$

이 식의 우변에서, 분자의 lbm와 분모의 lbf가 같은 것으로 잘못 생각하고 소거하면 $1 = 32.2\ \text{ft/s}^2$라는 엉뚱한 결과를 얻는다. 따라서 문제 풀이에서 이러한 잘못을 범하면 단위가 맞지 않을 뿐만 아니라, 수치가 32.2(영국단위계의 경우) 또는 9.8(미터단위계의 경우) 배나 차이가 나게 될 것이다. 유사하게, 전형적인 미터단위계에서는 다음과 같이 정의한다.

$$1\ \text{kfg} = \text{kgm} \cdot 9.8\ \text{m/s}^2 \tag{1.W}$$

양변을 kgf로 나누면

$$1 = \frac{\text{kgf}}{\text{kgf}} = 9.8\,\frac{\text{kgm} \cdot \text{m}}{\text{kgf} \cdot \text{s}^2} \tag{1.X}$$

이고, 이 경우에도 우변 분자의 kgm와 분모의 kgf가 같은 것으로 잘못 생각하고 소거하면, $1 = 9.8\ \text{m/s}^2$라는 이상한 결과를 얻게 된다.

이러한 어려움을 어떻게 극복할 수 있을까? 한 가지 방법은 언제나 SI 단위만을 사용하는 것인데, 이 경우에는 kg은 언제나 kgm를 의미하는 것이 되고 kgf는 나타나지 않는다. 힘의 단위는 언제나 N = (1/9.8) kgf이다. 그러나 사람들은 습관적으로 kgf나 lbf를 사용하고, 또 공학 분야의 문헌에서도 이러한 단위를 사용하기 때문에 문제이다. 따라서 또 한 가지 방법이라면, kgf나 lbf를 같이 사용하되, 힘-질량 환산인자를 제대로 이용하도록 하는 수밖에 없다. 이 환산인자의 값은 다음과 같다.

$$1 = 9.8\,\frac{\text{kgm} \cdot \text{m}}{\text{kgf} \cdot \text{s}^2} = 1.0\,\frac{\text{kgm} \cdot \text{m}}{\text{N} \cdot \text{s}^2} = 32.2\,\frac{\text{lbm} \cdot \text{ft}}{\text{lbf} \cdot \text{s}^2} \tag{1.10}$$

한편, 과거의 문헌을 이해하려면 역사적 배경을 좀 알아야 한다. 첫째로, 오래전의 교과서나 논문에서는 힘-질량 환산인자를 나타내는 기호로 g_c를 사용한 것들이 있는데 중력 g와 혼동해서는 안 된다.

둘째로, 영국단위계를 사용하는 공학자 중에는 이러한 어려움을 피하기 위하여 새로운 단위, 즉 slug(1 slug = 32.2 lbm = 14.6 kg)와 poundal(pdl)(1 pdl = lbf/32.2 = 0.138 N = 0.014 kgf)을 창안하여 사용하는 이들이 있다. 따라서 이 단위들을 사용할 때 힘-질량 환산인자는 다음과 같다.

$$1 = 9.8\,\frac{\text{kgm} \cdot \text{m}}{\text{kgf} \cdot \text{s}^2} = 1.0\,\frac{\text{kgm} \cdot \text{m}}{\text{N} \cdot \text{s}^2} = 32.2\,\frac{\text{lbm} \cdot \text{ft}}{\text{lbf} \cdot \text{s}^2} = 1.0\,\frac{\text{slug} \cdot \text{ft}}{\text{lbf} \cdot \text{s}^2} = 1.0\,\frac{\text{lbm} \cdot \text{ft}}{\text{pdl} \cdot \text{s}^2} \tag{1.11}$$

일반적으로 화공 엔지니어들은 slug나 poundal(pdl)을 거의 사용하지 않고 있다. 그러나 다른 공학 분야에서는 아직도 사용되고 있으므로 이에 대한 인식이 필요하다.

kgf와 lbf는 N이나 pdl로 대체하고자 하는 과학자와 공학자의 노력에도 불구하고 계속 사용되고 있는데, 비과학 분야의 사용자들에게는 이러한 단위가 자연스럽게 보이기 때문일 것이다. 공학자 중에도 이러한 단위가 적절하다고 생각할 때는 사용하는 이들이 있다.

단위에 관한 두 번째 문제는 기계적 에너지와 열적 에너지 단위이다. SI 에너지 단위는 줄(joule)로 1 J = 1 N·m이다. 이것은 명백한 기계적 에너지 단위로 힘과 거리의 곱으로 정의된다. 그러나 열에너지(가령 난방을 하거나 국을 끓일 때)는 어떤 기준 물질을 일정한 온도만큼 상승시키는 데 필요한 열에너지의 양으로 측정하는 것이 자연스럽다. 영국단위계에서는 British thermal unit(Btu)를 사용하는데 이것은 물 1 lbm를 1°F 올리는 데 필요한 열에너지이다. 한편, 미터단위계에서 사용하는 열에너지는 칼로리(cal)로 물 1 g을 1°C 올리는 데 필요한 열에너지량이다. 1 kcal = 1000 cal이다.(식품의 에너지 함유량을 나타낼 때 사용한다.) 이러한 열에너지 단위를 사용할 때 환산인자는 다음과 같다.

$$1 = \frac{\text{Btu}}{778\ \text{ft}\cdot\text{lbf}} = \frac{\text{Btu}}{1055\ \text{J}} = \frac{\text{cal}}{4.18\ \text{J}} = \frac{\text{kcal}}{4180\ \text{J}} = \frac{\text{kcal}}{4.18\ \text{kJ}} \tag{1.12}$$

Btu와 cal(또는 kcal)는 앞으로도 통용될 것이다. 미국의 난방 기구와 연료비 청구서에서는 주로 Btu를 사용하고(가스요금 청구서에 therm이 사용되는데, 1 therm = 10^5 Btu 또는 Dekatherm = 10 therm = 10^6 Btu이다), 식품에는 kcal를 많이 사용한다.

요약하면, SI 단위만을 사용한다면 힘-질량 환산(N = kg·m/s)이나 에너지 환산(J = N·m = W·s)에 신경 쓸 필요가 없다. 다만 kgf, lbf, cal, kcal, Btu 등의 사용으로 인해 단위환산이 필요할 경우 여기서 다룬 환산인자를 이용하면 된다. 물리량을 나타낼 때는 언제나 단위를 함께 쓰고, 단위를 대수적 양과 마찬가지로 취급하여, 환산관계의 1을 곱하거나 힘-질량이나 열에너지-기계적 에너지에 관한 적절한 환산인자를 사용하여 원하는 단위의 값으로 환산하면 된다. SI단위계에서도 기본 단위(m, kg, s, A, K, mol, cd)만을 사용한다면, 다음과 같은 환산인자가 필요하다.

$$1 = \frac{1000\ \text{g}}{\text{kg}} = \frac{100\ \text{cm}}{\text{m}} = \frac{1000\ \text{mV}}{\text{V}} \tag{1.13}$$

예제 1.6 질량 10 lbm(4.54 kgm)에 3.5 lbf(= 1.59 kgf = 15.56 N)의 힘을 작용시켰을 때의 가속도를 ft/min^2 단위로 구하라.

식 (1.9)를 다시 쓰면

$$a = F / m \tag{1.14}$$

이고, 문제에 주어진 값을 대입하면

$$a = \frac{3.5\ \ \text{lbf}}{10\ \ \text{lbm}} \tag{1.Y}$$

여기서 가속도를 ft/s^2 단위로 구하여야 하므로, 1에 해당하는 환산관계를 곱하거나 나누어서 단위를 환산하여야 한다.

$$a = \frac{3.5\ \text{lbf}}{10\ \text{lbm}} \cdot \frac{32.2\ \text{lbm} \cdot \text{ft}}{\text{lbf} \cdot \text{s}^2} = \frac{3.5 \cdot 32.2}{10} \frac{\text{ft}}{\text{s}^2} = 11.27 \frac{\text{ft}}{\text{s}^2} = 3.44 \frac{\text{m}}{\text{s}^2} \tag{1.Z}$$

또는

$$a = \frac{15.56\ \text{N}}{4.54\ \text{kg}} \cdot \frac{\text{kg} \cdot \text{m}}{\text{N} \cdot \text{s}^2} = \frac{15.56}{4.54} \frac{\text{m}}{\text{s}^2} = 3.43 \frac{\text{m}}{\text{s}^2} = 11.25 \frac{\text{ft}}{\text{s}^2} \tag{1.AA}$$

또는

$$a = \frac{1.59\ \text{kgf}}{4.54\ \text{kgm}} \cdot \frac{9.8\ \text{kgm} \cdot \text{m}}{\text{kgf} \cdot \text{s}^2} = \frac{1.59 \cdot 9.8}{4.54} \frac{\text{m}}{\text{s}^2} = 3.43 \frac{\text{m}}{\text{s}^2} = 11.26 \frac{\text{ft}}{\text{s}^2} \tag{1.AB}$$

이 세 가지 값이 조금씩 다른 것은 환산인자를 사용할 때 반올림하였기 때문임을 알 수 있을 것이다. 보다 정확한 값(1 kgf = 9.80650 N)을 사용하면 세 가지 값이 다 같아지겠지만, 문제에서 준 값의 유효숫자가 두 자리이므로 이 경우 최선의 답은 11.3 ft/s^{2}이 된다. ■

이 책에서 kgf는 예제 1.6에서 마지막으로 사용하였다. 분명한 것은 kgm와 kgf를 다루는 방법은 lbm와 lbf를 다루는 것과 동일하다는 것이다. 본 교재에서는 이제부터 lbm와 lbf 또는 SI 단위만을 사용하게 될 것이다.

예제 1.7 알루미늄 전해조[홀-에루(Hall-Héroult) 법]에 50,000 A의 전류가 흐른다. 효율이 100%라고 할 때, 금속 알루미늄 생산량(kg/h)을 구하라.

먼저 전류를 g equiv/h 단위로 환산하여야 하는데, 필요한 환산관계 1을 연습문제 1.16에서 가져다 쓰면 다음과 같이 된다.

$$I = 50000\ \text{A} \cdot \frac{\text{C}}{\text{A} \cdot \text{s}} \cdot \frac{3600\ \text{s}}{\text{h}} \cdot \frac{\text{g equiv}}{95600\ \text{C}} = 1870 \frac{\text{g equiv}}{\text{h}} \tag{1.AC}$$

알루미늄의 경우,

$$27\ \text{g} = 1\ \text{mol} \tag{1.AD}$$

와

$$1\ \text{mol} = 3\ \text{g equiv} \tag{1.AE}$$

이므로 최종적으로

$$I = 1870 \frac{\text{g equiv}}{\text{h}} \cdot \frac{\text{mol}}{3\ \text{g equiv}} \cdot \frac{27\ \text{g}}{\text{mol}} \cdot \frac{\text{lbm}}{454\ \text{g}} = 37.1 \frac{\text{lbm}}{\text{h}} = 16.8 \frac{\text{kg}}{\text{h}} \tag{1.AF}$$

를 얻는다. ■

예제 1.7의 풀이에서는 환산관계 1을 여섯 번 곱하였지만, 간단하여 쉽게 풀 수 있었다. 1을 곱할 때마다 필요 없는 단위가 없어지면서 원하는 단위에 가까워짐을 알 수 있다. 이처럼 겉보기에 복잡한 문제라도 실제로는 간단한 단위환산 문제일 때가 있다. 앞으로 공부하거나 전문 기술자의 길을 가는 동안에, 더하거나 빼기처럼 단위를 쉽고 빠르게 환산할 수 있어야 할 것이다. 여기서 1.8절의 첫머리에서 다룬 두 가지 규칙에 따르는 습관을 기르면 가장 쉬울 것이다. 즉,

1. 공학적 양을 쓸 때는 언제나 단위를 함께 쓴다.

2. 원하는 답을 구하기 위하여 이 단위를 다른 단위로 환산할 때는 1을 곱하거나 1로 나눈다.

환산인자들에 대한 간략한 정보는 부록 D를 참조하기 바라며, 좀 더 복잡하고 상세한 내용들은「The American National Standard for Metric Practice」[12]에 수록되어 있다.

1.9 원리와 기법

1.3절에서 설명하였지만, 유체역학의 배경이 되는 개념은 몇 가지뿐인데, 이것으로 여러 가지 문제를 풀 수 있다. 이때 원리의 응용이나 문제 풀이 기법에 초점을 두게 될 것이지만, 저자는 원리에 치중할 것을 권장하고 싶다. 저자가 대학을 졸업한 후 10여 년 만의 공학 분야에는 다른 것도 많지만, 디지털 컴퓨터, 트랜지스터, 우주산업 등이 도입되었다. 1954년에는 이러한 것들이 거의 알려지지 않아서, 학부 교과과정에는 없는 것들이었다.

이러한 기술은 모두 뉴턴의 법칙과 열역학 법칙을 따르는 것이다. 1954년에 문제 풀이에 관한 요리책 기법만을 공부한 학생들은 그 후 10년 동안에 등장한 기술에 제대로 대비하지 못했지만, 기본 원리와 그 응용을 공부한 학생들은 이러한 기술에 적응할 수 있었다. 앞으로도 기술은 빠른 속도로 변화할 것인데, 기법 공부에만 치중한다면 앞으로 불과 몇 년 안에 쓸모없게 되겠지만, 원리와 그 응용을 공부한다면 그런 문제는 생기지 않을 것이다. 저자가 믿기에는 뉴턴의 법칙과 열역학 법칙을 제대로 이해하는 사람은 절대 뒤처지지 않을 것이다.

1.10 공학적 문제

이 책은 실무 기술자가 참고할 수도 있겠지만, 대개는 대학 3학년생들이 읽을 것으로 생각하며, 이들에게 다음과 같은 이야기를 해 주고 싶다.

공학도는 1, 2학년 동안에는 대입형 문제를 푸는 것부터 시작하게 될 것이다. 이러한 문제는 문제 설명을 읽고 교과서나 기억 속에서 적절한 공식을 찾은 다음 자료를 대입하기만

하면 답을 구할 수 있는 것들이다. 3학년이 되면 여러 식을 사용하여 처리하여야만 대입형으로 만들 수 있는 문제들도 다루게 된다. 공학도는 또한 대입형으로 만들 수 없어서 시행오차법으로 풀어야 하는 문제도 다루게 된다. 이러한 학생들은 간단한 대입형 문제(예를 들면, 기체법칙 계산)는 서슴없이 풀 수 있을 것이다.

3학년 학생을 가르치는 사람은 더 복잡하고 어려운 문제를 숙제로 내 주고 싶어 하지만 일반적으로 그렇지 못한데 그 이유는 다음과 같다.

1. 시간이 너무 많이 필요하다. 대부분의 학생이 숙제를 마칠 수 있는 시간에 풀 수가 없다.
2. 학생들이 지적 소화불량에 걸릴 수 있다. 따라서 이 교재에서처럼 3학년 수준의 문제나 예제는 대부분 대입형이거나 쉽게 대입형으로 바꿀 수 있는 것들이다.

학생들은 4학년이 되어 실험이나 설계 강좌를 택하게 되면서 비로소 진정한 공학적 문제에 접하게 된다. 이러한 문제를 푸는 데는 10~20시간이 걸릴 수도 있는데, 이 책의 문제나 예제와 비교하면 15~20문제 정도에 해당한다. 학생들이 이러한 문제를 다루려면 여러 부분으로 충분히 분할하여 대입형으로 취급할 수 있어야 할 것이다. 이처럼 어떤 문제를 합리적 부분으로 분할하고 다시 이러한 부분을 통합하여 전체로 만드는 방법을 결정하는 일은 공학에서 흥미 있는 일일 때가 많다.

이 책에서 다룬 예제와 연습문제 중에는 간단한 대입형 문제가 많은데 이러한 문제를 포함한 이유는 이러한 문제의 풀이를 통하여 유체역학에 관련되는 수치에 관한 감각을 익힐 수 있기 때문이다. 이 책에서는 두 가지 이상의 기본 원리(예를 들어 질량수지와 에너지수지)가 포함되는 보다 복잡한 문제도 다루었는데 이러한 문제는 잘 다루어야 대입형 식을 얻을 수 있다. 이러한 문제를 다룰 때는 다음 절차에 따르면 좋을 것이다.

1. 문제가 무엇인지를 정확하게 이해한다. 특히 요구하는 것이 무엇인지를 정확하게 알도록 한다.
2. 구하고자 하는 것이 알고 있는 물리적 법칙 중에서 어떤 것과 관계되는지를 결정한다.
3. 이러한 법칙의 실질형을 쓰고(후에 다룬다) 다시 정리하여 등호 왼편에 얻고자 하는 양의 기호만 오도록 식을 쓴다. 이때 시스템의 물리적 성질에 따라서는 가정에 의하여 필요 없는 항을 제거한다.(가령 속도를 무시할 수 있는 경우 이에 관한 항을 제거한다.) 따라서 제거한 항의 목록은 문제 풀이에서의 가정 목록에 해당한다.
4. 이렇게 하면 문제는 대입형이 된다. 주어진 자료를 대입하고 단위를 검토하여 답의 수치를 구한다.
5. 답의 타당성을 검토한다. 가령 질량이 －값이거나, 속도가 광속보다 커지거나, 효율이 100% 이상이 되면 잘못된 것이다. 또한 단계 3에서의 가정 목록을 다시 검사하여 답과 일치하는지를 알아본다. 이러한 검토가 타당하다면, 얻어진 답은 만족할 만한

것이 될 것이다.

6. 여러 가지 자료를 사용하여 되풀어야 하는 문제일 때는(예를 들며, 측정 압력차로부터 유량을 계산하는 경우), 답을 보다 편리한 형, 즉 그림이나 선도로 나타내는 것이 좋은지를 생각한다.

7. 최근 들어 대부분의 엔지니어들이 다양한 컴퓨터 프로그램에 액세스를 하는데 이들 중 많은 경우 사용자가 새로운 언어를 배워야 하는 번거로움이 있다. 일부 유체역학 교재에서는 연습문제 및 예제를 푸는 도구로 이들을 사용하기도 한다. 그러나 이 책에서는 마이크로소프트 Excel만 사용하는데 이는 전 세계적으로 널리 사용되며 매우 단순하고 직관적인 콘텐츠 및 파일 전송의 용이성 등의 장점이 있기 때문이다. 또한 마이크로소프트 Word 및 기타 많은 프로그램에서는 불가능한 이전 버전과의 호환성을 유지하고 있어서 20년 전의 Excel 문서를 현재 버전에서 쉽게 읽을 수 있는 장점도 있다. 따라서 이 책의 모든 예제는 Excel을 사용하여 계산의 정확도를 쉽게 확인할 수 있다. 실제로 3판의 예제 중 하나에 오류가 있는 것으로 판단되었을 때 Excel 프로그램을 돌려서 신속하게 오류를 찾아 쉽게 수정하였다. Excel을 사용하여 시행오차 문제를 해결하는 과정을 예제 6.5에 자세히 설명하였으며, 이후에 주어지는 시행오차 문제들은 자세한 풀이 과정을 생략하고 전개하였다.

   이와 같이 Excel을 사용한 문제 해결 과정은 다른 프로그래밍 언어를 사용할 때에 비하여 더 간단하고 직관적이다. 따라서 나는 모든 독자들이 엑셀에 능통하게 되기를 강력히 촉구한다. 왜냐하면 모든 일상적인 숫자 계산(예를 들면, 수입 지출 장부 정리나 개인소득세 준비)에도 다른 방법보다 Excel 사용을 선호하게 될 것이기 때문이다.

공학에서는 필요한 정밀도를 고려하여야 한다. 볼테르(Voltaire)의 유명한 격언에 따르면, "완벽한 것은 좋은 것의 적이다!"("The perfect is the enemy of the good!") 이 말은 기술자가 처한 상황을 말해 주는 것이다. 더 많은 공학적 노력을 하고, 더 많은 시험을 하더라도, 설계나 계산 결과를 조금밖에 개선할 수 없을 때가 많다. 그러나 실제 문제에서는 기술자의 시간이야말로 한정된 자원이다. 우리 모두는 유명한 건축가 코보리 엔슈가 카츠라 별장 건축을 위해 일본 독재자 도요토미 히데요시에게 요구하고 받았던 조건을 원한다. 즉, 비용과 시간의 제한이 없고, 작업이 완료될 때까지 고객 방문이 없는 조건이다. 많은 사람들은 이런 조건들로 인해 일본의 건축물과 정원 계획이 훌륭한 결과로 이어졌다고 믿는다 [13].(교토에 가게 되면 직접 가보고 여러분들이 판단하기 바란다.) 우리의 목표는 언제나 한정된 시간, 예산, 고객에 의한 제약 조건(즉, 법과 규칙 등) 안에서 최선을 다하는 것이다. 따라서 기술자는 시간을 잘 안배하여, 정규적 일을 민첩하게 처리하고, 정규적이 아니어서 문제의 소지가 될 수 있는 일에 집중하여야 할 것이다. 이 책에서 공부하는 내용 대부분은 실무 기술자에게는 정규적인 것들이다. 이 책의 목표는 정규적인 것을 공부하는 동시에 이러한 정규적 문제 풀이의 과학적 기초를 공부하도록 하는 것이다. 즉, 과학자와 기술자가 어제의 어려운 문제를 오늘의 정규적 문제가 되도록 하는 방법을 공부하게 된다. 결과적으로, 오늘의 어려운 문제를 내일의 정규적 문제가 되게 하고자 하는 정신적 습관을 개발할 수 있게 될 것이다.

또한 문제의 해답에 관한 신뢰도를 고려하여야 한다. 계산 중에 정확도가 ±5% 정도인 물성 자료를 사용하였다면, 이보다 더 정확한 답을 보고한다는 것은 의미가 없다. 실제로 순 이론적 계산 방법과 확실성이 없는 물성치를 사용하여 제시한 해답이라면 독자는 이를 간파할 수 있어야 한다.

각 장 끝에 있는 연습문제 중에는 간단한 문제로 분할하여야 풀 수 있는 것들이 있다. 이러한 방법은 노력하여 실습할 만한 가치가 있는 것이다.

1.11 다른 유체역학 교재와의 차별성

대부분 학부 과정에서 사용되는 유체역학 교재들은 기계공학이나 토목공학 전공자들에 의해 집필된다. 따라서 본 교재와 그 책들과는 순서나 내용 면에서 많은 차이가 있는데 이는 다음과 같은 이유 때문이다.

1. 기계공학이나 토목공학 엔지니어들이 관심을 갖는 유체역학 문제들은 어떤 구조물 주위를 흐르는 공기역학과 같은 본질적으로 2차원 또는 3차원 개념이다. 즉, 1차원으로 가정하여서는 설명될 수 없는 문제들이다. 그러나 화학공학 엔지니어들이 주로 관심을 갖는 유체역학과 관련된 문제들은 1차원으로 해석되고 이해될 수 있는 문제라는 점에서 차이를 보인다. 따라서 기계공학이나 토목공학을 전공자들이 집필한 유체역학 교재들은 3차원 개념부터 도입되고 있다.
2. 기계공학이나 토목공학 엔지니어들은 대부분의 관심이 힘(force)과 운동량(momentum)에 기초하는 데 반하여 화학공학 엔지니어들은 다루는 대부분의 문제들이 물질수지와 에너지수지에 기초한다. 화공 엔지니어들은 힘과 운동량에 대한 개념을 주로 물리에서 배우는데 실제로 이용되기는 질량 및 에너지 개념들에 비하여 매우 미약한 편이다. 유체역학에서 가장 중요하고 유용한 식인 베르누이 방정식은 힘과 운동량을 시작으로 하거나 에너지를 시작으로 하여 얻어질 수 있다. 따라서 일반적으로 기계공학이나 토목공학 엔지니어들은 운동량을 먼저 소개하나 화공 엔지니어들은 에너지 개념을 먼저 소개한다.
3. 운동량과 힘은 벡터이다. 기계공학이나 토목공학 엔지니어들에게 유체역학은 벡터 미적분학의 실습 현장이고 따라서 그들이 집필한 교재는 벡터 방정식들로 가득하다. 반면에 질량과 에너지는 스칼라이다. 화공에서 다루는 대부분의 물리량 또한 스칼라

로, 벡터 미적분은 거의 사용되지 않는다. 한편, 대학원 과정에서는 벡터 미적분을 다룬다.

이상의 이유로 본 교재에서는 가능한 한 스칼라를 주로 다루게 될 것이며 필요할 경우에만 벡터를 사용할 것이다. 즉, 질량 보존과 에너지 보존에 대한 개념을 우선 다루고 유체역학과 관련된 문제 해결에 이들이 어떻게 사용되는지를 살펴본 후에 운동량수지와 이를 이용한 문제들에 대하여 다룰 것이다. 결론적으로 본 교재는 다른 유체역학 교재들에 비하여 비교적 간단한 수학적 풀이 과정을 다루게 될 것이다. 좀 더 복잡한 유도 과정이 필요한 경우에는 부록에 자세하게 수록하였고 본문에는 실제적인 결과식들만 나타내었다.

이 책의 2부와 3부에서는 화공 엔지니어들이 관심 두는 유체역학 문제들을 1차원 에너지 방정식을 기초로 하여 광범위하게 다룬다. 그런 다음 4부에서 2차원 또는 3차원 운동량 방정식을 소개하고 이와 연관된 문제들을 다루게 된다.

그림 1.14에 값싼 원료들로부터 고부가가치의 화학제품들을 얻을 수 있는 전형적인 화학공정 장치를 나타내었다. 이것은 화공 엔지니어들에게 일자리를 제공해 주는 중요한 산업의 한 부분이기도 하다. 이 책을 공부하는 학생들은 앞으로 이와 같은 장치들을 설계하거나 디자인하고 운전하는 데 참여하게 될 것이다. 이들 장치는 대부분의 유체들이 수송되는 각종 크기의 파이프와 펌프, 용기와 반응기들로 구성되어 있는데 내용물이 새어 나오지 않도록 주의하여야 한다. 왜냐하면 이 물질들은 고가이거나 새어 나올 경우 위험하거나 환경을 오염시킬 수 있는 것들이기 때문이다. 이와 같은 화공 장치 내의 유체 거동에 대해 이해하고 예측하는 데 본 교재의 2부와 3부에서 다루는 1차원 물질 및 에너지수지 개념이면

그림 1.14
텍사스주 보거에 위치한 Chevron Phillips Chemical Company 복합단지 내 메르캅탄 생산공장. 공장 설비는 대부분 유체흐름을 다루는 파이프, 펌프, 증류탑 및 관련 장치들로 구성되어 있다. (Leonid Eremeychuk/Shutterstock)

충분하다.

그림 1.15에 캐빈 형태의 공업용 노(furnace)를 나타내었는데 이는 열분해나 개질반응에 광범위하게 사용되는 장치이다. 이것은 2부와 3부에서 다루는 1차원 개념을 바탕으로 50년 전에 손으로 설계한 작품이다. 현재 이와 같은 공업용 노는 컴퓨터의 도움을 받아 2차원 또는 3차원 해석을 바탕으로 제작되고 있는데, 비행기 주위 공기흐름을 3차원으로 해석하고 연구하는 항공 엔지니어들에 의해 주도적으로 개발된 프로그램들이 사용되고 있다. 최근 들어 노 설계 전문가들과 화공 엔지니어들은 노 내에서 발생하는 유체흐름, 열전달, 화학반응 등을 동시에 고려하여 모델링할 수 있는 대형 컴퓨터 코드를 사용한다. 이를 이용하면 더욱더 정확한 계산치를 얻을 수 있게 되는데 이는 추가적인 비용과 복잡성을 보상하고도 남는다. 4부에서는 이런 계산에 대한 기본적인 개념을 소개하고 그들의 발자취를 살펴보게 될 것이다.

1.12 요약

1. 유체역학은 유체의 힘과 운동에 관한 학문이다.
2. 유체란 전단응력을 받고 있는 한 계속하여 움직이는 물질이다. 고체는 전단응력이

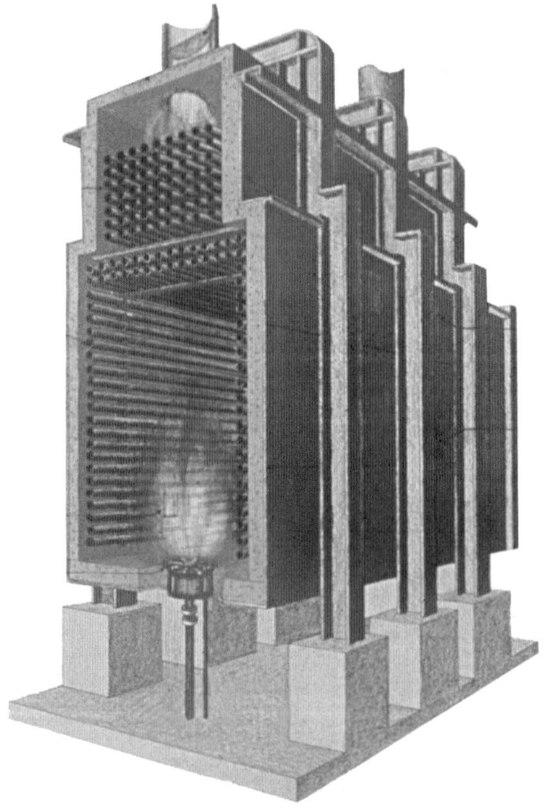

그림 1.15
현대식 노에 대한 모형도. 외부의 강철 프레임이 고온의 내화 세라믹 벽체를 지지하고 있으며 바닥에는 여러 개의 버너(모형도에는 한 개만 나타나 있음)가 설치되어 있다. (John Zink Co. LLC 제공)

있을 때 약간 변형되고는 곧 움직임이 중지되어 이 힘에 영구적으로 저항한다. 이 중간에 해당하는 물질이 있지만, 고체와 액체는 종류에 따라서라기보다는 정도에 따라서 구분되는 것이다.

3. 유체역학은 뉴턴의 운동법칙, 열역학 제1 및 제2 법칙, 질량보존의 원리, 신중한 실험에 바탕을 둔다.
4. 기체는 분자 간 인력이 약하여 제한 없이 팽창한다. 액체는 분자 간 인력이 기체보다 강하여 약간밖에 팽창하지 못한다. 온도와 압력이 높아지면 액체와 기체의 차이는 점점 사라진다.
5. 밀도는 단위 부피당 질량이다. 액체의 비중은 밀도/(4°C 물 밀도)이고, 기체의 비중은 밀도/(동일한 온도, 압력에서 공기 밀도)이다.
6. 점도는 흐름에 대한 유체 저항의 척도이다. 대부분의 간단한 유체는 뉴턴의 점도법칙으로 잘 나타낼 수 있다. 비뉴턴 유체는 일반적으로 복잡한 혼합물로서, 어떤 것은 실질적으로 아주 중요하다. 운동점도는 점도를 밀도로 나눈 것이다.
7. 표면장력은 액체가 분자의 상호 인력에 의하여 구형을 만들고자 하는 경향의 척도이다.
8. 압력은 압축력을 면적으로 나눈 것이다. 정지 유체에서는 모든 방향에서의 압력이 다 같으며, 움직이는 유체도 대부분은 실질적으로 마찬가지라고 볼 수 있다.
9. 이 책에서 단위(차원)를 취급할 때는 언제나 수치와 함께 쓰고 1을 곱하거나 1로 나누어서 필요한 답을 구한다.
10. 대부분의 유체역학 교재는 힘과 운동량 또는 에너지에 기초하여 집필된다. 본 교재는 화학공학 전공자들에게 초점을 맞추어 에너지에 기초하였고 따라서 벡터보다는 스칼라를 중점적으로 다룬다. 운동량과 벡터는 꼭 필요할 때에만 사용되었다.

연습문제

연습문제와 예제 풀이를 위한 상용 단위와 수치들은 부록 E를 참조하라. * 표시가 있는 문제는 부록 C에 그 해답이 있음을 의미한다.

1.1. 유체역학의 바탕이 되는 기본 법칙을 1.3절에서 열거하였다. 여기에 들어 있지 않은 자연의 기본 법칙은 몇 가지나 되는가? 자연의 기본 법칙이라고 생각되는 것을 열거하라. 여기서 기본 법칙이란 다른 기본 법칙으로부터 유도할 수 없는 것을 말한다. 예를 들어 갈릴레오의 '낙하물의 법칙'은 뉴턴의 법칙에서 유도할 수 있는 것이므로 기본 법칙이 아니다.

1.2. 저압에서 액체와 기체의 밀도는 차이가 크다. 저자가 알기에는, 1 atm에서 가장 밀도가 큰 기체는 우라늄 헥사플루오리드인데, 분자량 352 g/mol, 표준 비등점 56.2°C이다. 이 비등점에서의 기상의 밀도를 구하라. 이상기체법칙이 적용된다고 가성한다. 한편, 가상 밀도가 작은 액체는 액체수소인데, 표준 비등점은 20 K이고, 이때의 밀도는 0.071 g/cm^{3}이

다. 액체헬륨 역시 밀도가 아주 작지만, 0.125 g/cm^3(4 K) 정도이다. 이처럼 현저한 물질을 제외하고, 1 atm에서 밀도가 0.5 g/cm^3 이하인 액체의 예를 들어라. 「The Handbook of Chemistry and Physics」(CRC Press, Boca Raton, Florida, annual editions)를 참조하면 좋을 것이다.

1.3.* 오일이나 가스 시추 작업에 사용되는 시추용 유체는 'drilling mud'라고 불리는 고밀도 유체가 요구된다. 만약에 조성이 50 wt% 물과 50 wt% $BaSO_4$(barite)로 구성되어 있을 경우, 예제 1.1에서와 같이 밀도를 구하라. 한편, $BaSO_4$의 비중은 $SG_{barite} = 4.49$이다.

1.4. 비중을 나타낼 때 0°C가 아닌 4°C의 물을 기준으로 하는 이유를 설명하라.

1.5.* 액체의 밀도를 측정하는 데 비중병(pycnometer)이라는 유리 제품이 사용되는데, 부피가 25 cc이고, 공기를 가득 채웠을 때 질량이 17.24 g이다. 만약에 밀도를 모르는 어떤 액체를 채웠을 경우 질량이 45.00 g이었다면 이 액체의 밀도는 얼마인지 구하라. 또한 공기의 무게를 무시하고 구할 경우, 오차는 어느 정도인지 구하라.

1.6. API 비중은 석유산업에서 주로 사용되는데, API도는 다음과 같이 정의한다.

$$\text{Deg API} = \frac{141.5}{\text{비중}} - 131.5 \tag{1.AG}$$

여기서 비중은 60°F의 물의 밀도에 대한 60°F의 유체 밀도의 비이다. API도와 밀도(g/cm^3)의 관계를 그려라. 석유산업에서는 어떤 이점 때문에 이러한 비중을 사용한다고 생각하는가?

1.7. 메탄과 프로판가스에 대한 비중을 구하라. 단, 메탄과 프로판의 분자량은 각각 16 g/mol과 44 g/mol이다.(상업용 천연가스와 상업용 프로판가스는 주성분이 메탄과 프로판이고 그 이외에 소량의 기타 성분들로 이루어 있기 때문에 이들에 대한 효과는 무시 가능하다.) 한편, 천연가스와 프로판가스가 누출될 경우 어떤 가스가 더 위험한가? 그 이유는 무엇인가? 설명하라.

1.8. dV/dy의 차원은 무엇인가? 전단응력의 차원은 무엇인가? 액체의 전단응력을 운동량플럭스(momentum flux)[2]라고도 한다. 전단응력의 차원이 [운동량/(면적·시간)]과 같은 차원임을 보여라. 점도의 차원은 무엇인가?

1.9. 산업용이나 가정용 등으로 비뉴턴점도의 거동이 바람직한 응용 예를 들라. 각 경우 이러한 거동이 바람직한 이유를 밝혀라.

1.10. 예제 1.2의 실린더형 문제를 선형 근사치로 접근하면 실린더의 특성을 고려한 흐름에 대한 속도분포식이 다음과 같이 주어진다.(연습문제 15.22와 참고문헌 [2]의 p.91을 참고하라.)

$$V_\theta = \omega\left(\frac{k^2}{1-k^2}\right)\cdot\left(\frac{R^2}{r} - r\right) \tag{1.AH}$$

여기서 R은 바깥 실린더의 반경이고, r은 국부 반경이다. 또한 ω는 내부 실린더의 각속도이고, $k = r_{\text{내부 실린더}}/R$이다.

(*a*) 위의 속도분포식으로부터 바깥 고정 실린더의 반경에 해당하는 면에서 속도가 0임을 보이고, 반면 내부 회전하는 실린더의 바깥 표면에서의 속도가 $V_\theta = \omega kR$을 만족함을 보여라.

(*b*) 속도가 r에만 의존하는 유체의 실린더 좌표에 대한 전단속도가 다음 식으로 주어질 경우,

$$\sigma = \begin{pmatrix} \text{실린더 좌표에 대한} \\ \text{전단속도} \end{pmatrix} = r\frac{d}{dr}\left(\frac{V_\theta}{r}\right) \tag{1.AI}$$

위의 속도분포식을 만족하는 내부 실린더 표면에 대한 전단속도가

$$\sigma = \omega\left(\frac{2}{1-k^2}\right) \tag{1.AJ}$$

임을 보여라.

(*c*) 예제 1.2에 주어진 값들과 식 (1.AJ)를 사용하여 구한 전단속도가 직각좌표에 대한 전단속도를 구한 예제 1.2의 결과의 1.15배에 해당되는 12.26/s임을 보여라. 그림 1.5와 같은 점도계의 사용 매뉴얼에는 이에 대한 설명과 적용 식들이 나타나 있다.

1.11.* 구, 정육면체, 높이와 지름이 같은 원주에서 표면적/부피 비를 계산하라. 이 비의 값이 가장 작은 것은 어떤 것인가?

1.12. 인장응력 중에 있는 유체는 불안정하다[9]. 따라서 조금만 교란시켜도 비등하여 안정 상태로 변한다. 화학이나 물리학 실험실에서 볼 수 있는 또 다른 불안정 상태의 예를 들라. 아주 미소한 교란이 큰 효과를 낼 수 있는 것을 불안정도의 기준으로 삼는다.

1.13. 지구는 지름이 8000 mi이고 평균 비중이 5.5인 구라고 볼 수 있다. 지구의 질량과 무게를 각각 구하고 결과에 대해 설명하라.

1.14. 지구상에서 68°F = 20°C의 물 1 ft^3의 무게가 62.3 lbf이다.

(*a*) 밀도를 구하라.

(*b*) 달에서의 무게를 구하라.(달에서는 $g \approx 6\ ft/s^2$이다.)

(*c*) 달에서의 밀도를 구하라.

1.15.* 1 $mile^3$은 몇 US gal인가? 미국 내 석유 확인 매장량은 대략적으로 30×10^9 bbl(barrel) 정도이다. 이를 $mile^3$으로 환산하라.

1.16. 힘 질량 환산이나 열에너지-기계적 에너지 환산에서와 마찬가지로 전기화학에서는 전자의 몰(mole)을 쿨롱(coulomb)으로 환산할 필요가 있을 때 기호 $\mathscr{F}$(패러데이 상수)를 사용한다.

$$\mathscr{F} = 1 = \frac{95\,600\ \text{C}}{\text{g equiv of electrons}} \tag{1.AK}$$

전자 1 g당 양은 6.02×10^{23} 전자이다. 1 C에 해당하는 전자 수를 구하라.

1.17. 열역학이나 유체역학의 오래된 교재들에서는 힘-질량 환산에는 g_c를 기계적 에너지(즉, ft · lbf)를 열에너지(Btu)로 환산하기 위해서는 J를 사용한다. 식 (1.11)에 다양한 단위에 대한 g_c 값을 나타내었다. J에 대해서도 같은 방법으로 나타내라.(한편 g_c는 중력가속도 g와 혼동되기도 하는데, 이와 비슷하게 J는 무엇과 혼동될 수 있는지 논하라.)

1.18.* 본문에서 설명하였지만, slug와 poundal은 환산인자[(질량 · 길이)/(힘 · 시간²)]의 계수값이 1이 되게 하려고 고안된 단위이다. 마찬가지로 길이와 시간에 대한 새로운 단위를 만들 수 있을 것이고, 가령 이러한 단위의 이름을 toof 및 dnoces라 할 때, 이들의 값을 각각 foot 및

second 값으로 나타내라.

1.19. 미국 농촌에서는 관개용수의 양을 acre-feet 단위로 나타내는데, 이는 1 acre의 농지를 1 ft 깊이로 채우는 데 필요한 물의 양을 말한다. 물 1 acre·ft(acre-foot)의 질량을 구하라.(단, 1 mile^2 = 640 acre이다.) 또한, 물 1 ha·m(hectare-meter)의 질량을 구하라.(단, 1 km^2 = 100 ha이다.) 왜 관개용수의 양을 acre-feet 단위로 나타내는 것이 실질적인지 설명하라.

1.20. 아인슈타인 식 $E = mc^2$에 따르면 광속 제곱의 차원은 단위 질량당 에너지 차원과 같다. 이 광속의 제곱 값을 Btu/lbm, J/kg 단위로 각각 나타내라. 광속은 $c \approx$ 186,000 mi/s = 2.998 × 10^8 m/s이다.

1.21.* 로켓 연료장치를 비교하는 데 사용되는 공통 기준은 비추진력(specific impulse)인데, 추진력(lbf)을 단위 시간당 연료 및 산화제의 질량(lbm/s)으로 나눈 값이다(7장 참조). 비추진력은 대개 250~400 lbf·s/lbm 정도이다. 어떤 이가 비추진력이 '300 s'라 하였다면, 이 값은 '300 lbf·s/lbm'와 같은 값인가? 유럽 기술자들은 로켓의 배기속도(exhaust velocity)를 이러한 값으로 나타낸다. 어떤 로켓의 비추진력이 300 lbf·s/lbm일 때, 이에 상응하는 배기속도를 구하라.

1.22. 미국 기술자들은 대부분 열플럭스의 단위로 Btu/(h·ft^2)를 사용하지만, 로켓산업에서는 cal/(s·cm^2) 단위를 주로 사용한다. 1 cal/(s·cm^2)는 몇 Btu/(h·ft^2)인가? 그리고 SI 단위는 J/(m^2·s)인데, 1 J/(m^2·s)는 몇 Btu/(h·ft^2)인가?

1.23.* 관에서의 레이놀즈 수에 대한 정의는 (속도·지름·밀도)/점도이다(6장 참조). 지름이 6 in인 관 내부를 물이 10 ft/s의 속도로 흐를 때의 레이놀즈 수를 구하라. 한편, 레이놀즈 수의 차원은 무엇인가?

1.24. 다공질 매체[예를 들면, 유사(oil sand)]에서의 유체흐름은 다르시 식(Darcy's equation)으로 나타낸다(11장 참조).

$$\frac{\text{유량}}{\text{면적}} = \frac{\text{투과도}}{\text{점도}} \times \text{압력구배} \tag{1.AL}$$

투과도의 단위는 darcy인데, 점도 1 cP인 유체가 압력구배 1 atm/cm일 때, 1 cm^{2}당 유량이 1 cm^3/s가 되는 투과도로 정의한다. 이 darcy의 단위와 수치를 영국단위계와 SI단위계로 각각 구하라(11장 참조).

1.25.* 예제 1.3에서 유체가 물일 경우, 요구되는 질량(또는 무게)을 구하라.

1.26. 다음 식을 만족하는 X 값을 구하라.

$$1.0\,\frac{\text{Btu}}{\text{lbm}\cdot{}^\circ\text{F}} = X\,\frac{\text{cal}}{\text{g}\cdot{}^\circ\text{C}} \tag{1.AM}$$

1.27. SI 단위에서 압력 단위는 pascal(Pa)이다. 그러나 고압을 다룰 때 보통 쓰이는 압력 단위는 bar(1 bar = 10^5 Pa = 0.1 MPa)이다. 이 bar와 해수면에서의 대기압과의 관계를 구하라. 이렇게 SI 유도 단위로 bar가 널리 사용되는 이유는 무엇인가?

1.28.* 미국에서 자동차 배기를 통한 대기 오염 물질 배출량은 미터계와 영국단위계가 혼용된 g/mi로 나타낸다. 왜 그런지 이유를 설명하라.

1.29. 유럽에서 쓰이는 압력계들은 단위를 kg/cm^{2}로 나타낸다. 여기서 kg은 kgm인가 또는 kgf

인가? 이 단위가 압력 단위로 편리한 이유는 무엇인가?

1.30. 예제 1.6의 세 번째 부분에서 힘-질량 환산인자로 9.8 kgm·m/(kgf·s^2) 대신에 32.2 lbm·ft/(lbf·s^2)을 사용하면 어떻게 되는가?

참고문헌

1. Reiner, M. "The Flow of Matter." *Scientific American 201(6)*, (1959), pp. 122–138.
2. Bird, R. B., E. N. Stewart, and W. E. Lightfoot, *Transport Phenomena*, 2nd ed. New York: Wiley, 2002.
3. Poling, B. E., J. M. Prausnitz, and J. P. O'Connell, *The Properties of Gases and Liquids*, 5th ed. New York: McGraw-Hill, 2001.
4. Schneirla, T. C., and G. Piel, "The Army Ant." *Scientific American 178(6)*, (1948), pp. 16–23.
5. Boys, C. V. *Soap Bubbles and the Forces Which Mould Them*, paperback ed., Garden City, New York: Doubleday, 1959. First published 1902. This interesting, informative, semitechnical book is highly recommended. Reading time, about 3 h.
6. Davies, J. T., and E. K. Rideal, *Interfacial Phenomena*, 2nd ed. New York: Academic Press, 1963.
7. Lodge, A. S. *Elastic Liquids: An Introductory Vector Treatment of Finite-Strain Polymer Rheology*. London: Academic Press, 1964.
8. Kaschiev, D. *Nucleation; Basic Theory with Applications*. Oxford: Butterworth Heinemann, 2000.
9. Zimmerman, M. H. "How Sap Moves in Trees." *Scientific American 208(3)*, (1963), pp. 133–142.
10. de Nevers, N. "The Poundal per Square Foot, the Pascal and SI Units." *Engineering Education 78(2)*, (1987), p. 137.
11. Pollack, A. "Missing What Didn't Add Up, NASA Subtracted an Orbiter." *New York Times* (Oct. 1, 1999), Section A, p. 1.
12. ASTM SI10-16, IEEE/ASTM SI 10 *American National Standard for Metric Practice*, ASTM International, West Conshohocken, PA, 2017, http://www.astm.org.
13. Leavitt, R. "Kyoto" in *Fodor's Japan and Korea, 1982*, edited by A. Tucker. New York: Fodor's Modern Guides, Inc., 1982.

PART 1

서문

1부에서는 본격적으로 유체흐름에 대한 내용을 다루기 전에 기본적으로 알아야 할 주제들을 다룬다. 1장에서는 유체에 대한 기본 정의와 개념 및 단위들에 대하여 다루었고, 2장에서는 정지 유체의 거동을 다루는 유체정역학에 대해 살펴볼 것이다. 2장에서 논의되는 개념들은 향후 전개되는 장들에서 유용하게 사용될 것이다.

3장과 4장은 질량보존과 에너지보존에 대하여 다루는데 이 개념들은 화학공학 엔지니어들에게는 기본 개념으로 매우 중요하게 여겨지는 내용이다. 이 교재를 공부하는 대부분의 독자들은 이미 선수과목들을 통해 이 개념들을 접해 본 적이 있을 것이다. 따라서 본 교재에서 다루게 될 내용은 일부분은 이전 것들과 겹치는 부분이 있으나 나머지는 유체역학을 다루는 데 유용하게 사용될 형태로 변형하여 소개할 것이다.

CHAPTER

2

유체정역학

이 장에서는 뉴턴의 운동법칙 $F = ma$를 정지 유체에 적용하기로 한다. 그러면 다음과 같이 아주 간단한 식이 됨을 알게 될 것이다.

$$\frac{dP}{dz} = -\rho g \tag{2.1}$$

유체정역학(fluid statics)에서는 주로 이 식과 이 식의 응용을 다룬다.

7장에서는 뉴턴의 운동법칙을 흐르는 유체에 적용한다. 따라서 이 장의 내용은 7장에서 다루게 될 내용 중 일반적 응용의 한 부분이라 할 수 있다. 그러나 이 장의 결과가 5, 6장에서 필요하고, 7장에서와는 문제의 종류가 다르고 간단하므로, 여기서 장을 달리하여 유체정역학을 다루는 것이 타당하리라 생각한다. 다시 요약하면, 이 장에서는 $F = ma$를 정지 유체에 적용하고, 보다 일반적 응용은 7장에서 다룬다.

식 (2.1)은 벡터 방정식이다. 왜냐하면 좌변의 압력구배와 우변의 중력가속도는 크기와 방향을 갖는 벡터이기 때문이다. 그러나 벡터연산을 사용하지 않고 정확하고 유용한 결과들을 얻을 수 있음을 이 장을 통해서 확인하게 될 것이다. 한편, 7장에서는 힘과 운동량에 대한 벡터 성질들을 다루고, 15장에서는 좀 더 복잡한 형태인 3차원 벡터 방정식을 갖는 뉴턴의 운동법칙을 소개한다.

2.1 유체정역학의 기본식

정지하고 있는 단순 유체에서는 압력이 모든 방향에서 같다. 이와 같은 사실은 학생들에게 좀 어려운 개념일 것이다. 만약 작은 용수철을 엄지손가락과 집게손가락 사이에 넣고 힘을 가해 압축시켰다고 가정해 보자. 이때 용수철은 엄지손가락과 집게손가락에 똑같은 힘을

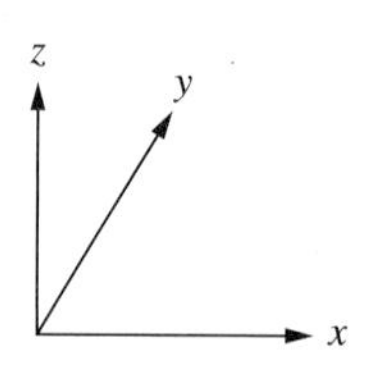

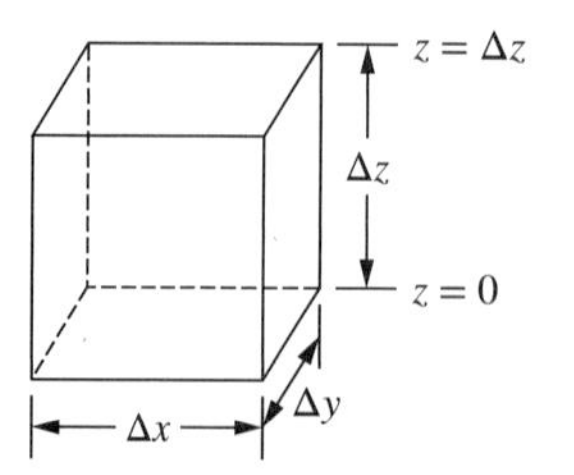

그림 2.1
작은 정육면체 정지 유체 요소

서로 반대 방향으로 나타낼 것이다. 적당한 방법을 사용하여 손가락의 위치를 바꾸어도 서로 반대 방향으로 똑같은 힘을 나타낼 것이다. 정지 유체에서의 압력도와 같은 개념이다. 즉, 정지 유체에서는 전단응력이 존재하지 않는다. 이러한 사실로부터 유체정역학의 기본식을 유도할 수 있다. 그림 2.1에 나타낸 것처럼 중력장에서 정지하고 있는 벌크 유체 중의 일부로서 작은 정육면체 유체 요소를 생각하자. 이 유체는 정지하고 있으므로 가속도가 없으며, 이 유체 내 모든 부분에 모든 방향에서 작용하는 힘의 합은 0이다. 여기서 중력의 반대 방향으로 z 방향을 고려하자. 이 방향에서 유체 요소에 작용하는 힘은 이 요소에 작용하는 압력과 이 요소의 질량에 작용하는 중력으로 다음과 같다.(증가 방향을 +라 한다.)

$$(P_{z=0})\ \Delta x\ \Delta y - (P_{z=\Delta z})\ \Delta x\ \Delta y - \rho g\ \Delta x\ \Delta y\ \Delta z = 0 \tag{2.2}$$

양변을 $\Delta x\ \Delta y\ \Delta z$로 나누고 다시 정리하면

$$\frac{P_{z=\Delta z} - P_{z=0}}{\Delta z} = -\rho g \tag{2.3}$$

Δz를 0에 접근시키면

$$\lim_{\Delta z \to 0} \frac{\Delta P}{\Delta z} = \frac{dP}{dz} = -\rho g \tag{2.1}$$

이 식은 유체정역학의 기본식으로, 기압식(barometric equation)이라 한다. 이 식은 그림 2.1의 정육면체의 수직면에 전단응력이 없을 때에만 적용된다. 전단응력이 있다면 식 (2.2)에서 수직 방향에 이 성분이 첨가되어야 한다. 간단한 뉴턴 유체에서 수직 방향에 전단응력이 존재하는 것은, 이 정육면체 한 면에서의 수직 속도와 다른 면에서의 수직 속도가 다를 때뿐이다[식 (1.4) 참조]. 따라서 유체정역학에서처럼 유체가 전혀 움직이지 않을 때, 움직이더라도 x, y 방향에서만 움직이거나 z 방향에서 균일한 속도로 움직일 때만 이 식 (2.1)이 적용된다. 이 장에서는 유체의 용기나 어떤 고정 좌표계에 대하여 유체의 움직임이 없는 경우에 한해 이 식을 적용하기로 한다. 흐르는 유체로서 z축 방향의 움직임이 없거나, z축 방향의 속도 성분이 균일한 경우에 대한 이 식의 적용은 뒤에서 다룬다. 또한 이 장에서는 가속운동에서 움직이지 않는 유체에 대해서도 설명한다.

치약, 페인트, 젤리 등과 같은 유체에는 식 (2.1)이 맞지 않는다. 왜냐하면 이러한 유체는

아무런 움직임이 없어도 작지만 일정한 전단응력을 가지기 때문이다. 따라서 이 식을 적용할 수가 없다. 이에 대응하는 식을 얻으려면 정육면체의 수직면에 대한 전단응력을 포함하여 힘의 수지를 다시 취하여야 한다.

기압식에 따르면, 수직 방향 거리에 따라 압력이 달라진다. 여기서 z축의 수직 상승 방향은 중력과는 반대 방향이다.[식 (2.1)에 표시된 −는 중력이 z축의 감소 방향이기 때문이다.] 수직 방향이 아닌 다른 방향, 가령 a 방향에서의 거리에 따른 압력 변화를 나타내면 다음과 같다.

$$\frac{dP}{da} = \frac{dz}{da} \cdot \frac{dP}{dz} = -\rho g \frac{dz}{da} \tag{2.4}$$

그림 2.2를 참조하면

$$\frac{dz}{da} = \frac{\Delta z}{\Delta a} = \cos\theta \tag{2.5}$$

여기서 θ는 a 방향과 z축 사이의 각이다. 이 식을 식 (2.4)에 대입하면

$$\frac{dz}{da} = \frac{\Delta z}{\Delta a} = \cos\theta \qquad \text{or} \qquad \frac{dP}{da} = -\rho g \cos\theta \tag{2.6}$$

를 얻는다.

방향 a가 z에 직각인 경우, 즉 x-y 평면에 평행인 방향을 생각해 보자. 이 경우, $\theta = 90°$이므로 $\cos\theta = 0$이다. 따라서 이 방향에서는 거리에 따라 압력이 달라지지 않고 일정하다. 식 (2.6)으로부터 정지 유체의 경우 중력 방향에 수직인 면은 압력이 일정한 면임을 알 수 있다. 이러한 정지 유체의 정압면(constant-pressure surface) 중에서 계기압력이 0인 면은 대기와 접하는 면이다. 이 면은 정압면이므로 어디에서나 중력에 수직이어야 한다. 지구 규모에서 보면 이 때문에 해수의 자유표면이 실질적으로 구형이 된다.(지구는 실제로는 구형이 아니고 양극에서 약간 평평하다.) 전형적인 공학적 조작에서는 대기에 노출된 자유액면이 실질적으로 수평면이라 할 수 있다(연습문제 2.1).

식 (2.1)의 밀도와 중력의 곱을 비중력(specific weight)이라 하며 기호 γ로 나타낸다.

$$\rho g = \gamma = \text{specific weight} \tag{2.7}$$

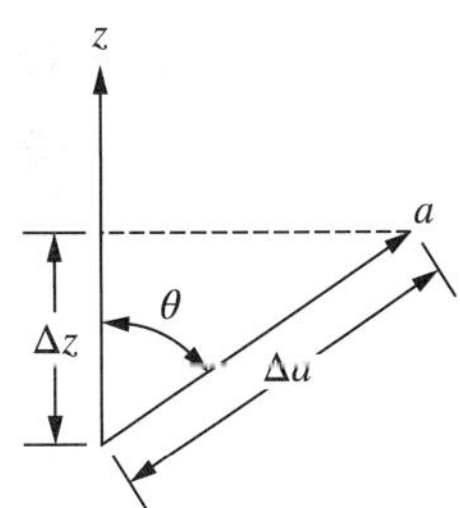

그림 2.2
a 방향과 z 방향과의 관계

중력가속도가 9.81 m/s^2(= 32.2 ft/s^2)인 곳(지구 표면에서는 어디든지 해당한다)에서는 kgf/cm^3(또는 lbf/ft^3) 단위로 나타낸 비중력 값의 수치와 kgm/m^3(또는 lbm/ft^3) 단위로 나타낸 밀도의 수치가 같아진다. 그러나 N/m^3 단위의 밀도는 수치가 다르다.

예제 2.1 중력가속도가 32.2 ft/s^2인 곳에 있는 물의 비중력을 구하라.

$$\gamma = \rho g = 62.3 \frac{\text{lbm}}{\text{ft}^3} \cdot 32.2 \frac{\text{ft}}{\text{s}^2} \cdot \frac{\text{lbf} \cdot \text{s}^2}{32.2 \text{ lbm} \cdot \text{ft}} = 62.3 \frac{\text{lbf}}{\text{ft}^3}$$

$$= 998.2 \frac{\text{kgf}}{\text{m}^3} = 9792 \frac{\text{N}}{\text{m}^3} \tag{2.A}$$

■

중력이 지배적인 유체흐름을 다룰 때에는 밀도를 γ/g로 대치하면 계산이 간단해진다. 토목공학 수력학에서는 실제로 이러한 방법을 사용한다. 그러나 다른 항에 비하여 중력 항이 작을 경우의 유체흐름을 주로 다룰 때에는 γ/g 대신에 밀도를 직접 사용하는 것이 편리하다. 화학공학에서 주로 다루어지는 문제에서는 중력 항이 일반적으로 작으므로 비중력을 사용하는 일이 별로 없다.

2.2 압력-깊이 관계

식 (2.1)은 변수를 분리할 수 있는 1차 미분방정식이므로, 적분형으로 나타내면 다음과 같다.

$$\int dP = -\int \rho g \, dz \tag{2.8}$$

이 식을 적분하려면 ρ, g, z의 관계를 알아야 한다. 지표에서는 g가 실질적으로 일정하므로 (2.8절 참조), 이것을 적분 기호 밖으로 내보낼 수 있다. 이제 ρ와 z의 관계를 구하여 이 식을 적분하는 방법을 설명하기로 한다.

2.2.1 밀도가 일정한 유체

어떠한 물질도 밀도가 일정하지는 않으며, 압력에 따라서 증가한다. 그러나 임계 온도보다 상당히 낮은 온도에 있는 액체에서는 압력이 밀도에 미치는 영향이 아주 적다. 가령 100°F에서 온도를 일정하게 유지하고 물의 압력을 1에서 1000 psia로 변화시키면 밀도가 0.3% 정도 증가한다. 대부분의 공학 계산에서는 이러한 미소한 밀도의 변화를 무시할 수 있으므로, 식 (2.8)에서 이것을 적분 기호 밖으로 내보내면 압력은 다음과 같다.

$$P_2 - P_1 = -\rho g(z_2 - z_1) \qquad [\text{밀도 일정}] \tag{2.9}$$

예제 2.2 잠수함 스레셔(Thresher)가 1963년에 대서양에서 침몰하였다. 신문 보도에 따르면 수심 1000 ft(304.9 m)에서 사고가 일어났다. 이곳의 압력을 구하라.

바닷물은 밀도가 63.9 lbm/ft³(1024 kg/m³)인 비압축성 유체라 간주하자. 따라서

$$P_{1000\text{ ft}} = 14.7\frac{\text{lbf}}{\text{in}^2} + 63.9\frac{\text{lbm}}{\text{ft}^3}\cdot 32.2\frac{\text{ft}}{\text{s}^2}\cdot 1000\text{ ft}\cdot\frac{\text{ft}^2}{144\text{ in}^2}\cdot\frac{\text{lbf}\cdot\text{s}^2}{32.2\text{ lbm}\cdot\text{ft}}$$
$$= 14.7\frac{\text{lbf}}{\text{in}^2} + 444\frac{\text{lbf}}{\text{in}^2} = 459\frac{\text{lbf}}{\text{in}^2} \tag{2.B}$$

또는

$$P_{304.9\text{ m}} = 101.3\text{ kPa} + 1024\frac{\text{kg}}{\text{m}^3}\cdot 9.81\frac{\text{m}}{\text{s}^2}\cdot 304.9\text{ m}\cdot\frac{\text{Pa}}{\text{N/m}^2}\cdot\frac{\text{N}\cdot\text{s}^2}{\text{kg}\cdot\text{m}}$$
$$= (101.3 + 3062.8)\text{ kPa} = 3.164\text{ MPa} \tag{2.C}$$

이다. ■

수력학 문제를 비롯하여 자유표면(free surface)이 포함되는 문제에서는 계기압력을 사용하여 식 (2.9)를 더 간단히 할 수 있다. 자유표면에서의 계기압력은 0이다. 즉, $P_{1\text{ gauge}} = 0$이다. 깊이를 자유표면으로부터의 거리로 정의하여 기호 h로 나타내면

$$h = z_{\text{free surface}} - z \tag{2.10}$$

이 경우 식 (2.9)는 다음과 같이 간단하게 된다.

$$P = \rho g h \qquad [\text{계기 압력, 밀도 일정}] \tag{2.11}$$

예제 2.2로부터 $h = 1000$ ft이므로 계기압력은 $P = 444$ psig $= 3062.8$ kPa이다.

예제 2.3 깊이가 60 ft인 원통형 기름저장탱크에 밀도 55 lbm/ft³인 기름이 들어 있다. 상부는 대기로 열려 있다. 이 탱크에 대한 계기압력-깊이 관계를 구하라.

자유표면에서의 계기압력은 0이다. 반면 바닥에서는

$$P_{\text{bottom}} = 55\frac{\text{lbm}}{\text{ft}^3}\cdot 32.2\frac{\text{ft}}{\text{s}^2}\cdot 60\text{ ft}\cdot\frac{\text{ft}^2}{144\text{ in}^2}\cdot\frac{\text{lbf}\cdot\text{s}^2}{32.2\text{ lbm}\cdot\text{ft}} = 22.9\frac{\text{lbf}}{\text{in}^2} = 158\text{ kPa} \tag{2.D}$$

이다. 식 (2.11)로부터 압력-깊이 관계는 선형적임을 알 수 있다(그림 2.3 참조). ■

2.2.2 이상기체

기체의 밀도는 압력에 따라 상당히 변하므로, 식 (2.8)에서 밀도 항을 적분 기호 밖으로 내보낼 때는 주의하여야 한다. 저압에서는 대부분의 기체가 다음의 이상기체법칙에 따른다고 볼 수 있다.

$$\rho = \frac{PM}{RT} \qquad [\text{이상기체}] \tag{2.12}$$

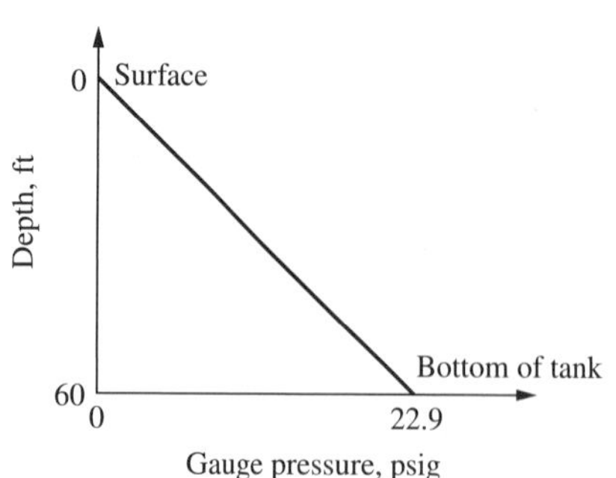

그림 2.3
예제 2.3의 압력-깊이 관계

여기서 T는 절대온도 °R 또는 켈빈온도 K이다(T°R = T°F + 459.69, T K = T°C + 273.15). R은 기체상수로 다양한 단위로 얻어진다(부록 E 참조). M은 분자량으로 g/mol 또는 lbm/lbmol 단위를 사용한다.[식 (2.12)의 이상기체식에서는 밀도의 단위로 lbm/ft^{3}를 사용하나 화학분야에서는 밀도의 단위를 흔히 lbmol/ft^3 또는 mol/m^{3}로 사용하기도 한다. 따라서 이 경우에는 이상기체식이 $\rho = P/RT$로 표시된다.]

밀도에 대한 식 (2.12)를 식 (2.1)에 대입하면

$$\frac{dP}{dz} = -\frac{PM}{RT}g \qquad \text{[이상기체]} \tag{2.13}$$

이다. 만약 온도가 일정할 경우 변수를 분리하여 다음과 같이 적분할 수 있다.

$$\int_1^2 \frac{dP}{P} = \frac{-gM}{RT}\int_1^2 dz \tag{2.14}$$

$$\ln\frac{P_2}{P_1} = \frac{-gM}{RT}(z_2 - z_1) \tag{2.15}$$

$$P_2 = P_1 \exp\left(\frac{-gM\Delta z}{RT}\right) \qquad \text{[등온, 이상기체]} \tag{2.16}$$

예제 2.4 해수면에서의 대기압이 14.7 psia이고, 온도는 59°F = 15°C = 519°R이다. 고도에 따라 기온이 변하지 않는다고 가정하고(실제로는 그렇지 않지만 수학적으로 간단히 하기 위해) 고도 1000, 10,000, 100,000 ft에서의 압력을 구하라. 공기의 분자량은 M = 29 lbm/lbmol이다.

고도 z = 1000 ft일 때

$$P_2 = P_1 \exp\left(\frac{-32.2\ \text{ft/s}^2 \cdot 29\ \text{lbm/lbmol} \cdot 1000\ \text{ft}}{(10.73\ \text{lbf/in}^2 \cdot \text{ft}^3/\text{lbmol} \cdot {}^\circ\text{R}) \cdot 519^\circ\text{R}} \cdot \frac{\text{ft}^2}{144\ \text{in}^2} \cdot \frac{\text{lbf} \cdot \text{s}^2}{32.2\ \text{lbm} \cdot \text{ft}}\right)$$

$$= P_1 \exp(-0.036\,16) = \frac{P_1}{\exp 0.036\,16} = \frac{P_1}{1.0368} = 0.965\ \text{atm} \tag{2.E}$$

다른 고도에서의 계산 결과는 표 2.1에 예제 2.5에 대한 결과와 함께 정리하였다. ■

표 2.1
고도에 따른 대기압 계산 결과(예제 2.4, 2.5)

Elevation, z, ft	Elevation, z, m	$gM\,\Delta z\,/\,RT$	P_2, atm, Example 2.4	P_2, atm, Example 2.5
1000	304.8	0.036 16	0.965	0.964
10 000	3048	0.3616	0.697	0.638
100 000	30 480	3.616	0.0269	−2.61

밀도가 일정하다고 가정한 결과와 변한다고 볼 때의 결과와의 오차는 어느 정도인가?

예제 2.5 공기의 밀도가 고도에 관계없이 일정하여, 14.7 psia, 59°F일 때의 값과 같다고 보고 예제 2.4를 다시 풀어라.

식 (2.9)를 사용하여 압력을 구한다.

$$P_2 - P_1 = -\rho_1 g(z_2 - z_1) = (-P_1 M / RT)\, g\,(z_2 - z_1) \tag{2.F}$$

$$P_2 = P_1[1 - (gM / RT)(z_2 - z_1)] \tag{2.G}$$

따라서 고도 1000 ft일 때 다음을 얻는다.

$$P_2 = P_1 \cdot \left(1 - \frac{32.2\text{ ft}/\text{s}^2 \cdot 29\text{ lbm}/\text{lbmol} \cdot 1000\text{ ft}}{(10.73\text{ lbf}/\text{in}^2 \cdot \text{ft}^3/\text{lbmol} \cdot {}^\circ\text{R}) \cdot 519^\circ\text{R}} \cdot \frac{\text{ft}^2}{144\text{ in}^2} \cdot \frac{\text{lbf} \cdot \text{s}^2}{32.2\text{ lbm} \cdot \text{ft}}\right)$$

$$= P_1 \cdot (1 - 0.036\,16) = 0.964\text{ atm} \tag{2.H}$$

다른 고도에서의 계산 결과는 표 2.1에 나타내었다. ■

이 표에서 보면, 고도 1000 ft까지는 밀도가 일정하다고 가정하여도 별 오차가 없지만, 10,000 ft일 때는 오차가 9%, 100,000 ft일 때는 엉뚱한 값(절대압력이 −값?)이 된다. 따라서 보통 크기의 공업용 장치(대개 높이가 1000 ft 이하이다)에서는 기체의 밀도가 일정하다고 보고, 높이에 따른 압력 변화를 계산하여도 별 차이가 없을 것이다. 그러나 항공학이나 기상학 문제에서는 고도가 보통 10,000~100,000 ft 정도이므로, 이러한 가정을 할 수 없다.

예제 2.4와 2.5에서는 기온이 일정하다고 가정하였다. 그러나 사람들이 여름에 피서하기 위하여 산에 올라가는 이유는 대기가 등온이 아니기 때문이다. 고도에 따라 기온이 내려가는 이유를 이해하기 위하여, 낮은 곳에서 높은 곳으로 이동하는 기단(가령 바람에 의하여 산을 타고 올라가는 공기)을 생각해 보기로 한다. 기단이 위로 올라가면 기압이 낮아지므로 팽창하게 되는데, 이때 주변 공기에 대한 팽창일 때문에 냉각된다. 공기는 열전도도가 나쁘기 때문에 이 과정에서 실질적으로 단열, 가역팽창을 하게 된다. 단열, 가역팽창이라면, 온도-압력-고도의 관계는 등엔트로피 관계가 된다. 등엔트로피 대기에 대해서는 다음과 같은 고도-온도, 고도-압력 관계를 적용할 수 있다(연습문제 2.16).

$$P_2 = P_1\left(1 - \frac{k-1}{k}\cdot\frac{gM\Delta z}{RT_1}\right)^{k/(k-1)} \quad \text{[등엔트로피, 이상기체]} \tag{2.17}$$

$$T_2 = T_1\left(1 - \frac{k-1}{k}\cdot\frac{gM\Delta z}{RT}\right) \quad \text{[등엔트로피, 이상기체]} \tag{2.18}$$

이 식에서 k는 비열의 비이다(8장에서 논의됨). 공기의 경우 이 값은 실질적으로 일정하여 1.4이다.

공기가 완전한 열전도체이어서 온도차가 즉시 사라지는 경우에는 예제 2.4와 2.5의 등온 대기가 된다. 한편, 공기가 완전 절연체이어서 열을 전혀 전달하지 않는다면 식 (2.17), (2.18)의 등엔트로피 대기가 된다. 실험에 의하면 대기의 거동은 이 두 가지 경우의 중간에 해당한다. 열은 지상으로부터 공기층을 통한 단순 전도(상당히 느리다)에 의하여 전도될 뿐 아니라, 찬 공기층과 더운 공기층을 섞는 바람이나 응축하는 수증기에 의하여 전달된다. 항공공학자는 계산의 편의상 '표준대기(standard atmosphere)'를 정의하는데, 이것은 여러 가지 관찰 결과를 평균한 것과 잘 일치하는 것이다. 그림 2.4에 나타낸 것처럼 이 표준대기는 실제로 등온 대기와 등엔트로피 대기의 중간에 해당한다. 표준대기는 평균적이므로, 대부분의 기상 현상은 이와 다르다. 더 자세한 내용을 참고문헌 [1, Chap.5]에서 볼 수 있다. 표준대기 온도로부터 '표준' 기압-고도 곡선을 계산할 수 있다(연습문제 2.17). 표준대기의 모든 물성은 핸드북[2]의 표에 자세히 수록되어 있다.

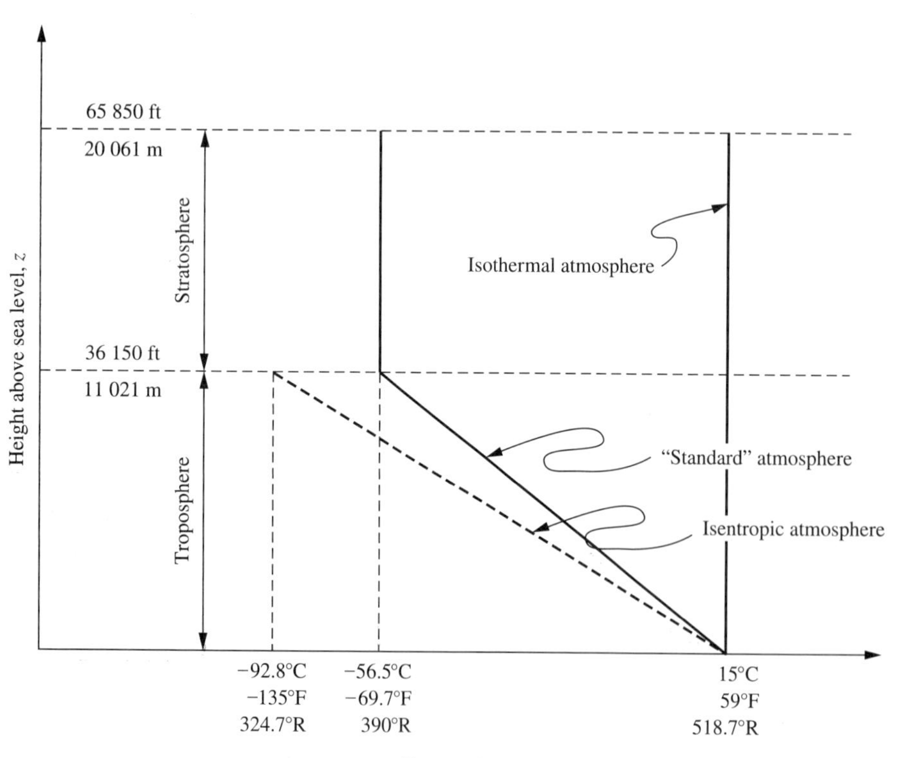

그림 2.4
표준대기, 등엔트로피 대기, 등온대기의 비교

성층권 하부의 온도는 거의 일정하다. 등엔트로피 대기와 마찬가지로 단열팽창에 의해 냉각되고 오존층에 의해 들어오는 햇빛의 자외선 부분을 흡수하여 가열된다. 이 두 가지 효과는 실질적으로 동일하나 서로 반대이므로 성층권 하부의 온도가 거의 일정하게 유지되는 이유이다. 표준대기에 의해 계산된 대류권-성층권 경계의 압력은 3.5 psia이다.

2.3 표면에 미치는 압력

정지하고 있는 단순한 유체는 접하고 있는 표면에만 압력을 미친다. 압력은 단위 면적에 수직인 힘이므로, 압력은 이 표면에 수직으로 작용한다. 흐르는 유체는 압력뿐만 아니라 전단력도 미치므로, 흐르는 유체가 표면에 미치는 이러한 힘은 표면에 수직이 아닐 수도 있다. 그러나 흐르는 유체에 관한 문제에서는 압력과 전단력을 따로 생각하면 편리한데, 이때 압력은 여기서와 마찬가지로 계산하지만, 정지 유체 대신에 흐름 상태에 따른 표면의 압력 분포를 이용한다.

미소 표면적에 미치는 압력은 다음과 같다.

$$dF = P\,dA \tag{2.19}$$

여기서 dF는 벡터량으로, 방향(표면에 수직)과 크기를 가지는 양이다. 평면에서는 이 값이 모두 같은 방향을 가리키므로, 이 식을 간단히 적분하여 전체 힘을 구할 수 있다.

$$F = \int P\,dA \tag{2.20}$$

곡면에 대한 압력을 구하기 위해서는 식 (2.19)의 dF를 x와 y 성분에 대하여 구하고 이들을 적분한다. 대부분의 토목공학이나 기계공학에서 사용하는 유체역학 교재들에는 이에 대한 풀이들이 수록되어 있다(예를 들면, [3, Chap.2]).

만약 전체 표면에서의 압력이 일정하다면 식 (2.20)은 다음과 같이 된다.

$$F = PA \qquad [\text{정압, 평면}] \tag{2.21}$$

기체의 압력은 높이에 따라 매우 미세하게 변하므로, 기체에 노출된 보통 크기의 표면에는 노출된 표면의 방향에 관계없이 이 식을 그대로 적용할 수 있다. 그러나 액체에 노출되었을 경우에는 적용할 수 없다.

정지 유체에 노출된 수평면(horizontal plane)에서는 전체 표면에 대해 압력이 일정하므로, 식 (2.21)로 필요한 힘을 구할 수 있다.

예제 2.6 기름저장탱크의 지붕이 평평하고, 수평이며, 지름이 120 ft인 원형이다. 대기에 의해 이 지붕에 미치는 힘을 구하라.

$$F = PA = 14.7\frac{\text{lbf}}{\text{in}^2}\cdot\frac{\pi}{4}(120\text{ ft})^2\cdot 144\frac{\text{in}^2}{\text{ft}^2} = 2.39\cdot 10^7\text{ lbf} = 106.5\text{ MN} \tag{2.I}$$

■

이 저장탱크의 지붕이 이처럼 놀라울 정도의 큰 힘에 견딜 수 있는 것은, 내부의 기체나 공기가 위쪽으로 이에 대응하는 힘을 미치므로, 대기의 압력과 내부 기체나 공기의 압력에 의한 순힘(net force)이 0이 되기 때문이다. 따라서 힘의 계산에서 이러한 힘은 대개 상쇄되므로, 유체의 계기압력에 더하여 표면의 양쪽에 대기의 압력이 미칠 때는 보통 계기압력으로 계산한다. 이러한 탱크들은 일반적으로 대기 중으로 배기되는 통기구가 있다. 이는 탱크 내에 계기압이나 진공이 존재하는 것을 방지하기 위함이다. 통기구에는 탱크 내 진공 내부압력이 ±0.1 psig보다 작아지면 자동적으로 열리도록 작동하는 **증기보존밸브**(vapor conservation valve)가 설치되어 있는데 이를 통해 대기압 또는 탱크 내용물의 온도의 작은 변화로 탱크가 안으로 또는 밖으로 호흡하는 현상을 막아 준다. 만약 외부적인 환경 요인으로(폭설 등에 따른 얼음 덩어리에 의해) 통기구가 막힌 상태에서 탱크로 유체를 공급시키면 탱크를 부풀어 오르게 하는 원인이 되고 반대로 탱크 내 유체를 퍼낼 경우에는 탱크가 안으로 오그라들어 파괴될 수 있는 원인을 제공하게 된다. 가솔린과 같은 유체의 경우 이와 같은 **탱크호흡**(tank breathing) 현상으로 인하여 심각한 대기오염물질이 방출된다[1]. 따라서 이에 대한 철저한 방지책이 요구된다.

예제 2.7 예제 2.6의 기름저장탱크 지붕에 빗물이 8 in 고였다. 탱크 지붕에 미치는 순힘을 구하라.

$$P_{\text{gauge}} = \rho g h = 62.3\frac{\text{lbm}}{\text{ft}^3}\cdot 32.2\frac{\text{ft}}{\text{s}^2}\cdot\frac{8}{12}\text{ft}\cdot\frac{\text{lbf}\cdot\text{s}^2}{32.2\text{ lbm}\cdot\text{ft}}$$

$$= 41.5\frac{\text{lbf}}{\text{ft}^2} = 0.288\frac{\text{lbf}}{\text{in}^2} = 1.989\text{ kPa} \tag{2.J}$$

$$F = PA = 41.5\frac{\text{lbf}}{\text{ft}^2}\cdot\frac{\pi}{4}(120\text{ ft})^2 = 4.70\cdot 10^5\text{ lbf} = 3.24\text{ MN} \tag{2.K}$$

■

이 문제에서 지붕 위에 고인 빗물의 무게 W를 구하여도 같은 답을 얻게 된다.

$$W = mg = V\rho g = \frac{8}{12}\text{ft}\cdot\frac{\pi}{4}(120\text{ ft})^2\cdot 62.3\frac{\text{lbm}}{\text{ft}^3}\cdot 32.2\frac{\text{ft}}{\text{s}^2}\cdot\frac{\text{lbf}\cdot\text{s}^2}{32.2\text{ lbm}\cdot\text{ft}}$$
$$= 4.70\cdot 10^5\text{ lbf} = 3.24\text{ MN} \tag{2.L}$$

이 식에서 V는 고인 빗물의 부피이다. 이 문제는 수평면에 관한 전형적인 유체정역학 문제이다. 유체정역학의 기본식은 유체의 무게를 고려하여 구하였으므로, 이러한 종류의 문제를 풀 때도 마찬가지로 관계되는 유체의 무게만을 고려하면 된다.

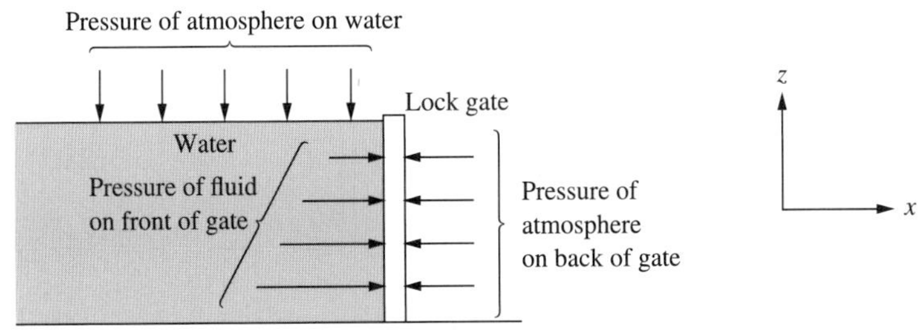

그림 2.5
수직면에 대한 수평 압력

수직면(vertical plane)에서는 면 전체에 대하여 압력이 일정하지 않으므로, 식 (2.20)을 이용하여 힘을 구할 때, 일반적으로 압력을 적분 기호 밖으로 내보낼 수 없다.

예제 2.8 그림 2.5에 나타낸 운하의 갑문은 폭 20 m, 높이 10 m인 장방형이다. 운하에는 갑문 높이까지 물이 차 있고 대기에 노출되어 있다. 갑문에 미치는 순힘을 구하라.

여기서 순힘은 물에 의해 갑문 전면에 미치는 힘에서 대기가 갑문 후면에 미치는 힘을 뺀 것과 같다. 수직 거리가 짧으므로 기압은 일정($=P_{\text{atm}}$)하다고 볼 수 있다. 따라서 넓이가 A인 갑문 후면에 대기에 의해 미치는 힘은 $P_{\text{atm}}A$이다. 한편, 물 쪽에서는 높이에 따라 압력이 다르다. 지금 갑문의 폭을 W, 자유표면에서의 깊이를 h라 정의하고 식 (2.11)을 식 (2.20)에 대입하면

$$F_{\text{water}} = \int P\,dA = \int (P_{\text{atm}} + \rho g h)\,dA = P_{\text{atm}}A + \rho g \int hW\,dh$$
$$= P_{\text{atm}}A + \rho g W \frac{h^2}{2}\bigg]_0^{10\text{ m}} \tag{2.M}$$

이고, 따라서 x 방향의 순힘은

$$F_{\text{net}} = F_{\text{water}} - F_{\text{air}} = P_{\text{atm}}A + \rho g W \frac{h^2}{2}\bigg]_0^{10\text{ m}} - P_{\text{atm}}A \tag{2.N}$$

이다. 대기압 항이 소거되므로 최종적으로

$$F_{\text{net}} = 998.2\,\frac{\text{kg}}{\text{m}^3}\cdot 9.81\,\frac{\text{m}}{\text{s}^2}\cdot 20\text{ m}\cdot\frac{h^2}{2}\bigg]_{h=0}^{h=10\text{ m}}\cdot\frac{\text{N}\cdot\text{s}^2}{\text{kg}\cdot\text{m}}$$
$$= 9.80\text{ MN} = 2.20\cdot 10^6\text{ lbf} \tag{2.O}$$

를 얻는다. ■

이 예제를 비롯하여 유체가 대기에 개방된 문제에서는 양편에 대기압이 미치므로, 이 대기압의 영향은 소거된다. 따라서 이러한 문제에서는 계기압력을 사용하면 풀이가 쉬워진다. 계기압력을 사용하여 이 예제를 다시 풀어 보고 같은 결과가 얻어지는지 확인하라.

다음 절(실질적으로 흥미를 끄는 문제들)에서는 곡면에 미치는 압력의 x, y 성분, 또는 x

나 y 축에 수직이 아닌 평면에서의 압력의 x, y 성분에 대하여 다루게 된다. 이들에 대한 기본식은 다음과 같다.

$$dF_x = (dF\text{의 } x\text{성분}) = \sin\theta \cdot dF = \sin\theta \cdot P\, dA \tag{2.22}$$

$$dF_y = (dF\text{의 } y\text{성분}) = -\cos\theta \cdot dF = -\cos\theta \cdot P\, dA \tag{2.23}$$

여기서 θ는 표면의 법선 방향과 수직면 사이의 각이다. 만약 P가 일정할 경우에는 압력의 x, y 성분값은 P 곱하기 표면의 x, y 방향에 대한 투사면적으로 얻어진다.

2.4 압력용기와 배관

정유공장의 석유저장탱크 밀집지역의 모습을 그림 2.6에 나타내었는데 이를 자세히 관찰하면 세 가지 종류의 저장탱크가 있음을 알게 된다. 첫 번째는 용량이 가장 큰, 바닥이 평평하고 수직축을 갖는 원통형 탱크로 대기압 아래의 액체를 저장하는 데 사용된다. 두 번째는 구형 탱크로 대기압보다 충분히 높은 압력조건의 액체(경우에 따라서 드물지만 기체)를 저장한다. 세 번째 종류는 소시지 모양(끝단이 반구형인 수평원통)의 탱크로 고압의 액체(또는 기체)를 저장하는 데 사용된다. 따라서 적절한 탱크의 선택은 탱크에 저장되는 유체의 압력조건에 따라 경제성을 고려하여 결정된다.

예제 2.3과 그림 2.3의 기름저장탱크에 관한 문제에서, 주어진 조건의 유체를 저장하기 위해 필요한 탱크의 두께는 어떻게 구하는가? 그림 2.7에 끝단이 평평한 대기압용 원통형

그림 2.6
정유공장의 저유탱크 밀집지역 사진: 24개의 끝단이 평평한 원통형 저장탱크, 2개의 고압용 구형 저장탱크, 13개의 고압용 소시지 모양 저장탱크가 보인다. (steinphoto/iStock/Getty Images)

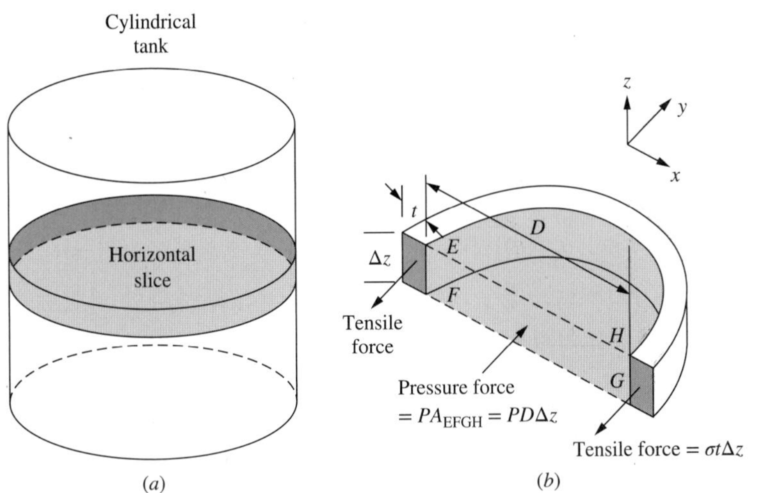

그림 2.7
(a) 바닥이 평평한 원통형 탱크로 (b)에서 사용될 얇은 수평 조각을 나타내고 있다. (b) 이등분된 수평 조각 내의 힘수지를 구하기 위한 상세도로, x 방향의 압력에 의한 힘과 이에 저항하는 탱크의 두 벽면에 대한 인장응력을 나타낸다.

저장탱크(그림 2.6)를 나타내었다. 그림 2.7(a)에 시멘트나 자갈로 기초한 바닥에 설치되어 있는 평평한 바닥을 갖는 원통형 탱크 전체의 형태를 나타내었다. 한편, 탱크의 지붕은 평평하거나 둥근 모양의 경량 재질로 구성되어 있다.

그림 2.7(a)의 얇은 수평 조각(여러 개가 쌓여 있는 팬케이크 더미에서 하나에 해당됨)을 수직으로 이등분(팬케이크의 반에 해당)하여 그림 2.7(b)에 나타내었다. 그림 2.7(b)에는 명쾌한 설명을 위해 과장된 두께로 나타낸 탱크의 강철 수직판과 내부에 저장되는 액체 부분을 보여 주고 있다.

그림 2.7(b)에 대한 y 방향 힘수지(force balance)를 세우도록 하자. 우선 액체면 E-F-G-H에 작용되는 압력에 의한 힘과 잘린 두 개의 탱크 벽면에 작용하는 인장력을 고려할 수 있다. 그러나 이 두 개의 힘은 서로 반대 방향으로 작용하는 힘이다. 즉, 액체 표면에 작용하는 압력에 의한 힘은 양의 y 방향인 반면 인장응력은 음의 y 방향이다. 실제로 그림 2.7(b)의 탱크 내 액체는 반지름 방향으로 힘을 나타낸다. 그러나 주 관심 대상은 힘의 y 방향 성분이므로 정체액체가 주어진 액체면에 나타내는 힘의 y 성분만 고려하면 된다. x 또는 z 방향 힘에 대해서는 고려하지 않는다. 탱크가 균열되거나 파열되지 않는 조건이라고 가정하면, 힘의 y 방향 성분들의 합이 0이어야 한다. 즉,

$$P \cdot D \cdot \Delta z = 2\sigma_{\text{tensile}} \cdot \Delta z \cdot t \tag{2.24}$$

를 만족한다. 여기서 σ_{tensile}는 탱크 벽면에서의 인장응력이고, P는 계기압력으로 일정하며, t는 탱크 벽면을 이루는 금속의 두께이다. 또한 탱크 벽면 전체에 대해 일정한 σ_{tensile}를 갖는다는 얇은 벽 가정(thin-walled assumption)을 하면, 요구되는 벽면 금속판의 두께는 다음 식으로 구할 수 있다.

$$t = \frac{PD}{2\sigma_{\text{tensile}}} \quad [\text{원주형, 얇은 벽 가정}] \tag{2.25}$$

식 (2.25)의 인장응력은 원통의 외부 금속테두리에 의해 저항되는 응력이므로 통상적으로 테두리응력(hoop stress)이라 부른다.

예제 2.9 만약 탱크 벽에 대한 설계 인장응력(통상적으로 탱크 파열조건인 최대 응력의 1/4에 해당됨)이 20,000 psia일 경우, 예제 2.3의 조건의 탱크에 대한 벽면 두께는 얼마인지 구하라.(단, 탱크의 직경은 120 ft이다.)

주어진 조건들을 식 (2.25)에 대입하면

$$t = \frac{(22.9\ \text{lbf}/\text{in}^2)\cdot 120\ \text{ft}}{2\cdot 20\,000\ \text{lbf}/\text{in}^2} = 0.0688\ \text{ft} = 0.825\ \text{in} = 2.10\ \text{cm} \tag{2.P}$$

를 얻는다. ■

이 예제로부터 비교적 큰 용량의 탱크가 꽤 두꺼운 벽을 요구함을 알 수 있다. 또한 그림 2.3으로부터 계기압력이 탱크 꼭대기에서는 0으로 떨어지므로 탱크 내부의 압력에 저항하는 정도로 얻어지는 벽면의 두께는 바닥에서 가장 두껍고 상부로 올라갈수록 얇아지는 삼각형 구조를 가짐을 알게 된다. 그러나 현실적으로 탱크 꼭대기에서 두께가 0이 될 수 없으므로 미리 만들어진 곡면 강철판을 용접(또는 볼트로 조임)으로 연결하여 제작한다. 이 경우 탱크 바닥에서 상부로 올라갈수록 두께는 얇아진다(연습문제 2.28).

이와 같은 형태의 탱크를 실제 설계[4]할 경우에는 식 (2.25)로부터 계산하여 얻은 두께에 부식 허용 정도를 참작하여 결정해야 한다. 실질적으로 예제 2.9에서 내부 압력에 견딜 수 있는 조건에서 계산된 두께는 탱크 바닥에 사용하고 꼭대기에서의 두께는 바람이나 지진 등에 견딜 수 있도록 설계하여야 한다. 식 (2.25)나 아래 구형 탱크에 대한 대응식은 얇은 벽 용기(thin-walled vessel)라 가정할 때 적용되는 식이다. 압력이 3000 psia 이상일 경우에는 요구되는 벽 두께가 증가하게 되어 응력이 균일하다고 가정한 사실이 적합하지 않게 된다. 따라서 식 (2.25)는 더 이상 사용하지 못하며 두꺼운 벽 용기(thick-walled vessel)에 적합한 식[5]을 사용해야 한다. 정량적으로 $t/D > 0.25$를 만족할 경우, 두꺼운 벽 용기에 적합한 식을 사용한다. 일반적으로 소화기 통이 고압 화학반응장치와 같이 두꺼운 벽 용기에 해당된다(연습문제 2.33과 표 2.2 참조).

그림 2.6에 나타난 다른 두 가지 형태의 탱크(구형과 소시지형)는 단순히 중력에 의한 압력(예제 2.3, 2.9)보다 훨씬 큰 압력의 유체를 저장할 수 있도록 제작된 압력용기(pressure vessel)이다. 그들은 대기 중으로 환기되지 않는다. 그림 2.6의 오른쪽 부분에 있는 소시지 모양의 탱크는 프로판을 저장하는 데 사용되는 표준탱크로 설계압력이 250 psig이다. 이들 탱크에 대한 요구되는 벽 두께를 구하기 위한 해석은 그림 2.7에서와 같다. 탱크가 수평형

원통이므로 바닥에서의 압력이 꼭대기 압력보다 크나 직경이 10 ft에 지나지 않고 저장된 액체 프로판의 비중이 SG ≈ 0.5이므로 탱크 바닥과 꼭대기의 압력차가

$$\Delta P = \rho g h = 0.5 \cdot 62.3 \frac{\text{lbm}}{\text{ft}^3} \cdot 32.2 \frac{\text{ft}}{\text{s}^2} \cdot 10\text{ ft} \cdot \frac{\text{lbf} \cdot \text{s}^2}{32.2\text{ lbm} \cdot \text{ft}} \cdot \frac{\text{ft}^2}{144\text{ in}^2} = 2.16\text{ psi} = 14.9\text{ kPa} \tag{2.Q}$$

이다. 이는 설계압력 250 psig의 1% 미만에 해당하므로 무시가 가능하고, 따라서 식 (2.25)를 적용할 수 있다.

예제 2.10 직경이 10 ft인 수평형 원통 압력용기의 요구되는 두께를 구하라. 단, 작동압력은 250 psig이고, 설계 인장응력은 20,000 psig이다.

예제 2.9와 유사하게 풀이된다.

$$t = \frac{(250\text{ lbf/in}^2) \cdot 10\text{ ft}}{2 \cdot (20\,000\text{ lbf/in}^2)} = 0.0625\text{ ft} = 0.75\text{ in} = 1.90\text{ cm} \tag{2.R}$$

■

구형 압력용기의 경우에는 똑같은 계산 과정을 거치나 결과식은 약간 다르다. 그림 2.8에 구형 압력용기의 단면을 보여 주는 반구 형태를 나타내었다. 이전과 마찬가지로 내부 압력에 의한 힘은 전단면을 따라 양의 y 방향인 반면, 벽 단면에 작용하는 인장응력은 음의 y 방향이다. 한편, 이들은 크기는 같고 반대 방향으로 작용한다. 따라서 다음을 만족한다.

$$P \cdot \frac{\pi}{4} D^2 = \sigma_{\text{tensile}} \cdot \pi D \cdot t \tag{2.26}$$

또는

$$t = \frac{PD}{4\sigma_{\text{tensile}}} \quad [\text{구형 용기, 얇은 벽 가정}] \tag{2.27}$$

식 (2.25)와 (2.27)로부터 압력조건과 직경이 같을 때, 구형 압력용기의 요구되는 탱크 벽의 두께가 원통 압력용기의 1/2에 해당됨을 알게 된다. 이는 일정 부피의 고압 유체를 저장하기 위해 구형을 사용할 경우 원통형에 비해 벽 두께가 얇아도 되므로 그만큼 탱크 벽에 사용되는 금속의 양이 적게 소요됨을 의미한다. 정유공장 사진인 그림 2.6에는 고압의 유체를 저장할 수 있는 구형 압력용기가 두 개 있다. 항상 무게가 중요하게 고려되는 우주 왕복선의 경우, 용기의 무게를 최소화하기 위해 고압의 유체를 항상 구형 용기에 저장한다. 그림 2.6에 보이는 양쪽 끝이 반구 모양인 소시지형 용기의 두께는 식 (2.25)와 (2.27)에 의해 원통형의 1.5배에 해당된다.

그러나 경제적인 측면에서 그림 2.6에 24개 설치되어 있는 양쪽 끝이 반구 모양인 소시지형 용기의 사용을 권장한다. 그 이유는 구형 용기는 너무 커서 이동하기 위한 선적에 힘

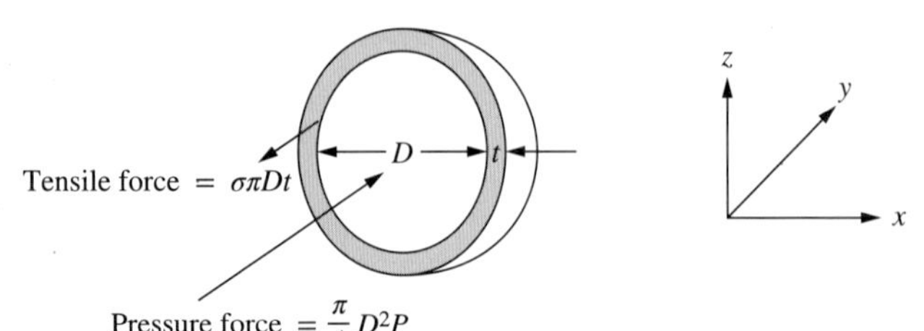

그림 2.8
중심이 절단된 구형 압력용기 단면. y 방향으로 작용하는 압력에 의한 힘과 이에 저항하는 인장 응력을 보여 준다.

이 드는 데 반하여 소시지형 용기는 대량 생산이 가능하고 선적이 용이하여 조립식으로 쉽게 현장에서 제작할 수 있는 장점이 있기 때문이다. 또한 구형 용기의 경우는 지지대도 필요하고 소시지형 용기에 비해 많은 조각들(예를 들어 축구공을 만들기 위해 필요한 조각들을 생각해 보라!)이 요구되는 문제점들이 있다. 파운드당 고가의 강철이 요구되는 경우(액화 천연가스 운송 및 저장)에는 구형 용기가 훨씬 경제적이다. 그러나 대부분 고압 액체 저장용에는 제작비가 더 많이 드는데도 불구하고 소시지형 용기가 더 경제적이다(연습문제 2.36 참조).

일반적인 파이프나 튜브는 얇은 벽 압력용기이다. 그들의 차원과 안전 허용압력과의 관계는 식 (2.25)에 주어졌다.(여기에 부식 허용도로 두께와 용접 파이프에 대한 이음 효율을 추가한다.) 그림 1.14의 증류탑, 환류 원통 및 기타 용기들도 설계 시 그림 2.6의 소시지형 저장탱크에서와 같은 식이 적용되는 압력용기이다. 250 psig 정도의 상당한 내부압력을 견딜 수 있도록 제안되는 벽 두께는 기초 이외에 추가적인 지지대의 설치 없이 스스로 견딜 수 있는 조건이다. 좀 더 낮은 조건의 조작압력이 요구되는 용기들은 비교적 얇은 벽 두께를 갖는데, 일반적으로 중력, 풍력 또는 지진에 의한 힘 등에 견딜 수 있도록 내부와 외부의 버팀대를 설치한다[4]. 지역에 위치한 주유소에 가솔린을 운반하는 큰 트럭들은 일반적으로 저압용 가솔린 저장탱크를 설치하기 위한 표준 차대를 갖추고 있다. 그러나 프로판 가스를 운반하는 큰 트럭에는 차대가 별도로 설치되어 있지 않다. 이는 고압용 프로판 저장탱크는 강도가 세기 때문에 바퀴와 차축에 직접 부착되어 있기 때문이다.

2.5 부력

정지 유체가 부유하거나 침적한 물체에 미치는 압력은 이 물체의 전체 면적에 미치는 압력의 수직 성분을 적분하여 구할 수 있다. 이를 아주 간단히 일반화한 것을 **아르키메데스의 원리**라 하는데 전체 표면에 대하여 적분하는 것보다 적용하기에 매우 용이하다.

그림 2.9에 나타낸 것처럼, 부유 나무토막을 생각해 보자. 이 토막은 정지상태에 있으므로 모든 방향에서 작용하는 힘의 합이 0이다. 여기에 작용하는 힘은 중력과 전체 표면에 대한 전체 압력인데, 이 두 힘은 서로 같고 방향이 반대이어야 한다. 부유 또는 침적 물체의 전체 표면에 관하여 적분한 압력의 수직 성분을 **부력**(buoyant force)이라고 하며 다음과 같다.

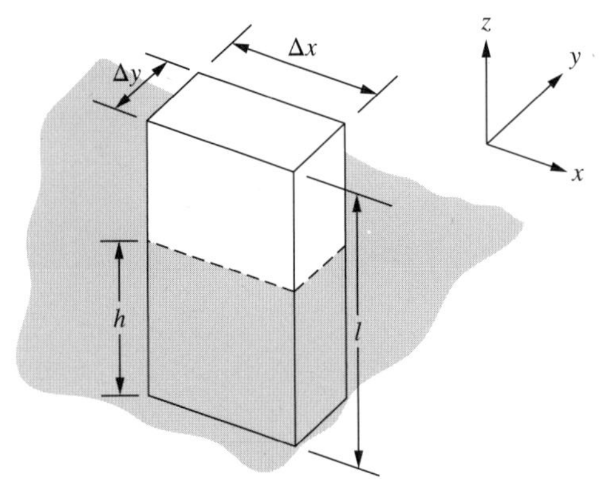

그림 2.9
아르키메데스의 원리를 나타내는 부유 나무토막

$$F_{\text{vertical}} = F_z = \int -P\cos\theta\, dA \tag{2.28}$$

압력은 유체와 접촉하는 모든 면의 안쪽 법선 방향으로 작용하며 반면에 수직 성분은 이 압력에 압력이 작용하는 방향과 수직 방향이 이루는 각 θ의 코사인 값을 곱해서 얻어지기 때문에 위 식에 $\cos\theta$가 포함된다. 그림 2.9의 나무토막에 대하여 $\cos\theta$는 측면에서 0이고, 바닥에서 -1, 위에서 $+1$이므로, 식 (2.28)은 다음과 같이 나타낼 수 있다.

$$F_z = (P_{\text{bottom}} - P_{\text{top}})\ \Delta x\ \Delta y \tag{2.29}$$

여기서

$$(P_{\text{bottom}} - P_{\text{top}}) = \rho_{\text{liquid}} g h + \rho_{\text{air}} g (l - h) \tag{2.30}$$

이므로, 식 (2.29)에 대입하면

$$F_z = \rho_{\text{liq}} g V_{\text{liq}} + \rho_{\text{air}} g V_{\text{air}} \tag{2.31}$$

이다. 이 식에서 V_{liq}는 잠긴 나무토막이 대체한 액체 부피($= \Delta x\ \Delta y\ h$)이고, V_{air}는 떠 있는 나무토막의 대체한 공기 부피($= \Delta x\ \Delta y\ (l-h)$)이다. 따라서 부력은 대체한 두 유체의 무게와 똑같은데, 이것이 아르키메데스 원리(Archimedes' principle)이다. 식 (2.31)에서 공기 무게는 대개 물 무게에 비하여 무시할 수 있다.(물의 밀도가 공기의 밀도에 비해 약 800배가량 크다.) 따라서 부유 물체에 관한 아르키메데스 원리를 다시 말하면, "부유 물체가 대체하는 유체 부피의 무게는 그 자체의 무게와 같다."만약 물체가 유체 중에 완전히 잠겨 있으면 식 (2.31) 우변의 항은 하나뿐이다. 즉, 완전히 잠긴 물체에 대한 부력은 대체된 유체의 무게와 같다고 말할 수 있다.

앞에서는 축이 수직인 물체를 고려하였다. 이 경우에는 수직 측면에 작용하는 압력이 부력에 기여하지 않으므로 간단하다. 그러나 어떤 종류의 물체라도 마찬가지인데, 그림 2.10에 나타낸 것처럼, 어떤 형태라도 토막으로 만들어져 있다고 볼 수 있기 때문이다. 이 그림

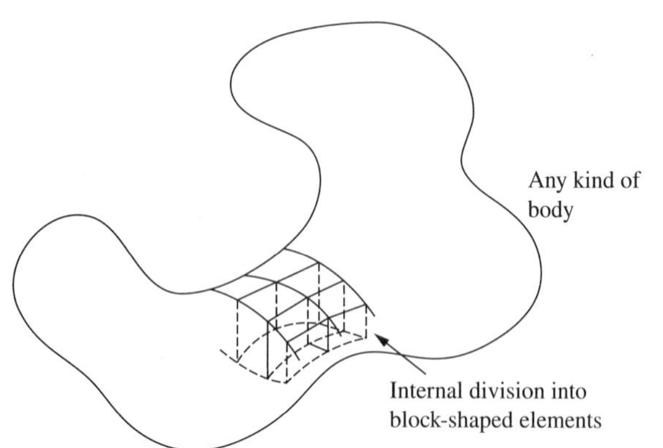

그림 2.10
어떤 임의의 형태의 물체도 그림 2.9와 같은 수직 측면을 갖는 여러 개의 토막으로 구성 가능하다.

에 나타내었지만, 이러한 토막이 크면 이들의 부피를 더한 것이 물체의 부피와 다소 차이가 날 것이다. 그러나 토막의 x와 y 치수가 감소하여 0에 접근하면 물체의 치수와 같아지게 될 것이다. 각 토막은 아무리 작아지더라도 위에서 설명한 것처럼 아르키메데스 원리를 적용할 수 있으므로 결과적으로 어떤 모양의 물체에도 이 원리를 적용할 수 있게 된다. 문어처럼 생긴 물체에 작용하는 압력을 적분하기는 아주 어렵다. 하지만 그 부피를 알면 이것이 대체한 유체의 부피를 알 수 있어서 아르키메데스 원리를 이용하여 그 부력을 쉽게 계산할 수 있다.

예제 2.11 헬륨 기구의 압력 및 온도가 주변 공기와 같다(1 atm, 20°C). 이 기구의 지름이 3 m이고, 기구 자체의 무게를 무시할 때, 이 기구가 들어 올릴 수 있는 짐의 무게를 구하라.

부력은 대체한 공기의 무게이다.

$$F_{\text{buoyant}} = \rho_{\text{air}} g V_{\text{balloon}} \tag{2.S}$$

반면 헬륨의 무게는

$$W_{\text{helium}} = \rho_{\text{helium}} g V_{\text{balloon}} \tag{2.T}$$

이다. 따라서 들어 올릴 수 있는 짐의 무게는 다음과 같다.

$$\begin{aligned}
\text{짐의 무게} &= F_{\text{buoyant}} - W_{\text{helium}} = V_{\text{balloon}} g\,(\rho_{\text{air}} - \rho_{\text{helium}}) \\
&= Vg\,\frac{P}{RT}\,(M_{\text{air}} - M_{\text{helium}}) \\
&= \frac{\pi}{6}\cdot(3\text{m})^3\cdot\frac{9.81\text{ m}}{\text{s}^2}\cdot\frac{1\text{ atm}}{[8.2\cdot10^{-5}\text{ m}^3\cdot\text{atm}/(\text{mol}\cdot\text{K})]\cdot 293.15\text{K}} \\
&\quad\cdot\left(29\,\frac{\text{g}}{\text{mol}} - 4\,\frac{\text{g}}{\text{mol}}\right)\cdot\frac{\text{kg}}{1000\text{ g}}\cdot\frac{\text{N}\cdot\text{s}^2}{\text{kg}\cdot\text{m}} = 144.2\text{ N} = 32.4\text{ lbf}
\end{aligned} \tag{2.U}$$

■

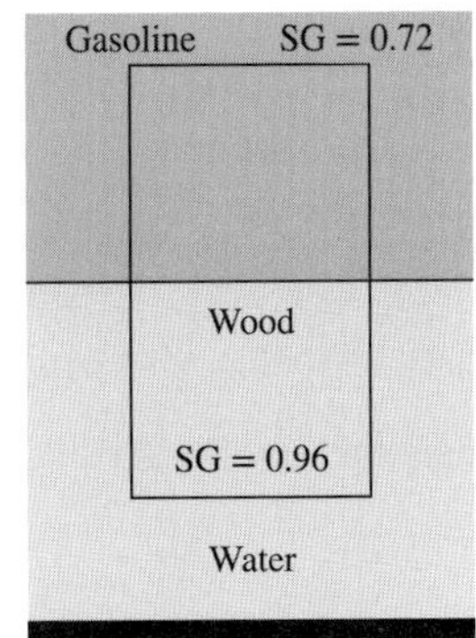

그림 2.11
가솔린과 물의 계면에 떠 있는 나무토막

예제 2.12 나무토막이 가솔린과 물의 계면에 그림 2.11에서와 같이 떠 있다. 나무토막이 물에 잠겨 있는 부피 분율을 구하라.

여기서 나무 무게는 부력과 같은데, 이 부력은 대체한 두 유체의 무게와 같다.

$$V_{\text{wood}}\rho_{\text{wood}}g = V_{\text{water}}\rho_{\text{water}}g + V_{\text{gasoline}}\rho_{\text{gasoline}}g \tag{2.V}$$

이 식에서 V_{wood}는 나무토막의 부피이고 V_{water}와 V_{gasoline}는 각각 대체한 물과 가솔린의 부피이다. 양변을 $g\rho_{\text{water}}$로 나누면

$$V_{\text{wood}}\text{SG}_{\text{wood}} = V_{\text{water}} + V_{\text{gasoline}}\text{SG}_{\text{gasoline}} \tag{2.W}$$

이다. 여기서 SG는 비중이다. 한편 다음 관계가 성립하므로

$$V_{\text{wood}} = V_{\text{water}} + V_{\text{gasoline}} \tag{2.X}$$

V_{gasoline}를 소거하면

$$V_{\text{wood}}\text{SG}_{\text{wood}} = V_{\text{water}} + (V_{\text{wood}} - V_{\text{water}})\,\text{SG}_{\text{gasoline}} \tag{2.Y}$$

이고, 최종적으로

$$\frac{V_{\text{water}}}{V_{\text{wood}}} = \frac{\text{SG}_{\text{wood}} - \text{SG}_{\text{gasoline}}}{1 - \text{SG}_{\text{gasoline}}} = \frac{0.96 - 0.72}{1 - 0.72} = 0.857 \tag{2.Z}$$

을 얻는다. ■

이 결과는 모순인 것처럼 보인다. 가솔린은 나무토막을 위에서 내리누를 뿐 어느 점에서도 밀어 올리지는 않는데도 불구하고, 대체한 가솔린의 부피가 부력 계산에 들어가기 때문이다. 그러나 표면에 대한 압력 적분을 살펴보면, 이 토막의 상부에서 하부까지의 압력차에 대하여 가솔린은 여기서 보인 것과 같이 관여함을 알 수 있다.

부력에 관한 설명을 마치면서 다시 언급하면, 기본 조작은 물체의 전체 표면에 대한 압력의 수직 성분의 적분이다. 이 적분의 편리한 결과는 아르키메데스 원리로서, 부력은 물

체가 대체한 유체의 무게와 같다.

2.6 압력 측정

압력 측정에서는 대개 어떤 면적에 압력을 작용시켰을 때, 이에 반대로 작용하는 중력이나 압축 용수철의 힘을 이용하여 측정한다. 중력법에서는 마노미터(manometer)라는 기구를 사용하는데, 그 조작법을 다음 예제에서 설명한다.

예제 2.13 그림 2.12는 가스탱크에 연결한 마노미터를 나타낸 것이다. 이 마노미터는 U자형 유리관으로, 색깔 있는 물이 들어 있고 한쪽 끝은 대기 중에 열려 있다. 그림에서와 같은 마노미터의 높이를 나타낼 경우, 탱크 안의 계기압력을 구하라.

이 문제는 D에서의 압력을 알고자 하는 것이다. 이와 같은 마노미터 문제에서는 이미 알고 있는 압력에서부터 시작하여 단계적으로 처리하면 간단하게 원하는 압력을 구할 수 있다. 이 경우에는 A가 대기에 열려 있으므로, 이 지점의 계기압력이 0임을 알 수 있다. 물은 실질적으로 밀도가 일정한 유체이므로, 식 (2.11)을 이용하여 지점 B에서의 압력을 구할 수 있다.

$$P_B = P_A + \rho_{\text{water}} g h_B = 0 + \rho_{\text{water}} g \cdot 3 \text{ ft} \tag{2.AA}$$

C에서의 압력은 식 (2.9)를 이용하여 구한다.

$$P_C = P_B - \left(\rho_{\text{water}} g \cdot \frac{1}{2} \text{ft}\right) \tag{2.AB}$$

한편, D에서의 압력은 같은 식을 이용하여 구한다.(이때 기체의 밀도 변화는 무시할 수 있다고 가정한다.)

$$P_D = P_C - \left(\rho_{\text{gas}} g \cdot \frac{1}{2} \text{ft}\right) \tag{2.AC}$$

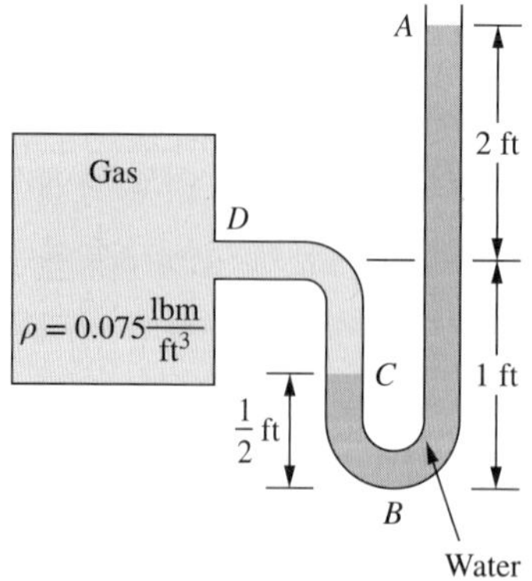

그림 2.12
색깔 있는 물로 채워진 단순 마노미터

위의 세 식을 더하고, 양변에서 같은 항을 소거하면 다음과 같다.

$$P_D = (\rho_{\text{water}} g) \cdot \left(3\text{ ft} - \frac{1}{2}\text{ft}\right) - \left(\rho_{\text{gas}} g \cdot \frac{1}{2}\text{ft}\right)$$
$$= 32.2 \frac{\text{ft}}{\text{s}^2}\left[\left(62.3 \frac{\text{lbm}}{\text{ft}^3} \cdot 2.5\text{ ft}\right) - \left(0.075 \frac{\text{lbm}}{\text{ft}^3} \cdot 0.5\text{ ft}\right)\right] \cdot \frac{\text{lbm} \cdot \text{s}^2}{32.2\text{ lbm} \cdot \text{ft}} \cdot \frac{\text{ft}^2}{144\text{ in}^2}$$
$$= 1.08 \frac{\text{lbf}}{\text{in}^2} - 0.0003 \frac{\text{lbf}}{\text{in}^2} = 1.08 \frac{\text{lbf}}{\text{in}^2}\text{gauge} = 7.46\text{ kPa} \tag{2.AD}$$

■

이 예제에서 설명하고자 하는 요점은 다음과 같다.

1. 마노미터에서 기체가 들어 있는 부분이 답에 기여하는 정도(0.03%)는 마노미터 문제에서는 아주 작으므로 일반적으로 무시할 수 있다.
2. 대기에 열려 있는 마노미터는 계기압력 측정기구이므로 계기압력을 사용하여 계산하도록 한다.
3. 이러한 기구에서는 보통 높이차를 읽는데 예제 2.13에서 실제 읽음은 2.5 ft이다. 이처럼 마노미터 읽음(manometer reading) 높이로 압력을 측정하여 보고하는 것이 편리할 때가 많다. 예를 들어, 미국 냉난방공업에서는 덕트 안의 압력을 보통 'inches of water (in H_2O)'로 나타내고 진공 장치 제작자는 진공도를 'inches of mercury (in Hg)'로 나타낸다.
4. 예제 2.13의 계산에서는 어디에서나 마노미터의 단면적이 나타나지 않는다. 따라서 이러한 관은 어떤 크기이든 편리하게 만들면 되며 지름이 일정한 관을 사용할 필요는 없다. 유체밀도와 높이차는 측정하여야 하는데 유체밀도는 편람에서 찾을 수도 있고 높이차는 자를 사용하여 직접 읽을 수 있다. 따라서 마노미터에서는 표준법으로 검정하거나 시험할 필요가 없고 단지 설치하여 읽음을 취하기만 하면 된다.
5. 이처럼 간단한 문제일 때도 곤란한 일이 많이 생길 수 있다. 실제로 현장 기술자는 여기서 나타낸 것보다 간략한 방법으로 계산한다. 그러나 두 종류 유체가 들어 있는 마노미터(two-fluid manometer)처럼 복잡한 장치에서는 이 간략법은 혼동을 일으킬 수 있고, 항상 신뢰할 만한 것은 위에 나타낸 방법이다.

예제 2.14 두 종류의 유체가 들어 있는 마노미터를 사용하면 액체 사이의 작은 높이차를 읽을 필요가 없어진다. 두 탱크 사이의 압력차를 구하기 위하여 그림 2.13와 같은 마노미터를 연결하여 마노미터 액의 높이차를 얻었을 경우, 압력차를 구하라.

$P_A - P_E$를 구하는 문제이다. 모든 유체는 실질적으로 밀도가 일정하므로 식 (2.9)를 사용할 수 있다. P_E 값을 안다고 가정하고 이 값에서부터 시작한다.

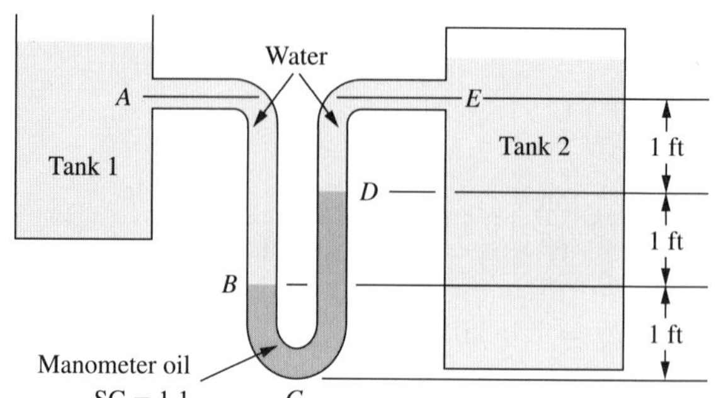

그림 2.13
물과 마노미터 오일이 들어 있는 이중 유체 마노미터

$$P_D = P_E + (\rho_{\text{water}} g \cdot 1 \text{ ft}) \tag{2.AE}$$
$$P_C = P_D + (\rho_{\text{oil}} g \cdot 2 \text{ ft}) \tag{2.AF}$$
$$P_B = P_C - (\rho_{\text{oil}} g \cdot 1 \text{ ft}) \tag{2.AG}$$
$$P_A = P_B - (\rho_{\text{water}} g \cdot 2 \text{ ft}) \tag{2.AH}$$

이 식들을 더하고 같은 항을 소거하면 다음과 같다.

$$\begin{aligned} P_A - P_E &= \rho_{\text{water}} g(1 \text{ ft} - 2 \text{ ft}) + \rho_{\text{oil}} g(2 \text{ ft} - 1 \text{ ft}) = 1 \text{ ft} \cdot g(\rho_{\text{oil}} - \rho_{\text{water}}) \\ &= 1 \text{ ft} \cdot 32.2 \frac{\text{ft}}{\text{s}^2} \cdot (1.1 - 1.0) \cdot 62.3 \frac{\text{lbm}}{\text{ft}^2} \cdot \frac{\text{lbf} \cdot \text{s}^2}{32.2 \text{ lbm} \cdot \text{ft}} \cdot \frac{\text{ft}^2}{144 \text{ in}^2} \\ &= 0.043 \frac{\text{lbf}}{\text{in}^2} = 298 \text{ Pa} \end{aligned} \tag{2.AI}$$

■

이 읽음은 압력차 0.1 ft H_2O에 해당한다. 그러나 이 이중 유체 마노미터의 실제 읽음은 1 ft이다. 정확도 ±0.005 ft(= ±0.06 in)까지 읽을 수 있다고 할 경우, 단순 마노미터라면 이 경우 부정확도가 5% 정도이지만, 이중 유체 마노미터를 사용하면 0.5%로 감소된다.

마노미터는 압력차를 측정하는 기구이므로 절대압력 측정용으로 사용하려면 완전 진공에 대한 상대 압력을 측정하여야 한다. 완전 진공이란 있을 수 없으므로 원리상으로는 이것이 불가능하지만 오차를 무시할 수 있을 정도로 충분한 진공을 만들 수 있는데, 이러한 생각을 사용한 것이 그림 2.14에 나타낸 수은 기압계이다. 이 기구는 대기압을 측정하는 실험실에서는 일반적으로 볼 수 있는 것으로, 대기압이 바닥에서 컵의 수은에 작용하고, 수은 기둥의 질량이 이에 반대로 작용한다. 이를 계산하면 다음과 같다.

$$P_A - P_B = \rho_{\text{Hg}} g h \tag{2.AJ}$$

이 식에서 P_B는 액체 수은 상부의 증기의 압력이다. 잘 만들어진 마노미터라면 이 압력은 수은의 증기압과 같은데 68°F(= 20°C)에서 10^{-6} atm 정도이다. 이 값은 1 atm과 비교할 때 아주 작으므로 무시할 수 있다. 따라서 이 기압계도 마노미터와 마찬가지로 압력차를 측정하는 것이지만 이 경우에는 절대압력 측정기구로 사용하여도 만족할 만한 정도로 정확하

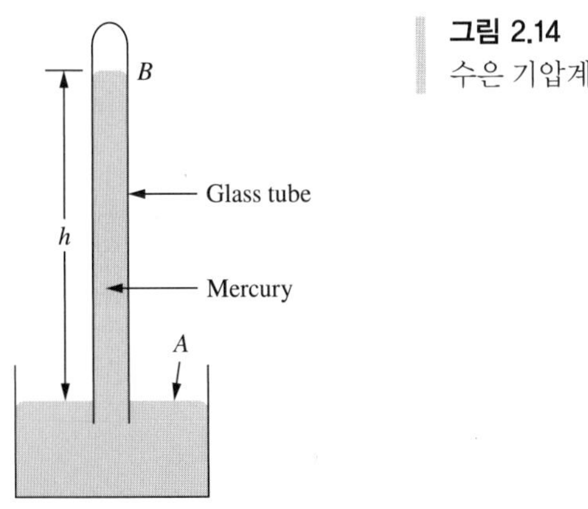

그림 2.14
수은 기압계

다(연습문제 2.56).

압력을 측정하는 두 번째 기본 방법은 어떤 피스톤에 압력을 가하여 용수철이 압축되도록 하고 그 변위를 측정하는 것이다. 그림 2.15에 나타낸 것은 실용적인 것은 아니지만 이 측정 방법을 예시한 것이다. 압력을 측정하고자 하는 유체가 피스톤을 눌러서 용수철을 압축하면 지침이 눈금을 따라 움직인다. 피스톤의 면적을 안다면 이 지침 위치로부터 피스톤에 작용하는 압력을 구할 수 있다.

예제 2.15 그림 2.15에 나타낸 피스톤의 면적이 100 cm^{2}이고, 용수철 상수(spring constant) k는 100 N/cm이다. 지침을 조정하여 피스톤 양쪽이 대기에 노출되었을 때 0점을 가리키도록 설정한다. 이 압력계를 탱크에 부착하였더니 지침이 2.5 cm 이동하였다. 탱크 안의 압력을 구하라.

피스톤에 작용하는 순힘은 다음과 같다.

$$F_{net} = (P_{tank} - P_{atm}) \cdot A - AP_{tank,\ gauge} \tag{2.AK}$$

이 힘은 용수철에 작용하는 힘, 즉 $k\ \Delta x$와 같아야 하므로

$$P_{tank,\ gauge} = \frac{k\ \Delta x}{A} = \frac{(100\ \text{N/cm}) \cdot 2.5\ \text{cm}}{100\ \text{cm}^2} \cdot \left(\frac{100\ \text{cm}}{\text{m}}\right)^2 = 25\ \text{kPa} = 3.62\ \frac{\text{lbf}}{\text{in}^2} \tag{2.AL}$$

■

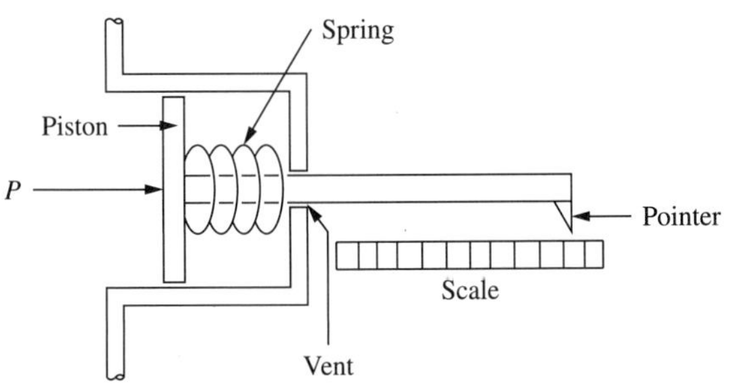

그림 2.15
피스톤-용수철 압력계

이 예제로부터 다음과 같은 사실을 관찰할 수 있다.

1. 이 기구는 마노미터와 마찬가지로 압력차를 측정하는 것이다. 절대압력 측정용으로 사용하려면 진공과 비교한 압력을 측정하여야 한다. 이때 이 기구를 진공실에 설치하면 될 것이다.
2. 이 기구는 마노미터와는 달리 크기를 정확하게 측정하고 검정하여야 한다. 용수철형 압력계는 보통 그림 2.16에 나타낸 것과 같은 마노미터 또는 이와 비슷한 것의 읽음과 비교하여 검정한다(연습문제 2.65 참조).

그림 2.15와 같은 계기는 피스톤 주위에서의 노출 때문에 실용적이지 못하다. 가장 널리 쓰이는 용수철 압력계는 그림 2.16에 나타낸 **부르동관**(bourdon tube)이 있는 것이다. 이 관은 원형으로 굽힌 단단한 금속관인데, 압력 측정 대상 유체가 이 관 안에 있게 된다. 이 관의 한 끝은 고정하고 다른 끝은 자유롭게 안쪽이나 바깥쪽으로 움직일 수 있는데, 이 움직임이 연결 막대와 기어 배열을 거쳐서 지침을 움직이게 된다. 관이 굽어 있으므로 중심에서 먼 쪽의 면은 가까운 쪽의 면보다 표면적이 크다. 따라서 내부 압력은 이 관에 외향적 힘을 미치므로, 압력이 커질수록 곧게 펴지게 된다[6]. 이 관 자체는 용수철과 같은 역할을 하는데, 단단하지만 합리적인 용수철 상수를 가진 금속으로 만든다. 이러한 관에서는 그림 2.15에 나타낸 피스톤-용수철 압력계에서보다 내부 및 외부 압력의 함수로 움직임을 계산하기가 어렵다. 그러나 이 부르동 압력계는 모양이 아주 편리하고 누설 문제가 없다. 어느 것이나 검정하여 사용하는 기구이므로, 부르동관의 성능 계산은 실제로 단점이 되지 않는다. 부르동관 압력계는 단순하고, 단단하며, 신뢰성이 있고, 저렴하여 공업용 압력계로서 가장 많이 쓰이는 종류이다.

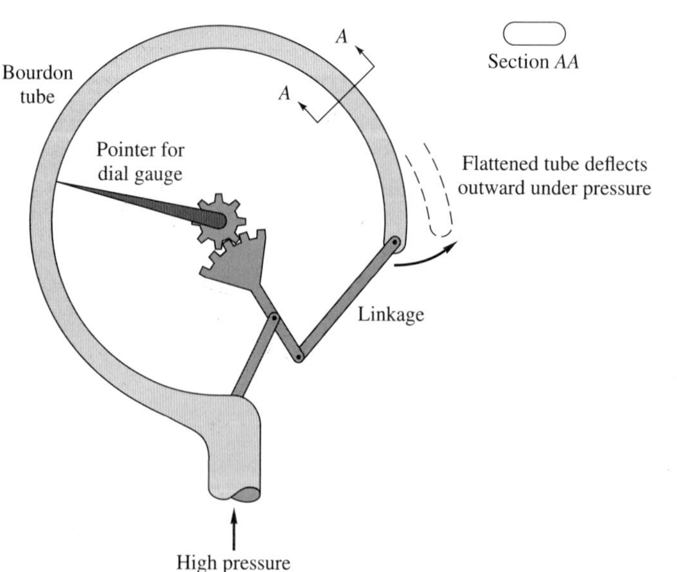

그림 2.16
부르동관 압력계. 전체 조립품은 얇은 원통형 컨테이너에 들어 있다. 튜브와 링키지가 아래에 있고 숫자가 있는 얇은 판과 바늘이 그 위에 있으며 유리 덮개판이 전체 조립품을 보호한다.

마노미터나 부르동관 압력계는 빨리 변하는 압력 측정에는 적합하지 않다. 둘 다 관성질량(inertial mass)이 커서 압력 변화에 재빨리 순응하지 못하기 때문에 그 읽음이 뒤처지게 된다. 로켓 모터의 압력 변동처럼 빠른 압력 변화일 때는 빨리 응답하는 두 가지 압력계가 사용된다. 하나는 격막압력계(diaphragm gauge)로, 이것은 그림 2.15에 나타낸 것과 비슷하지만 피스톤과 용수철 대신에 이러한 작용을 하는 얇은 금속 격막으로 되어 있다. 압력이 증가하면 격막이 약간 늘어나는데, 이를 전기변형계(electric strain gauge)나 전자적 수단으로 검출하여 전기적으로 기록한다. 이러한 격막이 부르동관보다 좋은 점은 질량이 아주 적기 때문에 압력 변화에 빨리 응답하려 움직이는 것이다. 두 번째 빠른 응답 압력계는 석영 결정 피에조미터(piezometer)로, 압력 변화에 따른 석영 결정의 전기적 성질의 변화를 이용한 것이다.

2.7 마노미터 원리의 이용

2.6절에서는 압력 측정기구로서의 마노미터를 검토하였다. 유체역학적 상황 중에는 마노미터에서와 마찬가지로 해석하면 아주 쉽게 이해할 수 있는 경우가 많다. 몇 가지 예를 여기에서 소개하기로 한다.

현대식 조리대 커피 메이커의 흐름도를 그림 2.17에 나타내었다. 그림에서는 내부가 평평하게 배치되어 있는 것처럼 나타나 실제 커피 메이커와는 다르게 보이지만 이를 통해 매끄러운 플라스틱 셸 내부에서 어떤 일이 일어나는지 확인할 수 있는 장점이 있다. 처음에는 물저장 용기에 찬물로 채우고 필터와 원두커피를 바스켓에 담는다. 전기히터가 작동되기 시작하고 물이 가열되면 뜨거운 물이 가열된 상승관을 통해 커피가 든 바스켓 위의 배출구로 흐르게 된다. 이때 커피와 뜨거운 물이 접촉하면서 수용성 성분을 추출하여 여과지를 통해 우리가 즐겨 마시는 커피가 유리병에 내려지게 된다. 이와 같은 흐름 과정은 물저

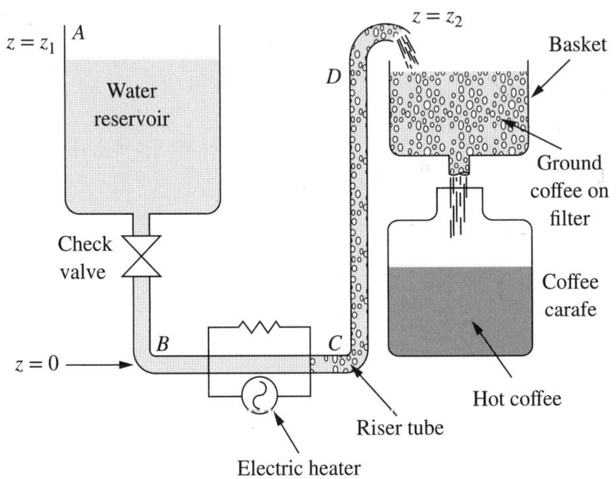

그림 2.17
여과형 커피 메이커—끓음에 의해 유체 순환이 이루어진다.

장 용기의 물이 다 소모될 때까지 계속된다.

물을 들어 올리는 기계가 없는데도 이처럼 물이 낮은 곳에서 높은 곳으로 올라가는 이유가 무엇일까? 이 질문에 대답하려면 B와 C에서의 압력을 계산하여야 하는데, 계기압력을 사용하면 쉽다. B에서의 압력은 다음과 같다.

$$P_B = \rho g z_1 \tag{2.AM}$$

물이 관을 타고 올라가서 D에서 내려오려면, C에서의 압력이 다음과 같아야 한다.

$$P_C = \rho g z_2 \tag{2.AN}$$

따라서

$$P_B - P_C = g[(\rho z)_1 - (\rho z)_2] \tag{2.AO}$$

이다. 커피 메이커가 작동되기 전에는 물저장 용기의 수위와 상승관 내 수위가 같아서 물의 흐름이 없고 따라서 $P_B = P_C$이다. 전기히터가 작동되면 이를 통과하는 물이 끓게 된다. 체크밸브는 팽창된 물-증기-기포 혼합물이 물저장 용기로 역류되는 것을 방지하여 상승관 쪽으로 흘러가게 한다. 이렇게 되면 상승관 내에 있는 유체 혼합물의 평균 밀도가 낮아져 결국에는 바스켓으로 흘러 넘치게 된다. 흐름이 계속되면 물저장 용기의 수위가 줄어들게 되고 이에 따라 상승관 내 물-증기 혼합물의 밀도가 더 낮아야 흐름이 계속되기 때문에 물저장 용기의 물이 거의 비게 되는 마지막 과정에서는 상승관 내부는 대부분 수증기 상태로 요란스러운 소리를 내게 된다.

이러한 흐름에 대해서는 지금까지 사용한 유체정역학의 간단한 식을 적용할 수 없고, 5~7장과 12장에서 다룬 방법을 이용하여야 한다. 그러나 여기에서의 설명이 간단하기는 하지만, 어떻게 압력차가 생겨서 유체가 커피 주전자에서 흐르는지를 알 수 있었을 것이다. 간헐천(커피 주전자에서와는 달리 정상적이 아니라 간헐적으로 흐른다)과, 대개의 수증기 보일러, 가스 및 프로판 연소 냉동기, 증류탑의 재비기 등의 순환장치에 대해서도 여기서와 마찬가지로 설명할 수 있다. 모두 수증기(또는 다른 액체의 증기)의 기포 때문에 '대응 마노미터(equivalent manometer)'의 한쪽 다리에서의 평균 밀도가 감소하여 압력차가 생기기 때문에 유체가 흐를 수 있게 된다.

이러한 압력차는 끓는 액체가 없는 장치에서도 형성될 수 있는데, 이를 예제 2.16에서 다룬다.

예제 2.16 그림 2.18은 가정용 난로와 그 주변을 나타낸 것이다. 난로 속에서 나무를 태우면 연돌 안의 공기가 300°F까지 가열된다. 이 상황을 정역학적으로 취급하여 같은 높이에 있는 난로 근처의 실내 공기와 난로 안의 공기 사이의 압력차를 구하라.

집 안은 공기가 잘 통하거나 창문이 열려 있어서, 실내 공기의 압력이 바깥 공기의 압력과 같다고 가정한다.(낡은 집이면 이 말이 맞지만, 현대식 에너지 절약형 주택에

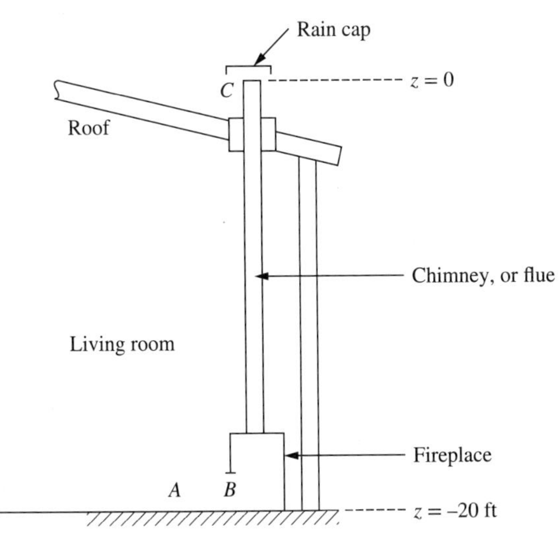

그림 2.18
가정용 벽난로—온도에 의해 유체 순환이 이루어진다.

서는 바람구멍이 거의 없다.) 이 문제에서는 그림에 나타낸 것처럼 굴뚝 꼭대기를 기준 높이($z = 0$)로 하면 풀이가 간단해진다. $z = 0$에서의 압력은 대기압과 같다고 보고, 계기압력을 사용하면

$$P_A = \rho_{\text{air}} g z_1 \tag{2.AP}$$

와

$$P_B = \rho_{\text{flue gas}} g z_1 \tag{2.AQ}$$

을 얻는다. 굴뚝은 연돌(flue)이라고도 하며, 굴뚝 내 가스를 연돌가스(flue gas)라 한다. 위의 식들로부터 다음을 얻는다.

$$P_A - P_B = (\rho_{\text{air}} - \rho_{\text{flue gas}})\, g z_1 \tag{2.AR}$$

공기와 연돌가스를 이상기체라 하면

$$P_A - P_B = g z_1 \frac{P}{R}\left[\left(\frac{M}{T}\right)_{\text{air}} - \left(\frac{M}{T}\right)_{\text{flue gas}}\right] \tag{2.AS}$$

이 된다. 정확한 계산을 위해서는 공기와 연돌가스의 분자량 차이를 고려해야 하지만 여기서는 분자량이 같다고 가정한다. 우변을 $(M/T)_{\text{air}}$으로 곱하고 다시 나눈 후 ρ_{air}로 치환하면 최종적으로 다음을 얻는다.

$$\begin{aligned} P_A - P_B &= g z_1 \frac{PM_{\text{air}}}{RT_{\text{air}}}\left[1 - \frac{T_{\text{air}}}{T_{\text{flue gas}}}\right] = g z_1 \rho_{\text{air}}\left[1 - \frac{T_{\text{air}}}{T_{\text{flue gas}}}\right] \\ &= 32.2\,\frac{\text{ft}}{\text{s}^2}\cdot 20\ \text{ft}\cdot 0.075\,\frac{\text{lbm}}{\text{ft}^3}\cdot\left[1 - \frac{528°\text{R}}{760°\text{R}}\right]\cdot\frac{\text{lbf}\cdot\text{s}^2}{32.2\ \text{lbm}\cdot\text{ft}}\cdot\frac{\text{ft}^2}{144\ \text{in}^2} \\ &= 0.0032\,\frac{\text{lbf}}{\text{in}^2} = 22\ \text{Pa} \end{aligned} \tag{2.AT}$$

■

이 예제에서와 같이 압력차는 매우 적지만 이 때문에 상당한 기체 유속이 생길 수 있다(5장). 즉, 마찰이 없는 흐름일 때 이 압력차로 인한 유속은 20 ft/s ≈ 6 m/s 정도가 된다. 이 예제에서는 정지 유체라고 보고 계산하였다. 실제 상황에서는 압력차 때문에 기체가 움직이는데, 이와 같은 상황에서의 유속을 계산하는 방법은 나중에 공부하기로 한다. 아무튼지 지금까지 설명한 것처럼, 끓는 액체와 기체에서 '대응 마노미터'의 한 쪽이 가열되어 다른 쪽보다 온도가 높아지면 압력차가 생긴다. 이로부터 굴뚝의 작용을 알 수 있다. 아주 대형인 노(furnace)를 제외한 대부분의 노에서는 이러한 압력차에 의하여 노 안에서 공기가 흐르도록 한다. 노가 클수록 높은 굴뚝을 세우는 것도 이러한 이유 때문인데, 굴뚝이 높을수록 유효 압력차가 커진다. 이처럼 대개는 '자연통풍(natural draft)'을 이용하지만, 대형일 때는 팬을 사용하여 강제로 공기가 흐르도록 한다.

이 계산은 또한 여러 기상 현상을 설명하는 데에도 이용한다. 바다나 호수는 태양에 의하여 천천히 가열되고 냉각되지만, 해안의 육지는 낮에는 보다 빨리 가열되고 밤에는 보다 빨리 냉각된다. 따라서 낮에는 더운 육지가 그 위의 공기를 가열하는데, 이 더운 공기는 예제 2.16의 연돌가스와 같은 역할을 하므로, 바다나 호수로부터 이 연안으로 바람이 불어온다. 밤에는 육지가 냉각되어 그 위의 공기를 차게 하기 때문에, 압력구배의 방향이 반대로 되어, 바람이 연안으로부터 바다나 호수 쪽으로 불게 된다. 인도와 아프리카 열대지역의 몬순(monsoon) 강우도 비슷한 현상인데 규모가 클 뿐이다. 여름에는 대륙 상공의 공기가 가열되어 올라가고, 습하고 찬 공기가 흘러 들어오면서 비를 내리게 하는 것이다. 같은 원리가 큰 화재 뒤에 생기는 폭풍 현상에도 적용된다. 즉, 도시나 숲에서 발생하는 큰 규모의 화재의 경우에는 가열된 뜨거운 공기가 상승하여 그 중심에 공간이 형성되고 이것을 채우기 위하여 강한 바람이 불어 닥치게 되는 것이다. 더 나아가 화산폭발 역시 마노미터의 원리로 설명이 가능하나 좀 더 복잡한 경우이다.

2.8 중력 변동

지금까지 중력가속도는 9.81 m/s^2(= 32.2 ft/s^2)로 일정하다고 가정하였다. 그러나 높이가 다르면 중력가속도도 달라지는데, 그 차이는 근소하다. 지표 부근에서의 중력가속도는 지구 중심으로부터의 거리의 제곱에 역비례한다. 지구의 반지름은 6440 km(= 4000 mi) 정도이므로, 지표 상공 1.609 km(= 1 mi)에서의 중력가속도는 지표값의 0.9995(= 4000^2/4001^2)배이다. 그러나 일반적으로 공학 문제에서 다루는 자료 중에는 이처럼 정확하게 수정하지 않아도 되는 것들이 많다.

그러나 다음 두 가지 경우에서는 중력이 일정하다고 볼 수 없다.

1. 우주여행과 로켓 문제: 지구로부터의 거리가 4000 mi에 비하여 아주 멀어서 중력의

변화를 고려하여야 한다.

2. 가속 및 원심력 문제

이 장은 유체정역학에 관한 것이므로, 사실상 유체가 움직이는 경우인 가속이나 원심력 문제를 다룬다는 것이 이상하게 보일 수 있다. 그러나 이러한 문제에서는 유체가 용기나 다른 부분의 유체에 대하여 상대적으로 움직이는 것이 아니므로 이들을 다루었다. 실제로 지상에서의 유체정역학 문제는 모두 움직이는 유체에 관한 것인데, 유체는 지상에 있고, 지구는 자전과 공전을 하며, 또 지구를 포함한 태양계는 우주 안에서 이동하고 있기 때문이다. 유체의 개별 입자가 서로 상대적으로 움직이지 않는다면, 이러한 움직임 문제는 유체정역학의 방법으로 다룰 수 있다. 이러한 유체 운동을 **강체운동**(rigid-body motion)이라 한다.

2.9 가속 강체운동 중의 압력

유체 전체가 가속 강체운동 중에 있는 경우에 대하여 식 (2.1)을 다시 유도하기로 하자. 이를 위하여 그림 2.1에 나타낸 것처럼 전체 유체를 이루는 부분 중 미소 정육면체 요소를 고려하면, 2.1절에서는 가속되지 않는 유체에 작용하는 힘의 합이 0이었으나 유체가 가속되면 가속 방향에서 유체에 작용하는 힘의 합은 질량에 가속도를 곱한 것과 같다. 즉, 수직 방향($+z$)에서 가속되는 정육면체 유체 요소에 대하여 식 (2.2)를 다시 쓰면 다음과 같다.

$$(P_{z=0})\ \Delta x\ \Delta y - (P_{z=\Delta z})\ \Delta x\ \Delta y - \rho g\ \Delta x\ \Delta y\ \Delta z = \rho\ \Delta x\ \Delta y\ \Delta z\ \frac{d^2 z}{dt^2} \tag{2.AU}$$

양변을 $\Delta x\ \Delta y\ \Delta z$로 나누고 Δz가 0에 접근하는 극한을 취하면,

$$\frac{dP}{dz} = -\rho\left(g + \frac{d^2 z}{dt^2}\right) \tag{2.32}$$

밀도가 일정한 유체에 관하여 적분하면,

$$P_2 - P_1 = -\rho\left(g + \frac{d^2 z}{dt^2}\right)(z_2 - z_1) \qquad [\text{밀도 일정}] \tag{2.33}$$

계기압력을 사용하여 더욱 간단히 하면 다음과 같다.

$$P = -\rho h\left(g + \frac{d^2 z}{dt^2}\right) \qquad [\text{밀도 일정, 계기압력}] \tag{2.34}$$

예제 2.17 물이 1 m 깊이로 들어 있는 개방탱크가 승강기 위에 놓여 있다. 다음 각 경우에 탱크 바닥의 계기압력을 구하라.

(*a*) 승강기가 정지하고 있을 때

(*b*) 승강기가 5 m/s^{2}의 가속도로 올라가고 있을 때

(*c*) 승강기가 5 m/s^{2}의 가속도로 내려가고 있을 때

식 (2.11)로부터, (*a*)는 다음과 같이 간단히 구할 수 있다.

$$P_{\text{bottom}} = \rho g h = 998.2\,\frac{\text{kg}}{\text{m}^3} \cdot 9.81\,\frac{\text{m}}{\text{s}^2} \cdot 1\text{ m} \cdot \frac{\text{N}\cdot\text{s}^2}{\text{kg}\cdot\text{m}} \cdot \frac{\text{Pa}}{\text{N}/\text{m}^2}$$
$$= 9.8\text{ kPa} = 1.42\,\frac{\text{lbf}}{\text{in}^2} \tag{2.AV}$$

(*b*), (*c*)의 경우는 아래와 같이 식 (2.34)를 사용하여 푼다.

$$P_{\text{bottom}} = \rho h\left(g + \frac{d^2z}{dt^2}\right) = 998.2\,\frac{\text{kg}}{\text{m}^3} \cdot 1\text{ m} \cdot \left(9.81\,\frac{\text{m}}{\text{s}^2} + 5\,\frac{\text{m}}{\text{s}^2}\right) \cdot \frac{\text{N}\cdot\text{s}^2}{\text{kg}\cdot\text{m}} \cdot \frac{\text{Pa}}{\text{N}/\text{m}^2}$$
$$= 14.8\text{ kPa} = 14.8\,\frac{\text{lbf}}{\text{in}^2} \tag{2.AW}$$

와

$$P_{\text{bottom}} = \rho h\left(g + \frac{d^2z}{dt^2}\right) = 998.2\,\frac{\text{kg}}{\text{m}^3} \cdot 1\text{ m} \cdot \left(9.81\,\frac{\text{m}}{\text{s}^2} - 5\,\frac{\text{m}}{\text{s}^2}\right) \cdot \frac{\text{N}\cdot\text{s}^2}{\text{kg}\cdot\text{m}} \cdot \frac{\text{Pa}}{\text{N}/\text{m}^2}$$
$$= 4.8\text{ kPa} = 0.70\,\frac{\text{lbf}}{\text{in}^2} \tag{2.AX}$$

■

이와 같이 체중의 작은 변화를 감지하여 엘리베이터가 어떤 방향으로 움직이기 시작하는지 알 수 있다.

가속 방향이 중력 방향과 다르거나 반대로서, 임의의 방향 a라고 할 때(그림 2.2), 이 방향에서의 힘을 합산하고, 식 (2.34)에서 g 대신에 $g\cos\theta$를 대입하면 다음과 같다.

$$\frac{dP}{da} = -\rho\left(g\cos\theta + \frac{d^2a}{dt^2}\right) \tag{2.35}$$

예제 2.18 오렌지 주스가 들어 있는 장방형 탱크가 카트 위에 놓여 있다. 만약에 이 카트가 일정한 가속도 1 ft/s^{2}로 x 방향으로 움직일 경우, 자유표면이 수평면과 이루는 각을 구하라(그림 2.19 참조).

먼저 탱크는 일정하게 가속되고 있어서 유체가 출렁거리지 않으며, 유체는 강체운동을 한다고 가정한다. 그림에서 점 A와 B는 모두 자유표면에 있다. 이 수면차에 따른 기압 변화는 미소할 것이므로 무시하면, 이 두 점에서의 계기압력은 모두 0이라 할 수 있다. 식 (2.35)를 사용하여 A의 압력으로부터 C의 압력을 계산한다. 한편 y 방향

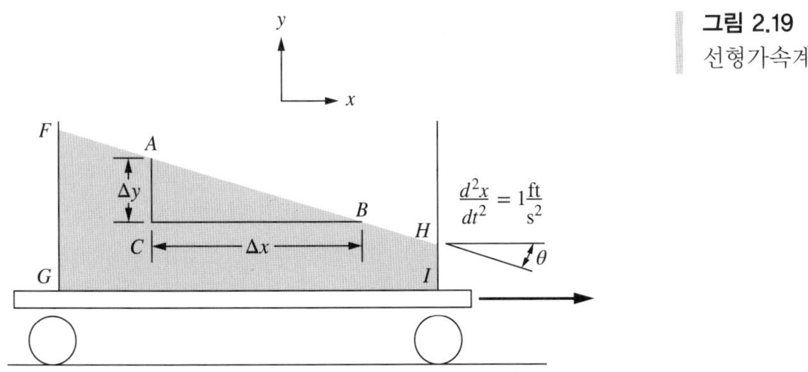

그림 2.19
선형가속계

$(a = y)$에 적용하므로, $\cos\theta = 1$, $d^2y/dt^2 = 0$이다. 따라서 결과는 식 (2.11)과 같다.

$$P_C = -\rho g\ \Delta y \tag{2.AY}$$

(여기서 Δx와 Δy는 자유표면으로부터의 거리에 해당되므로 모두 음수이다. 따라서 P_C는 양수이다.) 또한 C에서의 계기압력을 수평 방향에 관한 식 (2.35)로부터 계산할 수도 있는데, 이 경우에는 $a = x$, $\cos\theta = 0$이다. 즉,

$$P_C = -\rho\ \Delta x \frac{d^2x}{dt^2} \tag{2.AZ}$$

가 된다. C에서의 압력은 계산 방법에 무관하게 같아야 하므로, 위의 두 식에서 P_C를 소거하여 정리하면 다음과 같다.

$$\frac{\Delta y}{\Delta x} = \frac{d^2x\,/\,dt^2}{g} = \tan\theta \tag{2.BA}$$

이 식에서 θ는 그림 2.19에 나타낸 각으로, 주어진 문제에 대해서는

$$\theta = \text{arc tan}\frac{d^2x\,/\,dt^2}{g} = \text{arc tan}\frac{1\ \text{ft}\,/\,\text{s}^2}{32.2\ \text{ft}\,/\,\text{s}^2} = 1.76° \tag{2.BB}$$

이다. ■

탱크 안 임의의 지점에 대한 압력을 구하려면 식 (2.11)을 이용할 수 있는데, 이때 깊이를 자유표면으로부터의 수직 거리로 측정하도록 조심하여야 한다. 예를 들어 벽 FG에 미치는 힘은, 물이 F까지 차고 정지되어 있을 때와 마찬가지이다. 벽 HI에 미치는 힘은, 물이 H까지 차고 정지되어 있을 때와 마찬가지이다.

예제 2.18은 균일 직선가속의 경우인데, 가령 출렁거림이 없어질 때까지의 기간 동안 이러한 가속도가 작용하면 굉장한 속도가 될 것이기 때문에, 실제로는 별 의미가 없다. 그러나 이러한 예를 바탕으로 보다 관심이 있는 강체회전(rigid-body rotation)과 같은 경우를 다

룰 수 있다. 여기서 물이 들어 있는 수직 원통형 개방탱크를 고려하자. 이 계는 정지상태에 있다가 전축의 턴테이블처럼 수직축을 중심으로 회전하기 시작하여 정상운동을 한다고 하자. 처음에는 중심의 유체는 벽 회전의 영향을 받지 않고 그대로 있고, 벽 근처의 유체만 벽을 따라 회전할 것이다. 결과적으로 유체 부분이 서로 상대적으로 움직이게 되므로, 유체정역학 문제에서 벗어난다. 그러나 이러한 상대적 운동으로 인한 전단력 때문에 중심의 유체가 탱크와 마찬가지의 각속도를 가지게 되면, 유체 내부의 상대적 운동이 없어진다. 이 경우 유체 전체가 강체처럼 움직이게 되므로 이를 '강체회전'이라 하는데, 이때의 압력은 유체정역학의 방법으로 구할 수 있게 된다.

예제 2.19 지름이 30 cm인 개방형 물통이 턴테이블 위에서 78 rpm으로 회전하고 있다. 충분히 오랫동안 회전 중이기 때문에 강체회전이라 할 수 있다. 자유표면의 모양을 구하라.

이 계의 단면을 그림 2.20에 나타내었다. 그림 2.19에서와 마찬가지로, C에서 두 방향의 압력을 구한다. 계산을 간단히 하기 위하여 자유표면 중에서 최저 높이와 같은 위치에 있는 C를 정하였다. 예제 2.18에서와 마찬가지로, A와 B의 압력은 같아서 그 곳의 기압과 같다고 본다. 식 (2.35)를 z 방향에 적용하면, 회전가속도는 z축에 직각이므로 다음과 같이 된다.

$$P_{C,\text{ gauge}} = -\rho g\ \Delta z \tag{2.BC}$$

반지름 방향(그림 2.20에서 r 방향)에서 유체 요소에 작용하는 힘은 압력과 구심 가속력(centripetal acceleration)인데, 후자는 다음과 같다.

$$\text{구심 가속력} = -(\text{각속도})^2 \cdot \text{반지름}$$

$$a_c = -\omega^2 r \tag{2.BD}$$

식 (2.35)에서 d^2a/dt^2 대신에 이 값을 대입하면, 반지름 방향에서는 $\cos\theta = 0$이므로 다음 관계가 된다.

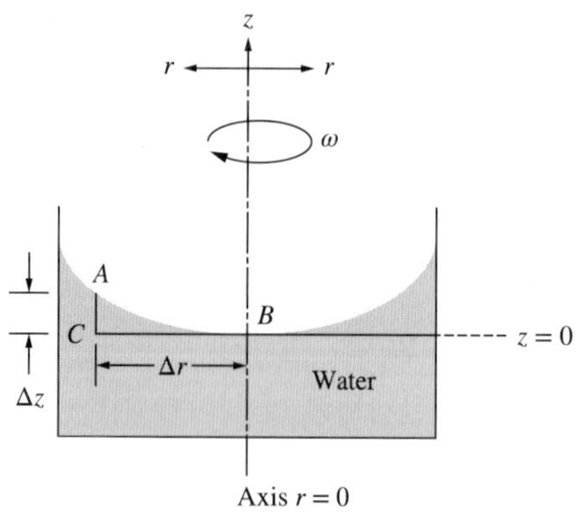

그림 2.20
원심 가속을 유도하는 회전계

$$\frac{dP}{dr} = \rho\omega^2 r \tag{2.36}$$

(위 식에서는 마이너스 부호가 나타나지 않는데 이는 구심력은 $+r$ 방향으로 나타나기 때문이다. 반면 중력은 $-z$ 방향으로 나타난다.) 이제 C에서의 계기압력을 구하면

$$P_C = \int_{r=0}^{r=\Delta r} \rho\omega^2 r\, dr = \rho\omega^2 \left.\frac{r^2}{2}\right]_0^{\Delta r} = \rho\omega^2 \frac{(\Delta r)^2}{2} \tag{2.37}$$

이다. 어떤 방법으로 계산하든 C에서의 압력은 마찬가지이므로, 이전과 같이 위의 두 식에서 P_C를 소거하고 ρg로 나누면 다음과 같다.

$$-\Delta z = \frac{\omega^2}{2g}(\Delta r)^2 \tag{2.BE}$$

자유표면의 최저점인 점 B의 높이를 $z = 0$이라 하면, 길이 Δz는 점 A에서의 z의 $-$값이고, Δr은 점 A에서의 r 값이다. 따라서 자유표면의 점은 다음 식으로 나타낼 수 있다.

$$z = \frac{\omega^2}{2g} r^2 \tag{2.38}$$

따라서 자유표면은 통 중심에 수직축이 있는 포물선이 된다. 통 벽에서의 자유표면 높이는 다음과 같다.

$$z = \frac{(2\pi \cdot 78\text{ rpm})^2 \cdot (15\text{ cm})^2}{2 \cdot 9.81\text{ m/s}^2} \cdot \left(\frac{\text{min}}{60\text{ s}}\right)^2 \cdot \frac{\text{m}}{100\text{ cm}} = 7.65\text{ cm} = 3.01\text{ in} \tag{2.BF}$$

■

수직축에 대한 회전계의 임의의 점에서의 압력을 구하려면, 식 (2.11)을 사용하여, 이 점과 자유표면 사이의 거리를 측정하면 된다. 그림 2.20에 나타낸 통 벽의 임의의 점의 압력은, 이 통에 물이 회전 자유표면 끝만큼 차서 정지하고 있을 때와 마찬가지이다.

예제 2.20 공업용 원심분리기 안에 지름 30 in, 높이 20 in인 바스켓이 들어있는데, 회전속도는 1000 rpm이다(그림 2.21). 원심분리기 벽 상단에서의 액층의 두께가 1 in일 때, 하단에서의 액층 두께를 구하라.

이 문제는 예제 2.19와 같지만, 자유표면의 일부만이 존재한다는 것이 다르다. 이 문제를 풀기 위해서는 식 (2.38)을 A와 B 점에 대하여 각각 적용하여 구하고 이들 식을 서로 빼 주면 된다. 즉,

$$z_A - z_B = \frac{\omega^2}{2g}(r_A^2 - r_B^2) \tag{2.39}$$

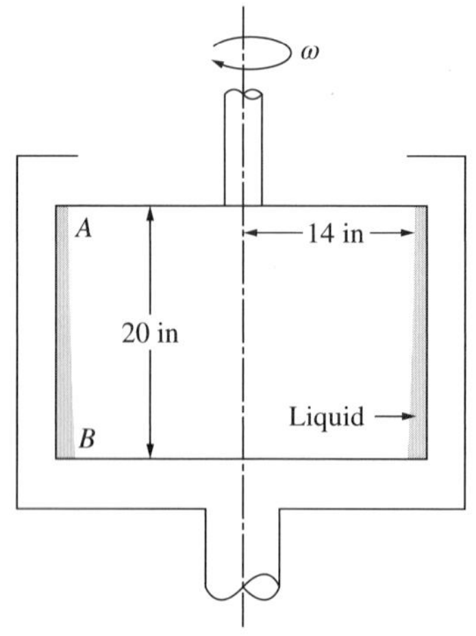

그림 2.21
공업용 원심분리기

여기서 구하려는 값이 r_B이므로 이에 대하여 정리하면

$$\begin{aligned} r_B &= \left[r_A^2 - (z_A - z_B)\frac{2g}{\omega^2} \right]^{1/2} \\ &= \left[(14\text{ in})^2 - \frac{20\text{ in} \cdot 2 \cdot 32.2\text{ ft/s}^2}{(2\pi \cdot 1000/\text{min})^2} \cdot \left(\frac{60\text{ s}}{\text{min}}\right)^2 \cdot \left(\frac{12\text{ in}}{\text{ft}}\right) \right]^{1/2} \\ &= (196\text{ in}^2 - 1.4\text{ in}^2)^{1/2} = 13.95\text{ in} = 0.354\text{ m} \end{aligned} \tag{2.BG}$$

이다. ■

따라서 하단의 액층 두께는 1.05 in(2.67 cm)이다. 한편, 원심분리기 외부에 대한 중력가속도와 원심 가속력의 비를 구하면 다음과 같다.

$$\left(\frac{\text{Centrifugal acceleration}}{\text{Gravity acceleration}}\right) = \frac{\omega^2 r}{g} = \frac{(2\pi \cdot 1000/60\text{ s})^2 \cdot 1.25\text{ ft}}{32.2\text{ ft/s}^2} = 426 \tag{2.BH}$$

이 결과를 통해 왜 원심분리기를 사용할 경우 일반적인 중력을 이용하는 배수장치에 비하여 수분의 탈수가 용이한가를 확인할 수가 있다. 10장에서는 원심분리기를 변형한 원심펌프에 대해 다루게 될 것이다. 또한 대기오염 방지를 위해 널리 사용되고 있는 사이클론 분리기에 대해서도 다룬다.

2.10 기타 유체정역학에 관한 문제

기본식을 이용하여, 밀도와 계기압력이 일정한 경우와 등온 및 등엔트로피 이상기체, 원심력장 등 단순화시킨 경우에 대해 다루었지만, 이 밖에도 여러 가지 문제를 풀 수 있다. 한편, 널리 취급되는 종류의 문제이지만 이 책에서는 다루지 않은 것들이 많다. 즉, 댐, 옹벽, 수문 등에 미치는 힘, 힘의 분배, 전도 모멘트(overturning moment) 등은 토목공학의 수력학 교과서[3]에서는 모두 다루는 내용들이다. 또한 선박의 부력과 안정성에 관한 주제(어떤 배는 뒤집히고 어떤 배는 그렇지 않은가)도 이러한 교과서에는 취급한다. 이러한 분석에 의하면 그림 2.9와 2.11에서와 같이 수직축으로 떠 있는 평행육면체 나무토막은 불안정하다. 따라서 실제적으로는 나무토막은 수평 방향으로 즉시 드러눕는다. 연못에 원통형 나무토막을 넣어 보면 절대로 수직 방향으로 떠 있지 않고 수평으로 떠 있는 것으로부터 이와 같은 사실을 확인할 수 있다. 따라서 그림 2.9와 2.11은 개념과 기본식을 유도하는 데는 편리하나 물리적으로는 매우 불안정한 상태임에 틀림없다. 그 밖에 경비행기 등의 거동은 항공학에 관한 서적에서 다룬다[7].

2.10.1 수압파쇄

많은 양의 석유와 천연가스는 상업적인 가치가 있는 양만큼 생산 유정으로 흘러 들어가는 것을 허용하지 않는 혈암이나 사암의 '단단한 지층'에서 자연적으로 형성된다(표 11.1 참조). 20세기 말에 이르러서 조종 가능한 수평 시추 어셈블리와 수압파쇄(hydraulic fracturing, HF)('fracking')[8]의 결합으로 이 석유와 가스가 경제적으로 이익을 얻을 수 있는 상황에 접근할 수 있게 되었으며 주요 경제적, 정치적 결과를 갖고 여전히 진행 중이다. 이 공정은 단단한 지층 근처까지 수직으로 드릴링한 다음 드릴 비트를 수직에서 수평으로 점차적으로 조정하여 단단한 지층으로 이루어진 부분을 수평으로 최대 몇 마일까지 통과하도록 구멍을 뚫는다. 그런 다음 유정 구멍을 원격으로 분할하고 차례로 각 세그먼트에 대해 유체(대부분 첨가제가 포함된 물)를 펌핑하여 유정을 가압한다. 즉, 고압 용적식 펌프를 사용하여 지층에 여러 균열이 발생되도록 유체 압력을 높인다. 석유나 가스는 이 균열을 통해 유정 구멍으로 흘러 들어온다. 여기서는 HF의 단순한 유체정역학에 대해서만 논의하기로 하고 이어지는 장에서 공정과 관련된 복잡한 유체역학에 대한 자세한 내용을 논의하기로 하자.

예제 2.21 5000 ft 깊이의 지층에서 초기 인장 균열을 나타내기 위해 펌핑된 HF 유체에 대한 표면에서의 최소 압력을 구하라.

우리는 이미 1장에서, 모든 유체는 압축응력이 모든 방향에서 동일하고, 압력과 같다는 것을 확인하였다. 그러나 암석과 같은 고체에서는 수직 압축응력과 수평 압축응력이 상당히 다른 경우가 많다. 전형적인 다공성 퇴적암(사암, 혈암, 석회암)의 경우 평균 비중은 약 2.4이다(밀도 $\rho \approx 150\ \text{lbm/ft}^3 = 2400\ \text{kg/m}^3$). 따라서

$$-\frac{dP}{dz} = \rho g \approx 150\frac{\text{lbm}}{\text{ft}^3} \cdot 32.2\frac{\text{ft}}{\text{s}^2} \cdot \frac{\text{lbf} \cdot \text{s}^2}{32.2\ \text{lbm} \cdot \text{ft}} \cdot \frac{\text{ft}^2}{144\ \text{in}^2} \approx 1.05\frac{\text{psi}}{\text{ft}} \approx 23.7\frac{\text{kPa}}{\text{m}} \quad (2.\text{BI})$$

이다. 한편, 5000 ft 깊이에서의 수직 압축응력은 약 5250 psi인데 이것은 수평 표면적

1 in^2에 암석 5250 lbm의 무게를 견디는 응력에 해당된다고 생각할 수 있다.

수평 방향에 대해서는 암석은 그러한 중력 하중을 받지 않는다. 다만 수직 압력과 일부 구조적 힘으로 인한 암석의 수평 팽창에 의해 압축된다. 실험 데이터에 따르면 전형적인 퇴적암 표면 근처의 수평 압축응력은 수직 압축응력의 약 0.7배에 해당된다. 즉, 이 예제의 경우 $\approx 0.7 \cdot 5250$ psi ≈ 3675 psi이다. 유정 내 유체의 압력이 증가함에 따라 기존 암석의 미세 균열에서 하나 이상의 수직 균열이 나타나기 시작한다. 균열이 유정 구멍에서 몇 개의 직경으로 성장한 후 해당 균열을 개방상태로 유지하고 계속 성장하는 데 필요한 최소 압력은 3675 psi를 약간 웃돌 것이다. 이 균열은 3675 psi의 압력에 대해 주변 암석을 수평으로 퍼뜨린다. 수평 균열이 형성되고 성장하려면 5250 psi 수직 압력에 대해 그 위의 암석을 들어 올려야 하는데 이 압력 차이는 대부분의 균열이 수직임을 보장한다. 그들이 자라면서 그들은 2차원으로 퍼지는데 수직으로 위아래로 생산 지층의 위와 아래 지층까지 그리고 수평으로 우물 구멍에서 멀어지게 된다. 수직 성장의 정도는 생산 간격에 인접한 암석에 작용하는 응력에 의해 제한된다.

해당 표면 압력은 3675 psi(또는 약간 증가된 값)에서 5000 ft 길이의 드릴링 유체 기둥의 압력을 뺀 값이다. 유체의 밀도가 물과 비슷하다고 가정하면(사실에 근접함) 구배는 0.433 psi/ft 또는 2160 psi/5000 ft이므로 요구되는 표면 압력은 1515 psi이다. 이 예제는 참고문헌 [8]의 4장의 내용을 단순화한 것이다. ■

이와 같이 균열이 시작되는 압력까지는 유체정역학 문제(2장)이다. 그러나 일단 균열이 커지기 시작하면 드릴 파이프의 유체가 균열 안으로 흘러들어 마찰이 고려되는 유체흐름 문제(6장)로 변하게 된다. 우리는 나중에 이에 대하여 살펴볼 것이다.

2.11 요약

1. 정지상태의 단순 유체에 대한 압력-깊이 관계는 유체정역학의 기본식인 $dP/dz = -\rho g$로 나타낸다. 이 식은 유체 미소 요소의 무게와 이 무게를 지지하는 데 필요한 깊이에 따른 압력 변화를 고려하여 구한 것이다.
2. 밀도가 일정한 유체에 이 기본식을 적용할 경우에는 비교적 손쉽게 적분하여 적분 결과 식 $P_2 - P_1 = \rho g(z_2 - z_1)$을 얻는다. 이 식은 액체에 아주 잘 적용되며, 높이 변화가 적을 경우 기체에도 어느 정도 적용 가능한 식이다.
3. 높이 변화가 수천 ft 정도로 매우 클 경우에는 기체는 밀도가 일정한 유체로 취급할 수 없게 된다. 반면에 등온, 등엔트로피, 또는 온도구배가 일정한 경우에는 이 기본식을 이상기체에 적용하듯이 쉽게 적분할 수 있다.

4. 자유표면이 있는 액체를 다루는 문제는 일반적으로 계기압력을 사용하면 더 쉬워지는데, 이때 기본식은 더욱 간단하게 되어, $P_{\text{gauge}} = \rho gh$가 된다.
5. 정지 유체가 임의의 미세 표면에 미치는 힘은 $dF = P\ dA$로 표면에 수직 방향으로 작용된다. 이 식을 적분하면 표면에 작용하는 전체 힘을 구할 수 있으며, 다양한 조건에서의 x와 y 방향에 대한 압력 성분들도 얻을 수 있다.
6. 비교적 높지 않은 내부압력을 갖는 압력용기와 배관의 벽 두께는 얇은 벽 가정을 통해 계산한다.
7. 부유 또는 침적 물체에 유체가 미치는 부력은 이 물체의 부피에 해당하는 유체의 무게와 같다(아르키메데스 원리).
8. 압력 측정기구는 압력이 유체 기둥의 무게에 대하여 균형을 이루도록 하여 유체 기둥의 높이를 읽거나, 어떤 면적에 압력이 적용되어 용수철이 압축되면 용수철의 편위(deflection)를 읽도록 한 것이 대부분이다.
9. 유체의 압력차를 측정하는 마노미터는 한쪽이 가열되어 형성되는 대부분의 굴뚝을 통한 유체의 흐름이나 순환 유체흐름 등 대응마노미터에 대한 논리적인 모델이다.
10. 가속운동이 관여하는 문제들도 유체 입자가 서로 상대적으로 움직이지 않는 한 유체정역학의 개념으로 취급할 수 있다. 예를 들면 강체회전운동이 이에 속한다.

연습문제

연습문제와 예제 풀이를 위한 상용 단위와 수치들은 부록 E를 참조하라. * 표시가 있는 문제는 부록 C에 그 해답이 있음을 의미한다.

2.1.* 대형 석유저장탱크의 지름이 100 ft이다. 실제로 자유표면은 반지름이 약 4000 mi(지구의 반지름)인 거대한 구의 극히 일부에 지나지 않는다. 만약 탱크 내 저장되어 있는 액체 표면의 한쪽 끝에서 정확하게 중심을 통과하여 탱크의 다른 쪽으로 정확하게 직선을 그었다고 할 때, 이 직선은 액면 밑으로 얼마나 잠기겠는가? 대부분의 유체역학 문제에서 지구의 곡률은 무시되는데, 주어진 문제를 해결하는 데 도움이 되는가?

2.2. 중력가속도가 32.2 ft/s^2(= 9.81 m/s^2)인 곳에 있는 물의 비중량을 lbf/ft^3 및 kgf/m^3 단위로 구하라. 한편, $g \approx 6$ ft/s^2(≈ 2 m/s^2)인 달에서의 비중량은 어떻게 되는가?

2.3.* 물의 비중량을 SI 단위로 구하라.

2.4. 물에서 중력에 의한 압력구배를 psi/ft 단위로 구하라. 대부분의 경험 있는 엔지니어들은 이 값이 0.5 psi/ft에 해당됨을 알고 있고 따라서 일상적인 계산에 이용하고 있다.

2.5. 수영선수들은 10 ft 깊이에서 압력 때문에 귀에 고통을 느낀다. 이 깊이에서의 계기압력을 구하라.

2.6. 신형 잠수함은 외압 1000 psig 정도까지는 안전하게 운행할 수 있도록 설계 제작되었다. 안전하게 바닷속으로 잠수할 수 있는 깊이를 구하라.

2.7. 세계에서 가장 높은 건물(TV탑은 일반 건물이 아니므로 제외)은 두바이에 있는 부르즈 칼리파로, 높이가 2717 ft이다. 꼭대기 층(높이가 2700 ft 정도)에 있는 식수 배관의 압력이 15 psig일 때, 지면에 위치한 배관의 압력을 구하라. 단, 배관 속에는 물이 흐르지 않고 있다고 가정하라.

2.8.* 바다에서 가장 깊은 곳은 일본 남동부의 마리아나 해구(Marianas Trench)로, 깊이가 약 11,000 m이다. 이 지점의 압력을 구하라.

2.9. 미국 루이지애나의 유전에서는 깊이 15,000 ft에서의 압력이 10,000 psi 정도일 때가 있다. 유정에서 착정유체(drilling fluid)의 지표로부터의 정수압(hydrostatic pressure)보다 이 압력이 크면 기름이 분출하여 생명과 재산에 위험을 초래할 수 있다. 이러한 압력이 예상되는 지역에서 적절한 착정유제를 선정하는 일을 맡았다고 할 때, 필요한 최소 밀도를 구하라. 지표면에서의 압력은 0 psig라 가정한다.

2.10. 그림 2.22의 탱크에 가솔린과 물이 들어 있다. 바닥에서의 절대압력을 구하라. 또한 탱크의 깊이와 계기압력의 관계를 그려라.

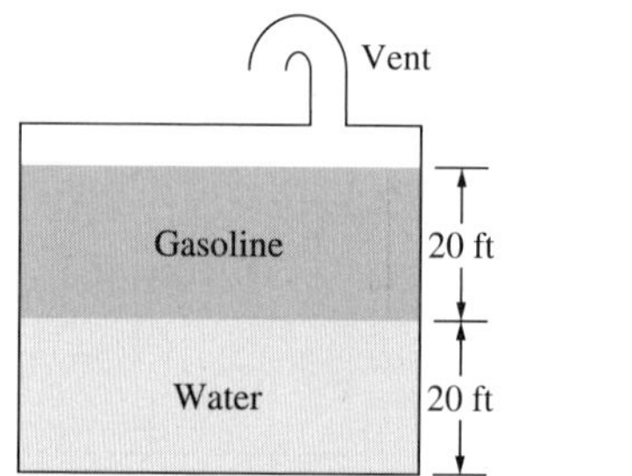

그림 2.22
두 종류의 유체가 들어 있는 저장탱크

2.11. 대형 탄화수소 저장탱크에는 액체가 탱크에 공급되거나 배출될 때, 공기의 출입이 자유롭도록 일반적으로 통기구에 밸브가 설치되어 있다. 또한 이 밸브는 바람이나 태양에 의한 가열 및 대기압의 변화에 따라 발생되는 작은 압력차에 기인하는 공기흐름을 막아 주기도 한다. 이 장치는 탄화수소의 손실(breathing loss)뿐만 아니라 대기 오염물질의 양도 줄여 준다. 한편, 일반적으로 밸브는 내부압력이 4 in H_2O 및 외부압력이 2 in H_2O 조건일 때 열리도록 고안 제작되었다.

(*a*) 밸브가 열리는 조건의 내부압력과 내부 진공상태에 대하여 예제 2.6에서와 같은 탱크의 지붕에 미치는 힘을 구하라.

(*b*) 왜 외부압력보다 더 큰 내부압력 조건에서 밸브가 열리도록 고안 제작되었는지 그 이유를 설명하라.

2.12.* 길이가 1 ft인 한쪽 끝이 열려 있는 캔 속에 70°F의 공기가 들어 있다. 이 캔을 그림 2.23에서와 같이 물속에 담글 경우, 캔 속으로 올라오는 물의 높이를 구하라. 공기는 70°F를 유지하며 이상기체라 가정하라.

2.13. 일반적으로 액체는 밀도가 일정한 유체라고 가정한다. 이 가정의 오차가 어느 정도인지를 알아보기 위하여, 바다에서 가장 깊은 곳(약 11,000 m)의 압력을 다음 두 가지 조건을 이용하여 구하라.

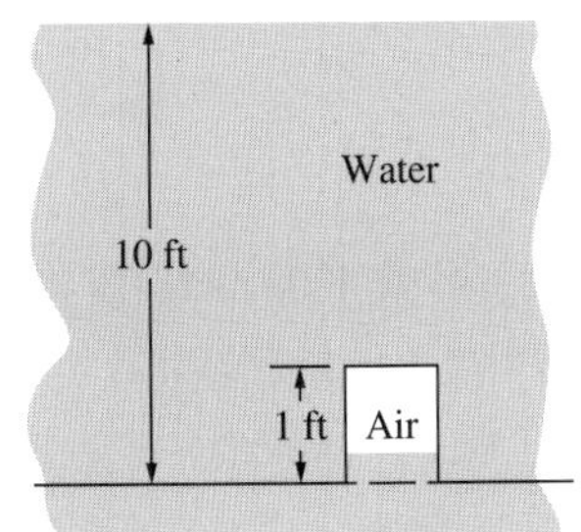

그림 2.23
연습문제 2.12의 그림

(*a*) 바닷물의 밀도는 일정하다고 가정하라(부록 E).

(*b*) 바닷물의 밀도는 $\rho = \rho_0 = [1 + \beta(P - P_0)]$로 나타낼 수 있다. 단, 이 식에 나타난 심볼에 대한 정의와 물에 대한 β 값은 부록 A.5와 A.7을 참조하라.

2.14. 남극에서 어느 추운 날의 기온이 −60°F이었다. 해수면의 기압은 1 atm이고 10,000 ft 상공까지는 등온이라고 할 때, 이 높이에서의 기압을 구하라.

2.15. 비행기가 해수면에서 이륙하여 2000 ft/min로 올라가고 있다. 이 비행기에는 가압장치가 없어서, 위로 올라가면 이에 따라 객실의 압력도 내려간다. 이륙할 때 해수면을 기준으로 압력 변화 속도(psi/min 또는 kPa/min)를 구하라.

2.16. $P/\rho^k =$ 일정, $\rho = PM/(RT)$을 이용하여 식 (2.17)과 (2.18)을 유도하라.

2.17. 그림 2.4에 나타낸 '표준대기'에 관하여,

(*a*) 대류권에서의 기압-높이 관계를 유도하라.

(*b*) 대류권-성층권 권계면에서의 기압을 구하라.

(*c*) 성층권에서의 기압-높이 관계를 유도하라.

2.18.* (*a*) 등엔트로피 대기에 관한 식 (2.17)에서, 기온이 0 K이 되는 높이를 구하라. 지면 온도는 59°F − 15°C라 가정한다.

(*b*) 이 예측의 물리적 의미는 무엇인가?

(*c*) 이 높이에서의 예측 압력을 식 (2.17)로 구하라.

2.19. 대부분의 문제에서 대기압은 $P_{atm} = 14.7$ psia라고 가정한다. 해수면일 때는 이 가정이 타당하지만, 다른 높이에서는 그렇지 않다. 다음 각각의 경우에 대해 평균 대 기압을 구하라.

(*a*) 고도 4300 ft인 도시

(*b*) 고도 7000 ft(이 높이에서는 여객기 객실을 가압한다)

(*c*) 에베레스트산 정상(고도 29,028 ft)

(문제를 간단히 하기 위하여 대기는 등온이라고 가정하지만, 연습문제 2.21을 참조하라.)

2.20.* 해수면 온도구배를 °F/ft 단위로 나타내라.

(*a*) 표준대기(그림 2.4)

(*b*) 등엔트로피 대기[식 (2.17)], 지표 온도는 59°F = 15°C라 가정한다.[온도구배가 마이너스 값을 가질 경우 기온체감률(lapse rate)이라고 하는데 이는 기상학에서 광범위하게 사용된다.]

2.21. 해수면에서 압력은 14.7 psia이고 온도는 59°F = 15°C이다. 다음 각 조건에 대한 10,000 ft에서의 압력과 기온을 구하라.

(*a*) 등온대기

(*b*) 등엔트로피 대기

(*c*) 표준대기

2.22.* 지구에 있는 대기의 전체 질량을 구하라. 지구는 반지름이 약 4000 mi인 구라고 가정하고, 대기는 모두 지표 부근에 있어서, 이에 작용하는 중력가속도는 모두 같다고 본다.

2.23. 예제 2.6과 2.7의 석유저장탱크에는 배기구가 있어서 탱크를 채우거나 비울 때 이를 통하여 공기가 자유롭게 유입 또는 유출된다. 석유를 퍼내는 동안 폭설 때문에 이 배기구가 막혀서 탱크 안의 계기압력이 −1 psig로 내려갔다. 이 탱크 지붕에 미치는 순힘(net force)을 구하라.

2.24.* 그림 2.24에 나타낸 수압 승강기(hydraulic lift)에서 자동차, 선반, 피스톤의 전체 질량은 1800 kg이고, 피스톤의 단면적은 0.2 m^{2}이다. 자동차가 움직이지 않고 있을 때 실린더 안의 유압유(hydraulic fluid)의 압력을 구하라.

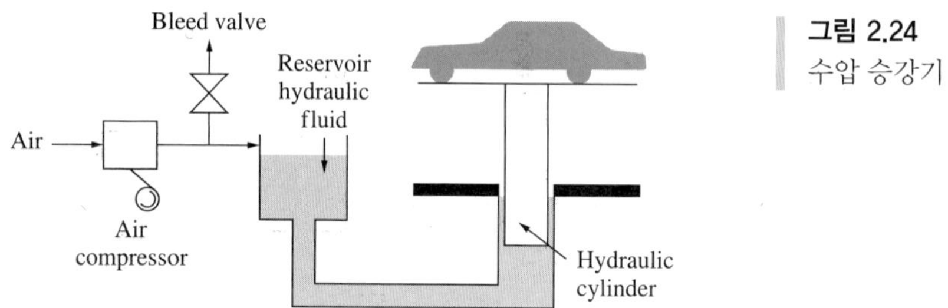

그림 2.24
수압 승강기

2.25. 후버(Hoover) 댐은 높이 230 m, 폭 76 m 정도이다. 장방형이라 생각하고, 물이 꼭대기까지 차 있을 때 바닥에 미치는 압력을 구하라. 이 댐을 움직이려고 하는 순힘을 구하라,

2.26. 예제 2.8은 운하 갑문의 폭이 일정한 장방형에 대한 문제로 비교적 간단한 형태의 식인 식 (2.M)이 적용된다. 만약 갑문이 장방형이 아닌 이등변 역삼각형 형태이고 물의 깊이가 10 m, 수면의 폭이 20 m일 경우에 아래 물음에 답하라.

(*a*) 물의 깊이(h)와 수면의 폭(W)과의 관계가 다음과 같음을 보여라.

$$W = 20\ \text{m} \cdot \left(1 - \frac{h}{10\ \text{m}}\right) \tag{2.BJ}$$

(*b*) 식 (2.M)의 W 값 대신에 위 식의 W를 사용하고 적분하였을 경우, 결과식이 다음과 같음을 보여라.

$$F = \rho g \cdot 20\ \text{m} \int h\left(1 - \frac{h}{10\ \text{m}}\right) dh = \rho g \cdot 20\ \text{m}\left[\frac{h^2}{2} - \frac{h^3}{3 \cdot 10\ \text{m}}\right]_0^{10\ \text{m}} \tag{2.BK}$$

(*c*) 주어진 조건의 갑문에 미치는 순힘을 구하고 예제 2.8의 결과와 비교하라.

(*d*) 식 (2.M)의 오른쪽 적분 결과식이 다음과 같음을 보여라.

$$F = \rho g A h_c \tag{2.BL}$$

여기서 h_c는 아래 식으로 정의되는 무게중심에서의 깊이이다.

$$\text{무게중심에서의 깊이} = h_c = \frac{\int hdA}{A} \tag{2.BM}$$

(*e*) 삼각형의 경우, 무게중심에서의 깊이는 $h_c = h_{\text{최대값}}/3$이다. 이를 이용하여 (*c*)를 다시 풀고 결과를 비교하라.

2.27.* 어떤 댐의 단면이 반원형으로 지름은 100 m이다. 댐은 꼭대기까지 물이 가득 차 있고, 댐의 정면에는 대기압이 작용된다. 이 댐에 미치는 수평 방향의 순힘을 아래 두 가지 방법으로 구하라.

(*a*) 연습문제 2.26의 (*b*)에 주어진 식을 직접 적분하라.

(*b*) 연습문제 2.26의 (*d*)와 (*e*)에 주어진 무게중심의 깊이를 이용하라. 지름이 D인 반원의 무게중심은 $2D/3\pi$ 위치에 있다.

2.28. 예제 2.9에서는 강철로 만든 수직축, 평평한 바닥을 갖는 대기압 조건의 액체 저장탱크의 벽 두께를 구하였다. 미국에서 이러한 저장탱크는 폭 8 ft나 10 ft 강철판을 사용하여 제작한다. 따라서 일반적으로 탱크의 높이는 8 또는 10의 배수에 해당된다. 예제에서 다룬 60 ft 높이의 탱크는 폭 10 ft 강철판 여섯 개를 이어 붙여 제작한 것이다. 이때 각각의 강철판은 고유의 일정한 벽 두께를 갖는데, 예제 2.9에서 구한 값은 가장 밑바닥에 위치한 강철판의 두께에 해당된다.

(*a*) 밑바닥에 위치한 강철판보다 위에 위치하는 나머지 다섯 개의 강철판에 대한 두께를 구하라.

(*b*) 만약 (*a*)에서 구한 값이 0.25 in보다 작은 경우에는 벽 두께로 0.25 in를 사용한다. (*a*)가 이런 경우인가? 왜 0.25 in보다 작은 벽 두께는 사용할 수 없는지 이유를 설명하라.

(*c*) 위에서 구한 벽 두께는 유용하지 않다. 왜냐하면 일반적으로 사용되는 강철판은 두께가 아래에서부터 위로 점감되는 대신에 일정한 두께를 갖기 때문이다. 만약에 아랫부분의 두께가 다음 강철판의 윗부분의 두께와 정확하게 일치하는 점감되는 강철판을 사용하여 탱크를 제작할 경우, 절약할 수 있는 강철(SG = 7.9)의 양을 구하라. 실제로 매우 큰 규모의 탱크 제작 시 이와 같은 점검 강철판을 따로따로 제작할 수 있으나 비현실적이다.

2.29. 가장 큰 규모의 수직축, 평평한 바닥을 갖는 대기압 조건의 액체 저장탱크의 높이가 약 70 ft, 지름이 약 400 ft에 이른다. 한편, 가장 큰 구형 저장탱크는 지름이 약 80 ft이고, 가장 큰 소시지 모양의 탱크는 지름 11 ft, 길이 90 ft이다. 각 종류의 탱크에 주어진 최대값의 크기를 갖는 이유에 대하여 설명하라.

2.30.* 내부압력 1000 psig에 견딜 수 있는 내경 1 ft 파이프를 선택하려고 한다. 일반적으로 사용되는 강철은 최대 허용 인장응력이 40,000 psi이나 안전인자가 4이므로 설계 시 최대 10,000 psi의 응력을 허용한다. 이 조건의 파이프 벽 두께를 구하라.

2.31. 관의 크기가 2.5 in 이상인 규격 40관의 지름과 벽 두께에 관한 부록 A.2의 자료로부터 다음 관계가 근사적으로 성립됨을 밝혀라

$$t = A + BD \tag{2.BN}$$

여기서 t는 벽 두께, D는 지름, A는 부식 허용치로 알려진 임의 상수, B는 식 (2.25)에서 구하는 값이다. 두께(t)와 지름(D)의 관계를 직선으로 구하고, 이로부터 이 식의 A와 B 값을 구하라.

2.32. 얇은 벽 용기에 적용되는 공식은 응력이 용기 벽의 단면에 균일하게 작용한다는 가정에 근거한다. 또한 이 식은 $D_o/D_i < 1.5$를 만족하는 조건에 사용된다. 용기의 외경과 내경이 같은 정도로 증가함에 따라 내부압력이 변할 경우, 용기에 대한 응력 분포를 그려라. $D_o/D_i < 1.5$를 만족하는 파이프나 용기의 내부로부터 외부로의 압력의 차를 구하라.

2.33. 식 (2.25)와 (2.27)과 같은 얇은 벽 용기에 적용되는 공식은 표 2.2에 주어진 배관 코드[5]에서의 공식들의 단순 형태이다.

(*a*) 표 2.2에 주어진 원통형 용기에 대한 얇은 벽 공식을 이용하여 예제 2.10을 풀고 그 결과를 비교하라. 단, $E_J = 1.00$이고 $C_C = 0.0$이다.

(*b*) 표 2.2에 주어진 원통형 용기에 대한 두꺼운 벽 공식을 이용하여 (*a*)와 같이 풀어라.

(*c*) $r_i = 5.00$ ft, $S = 20{,}000$ psi, $E_J = 1.00$, $C_C = 0.0$을 만족하는 원통형 용기에 대한 t와 P의 관계를 그려라. t를 구하기 위해 식 (2.25)와 표 2.2의 얇은 벽 공식과 두꺼운 벽 공식을 각각 사용하라. 사용되는 압력 범위는 0 ~ 10,000 psi이다.

2.34. 일반 소총이 발사될 때, 최대 압력은 약 50,000 psig이다. 이 조건은 총의 본체에서 총구에 이르는 짧은 거리에서 약 0.001 s 동안 유지된다. 따라서 총구로부터 상당히 떨어진 거리에서의 최대 압력값은 위의 값보다 작다[8].

(*a*) 총구의 내경이 0.22 in일 경우, 표 2.2의 얇은 벽과 두꺼운 벽 용기에 적용되는 공식과 식 (2.25)를 사용하여 총구 벽의 두께와 총구의 외경을 구하라. 단, $S \approx 80{,}000$ psig이고, 소총은 이음 부위가 없는 일체형으로, $E_J = 1.00$이다. 또한 소유자가 잘 관리를 해서 $C_C = 0.0$이다.

(*b*) 일반적인 압력용기를 디자인하는 데 주로 사용되는 S 값은 80,000 psig가 아니고 20,000 psig이다. 따라서 안전인자가 4이다. 이와 같은 조건은 표 2.2의 공식에 적용 가

표 2.2
용기 벽 두께 공식, 참고문헌 [5]

Thickness equations	Limiting conditions		
Cylindrical shells			
Thin-walled: $t = \dfrac{P \cdot r_i}{SE_J - 0.6P} + C_C$	$t \le r_i/2$	or	$P \le 0.385SE_J$
Thick-walled: $t = r_i\left(\dfrac{SE_J + P}{SE_J - P}\right)^{1/2} - r_i + C_C$	$t > r_i/2$	or	$P > 0.385SE_J$
Spherical shells			
Thin-walled: $t = \dfrac{P \cdot r_i}{2SE_J - 0.2P} + C_C$	$t \le 0.356r_i$	or	$P \le 0.665SE_J$
Thick-walled: $t = r_i\left(\dfrac{2SE_J + 2P}{2SE_J - P}\right)^{1/3} - r_i + C_C$	$t > 0.356r_i$	or	$P > 0.665SE_J$

Here t = wall thickness, r_i = internal radius, S = design stress, E_J = joint efficiency, and C_C = corrosion allowance.
Source: "Rules for Construction of Pressure Vessels." ASME Boiler and Pressure Vessel Code, Vol. III, Div. 1. New York: ASME, 1998 (updated regularly).

능한가? 아니면 식 (2.27)에 적용 가능한가? 또한 $S = 80{,}000$ psi를 사용하여 소총을 디자인하고 계산된 벽 두께에 적당한 안전인자를 적용할 수 있는가? 판단하라.

(*c*) 총구 내경이 0.22 in인 단순한 단발용 소총이 있다. 총구는 본체에서부터 총구 끝까지 점점 좁아지는 점감 형태로 되어 있다. 즉, 본체 근방은 직경이 0.74 in이고 포구에서는 0.605 in이다. 주어진 세 개의 값을 사용하여 (*a*)의 문제를 풀어라. 또한 총구의 두꺼운 끝에서의 직경에 대한 안전인자를 예측하라.(매우 얇은 두께의 총구를 갖는 총들이 사용되는데, 안전도가 낮고 위험하다[8]. 또한 사격의 정확도도 떨어진다. 왜냐하면 얇은 두께의 총구는 유연성이 너무 커서 사격 시 총구가 흔들리기 때문이다. 따라서 전문 사격용 총은 계산으로 구한 값보다 더 큰 값을 갖는 총구로 제작된다. 이는 사격의 정확도를 높이기 위해서이다.)

2.35. 물 저장용인 바닥이 평평한 대기압 탱크의 밑바닥에 대해 요구되는 벽 두께를 식 (2.25)를 사용하여 구하라. 탱크의 높이는 64 ft, 직경은 200 ft이고, $\sigma = 30{,}000$ psig이다. API 표준 [9]은 표 2.2에 주어진 식이나 식 (2.25)를 사용하지 않고 다른 계산 방식을 사용한다. 그들의 계산 방법에 의해 얻어진 벽 두께(p.K-13)는 1.092 in이었다. 계산 결과와 비교하라.

2.36. 20,000갤런의 프로판을 저장하기 위한 강철 탱크를 구입하고자 한다. 요구되는 설계압력과 설계응력은 각각 250 psig와 20,000 psi이다. 다음과 같은 탱크를 구입할 경우 요구되는 셸(shell)의 금속 무게를 구하라. 단, 탱크 지지대, 밸브, 맨홀 등은 제외한다. 강철은 SG = 7.9이고 식 (2.25)와 (2.27)을 사용하라.

(*a*) 그림 2.6에서와 같은 반구형의 끝을 갖는 원통형 탱크. 단, 원통형 부분은 길이가 직경의 여섯 배에 해당된다.

(*b*) 구형 탱크.

2.37. 보잉 737 동체에 요구되는 두께를 구하라. 단, 동체는 직경 4 m의 실린더형이고, 10 psi의 압력차(내부 − 외부)를 견디도록 설계되었으며, 항복응력이 45,000 psi인 알루미늄 합금 시트가 사용되었다고 가정하라. 한편 실제 지정된 두께가 0.99 mm일 때 설계 안전계수를 추정하라.(이 값들은 모두 추정치이다.)

2.38. 구형의 끝을 갖는 원통형 탱크의 경우, 원통형 부분에 대한 원주(후프) 응력과 축방향 응력의 관계를 구하라.

2.39.* 아르키메데스는 부력법칙, 즉 아르키메데스 원리를 발견한 사람이다. 어느 날 시실리에 있는 시라쿠사의 왕은 금 세공인이 만들어 온 왕관이 진짜 금관인지를 알아보도록 아르키메데스에게 명령하였다. 당시에는 관을 부수지 않고 이 문제를 해결할 수 있는 화학적 분석 방법이 알려지지 않았다. 아르키메데스는 이 문제에 골몰하면서 욕조에서 목욕을 하다가 "알아냈다(Eureka)!"라고 외치면서 거리로 뛰쳐나갔다. 이때 그는 너무 흥분하여 옷도 걸치지 않았다고 한다.

아르키메데스가 금관을 시험하였을 때, 공기 중의 무게가 5.0 N이고, 물속에서의 무게가 4.725 N이었다고 하자. 이 금관이 금이나 은 또는 이 두 가지의 합금으로 만들어졌다고 할 때, 금의 함량을 구하라. 한편, 금-은 합금의 밀도는 다음 식으로 나타낼 수 있다: $\rho_{\text{alloy}} = \rho_{\text{silver}} + (\text{금의 부피 \%})(\rho_{\text{gold}} - \rho_{\text{silver}})/100$. 그리고 물의 밀도는 1.0 g/cm^3, 금의 밀도는 19.3 g/cm^3, 은의 밀도는 10.5 g/cm^{3}이다.

2.40.* 헬륨 기구는 무게가 무시될 수 있는 유연성 있는 엷은 막으로 되어 있어서 원하는 만큼 팽창시킬 수 있다. 기구 내부에 있는 헬륨의 질량이 10 lbm이고, 헬륨의 압력이 주변 공기의 압력과 항상 같다고 할 때, 다음 조건에서 들어 올릴 수 있는 무게를 구하라. 단, 헬륨은 이상기체라 가정한다.

(*a*) 1 atm, 70°F

(*b*) 0.01 atm, 0°F

(*c*) 0.001 atm, −100°F

2.41. 기구용으로는 헬륨이 불연성이기 때문에 수소보다 더 많이 사용된다. 그러나 수소(분자량 2 g/mol)의 무게는 헬륨의 반이다. 예제 2.11에서 헬륨 대신에 수소를 사용하였을 때 들어 올릴 수 있는 무게는 얼마나 증가하는가?

2.42. 현재 관광용 기구에는 수소나 헬륨을 채우는 대신에 더운 공기를 사용한다. 즉, 조종사가 소형 프로판 버너를 사용하여 기구 안의 공기를 가열한다. 기구는 지름 20 m인 구형이고, 기구, 조종사, 객실, 프로판 버너, 프로판 탱크, 밧줄 등의 총 무게가 200 kg이라 할 때, 기구 안의 공기 온도가 몇 도일 때 기구를 들 수 있게 되겠는가? 기구 안팎의 공기는 모두 상압에 있고, 분자량은 29 g/mol이라 가정한다.(기구 안에는 연소 생성물이 있으므로 분자량은 약간 달라지지만 이 효과는 무시하라.)

2.43.* 납 시료를 접시저울에서 놋쇠 추를 사용하여 달았더니 무게가 2.500 lbf이었다.

(*a*) 물탱크 바닥이나,

(*b*) 진공실에서 달면 어떻게 되는가? 단, $SG_{놋쇠} = 8.5$, $SG_{납} = 11.3$이다.

2.44. 예제 2.12에서 아르키메데스 원리뿐만 아니라 나무토막에 수직면과 수평면만 있다고 가정하고, 윗면과 아랫면 사이의 압력차를 계산하여 다시 풀어라.

2.45. 150 lb의 술주정뱅이가 위스키 통에 빠졌다. 위스키는 SG = 0.92이고, 주정뱅이는 SG = 0.99이다. 그는 죽지 않으려고 머리를 내민 채 선 헤엄(treads water)을 쳤다. 입에서부터 머리까지가 몸 전체 부피의 15%라고 할 때, 이 상태를 유지하려면 선 헤엄으로 얼마의 힘을 내야 하는가?

2.46.* 강에서 짐 운반을 위해 소나무 통나무로 뗏목을 만들기로 하였다. 짐의 무게는 500 kg인데, 완전히 수면 위로 나와 있어야 한다. 이 뗏목을 만드는 데 필요한 통나무의 질량을 구하라. 통나무는 완전히 물에 잠겨도 되며 SG = 0.80이다.

2.47. 40,000 ton의 전함이 침몰하였다. 전체가 SG = 7.9인 강철로 만들어져 있다고 가정하고 다음 물음에 답하라.

(*a*) 강철 탱크를 가라앉혀서 이 전함에 연결한 다음, 압축공기를 불어넣어서 부력이 생기게 하여 전함을 들어 올리고자 한다. 압축공기 탱크의 질량은 무시할 수 있다고 보고, 전함을 들어 올리는 데 필요한 부피를 구하라. 전함은 바닷속에 가라앉아 있고 그 안은 물이 들어 있다.

(*b*) 단순하게 전함을 케이블에 연결하고 케이블을 끌어올림으로써 전함을 들어 올리고자 한다. 케이블의 최대 인장응력이 20,000 psi일 경우, 필요한 케이블의 두께는 얼마인가?

(*c*) 만약 가라앉은 전함의 깊이가 1000 ft이고 케이블은 일정한 두께를 가질 경우, 케이블 자체 무게에 의한 케이블 꼭대기에서의 응력은 얼마인가?

2.48. 수영장을 청소하기 위해 물을 다 빼냈다. 수영장의 크기는 가로 20 ft, 세로 30 ft, 깊이 6 ft(평균값)이다. 폭풍우가 몰아쳐서 수영장 근처의 땅에 표면 아래 1 ft 깊이의 물이 고인 빗물 돌림띠(water table)가 형성되었다. 이와 같은 지하수의 압력이 수영장에 미치는 효과는 수영장을 5 ft 깊이의 물에 담그는 것과 같다. 수영장 주위의 땅에 고인 물에 의해 수영장에 미치는 부력을 구하라.

2.49.* 1982년 7월 2일 래리 월터스(Larry Walters)는 헬륨이 채워진 기구에 의자를 연결하고 그 안에 앉아 로스앤젤레스 상공을 떠다녔다. 그를 본 사람들은 매우 놀라워하였고, 항공통제관들은 말문이 막힐 지경이었다. 헬륨 기구가 구형이고, 기구, 로프, 의자 등 구성요소들과 월터스의 체중을 합한 총 무게가 200 lbf라 가정하여 이를 들어 올리는 데 필요한 기구의 지름을 구하라.

2.50. 직경이 10 ft인 원형의 수영장에 노로 젓는 배가 떠 있다. 배 안에 있던 사람이 100 lbm 강철(SG = 7.9)로 만들어진 벽돌을 배 밖으로 던졌더니 수영장 바닥으로 가라앉았다. 수영장의 수위는 어떻게 될 것인지 예측하라. 즉, 높아질 것인가, 낮아질 것인가, 아니면 그대로인가? 높아지거나 낮아질 경우에는 그 값을 구하라.

2.51. 그림 2.25에 나타낸 마노미터 유체는 SG = 1.93인 요오드화에틸이다. 높이는 $h_1 = 44$ in, $h_2 = 8$ in이다.

(*a*) 탱크 안의 계기압력을 구하라.

(*b*) 탱크 안의 절대압력을 구하라.

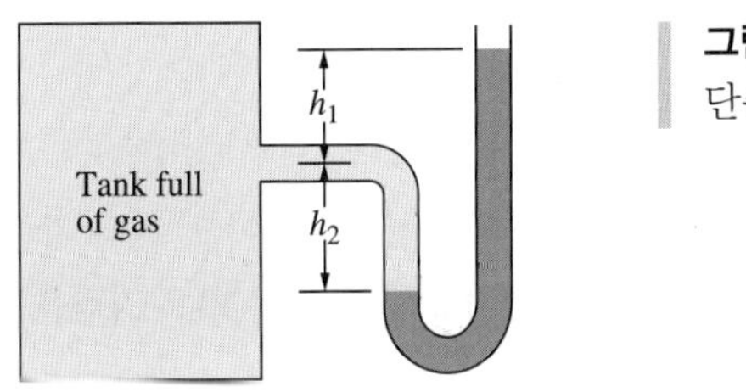

그림 2.25
단순 마노미터

2.52.* 그림 2.26에 나타낸 두 탱크는 수은 마노미터로 연결되어 있다. Δz와 Δh 사이의 관계를 구하라.

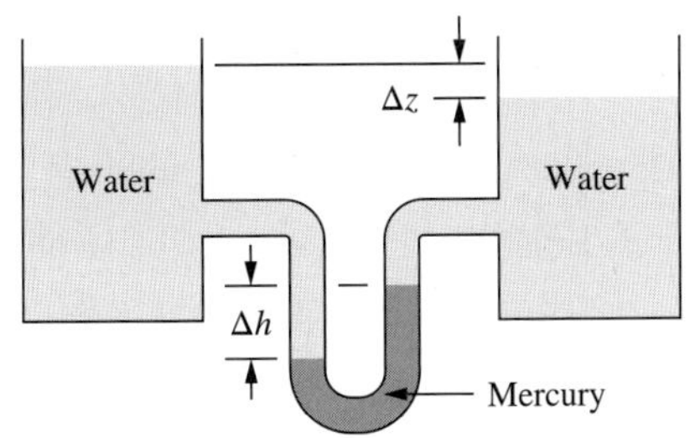

그림 2.26
수은-물 이중 유체 마노미터

2.53. 그림 2.27에 일반적인 이중 유체 마노미터를 나타내었다. $P_A - P_B$를 h, g, ρ_1, ρ_2의 항으로 나타내어라. 또 최대 감도를 원한다면, 즉 $\Delta h/(P_A - P_B)$를 되도록 크게 하려면, ρ_1과 ρ_2가 어떤 관계를 갖도록 선택하여야 하는가?

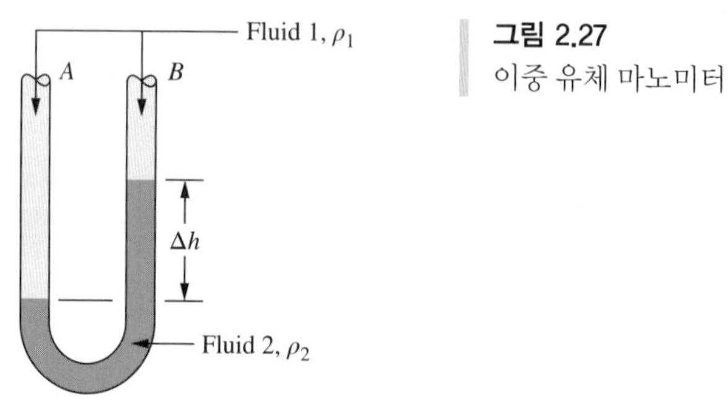

그림 2.27
이중 유체 마노미터

2.54.* 압력차가 작을 때는 그림 2.28에 나타낸 경사 마노미터(inclined manometer)[이 기구는 노의 통풍 측정에 자주 쓰이기 때문에 **통풍관**(draft tube)이라고도 한다]를 사용하는 일이 많다.

(*a*) $P_A = P_B$일 때 눈금이 0이 되도록 조정하고, 착색수(colored water)를 마노미터 유체로 사용할 경우, $P_A - P_B = 0.1\ \text{lbf/in}^2$일 때의 눈금은 어떻게 되겠는가?

(*b*) 만일 수직 형태인 보통 마노미터를 사용한다면 눈금의 읽음이 어떻게 되겠는가?

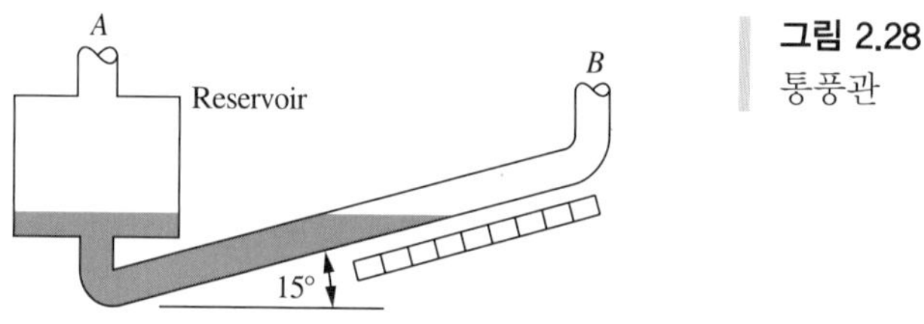

그림 2.28
통풍관

2.55. 연습문제 2.54의 마노미터에서 저장용기인 실린더의 지름은 2 in이고, 관의 지름은 1/8 in이다. $P_A = P_B$일 때 눈금의 읽음이 0이 되도록 조정하였다. 눈금이 10 in 지점을 가리킬 때, 저장 용기에서의 액면이 얼마나 줄어드는가?

2.56. 그림 2.14와 같은 전형적인 기압계는 수은을 사용한다.

(*a*) 1 atm일 때, 수은 기둥의 높이를 구하라.

(*b*) 기압계 유체로 수은 대신에 물을 사용할 경우, 높이를 구하라.

(*c*) 물기둥 위의 수증기의 압력을 무시하고 구할 경우, 오차의 크기는 얼마인가 구하라.

2.57. TV나 신문의 기상관측 예보에는 언제나 대기 고압과 저압에 대한 정보를 포함한다. 전형적인 대기 고압은 해수면을 기준으로 1025 millibar이고, 저압은 995 millibar이다.(일반적으로 엔지니어들은 1.025 bar와 0.995 bar를 사용하나 기상학자들은 언제나 millibar를 사용한다.) 주변의 대기가 정체되어 있다고 가정하고 대기 고압과 저압의 차를 나타내는 지점 간의 온도차를 구하라. 또한 이와 같은 압력차가 수분 함량에 의해 나타날 수 있는가 예측하라.

2.58.* 탱크의 수심을 측정하는 일반적인 방법을 그림 2.29에 나타내었다. 압축공기나 질소 기포가 침적관(dip tube)을 통하여 천천히 액 속으로 나오게 하는데, 기체 유량은 아주 적기 때문에 이 기체는 정지 유체라 간주할 수 있다. 압력계는 침적관 끝에서 6 ft 높이에 있다.

(a) 압력계의 읽음이 2 psig이고, 침적관이 바닥에서 6 in 떨어져 있을 때, 이 탱크의 액 깊이를 구하라. $\rho_{\text{liquid}} = 60\ \text{lbm/ft}^3$, $\rho_{\text{gas}} = 0.075\ \text{lbm/ft}^3$이다.

(b) 기술자들이 이 계기를 읽을 때는 $\rho_{\text{gas}} = 0$으로 간주한다. 이러한 가정에 의한 오차를 구하라.

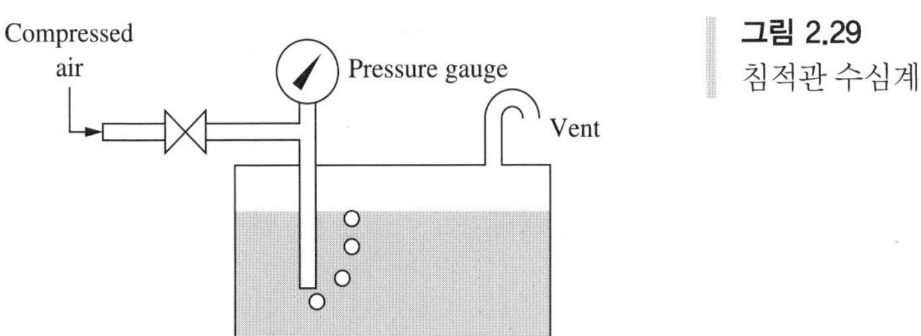

그림 2.29
침적관 수심계

2.59. 그림 2.30에 나타낸 장치는 탱크 안에 있는 유체의 밀도 측정에 사용되는 것이다. 압축공기나 질소 기포가 아주 낮은 유량으로 침적관에서 나오는데, 이 두 끝은 수직으로 1.00 m 떨어져 있다. 두 관 사이의 압력차는 물 마노미터로 측정하는데, 읽음이 1.5 m이었다. 가스 유량은 아주 적기 때문에 정지 유체라 볼 수 있다. 가스의 밀도는 1.21 kg/m^{3}이다. 탱크 안에 있는 유체의 밀도를 구하라.

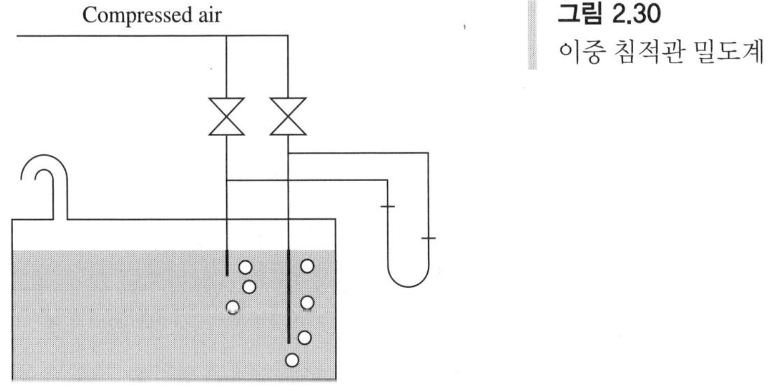

그림 2.30
이중 침적관 밀도계

2.60.* 노의 연돌 높이가 100 ft이다. 연돌가스는 $M = 28$ g/mol이고, $T = 300°\text{F}$이다. 외부 공기는 $M = 29$ g/mol이고, $T = 70°\text{F}$이다. 연돌 꼭대기에서 공기와 가스의 압력이 같을 때, 연돌 바닥에서의 압력차를 구하라.

2.61. 유정의 깊이가 10,000 ft이다. 바닥에서 석유의 압력은 해수 기둥 10,000 ft의 압력과 같다.[이 값은 유전(oil field)에서 전형적인 값으로, 처음 발견하였을 때는 깊이가 같은 해수의 정수압과 같다. 물론 예외가 있다.] 석유의 밀도가 55 lbm/ft^{3}일 때, 유정 끝(지면)에서의 석유의 계기압력을 구하라.

2.62.* 천연가스정(natural gas well)에는 메탄($M = 16$ g/mol)이 들어 있다. 이 가스는 이상기체라 간주한다. 지면에서의 압력은 1000 psig이다.

(a) 깊이 10,000 ft에서의 압력을 구하라.

(b) 메탄을 밀도가 일정한 유체라고 가정할 경우, 오차가 얼마나 되는가? 온도는 일정하게

70°F라고 간주하라.

2.63. 송유관을 설치하여 SG = 0.8인 기름을 10 mi 떨어진 곳으로 수송한다. 산악지방이어서 이 관은 올라갔다 내려갔다 하는데, 200 ft 올라가는 곳이 10번, 200 ft 내려가는 곳이 10번이라고 볼 수 있다. 송유관 설치를 마친 다음 관 내로 물을 수송하여 시험한 결과, 입구 압력이 150 psi이면 물을 충분히 흘려보낼 수가 있었다. 이어서 기름을 천천히 도입하였더니, 입구의 압력이 올라가고 유량이 줄어들기 시작하였다. 마침내 흐름은 멈추었고 입구 압력은 150 psi를 유지하였다. 이 원인을 설명하라.(힌트: 마노미터 문제이다.)

2.64. 그림 2.31의 탱크에 물이 가득 차 있다. 즉, 탱크 내에는 공기가 들어 있지 않다. 두 밸브는 잠겨 있다. 밸브 *B*를 열어서 물이 빠져나가게 하였을 때, 밸브 *A*를 열지 않는다면, 탱크 안의 최저 압력은 얼마가 되겠는가?

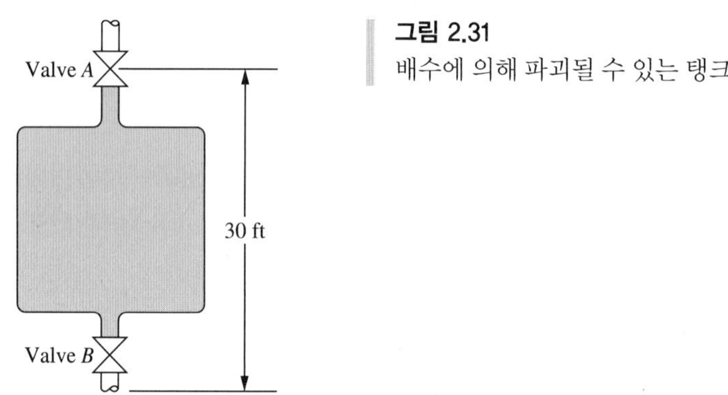

그림 2.31
배수에 의해 파괴될 수 있는 탱크

2.65.* 부르동관 압력계와 몇몇 전자장치들은 본질적으로 보정된 장치들이다. 이들을 보정하는 데 사용되는 표준 설비는 **중량시험기**(dead-weight tester)이다. 이는 그림 2.24의 수압 승강기와 같은 형태인데 실험실용 규모에 해당되는 장치이다. 승강기에 정밀추가 자동차 대신에 놓이고 펌프와 실린더 사이에 점검할 압력계기를 연결한다. 펌프를 통해 피스톤을 들어올리고 그 위의 추가 바닥에 떨어지면 펌프의 작동을 멈추고 실린더와 추를 손으로 돌려 그들이 붙어 있지 않은지 확인한다. 또한 이때 압력계기의 측정치를 기록해 둔다. 다음에는 더 많은 추를 올리고 위의 과정을 반복한다. 만약에 피스톤의 직경이 0.500 in이고, 피스톤과 추의 무게의 합이 25.00 lbf일 경우, 압력계에 나타나는 압력을 구하라. 장치 제작사의 주장에 따르면 이와 같은 측정의 정확도는 ±0.5%이다.

2.66. 시골에서는 울타리의 기둥 높이를 맞추는 쉬운 방법으로 투명한 플라스틱 호스를 사용하는 일이 많다. 호스에 물을 넣은 다음 두 끝을 두 기둥으로 가지고 가서, 한 기둥에서의 액면을 기준으로 하여, 다른 기둥에서의 액면에 맞추어 기둥 높이를 조정한다. 이러한 방법을 반복하여 모든 기둥 높이가 같아지도록 한다. 호스 속에 기포가 들어 있어도 관계는 없는가?

2.67. 예제 2.17에서, 엘리베이터가 저절로 내려올 경우(즉, 하향 가속도 9.81 m/s^2)에 대하여 다시 풀어라.

2.68.* 그림 2.32의 장치는 안지름이 1 in인 관 두 토막에 압력계를 연결하여 만든 것이다. *z* 방향으로 움직이는 엘리베이터 위에 이 기구가 놓여 있다. 압력계 읽음이 5 psig일 때, 다음을

구하라.

(*a*) 엘리베이터의 가속도

(*b*) 어느 방향인가?

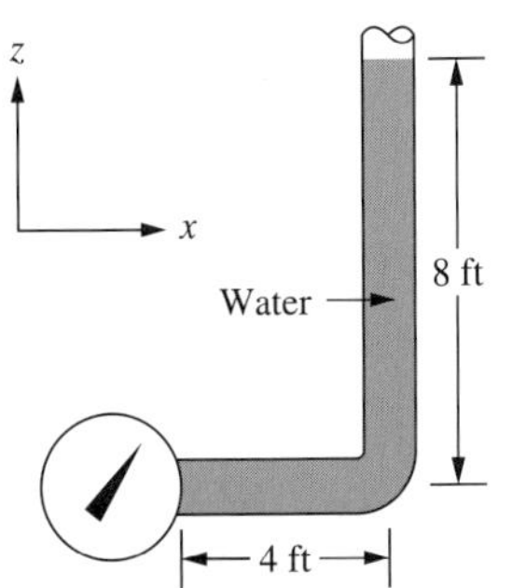

그림 2.32
단순 가속도계

2.69. 그림 2.33과 같이 장방형 탱크가 카트 위에 놓여 있다. 이제 카트를 천천히 가속한다. 탱크 안의 유체가 넘치지 않게 되는 최대의 가속도를 구하라.

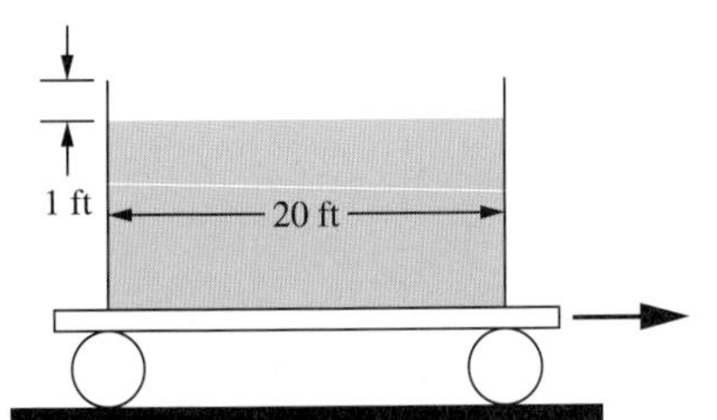

그림 2.33
연습문제 2.69의 그림

2.70.* 폐쇄된 탱크 안에 상부의 여유공간 없이 물과 기름(SG = 0.96)이 완전히 차 있다. 이 탱크를 x 방향으로 1 ft/s^{2}로 일정하게 가속한다. 이때 계면이 수직과 만드는 각을 구하라.

2.71. 예제 2.20의 원심분리기에서, 유체가 물일 때, 외벽(두께 1 in인 물 층)에서의 계기압력을 구하라.

2.72.* 예제 2.20의 원심분리기에서, 부피 0.01 in^{3}인 고체 입자가 유체를 통하여 침강한다.

(*a*) 반지름이 15 in인 벽에 거의 다 갔을 때, 이에 작용하는 부력을 구하라.

(*b*) 이 부력은 어떤 방향으로 작용하는가?

2.73. 그림 2.34에 나타낸 탱크와 마노미터가 10 rpm으로 도는 회전목마 위에 놓여 있다. 용기 안에는 밀도를 무시할 수 있는 기체가 들어 있고 마노미터 유체는 물이다. 용기 안의 압력을 구하라.

2.74. 뚜껑이 열린 원통형 캔에 물이 4 in, 그 위에 휘발유가 4 in 깊이로 들어 있다. 이 캔을 전축 턴테이블 위에 올려놓고 78 rpm으로 회전시킨다. 휘발유-공기 계면과 휘발유-물 계면의 모양을 수학적으로 나타내어라.

2.75. 그림 2.35는 분수 장치를 나타낸 것으로, 유리항아리 두 개, 고무마개, 여러 길이의 유리관, 깔때기, 고무관 등으로 조립한 것이다. 분무 높이와 깔때기의 액면은 똑같다. 두 항아리의 물 위에는 공기가 차 있는데, 고무관으로 연결되어 있다. 이 장치의 발명자의 설명에 따르면, 물을 깔때기의 액면보다 더 높이 뿜어 올릴 수 있다고 한다. 옳은 주장인가? 설명하라.

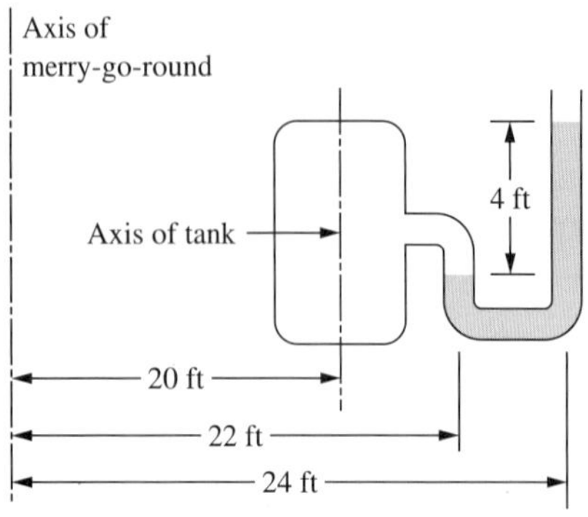

그림 2.34
회전목마에서의 마노미터

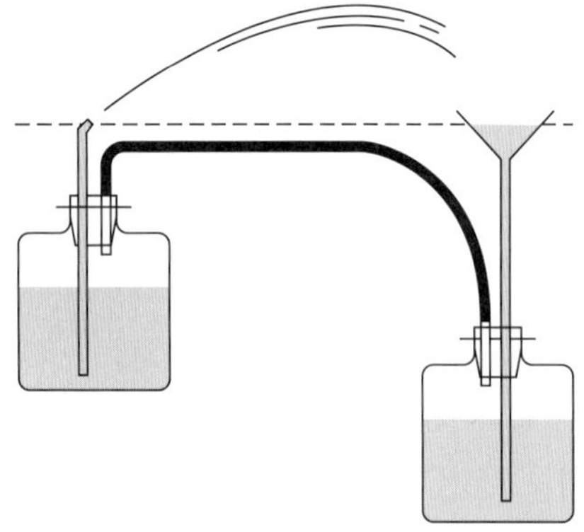

그림 2.35
중력 분수

참고문헌

1. de Nevers, N. *Air Pollution Control Engineering*, 3rd ed. Long Grove, IL: Waveland Press, 2017.
2. Rumble, John R., ed. *CRC Handbook of Chemistry and Physics*. 100th ed. Boca Raton, FL: CRC Press, 2019.
3. White, F. M. *Fluid Mechanics*, 4th ed. New York: McGraw-Hill, 1999.
4. Meyers, P. E. *Aboveground Storage Tanks*. New York: McGraw-Hill, 1997.
5. "Rules for Construction of Pressure Vessels." *ASME Boiler and Pressure Vessel Code, Vol. III, Div. 1*. New York: ASME, 1998 (updated regularly).
6. Jennings, F. B. "Theories of the Bourdon Tube." *ASME Transactions 78*, (1956), pp. 55–64.
7. Prandtl, L., and O. G. Tietjens. *Fundamentals of Hydro- and Aeromechanics* (L. Rosenhead, transl.). New York: Dover, 1957.
8. Smith, M. B., and C. T. Montgomery. *Hydraulic Fracturing*. Boca Raton, FL: CRC Press, 2015.
9. Rinker, R. A. *Understanding Firearm Ballistics*. 4th ed. Apache Junction, AZ: Mulberry House Publishers, 2000.
10. American Petroleum Institute (API). *Standard 650, Welded Steel Tanks for Oil Storage*. Washington, DC: API, 2007.
11. Plimpton, G. "The Man in the Flying Lawn Chair." *New Yorker* (June 1, 1998), pp. 62–67.

CHAPTER
3
수지식과 질량수지

공학의 대부분은 금전에 대한 수지가 아닌 회계(accounting)를 다루는 것이라 할 수 있다. 이 회계를 질량수지, 에너지수지, 성분수지, 운동량수지 등으로 부른다. 이 장에서는 수지의 기본 개념을 검토하고 이를 질량에 적용하기로 한다. 이는 1.3절에서 다룬 네 가지 기본 개념 중의 하나인 **질량수지**(mass balance)이다. 화학공학자들이 접하는 대부분의 문제에서 수지식이 중요하게 사용된다.

3.1 수지식

수지의 일반 개념을 설명하기 위하여 어떤 도시의 인구수지(population balance)를 예로 들기로 하자. 이 도시의 인구는 다음 사항에 따라서 달라진다.

1. 출생
2. 사망
3. 전입
4. 전출

인구 변화를 대수식으로 나타내면 다음과 같다.

$$\text{인구 증가수} = \text{출생수} - \text{사망수} + \text{전입수} - \text{전출수} \tag{3.1}$$

이를 일반적인 수지식으로 나타내면 다음과 같다.

$$\text{축적량} = \text{생성량} - \text{소멸량} + \text{유입량} - \text{유출량} \tag{3.2}$$

이 식에 관하여 네 가지를 설명하면 다음과 같다.

1. 이러한 식은 특정 기간에 적용하여야 한다. 만일 1년 동안의 출생수와 1개월 동안의 사망수를 함께 다룬다면 이상하게 될 것이다. 인구수지식에서 조사 기간을 1년으로 하였다면, 식 (3.1)을 1년으로 나누어 다음과 같이 쓸 수 있다.

$$\text{연간 인구 증가수} = \text{연간 출생수} - \text{연간 사망수} + \text{연간 전입수} - \text{연간 전출수} \quad (3.3)$$

이것은 속도식(rate equation)이다. 만약 어떤 사람이 1억 원을 준다고 하면 매우 기쁠 것이다. 그러나 이 돈을 매년 1000원씩 준다면 좋을 것도 없는데, 이처럼 우리는 속도(rate)에 관심을 가질 때가 많다.

2. 어떤 도시의 인구수지식을 단 하루에 적용한다면 속도에 대해서 오해의 소지가 있을 수가 있다. 연간 출생률은 실질적으로 일정하지만, 매일의 출생수는 변동이 심하기 때문이다. 이러한 경우에는 변동을 평균화할 수 있을 정도의 충분한 기간에 대하여 측정하여야 속도가 의미를 가지게 된다.(경우에 따라서는 단기간의 변동을 조사하여야 할 때가 있는데, 난류의 통계적 연구를 예로 들 수 있다. 이러한 연구에서는 오히려 아주 짧은 기간에 대하여 수지를 취하여, 이러한 변동이 '평준화'되지 않도록 하여야 한다.)

3. 어떤 도시의 인구수지를 취할 때는 그 경계(boundary), 즉 도시의 시계가 분명하다(연습문제 3.1 참조). 공학적 문제에서도 수지를 취하는 경계를 신중하게 정의하여 기술하여야만 의미를 가진다는 것이 **공학수지의 일반 원리**이다. 이러한 경계는 고정적일 필요는 없지만 확인할 수 있는 것이어야 한다. 공간 중에서 움직이면서 모양이 변하지만 확인할 수 있는 경계의 예로서, 남극에서 배가 난파되어 승객들이 떠돌아다니는 빙산으로 피신하여 산다고 하자. 이 빙산에 대하여 인구수지는 어떤 도시에서의 수지와 마찬가지가 되지만, 이 빙산은 도시처럼 한곳에 머물러 있지 않고 그 모양도 계속 달라진다.

   경계의 안과 밖이 무엇으로 되어 있든 간에, 경계 안을 **계**(system)라 하고 경계 밖을 **주위**(surrounding)라 한다. 결국, 경계는 모든 것을 계와 주위 두 부분으로 나눈다.

   문제에 따라서는 폐쇄 용기의 내용물을 계로 택하는 것이 편리할 때가 있는데, 이러한 계에서는 유출되거나 유입되는 양이 없으므로 수지식은 다음과 같이 간단하게 된다.

$$\text{축적량} = \text{생성량} - \text{소멸량} \qquad [\text{닫힌계}] \qquad (3.4)$$

이러한 계를 **닫힌계**(closed system)라 한다. 닫힌계로서 우주여행 중인 우주선 안의 인구를 예로 든다면 인구수지는 다음과 같다.

$$\text{인구 증가수} = \text{출생수} - \text{사망수} \qquad (3.A)$$

화학에서는 닫힌계를 널리 사용하는데, 폐쇄 용기 안에서 화학반응이 일어날 때 편리하기 때문이다. 이 계에서는 화학반응에 의하여 새로운 물질이 생성되고 다른 물질이 소멸되지만, 유입되거나 유출되는 것은 없다.

계의 경계를 통하여 유입되거나 유출되는 양이 있는 계는 **열린계**(open system)이다. 공학에서는 닫힌계보다는 열린계를 많이 사용하는데, 이 책에서도 마찬가지이다.

여기서는 유입이나 유출이 계의 몇몇 작은 영역에서만 발생하는 열린계를 다루기로 한다. 예를 들어 가정용 온수기에는 냉수유입관, 온수유출관, 배수관 및 압력조절밸브 등이 각각 하나씩이다. 공간 중 임의의 영역을 계로 택하였을 때, 이 경계의 모든 경계를 통하여 유입과 유출이 있는 계를 **대상 부피**(control volume)라 한다. 이 책에서는 대상 부피를 특수한 열린계로 취급하였다.

4. 수지식에서는 회계 내용의 **변화**만을 다루고, 존재하는 총량은 다루지 않는다. 위에서 예를 든 어떤 도시의 인구수지는 총인구 값이 아니라, 인구 변화를 나타내는 것이다. 총인구를 알려면 인구조사를 하여야 할 것이다. 또는 이 도시에 사람이 처음 들어온 이후 현재까지의 출생, 사망, 전입, 전출 인구를 파악할 수 있다면, 인구가 0일 때부터 현재까지의 인구 변화를 예측할 수 있을 것이고 이로부터 현재의 인구를 구할 수 있게 될 것이다. 이를 수식으로 나타내면 다음과 같다.

$$\text{현재 인구} = \int_{\text{인구}=0\text{에서의 시간}}^{\text{현재}} (\text{인구 변화율})\, d(\text{시간}) \tag{3.5}$$

수지를 취할 때 초심자는 총량을 구하고 싶어 하지만, 이러한 유혹을 뿌리칠 수 있기 바란다.

수지식을 어디에 적용할 수 있는가? 셀 수 있는 단위나 **크기성질**(extensive property)에 적용할 수 있다. 크기성질이란 물질의 양에 의존하는 성질을 말한다. 즉, 물질의 양이 두 배가 되면 이에 따라 두 배가 되는 성질인데, 질량, 에너지, 엔트로피, 어떤 화학종의 질량, 운동량, 전하 등은 모두 크기성질의 예이다. 셀 수 있는 단위의 예로는 사람, 사과, 동전, 분자, 홈런, 전자, 박테리아 등을 들 수 있다.

한편 수지식은 셀 수 없는 개체(단위)나 **세기성질**(intensive property)에는 적용할 수 없다. 세기성질이란 물질의 양과는 무관한 성질이다. 온도, 압력, 점도, 경도, 색도, 정직성, 전압, 아름다움, 밀도 등은 세기성질의 예이다. 셀 수 없는 개체의 예로는 0과 1 사이의 분율을 들 수 있다.

수지식은 매우 중요한 개념이므로 비공학적인 예를 하나 더 들도록 하겠다.

예제 3.1 여러분의 은행 계좌에 식 (3.2)를 적용해 보라.

$$(\text{계좌 잔고 증가}) = (\text{이자}) - (\text{수수료}) + (\text{예금}) - (\text{출금}) \tag{3.B}$$

■

인구 증가에 대한 수지식에서와 같이 현재의 은행 잔고는 식에 포함되지 않는다.[유감스러운 것은 은행 계좌의 현재 잔고를 은행수지(bank balance)라 하는데 우리가 사용하는 수지(balance)와 혼동된다는 것이다.] 한편 인구 증가나 은행 계좌 잔고 증가에 대한 위의 예에서 공통적인 사실은 현재의 인구수나 잔고 금액에 비례하여 나타나는 변수들이 존재한다는 것이다. 즉, 어느 지역에서의 출생수와 사망수는 그 지역의 인구수에 근사적으로 비례하며, 은행의 이자 수입은 계좌 잔고에 비례한다는 것이다. 따라서 현재의 값들이 간접적으로 수지식에 영향을 주지만 직접 수지식에 포함되지는 않는다.

3.2 질량수지

3.1절의 수지식의 예는 인구통계학자에게는 흥미로울 것이지만 공학자에게는 반드시 그렇지는 않다. 화학공학에서 가장 중요하게 다루어지는 수지식은 질량수지이다. 질량은 일반수지식을 따르는데, 생성량과 소멸량이 0이므로 다음과 같이 된다.

$$\text{선택된 경계 안에서 증가된 질량} = \text{유입 질량} - \text{배출 질량} \tag{3.6}$$

유체역학 문제에서는 이 식을 신중하게 적용하여야 한다. 이 식을 시간으로 나누면 다음과 같다.

$$\text{선택된 경계 안에서 질량 증가 속도} = \text{유입 질량 유량} - \text{배출 질량 유량} \tag{3.7}$$

이 질량수지식은 이전의 어떤 원리로부터도 유도할 수 없는 것이다. 다만 다른 모든 기본적 '자연 법칙'과 마찬가지로, 관찰 사실을 설명할 수 있는 능력에 기초한 것이다. 모든 주의 깊은 실험들을 통하여 이 식이 맞음을 알 수 있다. 질량은 고체, 액체, 기체 및 좀 더 색다른 다양한 상태 내에 존재하며 한 상태에서 다른 상태로의 변환이 가능하다. 액체 상태의 물이 증발할 때, 액체가 사라지는 것은 확인할 수 있으나, 주위 공기의 질량이 증발된 물의 양만큼 증가되는 것을 육안으로는 확인이 불가능하다. 이에 대한 확실한 설명을 라부아지에(Lavoisier)[1]가 처음으로 하였는데, 그는 저울 위에 일정량의 물이 들어 있는 폐쇄된 유리단지를 놓고 유리단지 내 물의 일부를 증발시켰을 경우, 질량 변화가 나타나지 않은 사실을 확인하였다. 지금은 누구나 질량이 보존된다는 질량보존의 법칙을 이해하지만, 1780년 이전까지는 이를 이해하거나 수용하는 사람들은 거의 없었다. 즉, 그 당시에는 기체가 질량을 갖는다는 사실은 과학자나 일반인들도 받아들일 수 없는 사실이었다.

실제로는 4장에서 설명하는 것처럼 질량과 에너지는 상호 변환될 수 있지만, 공학 문제에서는 대개 이 사실을 무시하고 간단한 식 (3.7)을 그대로 사용한다.(그러나 원자탄이나 태양에너지원을 다룰 때는 질량과 에너지의 변환을 무시해서는 안 된다.) 방금 설명한 대로 에너지가 질량으로 변환되지만, 지구상에서 이 밖의 다른 방법에 의한 질량의 창조는 실험적으로 입증되지 않았다. 더욱 흥미 있는 것은 영국 천문학자 프레드 호일(Fred Hoyle)이 제안한 '정상상태 우주'의 개념인데, 그의 이론에 의하면, 언제 어디서나 질량은 창조되고 있지만, 그 속도가 아주 느려서 우주 공간 mi^3당 한 시간에 수소 원자 한 개 정도이다[2]. 현재 이러한 일을 측정할 수 있는 기기가 없기 때문에, 지구 규모에서 이 이론을 증명하기란 불가능하다. 호일은 가장 먼 은하계의 거동에 대한 실험적 관찰이 그의 이론을 뒷받침한다고 주장했지만, 대부분의 다른 천문학자들은 동의하지 않는다. 이러한 이론이 예견할 수 있는 미래의 공학 문제에 응용되지는 않겠지만, 우리가 현재 받아들이고 있는 질량수지나 또 다른 자연 법칙의 절대적 본질에 대해 마음을 열어야 할 것이다.

예제 3.2 그림 3.1에 나타낸 것처럼, 천연가스를 사용하는 배불뚝이형 난로(pot-bellied stove)를 생각해 보자. 난로 벽을 경계로 택하여 식 (3.7)을 적용하면 다음과 같다.

$$\begin{pmatrix}\text{경계 안에서의}\\\text{질량 증가 속도}\end{pmatrix} = \begin{pmatrix}\text{유입 가스의}\\\text{질량 유량}\end{pmatrix} + \begin{pmatrix}\text{유입 공기의}\\\text{질량 유량}\end{pmatrix} - \begin{pmatrix}\text{연소 가스의}\\\text{질량 유량}\end{pmatrix} \tag{3.C}$$

■

이 문제에서는 유입되는 질량 유량이 두 가지인데, 이러한 항의 수에는 제한이 없다. 앞에서 예를 든 인구 증가의 경우, 전입 인구를 비행기, 자동차, 선박, 기차 등에 의한 전입 인구로 나누어 생각할 수도 있다. 여기서도 마찬가지로 각 유입 질량 유량의 항을 더하면 총 유입 질량 유량이 된다.

질량수지는 여러 가지 다른 이름으로 불려서, **질량보존의 원리**(principle of conservation of mass), **연속방정식**(continuity equation), **연속의 원리**(continuity principle), **물질수지**(material balance)라고도 하지만 다 마찬가지이다. 어느 것이나 생성량이나 소멸량이 없는 일반수지식을 따른다.

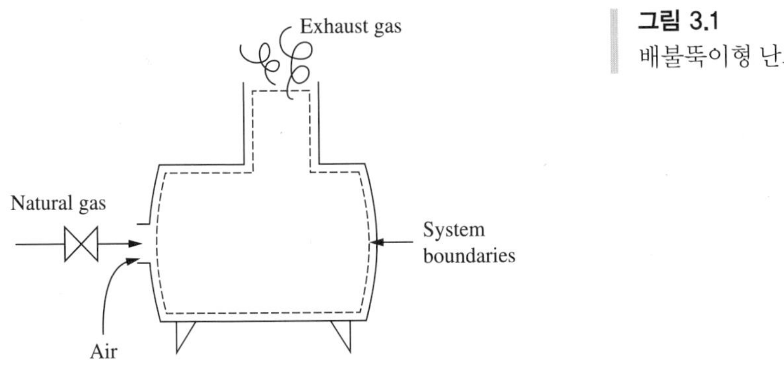

그림 3.1
배불뚝이형 난로

3.3 정상상태 수지

그림 3.1의 난로에서, 오랜만에 불을 붙이면 모든 부분의 온도가 빨리 변하게 될 것이다. 상당한 시간이 지나 더워진 뒤에는, 이 모든 부분의 온도가 시간에 관계없이 거의 일정하게 된다. 초기의 가온 기간 중에는 난로의 한 점을 통과하는 기체의 유속과 온도가 시간에 따라 달라진다. 연돌의 한 점에 온도계를 설치하여 측정하면 온도가 계속 올라간다. 그러나 일단 더워진 뒤에는 온도가 일정하게 유지되는 것으로 기록될 것인데, 이때 정상상태(steady state)에 있다고 말한다.

정상상태란 아무 변화가 없다는 것이 아니라, 시간에 따른 변화가 없다는 의미이다. 정상적으로 넘쳐흐르는 폭포를 고려하자. 물 입자의 관점에서 보면, 그 속도는 떨어져 내리면서 빨리 증가하다가 바닥에 떨어지면 갑자기 줄어든다. 그러나 이 폭포수의 한 점을 보고 있는 관찰자의 입장에서 보면, 폭포수는 항상 같아서, 일정한 속도로 이 점을 지나가게 된다. 속도 V가 시간과 위치의 함수일 때, 수식으로 나타내면 다음과 같다.

$$V = f(t, x, y, z) \tag{3.8}$$

한편, 정상상태에서는 다음을 만족한다.

$$\left(\frac{\partial V}{\partial t}\right)_{x,\,y,\,z} = 0 \qquad [\text{정상상태}] \tag{3.9}$$

따라서 정상상태일 때 계의 어느 점에서 임의의 측정 가능한 성질에 대한 $(\partial/\partial t)_{x,\,y,\,z}$는 0이다. 질량처럼 측정할 수 있는 양에 관하여 수지식을 쓰고 dt로 나누면 속도형이 되는데, 이때 계 내의 모든 점에서 질량이 시간에 따라 변하지 않기 때문에 이 식의 좌변(즉, 계 내에서의 질량의 시간 증가율)은 0이 되어야 한다. 마찬가지로, 에너지수지(4장)와 운동량수지(7장)를 포함한 모든 수지식에서 정상상태일 때는 축적량이 0이 되어야 한다.

예제 3.2의 난로로 돌아가서, 이 난로가 정상상태일 때 질량수지는 다음과 같이 된다.

$$0 = \begin{pmatrix}\text{유입 가스의}\\ \text{질량 유량}\end{pmatrix} + \begin{pmatrix}\text{유입 공기의}\\ \text{질량 유량}\end{pmatrix} - \begin{pmatrix}\text{연소 가스의}\\ \text{질량 유량}\end{pmatrix} \tag{3.D}$$

이 식은 '들어간 것만큼 나간다'는 생각과 같은 것으로서, 생성량과 소멸량이 없는 정상상태에만 적용되는 식이다.

예제 3.3

예제 3.2의 난로에 대하여 정상상태의 이산화탄소에 대한 수지를 취하기로 한다. 화학분석을 해 보면, 천연가스와 공기 중의 이산화탄소는 아주 적으므로 무시할 수 있다. 따라서 불필요한 항을 제거하면 식 (3.2)는 다음과 같이 된다.

$$0 = \begin{pmatrix} \text{이산화탄소} \\ \text{생성속도} \end{pmatrix} + \begin{pmatrix} \text{이산화탄소} \\ \text{소멸속도} \end{pmatrix} - \begin{pmatrix} \text{배기가스 중} \\ \text{이산화탄소} \\ \text{배출속도} \end{pmatrix} \tag{3.E}$$

한편, 배기가스에 대한 화학분석에 따르면 배기가스 중에는 8~12%의 이산화탄소가 들어 있으므로, 그 배출 질량유량을 무시할 수 없다. 따라서 이 식을 충족하려면, 난로 안에서 이산화탄소 생성량에서 소멸량(여기서는 무시할 수 있다)을 뺀 양, 즉 연소에 의한 생성량이 배기가스 중의 배출량과 같아야 한다. ■

천연가스에 관하여 수지를 취하면 소멸량이 도입 질량유량과 거의 같아진다. 이처럼 화학반응 분야에서는 생성량과 소멸량이 아주 중요하여 무시할 수 없다. 운동량수지(7장)에도 생성량과 소멸량이 포함되며, 엔트로피수지, 즉 열역학 제2법칙에서도 마찬가지이다. 따라서 일반적인 질량수지와 에너지수지에는 생성량과 소멸량이 없지만, 다른 수지에서는 이러한 양이 중요한 경우가 있으므로 기억해 두기 바란다.

3.4 정상상태 흐름, 1차원 질량수지

단면이 변하는 관에서 유체의 정상상태 흐름을 고려하자(그림 3.2). 이 계에 대하여 정상상태 물질수지식을 쓰면 다음과 같다.

$$\text{점 1에서의 도입 질량 유량} = \text{점 2에서의 배출 질량 유량} \tag{3.F}$$

일반적으로 관의 한 단면의 모든 점에서의 속도는 같지 않은데, 벽에서보다 중심에서 속도가 빠르다.(도랑이나 유로에서 나뭇잎 같은 것을 띄워 보면 이를 증명할 수 있다. 나뭇잎은 가장자리보다는 중앙에서 더 빠른 속도로 움직인다.) 따라서 점 1에서 계에 도입되는 총 유량을 구하려면, 흐름이 들어가는 단면을 흐름이 실질적으로 균일한 여러 작은 부분면적(A)으로 쪼개고, 다음 식으로 합산하여야 할 것이다.

$$\text{점 1에서의 도입 질량 유량} = \sum_{\text{many subareas}} \rho AV \tag{3.10}$$

여기서 각 면적 요소는 국부 유속에 직각이어야 한다. 관이나 유로에서의 흐름일 때는

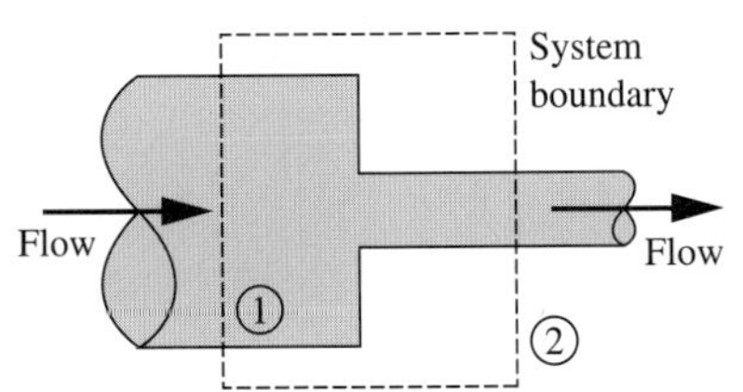

그림 3.2
단일흐름을 갖는 계

흐름이 모두 한 방향이고, 또 일반적으로 생각하는 면이 이 흐름에 직각이기 때문에 별문제가 없다. 각 부분면적을 충분히 작게 하여 극한을 취하면, 이 식의 우변은 점 1에서의 계의 경계에 대한 $\rho V\, dA$의 적분이 된다. 따라서 그림 3.2의 계에 대한 정상상태 질량수지는 다음과 같다.

$$0 = \int_{\text{area 1}} \rho V\, dA - \int_{\text{area 2}} \rho V\, dA \tag{3.G}$$

점 1과 2는 관의 어느 위치에서나 취할 수 있는데, 관이나 유로의 정상상태 흐름일 때 이 식은 다음과 같이 된다.

$$\int_{\substack{\text{흐름에 수직인} \\ \text{임의 경계 면적}}} \rho V\, dA = \text{상수} \quad [\text{관이나 유로에서의 정상 흐름}] \tag{3.11}$$

3.4.1 평균속도

관 내 흐름에서 단면을 통해 볼 때 완전히 일정한 속도를 갖는 흐름은 실제적으로 존재하지 않는다. 그러나 많은 문제를 풀 때 전체 단면에 걸쳐 균일한 것처럼 적절한 평균속도 개념을 도입한다. 식 (3.11)의 상수항은 관이나 유로를 흐르는 단위 시간당 총질량으로 **질량 유량**(mass flow rate)이라 한다. 일반적으로 많이 쓰이는 단위는 kg/s나 lbm/s이고, 편의상 기호 $\dot{m}$으로 표기한다. 만약 관이나 유로를 흐르는 유체의 밀도가 일정할 경우, 새롭게 다음이 정의된다.

$$\text{부피 유량} = Q = \frac{\text{질량 유량}}{\text{밀도}} = \frac{\dot{m}}{\rho} \tag{3.12}$$

[토목공학 교재에서는 이를 **배출**(discharge)이라 한다.] 부피 유량을 관이나 유로의 단면적으로 나누면 평균속도가 얻어진다.

$$\text{평균속도} = V_{\text{average}} = \frac{Q}{A} \tag{3.13}$$

예제 3.4 셀프서비스 주유소의 주유펌프를 통해 가솔린이 주유되는데 2분 동안 15 gal의 가솔린이 공급된다. 노즐의 내경이 1.0 in일 때, 주유되는 가솔린의 부피 유량, 질량 유량 그리고 평균속도를 각각 구하라.

주어진 조건으로부터 부피 유량을 구한다.

$$Q = \frac{V}{t} = \frac{15\text{ gal}}{2\text{ min}} = 7.5\,\frac{\text{gal}}{\text{min}} = 0.0167\,\frac{\text{ft}^3}{\text{s}} = 0.000\,47\,\frac{\text{m}^3}{\text{s}} \tag{3.H}$$

가솔린의 밀도는 정제공장에 따라서 그때그때 조금씩 변하므로 여기서는 평균값인 SG = 0.72를 사용하여 질량 유량을 구한다.

$$\dot{m} = Q\rho \approx 0.0167 \frac{\text{ft}^3}{\text{s}} \cdot 0.72 \cdot 62.3 \frac{\text{lbm}}{\text{ft}^3} = 0.75 \frac{\text{lbm}}{\text{s}} = 0.34 \frac{\text{kg}}{\text{s}} \tag{3.I}$$

마지막으로 평균속도는

$$V_{\text{average}} = \frac{Q}{A} = \frac{0.0167 \text{ ft}^3/\text{s}}{(\pi/4)\cdot(1 \text{ in})^2} \cdot \frac{144 \text{ in}^2}{\text{ft}^2} = 3.06 \frac{\text{ft}}{\text{s}} = 0.93 \frac{\text{m}}{\text{s}} \tag{3.J}$$

이다. ■

3.4.2 속도분포

앞으로 본 교재의 1부, 2부, 3부에서는 관이나 유로에서의 흐름을 다룰 경우, 평균속도를 갖는 흐름[(**블록흐름**(block flow) 또는 **플러그흐름**(plug flow)]으로 간주한다. 이런 가정이 얼마나 정확한가? 즉, 복잡한 계산 대신 간략한 계산으로 인한 경제적인 손실은 없는가?

그림 3.3에는 관 내 흐름의 다양한 가정에 의해 계산된 속도분포를 비교하였다. 세 가지 경우 모두 평균속도는 $V_{\text{average}} = 6$ ft/s인 일반적인 관 내 흐름이다. 우선 **블록흐름**(block flow)의 경우에는 흐름속도가 관 단면에 걸쳐 일정값 6 ft/s를 갖는 흐름이다. **난류**(turbulent flow)는 6장에서 자세히 다룰 것인데, 공업용 관, 튜브, 유로 등의 흐름에서 나타나는 전형적인 흐름 특성이다. 그림 3.3의 난류에 대한 속도분포는 개략적으로 나타낸 것이다(연습문제 3.8 참조). 이 흐름의 특징은 강이나 빗물받이의 흐름에서 관찰할 수 있듯이 관 벽에서의 속도가 0이라는 것이다. 평균속도 6 ft/s에 대해 관 중심에서의 최대 속도는 7.35 ft/s를 나타낸다. **층류**(laminar flow)는 역시 6장에서 다룰 것인데 주로 작은 크기의 관이나 유로 내의 흐름(예를 들면, 신체 내 혈액의 흐름)에서 나타나며 일반적으로 산업용으로 흔히 사용되지 않는 고점도 유체(팬케이크에 사용되는 시럽) 흐름에서 나타난다. 다음 장에서 층류에 대하여 좀 더 다루게 될 것이다. 층류에서도 난류와 같이 관 벽에서는 속도가 0이다.

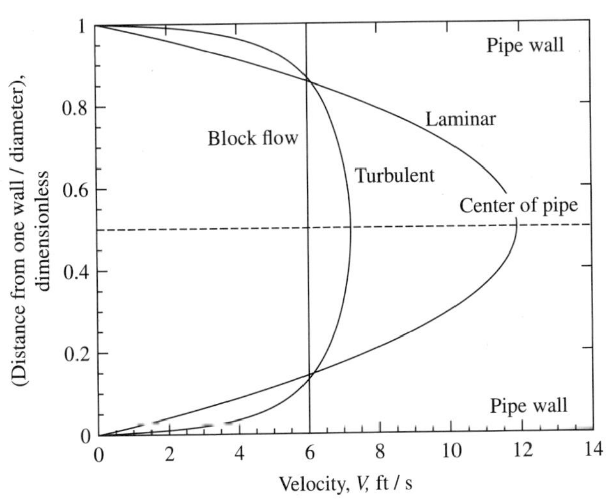

그림 3.3
원형 관에서 평균속도 6 ft/s를 갖는 속도분포. 블록흐름(수직선)은 흐름 전체의 분포가 평균속도와 같은 직선형을 나타내고, 층류(6장)에 대한 속도분포는 중심에서의 속도값이 평균속도의 두 배에 해당되는 포물선 분포이고, 난류에서의 속도분포는 실험 결과에 대한 근사치로 '프란틀(Prandtl)의 1/7 거듭제곱 규칙'을 나타낸 것이다(연습문제 3.10과 7장 참조).

표 3.1
블록흐름, 난류 및 층류에 대한 속도분포 비교

	Block flow	Turbulent flow	Laminar flow
Maximum velocity	V_{average}	$1.22\ V_{\text{average}}$	$2.00\ V_{\text{average}}$
Minimum velocity	V_{average}	0	0
Kinetic energy per unit mass	$\dfrac{V^2_{\text{average}}}{2}$	$1.06 \cdot \dfrac{V^2_{\text{average}}}{2}$	$2.00 \cdot \dfrac{V^2_{\text{average}}}{2}$
Total momentum in the flow	$V^2_{\text{average}}\rho A$	$1.014 \cdot V^2_{\text{average}}\rho A$	$1.333 \cdot V^2_{\text{average}}\rho A$

그리고 평균속도가 6 ft/s를 만족하기 위해서 관 중심에서의 최대 속도는 12 ft/s이다.

관 흐름에서의 평균 운동에너지와 평균 운동량(7장에서 논의됨)은 언제나 평균속도를 사용하여 예측한 값보다는 크다. 왜냐하면 그들을 구하기 위해서는(연습문제 3.10과 3.11 참조) 속도의 제곱이나 세제곱 항이 포함되기 때문이다. 표 3.1에 세 가지 종류의 속도분포와 이들로부터 얻어지는 운동에너지와 운동량의 결과를 비교하여 나타내었다. 이로부터 층류는 블록흐름이나 난류와는 차이가 큰 흐름 특성을 나타냄을 알 수 있다. 6장에서 이에 대하여 좀 더 자세하게 다룰 것이다. 반면에 난류와 블록흐름은 큰 차이가 없다. 즉, 블록흐름(평균속도) 가정하에 난류에서의 운동에너지를 구하면 블록흐름의 결과와 약 6% 정도의 오차를 나타내며 운동량의 경우에는 더 작은 오차로 약 1.4%를 보인다. 이 정도의 오차는 현장에 적용하기에 무시 가능하다. 앞으로 본 교재의 1부, 2부, 3부에서는 관, 도관 및 유로에서의 흐름을 다룰 경우, 평균속도를 흐름속도로 간주하는 블록흐름 가정을 사용한다. 만약 이 가정이 사용되지 않을 경우에는 교재에 분명히 언급할 것이다. 즉, 좀 더 세밀한 계산이 요구되는 경우는 가정에 대해 재검토를 하고 표 3.1을 참조하여 흐름에 대한 계산을 할 것이다. 표 3.1은 원형 관이나 도관 및 유로에 대한 흐름에만 적용된다. 그 밖의 기하학적 형태에 대한 흐름(대기, 바다, 2차원 및 3차원 흐름)에 대해서는 좀 더 복잡한 형태의 식들이 요구된다.

한 단면에서 이러한 흐름의 유속과 밀도가 일정하다고 보면, 식 (3.11)은 쉽게 적분할 수 있는데, 결과는 다음과 같다.

$$\rho_1 A_1 V_1 = \rho_2 A_2 V_2 = \dot{m} = \text{일정} \qquad [\text{관이나 유로에서의 정상 흐름}] \tag{3.14}$$

예제 3.5 천연가스 배관의 한 지점 1에서 관 지름은 2 ft, 흐름 조건은 800 psia, 60°F, 유속은 50 ft/s이다. 다른 지점 2에서는 관 지름이 3 ft, 흐름 조건은 500 psia, 60°F이다. 지점 2에서의 유속과 질량 유량을 구하라.

식 (3.14)로부터 V_2를 구한다.

$$V_2 = V_1 \frac{\rho_1}{\rho_2}\frac{A_1}{A_2} = 50\,\frac{\text{ft}}{\text{s}} \cdot \frac{\rho_1}{\rho_2} \cdot \frac{\left(\frac{\pi}{4}\right)(2\text{ ft})^2}{\left(\frac{\pi}{4}\right)(3\text{ ft})^2} \tag{3.K}$$

800 psia, 60°F 조건에서 천연가스(주로 메탄)의 밀도는 대략 2.58 lbm/ft^{3}이고, 500 psia, 60°F에서는 1.54 lbm/ft^3 정도이다[3]. 따라서

$$V_2 = V_1 \frac{\rho_1}{\rho_2}\frac{A_1}{A_2} = 50\,\frac{\text{ft}}{\text{s}} \cdot \frac{2.58\,(\text{lbm}/\text{ft}^3)}{1.54\,(\text{lbm}/\text{ft}^3)} \cdot \frac{\left(\frac{\pi}{4}\right)(2\text{ ft})^2}{\left(\frac{\pi}{4}\right)(3\text{ ft})^2} = 37.2\,\frac{\text{ft}}{\text{s}} = 11.3\,\frac{\text{m}}{\text{s}} \tag{3.L}$$

이고, 질량 유량은

$$\dot{m} = \rho_1 V_1 A_1 = 2.58\,\frac{\text{lbm}}{\text{ft}^3} \cdot 50\,\frac{\text{ft}}{\text{s}} \cdot \frac{\pi}{4}(2\,\text{ft})^2 = 405\,\frac{\text{lbm}}{\text{s}} = 184\,\frac{\text{kg}}{\text{s}} \tag{3.M}$$

이다. ■

임계온도보다 낮은 온도에 있는 액체는 보통의 온도 및 압력 변화에 따른 밀도 변화가 작다. 따라서 식 (3.14)를 이러한 액체에 관하여 쓰면

$$A_1 V_1 = A_2 V_2 = \frac{\dot{m}}{\rho} = \text{일정} \qquad [\text{밀도 일정, 관이나 유로에서의 정상 흐름}] \tag{3.15}$$

질량을 밀도로 나누면 부피가 된다. 따라서 이 식에서 일정값(질량 유량/밀도)은 부피 유량 Q를 나타낸다.

예제 3.6 관에 물이 흐르고 있다. 지점 1에서는 안지름이 0.25 m, 유속이 2 m/s이다. 질량 유량과 부피 유량을 구하라. 또 안지름이 0.125 m인 지점 2에서의 유속을 구하라.

$$\dot{m} = \rho_1 V_1 A_1 = 998.2\,\frac{\text{kg}}{\text{m}^3} \cdot 2\,\frac{\text{m}}{\text{s}} \cdot \frac{\pi}{4}(0.25\text{ m})^2 = 98.0\,\frac{\text{kg}}{\text{s}} = 216\,\frac{\text{lbm}}{\text{s}} \tag{3.N}$$

$$Q = \frac{\dot{m}}{\rho} = V_1 A_1 = 2\,\frac{\text{m}}{\text{s}} \cdot \frac{\pi}{4}(0.25\text{ m})^2 = 0.09817\,\frac{\text{m}^3}{\text{s}} = 3.46\,\frac{\text{ft}^3}{\text{s}} \tag{3.O}$$

$$V_2 = V_1 \frac{A_1}{A_2} = 2\,\frac{\text{m}}{\text{s}} \frac{\left(\frac{\pi}{4}\right)(0.25\text{ m})^2}{\left(\frac{\pi}{4}\right)(0.125\text{ m})^2} = 8\,\frac{\text{m}}{\text{s}} = 24.2\,\frac{\text{ft}}{\text{s}} \tag{3.P}$$

■

표 3.2
정상상태와 비정상상태 공정의 비교

Property	Steady state	Unsteady state
Calculations	Generally easy	More difficult
Normally requires calculus?	No	Yes
Setup in laboratory	Difficult	Easy
Large-scale industrial use	Desirable	Undesirable
Efficiency	Generally high	Generally lower
Capital cost per unit of production		
Large-volume product (e.g., gasoline)	Low	High
Small-volume product (e.g., pharmaceuticals)	High	Low

3.5 비정상상태 질량수지

지금까지 다룬 정상상태 거동은 매우 중요하다. 기초 교과서에서 다루는 예제와 연습문제의 대부분은 정상상태에 관한 것이다. 그러나 비정상상태(unsteady state) 거동이 더 중요할 때도 있다. 이 두 가지 상태에 대한 계의 특성을 표 3.2에 비교하였다.

발전소에서 석탄을 연소시키고, 보일러, 터빈, 응축기, 발전기 등을 이용하여 전력을 생산한다고 할 때, 그 정상상태 거동은 계산하기가 비교적 쉽다. 그러나 발전기에 대한 전력 요구량이 갑자기 증가하거나 감소하면 이 거동은 계산하기가 쉽지 않다. 따라서 전력회사의 기술자들은 정상 부하를 선호하는데, 이는 최대 효율로 발전소를 운전할 수 있기 때문이다. 그러나 항상 급작스런 부하에 의한 교란(예를 들어 벼락 때문에 주요 수용가의 전력 공급이 차단되면 전력 수요를 빠르게 줄인다)에 대비한 계획과 장비를 준비하고 있어야 한다. 또한 폭발이나 화재와 같은 산업 재해의 대부분은 정상상태 조작일 때보다는 어떤 공정장치를 시동시키거나 가동을 중지시킬 때 일어나는 일이 많다. 예를 들어 1986년 키예프 근처의 체르노빌 원자력 재해는 비정상적인 가동 중단 중에 발생했다. 따라서 비정상상태 거동이 아주 중요하고 주의할 가치가 있음을 알 수 있다.

비정상상태 질량수지라고 해서 지금까지 다룬 것과 다른 것이 아니다. 다만, 다음의 두 예제에서 알 수 있는 것처럼, 수학적으로 다소 복잡해진다.

예제 3.7 그림 3.4에 나타낸 마이크로칩 확산로(microchip diffusion furnace)에 이상기체로 간주되는 공기가 들어 있다. 열확산 단계가 시작되기 전에 우선 진공펌프로 공기를 배출시킨다. 진공펌프에 의한 공기 배출 과정 동안 가열 코일로 탱크 안의 온도를 68°F로 일정하게 유지한다. 펌프 입구에서의 부피 유량은 압력에 관계없이 1.0 ft^3/min이다. 압력이 1 atm에서 0.0001 atm으로 내려가는 데 걸리는 시간을 구하라.

탱크와 펌프 입구까지를 계로 선택하고 질량수지를 취하면 다음과 같다.

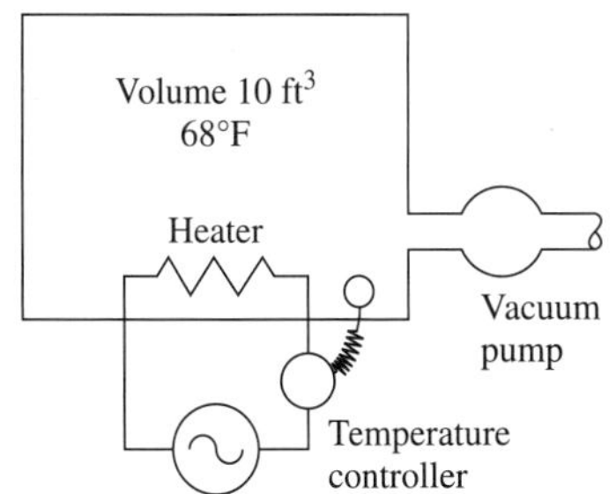

그림 3.4
마이크로칩 확산로의 진공화

$$\left(\frac{dm}{dt}\right)_{\text{system}} = -\dot{m}_{\text{out}} \tag{3.Q}$$

한편, 다음 관계가 성립한다.

$$m_{\text{system}} = V_{\text{system}}\rho_{\text{system}} \tag{3.R}$$

여기서 V_{system}은 계의 부피인데, 변하지 않는다. 따라서

$$\left(\frac{dm}{dt}\right)_{\text{system}} = V_{\text{system}}\frac{d\rho_{\text{system}}}{dt} \tag{3.S}$$

이다. 또한

$$\dot{m}_{\text{out}} = Q_{\text{out}}\rho_{\text{out}} \tag{3.T}$$

이고, 여기서 Q_{out}은 일정하며

$$\rho_{\text{out}} = \rho_{\text{system}} \tag{3.U}$$

이므로 다음 관계식을 얻는다.

$$V_{\text{sys}}\frac{d\rho_{\text{sys}}}{dt} = -Q_{\text{out}}\rho_{\text{sys}} \tag{3.V}$$

이 식은 변수를 분리할 수 있는 1차 미분방정식으로, 다시 정리하면

$$\frac{d\rho_{\text{sys}}}{\rho_{\text{sys}}} = -\frac{Q_{\text{out}}}{V_{\text{sys}}}dt \tag{3.W}$$

이고, 이를 처음 상태부터 최종 상태까지 적분하면 다음과 같다.

$$\ln\frac{\rho_{\text{sys, final}}}{\rho_{\text{sys, initial}}} = -\frac{Q_{\text{out}}}{V_{\text{sys}}}\Delta t \tag{3.16}$$

등온의 저압 기체는 밀도가 압력에 비례하므로, 필요한 시간을 구할 수 있다.

$$\Delta t - \frac{V_{\text{sys}}}{Q_{\text{out}}}\ln\frac{P_{\text{initial}}}{P_{\text{final}}} = \frac{10\,\text{ft}^3}{1\,\text{ft}^3/\text{min}}\ln\frac{1\text{ atm}}{0.0001\,\text{atm}} = 92.1\,\text{min} \tag{3.X}$$

■

예제 3.8 예제 3.7에서는 진공 작업 중 공기의 누출은 없는 것으로 간주하였다. 그러나 실제 감압공정에서 누출이 전혀 없는 경우는 없다. 따라서 공학자들은 가능한 한 최소의 누출만을 허용하도록 최대의 노력을 기울인다. 만약 예제 3.7의 탱크에서 0.0001 lbm/min의 공기 누출이 있을 경우, 즉 공기가 새어 들어올 경우 압력과 시간과의 관계를 구하고 그려라.

식 (3.Q)는 다음과 같이 나타낸다.

$$\left(\frac{dm}{dt}\right)_{\text{system}} = -\dot{m}_{\text{out}} + \dot{m}_{\text{in}} \tag{3.Y}$$

여기서 $\dot{m}_{\text{in}}$은 일정한 값으로 간주하고 예제 3.7과 같이 나타내면

$$V_{\text{sys}}\frac{d\rho_{\text{sys}}}{dt} = -Q_{\text{out}}\,\rho_{\text{sys}} + \dot{m}_{\text{in}} \tag{3.Z}$$

$$\frac{d\rho_{\text{sys}}}{[\rho_{\text{sys}} - (\dot{m}_{\text{in}} / Q_{\text{out}})]} = -\frac{Q_{\text{out}}}{V_{\text{sys}}}\,dt \tag{3.AA}$$

$$\ln\frac{\rho_{\text{sys, final}} - (\dot{m}_{\text{in}} / Q_{\text{out}})}{\rho_{\text{sys, initial}} - (\dot{m}_{\text{in}} / Q_{\text{out}})} = -\frac{Q_{\text{out}}}{V_{\text{sys}}}\,\Delta t \tag{3.17}$$

이다. 주어진 계 내의 압력이 0.0001 atm에 도달할 때까지 걸리는 시간을 구하는 것이 문제인데, 위 식으로부터 불가능함을 알 수 있다. 즉, $\Delta t = \infty$에 해당하는 정상상태 압력을 구하면 식 (3.17) 우변의 ln 함수의 분자가 0에 해당될 경우이므로, 따라서

$$\rho_{\text{sys, final}} = \frac{\dot{m}_{\text{in}}}{Q_{\text{out}}} = \frac{0.0001\ \text{lbm / min}}{1\ \text{ft}^3\text{ / min}} = 0.0001\,\frac{\text{lbm}}{\text{ft}^3} = 0.0016\frac{\text{kg}}{\text{m}^3} \tag{3.AB}$$

를 얻는다. 1 atm, 68°F = 20°C 공기의 밀도는 0.075 lbm/ft^{3}이고 이상기체의 경우 밀도가 압력에 비례하므로 최종 압력은

$$P_{\text{steady state}} = 1\ \text{atm}\cdot\frac{0.0001\ \text{lbm / ft}^3}{0.075\ \text{lbm / ft}^3} = 0.001\,33\ \text{atm} = 0.135\ \text{kPa} \tag{3.AC}$$

이다. 한편, 식 (3.17)을 이용하여 임의의 시간에서의 계 내의 공기 밀도를 구하면

$$\begin{aligned}\rho_{\text{sys, any time}} &= \left(\rho_{\text{sys, initial}} - \frac{\dot{m}_{\text{in}}}{Q_{\text{out}}}\right)\exp\left(-\frac{Q_{\text{out}}}{V_{\text{sys}}}\,\Delta t\right) + \frac{\dot{m}_{\text{in}}}{Q_{\text{out}}}\\ &= (0.075 - 0.0001)\,\frac{\text{lbm}}{\text{ft}^3}\exp\left(-\frac{0.1}{\text{min}}\,\Delta t\right) + 0.0001\,\frac{\text{lbm}}{\text{ft}^3} = 0.0016\frac{\text{kg}}{\text{m}^3}\end{aligned} \tag{3.AD}$$

이고, $\Delta t = 50$ min일 때의 밀도와 압력은 각각

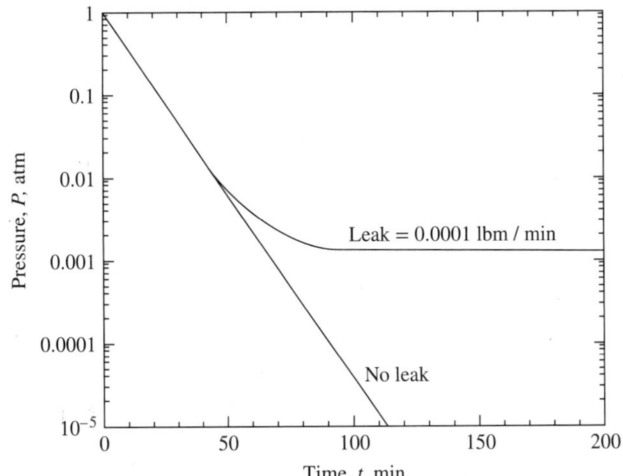

그림 3.5
누출이 없는 경우(예제 3.7)와 0.0001 lbm/min의 누출이 있는 경우(예제 3.8), 마이크로칩 확산로에 대한 시간-압력 관계

$$\rho_{\text{sys, 50 min}} = 0.0749 \frac{\text{lbm}}{\text{ft}^3} \exp\left(-\frac{0.1}{\text{min}} \cdot 50 \text{ min}\right) + 0.0001 \frac{\text{lbm}}{\text{ft}^3}$$
$$= 0.000\,505 + 0.0001 = 0.000\,605 \frac{\text{lbm}}{\text{ft}^3} = 0.009\,69 \frac{\text{kg}}{\text{m}^3} \qquad (3.\text{AE})$$

와

$$P_{50\text{ min}} = 1\,\text{atm} \frac{0.000\,605\ \text{lbm}/\text{ft}^3}{0.075\ \text{lbm}/\text{ft}^3} = 0.008\,06\ \text{atm} = 0.816\ \text{kPa} \qquad (3.\text{AF})$$

이다. 또 다른 시간에 대해서도 위와 같은 계산 과정을 반복하여 밀도와 압력을 구할 수 있다. 그림 3.5에 시간과 압력과의 관계를 나타내었다. ■

대부분의 비정상상태 질량수지 문제에서는 어떤 용기 안의 유체를 계로 택하면 편리하다. 이때 유체의 질량이 증가하거나 감소함에 따라 계의 부피가 변한다.

예제 3.9 지름 3 m, 수직 원통형 탱크에 유입관(내경 0.1 m)과 배출관(내경 0.2 m)이 설치되어 있다. 물이 2 m/s의 유속으로 유입관을 통해 유입되고, 반면 배출관을 통해 1 m/s의 유속으로 배출된다. 탱크 안의 수면이 올라가겠는가 아니면 내려가겠는가? 또한 그 변화 속도를 구하라.

임의의 순간에 탱크 안에 있는 물의 질량을 계로 선택한다. 이 계에 대하여 질량수지를 취하면

$$\left(\frac{dm}{dt}\right)_{\text{system}} = \dot{m}_{\text{in}} - \dot{m}_{\text{out}} \qquad (3.\text{AG})$$

이다. 모든 유체에 대하여 $m = \rho V$와 $\dot{m} = \rho Q$이므로, 이 관계를 위 식에 대입하고, 밀

도는 일정하므로 이를 소거하면 다음을 얻는다.

$$\left(\frac{dV}{dt}\right)_{\text{system}} = Q_{\text{in}} - Q_{\text{out}} \tag{3.18}$$

한편, 유입 및 배출되는 부피 유량은 VA로 구할 수 있으므로 최종적으로 식 (3.18)은

$$\left(\frac{dV}{dt}\right)_{\text{sys}} = 2\,\frac{\text{m}}{\text{s}} \cdot \frac{\pi}{4}(0.1\ \text{m})^2 - 1\,\frac{\text{m}}{\text{s}} \cdot \frac{\pi}{4}(0.2\ \text{m})^2$$

$$= 0.0157 - 0.0314 = -0.0157\,\frac{\text{m}^3}{\text{s}} = 0.559\,\frac{\text{ft}^3}{\text{s}} \tag{3.AH}$$

와 같다. 즉, 탱크 안의 액체의 부피는 시간이 지남에 따라 감소하여 액면이 내려간다. 이와 같은 부피 감소 속도는 단면적에 액면 변화 속도를 곱한 것과 같다. 결과적으로, 주어진 조건에 대한 액면 강하 속도는 다음과 같이 구해진다.

$$\left(\frac{dV}{dt}\right)_{\text{system}} = A\,\frac{dz_{\text{surface}}}{dt}$$

$$\frac{dz_{\text{surf}}}{dt} = \frac{1}{A}\frac{dV}{dt} = \frac{1}{(\pi/4)(3\ \text{m})^2}\left(-0.0157\,\frac{\text{m}^3}{\text{s}}\right)$$

$$= -0.0022\,\frac{\text{m}}{\text{s}} = -0.006\,73\,\frac{\text{ft}}{\text{s}} \tag{3.AI}$$

■

3.6 혼합물의 질량수지

위의 예제들에서는 흐르는 물질이 공기나 물처럼 균일한 단일 성분이었다. 본 교재의 대부분에서 주로 이러한 성분을 다루게 된다. 그러나 흥미를 끄는 많은 문제에서 여러 종의 혼합물로 된 경우들이 존재한다. 이러한 경우 계 내의 모든 성분이 완전히 혼합된 것으로 가정할 수 있다면, 지금까지와 마찬가지로 단순 수지식을 이용하여 유용한 답을 얻을 수 있을 것이다. 이 완전 혼합이란 지나치게 간단히 한 가정이지만, 그 결과가 간단하고 유용하기 때문에 자주 이용된다. 두 가지 예를 들어 살펴보기로 하자.

예제 3.10 그림 3.6은 길이 L, 폭 W인 장방형 도시를 나타낸 것이다. 이 도시에서 바람이 유속 V로 x 방향으로 분다. 대기 난류로 인해 높이 H까지는 이 도시의 공기가 혼합된다. 따라서 치수가 $L \times W \times H$인 '상자(box)' 안의 공기는 잘 혼합되어, 어디에서나 오염물농도 c가 같다고 할 수 있다. 이 도시로 불어 들어오는 공기 중의 오염물농도(배경농도)를 b라 하고, 이 도시로부터 오염 성분이 대기 중으로 배출되는 방출속도를 q kg/(m²·s)라 하자. 도시 안에 비교적 균일하게 퍼져 있는 자동차와 소규모 공

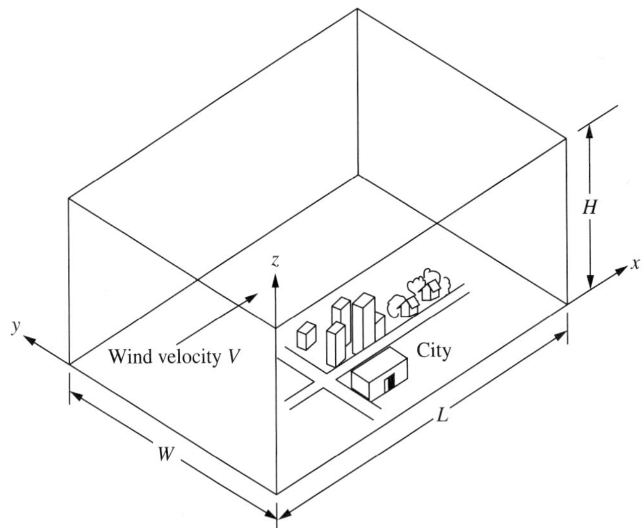

그림 3.6
예제 3.10의 이상적인 도시 모델

장에서 오염 성분이 배출된다면, 오염 성분이 균일하게 배출된다는 가정은 합리적이다. 그러나 어떤 대규모 공장이나 발전소에서 오염 성분이 주로 배출된다면 이 가정은 옳지 않다. 따라서 후자는 이 예제에서 제안하는 모델과는 상이한 방법과 별도의 규제로 다루어야 한다[4](6장 참조). 이 도시의 공기 중 오염물농도를 q, V, W, L, H의 함수로 나타내어라.

우선 정상상태라 가정하자. 즉, 오염물농도가 시간에 따라 변하지 않는다고 가정하면 수지식으로부터 오염물질 유입 유량의 합과 배출 유량의 합이 같아야 함을 알게 된다. 즉,

$$0 = \begin{pmatrix} \text{바람에 따라} \\ \text{도시로 들어오는} \\ \text{오염물 유입 유량} \end{pmatrix} + \begin{pmatrix} \text{도시로부터 도시} \\ \text{공기로 유입되는} \\ \text{오염물 유입 유량} \end{pmatrix} - \begin{pmatrix} \text{바람에 따라} \\ \text{도시를 빠져나가는} \\ \text{오염물 배출 유량} \end{pmatrix} \quad \text{(3.AJ)}$$

오염물의 유량을 농도(kg/m^3) × 부피 유량(m^3/s)으로 나타내면 위 식은

$$0 = bVWH + qLW - cVWH$$

$$c = b + \frac{qL}{VH} \quad (3.19)$$

이 된다. 즉, 도시의 오염물농도는 도시로 들어오는 공기 중의 오염물농도(배경농도)에 (qL/VH)을 더한 것과 같다. 여기서 (qL/VH)은 도시 자체에서의 배출에 의한 오염물농도의 증가량을 나타낸다. 이것이 '상자모델(box model)', '비례', 또는 '롤백(rollback)' 방정식으로서, 미국의 대기오염 규제 설정에 중요한 역할을 하였다[4]. ■

예제 3.11 페인트 작업장에서 벤젠을 용제로 사용한 특수 페인트를 사용한다. 하루 8 h 동안 벤젠 5 kg(22 lb)이 증발한다(q = 5 kg/8 h). 작업장은 크기가 10 m × 4 m × 4 m이다. 작업자의 건강을 보호하기 위하여 작업장 안의 공기 중 벤젠농도(c)를 2018년 산업위생기준 농도[5]인 1.6 mg/m^3(= 0.5 ppm) 이하로 유지하여야 한다. 이때 필요한 환기량을 부피 유량으로 구하라.

예제 3.10과 아주 비슷한 문제이다. 벤젠은 작업장 안의 공기와 잘 혼합되어, 작업장에서 배출되는 공기 중의 벤젠농도는 허용농도와 같다고 가정한다. 작업장에 대하여 정상상태 벤젠수지를 취하면, 도입 공기 유량이 Q일 때,

$$0 = \dot{m}_{\substack{\text{benzene in}\\ \text{inlet air}}} + \dot{m}_{\substack{\text{benzene evaporated}\\ \text{from paint}}} - \dot{m}_{\substack{\text{benzene in}\\ \text{outlet air}}} = Qb + q - Qc \tag{3.AK}$$

이다. 유입 공기 중의 벤젠 함량은 무시 가능하므로 $b = 0$이라 놓고 위 식을 Q에 관하여 풀면 다음을 얻는다.

$$\begin{aligned} Q = \frac{q}{c} = \frac{5\ \text{kg}/8\ \text{h}}{1.6\ \text{mg}/\text{m}^3} \cdot 10^6\ \frac{\text{mg}}{\text{kg}} &= 390\ 000\ \frac{\text{m}^3}{\text{h}} \\ = 2510\ \frac{\text{m}^3}{\text{min}} &= 230\ 000\ \frac{\text{ft}^3}{\text{min}} \end{aligned} \tag{3.AL}$$

■

이 예제와 같이 벤젠과 작업장 내 공기의 완전혼합을 가정하면(완전혼합 모델[6]이라 칭함), 산업위생기준에 맞추기 위하여 필요한 희석 공기를 구하는 계산이 아주 쉬워진다. 한편 계산 결과 얻어진 필요 공기의 양은 매우 많아서 이만한 양을 도입하기가 실제로 불가능하다. 공기 유량을 작업장의 단면(4 m × 4 m)으로 나누면, 공기 유속이 얻어진다.

$$\text{Velocity} = \frac{Q}{A} = \frac{6510\ \text{m}^3/\text{min}}{16\ \text{m}} = 407\ \frac{\text{m}}{\text{min}} = 6.78\ \frac{\text{m}}{\text{s}} = 22\ \frac{\text{ft}}{\text{s}} = 15\ \frac{\text{mi}}{\text{h}} \tag{3.AM}$$

이는 아주 큰 유속으로, 페인트 작업장에서는 이러한 유속을 유지할 수 없다. 따라서 허용농도가 높은 독성이 약한 용제로 바꾸거나, 실험실용 후드(fume hood)와 같은 특수 환기 시설을 사용하여, 벤젠 증기가 작업장 안의 공기와 섞이지 않게 하거나 작업자에게 개인 보호 장비를 제공하여야 할 것이다. 특히, 매일 대기 중에 5 kg의 벤젠을 방출할 때의 대기오염 문제를 고려하여야 할 것인데, 미국 대부분의 도시에서는 이러한 방출이 허용되지 않으므로 벤젠을 포집하거나 제거하는 시설을 따로 갖추어야 할 것이다.

이와 같은 예제를 다루는 이유는 화공엔지니어들은 모두 환경과 안전에 대해서도 전문 기술자가 되어야 하기 때문이다. 즉, 화공엔지니어들은 그들이 종사하는 분야의 활동으로 인해 야기되는 피해로부터 일반인들과 작업자들을 보호할 책임이 있다. 예제 3.11에서 사용된 완전혼합 모델은 전형적인 화공 문제들에서도 유용한 모델이다.

표 3.3
예제 3.7과 예제 3.12의 비교

Type of variable	Example 3.7, vacuum pump down	Example 3.12, tank washout
Capacity variable	Tank volume, V_{system}	Liquid volume, V_{liquid}
Flow variable	Pump-out rate, Q_{out}	Flow-through rate, Q_{liquid}
Concentration variable	Gas density, ρ_{system}	Salt concentration, c_{salt}
Starting variable	Initial gas density, $\rho_{sys,\ init}$	Initial concentration, $c_{salt,\ init}$
Resulting ratio	$\frac{\rho}{\rho_{init}} = \frac{P}{1\ \text{atm}}$	$\frac{c_{salt}}{c_{salt,\ initial}}$
Time variable	Time, t	Time, t

예제 3.12 탱크에 소금물이 1000 m^3 들어 있다. 초기 소금농도는 10 kg/m^{3}이다. 만약 순수한 물이 10 m^3/min으로 탱크로 유입되고 동시에 10 m^3/min으로 배출된다고 할 때, 즉 탱크 내 소금물의 전체 부피는 1000 m^{3}로 일정하다고 할 때, 배출되는 소금물의 농도를 시간의 함수로 구하라. 단, 탱크 내 소금물은 완전혼합(탱크 내 농도와 배출농도는 같다)된다고 가정하라.

이 예제는 예제 3.7과 동일하다. 다만 변수들만 바뀌었을 뿐이다. 이들에 대한 비교 결과를 표 3.3에 나타내었다. 각자 풀어 보기 바란다(연습문제 3.21 참조). 이와 같은 유형의 문제들을 열전달이나 물질전달에서도 다루게 된다. ■

3.7 오일러리안과 라그랑지안

이 책의 대부분에서 그리고 가장 일반적인 공학 문제에서는 관찰자가 가만히 서서 흐름이 지나가는 것을 지켜보는 오일러리안(Eulerian) 관점(Leonhard Euler, 1707~1783)을 사용한다. 그러나 일부 문제(7, 8, 15장 참조)의 경우 관찰자가 유체와 함께 타고 이동하는 유체 질량의 변화를 관찰하는 라그랑지안(Lagrangian) 관점(Joseph-Louis Lagrange, 1763~1813)을 사용하는 것이 실용적이다. 한곳에 정지해 있는 세상을 주로 관찰하는 사람에게는 이것이 이상해 보이지만, 관점을 바꾸면 결과적으로 수학이 더 쉬워진다.

3.8 요약

1. 수지식은 공학에서 중요하다.
2. 적용되는 수지식은 일반 수지식 (축적량 = 생성량 − 소멸량 + 유입량 − 배출량)에서 불필요한 항을 제거한 식이다.
3. 수지식은 시간으로 나누어서 속도형으로 만들 수 있다.

4. 수지를 취할 때는 언제나 그 경계를 선택하여 기술하여야 한다. 이 경계 안에 있는 것을 계(system)라 하고, 이 경계 밖에 있는 것을 주위(surrounding)라 한다.
5. 공학에서 가장 중요한 수지는 질량수지인데, 이때 생성량과 소멸량이 0이 된다. 질량수지는 연속방정식 또는 질량보존의 원리라고도 한다.
6. 질량수지를 유체흐름에 적용할 경우, 질량 유량이나 부피 유량을 사용한다. 정확한 계산을 위해서는 속도가 흐름 단면적에 따라 균일하지 않다는 사실을 고려해야 하나 일반적으로 평균속도가 유체 거동을 적절하게 나타낸다고 가정한다.
7. 이 장의 후반 예제들에 적용되었던 완전혼합 모델은 대단히 유용하다.

연습문제

연습문제와 예제 풀이를 위한 상용 단위와 수치들은 부록 E를 참조하라. * 표시가 있는 문제는 부록 C에 그 해답이 있음을 의미한다.

3.1. 어떤 도시의 인구수지식에서 몇 가지 의문에 대한 구체적인 정의를 내려야 한다. 예를 들면, 다른 도시에서 온 학생을 이 도시의 인구로 볼 것인가? 여행 중에 이 도시에 체류하는 사람을 이 도시의 인구로 보아야 하는가? 이 밖에도 애매한 문제들이 많다. 이처럼 분명히 정의하여야 할 문제를 열거하라.

3.2. 국내에서 유통되는 1000원짜리 지폐의 수에 관한 수지식을 세워라.

3.3. 제주도에서 생산되는 감귤 질량에 관한 수지식을 세워라.

3.4. 풍선이 매듭이 풀려서 공기를 내뿜으면서 떠다니고 있다. 풍선 안 공기에 대한 질량수지식을 세우고 경계가 공간 중에 고정되어 있는지 설명하라. 한편, 크기는 일정하며 식별 가능한지 논하라.

3.5. 정속 주행 중인 자동차에 대한 탄소원자 수지를 세워라. 이때 화합물로 결합된 탄소원자와 유리 탄소원자를 모두 고려하라. 자동차 배기가스의 탄소원자 이외에 탄소원자에 대한 다른 흐름들을 고려하라. 대부분의 학생들이 생각한 것보다 더 많은 항이 추가될 수 있다.

3.6. 폭죽이 폭발할 때의 질량수지를 세워라.

3.7.* 어떤 강의 단면이 대략 깊이 10 ft, 폭 50 ft인 장방형이라 하자. 평균 유속이 1 ft/s일 때, 한 지점에서의 유량을 gal/min 단위로 나타내라. 또한, 정상 흐름이라 가정하고, 깊이가 7 ft, 폭 150 ft가 되는 하류의 한 지점에서의 평균유속을 구하라.

3.8. 글렌캐니언댐 아래에 있는 콜로라도강의 1년 흐름 유량은 대략 10^7 acre-ft/yr이다. 여기서 acre-ft는 1 acre 면적에 1 ft 깊이로 채웠을 때의 부피에 해당하는 값으로 약 4.35×10^4 ft^3이다. 한편, 실제로 강의 흐름은 1년 내내 일정하지 않고 계절에 따라 변화가 심하게 나타난다. 강의 단면이 장방형이라 가정할 때, 폭 200 ft, 깊이 10 ft인 어느 한 지점에서의 연중 평균유속을 구하라.

3.9. 1996년 3월 어느 날, 글렌캐니언댐에서 그랜드캐니언에 인공홍수를 일으키기 위하여 특별히 많은 양($Q = 45{,}000$ ft^3/s)의 물을 방류하였다. 아래 물음에 답하라.

(a) 댐으로부터 물의 방류는 각 파이프의 내경이 8 ft인 여덟 개의 파이프를 통해 이루어졌다. 각 파이프를 통한 유속을 구하라.

(b) 댐으로부터 방류된 물이 강으로 흐를 때, 강 하류의 한 지점에서의 평균유속을 구하라. 단, 이 지점에서의 강의 단면은 장방형으로 200 ft 폭에 10 ft 깊이를 가진다.

3.10. 원형 관에서 정상 흐름일 때 평균유속은 다음 식에 의해 얻어진다.

$$V_{\text{average}} = \frac{Q}{A} = \int_{r=0}^{r=r_{\text{wall}}} V \cdot 2\pi r\, dr \,/\, \pi r_{\text{wall}}^2 \tag{3.20}$$

다음 조건에 대하여 평균유속과 최대유속의 비를 구하라. 계산 결과를 표 3.1과 비교하라.

(a) 흐름이 층류(6장에서 논의)이고, 관 내 임의의 지점의 국부 유속이 다음 식으로 주어질 경우,

$$V = V_{\max}\left(\frac{r_{\text{wall}}^2 - r^2}{r_{\text{wall}}^2}\right) \tag{3.21}$$

여기서 r은 관 중심으로부터 반지름 방향 거리이고, r_{wall}은 반지름이다.

(b) 흐름이 난류(6장에서 논의)이고, 국부 유속이 다음과 같을 때

$$V = V_{\max}\left(\frac{r_{\text{wall}} - r}{r_{\text{wall}}}\right)^{1/7} \tag{3.22}$$

(c) 위의 식은 프란틀(Prandtl)의 1/7 거듭제곱 규칙으로, 원형 관 내의 난류흐름에 대한 속도분포를 비교적 잘 예측할 수 있으나 완벽하지는 못하다. 좀 더 정확한 예측식은 표 17.1과 그림 17.7을 참조하기 바란다. 평균속도가 클 경우에는 거듭제곱 1/7 대신에 1/10을 사용한다. 따라서 식 (3.22)의 지수를 1/10을 사용하여 (b)를 다시 풀어라.

3.11. 이전 문제를 참조하여 다음을 구하라.

(a) 원형 도관을 흐르는 유체의 단위 질량당 평균 운동에너지는 다음 식으로 주어진다.

$$\begin{pmatrix}\text{Average kinetic}\\ \text{energy, per}\\ \text{unit mass}\end{pmatrix} = \frac{\displaystyle\int_{r=0}^{r=r_{\text{wall}}} (V^2/2) \cdot V \cdot 2\pi r\, dr}{\displaystyle\int_{r=0}^{r=r_{\text{wall}}} V \cdot 2\pi r\, dr} \tag{3.23}$$

여기서 분모는 간단하게 다음과 같이 쓸 수 있다.

$$\int_{r=0}^{r=r_{\text{wall}}} V \cdot 2\pi r\, dr = Q = V_{\text{average}} A = \pi r_{\text{wall}}^2 V_{\text{average}} \tag{3.24}$$

따라서 식 (3.23)은

$$\begin{pmatrix}\text{Average kinetic}\\ \text{energy, per}\\ \text{unit mass}\end{pmatrix} = \frac{\displaystyle\int_{r=0}^{r=r_{\text{wall}}} V^3 \cdot r\, dr}{r_{wall}^2 V_{\text{average}}} \tag{3.25}$$

이 된다. 이 식의 V 대신에 식 (3.21)과 (3.22)의 값을 대입하고 적분하면 표 3.1의 결과값들이 얻어짐을 보여라.

(*b*) 관 내 흐름에 대한 전체 운동량은 다음 식으로 구해진다.

$$\begin{pmatrix}\text{Total momentum}\\\text{flow}\end{pmatrix} = \int_{\text{whole flow area}} V\,dm = \int_{r=0}^{r=r_{\text{wall}}} V \cdot \rho V \cdot 2\pi r\,dr \tag{3.26}$$

블록흐름의 경우 위 식은 다음과 같이 간단해진다.

$$\begin{pmatrix}\text{Total momentum}\\\text{flow}\end{pmatrix} = V_{\text{average}}^2 \rho A \qquad \text{[block flow]} \tag{3.27}$$

식 (3.26)의 V 대신에 식 (3.21)과 (3.22)의 값을 대입하고 적분하면 표 3.1의 결과값들이 얻어짐을 보여라. 또한, 식 (3.22)의 거듭제곱을 1/7 대신에 1/10을 사용할 경우, 그 결과값들을 구하라.

3.12. 지름이 일정한 관에 이상기체가 등온으로 흐른다. 평균유속과 압력의 관계를 구하라.

3.13.* 군인들이 12줄로 열을 지어 4 mi/h의 속도로 행군하다가, 도중에 길이 좁아져서 10줄로 대형을 바꾸었을 때의 행군 속도를 구하라. 정상 흐름이라고 가정한다.

3.14.* 물탱크에 지름 1 ft인 유입관이 한 개 있고, 지름 0.5 ft인 배출관이 두 개 있다. 유입관의 유속은 5 ft/s이고, 배출관 한 개의 유속이 7 ft/s일 경우, 탱크 안의 물의 질량이 시간에 따라 변하지 않고 일정한 조건을 유지하는 데 필요한 또 다른 배출관의 부피 유량, 질량 유량, 유속을 각각 구하라.

3.15. 압축공기를 저장하는 용기의 부피가 10 ft^{3}이다. 냉각 코일을 설치하여 온도는 68°F로 일정하게 유지한다. 지금 용기의 압력이 100 psia이고, 압축공기의 유입 유량이 10 lbm/h일 때, 압력의 증가속도를 구하라.

3.16.* 공기 누출 속도가 0.001 lbm/min일 경우, 예제 3.8을 풀어라.

3.17. 예제 3.8에서와 같은 탱크에서 일정 유량의 공기가 새어 들어간다. 탱크 내의 압력이 0.001 atm으로 떨어지는 데 걸리는 시간이 72 min이었다. 아래 물음에 답하라.

(*a*) 공기 누출 속도를 질량 유량 단위(lbm/min)로 구하라.

(*b*) 정상상태 압력을 구하라.

3.18. 예제 3.8의 탱크에서 공기가 새어 들어가는 속도가 다음과 같다고 하자.

$$\dot{m} = \frac{0.0005\ \text{lbm}}{\text{min}\cdot\text{atm}}\left(P_{\text{outside}} - P_{\text{tank}}\right) \tag{3.AN}$$

다른 조건이 다 같을 때, 탱크 압력이 1 atm에서 0.01 atm으로 낮아지는 시간을 구하라. 또 이 탱크의 정상상태 압력을 구하라.

3.19.* 호수의 표면적이 100 km^{2}이다. 하나의 강으로부터 호수로 유입되는 유량이 10,000 m^3/s이고, 반면 호수로부터 배출되는 유량이 8000 m^3/s일 때, 이 호수 수면의 상승 또는 하강 속도를 구하라. 단, 호수로부터의 증발량이나 누수량은 무시하라.

3.20. 유입관의 단면적이 0.5 ft^{2}이고, 배출관의 단면적이 0.3 ft^{2}인 그림 3.7의 탱크에서 유입관을 통해 물이 12 ft/s 유속으로 유입되며 반면 가솔린이 16 ft/s 유속으로 배출될 경우, 배기관을 통해 이동하는 공기 유량을 lbm/s 단위로 구하라. 이 경우 공기는 탱크 내로 유입되는지 아니면 배출되는지 결정하라.

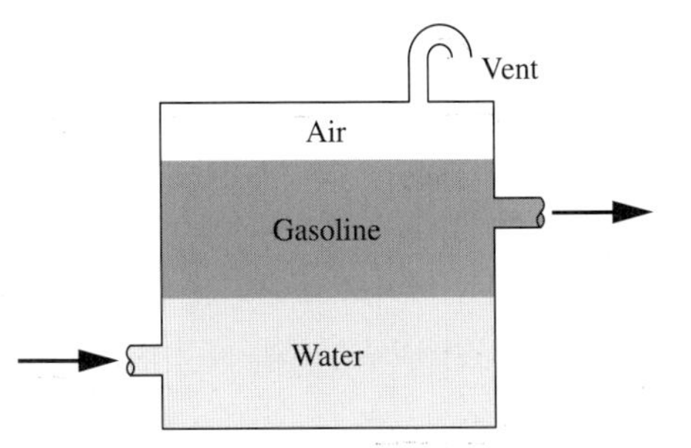

그림 3.7
연습문제 3.20의 두 종류 유체가 들어 있는 탱크

3.21.* 진공실의 부피가 10 ft^3이다. 진공펌프를 작동시켜서 이 진공실의 정상상태 압력이 0.1 psia가 되었을 때 펌프의 작동을 중지하였더니 시간에 따른 압력 변화가 아래와 같았다. 펌프 작동 중에 이 진공실에 공기가 새어 들어가는 속도를 구하라. 공기는 이상기체이고 온도는 일정하여 68°F라고 가정한다.

Time after shutoff, min	Pressure, psia
0	0.1
10	1.1
20	2.1
30	3.1

3.22. 예제 3.12 풀이를 완성하라. 즉, 최종 해를 단위와 함께 구하라. 이 문제를 푸는 데 그림 3.5가 사용될 수 있는가?

3.23. 탱크 바닥에 고체 소금이 존재하여 5 kg/min으로 일정하게 용해될 경우, 연습문제 3.22를 다시 풀어라. 반면 유입되는 물은 소금이 포함되어 있지 않은 순수한 물이다.

3.24. 배출 유량이 9 m^3/min일 때, 탱크 내 액체 부피가 1 m^3/min으로 증가한다. 이 조건에서 연습문제 3.22를 다시 풀어라.

3.25. 예제 3.7의 탱크가 유연성 있는 재질로 만들어져 외압에 의하여 천천히 오그라든다고 하자. 이때 부피가 줄어드는 속도는 0.1 ft^3/min이다. 진공펌프를 작동하자 즉시 이처럼 부피가 줄어든다고 할 때, 압력이 1 atm에서 0.0001 atm으로 줄어드는 데 걸리는 시간을 구하라.

3.26.* 모세가 홍해를 건너는 동안에 물 1 L를 채취하여 조사한 다음, 다시 버렸다고 하자. 조류, 해류, 증발 및 강우 등에 의해 해수는 끊임없이 혼합되기 때문에, 모세가 버린 물의 분자가 전 세계의 해수 중에 균일하게 분포되었다고 가정한다. 지금 해수 1 L를 채취하였다면, 이 중에는 모세가 버린 물 분자의 몇 개가 들어 있겠는가? 이 답을 구할 때의 가정과 간략화한 내용을 분명히 기술하라. 지구의 바다의 부피는 3억 mi^3(13억 3200만 km^3)이고 평균깊이는 12,080.7 ft(3,682.2 m)로 추정된다.

3.27. 보통 사람은 분당 10회 숨을 쉬는데, 한 번에 1 L의 공기를 들이마신다. 카이사르(Julius Caesar) 시대 이후로 대기는 완전혼합이 이루어졌다고 가정하고, 우리가 한 번 숨 쉬는 공기 중에 56세까지 살았던 카이사르가 숨 쉰 공기 분자가 몇 개가 들어 있을지 추산하라. 대기의 질량은 5.15×10^{18} kg으로 추정된다.

3.28. 교재에는 수지식을 아름다움 같은 세기성질에 적용할 수 없다고 나와 있다. 어떤 이들은

그리스 신화에 나오는 세계에서 가장 아름다운 여성인 트로이의 헬렌(Helen)의 이름을 따서 'hel'을 아름다움의 수치 단위로 선택하려고 했다. 그녀의 탈출로 인해 트로이 전쟁이 시작되었고 그녀는 '천 척의 배를 띄운 얼굴'이라는 칭호를 얻었다. hel을 사용하는 사람들은 작업 단위가 'millihel(mhel)'이어야 한다고 말한다. 평균적인 미모의 여성은 보통 그녀의 연인으로 하여금 카누나 노 젓는 배를 타고 그녀를 데리러 오도록 할 수 있기 때문이다[위키피디아에서 Helen(단위) 참조]. 세기성질에 대한 수치 단위를 제공하려는 시도의 다른 (너무 심각하지 않은) 예들을 제안하라.

참고문헌

1. Poirier, J. P. *Lavoisier, Chemist, Biologist, Economist*. Philadelphia: University of Pennsylvania Press, 1996.
2. Gamow, G., "Modern Cosmology." *The New Astronomy*. New York: Simon and Schuster, 1959, p. 14.
3. Starling, K. E. *Fluid Thermodynamic Properties for Light Petroleum Systems*. Houstonm, TX: Gulf Publishing, 1973, p. 12.
4. de Nevers, N. *Air Pollution Control Engineering*. 3rd ed. Long Grove, IL: Waveland Press, 2017.
5. *Threshold Limit Values for Chemical Substances and Physical Agents*. Cincinnati: American Conference of Governmental Industrial Hygienists. Annual editions.
6. Keil, C. B. *Mathematical Models for Estimating Occupational Exposure to Chemicals*. Fairfax, VA: American Industrial Hygienists Association, 2000.

CHAPTER

4

열역학 제1법칙

3장에서 일반 수지식을 인구와 질량에 적용하였다. 이 장에서는 수지식을 추상적 양인 에너지에 적용하여 에너지수지(energy balance)를 구하는 방법을 다룬다. 에너지수지는 **열역학 제1법칙**(first law of thermodynamics) 또는 **에너지보존의 법칙**(law of conservation of energy)이라 한다. 이것은 1.3절에서 열거한 기본 개념의 하나로, 몇 가지밖에 없는 진정한 자연의 기본 법칙 중의 하나이다. 다른 것과 마찬가지로, 더 이상의 기본 원리로부터 유도할 수 없는 것으로서, 지금까지 자연에서 관찰한 모든 관련 내용을 설명할 수 있고, 이를 입증하거나 반증하고자 한 모든 실험적 사실에 의하여 진리라는 것이 밝혀진 것이다.

4.1 에너지

에너지와 열역학 제1법칙의 개념은 마찰열(friction heating)을 관찰하면서 생긴 것이다. 1800년대 초 과학자들은 움직이는 물체가 이른바 운동에너지(kinetic energy)라는 것을 가짐을 알았다. 또한, 물체가 거친 표면에서 미끄러지다가 멈추면, 물체가 가진 운동에너지는 소멸되지만 물체와 표면이 뜨거워진다는 것도 알았다. 이러한 현상을 여러 가지로 설명해 보려고 하였지만, 주로 럼퍼드, 줄, 메이어[1] 등의 연구를 통하여, 이러한 과정에는 에너지라는 양이 있으며 이 에너지는 보존된다는 생각에 이르게 되었다. 이 양은 운동에너지나 열의 형태를 비롯하여 여러 형태로 나타난다.

질량보존의 법칙과 마찬가지로 에너지보존의 법칙도 현재는 직관적으로 명백한 사실로 받아들이지만 1800년대 이전에는 과학자들이나 일반인들에게 같은 양의 에너지가 여러 다른 형태를 보일 수 있다는 사실은 받아들일 수 없는 내용이었다. 더욱이 당시에는 에너지에 대한 만족할 만한 정의가 확립되어 있지 않았다. 즉, 정의는 단순하고 정확해야 하나 이 모두를 만족하지 못한 상황이었다. 에너지에 대한 기술적으로 정확한 정의는, 에너지는 추상적인 양으로 다양한 형태로 나타나고, 일부 제한 조건에 따라 하나의 형태에서 다른 형태로 전환할 수 있으며, 모든 에너지의 양은 보존된다는 것이다.

공학적 양 중에는 상대론적 효과를 배제하는 경우 온도, 엔트로피, 길이, 질량처럼 절대값을 갖는 것들이 있다. 이러한 양은 각각 표준 측정 단위를 정의할 수 있는 것으로 그 양이 0이라 할 때의 의미가 분명하다.

한편, 공학적 양에는 상대값만을 갖는 것들이 있는데, 가장 간단한 예가 높이이다. 높이를 말할 때는 평균 해수면, 적절한 기준점, 또는 지구 중심에 대한 상대값으로 나타내야 한다. 기준을 언급하지 않고 다만 '고도 23 ft'라고 하면 무슨 말인지 알 수 없기 때문이다. 또 다른 예는 속도이다. '속도 23 km/h'라 하면 일반적으로 지구의 지면에 대한 상대적인 값으로 생각하므로, 그 의미가 분명하다. 그러니까 이 말에는 기준이 지면이라는 가정이 내재하고 있는 것이다. 별이 23 km/s로 움직인다고 하면, 이는 대개 태양에 대한 값으로 이해하지만, 지구나 운하의 중심에 대한 값으로 생각할 수도 있다. 따라서 모두에게 기준이 분명하게 이해되지 않을 경우에는 기준을 분명히 밝혀야 할 것이다.

에너지량은 모두 어떤 임의의 기준값에 대해 상대적이다. 아직 에너지의 절대값을 측정하거나 계산하는 방법을 알아낸 사람은 없다. 따라서 에너지를 계산할 때는 에너지 변화에 기초하거나, 어떤 기준값에 대한 상대값을 사용한다. 절대값을 모르더라도 불편한 일은 없다. 이 세상에서 빌딩을 지을 때, 임의의 기준 높이에 대하여 설계하면 별문제가 없는 것과 마찬가지이다.

4.2 에너지 형태

에너지는 여러 형태를 보이며, 어떤 제약 조건(이 제약 조건은 전환 방향에만 적용된다)하에서 상호 전환될 수 있다. 지금 1 kg의 강철공이 있다고 하면, 어떤 형태의 에너지를 가질 수 있는가?

4.2.1 내부에너지

강철공의 온도가 20°C라면 손으로 쥐고 있을 수 있겠지만, 200°C라면 곤란하다. 200°C의 강철공은 분명히 20°C일 때와 다른 효과를 내지만, 질량을 측정해 보면 여전히 마찬가지이다(오늘날의 측정 기술의 정확도 범위 안에서). 원자를 조사해 보아도 다를 바 없다. 즉, 강철공이 20°C와 200°C 각각의 경우에 원자의 수는 일정하다. 따라서 온도가 다른 두 공의 차이는 질량이나 물질의 본질이 달라졌기 때문이 아니다. 무언가 다른 것이 관여하는 것이 틀림없는데, 이를 뜨거운 공은 찬 공보다 내부에너지(internal energy)를 많이 가지고 있다고 말한다.

이제 강철공 대신에 가솔린과 산소의 혼합물 1 kg이 들어 있는 20°C의 기구를 생각하자.

내용물을 점화하면 기구가 매우 뜨거워진다(폭발적으로). 잠시 후, 내용물이 처음보다 훨씬 더 뜨거워지는데 이는 산소와 가솔린이 없어지고 이산화탄소와 수증기로 변하기 때문이다. 다시 말해 화학 조성이 달라지기 때문이다. 분명히 가솔린-산소 혼합물은 같은 온도의 이산화탄소-수증기 혼합물이 나타낼 수 없는 효과를 나타낼 수 있다. 그러므로 이들은 에너지가 다르다. 이러한 변화 역시 내부에너지 변화로 분류한다.

그러므로 우선 내부에너지란 더운 정도(hotness)와 열 발생 화학반응을 일으키는 능력을 더한 것의 척도라 할 수 있다. 더 완전한 정의는 4.6절에서 다룬다. 일정 질량을 갖는 어떤 물질의 내부에너지를 U로 나타내고, 단위 질량당 내부에너지를 u로 나타내기로 한다. 따라서 $U = mu$이다. 열역학에서는 대개 대문자로 총량을, 소문자로 단위 질량당의 양을 나타내는데 이 장에서는 이를 광범위하게 사용하게 될 것이다. 단위 질량당의 양은 비량(specific quantity)이라고도 하는데, 예를 들면 u는 비내부에너지(specific internal energy)라 한다. 이 두 가지 기호는 크기성질(질량이 두 배가 되면 성질값도 두 배가 됨)에서는 자주 쓰이지만, 세기성질(질량에 무관함)에서는 사용되는 일이 없다.('단위 질량당의 온도'란 무슨 뜻인가?)

4.2.2 운동에너지

다시 1 kg짜리 강철공으로 돌아가자. 이 공을 얌전하게 주면 쉽게 받을 수 있겠지만, 100 m/s의 속도로 던져 준다면 받으려 하다가 죽을지도 모른다. 이처럼 빨리 움직이는 공은 천천히 움직이는 공과 다른 효과를 낼 수 있는데, 이 차이를 운동에너지의 차이라 한다. 운동에너지(kinetic energy)는 움직이는 물체가 운동 때문에 갖는 에너지이다. 운동에너지 총량을 'KE', 단위 질량당 운동에너지를 'ke'로 나타내기로 한다.

4.2.3 위치에너지

1 kg짜리 강철공이 마룻바닥에 놓여 있다면 마루를 손상시키지 않을 것이다. 그러나 100 m 높이의 선반에서 떨어진다면 마루를 뚫고 들어갈지 모른다. 마루에 부딪힐 때의 운동에너지가 매우 크게 작용하기 때문이다. 그런데 이 공은 선반에 놓여 있었을 때는 운동에너지가 없었으므로, 떨어지면서 운동에너지를 얻을 수 있는 잠재력이 있었다고 말할 수 있다. 이처럼 일을 할 수 있는, 즉 운동에너지를 획득할 수 있는 잠재력을 위치에너지(potential energy)라 한다. 이는 물체가 중력장(gravitational field)에서 '바닥'에서부터 위치한 거리 때문에 갖는 에너지로, 일정 질량을 갖는 물체의 위치에너지를 'PE', 단위 질량당 위치에너지를 'pe'로 나타낸다.

강철공으로부터 코일 용수철을 만들면 어떤 길이를 갖게 될 것이다. 이 용수철을 누르면 길이가 달라지지만, 놓으면 본래 길이로 되돌아가면서 다른 물체에 운동에너지를 제공할 수 있을 것이다. 장난감 총은 바로 이러한 일을 하는 것이다. 누른 용수철과 본래 용수철을 비교하면, 누른 용수철은 장난감 총알이 튀어나가게 하거나, 다른 유용한 일을 할 수 있는 잠재력이 있다. 이것은 에너지 차이 때문인데, 이를 '용수철에너지'라 할 수도 있겠지만, 대개 위치에너지라 한다. 물리화학에서는 특히 이 말이 맞는데, '용수철'은 원자나 원자 내 입자 사이의 반발력장(repulsive force field)이기 때문이다. 이 책에서는 중력장에서 위치 때문에 물체가 갖는 에너지를 위치에너지라 하기로 한다.

4.2.4 정전기에너지

강철공과 적절한 유전체를 사용하여 큰 축전기(electric capacitor)를 만들었다고 하자. 충전하지 않았으면 단자를 손가락으로 만져도 별일이 없을 것이지만, 충전하였다면 충격을 느끼게 될 것이다. 이처럼 충전하지 않은 축전기에 비하여 충전한 축전기는 일을 할 수 있는데, 이 차이는 **정전기에너지**(electrostatic energy) 때문이다.

4.2.5 자기에너지

강철공을 그저 막대나 말굽처럼 만들어서 담금질하였다면, 쇳조각을 끌어당기지 않을 것이다. 그러나 적절한 자장(magnetic field)에 넣었다가 꺼내면, 쇳조각이 달라붙는다. 자석이 되었기 때문이다. 자석은 자력이 없는 강철이 할 수 없는 일을 하는데, 이 차이는 **자기에너지**(magnetic energy) 때문이다.

4.2.6 표면에너지

샐러드유, 달걀노른자, 식초는 균일 혼합물을 만들지 않는다. 약간 휘저은 다음 놓아두면 분명히 분리된다. 그러나 세게 교반하여 기름이 작은 방울이 되도록 하면 안정한 마요네즈가 된다. 보통 조건에서는 이 마요네즈가 다시 샐러드유, 노른자위, 식초로 분리되지 않는다. 에멀션(emulsion) 상태이기 때문이다. 이러한 에멀션은 혼합 전의 성분에는 없던 성질을 갖게 되는데, 이것은 에멀션을 이루는 미세방울의 **표면에너지**(surface energy) 때문이다.

4.2.7 핵에너지

아인슈타인은 물질과 에너지가 상호 변환될 수 있음을 밝혔다. 이 변환이 핵폭탄과 원자력 발전소의 근간이 되며 태양과 별들의 에너지원이 된다. 이 문제는 4.11절에서 좀 더 다루게 되며, 지금은 편의상 또 다른 에너지인 **핵에너지**(nuclear energy)를 갖는 물질이 존재하는 것처럼 생각하기로 한다.

일반적인 유체역학 문제들에서는 물질들이 갖는 에너지 중에서 내부, 운동 및 위치에너지들만 중요하게 다루어진다. 따라서 이 책에서도 이들에 대해 집중적으로 다룰 것이다. 그러나 간혹 또 다른 에너지가 중요하게 다루어지는 분야도 있다. 즉, 정전기에너지는 건식인쇄 복사기, 번개 및 정전기식 공기청정기 등의 기본이고, 자기에너지는 컴퓨터 디스크 저장장치, 그리고 모터와 발전기 등 모든 전자기 장치들의 기본이 된다. 한편, 핵에너지는 모든 생명의 근원이 되는데 우리가 잘 아는 태양에너지도 핵에너지에 근거를 둔다. 그러나 이들 세 가지 추가적인 에너지들은 유체역학에서는 그리 중요하게 다루어지지 않으므로 더 이상 논의하지 않기로 한다. 이들에 비해 오히려 표면에너지는 유체역학에서 중요하게 다루어지는데 14장에서 좀 더 구체적으로 살펴볼 것이다. 결론적으로 이 책의 남은 부분에서는 물질이 가질 수 있는 에너지 중에서 처음에 든 세 가지 종류, 즉 내부에너지, 운동에너지, 위치에너지만을 다룬다.

4.3 에너지 전달

물질 1 kg이 에너지를 가진다면 어떤 방법으로 에너지를 한 물체에서 다른 물체로 전달할 수 있을까?

한 가지 방법은 온도가 다른 두 물체를 접촉하는 것이다. 누구나 경험으로 아는 사실이지만 이러한 경우 더운 물체의 내부에너지가 감소하고 찬 물체의 내부에너지가 증가한다. 틀림없이 에너지가 한 물체에서 다른 물체로 흘러간다. 서로 접촉하고 있는 두 물체 사이에서 온도차 때문에 직접 전달되는 에너지를 **열**(heat)이라 한다.

'열은 온도차에 의해 한 물체에서 다른 물체로 이동하는 에너지'라고 정의하는 것은 보통 사용되는 정의와는 다르다. 영어를 사용하는 사람들은 '열'과 '온도'를 구분하지 않고, "열이 아니라 습도가 문제야"라든가 "X 브랜드 제품인 에어컨으로 열을 물리치자"라는 말을 한다. 이러한 말은 기온이 높으면 에너지가 몸으로 흘러 들어와서 불쾌해진다는 경험에서 하는 것이다. 결국, 흐르는 동안에는 그것은 '열'이다.

'전이 중의 에너지'라는 개념도 일반 용어와는 다른 것이다. 더운 물체는 다량의 내부에너지가 아니라 다량의 열을 가지고 있다고 사람들은 생각한다. 비는 중력의 영향을 받아서 구름으로부터 땅으로 전이 중인 물이다. 구름을 쳐다보면서 "비가 참 많기도 하다"라거나 바다를 보면서 "굉장히 많은 비야"라고 말하는 사람은 없을 것이다. 전류의 예를 더 들기로 하자. 전지에서 축전기로 전자가 흐르는 동안에는 전류라 한다. 이 흐름이 멈추면 '전하(charge)'라 하고, '충전된 전지'나 '충전된 축전기'라 한다. '전류가 있는 전지'라거나 '전류가 있는 축전기'라는 말은 별로 하지 않는다(표 4.1).

표 4.1
세 가지 흐름의 비교

Name of species at rest	Potential difference causing species to flow	Name of species flowing
Water	Elevation difference	Rain
Electrons or charge	Voltage difference	Current
Energy	Temperature difference	Heat

두 물체가 에너지를 교환하는 두 번째 방법은 서로 일(work)을 하는 것이다. 여기서도 공학자의 개념과 일반인의 생각을 구분하여야 한다. 공학자에게 일은 다음과 같다.

$$\text{일} = \int \text{힘} \times d(\text{거리}) = \int F\,dx \tag{4.1}$$

회반죽을 사다리 위로 나르는 사람은 공학적 의미에서 일한다. 그러나 이 회반죽을 한 시간 동안 들고만 있다면, 나르는 것만큼 힘들겠지만, 공학적 의미에서는 일하는 것이 아니다. 마찬가지로 아기를 돌보는 보모는 '일'을 하는 것이지만, 공학적 의미에서는 일이 아니다. 만약 두 개의 물품, 예를 들어 연필과 지우개를 서로 대고 문지를 경우, 저항하므로 힘을 들여 움직여야 한다. 이 경우도 공학적 의미에서는 일이다.

여기서는 힘에 거리를 곱한 것, 즉 $F\,dx$만을 일로 생각하였지만, 축을 회전시키는 일, 전기적 일, 자기적 일도 있다(4.11절 참조).

두 물체가 에너지를 교환하는 세 번째 방법은 복사(radiation)이다. 태양은 복사에 의하여 지구를 데우고, x-선과 감마선도 복사에 의하여 물체의 에너지를 변화시킨다. 이 복사는 일이나 열과 같은 부류가 아니지만, 정의를 약간 수정하면 열처럼 보이게 할 수 있다. 태양과 지구 또는 토스터의 열선과 빵 사이에서처럼 온도차로 인한 복사는, 두 물체가 접촉하고 있지 않다는 것만 빼고는 열의 정의에 잘 맞는다. 그러나 찬 라듐에서 더운 납 조각으로 흐르는 감마선 복사에서는, 찬 물체로부터 더운 물체로 열이 흐르는 것처럼 보인다. 그런데 라듐 전체의 평균 온도가 아니라 감마선을 방출하고 있는 개별 원자의 온도를 살펴보면, 감마선을 방출하는 순간에는 아주 높은 '온도'로 올라감을 알 수 있다. 따라서 이 경우에도 복사는 열의 정의에 어느 정도 잘 맞는다고 할 수 있다.

4.4 에너지수지

이제 일반 에너지수지식을 세워 보자. 어떤 수지식를 다루든지 먼저 계를 분명히 정의하여야 한다. 여기서는 그림 4.1에 나타낸 탱크를 계로 선택한다.

먼저 자기, 정전기, 표면, 핵에너지 등은 제외하기로 한다. 따라서 1 kg의 물질이 갖는 에너지는 내부, 운동, 위치에너지, 즉 $u + \text{ke} + \text{pe}$이다. 일반적인 수지식은 다음과 같다.

$$\text{축적량} = \text{유입량} - \text{유출량} + \text{생성량} - \text{소멸량} \tag{3.2}$$

그러나 자연을 관찰하면, 에너지는 창조되거나 파괴되지 않는다(핵반응은 제외). 따라서 일반 에너지수지식은 다음을 만족한다.

$$\text{축적량} = \text{유입량} - \text{유출량} \tag{4.A}$$

축적량은 계 경계 안에서의 에너지 변화량이다. 이러한 에너지는 경계 안에 있는 물질과 관계되는 에너지뿐이다. 물질이 균일하여 모두 같은 u, ke, pe를 갖는다면, 계의 질량이 m

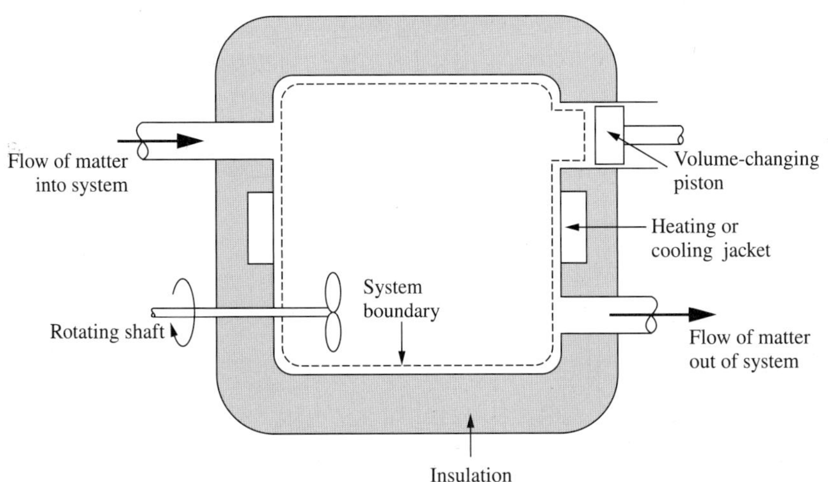

그림 4.1
에너지수지의 계로 사용하는 탱크

일 때 축적량은 $d[\mathrm{m}\cdot(u+\mathrm{pe}+\mathrm{ke})]$이다. $V=dx/dt$와 같이 도함수에 대해 편안함을 느끼는 학생은 때때로 dx와 같은 미분을 단독으로 사용하는 것이 불편하다. 여기서 dx는 물리량 x가 나타내는 것과 상관없이 x의 작은 변화를 나타낸다. 두 미분의 비율은 하나의 변수(예를 들면, x)가 다른 변수(예를 들면, t)의 동시 변화와 함께 얼마나 빨리 변하는지를 나타내는 도함수를 형성한다. 다음 몇 페이지와 책의 나머지 부분에서 우리는 미분을 단순한 대수적 양으로 취급한다. 미분은 또 다른 미분과 결합하여 도함수 $V=dx/dt$를 형성하거나 적분 부호하에서 적분 시 일반 대수 양의 일부를 형성한다.

에너지는 세 가지 방법으로 유입 또는 유출된다. 첫째는 유입관을 통해 들어오는 물질에 의하여 유입된다. 흘러 들어오는 물질 미소량마다 가지고 들어오는 에너지는 $(u+\mathrm{pe}+\mathrm{ke})_{\mathrm{in}}\, dm_{\mathrm{in}}$이다. 마찬가지로 유출관을 통해 물질 미소량이 가지고 나가는 에너지는 $(u+\mathrm{pe}+\mathrm{ke})_{\mathrm{out}}\, dm_{\mathrm{out}}$이다. 다른 두 가지는 가열 또는 냉각 재킷을 통한 열, 그리고 여러 형태의 기계적 일에 의하여 에너지가 유입되거나 유출되는 것인데, 이를 각각 dQ 및 dW라 표기한다. 대부분의 열역학 교과서에서 다루고 있듯이 dQ, dW는 불완전 미분(inexact differential)이다. 즉 $\int_a^b dQ$, $\int_a^b dW$는 계의 초기 및 최종 상태뿐만 아니라 경로에 따라서도 달라진다. 반면에 높이의 미소 변화인 dz와 같은 양은 완전 미분(exact differential)이다. 즉, 뉴욕과 시카고의 고도차는 경로에 무관하게 항상 일정하다. 그러나 dQ, dW가 불완전 미분이라 하더라도 대부분의 유체역학 문제에서 그들의 역할에 영향을 미치지는 않으므로, 이 차이를 더 이상 문제 삼지 않기로 한다.

이러한 세 가지 형태의 에너지흐름을 식 (4.A)에 대입하면 다음과 같다.

$$d[m(u+\mathrm{pe}+\mathrm{ke})]_{\mathrm{sys}} = [(u+\mathrm{pe}+\mathrm{ke})_{\mathrm{in}}\, dm_{\mathrm{in}} + dQ_{\mathrm{in}} + dW_{\mathrm{in}}] - [(u+\mathrm{pe}+\mathrm{ke})_{\mathrm{out}}\, dm_{\mathrm{out}} + dQ_{\mathrm{out}} + dW_{\mathrm{out}}] \quad (4.2)$$

여기서 열흐름과 일흐름에 대한 대수합을 각각 dQ와 dW라 하면 위 식은

$$d[m(u + \text{pe} + \text{ke})]_{\text{sys}} = (u + \text{pe} + \text{ke})_{\text{in}}\, dm_{\text{in}} - (u + \text{pe} + \text{ke})_{\text{out}}\, dm_{\text{out}} + dQ + dW \tag{4.3}$$

이 된다.

4.4.1 일에 대한 부호 규칙

질량수지식[식 (3.6)]과 에너지수지식[식 (4.3)]을 포함하는 일반적인 수지식[식 (3.2)]에서 계를 중심으로 유입되는 항들은 부호를 +(양수)로 하고 반대로 유출되는 항들의 부호는 −(음수)로 한다. 이런 규칙은 은행 계좌나 국가 예산, 그리고 화학반응과 대부분의 수지 개념을 적용하는 경우들에 적용된다. 그러나 역사적인 이유로 인해 열역학 제1법칙의 수식 표현에서 일의 경우 계를 중심으로 외부로 행하여질 때 +(양수)로 하고, 반대로 계에 일이 행하여질 때 부호를 −(음수)로 하였다. 이러한 관습은 초기에 증기기관 효율향상 연구에 열역학을 적용하면서 생긴 것이다. 즉, 이런 관점에서 증기엔진에 대한 총괄 에너지수지식을 다음과 같이 나타내었다.

$$\begin{pmatrix}\text{엔진으로의}\\ \text{순 열흐름}\end{pmatrix} + \begin{pmatrix}\text{엔진으로의}\\ \text{순 일흐름}\end{pmatrix} = 0 \tag{4.B}$$

또는

$$\begin{pmatrix}\text{엔진으로의}\\ \text{순 열흐름}\end{pmatrix} = -\begin{pmatrix}\text{엔진으로의}\\ \text{순 일흐름}\end{pmatrix} = \begin{pmatrix}\text{엔진으로부터의}\\ \text{순 일흐름}\end{pmatrix} \tag{4.C}$$

만약에 계로부터 외부로 행하여진 일을 양수로 나타내면 고전적인 열역학식인

$$dQ = dW \quad \text{또는} \quad dQ - dW = 0 \qquad \text{[classical sign convention]} \tag{4.D}$$

로 표현된다. 이러한 식은 1990년 이전의 모든 열역학 책들과 본 교재 1판과 2판 및 일부 현대 유체역학 책들에서 쓰였던 고전적인 정의이다.

그러나 학생들의 혼동을 피하기 위해 최근의 모든 교재에서는 계를 중심으로 들어오는 모든 양은 +(양수)로, 계를 떠나는 모든 양은 −(음수)로 나타낸다. 따라서 식 (4.D)는

$$dQ = -dW \quad \text{또는} \quad dQ + dW = 0 \qquad \text{[`modern' sign convention]} \tag{4.E}$$

로 표기된다. 이 식은 사용상의 편리함이 장점이지만 증기엔진과 같은 동력장치의 경우에는 생산량(외부로 전달되는 일)이 음수로 나타난다는 단점도 있다. 이 책에서는 식 (4.E)를 사용한다. 즉, 일은 다른 것과 마찬가지로 시스템으로 유입되면 +, 유출되면 −이다. 그러나 기타 교재나 관련 서적들에서는 아직도 식 (4.D)를 사용하는 경우가 있으므로 이에 주의해야 한다.

4.5 운동에너지와 위치에너지

식 (4.3)을 사용하려면 각 항의 수치를 알아야 한다. 일은 이미 식 (4.1)에 나타내었듯이 차원이 [힘][길이]로서, SI 단위는 J = N · m(Joule = Newton · meter)이다. 영국단위계의 단위는 ft · lbf(foot · pound force)이다.

식 (4.3)은 그림 4.1에 나타낸 계에 대하여 유도한 것이지만, 다른 계에도 적용할 수 있다. 이제 다시 1 kg 강철공을 계로 선택하고, 천천히 dz만큼 들어 올리는 과정을 생각해 보자. 이 과정은 절연 과정이라 가정하면 외계와 열의 교환이 없을 것이므로, $dQ = 0$이다. 또한 계로 물질이 들어가거나 계로부터 물질이 나가지도 않으므로, $dm_{\text{in}} = dm_{\text{out}} = 0$이며, 계 내의 질량은 변화가 없으므로 $d[m(u + \text{pe} + \text{ke})]_{\text{sys}} = m[d(u + \text{pe} + \text{ke})]$이다. 이 관계를 식 (4.3)에 대입하면,

$$md[(u + \text{pe} + \text{ke})]_{\text{sys}} = dW \tag{4.F}$$

한편, 강철공을 들어 올리는 과정에서 마찰열이 없으면 최종 온도는 초기 온도와 같다. 따라서 $du_{\text{sys}} = 0$이다. 초기 및 최종 속도 역시 0이므로 $d(\text{ke})_{\text{sys}} = 0$이다. 더욱이 식 (4.1)로부터 $dW = F\ dz$이다. 이때 일의 부호가 +인 것은 계에 일이 행하여졌기 때문이다. 공을 들어 올리는 데 필요한 힘은 공의 무게, 즉 공의 질량에 중력가속도를 곱한 값과 같다. 따라서

$$md(\text{pe}) = m_{\text{sys}} g\ dz \tag{4.G}$$

$$d(\text{pe}) = g\ dz \tag{4.4}$$

이것은 위치에너지 변화를 나타내는 편리한 식이다. 중력가속도가 일정하다면(지상에서는 실질적으로 중력가속도가 일정하다고 보고 문제를 다룰 수 있다. 그러나 우주에서는 그렇지 않다), 적분 기호 밖으로 g를 빼내어 식 (4.4)의 양변을 다음과 같이 적분할 수 있다.

$$\text{pe} = gz + \text{상수} \tag{4.H}$$

이때 상수는 어떤 기준면(가령 해수면이나 지면)에서의 위치에너지를 0이라고 정하면, 0에 해당하므로 생략된다. 이 경우 z는 기준면으로부터의 높이이다. 따라서

$$\text{pe} = gz \tag{4.5}$$

예제 4.1 깃털이 들어 있는 10 kg짜리 자루를 23 m 들어 올렸을 때의 위치에너지 변화를 구하라.

모든 실제 문제에서와 마찬가지로, 여기서도 위치에너지의 변화를 다루므로, 기준면에 신경 쓸 필요가 없다. 다만, 초기상태와 최종상태에 대하여 식 (4.H)를 적용하면

$$\begin{aligned}\Delta\text{pe} &= \text{pe}_{\text{fin}} - \text{pe}_{\text{init}} = gz_{\text{fin}} + \text{constant} - (gz_{\text{init}} + \text{constant}) = g(z_{\text{fin}} - z_{\text{init}}) \\ &= 9.81\ \frac{\text{m}}{\text{s}^2} \cdot 23\ \text{m} = 225.6\ \frac{\text{m}^2}{\text{s}^2} = 740.3\ \frac{\text{ft}^2}{\text{s}^2}\end{aligned} \tag{4.I}$$

을 얻는다. 이 값은 단위 질량당 위치에너지 변화값이다. 이 값에 질량을 곱하면 총 변화량이 된다.

$$\Delta PE = m\ \Delta pe = 10\ \text{kg} \cdot 225.6\ \frac{\text{m}^2}{\text{s}^2} = 2256\ \frac{\text{kg} \cdot \text{m}^2}{\text{s}^2} = 53400\ \frac{\text{lbm} \cdot \text{ft}^2}{\text{s}^2} \tag{4.J}$$

실제로 사용하는 단위인 joule이나 ft·lbf로 환산하면 다음과 같다.

$$\Delta PE = 2256\ \frac{\text{kg} \cdot \text{m}^2}{\text{s}^2} \cdot \frac{\text{J}}{\text{N} \cdot \text{m}} \cdot \frac{\text{N} \cdot \text{s}^2}{\text{kg} \cdot \text{m}} = 2256\ \text{J} = 1664\ \text{ft} \cdot \text{lbf} \tag{4.K}$$

■

이번에는 강철공을 수평으로 던지는 과정을 생각하자. 역시 공을 계로 선택하고, 이전과 같이 절연하여 계와 외계 사이의 열의 흐름이 없고($dQ = 0$), 물질의 흐름 역시 없으며 ($dm_{\text{in}} = dm_{\text{out}} = 0$), 마찰열 역시 없어서 온도 변화가 없어 계의 내부에너지 변화 $du_{\text{sys}} = 0$이라 가정하자. 지금 공을 완전히 수평으로 던진다면 높이 변화가 없으므로 $d(gz)_{\text{sys}} = 0$이다. 또한 $dW = F\ dx$이고 이때 F는 계에 가해지는 힘이다. 이상의 조건들을 식 (4.3)에 대입하여 정리하면 다음과 같이 된다.

$$m_{\text{sys}}\, d(\text{ke}) = F\, dx \tag{4.L}$$

여기서 뉴턴의 법칙을 따라 $F = m_{\text{sys}} a_{\text{sys}}$를 대입하면

$$d(\text{ke}) = a_{\text{sys}}\, dx \tag{4.M}$$

V를 속도라 하면, $a = dV/dt$이고, $a\ dx = dV\ dx/dt$이다. 그런데 $dx/dt = V$이므로, $a\ dx = V\ dV$이다. 이제 식 (4.M)을 적분하면

$$\text{ke} = \frac{V^2}{2} + \text{상수} \tag{4.N}$$

를 얻는다. 여기서 정지상태 물체의 운동에너지를 0이라 하면 상수값은 0이 되어 없어진다. 따라서 최종적으로 다음 관계식을 얻는다.

$$\text{ke} = \frac{V^2}{2} \tag{4.6}$$

예제 4.2 총 포신에 대하여 속도 2000 ft/s로 날아가는 0.01 lbm 총알의 운동에너지를 구하라.

속도를 원하는 운동에너지의 기준점에 대하여 상대값으로 나타내었으므로, 기준점에 대하여는 신경을 쓸 필요가 없다.

$$\begin{aligned} \text{KE} &= m \cdot \text{ke} = m\frac{V^2}{2} \\ &= \frac{0.01\ \text{lbm} \cdot (2000\ \text{ft/s})^2}{2} \cdot \frac{\text{lbf} \cdot \text{s}^2}{32.2\ \text{lbm} \cdot \text{ft}} = 621\ \text{ft} \cdot \text{lbf} = 842\ \text{J} \end{aligned} \tag{4.O}$$

■

예제 4.3 예제 4.2의 조건으로 지면에 대하여 항속 1990 ft/s인 전투기에 장착된 총신에서 후방을 향하고 총알이 발사되었다고 하자. 전투기 및 지면을 기준으로 할 때 총알의 운동에너지를 각각 구하라.

총알은 전투기에 대한 상대적 속도 2000 ft/s로 날아가고 있으므로, 전투기에 대한 운동에너지는 예제 4.2에서와 같다. 그러나 지면에 대한 상대적 속도는 10 ft/s이다. 따라서 이 경우의 운동에너지는 다음과 같다.

$$\begin{aligned} \text{KE} &= m\frac{V^2}{2} = \frac{0.01\ \text{lbm} \cdot (10\ \text{ft/s})^2}{2} \cdot \frac{\text{lbf} \cdot \text{s}^2}{32.2\ \text{lbm} \cdot \text{ft}} \\ &= 0.016\ \text{ft} \cdot \text{lbf} = 0.021\ \text{J} \end{aligned} \tag{4.P}$$

■

이 결과는 매우 놀랍지만 사실이다. 따라서 모든 에너지 측정은 어떤 기준에 따라 달라질 수 있음을 보여 준다. 실제적으로 예제 4.2에서 비행기 앞에 위치하면 총알이 치명적이지만, 비행기 뒤에 있을 때는 총알의 속도가 단지 10 ft/s로 손으로도 쉽게 잡을 수 있는 상황이 된다. 한편, 비행기에 탑승한 승객 입장에서는 총알은 2000 ft/s의 속도로 날아간다.

4.6 내부에너지

단위 질량당 운동에너지와 위치에너지에 대한 수식형에 대하여 살펴보았으므로, 식 (4.3)을 다음과 같이 나타낼 수 있다.

$$\begin{aligned} d\left[m\left(u + gz + \frac{V^2}{2}\right)\right]_{\text{sys}} &= \left(u + gz + \frac{V^2}{2}\right)_{\text{in}} dm_{\text{in}} \\ &\quad - \left(u + gz + \frac{V^2}{2}\right)_{\text{out}} dm_{\text{out}} + dQ + dW \end{aligned} \tag{4.7}$$

이 식은 에너지수지식에 대한 최종 형태가 아닌 마지막 이전 단계에 해당하는 식이다.

여기서 내부에너지의 개념을 다시 검토하기로 하자. 위치에너지는 높이(z)와 중력(g)에 관계되므로, 이를 포함한 식 (4.5)로 나타낼 수 있다. 마찬가지로 운동에너지는 속도에 의존하므로, 이에 관한 식 (4.6)으로 나타낼 수 있다. 내부에너지는 이미 언급하였듯이 물체의 '뜨거운 정도(hotness)'에 관계되므로, 어떤 방법으로든 열과 관계되는 수식으로 나타낼 수 있다고 기대할 수 있다. 위치에너지와 운동에너지의 통용 단위는 J이나 ft·lbf이지만, 열

흐름이나 내부에너지는 통상 '열' 단위 즉 cal(calorie)나 Btu(British thermal unit)로 나타낸다. 1 Btu는 물 1 lbm의 온도를 59.5°F에서 1°F 올리는 데 필요한 에너지량이다. 영어 사용국에서는 Btu를 주로 사용하여, 전열기 성능을 Btu/h, 천연가스 발열량을 Btu/ft^3 등으로 나타낸다. 1 cal는 1 g의 물을 0°C에서 1°C 올리는 데 필요한 에너지량으로 정의한다. 일반적으로 칼로리는 적은 열량 단위를 나타낼 때 사용되는데 kcal = 1000 cal를 많이 사용한다.(성인 한 명이 하루 필요한 열량은 약 2500 kcal이다.) Btu 단위 역시 산업설비 등에 적용될 때는 적은 열량 단위로 사용된다. 즉, 보통 10^6 Btu가 기본 단위로 사용된다.(2018년에 천연가스의 도매가격이 \$3/10^6 Btu, 반면에 석탄의 경우는 \$1~2/10^6 Btu이었다. 따라서 천연가스 청구서의 열량 단위는 therm = 10^5 Btu가 주로 사용되고 있다.)

그림 4.1의 탱크로 돌아가자. 유입관과 배출관의 밸브를 잠그면 $dm_{\text{in}} = dm_{\text{out}} = 0$이 된다. 회전축도 멈추고 부피변화 피스톤도 움직이지 않게 하면, 일도 없다($dW = 0$). 가열 재킷을 통하여 100 Btu의 에너지가 탱크에 유입되었다면

$$d\left[m\left(u + gz + \frac{V^2}{2}\right)\right]_{\text{sys}} = dQ = 100\ \text{Btu} \tag{4.Q}$$

이다. 이 조작에서, 탱크 안 물질의 높이나 속도가 변하지 않으므로, $d(gz)_{\text{sys}} = d(V^2/2)_{\text{sys}} = 0$이다. 또 m_{sys}은 일정하므로 미분항 밖으로 빼낼 수 있고, 따라서 다음 관계를 만족한다.

$$du_{\text{sys}} = \frac{dQ}{m_{\text{sys}}} = \frac{100\ \text{Btu}}{m_{\text{sys}}} = \frac{25\,200\ \text{cal}}{m_{\text{sys}}} = \frac{25.2\ \text{kcal}}{m_{\text{sys}}} \tag{4.R}$$

단위 질량당의 위치에너지나 운동에너지는 J/kg 또는 ft·lbf/lbm 단위로 나타낸다. 여기서 내부에너지 변화는 cal/kg, Btu/lbm로 나타내므로 에너지수지식에서 이러한 단위를 통일하려면 합 $(u + gz + V^2/2)$이 일관된 단위를 갖도록 서로 환산할 수 있어야 한다. 기본 원리로부터 환산인자를 구하기 위한 모든 노력은 실패하였지만, 실험적으로는 구할 수 있다.

그림 4.1의 계에서 냉각 재킷을 통하여 100 Btu의 에너지를 제거하여 온도를 낮춘 다음 교반을 시작하여 이 낮춘 만큼 온도를 올리는 데 필요한 도입 일의 양을 측정한다. 이 경우를 식 (4.3)에 적용하면

$$du_{\text{sys}} = \frac{dW}{m_{\text{sys}}} \tag{4.S}$$

가 된다. 온도 변화를 정확하게 측정하면 1 cal나 1 Btu의 열효과에 해당하는 일을 J이나 ft·lbf 단위로 구할 수 있게 된다. 이러한 실험을 1849년에 줄(J. P. Joule, 1818~1889)[2]이 시행하여 열역학 제1법칙의 근본 원리를 만들었다. 그의 실험 결과(후에 좀 더 정확한 실험장치를 통해 수정한 값)는 다음과 같다.

$$1\ \text{Btu} = 778\ \text{ft}\cdot\text{lbf}; \qquad 1\ \text{cal} = 4.186\ \text{J} \tag{4.8}$$

이 값은 장비를 제대로 갖춘 어떤 실험실에서나 재현할 수 있는 것으로, 이 환산인자를 사용하여 에너지수지식의 모든 항을 쉽게 공통된 기준으로 환산할 수 있다. SI단위계에서는 열에너지 단위로 cal 대신에 J을 사용하지만, 미터단위계를 사용하는 나라에서도 아직 cal나 kcal가 통용되고 있으므로 학생들은 이러한 단위들을 다 알아야 할 것이다.

앞에서 내부에너지는 뜨거운 정도와 화학에너지를 더한 것으로 생각할 수 있다고 하였다. 그러나 일정한 온도에서도 내부에너지는 변할 수 있다. 일정량의 어떤 물질이 아주 단단한 용기에 들어 있다고 하자. 이 용기에 열을 전달할 때, 식 (4.7)을 적용하면 다음과 같다.

$$m_{\text{sys}}\, du = dQ \tag{4.T}$$

따라서 단순 정용가열(simple constant-volume heating)의 경우 $du = dQ/m$이다. 이러한 내부에너지 증가는 외부적으로 어떻게 증거를 보이는가?

1. 물질의 온도가 올라간다.
2. 에너지 소비 화학반응이 일어난다. 예를 들면,

$$2NH_3 \rightarrow N_2 + 3H_2 \tag{4.U}$$

3. 상변화가 일어난다. 예를 들면, 얼음 → 물, 또는 물 → 수증기.
4. 결정구조가 달라진다. 예를 들면, $\alpha_{\text{철}} \rightarrow \gamma_{\text{철}}$. 이런 과정도 역시 상변화이지만 위에서와 같이 분명하게 식별할 수는 없다.
5. 이상의 네 가지 중의 몇 가지가 동시에 일어난다.

따라서 내부에너지 변화를 정확하게 정의하려면 식 (4.7)의 모든 항을 고려하여야 한다. 따라서 식 (4.7)은 내부에너지 변화에 대한 정확한 정의에 해당된다. 질량이 일정한 닫힌계의 경우, 운동에너지나 위치에너지의 변화가 없을 때 식 (4.7)은 다음과 같이 간단해진다.

$$m\, du = dQ + dW \tag{4.V}$$

적분하면

$$U = mu = Q + W + \text{constant} \tag{4.W}$$

여기서 상수는 운동에너지나 위치에너지의 경우처럼 분명한 선택을 할 수 없다. 열역학 물성표를 작성할 때는 이 상수값을 임의로 정한다. 일반적인 수증기표에서는 삼중점에서 액체 물에 대하여 $u = 0$이 되도록 상수값을 선택한다. 이러한 선택은 단지 편리함을 추구하기 위해서이다.

요약하면, 내부에너지는 뜨거운 정도와 화학에너지를 더한 것으로 생각할 수 있다. 정확한 공식은 식 (4.7)로서, 어떤 기준상태에 대한 값을 임의로 선택하면, 이를 이용하여 임의 물질 단위 질량당의 임의 상태에 관한 내부에너지 변화를 계산할 수 있다(예를 들면, 수증기표[3]).

4.7 일

이제까지 식 (4.7)의 일에 대해서는 자세하게 다루지 않았다. 이전과 같이 1 kg 강철공을 계로 선택하여 일에 대하여 살펴보도록 하자. 이 계는 강체이므로, 이 계에 일을 하려면 일반적으로 손으로 밀거나 하여야 한다. 이 일에 대한 수식을 이미 식 (4.1)에 나타내었다.

다시 그림 4.1의 계를 고려하자. 탱크 안의 물질이 공기나 수증기처럼 쉽게 압축할 수 있는 것이라면, 부피변화 피스톤을 움직여서 이 계에 일을 할 수 있다. 그런데 피스톤을 움직이는 데 필요한 힘은 피스톤의 단면적에 탱크 압력을 곱한 것과 같고, 또 피스톤의 단면적에 이동 거리를 곱한 값은 탱크의 부피변화와 같으므로, 식 (4.1)은 다음과 같이 된다.

$$dW = F\,dx = PA\,dx = -P\,dV \tag{4.X}$$

여기서 V는 탱크 부피이다. 위 식의 $-$부호는 탱크의 부피가 줄었음을 뜻하며 이는 외부로부터 계에 일이 행하여졌음을 의미한다. 이 결과는 이동 경계를 갖는 계에 행하여진 어떤 종류의 일에 대해서도 맞는다. 그러나 경계가 초음속으로 움직이는 경우에는 경계에서의 압력이 인근 유체의 압력과 같지 않을 수 있다. 식 (4.X)에서의 P가 경계가 받는 압력인 P와 같은 한 이 결과는 맞다. 탱크의 유입관과 배출관을 막고 가열 및 냉각 코일의 전원을 끈 다음 피스톤을 안쪽으로 움직이면 식 (4.7)은 다음과 같이 된다.

$$(m\,du)_{\text{sys}} = dW = -P\,dV \tag{4.Y}$$

피스톤을 안쪽으로 움직이면 dV는 $-$값이고 따라서 du_{sys}는 $+$값이다. 따라서 이 경우에 상변화나 화학반응이 일어나지 않는다면 계의 온도는 상승한다. 이러한 현상은 자전거 펌프에서 쉽게 경험할 수 있다. 피스톤을 누르면 펌프 안의 공기가 더워진다. 따라서 일의 한 형태는 계의 경계를 움직이는 일이라 할 수 있다. 이 일은 $-P\,dV$와 같은데, 이를 보통 '$P\,dV$ 일'이라고 한다.

4.8 주입일

지금까지는 질량 유입이나 배출 흐름이 없는 탱크나 포탄과 같은 닫힌계에 대해서만 살펴보았다. 그러나 계의 경계를 통하여 질량흐름이 허용되는 **열린계**(open system)를 선택하는 것이 필요할 경우도 있다. 예를 들어 후버댐의 수력발전소를 해석하고자 할 경우, 발전소를 통과하는 물 1 kg을 계로 선택하기보다는 물 입구에서 물 출구 사이의 발전장치를 계로 선택하는 편이 해석하기에 더 용이함을 알게 된다. 즉, 질량흐름이 허용되는 열린계를 선택하면 해석이 아주 쉬워지는데, 이 경우 물이 밸브, 터빈, 수문 등을 통과하는 복잡한 경로에서 압력, 높이, 유속 등의 변화를 고려하지 않아도 되기 때문이다. 그러나 이 경우 새로운 일에 해당되는 주입일(injection work)을 고려해야 한다.

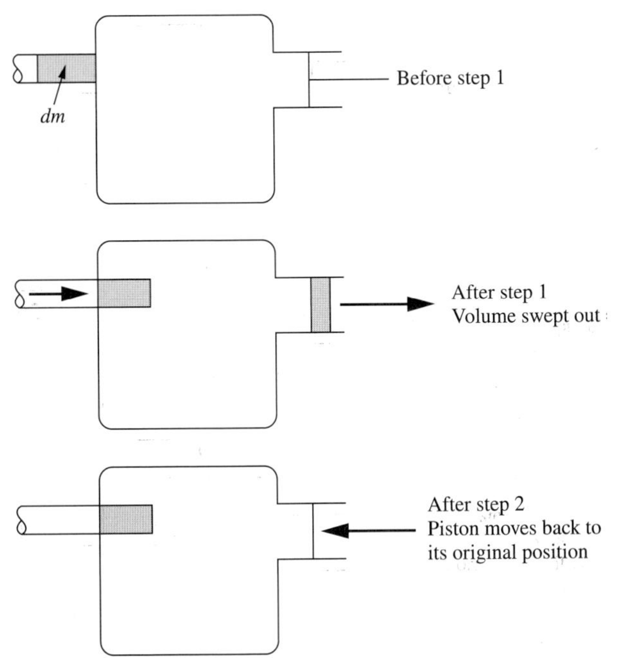

그림 4.2
주입일을 설명하기 위한 두 단계 과정

고려하는 계가 그림 4.1의 탱크와 같다고 하자. 유입관으로부터 질량 dm_{in}이 탱크로 유입되고, 반면 흘러나가는 것은 없으며, 열전달이 없고, 부피변화 피스톤이나 회전축에 의한 일이 없다고 하자. 이와 같은 조건을 만족하는 에너지수지는 그림 4.2에 나타낸 것과 같은 두 단계 과정으로 생각하면 쉽다.

첫 단계에서는 질량 dm이 유입되는 동시에 부피변화 피스톤을 움직여서, 처음 탱크 안에 있던 유체의 압력 변화가 나타나지 않도록 조작한다. 즉, 흘러 들어오는 유체 때문에 밀린 유체는 모두 부피변화 피스톤의 움직임으로 생긴 여유공간을 채우는 셈이 된다. 이 경우, 관계되는 모든 유체의 부피가 변하지 않았으므로 계에 한 일은 없다. 따라서 압축일 $-P\,dV$는 0이다. 이 첫 단계에 대한 에너지수지는 다음과 같다.

$$d\left[m\left(u+gz+\frac{V^2}{2}\right)\right]_{\text{sys}}=\left(u+gz+\frac{V^2}{2}\right)_{\text{in}}dm_{\text{in}} \tag{4.Z}$$

이제 원하는 최종상태가 되게 하려면 부피변화 피스톤을 원래 위치로 되돌려 놓아야 한다. 피스톤의 움직임으로 인해 밀려들어 오는 유체의 부피는 정확히 $v_{\text{in}}\,dm_{\text{in}}$이며, 이때 피스톤에 의해 계에 행하여진 일은 $dW=Pv_{\text{in}}\,dm_{\text{in}}$이다. 따라서 둘째 단계의 에너지수지는 다음과 같다.

$$d\left[m\left(u+gz+\frac{V^2}{2}\right)\right]_{\text{sys}}=dW=(Pv)_{\text{in}}\,dm_{\text{in}} \tag{4.AA}$$

전체 주입 과정에 대한 에너지수지는 위의 두 단계의 각 에너지수지를 더한 것과 같다.

$$d\left[m\left(u + gz + \frac{V^2}{2}\right)\right]_{\text{sys}} = \left(u + gz + \frac{V^2}{2}\right)_{\text{in}} dm_{\text{in}} + (Pv)_{\text{in}}\, dm_{\text{in}}$$
$$= \left(u + Pv + gz + \frac{V^2}{2}\right)_{\text{in}} dm_{\text{in}} \tag{4.9}$$

여기서 $(Pv)_{\text{in}}\, dm_{\text{in}}$ 항이 새롭게 나타나는데 이를 주입일이라 한다. 왜냐하면 계 경계를 통해 질량 dm_{in}을 주입시키는 데 필요한 바로 그 일에 해당되기 때문이다. 주입일은 관입일(intrusion work), 흐름일(flow work), 흐름에너지(flow energy) 등으로도 불린다.

분명한 것은 배출관을 통해 유체의 유출흐름이 존재할 경우에도 위와 같은 계산 과정이 적용된다. 그러면 식 (4.7)에 어떻게 주입일의 개념을 도입할 수 있나? 식 (4.7)은 그 자체로 맞는 관계식이다. 주입일 $(Pv)_{\text{in}}\, dm_{\text{in}}$은 식 (4.7)의 dW에 포함될 수 있다. 즉, dW 항이 다음과 같이 두 개의 항으로 나누어질 수 있다.

$$dW = dW_{\text{inj}} + dW_{\text{n.f.}} = (Pv)_{\text{in}}\, dm_{\text{in}} + dW_{\text{n.f.}} \tag{4.10}$$

단, 아래첨자 'inj'와 'n.f.'는 각각 주입(injection)과 비흐름(non-flow)을 뜻한다.

이 관계를 식 (4.7)에 대입하고 정리하면 다음과 같다.

$$d\left[m\left(u + gz + \frac{V^2}{2}\right)\right]_{\text{sys}} = \left(u + Pv + gz + \frac{V^2}{2}\right)_{\text{in}} dm_{\text{in}}$$
$$- \left(u + Pv + gz + \frac{V^2}{2}\right)_{\text{out}} dm_{\text{out}} + dQ + dW_{\text{n.f.}} \tag{4.11}$$

이 식은 실제로 사용하는 에너지수지식의 최종형태이다. 이 식이 적용되는 제약조건은 다음과 같다.

1. 정전기, 자기, 표면, 핵 에너지 효과는 무시된다.
2. 계의 내용물이 균일하다.
3. 유입흐름 및 배출흐름이 균일하다.
4. 중력가속도가 일정하다.
5. $dW_{\text{n.f.}}$는 계 경계를 통한 물질의 유입과 배출에 따른 일, 즉 주입일을 제외한 모든 형태의 일을 포함한다. 이는 계 경계의 이동(그림 4.1에서 피스톤의 이동)에 따른 일, 계 경계를 가로지르는 축의 회전이나 왕복(일반적으로 축은 계 내에 위치하고 모터는 계 외부에 위치한다.)에 따른 일, 계 경계를 가로지르는 전기흐름에 의한 일(예를 들면, 펌프를 구동하는 모터를 계로 선택하면 모터에 전기를 공급하는 전선이 계 경계를 넘어야 한다) 및 기타 일 등이 포함된다.

이 식을 사용하여 여러 가지 문제를 해결할 수 있다. 또 네 가지 제약조건을 완화해 식 (4.11)을 약간 수정하면 거의 모든 문제에 적용할 수 있을 것이다.

4.9 엔탈피

식 (4.11)에서 유입흐름 항과 배출흐름 항에 $u + Pv$ 항이 있는데 이는 열역학에서 자주 나타나는 것이며 다음과 같은 이름과 기호를 가진다.

$$u + Pv = h = \text{단위 질량당 엔탈피 또는 비엔탈피} \tag{4.12}$$

엔탈피(enthalpy)는 이전의 열역학 교재에서 **총열**(total heat), **고유열**(inherent heat) 등 여러 가지 이름으로도 불린다. 이 엔탈피는 단위 질량당의 내부에너지와 단위 질량당의 주입일을 더한 것으로, 실제 문제를 푸는 데 아주 편리하다. 대부분의 열역학적 물성표는 해당 표의 사용자가 선호하기 때문에 h를 표시하고 u를 표시하지 않는다. 식 (4.12)를 식 (4.11)에 대입하면 다음 식을 얻는다.

$$d\left[m\left(u + gz + \frac{V^2}{2}\right)\right]_{\text{sys}} = \left(h + gz + \frac{V^2}{2}\right)_{\text{in}} dm_{\text{in}} - \left(h + gz + \frac{V^2}{2}\right)_{\text{out}} dm_{\text{out}} + dQ + dW_{\text{n.f.}} \tag{4.13}$$

이 식을 얻기까지의 과정을 요약하면 다음과 같다.

1. 수지식의 일반 개념을 검토하였다.
2. 추상적 양인 에너지를 도입하였다.
3. 추상적 양인 에너지는 수지를 취할 수 있으며, 이때 생성량과 소멸량 항은 0이다. 이는 증명할 수 없지만, 지금까지 수행한 모든 주의 깊은 실험적 사실을 통하여 타당성을 입증하였다.
4. 상당히 일반적 계를 택하고, 이 계에 적용할 수 있는 제약조건을 열거하였다.
5. 이 계에 대하여 수지식의 세부내용을 썼다. 이때 제약조건에 따르고 열과 일의 부호 관습에 따라 식 (4.7)을 얻었다.
6. 주입일의 개념을 도입하여 식 (4.7)의 일의 항을 분할하였으며, 정리하여 식 (4.11)을 얻었다.
7. 최종적으로 엔탈피 정의를 도입하여, 식 (4.13)을 얻었다.

이 과정은 열역학 제1법칙을 유도한 것이 아니다. 이 법칙은 유도할 수 있는 것이 아니다. 이 식은 대수적 처리와 정의의 집합으로서, '에너지는 생성량이나 소멸량이 없는 수지식을 따른다'는 진술을 아주 편리하고 유용한 식으로 만든 것에 불과하다.

4.10 제한된 형태

식 (4.13)은 일반형이기 때문에 강력하지만, 4.8절에서 열거한 네 가지 제약조건을 만족해야 한다는 것을 기억해야 한다. 열역학 문제를 풀 때 권장되는 절차는 우선 식 (4.11)이나 (4.13)을 써 놓고, 계의 경계를 정한 다음, 무시할 만한 항을 소거하는 것이다. 이때 소거한다는 것은 가정한다는 것과 같은 의미이다. 예를 들어 주위와 열교환이 없다고 가정하면 dQ가 0이다. 즉, dQ를 소거한다는 것은 이러한 가정에 기초한 것이다. 필요치 않은 항을 다 소거하면, 실제 적용되는 식이 얻어지는 동시에 이 식을 얻기 위한 일련의 가정들도 가지게 된다.

식 (4.13)의 제한된 형태로서 일반적으로 사용되는 몇 가지 예를 들어 보자.

예제 4.4 그림 4.3과 같은 정압 실린더 안에 공기와 석탄이 들어 있다. 이 실린더에 마찰이 없고 무게가 없는 피스톤이 장착되어 있다고 하면, 실린더 내부 압력은 항상 대기압력과 같다. 내용물을 점화하여 석탄을 연소시킨다. 연소가 끝났을 때 피스톤이 움직인 것을 측정해 보니 부피가 1 ft^3 증가하였다. 이때 주위로 전달된 열은 42 Btu이었다. 이 반응을 통한 내부에너지 변화를 구하라.

그림 4.3에서와 같이 실린더 내를 계로 선택한다. 계 내로 유입되거나 배출되는 흐름이 없으므로 $dm_{\text{in}} = dm_{\text{out}} = 0$이다. 또 계에 들어 있는 물질의 운동에너지 변화나 위치에너지 변화는 무시 가능하므로 $d(gz)_{\text{sys}} = d(V^2/2)_{\text{sys}} = 0$이다. 또한 유입 및 배출 질량흐름이 없으므로 $d(mu)_{\text{sys}} = m\, du_{\text{sys}} = dU_{\text{sys}}$을 만족한다. 이러한 조건들을 식 (4.13)에 대입하면 다음과 같은 최종식을 얻는다.

$$dU_{\text{sys}} = dQ + dW_{\text{n.f.}} \qquad [\text{닫힌계}] \tag{4.14}$$

이 식은 화학 교과서에서 자주 볼 수 있는 것으로, 열역학 제1법칙을 설명하는 기본식이다.(이 식에서 비흐름을 나타내는 아래첨자 'n.f.'는 꼭 필요하지 않다. 왜냐하면 닫힌계에서는 주입일이 없기 때문이다. 따라서 이 항은 대개 간단히 dW로 써도 무방하다.) 이 식은 일반적인 식 (4.13)보다 아주 제한된 조건을 만족하는 식이다. dW에 대한 식을 식 (4.X)의 관계로 나타내고 주어진 조건의 값들을 대입하면 다음을 얻는다.

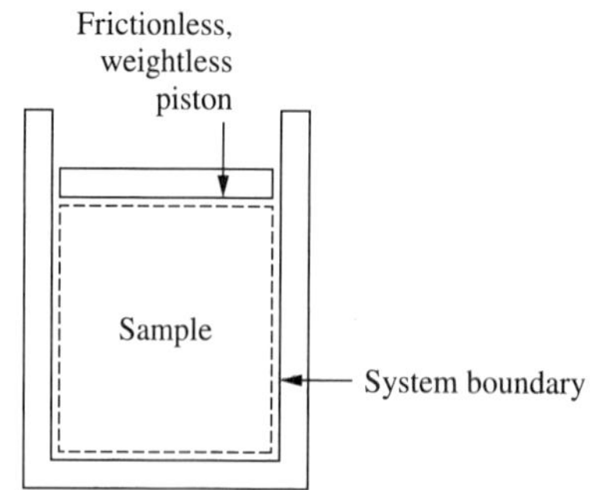

그림 4.3
단순 피스톤과 실린더

$$\begin{aligned} dU_{\text{sys}} &= dQ + dW_{\text{n.f.}} = dQ - P\,dV \\ &= -42\ \text{Btu} - 14.7\,\frac{\text{lbf}}{\text{in}^2}\cdot 1\ \text{ft}^3\cdot\frac{144\ \text{in}^2}{\text{ft}^2}\cdot\frac{\text{Btu}}{778\ \text{ft}\cdot\text{lbf}} \\ &= -44.7\ \text{Btu} = -11\,270\ \text{cal} = -47\,153\ \text{J} \end{aligned} \tag{4.AB}$$

■

여기서 dQ와 dW는 각각 음수값을 갖는데 이는 계를 통하여 열이 외부로 방출되었고 일 역시 계의 팽창으로 인해 피스톤을 외부로 이동시켜 외부로 행하여졌기 때문이다. 이 예제의 원리를 이용한 기구가 열량계(calorimeter)이다. 이를 통하여 석탄이나 천연가스와 같은 연료들의 발열량(heat value)을 결정한다. 이 발열량에 따라 연료의 가격들이 조정된다.

예제 4.5 정상 흐름 수력발전소에서 물의 유입구가 배출구보다 15 m 높은 곳에 있다. 물의 유입 유속은 3 m/s이고 배출 유속은 10 m/s이다. 이 발전소에서 통과하는 물 1 kg당 생성되는 전력에 해당되는 일을 구하라.

입구와 출구 사이의 발전장치를 계로 선택한다. 정상 흐름이라면, $d[m(u+gz+V^2/2)]_{\text{sys}}=0$이다(3.3절 참조). 또한 입구와 출구가 각각 하나라고 하면, $dm_{\text{in}}=dm_{\text{out}}=dm$이다. 식 (4.13)에 적용하고 양변을 dm으로 나누면 다음 식이 된다.

$$0 = \left(h + gz + \frac{V^2}{2}\right)_{\text{in}} - \left(h + gz + \frac{V^2}{2}\right)_{\text{out}} + \frac{dQ}{dm} + \frac{dW_{\text{n.f.}}}{dm} \quad \text{[정상 흐름, 열린계]} \tag{4.15}$$

이 식은 열역학 제1법칙의 정상 흐름 형으로, 화학공학 및 기계공학 교과서에서 흔히 볼 수 있는데, 다음과 같이 나타내기도 한다.

$$dh + g\,dz + d\left(\frac{V^2}{2}\right) = \frac{dQ}{dm} + \frac{dW_{\text{n.f.}}}{dm} \quad \text{[정상 흐름, 열린계]} \tag{4.16}$$

식 (4.16)은 정상 흐름에서 무시할 수 있을 정도로 멀리 떨어져 있는 두 점에 식 (4.15)를 적용한 결과이다. 식 (4.16)의 에너지수지 형태는 고속의 기체흐름(제8장)에 사용한다. 비교적 낮은 유속의 기체흐름 및 모든 액체흐름에는 dh를 다음 식으로 사용하면 매우 편리하다.

$$dh = d(u + Pv) = d\left(u + \frac{P}{\rho}\right) = du + d\left(\frac{P}{\rho}\right) \tag{4.AC}$$

위 식을 식 (4.16)에 대입하여 정리하면

$$du + d\left(\frac{P}{\rho}\right) + g\,dz + d\left(\frac{V^2}{2}\right) = \frac{dQ}{dm} + \frac{dW_{\text{n.f.}}}{dm} \quad \text{[정상 흐름, 열린계]} \tag{4.17}$$

를 얻는데 이는 유용한 형태의 식으로 5장에서 다시 한번 다루어질 것이다.

다시 수력발전소로 돌아가서, 열전달이 없고($dQ = 0$), 또 유입수와 배출수의 엔탈피가 같다고 하면, 즉 유입수와 배출수의 온도와 압력이 같다고 가정하면

$$-\frac{dW_{\text{n.f.}}}{dm} = g(z_{\text{in}} - z_{\text{out}}) + \frac{V_{\text{in}}^2 - V_{\text{out}}^2}{2} = \left(9.81\,\frac{\text{m}}{\text{s}^2}\cdot 15\text{ m}\right) + \frac{(3\text{ m/s})^2 - (10\text{ m/s})^2}{2}$$

$$= 147.15\,\frac{\text{m}^2}{\text{s}^2} - 45.50\,\frac{\text{m}^2}{\text{s}^2} = 101.65\,\frac{\text{m}^2}{\text{s}^2}\cdot\frac{\text{J}}{\text{N}\cdot\text{m}}\cdot\frac{\text{N}\cdot\text{s}^2}{\text{kg}\cdot\text{m}} = 101.65\,\frac{\text{J}}{\text{kg}}$$

$$= 34.0\,\frac{\text{ft}\cdot\text{lbf}}{\text{lbm}} = 0.044\,\frac{\text{Btu}}{\text{lbm}}$$

$$\frac{dW_{\text{n.f.}}}{dm} = -0.044\,\frac{\text{Btu}}{\text{lbm}} \tag{4.AD}$$

가 얻어진다. ■

3.2절에서 질량수지를 dt로 나누어 질량 유량 $\dot{m}$과 같은 속도 형태로 나타내었다. 식 (4.13)의 양변을 dt로 나누어 에너지수지에서도 이와 같은 과정을 적용하면

$$\frac{d\left[m\left(u + gz + \frac{V^2}{2}\right)\right]_{\text{sys}}}{dt} = \left(h + gz + \frac{V^2}{2}\right)_{\text{in}}\dot{m}_{\text{in}} - \left(h + gz + \frac{V^2}{2}\right)_{\text{out}}\dot{m}_{\text{out}} + \dot{Q} + \dot{W}_{\text{n.f.}} \tag{4.18}$$

을 얻는데, 위 식의 왼쪽 항은 시간에 따른 계 내의 에너지 변화를 나타낸다. 한편, 오른쪽 항에는 두 개의 $\dot{m}$이 나타나는데 각각 유입 질량유량(lbm/s 또는 kg/s)과 배출 질량유량을 의미한다. 정상 흐름 조건에서는 이 두 개의 값이 같다. $\dot{Q}$ 항은 계로 유입되는 알짜 **열유량**(heat flow rate)을 나타내며 특별한 이름을 갖지 않는다. 한편, $\dot{W}_{\text{n.f.}}$는 일유량(work flow rate)으로 불릴 것 같으나 그렇지 않고 일반적인 명칭인 **일률**(power) Po로 불린다. 열유량과 일률은 같은 차원[ft·lbf/s 또는 J/s 또는 Btu/s 또는 cal/s 또는 hp(horsepower) 또는 W(watt)]을 가지며, 간단한 환산인자를 사용하여 상호 변환할 수 있다.

대부분의 간단한 유체역학 문제에서 $\dot{Q}$은 무시 가능하거나, 5장에서 다루겠지만, $(h_{\text{in}} - h_{\text{out}})$으로 상쇄된다. 그러나 $\dot{W}_{\text{n.f.}}$는 펌프나 터빈이 포함되는 계를 다룰 때 매우 중요한 항으로 간주된다. 즉, 전 세계 대부분의 전력생산 시설은 물이나 수증기 또는 뜨거운 연소기체 또는 바람을 이용하여 터빈으로부터 전기를 생산하기 때문에 이들 장치의 유체역학 문제에서는 $\dot{W}_{\text{n.f.}}$ 항이 중요하게 다루어진다(10장 참조).

4.11 다른 형태의 일과 에너지

지금까지 $F\ dx$로 표시되는 일과 운동, 위치, 내부 에너지만을 다루었다. 이 절에서는 다른 종류의 일과 에너지를 다룬다.

대부분의 현대적 기계는 회전하는 축에 의하여 일을 한다. 그림 4.4에 나타낸 간단한 크랭크 배열에서, 크랭크에 힘을 주면 여기에 연결된 축이 저항한다. 이 축의 토크(torque) Γ는 다음과 같다.

$$\Gamma = FL \tag{4.19}$$

힘이 크랭크에 직각으로 작용하여 축이 움직일 때 이동하는 거리는 다음과 같다.

$$dx = L\ d\theta \tag{4.AE}$$

여기서 $d\theta$는 중심에서의 각변위(rad)이다. 식 (4.19)와 식 (4.AE)로부터 다음의 관계를 얻는다.

$$dW = F\ dx = \left(\frac{\Gamma}{L}\right) L\ d\theta = \Gamma\ d\theta \tag{4.AF}$$

한편, 동력은 다음 식으로 구해진다.

$$\text{Po} = \frac{dW}{dt} = \Gamma \frac{d\theta}{dt} = \Gamma\omega \tag{4.20}$$

그러므로 회전장치의 일률은 토크 Γ와 회전속도($\omega = 2\pi \cdot$회전수/시간)의 곱과 같다. 일반적으로 어떤 장치가 낼 수 있는 토크는 대개 그 크기에 비례한다. 따라서 일정한 동력을 얻기 위하여, 대형 저속장치나 소형 고속장치를 사용할 수 있다. 고속 보트, 자동차, 비행기의 동력장치는 가벼워야 하므로, 지난 150년 동안의 경향은 회전속도(일반적인 자동차는 6000 rpm, 경주용 자동차와 모터사이클은 12,000 rpm)를 더욱 높여 엔진을 더욱 가볍게 하는 것이었다. 대형 고정장치를 사용하는 경유 발전소와 큰 배의 엔진 같은 경우에는 무게가 별로 중요하지 않으므로, 마찰 저항을 줄이기 위하여 대형 저속 엔진(대개 100 rpm 정도)을 선택한다. 치과용 드릴은 아주 소형이지만 회전수는 350,000 rpm이나 된다. 자동차의 과급기(supercharger) 역시 소형이지만 200,000 rpm으로 회전한다.

현대 사회에서 일은 대개 전기적으로 한다. 전기에 관한 교과서에 의하면, 전기장에서

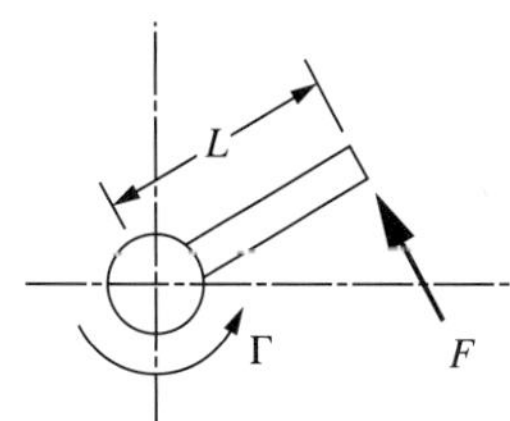

그림 4.4
간단한 크랭크에서 힘, 레버팔(lever arm), 토크 간의 관계

전하 Q를 이동시키는 데 필요한 힘은 다음과 같다.

$$F = Q\frac{dE}{dx} \tag{4.21}$$

여기서 dE/dx는 전위(또는 전압) 구배이다. 이 식을 식 (4.1)에 대입하면

$$W = \int F\,dx = \int Q\frac{dE}{dx}\,dx \tag{4.AG}$$

이다. 전하의 양이 일정하다면 위 식의 적분 결과는 다음과 같다.

$$W = Q\,\Delta E \tag{4.AH}$$

전압차와 전하가 다 변하는 경우, 이 식을 미분하면

$$dW = Q\,d(\Delta E) + \Delta E\,dQ \tag{4.22}$$

를 얻는다. 보통 두 가지 관점에서 전기의 흐름을 고려할 수 있다. 첫째는 전자가 정상적으로 흐르면서 그 전위차가 일정한 고정장치를 생각하는 것이다. 이러한 것은 전자(또는 전하; 일반적으로 전자의 −값)에 대하여 정상 흐름 열린계라 할 수 있다. 이 경우 시간에 따라 변하는 것은 없으므로, $d(\Delta E) = 0$이다. 따라서

$$dW = \Delta E\,dQ \tag{4.AI}$$

이 식을 dt로 나누면

$$\text{Po} = \frac{dW}{dt} = \frac{dQ}{dt}\Delta E = I\,\Delta E \tag{4.23}$$

이고, 여기서 $(dQ/dt) = I$는 전류이므로, 잘 아는 바와 같이 이 식은 전력이 전위차와 전류의 곱임을 나타내 준다. 이것은 우리가 통상적으로 모터, 발전기, 전지 등을 살펴보는 방법이다.

전류를 보는 두 번째 방법에서는 일정량의 전하(또는 일정수의 전자)를 생각한다. 이는 전자에 대한 닫힌계에 해당한다. 이 경우 $dQ = 0$이므로, 식 (4.22)는 다음과 같이 된다.

$$dW = Q\,d(\Delta E) \tag{4.24}$$

일반적으로 한쪽 전위를 정지시킨 접지 전위로 생각하고, 그 값은 임의로 0이라 하면, $d(\Delta E)$는 단순히 dE가 된다. 이때 식 (4.24)는 일반적으로 축전기, 음극관, 전자 탄도 등에 관한 통상적 방법이다.

지금까지 질량과 에너지를 두 가지의 완전히 구분되는 실체로 다루었다. 대부분의 공학 문제에서는 이것이 만족할 만한 가정이지만, 질량의 에너지로의 변환을 고려하지 않으면, 원자로, 핵폭발, 또는 태양의 거동을 이해할 수 없다. 아인슈타인은 이러한 변환이 일어나는 경우 다음 규칙에 따른다고 하였다.

$$E = mc^2 \tag{4.25}$$

여기서 c는 진공에서의 광속도이다. 이 식에 따르면, c^2의 차원은 [에너지/질량]이다. 간단히 계산을 해 보면 다음과 같다.

$$c^2 = 3.85 \cdot 10^{13}\,\frac{\text{Btu}}{\text{lbm}} = 8.95 \cdot 10^{16}\,\frac{\text{J}}{\text{kg}} \tag{4.26}$$

식 (4.13)에서는 이러한 핵 효과를 배제하였다. 또한 질량은 보존되는 것이라 하였다. 진정한 사실은 질량과 에너지의 합이 함께 생성되거나 파괴되지 않고 보존법칙을 따른다는 것이다. 이 경우 질량수지를 취하여 에너지수지에 더할 수 있다.

$$dm_{\text{sys}} = dm_{\text{in}} - dm_{\text{out}} \tag{4.AJ}$$

이 식의 양변에 c^2을 곱하고, 식 (4.13)에 더해 주면

$$d\left[m\left(u + gz + \frac{V^2}{2}\right)\right]_{\text{sys}} + c^2\,dm_{\text{sys}} = \left(h + gz + \frac{V^2}{2} + c^2\right)_{\text{in}} dm_{\text{in}} - \left(h + gz + \frac{V^2}{2} + c^2\right)_{\text{out}} dm_{\text{out}} + dQ + dW_{\text{n.f.}} \tag{4.27}$$

을 얻게 된다. 질량의 에너지로의 변환이 없다면 여기에 첨가한 c^2 항은 없어질 것이므로, 식 (4.13)과 같은 식이 될 것이다.

예제 4.6 핵발전소가 정상 가동되고 있다. $7 \cdot 10^8$ W의 전력을 생산하며, $13 \cdot 10^8$ W의 열을 주변 강에서 끌어 올린 냉각수에 방출한다. 매시간 에너지로 변환되는 질량을 구하라.

발전소를 계로 선택하고, 이를 통과하는 냉각수는 배제한다. 따라서 연료 재충전 기간 외에는 계에서 질량의 출입이 없다.(보일러에서 누출이나 용수처리제로 인한 손실량을 보충하기 위한 보충수와 같은 것도 무시한다. 이 양은 그리 중요하지 않기 때문이다.) 또 정상상태일 때는 발전소 여러 부분의 내부, 위치, 운동 에너지가 변하지 않는다.(화학변화가 핵분열에 동반되기 때문에 다소 부정확한 것이지만, 이러한 오차는 무시 가능하다.) 따라서 식 (4.27)에서 다음 항들만 남는다.

$$c^2\,dm_{\text{sys}} = dQ + dW_{\text{n.f.}} \tag{4.AK}$$

dt로 나누고, dm/dt를 구하면,

$$\begin{aligned}\frac{dm}{dt} &= \frac{(dQ/dt) + (dW_{\text{n.f.}}/dt)}{c^2} \\ &= \frac{(-13 \cdot 10^8\,\text{W}) - (7 \cdot 10^8\,\text{W})}{8.95 \cdot 10^{16}\,\text{J/kg}} \cdot \frac{\text{J}}{\text{W} \cdot \text{s}} = -2.24 \cdot 10^{-8}\,\frac{\text{kg}}{\text{s}} \\ &= -17.8 \cdot 10^{-5}\,\frac{\text{lbm}}{\text{hr}}\end{aligned} \tag{4.AL}$$

이 발전소는 대규모 발전소이다. 즉, 에너지로 변환되는 질량이 2/10,000 lbm/h 미만이다. ■

아인슈타인의 상대성 원리에 의하면 질량과 에너지는 서로 변환될 수 있을 뿐만 아니라, 복사에너지(빛과 적외선 등)도 질량을 가진다. 이것은 태양 가까이 지나가는 광선이 태양의 중력장에 의하여 편향된다는 고전적 실험에 의하여 입증되었다. 이 이론에 의하면, 이러한 복사선의 질량은 그 에너지에 비례하며, 그 비례 관계는 식 (4.26)과 같다. 이러한 논의에 기초하여, 물리학에서는 모든 에너지 교환에서 식 (4.26)에 주어진 값에 비례하여 언제나 질량의 변환이 나타난다고 가르친다.

예제 4.7 물의 질량이 정확하게 1.0 lbm이다. 열판 위에서 59.5에서 60.5°F로 가열될 경우 질량의 증가가 가능한가? 가능하다면 질량 증가량을 구하라.

이 문제에서는 식 (4.13)에 따라서 다음 관계가 성립한다.

$$m\,du = dQ = 1\ \text{Btu} \tag{4.AM}$$

식 (4.27)에서 필요 없는 항을 제거하면

$$\Delta m = \frac{\Delta Q}{c^2} = \frac{1\ \text{Btu}}{3.85 \cdot 10^{13}\ \text{Btu/lbm}} = 2.6 \cdot 10^{-14}\ \text{lbm} = 1.18 \cdot 10^{-14}\ \text{kg} \tag{4.AN}$$

따라서 물이 가열된 후의 질량은 1.000,000,000,000,026 lbm가 된다. ■

이 값과 1 lbm의 차이는 측정이 아주 어려울 것이다. 그러나 시험이 가능하다면 아인슈타인의 이론이 적용되므로, 물리학자들은 이 값을 측정할 수 있다면 계산 결과와 같으리라고 믿는다. 물론 공학에서 다루어지는 문제에서는 대개 이 효과를 무시한다.

이 밖에도 표면, 정전기, 자기 에너지 등을 일반적으로 고려한다. 이러한 에너지는 설명은 쉽지만, 수학적 표현은 운동에너지나 위치에너지보다 어렵다. 표면이나 정전기장 또는 자기장의 변화는 대개 열의 흡수나 배제 또는 내부에너지 변화에 따라 이루어지지만, 운동에너지는 단일 항으로 나타낼 수 있다. 즉, 주위와의 열교환이나 내부에너지의 변화 없이 물체의 운동에너지를 증가시킬 수 있다. 이러한 에너지의 일반적 취급에서는 열역학 제1법칙과 제2법칙을 동시에 적용해야 하므로 이 장의 범위를 벗어난다. 표면에너지에 대해서는 14장에서 소개하기로 한다.

4.12 열역학 제1법칙의 제약조건

열역학 제1법칙은 에너지보존의 법칙으로, 에너지라는 양을 설명하는 것이다. 그러나 에너지 변화의 방향에 관하여는 아무것도 말하지 않는다. 물이 흘러 올라가거나 흘러 내려가거나 상관없다. 고압 용기에서 대기로 흘러나가는 기체와 대기에서 고압 용기로 들어가는 기체를 구분하지 않는다. 이러한 교환이 가능한지를 알려면 다른 기본 원리, 즉 열역학 제2법칙을 이용해야 한다.

4.13 요약

1. 열역학 제1법칙은 마찰열의 연구 결과이다.
2. 이러한 연구 결과를 통해 추상적 양인 에너지를 정의하고, 에너지는 생성도 소멸도 없이 수지 관계를 따름을 알게 되었다(핵반응은 제외).
3. 에너지의 양은 모두 임의의 기준에 대한 상대적 값으로 측정한다.
4. 열역학 제1법칙은 유도하거나 증명할 수 있는 것이 아니다. 이를 시험하기 위하여 수행된 모든 실험 결과를 예측할 수 있는 능력이 있기 때문에 타당한 것이다.
5. 열역학 제1법칙을 이용하여 아주 많은 문제를 풀 수 있다.
6. 열역학 제1법칙으로는 에너지 변화의 방향을 알 수 없다. 이 문제는 열역학 제2법칙에서 다룬다.

연습문제

연습문제와 예제 풀이를 위한 상용 단위와 수치들은 부록 E를 참조하라. * 표시가 있는 문제는 부록 C에 그 해답이 있음을 의미한다.

이 장의 연습문제 중 어떤 것들은 이상기체를 다룬 것인데, 이상기체의 경우 엔탈피와 내부에너지는 온도에만 의존한다고 할 수 있다. 이상기체의 열용량이 일정하다면(이 장이 모든 이상기체 문제에서는 열용량이 일정하다고 가정하였다) 편리한 엔탈피 기준을 선택할 수 있어서, $h = C_P T$와 $u = C_V T$ 등으로 나타낼 수 있다. 이때 T는 절대온도이다. 이러한 값을 이상기체 문제에 사용할 수 있다.

4.1. 예제 4.1을 $g = 3.71\ \text{m/s}^2 = 12.2\ \text{ft/s}^2$인 화성에 대해 다시 풀어라.

4.2. 권총으로부터 수직 방향으로 총알이 발사되었다. 총알의 질량은 0.025 lbm이고 총구를 떠나는 속도는 2500 ft/s이다. 공기 저항은 무시하고 다음을 구하라.
(*a*) 총알이 총구를 떠날 때의 운동에너지
(*b*) 총알이 올라가는 최대 높이
(*c*) 최대 높이에서 총구를 기준으로 한 총알의 위치에너지

4.3.* 달에서는 $g \approx 5.3\ \text{ft/s}^2$이다. 질량 2.0 lbm인 강철공을 달에서 10 ft 올리는 데 필요한 일을 구하라.

4.4. 비행기에서 떨어뜨린 질량 3.0 kg인 강철공이 500 m를 자유낙하 한다. 공기저항을 무시할 때 이 공에 한 일을 구하라. 어떤 일을 했는가?

4.5. 그림 2.24에 나타낸 것은 유압 승강기이다. 피스톤, 랙(rack), 자동차를 모두 합한 질량이

4000 lbm이고, 작동 유체는 비압축성 유체인 윤활유이다. 이 윤활유에서 또는 윤활유로의 열전달은 없으며 단위 질량당의 내부에너지는 일정하다.

(*a*) 저장용기, 배관, 유압 승강기 중의 윤활유를 계(닫힌계)로 선택하고, 랙과 자동차를 1 ft 들어 올리는 데 필요한 일을 구하라. 이 계 내의 윤활유의 위치에너지 변화는 무시한다.

(*b*) 위의 (*a*)의 계(윤활유)에 자동차와 랙을 더하여 계로 보고 (*a*)를 다시 풀어라.

(*c*) 위의 (*a*)를 열린계로 보고 다시 풀어라. 피스톤, 랙, 자동차를 제외하고 유압 승강기의 체적을 계로 선택하라. 계의 절대압이 1000 lbf/in^{2}일 때 자동차를 1 ft 들어 올리기 위하여 유입되어야 하는 체적을 구하라.

4.6.* 후버댐에서 수면과 발전기 아래 흐름의 높이 차이가 약 750 ft이다. 발전기 효율이 100%라 할 때, 통과한 물 1 kg당 회수되는 에너지[kW·h]를 구하라.

4.7.* 보일러 급수 펌프로 95°C, 절대압 100 kPa(1 bar)인 탱크의 물을 190°C, 절대압 2000 kPa(20 bar)인 보일러로 도입한다. 흐름은 정상이고, 펌프에서의 열손실은 2 kJ/kg이다. 펌프에 도입한 일(kJ/kg)을 구하라. 우선 1 atm, 20°C 물의 밀도를 사용하여 문제를 풀고, 후에 수증기표[3]로부터 얻은 값을 사용하여 다시 풀어라. 그리고 그 결과를 비교하라.

4.8. 발전소에서 유입수의 유속이 100 ft/s이고, 입구는 출구보다 80 ft 높은 곳에 있다. 배출수의 유속이 5 ft/s일 때, 통과하는 물의 단위 질량당 발전소에서 생산할 수 있는 일을 구하라. 유입수와 배출수의 엔탈피는 같다고 가정한다.

4.9.* 물이 100% 효율 발전소에서 정상적으로 흐른다. 유입수와 배출수는 엔탈피가 같고, 유입수는 배출수보다 40 m 높다. 유속은 유입수 9 m/s, 배출수 15 m/s이고, 유량은 5000 kg/s이다. 유입수와 배출수의 압력은 모두 대기압이다. 이 발전소의 출력을 구하라.

4.10. 이상기체가 수평 단열 노즐을 정상적으로 흐른다. 입구 조건은 $T_1 = 600°F$와 $V_1 = 300$ ft/s이다. 배출 유속은 1500 ft/s이고 열용량은 $C_P = 0.24$ Btu/lbm·°F이다. 노즐을 떠나 배출되는 기체의 온도를 구하라.

4.11.* 그림 4.5에 나타낸 부피 1 ft^{3}인 단단한 용기에 100°F 이상기체가 들어 있다. 가열기의 열유입량을 조절하여 용기 안의 온도를 100°F로 유지한다. 초기 용기 내 압력은 100 lbf/in^{2}이다. 밸브를 조금 열어서 기체가 천천히 빠져나가도록 한다. 용기 내의 압력이 20 lbf/in^{2}로 떨어졌을 때 밸브를 잠근다. 이때까지 가열기를 통해 용기에 유입된 열량을 구하라.

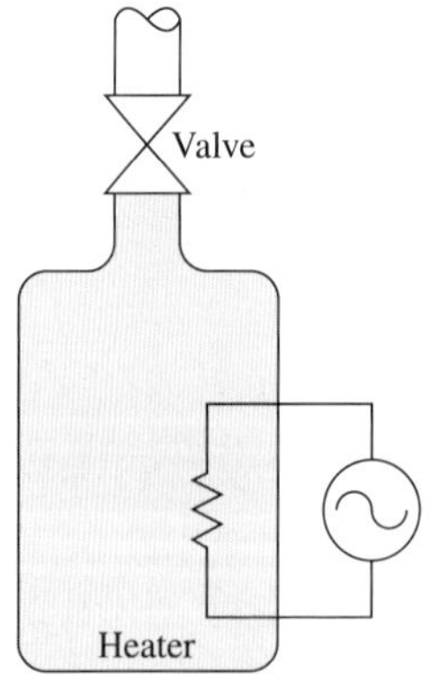

그림 4.5
전기 가열기에 의해 내부 온도가 일정하게 유지되는 단단한 용기

4.12. 진공상태의 단단한 용기가 있다. 용기의 밸브를 열어 내부압력이 1 atm이 될 때까지 공기를 채운다. 공기는 이상기체로 가정하고 열전달은 무시한다. 공기를 채우는 동안 용기 내로 들어오는 공기의 운동에너지는 상당하지만 채우는 과정이 끝난 후에는 용기 내의 기체는 모두 정지한다. 이 과정에 대한 에너지수지를 세우고 용기의 최종 온도와 주위 공기 온도와의 관계를 구하라.

4.13. 연습문제 4.12는 가장 간단한 단열 병 채우기 문제(adiabatic bottle-filling problem)이다. 일반적인 단열 병 채우기 문제는 용기가 초기에 비어 있지 않고 어떤 온도(T)와 압력(P)의 기체가 들어 있는 경우도 포함한다. 최종 압력이 용기 내로 흘러 들어오는 기체의 압력보다 낮을 수 있다(공정이 자체적으로 중지되기 전에 밸브를 차단하는 경우). 이러한 조건에 대하여 연습문제 4.12를 다시 풀어 이상기체 단열 병 채우기 문제에 대한 일반해를 유도하라. 해를 $T_f = T_{\text{in}}$ 등의 함수로 나타내라. 여기서 처음 및 나중 질량은 해에 나타나지 않을 수 있지만, 처음 및 나중 압력은 나타날 수 있다.

4.14. 단단한 단열 용기에 0.5 atm, 20°C의 공기가 들어 있다. 계 주위 공기는 1.0 atm, 20°C이다. 용기의 밸브를 열어서, 용기 내부와 외부의 압력이 같아질 때까지 공기가 흘러 들어가도록 한다. 용기 내 공기의 최종 온도를 구하라.(연습문제 4.13에서 다룬 이상기체 병 채우기 문제에 대한 일반해가 이 문제를 푸는 데 유용할 수 있다.)

4.15.* 원자탄의 에너지 방출 등급을 정하기 위하여 에너지부(Department of Energy)에서는 'kiloton'이라는 단위를 사용한다. 여기서 1 kton = 10^{12} cal이다. 이 값은 TNT (trinitrotoluene) 10^3 ton이 폭발할 때 방출하는 열량과 거의 비슷하다. 히로시마에 투하되었던 원자폭탄은 약 14 kton이었다. 이 폭발에서 에너지로 변환된 질량을 구하라.

4.16. 고성능 폭발물은 폭발할 때 약 1800 Btu/lbm의 열에너지를 방출한다. 고속 발사체도 정지시키면 운동에너지가 열에너지로 전환되면서 에너지를 방출하게 할 수 있다. 발사체의 속도가 얼마나 빨라야 위와 같은 에너지를 방출할 수 있는가? 또 어떤 조건에서 이러한 속도를 가질 수 있나?

4.17. 다이어트와 관련된 책을 보면 지방과 탄수화물의 열량이 각각 9 kcal/g과 4 kcal/g으로 나와 있다. 유기화학에 기초하여 이들 열량이 차이를 보이는 이유에 대하여 설명하라. 또한, 에너지 함량의 차이에 근거해, 동물과 식물 어디에서 지방이 형성될 것인지 기술하라.

4.18. 그림 4.6은 간단한 연소 열량계를 나타낸 것이다. 시료는 전기적으로 점화한다. 몇 분 뒤에 물과 열량계 온도는 처음 온도보다 ΔT 높은 온도로 일정하다. 연소열은 다음과 같이 정의한다.

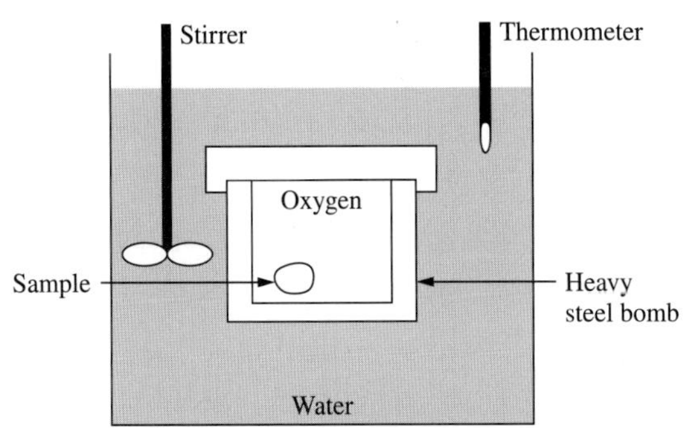

그림 4.6
간단한 연소 열량계

$$\Delta u_{\text{combustion}} = \frac{U_{\text{final products of combustion}} - U_{\text{initial fuel+oxygen}}}{m_{\text{sample}}} \tag{4.AO}$$

아래 데이터를 이용하여 시료의 연소열을 구하라.

Sample mass	4 g
Calorimeter mass	500 g
Water mass	5000 g
$C_{V\ \text{calorimeter}}$	0.12 cal / g · °C
$C_{V\ \text{water}}$	1.0 cal / g · °C
ΔT	5 °C

열량계 안의 기체의 열용량은 무시한다. 이 실험에서 오차가 발생할 수 있는 가능한 원인을 열거하라.

4.19. 지구에 대한 에너지수지로부터 지구 내부에서의 핵반응에 의한 에너지 방출속도를 추산하라. 지구에서의 열손실은 정상상태이다. 다음 조건들을 이용하라.

- 지구는 지름이 8000 mi인 구형이라 할 수 있다.
- 지열 온도구배 dT/dx는 0.02°F/ft 정도이다.
- 지구의 열전도도 k(표면 부근)는 1 Btu/h·°F·ft 정도이다.
- 열흐름은 $dQ/dt = kA(dT/dx)$로 추산할 수 있다. 여기서 A는 면적이다.

또한, 지구에서 물질이 에너지로 변환되는 속도를 계산하라.

4.20. 태양에 대한 에너지수지식을 쓰고, 중요한 항과 무시해도 되는 항을 밝혀라.

4.21.* 정상 흐름 100% 효율 수력발전소에서 유입 및 배출 조건이 다음과 같다.

	Inlet	Outlet
Pressure, P, psig	0	0
Elevation, z, ft	75	0
Velocity, V, ft / s	400	50
Temperature, T, °F	70.0	70.1

이 발전소는 단열적이다. 통과하여 흐르는 유체 단위 질량(lbm)당 일을 구하라.

4.22. **단열 조름밸브**(adiabatic throttle valve) 또는 **조름밸브**(throttling valve)는 파이프에 설치하는 밸브 또는 오리피스로 파이프 내경보다 매우 작은 구멍을 갖는다. 따라서 밸브를 통과하는 유속이 매우 빠르지만 상류와 하류의 속도는 무시 가능하다. 정상 흐름 조름밸브에 대한 에너지수지식을 다음 두 가지 방법으로 세워라. 단, 열전달 효과는 무시한다.

(*a*) 정상 흐름에 대한 열역학 제1법칙의 관계식 이용(조름밸브를 계로 선택)

(*b*) 조름밸브를 통과하는 1 kg 물질에 대한 닫힌계에 관한 식 이용

최종적으로 얻어지는 수지식이 동일한지 확인하라. 동일할 경우, 왜 그런지 설명하라.

4.23. 다음 과정 중에서 열역학 제1법칙, 열역학 제2법칙, 또는 상식에 어긋나는 과정이 있는지 밝혀라.

(*a*) 탁자 위에 있던 야구공이 10 ft 높이에 있는 다른 탁자로 자발적으로 튀어 올라간다. 이

과정이 끝났을 때 야구공의 온도가 내려가서 $du = -0.01284$ Btu/lbm가 되었다.

(*b*) 단단하고 절연된 용기 안에서, 30 psia의 건조 포화 수증기 1 lbm가 자발적으로 전환되어 32°F의 얼음 0.105 lbm와 640°F, 42.8 psia의 과열 수증기 0.895 lbm가 된다. 이 물질들의 특성치는 다음과 같다.

	Saturated steam	Ice	Superheated steam
T, °F	250.34	32	640
P, psia	30.0	0.0886	42.8
v, ft^3 / lbm	13.748	0.01747	15.23
u, Btu / lbm	1088.0	−143.35	1232.2

(*c*) 프레온-12가 조름밸브를 통하여 흐른다. 밸브 양쪽의 유속은 무시할 수 있다. 밸브 상류의 상태는 150°F, 14.7 lbf/in^{2}이고, 하류의 상태는 160°F, 66 lbf/in^{2}이다. 상류와 하류의 엔탈피는 대략 1230 Btu/lbm로 일정하다.

참고문헌

1. Von Baeyer, H. C. *Maxwell's Demon: Why Warmth Disperses and Time Passes*. New York: Random House, 1998.
2. Joule, J. P. "*On the Mechanical Equivalent of Heat*." 원래 1849년 6월 21일 왕립학회에 제출되었다. *The Scientific Papers of James Prescott Joule*, Physical Society of London(1884)을 참조하라. 이 짧은 논문은 결과가 ±1%까지 정확하려면 비교적 간단한 실험에도 주의하고 생각해야 하는 예로 적극 권장된다. 또한 Joule이 살던 시대에는 '온도'와 '열'이라는 개념 사이의 구분이 명확하지 않았으므로 때때로 이들을 함께 사용하였다.
3. *Thermophysical Properties of Fluid Systems*. NIST Chemistry WebBook. SRD 69, https://webbook.nist.gov/chemistry/fluid/. 이 구성에 익숙해지면 이 사이트에서 대부분의 기체 및 액체에 대한 모든 물성 조회를 수행하게 된다.

PART

2

1차원 또는 1차원으로 간주되는 유체흐름

2부에서는 화학공학 기술자에게 관심이 높은 대부분의 유체흐름을 다룬다. 어떤 실제 유체흐름도 완전한 1차원이 아니다. 그러나 많은 흐름들은 사실상 1차원이거나, 1차원 흐름 가정으로 상당히 정확하게 연구되거나 예측될 수 있다. 많은 이런 흐름에 대하여 2차원 또는 3차원 관점에서 재고한다면 보다 깊고 풍부한 이해를 가질 수 있다. 그러나 1차원 유체흐름을 먼저 학습하는 것이 보다 빠르고 쉬우며, 추후 4부에서 다차원 흐름에 대하여 재고하는 것에 방해가 되지 않는다.

5~8장에서는 기술적으로 관심이 높은 대부분의 흐름을 다루고, 이런 흐름에 사용되는 대부분의 기본 개념들과 전문 용어들을 소개한다.

CHAPTER

5

베르누이 식

베르누이 식이라고 하는 정상상태 비압축성 흐름에 관한 에너지수지식은 유체역학에서 가장 유용하게 많이 쓰이는 단일 식이다.

5.1 정상상태 비압축성 흐름의 에너지수지

$$du + d\left(\frac{P}{\rho}\right) + g\,dz + d\left(\frac{V^2}{2}\right) = \frac{dQ}{dm} + \frac{dW_{\text{n.f.}}}{dm} \quad \text{[정상 흐름, 열린계]} \qquad (4.17)$$

4장의 식 (4.17)은 모든 균일 유체의 정상 흐름 방향의 한 지점에서 다른 지점으로의 에너지 변화에 적용된다. 여기서 정전기, 자기, 표면 에너지는 무시한다. 이 식의 각 항은 (에너지/질량, 예를 들면 Btu/lbm 또는 J/kg)의 차원을 가지며, 이를 확인하려면 약간의 대수학이 필요하다. 여기서 ΔP는 $P_{\text{out}} - P_{\text{in}}$을 나타내며, (dQ/dm) 및 $(dW_{\text{n.f.}}/dm)$는 열 추가량 및 시스템을 통해 꾸준히 흐르는 유체에 대한 단위 질량당 비흐름 일 추가량을 나타낸다.

여기서 양변에 -1을 곱하고 재그룹하면 아래 식 (5.1)로 표현된다.

$$\Delta\left(\frac{P}{\rho} + gz + \frac{V^2}{2}\right) = \frac{dW_{\text{n.f.}}}{dm} - \left(\Delta u - \frac{dQ}{dm}\right) \qquad (5.1)$$

이 식은 베르누이 식의 예비형인데, 이 장에서는 베르누이 식(Bernoulli's equation)을 간략히 B.E.이라고 한다. 이 식의 원형은 베르누이(Daniel Bernoulli, 1700~1782)가 전혀 다른 방법으로 유도하였다. 즉, 마찰 없는 유체에 대한 운동량수지(7장)로부터 $\Delta(P/\rho + gz + V^2/2) = 0$이라는 식을 얻었는데, 식 (5.1)에서 우변의 두 항을 제거한 것과 같다. 원래 식은 펌프나 터빈이 있는 흐름이나 유체 마찰이 중요한 흐름에는 적용할 수 없다. 에너지수지로부터 유도한 식 (5.1)은 원래의 B.E.이 적용되는 모든 흐름에 적용될 뿐만 아니라, 마찰이 현저하거나 펌프가 있는 흐름에도 적용할 수 있다. 따라서 이 식을 B.E.의 확장형 또는 공학형이라 하는 이도 있다.

이 식을 최종 형태로 전환하기에 앞서 각 항의 물리적 의미를 살펴보기로 하자. P/ρ는 주입일로서, 유체 단위 질량을 계에 주입하거나 계에서 배출시키는 데 필요한 일 또는 이들 두 가지 모두를 나타낸다. gz는 위치 에너지로서, 유체 단위 질량이 어떤 기준면에 대하여 갖는 위치에너지를 나타낸다. 이 값은 Δgz로만 나타나므로, 대부분의 문제에서 기준면을 밝히거나 알 필요가 없다. $V^2/2$는 유체 단위 질량의 운동에너지를 나타낸다. $dW_{\text{n.f.}}/dm$은 계를 통과하는 유체 단위 질량에 가해진 일을 나타낸다.(주입일을 제외한 것이다.) 대부분의 경우, 이 일은 펌프나 압축기에 의하여 제공된 일이나 터빈이나 확장 엔진에서 나온 일을 나타낸다.

5.2 마찰열

자동차를 급제동시켰을 때 브레이크와 타이어에서 연기가 난다거나, 나무를 자르는 톱이 뜨거워지는 등에서 관찰하듯이 우리는 **마찰열**(friction heating)에 익숙하다. 그러나 유체 중의 마찰열은 두 고체를 서로 비빌 때처럼 많이 발생하지 않으므로 익숙지가 않다. 유체에서 마찰열에 의한 온도 상승이 적은 이유는 다음과 같다.

1. 전형적 유체흐름 문제에서 단위 질량당 마찰일이 위에서 든 예에서보다 일반적으로 작다. 위에서 든 예에서는 마찰열 에너지가 작은 공간에 집중되나 유체흐름에서는 유체의 큰 부피 전체에 걸쳐 퍼지기 때문이다.
2. 액체의 열용량은 일반적으로 고체의 열용량보다 크다. 예를 들면, 물 1 lbm를 1°F 올리는 데 필요한 열로 강철 1 lbm를 약 8°F 올릴 수 있다.

예제 5.1 물 1 kg이 100 m 높이 폭포에서 바닥에 있는 웅덩이로 떨어진다. 이 때문에 폭포 꼭대기에서 가지고 있던 물의 위치에너지가 내부에너지로 전환된다. 이때 물의 온도는 얼마나 올라갈까?

실제 폭포수에서는 낙하수의 일부가 증발하여 남아 있는 물을 냉각시키는 것을 고려해야 하지만, 이 문제에서는 이를 무시하고 식 (5.1)을 내부에너지 변화에 대하여 풀면, 온도 증가는 0.42°F이다.

$$\Delta u = -g(\Delta z) = -9.81\,\frac{\text{m}}{\text{s}^2}(-100\text{ m})\cdot\frac{\text{N}\cdot\text{s}^2}{\text{kg}\cdot\text{m}}\cdot\frac{\text{J}}{\text{N}\cdot\text{m}}$$

$$= 981\,\frac{\text{J}}{\text{kg}} = 328.1\,\frac{\text{ft}\cdot\text{lbf}}{\text{lbm}} \tag{5.A}$$

$$\Delta T = \frac{\Delta u}{C_V} = \frac{981\ \mathrm{J/kg}}{4186\ \mathrm{J/(kg \cdot {}^\circ C)}} = 0.23^\circ\mathrm{C} = 0.42^\circ\mathrm{F} \tag{5.B}$$

■

이 예제는 액체에서 왜 마찰열에 대하여 거의 고려하지 않는지를 보여 준다. 위치에너지 변화는 크지만 계산된 온도 증가는 손가락을 담가 감지할 수 있는 수준 이하이다.

마찰열은 다른 형태의 에너지(운동에너지, 위치에너지)나 외부일(주입일, 축일, 팽창일)을 내부에너지로 전환하는 것을 나타낸다. 밀도가 일정한 물질(기체, 액체, 고체)에서 단위 질량당 내부에너지를 변화시킬 수 있는 다른 유일한 방법(자기, 정전기적 에너지 등은 제외)은 외부 가열이나 냉각뿐이다. 따라서

$$\Delta u = \frac{d\,(\text{friction heating})}{dm} + \frac{dQ}{dm} \qquad \begin{bmatrix}\text{constant-density} \\ \text{materials only}\end{bmatrix} \tag{5.2}$$

이 식을 풀어서 단위 질량당 마찰열을 구하면, 식 (5.1)의 오른쪽 항인 $\Delta u - dQ/dm$이 된다.

이 마찰열은 외계와의 열전달에 의한 유체의 가열이나 냉각과는 관계가 없고, 유체가 가열 또는 냉각되는지와 같은 의미가 있다. 여기서 그림 5.1에 나타낸 밀도가 일정한 유체에 대한 마찰이 없는 가열기(frictionless heater)를 고려하면 좋을 것이다. 이러한 가열기에서는 높이나 속도의 변화가 없고, 마찰이 없으므로 압력의 변화가 없다. 또 펌프나 압축일이 없으므로 B.E.은 다음과 같이 간단해진다.

$$0 = -\left(\Delta u - \frac{dQ}{dm}\right) \qquad [\text{frictionless heater}] \tag{5.3}$$

그러나 이 가열기에서 마찰이 있으면 $\Delta u - dQ/dm > 0$이 되며, 그 값은 단위 질량당 마찰열과 정확히 같아진다.

마찰열에 의한 내부에너지 증가는 대개 공업적으로 무용한 것이므로, 흔히 마찰열을 마찰 손실(friction loss)이라 한다. 이 경우에 에너지는 사라지지 않고, 유용한 형태의 에너지가 무용한 형태로 전환되므로, 실제 유용한 에너지가 '손실'되는 것이다.

2.2절에서 검토하였지만, 절대 비압축성 유체는 없다. 또 상황에 따라서는 물처럼 압축도가 아주 작은 유체가 압축성으로 거동할 때도 있다. 따라서 **비압축성 흐름**(incompressible flow)이라 할 때는 비압축성 유체의 흐름이라기보다는 밀도 변화가 중요하지 않은 흐름이

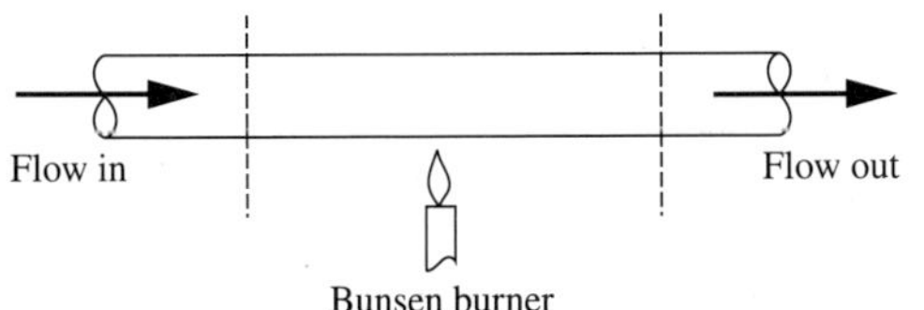

그림 5.1
간단한 무마찰 가열기

라는 뜻이다. 일반적으로 액체의 모든 정상 흐름과 저속 기체의 대부분의 정상 흐름(5.6절 참조)은 비압축성이라 할 수 있지만, 액체의 일부분 비정상 흐름(7.4절 참조)과 고속 기체의 모든 정상 흐름은 비압축성이라 볼 수 없다. 고속 기체의 흐름에서는 B.E.의 형태가 달라진다(8장). 따라서 여기서는 비압축성 흐름에만 B.E.을 적용하고 $\Delta u - dQ/dm$의 비압축성 흐름의 의미(단위 질량당 마찰열)만 사용하기로 한다.

편의상 단위 질량당 마찰열을 새로운 기호로 나타내면

$$\Delta u - \frac{dQ}{dm} = \mathscr{F} = \begin{pmatrix}\text{friction heating} \\ \text{per unit mass}\end{pmatrix} \qquad \begin{bmatrix}\text{constant-density} \\ \text{flow}\end{bmatrix} \tag{5.4}$$

여기서 힘을 나타내는 F와의 혼동을 피하기 위해 $\mathscr{F}$를 사용한다. 대부분의 토목공학 책에서 이것을 gh_f 또는 gh_L로 나타낸다. 여기서 g는 중력가속도를, h_f 또는 h_L은 마찰두 손실(friction head loss)을 나타낸다(5.4절). 일부 열역학 책에서 열역학 제2법칙을 설명하는 데에 손실일(lost work)의 개념을 사용한다. 열용기의 온도에 있는 정밀도 유체에 대하여 단위 질량당 마찰열은 단위 질량당 손실일과 정확히 일치하며, 일부 교과서에서는 이 항을 LW로 나타낸다. 다른 책에서는 이 항을 $(-\Delta P/\rho)_{\text{friction}}$로 나타내는데, 대부분의 관 마찰 문제에서 면적이 일정한 수평관 내부의 정상 흐름에서 $\mathscr{F} = (-\Delta P/\rho)_{\text{friction}}$이기 때문이다.

위에서 정의된 $\mathscr{F}$를 식 (5.1)에 대입하면 최종 실용형의 B.E.으로 나타낼 수 있다.

$$\Delta\left(\frac{P}{\rho} + gz + \frac{V^2}{2}\right) = \frac{dW_{\text{n.f.}}}{dm} - \mathscr{F} \tag{5.5}$$

열역학 제2법칙에 따라서, 무마찰 흐름일 때는 $\mathscr{F} = 0$이고, 모든 실제 흐름에서는 +값이 된다. 계산에서 이 값이 −값이 되는 흐름이 있는데, 이는 흐름 방향의 가정이 잘못된 것을 의미한다. 즉, 이 경우 도입 및 배출 위치에서 가정한 조건에서는 이 반대 방향의 흐름만이 열역학적으로 가능하기 때문이다. 그러나 무마찰 흐름은 가역적이므로 $\mathscr{F}$가 0인 B.E.으로 기술한 흐름은 속도, 압력, 높이 등의 크기를 변화시키지 않고도 방향을 반전시킬 수 있다.

모든 실제 흐름에서는 $\mathscr{F} > 0$이므로, 식 (5.5)에서 $\mathscr{F}$ 앞의 −부호는 마찰로 인한 압력, 높이, 속도의 감소, 또는 터빈에서 추출할 수 있는 일의 감소, 또는 펌프가 해야 할 일의 증가, 또는 이러한 효과의 어떤 조합을 나타낸다.

식 (5.5)에는 기계적으로 측정할 수 있는 항만 있다. 열적 측정이 필요한 Q와 u는 제외되었다. 따라서 B.E.의 실용형인 이 식을 **기계적 에너지수지**(mechanical energy balance)라고도 한다. '기계적 에너지'가 보존되는 것은 '에너지 파괴' 항 $\mathscr{F}$가 포함되었을 때만 보존된다는 것에 주의하기 바란다. 이 식은 식 (5.1)에서와 마찬가지의 제약조건이 있고, 또 밀도 변화의 영향을 무시할 수 있다는 제약이 있다.

대부분의 응용에서는 관이나 유로에서의 흐름을 다루게 될 것인데, 흐름에 직각인 단면에서는 유속이 일정하다고 가정한다. 이 가정은 대부분의 공학 문제에서 잘 맞는 것이다

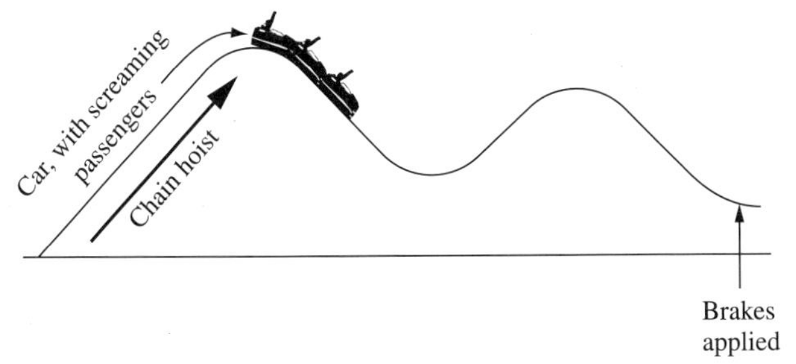

그림 5.2
베르누이 식의 다섯 항 중에서 네 항을 설명하기 위한 단순 롤러코스터

(표 3.1 참조). 한 가지 예외는 5.11절에서 다룬다.

B.E.은 한 형태의 에너지가 다른 형태로 전환되는 것을 다룬다. 이 변화를 그림 5.2의 일반적인 롤러코스터로 설명해 보자. 그림 왼쪽에서 승객을 태운 차는 전기모터로 구동되는 체인 호이스트에 의하여 지면에서 첫 번째 언덕 꼭대기로 이동하며, 이 호이스트는 차 바닥의 톱니와 맞물린다. 이 첫 번째 과정의 위치에너지 변화 Δgz는 가해진 일($\Delta W_{\text{n.f.}}/m$)과 같다. 첫 번째 언덕 꼭대기에서 차가 체인에서 풀려 멈추는 순간 승객들은 첫 번째 내리막을 내려가는 다음 단계를 기대한다. 이 과정에서 위치에너지 감소는 운동에너지 증가와 실질적으로 같아진다. 첫 번째 내리막에서 차는 매우 빠르게 가고 있다. 첫 번째 내리막에서 두 번째 언덕 꼭대기까지 차의 위치에너지가 증가함에 따라 운동에너지가 감소한다. 두 번째 언덕 꼭대기는 항상 첫 번째보다 낮은데, 이는 공기저항 및 트랙상의 회전마찰과 같은 차의 속도를 늦추는 마찰이 있기 때문이다. 마찰이 없다면 차는 원래 높이로 무한히 오르내릴 수 있을 것이다. 그러나 마찰로 인해 각 고점의 상단은 이전의 것보다 낮아야 한다. 승선 마지막에 차는 브레이크로 감속되고 안전하게 정지한다(운동에너지를 마찰열로 전환). 이 롤러코스터를 기술하는 데에 B.E의 다섯 항 중에서 네 개 항이 나타난다. 압력을 포함하는 다섯째 항은 5.5절에서 다룬다.

5.3 정지 유체

유체정역학의 기본식은 식 (5.5)의 제한형이다. 속도가 천천히 0에 근접하는 유체흐름의 임의의 두 점 사이에 식 (5.1)을 적용하면, 외부일이나 마찰이 없고 운동에너지가 0에 근접하므로

$$\Delta\left(\frac{P}{\rho} + gz\right) = 0 \qquad \text{[zero flow]} \tag{5.C}$$

다시 쓰면

$$\frac{1}{\rho}\,\Delta P = -g\,\Delta z \tag{5.D}$$

또는

$$\underset{\Delta z \to 0}{\text{limit}} \frac{\Delta P}{\Delta z} = \frac{dP}{dz} = -\rho g \tag{2.1}$$

이 식은 유체정역학의 기본식이다. 이 식은 유체 요소에 대한 힘수지를 취하여 2장에서 유도한 것과 같다. 따라서 식 (5.5)는 정지 유체도 적용되는 일반형임을 알 수 있다.

5.4 두로 나타낸 베르누이 식

댐, 운하, 개방 유로에서와 같은 물 흐름을 포함하는 많은 문제에서, 식 (5.5)의 양변을 g로 나누면 편리하다.

$$\Delta\left(\frac{P}{\rho g} + z + \frac{V^2}{2g}\right) = \frac{dW_{\text{n.f.}}}{g\,dm} - \frac{\mathscr{F}}{g} \tag{5.6}$$

이 식을 B.E.의 두형(head form)이라 한다.

식 (5.6)의 모든 항의 차원은 길이이며, 이 길이는 적어도 개념적으로는 어떤 기준면으로부터의 높이 Δz로 변환할 수 있다. 이러한 높이를 일반적으로 두라 한다.(head는 height에서 유래하였다.) 따라서 식 (5.6)의 각 항을 압력두(pressure head), 중력두(gravity head), 속도두(velocity head), 펌프두(pump head) 또는 터빈두(turbine head), 마찰두 손실(friction head loss)이라 한다. 가끔 압력두와 중력두의 합인 정지두(static head)와 정지두와 속도두의 합인 역학두(dynamic head)를 사용하기도 한다. 일부 저자(주로 토목 기술자)는 $(P + \rho V^2/2)$ 조합을 동적 압력(dynamic pressure)으로 표시한다.

어떤 경우에 B.E.의 두형을 사용하고, 어떤 경우에 에너지형인 식 (5.5)를 사용하는지 정해진 것은 없다. 제대로 사용하면 어느 것이든 같은 결과가 얻어진다. 기술자는 실제로 사용하면서 어느 것이 주어진 문제에 더 편리한 것인지 알게 된다. 토목 기술자는 두형을, 그리고 화학 기술자는 속도두 및 펌프두를 더 많이 사용한다.

5.5 확산기와 급격팽창

다음 절에서는 움직이는 유체가 멈추게 되는 흐름의 예를 몇 가지 살펴볼 것이다. 여기서는 유체흐름을 느리게 하는 두 가지 방법, 즉 확산기와 급격팽창을 다룬다. 확산기(diffuser)는 그림 5.3에 나타낸 것처럼 점진적으로 팽창시킨 관이나 덕트이다.

위치 1과 2 사이에 대하여 B.E.을 쓰면 다음과 같다.

$$\frac{P_2 - P_1}{\rho} + \frac{V_2^2 - V_1^2}{2} = -\mathscr{F} \tag{5.E}$$

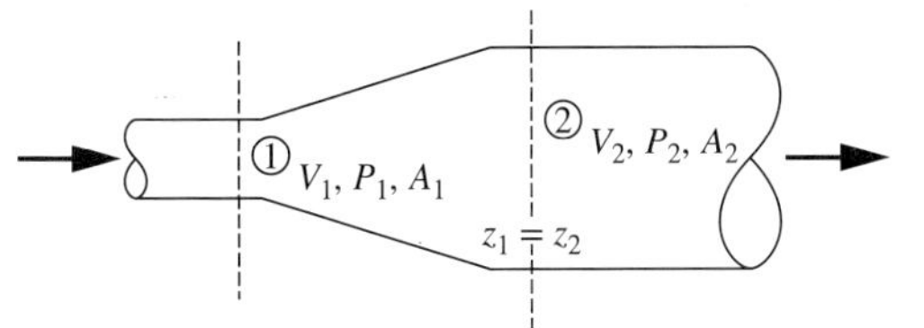

그림 5.3
유체흐름이 질서정연하게 느려지는 단순 확산기

정밀도(constant-density) 유체의 경우 질량수지를 취하면

$$V_2 = \frac{V_1 A_1}{A_2} \tag{5.F}$$

이 관계를 식 (5.E)의 V_2에 대입하면

$$P_2 - P_1 = \rho \frac{V_1^2}{2}\left(1 - \frac{A_1^2}{A_2^2}\right) - \rho\mathscr{F} \tag{5.7}$$

이처럼 속도 감소에 따른 압력 증가를 압력회복(pressure recovery)이라 한다. 이러한 장치에서는 운동에너지가 일부는 흐름일(압력 증가로 나타내었다)로 변하고, 일부는 마찰열로 변한다.

정상 흐름에서 유체 유속이 감소함에 따라서 왜 압력이 증가하는지 가시화하기는 어렵다. 먼저, 흐름의 단면적이 변하여 정밀도 정상 흐름에서 한 지점에서의 속도가 다른 지점과 변하는 것을 관찰하자. 단면적이 일정한 관 또는 덕트 내부의 정상 흐름에서는 속도가 하류 각 지점에서 같다. 그림 5.4에 흐름 방향에 따라서 수로의 단면적이 감소하거나 확장되는 두 가지 흐름 수로를 나타내었다.

그림 5.4의 왼쪽은 독자들에게 친숙한 일반적인 정원 호스의 노즐이다. 호스 내부에서 흐름 방향으로 단면적이 감소하고 속도는 증가한다. 독자 대다수는 이러한 현상을 관찰한 경험이 있을 것이다. 정원 호스 내의 느린 흐름은 노즐에 의하여 빠른 흐름의 물 제트로 전환된다. 그림에서 표시된 Δx를 고려하면, 노즐 내부의 유체가 가속되고 있는 것을 보게 된다. 뉴턴의 제2법칙으로부터 $F = ma$를 만족하고, 흐름 방향으로 가속되면 이 유체 조각에 작용하는 흐름 방향의 순힘(net force)이 반드시 존재한다. 작용하는 유일한 힘은 압력힘이고, 이 힘은 흐름 조각 뒤 및 바로 앞에서부터 흐름 조각에 작용한다.(여기서 덕트 벽에 작용하는 작은 전단력은 무시한다.) 흐름 방향의 한 점에 작용하는 힘들의 대수 합에서 하류

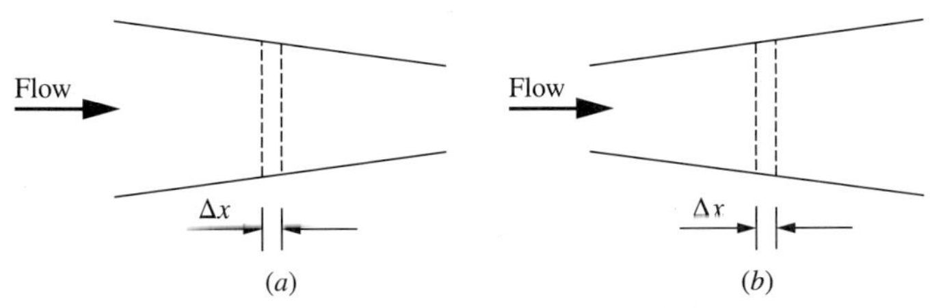

그림 5.4
(*a*) 흐름 방향의 단면적이 감소하는 수로 및 (*b*) 흐름 방향의 단면적이증가하는 수로

압력은 상류 압력보다 반드시 작아야 한다. 그림 5.4의 오른쪽은 왼쪽의 거울상인데, 정원 호스와 같이 일상에서 경험하기 어려운 흐름이다. 이를 확산기(diffuser)라 부르며, 다양한 산업장치에서 볼 수 있다. 그 내부에서 흐름 방향에 수직인 단면적이 증가하여 흐름이 느려진다. 여기서도 $F = ma$를 적용하면, 앞에서 사용한 상류와 하류 그리고 증가와 감소를 맞바꾸면 같은 결과를 얻는다. 즉, 그림에 표시된 Δx 지역을 가로지르는 흐름 방향에 따라 유체를 감속시키는 순힘에 의하여 압력이 증가하여야 한다.

자전거나 스케이트를 타고 언덕에서 내려올 때는 속도가 증가하고, 언덕을 오를 때는 속도가 감소하는 것을 경험해 보았을 것이다. B.E.에서 gz와 $V^2/2$ 항은 그런 상호작용을 나타낸다. 앞의 설명은 유체가 **압력언덕**(pressure hill)을 오르거나 내려올 때에도 유사한 거동이 있음을 뜻하는데, 즉 압력언덕을 내려올 때 유체는 가속되고(무마찰 흐름에서), 압력언덕을 오를 때 유체는 감속된다. B.E.의 P/ρ와 $V^2/2$ 항이 그런 거동을 나타낸다.

확산기는 마찰열이 운동에너지 감소의 1/10 정도만 되게 할 수 있으며, 무마찰 확산기에서 **압력회복**은 최대 90% 정도가 가능하다.

한편, 그림 5.5에 나타낸 것처럼 유체가 덕트를 통하여 실질 유속이 없는 큰 탱크로 흘러 들어가는 경우를 **급격팽창**(sudden expansion)이라 한다. 그림에서 점 2가 유체 입구에서 멀리 떨어진 점이면 이곳의 유속은 무시할 수 있다. 점 1과 2 사이에 B.E.을 적용하면 다음과 같다.

$$P_2 - P_1 = \frac{\rho V_1^2}{2} - \rho \mathcal{F} \tag{5.G}$$

이 식은 식 (5.7)과 아주 비슷하다. 그러나 마찰 항이 확산기보다 아주 큰데, 이 경우에는 유체를 차차로 멈추게 하는 것이 아니라, 혼란한 소용돌이에 의하여 정지시키므로, 운동에너지가 전부 내부에너지로 전환되기 때문이다. 실험적 관찰에 따르면 이러한 급격팽창에서는 단위 질량당 마찰열이 단위 질량당 운동에너지 감소와 똑같아서 압력회복은 전혀 없다. 따라서 급격 팽창하여 흘러 들어가는 유체 압력은 그곳의 유체 압력과 마찬가지이다. 이러한 결론은 유속이 음속보다 낮은 유체일 때만 적용되며, 음속 또는 초음속 흐름에는 적용되지 않는다(8장).

유체를 정지시키는 이러한 두 가지 방법을 빨리 움직이는 자동차를 멈추는 방법과 비교하여 생각할 수 있다. 즉, 자동차가 달리던 속도를 이용하여 언덕 위로 올라가서 정지하게

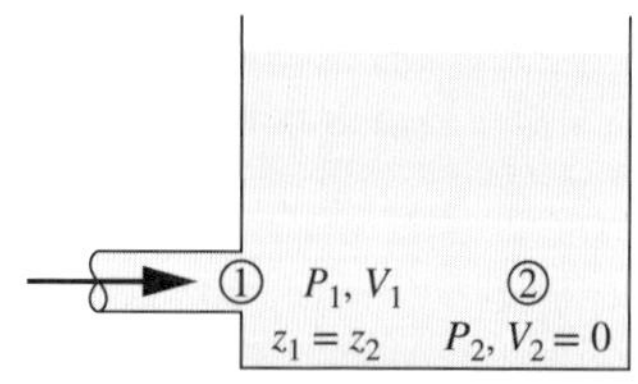

그림 5.5
유체흐름이 무질서하게 느려지는 급격팽창

하면 운동에너지가 유용한 위치에너지로 변하며, 브레이크를 밟아서 정지시키면 운동에너지가 브레이크에서 쓸모없는 내부에너지로 변한다. 롤러코스터를 타 본 사람이라면 위치에너지(롤러코스터 정상)를 운동에너지로 전환하고(첫 계곡) 다시 위치에너지로 전환하는(다음 정상) 것에 익숙하다. 그러나 '압력언덕(pressure hill)'의 아이디어에는 덜 익숙하다. 그런데 B.E.으로부터 알 수 있는 것처럼, 빨리 움직이는 유체흐름의 운동에너지는 중력 언덕을 올라감으로써 위치에너지로 변하고, 압력 언덕을 올라감으로써 주입일로 변하며, 마찰열에 의하여 내부에너지로 변한다.

5.6 기체에 대한 B.E.

B.E.은 원래 정밀도 유체에 정확하게 맞으며, 밀도 변화가 중요하지 않은 모든 유체에도 실제로 잘 맞는다. 액체의 경우 거의 모든 정상 흐름이 여기에 해당한다. 이 식은 또 저속 기체흐름에도 잘 맞는다.

예제 5.2 그림 5.6의 탱크에 68°F = 20°C의 공기가 차 있다. 이 공기는 매끈한 무마찰 노즐을 통하여 정상속도로 주변 대기로 흘러나간다. 탱크 압력에 따른 유속을 구하라.

점 1에서는 유속을 무시할 수 있으며, 또 5.5절에서 검토한 것처럼, 흐름이 음속 이하이면 점 2에서의 압력은 주변 대기압과 같다. 이 관계를 마찰이 없는 B.E.에 대입하고 1지점은 노즐로부터 떨어진 지점, 2지점은 노즐 바로 후미의 제트흐름 지점으로 하면, B.E.은 다음과 같이 된다.

$$V_2 = \left[\frac{2(P_1 - P_{\text{atm}})}{\rho}\right]^{1/2} \tag{5.8}$$

여기서 어떤 밀도의 값을 사용할 것인가? 두 상태에서 압력이 다르므로 이 두 상태는 분명히 다르다. 그러나 압력 변화가 적으면 두 점에서의 밀도는 실질적으로 같을 것이다. 여기서는 상류 밀도를 사용한다(연습문제 5.5 참조). 이상기체법칙 $\rho = MP_1/(RT_1)$을 식 (5.8)에 대입하면

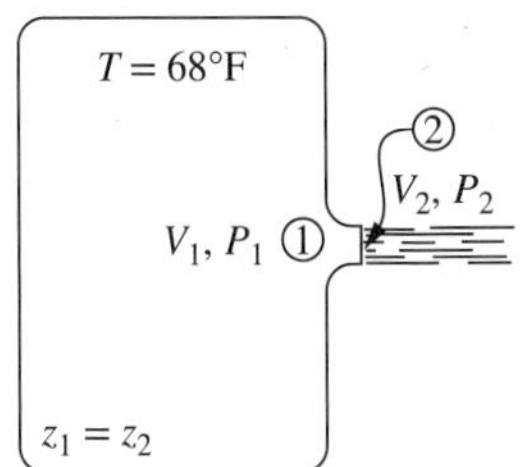

그림 5.6
약간의 압력 차이에 의해 구동되는 노즐을 통해 흐르는 기체

$$V_2 = \left[\frac{2RT_1}{P_1 M}(P_1 - P_{atm})\right]^{1/2} \tag{5.9}$$

이 식을 사용하여 P_1에 따른 V_2를 계산할 수 있다. 예를 들어 P_1이 (P_{atm} + 0.01 psig)이면

$$V_2 = \left[\frac{2 \cdot (10.73\ \text{psi} \cdot \text{ft}^3/°\text{R} \cdot \text{lbmol}) \cdot 528°\text{R}}{(14.71\ \text{psi})(29\ \text{lbm}/\text{lbmol})} \cdot 0.01\,\frac{\text{lbf}}{\text{in}^2} \cdot \frac{144\ \text{in}^2}{\text{ft}^2} \cdot \frac{32.2\ \text{lbm} \cdot \text{ft}}{\text{lbf} \cdot \text{s}^2}\right]^{1/2}$$
$$= \left[1231\,\frac{\text{ft}^2}{\text{s}^2}\right]^{1/2} = 35\,\frac{\text{ft}}{\text{s}} = 10.7\,\frac{\text{m}}{\text{s}} \tag{5.H}$$

식 (5.9)는 정밀도 유체라는 가정에 기초한 것인데, 여기서는 정확히 맞지 않는다. 이러한 계에서 기체 팽창을 고려한 정확한 결과를 8장에서 다룬다. 식 (5.9)에서 계산한 유속과 정확한 해를 표 5.1에서 비교하였다. ■

표 5.1의 수치에서 보면, 기체흐름의 유속이 작을 때는 비압축성이라 가정하고 B.E.으로 기술하여도 기체 유속 200 ft/s 이하에서 오차가 별로 크지 않다. 유속이 700 ft/s(213 m/s)일 때도 비압축성 가정에 의한 오차는 5% 정도이다. 표 5.1의 맨 오른쪽 열에서 왜 단순한 B.E.에 의한 결과와 8장의 고속흐름 계산결과가 다른지를 알 수 있다. 8장의 방법에 의하면 속도가 증가하면 온도가 감소하여 표 끝 행의 온도가 시작 온도보다 42°F 작음을 알 수 있다. 고속 기체 흐름에서 기체는 내부에너지의 일부를 운동에너지로 전환할 수 있으므로 B.E.에서 일정 밀도 가정을 사용하여 계산한 것보다 속도는 더 높고 온도는 더 낮다.

대부분의 에어컨 및 저속 항공기 문제에서는 대개 유속이 200 ft/s(61 m/s) 이하이므로, 공학적 정확도 범위 내에서 B.E.으로 풀 수 있다. 그러나 흐르는 기체의 압력 변화가 커서 고속이 될 때에는 밀도 변화를 고려해야 한다(8장). 또한 기체에 작용하는 압력차가 아주 작아도 유속은 아주 커질 수 있다. 이것을 거꾸로 보여 주는 것이 보통 유속에서 기체의 압력차는 유속이 같은 액체의 경우보다 적어도 한 자리 이상 적다는 것이다. 그 이유는 이러한 계산에서 압력이 ($\Delta P/\rho$) 형태로 나타나고 기체의 ρ는 액체의 약 1/800 정도이기 때문

표 5.1
그림 5.6의 흐름에 대한 베르누이 식과 고속 기체 흐름식의 비교

$(P_1 - P_2)$, psia	V_2 from Eq. 5.9, ft / s	V_2 from Chap. 8, ft / s	T_2 from Chap. 8, °F
0.01	35	35	67.9
0.1	110	111	67.0
0.3	190	191	65.0
0.6	267	268	62.0
1	340	343	58.2
2	466	476	49.1
3	554	572	40.7
5	678	713	25.6

이다.

간단한 수평 펌프나 압축기로서 입구와 출구의 관 크기가 같은 것에(따라서 속도 변화가 없을 때) B.E.을 적용하면

$$\frac{dW_{\text{n.f.}}}{dm} = \frac{\Delta P}{\rho} + \mathscr{F} \tag{5.10}$$

마찰을 무시하면

$$\frac{dW_{\text{n.f.}}}{dm} = \frac{\Delta P}{\rho} \qquad \begin{bmatrix}\text{frictionless pump or compressor,}\\ \text{constant-density fluid}\end{bmatrix} \tag{5.11}$$

실제 펌프와 압축기는 무마찰이 아니다. 일반적으로 펌프와 압축기의 효율은 이 무마찰 필요 일과 펌프와 압축기를 구동하는 데 실제 필요한 일의 비로 정의된다. 식 (5.11)은 정확히 정밀도 유체에 대한 무마찰 필요 일이며 실제 액체를 펌핑하는 대부분의 펌프에 잘 맞는다. 기체는 압축기 내부에서 밀도가 변하므로 잘 맞지 않는다. 기체의 밀도 변화를 고려한 결과는 10장에서 다룬다. 그러나 도입 압력 P_{in}에 비하여 압력 변화 ΔP가 작으면, 식 (5.11)을 이용하여 필요한 무마찰 일을 제대로 구할 수 있다. 예를 들어 $\Delta P/\rho$가 0.1 이하이면, 식 (5.11)에 의한 결과와 밀도 변화를 고려한 계산 결과의 차이가 10% 미만이다. 대부분의 선풍기, 송풍기, 에어컨 시스템, 진공청소기 등에서는 압력이 이 범위에 속하지만, 차량의 타이어를 팽창시키거나 페인트 분무기 또는 공압 도구를 구동하는 공기 압축기는 이 범위를 벗어난다(연습문제 5.51 참조).

5.7 토리첼리 식과 그 변형식

B.E.의 가장 흥미 있는 응용은 마찰의 영향을 포함한 것이다. 이 식을 풀기 위하여 6장에서 다루는 $\mathscr{F}$ 항을 구하는 방법을 알아야 한다. 그러나 많은 흐름 문제에서는 마찰열이 다른 항에 비하여 작으므로 무시할 수 있어 마찰열 항이 없는 B.E.을 통하여 문제를 풀 수 있다. 좋은 예로서 탱크 배수 문제를 들 수 있는데, 이로부터 토리첼리 식(Torricelli's equation)을 얻을 수 있다.

예제 5.3 그림 5.7의 개방 탱크에 물이 들어 있다. 바닥 부근에 무마찰 노즐이 있는데 그 지름은 탱크 지름과 비교하면 아주 작다. 이 노즐을 통한 배출 유속을 구하라.

이 문제를 풀기 위하여, 탱크 상부의 자유수면(위치 1)과 탱크에서 배출되는 제트 흐름(위치 2)에 대하여 식 (5.5)를 적용한다. B.E.에서의 가정에 더하여 다음과 같은 가정을 한다.

1. 탱크 지름이 아주 크므로 자유수면에서의 유속이 실질적으로 0이다. $V_1 \approx 0$.

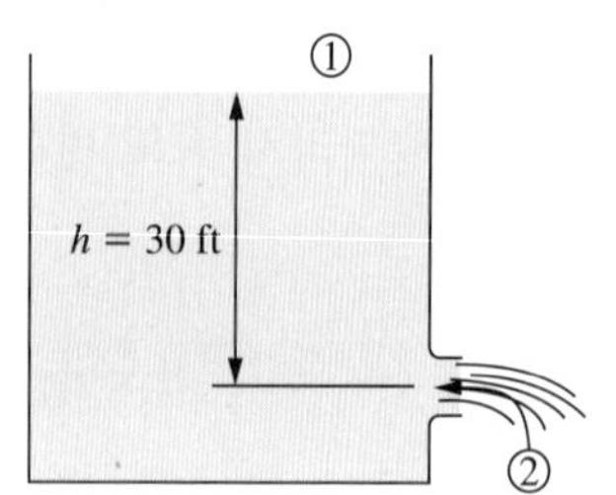

그림 5.7
토리첼리 식이 적용되는 흐름

2. 위치 1과 2에서의 압력이 국부 대기압과 같다. 이 두 지점에서의 대기압이 정확하게 같지는 않을 것이지만, 실질적으로는 같다고 볼 수 있다. $\Delta P = 0$.
3. 마찰일이나 외부일이 없다.
4. 정상 흐름이다. 즉, 탱크 수면이 하강하지 않는다. 이 가정이 타당해지려면, 위치 2에서 탱크로부터 흘러나가는 양만큼 어떤 점에서든 탱크로 흘러 들어가야 한다.

이러한 가정을 적용하면

$$g(z_2 - z_1) + \frac{V_2^2}{2} = 0 \tag{5.I}$$

여기서 $z_2 - z_1 = -h$이므로

$$V_2 = (2gh)^{1/2} \qquad \text{[Torricelli's equation]} \tag{5.12}$$

이 식을 토리첼리 식(Torricelli's equation)이라 하는데, 유체의 유속이 정지상태의 유체가 거리 h만큼 자유낙하할 때의 속도와 같음을 나타낸다. 수치를 대입하면

$$V_2 = \left(2 \cdot 32.2\,\frac{\text{ft}}{\text{s}^2} \cdot 30\text{ ft}\right)^{1/2} = 43.9\,\frac{\text{ft}}{\text{s}} = 13.4\,\frac{\text{m}}{\text{s}} \tag{5.J}$$

■

이 문제는 고전적 탱크 배수 문제인데, 토리첼리 식에서의 가정이 적용되는 경우에만 맞는다. 이 식이 적용되지 않는 경우를 예제 5.4와 5.5에서 다룬다.

예제 5.4 위의 예제 5.3에서, 배수구의 지름이 1 ft²이고 탱크 지름이 4 ft²라 하고 다시 풀어라.

이 경우에는 예제 5.3에서와 같이 자유수면에서의 유속이 0이라 할 수 없다. 따라서

$$g(-h) + \frac{V_2^2 - V_1^2}{2} = 0 \tag{5.K}$$

정밀도 유체에 대한 질량수지로부터 V_1을 V_2, A_1, A_2로 나타내고 정리하면 다음과 같다.

$$g(-h) + \frac{1}{2}\left[V_2^2 - \left(\frac{V_2A_2}{A_1}\right)^2\right] = 0: \qquad -gh + \frac{V_2^2}{2}\left[1 - \left(\frac{A_2}{A_1}\right)^2\right] = 0 \tag{5.L}$$

$$V_2 = \left[\frac{2gh}{1 - (A_2 / A_1)^2}\right]^{1/2} \tag{5.13}$$

수치를 대입하면

$$V_2 = \left(\frac{2 \cdot 32.2\ \text{ft}/\text{s}^2 \cdot 30\ \text{ft}}{1 - (1/4)^2}\right)^{1/2} \tag{5.M}$$

이 값은 예제 5.3의 답을 $(15/16)^{1/2}$로 나눈 것과 같다.

$$V_2 = \frac{43.9\ \text{ft}/\text{s}}{(15/16)^{1/2}} = 45.3\ \frac{\text{ft}}{\text{s}} = 13.8\ \frac{\text{m}}{\text{s}} \tag{5.N}$$

■

이 경우에 물의 유속이 빨라지는 이유는 무엇인가? 탱크 안의 물이 모두 11.4 ft/s의 유속으로 흘러내리므로 측정할 만한 운동에너지를 가지고 있기 때문이다. 예제 5.3에서는 탱크 안에 있는 물의 운동에너지가 측정할 수 없을 만큼 작은 값이었다.

예제 5.4에서 배출구와 탱크의 단면적을 같게 하면($A_2 = A_1$) 어떤 일이 일어날까? 이 관계를 식 (5.13)에 대입하면 유속이 무한대가 되므로, 이러한 상황은 이 식으로 기술할 수 없다. 이 식의 가정을 살펴보면, 첫째로 정상 흐름이라는 B.E. 가정이 있고, 둘째로 식 (5.12)와 (5.13)에서는 마찰을 무시한다는 가정이 있다. 지금 단면적이 일정한 수직관에서 아래 방향으로의 정상 흐름을 가정하고, 어느 두 위치에서의 압력차가 0이라 하자. 이 상황은 예제 5.4에서 $A_1 = A_2$인 경우와 같다. 식 (5.5)를 다시 이용하면 유일한 주요 항은

$$g(z_2 - z_1) = -\mathscr{F} \tag{5.O}$$

마찰력이 우세한 경우는 토리첼리 식을 유도한 그림 5.7의 상황과 크게 달라 무마찰 가정을 한 토리첼리 식을 적용할 수 없다.

예제 5.5 예제 5.3의 탱크에 물 대신에 외기와 같은 온도와 압력에서 이산화탄소 기체가 들어 있을 때 예제 5.3을 다시 풀어라.

개방 탱크에 기체가 들어 있다는 것이므로, 문제 자체가 이상할지 모른다. 그러나 실험실이나 부엌에서 소량의 탄산수소나트륨과 식초를 컵에서 혼합하여 이 시범을 보일 수 있다. 기포 발생이 멈추었을 때 컵에는 이산화탄소 기체로 가득 차 있을 것이다. 이 기체는 공기보다 무거우므로 한 컵에서 다른 컵으로 부어서 옮길 수 있다. 그러나 천천히 공기와 혼합되고 결국은 확산에 의하여 분산될 것이다.

예제 5.3과 같은 것으로 보일지 모르지만 큰 차이가 있다. 이 경우 위치 1과 2의 대기압차를 무시할 수 없다. 예제 5.3에 대한 다른 가정은 적용할 수 있으므로 B.E.은 다음과 같이 된다.

$$\frac{P_2 - P_1}{\rho} + g(z_2 - z_1) + \frac{V_2^2}{2} = 0 \tag{5.P}$$

유체정역학의 기본식으로부터

$$P_2 - P_1 = -\rho_{air} g(z_2 - z_1) \tag{5.Q}$$

문제에서는 두 가지 밀도를 고려해야 하므로 조심해야 한다. 즉, 위 식에서 보인 ρ_{air}와 B.E.의 ρ이다. B.E.의 유도 과정을 처음부터 상기하면 이 식의 ρ는 흐르는 유체의 ρ이다. 이를 ρ_{CO_2}로 나타내기로 한다. 위의 두 식으로부터

$$\frac{-\rho_{air} g(z_2 - z_1)}{\rho_{CO_2}} + g(z_2 - z_1) + \frac{V_2^2}{2} = 0;$$

$$0 = \frac{V_2^2}{2} + g(z_2 - z_1)\left(1 - \frac{\rho_{air}}{\rho_{CO_2}}\right) \tag{5.R}$$

V_2를 구하면,

$$V_2 = \left[2gh\left(1 - \frac{\rho_{air}}{\rho_{CO_2}}\right)\right]^{1/2} \tag{5.14}$$

공기와 이산화탄소가 이상기체 거동을 하고 온도와 압력이 같다면 밀도는 분자량(29 및 44 g/mol)에 비례하게 된다. 따라서

$$V_2 = \left(2 \cdot 32.2 \frac{\text{ft}}{\text{s}^2} \cdot 30\ \text{ft}\right)^{1/2} \cdot \left(1 - \frac{29}{44}\right)^{1/2} = 43.9 \frac{\text{ft}}{\text{s}} \cdot 0.34^{1/2}$$

$$= 25.6 \frac{\text{ft}}{\text{s}} = 7.8 \frac{\text{m}}{\text{s}} \tag{5.S}$$

■

예제 5.5에서 대기압의 차가 중요하면, 예제 5.3에서는 어떤가? 식 (5.14)는 예제 5.5에서도 사용할 수 있으므로, 예제 5.3에도 사용할 수 있다. 결국, 예제 5.3에서 대기압의 차이의 효과를 고려하고자 한다면 식 (5.14)를 사용하여야 하며, 이는 예제 5.3의 답에 $(1 - \rho_{air}/\rho_{water})^{1/2}$를 곱하는 것과 같다. 상온, 상압의 물과 공기에 대해 이 값은 대개 다음과 같다.

$$\left(1 - \frac{\rho_{air}}{\rho_{water}}\right)^{1/2} = \left(1 - \frac{0.075\ \text{lbm/ft}^3}{62.3\ \text{lbm/ft}^3}\right)^{1/2} = (0.9988)^{1/2} = 0.9994 \tag{5.T}$$

공기와 물에 대한 토리첼리 식에서 대기압 변화를 무시하면 오차가 ≈0.06%인데, 이는 다른 가정에 의한 오차보다 아주 작은 것이다. 따라서 둘러싼 유체와 흐르는 유체의 밀도비 $\rho_{surrounding\ fluid}/\rho_{moving\ fluid}$가 1보다 아주 작으면 이 항을 무시할 수 있다. 대부분의 수력학 문제에서는 이 가정이 유효하지만, 두 액체를 다루는 문제에서는 맞지 않는다(연습문제 5.14, 5.15).

토리첼리 식의 변형에 관해서는 5.10절에서도 다룬다.

5.8 B.E.을 이용한 유량 측정

중요한 유량 측정 기구 중에는 B.E.의 무마찰형에 기초한 종류가 있다. 이러한 기구에서 마찰 영향이 클 때는, B.E.에 마찰 항을 도입하는 대신에 실험적 보정계수를 도입한다. 여기서 이러한 기구를 먼저 살펴보고 마찰 항을 검토하기로 한다. 이러한 장치들은 100년 이상 사용되어 왔으며, 현대의 전자공학 및 컴퓨터 기술로 B.E.에 기초하지 않는 유량 측정장치도 있다. 여기서 기술하는 B.E.에 기초하는 장치들은 단순하고 신뢰할 만하며 저렴하기 때문에 작거나 그다지 중요하지 않은 흐름이나 연속 기록이 필요하지 않은 흐름을 모니터링하는 데 여전히 널리 사용된다.

5.8.1 피토관

가장 간단한 피토관(pitot tube)(H. Pitot, 1695~1771)을 그림 5.8에 나타내었다. 이것은 충격관(impact tube) 또는 정체관(stagnation tube)이라고도 한다. 피토관은 굽은 투명관으로 되어 있는데, 수직 부분은 흐름 밖으로 나오고, 수평 부분은 흐름 속에서 상류를 향하고 있다.

위치 1에서는 피토관 때문에 흐름이 실질적으로 교란되지 않으므로, 이곳의 유속은 피토관이 없을 때의 위치 2에서의 유속과 같다. 위치 2에서는 삽입한 피토관 때문에 흐름이 완전히 정지되므로 $V_2 = 0$이다. 위치 1과 2에 대하여 B.E.을 쓰면 다음과 같다.

$$\frac{P_2 - P_1}{\rho} - \frac{V_1^2}{2} = -\mathscr{F} \tag{5.U}$$

피토관 안에서는 유체가 흐르지 않으므로, 위치 2에서의 압력은 다음과 같다.

$$P_2 = P_{\text{atm}} + \rho g(h_1 + h_2) \tag{5.V}$$

유체흐름 모두가 수평 방향이면, 유체정역학의 기본식을 사용하여, 깊이에 따른 압력의 수직 변화를 구할 수 있다. 따라서

$$P_1 = P_{\text{atm}} + \rho g h_2 \tag{5.W}$$

식 (5.V)와 (5.W)를 식 (5.U)에 대입하여 정리하면

$$V_1 = (2gh_1 + 2\mathscr{F})^{1/2} \tag{5.X}$$

실험적으로 알아낸 바로는, 식 (5.X)의 마찰열 항은 대개 전체의 1% 미만이므로 무시한다. 따라서

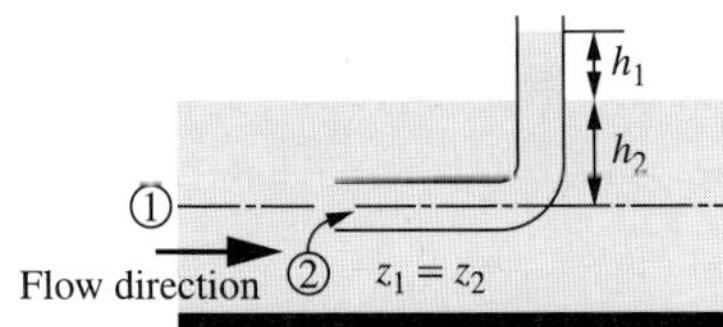

그림 5.8
유체 속도 측정을 위한 피토관

$$V_1 = (2gh_1)^{1/2} \qquad \text{[pitot tube]} \tag{5.15}$$

이 피토관으로 액체 높이를 매우 쉽게 측정하고, 이로부터 B.E.에 의하여 유속을 계산할 수 있다. 이 기구는, 그림 5.8에 나타낸 그대로 사용하여, 개방 유로의 임의의 점에서의 유속을 구하고, 또 보트의 속도를 알 수 있다.

예제 5.6 그림 5.8에 나타낸 그대로 피토관을 사용하여 돛단배의 속도를 구할 수 있다. 피토관의 수면이 표면보다 1 m 높을 때, 이 배의 속도를 구하라.

$$V_1 = \left(2 \cdot 9.81 \frac{\text{m}}{\text{s}^2} \cdot 1\text{ m}\right)^{1/2} = \left(19.62 \frac{\text{m}^2}{\text{s}^2}\right)^{1/2} = 4.43 \frac{\text{m}}{\text{s}} = 14.5 \frac{\text{ft}}{\text{s}} \tag{5.Y}$$

■

5.8.2 피토-정관

그림 5.8에 나타낸 피토관은 개방 유로에는 적절하지만, 대기 흐름이나 관 내 흐름에는 적절하지 않다. 후자의 경우 그림 5.9에 나타낸 것처럼 피토관과 정관(static tube)이라 부르는 또 하나의 관을 조합하여 사용한다. 이것이 피토관(충격관)을 이를 둘러싸는 정관 내부에 위치시킨 가장 일반적인 형태이다. 이 조합을 종종 피토관이라 부르기도 한다.

그림에서처럼 흐름 방향을 보는 면은 압력이 높고 흐름 방향과 수직인 구멍을 갖는 둘러싼 정관은 압력이 낮다. 이 두 관이 적절한 압력차 측정기구의 반대쪽에 연결된다. 잘 설계된 피토-정관에 대하여 마찰 영향을 무시할 수 있다는 것이 실험적으로 알려졌다. 따라서 압력차를 읽고 식 (5.U)로 속도를 계산하면

$$V_1 = \left(\frac{2\Delta P}{\rho}\right)^{1/2} \qquad \text{[pitot-static tube]} \tag{5.16}$$

예제 5.7 그림 5.9의 덕트에 공기가 흐른다. 차압계는 압력차 0.05 psi를 가리킨다. 공기 유속을 구하라.

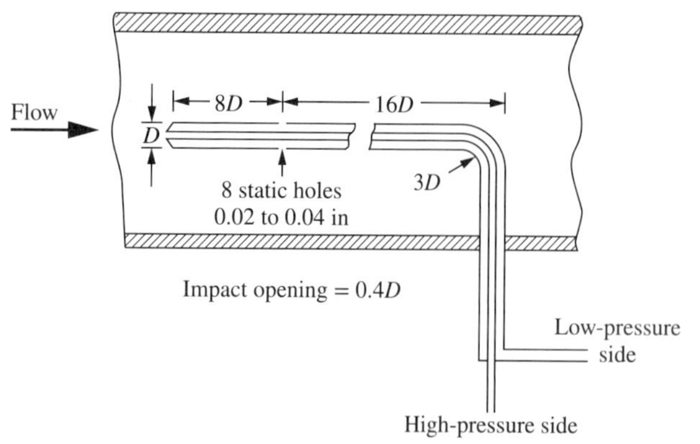

그림 5.9
유체 속도 측정을 위한 피토-정관. 저압부와 고압부가 압력차 측정기구에 연결되어 있다. 표시된 치수들은 대기오염 샘플링에서 굴뚝 배출 속도를 측정하는 기구의 전형적인 값이다. 비행기에 사용되는 피토-정관은 개념은 유사하지만 치수가 다소 다르며, 얼음 막힘을 방지하기 위하여 주로 가열된다.

$$V = \left(\frac{2 \cdot 0.05 \text{ lbf/in}^2}{0.075 \text{ lbm/ft}^3} \cdot \frac{144 \text{ in}^2}{\text{ft}^2} \cdot \frac{32.2 \text{ lbm} \cdot \text{ft}}{\text{lbf} \cdot \text{s}^2} \right)^{1/2} = 78.6 \frac{\text{ft}}{\text{s}} = 23.9 \frac{\text{m}}{\text{s}} \tag{5.Z}$$

■

피토-정관은 비행기의 속도 측정용 표준 기구이며, 특히 대기오염 시료 채취 과정에서 관이나 덕트 내부의 국부속도 측정에도 많이 쓰인다. 비행기에서 피토-정관 장치를 쉽게 볼 수 있다. 다중 엔진 비행기에는 파일럿 창문 아래쪽 옆면에 있으며, 단일 엔진 프로펠러 비행기에는 프로펠러의 영향을 받지 않도록 중심에서 충분히 멀리 떨어진 날개 아래에 위치한다. 공항에 갈 일이 있으면 확인해 보기 바란다. 폐쇄 덕트나 유로의 유량 측정에는 아래에 살펴볼 벤투리미터와 오리피스미터가 편리하여 주로 쓰인다. 현대의 상업용 항공기는 비행 제어 컴퓨터에 속도를 보고하고 조종사에게 비행기의 속도를 알리기 위해 피토관에 크게 의존한다. 에어프랑스 477편의 추락사고(2009년 6월 1일)는 비행기가 과냉각 구름을 통과할 때 얼어붙은 피토관 때문으로, 조종사와 컴퓨터는 해당 정보의 손실에 적절히 대응하지 못했다. 피토관은 전기적으로 가열되었지만 분명히 과냉각된 구름이 히터를 압도했다[1].

5.8.3 벤투리미터

그림 5.10은 수평 벤투리미터(venturi meter)(G. Venturi, 1746~1822)이다. 이것은 흐름에 직각인 단면적이 줄어드는 잘린 원뿔, 짧은 원통부, 단면적이 다시 원래대로 늘어나는 잘린 원뿔로 되어 있다. 상류와 짧은 원통부[목(throat)]에는 압력 탭이 있는데, 마노미터(manometer)와 같은 압력차 측정기구가 연결되어 있다. 위치 1과 2 사이에 B.E.을 적용하면 다음 식이 된다.

$$\frac{P_2 \quad P_1}{\rho} + \frac{V_2^2 - V_1^2}{2} = -\mathscr{F} \tag{5.AA}$$

이런 장치에서 일반적으로 마찰은 매우 적어서 $\mathscr{F}$ 항을 무시할 수 있다. 정밀도 유체에 대한 질량수지를 이용하여 V_1을 V_2, A_2 및 A_1으로 나타내고 식 (5.AA)에 대입하여 정리하면 다음 식이 된다.

$$V_2 = \left[\frac{2(P_1 - P_2)/\rho}{1 - (A_2^2/A_1^2)} \right]^{1/2} \qquad \text{[venturi meter]} \tag{5.17}$$

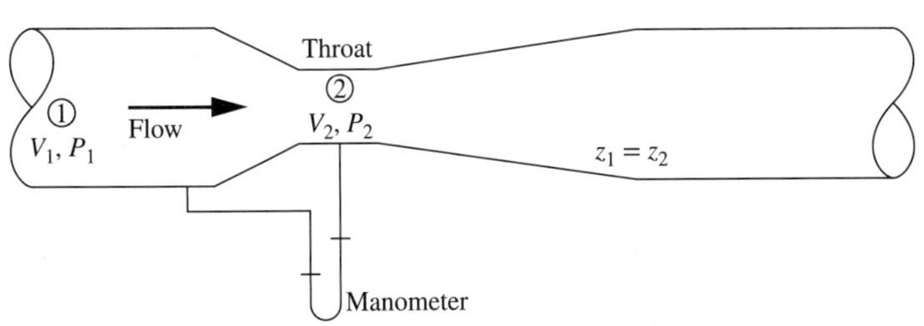

그림 5.10
유체 속도 측정을 위한 벤투리미터

예제 5.8 그림 5.10의 벤투리미터에 물이 흐른다. 압력차 $P_1 - P_2 = 1$ psi이다. 지름은 점 1에서 1 ft, 점 2에서 0.5 ft이다. 이 미터를 통한 부피 유량을 구하라.

식 (5.17)에서

$$V_2 = \frac{\left(\frac{2 \cdot 1 \text{ lbf/in}^2}{62.3 \text{ lbm/ft}^3} \cdot \frac{144 \text{ in}^2}{\text{ft}^2} \cdot \frac{32.2 \text{ lbm} \cdot \text{ft}}{\text{lbf} \cdot \text{s}^2}\right)^{1/2}}{\{1 - [(\pi/4)(0.5 \text{ ft})^2]^2 / [(\pi/4)(1 \text{ ft})^2]^2\}^{1/2}} = 12.6 \frac{\text{ft}}{\text{s}} = 3.8 \frac{\text{m}}{\text{s}} \tag{5.AB}$$

따라서 유량은

$$Q = V_2 A_2 = 12.6 \frac{\text{ft}}{\text{s}} \cdot \frac{\pi}{4}(0.5 \text{ ft})^2 = 2.48 \frac{\text{ft}^3}{\text{s}} = 0.070 \frac{\text{m}^3}{\text{s}} \tag{5.AC}$$

■

실험 결과에 의하면, 식 (5.17)로 계산한 유량은 실제 측정치보다 약간 크다. 그 이유는, 마찰열을 무시하였지만 미터에는 마찰열이 있고, 또 관 안의 흐름이 임의의 단면에서 완전히 균일하지 않으며, 흐름이 완벽하게 1차원적이지 않기 때문이다. 이 차이를 고려하려면 식 (5.17)보다 복잡한 식을 사용하여야 한다. 그러나 일반적 해결책은 식 (5.17)에 실험 계수를 도입하는 것인데, 이를 **배출계수**(discharge coefficient) C_v라 한다.

$$V_2 = C_v \left[\frac{2(P_1 - P_2)/\rho}{1 - (A_2^2/A_1^2)}\right]^{1/2} \tag{5.18}$$

수많은 실험 결과 C_v는 무차원군인 레이놀즈 수에 따라서만 달라진다(6장 및 9장). 이 결과를 그림 5.11에 요약하였다.

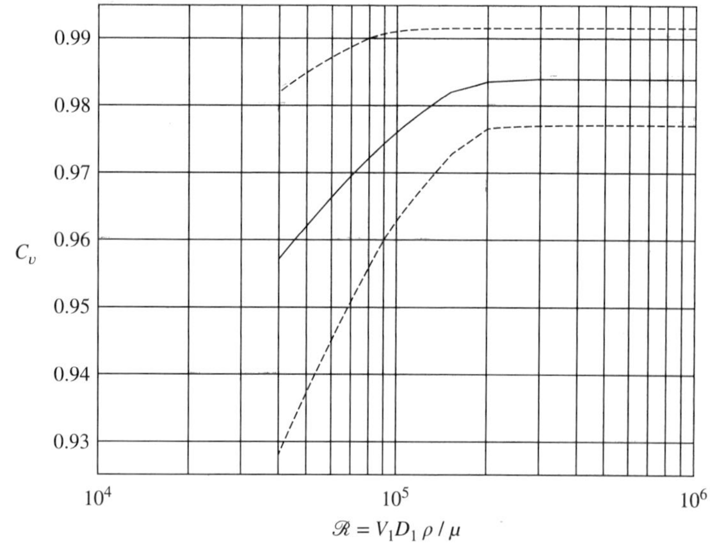

그림 5.11
벤투리미터의 배출계수. 속도 V_1과 지름 D_1은 그림 5.10의 점 1에서 측정한다. 실선은 실험 자료의 평균값을 나타낸 것이고, 점선은 실험 자료의 분산 범위를 나타낸 것이다. (출처: *Fluid Meters, Their Theory and Practice*, 5th ed. New York: ASME, 1959)

예제 5.9 그림 5.11에 요약한 실험 결과를 고려하여 예제 5.8을 다시 풀어라.

이 문제는 시행착오법으로 풀어야 한다. V를 구하려면 C_v를 알아야 하는데, 이것은 V의 함수이기 때문이다. 다음 순서로 푼다.

1. $V = V_{\text{Ex. 5.7}} = 12.6$ ft/s라 가정한다.
2. 점 1에서 레이놀즈 수 $\mathscr{R}$을 구한다.

$$\mathscr{R}_1 = \frac{V_1 D_1 \rho}{\mu} = \frac{V_2 (A_2 / A_1) D_1 \rho}{\mu}$$
$$= \frac{(12.6\ \text{ft/s}/4) \cdot 1\ \text{ft} \cdot 62.3\ \text{lbm/ft}^3}{1\ \text{cP} \cdot 6.72 \cdot 10^{-4}\ \text{lbm/ft} \cdot \text{s} \cdot \text{cP}} = 2.9 \cdot 10^5 \tag{5.AD}$$

3. 그림 5.11에서 C_v를 읽으면 $C_v = 0.984$.
4. $$V_{\text{revised}} = 0.984 \cdot 12.6 \frac{\text{ft}}{\text{s}} = 12.4 \frac{\text{ft}}{\text{s}} \tag{5.AE}$$
5. 이제 이 V_{revised} 값을 사용하여 단계 2와 3을 반복한다. 그러나 이러한 계산에서 먼저 다음을 물어 보아야 한다. "레이놀즈 수 계산(단계 2)에서 $V_{\text{revised}} = 12.4$ ft/s를 사용하면 C_v가 어느 정도 달라질 것인가?"그림 5.11의 모양을 보면 거의 달라지지 않을 것이다. 따라서 새로운 C_v 값을 사용하여도 마찬가지일 것이므로, $V = 12.4$ ft/s가 만족할 만하다고 본다. 유량을 구하면,

$$Q = 12.4 \frac{\text{ft}}{\text{s}} \cdot \frac{\pi}{4} (0.5\ \text{ft})^2 = 2.43 \frac{\text{ft}^3}{\text{s}} = 0.069 \frac{\text{m}^3}{\text{s}} \tag{5.AF}$$

유속이 아주 낮아서 그림 5.11의 수평 부분을 벗어나면 여러 번 반복 계산을 해야 할 것이다. 그러나 일반적으로 벤투리미터는 고속에서 조작되도록 설계하기 때문에, 그림 5.11에서 오른쪽 부분에 해당하므로, 시행착오법 계산이 아주 간단해진다. ■

5.8.4 오리피스미터

위에서 설명한 벤투리미터는 유량 측정기구로서 신뢰할 만한 것이며, 압력 손실도 적다.(즉, 실제 $\mathscr{F}$ 값이 작다.) 이런 이유로 특히 대용량의 액체와 기체 흐름용으로 널리 쓰인다. 그러나 벤투리미터는 비교적 설치가 복잡하여 비용이 많이 든다. 작은 관로일 때는 그 비용 때문에 사용이 제한되므로, 더 간단한 기구인 오리피스미터(orifice meter)와 같은 것이 발명되었다.

그림 5.12에 나타낸 것처럼 오리피스미터는 가운데 원형 구멍을 뚫은 평평한 오리피스 판으로 되어 있다. 이 오리피스 판 상류와 바로 아래의 하류에 압력 탭을 설치한다. 흐름 방향이 수평이고 점 1과 점 2 사이에서 마찰을 무시하고 B.E.을 적용하면 식 (5.17)이 되는데, 이는 벤투리미터에서와 똑같은 식이다. 그러나 오리피스 판이 있을 때에는, 벤투리미터에

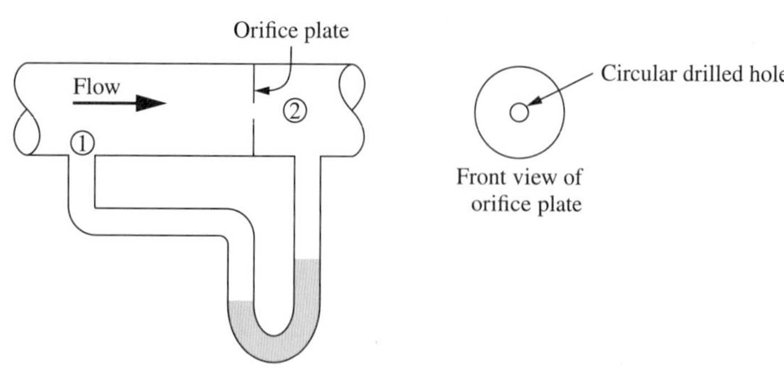

그림 5.12
유체 속도 측정을 위한 오리피스미터

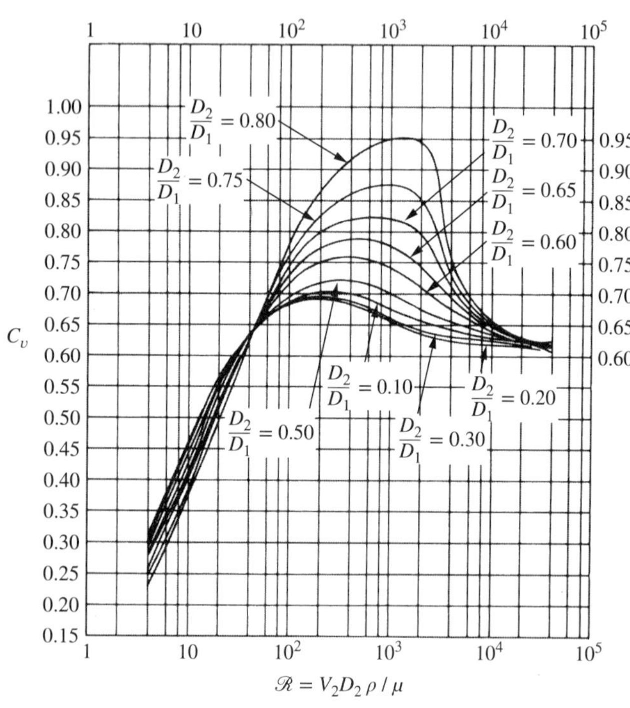

그림 5.13
천공판 오리피스의 배출계수. [출처: G. L. Tuve and R. E. Sprenkle, "Orifice Discharge Coefficients for Viscous Liquids." *Instruments* 6, 201(1933)]

서와는 달리, 관의 임의의 단면에서 무마찰 흐름과 균일 흐름을 가정할 수 없다.

벤투리미터에서와 마찬가지로 배출계수를 도입하여 식 (5.18)을 만들면 이 계수는 오리피스 구멍 지름과 관 지름의 비 D_2/D_1과 레이놀즈 수의 상당히 간단한 함수가 됨을 실험적으로 알 수 있다. 이 관계를 그림 5.13에 나타내었다.

예제 5.10 지름이 0.4 m인 관에 물이 1 m/s의 유속으로 흐른다. 이 관에 구멍 지름이 0.2 m인 오리피스를 설치하였을 때 압력강하를 구하라.

식 (5.18)을 재정리하면

$$\Delta P = \frac{\rho V_2^2}{2C_v^2} \cdot \left(1 - \frac{A_2^2}{A_1^2}\right) = \frac{\rho V_2^2}{2C_v^2}\left(1 - \frac{D_2^4}{D_1^4}\right) \tag{5.AG}$$

정상 흐름에 관한 질량수지로부터

$$V_2 = V_1 \frac{A_1}{A_2} = 1 \frac{\text{m}}{\text{s}} \cdot \frac{(\pi / 4) \cdot (0.4 \text{ m})^2}{(\pi / 4) \cdot (0.2 \text{ m})^2} = 4 \frac{\text{m}}{\text{s}} = 13.1 \frac{\text{ft}}{\text{s}} \tag{5.AH}$$

D_2에 기초한 레이놀즈 수 $\mathscr{R}_2$를 계산하면 $1.6 \cdot 10^6$ 정도이다. 따라서 그림 5.13에서 $C_v = 0.62$이므로

$$P_1 - P_2 = \frac{(998.2 \text{ kg/m}^3) \cdot (4 \text{ m/s})^2}{2 \cdot 0.62^2} \cdot (1 - 0.5^4) \cdot \frac{\text{N} \cdot \text{s}^2}{\text{kg} \cdot \text{m}} \cdot \frac{\text{Pa}}{\text{N/m}^2}$$

$$= 19.5 \text{ kPa} = 2.83 \text{ psi} \tag{5.AI}$$

이다. ■

그림 5.13에서 오리피스 구멍이 작고($D_2/D_1 \leq 0.4$) 유량이 클 때($\mathscr{R}_2 > \sim 1000$) C_v는 0.6 정도가 된다. 대부분의 공업적 오리피스 응용 조건은 이러한 경우이므로 실무 기술자는 자동으로 $C_v = 0.6$이라 쓴다. 새롭게 응용하고자 할 때는 그림 5.13에서 이 가정이 타당한지를 검토해야 할 것이다. 퍼텐셜흐름(16장)의 수학적 방법에 의하여 이상적 오리피스의 경우 $C_v = \pi/(\pi + 2) = 0.611$임을 증명할 수 있다[2].

그림 5.13은 상류 및 하류 압력 탭이 표준 위치에 있을 때이다. 탭의 위치가 다르면 C_v 값도 달라진다[3]. 벤투리미터와 비교하면, 오리피스미터에서는 압력 손실이 커서 $\mathscr{F}$가 크고 펌핑 비용이 많이 들지만, 기계적으로 간단하므로 저렴하고 설치하기 쉽다. 관이 작을 때는 벤투리미터보다 오리피스미터를 더 많이 사용한다. 마노미터에 연결된 벤투리미터와 오리피스미터가 있지만, 대부분의 현대 응용에서는 마노미터는 전자 신호를 공장의 제어 컴퓨터로 보내는 차압계로 대체된다.

그림 5.13에서 C_v 값은 천공판 오리피스(drilled-plate orifice)에만 적용된다.[이 오리피스 판은 구멍 가장자리를 모난 상태로 사용하기 때문에 모난 가장자리 오리피스(square-edge orifice)라고도 한다.] 다른 표준형도 사용되며, 이에 관한 C_v 곡선도 마련되어 있다[4].

5.8.5 로터미터

지금까지 설명한 세 가지 기구는 고정된 형태를 사용하고 부피 유량의 제곱근에 비례하는 압력차를 읽는 것이다. 로터미터(rotameter)는 고정 압력차와 부피 유량의 간단한 함수인 변동 형태를 이용하는 것으로, 그림 5.14에 간단한 로터미터를 나타내었다. 이것은 점감 투명관(tapered transparent tube, 유리나 플라스틱)과 내부 부자(float)로 되어 있는데, 투명관 안에서 유량을 측정하고자 하는 유체가 위 방향으로 흐른다. 내부 부자는 여러 모양을 가질 수 있는데, 그림 5.14에서는 구이다.

그림 5.14에서처럼 유체의 흐름이 상방향 정상상태이며 충분히 빨라서 부자가 흐름 중

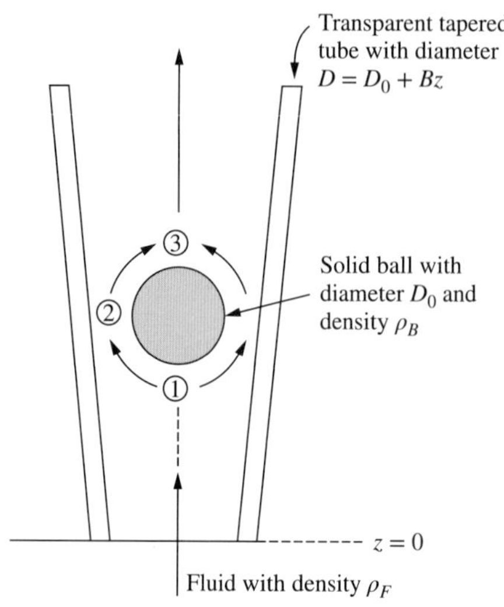

그림 5.14
유체 속도 측정을 위한 로터미터.(관의 점감이 과장되어 있으며 실제 관의 점감은 훨씬 적다.)

에 떠서 어떤 위치에서 움직이지 않는 경우를 가정하자. 이 구에 대하여 힘의 수지를 취하면 다음과 같다.

$$0 = F_{\text{gravity}} + F_{\text{pressure from above}} - F_{\text{buoyancy}} - F_{\text{pressure from below}} \tag{5.AJ}$$

이 구의 아래 표면과 위 표면에서 압력이 실질적으로 균일하다고 가정하면, 압력에 의한 z 성분 힘은 단순히 이 압력과 구의 투영 면적의 곱과 같으므로(2장) 다음 식이 얻어진다.

$$0 = \frac{\pi}{6} D_0^3 \rho_{\text{ball}} g + P_3 \frac{\pi}{4} D_0^2 - \frac{\pi}{6} D_0^3 \rho_{\text{fluid}} g - P_1 \frac{\pi}{4} D_0^2 \tag{5.AK}$$

$$\frac{\pi}{6} D_0^3 (\rho_{\text{ball}} - \rho_{\text{fluid}})\, g = \frac{\pi}{4} D_0^2 (P_1 - P_3) \tag{5.AL}$$

B.E.에서

$$P_1 - P_2 = \rho_{\text{fluid}} \cdot \left(\frac{V_2^2}{2} - \frac{V_1^2}{2} \right) = \rho_{\text{fluid}} \cdot \frac{V_2^2}{2} \cdot \left(1 - \frac{A_2^2}{A_1^2} \right) \tag{5.AM}$$

일반적으로 $(A_2/A_1)^2$은 1보다 아주 작으므로 이를 무시한다. 또 2에서 3으로의 흐름은 급격팽창이므로 P_3는 P_2와 아주 비슷한 값이다. 이 관계를 식 (5.AM)에 대입하고 V_2에 대하여 정리하면

$$V_2 = \left[\frac{4 D_0 g}{3} \cdot \frac{\rho_{\text{ball}} - \rho_{\text{fluid}}}{\rho_{\text{fluid}}} \right]^{1/2} \qquad \text{[rotameter]} \tag{5.19}$$

그러므로 합리적 가정을 하여 B.E.을 적용하면, 구의 지름, 구와 유체의 밀도가 주어졌을 때, 구가 계속해서 떠 있게 하는 V_2 값이 정해짐을 알 수 있다. 따라서 유량이 Q이면, 점감관 안의 구는 $V_2 = Q/A_2$가 되는 위치로 움직이게 된다. 이때

$$A_2 = \frac{\pi}{4}[(D_0 + Bz)^2 - D_0^2] = \frac{\pi}{4}[2Bz + (Bz)^2] \qquad (5.AN)$$

이 관의 점감도(taper) B는 일반적으로 아주 작으므로, 식 (5.AN)에서 $2Bz$에 비하여 작은 $(Bz)^2$ 항은 무시한다. 결국 구가 머무는 높이 z는 부피 유량 Q에 선형적으로 비례하게 된다.

여기서는 간단히 다루었지만, 더 복잡하게 처리해도 결론은 비슷해진다[5]. 식 (5.20)의 유도 중의 가정 때문에 이 식으로 참 유속을 계산할 수는 없으므로 오리피스 계수와 비슷한 실험적 계수를 도입한다. 그러나 대체로 로터미터는 검정하여 사용하는 기구로 취급한다. 정해진 관, 부자, 유체에 대하여 Q-z 곡선을 만들며, 이를 사용할 때는 부자의 위치를 읽고 검량선(calibration curve)에서 유량을 찾으면 된다.

예제 5.11 상온 상압에서 질소에 대하여 로터미터가 검량되어 있는데, 읽음(부자 위치)이 로터미터 관 높이의 50%에 있을 때 부피 유량이 100 cm^3/min이었다. 이 로터미터를 상온 상압에서 헬륨용으로 사용할 때 같은 부자 위치에서의 부피 유량을 추산하라.

식 (5.20)에서 알 수 있듯이, 같은 부자 위치에서 유속 V 또는 부피 유량은 다음 항에 비례한다.

$$V \propto \left(\frac{\rho_{\text{ball}} - \rho_{\text{fluid}}}{\rho_{\text{fluid}}}\right)^{1/2} \qquad (5.AO)$$

부자는 대개 고체 물질로 만들기 때문에 그 밀도는 상압의 질소 밀도의 1000배는 될 것이다. 따라서 분자에서 ρ_{fluid}를 무시하면 유속은 1/(유체 밀도)$^{1/2}$에 비례하게 된다. 따라서

$$Q_{\text{helium}} = Q_{\text{nitrogen}}\left(\frac{\rho_{\text{nitrogen}}}{\rho_{\text{helium}}}\right)^{1/2} = Q_{\text{nitrogen}}\left(\frac{M_{\text{nitrogen}}}{M_{\text{helium}}}\right)^{1/2}$$

$$= 100\,\frac{\text{cm}^3}{\text{min}}\left(\frac{28}{4}\right)^{1/2} = 265\,\frac{\text{cm}^3}{\text{min}} \qquad (5.AP)$$

■

로터미터는 낮은 유량의 측정용으로 널리 쓰인다. 유량이 작을 때는 간단한 구형 부자를 사용하고, 유량이 크면 복잡한 형태의 부자를 사용한다. 컴퓨터로 제어되는 공장에서는 전자유량계가 로터미터 같은 시각적 측정장치를 대체하고 있다.

5.9 부압: 공동

B.E.으로 예측한 절대압력이 부압이 되는 흐름이 있는데, 여기에 그 두 가지 예를 들었다.

기체에서 절대압력이 부압이라는 것은 전혀 물리적 의미가 없다. 이러한 경우는 기체 유속이 B.E.에서 가정한 것보다 훨씬 높을 때일 것이므로, 8장에서 유도한 식을 사용해야 한다.

액체에서 절대압력이 부압이 되는 경우는 가끔 존재하지만 불안정하다. 대개는 액체의 절대압력을 그 증기압까지 감소시키면 액체가 끓어서 2상 흐름이 되는데, 이때 단일상일 때보다 $\mathscr{F}$ 값이 아주 커진다. 따라서 B.E.으로 예측한 압력이 그 액체의 증기압보다 작아진다면 이러한 흐름은 물리적으로 불가능한 것이다. 실제 흐름은 마찰 효과가 아주 커서 유속이 계산에서 가정한 값보다 작아질 것이다.

예제 5.12 그림 5.15의 탱크는 물을 배수시키는 사이펀을 나타낸 것이다. 점 2에서의 절대압력을 구하라.

자유표면(점 1)과 출구(점 3)에 대하여 B.E.의 무마찰형을 적용하면

$$\begin{aligned} V_3 &= [2g(h_1 - h_3)]^{1/2} = [2 \cdot (32.2 \text{ ft/s}) \cdot 10 \text{ ft}]^{1/2} \\ &= 25.3 \text{ ft/s} = 7.71 \text{ m/s} \end{aligned} \tag{5.AQ}$$

다시, 점 1과 2에 B.E.을 적용하면

$$\begin{aligned} P_2 &= P_1 - \rho\left[\frac{V_2^2}{2} + g(z_2 - z_1)\right] \\ &= 14.7\frac{\text{lbf}}{\text{in}^2} - 62.3\frac{\text{lbm}}{\text{ft}^3}\left[\frac{(25.3 \text{ ft/s})^2}{2} + 32.2\frac{\text{ft}}{\text{s}^2}\cdot 40 \text{ ft}\right]\cdot\frac{\text{lbf}\cdot\text{s}^2}{32.2 \text{ lbm}\cdot\text{ft}}\cdot\frac{\text{ft}^2}{144 \text{ in}^2} \\ &= 14.7\frac{\text{lbf}}{\text{in}^2} - 21.6\frac{\text{lbf}}{\text{in}^2} = -6.91\frac{\text{lbf}}{\text{in}^2} = -47.6 \text{ kPa} \qquad ??? \end{aligned} \tag{5.AR}$$

■

이러한 흐름은 물리적으로 불가능하다. 물이 대기 중에 개방되어 있을 때 이러한 사이펀은 유속이 0일 때라도 물을 34 ft(10.4 m) 이상 끌어 올릴 수 없다. 따라서 그림 5.15의 사이펀에서는 물이 전혀 흐르지 않을 것이다. 이 예제에서 물리적으로 현실적이 아닌 부압이 나타난 것은 주로 B.E.의 중력 항 때문이다. 또 중력이 아무런 작용도 하지 않는 수평흐름에서도 B.E.이 예측한 절대압력이 부압이 될 수 있다.

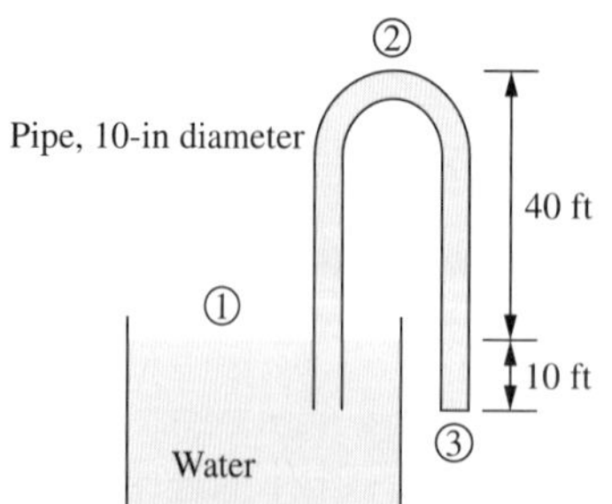

그림 5.15
작동하지 않는 사이펀(예제 5.12 참조)

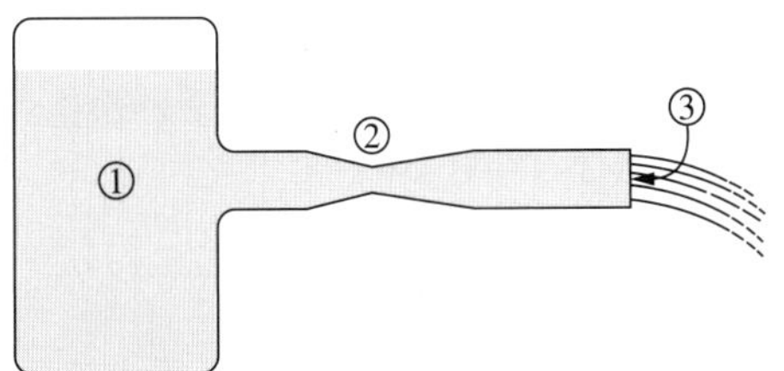

그림 5.16
수평 벤투리(예제 5.13 참조)

예제 5.13 압력 용기의 물이 벤투리미터를 거쳐서 대기 중으로 흐른다(그림 5.16). $P_1 = 10$ psig, $A_2/A_3 = 0.50$일 때 위치 2에서의 압력을 구하라.

B.E.의 무마찰형을 위치 1과 3 사이에 적용하면

$$V_3 = \left[2\frac{(P_1 - P_3)}{\rho}\right]^{1/2} = \left[2 \cdot \frac{10\ \text{lbf/in}^2}{62.3\ \text{lbm/ft}^3} \cdot \frac{32.2\ \text{lbm} \cdot \text{ft}}{\text{lbf} \cdot \text{s}^2} \cdot \frac{144\ \text{in}^2}{\text{ft}^2}\right]^{1/2}$$
$$= 38.6\ \frac{\text{ft}}{\text{s}} = 11.8\ \frac{\text{m}}{\text{s}} \tag{5.AS}$$

질량수지를 취하면

$$V_2 = V_3\frac{A_3}{A_2} = 38.6\ \frac{\text{ft}}{\text{s}} \cdot \frac{1}{0.50}$$
$$= 77.2\ \frac{\text{ft}}{\text{s}} = 23.5\ \frac{\text{m}}{\text{s}} \tag{5.AT}$$

B.E.의 무마찰형을 위치 1과 2 사이에 적용하면

$$P_2 = P_1 - \rho\frac{V_2^2}{2} = 24.7\ \text{psia} - \frac{62.3\ \text{lbm/ft}^3 \cdot (77.2\ \text{ft/s})^2}{2} \cdot \frac{\text{lbf} \cdot \text{s}^2}{32.2\ \text{lbm} \cdot \text{ft}} \cdot \frac{\text{ft}^2}{144\ \text{in}^2}$$
$$= 24.7\ \text{psia} - 40.1\ \text{psi} = -15.4\ \text{psia} = -106\ \text{kPa, abs} \qquad ??? \tag{5.AU}$$

■

이 흐름 역시 물리적으로 비현실적이다. 이처럼 유속이 크면 마찰 영향이 커져서 무마찰 가정은 타당하지 않다. 마찰 영향을 무시할 수 있으면, 이 흐름은 벤투리 안에서 끓어서, 유량이 상당히 작은 2상 흐름이 될 것이다. 그림 5.16의 장치는 진공 펌프에 널리 사용된다. 점 2의 튜브 측면에 있는 구멍은 공기를 빨아들이는데 수도꼭지에 부착된 이러한 장치는 적당한 실험실 진공원으로 널리 사용된다. 위 예제에서 보듯이 높은 유량으로 부압이 생길 수 있다. 그러나 적당한 흐름으로 불가능한 흐름을 일으키지 않고 유용한 진공을 생성한다.

주방이나 욕실 세면대에서 이러한 진공장치(통풍기라고 함)와 동일한 기능을 찾을 수 있다.(쉽게 나사를 풀고 검사할 수 있다.) 그림 5.17은 단순화한 개략도이다. 물은 그림 5.16과 같은 벤투리 노즐을 통해 아래로 흐르고 목에 약한 진공을 만들어 아래에서 공기를 빨아들인다. 공기-물 혼합물이 스크린을 통과하여 작은 기포를 형성한다. 기품이 많은 공기-물 혼합물(색상이 흰색)은 해당 물만 흐르는 것보다 훨씬 적게 튀긴다.

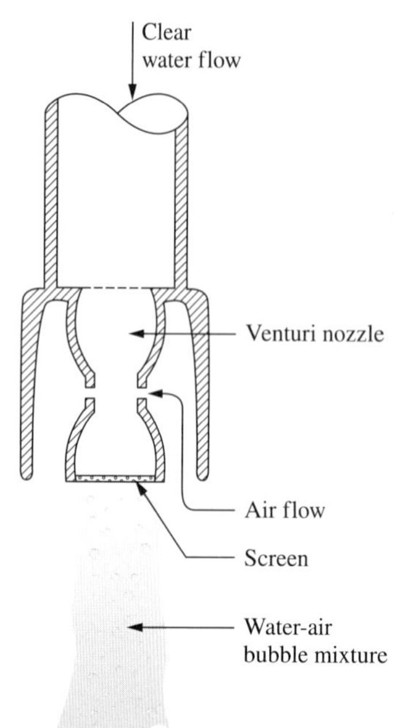

그림 5.17
작은 기포를 물의 흐름과 혼합하여 싱크에 튀는 것을 최소화하는 싱크 통풍기의 단순화된 단면

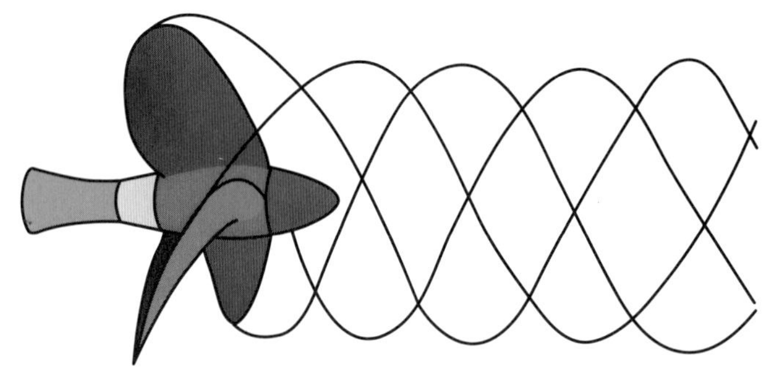

그림 5.18
프로펠러 끝에 형성되는 공동화 기포. 좌에서 우로 흐르는 수로 안에서 프로펠러가 회전한다. 날개 끝에서 압력이 충분히 낮아 물이 끓는다. 기포의 수명은 짧다; 불안정한 기포의 와해로 수중에서 파괴적인 충격파가 생긴다. (Pennsylvania State University, Applied Research Laboratory의 Garfield Thomas Water Tunnel Building 사진을 바탕으로 그린 그림)

예제 5.13에서 알 수 있는 것처럼 수평흐름에서 유속이 증가하면 압력이 감소하며, 결과적으로 액체가 끓게 된다. 이러한 현상은 그림 5.18에 나타낸 바와 같이 펌프, 터빈, 선박의 프로펠러 등에서 볼 수 있다. 이러한 장치에서는 액체 유속이 빨라져서 증기 기포가 발생하는 일이 많다. 이 기포는 고압 영역으로 흘러가서 사라진다. 이때 급격한 압력맥동(pressure pulse)이 생기게 되는데, 높은 빈도로 생기면 펌프나 터빈을 손상시킨다. 유속 증가로 인한 국부 비등 현상을 공동화(cavitation)라 하며, 현대의 유체역학 연구에서 중요한 분야이다[6]. 10장에서 이 내용을 더 살펴볼 것이다.

5.10 비정상상태 흐름에 대한 B.E.

B.E.은 정상상태 흐름에 대한 식이지만, 유량의 변화가 아주 느려서 무시할 수 있을 때에는

비정상상태 흐름에도 적용할 수 있다. 유량의 변화가 어느 정도일 때 무시할 수 있는지는 다음과 같이 생각하면 알 수 있다. 정상상태에서는 $(\partial V/\partial t)_{x,y,z}$는 0이다. 즉, 유체를 타고 가는 관찰자가 볼 때는 유속이 변하지만, 계의 한 점을 관찰자가 볼 때는 시간에 따른 유속의 변화를 관찰하지 못하는 경우이다. 따라서 계의 모든 점에서 $(\partial V/\partial t)_{x,y,z}$가 중력가속도나 압력으로 인한 가속도 $(dP/dL)/\rho$ 등과 같이 우리가 고려하는 가속도에 비하여 작으면 비정상상태 효과를 무시하여도 좋다. 그러나 계의 임의의 점에서 $(\partial V/\partial t)_{x,y,z}$가 계의 다른 가속도 항보다 같거나 크면 이러한 계에는 B.E.을 제대로 적용할 수 없다.

예제 5.14 그림 5.7의 탱크가 지름 10 m인 원통형이고, 출구 지름이 1 m일 때 유체 수면이 출구 위 30 m에서 1 m까지 내려가는 시간을 구하라.

여기서 $(\partial V/\partial t)_{x,y,z}$가 작다고 가정하고, 순간 유량을 B.E.으로 구할 수 있다고 본다. 이 경우 B.E.은 다음과 같이 토리첼리 식의 형태가 된다.

$$V_2 = (2gh)^{1/2} \tag{5.12}$$

비압축성 유체의 질량수지로부터

$$V_2 = V_1 \frac{A_1}{A_2} \tag{5.AV}$$

여기서 V_1은 탱크 내 자유수면이 내려가는 속도로서 $-dh/dt$와 같다.

$$V_2 = \frac{-dh}{dt} \cdot \frac{A_1}{A_2} = (2gh)^{1/2}; \qquad \frac{-dh}{h^{1/2}} = \frac{A_2}{A_1} (2g)^{1/2}\, dt \tag{5.AW}$$

$$-\int_{h_1}^{h_2} \frac{dh}{h^{1/2}} = -2h^{1/2}\Big]_{h_1}^{h_2} = \frac{A_2}{A_1} (2g)^{1/2} \int_{t_1}^{t_2} dt = \frac{A_2}{A_1} (2g)^{1/2}\, t\Big]_{t_1}^{t_2} \tag{5.AX}$$

그러므로

$$\Delta t = t_2 - t_1 = \frac{-2(h_2^{1/2} - h_1^{1/2})}{(A_2 / A_1)\,(2g)^{1/2}} \qquad \begin{bmatrix}\text{frictionless} \\ \text{tank draining}\end{bmatrix} \tag{5.20}$$

수치를 대입하면

$$\begin{aligned}\Delta t &= \frac{-2\,[(1\text{ m})^{1/2} - (30\text{ m})^{1/2}]}{[(\pi/4)\cdot(1\text{ m})^2/(\pi/4)\cdot(10\text{ m})^2]\cdot(2\cdot 9.81\text{ m/s}^2)^{1/2}} \\ &= 2.02 \cdot 10^2\text{ s} = 3.37\text{ min}\end{aligned} \tag{5.AY}$$

이 탱크에서는 출구에서 유속이 최대가 되며, 다른 유속은 모두 이에 비례한다. 따라서 $(\partial V/\partial t)_{x,y,z}$ 값이 최대가 되는 것도 출구에서이다. 토리첼리 식을 시간에 대하여 미분하면

$$\frac{\partial V_2}{\partial t} = \frac{(2g)^{1/2}\, dh}{2h^{1/2}\, dt} \tag{5.AZ}$$

dh/dt에 대하여 대입하면

$$\frac{\partial V_2}{\partial t} = \left(\frac{g}{2h}\right)^{1/2} \cdot V_2 \frac{A_2}{A_1} = \left(\frac{g}{2h}\right)^{1/2} (2gh)^{1/2} \frac{A_2}{A_1} = g\frac{A_2}{A_1} \tag{5.BA}$$

이 예에서는 $(\partial V/\partial t)_{x,y,z}$의 최대값이 중력가속도의 1/100이다. 따라서 이 문제의 비정상상태 측면을 무시해도 상관없다. ■

비정상상태 흐름을 무시할 수 없어서 B.E.을 적용할 수 없는 경우는 대개 정지상태에서 흐름을 시작하거나 흐름을 갑자기 멈추는 경우이다. 그림 5.19에 나타낸 관과 밸브를 고려하자. 처음에 관 안에는 유체가 차 있고 밸브가 닫혀 있다. 밸브를 갑자기 연다. 마찰 영향을 무시할 수 있으면, 유체는 마치 고체 막대처럼 원통형을 유지하면서 자유롭게 내려올 것이다. 이 경우 전체 배출 과정은 흐름 시작 기간에 일어난다. 즉, 유체의 마지막 입자가 관에서 떠날 때까지 전체 유체는 계속 가속된다. 마찰과 표면장력 때문에 이 과정이 복잡해지지만, 저점도 유체가 짧고 지름이 큰 관에서 흐를 때는 위에서 설명한 결과를 실험적으로 관찰할 수 있다.

이 경우 전체 유체의 속도가 같으므로 유체 내의 모든 점에서 $(\partial V/\partial t)_{x,y,z}$가 같다. 그런데 이 값이 g로서 B.E.의 가장 큰 가속도와 같은 크기이므로, 이 문제에 B.E.을 제대로 적용할 수 없다.

비정상상태 흐름 문제의 일반형으로서 B.E.으로 풀 수 없는 경우의 또 다른 예로 급격한 밸브 잠금을 들 수 있다. 이때 물망치(water hammer)라는 현상이 생긴다.

그림 5.20에 나타낸 탱크로부터 액체가 관을 통하여 흐르는데, 이 관 끝에는 급히 닫을 수 있는 밸브가 있다. 액체가 정상상태로 흐를 때 이 밸브를 갑자기 닫으면, 이 닫음 과정 중의 흐름은 B.E.으로 기술할 수 없다. 이 식에 의하면, 일단 이 밸브를 닫았을 때, 이 계 전체의 압력은 유체정역학의 기본식에 의한 압력이 된다. 실제로는, 밸브를 닫을 때 관 안의 유체가 상당한 운동에너지를 갖고 있으므로, 밸브를 갑자기 닫으면 이 운동에너지가 내부에너지로 전환되어 온도가 올라가거나 또는 주입일로 전환되어 압력이 올라간다.

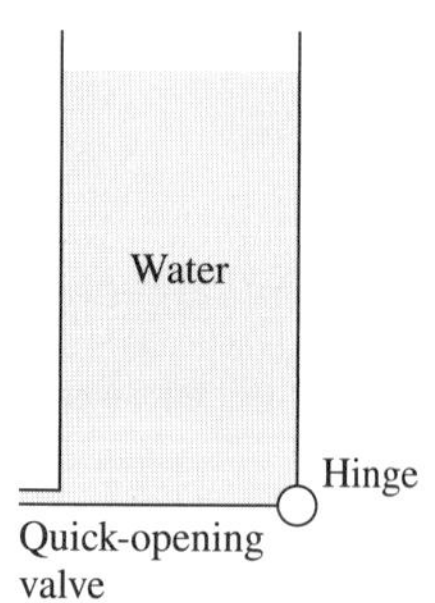

그림 5.19
밸브 개방으로 베르누이 식으로 묘사할 수 없는 흐름의 생성

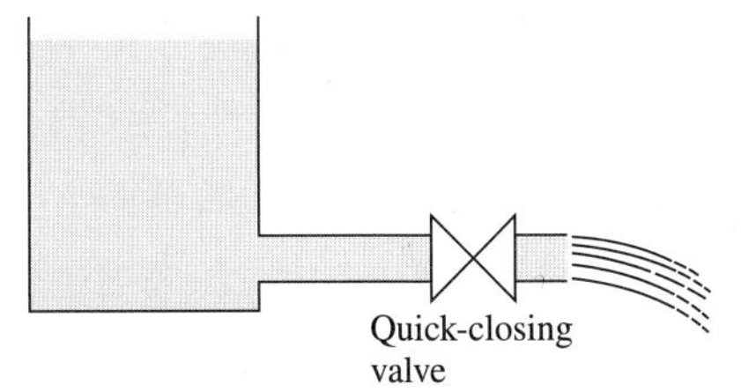

그림 5.20
빠른 밸브 잠금으로 베르누이 식으로 묘사할 수 없는 흐름의 생성

이 장에서는 에너지수지(B.E.은 제한된 형태의 한 가지이다)에 의하여 쉽게 풀 수 있는 문제를 중심으로 다루었다. 그림 5.20에서 유체를 갑자기 정지시키는 문제와 정지 유체를 흐르기 시작하게 하는 문제는 운동량수지를 이용하여 푸는 편이 쉽다(7장). 이러한 문제와 그림 5.20의 밸브가 갑자기 열릴 때 일어나는 문제는 7장에서 다루기로 한다. 이처럼, B.E.이 아주 유용한 것이기는 하지만, 이를 이용할 수 없는 문제들이 있음을 알아야 한다. 그림 5.20에서 흐름이 시작되고 멈추는 문제가 여기에 해당한다.

5.11 불균일 흐름

이 장에서 지금까지 다룬 문제와 관, 덕트, 유로 등에 관한 대부분의 문제에서는, 유로의 한 단면에서 유속이 균일하여, 흐름에 직각인 한 단면에서 전체 흐름의 유속은 한 값이라고 가정하였다. 화공 기술자가 관심이 있는 대부분 실제 문제에서는 이처럼 간단히 취급하여도 별 오차가 없다(표 3.1 참조). 그러나 아주 간단하고 일반적인 흐름이면서도 이러한 가정을 할 수 없는 때도 있다. 가장 간단한 예로 예각 위어(sharp-edged weir)에서의 흐름을 들 수 있다.

개방 유로에서 예각 위어를 넘는 흐름을 그림 5.21에 나타내었다. 일상생활에서도 컵이나 주전자를 기울여 물을 따를 때 재빨리 흐르게 하면 물이 그릇의 외벽을 따라 흐르지 않고 그림 5.21과 같이 흐르는 것을 경험하였을 것이다. 그림 5.21에서 위어가 곧고 아주 길다면, 유로의 벽이나 컵 또는 주전자의 곡면 등에 의한 복잡한 영향을 배제하므로, 위어의 흐름은 컵에서의 흐름보다도 아주 간단하게 된다.

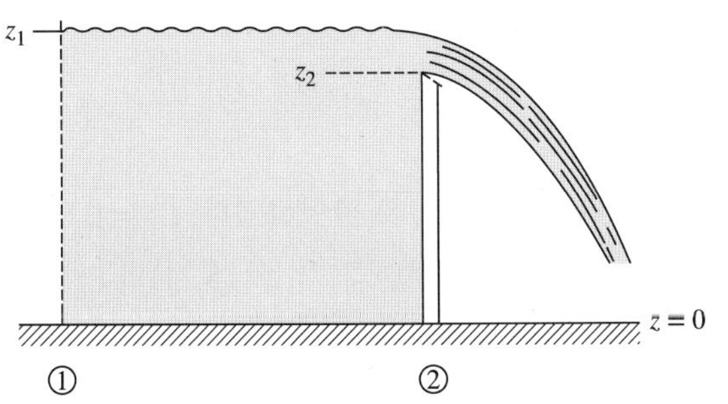

그림 5.21
위어를 넘는 흐름

이 그림에서 위어에서 멀리 떨어진 상류 지점 1에서는 유속이 균일하며 V_1이라고 하자.(마찰의 영향을 무시한다.) 분명히 지점 1에서 z는 단일 값이 아니며, 범위가 $z = 0$에서 $z = z_1$까지의 값이다. 마찬가지로 압력의 값도 하나가 아니며, 표면의 계기압력 0에서 바닥의 $P = \rho g z_1$까지의 값이 된다. 그러나 이는 문제가 되지 않는다. 왜냐하면 유체정역학의 기본식에 따라 $P/\rho + gz$가 일정하게 유지되어야 하므로, z가 감소함에 따라 압력이 증가하고, 따라서 지점 1에서 z와 무관하게 $P/\rho + gz + V^2/2$가 일정하기 때문이다.

지점 2에서는 이와 다르다. 여기서는 흐름의 양쪽이 공기에 개방되어 있으므로, 지점 2에서는 위어로부터의 높이에 관계없이 계기압력이 0이어야 한다. 따라서 임의의 상류 지점 1과 지점 2에서의 임의의 높이 z(z_2 상부) 사이에 B.E.을 쓸 수 있다. 지점 1에서 $P/\rho + gz$는 일정하므로, $z = z_1$에서 $P_1 = 0$이므로 다음 식이 된다.

$$gz_1 + \frac{V_1^2}{2} = gz + \frac{V_2^2}{2} \qquad V_2 = \left[2g(z_1 - z) + \frac{V_1^2}{2}\right]^{1/2} \tag{5.BH}$$

이 식에 따르면 자유표면에서는 유속이 지점 1에서의 유속과 같아야 하는데, 대부분의 경우 이 유속은 무시할 정도로 작은 값이고, 넘치는 흐름의 바닥에서는 유속이 최대가 되어야 하는데, 이 값은 $z = z_2$일 때 이 식에서 구할 수 있다. 그러나 컵의 물을 싱크에 부으면서 이를 시험해 보면 이와 똑같지 않음을 알 수 있다. 흐름의 내부 마찰 때문에 표면 바로 밑의 아주 빨리 흐르는 유체에 가까운 표면의 유체는 그처럼 천천히 흐르지 않는다. 빨리 흐르는 유체가 표면 유체를 끌고 가기 때문에 식 (5.BH)에서 예측한 것보다 빨리 흐른다. 또한, 표면 유체의 유속이 빨라지면 그 높이가 떨어져서, 위어와 똑같은 수준을 유지하지 못하고, 그림 5.21에 나타낸 것처럼 실제의 자유표면 높이는 에너지수지를 만족하기 위하여 위어 바로 앞에서 약간 내려간다.

식 (5.BH)와 싱크에서 볼 수 있는 것과의 이러한 차이를 무시하면, 그림 5.21에서 폭 W를 고려하여 예상 유량을 계산할 수 있다. 적분을 간단히 하기 위하여, 표면에서 아래 방향의 깊이 $h = z_1 - z$를 정의하면

$$Q = \int V\,dA = W\int_0^{h_1}\left(2gh + \frac{V_1^2}{2}\right)^{1/2} dh \tag{5.BC}$$

대개 V_1은 아주 작으므로 위 식의 우변에서 제거하고 적분하면 다음과 같다.

$$Q = \frac{2}{3} C_v W \sqrt{2g}\, h_1^{3/2} \tag{5.21}$$

여기에 식 (5.18)에서 정의된 **배출계수**(discharge coefficient) C_v를 삽입하였다. $C_v = 0.67$일 경우 식 (5.21)은 ±5% 이내의 광범위한 테스트 데이터를 재현한다[7]. 식 (5.21)의 양변을 Wh로 나누어 더 흥미로운 형태의 다음 식을 얻을 수 있다.

$$\frac{Q}{Wh} = V_{\text{average}} = \frac{2}{3} C_v \sqrt{2gh} \tag{5.22}$$

이는 위어를 넘는 흐름에서 평균속도가 토리첼리 식[식 (5.12)]에서 구한 속도의 $2/3C_v \approx 0.447$임을 나타낸다. Q에 0.67을 곱한 감소는 5.7절에 나타나지 않았는데, 모든 흐름에서 유체는 실질적으로 마찰이 없는 둥근 노즐을 통해 탱크를 떠나기 때문이다. 그림 5.7의 구멍이 탱크 벽에 뚫린 단순한 구멍이었다면 유량에 C_v를 곱해야 했을 것이다.

위어를 넘는 흐름에 대한 매우 신뢰할 수 있는 예측 방정식으로 이어지는 이 처리는 물리적으로 가능하지 않은 수학적 허구에 기초하는데, 위어를 넘는 흐름 상단에서 속도는 0이고 $h = 0$이며, 속도가 흐름의 바닥으로 갈수록 $V = \sqrt{2gh}$ 까지 증가하기 때문이다. 상류 높이에서 위어 높이까지의 흐름 높이에 대해 Vdh를 적분하면 식 (5.22)를 구할 수 있다. 속도는 흐름의 깊이에 걸쳐 실질적으로 일정함을 관찰할 수 있는데, 난류가 빠르게 움직이는 바닥에서 느리게 움직이는 상단으로 운동량을 전달하여 상수 h를 사용하는 단순한 토리첼리가 생성할 수 있는 만큼의 2/3 흐름을 생성하기 때문이다.

흐름의 표면에서 바닥에 이르는 이러한 유속의 차는 이 장의 모든 수평흐름의 예에서 분명히 존재한다. 그러나 그림 5.7에 나타낸 것과 같은 흐름에서는, 배출흐름의 표면과 바닥의 높이 차이가 탱크 내 자유표면에서부터 배출 중심선까지의 높이 변화에 비하여 아주 작으므로, 배출흐름의 꼭대기와 바닥 사이의 사소한 유속차를 무시하여도, 오차는 무시할 정도이다. 화학공학에서 실제로 관심을 가지는 대부분의 흐름 문제에서도 이는 마찬가지이다. 그러나 증류탑, 청정화장치 등에서 위어를 넘는 흐름과 같은 얇은 중력흐름에서는 이를 고려하여야 한다.

그림 5.21은 위어를 넘는 흐름의 제트가 흐름 방향으로 갈수록 얇아짐을 보여 주는데, 이 또한 아래 예제와 같이 B.E.으로 설명될 수 있다.

예제 5.15 조금 열려 있는 싱크대의 수도꼭지를 그림 5.22에 나타내었다. 수도꼭지로부터의 흐름은 아래로 갈수록 가늘어져서 표면장력(14장) 때문에 결국 물방울로 분리된다. 수도꼭지에서 나오는 물의 지름이 2 cm, 유속이 0.5 m/s일 때, 수도꼭지로부터 0.5 m 아래의 물방울의 지름은 얼마인가?

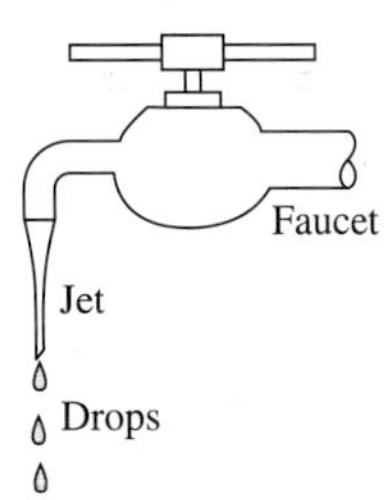

그림 5.22
부분적으로 열린 수도꼭지에서 물이 느린 흐름으로 유출되어 흘러내리다가 수축하여 결국 물방울로 분리된다.

1지점을 수도꼭지 출구, 2지점을 0.5 m 아래로 하면, B.E.으로부터

$$V_2^2 - V_1^2 = 2gh \quad : \quad V_2 = (V_1^2 + 2gh)^{1/2} \tag{5.BD}$$

$$V_2 = \left[\left(0.5\,\frac{\text{m}}{\text{s}}\right)^2 + 2 \cdot 9.81\,\frac{\text{m}}{\text{s}^2} \cdot 0.5\,\text{m}\right]^{1/2}$$

$$= \left(10.06\,\frac{\text{m}^2}{\text{s}^2}\right)^{1/2} = 3.17\,\frac{\text{m}}{\text{s}} = 10.4\,\frac{\text{ft}}{\text{s}} \tag{5.BE}$$

정밀도 유체의 물질수지로부터

$$A_2 = A_1\frac{V_1}{V_2} = \frac{0.5\text{ m/s}}{3.17\text{ m/s}} = 0.158 \tag{5.BF}$$

따라서

$$D_2 = D_1\left(\frac{A_2}{A_1}\right)^{1/2} = 2\text{ cm} \cdot 0.158^{1/2}$$

$$= 0.79\text{ cm} = 0.31\text{ in} \tag{5.BG}$$

B.E.에 따라 유속이 증가하면 물줄기는 물질수지에 따라서 얇아진다. ■

비행기 주위의 흐름처럼 그 속성상 2차원 또는 3차원 흐름인 경우에, 위에서 다룬 것처럼 한 점에서 다른 점 사이에 B.E.을 간단히 적용할 수 있는 경우는 두 점을 단일 유선에서 선택하였을 때뿐이다(16장).

종종 비행기(그리고 새) 날개가 베르누이 식에 의해 작동한다는 것을 물리학 과정에서 배울 수 있다. 구부러진 날개의 상단에 대한 더 빠른 흐름은 하단보다 날개 위의 더 낮은 압력을 생성하여 비행기나 새를 높이 떠 있게 하는 **양력(lift)**이라고 하는 상향력을 생성한다. 더 자세한 내용을 7.6절에서 학습한다.

5.12 요약

1. B.E.은 정밀도 유체의 정상상태 흐름에 관한 에너지수지식이다.
2. 정밀도 유체에서는 B.E.의 $(\Delta u - dQ/dm)$ 항이 단위 질량당 마찰열 $\mathscr{F}$를 나타낸다.
3. 엄밀한 정밀도 유체는 있을 수 없지만, 대부분의 액체와 저속 기체의 정상상태 흐름에 B.E.을 적용할 수 있으며, 이때 오차는 무시할 정도이다.
4. 여러 가지 유량 측정기구는 B.E.의 무마찰형에 기초한 것이다. 이러한 기구에서는 마찰이 있으므로, 일반적으로 무마찰 B.E.을 그대로 적용하되, 마찰 영향을 다루기 위한 실험적 보정인자를 첨가한다.
5. B.E.으로 구한 절대압력은 불가능한 흐름의 부압일 수가 있다. 기체흐름의 경우 부압

이 되면 유속이 너무 커서 B.E.을 적용할 수 없음을 의미한다. 액체의 경우에는, 유체가 비등하여 2상 흐름이 되어, 유속이 이 식으로 구한 것보다 아주 낮음을 의미한다.

6. B.E.은 정상상태 흐름에 관한 것이지만, 계의 모든 점에서 유속의 시간적 변화율이 가속력(예를 들어 중력가속도)에 비하여 작을 때는 비정상상태 흐름에도 적용할 수 있다. 그러나 흐름이 갑자기 시작되거나 정지되는 경우에는 적용할 수 없다. 이때는 운동량 수지를 이용하여 푸는 것이 최선이다.

7. 관이나 유로 안의 흐름에 B.E.을 적용할 때, 흐름에 직각인 면에서의 유속 차이는 대개 무시한다. 위어를 넘는 흐름처럼 얇은 중력흐름을 제외하고는 이러한 가정에 의한 오차는 무시할 수 있다.

연습문제

연습문제와 예제 풀이를 위한 상용 단위와 수치들은 부록 E를 참조하라. * 표시가 있는 문제는 부록 C에 그 해답이 있음을 의미한다.

5.1.* 어떤 물체가 1000 ft를 자유낙하한 다음 마찰에 의하여 정지될 때 운동에너지가 모두 내부에너지로 전환된다. 다음 각 경우에 이 물체의 온도 상승을 구하라. 여기서 C_V는 정용 열용량이다.

(*a*) 물체가 강철이고, $C_V = du/dT = 0.12$ Btu/lbm·°F이다.

(*b*) 물체가 물이고, $C_V = du/dT = 1.0$ Btu/lbm·°F이다.

5.2. B.E.의 두형에서, 각 항의 차원이 길이임을 보여라.

5.3.* 물이 관 속에서 유속 8 m/s로 흐른다. 다음 방법으로 이 흐름을 정지시킬 때 압력과 단위질량당 내부에너지 증가를 구하라.

(*a*) 완전 무마찰 확산기, A_2가 무한대이다.

(*b*) 압력회복이 무마찰 확산기의 90%에 해당하는 확산기, A_2가 무한대이다.

(*c*) 급격팽창

5.4. 유체가 무마찰 확산기에서 흐른다. $A_2/A_1 = 3$, $V_1 = 10$ ft/s이다. 다음 경우에 압력회복 $(P_2 - P_1)$을 구하라.

(*a*) 유체가 물일 때

(*b*) 유체가 공기일 때

5.5. 밀도를 $\rho = MP_{\text{avg}}/RT$, $P_{\text{avg}} = 0.5(P_1 + P_{\text{atm}})$으로 계산하여 예제 5.2를 다시 풀어서 그 결과를 표 5.1의 값과 비교하라.

5.6.* 그림 5.7의 탱크에서 출구 면적이 2 ft²이다. 탱크 지름은 아주 커서 무한대라고 볼 수 있다. 높이 h는 12 ft이다. 무마찰 흐름이라 가정하고 유량[ft³/s]을 구하라.

5.7. 예제 5.3에서 유체가 휘발유라 하고 다시 풀어라.

5.8.* 연습문제 5.7에서 탱크의 수평 단면적이 5 ft²라 하고 다시 풀어라.

5.9. 후버댐은 높이가 726 ft이다. 댐 높이만큼 물이 차 있을 때, 댐 바닥 부근에 작은 구멍을 뚫

어 물이 빠져나올 때, 마찰을 무시하면 빠져나오는 물 제트의 속도는 얼마일까?

5.10. 외항선이 빙산과 충돌하여 측면에 5 m²의 구멍이 생겼다. 이 구멍의 중심은 바다 밑 10 m에 있다. 긴급 안전문이 미처 닫히지 않아서 구멍이 뚫린 쪽이 대기에 열려 있다. 이 배로 흘러 들어가는 물의 유량을 구하라.

5.11. 다음의 경우에 대하여 예제 5.5를 다시 풀어라.

(*a*) 탱크 안의 유체가 40°F의 공기일 때

(*b*) 탱크 안의 유체가 주변 공기와 같은 온도, 같은 압력의 공기일 때

(*c*) 식 (5.12)와 (5.14) 중에서 어떤 식이 잘 맞는가?

5.12.* 그림 5.23의 탱크에 주변 공기와 같은 온도 및 압력의 헬륨이 들어 있다. 정상상태 무마찰 흐름이라 가정하고, 헬륨이 구멍으로 흘러나가는 속도를 구하라.

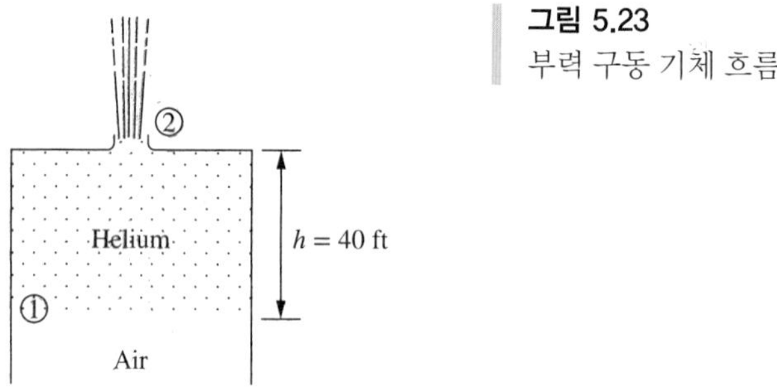

그림 5.23
부력 구동 기체 흐름

5.13. 그림 5.24의 탱크는 지름 10 m의 실린더이다. 배출구는 지름 1 m인 무마찰 노즐 실린더이다. 탱크 상부는 대기에 노출되어 있고 물 높이가 배출구 중간지점 위의 10 m일 때 탱크 안의 물 높이는 얼마나 빨리 줄어들까?

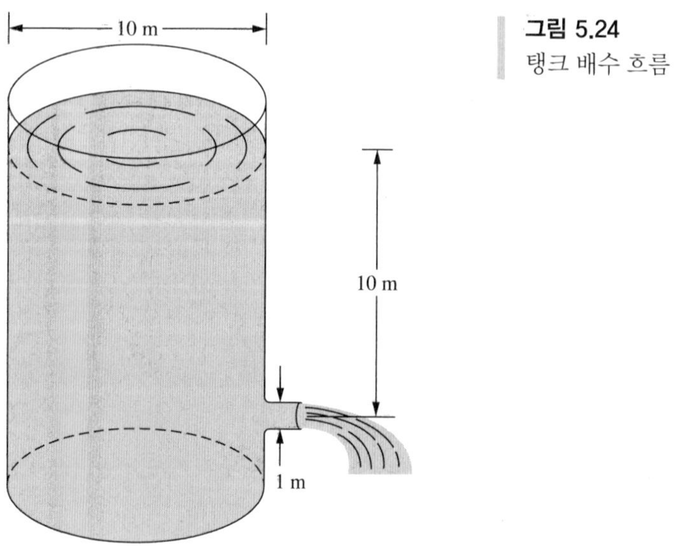

그림 5.24
탱크 배수 흐름

5.14. 그림 5.25에서 물탱크가 아주 큰 휘발유탱크 중에 잠겨 있다. 물이 바닥 근처의 구멍에서 흘러나올 때 유속을 구하라.

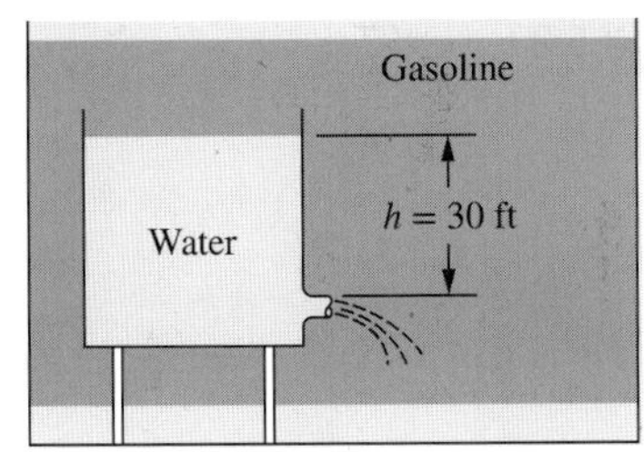

그림 5.25
두 유체의 중력 구동 흐름

5.15.* 그림 5.26의 용기에서 물이 방해판 밑으로 흐른다. 무마찰 정상상태 흐름이라 할 때 물의 유속을 구하라.

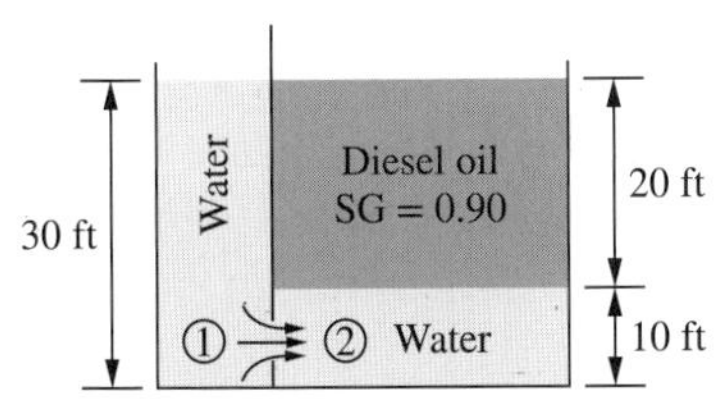

그림 5.26
두 유체의 중력 구동 흐름

5.16. 그림 5.27의 탱크와 스탠드 파이프에서 유체가 흐르는 방향을 말하라. 힌트: 자유표면의 두 점 1과 2를 택하고 B.E.을 쓴다. 각 방향 흐름에 대하여 $\mathscr{F}$의 크기와 부호를 구한다.

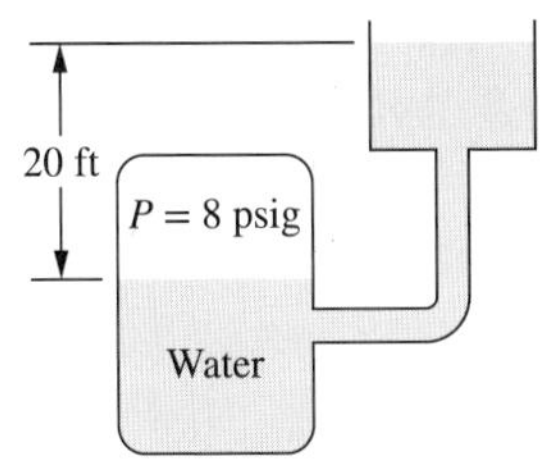

그림 5.27
이 계는 어느 방향으로 흐를까?

5.17.* 그림 5.28의 탱크에서 물이 압력 20 psig인 압축공기 밑에 있다. 이 물이 수면 아래 5 ft에 있는 무마찰 노즐을 통하여 흐른다. 유속을 구하라.

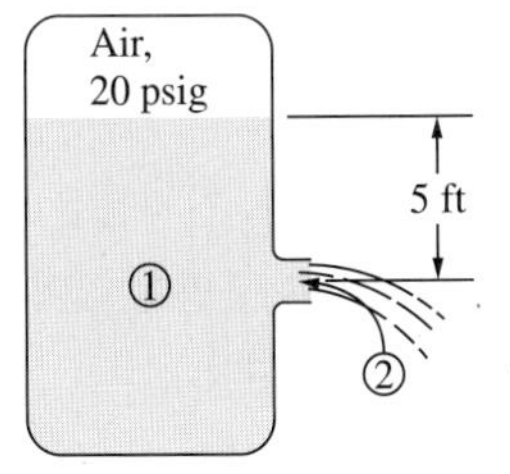

그림 5.28
중력 및 압력 구동 흐름

5.18. 연습문제 5.17에서 액체 높이가 일정하게 유지되고 공기압을 천천히 낮출 때 공기압이 얼마일 때 액체 배출속도가 10 ft/s가 될까?

5.19. 그림 5.29의 시스템은 압축공기와 그 밑에 물이 들어 있는 용기, 큰 관, 노즐로 되어 있다. 공기 압력은 50 psig이고 마찰 효과는 무시한다. 노즐에서 배출되는 물의 유속을 구하라.

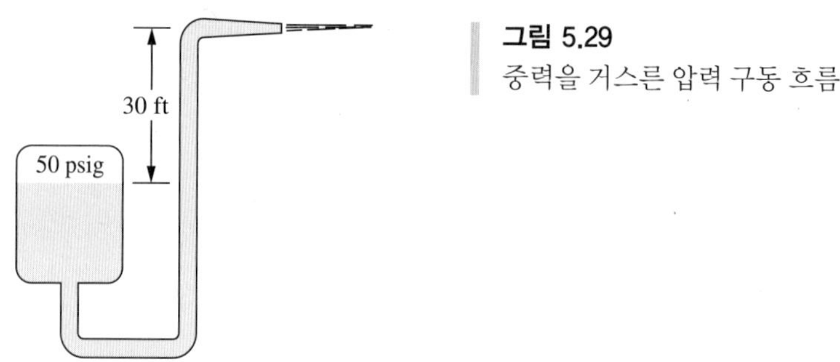

그림 5.29
중력을 거스른 압력 구동 흐름

5.20.* 그림 5.30의 탱크에 물과 그 밑에 수은이 들어 있다. 수은은 무마찰 노즐을 통하여 흘러나간다. 노즐을 통하여 배출되는 유체의 유속을 구하라.

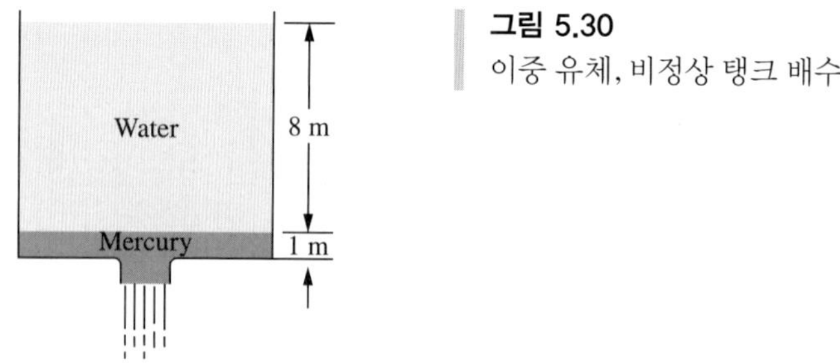

그림 5.30
이중 유체, 비정상 탱크 배수

5.21. 그림 5.31에 나타낸 압축공기 구동 로켓이 무마찰 노즐을 통하여 물을 수직 하방으로 분출한다. 이 유속을 구하라.

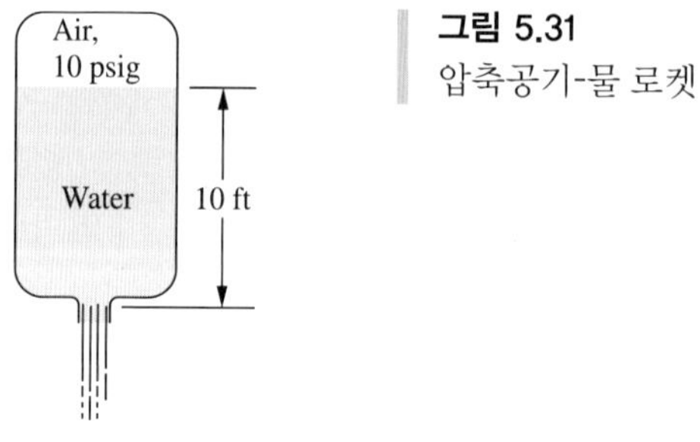

그림 5.31
압축공기-물 로켓

5.22.* 그림 5.32에 나타낸 공업용 원심분리기 바스켓 안의 유체는 물이다. 반지름은 $r_1 = 21$ in, $r_2 = 20$ in이며, 회전속도는 2000 rpm이다. 원심분리기 외벽에 작은 구멍이 있어서 이를 통하여 물이 무마찰 흐름으로 흘러나간다. 이 구멍을 통한 유속을 구하라.

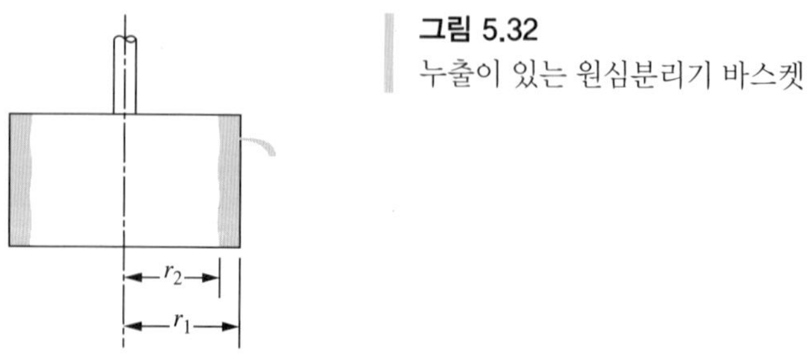

그림 5.32
누출이 있는 원심분리기 바스켓

5.23.* 경주용 보트에 피토관을 설치하여 속도계로 사용하고자 한다. 만들기 쉽게 하기 위하여 피토관의 높이를 수면 위 10 ft 이내로 한다. 측정할 수 있는 최대 속도를 구하라.

5.24. 공기 유속 측정용으로 피토-정관을 사용한다. 마노미터 유체는 물이다. 유속이 너무 느려서 마노미터에서 차이가 0.5 in 미만이면 읽기가 어려우므로, 이 이상의 유속 측정용으로만 사용한다. 이 피토-정관으로 측정할 수 있는 최저 유속을 구하라.

5.25.* 연습문제 5.24의 측정 대상 흐름이 휘발유이고, 마노미터 유체가 물일 때에 대하여 이 문제를 다시 풀어라.

5.26. 피토-정관을 사용하여 비행기의 속도를 측정한다. 압력차가 0.3 psig일 때, 다음 경우에 대하여 비행기의 속도를 구하라.

(*a*) 공기 밀도가 0.075 lbm/ft^3 정도인 해변에서 비행할 때

(*b*) 공기 밀도가 0.057 lbm/ft^3 정도인 고도 10,000 ft에서 비행할 때

(*c*) 이 차이가 파일럿에게 문제가 될까?(파일럿이나 항공공학 전공 친구에게 문의해 보자.)

5.27. 부르동-튜브 압력계에 연결된 피토관을 이용하여 보트의 속도를 측정하고자 한다. 피토관은 수면 바로 아래에 있고 정면을 보-고 있다. 보트의 속도가 60 km/h라면 압력계의 표시값은 얼마일까?

5.28. 이 책과 많은 교과서에서 식들이 어떤 단위에 대해서도 맞다. 그러나 '응용'및 '현장'서적들에서는 특정 단위에만 맞는 식들을 접한다. 예를 들어 잭 카라바노스(Jack Caravanos)는 덕트 내에서 피토-정관 측정에 의한 공기 유속을 다음 식으로 제시하였다(*Quantitative Industrial Hygiene; A Formula Workbook*, ACGIH, Cincinnati, 1991, p.66).

$$V = 4005\sqrt{VP} \tag{5.BN}$$

여기서 V는 ft/min 단위의 속도이고, VP는 물의 in 단위의 '속도-압력'을 나타낸다. 이 식이 식 (5.16)과 일치하는가?

5.29. 그림 5.10의 벤투리미터에서 공기가 흐르고, 마노미터 유체가 물이며, $(D_2/D_1) = 0.5$이고, 마노미터 읽음이 1 ft일 때, 지점 2에서의 유속을 구하라.

5.30. 그림 5.33의 장치에서 부피 유량 및 방향을 구하라.

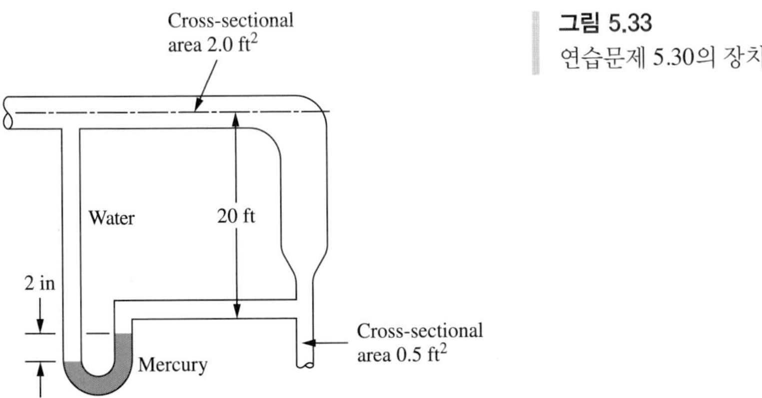

그림 5.33
연습문제 5.30의 장치

5.31.* 그림 5.34의 벤투리미터에 공기가 흐른다. 마노미터에는 수은과 물이 들어 있다. 상류와 목의 단면적은 각각 10 ft^2 및 1 ft^{2}이다. 이 공기의 부피 유량을 구하라. 배출계수 $C_v = 1.0$이다.

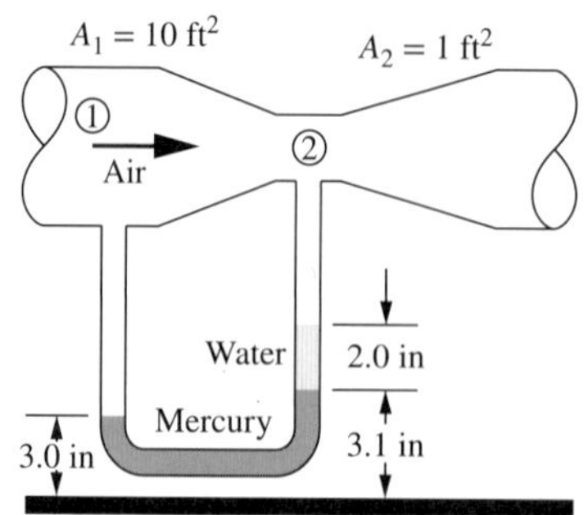

그림 5.34
이중 유체 마노미터를 갖는 벤투리미터

5.32. 미국, 유럽, 일본 등지에서는 최근 자동차 카뷰레터를 연료주입기로 교체하였다. 그러나 약 1985년 이전에 생산된 세계의 거의 모든 자동차와 현재 개발도상국에서 생산되는 일부 자동차는 광범위한 엔진속도에서 엔진에 적절한 연료-공기 혼합물을 제공하기 위해 그림 5.35에 단순화된 형태로 표시된 벤투리 장치를 사용한다.

점 1과 3의 단면적은 아주 커서 이곳의 유속은 점 2의 유속에 비하여 무시할 수 있으며, 점 1과 3의 압력은 대기압과 같다. 액면이 일정하고, 대기압에 있는 저장조로부터 휘발유가 지름이 큰 관과 작은 제트를 통하여 들어가는데, 이 제트는 지름이 D_j인 무마찰 노즐이라고 생각할 수 있다. 벤투리 목(점 2)의 지름은 D_2이다.

(*a*) 공기-연료비(air-fuel ratio)에 관한 식을 목, 제트 등의 지름으로 나타내라. 공기-연료비는 공기의 질량 유량을 연료의 질량 유량으로 나눈 값이다.

(*b*) 엔진으로 들어가는 공기 유량이 변하면 공기-연료비가 어떻게 달라지는가? 엔진으로 들어가는 공기 유량은 목판(throttle plate)의 설정에 의하여 조절되는데, 이 목판은 운전자의 가속기 페달에 연결되어 있으며, 여기에 보인 카뷰레터와 엔진 사이에 있다.

(*c*) 공기-연료비를 15 lbm/lbm(휘발유 엔진에서 전형적 값이다)로 하기 위한 D_1/D_2 비를 구하라.

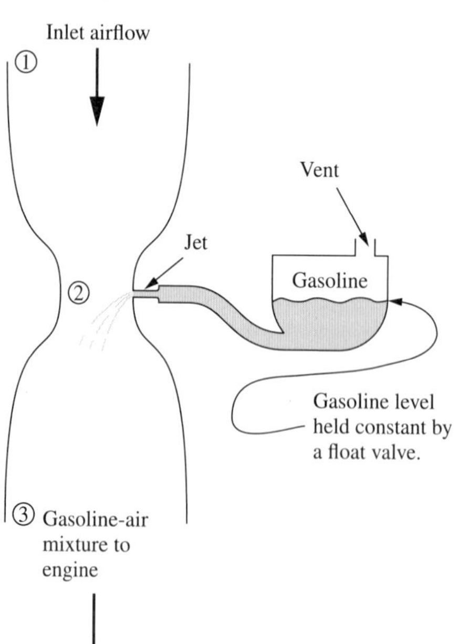

그림 5.35
카뷰레터 원리. 저장조의 액체 수위는 플로트 밸브에 의해 일정하게 유지된다.

(*d*) 여기에 나타낸 카뷰레터에서 해면 기준의 공기-연료비가 15일 때, 해발 5280 ft인 덴버에서는 이 값이 커지는가, 그대로인가, 아니면 작아지는가? $P_{atm} = 12$ psia.

5.33. 미국에서는 건물 내로 천연가스를 공급하는 관의 압력은 4 in H_2O이고, 프로판가스를 공급하는 관의 압력은 11 in H_2O이다. 그 이유를 설명하라.

5.34. 밀도가 55 lbm/ft^{3}인 기름이 그림 5.36의 오리피스를 통하여 흐른다. 관에서 유속은 1 ft/s이고, $C_v = 0.6$이다. $P_1 - P_2$를 구하라.

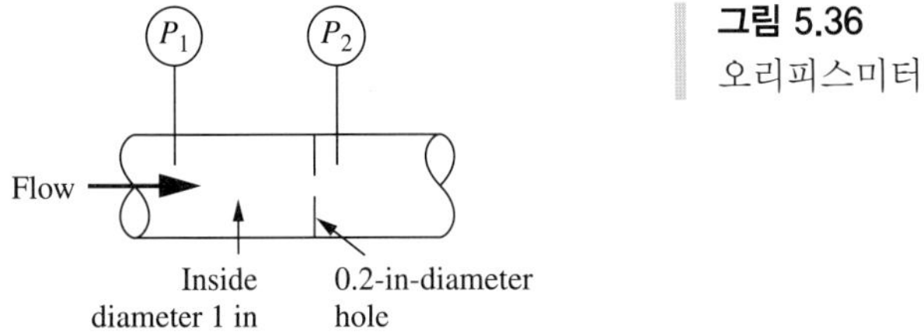

그림 5.36
오리피스미터

5.35. 지름이 1 in인 관에 수은이 유속 1 ft/s로 흐른다. 이 관에 오리피스 판을 삽입하여 압력강하가 3 psig가 되게 하고자 한다. 오리피스 구멍 지름이 어떤 판을 골라야 하는가?

5.36.* 벤투리미터(그림 5.10)에서 $A_2/A_1 = 0.5$이고 물이 흐른다. 점 1의 압력이 20 psia일 때,

(*a*) 압력이 0.0 psia인 점 2에서의 유속을 구하라.

(*b*) 200°F에서 이 물의 증기압은 11.5 psia이다. 이 온도에서 물이 끓지 않을 때 지점 2에서 가능한 최대 유속을 구하라.

5.37. 그림 5.15에 나타낸 것과 같은 사이펀에서 유체가 10 ft/s로 흐르게 하고자 한다. 무마찰 흐름이며, 최저 압력이 1 psia라 가정하고, 이 사이펀의 최대 높이를 구하라.

5.38. 예제 5.12에서 공동(cavitation)이 일어나지 않기 위하여 최대로 가능한 $(z_2 - z_1)$은 얼마인가? 20°C = 68°F에서 물의 증기압은 0.34 psia이다.

5.39. 그림 5.37의 탱크의 상부가 대기에 노출되어 있고, 하부에서 노즐을 통해 대기로 물을 배출하고 있다. 단면적이 지점 1에서 매우 크며, 지점 2에서 1.00 ft^2, 지점 3에서 1.50 ft^{2}이고, 흐름은 정상 및 무마찰 흐름이다. 지점 2에서의 압력을 구하라.

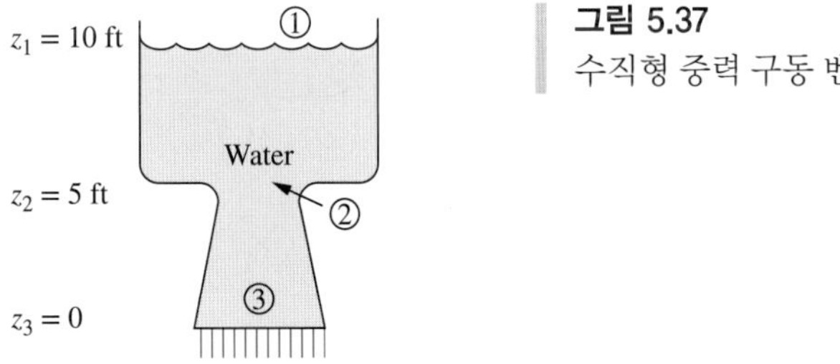

그림 5.37
수직형 중력 구동 벤투리

5.40.* 배의 프로펠러 바깥지름이 15 ft이다. 배에 짐을 실으면 이 프로펠러의 윗부분이 4 ft 물에 잠긴다. 수온이 60°F(증기압 0.26 psia)일 때, 프로펠러 끝에서 공동현상이 생기지 않는 최대 회전속도(rpm)를 구하라.

5.41. 일반 배의 프로펠러에서의 공동현상이 심삭한 문제인 섯저넘, 삼수함에서도 분제가 되는가? 답에 대한 이유를 설명하라.

5.42. 예제 5.14에서 초기에 배출구 위 30 m 높이로 물을 채우는 대신에, 10 m 높이는 물로 채우고, 물 층 위에 20 m 높이의 가솔린으로 채울 때, 가솔린 상단의 높이가 배출구 위 30 m 높이에서 1 m 높이로 감소하는 데 걸리는 시간을 구하라.

5.43.* 그림 5.38에 나타낸 탱크는 원통형이며 수직 축이 있다. 수평 단면적은 100 ft²이고, 바닥에 있는 구멍의 단면적은 1 ft²이다. 가솔린과 물 사이의 경계면은 항상 완벽하게 수평을 유지한다. 이 계면이 바닥으로부터 10 ft 높이에 있을 때, 휘발유가 흘러나가기 시작할 때까지의 시간을 구하라. 무마찰 흐름이라 가정한다.

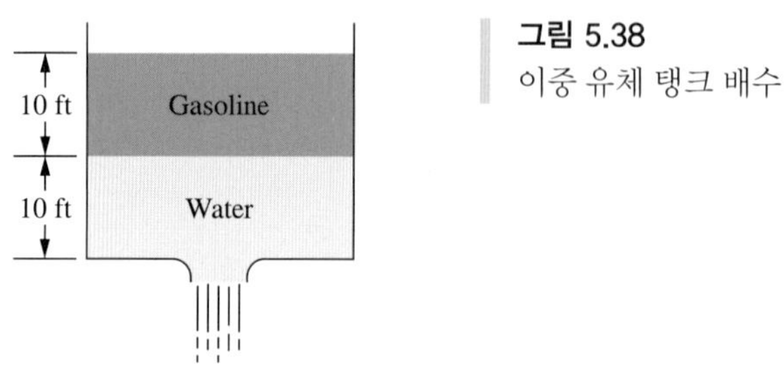

그림 5.38
이중 유체 탱크 배수

5.44. (*a*) 그림 5.28에서, 탱크 지름이 10 ft, 배출구 지름이 1 ft이고, 압력조절기가 기체 공간의 압력이 20 psig로 유지되도록 기체를 공급해 줄 때, 물 높이가 5 ft에서 1 ft로 낮아지는 데 걸리는 시간을 구하라.

(*b*) (*a*)에서 압축공기시스템이 꺼져 물 높이가 낮아짐에 따라서 기체가 팽창하여 압력이 감소할 경우에 대하여 문제 (*a*)를 다시 풀어라. 단, 가스는 이상기체이며, 온도는 20°C = 68°F로 일정하다. 초기 기체 공간 높이는 1 ft이며 $P = 20$ psig이다.

5.45. 그림 5.39에 나타낸 개방 탱크에 물이 가득 차 있다. 바닥에 있는 면적 1 ft²인 구멍이 열려 있어서 물이 공기 중으로 흘러나간다. 탱크를 비우는 데 얼마나 걸리는가? 무마찰 흐름이라 가정한다.

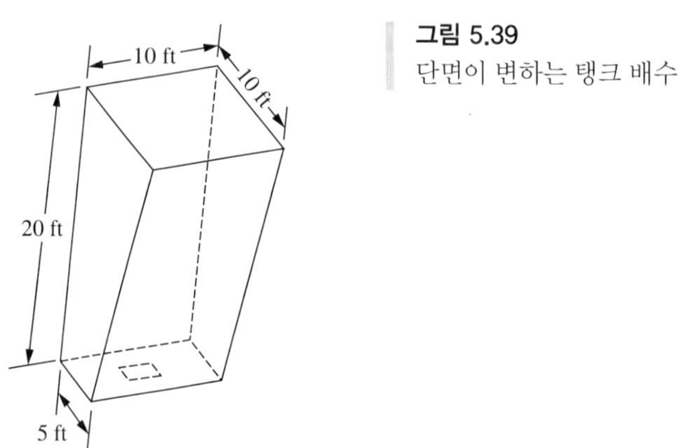

그림 5.39
단면이 변하는 탱크 배수

5.46. 한 유체역학 시범 장치가 그림 5.7과 동일한 흐름도를 가진다. 탱크는 6 in × 5.5 in 직사각형이고, 구형 배출구의 지름 $D = 0.30$ in이다. 초기에 탱크가 물로 가득 채워져 있다가 배출되기 시작한다. 물 높이가 배출구 중심선 11 in 위에서부터 배출구 중심선 1 in 위로 떨어

지는 데 걸리는 시간을 구하라.

5.47. 지름이 6.5 in, 높이가 7.5 in인 1 gallon 페인트 캔이 메탄(methane)으로 채워져 있다. 그림 5.40과 같이 캔 상부에 지름 0.25 in 구멍이 보호 테이프로 덮여 있고, 하부에 지름 0.5 in 구멍도 보호 테이프로 막혀 있다. 두 보호 테이프를 $t = 0$인 시간에 제거하고 시간 측정을 시작한다. 메탄이 중력에 의하여 상부 구멍으로 배출되고 점화되어 노란 불꽃을 띤다. 아래 문제들을 풀 때 하부 구멍을 통한 흐름에서 저항은 무시한다.

(*a*) 상부 구멍을 통한 메탄의 초기 배출속도를 구하라.

(*b*) 캔 내부의 메탄이 하부에서 유입되는 공기로 대체됨에 따라서 배출속도가 감소하고 불꽃은 점차 작아지고 푸른색으로 변한다. 여기서 화학공학의 두 가지 혼합 모델을 사용하라. 첫 번째 모델은 완전 비혼합 모델로 공기와 메탄은 분리된 층을 형성한다. 두 번째 모델은 완전 혼합 모델로 캔 내부에서 공기와 메탄의 농도가 균일하다. 두 모델에 대하여 속도와 시간과의 관계를 구하라.

(*c*) 상부 구멍을 통한 유속이 메탄-공기 혼합물에 대한 층류 불꽃 속도인 1.1 ft/s보다 작을 때, 불꽃이 통 내부 쪽을 태우고 빠르게 번져 결국 폭발음과 섬광을 일으키며 공기 중으로 추진된다. 내부 안전 체인은 뚜껑이 사람을 다치게 하는 것을 방지하고 캔을 바닥에서 위로 잡아당긴다. 이런 일이 발생하기까지 시간이 얼마나 걸릴까? 문제 (*b*)의 완전 비혼합 모델과 완전 혼합 모델에 대하여 계산하라. 관찰된 시간은 325초이다. 이 실험은 참고문헌 [8]에 상세히 기술되어 있다.

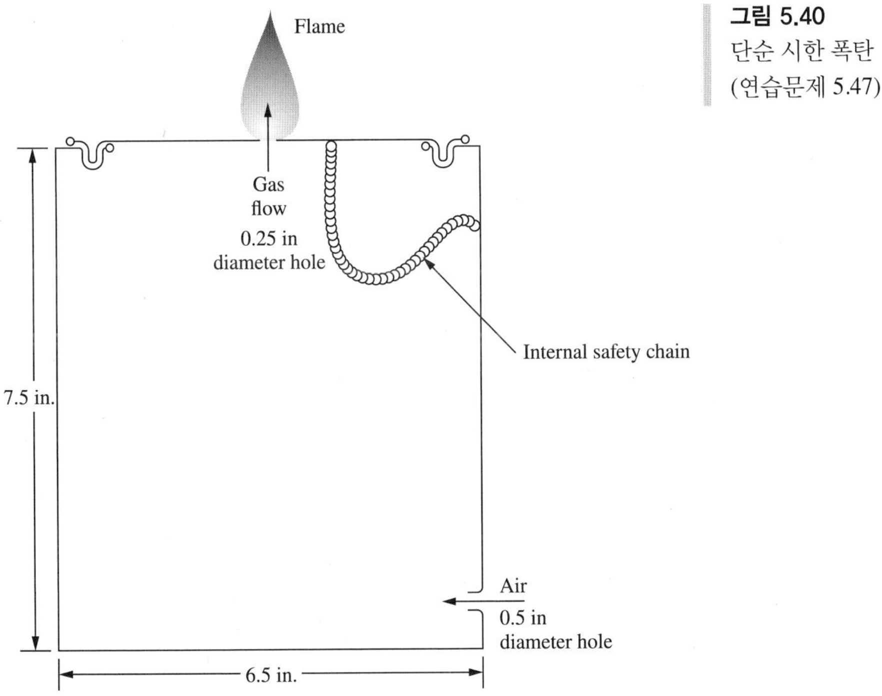

그림 5.40
단순 시한 폭탄
(연습문제 5.47)

5.48. 예제 5.14의 탱크 내부가 물 대신 프로판(propane)으로 채워진 경우에 대하여 다시 풀어라. 단, 프로판과 프로판 위 공기는 서로 혼합되지 않는다.

5.49. 그림 5.41은 나무(또는 플라스틱) 실패, 판지, 압정으로 만든 유체역학 시범용 장난감이다. 실패 구멍으로 공기를 세게 불어 넣으면 판지가 실패에 붙어 있겠지만, 멈추면 중력에 의하여 떨어져 내릴 것이다. 공기를 불어 넣는 동안 그림에서 A-A선에 대하여 압력-반지름 관계를 아래의 좌표에 그려라. 그림 아래의 축들을 이용하라.

여기서 압정은 판지가 옆으로 움직이는 것을 방지하며 그 외에는 장치에서 다른 기능이 없다. 판지는 매우 단단하여 판지와 실패 사이 거리는 일정하고 반경에 무관하다. 이 장치는 일반적인 신축성 있는 종잇조각으로 작동하나 종이와 실패 간의 거리가 일정하지 않으므로 관련된 수학은 더욱 복잡하다. 압정이 제 위치에 붙어 있도록 접착테이프를 사용하면 도움이 된다.

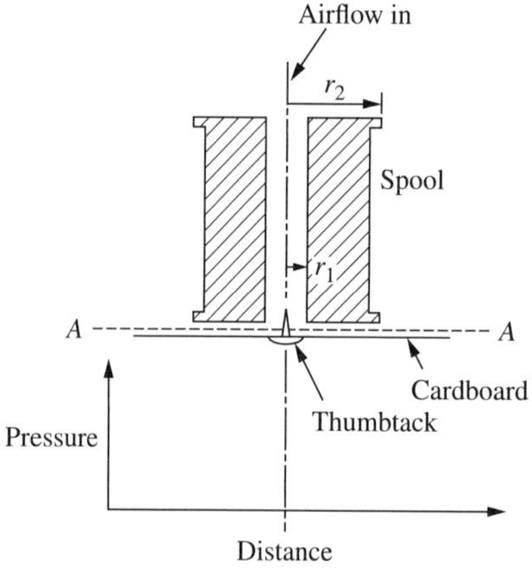

그림 5.41
실패 및 판지 유체역학 시범용 장난감

5.50. 연습문제 5.49의 실패-판지 시범장치에서 실패의 구멍은 지름이 7.1 mm, 실패 외경이 35 mm, 그리고 실패와 판지 원판 사이 간격이 0.2 mm이다. 공기로 가득 찬 폐 하나는 약 1 L이고 2초 내로 공기를 불어 낸다. 이들 값에 기초하여 실패와 판지 사이 공간에서 발생할 수 있는 최소 압력을 예측하라.

5.51. 정밀도 유체를 수송하는 무마찰 펌프와 압축기에서 필요한 일은 식 (5.11)과 같다. 유체가 이상기체이면 이 식은 다음과 같이 된다.

$$\frac{dW_{\text{n.f.}}}{dm} = \frac{RT}{M}\int\frac{dP}{P} \tag{5.BP}$$

압력 변화가 매우 작은 경우는

$$\frac{dW_{\text{n.f.}}}{dm} = \frac{RT}{M}\frac{\Delta P}{P_1} \qquad [\Delta P << P_1, \text{ incompressible fluid}] \tag{5.BQ}$$

거의 대부분의 실제 압축기는 단열(외계로의 열전달이 없다)과 등온(외계와 완전한 열적 평형에 있다)의 중간에 해당한다. 이 두 가지에 대하여 이상기체일 경우 필요한 일은 다음과 같다(10장).

$$\frac{dW_{\text{n.f.}}}{dm} = \frac{RT}{M}\ln\frac{P_2}{P_1} \qquad [\text{isothermal, frictionless}] \tag{5.BR}$$

그리고

$$\frac{dW_{\text{n.f.}}}{dm} = \frac{RT_1}{M} \cdot \frac{k}{k-1}\left[\left(\frac{P_2}{P_1}\right)^{(k-1)/k} - 1\right] \quad \text{[adiabatic, frictionless]} \tag{5.BS}$$

여기서 T_1은 도입 온도이고, k는 비열의 비(8장 참조)로 모든 기체에 대하여 상수라고 볼 수 있다(공기의 경우 ≈ 1.40). P_1과 P_2는 각각 도입 및 배출 압력이다. $(P_2/P_1) = 1.3$일 때 비압축성 유체, 등온 압축, 단열 압축에 대하여 각각 가역적 일 $[MR/T_1]\cdot(dW_{\text{n.f.}}/dm)$을 나타내라. 여기서 계산된 일은 펌프와 압축기를 구동하기 위한 일이며, 또한 시스템에 가해진 일이고 양의 부호를 가진다.

5.52. 그림 5.42는 비교적 평활한 표면에서 무거운 하중이 미끄러지게 하는 데 널리 사용되는 공기쿠션 차를 나타낸 것이다. 이 안에서 선풍기나 송풍기가 차 아래의 갇힌 공간으로 가압하에서 공기를 불어 넣는다. 이 공기는 차와 그 하중을 받친다. 이 공기의 일부가 계속 차의 스커트와 지면 사이의 틈으로 새 나간다. 선풍기는 이 누출을 보충할 수 있는 충분한 공기를 공급해야 한다. 차와 하중의 총질량이 5000 lbm이고, 차는 지름 10 ft인 원형이며, 차의 스커트와 바닥 사이의 틈이 0.01 in라고 가정하고, 공기 유량을 계산하라. 또, 송풍기 효율이 100%이며 등온(연습문제 5.58)이라 가정하고, 필요한 송풍기 동력을 구하라.

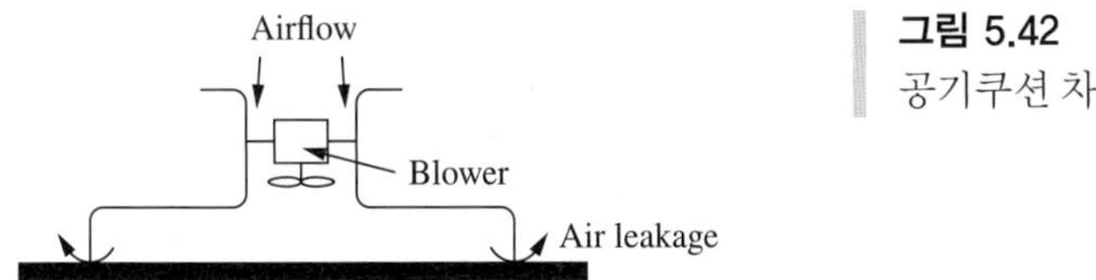

그림 5.42
공기쿠션 차

5.53.* 공기로 채워진 '기포(bubble)' 구조의 표피 무게는 1.0 lbf/ft^{2}이다. 실물은 원통형 반구 지붕형이나 이 문제에서는 내부압으로 유지되는 평평한 지붕형으로 간주하라. 바닥 면적은 20,000 ft^{2}이다. 모든 이런 구조물들은 일부 누출이 있어 일정하게 운전되는 팬으로 보완해 준다. 실제 누출 면적은 직물과 이음매 등에 많은 매우 작은 구멍들로 이루어져 있다. 이 문제에서는 누출이 5 ft^2 크기의 구멍을 통한 무마찰 흐름과 같은 것으로 간주하라.

(*a*) 구조물 내부의 계기압력을 구하라.

(*b*) 팬으로 보충해 주어야 하는 누출 유량을 구하라.

(*c*) 100% 효율을 갖는 팬에 대하여 요구되는 출력을 구하라.

5.54. 폭 50 m인 유로에 물이 100 m^3/s의 유량으로 흐르며, 예각 위어를 넘어간다.

(*a*) 상류 흐름과 위어 상부 높이의 차를 구하라.

(*b*) 상류 유로의 깊이가 5 m일 때의 상류 유속을 구하라.

(*c*) 이 유속을 무시하고 식 (5.21)을 썼을 때의 오차를 구하라.

5.55. 예제 5.3에서 토리첼리 식을 사용하여 배출 유속을 계산하였다. 5.11절에서 검토하였지만, 이 식에서는 제트의 하부에서의 유속이 상부에서보다 크다는 사실을 고려하지 않았다. 이 식을 사용할 때의 오차를 추산하라. 이 제트의 중심선이 유체 표면으로부터 30 ft 아래에 있고, 제트가 매우 둥근 입구를 통과하여 지름이 0.5 ft인 출구로 나갈 때, 이 제트의 상부와 하부의 유속차를 구하라.

5.56. 수도꼭지에서 싱크로 물이 천천히 흘러내린다. 이 흐름은 꼭지에서 멀어질수록 폭이 줄어든다. 수도꼭지에서 수직 하방으로 떨어지는 이 원통형 제트의 지름이 0.25 in이고 유속이 1 ft/s라면, 1 ft 아래에서의 지름은 어떻게 되는가?

5.57. 예제 5.15에서 물줄기가 그 지름이 0.1 in일 때 물방울로 부서진다면 수도꼭지에서 얼마나 멀리 떨어져서 이런 현상이 일어날까?

5.58. 식 (5.BJ)는 수도꼭지로부터의 V를 $f(h)$로 나타내는 것이다. 이때 여기에 해당하는 D를 $f(h)$로 나타내라.

5.59. 기상학자가 기록적인 허리케인을 보고 다음과 같이 말했다. "중심기압이 850 mbar이고, 풍속은 250 mi/h나 되었다!" B.E.을 이용하여 이를 설명하라.

참고문헌

1. Wikipedia, "Air France Flight 477."
2. Lamb, H. *Hydrodynamics*. New York: Dover, 1945, p. 99.
3. Boyce, M.P., and 9 coauthors, "Transport and Storage of Fluids," in *Perry's Chemical Engineers' Handbook*, 8th ed. New York: McGraw-Hill, 2007, pp. 10–16.
4. "Flows of Fluids Through Valves, Fittings and Pipes," *Technical Paper No. 410*, Crane Company, 475 N. Gary Ave., Carol Stream, IL, 1957, p. A–19.
5. Fischer, K. "How to Predict Calibration of Variable-Area Flow Meters." *Chemical Engineering 59*(6), (1952), pp. 180–184. 본문에서는 간단한 방정식들에 대한 몇 퍼센트의 수정만을 논의하고 있음을 확인하려면 이 논문을 주의 깊게 읽어야 한다.
6. Li, S. C., ed. *Cavitation of Hydraulic Machinery*. London: Imperial College Press, 2000.
7. Kindsvater, C. E., and R. W. Carter. "Discharge Characteristics of Rectangular Thin-Plate Weirs." *Transactions of the American Society of Civil Engineers 124* (1959), pp. 772–822. 다른 사람들의 의견과 함께 이 긴 논문은 식 (5.21)에서 0.67의 계수를 사용하면 ±5%의 광범위한 조건에서 대부분의 게시된 테스트 데이터를 재현할 수 있음을 보여 준다.
8. de Nevers, N. "An Inexpensive Time Bomb." *Chem. Eng. Ed. 8*, 1974, pp. 98–101.

CHAPTER

6

정상상태 1차원 흐름의 유체 마찰

5장에서 B.E.의 실용형은 식 (5.5)와 같았다.

$$\Delta\left(\frac{P}{\rho}+gz+\frac{V^2}{2}\right)=\frac{dW_{\text{n.f.}}}{dm}-\mathscr{F} \tag{5.5}$$

5장에서는 이 식을 마찰 항 $\mathscr{F}$가 0인 문제에 적용하였다. 이 장에서는 관, 덕트, 유로 등에서의 흐름처럼 아주 중요하고 실제적인 1차원 정상 흐름에서 $\mathscr{F}$를 평가하는 방법을 다루기로 한다. 이 양 $\mathscr{F}$를 구하면 화공기술자들의 실제적 관심의 대상이 되는 문제를 포함하여 보다 광범한 문제에 식 (5.5)를 적용할 수 있다. $\mathscr{F}$를 구할 수 있는 적절한 관계를 알면 식 (5.5)에 대입하고 풀어서 적절한 압력, 유속, 높이, 관 지름 등을 구할 수 있다.

마찰 손실 항은 계의 모양에 따라 형태가 아주 달라진다. 비행기 주변에서의 2차원이나 3차원 흐름보다는, 관에서와 같은 1차원 흐름이면 문제는 아주 간단해진다. 따라서 길고 지름이 일정한 관에서의 정상 흐름일 때의 유체 마찰에 관하여 먼저 알아보기로 한다. 이러한 흐름은 실제로 아주 중요하며 수학적 처리가 가장 간단한 것이다. 관에서의 흐름의 시작이나 정지에 관해서는 7.4절에서 다룬다. 6.13절에서는 정상 직선운동 중의 입자에 작용하는 마찰 항력을 다루는데, 이 경우는 2차원 흐름이기는 하지만 긴 직관의 경우와 아주 비슷하다.

이 장에서 다룬 내용을 비롯한 몇 가지 아이디어에 기초하여, 4부에서는 2차원 및 3차원 흐름을 살펴본다.

6.1 압력강하 실험

그림 6.1의 장치상에서 $\mathscr{F}$를 결정하기 위한 고전적 압력강하 실험을 수행할 수 있다. 유량

은 유량조절밸브로 조절하고, 양동이와 스톱워치를 사용하여 유량을 측정한다. 정상상태일 때 압력계 P_1, P_2를 읽고 그 차이를 기록한다. 대개 단위 길이당 압력강하가 문제이므로, 이 압력강하를 실험 구간의 길이 Δx로 나누어서 $(P_1 - P_2)/\Delta x$를 부피 유량 Q에 대하여 그린다.

뉴턴 유체라면 유체의 종류와 관의 종류에 관계없이 결과는 언제나 그림 6.2에 나타낸 모양이 된다. 또 저속의 모든 기체에 대해서도 마찬가지이다.

그림 6.2는 특정 유체가 특정 관에서 흐를 때의 전형적 압력강하를 나타내는 것이다.

1. 유량이 아주 적을 때는 단위 길이당 압력강하가 부피 유량의 1승에 비례한다.
2. 유량이 아주 클 때는 단위 길이당 압력강하가 부피 유량의 1.8승(아주 매끈한 관)에서 2.0승(아주 거친 관)에 비례한다.
3. 유량이 중간 정도일 때는 실험 결과를 쉽게 재현할 수 없는 영역이 있다. 다른 두 영역에 대한 두 곡선을 점선으로 나타내고 그 영역으로 외삽하였다. 흐름은 이 두 곡선 사이에서 앞뒤로 진동할 수 있어 중간값을 가질 수 있다. 그림 6.1의 실험장치의 dP/dx 값이 다소 일정하여 부피 유량이 두 곡선 사이에서 수평 진동을 하여 불규칙한 펄스 흐름을 일으킨다.

이 실험은 시행하기가 비교적 쉬워서 관과 유체의 여러 조합에 대한 곡선이 밝혀졌다. 그러나 가능한 모든 조합에 대하여 시험할 수는 없으므로, 기존의 실험 결과로부터 새로운 조합에 대한 값을 구할 방법이 있어야 편리할 것이다. 또 그림 6.2에서처럼 특이한 곡선이 얻어지는 이유를 알아야 궁금증이 풀릴 것이다.

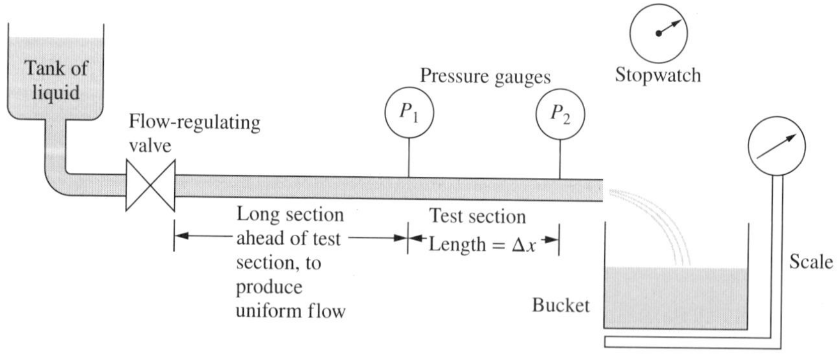

그림 6.1
압력강하 실험장치. 실험에서 저울에 나타난 무게 증가나 버킷(bucket) 옆면의 눈금으로 부피 증가를 읽는다. 여기서 사용되는 소위 '버킷 & 스톱워치' 유량측정법은 알려진 가장 정확한 방법이며 5장에서 소개된 다른 측정법들을 보정하는 데 사용된다.

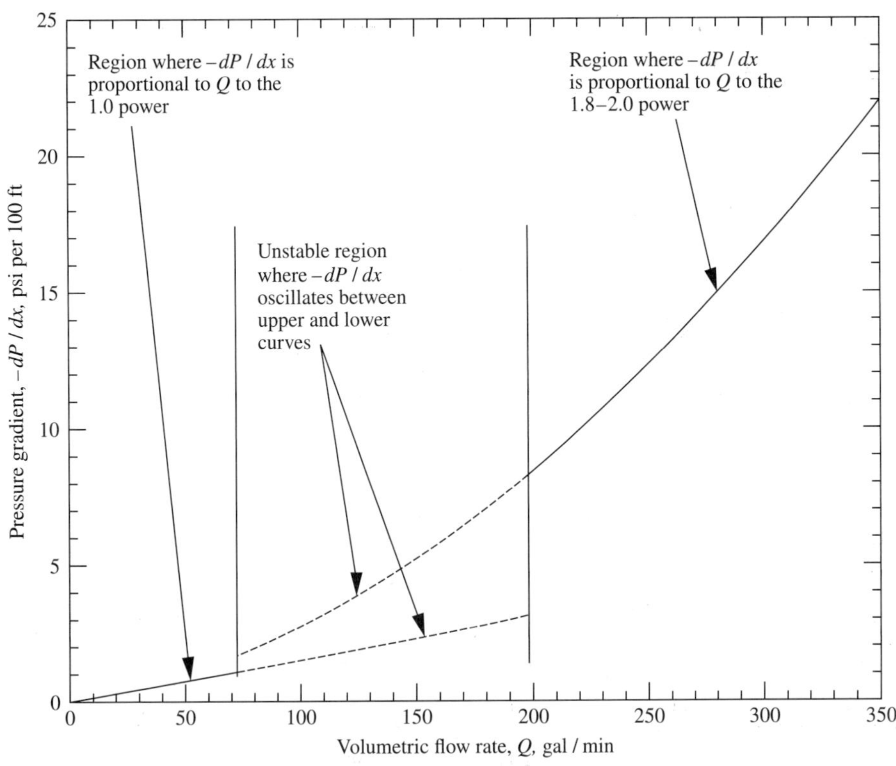

그림 6.2

특정 관에서 특정 유체가 흐를 때의 전형적 압력강하 곡선. 수치들은 SG = 1.0이고 $\mu = 50$ cP인 기름이 3 in 스케줄 40 관 내부에서 흐를 때의 계산값들이다. 다른 유체와 다른 관들에 대하여 선도는 유사하나 수치들은 다르다. 만약 부피 유량 Q가 일정하면 불안정 영역에서 흐름이 두 $-dP/dx$ 곡선 사이에서 수직으로 진동할 것이다. 만약에 $-dP/dx$가 고정되면(예를 들면, 저수조에서 중력에 의한 흐름), 불안정한 영역에서 흐름이 두 Q 값들 사이에서 수평으로 진동할 것이다.

6.2 레이놀즈 실험

오즈본 레이놀즈(Osborne Reynolds)[1]는 그림 6.2의 이상한 모양을 설명하였다. 그림 6.1에 나타낸 것과 비슷하게 유리로 만든 장치에서, 흐르는 유체에 여러 점에서 액체 물감을 주입하였다. 저유량 영역(단위 길이당 압력강하 $-dP/dx$가 유량에 비례)에서는 도입한 물감이 평탄하고 가늘며 곧은 줄을 이루면서 흘렀다. 즉, 관의 축에 직각인 방향에서의 혼합이 없었다. 이러한 흐름에서는 모든 운동이 축 방향이며(유체가 얇은 층 내에서 움직이는 것으로 보임) 이를 **층류**(laminar flow)라 부른다.

층류일 때와 달리 압력강하 $-dP/dx$가 유량의 1.8~2.0승에 비례하는 고유량 영역에서는, 물감을 어떤 방법으로 도입해도 관 전체에 빨리 분산되었다. 총괄적 축 방향 이동과 동시에 관의 모든 방향에서 빠르고 무질서한 움직임이 겹쳐서 물감이 빨리 혼합되었다. 이러

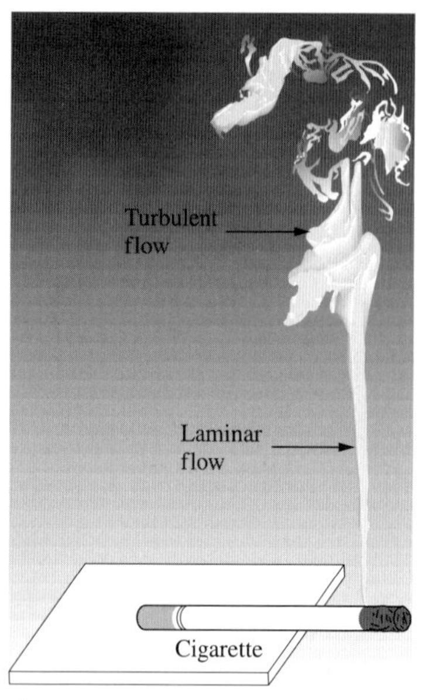

그림 6.3
바람이 없는 실내에서 연기 흐름에 대한 층류와 난류

한 흐름을 난류(turbulent flow)라 한다.

그림 6.2에서 직선과 포물선에 가까운 두 가지 곡선은 근본적으로 다른 두 가지 흐름을 나타내는 것이다. 뒤에서 검토하겠지만, 이 구분은 아주 중요하므로, 주변에서 이러한 두 가지 흐름을 살펴보기 바란다. 가장 쉽게 볼 수 있는 것은 조용한 방에서 올라가는 담배 연기이다(그림 6.3). 처음에는 평탄한 층류로 올라가다가 난류로 바뀌어서 상승 방향의 직각인 방향에서 불규칙한 무질서 운동을 한다. 이러한 현상은 실험실이나 거실에서 쉽게 실현할 수 있지만, 레이놀즈의 관 흐름 실험의 경우보다 수학적 해석이 몹시 어려우므로, 다시 레이놀즈 실험으로 돌아가기로 한다.

레이놀즈는 또 층류가 난류로 변하거나 난류가 층류로 변하는 영역에서는 비재현성 영역이 있음을 보였는데, 이를 **전이 영역**(transition region)이라 한다. 이 영역에서 재현성이 나쁜 이유는, 조건에 따라 층류가 존재하지만 안정한 흐름 형태가 아니며, 또 어떤 외부 교란이 없으면 난류로 바뀌지도 않기 때문이다. 관 벽이 거칠거나 장치에 아주 작은 진동이 있으면 난류로 전이한다. 따라서 전이 영역에서는 흐름이 층류 또는 난류이며 압력강하는 두 배로 달라질 수 있다. 어떤 경우에는 흐름이 층류와 난류로 교대로 바뀌어서 압력강하가 높은 값에서 낮은 값으로 왔다 갔다 한다. 또는 일정한 압력강하에서(그림 6.1) 속도도 높은 값과 낮은 값 사이에서 진동할 수 있다.

레이놀즈는 그림 6.2의 이상한 모양을 명확히 하는 동시에, 유체역학의 역사에서 차원해석(9장)을 응용한 것으로 유명하다. 매끈한 원형관에서 뉴턴 유체가 흐를 때 관 지름에 관계없이 층류에서 난류로 전이가 일어나는 것은 무차원군(dimensionless group) $DV\rho/\mu$가 2000 정도일 때였다. 여기서 D는 관 지름, V는 관에서의 평균 유속, ρ는 유체 밀도, μ는 유체 점도이다. 이 무차원군을 레이놀즈 수 $\mathscr{R}$이라 한다.

$$\begin{pmatrix}\text{Reynolds number for} \\ \text{flow in a circular pipe}\end{pmatrix} = \mathscr{R} = \frac{DV\rho}{\mu} = \frac{DV}{\nu} = \frac{4Q}{\pi D\nu} \tag{6.1}$$

그림 6.2의 전이 영역은 레이놀즈 수로 2000과 4000 사이에 해당한다. 레이놀즈 수가 4000보다 높을 때, 흐름은 안정된 난류이다. 관 흐름이 아닐 때는 관 지름 대신에 적절한 길이를 레이놀즈 수에 사용하여야 하는데, 이는 뒤에서 논의한다. 모든 레이놀즈 수들은 (길이·속도·밀도/점도)를 의미한다.

층류와 난류의 차이는 유체역학에서 가장 중요한 차이 중의 하나이다. 이 책의 층류에 대한 식들로 난류를 표현할 수 없으며 마찬가지로 난류 식들로 층류를 표현할 수 없는데, 이것만은 꼭 기억하자. 관 흐름에서 층류와 난류의 경계는 레이놀즈 수가 ≈2000에서 ≈4000 범위의 영역이다. 이는 대부분의 가스와 물과 같은 액체의 흐름은 일반적인 크기의 관 내부에서 난류이다. 유일한 예외로는 아스팔트, 메이플시럽 또는 고분자용액과 같이 물보다 점도가 매우 높은 유체의 흐름이 있다.(그림 6.2를 보충하기 위하여 사용된 유체는 물보다 점도가 50배나 높다. 만약 이 그림이 물에 대하여 만들어졌다면 층류 영역은 축의 좌측으로 사라졌을 것이다!) 그러나 매우 작은 관 흐름은 일반적으로 층류이다. 사람 몸속의 그리고 사람 크기의 동물들의 심장 및 주변 주요 동맥 내의 흐름은 난류이다. 우리 몸속의 나머지 혈류는 층류이며 필터 내부, 지하수 및 유전 내부의 흐름도 마찬가지이다.(후자들은 정확히 관 흐름은 아니지만 11장에서 나타낸 바와 같이 필터 내에서 고체 입자들 사이 및 지하수 내에서의 흐름 경로는 불규칙 형태의 관 흐름처럼 거동한다.) 강 흐름은 대부분 난류이며, 대기의 주 흐름도 난류이다. 그러나 바람이 적은 상황에서, 그리고 성층권에서 공기는 층류이다. 층류 및 난류 모두 중요한데, 우리는 우리 심장 주위의 난류, 그리고 뇌와 눈 속의 층류 혈류 없이 보고 읽을 수 없다.

레이놀즈 실험의 결과를 표 6.1에 요약하였다

표 6.1
층류, 전이 흐름, 난류의 비교

	Type of flow		
	Laminar	**Transition**	**Turbulent**
Behavior of dye streak	Dye in / Flow	Oscillates between laminar and turbulent	Dye in / Flow
Pressure drop proportional to	$Q^{1.0}$	Oscillates from one value to another; very difficult to measure	$Q^{1.8}$ (very smooth pipes) to $Q^{2.0}$ (very rough pipes)
Reynolds number	<2000	≈2000 to 4000	>4000

6.3 층류

층류는 세 형태의 흐름 중에서 가장 간단하므로 이를 먼저 검토하기로 한다. 수평 원형관에서 비압축성 뉴턴 유체의 정상 층류를 고려하자. 길이가 Δx이고 반지름이 r_0인 관의 단면을 그림 6.4에 나타내었다. 이 유체에서 중심에 대칭이고 반지름이 r인 막대 모양 요소를 임의로 선택하고, 여기에 작용하는 힘을 계산하기로 한다. 여기서 위치 1은 관 입구에서 상당히 떨어진 곳이라 가정한다. 따라서 여기서의 해석은 관 입구에서는 맞지 않는다. 흐름은 정상이고 모두 축 방향으로 흐른다. x 방향에서의 가속이 없어서, x 방향에서 막대 모양 요소에 작용하는 힘의 합은 0이어야 한다. 두 끝에 압력이 작용하는데, 이 압력 힘(pressure force)은 압력에 끝의 단면적을 곱한 것과 같으며, 서로 반대 방향으로 작용한다. x 방향에서의 압력 힘의 합은 다음과 같다.

$$\text{Pressure force} = P_1(\pi r^2) - P_2(\pi r^2) = \pi r^2 (P_1 - P_2) \tag{6.2}$$

막대 모양 요소의 원통형 표면에서는 압력 힘의 x 방향 성분이 없으므로 무시한다. 그러나 흐름에 저항하는 전단력이 존재한다. 전단력은 흐름에 반대 방향으로 작용하며 그 크기는 다음과 같다.

$$\text{Shear force} = 2\pi r\, \Delta x \cdot (\text{shear stress at } r) = 2\pi r\, \Delta x \cdot \tau \tag{6.3}$$

x 방향에서 작용하는 힘은 압력 힘과 전단력뿐이고 이들 힘의 합은 0이므로, 이들은 크기가 같고 방향이 반대이다. 이것을 식으로 쓰고, r에서의 전단응력에 대하여 풀면

$$\tau = \begin{pmatrix} \text{Shear stress acting} \\ \text{on the central rod} \\ \text{at radius } r \end{pmatrix} = \frac{-r(P_1 - P_2)}{2\Delta x} \tag{6.4}$$

여기서 (−)부호는 우리 직관이 맞다는 의미이며 τ는 x의 (−)방향으로 작용한다.(1.5절의 전단응력의 부호에 대한 검토를 참조하라.) 식 (6.4)는 원형관에서 흐르는 모든 유체의 정상 층류나 난류에 적용된다.

여기서는 가속이 없어서 힘의 합이 0인 매우 간단한 경우에 대하여 뉴턴의 법칙 $F = ma$를 적용하였다. 보다 복잡한 경우는 7장과 4부에서 다룬다.

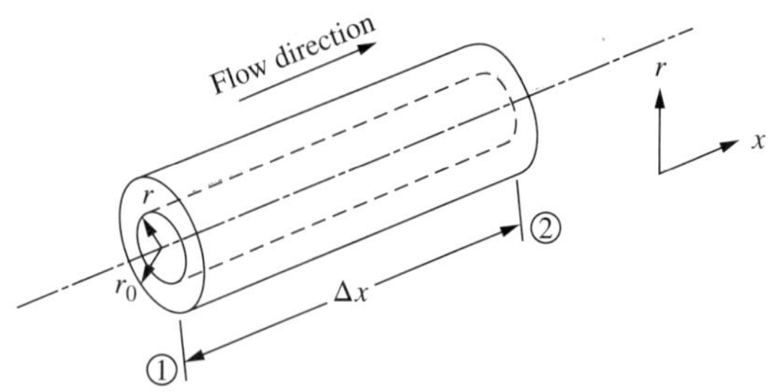

그림 6.4
관 흐름에서의 힘수지. 중심선에서 대칭인 원통형 막대 모양의 부피 주변에 대하여 수지를 세운다.

층류로 흐르는 뉴턴 유체에서는 전단응력이 점도와 속도구배의 곱과 같다(1장 참조). 이 관계를 식 (6.4)에 대입하면,

$$\mu \frac{dV}{dr} = -r\frac{P_1 - P_2}{2\Delta x} \tag{6.5}$$

정상 층류에서 압력구배 $(P_1 - P_2)/\Delta x$는 관의 반지름 방향 위치에 관계없다. 따라서 이 식을 적분하면 다음과 같다.

$$V = \frac{-r^2}{4\mu} \cdot \frac{P_1 - P_2}{\Delta x} + \text{constant} \tag{6.6}$$

상수값을 구하기 위하여 하나의 사실을 관찰할 필요가 있다. 매우 희박한 기체를 제외한 모든 유체의 흐름에서 고체 표면의 유체는 이 표면에 달라붙는다. 이 사실은 직관적으로 알 수 있는 것이 아니고 다른 원리로부터 유도할 수도 없다. 이 거동은 고체의 경우와 아주 다르다. 고체는 한 표면이 다른 표면에서 미끄러지므로, 미끄럼 경계에서의 속도는 불연속적이다. 한편 냇물 표면에서 나뭇조각이나 잎의 거동을 보면 유체흐름의 양상을 볼 수 있다. 가운데 있는 것은 빨리 움직이고, 둑 가까이에 있는 것은 천천히 흐르며, 둑에 붙어 있는 것은 전혀 흐르지 않는다.[이러한 조건을 **미끄럼 없음 조건**(no-slip condition)이라 하며, 매우 희박한 기체의 흐름은 **미끄럼 흐름**(slip flow)이라고 말할 수 있다.] 이러한 관찰 사실로부터 $r = r_0$(관 벽)일 때 $V = 0$이다. 따라서

$$0 = \frac{-r_0^2}{4\mu} \cdot \frac{P_1 - P_2}{\Delta x} + \text{constant} \tag{6.7}$$

이 상수값을 식 (6.6)에 대입하고 인수분해하면 다음 식이 된다.

$$V = \frac{r_0^2 - r^2}{4\mu} \cdot \frac{P_1 - P_2}{\Delta x} \tag{6.8}$$

원형관에서 뉴턴 유체가 정상 층류로 흐를 때, 식 (6.8)로부터 다음을 알 수 있다.

1. 관 벽($r = r_0$)에서는 유속이 0이다.
2. 관 중심($r = 0$)에서는 유속이 최대이다.
3. 최대 유속은 다음과 같다.

$$V_{\max} = \frac{r_0^2}{4\mu} \cdot \frac{P_1 - P_2}{\Delta x} \tag{6.A}$$

4. 단위 길이당 압력강하는 유체밀도와는 무관하고, 국부 유속의 1승과 점도의 1승에 비례한다.
5. 유속-반지름 그림은 포물선이다(그림 6.5).

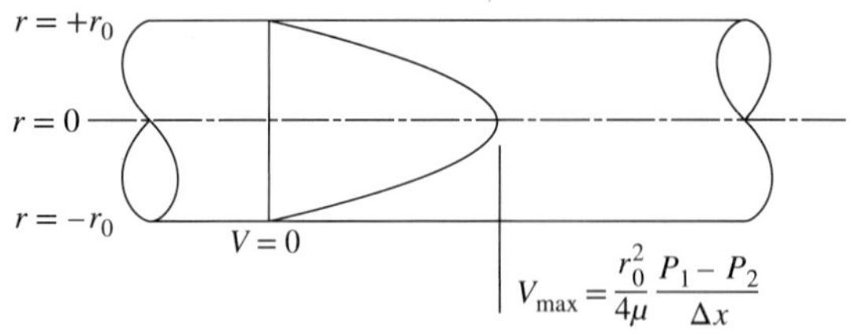

그림 6.5
원형관에서 뉴턴 유체의 정상 층류일 때의 유속 분포

공학에서는 일반적으로 국부 유속 V보다는 총괄 부피 유량 Q에 관심을 가진다. 균일 유속 흐름의 Q를 구하려면 유속에 흐름과 직각인 단면적을 곱하면 된다. 그러나 층류의 유속은 균일하지 않으므로, 유속에 면적을 곱한 값을 관의 단면 전체에 대하여 적분해야 한다.

$$Q = \int_{\text{tube}} V\,dA = \int_{r=0}^{r=r_0} \frac{r_0^2 - r^2}{4\mu} \cdot \frac{P_1 - P_2}{\Delta x} \cdot 2\pi r\,dr$$

$$= \frac{P_1 - P_2}{\Delta x} \cdot \frac{\pi}{2\mu}\left[\frac{r_0^2 r^2}{2} - \frac{r^4}{4}\right]_{r=0}^{r=r_0} = \frac{P_1 - P_2}{\Delta x} \cdot \frac{\pi}{\mu} \cdot \frac{r_0^4}{8} = \frac{P_1 - P_2}{\Delta x} \cdot \frac{\pi}{\mu} \cdot \frac{D_0^4}{128} \tag{6.9}$$

이 식은 하겐(Hagen)과 푸아죄유(Poiseuille)가 각각 유도한 것인데[2*a*], 미국에서는 푸아죄유 식이라 한다. 이 식에서 보면 압력강하 $(P_1 - P_2)/\Delta x$가 부피 유량 Q의 1승에 비례한다(그림 6.2 참조). 이 해는 매우 만족스러운 것으로, 아주 간단한 수학을 사용하여 흐름의 완전한 서술을 한 것이다. 이 서술은 실험적으로 아주 잘 증명된 것이므로, 만일 층류 실험이 이 식에 맞지 않는다면 실험이 잘못된 것이다.

식 (6.9)에서 다음 관계를 얻을 수 있다(연습문제 6.4).

$$V_{avg} = \frac{Q}{\pi r^2} = \frac{V_{max}}{2} \tag{6.10}$$

$$\text{Average ke} = \frac{\int (V^2/2)\,dQ}{\int dQ} = \frac{\int (V^2/2)\,V \cdot 2\pi r\,dr}{\int V \cdot 2\pi r\,dr} = (V_{avg})^2 \tag{6.11}$$

이 값들을 표 3.1에 나타내었다.

이 식이 B.E.[식 (5.5)]과 잘 맞는지 보기 위하여 그림 6.4의 점 1과 2 사이에 B.E.을 적용하고 식 (6.9)에서 $-\Delta P$를 대입하면,

$$\mathscr{F} = \frac{-\Delta P}{\rho} = Q\,\Delta x\,\frac{\mu}{\rho} \cdot \frac{128}{\pi D_0^4} \tag{6.12}$$

이 식을 가지고, 중력이 영향을 미치지 않는 수평흐름에서, B.E.의 $\mathscr{F}$를 유량, 지름, 길이, (점도/밀도)와 연관시킬 수 있다. 수직흐름에 대하여 이 식을 다시 유도해 보면(연습문제 6.1), ΔP 항 대신에 $\rho g\,\Delta z$ 항이 있음을 알 수 있다. 이 관계를 식 (6.12)에 대입하고, B.E.에

서 $\mathscr{F}$를 구하면 다음과 같다.

$$\mathscr{F} = -g\Delta z = Q\ \Delta x \frac{\mu}{\rho} \cdot \frac{128}{\pi D_0^4} \tag{6.13}$$

따라서 수평이거나 수직 층류의 경우는,

$$\mathscr{F} = Q\ \Delta x \frac{\mu}{\rho} \cdot \frac{128}{\pi D_0^4} \qquad \begin{bmatrix}\text{laminar flow} \\ \text{only!}\end{bmatrix} \tag{6.14}$$

이 식은 모든 기울기의 흐름에 적용되는 것으로서, 원형관 내 뉴턴 유체의 층류에서 마찰열에 관한 일반식이다.

예제 6.1 그림 6.6과 같이 탱크 A에서 탱크 B로 연결된 길이 3000 ft인 3 in 스케줄 40 관을 통하여 석유가 50 gal/min로 흐른다.(부록 A.2는 표준 미국 스케줄 40 관 크기의 치수를 보여 준다.) 3 in 스케줄 40 관의 내경(ID)은 3.068 in이다.(나머지 예제와 이 책의 문제에서 관 직경을 in로 지정하면 스케줄 40 강관이다.) 석유의 밀도는 62.3 lbm/ft^{3}이고 점도는 50 cP이다. 두 탱크의 자유표면 높이는 같다. 탱크 B에 대기로의 배기구가 있을 때 탱크 A의 계기압력을 구하라.(한 탱크에서 다른 탱크로 액체를 보내는 것은 특히 액체의 누출이 위험한 경우 산업에서 자주 사용된다.)

탱크 A의 자유표면(점 1)과 탱크 B의 자유표면(점 2) 사이에 B.E.을 적용하면, 유속은 무시할 수 있다. 높이차가 없고 펌프나 압축기가 없으므로,

$$\Delta \frac{P}{\rho} = -\mathscr{F} \tag{6.B}$$

밀도는 일정하므로 탱크 A의 계기압력 $P_1 - P_2$는 $-(-\rho\mathscr{F})$이다. 관 내 흐름이 층류라면 식 (6.14)를 이용하여 압력을 구할 수 있다. 평균유속은 다음과 같다.

$$\begin{aligned} V_{\text{avg}} &= \frac{Q}{A} = \frac{50\ \text{gal}/\text{min}}{(\pi/4)\,(3.068\ \text{in})^2} \cdot \frac{144\ \text{in}^2}{\text{ft}^2} \cdot \frac{\text{min}}{60\ \text{s}} \cdot \frac{\text{ft}^3}{7.48\ \text{gal}} \\ &= 2.17\ \frac{\text{ft}}{\text{s}} = 0.66\ \frac{\text{m}}{\text{s}} \end{aligned} \tag{6.C}$$

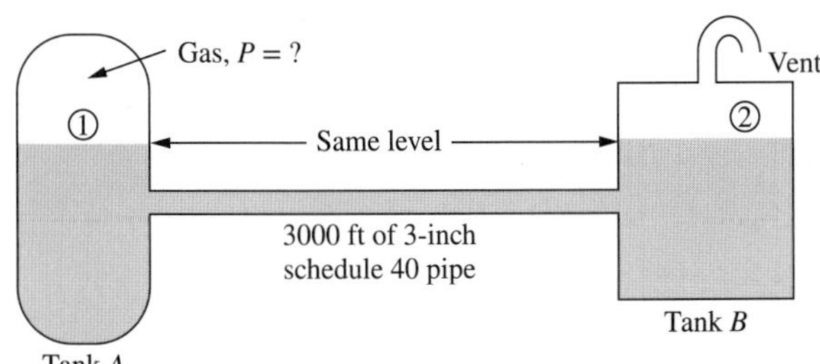

그림 6.6
탱크 간의 압력유도 유체 수송(예제 6.1 및 6.4)

따라서 레이놀즈 수는

$$\mathscr{R} = \frac{(3.068 / 12)\ \text{ft} \cdot 2.17\ \text{ft/s} \cdot 62.3\ \text{lbm/ft}^3}{50\ \text{cP} \cdot 6.72 \cdot 10^{-4}\ \text{lbm} / (\text{ft} \cdot \text{s} \cdot \text{cP})} = 1028 \tag{6.D}$$

관에서 정상 흐름일 때 $\mathscr{R} < 2000$이면 층류이므로, 식 (6.14)에서 $\mathscr{F}$를 구하여 대입할 수 있다. $-\rho$를 곱하면,

$$\begin{aligned} -\Delta P = P_1 - P_2 &= Q \frac{128}{\pi} \cdot \frac{\mu}{D_0^4} \Delta x \\ &= 50 \frac{\text{gal}}{\text{min}} \cdot \frac{128}{\pi} \cdot \frac{50\ \text{cP}}{(3.068\ \text{in})^4} \cdot 3000\ \text{ft} \cdot 231 \frac{\text{in}^3}{\text{gal}} \\ &\quad \cdot 2.09 \cdot 10^{-5} \frac{\text{lbf} \cdot \text{s}}{\text{cP} \cdot \text{ft}^2} \cdot \frac{\text{min}}{60\ \text{s}} \cdot \frac{\text{ft}}{12\ \text{in}} = 23.1 \frac{\text{lbf}}{\text{in}^2} = 159\ \text{kPa} \end{aligned} \tag{6.E}$$

이 값이 50 gpm의 흐름을 내기 위한 탱크 A의 계기압력이다. ■

여기서 이 압력은 아래에 해당함을 확인할 수 있는데,

$$-\frac{\Delta P}{\Delta x} = \frac{23.1\ \text{psi}}{3000\ \text{ft}} = 0.77 \frac{\text{psi}}{100\ \text{ft}} \tag{6.F}$$

이는 그림 6.2에서 50 gpm에 대하여 $-dP/dx$ 값을 그린 것이다. 이 그림에서 층류 부분은 이 예제를 많은 다른 유량에 대하여 반복 계산하여 얻어진 것이다.

예제 6.2 전형적 모세관 점도계(capillary viscometer)를 간단히 나타내면 그림 6.7과 같은데, 지름이 큰 저장용기와 길고 지름이 작은 수직관으로 되어 있다. 시료를 저장용기에 넣고, 중력에 의한 유량을 측정한다. 지금 관은 길이 0.1 m, 안지름 1 mm이다. 저장용기의 액면은 관 입구보다 0.02 m 높다. 이 유체의 밀도는 1050 kg/m³이다. 유량이 10^{-8} m³/s일 때 이 유체의 점도를 구하라.

저장용기의 자유표면(점 1)과 점도계 출구에서 나가는 유체(점 2) 사이에 B.E.을

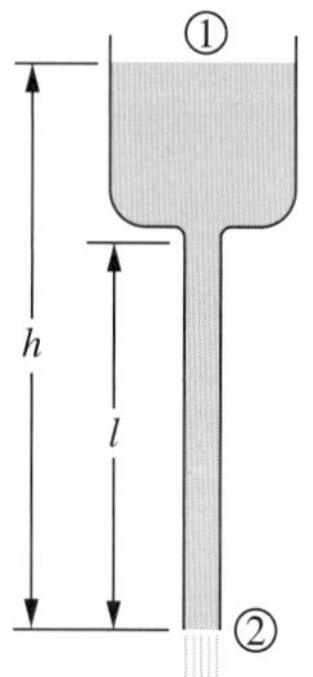

그림 6.7
전형적 모세관 점도계

적용하면, 두 점에서의 압력은 대기압과 같고, 펌프나 압축기의 일이 없다. 저장용기에서의 유속을 무시하면, B.E.은 다음과 같아진다.

$$g(z_2 - z_1) + \frac{V_2^2}{2} = -\mathscr{F} \tag{6.G}$$

대부분의 층류 문제에서는 운동에너지 항은 다른 두 항에 비하여 무시할 수 있다. 따라서 운동에너지 항을 제거하면,

$$\mathscr{F} = -g\,\Delta z \tag{6.H}$$

식 (6.14)에서 $\mathscr{F}$를 대입하고 μ를 구하면 다음과 같다.

$$\begin{aligned}\mu &= \frac{\rho g(-\Delta z)\,\pi D_0^4}{128 Q\,\Delta x} \\ &= \frac{1050\ \mathrm{kg/m^3} \cdot 9.81\ \mathrm{m/s^2} \cdot 0.12\ \mathrm{m} \cdot \pi \cdot (0.001\ \mathrm{m})^4}{128 \cdot (10^{-8}\ \mathrm{m^3/s}) \cdot 0.1\ \mathrm{m}} \cdot \frac{10^3\ \mathrm{cP \cdot m \cdot s}}{\mathrm{kg}} \\ &= 30.3\ \mathrm{cP} = 0.0303\ \mathrm{Pa \cdot s}\end{aligned} \tag{6.I}$$

■

실제로 널리 이용되는 점도계는 여기서 나타낸 것보다 다소 복잡하다. 이러한 점도계를 사용할 때는 다음에 주의해야 한다.

1. 흐름이 난류가 될 정도로 큰 유속에서는 사용하지 말아야 한다(연습문제 6.8).
2. 푸아죄유 식을 적용할 때 관이 짧으면 입구의 영향 때문에 오차가 생기므로, 관이 충분히 길어야 한다. 푸아죄유 식을 적용할 수 없는 **입구 흐름**(entrance flow)은 4부를 참고하라.
3. 푸아죄유 식은 뉴턴 유체에만 적용되므로, 이러한 장치는 이러한 유체에만 사용해야 한다(13장 참조).
4. 이러한 기구에서 측정한 점도는 D_0^4에 비례하므로, 지름의 측정치가 조금만 틀려도 점도 측정치가 크게 달라진다. 따라서 일반적으로 점도를 아는 유체를 사용하여 이 기구를 검정하여 적절한 평균 지름을 구한다.
5. $\mathscr{F}$ 항은 기계적 에너지의 내부 에너지로의 전환을 나타내는 것이다(5장). 대개 이러한 전환 때문에 온도가 올라간다. 이 경우에는 온도 변화를 무시할 수 있지만(연습문제 6.6), 점도가 커서 모세관 점도계에 펌프를 사용하여 도입하여야 하는 유체일 때는 온도가 상당히 올라갈 수 있다. 대부분의 유체에서는 온도가 조금만 변해도 점도가 크게 변하므로, 온도 변화를 최소화하도록 해야 한다.
6. 이런 형태의 상용 장치를 이용하기 위해서는 초시계를 사용하여 액체 수위가 관에 표시된 두 위치를 지나는 시간을 측정한다. 결과적으로 측정하는 것은 시간이므로 미국

에서는 연료유의 표준 점도 측정을 SSU(Saybolt Seconds Universal)로 나타내기도 한다. 다양한 표준 모세관 중력 점도계에서 SSU 또는 기타 인터페이스 통과 시간을 변환하는 공식은 핸드북에 나와 있다.

6.4 난류

위에서의 해석이 난류에는 적용되지 않는 이유는 무엇인가? 식 (6.4)는 모든 유체의 정상 층류나 난류에 맞는 것이지만, 전단응력에 $\mu(dV/dy)$를 대입하면 뉴턴 유체의 층류에만 적용된다. 관 내 층류에서는 관 축에 대한 직각 방향으로의 움직임이 없다. 난류에서는 관 축에 대한 직각 방향으로의 순(net) 움직임은 없지만, 이 방향 유체 전달 때문에 뉴턴 유체의 층류일 때보다 전단응력이 증가한다. 이를 비근한 예를 들어 설명하기로 한다. 지금 두 학생이 야구공을 던지고 받는 놀이를 하는데, 한 학생은 땅 위에 서 있고 다른 학생은 철도 차량 위에 있다고 하자(그림 6.8).

그림 6.8(a)에서는 차량이 움직이지 않으므로, 두 학생은 공을 서로 $+y$와 $-y$ 방향으로 던진다. 공을 받을 때마다 학생은 힘을 느끼게 되는데, 이 학생이 같은 속도로 되던진다면 같은 힘을 반대 방향으로 내게 된다. 따라서 이때 공을 던지고 받는 순 효과는 각각에 힘을 미쳐 그들이 $+y$ 및 $-y$ 방향으로 떨어지게 하는 것이다. x 방향의 힘은 없다.

그림 6.8(b)에서는 기차가 x 방향으로 일정속도로 이동한다. 두 학생은 여전히 $+y$ 및 $-y$ 방향으로 공을 던진다. 그러나 이때는 이들의 상대적 움직임 때문에, y 방향에서 움직이는 공이 아니라, x와 y 방향 사이의 어떤 각으로 움직이는 공을 받게 된다. 두 학생에 대한 공의 방향을 화살표로 나타내었다. 각각 이러한 방향에서 공을 받으므로, 공을 받는 학생이 내는 힘은, 다른 학생이 공을 던지는 힘인 y 성분과 이들의 상대적 움직임으로 인한 x 성분으로 되어 있다. 기차가 움직이면, y 방향 힘에 더하여, 기차를 지연시키고자 하는 힘과 정지 학생을 x 방향으로 끌고 가려는 힘이 있다.

난류에서도 똑같은 일이 일어난다. 관 중심에서 빨리 움직이는 유체와 관 벽 근처에서 천천히 움직이는 유체 사이에서 유체의 교환은 층류일 경우보다 전단응력을 증가시킨다. 이 과잉 응력을 이를 처음 설명한 사람의 이름을 따서 레이놀즈 응력(Reynolds stress)이라 한다. 따라서 난류에서의 실제 $\mathscr{F}$는 푸아죄유 식으로 예측한 값보다 크다.

공을 던지는 학생의 경우 과잉 응력은 기차의 속도와 단위 시간에 공을 주고받는 횟수에 비례한다. 이에 대응하는 난류 유체는 응력이 속도구배 dV/dy와 y가 일정한 면을 통하여 넘나드는 유체의 평균 질량(이 면을 통한 순 흐름은 없다)을 곱한 것과 같다. 유속은 관 벽에서 0이고 관 중심 부근에서 평균유속과 같으므로 속도구배는 V_{avg}/D의 어떤 함수가 된다. 지금 이 두 값이 서로 비례하고 y가 일정한 면을 통하여 넘나드는 유체의 양이 평균유속에 비례한다고 가정하면, 다음 관계가 된다.

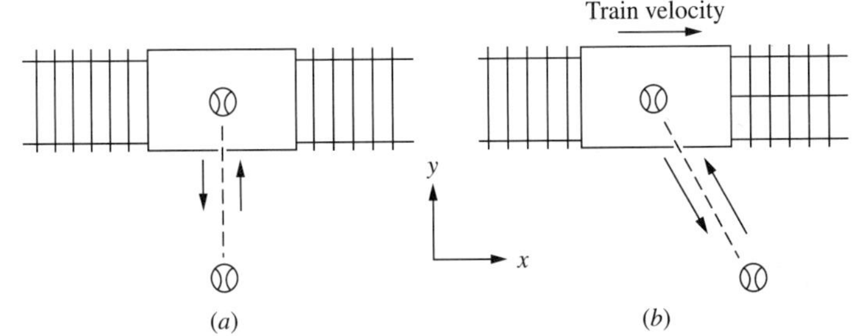

그림 6.8
난류로 인한 전단응력의 설명: (*a*) 두 학생이 모두 움직이지 않으면서 야구공을 던지고 받는 평면도, (*b*) 한 학생은 던지는 방향에 직각으로 움직이면서 두 학생이 야구공을 던지고 받는 평면도

$$\mathscr{F} \propto \frac{V_{\text{avg}}^2}{D} \tag{6.15}$$

또 마찰열은 관 길이에 비례할 것이므로, 다음 관계를 얻을 수 있다.

$$\mathscr{F} \propto \frac{\Delta x V_{\text{avg}}^2}{D} \tag{6.16}$$

이 식에서, 마찰열이 관 길이에 비례한다는 가정은 상당히 타당하지만, V_{avg}^2/D에 비례한다는 가정은 다소 문제가 있다. 이 가정이 실험 자료와 일치할까? 일치할 때도 있고 그렇지 않을 때도 있다. 요컨대 여기서 새로운 항 마찰인자(friction factor) f를 정의하기로 한다. 마찰인자는 식 (6.16)의 비례상수의 절반과 같고 평균 아래첨자를 제거하면,

$$\mathscr{F} = 2f\frac{\Delta x V^2}{D} = 4f\frac{\Delta x}{D}\cdot\frac{V^2}{2} \tag{6.17}$$

$$f \equiv \text{friction factor}$$

$$\equiv \frac{\mathscr{F}}{4(\Delta x/D)(V^2/2)} \tag{6.18}$$

이것은 마찰계수를 다음과 같이 정의하는 것과 동일하다는 것을 보여 줄 수 있다(연습문제 6.12).

$$\tau = \begin{pmatrix}\text{shear stress}\\ \text{at pipe wall}\end{pmatrix} = f\cdot\rho\frac{V^2}{2} \tag{6.19}$$

τ에 대한 이 방정식은 이후 장들에서 여러 차례 나타날 것이다.

이 가정을 시험하기 위하여 블라시우스(Blasius)와 스탠턴(Stanton)[2*b*]은 매끈한 관을 사용한 여러 실험에서 마찰인자를 계산하였다. 이 결과, 이미 예상한 일이지만, 마찰인자는 일정하지 않고 레이놀즈 수의 증가에 따라 천천히 감소하였다. 그러나 마찰인자를 레이놀즈 수에 대하여 나타내면, 매끈한 관일 경우 지름과 유속에 관계없이 대부분의 유체에 대하여 하나의 선이 되었다(그림 6.9).

이러한 선도는 유리관이나 뽑아 만든 금속관처럼 매끈한 관에는 아주 잘 맞지만, 주철이

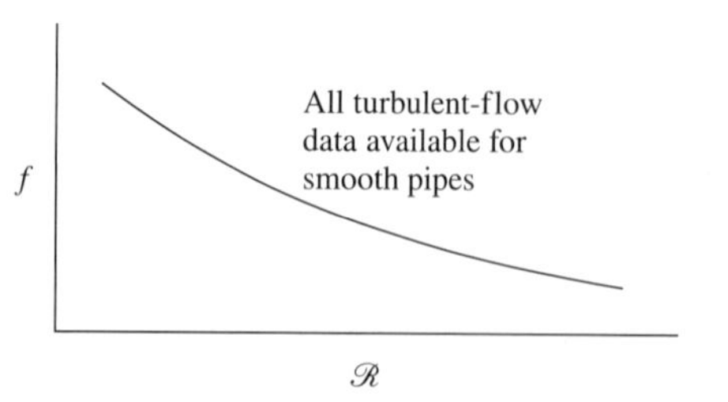

그림 6.9
블라시우스와 스탠턴 선도

나 콘크리트로 만든 관처럼 거친 관에 대하여는 압력강하 추정치가 너무 적어진다. 즉, 관 표면의 거칠기(roughness)가 f에 영향을 미친다. 이 문제를 풀기 위하여 니쿠라드세[3]는 매끈한 관 내면에 모래입자를 붙이고 압력강하를 측정하였다. 모래입자 크기를 ε, 관 지름을 D라 할 때, ε/D 값이 일정하면 모든 자료를 그림 6.9에서처럼 한 곡선에 나타낼 수 있었지만, ε/D 값이 다르면 곡선도 달라졌다. ε/D 비를 상대거칠기(relative roughness)라 한다. 그림 6.10은 현재 통용되는 마찰인자 선도인데[화학공학 기술자들은 마찰인자 선도(friction factor plot)라 부르고 다른 분야에서는 무디 도표(Moody diagram)라 부름], 니쿠라드세의 자료를 비롯하여 관 내 흐름에 관한 많은 자료에 기초하여 무디[4*a*]가 작성한 것이다.* 무디는 또 절대거칠기에 관한 유용한 값을 제시하였는데, 이를 표 6.2에 나타내었다.

그림 6.10에서 보면, 상대거칠기가 커짐에 따라 식 (6.16)의 가정이 점점 더 잘 맞는다. 즉, 마찰인자가 관 지름, 유속, 유체의 밀도와 점도 등에 관계없이 일정한 값이 된다.

기술자에게는 골칫거리이지만, 통용되는 마찰인자에는 두 가지가 있다. 식 (6.18)의 마

표 6.2
재료의 표면거칠기(그림 6.10과 함께 사용됨)[4]

	Surface roughness	
	ε, ft	**ε, in**
Drawn tubing (brass, lead, glass, common plastics, etc.)	0.000 005	0.000 06
Commercial steel or wrought iron	0.00015	0.0018
Asphalted cast iron	0.0004	0.0048
Galvanized iron	0.0005	0.006
Cast iron	0.000 85	0.010
Wood stave	0.0006–0.003	0.0072–0.036
Concrete	0.001–0.01	0.012–0.12
Riveted steel	0.003–0.03	0.036–0.36

Moody, L. W. "Friction Factors for Pipe Fow." *Trans ASME 66* (1944): 672.

* 관 벽에 모래입자를 붙였을 때의 마찰 거동은 상용 관에서와 다소 다르다. 니쿠라드세가 사용한 모래는 크기와 모양이 균일한 것이지만, 상용 관의 표면은 거칠기가 일정하지 않기 때문일 것이다. 무디[4]는 콜브룩 식[5]에 기초하여 그림 6.9를 만들었는데, 상용 관에 관한 자료와 일치한다. 이 두 가지 거칠기 차이에 관한 검토는 참고문헌 [6]에서 찾을 수 있다.

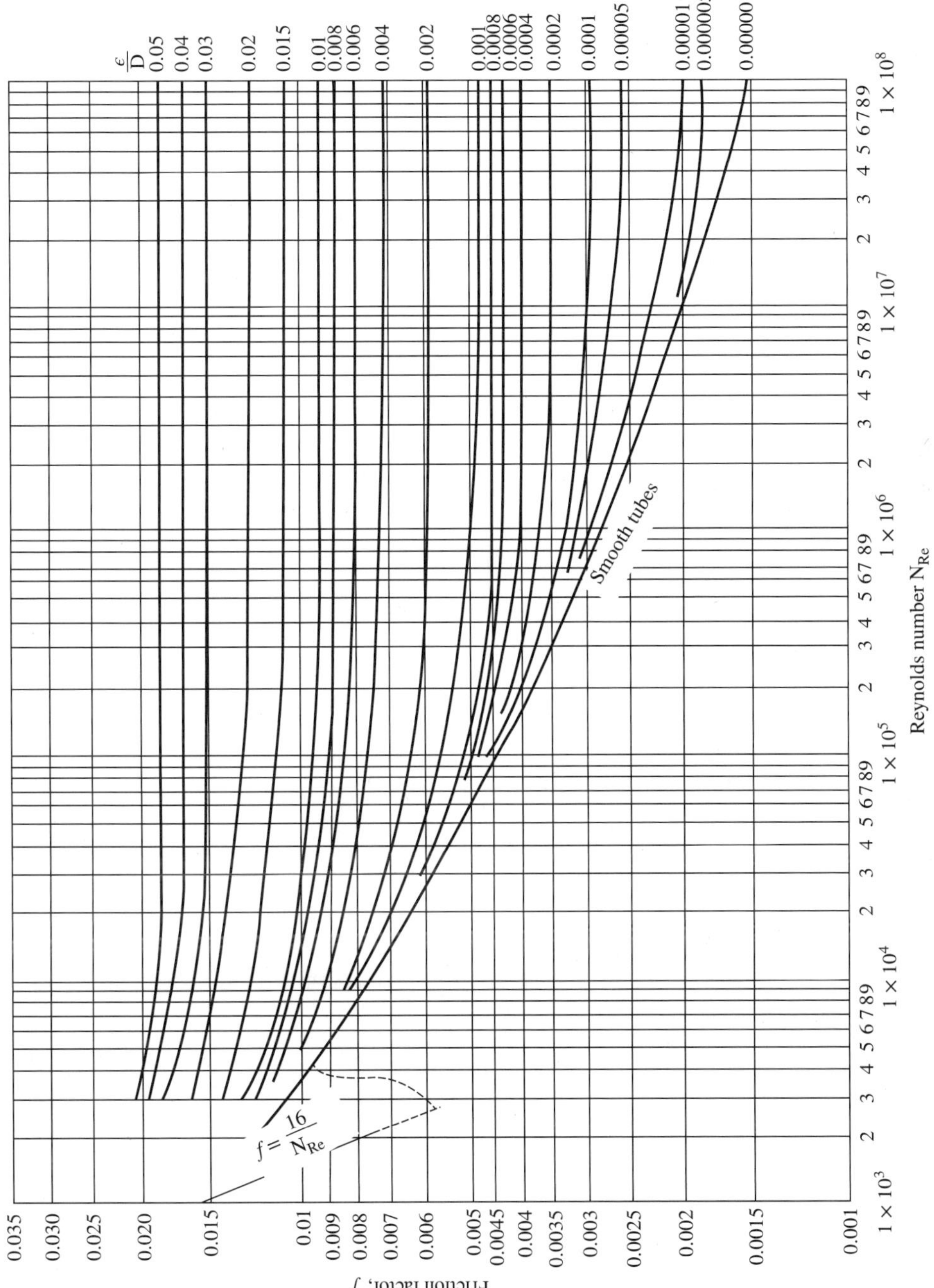

그림 6.10
관의 마찰인자 선도 [Moody, L. W. "Friction factors for pipe flow." *Trans. ASME 66* (1944) p.672]

찰인자는 화학공학과 기계공학에서 주로 쓰이는 것이고, 일부 기계공학과 토목공학에서는 다음 마찰인자를 사용한다.

$$f_{\text{civ, mech}} = \frac{\mathscr{F}}{(\Delta x / D)(V^2 / 2)} = 4 f_{\text{chem}} \tag{6.20}$$

이처럼 마찰인자가 두 가지이므로, 그림 6.10이나 마찰인자 f가 들어 있는 식을 이용할 때는 어떤 마찰인자인지를 확인해야 한다. 이 책에서는 식 (6.18)에서 정의한 마찰인자 f_{chem}을 사용한다. 이를 패닝 마찰인자(Fanning friction factor)라 부르는데, 네 배가 큰 마찰인자를 다르시 또는 다르시-바이스바흐 마찰인자(Darcy 또는 Darcy-Weisbach friction factor)라 하며, $f_{\text{Fanning}} = \tau/(\rho V^2/2)$, $f_{\text{Darcy-Weisbach}} = 4\tau/(\rho V^2/2)$이다.

한편, 관 내 층류는 해석적으로 풀 수 있으므로 마찰인자 선도에서 층류에 관한 점은 간단히 나타낸다. 푸아죄유 식[식 (6.8)]을 다시 쓰면(연습문제 6.13),

$$f = \frac{16}{\mathscr{R}} \tag{6.21}$$

이처럼 간단한 식을 구태여 그릴 필요가 없을 것이지만, 마찰인자 선도에는 그림 6.10에서처럼 이 층류선을 나타낸다. 더욱이 그림 6.10에서 난류와 전이 영역 곡선은 높은 정확도로 아래와 같이 나타낼 수 있는데[7], 이론적인 기초가 없거나, 그림 6.10의 난류 영역을 잘 나타낸다(연습문제 6.29 참조).

$$f = 0.001\,375 \cdot \left[1 + \left(20\,000 \frac{\varepsilon}{D} + \frac{10^6}{\mathscr{R}}\right)^{1/3}\right] \tag{6.22}$$

예제 6.3 $\mathscr{R} = 10^5$이고 $(\varepsilon/D) = 0.0002$에 대하여 그림 6.10에서 마찰인자를 읽고, 그 값을 식 (6.22)에서 구한 값과 비교하라.

그림 6.10에서 최대한 가깝게 읽으면 $f = 0.00475$이고, 식 (6.22)로부터,

$$f = 0.001\,375 \cdot \left[1 + \left(20\,000 \cdot 0.0002 + \frac{10^6}{10^5}\right)^{1/3}\right] = 0.0047 \tag{6.J}$$

그림 6.10을 기반으로 하는 콜브룩(Colebrook) 방정식에서는 $f = 0.00475$를 얻는다(연습문제 6.29 참조). 두 값의 차이는 그림 6.10에서 값을 읽는 오차보다 작다. ■

여기서 보듯이 그림 6.10은 두 개의 식으로 바꿀 수 있으므로 신경 쓰지 않아도 된다. 그림은 위대한 역사적 중요성과 상당한 직관적 내용을 담고 있다. 대부분의 현대 기술자들은 이 장의 나머지 부분에서 제시되는 문제 유형들을 푸는 빠른 컴퓨터 프로그램을 가지고 있다. 따라서 그림 6.10을 이용하여 학생들이 직접 계산해 보면 이들 프로그램 내부에서 진행되는 것들에 대한 이해와 직관을 개발하는 데 도움이 된다. 식 (6.22)를 계산표(spreadsheet)

에 프로그램을 만들고, 그림 6.10을 몇 번 참조하고 계산표를 활용하여 문제(계산표를 가져올 수 있다면 실제 시험에서)의 해당 실용값들을 찾기를 학생들에게 권장한다.

6.5 마찰인자의 세 가지 문제

그림 6.10의 마찰인자 선도는 흐름의 여섯 개 매개변수의 관계를 나타내는 것이다.

1. 관 지름 D
2. 평균 유속 V_{avg}
3. 유체 밀도 ρ
4. 유체 점도 μ
5. 관 거칠기 ε
6. 단위 질량당 마찰열 $\mathscr{F}$

따라서 이 중의 다섯 가지를 알면 그림 6.10을 이용하여 나머지를 구할 수 있다. 일반적으로는 평균유속 V_{avg} 대신에 부피 유량에 관심을 가진다.

$$Q = \frac{\pi}{4} D^2 V_{avg} \tag{6.K}$$

이때 가장 일반적인 세 가지 문제는 표 6.3과 같다. 이들 문제에 대하여 풀어야 하는 식들을 표 6.4에 나타내었다. 방대한 식들로 보이지만 아래 예제에서 보듯이 그 해는 간단하고 컴퓨터로 쉽게 구할 수 있다. 우리는 여기서 유형 1을 손으로 풀어 보고 유형 2와 3은 계산표를 이용하여 풀 것이다.

표 6.3
마찰인자의 세 가지 문제

Type	Given	To find
1	$D, \varepsilon, \rho, \mu, Q$	$\mathscr{F}$
2	$D, \varepsilon, \rho, \mu, \mathscr{F}$	Q
3	$\varepsilon, \rho, \mu, \mathscr{F}, Q$	D

표 6.4
모든 관흐름 마찰 문제에서 풀어야 할 식들

Bernoulli's equation	$\Delta\left(\frac{P}{\rho} + gz + \frac{V^2}{2}\right) = \frac{dW_{\text{n.f.}}}{dm} - \mathscr{F}$
Friction heating term in B.E.	$\mathscr{F} = 4f\frac{\Delta x}{D} \cdot \frac{V^2}{2}$
Reynolds number	$\mathscr{R} = \frac{DV\rho}{\mu} = \frac{DV}{\nu} = \frac{4Q}{\pi D \nu}$
Friction factor, laminar flow, if $\mathscr{R} < 2000$ or	$f = \frac{16}{\mathscr{R}}$
Friction factor, turbulent flow, if $\mathscr{R} > 4000$	$f = 0.001\,375 \cdot \left[1 + \left(20\,000\frac{\varepsilon}{D} + \frac{10^6}{\mathscr{R}}\right)^{1/3}\right]$
Volumetric flow rate as a function of velocity, some problems	$Q = \frac{\pi}{4} D^2 V_{avg}$

예제 6.4 예제 6.1(그림 6.6)에서 50 gal/min 대신에 300 gal/min을 수송하고자 한다면 이때 탱크 A에 필요한 압력은 얼마인가?

이 예제에서 필요한 부피 유량은 예제 6.1의 6배에 해당하며, 평균속도 $V = 2.17$ ft/s·6 = 13.0 ft/s이다. 만약 여기서 흐름이 예제 6.1과 같이 층류라면, 필요한 압력도 간단히 6배를 해 주면 된다. 그러나 예제 6.1에서 레이놀즈 수 $\mathscr{R} = 1028$이었는데, 여기서 관 지름, 점도 및 밀도가 같고 속도가 6배가 되어 $\mathscr{R} = 1028 \cdot 6 = 6168$이다. 따라서 $\mathscr{R} > 4000$이므로 난류이다.

그림 6.10 또는 식 (6.22)를 이용하기 위하여 표 6.2에서 상용 강관에서 ε/D 값을 이용하면

$$\frac{\varepsilon}{D} = \frac{0.0018\text{ in}}{3.068\text{ in}} = 0.0006 \tag{6.L}$$

그런 다음 그림 6.10에서 오른쪽에 있는 $\varepsilon/D = 0.0006$을 기준으로 곡선을 따라 왼쪽에 있는 $\mathscr{R} = 6164$로 이동하여 선도의 혼잡한 부분을 잘 읽어 $f = 0.009$를 찾는다. 식 (6.22)에서 이 값을 구하면 0.00905이다. 여기서 마찰인자의 불확실성은 나중에 논의하고, 0.0091을 좋은 예측값으로 받아들인다.

예제 6.1과 같이 B.E. 분석을 적용하면 식 (6.B)가 되고, 식 (6.17) 및 (6.22)와 결합하면,

$$\begin{aligned}\Delta P &= 4f\frac{\Delta x}{D}\rho\frac{V^2}{2}\\ &= 4 \cdot 0.0091\,\frac{3000\text{ ft}}{(3.068/12)\text{ ft}} \cdot 62.3\,\frac{\text{lbm}}{\text{ft}^3} \cdot \frac{(13.0\text{ ft/s})^2}{2} \cdot \frac{\text{lbf}\cdot\text{s}^2}{32.2\text{ lbm}\cdot\text{ft}} \cdot \frac{\text{ft}^2}{144\text{ in}^2}\\ &= 484\text{ psi} = 3340\text{ kPa}\end{aligned} \tag{6.M}$$

이 값은 16.1 psi/100 ft에 해당하며, 그림 6.2에서 난류 흐름선에 나타난 값이고, 그 값은 다양한 Q 값들에 대하여 이 계산을 반복하여 나온 것이다. 이 값은 예제 6.1에서 얻어진 값의 약 (484/23.1) ≈ 21배이다. 만약 흐름이 층류였다면 이 값은 예제 6.1에서 얻어진 값의 6배일 것이다. ■

이러한 문제에서는 모두 부피 유량(gal/min, ft^3/s, m^3/s)을 선형 유속으로 바꾸어야 한다.(이 경우 3 in 관에서 300 gal/min이므로 유속은 13.0 ft/s이다.) 미국 스케줄 40 표준 규격 관에 대하여 유속 1 ft/s일 때의 부피 유량(gal/min)을 나타낸 부록 A.2를 이용하면 일상적인 계산을 간단히 할 수 있다. 이를 통해 앞의 예제의 경우, 3 in 관의 부피 유량이 23.00 (gal/min)/(ft/s)임을 알 수 있으므로,

$$V = \frac{300\text{ gal/min}}{23.0\text{(gal/min)/(ft/s)}} = 13.0\,\frac{\text{ft}}{\text{s}} \tag{6.N}$$

모든 유형 1 문제는 매우 단순한데, 여기서는 표 6.4의 층류 마찰인자식을 제외하고 모든 식을 사용하였다. 풀이 순서는 다음과 같다.

$$\begin{pmatrix}\text{Volumetric} \\ \text{flow rate, } Q\end{pmatrix} \rightarrow V \rightarrow \mathscr{R} \rightarrow f \rightarrow \mathscr{F} \rightarrow \Delta P \tag{6.O}$$

이 모든 단계가 사용된 것을 확인하도록 위 계산을 다시 검토해 보면 유용하다. 유형 2와 3은 유형 1처럼 간단하지 않아서 시행착오 계산이 필요하다.

예제 6.5 휘발유를 저장조에서 중력으로 배출시켜 탱크 트럭으로 보낸다(그림 6.11). 저장조와 트럭 사이의 관은 길이가 100 m이고 지름이 0.1 m인 상용 강관이다. 휘발유의 성질은 연습문제 및 예제에 대한 일반 단위 및 값(부록 E)에 나와 있다. 저장조와 트럭은 모두 대기에 개방되어 있으며, 저장조 액면은 트럭 액면보다 10 m 높다. 휘발유의 부피 유량을 구하라.

저장조 자유표면(점 1)과 트럭 자유표면(점 2) 사이에 베르누이 식을 적용하면, 다른 항은 모두 없어지고 다음 식이 얻어진다.

$$\Delta(gz) = -\mathscr{F} = -4f\frac{\Delta x}{D}\cdot\frac{V^2}{2} \tag{6.23}$$

이 문제는 유형 2의 문제로서, 미지수는 V와 f 둘이다. 따라서 이 식을 풀려면 열거한 변수 사이의 식이나 관계가 하나 더 있어야 한다. 이 두 번째 관계는 V와 f를 연관시킨 그림 6.10에서 나올 수 있다. 식 (6.22)를 이용하여 f나 V를 소거할 수 있다(컴퓨터 프로그램으로도 가능). 다른 것들은 여기에 표시된 시행착오법을 따르며, 마찰인자 선도 조회 대신 식 (6.22)를 적용하는 것으로 대체한다.

이것은 Excel을 사용한 시행착오법의 첫 번째 스프레드시트 예인데, 이어질 예제들에서보다 여기에서 더 많이 설명할 것이다. 수행 순서는 다음과 같다.

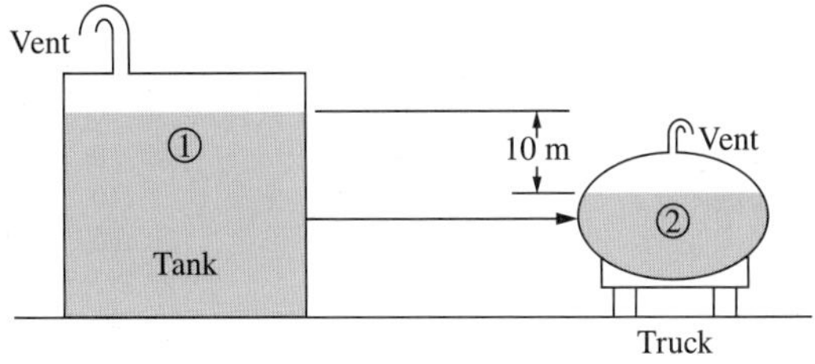

그림 6.11
예제 6.5에서 사용된 한 탱크에서 다른 탱크로의 중력 구동 유체 전달. 액체가 트럭으로 흘러 들어가는 상부 공간의 공기는 탱크 지붕의 통풍구를 통해 배출된다. 미국에서는 이러한 탱크 벤트 배출을 제어하여 대기 오염 물질 배출을 방지한다.

$$\text{Choose a value for } f_{\text{guessed}} \rightarrow V \rightarrow \mathscr{R} \rightarrow f_{\text{computed}} \rightarrow f_{\text{com.}}/f_{\text{guess}} \rightarrow Q \tag{6.P}$$

($f_{\text{comp}}/f_{\text{guess}}$를 1.0과 비교한다. f_{guessed}의 새 값을 선택하고 과정을 반복하여 1.0에 가까워지게 한다. 또는 Excel을 이용하여 이를 신속하고 효율적으로 처리할 수 있다.)

Excel 스프레드시트에서 깔끔한 형식으로 복사한 표 6.5에 결과를 기록하면서 이 과정을 수행할 것이다.

지금은 'Solution' 열을 무시하고 처음 일곱 행을 고려하면, 처음 두 열은 이러한 변수가 '주어진' 것임을 나타낸다. 이 수치값을 계산표의 세 번째(First guess) 열에 복사한다.

그림 6.10에서 상대거칠기 값이 0.000457일 때 난류에서 가능한 f의 범위는 0.0043~0.008이다. 첫 번째 가정으로 $f_{\text{first guess}} = 0.005$를 시도하고 세 번째 열(굵게 표시됨)의 계산표에 입력한다. 식 (6.23)에서 $V_{\text{first guess}}$를 구하면,

$$V_{\text{first guess}} = \left(\frac{2g(-\Delta z)}{4f} \cdot \frac{D}{\Delta x}\right)^{1/2} = \left(\frac{2 \cdot 9.81 \text{ m/s}^2 \cdot 10 \text{m}}{4 \cdot 0.005} \cdot \frac{0.1 \cdot \text{m}}{100 \text{ m}}\right)^{1/2}$$
$$= 3.13 \frac{\text{m}}{\text{s}} \tag{6.Q}$$

이 식을 표시된 계산표에 입력하면, 이 식과 그다음 식은 계산표의 해당 변수값에 따라 달라지는 결과를 보여 준다. 그중 하나를 변경하면 이 식의 결과가 변경되며, 표 6.5에서는 위 열의 값을 기반으로 계산된 $V_{\text{first guess}}$를 보여 준다. 만약 이것이 양호한 첫 번째 예측값이면, f 값(아래 세 행)은 가정값 0.005와 일치해야 한다. $V_{\text{first guess}}$와 주어진 값으로 계산한 레이놀즈 수는 다음과 같다.

표 6.5
예제 6.5의 수치해

Variable	Type	First guess	Solution
D, m	Given	0.1	0.1
L, m	Given	100	100
Δz, m	Given	−10	−10
ε, inches	Given	0.0018	0.0018
ρ, kg/m^3	Given	720	720
μ, cP	Given	0.6	0.6
ε/D	Given	0.000 457	0.000 457
f_{guessed}	**Guessed**	**0.005**	**0.004 49**
V, m/s	Eq.6.Q	3.13	3.304
$\mathscr{R}$	Eq.6.R	375 851	396 498
f_{computed}	Eq. 6.22	0.004 505	0.004 493
$f_{\text{computed}}/f_{\text{guessed}}$	**Check value**	**0.9013**	**1.0001**
Q, m^3/s	Eq. 6.S		0.0260
,ft^3/s			0.916
,gal/min			411

$$\mathscr{R}_{\text{first guess}} = \frac{0.1\ \text{m} \cdot 3.13\dfrac{\text{m}}{\text{s}} \cdot 720\dfrac{\text{kg}}{\text{m}^3}}{0.0006\dfrac{\text{kg}}{\text{m s}}} = 3.76 \cdot 10^5 \tag{6.R}$$

이 값과 상대거칠기를 사용하여 그림 6.10에서 $f_{\text{first guess, Fig. 6.10}} \approx 0.0045$를 찾을 수 있다. 그러나 계산표를 사용하려면 차트 조회를 사용할 수 없으므로 식 (6.22)를 삽입하여, 표에 표시된 대로 $f_{\text{computed}} = 0.004505$를 얻는다. 그런 다음 이 값을 가정된 값으로 나누어 **0.9013**의 비율을 얻는데, 이것은 가정한 값이 너무 크다는 것을 보여 준다. 이 시점은 위에 표시된 작업과정(6.P)의 수평부분을 한 번 수행한 상태이며, f를 두 번째 가정하기 위해 고리를 따라갈 필요가 있다. $f_{\text{second guess}} = 0.0047$을 선택하고 작업과정의 수평부분을 두 번째 통과하면 **0.9013**보다 나은 0.957의 비율을 찾아 올바른 방향으로 움직인 것을 나타낸다. 이것은 계산표에서 쉽게 수행될 수 있는데, 필요할 때 0.005가 차지하는 공간에 0.0047만 입력하면 나머지는 계산표에서 처리한다. 비율이 1.0 ± 어떤 작은 값이 될 때까지 세 번째 가정을 함으로써 시행착오를 계속할 수 있으므로 시도해 보라. 느리지만 어렵지 않으며, 아래에 표시된 더 쉬운 방법이 없는 경우 이러한 유형의 문제를 해결하는 방법을 보여 준다.

이제 계산표의 기능을 활용하여 세 번째 열의 모든 값과 네 번째 열의 해당 행에서 해당하는 모든 공백을 강조표시한다. **편집**에서 **오른쪽 채우기**(또는 **Command R** 사용)를 선택하여 세 번째 열에서 네 번째 열로 복사한다. 이 작업이 끝나면 세 번째 열과 네 번째 열이 모두 동일하게 된다('오른쪽 채우기' 명령이 네 번째 열에 있는 변수의 주소를 조정하여 세 가지 식이 자체 열의 값을 보도록 한다는 점만 제외). 그런 다음 '목표 찾기' 도구를 사용하여 f(여전히 0.005)의 가정값을 검사값(여전히 0.901)이 1.0으로 변경되는 값으로 변경한다. 이 과정은 매우 짧고 'Solution' 열의 모든 값이 $f_{\text{computed}}/f_{\text{guessed}} = 1.0001 \approx 1.0$이 되도록 하는 값으로 변경되어, 이 열이 세 가지 식의 동시 해를 표시함을 보여 준다. 이제 V를 해결하였으므로 식 (6.S)를 사용하여 다양한 단위에서 Q를 찾는다.

$$Q = \frac{\pi}{4} \cdot (0.1\ \text{m})^2 \cdot 3.304\frac{\text{m}}{\text{s}} = 0.0370\frac{\text{m}^3}{\text{s}} = 0.916\frac{\text{ft}^3}{\text{s}} = 411\frac{\text{gal}}{\text{min}} \tag{6.S}$$

표 6.5를 재현할 계산표를 준비하고 D, L 등의 다른 값을 가진 문제(예를 들면, 연습문제 6.18)에서 이전 열의 결과를 넣고, 목표 찾기를 사용하여 f의 올바른 해당 값을 찾은 다음 Q의 올바른 값을 찾아 보면, 이것을 푸는 것이 얼마나 쉬운지 확인할 수 있다. ■

예제 6.6 공기조절장치로부터 800 ft 떨어진 건물에 수평으로 공기를 500 ft^3/min로 수송하고자 한다. 공기는 40°F, 0.1 psig(대기압 14.7 psia)이다. 건물에서의 압력은 0.0

psig이다. 이때 원형 금속판 덕트를 사용하는데, 그 거칠기는 0.00006 in이다. 필요한 덕트 지름을 구하라.

이 문제에서는 압축성 유체에 B.E.을 적용해야 한다. 그러나 5.6절에서 검토한 것처럼, 유체 유속이 낮을 때는, B.E.을 그대로 적용해도 압축성을 고려하였을 때와 마찬가지 결과가 된다. 덕트 입구(점 1)와 출구(점 2)에 대하여 B.E.을 적용하면,

$$\frac{\Delta P}{\rho} = -\mathscr{F} = -4f\frac{\Delta x}{D}\cdot\frac{V^2}{2} \tag{6.24}$$

이 문제는 유형 3의 문제로서, 다른 모든 알려진 값들을 이용하여 관 지름을 구하는 것이다. 위 식에는 미지수가 f, D, V의 세 개이므로, 두 가지 관계가 더 있어야 한다. 하나는 그림 6.10을 사용하고, 또 하나는 연속방정식을 사용한다. 이 문제에서 $Q = V(\pi/4)D^2$이다. 이 관계를 사용하여 식 (6.24)에서 V나 D를 소거할 수 있지만, 이렇게 하는 것이 꼭 편리한 것은 아니다. 여기서는 시행착오법으로 풀기로 한다. 먼저 관 지름을 가정하고 식 (6.24)에서 압력강하를 구한다. 이어서 이 압력강하 계산값을 기지 값(0.1 psi)과 비교하고, 일치하지 않으면 관 지름을 다시 가정하여 압력강하가 0.1 psi가 될 때까지 반복한다.

여기에서는 예제 6.5에서와 같은 자세한 설명 없이 Excel을 사용하며, 결과는 표 6.6에 나와 있다.

공기의 밀도는 입구와 출구의 평균 압력과 이상기체법칙을 이용하여 구한다.

$$\rho_{\text{air}} = \frac{PM}{RT} = \frac{14.75\ \text{lbf/in}^2\cdot 29\ \text{lbm/lbmol}}{10.73[\text{lbf}\cdot\text{ft}^3/(\text{in}^2\cdot\text{lbmol}\cdot{}^\circ\text{R})]\cdot 500^\circ\text{R}} = 0.080\ \frac{\text{lbm}}{\text{ft}^3} \tag{6.T}$$

표 6.6
예제 6.6의 수치해

Variable	Type	First guess	Solution
Q, cfm	Given	500	500
L, ft	Given	800	800
ρ, lbm/ft^3	Given	0.08	0.08
μ, cP	Given	0.017	0.017
ε, inches	Given	0.000 06	0.000 06
ε/D	Given	0.000 005	0.000 749
$\Delta P_{\text{available}}$, psi	Given	0.1	0.1
D, ft	**Guessed**	**1**	**0.667**
V, ft/s	Eq. 6.V	10.6	23.8
$\mathscr{R}$	Eq. 6.W	74 300	111 400
f	Eq. 6.22	0.004 65	0.004 25
$\mathscr{R}$	Eq. 6.R	375 851	396 498
$\Delta P_{\text{computed}}$, psi	Eq. 6.X	0.01446	0.1000
$\Delta P_{\text{comp.}}/\Delta P_{\text{avail.}}$	**Check value**	**0.1446**	**1.000**

40°F 의 공기는 $\mu = 0.017$ cP이다(부록 A.1 참조). 첫 번째 시도로 관 지름이 1 ft라 가정하면,

$$\left(\frac{\varepsilon}{D}\right)_{\text{first guess}} = \frac{0.000\ 06\ \text{in}}{12\ \text{in}} = 0.000\ 005 \tag{6.U}$$

$$V_{\text{first guess}} = \frac{(500\ \text{ft}^3/\text{min})\cdot(\text{min}/60\ \text{s})}{(\pi/4)(1\ \text{ft})^2} = 10.6\ \frac{\text{ft}}{\text{s}} = 3.23\ \frac{\text{m}}{\text{s}} \tag{6.V}$$

$$\mathscr{R}_{\text{first guess}} = \frac{1\ \text{ft}\cdot 10.6\ \text{ft/s}\cdot 0.080\ \text{lbm/ft}^3}{0.017\ \text{cP}\cdot 6.72\cdot 10^{-4}\ \text{lbm/ft}\cdot\text{s}\cdot\text{cP}} = 7.43\cdot 10^4 \tag{6.W}$$

그림 6.10에서 읽으면 $f \approx 0.0049$이다. 식 (6.22)에서는 $f = 0.00465$이며,

$$\begin{aligned}\Delta P &= \rho_{\text{air}}\left(-4f\frac{\Delta x}{D}\cdot\frac{V^2}{2}\right)\\ &= -0.080\ \frac{\text{lbm}}{\text{ft}^3}\cdot\frac{4}{2}\cdot 0.004\ 65\cdot\frac{800\ \text{ft}}{1\ \text{ft}}\cdot\left(10.6\ \frac{\text{ft}}{\text{s}}\right)^2\cdot\frac{\text{lbf}\cdot\text{s}^2}{32.2\ \text{lbm}\cdot\text{ft}}\cdot\frac{\text{ft}^2}{144\ \text{in}^2}\\ &= -0.1446\ \frac{\text{lbf}}{\text{in}^2} = -101\ \text{Pa}\end{aligned} \tag{6.X}$$

마찰에 의한 압력강하가 1/7밖에 되지 않으므로, 관 지름을 너무 크게 가정하였다. 물론 지름 1 ft인 관을 사용할 수도 있겠지만, 더 작은 관을 사용해도 좋을 것이다. 두 번째 가정을 하여 반복 계산을 할 수도 있지만, 컴퓨터로 계산하기가 더 쉽다. 표 6.6에 계산표에 의한 해를 나타내었다. 표 6.5에서와 같이 첫 번째 열은 변수들을, 두 번째 열은 변수들의 특성을, 세 번째 열은 위에서 $D_{\text{first guess}} = 1$ ft로 계산한 결과를 나타낸다. 해를 구하기 위하여 네 번째 열과 같이 D 값을 변화시켜 맨 끝에 있는 'Check value'가 1.0000이 되는 D 값을 찾는다. 이로부터 필요한 지름 $D = 0.667$ ft $= 8.00$ in $= 0.203$ m이다. ■

6.6 마찰인자법과 난류에 관한 검토

1. 앞에서 다룬 세 가지 예는 마찰인자 선도(그림 6.10) 또는 그에 해당하는 식 (6.21) 및 (6.22)의 사용법을 나타낸 것이다. 그러나 관 거칠기의 정확한 값을 거의 알 수 없기 때문에 계산의 신뢰도는 ±10% 미만이다. 또 관의 거칠기는 부식이나 침착물 때문에 계속 달라진다. 그래서 장거리 기름 및 가스 수송산업에서 'pig'라 불리는 껄개를 주기적으로 관 내부에 사용한다. 이를 통하여 관 내부 표면을 청소하여 거칠기 및 필요한 압력강하를 크게 낮춘다.
2. 마찰인자 선도는 밸브, 엘보, 급격한 수축, 급격한 팽창 등이 없는 부분의 관에 대한 것이다. 예제 6.3, 6.4, 6.5, 6.6에서도 실제로는 이러한 것들이 존재할 것이다. 이를 고

려하는 방법은 6.8절과 6.9절에서 다룬다.

3. 마찰인자 선도의 기초가 되는 자료는 관 입구에서부터 상당히 하류에서 얻은 것이다. 입구 영역에 관하여는 4부에서 간단히 검토한다.
4. 마찰인자 선도는 실험 자료를 일반화한 것이다. 여기에 이론적 의미를 부여하기 위하여 너무 집착해서는 안 된다. 아직은 실험 자료가 없으면 난류에 관한 마찰인자를 계산할 수 없다.
5. 난류에서는 열전달계수와 물질전달계수가 마찰인자 f와 상당히 간단한 관계에 있음을 쉽게 보일 수 있다. 운동량을 전달하는(따라서 전단응력을 증가시키는) 소용돌이가 열과 질량도 전달하여 열전달과 물질전달을 증가시키기 때문이다. 이 주제는 열전달과 물질전달 교과서에서 레이놀즈 유사성(Reynolds analogy)으로 다룬다.
6. 4부에서 관 내 난류에서의 유속분포 측정치에 관하여 간단히 다룬다. 지금은 난류 속도 프로필이 층류일 때보다 평평하다고 알아 두면 될 것이다(그림 3.3). 유체의 대부분은 중심(central core)에서 흐르는데, 이 중심부분에서는 유속이 같은 거의 하나의 단위로 움직인다. 관 벽 근처의 작은 층에서는 중심의 고속에서부터 관 벽에서의 유속 0에 이르기까지 유속이 급격하게 변한다. 따라서 관 내 난류일 때는 평균유속이 전체 흐름을 나타내는 유속과 같다고 보아도 좋다.
7. 이제는 모두가 컴퓨터를 가지고 있어서 위 예제들을 쉽고 빠르게 풀 수 있는 프로그램을 사용할 수 있기 때문에 손으로 푸는 것과 그림 6.10에서 마찰인자를 읽는 일들은 화학공학 기술자들의 문화적인 배경일 뿐이며 매일 사용하는 방법은 아니다. 그러나 이런 계산법들이 어떻게 작용하는지를 아는 것은 기술자가 편리한 컴퓨터 프로그램이 하는 것과 그것들이 일부 특수한 상황에 응용 가능할지를 판단하는 데 도움이 된다.
8. 소량(5~300 ppm)의 고분자량(0.5~5백만 g/mol) 선형 폴리머를 흐르는 액체(가스가 아닌 수성 또는 탄화수소)에 추가하면 관찰된 마찰계수를 그림 6.10에 표시된 수치 아래로 상당히 줄일 수 있다. 이러한 항력 감소 첨가제가 널리 사용된다(13.5절 참조).

6.7 편리한 방법들

마찰인자 선도(그림 6.10)는 아주 일반화된 것으로, 모든 뉴턴 유체, 관 지름, 유량에 대한 압력강하 자료를 하나의 그래프로 나타낸다. 그러나 예제 6.4, 6.5, 6.6에서 본 것처럼 이 선도는 손으로 계산하기에 불편하다. 따라서 컴퓨터 시대 이전에 실무 기술자는 같은 실험 자료를 보다 편리한 여러 가지 형태로 재편성하였다. 그렇게 얻어진 방법은 이제 대부분 역사적 관심 대상일 뿐인데, 왜냐하면 컴퓨터 프로그램이 더 우수하기 때문이다. 그러나 학생들은 이런 것을 접하고 어떻게 편성되었는지 생각해 보는 것이 좋을 뿐만 아니라, 이러한 방법을 통하여 유체 흐름에 대한 직관적인 통찰을 갖게 된다. 이러한 방법 중 하나를 여기에 제시하고, 다른 하나는 연습문제 6.34에서 볼 수 있다.

우리가 정유공장, 도시 상수도 시스템, 또는 항공모함을 설계한다고 하면, 여러 가지 유체 흐름을 다루어야 한다. 그림 6.10을 이용하여 각각의 마찰 영향을 계산할 수 있지만, 이러한 프로젝트에서는 실질적으로 모든 흐름에 대하여 미국 표준 규격의 관을 사용할 것이다. 부록 A.2를 보면 크기 종류가 별로 많지 않다. 어떤 관의 크기가 주어지고 재질이 같으면 관 지름과 상대거칠기는 일정하다. 따라서 관의 크기를 알면, 변수는 단위 길이당 $\mathscr{F}$, Q, ρ, μ 네 개뿐이다.

이러한 선도와 표를 만들 때는 가장 보편적인 문제 즉 길고 수평이며, 지름이 일정한 관에 대한 문제를 대상으로 하여 설정하는 것이 보통이다. 이러한 마찰계수 문제 선도 및 표를 만들 때는, 길고 수평이며 일정한 직경의 파이프를 다루는 가장 일반적인 문제를 설정하는 것이 관례이다. 이러한 관에 B.E.을 적용하여 정리하면,

$$\left(\frac{-\Delta P}{\Delta x}\right)_{\text{friction}} = \frac{\rho}{\Delta x}\mathscr{F} = \rho\left(\frac{4f}{D}\cdot\frac{V^2}{2}\right) \qquad \begin{pmatrix}\text{steady flow, horizontal}\\ \text{pipe, with no pumps or}\\ \text{compressors}\end{pmatrix} \tag{6.25}$$

따라서 선도로부터 'friction' 첨자를 뺀 $-\Delta P/\Delta x$를 직접 읽을 수 있다. 다른 문제에 이러한 선도나 표를 사용하고자 할 때는, 적절한 $-\Delta P/\Delta x$ 값을 읽고, 식 (6.25)를 이용하여 $\mathscr{F}$를 구하면 된다.

도시의 상수도 시스템과 같은 물을 다루는 경우 온도가 일정하고 파이프 벽의 절대거칠기가 일정하다고 가정할 수 있다. 그런 다음 선택한 온도에서 모든 물의 흐름에 대해 파이프 직경과 유속의 함수인 압력강하를 표로 만들 수 있다. Crane Company[10]는 스케줄 40 관(미국 산업 현장에서 가장 일반적인 크기)을 통해 60°F의 물의 흐름을 위해 구성된 표를 제공한다. 다음 예제는 해당 표를 참조하여 쉽게 풀 수 있다. 여기에서는 그것 없이 어떻게 풀 수 있는지 볼 수 있다.

예제 6.7 두 탱크가 2000 ft 길이인 3 in 규격 관으로 연결되어 있다. 물을 한 탱크에서 다른 탱크로 200 gal/min으로 보내고자 한다. 두 수면의 높이는 같고 대기에 노출되어 있다(그림 6.12). 이때 단위 질량당 펌프 일, 필요한 펌프 압력 상승 및 출력을 구하라.

첫째 탱크의 자유표면 1 지점과 둘째 탱크의 자유표면 2 지점에 대하여 B.E.을 적용하면, 다음을 제외한 모든 항이 0이 되므로,

$$0 = \frac{dW_{\text{n.f.}}}{dm} - \mathscr{F} \tag{6.Y}$$

펌프 일(열역학 기호 관습상 양의 수)은 마찰손실과 같다.

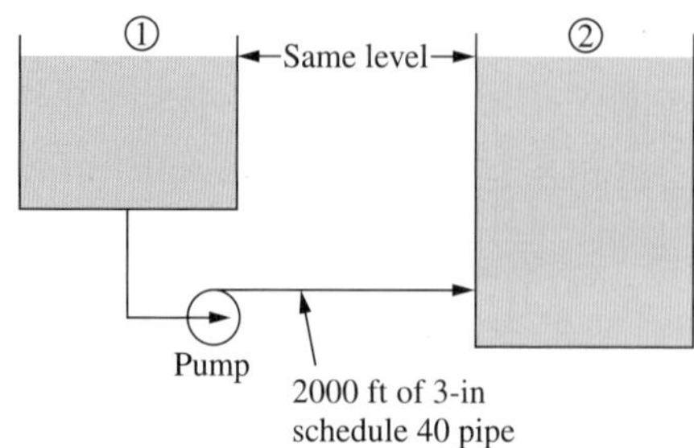

그림 6.12
펌프에 의한 탱크 간의 유체 수송

이 문제를 해결하기 위해 반복이 필요하지 않으며 다음과 같이 진행할 수 있다. 60°F에서 물의 밀도와 점도는 999.0 kg/m^3 및 0.001121 Pa·s이고, 관의 내경은 3.068 in이다. 유체의 속도는 식 (6.10)에 의해 $V = 2.65$ m/s = 8.68 ft/s이고, 레이놀즈 수는 $1.84 \cdot 10^5$이다. 표 6.2에서 표면 거칠기 $\varepsilon = 0.0018$ in임을 알 수 있고, 식 (6.22)에서 마찰계수 $f = 4.92 \cdot 10^{-3}$을 구한다.

펌프 출구에서 2000 ft 관 끝까지 B.E.을 적용하면

$$\frac{\Delta P}{\rho} = -\mathscr{F} = -4f\frac{\Delta x}{D} \cdot \frac{V^2}{2} \tag{6.Z}$$

마찰에 의한 압력강하는

$$\Delta P = -\rho\mathscr{F} = -4f\rho\frac{\Delta x}{D} \cdot \frac{V^2}{2} = 539\,\text{kPa} = -78.1\,\text{psi} \tag{6.AA}$$

펌프는 2000 ft 관의 마찰을 극복하기 위해 흐르는 물의 압력을 78.1 psi 증가시켜야 한다. 물의 질량 유속은

$$\dot{m} = \rho Q = 12.5\,\text{kg/s} = 27.8\,\text{lbm/s} \tag{6.AB}$$

필요한 펌프 출력은

$$\text{Po} = -\frac{m}{\rho}\Delta P = 6.79\,\text{kW} = 9.10\,\text{hp} \tag{6.AC}$$

물의 단위 질량당 펌프 일은 539 J/kg이다.

여기서 계산된 펌프 출력은 유체에 전달된 기계적 출력이다. 효율 100%인 펌프에서 이는 펌프에 주입된 출력에 해당한다. 그러나 실제 펌프의 효율은 100%에 이르지 못한다.(또한, 펌프를 구동하는 모터도 마찬가지이다.) 이들의 실제 거동에 대해서는 10장에서 다룬다. ■

편리한 표[10]는 컴퓨터 시대에도 일상적인 계산을 위해 업계에서 널리 사용된다. 신입 엔지니어들이 대학을 졸업하고 산업체에 합류할 때 이러한 표가 많이 이용되고 있음을 알

게 되므로 출처를 알아두는 것은 가치가 있다. 이 편리한 방법이 대학에서 배운 내용과 어떻게 일치하는지 발견할 뿐만 아니라 한계도 보다 명확하게 볼 수 있다. 그런 다음 복잡한 작업의 일상적인 부분에 이러한 방법을 활용할 수 있고, 자신의 재능과 학식을 시험할 비일상적인 부분에 대한 창조적인 노력을 효과적으로 할 수 있다.

6.8 확대와 축소

이 장의 첫 부분에서 원형관 입구로부터 상당히 떨어진 하류에서의 유체의 정상 흐름에 관해 다루었다. 그러나 어느 경우에나 관에는 유체가 도입되고 배출되는 곳이 있기 마련이다. 예제 6.1, 6.3, 6.4에서는 유체가 첫 번째 저장조로부터 관으로 들어가고, 다시 관에서 두 번째 저장조로 들어간다. 이러한 전이 구간에서도 마찰 손실이 생긴다(그림 6.13 참조).

확대(enlargement)의 경우 몇 가지 간단한 가정하에서 마찰효과를 계산할 수 있다. 운동량수지에 의한 계산은 7.3절에서 다룬다. 여기에 그 결과만을 나타내면 다음과 같다.

$$\mathscr{F} = K\frac{V^2}{2} \tag{6.26}$$

이 식에서 K는 실험상수로서, 저항계수(resistance coefficient)라 하며, 두 관의 지름비에 따라 달라진다. V는 두 유속 중 큰 값이다. 실험 결과는 이 관계와 비교적 잘 맞는다[9]. 한편 급격한 축소(contraction)의 마찰효과를 제대로 계산하려면 실험 자료가 있어야 한다. 그러나 이 실험 자료도 같은 식으로 나타낼 수 있다[8]. 축소에 대한 K의 실험값과 급격한 팽창에 대한 K의 계산값을 그림 6.14에 나타내었다.

그림 6.14에서 관 지름의 변화가 클수록 압력 손실이 크다. 이러한 마찰 손실이 생기는 이유는 다음과 같다.

1. 급격한 팽창에서는, 작은 관에서 유속과 운동에너지가 상당히 크던 유체가, 큰 관에서 유속과 운동에너지가 작아진다. 이 과정에서 마찰이 없다면 운동에너지는 주입일로 변환되어 압력이 증가하게 된다. 급격한 팽창에서는 이 과정에서 유체가 확대부분 근처에서 혼합되어 소용돌이를 이룬다. 이때 유체의 운동에너지는 내부에너지로 전환된다. 따라서 하류 유속이 0이 되면 마찰 손실은 상류 운동에너지와 같아진다. 이는

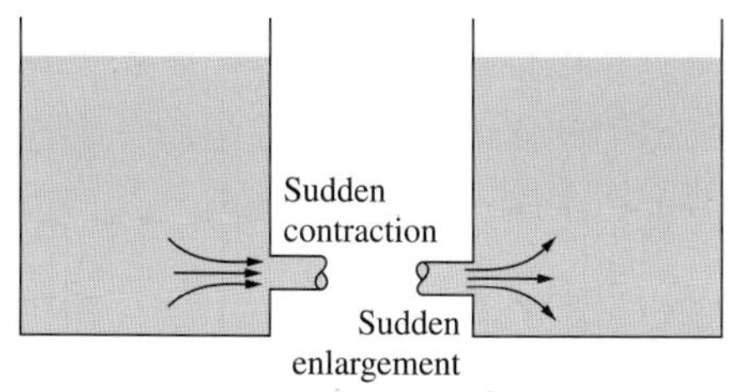

그림 6.13
급격한 수축과 확대에서의 흐름

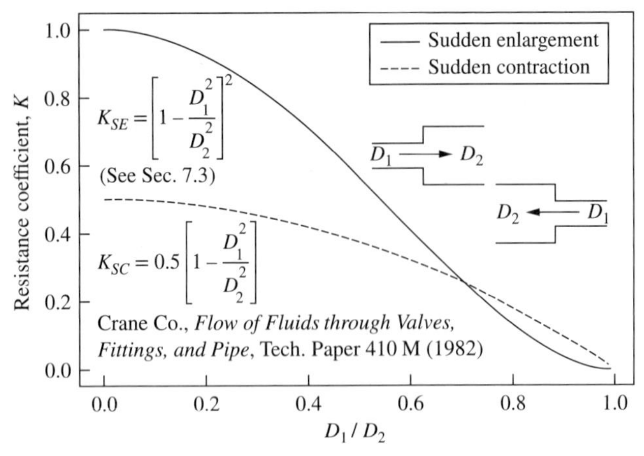

그림 6.14
급격한 팽창 및 축소에 따른 저항. 저항계수 K는 식 (6.25)에 정의되어 있다[10]. ("Flows of Fluids Through Valves, Fittings and Pipes." Technical Paper No. 410. Crane Company, 475 N. Gary Ave., Carol Stream, Illinois, 1957, p.A-19)

식 (6.25)에서 $K = 1$일 경우로서, 그림 6.14에서 하류 유속이 0일 때의 값이다(5.5절 참조).

2. 급격한 축소에서는 흐름이 모두 축 방향에서 관으로 들어오지 않고 그림 6.13에 그려진 대로 모든 방향에서 들어온다.(흐름은 완전한 1차원이 아니라 2차원 또는 3차원이다.) 관 내부로 들어온 후, 관에서는 흐름 양상이 그림 6.15에 나타낸 것처럼 된다.

이 흐름은 관 입구를 조금 지난 하류에서 목을 형성하는데 이를 베나 콘트락타(vena contracta, 최소 축소부)라 한다. 이 목으로 들어가는 흐름은 관에 접근하는 유체의 방사 내향 유속(radial inward velocity)에 의하여 이루어진다. 이때 유체가 안쪽으로 들어가므로 관벽을 떠나서 목으로 들어가게 된다. 이 목은 정체 유체의 칼라(collar)로 둘러싸인다. 이 목에서는 유속이 하류에서보다 크다. 따라서 이 목에서부터 하류의 어떤 점에 이르는 동안 운동에너지가 감소하며, 이 하류에서는 관 단면 전체에서 유속이 실질적으로 균일하게 된다. 이때 손실되는 운동에너지 전부가 압력 증가로 회수되지 않으므로, 식 (6.26)에 나타낸 것처럼 마찰 손실이 생기게 되며 K 값은 그림 6.14에서 얻어진다.

지금까지 설명한 입구 및 출구 손실은 난류에 국한된 것이다. 층류에서는 이러한 영향을 일반적으로 무시할 수 있는데, 이 경우에는 대개 점성효과에 비하여 운동에너지를 무시할 수 있기 때문이다.

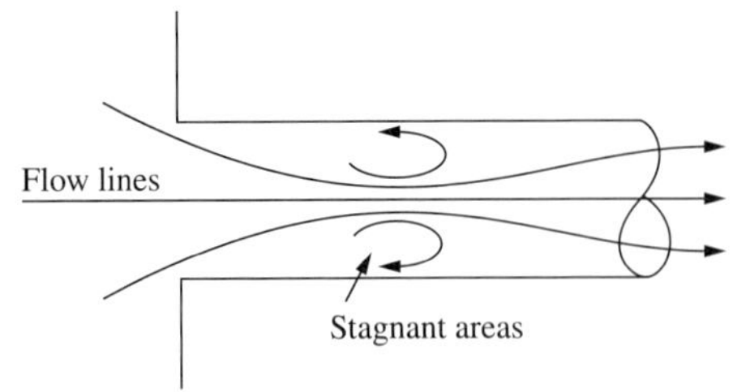

그림 6.15
급격한 축소일 때의 흐름 양상(난류). 진정한 1차원 흐름이 아니라 반지름 방향의 성분을 가지고 들어오며 좁은 목을 형성하고 그 하류에서 직선 형태의 1차원 관 흐름이 형성된다.

예제 6.8 예제 6.4에서 팽창 및 축소 손실을 무시한 오차를 구하라.

그림 6.14에서, 탱크로부터 관으로 들어가는 흐름의 계수 K는 0.5이고, 관에서 탱크로 들어가는 흐름은 1.0이다. 따라서 팽창과 축소에 의한 마찰 손실은 관에서의 유체 운동 에너지의 $1.0 + 0.5 = 1.5$배이다. 예제 6.4에서 유속이 13.0 ft/s이었으므로 마찰 손실은 다음과 같다.

$$-\Delta P_{\substack{\text{expansion}\\ \text{and contraction}}} = \rho\mathscr{F} = \rho K \frac{V^2}{2}$$

$$= 62.3 \frac{\text{lbm}}{\text{ft}^3} \cdot \frac{1.5}{2} \cdot \left(13.0 \frac{\text{ft}}{\text{s}}\right)^2 \cdot \frac{\text{ft}^2}{144 \text{ in}^2} \cdot \frac{\text{lbf} \cdot \text{s}^2}{32.2 \text{ lbm} \cdot \text{ft}}$$

$$= 1.70 \frac{\text{lbf}}{\text{in}^2} = 11.7 \text{ kPa} \tag{6.AD}$$

■

이 값은 예제 6.4에서 계산한 484 psi의 약 0.4%에 해당한다. 이 예제에서는 관이 길었는데(3000 ft), 관이 짧으면 축소 및 팽창 손실이 매우 크고, 이를 무시하였을 때의 오차는 상당히 커질 것이다. 여기서 식 (6.26)을 사용하여 밸브의 역할을 고려할 수 있다. 완전히 잠긴 밸브는 이 식에서 $K = \infty$인 경우와 같고, 식 (6.AD) 그리고 식 (5.5)에 대입하면 $V = 0$이 되어 잠긴 밸브가 된다. 흐름 조절 밸브에서는 K 값들이 변하는데, 완전 개방 시에는 낮은 K 값을, 완전 잠김 시에는 무한대의 K 값을 가져 손으로 조절하여 이들 양극단 가운데의 임의의 값을 가져 흐름을 제어할 수 있다.

6.9 관 부속품에 의한 마찰 손실

팽창과 축소뿐만 아니라 대부분의 유체계에서 밸브, 엘보 등의 영향을 고려하여야 한다. 이는 우리가 지금까지 고려한 1차원 흐름보다 분석이 더욱 복잡하다.(일반 가정의 수도꼭지를 살펴보고 흐름 경로를 알아보기 바란다. 직관에 비하여 흐름이 아주 복잡할 것이다.) 이러한 관 부속품(fitting)에서의 마찰 손실을 계산하기 위하여 많은 노력을 하고, 그 결과를 1차원 문제인 것처럼 취급할 수 있게 하는 두 가지 편리한 방법과 연관시켰다.

이러한 결과를 연관시키는 가장 일반적인 방법은 임의의 흐름에서 다음과 같이 가정하는 것이다.

$$\begin{pmatrix}\text{밸브나 부속품을}\\ \text{통과할 경우의 } \mathscr{F}\end{pmatrix} = \begin{pmatrix}\text{밸브나 부속품에}\\ \text{대한 상수}\end{pmatrix} \cdot \begin{pmatrix}\text{관 길이를 통과할 경우의}\\ \mathscr{F} = \text{관의 직경}\end{pmatrix} \tag{6.27}$$

밸브나 부속품의 종류가 주어졌을 때 이 상수가 흐름의 종류와 무관하다면 이 상관관계는 사용하기가 아주 쉬울 것이다. 난류일 때는 이 식의 상수가 관 크기, 유량, 흐르는 유체의 성질에 관계없이 실질적으로 일정하다. 특정 부속품에 관하여 이 상수값을 알면, '관의 상당길이', 즉 그 부속품에서와 같은 마찰효과를 나타내는 관 길이를 계산할 수 있으며, 이 길이를 실제 관 길이에 더하여, 부속품을 포함한 실제 관에서와 같은 마찰효과를 나타내는 조정길이(adjusted length)를 구할 수 있다. 이 식의 상수는 무차원이며, 전형적인 값을 표 6.7에 나타내었다. 이 값을 상당길이(equivalent length)라 한다.

예제 6.9 3000 ft 길이의 3 in 규격관에 글로브 밸브 두 개, 스윙 체크밸브 한 개, 90° 엘보 아홉 개가 있다고 할 때, 예제 6.4를 다시 풀어라.

표 6.7의 상수를 이용하여 이러한 부속품과 마찬가지 마찰효과를 가지는 3 in 규격관의 상당길이를 구할 수 있다. 즉,

$$\sum L/D = 2 \cdot 350 + 1 \cdot 110 + 9 \cdot 32 = 1098 \tag{6.AE}$$

식 (6.27)에서 알 수 있지만, 이 값은 관 부속품과 마찬가지의 마찰 손실이 생기는 관 지름의 수이다. 따라서 상당길이는 $1098 \cdot (3.068/12)\ \text{ft} = 281\ \text{ft}$이므로, 관의 조정길이는 다음과 같다.

$$\begin{aligned}(\text{조정길이}) &= (\text{실제 관 길이}) + (\text{부품의 상당길이}) \\ &= 3000 + 281 = 3281\ \text{ft}\end{aligned} \tag{6.AF}$$

총 압력강하는

$$-\Delta P_{\text{total}} = 484\ \text{psi} \cdot \frac{3281\ \text{ft}}{3000\ \text{ft}} = 529\ \text{psi} \tag{6.AG}$$

그리고 관 부속품에 의한 압력강하는

표 6.7
관 부속품의 상당길이

Type of fitting	Equivalent length, L/D, dimensionless	Constant, K, in Eq. 6.26, dimensionless
Globe valve, wide open	350	6.3
Angle valve, wide open	170	3.0
Gate valve, wide open	7	0.13
Check valve, swing type	110	2.0
90° standard elbow	32	0.74
45° standard elbow	15	0.3
90° long-radius elbow	20	0.46
Standard tee, flow-through run	20	0.4
Standard tee, flow-through branch	60	1.3
Coupling	2	0.04
Union	2	0.04

Data from Lapple, C. E. "Velocity Head Simplifies Flow Computation," Chemical Engineering 56, no. 5, 1949, 96–104.

$$-\Delta P_{\text{valves and fittings}} = 529 \text{ psi} - 484 \text{ psi} = 45 \text{ psi} = 310 \text{ kPa} \tag{6.AH}$$

■

관 부속품들의 같은 실험 데이터를 마찰 손실로 표현하는 두 번째 방법은 식 (6.26)에서 각 부속품에 대하여 K 값을 정하는 것이다. 마찰 손실에 기초한 이 값들도 표 6.7에 나와 있다.

예제 6.10 표 6.7에 주어진 K 값을 이용하여 예제 6.9를 다시 풀어라.

주어진 값들을 이용하여 계산하면

$$\sum K_{\text{valves and fittings}} = 3 \cdot 6.3 + 1 \cdot 2.0 + 9 \cdot 0.74 = 27.56 \tag{6.AI}$$

$$\begin{aligned} -\Delta P_{\text{valves and fittings}} &= 27.56 \cdot 62.3 \frac{\text{lbm}}{\text{ft}^3} \cdot \frac{(13.0 \text{ ft/s})^2}{2} \cdot \frac{\text{lbf} \cdot \text{s}^2}{32.2 \text{ lbm} \cdot \text{ft}} \cdot \frac{\text{ft}^2}{144 \text{ in}^2} \\ &= 31 \text{ psi} = 216 \text{ kPa} \end{aligned} \tag{6.AJ}$$

■

두 번째 방법은 첫 번째 방법에 의한 해의 69%에 근접하여 압력강하의 괜찮은 예측이지만 곧은 관에서의 흐름에 대한 예측만큼 신뢰할 수 없다. 이 두 방법이 크게 달라 보이나 그렇지 않다. 각 방법에서 마찰열을 쓰면,

$$\mathscr{F} = 4f\left(\frac{L}{D}\right)_{\text{equivalent}} \frac{V^2}{2} = K_{\text{fitting}} \frac{V^2}{2} \tag{6.28}$$

여기서 만약 $4f(L/D)_{\text{equivalent}} = K_{\text{fitting}}$이면 두 방법은 같아진다. 상당길이법에서는 한 부속품의 $\mathscr{F}$가 관 크기 및 레이놀즈 수에 따라 변하나, K 방법은 이들과 무관하다. 둘 다 실험 데이터와 잘 맞아 보인다. Lapple[9]은 $\mathscr{R} < 10^5$일 때는 상당길이법이, $\mathscr{R} > 10^5$일 때는 K 법이 실험 결과와 잘 맞는다고 제안하였다.

층류에 대하여는 밸브와 부속품에 대한 압력강하 상관관계의 기초가 되는 실험 자료가 별로 없다. 위에서 설명한 조정길이 계산법은 일반적으로 난류에만 적용할 수 있는 것이며, 층류에 적용하면 너무 큰 값이 된다. 층류일 때의 조정길이를 추산하는 실험적 지침이 간행되었다[10].

관 부속품 손실에 관한 이러한 실험적 관계에 이론적 의미를 부여하려고 애쓸 필요는 없다. 특별한 경우에 대하여 조심하여 측정한 결과에 지나지 않으며, 새로운 계의 거동을 예측하는 데 유용하도록 정리한 것이다. 관 부속품 손실, 팽창 및 수축 손실들은 짧은 관에서는 곧은 관 손실보다 크지만, 합쳐서 '부차적 손실'이라 한다.

6.10 비원형 수로 1차원 흐름에서의 유체 마찰

6.10.1 비원형 수로에서의 층류 흐름

원형관 내의 정상 흐름은 가장 간단한 흐름 문제의 하나이다. 이보다 약간 어려운 문제는 장방형 덕트나 개방 유로와 같은 단면적이 일정하지만 원형이 아닌 덕트나 관에서의 비압축성 뉴턴 유체의 정상 흐름이다. 뉴턴 유체의 층류 문제는 몇 가지 형태에 대하여는 해석적으로 풀 수 있다. 일반적으로 유속은 두 차원에 의존한다. 관심의 대상이 되는 몇 가지 경우에는, 식 (6.9)를 구할 때 사용한 것과 같은 방법으로 문제를 풀 수 있다. 즉, 적절하게 선택한 흐름 단면에 대하여 힘수지를 취하고, 전단응력에 대하여 푼 다음, 이 전단응력에 대하여 뉴턴의 점도법칙을 도입한 후, 적분하여 유속분포를 구한다. 이 유속분포로부터 유량-압력강하 관계를 구한다.

이는 수평 원형관 내의 층류에 관한 풀이와 똑같은 것으로서, 원형관에 대한 풀이를 수평 정상 흐름 풀이와 비교해 보면 알 수 있다. 원형관의 경우,

$$Q = \left(\frac{P_1 - P_2}{\Delta x} \cdot \frac{1}{\mu}\right) \cdot \frac{\pi}{128} D_0^4 \tag{6.9}$$

두 평판 사이 틈의 경우(연습문제 6.42),

$$Q = \left(\frac{P_1 - P_2}{\Delta x} \cdot \frac{1}{\mu}\right) \cdot \frac{1}{12} lh^3 \tag{6.29}$$

여기서 h는 판 사이의 거리이고, l은 틈의 폭이다($l >> h$). 이 식의 양변을 l로 나누면 좌변은 단위 폭당 부피 유량이 된다. 환형(고리형) 유로의 경우에는(연습문제 6.43),

$$Q = \left(\frac{P_1 - P_2}{\Delta x} \cdot \frac{1}{\mu}\right) \cdot \frac{\pi}{128} (D_o^2 - D_i^2)\left[D_o^2 + D_i^2 - \frac{D_o^2 - D_i^2}{\ln (D_o / D_i)}\right] \tag{6.30}$$

여기서 D_o는 바깥지름이고 D_i는 안지름이다. 이러한 식은 맨 오른쪽 항만 다른데, 이는 다른 형태를 고려한 것이다. 간단한 수학으로 풀 수 있는 대부분의 경우는 버드 등[11, Chap.2-4]과 틸턴[12]이 요약하였다. 환상 공간이 작아지면($D_i \to D_o$) 식 (6.29)는 아래와 같이 된다(연습문제 6.46).

$$Q = \left(\frac{P_1 - P_2}{\Delta x} \cdot \frac{1}{\mu}\right) \cdot \frac{1}{12} \cdot \pi D \left(\frac{D_o - D_i}{2}\right)^3 \tag{6.31}$$

이는 틈 간격과 넓이가 재명명된 식 (6.29)와 같다. 이것은 등가 직선 또는 평면 문제로 변환하여 단순화할 수 있는 많은 원형 또는 환상 문제 중 하나이다.

직사각형, 타원형 및 삼각형 단면 채널의 경우 틸턴[12]은 앞의 네 가지 식과 유사한 형태(대수학 적용 후)를 보여 준다.

$$Q = \left(\frac{P_1 - P_2}{\Delta x} \cdot \frac{1}{\mu}\right) \cdot \frac{A^2}{\alpha} \tag{6.32}$$

여기서 α는 아래에 설명된 계수이고 A는 흐름에 수직인 단면적이다. 그것들은 모두 2차원 층류 방정식에 대한 무한급수 근사를 기반으로 하는 직사각형, 타원 및 삼각형에 대한 α를 찾기 위한 관계를 제공한다. 세 가지 모양 모두 무차원 보조 모양 함수로 사용된다.

$$C = \frac{\text{둘레길이}^2}{\text{단면적}} \tag{6.33}$$

이는 모든 원에 대해 $(\pi D)^2/(\pi/4)D^2 = 4\pi = 12.57$이고, 모든 정사각형에 대해 $(4D)^2/D^2 = 16$이다. 직사각형 채널의 경우 α에 대한 관계는 다음과 같다.

$$\alpha = \frac{22}{7}C - \frac{65}{3} + \begin{pmatrix}\text{무시되는}\\ \text{작은 잔차}\end{pmatrix} \quad [\text{직사각형과 정사각형만 가능}] \tag{6.34}$$

예제 6.11 $\left(\frac{P_1 - P_2}{\Delta x} \cdot \frac{1}{\mu}\right)$의 동일한 값에 대하여, 직경 D인 원형 덕트의 부피 유량 대비, (a) 변의 길이가 D인 정사각형 단면 덕트의 부피 유량 비율을 계산하고, (b) 높이가 D이고 너비가 $2D$인 직사각형 덕트의 부피 유량 비율을 계산하라.

(a) 식 (6.32)를 식 (6.9)로 나누면

$$\frac{Q_{\text{square channel}}}{Q_{\text{circular tube}}} = \frac{A^2/\alpha}{(\pi D_0^4)/128} = \frac{D^4 128}{\alpha \pi D_0^4} = \frac{128}{\alpha\pi} \tag{6.AK}$$

정사각형 채널의 경우 $C = 16$이므로

$$\alpha = \frac{22}{7}C - \frac{65}{3} + \begin{pmatrix}\text{무시되는}\\ \text{작은 잔차}\end{pmatrix} \approx \frac{22}{7} \cdot 16 - \frac{65}{3} = 28.62 \tag{6.AL}$$

$$\frac{Q_{\text{square channel}}}{Q_{\text{circular tube}}} = \frac{128}{\alpha\pi} = \frac{128}{28.62 \cdot \pi} = 1.423 \tag{6.AM}$$

면적의 비율(사각/원형)은 $(4/\pi) = 1.273$이므로 속도의 비율(사각/원형)은 $(1.423/1.273) = 1.124$이다. 통과할 수 있는 영역이 더 많고, 영역이 증가하면 속도가 증가하기 때문에 흐름(사각/원형)은 둘 다 증가한다.

(b) $h = D$ 및 $w = 2D$인 직사각형 덕트의 경우,

$$C = \frac{\text{둘레길이}^2}{\text{단면적}} = \frac{(6D)^2}{2D^2} = 18 \tag{6.AN}$$

$$\alpha = \frac{22}{7}C - \frac{65}{3} + \begin{pmatrix}\text{무시되는}\\ \text{작은 잔차}\end{pmatrix} \approx \frac{22}{7} \cdot 18 - \frac{65}{3} = 34.90 \tag{6.AO}$$

$$\frac{Q_{\text{rectangular channel}}}{Q_{\text{circular tube}}} = \frac{A^2/\alpha}{(\pi D_0^4)/128} = \frac{4D^4 128}{a\pi D_0^4} = \frac{4.128}{34.90 \cdot \pi} = 4.67 \qquad (6.AP)$$

면적의 비율(사각형/원형) = $(2/(\pi/4)) = 2.546$이므로, 속도의 비율(사각형/원형)은 $(4.67/2.456) = 1.833$이다. 다시 말하면 Q의 증가는 증가된 속도보다 증가된 유동 면적으로 인한 것이다.

이것은 6.3절의 2차원 등가물을 사용하여 계산한 결과에 전적으로 기반한다. 틸턴[12]은 측정된 유속을 기반으로 이러한 결과를 계산하는 대체방법을 제시한다. 위의 두 비율의 계산된 값은 1.432와 4.659로서, 여기에서 수치적 접근이 실험값을 아주 잘 재현한다는 것을 보여 준다. ■

타원형 채널의 흐름에 대한 폐쇄형 분석해도 존재하며[12], 정사각형 또는 직사각형 채널의 층류는 업계에서는 드물지만 미세유체역학에서는 널리 사용된다(21장).

6.10.2 씰 누출

식 (6.31)의 특히 중요한 화학공학에서의 응용은 씰 누출(seal leakage)이다. 그림 6.16은 세 종류의 씰을 나타낸다. 그림 6.16(*a*)는 고정 씰(static seal)로 병마개와 음료수병 및 맥주병 사이를 막아 준다. 얇은 탄성물질로 된 와셔(washer)가 금속 마개와 유리병 상부 간에 압축된다. 이 압축물질이 씰을 형성하여 CO_2의 누출을 막는다. 누출속도가 제로는 아니지만 워낙 작아서 몇 년간 CO_2 농도를 유지한다. 이런 종류의 씰을 통한 누출은 일반적으로 중요하지 않다. 씰이 형성된 한 표면이 다른 표면에 대하여 상대적으로 움직일 때 씰 형성이 더욱 어려워진다.

그림 6.16(*b*)는 틀과 축 사이의 단순 압축 씰을 나타낸 것이다. 수도꼭지를 예로 들었는데, 너트가 수도꼭지 몸체 아래로 조여 주어서 탄성 씰을 압축하여 수도꼭지 몸체와 밸브 기둥 사이에 갇힌다. 압축된 씰은 밸브 내부의 고압 물이 기둥면으로 누출되는 것을 막을 만큼 충분히 단단하면서도 손으로 쉽게 회전할 수 있도록 너무 단단하지 않아야 한다. 아마도 이런 형태의 씰에서 누출되는 것을 경험해 보았을 것이다. 만약 소량이 누출된다면, 너트를 조여서 누출속도를 눈에 보이지 않을 만큼 충분히 낮게 조절할 수 있다.(그러나 누출이 0은 아니다.)

예제 6.12 밸브의 씰이 그림 6.16(*b*) 형태이다. 밸브 내부에 100 psig의 가솔린이 있고, 씰과 밸브 기둥 간 평균 간극이 0.0001 in라고 가정한다. 씰의 길이는 누출 방향으로 1 in이다. 밸브 기둥의 지름은 0.25 in이다. 가솔린의 누출속도를 추정하라.

이 예제는 식 (6.31)로 표현되는 경우이다. 값들을 대입하면,

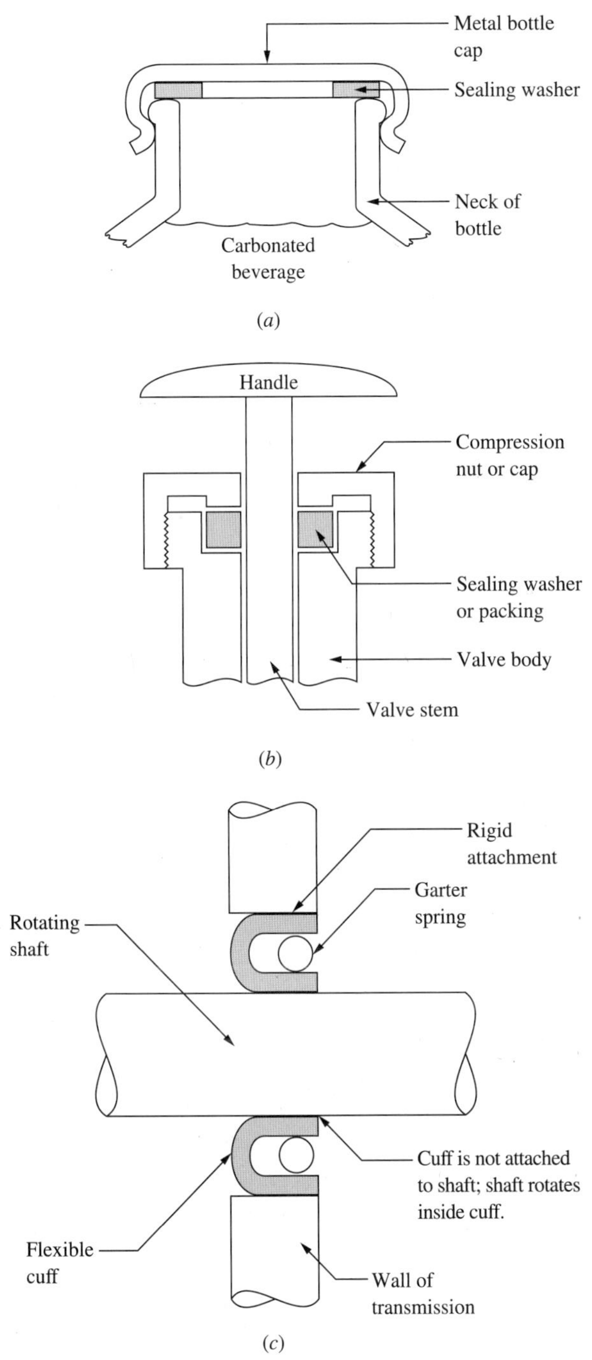

그림 6.16
세 종류이 씰: (*a*) 음료수병 및 맥주병과 병마개 간의 고정 씰, (*b*) 수도꼭지와 많은 펌프의 밸브 기능과 몸체 사이에 채워진 씰, (*c*) 자동차 및 단순 펌프의 구동축에 일반형 회전 씰

$$Q = \frac{100 \text{ lbf/in}^2}{1 \text{ in}} \cdot \frac{1}{12 \cdot 0.6 \text{ cP}} \cdot \pi \cdot 0.25 \text{ in} \cdot (10^{-4} \text{ in})^3 \cdot \frac{\text{cP} \cdot \text{ft}^2}{2.09 \cdot 10^{-5} \text{ lbf} \cdot \text{s}} \cdot \frac{144 \text{ in}^2}{\text{ft}^2}$$
$$= 7.5 \cdot 10^{-5} \frac{\text{in}^3}{\text{s}} = 0.27 \frac{\text{in}^3}{\text{h}} = 1.2 \cdot 10^{-9} \frac{\text{m}^3}{\text{s}} \tag{6.AQ}$$

$$\dot{m} = Q\rho = 0.27 \frac{\text{in}^3}{\text{h}} \cdot 0.026 \frac{\text{lbm}}{\text{in}^3} = 0.007 \frac{\text{lbm}}{\text{h}} = 0.0032 \frac{\text{kg}}{\text{h}} \tag{6.AR}$$

시험 결과에 의하면 많은 정유 공정에서 유사 종류의 액체 밸브의 누출속도는 약 0.024 lbm/h로, 여기서 계산된 양의 3.5배이다[14](연습문제 6.43 참조). 전형적인 정유나 화학 공장에 이런 밸브가 충분히 있어 탄화수소 및 화학물질이 대기로 배출되는데 크게 기여한다[15, p.349]. ■

그림 6.16(c)는 자동차의 구동축 주위의 씰을 단순하게 나타낸 것으로, 해당 축은 변속기에서 나온 것이다. 변속기 내부에 기름이 채워져 있다. 유연한 씰은 셔츠 커프스(cuffs)가 스스로 뒤집어진 것과 같으며, 외부는 변속기 벽에 단단히 고정되고 내부는 '가터(garter) 스프링'에 의해 회전축에 느슨하게 고정된다. 만약 스프링을 느슨하게 맞추면 많은 누출이 있을 것이며, 매우 단단하게 맞추면 커프와 내부에서 회전하는 축 사이의 마찰과 마모가 심할 것이다. 그 스프링의 장력을 맞추는 것은 낮은 누출과 낮은 마찰 및 마모 사이에 절충이 필요하다.(소비자는 이러한 씰이 자동차 수명만큼 오래가기를 기대한다.) 이런 절충으로 누출은 제로는 아니지만 낮아진다. 따라서 적은 양의 기름은 항상 누출로 차고 바닥에 축적된다. 밸브와 펌프 또한 회전하는 축을 가지고 있어 같은 누출 문제를 가지고 있다. 화학공학에서 펌프와 밸브는 예제 6.12와 같은 누출 문제를 안고 있다. 통상 사용되는 씰들은 여기서 보인 것보다 더 복잡하다.

6.10.3 비원형 수로에서의 난류 흐름

원형관에서 한 것처럼 비원형 수로에서의 정상, 난류 흐름에서 더 이상 압력강하를 계산할 수 없다. 그러나 원형관에 대한 마찰 손실 결과를 이용하여 다른 형태의 관에 대한 결과를 예측하는 것이 합리적일 것으로 기대한다. 여기서 주어진 유체에서 유로의 벽에서 전단력은 유로 형태와 무관하게 주어진 V_{average}에 대하여 같다고 가정하자. 그런 다음, 식 (6.3)을 유도한 것처럼 힘의 균형을 취하면 정상 흐름에서,

$$\Delta P \cdot (\text{흐름에 수직인 면적}) = (\text{벽 전단응력}) \cdot (\text{젖음 둘레길이}) \cdot \Delta x \tag{6.35}$$

재정리하면,

$$\frac{\Delta P}{\Delta x} = \tau \cdot (\text{젖음 둘레길이}) / (\text{흐름에 수직인 면적}) \tag{6.36}$$

여기서 새로운 용어를 정의한다.

$$(\text{수력반지름}) = \text{HR} = (\text{흐름에 수직인 면적})/(\text{젖음 둘레길이}) \tag{6.37}$$

원형관의 경우 수력반지름 HR은 다음과 같다.

$$\text{HR} = \frac{\pi r^2}{2\pi r} = \frac{r}{2} = \frac{D}{4} \qquad [\text{원형관}] \tag{6.AS}$$

식 (6.35)를 구한 가정이 타당하다면 비원형 도관과 원형 도관에서의 단위 길이당 압력강하의 비를 나타낼 수 있다.

$$\frac{(\Delta P\ /\ \Delta x)_{\text{noncircular}}}{(\Delta P\ /\ \Delta x)_{\text{circular}}} = \frac{1\ /\ \text{HR}}{4\ /\ D} = \frac{D}{4\,\text{HR}} \tag{6.AT}$$

$$\left(\frac{\Delta P}{\Delta x}\right)_{\text{noncircular}} = \left(\frac{\Delta P}{\Delta x}\right)_{\text{circular}} \left(\frac{D}{4\ \text{HR}}\right) \tag{6.AU}$$

그러나 난류일 때는 $(\Delta P/\Delta x)_{\text{circular}}$를 마찰인자식 (6.24)로 나타낼 수 있으므로,

$$\left(\frac{\Delta P}{\Delta x}\right)_{\text{noncircular}} = \frac{-4f\rho V^2}{2D} \cdot \frac{D}{4\ \text{HR}} = \frac{-f\rho V^2}{2\ \text{HR}} \tag{6.38}$$

다시 쓰면

$$\mathscr{F}_{\text{noncircular}} = \frac{f\,\Delta x}{\text{HR}} \cdot \frac{V^2}{2} \tag{6.39}$$

식 (6.38)과 (6.39)에서 어떤 f 값을 사용할 것인가? 실험 결과에 따르면 레이놀즈 수와 ε/D의 지름을 4 HR로 대체하면 보통 마찰인자 선도(그림 6.10)를 이용할 수 있다.

논리적으로 정의하여

$$D_{\text{hydraulic}} = 4\ \text{HR} \tag{6.40}$$

4 HR을 사용하는 식을 단순화한다. 대부분의 화학공학 엔지니어는 여기에서 하는 4 HR 형식을 유지한다.

많은 에어컨 덕트가 원형 단면을 가지고 있는데, 그 모양이 (둘레/면적)의 값이 가장 작기 때문이다. 그러나 장축이 수평인 유사한 직사각형 덕트는 유사한 원형 덕트보다 건물의 작은 천정 공간에 맞는다.

예제 6.13 예제 6.6의 원형 덕트를 높이가 h이고 너비가 $2h$인 직사각형 덕트로 교체하여 다시 계산하라.

여기서

$$\text{Hydraulic radius} = \text{HR} = \frac{2h \cdot h}{2h + 2(2h)} = \frac{2h^2}{6h} = \frac{h}{3} \tag{6.AV}$$

예제 6.6으로 돌아가서 D가 나타나는 곳마다 4 HD로 교체하고 표 6.6으로 이어지는 계산표를 다시 실행하면 결과가 다음과 같이 됨을 알 수 있다.

$$D_{\text{circular}} = 4\ \text{HR} \tag{6.AW}$$

이 부분의 가정에 따르면, 적절한 압력강하와 함께 적절한 흐름을 만드는 직경을 가진 관을 알고 있다면, 식 (6.AW)에 의해 동일한 마찰 거동을 갖는 해당 비원형 도관의 치수를 찾을 수 있다. 이 문제의 경우, 예제 6.6의 D_{circular} 값을 사용하여 식 (6.AX) 및 (6.AM)과 결합하면

$$D_{\text{circular}} = 4\ \text{HR} = \frac{4h}{3} = 0.667\text{ft}; \quad h = \frac{3}{4} \cdot 0.667\text{ft} = 6.0\ \text{inches} \tag{6.AX}$$

따라서 마찰 등가 덕트는 높이가 6 in이고 너비가 12 in이다. 이것은 예제 6.6의 8 in 원형 덕트가 아닌 6 in 공간에 맞는다. 이 덕트의 둘레는 36 in로, 지름 8 in 원형 덕트 둘레의 1.43배이다. 이것은 판금 비용을 증가시켜서, 덕트를 더 얕은 공간에 배치해서 절약되는 경우에만 경제성이 있다. 따라서 직사각형 덕트가 건물에서 널리 사용되며 모서리가 둥근 경우가 많다. ■

원에서 근본적으로 벗어나는 모양(예를 들면, 넓고 얇은 단면)에서는 관 유동 방정식에 나타나는 다양한 위치 D에 대한 4 HR의 대체는 잘 이루어지지 않는다(연습문제 6.45 참조).

6.11 B.E.을 사용한 복잡한 문제

이제 B.E.의 모든 항을 평가할 수 있으므로, 이 식을 사용하여 풀 수 있는 더 흥미로운 실질적 문제를 몇 가지 다루기로 한다.

예제 6.14 대형 고압 화학반응기에 2000 psig의 물이 들어 있다. 여기에 연결된 3 in 스케줄 80 관이 관에서 10 ft 떨어진 곳에서 파열되었다. 이 부분을 통한 유량을 구하라.

배출 흐름이 있는 동안 반응기의 압력이 떨어질 것이므로, 이것은 비정상상태 문제이다. 그러나 반응기가 크면 이 비정상상태 기여는 무시할 수 있다. 반응기의 자유액면에서부터 관 출구 사이에 베르누이 식을 적용한다. 위치에너지 항을 무시할 수 있고 자유표면에서의 유속이 작으므로 무시하면 남는 항은 다음과 같다.

$$\frac{P_2 - P_1}{\rho} + \frac{V_2^2}{2} = -\mathscr{F} \tag{6.41}$$

이 경우의 유량은 일반 공업 실무에서보다 아주 크므로, [10]에 있는 표는 소용이 없

다. 여기서 마찰 손실은 두 부분으로 이루어진다. 즉, 관으로의 도입 손실과 10 ft 관을 통한 흐름으로 인한 손실이다. 식 (6.25)와 식 (6.17)에서, 다음 식을 얻는다.

$$\mathscr{F} = \underbrace{K\frac{V^2}{2}}_{\text{입구}} + \underbrace{4f\frac{\Delta x}{D}\cdot\frac{V^2}{2}}_{\text{직관}} \tag{6.AY}$$

식 (6.AY)를 식 (6.41)에 대입하면,

$$\frac{P_2 - P_1}{\rho} = \frac{-V_2^2}{2} - \frac{KV_2^2}{2} - 4f\frac{\Delta x}{D}\cdot\frac{V_2^2}{2} = \frac{-V_2^2}{2}\left(1 + K + 4f\frac{\Delta x}{D}\right) \tag{6.AZ}$$

$$V_2 = \left(\frac{2(P_1 - P_2)/\rho}{1 + K + 4f(\Delta x/D)}\right)^{1/2} \tag{6.BA}$$

그림 6.14에서 $K = 0.5$이다.(관 지름은 탱크 지름보다 아주 작다.) 부록 A.2는 스케줄 80 관의 치수를 표시하지 않지만, 페리(Perry)의 [17]에 있는 해당 표는 3 in 스케줄 80 관의 안지름은 2.90 in이고, $V = 1$ ft/s의 경우 $Q = 20.55$ gpm임을 보여 준다. 그러면 표 6.2로부터

$$\frac{\varepsilon}{D} = \frac{0.0018\ \text{in}}{2.900\ \text{in}} = 0.000\,62 \tag{6.BB}$$

여기서 레이놀즈 수는 아주 크다고 가정하는 편이 안전하다. 그래서 그림 6.10에서 $\varepsilon/D = 0.00062$에 대해 선도의 맨 오른쪽에서 마찰계수를 첫 번째 가정으로 선택하면 $f = 0.0043$이다. 그러면

$$V_2 = \left[\frac{2(2000 - 15)\ \text{lbf/in}^2}{62.3\ \dfrac{\text{lbm}}{\text{ft}^3}\cdot\left(1 + 0.5 + \dfrac{4\cdot 0.0043\cdot 10\ \text{ft}}{(2.900/12)\ \text{ft}}\right)}\cdot\frac{32.2\ \text{lbm}\cdot\text{ft}}{\text{lbf}\cdot\text{s}^2}\cdot\frac{144\ \text{in}^2}{\text{ft}^2}\right]^{1/2} \tag{6.BC}$$

$$= \left[\frac{2\cdot 1985\cdot 32.2\cdot 144}{62.3\cdot(1 + 0.5 + 0.71)}\cdot\frac{\text{ft}^2}{\text{s}^2}\right]^{1/2} = 365\ \frac{\text{ft}}{\text{s}} = 111\ \frac{\text{m}}{\text{s}} \tag{6.BD}$$

이제 가정한 마찰인자가 타당한 것인지 검토한다.

$$\mathscr{R} = \frac{(2.9/12)\ \text{ft}\cdot 62.3\cdot\text{lbm/ft}^3\cdot 365\ \text{ft/s}}{1.0\ \text{cP}\cdot(6.72\cdot 10^{-4}\ \text{lbm/ft}\cdot\text{s}\cdot\text{cP})} = 8.2\cdot 10^6 \tag{6.BE}$$

그림 6.10에서 보면 f의 가정값이 옳음을 알 수 있다. 유속 1 ft/s일 때 유량은 20.55 gal/min이다. 따라서 유량은

$$Q = 365\ \frac{\text{ft}}{\text{s}}\cdot\frac{20.55\ \text{gal/min}}{\text{ft/s}} = 7500\ \frac{\text{gal}}{\text{min}} = 0.47\ \frac{\text{m}^3}{\text{s}} \tag{6.BF}$$

이 값은 순간 유량이다. 흐름이 계속되면 압력과 유량이 모두 감소할 것이다. ■

배출 유체의 운동에너지, 관에서의 마찰 손실, 또는 도입 손실을 무시하면, 상당히 틀린 답이 얻어질 것이다.

예제 6.15 소방차(그림 6.17)가 강물을 흡입하여 긴 호스 끝의 노즐에서 유속 100 ft/s로 배출시킨다. 총 유량은 500 gal/min이다. 호스의 지름은 4 in 스케줄 40 관에 해당하며, 상대거칠기가 같다고 가정한다. 호스의 총 길이는 밸브, 관 부속품, 입구 등을 고려하면 300 ft에 해당한다. 소방차 펌프에서 필요한 동력을 구하라.

강의 자유표면(점 1)과 노즐 출구(점 2) 사이에 B.E.을 적용하면,

$$g(z_2 - z_1) + \frac{V_2^2}{2} = \frac{dW_{\text{n.f.}}}{dm} - \mathscr{F} \tag{6.BG}$$

이 문제를 해결하기 위해 반복이 필요하지 않으며 다음과 같이 진행한다. 60°F에서 액체 물의 밀도와 점도는 999.0 kg/m^3 및 0.001121 Pa·s이다. 파이프의 내경은 4.026 in이고, 식 (6.10)에 의해 호스에서 유체속도 $V = 3.84$ m/s $= 12.6$ ft/s이다. 레이놀즈수는 $3.50 \cdot 10^5$이며, 표 6.2는 $\varepsilon = 0.0018$ in의 표면 거칠기를 표시한다. 식 (6.22)로부터 마찰계수 $f = 4.505 \cdot 10^{-3}$이다.

마찰 손실 항은 다음과 같다.

$$\mathscr{F} = 4f\frac{\Delta x}{D} \cdot \frac{V^2}{2} = 119 \text{ J / kg} = 119 \text{ m}^2 / \text{s}^2 = 1280 \text{ ft}^2 / \text{s}^2 \tag{6.BH}$$

$\Delta z = 100$ ft $= 30.48$ m의 고도 변화 및 $V_2 = 100$ ft/s $= 30.48$ m/s의 노즐 출구속도에 대한 특정 펌프 일은

$$\begin{aligned}\frac{dW_{\text{n.f.}}}{dm} &= g\Delta z + \frac{V_2^2}{2} + \mathscr{F} = 299 + 465 + 119 \text{ J / kg} \\ &= 882 \text{ J / kg} = 882 \text{ m}^2 / \text{s}^2 = 9500 \text{ ft}^2 / \text{s}^2\end{aligned} \tag{6.BI}$$

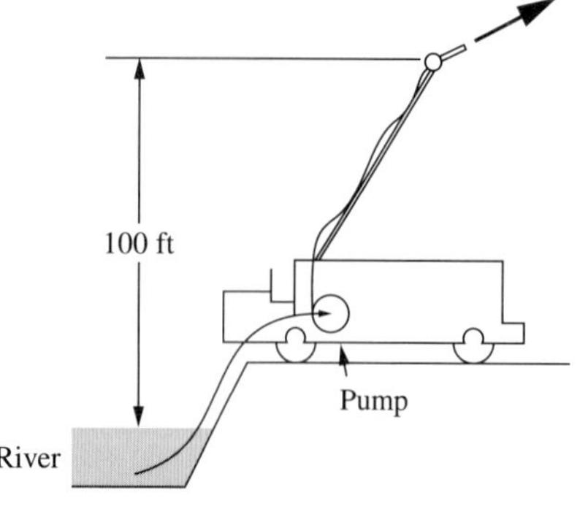

그림 6.17
강물을 펌프질하는 소방차

물의 질량 유속은

$$\dot{m} = \rho Q = 31.5 \text{ kg / s} = 69.5 \text{ lmb / s} \tag{6.BJ}$$

필요한 펌프 일률은

$$\dot{W}_{\text{in}} = \frac{dW_{\text{n.f.}}}{dm} \cdot \dot{m} = 27.8 \text{ kW} = 37.3 \text{ hp} \tag{6.BK}$$

■

그림 6.18은 다중 사용자에 연결된 여러 저장조를 갖는 급수망에서 아주 자주 발생하는 부류의 문제를 나타낸 것이다. 한 저장탱크의 물이 관을 통하여 한 분할점[노드(node)라 한다]까지 흐르고, 여기서부터 별개의 관을 통하여 다른 두 저장탱크로 흐른다. 각 저장탱크의 높이는 그림에 나타내었다. 지금 정상 흐름이라 가정하고, 두 지관에서의 유량을 구한다고 하자. 이러한 세 저장탱크 예제는 장기간 동안 발전되고 개선된 도시 및 산업 플랜트의 급수망의 개념만을 설명한 것이고, 실제 급수망은 이보다 훨씬 복잡하다.

이처럼 긴 관에서는 B.E.의 운동에너지 항을 무시하고, 자유표면에서의 계기압력은 모두 0이라 할 수 있다. 이러한 두 가정이 적절하지 않다면, 문제는 풀 수 있더라도 여기에 보인 것처럼 간단하지 않다. 그림 6.18에서 관의 세 부분에 B.E.을 적용하면,

$$\frac{P_2}{\rho} + g(z_2 - z_1) = -\mathscr{F}_A = -\left(4f\frac{\Delta x}{D} \cdot \frac{V^2}{2}\right)_A \tag{6.BL}$$

$$\frac{-P_2}{\rho} + g(z_3 - z_2) = -\mathscr{F}_B = -\left(4f\frac{\Delta x}{D} \cdot \frac{V^2}{2}\right)_B \tag{6.BM}$$

$$\frac{-P_2}{\rho} + g(z_4 - z_2) = -\mathscr{F}_C = -\left(4f\frac{\Delta x}{D} \cdot \frac{V^2}{2}\right)_C \tag{6.BN}$$

질량수지로부터,

$$Q_A = Q_B + Q_C; \qquad V_A = V_B\frac{A_B}{A_A} + V_C\frac{A_C}{A_A} \tag{6.BO}$$

식이 네 가지이고 미지량이 네 가지(세 가지 V와 P_2)이다. 그러나 이 문제를 풀려면 관

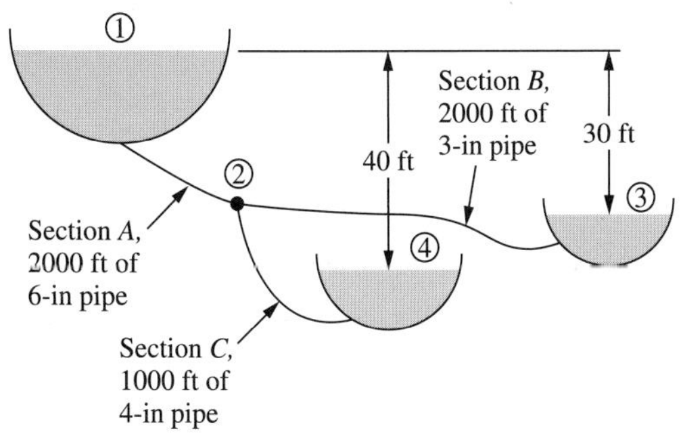

그림 6.18
장기간 발전하고 개선된 도시 급수망의 전형인 다중 저장탱크-지관 시스템

지름과 V를 연관시키는 세 f의 정확한 값을 사용해야 하는데, 마찰인자 선도(그림 6.10)나 식 (6.22)에서 구한다. 따라서 이 문제는 미지량이 일곱 가지이고 식이 일곱 가지인[마찰인자 선도나 식 (6.22)를 세 번 사용한다] 문제로 생각할 수 있다. 식 (6.22)의 형태를 보면, 세 식을 해석적으로 풀 수는 없으므로, 시행착오법으로 풀어야 한다.

문제 설명에서는 점 2의 높이가 주어져 있지 않고, 점 2의 압력도 모른다. 실제 점 2에서의 높이를 알게 되고 흐름이 점 2의 압력을 결정한다. 그 압력은 유체가 흐르지 않을 때의 압력과 다르다. 이 문제는 근본적으로 시행착오 문제이며 컴퓨터로 쉽게 풀 수 있다. 아래를 정의하고 α 값을 추측하여 시작한다.

$$\alpha = \left(\frac{P_2 - P_1}{\rho g} + z_2 - z_1 \right) \tag{6.BP}$$

그 값을 이용하여 식 (6.BL), (6.BM), (6.BN)을 풀어서 파이프 부분의 속도들을 구한다. 이 속도들로부터 세 가지 부피 유량을 구하고 점 2에서의 유량의 합이 0이 되는지 점검한다. 만족하지 않으면 새로운 α 값을 추측하여 흐름 계산을 반복하여 점 2에서의 유량의 합이 0이 되는 α 값을 찾으면 된다.

이 세 가지 분기, 한 노드 예제의 경우는 시행착오법이 매우 쉽다(연습문제 6.61). 더 복잡한 예의 경우는 그렇지 않다. 이러한 유형의 시스템을 수작업으로 해결하기 위해 많이 사용되는 체계적인 절차는 1916년에 크로스(Cross)[16]에 의해 개발되었고, 해당 작업을 수행하는 컴퓨터 프로그램을 사용할 수도 있다.

예제 2.21에서 깊이 5000 ft(길이 15,000 ft)의 유정에서 수압파쇄를 시작하는 데 필요한 표면 압력을 추정했다. 여기에서 우리는 HF 프로세스에 대한 검토를 계속한다. 표면으로부터 3 mi 정도 뚫린 관이나 튜브의 끝에서 아래의 모든 작업을 수행하는 기술은 우주여행이나 최신 컴퓨터만큼 기술적으로 놀랍지만 널리 알려지지는 않았다. 유정을 적절한 거리(일반적으로 아래로 1 mi, 그다음 수평으로 2 mi)로 뚫은 후 케이싱(casing) 즉 일반적으로 약 6 in 직경의 강관을 구멍으로 통과시킨다. 그런 다음 시멘트(포틀랜드 시멘트, 모래, 물 및 첨가제)를 케이싱과 열린 구멍 벽 사이의 공간으로 펌핑한다. 이것은 케이싱과 구멍의 벽 사이의 공간에서 오일이나 가스의 누출을 방지한다.(불완전한 시멘트 작업은 11명이 사망한 2010년 Deepwater Horizon 유정 폭발/화재/국립 TV 스펙터클/금융 및 환경 재앙의 주요 원인이다. 세계 일류 기업도 시멘트 작업을 잘못할 수 있다.) 시멘트가 경화된 후 유정 바닥의 후속 작업은 표면에서 이어지는 일련의 튜브(일반적으로 직경 2~4 in)에 있는 도구를 사용하여 원격으로 수행된다. 유정은 축에 수직으로 폭발적인 모양의 장약(대전차 무기의 장갑 관통 장약의 작은 버전)을 발사하는 도구로 천공되어 일반적으로 직경 0.5 in, 최대 1 ft 길이의 구멍을 생성한다. 케이싱과 시멘트는 인접한 지층에 오일 및/또는 가스가 존재할 것으로 예상되는 장소에서만 지층에 넣는다. 그런 다음 유정은 튜빙에 있는 확장 가능한 보호관에 의해 일반적으로 약 1000 ft 길이로 분할된다. 한 번에 한 부분씩 바닥에서 시작하여 다시 구멍을 따라 올라가면서 지층은 표면에서 펌핑된 고압 유체(대부분 물)에 의해 파열되어 천공을 통해 지층으로 튜브 아래로 내려간다. 충분한 균열이 생성된 후 대부분의 수성 유체는 프로판트(proppant, 일반적으로 1 gal당 약 2 lb, 직경 약 0.4~0.8 mm 입자) 슬러리로 대체된다. 그런 다음 유체는 프로판트를 균열 쪽으로 운반하므로 나중에 파쇄 유체가 회수될 때 균열이 열린 상태로 유지되어 오일이나 가스가 균열을 통해 유정으로 흐를 수 있다.

모래를 추가하고 유체 점도를 화학적으로 수정하여 올바른 곳에 위치시키고 유지하면 유체의 유변학적 특성이 처음에 사용된 물의 유변학적 특성과 현저하게 달라진다. 이에 대해서는 13장에서 논의할 것이다. 그러나 대부분의 물의 초기 흐름은 우리가 여기서 수행하는 이 장의 방법으로 조사할 수 있다.

예제 6.16 예제 2.21의 유정은 파단될 가장 낮은 부분의 중간지점까지의 총 길이가 약 15,000 ft이다. 유체가 펌핑되는 (4 in) 튜브의 내경은 3.548 in이고 거칠기는 0.0018 in이므로 $\varepsilon/D = 0.0018/3.548 = 0.00051$이다. 유속은 20 bbl/min = 1.87 ft³/s이다. 파이프의 속도는

$$V = \frac{Q}{A} = \frac{1.87\ \text{ft}^3/\text{s}}{(\pi/4)\cdot(0.296\ \text{ft})^2} = 27.2\frac{\text{ft}}{\text{s}} = 8.23\frac{\text{m}}{\text{s}} \tag{6.BQ}$$

$\mathscr{R} = 747{,}000$이고, 식 (6.22)로부터 $f \approx 0.0045$, $4f\dfrac{L}{D} = 4\cdot 0.0045 \cdot \dfrac{15\ 000\ \text{ft}}{0.295\ \text{it}} = 913$. 파이프의 해당 압력강하는 다음과 같다.

$$\Delta P_{\text{pipe}} = \left(4f\frac{L}{D}\right)\rho\frac{V^2}{2} = 913\cdot 62.3\frac{\text{lbm}}{\text{ft}^3}\frac{1}{2}\cdot\left(27.18\frac{\text{ft}}{\text{s}}\right)^2 \cdot\frac{\text{lbf}\cdot\text{s}^2}{32.2\ \text{1bm}\cdot\text{ft}}\cdot\frac{\text{ft}^2}{144\ \text{in}^2} = 4559\ \text{psi} \tag{6.BR}$$

또한 천공을 통한 압력강하가 있는데, 일반적으로 0.5 in의 평균 직경으로 bbl/min당 1개의 천공이다. 따라서 이들 중 어느 하나에 대해 유체속도는

$$V_{\text{perforations}} = \frac{Q}{A} = \frac{(\text{bbl}/\text{min})}{(\pi/4)\cdot(0.5/12\,\text{ft})^2}\cdot\frac{0.0935\,\text{ft}^3/\text{s}}{(\text{bbl}/\text{min})} = 68.6\frac{\text{ft}}{\text{s}} = 20.9\frac{\text{m}}{\text{s}} \tag{6.BS}$$

천공은 균일하지 않으며 파이프, 시멘트 및 암석에 만드는 구멍이 매끄럽지도 않고 완벽하게 둥글지도 않다. 평균 압력강하를 추정하기 위해 식 (6.26)을 이용하여 $K = 0.5 + 1$을 구하는데, 여기서 0.5는 입구 손실(그림 6.16)이고 1은 유출되는 유체의 운동에너지이다. 따라서

$$\Delta P_{\text{perforations}} = K\rho\frac{V^2}{2} = 1.5 \cdot 62.3\frac{\text{lbm}}{\text{ft}^3} \cdot \frac{1}{2} \cdot \left(68.6\frac{\text{ft}}{\text{s}}\right)^2 \cdot \frac{\text{lbf} \cdot \text{s}^2}{32.2\ \text{lbm} \cdot \text{ft}} \cdot \frac{\text{ft}^2}{144\ \text{in}^2} = 94.9\ \text{psi} \tag{6.BT}$$

따라서 표면에서 요구되는 압력은 예제 2.21의 값(1515 psi)에 튜브의 마찰을 극복하기 위한 압력(4559 psi) 및 천공을 통한 압력강하(95 psi)를 더한 값(6168 psi)이다. ■

이 결과는 순수한 물을 기준으로 한다. 화학첨가제는 이 결과를 변화시키며 이는 13장에서 볼 수 있다. 계산된 압력은 이 책의 대부분의 예제보다 높다. 그러나 튜빙(American Petroleum Institute 4 in C-75)의 정격 압력은 7420 psi이다. HF는 인상적인 압력과 펌프가 필요하다(10장 참조). 물로 초기 파쇄 단계가 끝나면 유체는 프로판트 및 점도 조절 화학물질이 포함된 유체로 변경되며 이에 대해서는 13장에서 논의할 것이다.

6.12 경제적 관 지름, 경제적 속도

관 지름과 압력강하를 알면 유량을 쉽게 계산할 수 있고, 유량과 압력강하를 알면 관 지름을 곧 구할 수 있다. 더 관심의 대상이 되는 문제는, 유량이 주어질 때 관 지름을 선택하는 일이다. 가령 관이 로비를 통과한다면, 미관을 고려하여, 현재 로비에 노출이 있는 것과 같은 크기의 관을 선택할 수 있다. 또 가령 4 in 관의 재고가 많다면 이 관을 선택하려 할 것이다. 그러나 가장 문제가 되는 선택 기준은 경제성이다. 기술자는 모든 사항을 고려하여 가장 경제적인 선택을 해야 한다.

경제적 분석에서는 두 가지 가능성을 고려해야 한다.

1. 사용 유체가 고압이어서 감압하여 저압으로 만들어야 할 때에는 마찰 손실의 극복에 필요한 에너지를 이 압력강하로부터 얻을 수 있다.
2. 고압의 유체가 아닐 때는 펌프나 압축기를 사용하여 마찰 손실 효과를 극복해야 한다.

처음 경우는 간단하다. 가능한 압력강하에서 필요한 유량을 수송할 수 있는 최소 관 지름을 선택하면 된다. 예제 6.6이 이 경우이다.

펌프나 압축기를 사용하여 마찰효과를 극복해야 할 때에는, 펌프 배관 계통의 연간 총비용이 다음과 같다.

1. 펌프 운전 동력비
2. 펌프와 배관의 유지비
3. 배관과 펌프의 자본비

이러한 비용과 관 지름의 관계를 그림 6.19에 나타내었다. 이 그림으로부터 다음을 알 수 있다.

1. 관 지름이 클수록 자본비가 커진다. 배관비용은 대체로 관 지름에 비례한다. 큰 관일수록 값이 비싸고, 지지체가 고가이며, 설치 기간이 오래 걸린다. 펌프비용은 배관비용에 비례하므로 여기에 포함되었다.
2. 유지비는 관 지름의 영향을 많이 받지 않는다.
3. 펌핑비는 관 지름이 커질수록 급격하게 줄어든다. 펌핑비는 압력강하에 비례하며(예제 6.7), 난류일 때는 압력강하가 (유속)1.8~2.0승/관 지름에 비례한다. 유량이 일정할 때 유속은 1/(관 지름)^{2}에 비례하므로, 펌핑비는 1/(관 지름)4.6~5승에 비례하게 된다.

그림 6.19에서 이러한 비용의 합계는 다소 넓은 분포의 최저점을 나타내는데, 이 점의 관 지름이 경제적 관 지름이다. 여기서는 일정 기간(예를 들면, 1년) 중의 동력비와 수명이 몇 년이 되는 배관과 펌프의 연간 비용을 합산하였다. 이러한 비용을 나타내는 방법에는 여러 가지가 있으며, 플랜트 설계에 관한 책에서 다룬다. 여기서는 연간 자본비를 계산하는 가장 간단한 분석법을 다룬다. 연간 자본비는 파이프라인을 소유하는 데 지불하는 대신에 은행을 통하여 자금조달을 하고 연간 지불을 한 경우와 같으며, 이는 우리가 집이나 자동차를 사는 것과 마찬가지이다. 여기서 계산하는 비용은 파이프라인 수명 동안 파이프라인에 대하여 은행이 요구하는 지불조건과 같다.

경제성 분석은 아래와 같이 시작한다.

$$(\text{구입비}) = \text{PP}\cdot(\text{관 직경})\cdot(\text{관 길이}) = \text{PP}\cdot D\cdot\Delta x \tag{6.42}$$

여기서 구입비는 완전한 배관 및 펌프의 조달비와 설치 인건비로서 계약자에게 지불해야 하는 비용이고, PP는 상수 [$/in(관 지름)·ft(관 길이)]이다. 일반적으로 구입비는 파이프,

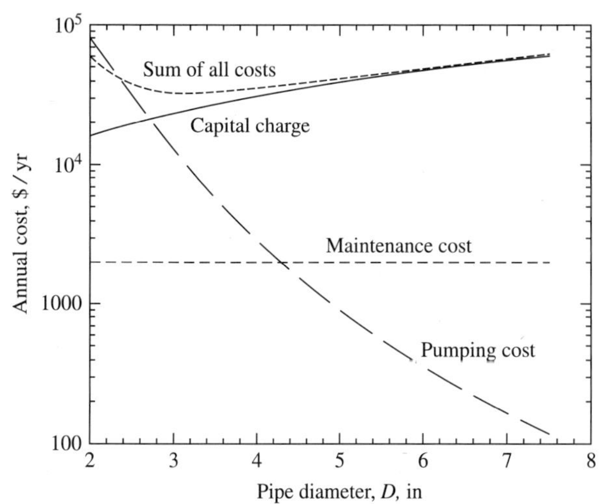

그림 6.19
펌프 흐름에서 자본비, 운전비 및 유지비의 관계. 숫자는 예제 6.16의 경제성 자료를 바탕으로 하였다.

부품, 지지체 등의 사용되는 재료비의 약 세 배이다. 나머지는 설치 인건비와 다른 관련 건설비이다. 그러면,

$$(\text{연간 자본 비용}) = \text{CC} \cdot (\text{구입비}) \tag{6.43}$$

여기서 CC는 1/yr 단위를 갖는 상수이다. 연간 자본비용은 파이프라인을 장기간 동안 구매하는 '상당 연간 지불금'으로 구매비에 비례한다. 여기에는 초기 지불금, 나머지 부채에 대한 이자, 세금, 보험을 포함한다. 전형적인 집 모기지 지불 요소들과 같다.(단, 집 모기지 지불에서는 연간이 아니라 월간 지불이 보통이다.) 그러면,

$$(\text{연간 펌핑 비용}) = \text{PC} \cdot (\text{펌프를 구동하기 위한 전원 입력}) \tag{6.44}$$

여기서 PC는 $/kWh 단위의 상수이다.

그림 6.19에 보였듯이 유지비는 실질적으로 관 지름과 무관하므로 이 분석에는 포함하지 않았다. 따라서 다음 연간 총비용의 최저치를 구하면 된다.

$$(\text{연간 총비용}) = \text{PC} \cdot \text{Po} + \text{CC} \cdot \text{PP} \cdot D \cdot \Delta x \tag{6.45}$$

관이 수평이라 가정하고, 펌프 입구(점 1)와 관 출구(점 2)에 대하여 B.E.을 적용한다. 이때 높이나 유속의 변화가 없다. 펌프 입구의 압력이 관 출구의 압력과 같다면, 즉 펌프가 마찰 효과만을 극복한다면, 식 (6.17)에서

$$\frac{dW_{\text{n.f.}}}{dm} = \mathscr{F} = 4f\,\frac{\Delta x}{D}\,\frac{V^2}{2} = 2f\,\frac{\Delta x}{D}\,V^2 \tag{6.46}$$

$$\text{Po} = \frac{dW_{\text{n.f.}}}{dm}\,\dot{m} = 2f\,\frac{\Delta x}{D}\,V^2 \cdot \dot{m} \tag{6.47}$$

$$V = \frac{\dot{m}}{\rho\,(\pi\,/\,4)\,D^2} \tag{6.48}$$

따라서

$$\text{Po} = \frac{\dot{m}^3 2f\,\Delta x\,(4\,/\,\pi)^2}{\rho^2\,D^5} \tag{6.49}$$

식 (6.49)를 식 (6.45)에 대입하면

$$(\text{연간 총비용}) = \text{PC} \cdot \frac{\dot{m}^3 2f\,\Delta x\,(4\,/\,\pi)^2}{\rho^2\,D^5} + \text{CC} \cdot \text{PP} \cdot D \cdot \Delta x \tag{6.50}$$

연간 총비용을 관 지름 D에 대하여 미분하고 0으로 놓으면

$$0 = \frac{d\,(\text{cost})}{dD} = \left[\text{PC} \cdot \dot{m}^3\,2f\,\Delta x\left(\frac{4}{\pi}\right)^2\frac{1}{\rho^2} \cdot \frac{-5}{D^6}\right] + (\text{CC} \cdot \Delta x \cdot \text{PP}) \tag{6.51}$$

비용을 최소로 하는 D에 대하여 풀고 그것을 D_{econ}라 하면

$$D_{econ} = \left[\frac{10 \cdot PC \cdot \dot{m}^3 f(4/\pi)^2(1/\rho^2)}{CC \cdot PP}\right]^{1/6} \tag{6.52}$$

이 식에서는 경제적 관 지름이 관 길이와 무관하지만 놀랄 일이 아니다. 펌핑비와 자본비가 모두 관 길이에 비례한다. 또 경제적 관 지름은 (마찰인자) 1/6에 비례하므로, 마찰인자의 대략적 추산치를 사용하여도 오차가 별로 없다. 식 (6.52)는 f를 일정하다고 가정하였기 때문에 난류에 대해서만 맞는다. 층류에 해당하는 식은 연습문제 6.66에 있다.

예제 6.17 길이 5000 ft의 수평 탄소강관에서 물 200 gal/min을 수송하고자 한다. 마찰 손실을 극복하기 위하여 펌프를 설치한다. 경제적 자료가 다음과 같을 때 경제적 관 지름을 구하라.

$$PC = \frac{\$0.08}{kWh}, \qquad PP = \frac{\$4}{\text{직경(in)} \cdot \text{길이(ft)}}, \qquad CC = \frac{0.40}{yr} \tag{6.BX}$$

먼저 관의 안지름을 3 in로 가정하면, 표 6.2에서 $\varepsilon/D = 0.0018/3 = 0.0006$이다. 마찰인자는(그림 6.10) 대략 0.0042 정도가 된다. 또, 질량 유량 = (200 gal/min)·(8.33 lbm/gal) = 1666 lbm/min이다. 이러한 값과 PC, CC, PP의 값을 식 (6.51)에 대입하면,

$$D_{econ} = \left[\frac{\frac{\$0.08}{kW \cdot h} \cdot \left(\frac{1666\ lbm}{min}\right)^3 \cdot 10 \cdot 0.0042 \cdot \left(\frac{4}{\pi}\right)^2 \cdot \left(\frac{ft^3}{62.3\ lbm}\right)^2}{(0.4/yr) \cdot (\$4/in \cdot ft)}\right.$$

$$\left. \cdot \frac{kW \cdot h}{3600\ kJ} \cdot \frac{kJ}{737.6\ ft \cdot lbf} \cdot \frac{lbf \cdot s^2}{32.2\ lbm \cdot ft} \cdot \frac{min^2}{3600\ s^2} \cdot \frac{5.256 \cdot 10^5\ min}{yr} \cdot \frac{ft}{12\ in}\right]^{1/6}$$

$$= (0.005\,77\ ft^6)^{1/6} = 0.289\ ft = 3.24\ in = 0.082\ m \tag{6.BY}$$

사용한 경제적 자료가 근사치이므로 4 in 관을 선정하는 것이 좋을 것이다. 가정한 마찰인자를 점검해 보아야 할 것이다(연습문제 6.55). ■

이러한 계산은 시간이 오래 걸리고 지루하므로, 여러 배관을 설치하는 회사에서는 과거 사례의 문제를 풀고 그 결과를 모아서 편리한 형으로 정리하였다. 가장 통용되는 방법은 경제적 유속을 계산하는 것이다.

$$\text{Economic velocity, } V_{econ} = \frac{Q}{(\pi/4)(D_{econ})^2} \tag{6.53}$$

식 (6.52)에서 나오는 경제적 관 지름에 대입하면

$$V_{econ} = \frac{\dot{m}/\rho}{\dot{m}(1/\rho^{2/3})f^{1/3} \cdot \text{ constants}} = \text{constants } \cdot \frac{1}{f^{1/3}\rho^{1/3}} \tag{6.54}$$

예제 6.16에서 경제적 관 지름에 해당하는 속도는 6.8 ft/s이다. 식 (6.54)에 따르면 비용 자료가 주어졌을 때, 경제적 유속은 질량 유량과 무관하고, 유체밀도와 마찰인자에 따라서만 달라진다. 더욱 철저하게 분석하여 보다 복잡한 비용식을 유도하더라도 결론은 마찬가지가 된다. 예컨대 스케줄 40 탄소강관에 관한 Boucher와 Alves[17]의 자료는 표 6.8과 같다.

표 6.8은 난류에 관한 것이다. 층류일 때는 f의 값이 점도의 증가에 따라 급격하게 커져서 경제적 유속이 적어진다. 정유회사에서는 다른 회사에 비하여 점성액체(원유, 아스팔트, 난방유 등)의 수송에 더 많은 비용을 소비한다. 따라서 층류에 관한 편리한 경제적 유속선도를 작성하여 사용하는데, 그 한 예를 그림 6.20에 나타내었다. 이 그림을 이용하여 층류용 경제적 속도와 관 지름을 곧 구할 수 있는데, 이때 설치하고자 하는 배관의 경제적 자료가 그림에 나타낸 것과 같아야 한다. 그림 6.20의 1960년 비용 추정값(CC 및 PC)에 각각 4를 곱하여 예제 6.16에서 사용된 2018년 값을 추정하였다. 이는 전력비용과 설치된 파이프라인 비용(및 유지관리비용)이 58년 동안 동일한 일반 인플레이션율로 상승했음을 시사한다. 꽤 불안정한 가정이지만 PC와 CC는 식 (6.52)에서 비율 $(PC/CC)^{1/6}$으로만 나타나므로 비율의 실제 값이 두 배만큼 변경되면 경제적 직경의 변화는 $(2)^{1/6} = 1.12$가 될 것이며, 이 계산의 다른 불확실성보다 작다. 그림 6.20은 또한 표 6.8에서 추정한 것과 실질적으로 동일한 난류에 대한 경제적 속도와 직경을 보여 준다.

표 6.8과 그림 6.20에서 우리는 물(산업 장비에서 거의 항상 난류임)의 경우 경제적 속도가 거의 항상 약 6 ft/s임을 알 수 있다. 숙련된 엔지니어는 물 또는 이와 유사한 유체에 대해 약 6 ft/s(2 m/s)의 속도를 제공하는 관 크기를 선택하는 경우가 많다. 소프트웨어 또는 [10]에 있는 것과 같은 표를 이러한 목적으로 사용할 수 있다. 마찬가지로 공조 엔지니어는 일반적으로 자세한 계산 없이 약 40 ft/s(12 m/s)의 속도를 제공하는 덕트 크기를 선택한다. 그들의 경험이나 표 6.8에서 이것이 일반 공조 덕트의 실제 경제적 속도에 가깝다는 것을 알고 있다.

표 6.8
규격 40 강관에서의 경제적 유속[17]

Fluid density, lbm / ft^3	Economic velocity, ft / s
100	5.1
50	6.2
10	10
1	19.5
0.1	39.0
0.01	78.0

Boucher, D. F., and G. E. Alves. "Fluid and Particle Mechanics." In *Chemical Engineers' Handbook*, 4th ed., edited by R. H. Perry, C. H. Chilton, and S. D. Kirkpatrick, 5–30. New York: McGraw-Hill, 1963.

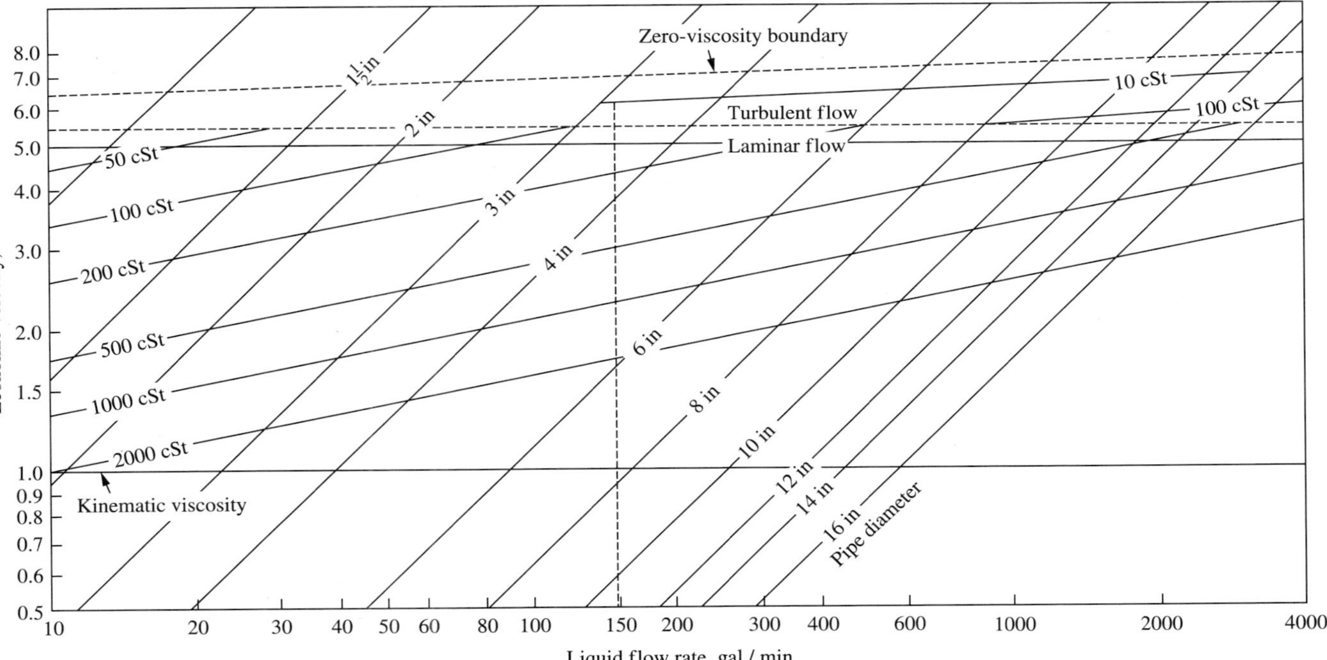

그림 6.20
액체 수송용 경제적 관 지름(탄소강관). 가정: 펌핑비 = \$135/hp·yr; 배관비 = \$1/in(관 지름)·ft(관 길이); 배관에 대한 연간 고정비 = (0.40)(배관비); 액체 비중 = 0.80(아주 중요하지는 않다). 예: 150 gal/min, 200 cSt일 때 4 in 배관을 사용한다; 150 gal/min, 10 cSt일 때 3 in 배관을 사용한다.(그림의 비용은 1960년대 초 기준이다; 현재 비용은 아주 높을 것이지만, 모두 같은 비율로 상승하였을 것이므로, 경제적 관 지름은 크게 달라지지 않는다.)

6.13 침적물체 주변의 흐름

침적물체(submerged object) 주위의 흐름은 2차원 또는 3차원 흐름이기 때문에, 곧은 관이나 유로에서의 흐름보다 일반적으로 복잡하다. 이러한 흐름의 자세한 내용을 이해하려면 4부의 방법들을 이용하여야 한다.

그러나 흐름의 세부내용보다는 물체 주변에 흐르는 유체 때문에 물체에 미치는 힘을 추정하는 실제 문제가 관심의 대상이 되는 경우가 많다. 예를 들어, 항공기 설계자는 올바른 엔진을 선택하기 위하여 비행기의 '공기 저항'을 알고자 하며, 잠수함 설계자는 잠수함의 항속을 결정하기 위하여 '물 저항'을 알고 싶어 하고, 굴뚝 설계자는 지지 구조물을 설계하기 위하여 굴뚝에 미치는 최대 풍력을 알고자 한다. 항공기술 술어에 따라서 이러한 힘을 모두 **항력**(drag force)이라 한다. 이 흐름에 대한 실험 자료를 이용하여 1차원 흐름처럼 취급할 수 있다.

항력의 체계적 연구를 처음 시작한 사람은 아이작 뉴턴(Isaac Newton)[18]으로, 런던의 세인트폴 대성당의 돔 안에서 속이 빈 구를 떨어뜨렸을 때의 낙하속도를 측정하였다. 뉴턴은 구에 작용하는 항력을 다음과 같이 나타내었다.

$$\text{Drag force} = F = \pi r^2 \rho_{\text{air}} \frac{V^2}{2} \qquad \text{[Newton's estimate]} \tag{6.BZ}$$

뒤이은 연구자들은 이 식에 계수를 도입하여 수정하여야 함을 알았는데, 이 계수를 우리는 **항력계수**(drag coefficient)라 한다. 이 계수는 뉴턴이 생각한 것처럼 값이 1인 상수가 아니고, 조건에 따라 달라진다. 항력계수 C_d를 도입하고 식 (6.BZ)의 양변을 구의 단면적으로 나누면,

$$\frac{F}{A} = C_d \rho \frac{V^2}{2} \qquad \begin{pmatrix}\text{definition of the drag} \\ \text{coefficient for any body}\end{pmatrix} \tag{6.55}$$

이 식을 길고 수평인 직관에 대한 압력강하를 나타내는 식과 비교하면,

$$-\Delta P = 4f \frac{\Delta x}{D} \rho \frac{V^2}{2} \tag{6.56}$$

이들 식에서 보면, C_d는 f와 같은 역할을 한다. 식 (6.56)에는 인자 $\Delta x/D$가 들어 있는데, 이것은 계의 형태를 기술하는 것이지만(길고 가는 관은 짧고 넓은 관보다 압력강하가 크다), 구는 모두 모양이 같으므로 식 (6.56)에 이러한 인자를 포함할 필요가 없다.

관 내 정상 흐름일 때 실험적으로 구한 바로는, f는 레이놀즈 수와 상대거칠기에 따라서만 달라진다. 마찬가지로 정상운동을 하는 매끈한 구의 항력계수는 레이놀즈 수에만 의존한다. 여기서 관 지름이 포함된 레이놀즈 수를 다시 정의해야 한다. 일반적으로 **입자 레이놀즈 수**를 정의하는데, 이때 관 지름 대신에 입자 지름이 포함된다.

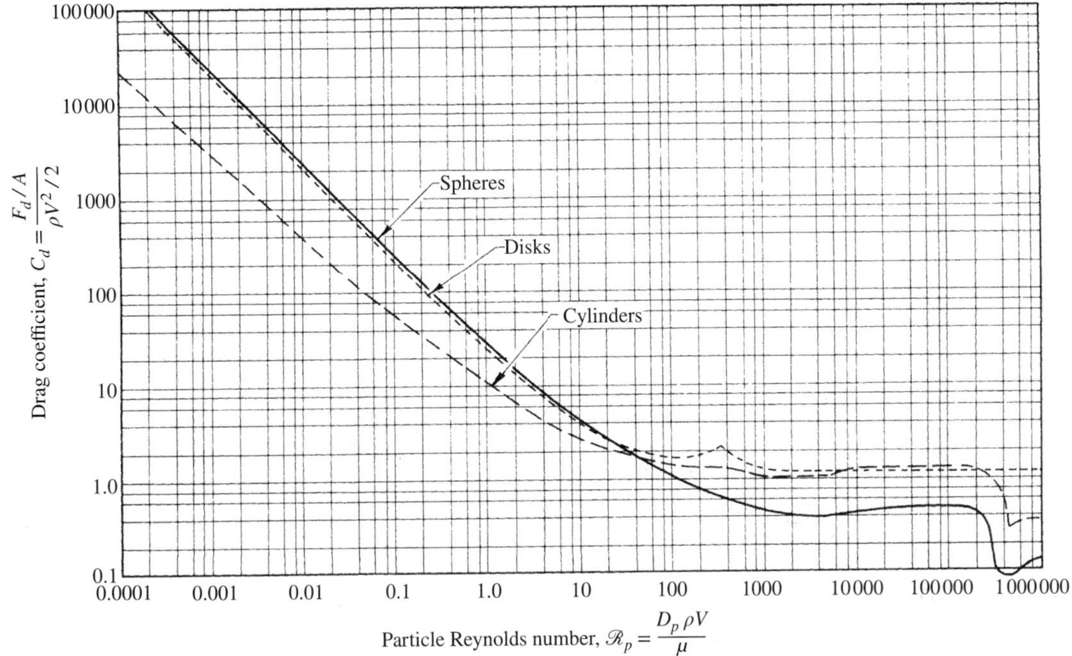

그림 6.21

구, 원판, 원통의 항력계수 [출처: D. Green, *Perry's Chemical Engineer's Handbook*, 8th ed. New York: McGraw-Hill 2008; C. E. Lapple and C. B. Shepherd, "Calculation of Particle Trajectories," *Ind. Eng. Chem, 32*, (1940), pp.605–617] 구에 대하여 $\mathscr{R}_p < 0.3$ 구간에서 그 선은 정확히 $C_d = 24/\mathscr{R}_p$로 주어지고, $0.3 < \mathscr{R}_p < 1000$ 구간에서 그 선은 비교적 만족스러운 정도로 $C_d = (24/\mathscr{R}_p) \cdot (1 + 0.14 \cdot \mathscr{R}_p^{0.7})$로 주어진다.

$$(\text{입자 레이놀즈 수}) \equiv \mathscr{R}_p \equiv \frac{\text{입자 직경} \cdot \text{속도} \cdot \text{유체 밀도}}{\text{유체 점도}} \tag{6.57}$$

이 정의를 사용하여 무한하고 정체된 뉴턴 유체 중에서 보통 유속으로 움직이는 매끈한 단일 구에 관한 정상상태 항력 자료를 그림 6.21의 단일 곡선으로 나타낼 수 있다. 이 그림에는 원판과 원통의 항력계수도 나타내었는데, 이는 뒤에서 설명한다. 이 곡선은 국부 음속의 약 반보다 적은 정상 유속에만 적용된다. 이보다 큰 유속일 때는 다른 문헌을 참조하라[19].

그림 6.21과 마찰인자 선도(그림 6.10)는 아주 비슷하다. 모두 레이놀즈 수가 작을 때는 f나 C_d가 $1/\mathscr{R}$ 또는 $1/\mathscr{R}_p$에 비례하는 영역이 존재하는데, 로그 방안지에서 이 직선의 기울기는 $-45°$이다. 관의 경우 이는 푸아죄유 식으로서, $f = 16/\mathscr{R}$으로 쓸 수 있다. 구의 경우 그림 6.22의 직선은 **스토크스 법칙**(Stokes law)* 으로, 다음과 같이 쓸 수 있다.

* 스토크스 법칙은 푸아죄유 식과 마찬가지로 실험 자료의 도움 없이 수학적으로 유도할 수 있다. 이때 흐름이 층류이고 점도에 관한 뉴턴 법칙이 적용된다는 가정을 해야 한다. 또 결과적으로 식에 포함되는 속도의 제곱 항을 무시하는데, 이 조건을 크리핑 흐름(creeping flow)이라 한다. 이러한 가정에 기초하더라도 이 식의 유도는 몇 페이지나 된다[19]. 푸아죄유 식에 비하여 아주 복잡한 이유는 구 주위 흐름이 3차원 흐름이기 때문이다.

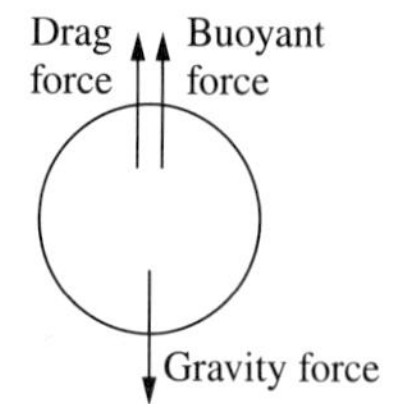

그림 6.22
침강 입자에 작용하는 중력, 부력 및 항력

$$C_d = \frac{24}{\mathscr{R}_p} \quad \begin{pmatrix} \text{스토크스 항력계수} \\ \text{-낮은 입자 레이놀즈 수 경우만} \end{pmatrix} \tag{6.58}$$

이 식은 또한 좀 더 편리한 형인 아래와 같이 쓸 수 있는데

$$F_{\text{drag}} = 3\pi\mu DV \quad \begin{pmatrix} \text{스토크스 항력} \\ \text{-낮은 입자 레이놀즈 수 경우만} \end{pmatrix} \tag{6.59}$$

때로는 더 편리한 형태이다.

두 그림에는 모두 f나 C_d가 실질적으로 레이놀즈 수와 무관한 수평부분이 있다. 이때의 f나 C_d는 계산할 수 없고 실험 자료로부터 구해야 한다.

그러나 구의 항력계수 곡선은 마찰인자 선도와 크게 다른 점이 있다. f 곡선에서와는 달리, 레이놀즈 수가 증가함에 따라 매끈한 곡선이 되지 않고, $\mathscr{R}_p = 300{,}000$ 부근에서 갑자기 떨어진다. 또 관 흐름에서의 층류-난류 전이의 특성을 나타내는 상향 도약을 나타내지 않는다. 이 두 가지 차이는 두 계의 형태가 다르기 때문이다. 관에서는 유체 전부가 갇힌 영역에 있고, 층류에서 난류로의 변화가 유체 전부에 영향을 미친다(벽에서의 아주 얇은 막은 제외). 구 주위에서는 유체가 모든 방향에서 무한히 확대되며(실제로는 유체가 무한하지 않지만, 가장 가까운 장애물까지의 거리가 구 지름의 100배 정도는 되므로 이렇게 생각한다), 유체에 대한 구의 상대적 속도가 아무리 빨라도, 이 구 때문에 유체 전부가 난류가 되지는 않는다. 따라서 그림 6.10의 도약에 해당하는 전체 흐름의 급격한 층류-난류 전이는 있을 수 없다. 그러나 구에 아주 가까운 흐름은 급격한 전환이 일어날 수 있는데, 이 전환은 $\mathscr{R}_p = 300{,}000$ 부근에서 C_d의 급격한 하락의 원인이 된다. 그림 6.21과 같은 모양이 되는 이유에 대해서는 4부에서 다루더라도, 여기서는 이 그림이 실험적 사실을 제대로 나타낸 것이라 보고, 문제 풀이에서 이의 이용을 다루기로 한다.

구형 입자가 중력의 영향을 받아서 유체 안에서 침강한다고 하자. 이 낙하 입자에 작용하는 힘을 그림 6.22에 나타내었다. 이 입자에 대하여 뉴턴 법칙을 쓰면,

$$ma = \rho_{\text{part}} \frac{\pi}{6} D^3 g - \rho_{\text{fluid}} \frac{\pi}{6} D^3 g - C_d \frac{\pi}{4} D^2 \rho_{\text{fluid}} \frac{V^2}{2} \tag{6.60}$$

입자가 정지상태에서 낙하하기 시작하였다면 초기속도는 0이므로, 이때 이 식의 초기 항력은 0이다. 입자는 급히 가속되는데, 이에 따라 항력은 속도의 제곱에 따라 증가하다가,

중력에서 부력을 뺀 값과 같아진다. 이것이 종말속도(terminal velocity) 상태로서, 입자에 작용하는 힘의 합이 0이므로 입자는 일정속도로 움직인다. 식 (6.60)에서 가속도가 0일 때의 V가 종말속도이다.

$$V^2 = \frac{4Dg(\rho_{\text{part}} - \rho_{\text{fluid}})}{3C_d\rho_{\text{fluid}}} \tag{6.61}$$

이 식은 $\mathscr{R}_p$ 값에 관계없이 적용된다. 입자가 아주 적으면 스토크스 법칙, 식 (6.58)을 따르게 될 것이다. 이 관계를 식 (6.61)에 대입하여 정리하면,

$$V = \frac{D^2g(\rho_{\text{part}} - \rho_{\text{fluid}})}{18\,\mu} \qquad [\text{스토크스 법칙}] \tag{6.62}$$

예제 6.18 지름이 1 μm, SG = 2인 공기 중의 구형 먼지 입자의 종말속도를 구하라.(미국에서는 미세입자 계산에서 SI 단위를 사용한다. 1 μm = 1 micron = 10^{-3} mm = 10^{-6} m = 0.000039 in. 사람 머리카락은 지름이 약 50 μm이다.)

위 값들을 식 (6.62)에 대입하면,

$$V = \frac{(9.81\ \text{m/s}^2)(10^{-6}\ \text{m})^2[(2000\ \text{kg/m}^3) - (1.20\ \text{kg/m}^3)]}{(18)(1.8\cdot 10^{-5}\ \text{Pa}\cdot\text{s})}$$
$$= 6.05\cdot 10^{-5}\,\frac{\text{m}}{\text{s}} = 0.006\,05\,\frac{\text{cm}}{\text{s}} = 1.99\cdot 10^{-4}\,\frac{\text{ft}}{\text{s}} \tag{6.CA}$$

여기서 $(\rho_{\text{particle}} - \rho_{\text{fluid}})$ 항에서 공기의 밀도는 답에 거의 영향을 미치지 못한다. 공기의 밀도를 0으로 하여도 결과는 위 결과의 1.0006배이다. 그러나 실제 입자의 지름을 이 정도의 정밀도로 알기가 어려우므로 가스 중에서 움직이는 대부분의 입자의 응용에서 ρ_{fluid} 항을 무시한다. 고압가스에서는 이 가정이 큰 오차를 유발할 수 있다. 액체 중에서의 중력에 의한 입자의 침강에서는 이 단순화를 거의 사용하지 않는다.

이제 스토크스 법칙이 적용된다는 가정을 검토하기 위하여 입자 레이놀즈 수를 구하면,

$$\mathscr{R}_p = \frac{10^{-6}\ \text{m}\cdot(1.20\ \text{kg/m}^3)\cdot(6.05\cdot 10^{-5}\ \text{m/s})}{1.8\cdot 10^{-5}\ \text{kg/(m}\cdot\text{s)}} = 4.03\cdot 10^{-6} \tag{6.CB}$$

그림 6.21에서 스토크스 법칙이 적용되는 부분(직선부분)은 $\mathscr{R}_p = 0.3$ 정도까지이다. 따라서 스토크스 법칙이 적용된다는 가정은 타당하다(연습문제 6.84 참조). ■

스토크스 법칙은 그 가정이 유효한 조건 범위에서 잘 검증되었다. 그러나 크기가 매우 큰 입자와 매우 작은 입자에 대해서는 이러한 가정이 맞지 않는다.

예제 6.19 SG = 7.85, 지름 0.02 m인 강철 구가 물속에서 낙하할 때의 종말속도를

구하라.

먼저 스토크스 법칙이 적용된다고 가정하고 식 (6.62)를 적용하면,

$$V_{\text{Stokes}} = \frac{(0.02\ \text{m})^2 \cdot (9.81\ \text{m/s}^2) \cdot (7.85 - 1) \cdot (998.2\ \text{kg/m}^3)}{18 \cdot 1.002 \cdot 10^{-3}\ \text{Pa} \cdot \text{s}} \cdot \frac{\text{Pa}}{\text{N/m}^2} \cdot \frac{\text{N} \cdot \text{s}^2}{\text{kg} \cdot \text{m}}$$
$$= 1488\ \frac{\text{m}}{\text{s}} = 4880\ \frac{\text{ft}}{\text{s}} \qquad ??? \tag{6.CC}$$

이에 해당하는 입자 레이놀즈 수는

$$\mathscr{R}_p = \frac{0.02\ \text{m} \cdot (998.2\ \text{kg/m}^3) \cdot (1488\ \text{m/s})}{1.002 \cdot 10^{-3}\ \text{Pa} \cdot \text{s}} \cdot \frac{\text{Pa}}{\text{N/m}^2} \cdot \frac{\text{N} \cdot \text{s}^2}{\text{kg} \cdot \text{m}}$$
$$= 2.96 \cdot 10^7 \qquad ??? \tag{6.CD}$$

분명히 여기서는 스토크스 법칙이 적용되지 않는다. 그러나 식 (6.61)은 어떤 레이놀즈 수에 대해서도 적용되므로, 이를 풀려면 먼저 항력계수를 가정하여 해당하는 속도를 계산하고, 가정한 항력계수를 검산한다. 이는 아주 간단한 시행착오 문제이다. 먼저 $(C_d)_{\text{first guess}} = 0.4$라 가정하면,

$$V_{\text{first guess}} = \left[\frac{8 \cdot 0.01\text{m} \cdot (9.81\ \text{m/s}^2) \cdot (7.85 - 1) \cdot (998.2\ \text{kg/m}^3)}{3 \cdot (998.2\ \text{kg/m}^3) \cdot 0.4}\right]^{1/2}$$
$$= 2.12\ \frac{\text{m}}{\text{s}} = 6.94\ \frac{\text{ft}}{\text{s}} \tag{6.CE}$$

여기에 해당하는 입자 레이놀즈 수는

$$(\mathscr{R}_p)_{\text{first guess}} = \frac{0.02\text{m} \cdot (998.2\ \text{kg/m}^3) \cdot (2.12\ \text{m/s})}{1.002 \cdot 10^{-3}\ \text{Pa} \cdot \text{s}} \cdot \frac{\text{Pa}}{\text{N/m}^2} \cdot \frac{\text{N} \cdot \text{s}^2}{\text{kg} \cdot \text{m}}$$
$$= 4.2 \cdot 10^4 \tag{6.CF}$$

그림 6.21에서 이때의 항력계수는 0.5 정도이다. 따라서 다시 $(C_d)_{\text{second guess}} = 0.5$라 가정하면,

$$V_{\text{second guess}} = 2.12\ \frac{\text{m}}{\text{s}} \cdot \left(\frac{0.4}{0.5}\right)^{1/2} = 1.90\ \frac{\text{m}}{\text{s}} = 6.21\ \frac{\text{ft}}{\text{s}} \tag{6.CG}$$

$$(\mathscr{R}_p)_{\text{second guess}} = 4.2 \cdot 10^{-4} \cdot \frac{1.90}{2.12} = 3.8 \cdot 10^4 \tag{6.CH}$$

그림 6.21에서 보면 가정한 C_d와 $\mathscr{R}_p$가 일치하므로, 이 속도가 구하는 답이다. ■

위의 계산은 단순하지만, 반복 계산을 하여야 한다. 이 계산들은 공기 및 물 중에서 다양한 구형 입자에 대하여 수행되었고 위 계산들의 결과가 그림 6.23에 요약되어 있다. 그림으로부터 다음 사항을 알 수 있다.

1. 그림 6.23은 공기 및 물 중에서 다양한 비중을 갖는 구형 입자들에 대하여 입자 크기에 따른 종말속도선을 나타낸다.
2. 스토크스 법칙[식 (6.62)]은 종말속도가 입자 지름의 제곱에 비례함을 보여 준다. 따라서 이 그림에서 스토크스 법칙 선도는 기울기가 2.00인 직선이다.
3. 물속에서 침강하는 50 μm보다 작은 입자에 대해서, 선들이 기울기가 2.00인 직선이다. 선들이 스토크스 법칙으로부터 계산된 것이므로 놀랄 일이 아니다.
4. 공기 중에서 침강하는 약 5~30 μm 입자에 대해서, 선들이 기울기가 2.0인 직선이다. 공기 중에서 침강하는 가장 작은 입자에 대한 선들은 위로 오목한데, 이는 스토크스 법칙에 의한 예측 속도보다 조금 큰 속도를 의미한다. 그 이유는 입자 크기가 가스 분자가 충돌하는데 이동하는 평균거리인 **평균자유거리**(mean free path)와 유사해져서 항력이 스토크스 항력보다 작아지기 때문이다. 이를 고려한 것이 **커닝햄 보정인자**(Cunningham correction factor)인데 여기서 검토하지 않지만 모든 종류의 미세입자의 계산에 통용된다[14, p.224].
5. 지름이 5 μm보다 작은 입자는 종말속도가 실내나 실외 공기의 평균속도보다 작아서 중력 침강을 지각할 수 없다. 이런 현상은 담배 혹은 양초의 연기에서 관찰된다. 이런 연기는 SG ≈ 1 그리고 $0.01 < D < 1$ μm의 구형 입자로 구성되어 있다. 이 입자의 중력 침강 속도가 워낙 작아서 연기가 입자를 담은 공기 꾸러미 안에 정지해 보인

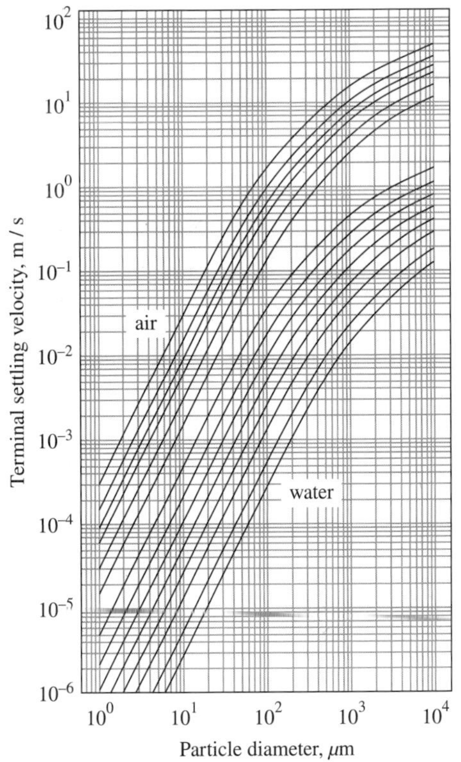

그림 6.23
20°C 및 1.013 bar에서 공기와 물에서 중력의 영향을 받는 구형 입자의 계산된 종말속도. 입자 밀도는 공기 중에서 500, 1000, 2000, 3000, 5000, 10,000 kg/m³이고, 물에서 1050, 1100, 1250, 1500, 2000, 3000, 5000, 10,000 kg/m³이다. 속도는 D. G. Karamanev, "Equations for Calculation of the Terminal Velocity and Drag Coefficient of Solid Spheres and Gas Bubbles." [*Chemical Engineering Communications* 147 (1996)]의 접근방식을 사용하여 계산된다. 공기 중에 침전되는 미세 입자에 대한 스토크스-커닝햄 보정은 포함되지 않는다.

다. 그런 입자들을 공기 중에(혹은 다른 가스에) 용해된 것처럼 거동하므로 에어로졸(aerosol)이라 불린다.

6. 스토크스 법칙을 따르는 입자보다 큰 입자의 거동은 그림 6.23에 곡선으로 나타나 있다. 이 곡선은 다양한 입자 크기에 대하여 예제 6.17을 반복하여 얻어진 것이다.

7. 그림은 구형에 대하여 꽤 신뢰할 만하다. 만약 입자 지름을 다음으로 대체하면 다른 형태의 입자에 대해서도 침강속도를 예측하는 데 사용할 수 있다.

$$(\text{상당 구형 입자 직경}) = D_{\text{equiv}} = \left(\frac{6}{\pi} V_{\text{particle}}\right)^{1/3} \tag{6.63}$$

이는 입방체와 같은 형태에 잘 맞지만 긴 섬유와 같은 형태에 잘 맞지 않는다.

8. 이 모든 취급은 서로 넓게 분리된 단일 입자들에 해당하는 것이다. 입자들이 비눗물이나 진흙 내 입자들처럼 서로 가까워지면 움직임이 서로 영향을 받는다. 따라서 침강속도가 감소한다(연습문제 6.89).

9. 중력장에서 천천히 침강하는 입자는 강한 원심력장 또는 정전기장에서는 훨씬 빨리 침강한다. 공기오염 제어장치 및 일부 다른 입자분리 장치는 이런 효과를 이용한다.

지금까지는 구에 관해서만 다루었다. 식 (6.55)는 다른 형태에도 사용할 수 있는데, 이때 면적 A를 분명히 해야 한다. 일반적으로 항력 측정에서는 이 A가 흐름에 직각인 '정면 면적(frontal area)'으로서, 그림 6.21의 항력계수는 이 정의에 기초한 것이다. 또 C_d와 $\mathscr{R}_p$의 상관관계에서 어떤 치수에 기초한 레이놀즈 수를 사용할 것인지를 결정해야 한다. 그림 6.21에서 원통의 레이놀즈 수는 원통 지름 D이고, 원판에서는 원판 지름을 사용하였다.

예제 6.20 원통 굴뚝의 지름이 5 ft이다. 바람이 풍속 20 mi/h로 수평으로 불 때, 이 굴뚝 단위 길이에 미치는 풍력을 구하라.

이 경우 실린더 지름에 기초한 레이놀즈 수는 다음과 같다.

$$\mathscr{R}_{\text{cylinder}} = \frac{5\text{ ft}\cdot(20\text{ mi/h})\cdot(0.075\text{ lbm/ft}^3)}{0.018\text{ cP}}\cdot\frac{5280\text{ ft}}{\text{mi}}\cdot\frac{\text{h}}{3600\text{s}}\cdot\frac{\text{cP}\cdot\text{s}\cdot\text{ft}}{6.72\cdot10^{-4}\text{ lbm}}$$
$$= 0.91\cdot10^6 \tag{6.CI}$$

그림 6.21의 원통에 대한 곡선에서 $C_d \approx 0.35$이다. 따라서

$$F = AC_d\rho\frac{V^2}{2} = \frac{[5\text{ ft}^2/(\text{ft of height})]\cdot0.35\cdot0.075\text{ lbm/ft}^3\cdot(20\text{ mi/h})^2}{2}$$
$$\cdot\left(\frac{5280\text{ ft}}{\text{mi}}\right)^2\cdot\left(\frac{\text{h}}{3600\text{ s}}\right)^2\cdot\frac{\text{lbf}\cdot\text{s}^2}{32.2\text{ lbm}\cdot\text{ft}}$$
$$= 1.75\frac{\text{lbf}}{\text{ft of height}} = 2.61\frac{\text{N}}{\text{m}} \tag{6.CJ}$$

■

이 힘은 별로 크지 않다. 그러나 식 (6.55)에서 보면 이 힘은 풍속의 제곱에 비례한다. 따라서 풍속이 100 mi/h이면 이 힘이 25배 커진다. 더욱이 길고 얇은 물체에 미치는 풍력이 진동할 수 있다. 이 진동운동은 와류 형성에 기인하며 율동적으로 이탈한다. 이러한 와류의 이탈 주파수가 이 계의 고유 진동수에 가까우면, 풍력은 이 고유 진동수를 파괴적으로 몰고 갈 수 있다. 가장 유명한 사례로서 터코마 내로스 브리지(Tacoma Narrows Bridge)를 들 수 있는데, 이 다리는 단지 풍속 ≈40 mi/h하의 이러한 진동 때문에 파괴되었다[20].

항공기 계산에서는, 흐름에 직각인 날개의 면적이 아니라, 날개의 수평면에 기초하여 날개의 항력계수를 구하고, $\mathscr{R}$에서 길이는 익현(chord)(앞에서 후미까지의 날개 길이)을 취한다. 또한 항공기술자는 식 (6.55)과 똑같은 형태로 양력계수(lift coefficient) C_l를 정의한다. 이 식에서 F는 공기가 비행기 날개에 작용하는 양력, A는 수평 날개 표면을 나타내며, C_d는 C_l로 대체된다.

예제 6.21 어떤 비행기의 날개가 길이(끝에서 끝까지) 15 m이고, 폭(전면에서 후면까지) 1.5 m이다. 수평 비행일 때 양력계수 $C_l = 0.8$이고, 항력계수 $C_d = 0.04$이다. 날개 이외의 부분에서의 항력과 양력은 무시한다. 항속 150 km/h를 유지할 때 프로펠러가 내야 할 힘을 구하라. 이 조건에서 적재한 비행기의 최대 무게는 얼마인가?

항력은

$$\begin{aligned} F_{\text{drag}} &= AC_d\rho\frac{V^2}{2} \\ &= \frac{(15\text{ m}\cdot 1.5\text{ m})\cdot 0.04\cdot(1.20\text{ kg/m}^3)\cdot(150\text{ km/h})^2}{2} \\ &\quad\cdot\left(\frac{1000\text{ m}}{\text{km}}\cdot\frac{\text{h}}{3600\text{ s}}\right)^2\cdot\frac{\text{N}\cdot\text{s}^2}{\text{kg}\cdot\text{m}} = 945\text{ N} = 212\text{ lbf} \end{aligned} \tag{6.CK}$$

이 항력은 비행기가 이 속도를 유지하게 하려고 엔진과 프로펠러가 공급해야 할 추진력과 같으며 반대 방향이다. 양력은 다음과 같다.

$$F_{\text{lift}} = AC_l\rho\frac{V^2}{2} \tag{6.CL}$$

이 값은 항력에 C_l/C_d를 곱한 것과 같다.

$$F_{\text{lift}} = 945\text{ N}\cdot\frac{0.8}{0.04} = 18{,}900\text{ N} = 4249\text{ lbf} \tag{6.CM}$$

이 양력은 적재한 비행기 전체의 최대 무게와 같다. ■

이 마지막 예제는 양력계수와 항력계수가 항공기술자에게 중요한 이유를 보여 준다. C_l/C_d 비는 전체 비행기 무게와 동력장치의 추진력의 허용비와 같다. 일반적으로 C_l와

C_l/C_d는 비행기의 속도와 비행기를 향한 기류와 날개 표면 사이의 각도의 함수이다[21]. 또한 여객기가 가능한 한 높이 비행하는 이유를 알 수 있다. 수평 비행을 유지하려면 양력이 비행기 무게와 같고, 추진력이 항력과 같아야 한다. 이 양력과 항력은 모두 ρV^2에 비례한다. 무게가 주어졌을 때, 공기밀도의 제곱근이 적어질수록 필요한 속도가 증가한다. 항력은 같은 관계를 맺는다. 따라서 높이 올라갈수록 공기밀도가 낮아져서, 같은 연료를 사용하여 그만큼 더 빨리 갈 수 있다. 따라서 높이 올라가면 시간당 연료 소비량은 같지만, 비행 거리당 연료비는 감소한다.(또한, 승객을 목적지까지 더 빨리 수송할 수 있어서 승객들이 좋아할 것이고, 조종사와 승무원의 근무시간이 줄어들게 된다.)

6.14 요약

1. 단면적이 일정한 도관에서의 유체의 정상 흐름에는 근본적으로 다른 두 종류가 있다. 즉, 모든 운동이 흐름 방향에서 일어나는 층류와, 실질 흐름 방향에 직각에서 무질서한 교차운동이 일어나는 난류이다. 같은 현상이 해양과 대기와 같이 갇히지 않은 흐름에서도 적용된다.
2. 층류에서는 단위 길이당 압력강하가 부피 유량의 1승에 비례한다. 흐름의 전체 거동을 간단히 계산할 수 있다. 이 계산에서는 유체가 고체 벽에 달라붙어서, 이 표면에서의 유속은 0이라는 관찰 사실이 필요하다.
3. 난류에서는 단위 길이당 압력강하가 유량의 1.8~2.0승에 비례한다. 실험 자료가 없으면 거동을 계산할 수 없다.
4. 원형관 중의 뉴턴 유체의 난류에 관한 모든 실험 자료는 마찰인자 선도에 나타낼 수 있다.
5. 마찰인자 선도는 두 가지 매우 단순한 식으로 대체할 수 있다. 첫째는 원형관 내의 층류 흐름에 한정하여 단순히 푸아죄유 식을 재배열하는 것이다. 둘째는 단순히 실험 데이터를 만족스러운 정도로 맞추는 것이다. 이 두 식들로 마찰인자 선도를 완전히 대체할 수 있다. 그러나 선도는 직관적 개념을 담고 있어 여전히 손으로 하는 계산에 매우 유용하다.
6. 밸브와 관 부속품을 통한 난류에 관한 모든 자료는, 각 종류의 관 부속품이 관 지름 배수의 직관 길이만큼 마찰에 기여한다고 가정하여, 서로 연관시킬 수 있다. 이 숫자는 한 종류의 관 부품에 대하여는 관의 크기나 유체의 성질 등에 관계없이 거의 같다.
7. 몇 가지 비원형 도관에서의 층류를 원형관에 대하여 사용한 것과 같은 기법으로 해석할 수 있다.
8. 많은 종류의 비원형 도관에서 난류 마찰 손실은 레이놀즈 수, ε/D, 마찰계수 선도, B.E.에서의 직경을 수력반지름의 4배를 대입하여 추정할 수 있다.
9. 관의 경제적 크기는, 관과 펌프의 구입비, 마찰을 극복하는 데 필요한 펌프나 압축기를

운전하는 데 드는 동력비 등의 연간 비용의 합이 최저인 크기이다. 결과적으로 난류는 경제적 유속은 다른 모든 것과는 무관하고 유체밀도에 따라서만 달라지는데, 액체일 때는 6 ft/s 정도, 표준상태 공기일 때는 40 ft/s 정도이다.

10. 물체를 지나서 흐르는 유체의 힘은 항력의 식으로 연관시킬 수 있다. 이 식에서 항력계수는 관 흐름에서의 마찰인자와 같은 역할을 한다.

연습문제

연습문제와 예제 풀이를 위한 상용 단위와 수치들은 부록 E를 참조하라. * 표시가 있는 문제는 부록 C에 그 해답이 있음을 의미한다. 이 장의 모든 문제에서는 특별한 언급이 없는 한 스케줄 40 강관을 가정한다(부록 A.2 참조).

6.1. 수직 방향 흐름에 대하여 중력을 고려하여 식 (6.5)와 (6.9)에 해당하는 식을 유도하라. 그리고 그 결과를 중력을 고려하여 임의의 각에서의 유체 흐름에 대한 식으로 일반화하라.

6.2. 안지름이 1.00 in인 수평관에 공기가 흐른다. 안정된 층류로 흐를 때의 최대 평균유속을 구하라. 또 이 유속에서 단위 길이당 압력강하를 구하라.

6.3.* 연습문제 6.2를 물에 대하여 다시 풀어라.

6.4. 식 (6.10)과 (6.11)을 유도하라.

6.5. 예제 6.2의 점도계에서 아래 항목의 측정치에 10% 오차가 생길 때, 점도 계산에 미치는 영향을 분석하라.

(*a*) 유량

(*b*) 유체밀도

(*c*) 관 지름

6.6. 예제 6.2에서, 유체가 점도계를 통과하는 동안에 증가하는 단위 질량당 내부에너지를 구하라. 유체로부터 점도계 벽으로 전달되는 열은 없다고 가정한다. 이 유체의 열용량이 0.5 Btu/(lbm·°F)일 때, 유체의 온도 상승은 얼마인가?

6.7.* 원형 수평관(지름 2 in)에 아스팔트가 들어 있다. 점도는 100,000 cP(=1000 P)이고, 밀도는 70 lbm/ft^{3}이다. 아스팔트는 항상 뉴턴 유체는 아니지만, 이 문제에서는 뉴턴 유체라 간주한다. 압력구배가 1.0 psi/ft일 때 정상상태 유량을 구하라.

6.8. 예제 6.2에서 레이놀즈 수를 구하라. 이 점도계를 사용할 수 있는 점도의 하한값은 얼마인가?

6.9. 예제 6.2의 모세관 점도계는 실제 사용되는 것과 다르다. 실제 사용되는 점도계는 유리면에 두 지점에 표시가 있고 사용자는 유체가 두 지점의 표시를 지나는 시간을 측정한다. 예제 6.2에서 위 저수통의 지름이 10 mm이면 저수통의 수위가 0.02 m에서 0.01 m로 떨어지는 데 몇 초가 걸릴까?

6.10.* 그림 6.8(*a*)에서 학생들이 0.31 lbm 야구공을 주고받고, 이때의 공의 속도가 40 mi/h이며, 또 서로 10 s마다 공을 던질 때, y 방향에서 이들을 서로 떨어지게 하는 평균 힘을 구하라.

6.11. 그림 6.8(*b*)에서, x 방향의 힘은 y 방향에서의 공의 속도와 무관함을 보여라.

6.12. 관 벽에서의 전단응력을 $\tau = f\rho V^2/2$로 정의하고, 수평흐름에서의 압력구배를 계산하면 식 (6.18)이 구해짐을 보여라.

6.13. 푸아죄유 식을 $f = 16/\mathscr{R}$으로 나타낼 수 있음을 보여라.

6.14.* 관에 유체가 흐르고 있다. 압력강하는 1000 ft당 10 psi이다. 관 지름과 유체 성질을 일정하게 유지하면서 유량을 두 배로 증가시킬 때, 새로운 레이놀즈 수가 (*a*) 10, (*b*) 10^8일 때에 대하여 압력강하를 구하라.

6.15.* 본문에서 검토한 대로 두 종류의 마찰인자가 흔히 사용되는데, 이는 두 종류의 그림 6.10이 사용됨을 뜻한다. 마찰인자 선도를 보고, 그 선도의 기초 정의에 대한 근거를 알고 싶을 때 가장 쉬운 방법은 층류선의 라벨을 보는 것이다. 본 교재에서 사용한 패닝 마찰인자에 대해서는 $f = 16/\mathscr{R}$ 라벨이 표시되어 있다. 다르시-바이스바흐 마찰인자에 기초한 선도에서 층류선의 라벨은 무엇일까?

6.16. 물이 6 in 관에서 평균유속 7 ft/s로 흐른다. 단위 길이당 압력강하를 구하라.

6.17. 예제 6.5에서 휘발유가 관으로 흐를 때의 온도 상승을 구하라. 휘발유로부터의 열전달은 없으며, 열용량은 0.6 Btu/(lbm·°F)이다.

6.18. (*a*) 표 6.5에 있는 계산표(spreadsheet) 프로그램을 작성하고 값들을 검증하라.

(*b*) 그 계산표를 이용하여 $\Delta z = -30$ m에 해당하는 값들을 찾아라.

(*c*) 마찰계수가 변경되지 않으면 속도는 고도 변화의 제곱근에 비례하고, (*b*)의 결과는 $\sqrt{\dfrac{-30\text{ m}}{-10\text{ m}}} = \sqrt{3} = 1.732\ \times$ 예제 6.5의 결과가 되는가?

(*d*) 변화 고도와 *f*를 모두 고려하면 그 비율은 어떻게 되는가? 그것은 (*b*)의 결과를 재현하는가? (*c*)와 (*d*)는 (*a*)에서 생성된 계산표에서 쉽게 수행된다.

6.19. (*a*) 표 6.6에 있는 계산표 프로그램을 작성하고 값들을 검증하라.

(*b*) 그 계산표를 이용하여 $Q = 2000$ cfm에 해당하는 값들을 찾아라.

(*c*) 식 (6.24)로부터 고정된 압력강하에 대하여 $\dfrac{Q\sqrt{f}}{D^{2.5}}$ 비율이 Q의 세 값 모두에 대해 동일해야 함을 보여라. 계산표를 사용하여 동일한지 확인하라.

6.20.* 두 대형 수조가 5000 ft의 8 in 관으로 연결되어 있다. 한 수조의 수면은 다른 수조의 수면보다 200 ft 위에 있으며, 한 수조에서 다른 수조로 물이 정상 흐름으로 흐르고 있다. 두 수조가 모두 대기에 개방되어 있을 때, 유량(gal/min)을 구하라. 이때 표 A.3 및 그림 6.10과 식 (6.22)에 기초한 해를 구하라.

6.21. 연습문제 6.20에서, 기존 관을 동일한 조건에서 10,000 gal/min을 전송하는 새 관으로 교체하려고 할 때, 관의 크기를 구하라.

6.22.* 두 탱크가 500 ft의 3 in 관으로 연결되어 있다. 이들 탱크에는 $\mu = 100$ cP, SG = 0.85인 기름이 들어 있다. 첫째 탱크의 액면은 둘째 탱크의 액면보다 20 ft 높고, 둘째 탱크의 압력은 첫째 탱크보다 10 psi 크다. 이 관에서 기름이 흐르는 방향과 유량을 구하라.

6.23. 새로운 종류의 플라스틱 관의 거칠기를 시험하기 위하여 3 in 관에 물을 평균유속 40 ft/s로 흐르게 하였다. 관찰한 마찰인자는 0.0032이다. 이 플라스틱 관의 절대거칠기를 구하라.

6.24. 6.5절에서 검토한 대로, 마찰인자 선도(그림 6.10)는 여섯 변수를 상관시킨 것으로서, 이 중 다섯 가지를 알면 나머지 한 가지를 구할 수 있다. 예제 6.4, 6.5, 6.6에서는 다른 값들을 알고

있을 때 나머지 한 값을 구하는 세 가지 방법을 다루었다. 연습문제 6.23에서는 다른 것들을 알고 네 번째 값을 구하는 방법을 보였다. 나머지 두 변수는 흐르는 유체의 밀도와 점도이다. 이 점도나 밀도를 구할 때 난류 압력강하는 사용되지 않았는데, 그 이유를 설명하라.

6.25. 식 (6.22)는 6.5절의 모든 문제에 대한 빠른 시행착오 문제를 가능하게 해 준다. 이 식은 또한 변수 하나를 제거하고 시행착오 해가 단일 식이 되게 해 준다. 예제 6.5와 6.6에서 대수적 변수 제거와 이로부터 얻어지는 단일변수 식을 보여라. 그 식들이 해석적으로 풀기가 쉬운가? 수치적으로 풀기가 쉬운가?

6.26. [10]의 p.A-19에 있는 수치 중에 난류에 해당하는 것이 있는가?

6.27. 24 in 관에 대하여, [10]의 p.A-19의 값이 일정 마찰인자에 해당하는지, 또는 관 지름이 아주 커서 마찰인자가 그림 6.10의 '평탄 관' 곡선에 해당하는지를 검토하라. 24 in 스케줄 40 관의 내경은 22.624 in이다.

6.28. [10]의 p.A-19를 이용하여 예제 6.5를 다시 풀어라. 휘발유가 물과 같은 성질을 가진다고 하면, 어떤 수정이 필요한가? 그 예제에서 관 내경 0.1 m = 3.94 in이었으나, 부록 A.2에서 4 in 스케줄 40 관의 내경은 4.03 in인데, 여기서는 내경이 같은 것으로 가정하라. 그런 다음 이 가정이 얼마나 큰 차이를 유발하는지 추정하라.

6.29. 일반 마찰인자 선도(그림 6.10)는 이론적 근거 없이 그 자체가 데이터-피팅 식인 콜브룩 식 [5]에 기초한다.

$$\frac{1}{\sqrt{f}} = -4 \log\left(\frac{\varepsilon / D}{3.7} + \frac{1.255}{\mathcal{R}\sqrt{f}}\right) \tag{6.64}$$

f는 로그의 인수이면서 양쪽에 나타나기 때문에 사용하기 어렵다. 이 식을 사용하여 예제 6.3을 반복하고 결과를 비교하라.(계산표를 이용하지 않으면 지루한 작업이 될 것이다.)

6.30. 그림 6.24는 공기-공조 응용에 대한 '표준 차트'이다. 이는 그림 6.10을 기반으로 하여 공기 흐름이 1 atm 및 68°F라고 가정하였다.(즉, 부록 E에 주어진 것과 동일한 가정이다.) 선도의 양 축은 로그이나 수직축의 간격이 훨씬 넓다.

(*a*) 주어진 덕트 지름이 고정된 f 값에 대응한다면, 그 덕트 지름에 대한 (직선 혹은 곡선)이 선도에 어떻게 나타날까?

(*b*) 그 선도 형태가 $D < 5$ in인 작은 덕트에서 관찰될까?

(*c*) 그 선도 형태가 $D > 10$ in인 큰 덕트에서 관찰될까?

(*d*) 왜 이들이 다를까?

(*e*) 그림 6.24는 12 in 덕트 내에서 유량이 1000 ft^3/min일 때 압력 변화가 100 ft당 거의 0.2 in 물에 해당하는 것을 보여 준다. 이 경우에 해당하는 절대거칠기 ε은 얼마인가?

(*f*) 문제 (*e*)에서 결정된 값을 강철에 대한 표 6.2 값과 비교하여 설명하라.

6.31. 길이 1000 ft이고 직경이 12 in인 에어컨 덕트에 공기가 1000 ft^3/min로 흐를 때의 압력 손실을 구하라.

6.32. 1 Pa/m의 마찰 손실로 100 m^3/h의 공기를 운반하는 데 필요한 파이프 직경을 추정하라.

6.33. 직경이 0.125 m인 덕트에서 5 Pa/m의 압력강하에 대한 공기의 체적 유량을 추정하라.

6.34. 다음 두 가지 방법으로 500 ft 길이의 직경 6 in 파이프를 흐르는 1000 ft^3/min의 수소에 대

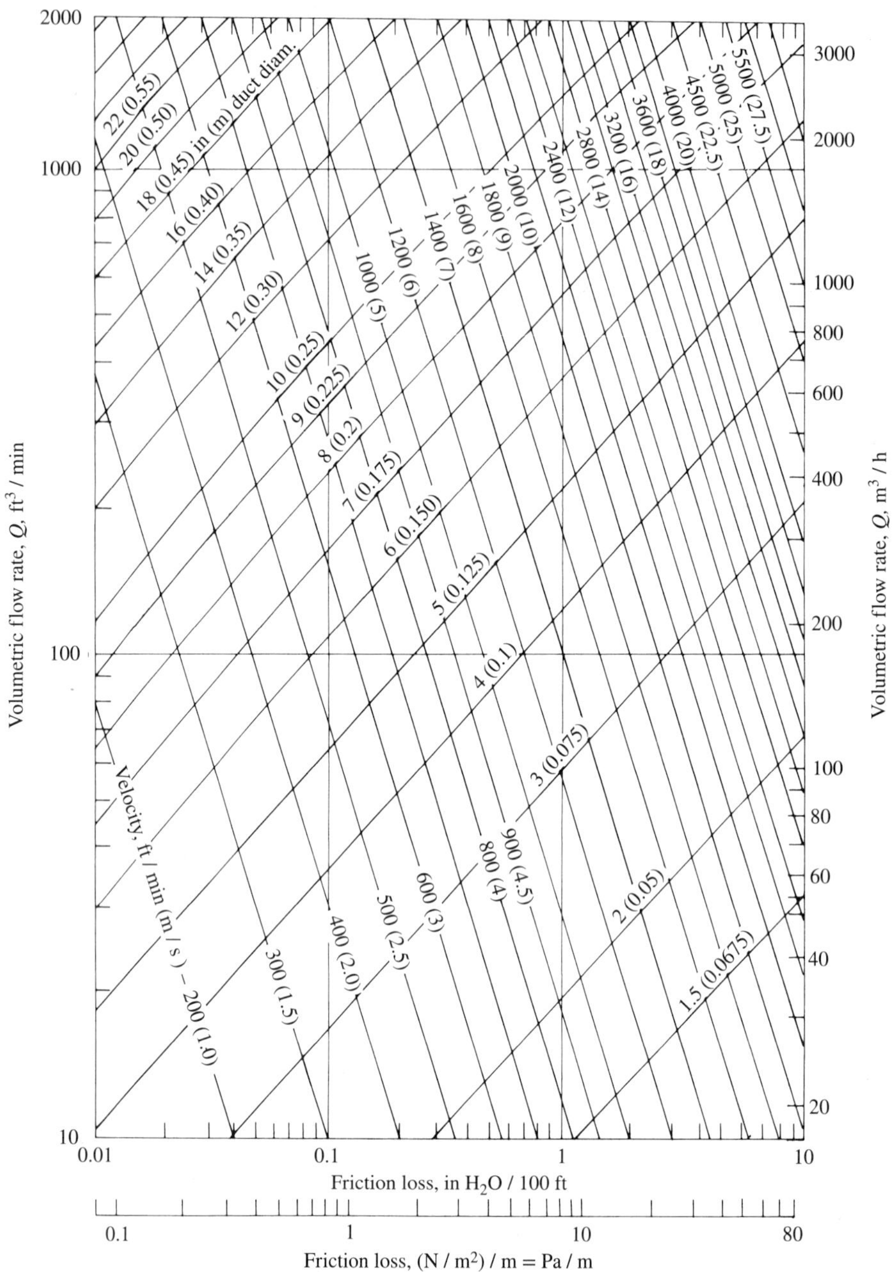

그림 6.24

10~2000 ft^3/min(20~3000 m^3/h)의 부피 유량에 대한 직선 덕트의 공기 마찰. 밀도가 0.075 lb/ft^3(1.2 kg/m^3)인 표준 공기를 기준으로 30 m(100 ft)당 약 40개의 접속부가 있는 평균적이고 깨끗한 원형 아연 도금 금속 덕트를 통과한다. 선도 아래에서 외삽하지 말 것. (허락하에 *1972 ASHRAE Handbook—Fundamentals*에서 전재)

한 압력강하를 추정하라.

(*a*) 그림 6.10 또는 식 (6.22)를 이용

(*b*) 그림 6.24를 이용하고 공기보다 훨씬 낮은 밀도에 대한 적절한 보정

6.35. 예제 6.11과 6.12는 각각 관 상당길이 및 K 법을 사용하여 밸브와 관 부속품에 의한 압력강하를 계산하여 현격히 다른 값을 보인다. 그 결과가 관 지름의 함수인가? 이 질문에 답하기 위하여 예제 6.4와 같은 유체(SG = 1.00, μ = 50 cP) 및 동일한 평균속도 V_{avg} = 13.0 ft/s에 대하여 관 지름 3~12 in 범위를 포함하도록 하고 예제 6.9와 6.10과 같은 관 부속품을 갖도록 관 지름과 $\Delta P_{\text{valve and fittings}}$의 선도를 그린다.

6.36.* 수평 10 in 관에서 물이 1500 gal/min로 흐른다. 관의 길이는 50 ft이고, 표준 90° 엘보 두 개와 스윙 체크밸브 한 개가 있다. 엘보와 밸브를 설명하는 두 가지 방법을 모두 사용하여 압력강하를 추정하라.

6.37. 배관 시스템이 2 in 관 100 ft, 3 in 관으로의 급격한 팽창, 3 in 관 50 ft로 되어 있다. 여기에 물이 100 gal/min로 흐른다. 관 양 끝 사이의 압력강하를 구하라.

6.38.* 큰 물탱크 두 대가 3 in 관 10 ft로 연결되어 있다. 두 탱크의 액면은 같다. 두 탱크 사이의 압력차가 30 psi일 때, 관을 통한 유량을 구하라.

6.39. 그림 6.25에서 물이 정상 흐름으로 흐를 때의 유량을 구하라.

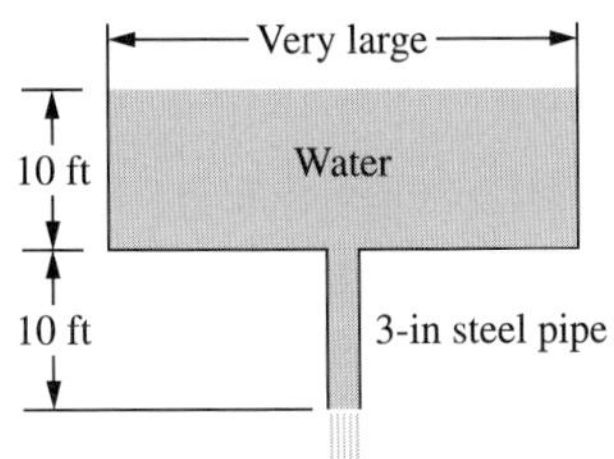

그림 6.25
관 및 입구 마찰이 있는, 중력에 의한 탱크 배수 (연습문제 6.39)

6.40.* 6 in 강관을 매설하여 물이 중력으로 흐르게 하려고 한다. 유량을 500 gal/min로 할 때 관의 기울기(관 단위 길이당 낙차, ft/mi)를 구하라.

6.41. 1 gal 통의 치수가 그림 6.26과 같다. 1/4 in 아연도금 관을 바닥에 수평으로 삽입한다. 통에는 물이 가득 차 있으며, 관의 끝은 막히지 않아서 탱크의 물이 흘러나간다.

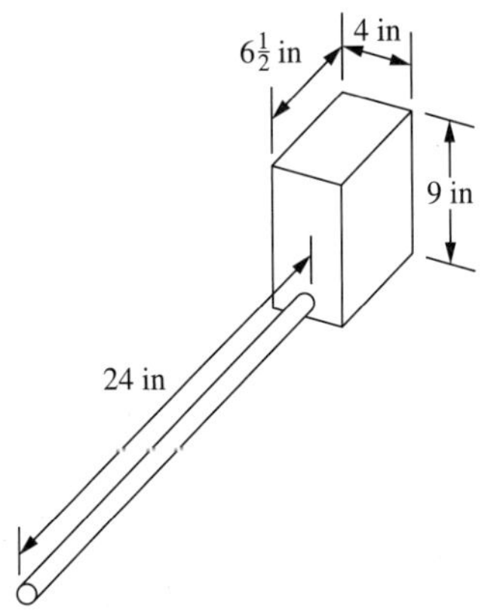

그림 6.26
마찰이 있는 탱크 배수 모형

(*a*) 탱크 내 액면이 관 중심보다 7 in 높이에서 1 in 높이까지 내려가는 시간을 구하라. 필요하다면 가정을 하라.

(*b*) 액면이 낮아지면 유량이 줄어들어서, 난류에서 층류로 변한다. 이 전이가 일어날 때의 액면(관 중심 기준) 높이를 구하라.

6.42. 식 (6.29)를 유도하라. 이때 그림 6.27에 나타낸 좌표를 이용하라. 이 그림에서 x 방향의 흐름은 왼쪽에서 오른쪽으로 흐르며, 폭은 z 방향으로 길이 l만큼이다($l >> h$). y 축에 대칭인 요소를 선택하여 힘수지를 세워라.(달리 선택할 수도 있지만, 수학적으로 복잡해진다.) 힌트: 이 문제는 식 (6.8)의 유도에 대한 반복이다. 단, 기하학적으로 다를 뿐이다.

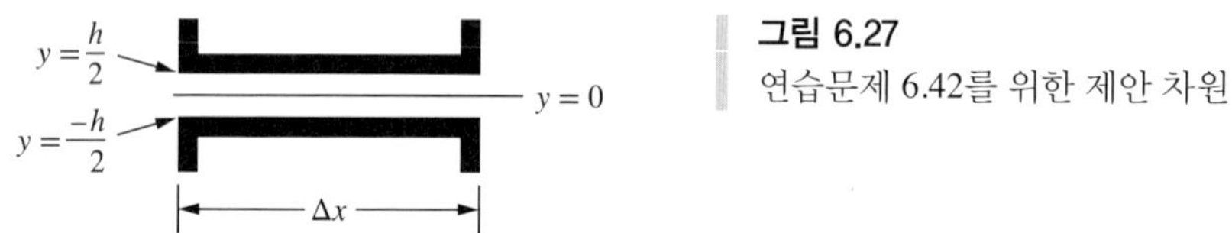

그림 6.27
연습문제 6.42를 위한 제안 차원

6.43. 식 (6.29)를 유도하라. 이 식은 Bird 등이 자세히 유도하였다[11, p.54].

6.44. 예제 6.12는 정유공장의 전형적인 밸브에서 계산된 누출속도가 관찰된 평균 누출속도보다 약 3.5배 적다는 것을 보여 준다. 예제에서 누출경로의 평균두께가 0.0001 in라고 가정하였다. 그 예제에서 두께를 제외한 다른 값들이 같다고 할 때, 관찰된 누출속도에 상응하는 두께는 얼마인가?

6.45. 예제 6.12에서 식 (6.30)(환형 내부 흐름)을 식 (6.31)[식 (6.30)의 선형 단순화]로 바꾸었다. 결과에 얼마나 큰 차이를 유발하였을까? 예제 6.12를 식 (6.30)을 사용하여 계산하여 검토하라.

6.46. (*a*) 어떻게 식 (6.29)에서 식 (6.31)을 얻는지 보여라.

(*b*) $Q_{\text{식 (6.31)}}/Q_{\text{식 (6.29)}}$ 비를 구하라.

(*c*) 계산표를 사용하여 이 비를 $D_o/D_i = 1.1, 1.01, 1.001, 1.0001$에 대하여 구하라.

6.47.* 나무 창틀의 두께가 2 in이다(그림 6.28). 이 창틀과 그 밑의 문지방 사이의 간격은 0.001 in이다. 창의 폭(그림에서 종이에 대한 수직 거리)은 2 ft이다. 바람이 창을 향해서 불어서, 창을 통한 압력차가 0.01 psi일 때, 창 밑의 틈을 통한 공기의 부피 유량을 구하라.

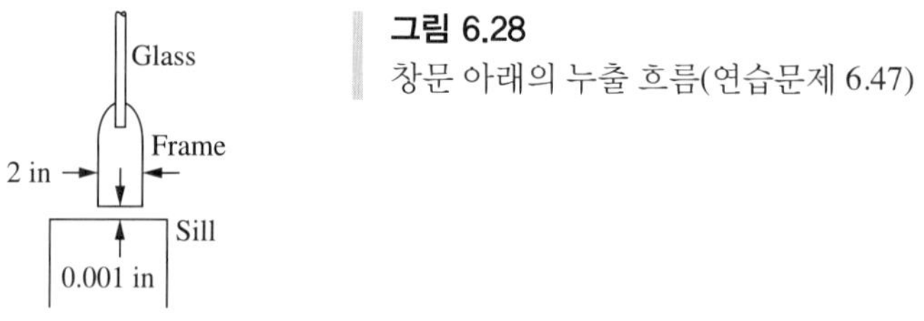

그림 6.28
창문 아래의 누출 흐름(연습문제 6.47)

6.48. 그림 6.29의 원통형 용기 중에 물이 1000 psig로 차 있다. 상부에는 플랜지 연결구(flanged joint)가 있는데, 매끈하고 평평하게 한 것이며, 틈은 10^{-5} in이다. 용기의 지름이 10 ft일 때, 이 연결구를 통한 누출량을 구하라.

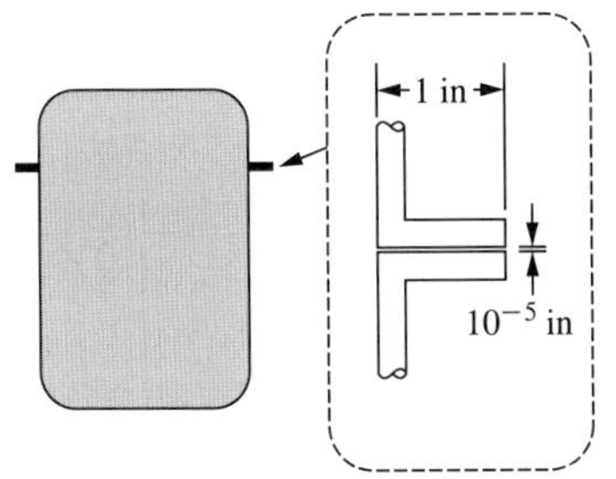

그림 6.29
연결구를 통한 누출 흐름(연습문제 6.48)

6.49. 아래 각 형태에 대한 수력반지름을 구하라.

(*a*) 상부가 막힌 반원

(*b*) 상부가 열린 반원

(*c*) 막힌 사각형

(*d*) 환상 유로

6.50. 예제 6.11(*b*)에서, 깊이가 h이고 너비가 $3h$인 직사각형 덕트를 사용한다고 가정하고 다시 풀어라. 실험 데이터에 기반을 둔 [12]의 수치는 $\dfrac{Q_{\text{rectangular channel}}}{Q_{\text{circular tube}}} = 8.05$이다.

6.51. 그림 6.30은 캘리포니아의 센트럴 밸리 관개 시스템에 있는 운하 중 하나의 단면을 나타낸 것이다. 기울기는 0.00004 = 0.21 ft/mi이다. 이 운하의 유속을 추정하라

(*a*) 예제 6.5(표 6.5)에 표시된 방법에 따라 해당 예(B.E., $\mathscr{R}\varepsilon/D$)에 나타나는 모든 위치에서 D를 4 HR로 대체한다.[해당 예제(연습문제 6.18)에 대한 계산표를 사용하고 SI 단위에서 영국 공학 단위로 변경한다.]

(*b*) 많은 사용자(특히 토목 엔지니어)들이 역사적인 1769년 Chézy 공식이나 Manning의 1891년 개정판을 선호한다. 개방 수로에서의 속도에 대한 매닝 공식은 차원 방정식이다.

$$V = \frac{1.486}{n}\text{HR}^{2/3}S^{1/2} \tag{6.65}$$

모든 값은 ft 및 s로 표현되어야 한다. n은 Manning 거칠기 계수이고 S는 기울기(= tan $(-dz/dx)$)이다. 중력가속도 g는 n에 암시적으로 포함되어 있기 때문에 여기에 명시적으로 나타나지 않는다. 식 (6.65)는 $g = 32.2\ \text{ft/s}^2$인 모든 행성에서 직접 사용할 수 있다. $n = 29$(매끄러운 콘크리트의 경우)를 사용하여 식 (6.65)에 따라 속도를 추정하라.

(*c*) 관찰된 속도는 3.89 ft/s이다. 이것은 (*a*)와 (*b*)에서 계산된 값과 어떻게 비교되는가?

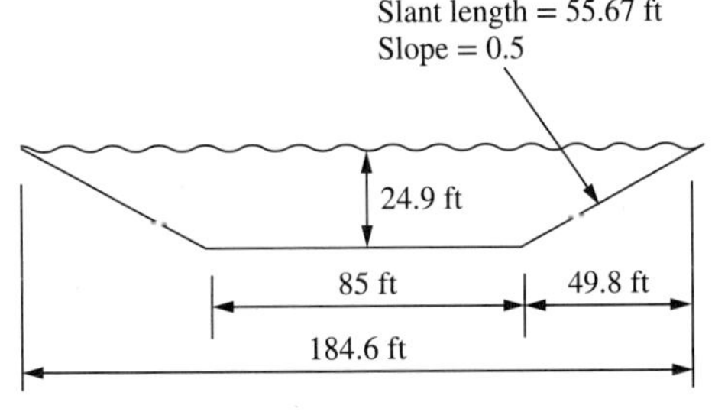

그림 6.30
캘리포니아 센트럴 밸리 프로젝트의 대규모 관개 수로 단면도. 경사면은 $dy/dx = 0.50$이다. 단면적(24.9 ft의 설계 깊이에서) = 3356 ft^3, 젖은 둘레 = 196.4 ft, HR = 17.09 ft.

6.10.3절의 끝에 있는 내용을 뒷받침하는가? B.E.에서 D를 4 HR로 대체하는 것은 넓고 얇은 흐름 채널 모양에는 유효하지 않은가?

6.52.* 그림 6.31에서, 3 in 관이 탱크에 연결되어 있는데, 이 어댑터는 잘 만들어서 도입 손실이 없다. 이 관에서의 순간 유속을 구하라.

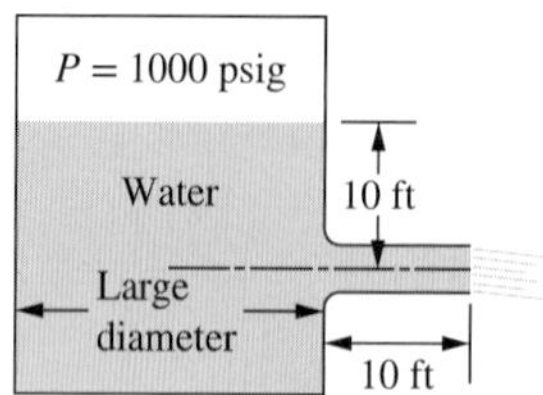

그림 6.31
압력 및 중력에 의한 마찰 흐름(연습문제 6.52)

6.53. 그림 6.32에서 물이 3 in 관을 통하여 양수되고 있다. 이 관의 길이와 부속품의 상당길이를 더한 길이는 2300 ft이고, 설계 유량은 150 gal/min이다.

(*a*) 펌프에서 필요한 압력상승을 구하라.

(*b*) 펌프, 모터, 커플링 등에서 손실이 없을 때, 펌프 구동에 필요한 모터의 동력(hp)을 구하라.

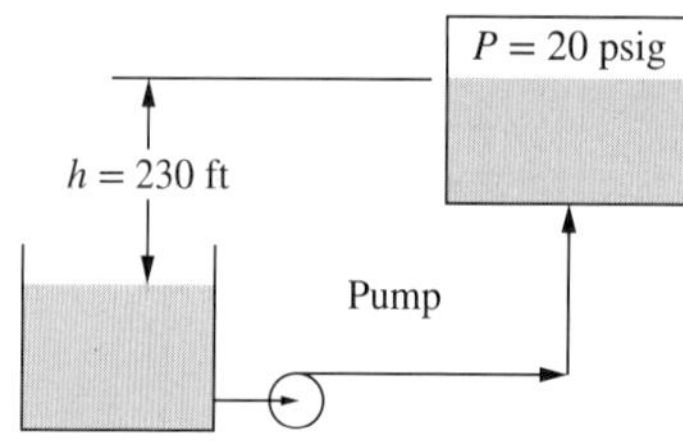

그림 6.32
압력과 높이 변화를 하는 양수 유체 전달(연습문제 6.53)

6.54.* 그림 6.33의 탱크에 5 in 관 10 ft가 붙어 있다. 저장탱크에서 관으로의 도입 손실은 무시할 수 있다. 관 배출구에서의 유속을 구하라.

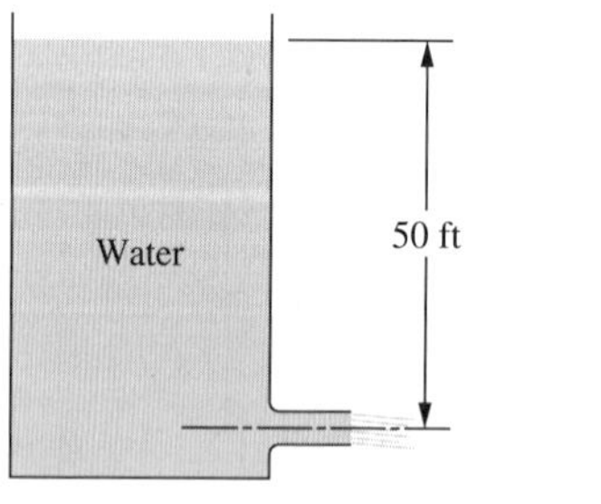

그림 6.33
마찰이 있는 중력 누출 흐름(연습문제 6.54)

6.55. 그림 6.34에 나타낸 연통의 연통가스 온도는 350°F이고 분자량 $M = 28$ g/mol이다. 연통 지름은 5 ft이고, 연통의 마찰인자는 0.005이다. 공기는 노를 통과하는 동안에 연소에 의해 가열되었다가, 노의 작업 부분에 열을 전달하여 냉각되기 때문에 밀도가 크게 변화한다. 따라서 이 문제에서는 B.E.을 엄격하게 적용할 수 없다.(이때 아주 가까워서 밀도 변화를 무시할 수 있는 점에서 점으로 적분해야 하는데, 노를 통한 흐름처럼 복잡한 흐름에서는 이러한 적분이 아주 어렵다.) 그러나 노의 마찰 영향에 관한 실험 자료에 따르면, 도입 공기와 밀도가 같은 유체의 정밀도 장치라고 취급할 때 식 (6.26)을 이용할 수 있다. 이 가열로

에서 $K \approx 3.0$이라 가정한다. 따라서 이 노와 연통에 B.E.을 적용할 때, 노를 통하여 연통 밑으로 들어가는 공기는 $M = 28$ g/mol, $T = 350$°F인 가스이고 노와 연통에 걸쳐 M과 T가 유지된다. 이때 연통 내에서 가스의 유속을 구하라.

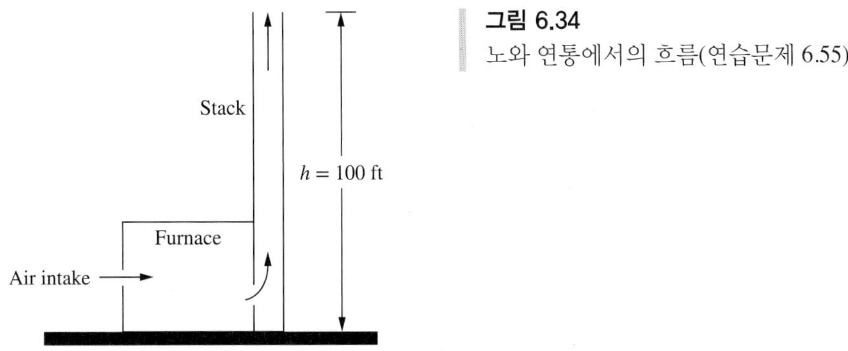

그림 6.34
노와 연통에서의 흐름(연습문제 6.55)

6.56.* 그림 6.35의 용기에 3 in 관 1000 ft가 접속되어 있다.(관 부속품과 도입 및 배출 손실은 무시한다.) 각 용기에서는 지름이 아주 커서 V를 무시할 수 있다. 유체는 $\nu = 100$ cSt, $\rho = 60$ lbm/ft^{3}인 기름이다. 흐름 방향과 유량(gal/min)을 구하라.

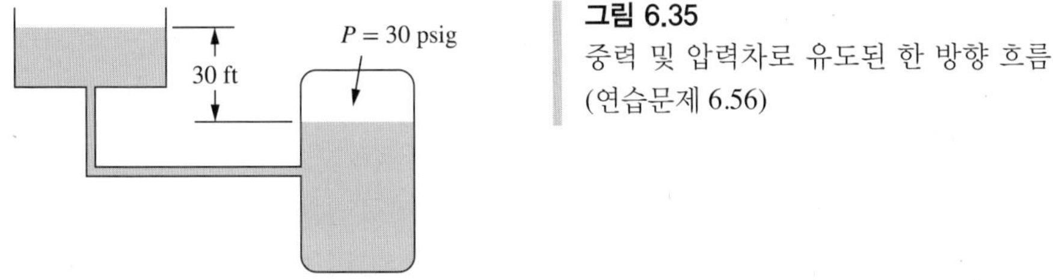

그림 6.35
중력 및 압력차로 유도된 한 방향 흐름(연습문제 6.56)

6.57. 그림 6.36에 나타낸 두 용기의 설계 조건이 표 6.9에 나타나 있다. 용기 사이의 연결관은 3 in 관으로 길이 627 ft이다. 여기서 엘보 여섯 개, 게이트밸브 네 개, 글로브 밸브 한 개가 있다. 유체의 비중은 0.80~0.85 정도이고, 동점도는 2~5 cSt 범위이다. 유량은 150~200 gal/min이다. 펌프를 주문하고자 할 때 (*a*) 유량, (*b*) 펌프두(ft) $\Delta P/\rho g$를 결정하라.(이 문제는 두로 나타낸 B.E.이 편리하다.)

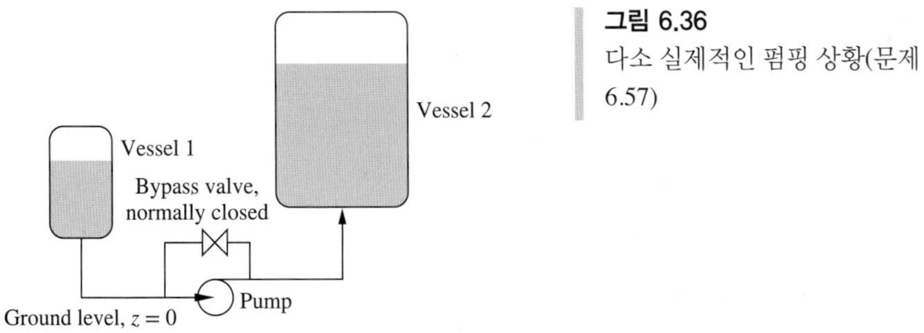

그림 6.36
다소 실제적인 펌핑 상황(문제 6.57)

6.58.* 문제 6.57에서 게의 펌프를 끄고 우회 유로를 열었을 때의 최대 유량과 최소 유량을 구하라. 어느 방향으로 흐르는가? 우회 유로에서의 마찰 손실은 무시하고, 글로브 밸브는 항상 완전히 열려 있다고 본다.

표 6.9
연습문제 6.57을 위한 값들

	Vessel 1	Vessel 2
P_{max}, psig	20	81
P_{min}, psig	8	47
Max liquid level, above $z = 0$, ft	43	127
Min liquid level, above $z = 0$, ft	21	100

6.59. 그림 6.37은 사이펀(siphon)을 나타낸 것으로, 탱크 안의 물을 비우는 데 사용한다. 이 사이펀은 10 in 관으로 길이 60 ft이다. 물이 최대 수면에 있을 때의 유량과 사이펀 꼭대기(점 A)의 압력을 구하라. 이 꼭대기의 굽음은 90° 장경(long radius) 엘보에 해당한다.

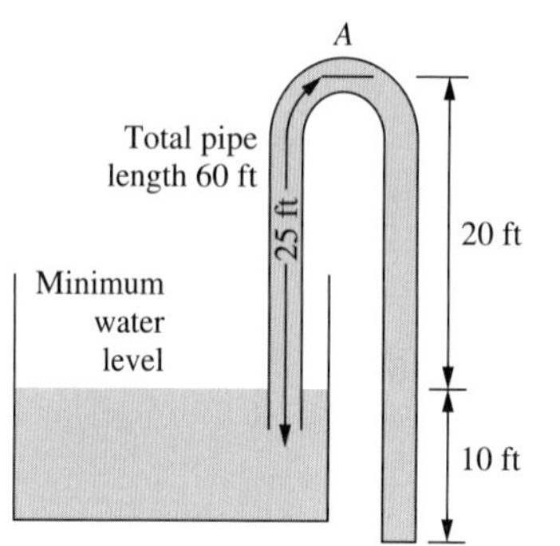

그림 6.37
마찰이 있는 사이펀(연습문제 6.59)

6.60. National Park Service에서는 최근 그랜드 캐니언의 비교적 물이 많은 북부지역에서부터 물이 모자라는 남부지역으로 물을 수송하기 위한 배관을 건설하기로 하였다. 이 계의 단면을 그림 6.38에 나타내었다. 수원과 도강점 사이의 배관 길이는 10 mi이고, 도강점과 펌프장 사이의 길이는 4 mi이다. 목표 유량은 1000 gal/min이다. 수원과 펌프장에서의 압력은 대기압과 같다고 본다. 모든 재료를 현장까지 노새에 지워 날라야 하므로 비용이 많이 들기 때문에 가능하면 가벼운 관이 좋을 것이다. 관 재료와 안지름 및 두께를 추천하라.

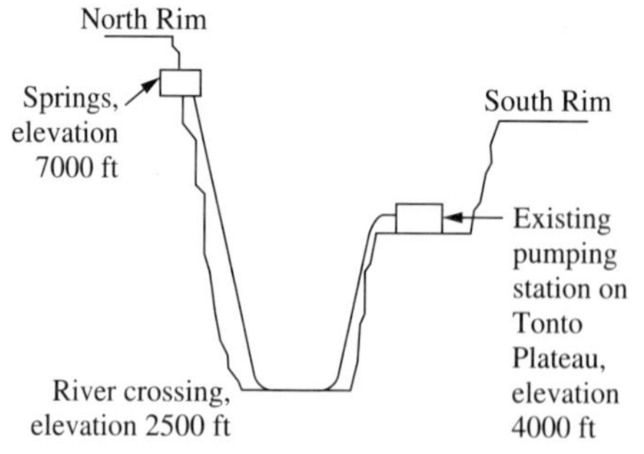

그림 6.38
그랜드 캐니언을 가로지르는 원수 배관의 높이(연습문제 6.60)

6.61. 그림 6.18에서 정상상태 흐름에 대하여 풀어라. 첫 번째 추정치로 $\alpha = 10$ ft를 사용하라. 이 값은 점 2에서 유량의 합이 0이 되게 하는 α 값과 일치하지 않지만 거의 비슷하다.

6.62. 연습문제 6.61에서 $(z_3 - z_1) = -5$ ft, $(z_4 - z_1) = -40$ ft라 하고 다시 풀어라. 힌트: 이 경우에는 흐름 방향이 연습문제 6.61에서와 다를 수 있다.

6.63.* 그림 6.39는 한 주요 관이 주요 관에서 갈라지는 여러 작은 관들과 연결되는 매니폴드(manifold)의 끝부분을 나타낸 것이다. 많은 공기-공조 덕트는 매니폴드인데, 이 그림은 끝부분의 두 연결관을 보여 준다. 작은 연결관을 통한 흐름은 주요 관 내부의 압력에 의존하고 속도에는 거의 영향을 받지 않는다. 그림에 나타낸 흐름에서 튜브 1을 통한 유속이 튜브 2를 통한 유속보다 클까 작을까?

(*a*) 관 흐름에서 마찰이 없을 때?(튜브보다 훨씬 크기 때문에)

(*b*) 관 흐름에서 마찰이 매우 클 때?(원통형 막대가 삽입되었기 때문에 유동에 수직인 단면적을 훨씬 적게 만든다)

(*c*) 저자가 1958년 Chevron Research에서 일을 시작할 당시 부사장인 Dr. J. Q. Cope는 신입 박사들에게 겸손을 가르치기 위하여 이 장치를 이용하였다. 그는 주입 가능한 연결관을 언급하지 않고 이 장치를 묘사하였다. 그는 신입 박사에게 물을 주입할 때 어느 연결관에서 물이 많이 나오는지 내기를 하였다. 그리고 그는 이 장치를 가져와서 내기하기 전에 막대를 필요에 따라 주입하고 제거하고 하였다. 이 일화로부터 신입 기술자는 어떤 실용적인 교훈을 배울까[24]?

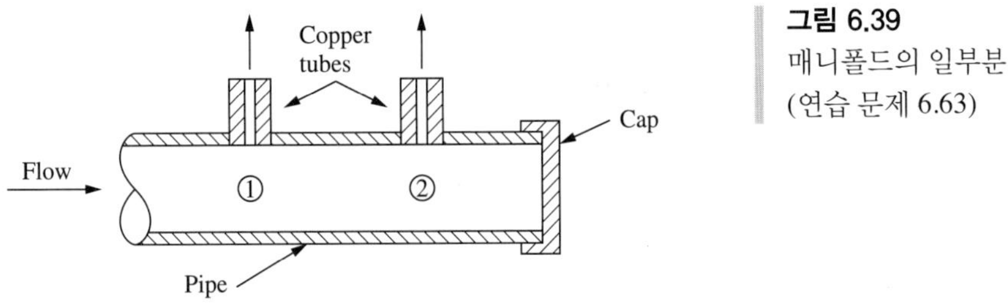

그림 6.39
매니폴드의 일부분
(연습 문제 6.63)

6.64. 예제 6.16에서 추정한 마찰인자를 검토하라. 상대거칠기가 주어진 값일 때, 난류일 때의 가능한 마찰인자의 범위는 0.004~0.01이다. $f = 0.01$일 때의 경제적 관 지름과 예제 6.16과 얼마나 다른가?

6.65. 6.12절에서 보인 경제적 관 지름의 계산은 장거리 전선의 경제적 지름 선정과 연관하여 켈빈 경(Lord Kelvin)[25]이 처음 계산한 방법이다. 그가 이 결과에 도달한 방법을 보이기 위하여, 다음 정보를 이용하여 도전체의 경제적 지름에 관한 공식[식 (6.52)와 유사]을 유도하라. 송전선 전체의 구입비는 (전주, 절연기구, 토지, 건설 인건비 등 포함) 전선의 금속 질량의 A배인데, A의 단위는 \$/lbm이다. 이 송전선의 연간 유지비(배선 자본 투자에 대한 이자, 세금, 유지비 포함)는 송전선 전체의 구입비의 B배인데, B의 단위는 1/year이다. 전선에서 저항 가열로 인한 전기에너지 손실비는 C이다(단위는 \$/kWh). 저항 가열량 $Q = I^2R$로 나타내는데, 여기서 R은 전선의 저항이고 I는 전류이다. 전선의 저항 $R = r\Delta x/[(\pi/4)D^2]$인데, r은 저항계수(단위는 ohm-ft), Δx는 전선의 길이, D는 전선 지름이다.

경제적 전선 지름에 관한 공식은 전류(전압이 아님)와 위에 열거한 변수 및 기타 필요하다고 생각되는 항으로 나타내어야 한다. 수치적 단위 전환에 신경 쓰지 말지. 최적 공식은 식 (6.48)과 유사하여, D_{econ}가 적정 출력에 대한 적정 변수들의 함수로 나타내도록 한다.(켈빈의 해법은 여전히 저전압 DC 전송라인에 대해 정확하지만, 현재 사용되는 고전압 AC 라인에는 적합하지 않다. 주요 손실은 저항 가열이 아니라 전선 표면에서 코로나 방전이다.)

6.66. (*a*) 층류 흐름에 대하여 식 (6.52)에 상당하는 식을 구하라. 식 (6.50)에서 시작하고 $f = 16/\mathscr{R}$을 대체한다. 얻어지는 식을 단순화하여 아래 식을 얻는다.

$$D_{\text{econ, laminar}} = \left[\frac{32\pi \cdot \text{PC} \cdot (4/\pi)^2 \mu Q^2}{\text{CC} \cdot \text{PP}}\right]^{1/5} \tag{6.66}$$

(*b*) 그림 6.20의 층류 부분이 위 식에서 얻어지는 것인지 확인하라. 이를 위하여 경제적 유속을 200 gpm, 2000 cSt에서 계산하고 그 결과를 그림에서 읽은 값과 비교하라. 그리고 경제적 수치들은 그림에 나타낸 것을 사용하라.

(*c*) 그림 6.20에서 일정한 점도선의 기울기는 약 0.2이다. 이것이 식 (6.64)와 일치하는가?

(*d*) 그림 6.20은 경제적 유속이 실제로 유체밀도와 무관함을 나타낸다. 이것이 식 (6.65)와 일치하는가?

6.67. 미국의 원유 및 석유 제품의 대부분은 지하 파이프라인을 통해 이동한다. 가장 큰 두 파이프라인은 알래스카의 노스슬로프에서 밸디즈의 연중무휴 유조선 터미널까지 이어지는 Alyeska 파이프라인과 텍사스에서 뉴욕 지역까지 이어지는 Colonial 파이프라인이다. Alyeska는 (가득 찬 경우) 48 in 내경 파이프에서 하루 120만(42 gal) 배럴(BPD)을 운송한다. Colonial은 170만 BPD를 두 개의 평행 파이프로 운송한다. 하나는 36 in 내경을 가지고 다른 하나는 40 in를 가진다. 100만 BPD는 65 ft^3/s와 같다.

(*a*) 이 파이프에 있는 유체의 평균속도는 ft/s로 얼마인가? Colonial에 있는 두 개의 평행한 파이프의 속도가 같다고 가정한다.

(*b*) 이것은 표 6.8의 50 lbm/ft^3의 유체에 대한 경제적 속도와 어떻게 비교되는가?

(*c*) Alyeska가 Colonial보다 속도가 더 빠른 이유를 제시하라.

(*d*) 장거리 액체 운송의 경우 탱커, 파이프라인, 바지선, 철도, 트럭의 순서로 톤-마일당 가격이 증가한다. 이 두 경우 모두 더 비싼(톤-마일당) 파이프라인이 탱커로 동일한 오일을 운송하는 것보다 유리한 이유를 제안하라.

6.68. 예제 6.16에 사용된 파이프라인의 경제적 비용은 지상이나 파이프 랙에 놓여 있는 석유 정제 또는 화학 플랜트 파이프 비용(1960, 인플레이션 업데이트)을 기반으로 한다. 지하 장거리 파이프라인은 매설되어야 하고 개울과 도로가 여러 번 교차해야 하며, 통행우선권을 구매해야 하기 때문에 훨씬 더 비싸다. Dakota Access Pipeline(2017년에 완료)은 이 모든 작업을 수행한다. 지름은 30 in, 길이는 1172 mi이며 보고된 비용은 $\$3.78 \cdot 10^9$이다.

(*a*) 이 파이프에 대한 CC의 등가 값은 \$/(in·ft)로 얼마인가? 예제 6.16의 값과 어떻게 비교되는가? 합리적인가?

(*b*) 설계 유량은 하루 570,000배럴이다.[100만 BPD(석유 배럴 = 42 미국 갤런)는 65 ft^3/s와 같다.] 평균속도는 얼마인가? 표 6.8과 비교하면 어떤가?

6.69. 로스엔젤레스의 공기오염 문제를 해결하기 위하여 오염 공기를 매일 펌프로 배출시키자는 제안이 있었다. 로스엔젤레스 분지의 면적은 4083 mi^2이다. 오염 공기층은 두께 2000 ft 정도이다. 매일 이 공기를 50 mi 수송하여 팜스프링스로 보낸다고 하자.(물론 팜스프링스 지역의 주민이 이에 반대하지 않는다고 가정한다. 그러나 이 가정은 실제로는 문제가 있을

것이다.) 다음을 구하라.

(*a*) 관에서의 경제적 유속

(*b*) 필요한 관 지름

(*c*) 압력강하

(*d*) 필요한 펌프 동력

(*e*) 이 제안의 타당성을 검토하라.

6.70. 로스엔젤레스의 용수 문제를 해결하기 위하여, 다량의 물이 바다로 흘러 들어가는 컬럼비아강 하구에서 물을 수입하자는 제안이 있다. 한 방법은 관로와 펌프장을 설치하는 것이다. 배관의 두 끝은 해면에 있으므로, 펌핑비는 마찰 손실을 극복하는 것이면 된다. 배관 길이는 1000 mi 정도가 될 것이다. 10^7 acre-ft/year(1 acre-ft = 43,560 ft^3)를 수송한다고 할 때, 필요한 펌프 동력을 구하라. 이때 사용한 가정을 설명하라.

6.71. 예제 6.16에서 물이 불산(플루오르화수소산)으로 오염된 것이라면, 특수한 내식성 관을 사용해야 한다. 이 관의 구입비 PP는 정확하게 탄소강관의 10배라 할 때, 경제적 관 지름을 구하라.

6.72. 표 6.8이 식 (6.54)에 기초한 것이고 마찰 손실이 일정하다면, (경제적 유속) × (밀도)가 일정한 값이 된다. 이 값이 일정한 값에서 얼마나 변하는지? 그리고 그 원인이 무엇인지 설명하라.

6.73. 예제 6.16의 결과가 표 6.8 및 그림 6.20의 결과와 정확하게 일치하는가? 그렇지 않다면, 일치하지 않는 정도와 중요 원인을 설명하라.

6.74. 달-착륙 로켓의 연료 배관을 설계한다고 하자. 돈은 문제가 아니고, 경량이 가장 중요한 목표이다. 이 문제에서 중요한 '경제적' 인자를 결정하고, 식 (6.52)에 해당하는 일반식을 써라.

6.75. 지름이 1 μm, SG = 2.0인 구형 입자가 총에서 공기 중으로 10 m/s 속도로 발사되었다. 이 입자가 점성 마찰에 의하여 멈출 때까지 얼마나 멀리 나갈까?[이 거리가 스토크스의 정지거리(Stokes stopping distance)인데 미세입자 문헌에 자주 나온다.] 중력의 영향은 무시하라.

(*a*) $F = ma$를 이용하여 일반적인 항으로 식을 세워라. 입자가 총을 떠난 후 운동 방향의 반대 방향으로 작용하는 항력이 입자에 작용하는 유일한 힘이다(식 6.59).

$$F = -3\pi\mu DV = ma = \frac{\pi}{6}D^3\rho\frac{dV}{dt}; \qquad \frac{dV}{dt} = -\frac{18\mu V}{D^2\rho} \tag{6.67}$$

여기서 $dt = dx/V$로 대체하고, 변수를 분리한 후, 두 V 항을 없앤다. 그리고 $V = V_0$ ($x = 0$일 때)에서 $V = 0$(x가 스토크스 정지거리일 때)까지 적분하면,

$$x_{\text{Stokes stopping}} = \frac{V_0 D^2 \rho}{18\,\mu} \tag{6.68}$$

간혹 이 식의 분모에 커닝햄 보정인자인 C가 포함된 식을 볼 수 있다.

(*b*) 수치값들을 대입하여 $x_{\text{Stokes stopping distance}}$를 구하라.

(*c*) 이 계산의 논리에 기초하여, 입자가 속도 0이 되는 데 얼마의 시간이 걸릴까? V_0의 1%

에 도달하는 데 얼마나 걸릴까?

(*d*) 여기서 중력을 무시하였으나, 입자속도가 V_0의 1%가 되는 시간 동안 입자가 중력에 의하여 얼마나 떨어질까?

6.76.* 예제 6.17에서 입자가 공기 대신에 68°F의 물 속에서 침강한다고 가정하고 다시 풀어라.

6.77. 예제 6.18에서 공이 글리세린 안에서 낙하한다고 가정하고 다시 풀어라. $\mu_{\text{glyc}} = 800$ cP, $\rho_{\text{glyc}} = 78.5$ lbm/ft^{3}이다.

6.78.* 구형 기구의 지름이 10 ft이고, 부력이 자체 무게보다 0.1 lbf만큼 크다. 공기 중에서 상승할 때의 종말속도를 구하라.

6.79. 표준 야구공은 지름 2.9 in, 질량 0.31 lbm이다. 훌륭한 투수는 100 mi/h 정도의 속도로 던질 수 있다.

(*a*) 공의 매듭과 회전을 무시하고, 공에 작용하는 공기의 항력을 구하라.

(*b*) 투수 마운드와 홈 플레이트 사이의 거리는 60 ft이다. 공이 투수의 손에서 100 mi/h로 떠났을 때, 홈 플레이트를 지나가는 속도를 구하라. (*a*)에서와 같은 가정이 적용된다.

6.80. 아마도 축구 역사상 가장 많이 연구된 킥은 2001년의 월드컵 예선 영국-그리스전에서의 데이비드 베컴의 프리킥일 것이다[26]. 이 킥은 심지어 영화 제목이 되었다('Bend it like Beckham', 2002).

그 킥은 골에서 27 m 거리에서 36 m/s로 그의 발을 떠났다. 공은 수비벽 위를 지나기에 높이가 적당하였으며, 수직축에서 골 구석을 향하여 굽도록 충분히 회전하였다. 공은 골 위를 향하는 듯하였으나 갑자기 급격히 낮아져 골의 위쪽 구석으로 떨어졌다. 그림 6.21에 입각하여 어떻게 이것이 가능한지 설명하라. 표준 축구공은 425 g, 지름 22.3 cm이다.

6.81. 우리는 물이 목까지 차오르는 수영장에서보다 공기 중에서 훨씬 빨리 걸을 수 있다. 왜 그럴까? 물이 공기보다 점도성이 높아서일까? 또는 물이 공기보다 밀도가 높아서일까? 또는 다른 이유가 있을까?

6.82.* 120 lbm 낙하자가 비행기에서 낙하산을 내릴 때는 잠깐 자유낙하하다가 낙하산을 편다.

(*a*) 이 낙하자가 머리 방향으로 낙하하고, 낙하 방향에 수직인 투영 면적이 1 ft^{2}이고 $C_d = 0.7$일 때, 이 낙하자의 종말속도를 구하라. 항력계수가 속도와 무관하다고 할 때, 이 낙하자가 종말속도의 99%에 이르는 데 몇 초가 걸리며 얼마나 낙하할까?

(*b*) 머리 방향으로 낙하하는 대신에 두 팔과 다리를 펼치고 수평으로 낙하한다면, 낙하 방향에 수직인 투영 면적이 6 ft^{2}이고 $C_d \approx 1.5$일 때, 이 조건에서 문제 (*a*)를 다시 풀어라.

6.83. 낙하산을 설계하여, 낙하자의 종말속도가 10 ft 높이의 지붕에서 뛰어내릴 때의 최대속도와 같게 하고자 한다. 낙하자의 체중은 150 lbf이다. 낙하산은 원형이고, 항력계수 $C_d = 1.5$이다. 낙하산의 지름을 구하라.

6.84. 스포츠용 자동차는 항력계수가 아주 적다고 광고하는 일이 있는데, 눈물 모양 자동차의 항력계수는 0.3 정도이다. 이 항력계수는 전면에 기초한 것이다. 이 자동차의 폭이 6 ft, 높이가 5 ft, 속도가 70 mi/h일 때 다음을 구하라.

(*a*) 자동차의 공기 저항

(*b*) 이 공기 저항을 극복하기 위한 동력

6.85. 예제 6.16과 6.17에서는 스토크스 법칙이 적용된다고 가정하고, V와 $\mathscr{R}_p$를 계산하여 스토

크스 법칙의 가정이 맞는지 검증하였다. 이 가정이 틀린다면 계산한 속도가 틀린 것이고, 계산한 $\mathscr{R}_p$ 역시 틀린 것이 된다. 이러한 방법에서, 속도와 $\mathscr{R}_p$의 조합이 스토크스 법칙에 따르는 것으로 되어 있지만, 실제로는 맞는 풀이에 기초한 $\mathscr{R}_p$가 스토크스 법칙을 벗어나는 일은 없겠는가?

6.86. 그림 6.23을 사용한 예제 6.16과 6.17의 결과를 검토하라.

6.87. 지름 0.001 in인 구형 빗방울이 조용한 공기 중에서 떨어진다. 종말속도를 구하라.

6.88. 제임스 본드 영화에서 보면, 적이 헬리콥터에서 쏘는 총알을 피해서 주인공이 물속 깊이 잠수하는 장면이 있다. 실제로 얼마나 깊이 잠수해야 하는가? 총알은 지름이 0.5 in인 구형이고, 질량은 0.027 1bm이라 가정한다. 수면에 직각으로 떨어질 때의 속도는 1000 ft/s 정도이고, 100 ft/s 이하로 감속되면 심한 상처를 입히지 않게 된다. 이 문제에서 항력계수는 속도에 관계없이 일정하여 0.1이라 가정한다.

6.89. 총알이 수직 상방향으로 2700 ft/s 속도로 발사되었다. 총알의 질량은 150그레인(grain)(미국 총기서의 표준 질량단위, 1 lbm = 7000 grain)이고, 뾰족한 끝 모양을 가진 지름이 0.3 in인 원통형이다.

(*a*) 공기의 저항이 0이면 얼마나 높이 올라갈까? 그 높이에 도달하는 데 얼마의 시간이 걸릴까? 지표면으로 다시 떨어지는 데 얼마나 걸릴까? 지표면으로 떨어질 때 속도는?

(*b*) 실제로 총알은 18초 내에 9000 ft까지 올라가고 그 후, 31초 후에 지표에 떨어져 총 49초 걸리고 300 ft/s 속도로 지표면에 떨어진다[27]. 이 값들에 기초하여 올라갈 때와 내려올 때의 항력계수를 구하라. 두 경우에 총알은 축 방향 회전으로 인하여 수직 방향을 유지하고 항력계수가 일정하다고 가정한다.

6.90. 그림 6.23(그리고 이에 기초한 계산)은 중력에 의한 분리 공정을 묘사하기 위한 화학공학 분야에 폭넓게 이용된다. 큰 입자들은 망으로 일정 크기로 분리될 수 있으나 작은 입자들은 불가능하다. 대신에 공기 또는 수중에서 다른 침강속도를 이용하는 공정으로 크기 분율 또는 밀도 분율로 분리된다. 많은 광물 분리에는 망을 이용하여 균일한 입자 시료를 만든 후, 대부분 수중에서 미분 침강기 내에서 비중 차이로 분리된다. 이 장치에서 침강속도는 그림 6.23에 나타낸 값보다 작은데, 그 이유는 그림(그리고 6장의 예제들)에서 각 입자가 다른 입자에서 멀리 떨어져 있다고 가정하기 때문이다. 이런 장치에서는 입자들이 서로 매우 가까이 있다.

(*a*) 밀폐된 용기 내에서 침강하는 입자 주위의 흐름을 그려라. 그리고 주변에 입자가 많은 진흙 혹은 슬러리 내부에서 침강하는 입자 주위의 흐름을 그려라. 왜 다른 주변의 입자들(그리고 입자들에 의해 유도되는 유체의 흐름)이 입자의 침강을 느리게 하는지 설명하라.

(*b*) 이렇게 느려지는 것을 지연 침강(hindered settling)이라 한다. 그 효과는 아래와 같이 예측될 수 있다[28].

$$V_{\text{terminal, hindered}} = V_{\text{terminal, isolated}}(1 - c)^n \tag{6.69}$$

여기서 c는 고체의 부피 분율이다. 스토크스 법칙 영역에서 $n = 4.65$이고 $\mathscr{R}_p > 1000$일 때는 $n = 2.33$으로 감소한다. 이 값을 이용하여 SG = 3, $D = 20\ \mu\text{m}$인 단순 구형 입자가 수중에서 그 자체의 침강속도를 구하라. 그리고 $c = 0.4$인 진흙 내에서의 침강속도를 구하라.

참고문헌

1. Reynolds, O. "An Experimental Investigation of the Circumstances Which Determine Whether the Motion of Water Shall Be Direct or Sinuous and of the Law of Resistance in Parallel Channels." *Philosophy Transactions of the Royal Society 174* (1883). The history of this work and its relation to others are discussed in Rouse and Ince [2, p. 206].
2. Rouse, H., and S. Ince. *History of Hydraulics*. Iowa City, IA: Iowa Institute of Hydraulic Research, 1957, (*a*) p. 160, (*b*) p. 323.
3. Nikuradse, J. "Stroemungsgesetze in rauhen Rohren (Flow Laws in Rough Tubes)." *VDI-Forsch.-Arb. Ing.-Wes. Heft 361* (1933).
4. Moody, L. F. "Friction Factors for Pipe Flow." *Transactions of the American Society of Mechanical Engineers 66* (1944), (*a*) pp. 671–684, (*b*) Hunter Rouse's comments at the end of the article.
5. Colebrook, C. F. "Turbulent Flow in Pipes, with Particular Reference to the Transition Region Between Smooth and Rough Pipe Laws," *Journal of the Institute of Civil Engineering 11* (1938–1939), pp. 133–155.
6. Schlichting, H., and K. Gersten. *Boundary-Layer Theory*. 9th ed. Berlin, Germany: Springer, 2016.
7. Moody, L. F. An Approximate Formula for Pipe Friction Factors. *Trans. ASME* 69(12), pp. 1005–1006. 1947.
8. O'Brian, M. P., and G. H. Hickox. *Applied Fluid Mechanics*. New York: McGraw-Hill. 1937, p. 211.
9. Lapple, C. E. "Velocity Head Simplifies Flow Computation." *Chemical Engineering 56* (1949), 56(5), pp. 96–104.
10. "Flows of Fluids Through Valves, Fittings and Pipes." *Technical Paper No. 410*. Crane Company, 475 N. Gary Ave., Carol Stream, Illinois, 1957, p. A-19.
11. Bird, R. B., E. N. Stewart, and W. E. Lightfoot. *Transport Phenomena*. 2nd ed. New York: Wiley, 2002.
12. Tilton, J. N. "Fluid and Particle Dynamics." In *Perry's Chemical Engineers' Handbook*; 8th ed. R. H. Perry; D. W. Green; J. O. Maloney. New York: McGraw-Hill, 2008, pp. 6–12.
13. Mortensen, N. A., F. Okkels, and H. Brauus, "Reexamination of Hagen-Poisuille Flow: Shape Dependence of the Hydraulic Resistance in Microchannels." *Physical Review*, E 71, 2005, 057301-1–4.
14. "Emission Factors for Equipment Leaks of VOC and HAP." U.S. Environmental Protection Agency Report No. EPA-450/3-86-002. Washington, DC: U.S. Government Printing Office, 1986.
15. de Nevers, N. *Air Pollution Control Engineering*, 3nd ed. Long Grove, IL: Waveland, 2017.
16. Cross, H. "Analysis of Flow in Networks of Conduits or Conductors." *University of Illinois Bulletin 86*, 1946. This method is described in detail in most older hydraulics books, and described in Wiki-

pedia under "Pipe Networks".

17. Boucher, D. F., and G. E. Alves. "Fluid and Particle Mechanics." In *Chemical Engineers' Handbook*, 4th ed. R. H. Perry; C. H. Chilton; S. D. Kirkpatrick. New York: McGraw-Hill, 1963, pp. 5–30.
18. Newton, I. *Philos. Nat. Primo. Math. 2* (1710), Sect. 2. Cited in L. B. Torobin; W. H. Gauvin, *Canadian Journal of Chemical Engineering 37* (1959), p. 129.
19. Lamb, H. *Hydrodynamics*. New York: Dover, 1945.
20. Steinman, D. B. "Suspension Bridges: The Aerodynamic Stability Problem and Its Solution." *American Scientist 42* (1954), p. 397. See also the Wikipedia article, "Tacoma Narrows Bridge (1940)."
21. Von Mises, R. *Theory of Flight*. New York: Dover, 1945, 139 *et seq*. This book from before the jet era gives a thorough, readable treatment of basic aerodynamics.
22. Haaland, S. E. "Simple and Explicit Formulas for the Friction Factor in Turbulent Pipe Flow." *Journal of Fluids Engineering 105* (March 1983), pp. 89–90.
23. Oosthuizen, P. H., and W. E. Carscallen. *Compressible Fluid Flow*. New York: McGraw-Hill, 1997.
24. de Nevers, N. "Bernoulli's Equation with Friction." *Chemical Engineering Ed. 7* (1973), pp. 126–128.
25. Thompson, W. (Lord Kelvin). "On the Economy of Metal in Conductors of Electricity." *Report to the British Association for the Advancement of Science 1881*. London: John Murray, 1882, p. 526.
26. Fluent Company Press Release PR43. May 20, 2002. www.fluent.com/about/news/pr/pr43.htm.
27. Rinker, R. A. *Understanding Firearm Ballistics*, 4th ed. Apache Junction, AZ Mulberry House Publishers, 2000.
28. Boyce, M. P., and 9 coauthors, "Transport and Storage of Fluids," in *Perry's Chemical Engineer's Handbook*, 8th ed. D.W. Green and Robert H. Perry. New York: McGraw-Hill, 2008, pp. 10–78.

CHAPTER

7

운동량수지

뉴턴의 운동 제2법칙은 뉴턴의 운동방정식이라고도 하는데, 대개 다음과 같이 쓴다.

$$F = ma \tag{7.1}$$

기초 물리학의 낙하 물체와 같은 강체운동에는 이 식을 그대로 적용할 수 있다. 강체운동으로 움직이는 유체의 운동에도 그대로 적용할 수 있다(2장). 그러나 가령 관이나 비행기 주위에서처럼 복잡한 운동으로 움직이는 유체에 대하여는 식 (7.1)을 그대로 적용할 수 없다. 따라서 이 장에서는 이 식을 운동량수지의 형태로 다시 쓰기로 한다. 이렇게 다시 쓴 운동량수지를 공학 문헌에서는 운동방정식(equation of motion)이라고도 한다. 1687년에 뉴턴(Issac Newton, 1643~1727)이 이 운동법칙들을 소개하였고 그 전까지 인류는 그것들에 대해 정확히 알지 못했다.

운동량수지(momentum balance)는 유체 흐름 문제를 푸는 데 아주 편리하다. 특히 내부의 세부내용을 알지 못하더라도 이러한 계에서의 복잡한 흐름에 관하여 어느 정도 알 수 있게 한다. 이러한 의미에서 운동량수지는 질량수지 및 에너지수지와 비슷하다. 예를 들어 질량 및 에너지 수지를 이용하면 터빈이나 압축기의 내부에서 일어나는 일을 알지 못하더라도, 그 도입 및 배출 흐름만으로부터 여러 가지를 알 수 있다. 운동량수지도 이처럼 '외부에서' 적용하는 일이 많다.

이 장의 내용은 모두 식 (7.1)의 변형과 적용에 관한 것이다. 이 장에서는 1차원 적용을 다루고, 4부에서 2차원 및 3차원 흐름에 적용시킨다.

7.1 운동량

운동량은 에너지와 마찬가지로 추상적 양이다. 그러나 에너지와는 달리 더 간단한 양인 질량과 속도로 정의된다. 물체의 운동량을 정의하면 다음과 같다.

$$\begin{pmatrix}\text{Momentum}\\ \text{of a body}\end{pmatrix} = \begin{pmatrix}\text{mass of}\\ \text{the body}\end{pmatrix} \cdot \begin{pmatrix}\text{velocity of}\\ \text{the body}\end{pmatrix} = mV \tag{7.2}$$

질량이 없으면 운동량이 없으므로 물체를 떠나서 운동량을 말할 수는 없다. 고체, 액체 또는 기체의 물체만이 질량을 가지므로, 이러한 물체와 연관되어야만 운동량이 존재할 수 있다.*

또한, 운동량은 벡터이다. 지금까지는 스칼라인 질량과 에너지에 수지식을 적용하였다. 여기서는 벡터에 적용할 것인데, 결과는 마찬가지가 된다. 벡터를 대수적으로 다룰 때는 벡터 자체가 아니라 그 스칼라 성분을 사용한다. 식 (7.1)을 벡터형으로 다시 쓰면 다음과 같다.

$$\mathbf{F} = m\mathbf{a} \tag{7.3}$$

(볼드체는 벡터량을 나타낸다.) 그러나 어떤 벡터든지 상호 직각인 세 방향에서의 단위 벡터에 세 스칼라 성분을 곱한 벡터합으로 변형시킬 수 있다.** 예를 들면,

$$\mathbf{F} = F_x\mathbf{i} + F_y\mathbf{j} + F_z\mathbf{k} \tag{7.4}$$

여기서 F_x, F_y, F_z는 x, y, z 방향에서 벡터 **F**의 스칼라 성분이고, **i**, **j**, **k**는 x, y, z 방향에서의 단위 벡터이다. 마찬가지로 가속도 벡터 **a**를 분해하여 식 (7.3)을 다시 쓰면 다음과 같다.

$$F_x\mathbf{i} + F_y\mathbf{j} + F_z\mathbf{k} = m(a_x\mathbf{i} + a_y\mathbf{j} + a_z\mathbf{k}) \tag{7.5}$$

$$(F_x - ma_x)\mathbf{i} + (F_y - ma_y)\mathbf{j} + (F_z - ma_z)\mathbf{k} = 0 \tag{7.6}$$

이 식은 새로운 벡터 $\mathbf{F} - m\mathbf{a}$ 식인데 이 값은 0이다. 어떤 벡터가 0이 되려면, 각 스칼라 성분이 0이어야 하므로, 이 식은 다음과 같다.

$$F_x - ma_x = 0; \qquad F_y - ma_y = 0; \qquad F_z - ma_z = 0 \tag{7.7}$$

따라서 벡터식은 세 스칼라식을 간단하게 나타낸 것이라고 볼 수 있다. 벡터 계산은 다차원 문제를 기술하는 식을 유도하는 데 이용되는 강력한 도구이다. 전자기 문제와 이동 좌표축이 포함된 문제[예를 들면, 자이로스코프(gyroscope)]에서는 벡터량을 직접 다루는 편이 쉽다. 그러나 실제의 유체역학 문제에서는, 정확하게 벡터식에 해당하는 세 스칼라(성분) 식을 사용하는 편이 대개 편리하다. 이 장에서는 벡터식과 좀 더 유용한 스칼라식 두 가

---

* 중성미자(neutrino)와 광양자(photon)도 분명히 운동량을 가지지만, 정지 질량이 아니므로 이 설명에서는 예외로 생각한다. 그러나 고속으로 움직일 때만 관찰할 수 있는데, 이때는 상당한 에너지와 상대적 질량을 가지므로 이 설명이 맞는다.

** 우리가 아는 한 우리는 3차원 우주에서 살고 있으므로 상호 직각인 세 방향을 말한다. 만일 n차원 우주에서 살고 있다면 n개의 상호 직각 방향이 존재하게 될 것이다. 문제에 따라서는 n차원 '공간'을 고려하면 편리할 때가 있는데, 이때 한 벡터는 n개의 '직각' 성분으로 분해된다.

지로 운동량수지를 나타내기로 한다. 유체역학 문제에 대한 벡터 계산 접근법의 적용은 4부에서 다룰 것이다.

질량 및 에너지 수지에 비하여 운동량수지가 복잡한 것은 운동량의 대수기호와 관련이 있다. 에너지 및 질량 수지에서는 −에너지를 거의 다루지 않고 −질량은 절대 생각하지 않으므로 기호에 별문제가 없었다.* 그러나 $-x$ 방향의 속도를 나타내고자 하면 다음과 같이 쓴다.

$$\mathbf{V} = V_x\mathbf{i} + V_y\mathbf{j} + V_z\mathbf{k} \tag{7.A}$$

여기서 V_z와 V_y는 0이고, V_x는 −값이다. 따라서 스칼라 운동량 식에서는 질량 및 에너지 수지식보다 대수기호에 신경을 써야 한다.

7.2 운동량수지

3장에서 일반 수지식[식 (3.2)]을 물질의 존재량에 비례하는 임의의 크기성질에 적용할 수 있었다. 운동량은 물질의 존재량에 비례하는 크기성질이므로 수지식을 따르게 된다. 여기서도 다른 수지식에서와 마찬가지로 계를 선택하고 정의하는 데 주의해야 한다.

그림 7.1은 운동량수지를 나타내는 계로서, 물질의 도입흐름 또는 배출흐름이 있는 탱크 또는 용기와 계 경계로 되어 있다. 계 경계 안의 운동량은 다음과 같다.

$$\begin{pmatrix}\textbf{Momentum inside}\\ \textbf{system boundaries}\end{pmatrix} = \int_{\substack{\text{all mass}\\ \text{in system}}} \mathbf{V}\,dm \tag{7.8}$$

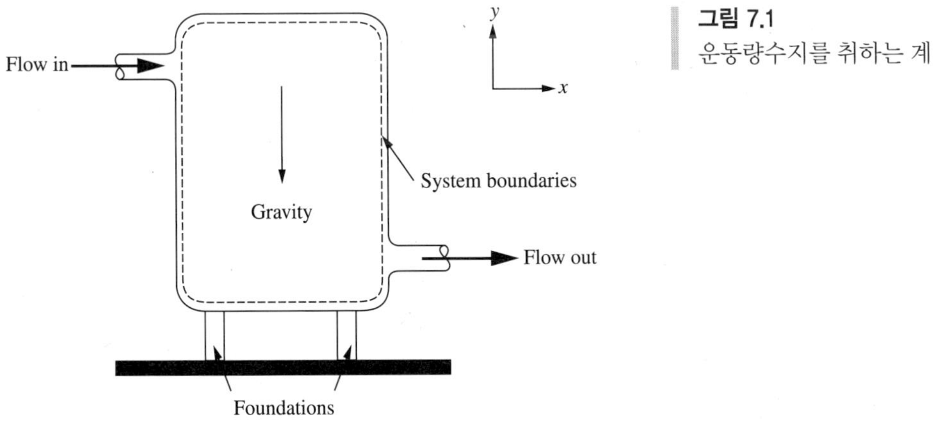

그림 7.1
운동량수지를 취하는 계

* 절대적 의미에서는 에너지가 −값이 될 수 없지만, 임의 기준면에 대한 에너지는 −값이 될 수 있다. 수증기발전소나 냉동장치와 같은 1차원 계에서는 에너지가 −값이 되지 않도록 기준을 선택하지만, 연소나 화학반응 문제에서는 −에너지 항이 생길 수 있다.

계 안의 모든 질량이 같은 속도를 가지면 이 적분은 간단히 $(m\mathbf{V})_{sys}$이 된다. 운동량 축적 항은 다음과 같다.

$$\textbf{Momentum accumulation} = d(m\mathbf{V})_{system} \tag{7.9}$$

그림에 나타낸 것처럼 도입흐름과 배출흐름이 각각 하나이면,

$$\textbf{Momentum flow in} - \textbf{momentum flow out} = \mathbf{V}_{in}\, dm_{in} - \mathbf{V}_{out}\, dm_{out} \tag{7.10}$$

도입 및 배출 흐름이 하나보다 많으면, 질량이나 에너지 수지에서 이들을 합산하였던 것처럼, 운동량도 합산하면 된다. 이전 장에서와 같이 단독으로 있는 미분, 예를 들어 dm_{in}은 작은 양(이 경우 작은 양의 질량)을 나타낸다. 이러한 미분의 보통의 경우 적분을 통하여 일반 양이 되거나 다른 미분으로 나누어, 예를 들어 t가 증가함에 따라 m이 증가하는 비율을 나타내는 도함수 dm/dt를 형성하는 것이다.

3.4절에서 관 내 흐름에 대한 속도분포를 고찰하였다. 중심선으로부터 관 벽 끝까지 속도구배를 갖는 실제 흐름을 모두 동일한 속도의 흐름으로 대체하여 문제를 단순화시켜 계산할 경우, 흐름 운동 에너지는 대부분의 난류에 대해 약 6%가 변화하였는데, 이는 무시할 만한 것이다. 유사하게 단순화시켜 계산된 운동량은 약 1%가 변화함을 표 3.1에서 알 수 있는데, 이 역시 무시할 만하다. 따라서 이 장의 나머지 부분에서는 관, 유로, 제트(jet)에서 불균일한 속도분포를 갖는 실제 흐름을 균일한 속도분포의 흐름으로 대체한다. 이의 허용에 대해 의문이 있으면 표 3.1 및 연습문제 3.11을 참조하기 바란다.

한편, 운동량의 생성량이나 소멸량을 고려하기 위하여, 식 (7.1)을 이용한다. 이 식을 다시 쓰면

$$\mathbf{F} = m\mathbf{a} = m\frac{d\mathbf{V}}{dt} \tag{7.11}$$

계의 질량 변화는 도입량과 배출량으로부터 구할 수 있으며, 질량이 일정하거나 변하는 계에서 모두 생성량이나 소멸량이 있을 수 있다. 질량이 일정한 계의 경우, 식 (7.11)에서 m을 미분 기호 안에 넣어 정리하면

$$d(m\mathbf{V})_{sys} = \mathbf{F}\, dt \tag{7.12}$$

따라서 운동량의 생성량이나 소멸량은 $\mathbf{F}\,dt$와 같다.*

* 식 (7.12)에 따르면 운동량이 생성될 수 있음을 나타내는데, 이는 오해를 불러일으키기 쉽다. 지구 위에 서 있는 사람이 공을 던지면, 공의 운동량은 한 방향에서 증가하고, 지구의 운동량은 같은 양만큼 반대 방향에서 증가한다. 따라서 지구-공 계의 운동량은 불변이다. 지구의 질량이 공에 비하여 아주 크기 때문에, 이 지구 속도의 변화를 지각하지 못할 뿐이다(연습문제 7.1). 그러나 식 (7.12)는 옳다. 한 계에서 운동량이 생성되면 다른 계(대개 지구)에서 양이 같고 방향이 반대인 운동량이 생성되기 때문이다. 따라서 우주 전체의 운동량 변화는 0이다.

작용하는 힘이 하나 이상이면 식 (7.12)의 **F**를 힘의 합으로 대체해야 한다. 유체흐름 문제에서는 대개 여러 가지 힘이 작용하므로, 운동량수지에서 Σ**F**로 쓴다. 그림 7.1에 나타낸 계에 작용하는 힘은 외부의 모든 부분에 작용하는 외부 압력과 중력이다. 이 밖에 정전력이나 자력을 생각할 수 있다. 만일 경계가 그림 7.1의 토대를 지나도록 계를 선택하면, 이 토대의 구조 성분에 작용하는 압축력도 고려해야 한다.

지금까지 설명한 모든 항을 고려하여 벡터형의 운동량수지를 쓰면 다음과 같다.

$$d(m\mathbf{V})_{\text{sys}} = \mathbf{V}_{\text{in}}\, dm_{\text{in}} - \mathbf{V}_{\text{out}}\, dm_{\text{out}} + \sum \mathbf{F}\, dt \tag{7.13}$$

이 식에 소멸량이 들어 있지 않은 이유는, 이 식에서 Σ**F**가 계에 작용하는 모든 힘의 벡터 합이기 때문이다. 이 값이 속도의 반대 방향이면 Σ**F** dt는 운동량 소멸량이 되어 −값이 된다. 식 (7.13)의 양변을 dt로 나누어서 속도형 운동량수지를 쓰면 다음과 같다.

$$\frac{d(m\mathbf{V})_{\text{sys}}}{dt} = \mathbf{V}_{\text{in}}\, \dot{m}_{\text{in}} - \mathbf{V}_{\text{out}}\, \dot{m}_{\text{out}} + \sum \mathbf{F} \tag{7.14}$$

이 식은 운동량수지를 유도한 것이 아니라 뉴턴의 운동 제2법칙을 편리한 형태로 다시 쓴 것뿐이다. 열역학법칙이나 질량보존의 법칙처럼, 뉴턴의 법칙은 유도할 수 있는 것이 아니다. 다른 원리를 이용하여 증명할 수 있는 것이 아니라, 이를 시험하기 위한 모든 실험의 결과를 올바르게 예측할 수 있는 능력이 있기 때문에 타당한 것이다.

식 (7.13)과 (7.14)는 3장과 4장에서 다룬 질량 및 에너지 수지와 마찬가지의 수지식이다. 이러한 수지식의 기본 제약조건은 주의 깊게 정의된 계에만 적용할 수 있다는 것이다. 질량수지에서는 계 경계를 통한 물질의 모든 흐름을 고려할 수 있는 어떤 것도 계로 선택할 수 있다. 에너지수지에서는 계 경계를 통한 물질의 흐름 및 열흐름, 전류, 자기장 변화, 이동 경계, 회전 및 왕복 축 등으로 인한 일을 고려할 수 있는 계를 택할 필요가 있다. 운동량수지를 적용할 때에는 계 경계를 통한 모든 흐름과 계에 작용하는 모든 외력을 고려할 수 있는 것을 계로 택할 필요가 있다. 즉, 대부분의 유체흐름 문제에서는 계 외부의 모든 부분에서 압력을 계산할 수 있어야 한다. 한편, 식 (7.13)이나 (7.14)에는 열흐름, 회전축, 전류 등에 관한 항이 없으므로, 운동량수지에서는 계 경계에서 이러한 양을 계산할 필요 없이 계를 선택할 수 있다.(정전장이나 자장이 중요할 때는 고려해야 한다.) 질량 및 에너지 수지에서와 마찬가지로, 닫힌계에서는 $\dot{m}$ 항이 0이고, 정상 흐름계에서는 축적량이 0이다. 운동

현대 물리학에서는 뉴턴의 운동법칙을 나타내는 기본 식으로 식 (7.1)보다 식 (7.12)를 선호한다. 그 이유는, 물체의 속도가 광속에 접근하면 여기에 작용하는 힘 때문에, 속도가 증가하기보다는 주로 질량이 증가하기 때문이다. 따라서 식 (7.1)은 정질량계(constant-mass system)에 한정되며, 광속에 가까운 속도로 가속된 계에서는 적용되지 않는다. 그러나 식 (7.12)는 정질량계뿐만 아니라 선형 가속기 내의 입자와 같이 광속 근처로 가속되는 물체에도 적용될 수 있다.

량수지를 적용하는 기술은 주로 수지식의 모든 항을 편리하게 계산할 수 있는 계를 선택하는 문제이다.

식 (7.13)과 (7.14)는 벡터량이다. 각각 x, y, z 방향, r, θ, z 방향, 또는 구 좌표의 벡터 성분을 나타내는 세 스칼라식으로 쓸 수 있다. x 성분 스칼라식을 쓰면 다음과 같다.

$$d(mV_x)_{\text{sys}} = V_{x_{\text{in}}}\, dm_{\text{in}} - V_{x_{\text{out}}}\, dm_{\text{out}} + \sum F_x\, dt \tag{7.15}$$

$$\frac{d(mV_x)_{\text{sys}}}{dt} = V_{x_{\text{in}}}\, \dot{m}_{\text{in}} - V_{x_{\text{out}}}\, \dot{m}_{\text{out}} + \sum F_x \tag{7.16}$$

대응하는 y 및 z 성분식은 이들 식의 아래첨자 x를 모두 y나 z로 대체하면 된다. 실린더 좌표계의 r, θ, z 성분식은 http://mhhe.com/denevers4e의 온라인 러닝센터(Online Learning Center, OLC) 내 '2, 3차원 유체역학 방정식'에 나와 있다.

먼저 유체를 포함하지 않는 아주 간단한 예 두 가지를 들어서 운동량수지의 응용을 예시하기로 한다.

예제 7.1 야구공을 수평 방향으로 던진다. 운동량수지를 써라.

야구공을 계로 택하고, 운동량수지의 x 성분을 사용하면 물질의 흐름이 없으므로,

$$d(mV_x)_{\text{sys}} = (m\, dV_x)_{\text{sys}} = F_x\, dt; \qquad F_x = m\frac{dV_x}{dt} = ma_x \tag{7.B}$$

이 식은 정질량계에 관하여 $F = ma$를 다시 쓴 것이다. ■

예제 7.2 질량 3 lbm인 오리가 15 ft/s로 서쪽으로 날아간다. 이 오리가 질량 0.05 lbm이고, 1000 ft/s로 동쪽으로 날아가는 총알에 맞았다. 이 총알은 오리의 모래주머니에 박혔다. 이 오리-총알계의 최종속도를 구하라.

이 문제는 1차원이므로, x 방향 스칼라식 (7.15)로 푼다. 동쪽을 $+x$ 방향으로 정한다. 먼저 총알과 오리를 계로 택한다. 이 계에서 물질의 출입이 없고, 외력도 작용하지 않으므로(풍력은 무시한다), 식 (7.15)는 다음과 같이 된다.

$$d(mV_x)_{\text{sys}} = 0 \tag{7.C}$$

$$(mV_x)_{\text{sys, fin}} = (mV_x)_{\text{duck, init}} + (mV_x)_{\text{bullet, init}} \tag{7.D}$$

$V_{x_{\text{sys, fin}}}$에 대하여 풀면

$$\begin{aligned} V_{x_{\text{sys, fin}}} &= \frac{(mV_x)_{\text{duck, init}} + (mV_x)_{\text{bullet, init}}}{m_{\text{duck-bullet, fin}}} \\ &= \frac{[3\text{ lbm}\cdot(-15\text{ ft/s})] + (0.005\text{ lbm}\cdot 1000\text{ ft/s})}{3.005\text{ lbm}} \\ &= -13.3\,\frac{\text{ft}}{\text{s}} = -4.05\,\frac{\text{m}}{\text{s}} \end{aligned} \tag{7.E}$$

오리를 계로 택하여 다시 풀면, 이때 계에 질량이 도입되므로

$$d(mV_x)_{\text{sys}} = V_{x_{\text{in}}}\, dm_{\text{in}} \tag{7.F}$$

적분하면

$$(mV_x)_{\text{sys, fin}} - (mV_x)_{\text{sys, init}} = V_{x_{\text{in}}}\, m_{\text{in}} \tag{7.G}$$

$V_{x_{\text{sys, fin}}}$에 대하여 풀면

$$V_{x_{\text{sys, final}}} = \frac{V_{x_{\text{in}}}\, m_{\text{in}} + (mV_x)_{\text{sys, init}}}{m_{\text{sys, fin}}} \tag{7.H}$$

이 결과는 오리-총알계에 관한 것과 같다. ■

이 예제에서 운동량수지의 큰 장점을 알 수 있다. 총알이 오리의 깃털, 뼈, 근육, 내장을 통과하는 거리-시간-모양 이력을 정확히 알고자 하면 충돌의 세부내용은 아주 복잡하다. 그러나 이러한 세부내용을 알지 못하더라도 운동량수지만으로 총알-오리계의 최종속도를 구할 수 있다. 또한 이 예제는 운동량수지에서 부호의 중요성을 보여 준다. 선택한 계에서 오리의 초기속도는 −15 ft/s이었다. 만일 −부호를 빠뜨렸다면 최종속도는 +16.6 ft/s로 계산되었을 것이며, 이는 총알을 오리와 같은 방향으로 쏘았을 때의 최종속도와 같을 것이다. 이것은 다른 문제에 대한 정답이다. 운동량수지에서 부호는 학생들에게 끊임없이 문제가 되는 것 같다. 주의하도록!

예제 7.2는 또 에너지수지로는 풀 수 없지만, 운동량수지를 취하면 풀 수 있는 예를 보여 주는 것이다. 예제 7.2에서 오리-총알을 계로 택하고, 총알이 오리에 박힐 때의 작은 부피 변화를 무시하여 에너지수지를 취하면 다음 식이 된다.

$$\left[m\left(u + \frac{V^2}{2}\right)\right]_{\text{sys, fin}} = \left[m\left(u + \frac{V^2}{2}\right)\right]_{\text{duck, init}} + \left[m\left(u + \frac{V^2}{2}\right)\right]_{\text{bullet, init}} \tag{7.I}$$

여기서 계의 질량과 두 부분의 초기 운동 및 내부 에너지를 알지만, 이것만으로는 식 (7.I)를 풀어서 최종 내부에너지나 최종 운동에너지를 구할 수 없다. 그러나 운동량수지를 취하면 최종속도를 구할 수 있고, 이어서 식 (7.I)를 이용하여 최종 내부에너지를 구할 수 있다. 이 장에서 다룰 예제 중의 몇 가지는 먼저 운동량수지를 취해야 에너지수지를 적용할 수 있는 문제들이다(연습문제 7.3 참조).

7.3 정상 흐름에 대한 운동량수지의 적용

한 방향(x 방향)의 정상 흐름이 있는 관, 덕트, 유로, 또는 제트를 계로 택하면 식 (7.16)은 다음과 같이 된다.

$$0 = \dot{m}\,(V_{x_{in}} - V_{x_{out}}) + \sum F_x \qquad \text{[steady flow]} \tag{7.17}$$

몇 가지 예를 들어서 이 정상 흐름 1차원 운동량수지의 응용을 다룬다.

7.3.1 제트-표면 상호작용

식 (7.17)은 제트에 많이 적용된다. 제트는 관, 덕트, 또는 유로에 갇혀 있지 않은 유체의 흐름으로서, 정원 호스에서 배출되는 물 흐름, 제트엔진의 배기가스 흐름 등을 예로 들 수 있다. 제트가 아음속(subsonic velocity)으로 흐르면 그 압력은 주변 유체의 압력과 같다. 제트가 아음속으로 계나 장치에 도입되거나 배출되면, 그 압력이 장치 내부에서와 다를지라도, 주변 유체와 같은 압력에서 도입되거나 배출된다. 음속 및 초음속 제트는 8장에서 다룬다.

예제 7.3 경찰이 소방호스로 물을 뿌려서 불법집회 군중을 해산한다. 소방호스의 유량은 0.01 m^3/s, 유속은 30 m/s이다. 군중 중의 한 사람이 쓰레기통 뚜껑을 들어 방패로 삼았다. 수직으로 들었기 때문에 호스의 제트가 여러 제트로 분할되어 y와 z 방향으로 흐르고, x 방향 속도 성분은 없다(그림 7.2). 이 뚜껑을 들고 있으려면 얼마나 힘을 내야 하는가?

식 (7.17)을 x 방향에 적용하고 그림 7.2처럼 뚜껑과 인접 유체를 계로 택하면 다음과 같다.

$$\begin{aligned} F_x &= -0.01\,\frac{m^3}{s}\cdot 998.2\,\frac{kg}{m^3}\cdot\left[30\,\frac{m}{s} - 0\right]\cdot\frac{N\cdot s^2}{kg\cdot m} = -299.5\text{ N} \\ &= -67.3\text{ lbf} \end{aligned} \tag{7.J}$$

■

여기서 계의 외부 경계에서의 압력은 모두 대기압이므로, 이 힘은 뚜껑을 들고 있는 팔에서 내야 할 힘이다. 이 값이 −인 것은 이 힘을 내는 방향이 x 방향과 반대이기 때문이다. 이 문제에서 유체만을 계로 택하여 풀 수도 있다. 이때는 계 경계의 모든 점에서 뚜껑이 계

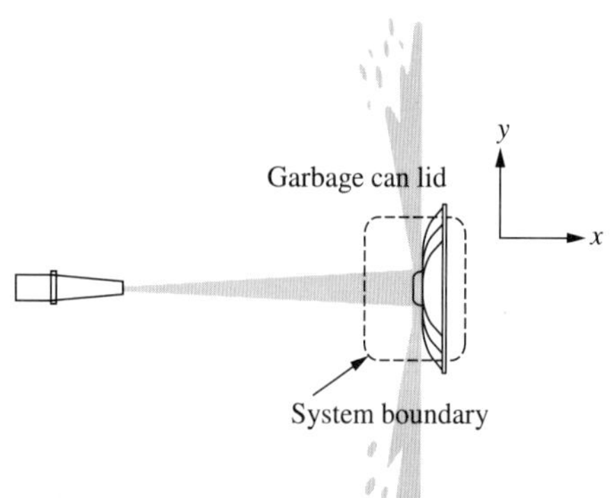

그림 7.2
제트와 수직 표면의 상호작용

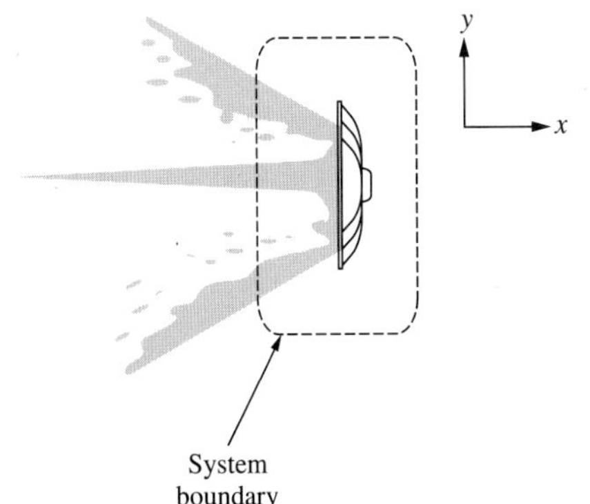

그림 7.3
굽은 표면은 배출원 쪽으로 제트를 되돌린다.

에 내는 압력을 계산해야 할 것인데, 이 경우 흐름의 세부내용을 알아야 한다. 이를 안다면 뚜껑에 대하여 다음 값을 계산하여 같은 값을 얻을 수 있다.

$$F_x = \int_{\text{all area}} P \, dA \tag{7.K}$$

따라서 계를 잘 선택하면, 흐름의 세부내용을 알지 못해도 원하는 힘을 구할 수 있다. 즉, '외부'에서 운동량수지를 적용할 수 있다.

예제 7.4 예제 7.3에서 군중의 한 사람이 뚜껑을 뒤집어서 손잡이 쪽을 잡으면, 그 모양 때문에 흐름이 그림 7.3에서처럼 되어, x 방향의 평균속도는 -15 m/s가 된다. 이때 내야 할 힘을 구하라.

앞에서와 마찬가지로 식 (7.17)을 적용하면

$$\begin{aligned} F_x &= -0.01 \frac{\text{m}^3}{\text{s}} \cdot 998.2 \frac{\text{kg}}{\text{m}^3} \cdot \left[30 \frac{\text{m}}{\text{s}} - \left(-15 \frac{\text{m}}{\text{s}} \right) \right] \cdot \frac{\text{N} \cdot \text{s}^2}{\text{kg} \cdot \text{m}} \\ &= -449.3 \text{ N} = -101 \text{ lbf} \end{aligned} \tag{7.L}$$

■

연습문제 7.7을 참조하라!

7.3.2 관 내의 힘

앞의 예제에서는 제트가 대기 중에 개방되어 있어서, 계기압력은 언제나 0이었다. 따라서 압력힘의 부호를 정하는 데 어려움이 없었다. 다음 두 예제에서는 관 내부 압력힘이 포함되며, 압력힘의 부호를 고려해야 한다. 압력힘의 적절한 부호를 구하는 가장 쉬운 방법은 운동량수지를 적용하는 축에 수직인 계 경계를 취하는 것이다. 즉, x 방향 운동량수지에서는 x 방향에 수직인 계 경계를 취한다. 이렇게 하면 압력힘이 계에 대하여 **안쪽으로** 작용하는 동시에, 외계에 대하여 **바깥쪽으로** 작용하게 된다. 흐르는 유체에서 압력힘의 방향은 흐름 방향에 무관하며, 그림 7.4에 설명되어 있다.

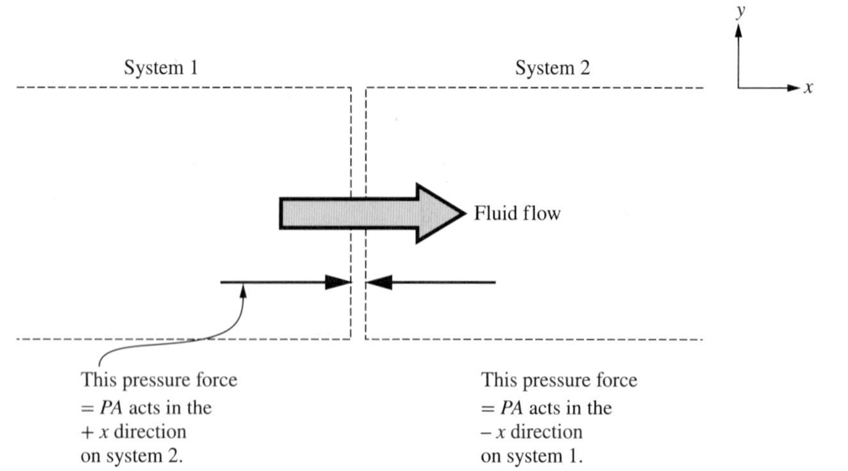

그림 7.4
두 계 사이의 경계에서 압력은 두 계에 대해 안쪽으로 작용한다.

만일 두 계가 서로 인접하면, 그림 7.4와 같이 크기가 같고 방향이 반대인 압력힘이 각각에 대해 안쪽으로 작용한다. 코일 용수철을 엄지와 집게손가락 사이에 두고 누르면 용수철은 반대 방향으로 작용하면서 엄지와 집게손가락에 동일한 힘을 가한다. 인접한 계(또는 흐름을 가로지르는 경계를 그려 만든 두 계)에 작용하는 압력힘에 대해서도 마찬가지이다.

예제 7.5 소방호스에 노즐이 볼트 플랜지에 의하여 부착되어 있다(그림 7.5). 여기에 있는 밸브를 잠갔을 때 이 플랜지를 떼어 내려는 힘을 구하라.

플랜지 면에서 밸브에 이르는 노즐에 갇혀 있는 유체 질량을 계로 택한다. 식 (7.17)을 적용하면 $\dot{m}$은 0이므로, 이 유체에 작용하는 힘의 x 성분의 합은 0이다. 이 경우 힘의 합은 x 방향의 압력힘의 합이다. 플랜지 면에서는 계 외부의 유체가 계에 PA와 동등한 압력힘을 가한다. 이 면은 x축에 수직이므로 이는 모두 x 방향에 있다. 노즐이 내는 압력힘의 x 성분은 이 압력힘과 크기가 같고 방향이 반대이어야 한다. 이러한 힘의 크기는

$$\begin{aligned} F_x &= PA = (P_g + P_{\text{atm}})A = (100\ \text{lbf/in}^2 \cdot 10\ \text{in}^2) + P_{\text{atm}}A \\ &= 1000\ \text{lbf} + P_{\text{atm}}A \end{aligned} \tag{7.M}$$

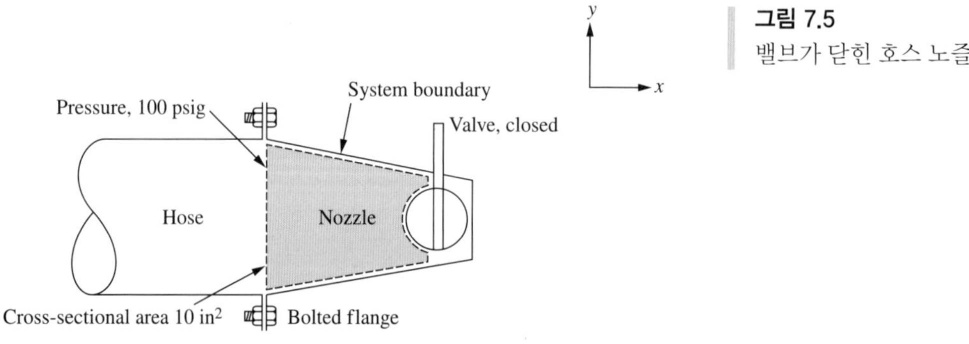

그림 7.5
밸브가 닫힌 호스 노즐

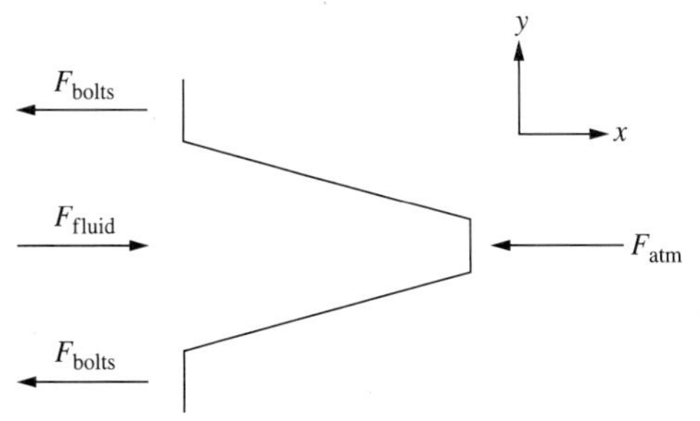

그림 7.6
그림 7.5의 노즐에 작용하는 힘

여기서 P_g는 계기압력이고, P_{atm}은 대기압이다.

이제 노즐 자체를 계로 택해 보자. 식 (7.17)에서 힘의 x 성분의 합은 0이다. 여기에 작용하는 힘을 그림 7.6에 나타내었다. 앞에서 유체에 작용하는 힘을 계산했었다. 뉴턴의 제3법칙에 의하면 이 유체는 방향이 반대인 같은 힘을 내는데, 이를 그림에서 F_{fluid}로 나타내었다. 볼트 역시 힘을 내며, 대기는 유체에 노출되지 않은 모든 부분에 압력을 미친다. 대기압은 모두 x 방향이 아니지만, 2장에서 보인 것처럼 대기압 힘의 x 성분을 계산하면 이 값은 $-PA_x$가 된다. 여기서 A_x는 대기에 노출된 실질 면적의 x 투영이다.(이 힘이 −값인 것은 x 방향에 반대로 작용하기 때문이다.) 따라서 그림 7.6에 나타낸 힘을 합산하고, 합산 값을 0이라 하여 F_{bolts}에 대하여 풀면

$$
\begin{aligned}
F_{\text{bolts}} &= -F_{\text{liq}} - F_{\text{atm}} = -(1000 \text{ lbf} + P_{\text{atm}} A) - (-P_{\text{atm}} A) \\
&= -1000 \text{ lbf} = -4.448 \text{ kN}
\end{aligned} \tag{7.N}
$$

볼트 힘이 −인 것은 음의 x 방향으로 작용하기 때문이다. ■

이 예제에서는 대기압 항이 소거된다. 대개 기술자는 이러한 문제를 풀 때 계기압력을 사용하여 대기압과 차이가 있는 계의 경계 부분에 대해서만 압력힘을 나타내면 된다. 이 문제는 이렇게 풀어도 같은 결과가 얻어진다.

이 문제는 운동량수지를 취하지 않고도 쉽게 풀 수 있었지만, 다음 예제에서는 운동량수지를 이용한 방법을 설명한다.

예제 7.6 예제 7.5에서 소방호스 끝의 밸브가 열렸다. 출구 노즐의 면적은 1 in²이다. 플랜지 접속부의 압력은 여전히 100 psig이다. 이때 플랜지를 떼어 내려는 힘을 구하라.

출구 속도를 마찰을 무시한 베르누이 식으로부터 예측한다.

$$
\begin{aligned}
V &= \left[\frac{2(-\Delta P)}{\rho(1 - (A_2 / A_1)^2)}\right]^{1/2} \\
&= \left[\frac{2(100 \text{ lbf/in}^2)}{(62.3 \text{ lbm/ft}^3)(1 - 0.1^2)} \cdot \frac{32.2 \text{ lbm} \cdot \text{ft}}{\text{lbf} \cdot \text{s}^2} \cdot \frac{144 \text{ in}^2}{\text{ft}^2}\right]^{1/2} \\
&= 122.6 \frac{\text{ft}}{\text{s}} = 37.4 \frac{\text{m}}{\text{s}}
\end{aligned} \tag{7.O}
$$

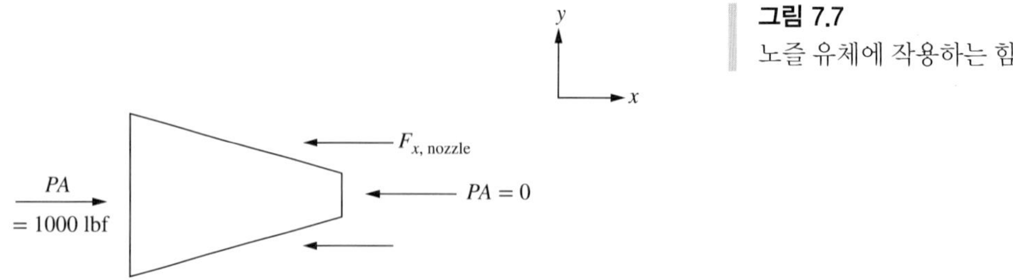

그림 7.7
노즐 유체에 작용하는 힘

질량수지로부터 입구 속도는 출구 속도의 1/10임을 알 수 있다.

역시 노즐 안에 갇힌 유체를 계로 선택한다. 식 (7.17)에서,

$$0 = \dot{m}\,(V_{x_{\text{in}}} - V_{x_{\text{out}}}) + \sum F_x \tag{7.P}$$

정상 흐름의 질량수지에서,

$$\begin{aligned}\dot{m} &= \rho A_{\text{out}}\, V_{\text{out}} = 62.3\,\frac{\text{lbm}}{\text{ft}^3}\cdot 1\ \text{in}^2\cdot 122.6\,\frac{\text{ft}}{\text{s}}\cdot\frac{\text{ft}^2}{144\ \text{in}^2}\\ &= 53.1\,\frac{\text{lbm}}{\text{s}} = 24.1\,\frac{\text{kg}}{\text{s}}\end{aligned} \tag{7.Q}$$

따라서 x 방향에서 유체에 작용하는 순힘은

$$\begin{aligned}\sum F_x &= -\dot{m}\,(V_{x_{\text{in}}} - V_{x_{\text{out}}}) = -53.1\,\frac{\text{lbm}}{\text{s}}\cdot\left(\frac{12.3\ \text{ft}}{\text{s}} - \frac{122.6\ \text{ft}}{\text{s}}\right)\cdot\frac{\text{lbf}\cdot\text{s}^2}{32.2\ \text{lbm}\cdot\text{ft}}\\ &= 182\ \text{lbf} = 815\ \text{N}\end{aligned} \tag{7.R}$$

이 값은 그림 7.7에 나타낸 것처럼 유체에 작용하는 힘의 합이다.

5장에서 검토하였지만, 여기서와 같이 흐름이 아음속이면 이러한 노즐을 떠나는 유체의 압력은 주변 대기와 같다. 따라서 계기압력을 사용하면 유체가 노즐을 떠날 때 계에 작용하는 압력힘은 0이며, 얻어진 182 lbf는 왼쪽 경계에서 계에 미치는 압력힘과 노즐이 내는 x 성분 힘의 대수적 합이다. 그러므로

$$182\ \text{lbf} = PA - F_{x_{\text{nozzle}}} \tag{7.S}$$

따라서 노즐이 유체에 미치는 힘은 −818 lbf이다. 이 결과를 예제 7.6의 결과와 비교하면, 이 경우에 노즐 볼트에 미치는 힘이 −818 lbf임을 쉽게 알 수 있다. ■

이 경우에 볼트에 작용하는 힘이 작은 이유는 무엇인가? 왼쪽 경계에서 이 계에 작용하는 압력힘은 흐름이 없는 경우와 마찬가지이다(예제 7.5). 그러나 흐름이 있을 때는, 그 힘의 일부가 유체를 가속하는 데 사용되어 노즐 볼트의 저항을 받지 않는다.

이 예제 역시 외부에서 운동량수지를 취하면 내부를 들여다보지 않고도 문제를 풀 수 있

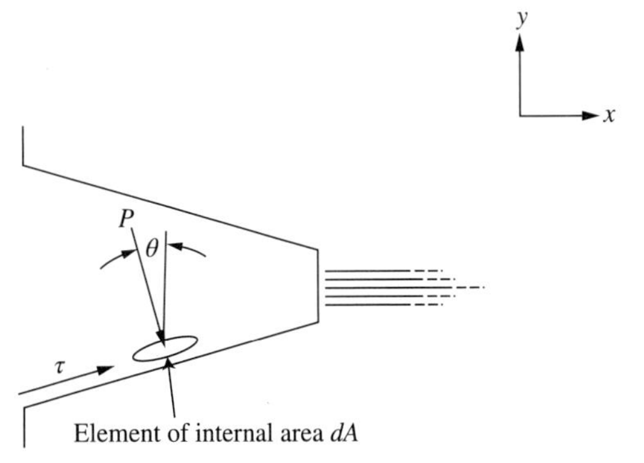

그림 7.8
유체가 흐르는 노즐에 작용하는 힘을 구하는 다른 방법

음을 보여 준다. 여기서 노즐 내면의 모든 점에서의 압력과 전단응력을 알아도 노즐에 미치는 힘을 구할 수 있다(그림 7.8). 이러한 압력힘과 전단력의 x 성분은 노즐에 작용하는 힘의 x 성분과 같다.

$$-F_{x_{\text{nozzle}}} = \int (P \sin\theta + \tau \cos\theta)\, dA \tag{7.18}$$

노즐과 같은 비교적 간단한 기구일지라도 내면의 모든 점에서 P와 τ의 국부 값을 알기란 몹시 어려운 일이다. 모양이 복잡해지면 현재 우리 능력 밖의 일이 된다. 그러나 운동량수지를 취하면 총괄 힘을 비교적 쉽게 구할 수 있다.

예제 7.7 그림 7.9의 관 벤드가 힘을 전달하지 않는 두 개의 유연한 호스에 의해 배관의 나머지 부분에 부착되어 있다. 물이 $+x$ 방향으로 유입되어 $-y$ 방향으로 배출된다. 유량은 500 kg/s이고, 관의 단면적은 0.1 m^{2}로 일정하다. 관의 계기압은 200 kPa이다. 관 지지체에 작용하는 힘의 x 및 y 성분을 구하라.

그림 7.9의 계에 x 방향에 대하여 식 (7.17)을 적용하면 다음과 같다.

$$-F_x = \dot{m}(V_{x_{\text{in}}} - V_{x_{\text{out}}}) + P_1 A_1 \tag{7.T}$$

또 y 방향에 대하여

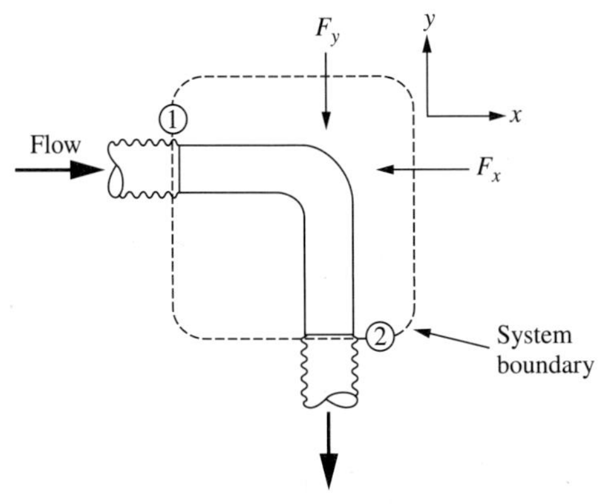

그림 7.9
관 벤드에 작용하는 힘

$$-F_y = \dot{m}(V_{y_{in}} - V_{y_{out}}) + P_2A_2 \tag{7.U}$$

속도는 다음과 같이 일정하다.

$$V = \frac{Q}{A} = \frac{\dot{m}/\rho}{A} = \frac{(500\ \text{kg/s})/(998.2\ \text{kg/m}^3)}{0.1\ \text{m}^2} = 5.01\ \frac{\text{m}}{\text{s}} \tag{7.V}$$

따라서 지지체 힘의 x 성분은

$$\begin{aligned}-F_x &= 500\ \frac{\text{kg}}{\text{s}}(5.01 - 0)\ \frac{\text{m}}{\text{s}} \cdot \frac{\text{N}\cdot\text{s}^2}{\text{kg}\cdot\text{m}} + 200\ \text{kPa}\cdot 0.1\ \text{m}^2 \cdot \frac{\text{N}}{\text{Pa}\cdot\text{m}^2}\\ &= (2505 + 20\,000)\ \text{N} = 22\,505\ \text{N} = 5059\ \text{lbf}\end{aligned} \tag{7.W}$$

또한 지지체 힘의 y 성분은

$$\begin{aligned}-F_y &= 500\ \frac{\text{kg}}{\text{s}}[0 - (-5.01)]\ \frac{\text{m}}{\text{s}} \cdot \frac{\text{N}\cdot\text{s}^2}{\text{kg}\cdot\text{m}} + 200\ \text{kPa}\cdot 0.1\ \text{m}^2 \cdot \frac{\text{N}}{\text{Pa}\cdot\text{m}^2}\\ &= (2505 + 20\,000)\ \text{N} = 22\,505\ \text{N} = 5059\ \text{lbf}\end{aligned} \tag{7.X}$$

■

그림에 나타낸 것처럼 지지체 힘 성분은 크기가 같고, $-x$ 및 $-y$ 방향임을 알 수 있다. 이 예제 및 대부분의 관 힘 문제에서 압력 항은 유체 가속 항보다 크다. 이 예제에서 모든 항의 부호를 검사하는 데 유의해야 한다. 관 설계자는 열팽창 외에도 이 힘들을 적절히 다룰 수 있도록 관을 지지해야 한다. 이에 대한 실패로 1974년 플릭스버러(Flixborough) 사고 [1]와 같은 심각한 공정 플랜트 사고가 일어났다.

7.3.3 로켓과 제트

로켓은 정상 흐름 1차원 운동량수지에 의하여 쉽게 해석할 수 있다. 그림 7.10은 액체연료 로켓을 단단한 시험대에 고정하고 불을 붙이는 단면을 나타낸 것이다. 이 로켓 안에서 일어나는 일은 아주 복잡하다. 원리적으로는 로켓의 실체 부분을 계로 선택하고, 탱크 안의 유체, 펌프, 연소실, 노즐 등을 제외해서, 로켓이 시험대에 미치는 힘을 구할 수 있다. 이 계의 모든 점에서 압력과 전단응력을 구하면, 전체 내면 및 외면에 대하여 다음 적분으로 전체 힘을 구할 수 있다.

$$F = \int_{\text{int.ext.surf}} (P\sin\theta + \tau\cos\theta)\,dA \tag{7.19}$$

그러나 이 적분은 보통 일이 아니다.

그러나 이 힘이 얼마나 되는지만을 알고자 한다면 로켓의 외부를 계 경계로 취하여 운동량수지를 적용할 수 있다. 이때 계 운동량은 시간에 따라 변하지 않으므로, $[d(mV_y)/dt]$

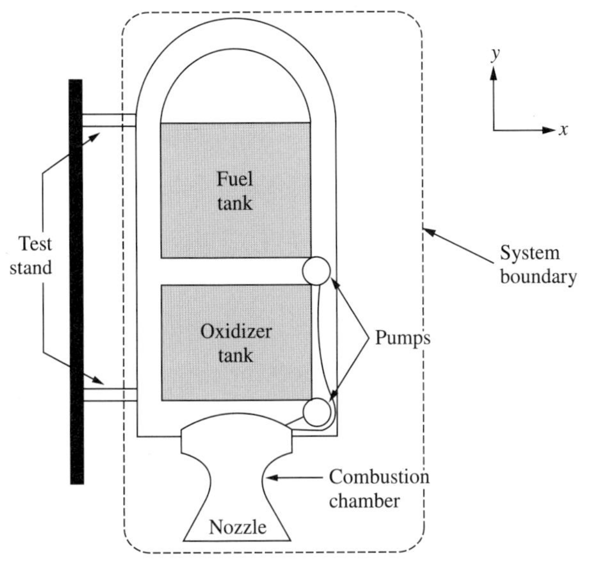

그림 7.10
액체연료 로켓의 단순 단면도

$_{\text{system}} = 0$이다.* 계에 도입되는 흐름이 없으므로 식 (7.17)은 다음과 같게 된다.

$$F_y = V_{y_{\text{out}}} \dot{m}_{\text{out}} \tag{7.20}$$

이 계에 작용하는 외력은 계 전체 경계에 대한 압력힘과 시험대 지지구조물이 내는 힘이다. 이 후자의 힘이 우리가 구하고자 하는 것이므로, 식 (7.20)에서 F_y를 두 부분으로 분할하여 다시 쓴다.

$$F_{y_{\text{t.stand}}} = V_{y_{\text{out}}} \dot{m}_{\text{out}} - \begin{pmatrix} y \text{ component of pressure} \\ \text{force on system} \end{pmatrix} \tag{7.21}$$

5.5절을 참조하면, 음속보다 느린 흐름에서는 계에서 배출되는 흐름과 대기로 도입되는 흐름의 압력이 모두 대기압과 같다고 할 수 있다. 앞의 예에서도 이러한 가정을 하였다. 그러나 로켓의 경우에는 계에서 배출되는 흐름이 일반적으로 초음속이므로 더는 이러한 가정을 할 수 없다. 그림 7.10에서 계 외부에 작용하는 압력은 모든 부분에서 대기압이지만, 노즐 출구에서는 아니다. 따라서 계에 대한 압력의 순 y 성분은 다음과 같다.

$$\begin{pmatrix} y \text{ component of pressure} \\ \text{force on system} \end{pmatrix} = A_{\text{exit}} \cdot (P_{\text{exit}} - P_{\text{atm}}) = A_{\text{exit}} \cdot P_{\text{exit, gauge}} \tag{7.22}$$

여기서 위 방향을 y 방향으로 택하였으므로 $F_{y_{\text{t.stand}}}$와 $V_{y_{\text{out}}}$은 모두 −값이다. 식 (7.21)에 −를

* 계 전체는 y 방향으로 움직이지 않지만, 내부 연료 흐름 때문에 일부는 움직인다. 따라서 전체 계는 약간의 y 방향 운동량을 가지지만, 이것이 시간에 따라 변하지 않는다고 볼 수 있으므로, $[d(mV_y)/dt]_{\text{sys}} = 0$이다. 모터 시동기간 중에는 이렇게 간단히 하는 것이 맞지 않지만, 로켓이 정지되어 있을 때는 운동량수지의 다른 항에 비하여 이 값이 항상 작다.

곱하면

$$-F_{y_{t.stand}} = +F_{y_{rocket}} = -V_{y_{out}}\dot{m}_{out} + A_{exit}P_{exit,\,gauge} \tag{7.23}$$

이 식에서 알 수 있듯이 로켓이 내는 힘은 시험대가 내는 힘과 같으며 방향이 반대이다. 이 로켓이 내는 힘을 **추진력**(thrust)이라 한다. 보통, 로켓이 날기 위해서는 무엇인가를 밀어내야 한다고 생각하지만, 식 (7.23)은 이것이 옳지 않음을 보여 준다. 만일 이것이 사실이라면, 외계의 진공에서 로켓은 작동하지 않을 것이다.

예제 7.8 시험대 위의 로켓이 배기가스 1000 kg/s를 −3000 m/s($-y$ 방향이기 때문에 −값이다)의 유속으로 배출한다. 노즐의 출구 면적은 7 m², 배기 노즐 출구의 계기 압력은 35 kPa이다. 이 로켓의 추진력을 구하라.

식 (7.23)에서

$$F_{rocket} = \text{thrust} = -\left(-3000\,\frac{\text{m}}{\text{s}}\cdot 1000\,\frac{\text{kg}}{\text{s}}\right) + (7\ \text{m}^2\cdot 35\ \text{kPa})$$
$$= 3\ \text{MN} + 0.245\ \text{MN} = 3.25\ \text{MN} = 0.73\cdot 10^6\ \text{lbf} \tag{7.Y}$$

■

여기서 분명한 것처럼, 배기속도가 클수록 소비 연료 단위 질량당 추진력이 크다. 배출 압력이 대기압과 똑같아서 $P_{exit,\,gauge} = 0$이면, 추진력은 배기속도에 직접 비례하게 된다. 대포 로켓과 비행기 이륙 보조 로켓처럼 수평 발사 로켓에서는 대기압이 일정하며, 원리적으로는 $P_{exh} = P_{atm}$이 되도록 로켓 노즐을 설계할 수 있을 것이다. 그러나 이 경우 비현실적으로 큰 노즐이 되므로(공기 저항이 너무 크거나 제작 또는 발진이 너무 힘들다), 대개는 노즐 출구에서 $P_{exh} > P_{atm}$이라고 보고 노즐을 설계한다.

탄도미사일과 인공위성 발진기 같은 수직 발사 로켓은 해수면에서부터 우주공간에 이르는 광범한 대기압에서 작동될 수 있어야 한다. 이때 어떤 평균압력에 대하여 노즐을 설계하므로, 비행 중의 특정 고도에서만 $P_{exh} = P_{atm}$이 된다. 대개 로켓 비행 전체 기간에는 $P_{exh} > P_{atm}$이다.

우선 이러한 복잡성을 무시하면, $P_{exh} = P_{atm}$일 때 배기속도는 로켓 엔진의 효율을 비교할 수 있는 간단하고 신뢰성 있는 직접적 방법이다. 로켓 산업에서 독일의 초기 작업자들은 이를 기초로 하여 비교하였다. 그러나 미국 작업자들은 비교 기준으로 **비추진력**(specific impulse) I_{sp}를 선호하였다.

$$\begin{pmatrix}\text{Specific}\\ \text{impulse}\end{pmatrix} = I_{sp} = \frac{\text{lbf of thrust produced}}{(\text{fuel + oxidizer})\ \text{flow in lbm/s}} \tag{7.24}$$

$P_{exh} = P_{atm}$이면,

$$\text{Thrust} = I_{sp}\,\dot{m} = -V_{y_{out}}\,\dot{m} \tag{7.25}$$

따라서 I_{sp}는 $-V_{y_{out}}$과 똑같아야 한다. 한편, 여기서 힘, 질량, 길이, 시간에 관한 단위 환산을 해야 한다.

예제 7.9 어떤 로켓에서 배기속도가 -3000 m/s이고 $P_{exh} = P_{atm}$이다. I_{sp} 값을 구하라.

$$I_{sp} = -(V_{y_{exh}}) = -\left(-3000\ \frac{\text{m}}{\text{s}}\right) \cdot \frac{\text{N} \cdot \text{s}^2}{\text{kg} \cdot \text{m}} = 3\ \frac{\text{kN} \cdot \text{s}}{\text{kg}} = 305.9\ \frac{\text{lbf} \cdot \text{s}}{\text{lbm}} \tag{7.Z}$$

■

미국 로켓 산업에서는 일반적으로 이 값을 간단히 305.9 s라 쓴다. 그러나 1 lbf와 1 lbm는 같은 것이 아니어서 서로 소거될 수 없으므로, 이렇게 쓰면 맞지 않다. 그러나 로켓에 관한 문헌에서는 일반적으로 이를 소거하여 나타내고 있다.

지금까지 시험대에 고정된 로켓에 관해서만 검토하였다. 움직이는 로켓은 7.5절에서 다룬다.

그림 7.11은 현대 상업용 여객기의 날개에 스트럿(strut)으로 고정된 제트엔진을 나타낸다. 연료는 날개에 있는 탱크로부터 유입된다. 공기는 앞쪽에서 유입, 압축되고, 연료와 혼합되어 연소 후, 높은 속도로 팽창하여 뒤쪽으로 배출된다. 엔진은 **추진력**이라 부르는 F_{jet}의 힘을 스트럿을 통해 비행기에 가하고, 비행기는 크기가 같고 방향이 반대인 F_{strut}의 힘을 스트럿을 통해 엔진에 가한다. 식 (7.17)을 이 계에 적용하면 정상상태에서 다음과 같다.

$$0 = \dot{m}_{air}(V_{x_{in}} - V_{x_{out}}) + \dot{m}_{fuel}(V_{x_{in}} - V_{x_{out}}) + F \tag{7.AA}$$

연료의 유량은 공기의 유량보다 훨씬 작으므로, 간단한 분석에서는 연료의 유량을 보통 0으로 놓는다. 식 (7.AA)의 F는 스트럿이 엔진에 작용한 힘이며, 이는 엔진의 추진력과 크기

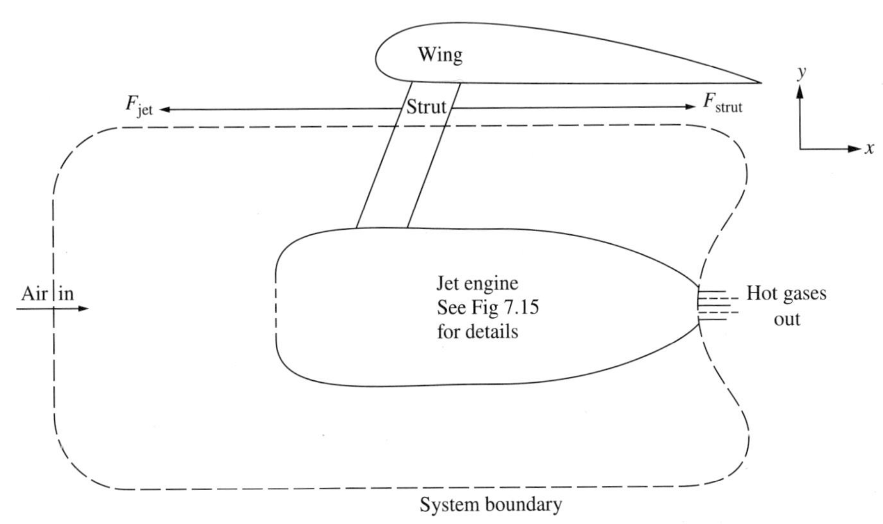

그림 7.11
제트엔진의 개략도. 연료는 날개 탱크에서 엔진으로 스트럿을 통해 아래로 흐른다.

가 같고 방향이 반대이다. 따라서

$$-F_{\text{strut}} = F_{\text{thrust}} \approx \dot{m}_{\text{air}}(V_{x_{\text{in}}} - V_{x_{\text{out}}}) \tag{7.26}$$

예제 7.10 최신 제트엔진의 유입속도가 거의 0이고, 배출속도가 약 1100 ft/s이다. 대형 엔진의 추진력이 40,000 lbf일 때, 필요한 공기 유량을 구하라.

식 (7.26)을 질량 유량에 대하여 정리하여 풀면

$$\dot{m}_{\text{air}} \approx \frac{-F_{\text{strut}}}{(V_{x_{\text{in}}} - V_{x_{\text{out}}})} = \frac{-40\,000 \text{ lbf}}{(0 - 1100) \text{ ft/s}} \cdot \frac{32.2 \text{ lbm} \cdot \text{ft}}{\text{lbf} \cdot \text{s}^2}$$

$$= 1170 \frac{\text{lbm}}{\text{s}} = 531 \frac{\text{kg}}{\text{s}} \tag{7.AB}$$

■

스트럿이 $+x$ 방향으로 힘을 가하므로, 유체는 $+x$ 방향으로 가속된다. 그림 7.11의 계에 대하여 생각하면 외부 힘은 속도 증가와 같은 방향이어야 한다. 엔진은 F_{strut}과 크기가 같고 방향이 반대인 F_{thrust}의 힘을 가하여 비행기를 $-x$ 방향으로 움직이게 한다. 예제 7.10은 이 문제의 간단한 형태이다. 더 복잡한 형태는 참고문헌 [2]를 참고하기 바란다. 이 예제의 값들은 대략적으로 이륙할 준비가 되어 있는 해수면에 정지해 있는 그림 7.15에 표시된 엔진의 거동에 해당한다.

7.3.4 급격팽창

6장에서 보였듯이, 관 내 난류에서 급격팽창이 있으면 마찰 손실(몇몇 다른 에너지가 내부 에너지나 열로 전환)이 생긴다. 이러한 팽창을 그림 7.12에 나타내었다. 점 1과 2의 유속이 균일한 경우, 비압축성 유체에 대한 물질수지식(3장)은 다음과 같다.

$$V_1 A_1 = V_2 A_2 \tag{7.AC}$$

또 수평흐름에 대한 베르누이 식(5장)은 다음과 같다.

$$\frac{P_2 - P_1}{\rho} + \left(\frac{V_2^2}{2} - \frac{V_1^2}{2}\right) = -\mathscr{F} \tag{7.AD}$$

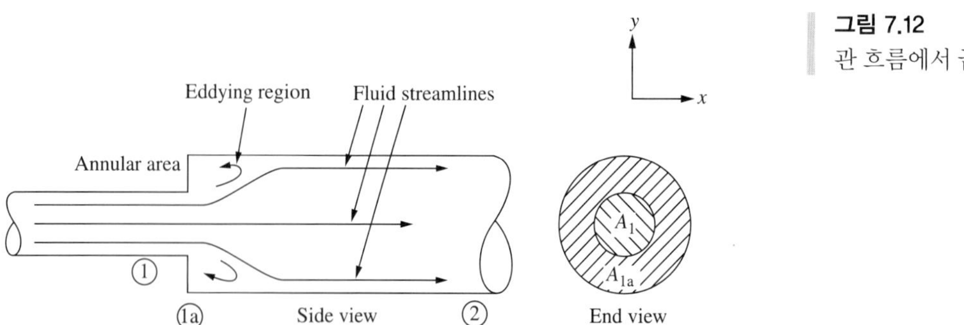

그림 7.12
관 흐름에서 급격팽창

V_1, A_1, A_2를 알면 V_2를 구할 수 있지만, $(P_2 - P_1)$은 $-\mathcal{F}$를 알아야만 구할 수 있다. 그러나 정상 흐름 운동량수지[식 (7.17)]를 이 흐름에 적용할 수 있다. 점 1과 2 사이의 유체를 계로 택하면

$$\sum F_x = -\dot{m}(V_{x_1} - V_{x_2}) \tag{7.AE}$$

여기서

$$\sum F_x = P_1 A_1 + P_{1a} A_{1a} - P_2 A_2 - \int \tau \, dA_w \tag{7.AF}$$

이 식에서 P_{1a}는 환상부분의 평균압력이고, 적분 $\int \tau dA_w$는 점성 마찰에 의한 관 벽에서의 전체 전단력이다. 급격팽창의 경우, 운동량수지에서는 다른 항들이 $\int \tau dA_w$보다 아주 크므로 이를 무시한다.

용기에서 배출되는 유체의 압력에 관한 앞에서의 검토에 따르면, $P_{1a} = P_1$, 즉 점 1에서 전체 단면적에 대해 압력이 같다고 할 수 있다. 이 가정을 식 (7.AF)에 대입하고 이어서 식 (7.AE)에 대입하면

$$P_2 A_2 - P_1 A_2 = \dot{m}(V_{x_1} - V_{x_2}) \tag{7.AG}$$

그러나 $\dot{m} = \rho V_{x_2} A_2$이고 $V_{x_2} = V_{x_1}(A_1/A_2)$이므로

$$P_2 - P_1 = \rho V_{x_1}^2 \frac{A_1}{A_2}\left(1 - \frac{A_1}{A_2}\right) \tag{7.AH}$$

이 식을 식 (7.AD)에 대입하고 식 (7.AC)를 이용하여 V_{x_2}를 소거하면 다음 식이 얻어진다.

$$-\mathcal{F} = V_{x_1}^2 \frac{A_1}{A_2}\left(1 - \frac{A_1}{A_2}\right) - \frac{V_{x_1}^2}{2}\left(1 - \frac{A_1^2}{A_2^2}\right) \tag{7.AI}$$

이 식을 정리하면

$$\mathcal{F} = \frac{V_{x_1}^2}{2} \cdot \left(1 - \frac{A_1}{A_2}\right)^2 \tag{7.27}$$

이 식을 같은 상황을 기술한 식 (6.25)와 비교하면, 이 두 식은

$$K = \left(1 - \frac{A_1}{A_2}\right)^2 \tag{7.28}$$

일 때 같아짐을 알 수 있다. 이 식은 그림 6.16에 도시한 함수이다. 실험에 의하면, 식 (7.28)은 실험 결과를 잘 예측할 수 있는 것이므로, 점 1의 단면에서 압력이 일정하다는 가정은 아주 타당한 것이다.

여기서 다룬 내용을 푸아죄유 식을 구하기 위하여 힘수지를 적용한 6.3절의 내용과 비

교하면 흥미로울 것이다. 그러한 종류의 힘수지가 유용하였던 이유는 유체의 모든 부분에서 유속 변화가 없었기 때문이며, 따라서 유체에 작용하는 힘의 합은 0이었다. 여기서는 유체가 감속되므로, 이에 작용하는 힘의 합이 0이 아니다. 6.3절에서 사용한 간단한 힘수지는 운동량수지의 매우 제한된 형태이며, 완전한 운동량수지를 사용하면, 이 절과 다음 절에서 다루는 더 복잡한 흐름을 취급할 수 있다.

7.3.5 이덕터, 배출기, 흡입 버너, 제트 혼합기 및 제트 펌프

그림 7.13은 전형적인 실험실 분젠 버너(Bunsen burner)의 단면을 나타낸 것이다. 연료 기체의 제트는 위로 흐르며, 관 안의 공기와 운동량 교환을 통해 제트 위치에서(그림상의 2번) 약한 진공을 만들어, 공기 주입구에서 공기를 흡입한다. 기체와 공기는 혼합관에서 혼합되어 불꽃과 함께 배출된다. 이 장치는 가장 흔한 종류의 기체 버너로, **흡입 버너**(aspirating burner)라고 부른다. 이러한 방식은 모든 가정용 가스로(gas furnace), 물 가열기(water heater), 난로(stove)를 비롯해 수동식 프로판 토치(torch), 소형 및 중형 산업용 버너를 포함한다.(가장 큰 산업용 버너는 팬을 통해 연소 공기를 작동시키므로, 여기에서처럼 흡입하지 않는다.) 이러한 버너는 연소 공기를 흡입할 정도만의 진공을 만든다. 고압 수

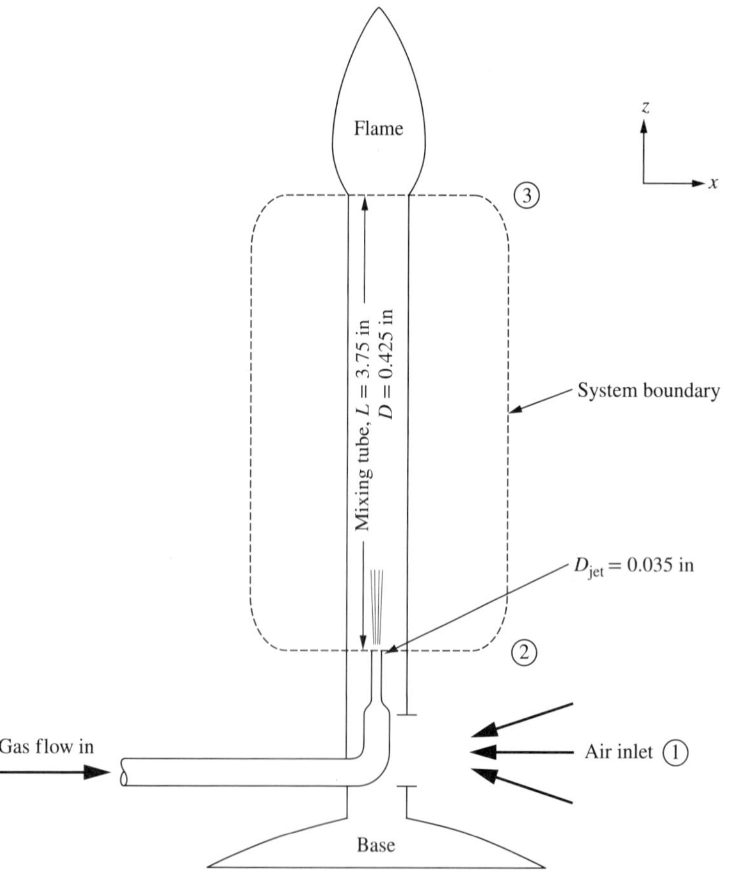

그림 7.13
단순한 분젠 버너. 그림에서 기체 제트는 공기 주입구 위에 있으며, 이는 해석을 간단하게 한다. 공기 주입구와 기체 제트가 같은 위치에 있는 경우 해석이 더 복잡하다.

증기를 동력 유체로 사용하는 동일한 기본 장치는 산업적으로 유용한 진공을 만들 수 있다. 이러한 장치는 **이덕터**(eductor) 또는 **배출기**(ejector)라고 부르며, 산업용 진공 펌프로 널리 사용된다. 이의 수정된 형태인 **제트 혼합기**(jet mixer) 및 **제트 펌프**(jet pump)도 사용된다. 이러한 방식의 모든 장치는 중심부에 있는 고속 제트와 주변 저속흐름 사이의 운동량 교환을 통해 작동된다. 분젠 버너는 단순한 실린더 관 형태이므로 해석이 간단하다. 이덕터, 배출기, 제트 펌프와 대부분의 간단한 버너는 5장에서 본 벤투리와 형태가 같다. 이들은 분젠 버너의 직선관보다 효율적이지만, 해석이 훨씬 더 복잡하다. 이 절에서의 간단한 해석은 임의의 직선관 형태의 장치에 대해 맞으며, 더 복잡한 구조 해석을 직관적으로 하게 하지만 직접 적용할 수는 없다.

이러한 장치의 해석을 위하여 그림 7.13에서 2와 3 사이의 혼합관 부분을 계로 선택하고 운동량수지를 세운다. $+z$ 방향으로 정상 흐름을 가정하고, 방향 표시 아래첨자를 없애면 식 (7.17)은 다음과 같다.

$$0 = \dot{m}_{\text{air}}(V_{\text{air},2} - V_3) + \dot{m}_{\text{gas}}(V_{\text{gas},2} - V_3) + P_2A_2 - P_3A_3 - \tau_{\text{wall}}\pi D_3 \Delta x \tag{7.29}$$

점 3에서 압력은 대기압이어야 하지만, 점 2에서는 아니다. 계기압력으로 문제를 풀면, $P_3A_3 = 0$이 된다. 벽면 마찰 항을 식 (6.19) 형태로 바꾸고 $A_{\text{air},2} \approx A_3$라고 하면(이로 인한 오차는 0.7%이다),

$$\tau_{\text{wall}}\pi D_3 \Delta x \cdot \frac{f\rho V_3^2/2}{\tau} \cdot \frac{A_3}{(\pi/4)D_3^2} = 4f\frac{\Delta x}{D_3} \cdot \frac{\rho V_3^2}{2} \cdot A_3 \tag{7.30}$$

위 식을 식 (7.29)에 대입하여 풀면

$$P_2 = \frac{\dot{m}_{\text{air}}(V_3 - V_{\text{air},2}) + \dot{m}_{\text{gas}}(V_3 - V_{\text{gas},2})}{A_2} + 4f\frac{\Delta x}{D_3} \cdot \frac{\rho V_3^2}{2}$$

$$P_2 = \frac{\rho_{\text{air}}V_{\text{air},2}A_{\text{air},2}(V_3 - V_{\text{air},2}) + \rho_{\text{gas}}V_{\text{gas},2}A_{\text{gas},2}(V_3 - V_{\text{gas},2})}{A_3} + 4f\frac{\Delta x}{D_3} \cdot \frac{\rho V_3^2}{2} \tag{7.31}$$

또한 정상 흐름 물질수지에서

$$\dot{m}_{\text{air in}} + \dot{m}_{\text{gas in}} = \dot{m}_{\text{air-gas mixture out}} \tag{7.32}$$

$\dot{m}$ 항에 ρAV를 대입하고 정리하면

$$V_3 = \frac{\dfrac{\rho_{\text{gas}}}{\rho_{\text{mixture out}}}V_{\text{gas}}A_{\text{gas}} + \dfrac{\rho_{\text{air}}}{\rho_{\text{mixture out}}}V_{\text{air}}A_{\text{air}}}{A_3} \tag{7.33}$$

P_2를 알면 베르누이 식으로부터 연료 기체의 속도를 계산할 수 있으며, 기체 공급관에서의 압력을 알면 베르누이 식으로부터 점 2에서의 공기 속도를 계산할 수 있다. 연립으로 풀어야 하는 식들은 한 개의 운동량수지, 한 개의 물질수지, 두 개의 베르누이 식이다

표 7.1
단순 실린더형 흡입 버너, 이덕터, 배출기, 제트 혼합기 또는 제트 펌프에서 풀어야 하는 식, 음속보다 훨씬 작은 속도(압력은 절대압력이 아닌 계기압력)

Equation type	Region	
Momentum balance	Point 2 to point 3	$P_2 = \dfrac{\rho_{air} V_{air,2} A_{air,2}(V_3 - V_{air,2}) + \rho_{gas} V_{gas,2} A_{gas,2}(V_3 - V_{gas,2})}{A_3} + 4f\dfrac{\Delta x}{D_3} \cdot \dfrac{\rho V_3^2}{2}$
Mass balance	Point 2 to point 3	$V_3 = \dfrac{\dfrac{\rho_{gas}}{\rho_{\text{mixture out}}} V_{gas} A_{gas} + \dfrac{\rho_{air}}{\rho_{\text{mixture out}}} V_{air} A_{air}}{A_3}$
B.E.	High pressure gas to point 2	$V_{gas,2} = \left(2\dfrac{P_{gas} - P_2}{\rho_{gas}}\right)^{1/2}$
B.E.	Outside air to point 2	$V_{air,2} = \left(2\dfrac{P_{air} - P_2}{\rho_{air}} \cdot \dfrac{1}{1 + K_{entrance}}\right)^{1/2}$

(표 7.1). 공기에 대한 베르누이 식에는 유입저항 항(적절한 경우, $K_{entrance} = 0.5$)을 포함하였다. 이들 연립방정식은 유체가 기체, 액체 또는 슬러리에 상관없이 임의의 실린더형 장치에 적용 가능하다. 만일 유체가 기체가 아니면, 단순히 '기체' 아래첨자가 있는 모든 양을 고속(추진) 흐름 양으로 교체하고, '공기' 아래첨자가 있는 모든 양을 저속(피추진) 흐름 양으로 교체하면 된다. 기체 속도가 음속에 가까우면, 여기에서 사용한 간단한 베르누이 식을 8장의 고속 기체 흐름 관계식으로 교체하여야 한다. 다음 예제에서는 모든 유체를 저속의 이상기체로 가정한다.

예제 7.11 그림 7.13의 분젠 버너에 대하여, 주어진 차원에서 P_2, V_3, $\dot{m}_{air}/\dot{m}_{gas}$를 구하라. 기체는 천연가스로 가정하는데, 미국에서는 건물 내로 $P = 4$ in $H_2O = 0.145$ psig = 1.00 kPa gauge로 공급되며, 밀도는 공기 밀도의 약 (16/29)배이다. 또한 $A_{tube} = 0.142$ in^2, $A_{jet} = 0.00096$ in^{2}이다.

먼저, $P_{2,\text{ first guess}} = -0.005$ psig로 가정하여 시작한다. 베르누이 식으로부터 계산하면, $V_{air,\,2,\text{ first guess}} = 20.3$ ft/s, 기체 제트 속도(실질적으로 $P_{2,\text{ first guess}}$에 무관) ≈ 183 ft/s이다. 밀도는 이상기체법칙으로부터 다음과 같이 계산된다.

$$\rho_{20°C} = 0.075\,\frac{\text{lbm}}{\text{ft}^3} \cdot \frac{P\,(\text{abs.})}{14.7\text{ psia}} \cdot \frac{29\,(\text{g/mol})}{M} \tag{7.AJ}$$

두 도입흐름의 질량 유속은 $\dot{m} = \rho A V$로부터 계산되며, 공기와 기체에 대하여 각각 $1.5 \cdot 10^{-3}$, $5.06 \cdot 10^{-5}$ lbm/s이다. 이로부터 계산하면

$$M_{\text{air-gas mixture at outlet}} = 28.3\,\frac{\text{lbm}}{\text{lbmol}} \tag{7.AK}$$

식 (7.31)에 값들을 대입하면(A들은 모두 in^2이고, 속도는 ft/s이므로 차원 생략),

$$V_{3,\text{ first guess}} = \frac{\left(\frac{16}{28.5}\cdot\frac{14.695}{14.70}\right)\cdot 183\cdot 0.142 + \left(\frac{29}{28.5}\cdot\frac{14.695}{14.70}\right)\cdot 20.3\cdot 0.000\,96}{(0.142 + 0.000\,96)}$$

$$= 21.3\frac{\text{ft}}{\text{s}} \tag{7.AL}$$

레이놀즈 수 $\mathscr{R} = 4668$과 추정한 $\frac{\varepsilon}{D} = \frac{0.000\,06\text{ in}}{0.425\text{ in}} = 0.00014$로부터 식 (6.21)을 이용하여 추정한 $f = 0.0096$이고

$$4f\frac{\Delta x}{D} = 4\cdot 0.0096\cdot\frac{3.75\text{ in}}{0.425\text{ in}} = 0.34 \tag{7.AM}$$

식 (7.30)으로부터

$$P_{2,\text{ calculated}} = \left[\frac{\left(\begin{aligned}&0.075\frac{\text{lbm}}{\text{ft}^3}\cdot 20.3\frac{\text{ft}}{\text{s}}\cdot 0.142\text{ in}^2\cdot(21.3-20.3)\frac{\text{ft}}{\text{s}}\\ &+0.041\frac{\text{lbm}}{\text{ft}^3}\cdot 183\frac{\text{ft}}{\text{s}}\cdot 0.000\,96\text{ in}^2\cdot(21.3-183)\frac{\text{ft}}{\text{s}} + 0.34\cdot 0.073\frac{\text{lbm}}{\text{ft}^3}\cdot\frac{\left(21.3\frac{\text{ft}}{\text{s}}\right)^2}{2}\end{aligned}\right)}{0.142\text{ in}^2}\right]$$

$$\cdot\frac{\text{lbf s}^2}{32.2\text{ lbm ft}}\cdot\frac{\text{ft}^2}{144\text{ in}^2} = -0.000\,27\frac{\text{lbf}}{\text{in}^2} \tag{7.AN}$$

이 값은 −0.005 psig보다 훨씬 작으므로, 스프레드시트상의 수치해 루틴을 사용하여 표 7.2와 같이 구한다. 모든 식을 다음의 경우 풀 수 있다.

$$P_{2,\text{ solution}} = -0.001\,27\text{ psig} = -0.0088\text{ kPa} = -0.035\text{ in H}_2\text{O} \tag{7.AO}$$

$$V_3 = 11.3\frac{\text{ft}}{\text{s}} = 3.45\frac{\text{m}}{\text{s}} \tag{7.AP}$$

표 7.2의 질량 유속은 $\dot{m} = \rho AV$로부터 계산된다.

$$\dot{m}_{\text{air}} / \dot{m}_{\text{gas}} = A / F\text{ ratio} = 15.2 \tag{7.AQ}$$

■

이 예제로부터 다음을 알 수 있다.

1. 원칙적으로 네 개의 연립방정식을 명백하게 대수적으로 풀 수 있지만, 스프레드시트 해는 빠르고 간단하며, 무엇보다도 타당성을 점검할 수 있는 중간값을 보여 준다.
2. 계산된 공기 및 공기-기체 혼합물의 속도가 작다. 대부분의 이러한 버너는 여기에서 계산된 정도의 속도를 갖는다.
3. A/F 비는 15.15(lbm/lbm)이다. 이 값은 공기-기체 양론비의 87%이며, 이러한 버너의

표 7.2
예제 7.11의 수치해

Variable	Type	First guess	Solution
D_{tube}, in	Given	0.425	0.425
$D_{gas\ jet}$, in	Given	0.035	0.035
A_{tube}, in^2	Given	0.142	0.142
A_{jet}, in^2	Given	0.000 96	0.000 96
P_{gas}, in H_2O, gauge	Given	4	4
, psig	Given	0.144 61	0.144 61
$P_{2,\ guessed}$, psig	**Guessed**	**−0.005**	**−0.001 275**
ρ_{air} at 2, lbm/ft^3	$\rho = PM/RT$	0.0750	0.0750
ρ_{gas} at 2, lbm/ft^3	$\rho = PM/RT$	0.041 36	0.041 38
V_{gas}, ft/s	B.E.	183.14	180.82
V_{air}, ft/s	B.E.	20.31	10.25
$\dot{m}_{air}$, lbm/s	$\dot{m} = \rho AV$	0.001 50	0.000 757
$\dot{m}_{gas}$, lbm/s	$\dot{m} = \rho AV$	$5.06 \cdot 10^{-5}$	$5.00 \cdot 10^{-5}$
M, air-gas mix at 3, lbm / lbmol	Eq. 7.AK	28.25	27.61
$\rho_{gas\ air\ mix}$ at 3, lbm/ft^3	$\rho = PM/RT$	0.0731	0.0714
V_3, ft/s	Eq. 7.AL	21.26	11.33
$\mathscr{R}$	Eq. 6.1	4668	2487
f	Eq. 6.21	0.0096	0.0115
$P_{2,\ calculated}$, psig	Eq. 7.AN	−0.000 27	−0.001 27
$P_{2,\ calc}/P_{2,\ guessed}$	**Check value**	0.054	**0.9999**
$\dot{m}_{gair}/\dot{m}_{gas} = A/F$ ratio	Eq. 7.AQ	29.63	15.15

전형적인 값이다. 이들은 모두 공기 주입부에 조절 가능한 셔터가 있으며, 최소 공기 유량으로 셔터를 설정하면 파란색의 (연기가 없고 CO를 생성하지 않는) 불꽃을 낸다. 보통 약 50%의 공기를 천연가스와 미리 혼합할 필요가 있다.

4. 극소의 진공이 생성된다. 같은 원리로 작동되는 진공 펌프의 경우, 저압 천연가스를 고압 수증기로 교체하면, 중심 제트에 수천 ft/s의 속도가 생성되며, 훨씬 작은 (피추진 유체/추진 유체) 비가 사용된다.
5. 매우 간단한 장치로서 많은 가정에서 이러한 가열기들을 가지고 있다. 이들의 성능 계산을 위해 운동량수지, 물질수지, 두 개의 베르누이 식, 마찰인자 식과 시스템의 차원들이 필요하였다. 추가적인 단순화 없이 그림 7.13에 있는 차원들을 가진 장치에서 관찰된 값과 매우 가까운 속도를 계산하였다.
6. 이런 타입의 버너가 가진 가장 큰 장점 중의 하나는 유입 가스의 압력을 줄일 수 있다는 것이다(취사용 난로의 노브처럼 버너의 상부흐름 밸브를 조절함으로써). 이것은 공기와 공기의 유속을 감소시킬 것이고 따라서 불꽃의 크기와 열 공급 속도에 의한 A/F 비에 실질적인 변화는 없을 것이다. 그러므로 버너가 하나의 상부흐름 가스 압력으로 적절하게 조절된다면 다른 값들 모두 더 낮게 조절될 것이다. 가스 압력을 4 in H_2O 대신 2 in H_2O로 바꾸어 스프레드시트를 계산하면, 가스, 공기와 혼합 유속은 표 7.2의 값들을 모두 $\sqrt{2}$ 로 나눈 값이 되지만 A/F 비는 변하지 않는다.
7. 연습문제 7.31~7.34를 참조하라.

7.4 상대속도

앞 절에서 다룬 예제들은 모두 공간에서 고정된 계에 관한 것이다. 움직이는 계에도 운동량수지를 적용할 수 있는데, 상대속도(relative velocity) 개념을 도입하면 편리하다. 그림 7.14는 지상에 있는 사람이 움직이는 카트에 탄 사람에게 공을 던지는 모양을 나타낸 것이다. 공의 속도 V는 10 m/s이다. 카트는 속도 $V_{sys} = 5$ m/s로 움직인다. 공을 던지는 사람이 보면 공은 10 m/s로 움직이지만, 이 공을 잡는 사람이 보면 이 공은 5 m/s로 움직인다. 카트를 따라잡는 속도가 이 속도이기 때문이다. 일반적으로,

$$\mathbf{V} = \mathbf{V}_{sys} + \mathbf{V}_{rel} \tag{7.34}$$

여기서 $\mathbf{V}$는 물체 또는 유체흐름의 어떤 고정 좌표에 대한 속도이고, $\mathbf{V}_{sys}$는 같은 고정 좌표에 대한 계(이 경우 카트)의 속도이며, $\mathbf{V}_{rel}$는 움직이는 계에 타고 있는 관찰자가 보는 물체 또는 유체흐름의 속도이다. 속도가 광속에 가까우면 더욱 복잡해지지만, 유체역학에서는 이러한 일이 별로 생기지 않는다. 이 절에서는 고정 관찰자로부터 어떤 장치나 흐름, 가장 흔하게는 계를 통해 움직이는 어떤 종류의 파동 위에 있는 관찰자로 관점을 바꾸는 것이 실제적임을 알게 될 것이다.

식 (7.34)는 벡터식이다. 다른 벡터식도 마찬가지이지만, 세 스칼라식을 간단히 쓴 것이다. 이 책에서는 다음과 같은 스칼라식만을 사용한다.

$$V_x = V_{x_{sys}} + V_{x_{rel}} \tag{7.35}$$

이 식의 유용성을 보이기 위하여 공기 저항이 없이 수평비행하는 로켓을 생각해 보자. 로켓을 계로 택하고 $P_{exh} = P_{atm}$이라 가정한다. 그러면 계로 들어가는 흐름이 없고 x 방향에서 작용하는 외력이 없으므로, 식 (7.13)은 다음과 같이 된다.

$$d(mV_x)_{sys} = -V_{x_{out}}\, dm_{out} \tag{7.36}$$

좌변을 전개하고, $V_{x_{out}}$에 식 (7.35)를 대입하면

$$m_{sys}\, dV_{x_{sys}} + V_{x_{sys}}\, dm_{sys} = -(V_{x_{sys}} + V_{x_{rel,\, out}})\, dm_{out} \tag{7.37}$$

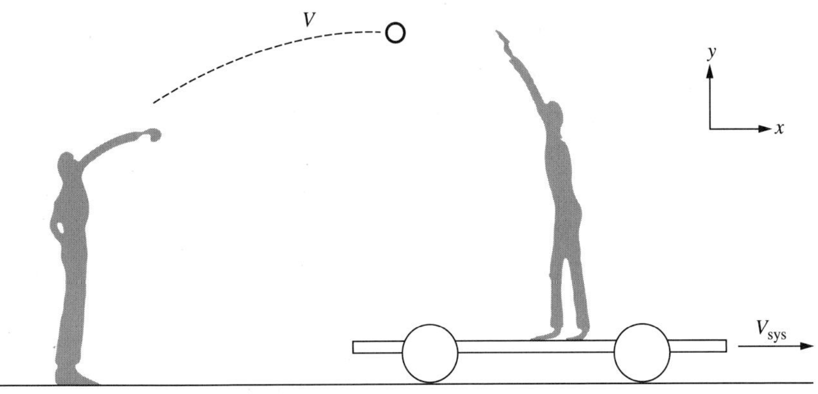

그림 7.14
정지해 있는 사람이 움직이는 카트에 있는 사람에게 공을 던지는 것으로 설명되는 상대속도

모든 속도는 x 방향이므로, 아래첨자 x를 제거할 수 있다. 한편 $dm_{\text{out}} = -dm_{\text{sys}}$이다. 이를 대입하고 같은 항을 소거한 다음 m_{sys}로 나누면 다음 식이 된다.

$$dV_{\text{sys}} = V_{\text{rel, out}}\,(dm_{\text{sys}} / m_{\text{sys}}) \tag{7.38}$$

배기속도가 로켓에 대하여 일정하면(대부분의 로켓에서는 실질적으로 타당한 가정이다) 이 식을 적분할 수 있다. 즉,

$$(V_{\text{fin}} - V_{\text{init}})_{\text{sys}} = V_{\text{rel, out}} \ln \frac{m_{\text{fin}}}{m_{\text{init}}} \tag{7.39}$$

이 식은 로켓방정식(rocket equation) 또는 연소정지속도식(burnout velocity equation)이라고도 하는데, 로켓의 가능한 속도에 대한 한계를 나타내는 것이다.

예제 7.12 1단 로켓이 정지상태($V_{\text{init}} = 0$)에서 출발한다. 연료의 질량은 전체 로켓 질량의 0.9이다. 따라서 $m_{\text{fin}}/m_{\text{init}} = 0.1$이다 연료의 비추진력은 430 lbf·s/lbm이고, 압력은 $P_{\text{exh}} = P_{\text{atm}}$이다. 공기 저항이 없다고 할 때 이 로켓의 최대 수평비행 속도를 구하라.

식 (7.25)에서

$$V_{\text{rel, out}} = -I_{\text{sp}} = -430\,\frac{\text{lbf}\cdot\text{s}}{\text{lbm}} \cdot 32.2\,\frac{\text{lbm}\cdot\text{ft}}{\text{lbf}\cdot\text{s}^2}$$
$$= -13\,850\,\frac{\text{ft}}{\text{s}} = -4220\,\frac{\text{m}}{\text{s}} \tag{7.AR}$$

따라서

$$V_{\text{fin}} = -13\,850\,\frac{\text{ft}}{\text{s}} \cdot \ln 0.1 = 31\,900\,\frac{\text{ft}}{\text{s}} = 9730\,\frac{\text{m}}{\text{s}} \tag{7.AS}$$

■

이 예제는 화학 연료를 사용하는 1단 로켓이 낼 수 있는 최대속도를 보인 것이다. 화학 연료의 최대 I_{sp}는 약 430 lbf·s/lbm이다. 구조 설계를 개선하면 $m_{\text{fin}}/m_{\text{init}}$ 값을 줄일 수 있겠지만, 탄두가 있으면 0.1 이하로 하기는 어려울 것이다. 따라서 이보다 빠른 로켓이 필요하면 다단으로 해야 할 것이다. 식 (7.39)에서는 중력이나 공기 저항의 영향을 고려하지 않았다. 이를 포함하면 식이 복잡해진다(연습문제 7.36). 로켓에 관한 더 자세한 내용은 참고문헌 [2], [3]을 보기 바란다.

상대속도 개념의 유용성을 나타내는 또 한 가지 예로서, 유체 제트와 움직이는 날의 상호작용을 고려하자. 이러한 상호작용은 터보 제트와 가스터빈 엔진, 전 세계 전력의 대부분을 생산하는 수증기 및 물 터빈에 사용되는 터빈과 회전압축기의 기초가 되는 것이다. 그림 7.15는 최신 항공기 제트엔진의 내부를 보여 준다. 이곳에서 유체는 여러 세트의 날과 상호작용하는데, 날 일부는 유체에 일을 가하여 압력을 증가시키고, 일부는 유체로부터

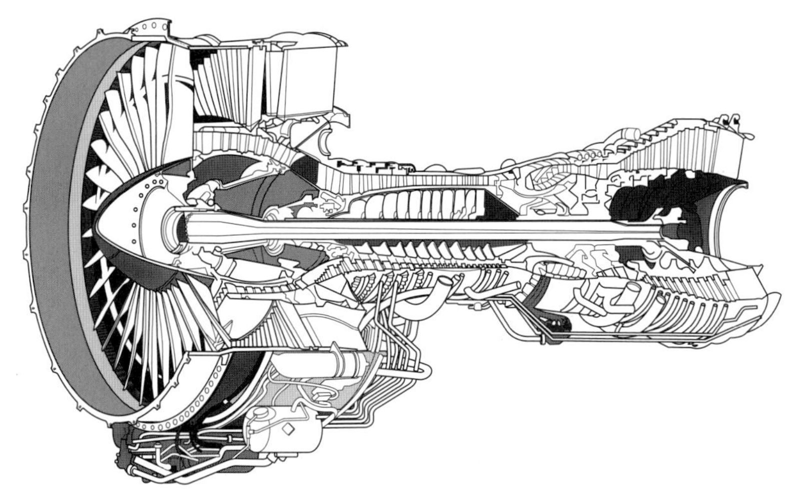

그림 7.15
최신 제트엔진의 내부. Pratt and Whitney PM2000. 기본 파라미터는 예제 7.10에 주어져 있다. 움직이는 유체와 상호작용하는 많은 수의 회전 및 고정 날을 관찰하라.

일을 추출하여 엔진의 다른 부분에 사용한다. 이 절의 나머지 부분에서는 그림 7.15의 여러 날 중 움직이는 하나의 날과 유체의 상호작용에 관하여 고찰한다.

예제 7.3과 7.4에서 제트와 고체 표면의 상호작용에 의하여 표면에 생성되는 힘을 살펴보았다. 이 힘이 작용하려면 어느 거리만큼 이동하여야 한다. 일은 $dW = F\ dx$로 주어지고, 동력(일률)은 $\text{Po} = dW/dt = F\ dx/dt$이다. 후자는 계의 힘에 속도를 곱한 것과 같다. 즉, $\text{Po} = FV_{\text{sys}}$이다.

그림 7.16에서처럼 굽은 날이 x 방향으로 움직이면서 유체흐름의 방향을 바꾼다고 하자. 먼저 날에 타고 있는 관찰자의 관점에서 생각해 보자. 관찰자가 알 수 있는 것은 날이 정지상태에 있다는 것이다. 즉, 아무런 일도 하지 않는다. 따라서 압력과 높이의 변화가 없으므로 베르누이 식이 관찰자에게 가르쳐 주는 것은 다음과 같다.

$$\frac{V_{\text{out}}^2}{2} - \frac{V_{\text{in}}^2}{2} = -\mathscr{F} \tag{7.AT}$$

또 마찰이 없다면 도입 유속과 배출 유속은 크기가 같지만, 방향이 반대가 된다. 마찰이 있다면 배출 유속이 작아질 것이지만 더 커지지는 않는다. 한편 이 에너지수지에서 V^2은 스칼라이므로, V_{in}과 V_{out}의 부호에는 관심을 둘 필요가 없다.

무마찰 흐름을 가정하고, 그림에서 날 모양 때문에 도입 및 배출 흐름은 x 속도만 가지고

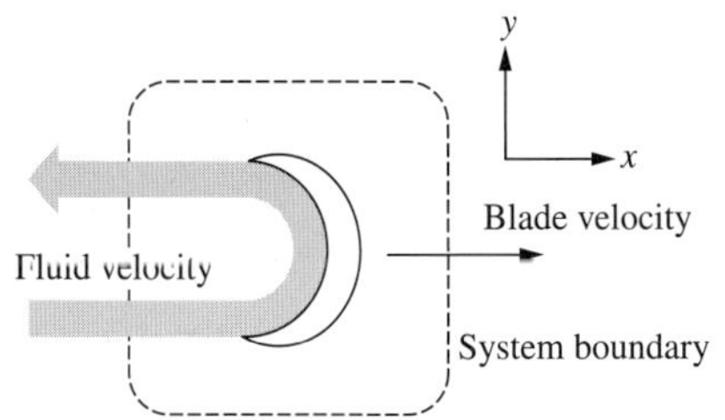

그림 7.16
가장 간단한 제트-날 상호작용

y 속도는 없다고 하자. 식 (7.17)을 적용하고 아래첨자 x를 제거하면 (속도가 모두 x 방향이므로)

$$F = \dot{m}(V_{\text{out}} - V_{\text{in}}) \tag{7.AU}$$

이것은 날이 내는 F이다. 유체는 크기가 같고 방향이 반대인 힘을 날에 미친다. 식 (7.35)를 두 번 대입하면 다음 식이 된다.

$$F = \dot{m}(V_{\text{rel, out}} + V_{\text{blade}} - V_{\text{rel, in}} - V_{\text{blade}}) = \dot{m}(V_{\text{rel, out}} - V_{\text{rel, in}}) \tag{7.40}$$

힘 방정식에서 날의 속도가 소거되므로, 날에 타고 있거나 정지상태에 있는 관찰자가 보는 힘은 같다.

단위 시간당 유체가 한 일*(동력)은

$$\text{Po} = \frac{dW}{dt} = -F\frac{dx}{dt} = -FV_{\text{blade}} = -\dot{m}(V_{\text{rel, out}} - V_{\text{rel, in}})V_{\text{blade}} \tag{7.41}$$

따라서 유체 단위 질량이 한 일은

$$\frac{dW}{dm} = (V_{\text{rel, in}} - V_{\text{rel, out}})V_{\text{blade}} \tag{7.42}$$

한편, 무마찰 흐름에 대한 베르누이 식으로부터 $V_{\text{rel, out}} = -V_{\text{rel, in}}$이므로

$$\frac{dW}{dm} = (2V_{\text{rel, in}})V_{\text{blade}} \tag{7.43}$$

이제 제트의 유속이 일정하다고 하자. 이러한 경우의 예를 들면, 상류 수면이 일정할 때 댐 바닥에서 발전장치로 도입되는 물의 제트(이 경우 베르누이 식으로 제트 유속을 구할 수 있다), 수증기 온도와 압력이 일정하게 유지되는 보일러에서 배출되는 수증기 제트(이 경우에는 8장의 방법으로 제트 유속을 구할 수 있다) 등이다. 식 (7.43)에서 $V_{\text{rel, in}}$을 $V_{\text{jet}} - V_{\text{blade}}$로 교체하고 양변을 $V_{\text{jet}}^2/2$로 나누면

$$\frac{dW/dm}{V_{\text{jet}}^2/2} = 4\left(1 - \frac{V_{\text{blade}}}{V_{\text{jet}}}\right)\cdot\frac{V_{\text{blade}}}{V_{\text{jet}}} \tag{7.44}$$

식 (7.44)의 좌변은 유체 단위 질량당 유체로부터 추출한 일과 제트 유체 단위 질량당 운동에너지의 비이다. 이는 제트 운동에너지를 유용한 일(회전하는 터빈 축의)로 전환시키는 부분 효율로 생각할 수 있다. 식 (7.43)의 우변을 $V_{\text{blade}}/V_{\text{jet}}$에 대해 도시하면 그림 7.17과 같다.

그림 7.17로부터 다음을 알 수 있다.

---

* 이 장에서 일의 항은 모두 도입 일을 제외하므로 4, 5, 6장의 $W_{\text{n.f.}}$ 기호를 갖는다. 여기에서는 혼동되지 않으므로 아래첨자를 생략한다.

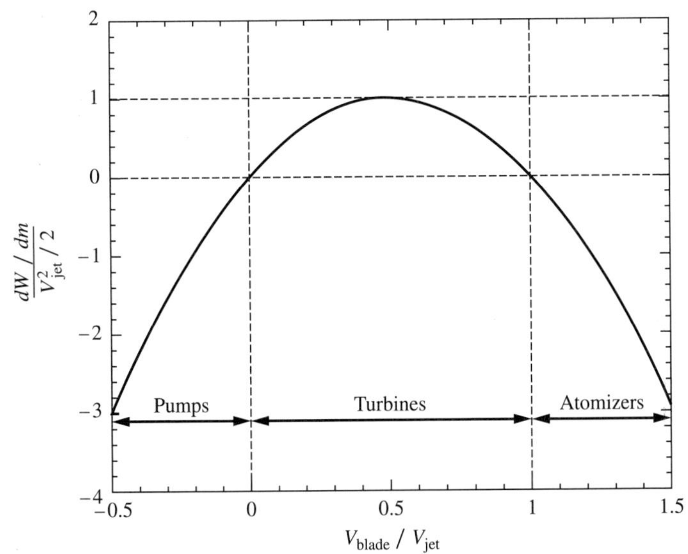

그림 7.17
날 속도/제트 속도 값 범위에 따른 단위 질량당 생성된 일과 단위 질량당 도입 운동에너지의 비

1. $V_{blade}/V_{jet} = 0$인 경우, 단위 질량당 추출된 일 = 0이다. 날은 정지해 있고 흐름에 저항하나 일을 추출하지는 못한다.
2. $V_{blade}/V_{jet} = 1.00$인 경우, 단위 질량당 추출된 일 = 0이다. 날은 제트와 같은 속도로 움직이고(사람이 걷는 속도와 똑같은 속도로 돌아가는 회전문을 통해 걷는 사람처럼) 제트와 아무런 힘의 상호작용이 없다.
3. V_{blade}/V_{jet}가 0에서 1.00 사이의 경우, 추출된 일은 +이다. $V_{blade}/V_{jet} = 0.5$일 때 일은 최대이고, $(dW/dm)/(V_{jet}^2/2) = 1.00$이다. 이 조건에서 제트 내의 모든 운동에너지는 날에 의해 추출되어 일로 전환된다. 그림 7.16을 날에 타고 있는 사람의 관점에서 보면, 유체는 제트속도의 0.50배로 따라와서 같은 속도의 반대 방향으로 나간다. 날을 타고 있는 사람을 지켜보는 고정된 관찰자의 관점에서 보면, 제트는 0의 속도로 날을 떠난다. 모든 운동에너지는 추출된다.(이러한 종류의 실제 터빈에서 제트는 작은 y 속도로 떠나 이를 따르는 다음 배치의 유체를 피한다. 만일 x 속도로만 떠난다면, 뒤에 있는 제트 일부로 들어갈 것이다.)
4. $V_{blade}/V_{jet} < 0$인 그림의 왼쪽에서 날은 그림 7.16에 나와 있는 방향과 반대로 움직인다. 이 경우에 날은 제트에 일을 가한다. 제트를 타고 있는 관점에서는 배출속도는 유입속도와 같으나, 정지해 있는 관찰자의 관점에서는 배출속도가 초기 제트속도보다 더 크다. 일의 부호는 변하는데, 그 이유는 제트가 날에 일을 가하는 대신에 날이 제트에 일을 가하기 때문이다. 이는 펌프나 압축기를 설명하는 것이다. 더 큰 속도로 날을 떠나는 유체는 어떤 종류의 확산기(5.5절)로 전달되어 느려지고, 따라서 압력이 증가한다.
5. $V_{blade}/V_{jet} > 1.00$인 그림의 오른쪽에서 날은 제트보다 빨라지고 유체를 태워 더 높은

속도로 배출시킨다. 이는 회전 디스크 분무기에서 나타나는데, 분무 건조기에서 작은 방울을 생성하는 데 널리 사용된다. 일의 부호는 펌프의 경우와 같으며, 터빈의 경우와는 반대인데, 그 이유는 회전하는 날이 유체에 일을 가하기 때문이다. 이럴 때, 그림 7.16에서 날의 방향은 180° 회전된다.

유체 제트와 움직이는 날의 상호작용에 대해 간단히 고찰하였다. 실제 터빈, 압축기, 분무기의 상호작용은 훨씬 복잡하나, 거의 모든 장치는 움직이는 유체 제트와 움직이는 날 사이의 운동량 교환에 기초를 두고 있다.

7.5 흐름의 시작과 정지

앞에서는 정상 흐름에 관한 예제들을 다루었다. 운동량수지는 비정상 흐름에 대해서도 유용하다. 아주 간단한 예제 몇 개로 이를 설명한다.

7.5.1 관에서 흐름의 시작

예제 7.13 그림 7.18은 대형 물 저장조이다. 긴 수평관을 통하여 물을 배출하며, 그 끝에는 밸브가 있다. 이 밸브를 갑자기 열었을 때 이 계의 유속-시간 거동을 설명하라.

정상상태 유속 V_∞는 점 1과 3 사이에 베르누이 식을 적용하여 구할 수 있다.

$$V_\infty = \left[\frac{2(P_2 - P_3)}{\rho} \cdot \frac{1}{1 + 4fL/D + K_e}\right]^{1/2} \tag{7.AW}$$

$f = 0.0042$를 이용하면(아래를 보자), $4fL/D \approx 327$이 되어 식 (7.AW)에서 1과 K_e를 무시할 수 있으므로 식 (7.AW)는 아래와 같이 쓸 수 있다.

$$V_\infty = \left[\frac{(P_2 - P_3)}{\rho} \cdot \frac{D}{2fL}\right]^{1/2} \tag{7.AX}$$

표 A.3의 값을 사용하면 관 내 정상상태 유속은 2.45 m/s(8.03 ft/s)이고 정상상태 마

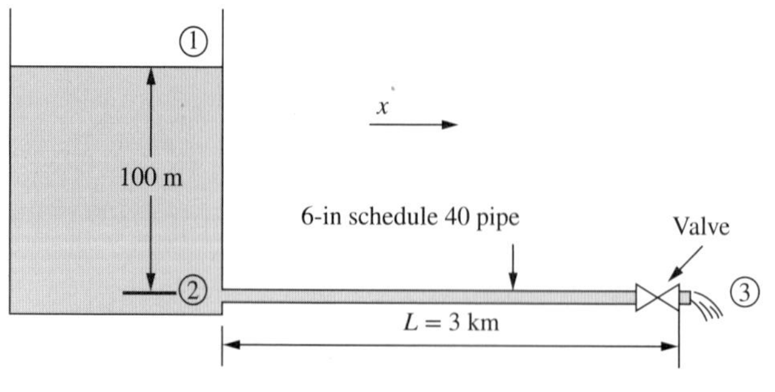

그림 7.18
밸브를 급히 열었다 닫았다 하는 긴 관

찰인자는 0.0042이다.

시작 거동을 예측하기 위하여 관 입구인 점 2에서 출구인 점 3까지를 계로 정한다. 이때 점 2의 압력은 흐름 시작 중에 변하지 않고 $P_2 = \rho g(z_1 - z_2)$라 가정한다. 또 유체의 밀도가 변하지 않는다고 가정한다. 따라서 계 안의 유체 질량이 일정하고 임의의 시간에 입구와 출구에서의 질량 유량과 유속이 같으므로, x 방향 운동량수지를 취하면[식 (7.15)] 다음과 같다.

$$m_{sys}\, dV_{sys} = \sum F\, dt = \left[(P_2 - P_3)\frac{\pi}{4}D^2 - \tau\pi DL\right] dt \tag{7.45}$$

여기서 전단력은 압력힘에 반대 방향으로 작용하며, 정상상태에서는 서로 같다. τ를 마찰인자에 관한 표현으로 바꾸고, 계의 질량을 부피와 밀도로 나타내어 다시 쓰면

$$\rho\frac{\pi}{4}D^2L\, dV = \sum F\, dt = \left[(P_2 - P_3)\frac{\pi}{4}D^2 - f\rho\frac{V^2}{2}\pi DL\right] dt \tag{7.46}$$

$$dV = \left[\frac{(P_2 - P_3)}{\rho L} - \frac{4f}{D}\cdot\frac{V^2}{2}\right] dt = \frac{D}{2f}(V_\infty^2 - V^2)\, dt \tag{7.47}$$

$$\frac{dV}{(V_\infty^2 - V^2)} = \frac{D}{2f}dt \tag{7.48}$$

여기서 f는 일정한 값이 아니다. 즉, 흐름이 층류 영역에서 시작하므로 초기 f는 크고, 이어서 감소하였다가 전이 영역에서 급격하게 증가하며, 난류 영역에서 천천히 감소한다. 그러나 f가 포함된 항이 중요한 것은 시작과도기 끝 부근이므로, f가 일정하다고 취급하고 적분하면 다음과 같다.

$$t = \frac{D}{4fV_\infty}\ln\frac{V_\infty + V}{V_\infty - V} + C \tag{7.49}$$

여기서 $t = 0$일 때 $V = 0$이므로, 우변의 ln 항은 $\ln 1 = 0$이다. 따라서 적분상수 $C = 0$이다. 또한 식 (7.48)이 $t = \infty$일 때의 정상상태 해를 올바르게 나타내는지 확인할 수 있다. 우변이 무한대가 되기 위한 유일한 방법은 ln 항의 분모가 0이 되는 것인데, 이 경우 $V = V_\infty$가 된다. 유속-시간 관계를 구하기 위하여 먼저 다음 값을 구한다.

$$\frac{D}{4fV_\infty} = \frac{[6.065\ /\ 12\ \text{ft}]\cdot \text{m}\ /\ 3.28\ \text{ft}}{4\cdot 0.0042\cdot 2.45\ \text{m}\ /\ \text{s}} = 3.74\ \text{s} \tag{7.AZ}$$

그다음에 표 7.3과 같이 만들 수 있다. 유속은 처음에 급격히 증가하다가 점점 정상상태 값으로 증가함을 알 수 있다. ■

그림 7.19는 이 예제의 결과를 두 가지 다른 결과와 비교하여 나타낸 것이다. 표 7.3의 값들은 이들을 지나는 부드러운 곡선과 함께 네모 기호로 표시하였다. 이 곡선 위에는 식

표 7.3
예제 7.13에서 흐름 시작 거동

Velocity, m / s	Time, s
0.1	0.31
1	3.24
2	8.57
2.4	17.11
2.44	23.1
2.449	31.8
2.45	Infinite

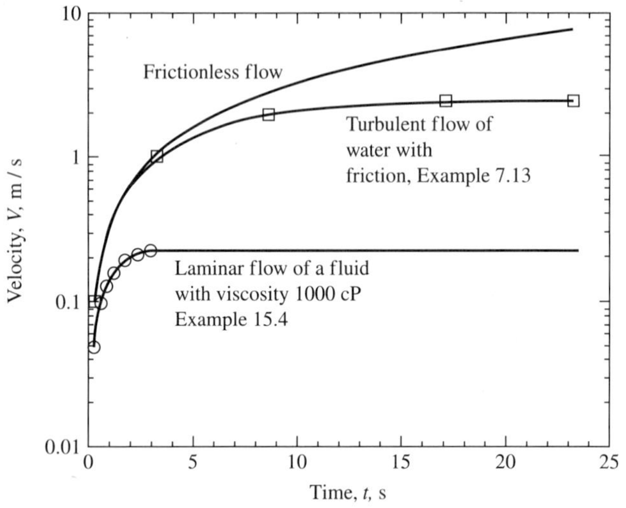

그림 7.19
세 가지 상황에 대한 흐름 시작 거동. 모두 그림 7.18에 해당한다. 위의 곡선은 마찰이 없는 경우에 해당한다. 중간 곡선은 예제 7.13의 해로, 네모 기호는 표 7.3의 값이다. 아래 곡선은 예제 15.4의 해로서, 물을 1000배 점도의 유체로 대체한 것을 제외하고는 예제 7.13과 동일하다.

(7.46)에서 얻은 무마찰 곡선이 있다. 처음 몇 초 동안은 이 예제의 곡선과 같은데, 이는 초기 거동에 미치는 마찰 효과가 최종 유속에 도달하기 시작할 때까지는 무시할 수 있음을 나타낸다. 아래의 곡선은 예제 15.4의 결과를 나타내는데, 예제 7.13의 물을 1000배 점도의 유체로 대체한 것으로 층류 흐름을 만든다. 이의 해는 여기에 사용된 1차원 접근법으로는 구할 수 없으며, 4부에서 다루는 2차원 및 3차원 접근법이 필요하다. 이렇게 점도가 큰 유체의 유속은 항상 예제 7.13의 경우보다 작으며, 최종값은 물 유속의 약 1/10임을 알 수 있다. 시작과도기는 예제 7.13의 경우보다 더 짧다.

7.5.2 관에서 흐름의 정지: 물망치

예제 7.14 유체가 정상적으로 흐르는 중에 밸브를 급히 닫았을 때 예제 7.13을 다시 풀어라.

먼저 식 (7.44)를 다시 쓰면

$$\frac{dV_{sys}}{dt} = \frac{\left[(P_2 - P_3)\dfrac{\pi}{4}D^2 - \tau\pi DL\right]}{m_{sys}} \tag{7.50}$$

만일 유체를 즉시 정지시키면, 이 식의 좌변은 −무한대가 되어야 한다. 이 식의 우변이 −무한대가 되려면 P_3가 무한대가 되어야 한다. 유체를 즉시 정지시킬 수 있고 또 유체의 밀도가 증가하거나 관이 늘어나지 않는다면 이것이 가능하다. 이 상황을 높은 빌딩에서 계란을 떨어뜨릴 때와 비교할 수 있다. 계란은 떨어지면서 속도가 계속 증가하지만, 이에 작용하는 힘은 유연하므로 계란이 손상되지 않는다. 그러나 땅바닥에 도달하면 그 감속이 아주 급격하여 계란이 깨지게 된다. 이 관찰 결과에서 알 수 있듯이 일반적으로는 유체를 즉시 정지시킬 수 없지만, 밸브를 가능한 한 빨리 잠그면 유체를 상당히 빨리 정지시킬 수 있는데, 이때 밸브 부근에 아주 큰 압력이 생긴다.

이 문제를 풀려면, 액체가 적기는 하지만 상당히 압축된다는 사실을 생각해야 한다. 실제 문제에서는 압력 증가에 따른 관의 팽창도 고려해야 한다. 이 결과 여기서 계산한 값보다 압력이 낮아지게 된다. 점 3에서 밸브를 닫아 흐름을 즉시 정지시킬 수 있다면, 밸브 부근의 유체층이 정지된다. 이어서 그다음 층을 정지시키고, 이 정지층은 반대 방향으로 전파되어 저장탱크에 이른다.(안개가 짙게 낀 고속도로에서의 충돌 사고를 생각해 보면 이와 비슷하다고 할 수 있다. 앞서 가던 자동차가 속도를 늦추면 뒤따라오던 차가 충돌한다. 이 첫 충돌로 인해 몇 대의 자동차가 줄줄이 부딪히면서 정지하게 된다. 이 뒤로 자동차들이 계속 정지하고, 한참 뒤까지 늘어서게 될 것이다.) 관 벽이 단단하다고 가정하였을 때, 정지 유체와 움직이는 유체 사이의 경계의 전파 속도는 국부 음속과 같다. 이를 여기서는 증명하지 않겠지만, 8장에서 음속을 다루고 나면 분명해질 것이다. 8장을 참조하면, 물의 경우 음속 $c = 1520$ m/s(5000 ft/s) 정도이므로, 밸브를 닫았을 때 물의 정지층이 저장탱크에 도달하는 시간 $t = L/c = (3000$ m$)/(1520$ m/s$) = 2$ s와 같다.

정지 유체 중의 압력을 계산하기 위하여, 움직이는 유체와 정지 유체 사이의 계면에 탄 사람의 관점을 취하기로 한다. 그림 7.20은 이러한 관점의 변화와 그 결과를 나타낸다. 이 책에서 같은 논리를 몇 번 다시 적용할 것이다. 그림의 윗부분은 정지해 있는 관찰자의 관점에서 파동이 오른쪽에서 왼쪽으로 흐름을 가로질러 $(c - V_1)$의 속도로 전파되는 것을 보여 준다. 음속은 음파가 정지 유체 내로 얼마나 빨리 움직이는지를 나타낸다. 여기에서는 유체가 움직이므로 위와 같은 속도가 나왔다. 그림의 아랫부분은 파동을 타고 있는 사람의 관점을 나타내는데, 관찰자는 정지해 있고, 유체는 관찰자를 향하여 $V_{upstream} = c$의 속도로 움직인다. 관점을 바꾸는 것은 어떤 점에서도 P나 ρ를 변화시키지 않으나, 감지되는 상류 및 하류 속도를 모두 변화시킨다. 그러나 파동 전후의 속도 변화 ΔV는 변하지 않는다. 이렇게 관점을 변화시키는 것의 장점은

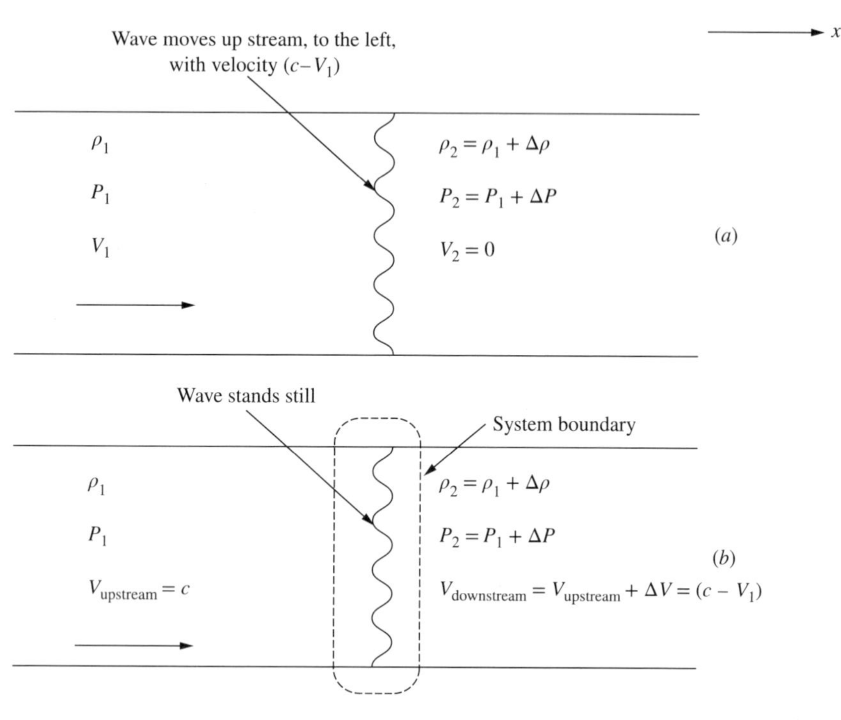

그림 7.20
(a) 정지해 있는 관찰자를 지나가는 파동, (b) 파동과 같은 속도로 움직이는 관찰자가 보는 파동

비정상상태 문제를 정상상태 문제로 바꿀 수 있는 점이다. 이 문제의 나머지와 다음 절의 문제를 정지해 있는 관찰자의 관점에서 풀어서 장점을 알아보기 바란다.

파동을 타고 있는 관찰자의 관점을 따르고, 그림 7.20 아랫부분에 나와 있는 계를 취하면, x 방향 정상상태 운동량수지[식 (7.15)]는 다음과 같다.

$$0 = \dot{m}_{\text{in}}(V_{\text{in}} - V_{\text{out}}) + \sum F = c\rho A\ \Delta V - A\ \Delta P \tag{7.51}$$

$$\Delta P = c\rho\ \Delta V \tag{7.52}$$

여기서 ΔP는 움직이는 경계 전후의 압력 변화이고, ΔV는 속도 변화로서, 이 경우 아직 정지되지 않은 유체의 유속에서 0을 뺀 것, 즉 예제 7.13으로부터 2.45 m/s이다. 수치를 대입하면,

$$\begin{aligned}\Delta P = c\rho\ \Delta V &= 1520\ \frac{\text{m}}{\text{s}} \cdot 998.2\ \frac{\text{kg}}{\text{m}^3} \cdot 2.45\ \frac{\text{m}}{\text{s}} \cdot \frac{\text{N} \cdot \text{s}^2}{\text{kg} \cdot \text{m}} \cdot \frac{\text{Pa}}{\text{N/m}^2} \\ &= 3.72\ \text{MPa} = 539\ \text{psi}\end{aligned} \tag{7.BA}$$

■

이 압력은 아주 큰 값이다. 따라서 특히 대규모 수력발전용 구조물에서 이른바 물망치(water hammer)라는 현상이 심각한 문제가 됨을 알 수 있다. 가정에서도 수도꼭지를 급히 잠그면 이러한 현상이 생길 때가 있는데, 배관에서 두드리는 소리가 나는 것은 고압이 생

성되었음을 의미한다. 여기서는 이 문제를 간단히 다루었으므로, 보다 흥미 있는 자세한 내용은 참고문헌 [4]를 참조하기 바란다.

한편 직관적으로 생각하면, 관 내 유체의 질량($AL\rho$)을 초기 유속에서 0까지(ΔV) 감속시키기 위하여 압력힘($A\Delta P$)을 가하는 시간($t = L/c$)을 구하여 식 (7.52)를 얻을 수 있을 것이다. 실제로 이 값들을 $F = ma$에 대입하면 바로 식 (7.52)가 된다. 정지된 흐름이 파이프 입구(그림 7.18의 탱크)에 도달하면 압축된 유체가 팽창하여 일부 유체를 탱크로 다시 밀어 넣을 것이다. 이로 인해 팽창파동이 탱크에서 밸브로 다시 이동한 다음 더 약한 압축파동 등으로 이동한다. 이것은 마찰이 결국 멈추는 일련의 앞뒤 파동 중 첫 번째만 고려한다는 것이다.

7.5.3 개방 유로에서 흐름의 정지: 수력 도약

그림 7.21은 상부가 개방된 정상 흐름 개방유로를 나타낸다. 정상 흐름이 되기 위해서는 유로가 하류 방향으로 기울어져 있어야 한다. 그러나 예제 6.15에서처럼 이러한 기울기는 매우 작아서 이 절의 나머지 부분에서 무시할 것이다. 그림 7.21에는 갑자기 닫혀 흐름을 정지시킬 수 있는 게이트가 나와 있다. 게이트가 닫히면, 유체가 대기 중에 개방되어 있어 유체 압력이 증가하지 않는 점을 제외하고는 7.5.2절의 상황과 유사하다. 따라서 압력 대신에 깊이가 증가한다. 물망치의 경우 압력이 증가한 정지 유체 부분이 흐름을 가로질러 상류로 전파된 것처럼, 깊이가 증가한 정지 유체 층은 흐름을 가로질러 상류로 전파된다. 마찬가지로, 정지한 유체와 움직이는 유체 사이의 경계를 타고 있는 사람의 관점을 취하면 수식이 매우 간단해져서, 비정상 흐름 문제가 정상 흐름 문제로 바뀐다. 그러한 관찰자에게는 이 현상이 그림 7.22에 나와 있는 단면과 같다. 이렇게 빠르고 얕은 흐름이 느리고 깊은 흐름으로 전이되는 현상을 수력 도약(hydraulic jump)이라 부른다. 이 현상은 폭우 중의 홈통 안, 슈트와 방수로의 바닥 등에서 쉽게 볼 수 있다. 해석을 시작하기 전에, 부엌 싱크에서 이 현상을 관찰할 것을 제안한다. 그림 7.23은 수도꼭지에서 나온 물 제트가 싱크 바닥을 때리는 것을 보여 준다. 얕고 빠른 흐름은 바깥 방향으로 흘러 수도꼭지 근처의 흐름보다 깊고 느린 흐름으로 바뀌는 수력 도약으로 들어간다. 이 현상은 어느 싱크에서도 쉽게

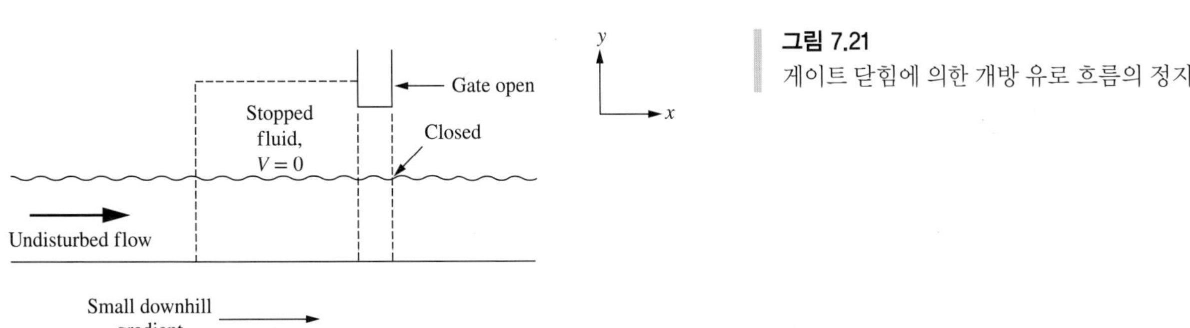

그림 7.21
게이트 닫힘에 의한 개방 유로 흐름의 정지

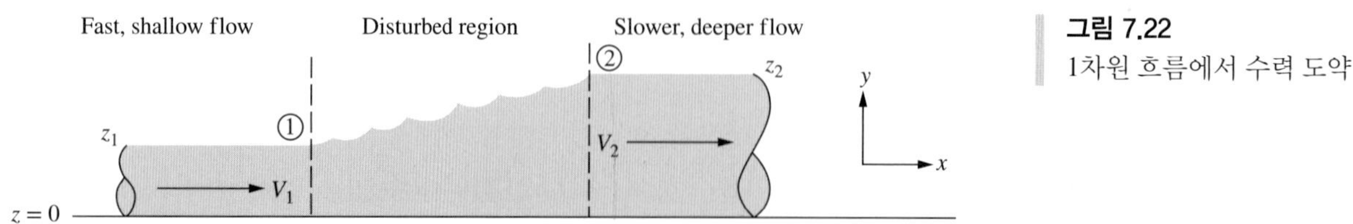

그림 7.22
1차원 흐름에서 수력 도약

볼 수 있다. 그림 7.22의 정상상태, 1차원 해석이 수학적으로 가장 다루기 쉬우므로 이를 이용한다. 수학적으로 파동은 계단함수로 취급되나, 그림 7.22(및 싱크에서 도약의 관찰)에서 관찰된 거동처럼, 깊이와 속도의 변화는 급작스러운 계단이 아닌 짧은 거리에서 일어난다.

그림 7.22에서 도약이 일어나는 단면은 이 책의 종이면 위, 아래로 확장된다. 지금 폭이 l ft인 흐름을 생각하고, 흐름에 직각인 임의의 단면에서의 유속이 일정하다고 가정하자. 물과 같은 비압축성 유체의 정상 흐름에서는 질량수지가 다음과 같다.

$$V_1 z_1 = V_2 z_2 \tag{7.BB}$$

문제 대부분에서는 이 네 개의 양 중에서 두 개를 알 수 있다. 이 식은 세 번째 양을 알기 위한 관계를 제공한다. 따라서 한 개를 더 알아야 풀 수 있다. 상태 1과 2 사이에 베르누이 식을 적용하면

$$\frac{P_2 - P_1}{\rho} + g(z_2 - z_1) + \frac{V_2^2 - V_1^2}{2} = -\mathscr{F} \tag{7.BC}$$

5.11절에서도 다루었지만, 여기서 모든 유체가 같은 높이 z와 같은 압력 P로 들어가거나 나가는 것이 아니므로, 평균값을 사용해야 한다. 마찰 항을 무시할 수 있으면 이 식을 필요한 관계로서 사용할 수 있겠지만, 수학적 해석과 실험에 따르면 마찰이 상당히 크다. 따라서 이 식은 식 (7.BC)에서 미지량 사이의 관계를 나타내기는 하지만, 또 하나의 미지량 $\mathscr{F}$를 도입하는 것이므로 소용없다.

그러나 식 (7.17)을 사용하여 필요한 관계를 얻을 수 있다. 점 1과 2 사이의 유체를 계로 택하면, x 방향에 작용하는 힘은 바닥에서의 전단력과 계에서 액체 양면에 작용하는 압력

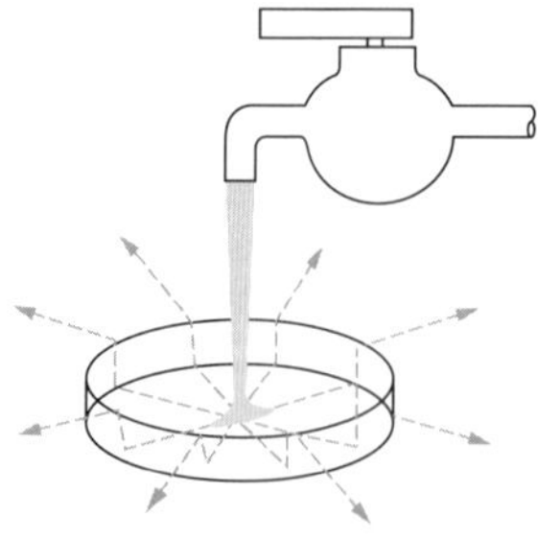

그림 7.23
임의의 싱크에서 볼 수 있는 방사 바깥 방향 흐름 수력 도약

힘인데, 전단력은 무시할 정도로 작으므로 무시할 수 있고, 압력힘은 다음과 같다.

$$F = \int P\,dA = l\int_{z=0}^{z_{\text{surf}}} g\rho\,(z_{\text{surf}} - z)\,dz = lg\rho\,\frac{(z_{\text{surf}})^2}{2} \tag{7.BD}$$

점 1과 2의 흐름은 모두 x 방향이므로, 식 (7.17)을 쓰고 x 아래첨자를 제거하면 다음과 같다.

$$0 = l\rho z_1 V_1(V_1 - V_2) + \frac{l\rho g}{2}\,(z_1^2 - z_2^2) \tag{7.BE}$$

식 (7.BB)와 (7.BE)를 z_2에 대해 풀면 식 (7.53)과 같다(부록 B.2 참조).

$$z_2 = \frac{-z_1}{2} \pm \sqrt{\left(\frac{z_1}{2}\right)^2 + \frac{V_1^2 z_1}{g}} \tag{7.53}$$

이 식에서 근호 앞의 −부호는 물리적 의미가 없다. 식 (7.53)과 (7.BC)에서 $\mathscr{F}$ 값을 계산할 수 있다(연습문제 7.52 참조). 식 (7.53)의 양변을 z_1으로 나누면 다음과 같이 흥미로운 식이 된다.

$$\frac{z_2}{z_1} = -\frac{1}{2} + \sqrt{\frac{1}{4} + 2\,\frac{V_1^2}{g z_1}} \tag{7.54}$$

$V_1^2/(gz_1)$(=2 × 파운드당 운동에너지/파운드당 위치에너지)은 무차원이며, 개수로(open-channel) 흐름을 다루는 데 넓게 이용되는 프루드 수(William Froude, 1810~1879)라 한다.

분명히 z_2/z_1는 1 이상이어야 하는데, 이 값이 1이면 수력 도약의 높이를 무시할 수 있다.(즉, 수력 도약이 사라질 정도로 작다.) 식 (7.53)에서 프루드 수가 1이면 $z_2/z_1 = 1$이고, 프루드 수가 1보다 크면 z_2/z_1가 1보다 크다. 기체에서 수직 충격파를 연구할 때 새로운 무차원군인 마하수가 비슷한 역할을 한다.

이러한 주제가 유체역학 교과서에 포함되는 이유는 다음과 같다.

1. 수력 도약은 자연 현상에서 쉽게 관찰할 수 있다.

2. 수력 도약은 운동량수지를 사용하지 않고는 풀 수 없는 문제의 흥미로운 예이다.

3. 충격파와 수력 도약은 아주 유사하다. 충격파는 고속 기체 흐름에서 볼 수 있다. 수력 도약은 부엌 싱크에서 쉽게 입증할 수 있으며, 시설을 갖춘 실험실이라면 쉽게 연구할 수 있다. 충격파는 입증하거나 연구하기가 쉽지 않다. 따라서 수력 도약의 시각적 관찰과 수학적 해석으로부터 충격파를 직관적으로 이해할 수 있을 것이다. 이들의 유사성을 8장에서 다룬다.

그림 7.22에서 흐름의 방향에 관계없이 식 (7.53)과 (7.BC)는 다 잘 만족한다. 그러나 $\mathscr{F}$를 계산하면, 그림의 오른쪽에서 왼쪽으로의 흐름일 때 (깊고 느린 흐름에서 얕고 빠른 흐름으로) $\mathscr{F}$는 −값이 된다. 이는 열역학 제2법칙에서 금지되어 있으므로, 흐름은 그림에 나

타낸 것과 같아야 한다. 여기서 충격파에서 볼 수 있는 것과 아주 유사한 현상을 볼 수 있는데, 충격파에서도 연속, 에너지, 운동량 식이 어느 방향으로의 흐름에서나 만족하지만, 열역학 제2법칙은 한 방향의 흐름만이 가능함을 나타낸다. 또한 수력 도약은 프루드 수가 1보다 클 때만 가능하다. 정상 충격파를 공부하면 마하수가 1보다 클 때만 정상 충격파가 가능함을 알게 될 것이다.

예제 7.15 그림 7.22의 정상 물 흐름에서 $V_1 = 4$ ft/s, $z_1 = 0.0005$ ft($= 0.006$ in)이다. V_2와 z_2를 구하라.

먼저 다음을 계산한다.

$$\text{Froude number} = \mathscr{F}r = \frac{V_1^2}{gz_1} = \frac{(4\ \text{ft/s})^2}{(32.2\ \text{ft/s}^2)\cdot 0.0005\ \text{ft}} = 993.8 \tag{7.BF}$$

따라서

$$\frac{z_2}{z_1} = -0.5 + \sqrt{0.25 + 2\cdot 993.8} = 45.08 \tag{7.BG}$$

$z_2 = 0.0225$ ft $= 0.27$ in $= 6.86$ mm, $V_2 = 0.09$ ft/s $= 0.017$ m/s임을 쉽게 계산할 수 있다. ■

이 값들은 그림 7.23에 나와 있는 싱크 흐름의 대표적인 값이다. 물이 빠지지 않도록 마개로 싱크를 막으면, 도약 하류 깊이가 증가함에 따라 도약이 일어나는 반경은 안쪽으로 이동하게 될 것이다. 얕고 빠른 흐름은 바깥쪽으로 이동함에 따라 속도가 감소하므로(깊이가 일정하려면 정상 흐름 물질수지로부터 그렇게 됨을 알 수 있으며, 실제로도 그렇다), V_1이 싱크의 수면 상승에 의한 (z_2/z_1) 설정치에 해당하는 곳에서 식 (7.54)를 푸는 것이다. 결국, 도약 반경은 충분히 작아지며 낮고 빠른 흐름이 빠져나가 수력 도약은 사라진다.

그림 7.21의 직선, 사각형 유로로 돌아가서 더욱 전형적인 예, $z_1 = 1$ ft, $V_1 = 10$ ft/s의 도약과 함께 움직이는 관찰자가 보는 유체흐름을 생각할 수 있다. 간단한 계산 결과, 이 경우에 프루드 수 $= 3.1$, $V_2 = 3.24$ ft/s, $z_2 = 3.25$ ft임을 알 수 있다. 이제 정지해 있는 관찰자의 관점으로 되돌아가면, z_2 값은 정지해 있거나 움직이는 관찰자이거나 같으므로, 관점의 변화는 영향을 주지 않음을 알 수 있다. 그러나 추측한 V_1 값은 고정된 관찰자가 본 상류 흐름 속도와 도약이 상류로 이동하는 속도의 합이다. 정지해 있는 관찰자의 관점에서 하류 흐름은 정지해 있으므로 도약은 $V_{\text{jump}} = 3.24$ ft/s로 상류로 이동하며, 정지해 있는 관찰자의 관점에서 상류 속도 $V_1 = 10 - 3.24 = 6.76$ ft/s임을 알 수 있다. 그림 7.22의 상류 속도를 알고 도약이 움직이는 속도를 구하는 문제는 시행착오 해가 필요하다(연습문제 7.53 참조).

식 (7.BE)에서 V_2와 z_2를 $V_1 + dV$와 $z_1 + dz$로 각각 바꾸고 l과 ρ로 나누면 다음과 같다.

$$0 = -z_1 V_1 dV + \frac{g}{2}\left(z_1^2 - (z_1 + dz)^2\right) \tag{7.BH}$$

이 식에서 우측 괄호 안을 풀어서 정리하면 다음과 같다.

$$0 = z_1 V_1 dV + \frac{g}{2}(2z_1 dz + dz^2) \tag{7.BI}$$

만약 작은 도약에 대한 결과를 구하고자 한다면, dz^2을 무시할 수 있으므로 다음과 같은 식으로 정리할 수 있다.

$$0 = z_1 V_1 dV + g z_1 dz \tag{7.BJ}$$

다음으로 물질수지식 (7.BB)를 $V_1 z_1 = (V_1 + dV)(z_1 + dz)$로 대체하자. 우변의 괄호를 풀고 $dVdz$를 0이라고 하면 $dv = -V_1 \dfrac{dz}{z_1}$가 된다. 이 식을 식 (7.BJ)에 대입하여 정리하면 다음과 같은 식을 얻을 수 있다.

$$V_1^2 = g z_1 \quad \text{또는} \quad V_1 = \sqrt{g z_1} \tag{7.BK}$$

이것은 매우 작은 수력 도약의 상류속도이다. 또한 큰 수역(a large body of water)에서 발생하는 작은 중력에 의한 파동의 속도이다(바람에 의한 파동 또는 매우 작은 표면장력에 의한 파동과 혼동하지 말 것). 가장 유명한(그리고 파괴적인) 중력파동은 쓰나미(이전에는 해일이라고 부름)이다. 이는 일반적으로 높이가 10~20 ft에 불과한 해저지진에서 시작하지만, 길이는 최대 1 mi의 파도를 만든다. 놀랍게도 식 (7.BK)에서는 파도의 높이는 나타나지 않지만 수심은 나타난다. 질량과 운동량 수지로부터 이 방정식을 얻었다. 관련된 운동량의 대부분은 표면 아래에 있고, 표면 위의 작은 높이는 운동량에 거의 기여하지 않는다. 식 (7.BK)에서도 그것을 무시하였다.

예제 7.16 전 세계 바다의 평균깊이는 12,000 ft이다. 바다의 깊이가 12,000 ft로 균일하다면 중력이 얼마나 빨리 이동할지를 추정하라.

$$V = \sqrt{gh} = \sqrt{32.2\frac{\text{ft}}{\text{s}^2} \cdot 12\,000\ \text{ft}} = 622\frac{\text{ft}}{\text{s}} = 423\frac{\text{mi}}{\text{h}} = 682\frac{\text{km}}{\text{h}} \tag{7.BL}$$

이 가정 아래 2011년 3월 11일 후쿠시마 지진으로 인한 쓰나미 파도가 ≈11,000 mi = 17,700 km 떨어진 칠레 해안까지 도달하는 데 걸린 시간을 추정하라.

$$t = \frac{x}{V} = \frac{11\,000\ \text{mi}}{423\ \text{mi/h}} = 26\ \text{h} \tag{7.BM}$$

실세로 관찰된 시간은 23시간이었다. 이것은 태평양에 대한 평균깊이의 추정이 단지 작은 오차를 갖는다는 것을 알 수 있다. ■

7.6 항공공학 소개

5장과 6장에서는 에너지수지를 적용하여 쉽게 이해할 수 있는 문제를 다루었다. 이 장에서는 운동량수지를 적용함으로써 쉽게 이해할 수 있는 문제를 다룬다. 어떤 문제는 에너지수지와 운동량수지를 동시에 적용할 때 쉽게 이해할 수 있다. 아주 흥미 있는 예로서 비행의 기본 해석을 들 수 있는데, 비행기와 헬리콥터, 새와 곤충의 거동을 설명하는 데 도움이 될 것이다.

비행기(또는 새나 날아다니는 곤충)는 유체역학 장치이다. 이것들은 유체(공기)를 움직이게 함으로써 난다. 일정속도로 수평비행하는 비행기를 고려하자(그림 7.24). 이 비행기는 x나 y 방향에서 가속되지 않는다. 따라서 이러한 각 방향에서 이 비행기에 작용하는 힘의 합은 0이다. 이러한 힘을 그림에 나타내었는데, 통용되는 항공공학 명칭을 함께 나타내었다. 중력이 나타내는 힘인 무게(weight)는 하방으로 작용한다. 이에 반하여, 비행기는 이에 반대되는 상향 힘, 즉 양력(lift)을 내야 한다. 양력은 공기가 이 힘을 내게 하는 비행기 날개의 함수이다.

날개가 이 일을 하는 방법을 알기 위하여 비행기에 대한 운동량수지를 취한다. 이때 비행기와 그 주위의 공기 봉투를 계로 정하는데, 이 봉투는 그 외부의 압력이 일정하도록 아주 크게 택한다. 계의 경계 역시 그림 7.24에 나타내었다. 좌표계를 비행기에 기준으로 하도록 하여, 비행기는 정지상태에 있고 공기가 비행기를 향하여 흐르는 것으로 보이도록 한다. 정속 비행에서 운동량수지의 y 성분을 응용하면 축적량이 없음을 알 수 있다. 즉, $d(mV)_{\text{sys}} = 0$이다.* 계 외부의 압력은 일정하다고 가정하였으므로, 비행기에 작용하는 외력은 중력과 공기에 의한 힘이다. 따라서

$$F = \text{weight of the plane} = \dot{m}(V_{y_{\text{out}}} - V_{y_{\text{in}}}) \tag{7.55}$$

비행기로 접근하거나 비행기를 떠나는 공기의 유속이 모두 같지는 않으므로 이 식의 두 V_y는 어떤 적절한 평균유속으로서, 계 전체 표면에 대하여 단위 표면적당의 유속을 적분하여 구한다. 그러나 이러한 유속이 적정한 평균값이라고 생각하면, 이 적분은 걱정할 필요가

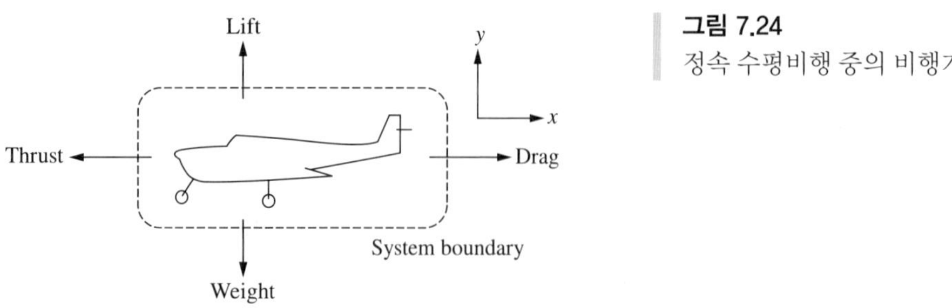

그림 7.24
정속 수평비행 중의 비행기

* 정확하게 다루려면 연소에 의하여 감소하는 연료의 질량을 고려해야 하지만, 여기서는 적은 양이므로 무시하기로 한다.

없다.

$+y$축 방향에서 F_y는 $-$값이다. $\dot{m}$에 의한 흐름은 $+$값이므로 $V_{y_{\text{out}}} - V_{y_{\text{in}}}$은 $-$값이어야 한다. 공기는 $-y$ 방향 즉 하방으로 가속되어야 한다. 따라서 수평비행을 유지하려면 비행기가 주변 공기를 하방으로 가속해야 함을 알 수 있다. 이것은 서서 헤엄칠 때와 똑같은 것으로, 물을 하방으로 가속함으로써 계속 서 있을 수 있다.

예제 7.17 질량 1000 kg인 비행기(무게 9810 N)가 50 m/s의 정속으로 수평비행하고 있다. 날개 길이는 15 m이며, 이것이 공기 흐름에 영향을 미치는 것은 날개 길이 전체에서 두께 3 m까지이다. 이 공기를 하방으로 내려보내는 평균 수직속도를 구하라. 공기는 수직속도 0으로 들어온다고 가정한다.

$$\dot{m} = \rho A V_{x_{\text{in}}} = 1.21\,\frac{\text{kg}}{\text{m}^3} \cdot (15\text{ m} \cdot 3\text{ m}) \cdot 50\,\frac{\text{m}}{\text{s}} = 2723\,\frac{\text{kg}}{\text{s}} = 6000\,\frac{\text{lbm}}{\text{s}} \qquad (7.\text{BN})$$

$$V_{y_{\text{out,avg}}} = \frac{F_y}{\dot{m}} = \frac{9810\text{ N}}{(2723\text{ kg/s})} \cdot \frac{\text{kg} \cdot \text{m}}{\text{N} \cdot \text{s}^2} = 3.60\,\frac{\text{m}}{\text{s}} = 11.8\,\frac{\text{ft}}{\text{s}} \qquad (7.\text{BO})$$

■

이것은 '외부로부터의' 접근방법이다. 비행기 각 부분 주위에서의 흐름에 관한 세부지식이 없어도, 수평비행을 유지하는 데 영향을 미치는 공기에 주어야 할 평균 하방속도를 구할 수 있다. 비행기 자체를 계로 택한다면 도입 및 배출 흐름이 없으므로 (엔진에서의 도입 및 배출을 무시하면) 계에 작용하는 힘의 합이 0이다. 비행기가 계일 경우 이 힘은 중력과 비행기 표면 전체에 대하여 적분한 압력힘이다. 이 후자를 구하려면, 비행기 주위 전체에서의 흐름을 자세히 알아야 한다. 날개가 간단한 구조라면 베르누이 식에 의하여 이를 구할 수 있다. 이러한 해석을 16장과 17장에서 소개한다. 간단히, 세부 계산의 결과에 의하면, 날개 하면에서보다 상면에서 압력이 더 낮도록 날개 모양을 만들 수 있다. x 방향의 힘 수지로부터 알 수 있듯이, 비행기가 날려면 공기 저항 즉 항력(drag)을 극복해야 한다. 정속 수평비행에서는 항력이 전방으로의 힘, 즉 동력장치가 내는 추진력(thrust)과 크기가 같고 방향이 반대이다.

초등 및 중고등학교 과학수업 시간에 학생들은 날개가 굽어서 날개 하면에서보다 상면에서 공기흐름이 더 빠르고, 베르누이 식에 의하여 상부의 압력이 더 낮아서, 양력을 생성한다고 배운다. 날개 상면에서 압력이 더 낮은 것은 사실이나, 만일 이것이 양력이 어떻게 발생하는지에 대한 옳은 설명이라면, 수평날개 비행기는 날 수 없을 것이다. 수평날개의 종이 글라이더는 아주 잘 나는 것을 우리는 모두 알고 있다. 대형 수평날개 비행기를 만들 수 있으며, 이들은 날 것이다. 그러나 수평날개는 같은 양력을 내는 적절하게 굽은 날개보다 항력이 크다. 이것은 진화하는 조류를 통해 발견되었고, 뒤이어 항공 분야 개척자들에 의해 발견되었다. 주의 깊게 해석하고 충분한 실험을 하여 양력과 항력의 비가 20이 되도록 날개가 만들어졌다. 그림 7.15의 터빈과 압축기 날은 비행기 날개 모양을 하고 있는데, 그 이유는 이들의 기능이 가능하면 최소의 마찰(항력)로 공기흐름을 돌려 일을 추출하거나 가하는 것으로 서로 같기 때문이다. 비행기 날개와 터빈 또는 압축기 날의 설계는 범선의 돛 설계와 같은 수학을 이용한다.

예제 7.18 경비행기를 설계하여 총괄 양력/항력비가 10이 되도록 한다. 동력장치의 추진력/중량비는 2이다. 이 비행기 전체 무게 중에서 동력장치가 차지해야 할 비율을 구하라. 이 비행기는 정속 수평비행에만 사용한다고 가정한다.

이 상황에서는 양력이 전체 무게와 같고, 항력이 추진력과 같다. 따라서 양력/항력이 무게/추진력과 같으므로

$$\frac{\text{Weight}}{\text{Engine weight}} = \frac{\text{weight}}{\text{thrust}} \cdot \frac{\text{thrust}}{\text{engine weight}} = 10 \cdot 2 = 20 \tag{7.BP}$$

■

추진력/무게비가 같은 동력장치를 사용하여 헬리콥터를 설계한다고 하자. 정지비행(hovering flight) 중의 헬리콥터에서는 추진력이 수직 상향으로 무게와 같다. 따라서 주어진 엔진을 사용할 때 헬리콥터 전체 무게의 50%가 엔진이어야 한다. 이 예에서, 날개를 가진 수평비행이 정지비행보다 아주 효과적임을 알 수 있다. 이러한 이유는 무엇일까? 식 (7.55)에서 보면 상향력은 공기의 속도 변화에 공기의 질량 유량을 곱한 것과 같다. 따라서 다량의 기류에 소량의 속도 변화를 생기게 하거나, 소량의 기류에 다량의 속도 변화를 생기게 함으로써 주어진 하중을 들어 올릴 수 있다.

이제 이러한 양의 공기를 가속하기 위하여 해야 할 일을 생각해 보자. 그림 7.24에 나타낸 계에 베르누이 식을 적용한다. 여기서 계를 통과하는 공기의 압력 변화와 높이 변화를 무시한다. 외부 일을 구하면,

$$\frac{dW}{dm} = -\mathscr{F} - \frac{\Delta V^2}{2} \tag{7.56}$$

이것은 $-$값이므로 비행기의 동력장치가 공기에 하여야 할 일이 된다. 여기서 ΔV^2은 속도 평균값 제곱의 변화이며, 속도 $V = (V_x^2 + V_y^2)^{1/2}$이다. 동력은

$$\text{Po} = \frac{dW}{dm}\dot{m} = \dot{m}\left(-\mathscr{F} - \frac{\Delta V^2}{2}\right) \tag{7.57}$$

마찰 항을 무시하면 필요한 동력은 속도 제곱의 변화에 비례한다.

따라서 운동량수지식 (7.55)에서 보면 주어진 무게의 비행기는 $\dot{m}\Delta V_y$의 적절한 조합을 가진 어떤 흐름에 의해서도 상승할 수 있지만, 엔진이 공급하는 동력은 $\dot{m}\Delta V^2$에 비례해야 한다. 따라서 최소 동력으로 최대 무게를 상승시키려면, $\dot{m}$을 되도록 크게 하여, ΔV_y와 ΔV^2

을 되도록 적게 해야 할 것이다. 즉, 날개가 되도록 길고 얇아야 한다. 그런데 길고 얇은 날개는 만들기 어렵고 고속 비행에 적당치 않다. 효율에 가장 관심을 둔 비행체는 높이 나는 새와 글라이더인데 둘 다 구조적으로 타당한 것으로 보이는 길고 얇은 날개로 되어 있다. 상용 비행기 설계자는 이러한 효율을 다소 희생하여 더 나은 고속 성능과 튼튼한 날개를 만들었다. 연료 재주입 없이 세계를 일주한 첫 번째 비행기는 글라이더나 조류보다 길고 얇은 날개를 가졌는데, 이것은 섬유강화플라스틱(fiber-reinforced plastic)이 개발되어 아주 길고 얇은 날개를 만들 수 있었기 때문이다.

이러한 비행기의 에너지 및 운동량 효과를 고려하면 헬리콥터가 무게를 들어 올리는 장치로 왜 비효율적인지 알 수 있다. 정지비행에서는 날개로 흡인할 수 있는 공기만을 이동시킬 수 있으므로 속도 변화를 아주 크게 해야 한다. 따라서 아주 큰 동력이 필요하게 된다. 또한, 헬리콥터가 오랫동안 정지비행을 할 수 없는 이유도 알 수 있다. 가능하면 앞으로 이동하여, 이 전진운동에 의하여 회전날개의 영향을 받는 공기의 양을 증가시킨다. 벌이나 벌새와 같은 아주 작은 새들은 날개의 퍼덕거림을 통하여 정지비행을 할 수 있지만, 큰 새는 그럴 수 없다. 곤충과 벌새는 날개 단위 면적당 질량이 작으므로 비효율적인 정지비행을 유지할 수 있다. 큰 새는 날개 단위 면적당 질량이 크기 때문에 정지비행이 불가능한 것이다[5].(독수리와 같이 솟구치는 새는 상승기류를 탐색하며, 날개의 퍼덕거림을 통하여 정지비행을 하지 않는다.)

바로 이러한 이유 때문에 상업용 항공기 산업에서는 단순 제트엔진을 팬-제트엔진(fan-jet engine)이나 하이-바이패스 엔진(high-bypass engine)으로 대체하고 있다. 이러한 엔진은 공기를 더 많이 이동시킬 수 있는 것으로, 그 유속의 변화를 적게 하여 연료 효율을 향상시킨다. 그림 7.15는 이를 나타낸다. 그림 7.15에 있는 엔진은 전면은 넓고 짧은 부분으로 되어 있고 후면은 좁고 긴 부분으로 되어 있다. 전면부(팬이라고 함)는 후면의 일반 터보제트 엔진에 의해 구동되고 차가운 압축공기를 배출하고 엔진 카울링 내부에서 후면에서 나오는 뜨거운 연소 생성물과 혼합된다. 이 엔진은 '바이패스 비율'이 6으로, 들어오는 공기의 6/7은 팬만 통과한다. 그 결과 엔진은 일반 제트엔진보다 더 많은 공기를 처리하고 속도 증가는 더 적다. 예제 7.10의 수치는 팬을 통한 흐름과 제트엔진을 통한 흐름 사이에 완벽한 혼합이 있을 때 예상되는 값이다. 이 유형의 엔진은 더 무겁고 더 복잡하며 동일한 추력의 일반 제트엔진보다 더 큰 카울링과 더 긴 착륙장치를 필요로 한다. 그러나 일반 제트엔진에 비해 연료 효율의 이점이 충분히 크기 때문에 거의 모든 새로운 대형 상업용 제트 항공기는 이러한 유형의 엔진을 사용한다.

7.7 각운동량수지: 회전계

회전계(rotating system)에서는 물체의 각운동량(angular momentum)을 정의하면 편리하다.

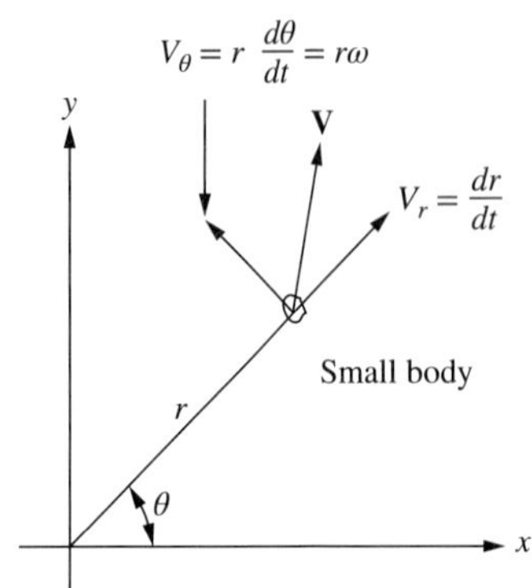

그림 7.25
극좌표의 속도 성분. **V**는 속도 벡터, V_θ는 이 속도의 접선 성분(접선속도), V_r은 이 속도의 반지름 성분(반지름 속도)이다.

$$\begin{pmatrix}\text{Angular momentum}\\ \text{of a body, } L\end{pmatrix} = \begin{pmatrix}\text{mass of}\\ \text{a body, } m\end{pmatrix} \cdot \begin{pmatrix}\text{tangential}\\ \text{velocity, } \omega\end{pmatrix}; \qquad L = m\omega \tag{7.58}$$

이러한 항의 기하학적 의미는 운동 중의 물체를 조사하고 극좌표(그림 7.25)*를 사용하면 쉽게 알 수 있다. 식 (7.58)에서 물체의 각운동량은 물체의 속도와 질량뿐만 아니라, 극좌표의 원점으로 선택한 점에 따라 달라진다. 그러나 원점을 항상 분명히 하기 때문에 혼동을 일으키지는 않는다. 각운동량의 개념은 회전계에서 주로 사용되므로, 일반적으로 원점이 회전축과 일치하도록 선택하기가 가장 쉽다.

큰 물체의 r은 전체 질량에 대하여 일정하지 않으므로, 각운동량을 구하려면 전체 질량에 대해서 적분해야 한다.

$$L = \int_{\text{entire mass}} rV_\theta \, dm \tag{7.59}$$

그림 7.25에 나타내었지만, 접선속도 V_θ는 $r\omega$와 같다. 따라서 물체 전체에서 각속도가 일정하면[즉, 회전강체(rotating rigid body)] 이 식은 다음과 같이 간단해진다.

$$L = \omega \int_{\text{entire mass}} r^2 dm = \omega I \tag{7.60}$$

이 식에서 I는 관성의 각모멘트(angular moment of inertia)이다.

각운동량도 직선운동량과 마찬가지로 수지를 취할 수 있지만, 작용하는 힘 대신에 작용하는 토크(torque)가 있다는 점이 다르다.

$$\text{Torque} = \text{tangential force} \cdot \text{radius}; \qquad \Gamma = F_\theta r \tag{7.61}$$

따라서 고정 회전축에 대한 각운동량수지는 다음과 같다.

---

* 이 식은 실제로 $\mathbf{L} = m\mathbf{r} \times \mathbf{V}$ 벡터식의 한 성분을 나타낸 것이다. 이 벡터식의 다른 성분은 회전축의 운동을 나타내는데, 자이로스코프(gyroscope)와 같은 계에서는 중요하지만, 유체역학에서는 별로 중요하지 않다. 따라서 이 식의 3차원 벡터형에 관해서는 역학 교과서를 참고하기 바란다.

$$dL = (rV_\theta)_{\text{in}}\, dm_{\text{in}} - (rV_\theta)_{\text{out}}\, dm_{\text{out}} + \Gamma\, dt \tag{7.62}$$

양변을 dt로 나누어서 편리한 속도형으로 나타내면

$$\left(\frac{dL}{dt}\right)_{\text{sys}} = (rV_\theta)_{\text{in}}\, \dot{m}_{\text{in}} - (rV_\theta)_{\text{out}}\, \dot{m}_{\text{out}} + \Gamma \tag{7.63}$$

이 식은 운동량모멘트식(moment-of-momentum equation)이라고도 하는데, 회전유체기계, 터빈, 펌프 등 해석의 기본 도구 중의 하나이다[6]. 정상상태 흐름에서는 $(dL/dt)_{\text{sys}} = 0$, $\dot{m}_{\text{in}} = \dot{m}_{\text{out}}$이므로

$$\Gamma = \dot{m}\,[(rV_\theta)_{\text{out}} - (rV_\theta)_{\text{in}}]_{\text{sys}} \tag{7.64}$$

이 식은 오일러 터빈식(Euler's turbine equation)으로 알려져 있다.

예제 7.19 원심 물 펌프 임펠러의 회전속도가 1800 rev/min이다(그림 7.26). 물은 이 날에 반지름 1 in에서 도입되어 반지름 6 in에서 배출된다. 총 유량은 100 gal/min이다. 도입 및 배출 접선속도는 각각 그 반지름에서의 회전자의 접선속도와 같다고 가정한다. 이 회전자에 미치는 정상상태 토크를 구하라.

$$\dot{m} = 100\,\frac{\text{gal}}{\text{min}} \cdot 8.33\,\frac{\text{lbm}}{\text{gal}} = 833\,\frac{\text{lbm}}{\text{min}} = 378\,\frac{\text{kg}}{\text{min}} \tag{7.BR}$$

$$(V_\theta)_{\text{in}} = r_{\text{in}}\omega, \qquad (V_\theta)_{\text{out}} = r_{\text{out}}\omega \tag{7.BS}$$

식 (7.64)에서

$$\Gamma = \dot{m}\omega(r_{\text{out}}^2 - r_{\text{in}}^2) \tag{7.BT}$$

$$\begin{aligned}\Gamma &= 833\,\frac{\text{lbm}}{\text{min}} \cdot \frac{2\pi \cdot 1800}{\text{min}} \cdot \left[\left(\frac{6}{12}\,\text{ft}\right)^2 - \left(\frac{1}{12}\,\text{ft}\right)^2\right] \cdot \frac{\text{lbf} \cdot \text{s}^2}{32.2\ \text{lbm} \cdot \text{ft}} \cdot \frac{\text{min}^2}{3600\ \text{s}^2}\\ &= 19.8\ \text{ft} \cdot \text{lbf} = 26.8\ \text{N} \cdot \text{m}\end{aligned} \tag{7.BU}$$

■

이 토크는 회전자에 작용하는 순 토크이다. 즉, 회전자를 구동시키는 축에 의한 +토크와 회전자와 주변 유체 사이의 마찰에 의한 −토크를 산술적으로 합산한 것이다. 축에 작용하는 전체 토크를 알려면 마찰 저항을 알 필요가 있는데, 이는 훨씬 어려운 문제이다.

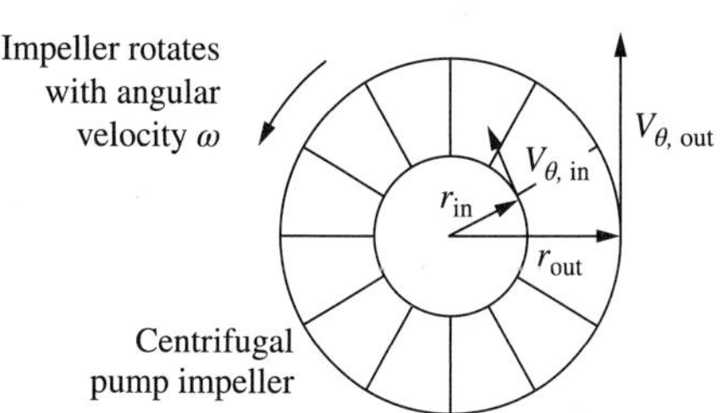

그림 7.26
원심펌프 임펠러

7.8 요약

1. 운동량은 질량과 속도의 곱이다.
2. 운동량수지는 뉴턴의 운동 제2법칙($F = ma$)을 유체흐름 문제에 편리하도록 다시 나타낸 것에 불과하다.
3. 운동량수지를 이용하면, 유체흐름 내부에서 일어나는 세부내용을 알 필요 없이, 그 외부에서 몇 가지 유체흐름 문제를 풀 수 있다.
4. 운동량수지는 흐름의 시작 및 정지와 같은 비정상 흐름에 적용할 수 있다. 이러한 흐름에 대해 베르누이 식은 유용하지 않다!
5. 운동량수지는 두 흐름이 다른 속도로 섞여 운동량을 교환하는 흐름(예를 들면, 분젠 버너)에 대해 유용하다. 이러한 흐름에 대해 베르누이 식은 유용하지 않다!
6. 회전계에서는 각운동량이라는 새로운 양을 도입하면 편리하다. 이 양도 간단한 수지식을 따르며, 펌프나 압축기와 같은 회전계에 사용된다.
7. 4부에서는 운동량수지를 3차원 흐름에 적용하고 몇 가지 응용을 다룰 것이다.

연습문제

연습문제와 예제 풀이를 위한 상용 단위와 수치들은 부록 E를 참조하라. * 표시가 있는 문제는 부록 C에 그 해답이 있음을 의미한다.

7.1.* 지구의 질량은 10^{25} lbm 정도이다. 지상에 서 있는 사람이 1 lbm의 돌을 20 ft/s의 속도로 수직 상방으로 던진다.

(*a*) 던지는 반대 방향에서 증가하는 지구의 속도를 구하라.

(*b*) 이 돌이 다시 지구에 떨어질 때의 지구속도를 돌을 던지기 전의 속도와 비교하라.

(*c*) 이 돌이 다시 지구에 떨어질 때, 지구는 돌을 던지기 전의 궤도로 되돌아가는가, 또는 궤도가 이동하는가?

7.2. 5 lbm인 총에서 0.005 lbm인 총알을 발사한다. 총알은 x 방향에서 1500 ft/s의 속도로 총신을 떠난다. 총을 고정하지 않았을 경우, 총알이 발사된 직후의 총의 속도를 구하라. 이 문제를 다음 두 방법으로 풀어라.

(*a*) 총을 계로 취한다.

(*b*) 총과 총알을 합쳐 계로 취한다.

7.3. 예제 7.2에서 오리와 총알의 초기 운동에너지 중에서 내부에너지로 변환된 비율을 구하라.

7.4. 영화 및 TV 스릴러물에서 영웅이 악당을 향하여 총을 쏜다. 총알의 힘은 악당을 공기 중으로 날려서 악당의 시체는 원래 위치에서 몇 피트 이동하여 땅에 떨어진다. 총알이 악당 몸에 남아 있다고 가정하면, 총알이 영웅의 손에 전달한 운동량 및 악당의 시체에 전달한 운동량을 구하라. 영화 및 TV는 물리를 배우는 좋은 장소인가?

7.5.* 소방호스에서 수직 벽을 향하여 물을 내뿜는다. 물의 유량은 50 kg/s이고, 도입 유속은 80 m/s이다. 충격점에서 떠나는 흐름의 유속은 x 방향에서 0이다. 이 흐름이 벽에 미치는 힘

을 구하라.

7.6. 소방호스 대신에 제트엔진의 배기가스가 벽을 향하여 흐를 때 연습문제 7.5를 다시 풀어라. 배기가스의 유속은 400 m/s이고, 유량은 200 kg/s이다.

7.7. 예제 7.3과 7.4에서 제트는 고체 표면에 수직이므로 해석이 간단하였다. 정원 호스와 같이 벽이나 보도에 수직인 제트는 거의 원형 대칭으로 모든 방향에서 방사상으로 흩어짐을 관찰할 수 있다. 또한 그림 7.23과 7.5.3절에서 설명한 바와 같이 제트 근처에는 나머지 부분보다 훨씬 얇은 지역이 있음도 관찰된다. 더욱 흥미롭고 복잡한 문제는 평평한 표면에 수직이 아닌 제트의 흐름인데, 이러한 흐름도 정원 호스에서 관찰할 수 있다. 이 흐름은 거의 원형 대칭이나, 호스를 향하는 방향보다 호스로부터 멀어지는 방향으로 더 많은 흐름이 나간다. 그러나 왜 호스를 향하는 방향으로는 흐름이 돌아오지 않는가?

이는 3차원 문제(x, y, z 방향으로 움직이는 원형 제트) 방향을 2차원 제트(사각형 슬롯에서 나오는 것처럼)로 대체함으로써 이해할 수 있는데, x 및 y 방향(개방 사각형 유로로 제트를 흐르게 하여 z 방향 흐름을 막음)으로만 움직이도록 제한한 것이다(그림 7.27). 마찰을 무시할 수 있다고 가정하면, 베르누이 식(중력 무시)으로부터 벽을 타고 흐르는 두 흐름은 제트에서의 속도 V_1과 같아야 함을 알 수 있다. 위에 설명한 것처럼 그림에서 오른쪽 위로 나가는 흐름(2)이 왼쪽 아래로 나가는 흐름(3)보다 더 많다. 무마찰 흐름이라면, 벽에서 전단응력이 없으므로, 저항력은 표면에 수직으로 작용해야 한다. 이 흐름에 대한 정상흐름 x 및 y 성분 운동량수지를 써서 풀고자 시도할 수 있으나, 더 많은 항이 추가되어 해석이 어려워진다.(시도하여 보라!)

대신에, 운동량수지에 대해 판과 평행한 s 방향과 판에 수직인 r 방향의 새로운 축을 선택한다(그림 7.27). 식 (7.17)을 s 방향에 적용하면 다음과 같다.

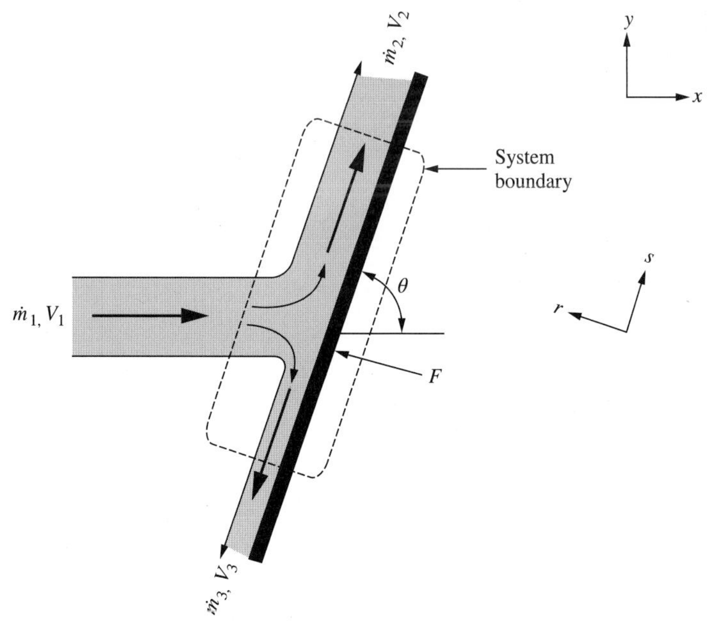

그림 7.27
표면에 수직이 아닌 제트의 흐름. x-y계 대신, r-s 좌표계에서 푼다.

$$0 = \dot{m}_1 V_1 \cos\theta - \dot{m}_2 V_2 - \dot{m}_3 V_3 + F_s \tag{7.65}$$

무마찰 흐름 가정으로부터 $F_s = 0$이며, V_1, V_2, V_3의 절대값은 같으나, V_3는 $-s$ 방향이므로 $-V_1$과 같음을 알 수 있다. 이들을 대입하고 V_1으로 나누면 다음과 같다.

$$0 = \dot{m}_1 \cos\theta - \dot{m}_2 + \dot{m}_3 \tag{7.BU}$$

(*a*) 물질수지를 사용하여 $\dot{m}_3$를 소거하고, $\dot{m}_2/\dot{m}_1$ 식을 구하라.

(*b*) r 방향에서 벽에 작용하는 힘에 대한 식을 구하라.

7.8. 대기압 정도의 정상상태 메탄-공기 불꽃에서, 온도는 68°F에서 3200°F로 상승한다. 도입 공기-기체 혼합물과 연소 생성물은 모두 이상기체이고, 분자량은 28 g/mol이라 본다. 이 불꽃은 기체흐름에 수직인 얇고 평평한 부분에 있다. 기체흐름이 2 ft/s의 유속으로 불꽃에 들어올 때 불꽃 양편의 압력차를 구하라. 이 문제와 그 결과는 루이스와 폰 엘베[8]에 의해 고찰되었다.

7.9. 새로운 형의 엘리베이터를 그림 7.28에 나타내었다. 가이저(geyser)에서의 물흐름을 조절하여 엘리베이터의 높이를 유지한다. 제트의 최대 유량이 유속 200 ft/s일 때 500 lbm/s라 가정하고, 엘리베이터의 무게와 제트가 이 엘리베이터를 들어 올릴 수 있는 최대 높이 사이의 관계를 구하라.

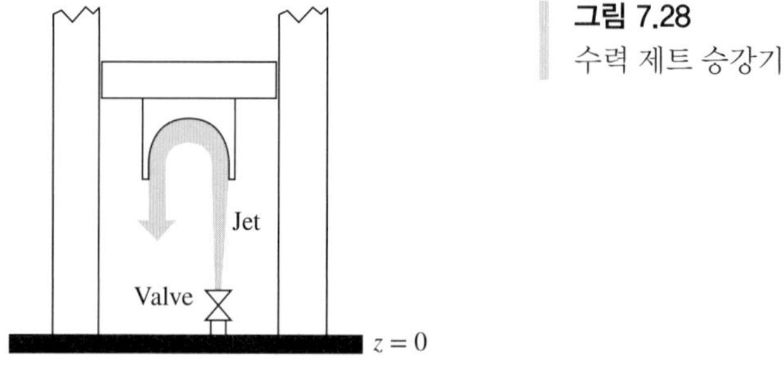

그림 7.28
수력 제트 승강기

7.10.* 돛단배가 y 방향으로 이동한다. 바람은 y 방향과 45° 각으로 배에 접근하고, 돛에 의하여 방향이 바뀌어 정확하게 $-y$ 방향으로 떠난다.

(*a*) 들어오거나 나가는 바람의 평균풍속이 10 m/s이고, 돛이 방향을 바꾸는 공기의 유량이 200 kg/s일 때, 돛이 공기에 내는 힘의 x 및 y 성분을 구하라.

(*b*) 이러한 힘은 공기가 배에 내는 힘과 반대 방향이다. 풍력의 y 성분이 배를 그 진로로 이동시킨다. x 성분은 어떤 일을 하는가?

7.11.* 그림 7.29에 나타낸 것처럼 노즐을 플랜지 연결구를 사용하여 관에 볼트로 연결한다. 흐르는 유체는 물이다. 점 1에서 흐름에 수직인 단면적은 12 in²이고, 점 2에서는 3 in²이다. 점 2에서는 흐름이 대기에 개방되어 있다. 점 1에서의 압력 ≈ 40 psig이다.

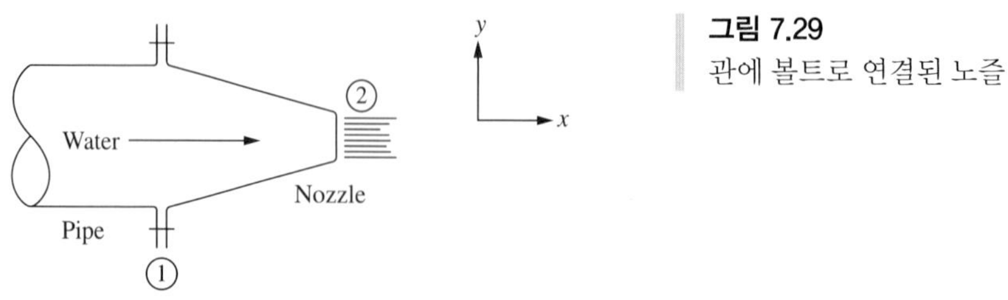

그림 7.29
관에 볼트로 연결된 노즐

(*a*) 베르누이 식을 이용하여 유속 및 질량 유량을 예측하라.

(*b*) 이 노즐을 관에서 떼어 내려는 힘을 구하라.

7.12. 그림 7.30의 1 in 스케줄 40 관이 분무기로 사용된다. 유속은 100 ft/s이다.

(*a*) 베르누이 식과 6장의 마찰법으로 계산된 플랜지 연결구에서의 압력을 구하라.

(*b*) 이 플랜지를 떼어 내려는 힘을 구하라.

(*c*) 이 힘이 유체에 의하여 관에 전달되는 방법을 설명하라.

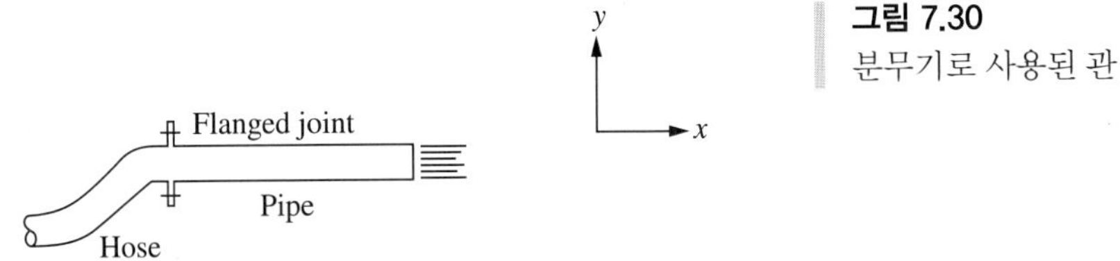

그림 7.30
분무기로 사용된 관

7.13. 3 in 스케줄 40 관에 대하여 예제 7.7을 다시 풀어라. 물은 8 ft/s로 흐르고, 압력은 전체적으로 30 psig이다.

7.14. 그림 7.31에 나타낸 U 벤드를 힘을 전달하지 않는 신축성 호스를 사용하여 흐름계에 연결하였다. 관의 안지름은 3 in이다. 이 관을 통한 물의 유량은 600 gal/min이다. 압력은 점 1에서 5 psig, 점 2에서 3 psig이다. 지지물의 힘의 수직 성분을 구하라. 관과 유체의 무게는 무시한다.

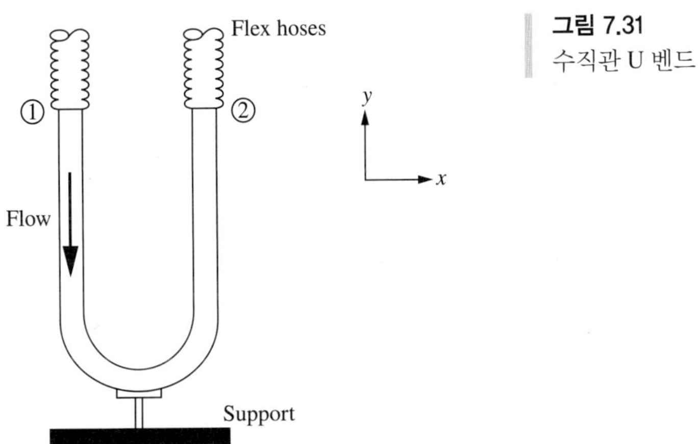

그림 7.31
수직관 U 벤드

7.15.* 그림 7.32에 나타낸 U 벤드를 신축성 호스를 사용하여 배관계에 연결하였다. 관의 안지름은 3 in이고, 흐르는 유체는 물이며, 평균유속은 50 ft/s이다. 압력은 점 1에서 30 psig, 점 2에서 20 psig이다. 지지물의 힘의 수평 성분을 구하라.

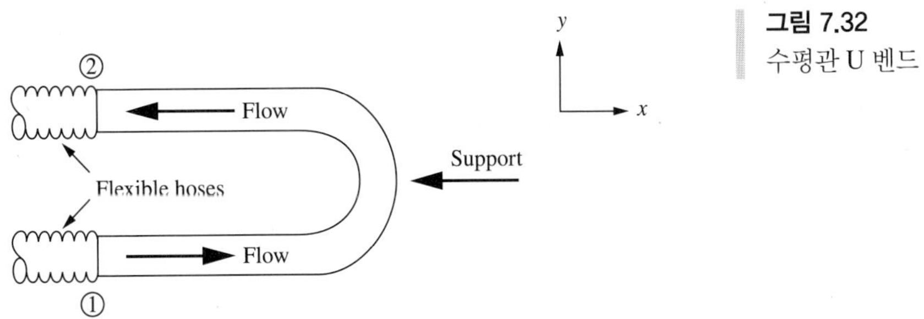

그림 7.32
수평관 U 벤드

7.16. 새로운 종류의 유량계가 그림 7.33에 나타나 있다. 여기에서는 두 계기압과 관 벤드에서의 힘(변형계 및 댄디 전자장치 이용)을 측정한다. 세 측정값으로부터 관 내의 유속을 계산한다. 관, 연결장치, 벤드의 단면적은 1.000 in^2이다. 흐르는 유체는 물이며, P1 = 20 psig, P2 = 18 psig이다. 변형계 및 댄디 전자장치로 측정된 억제력은 45 lbf이며, $-x$ 방향으로 작용한다. 관의 직선부분과 벤드 사이의 연결장치는 매우 다양하고 아무런 힘을 전달하지 않으며 유체가 새지 않도록 한다. 이 문제에 대하여, 중력가속도는 0이다.(우리는 우주 캡슐에 있다.) 관 내의 유속을 구하라.

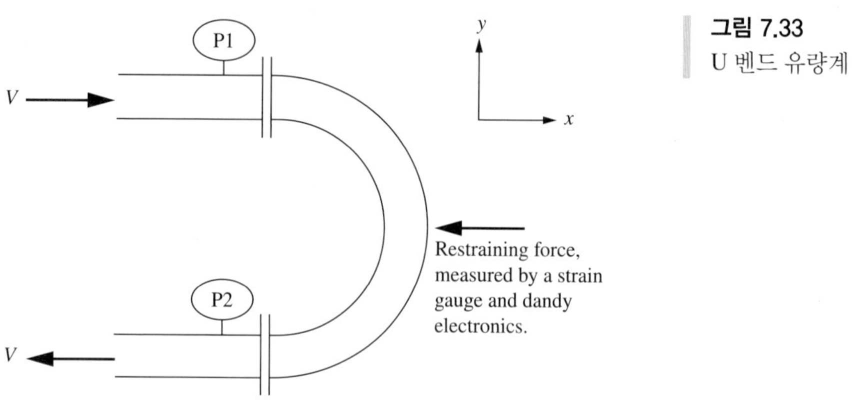

그림 7.33
U 벤드 유량계

7.17.* 펌프와 이를 구동시키는 전기모터를 바퀴 달린 카트에 장착하여 공장 내에서 필요한 곳으로 가져가서 사용한다. 힘을 전달하지 않는 신축성 호스를 사용하여 저장탱크에 연결하고, 또 힘을 전달하지 않는 신축성 전선을 사용하여 전원과 연결하였다. 펌프 입구와 출구는 서로 평행인 동시에 x축에 평행이다. 도입관의 지름은 4.00 in이고 배출관은 3.00 in이다. 펌프를 통한 물의 유량은 230 gal/min이고, 압력은 입구에서 10 psig, 출구에서 50 psig이다.

(*a*) 카트가 움직이지 않게 하기 위하여 가해야 할 힘을 구하라.

(*b*) 이 힘을 어떤 방향으로 작용시켜야 하는가?

7.18. 대형 로켓 엔진이 배기가스 200 kg/s를 4000 m/s의 유속으로 배출한다. 배기의 압력은 대기압과 같다. 이 엔진이 내는 추진력을 구하라.

7.19.* 예제 7.8의 로켓에서 I_{sp}를 구하라. 이 값이 예제 7.9의 결과와 다른 이유를 설명하라.

7.20. 그림 7.34에 나타낸 압축공기 구동 물로켓에서 무마찰 노즐을 통하여 물이 수직 하방으로 분출된다. 노즐의 출구 면적은 1 in^2이다. 그림에 나타낸 로켓이 내는 추진력을 구하라.

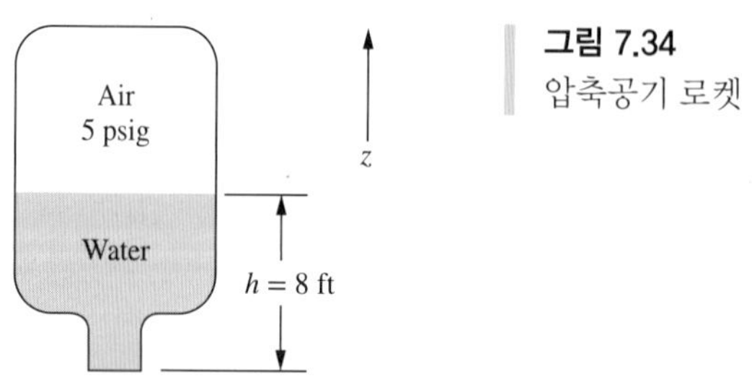

그림 7.34
압축공기 로켓

7.21. 구형 장난감 풍선의 지름(부풀었을 때)이 6 in, 내부 압력이 1 psig이다. 풍선의 목 지름은 0.5 in이다. 풍선 껍데기의 질량은 0.0075 lbm이다. 시간 0일 때 풍선의 목을 풀어 공기가 $+x$ 방향으로 배출되도록 하였다. 시간 0일 때 풍선은 정지해 있다가 $-x$ 방향으로 움직인다. 시간 0일 때(목을 빠져나가는 흐름이 정상상태에 도달하지만, 풍선은 아직 움직이기 시작하지 않을 때) 풍선의 가속도를 구하라. 풍선의 움직임에 대한 공기의 저항은 무시한다.

7.22.* 용접 작업장이나 실험실에서 흔히 볼 수 있는 종류의 고압 산소통이 넘어졌다. 이때 그 꼭대기에 있는 밸브가 부서져서 단면적이 1 in^{2}인 구멍이 생겼다. 사고 당시에 통은 꽉 차 있어서 내압이 2000 psia이고 내부 온도는 70°F이었다. 노즐을 통한 흐름은 고속 기체 흐름이기 때문에 베르누이 식으로 나타낼 수 없다. 고속 기체 흐름에 관한 방법(8장 참조)을 사용하여 추정하면 배출 유속은 975 ft/s이고, 배출 밀도는 7.0 lbm/ft^{3}이며, 배출면의 압력은 1060 psia이다.

(*a*) 이 산소통이 내는 추진력을 구하라.

(*b*) 이 산소통을 단단히 매서 넘어지지 않도록 하는 것이 안전한 방법이라 할 수 있는가?

(*c*) 고압 기체 실린더의 꼭대기는 이음 고리(프로판 실린더)나 나사가 있는 두꺼운 벽 덮개(산소나 수소)로 보호한다. 이 방법을 설명하라.

7.23. 다음은 앞의 문제에 대한 틀린 해이다. 틀린 곳은 어디인가?

틀린 해. 용기 내의 압력은 배출면을 제외하고는 어디에서나 2000 psig이다. 따라서 압력힘은 노즐로부터 멀어지는 2000 psig와 반대를 향하는 1060 psig의 1 in^2 단면 부분을 제외하고는 소거된다. 따라서 순힘은 $(2000 - 1060)$ psig · 1 in^2 $= 940$ lbf이다.

7.24. 정원용 일반 호스의 안지름은 3/4 in이다. 이 호스에서 배출되는 물의 유속은 10 ft/s이다.

(*a*) 이러한 호스를 버려두면 끝이 이리저리 움직이겠는가?

(*b*) 이 호스가 완전히 곧으면 이리저리 움직이겠는가? 구부리면 어떻게 되겠는가?

(*c*) 이러한 움직임에서 호스가 내는 힘의 최대값은 어느 정도인가?

7.25. 지름이 3 ft이고 수평인 원자로의 주 냉각관이 파열되었다. 원자로의 내압은 1000 psia이고, 원자로 내 수면은 이 파열된 관보다 20 ft 정도 높다. 배출 유체(수증기-물 혼합물)의 밀도는 50 lbm/ft^{3}이다. 파열된 관을 통한 흐름으로 인하여 관-원자로 계에 미치는 수평 힘을 구하라. 무마찰 흐름이라 가정한다.

7.26.* 그림 7.35에 나타낸 로켓 모터에는 노즐이 연료가 들어 있는 연소실과 볼트로 연결되어 있다. 유량은 300 lbm/s이다. 위치 1에서의 단면적은 5 ft^2, 압력은 300 psia, 유속은 300 ft/s이다. 위치 2에서의 단면적은 1.5 ft^2, 압력은 40 psia, 유속은 4600 ft/s이다. 다음을 구하라.

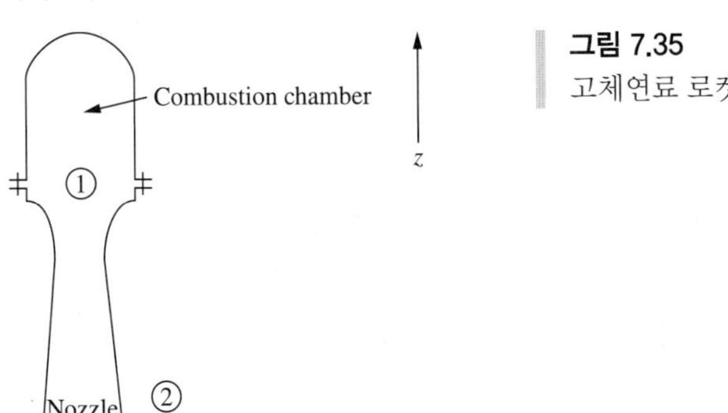

그림 7.35
고체연료 로켓

(*a*) 로켓 모터의 추진력

(*b*) 노즐과 연소실 사이의 연결부에서의 힘(압착력 또는 장력)

7.27. 예제 7.10에서 계의 경계는 엔진으로부터 멀리 떨어져 있어 속도를 무시할 수 있었다. 계의 경계를 엔진 입구 및 출구로 선택하면, 출구 유속은 변하지 않으나, 입구 유속은 약 500 ft/s가 된다. 엔진의 추진력은 계의 선택에 관계없이 같다.(엔진은 우리 생각과는 상관이 없다.) 계를 이처럼 변화시켜 예제 7.10을 다시 풀어라. 힌트: 입구 압력을 생각하라.

7.28. 예제 7.10에서 연료의 질량 유량을 무시하였다. 실제 제트엔진의 $\dot{m}_{\text{fuel}}/\dot{m}_{\text{air}} \approx 0.02$이다. 같은 공기 유량, 입구 및 출구 유속에 대하여, 연료 유량을 고려하여 엔진의 추진력을 계산하면 얼마나 증가하는가? 연료는 y 방향으로 경계를 통과한다고 가정한다. 따라서 입구 x 유속 $= 0$이다.

7.29. 그림 7.12에서 급격한 확대 대신에 점진적으로 벌어지게 하였다면, 마찰 손실이 아주 적어져서 실질적으로 0이라 할 수도 있을 것이다. 이때의 운동량수지와 급격 확대일 때의 운동량수지의 차이를 설명하라.

7.30. 그림 6.16에서 몇 개의 값을 점검하여 급격팽창 곡선을 식 (7.28)로부터 실제로 얻을 수 있는지 알아보라.

7.31. (*a*) 예제 7.11의 스프레드시트를 만들어서, 수치해가 표 7.2의 값들에 수렴함을 보여라.

(*b*) 스프레드시트 프로그램을 이용하여, 오리피스 계수가 0.6일 때(5.8절 참조) 예제 7.11의 해를 구하라. $P_2, V_3, \dot{m}_{\text{air}}/\dot{m}_{\text{gas}}$를 계산하면 어떻게 변하는가?

7.32. (*a*) 앞 문제에서 준비한 스프레드시트를 이용하여, 연료가 프로판일 때 예제 7.11을 다시 풀어라. 미국에서 프로판은 11 in H_2O의 압력으로 가정에 공급된다. 천연가스의 공급 압력은 4 in H_2O이다. $P_2, V_3, \dot{m}_{\text{air}}/\dot{m}_{\text{gas}}$는 얼마인가?

(*b*) (*a*)의 결과는 천연가스 설비를 일반적인 프로판 공급라인에 단순히 연결하면 훨씬 크고 연기가 많은 불꽃이 생성됨을 나타낸다. 연료 전환 문제를 풀기 위해 설비 제작자는 전환키트를 공급한다. 천연가스 설비를 프로판으로 전환하기 위해 전환키트는 대개 천연가스 제트 단면적의 45% 정도 되도록 연료 제트를 대체한다. 앞 문제의 스프레드시트 프로그램을 이용하여 기체 오리피스 면적이 예제 7.11 면적의 45%인 경우 (*a*)를 다시 풀어라. $P_2, V_3, \dot{m}_{\text{air}}/\dot{m}_{\text{gas}}$는 얼마인가?

7.33. 예제 7.11의 분젠 버너에 대하여,

(*a*) 기체 제트, 도입 공기유량 및 혼합 흐름에 대한 레이놀즈 수를 계산하라(세 가지 흐름 모두 공기의 운동 점도를 이용). 이들 흐름 중 층류는 어느 것인가? 난류는 어느 것인가?

(*b*) 이들 흐름에 대한 속도분포를 직관적으로 그려라.

(*c*) 마찰계수 f를 0으로 했을 때 예제 7.11에 대한 스프레드시트 솔루션을 다시 실행하여 식 7.29 및 7.30에서 마찰 항의 중요성을 추정하라. 그 결과들을 예제 7.11의 결과와 비교하라.

7.34. 그림 7.36은 공정 장치에서 진공을 생성하는 데 널리 이용되는 수증기-제트 분출기를 나타낸 것이다. 개념적으로는 그림 7.13의 분젠 버너와 같다. 여기서는 고압 수증기에 의해 생성되는 더 빠른 중심 흐름이 더 늦은 주변 흐름(진공에 의해 제거되는 기체)과 운동량을 교환한다. 합쳐진 흐름은 도입 추진 유체와 저압 피추진 유체 사이의 중간 압력(여기서는 대

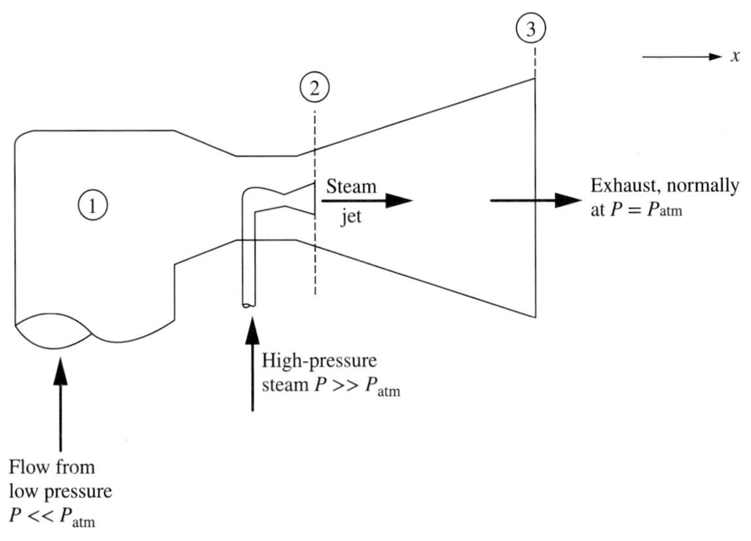

그림 7.36
수증기-제트 분출기 또는 진공 펌프

기압)으로 배출된다. 위치 2와 3 사이의 장치 내부로 구성되는 계에 대하여 식 (7.29)와 유사한 운동량수지를 쓰면, 식 (7.29)에 나오지 않는 어느 항이 운동량수지에 나타나는가?

7.35. 로켓이 속도 V_1으로 $+x$ 방향으로 움직이고, 이 속도가 배기가스의 로켓에 대한 상대속도와 같고 방향이 반대이면, 고정 외계에 상대적인 배기속도는 0이다. 따라서 식 (7.38)에 따르면 $d(mV)/dt = 0$이다. 이는 로켓이 가속되지 않는다는 의미인가? 설명하라.

7.36. 중력가속도가 일정하고 공기 저항이 0일 때 수직비행에 대하여 식 (7.39)에 대응하는 식을 구하라.

7.37. 예제 7.12의 로켓을 수직으로 발사하였다고 하자. 비임펄스-질량비는 예제에서와 같다. 이 로켓은 1 min 동안에 모든 연료를 소비한다. 중력을 고려하여 연료가 떨어질 때의 속도를 계산하라.

7.38.* 지상에 정지상태이던 로켓이 수직 상방으로 발사된다. 상승 발사 중에는 로켓에 상대적으로 측정한 배기가스 유속이 4000 m/s이다. 로켓 노즐 배출면에서의 압력은 항상 주변 대기압과 똑같다. 이륙 직전의 로켓과 연료의 질량은 100,000 kg이다. 연료가 고갈된 로켓의 질량은 20,000 kg이다. 전체 연소과정은 50 s가 걸린다. 연료가 떨어지는 순간의 로켓 속도를 구하라. 공기 저항은 무시한다.

7.39. 그림 7.37에 나타낸 원통형 탱크가, 수평면에 대하여 마찰이 전혀 없는 바퀴가 달린 가대 위에 놓여 있다. 공기 저항은 없다. 시간이 0일 때 탱크 내 액면은 배출구보다 10 ft 높고, 계 전체가 움직이지 않는다. 이때 배출구를 열어서, 이 계가 왼쪽으로 가속되게 한다. 배출 노즐을 통한 흐름은 마찰이 없다. 다음과 같은 가정하에서 최종 속도를 구하라.

(*a*) 탱크와 카트의 질량이 0일 때

(*b*) 탱크와 카트의 질량이 3000 lbm일 때

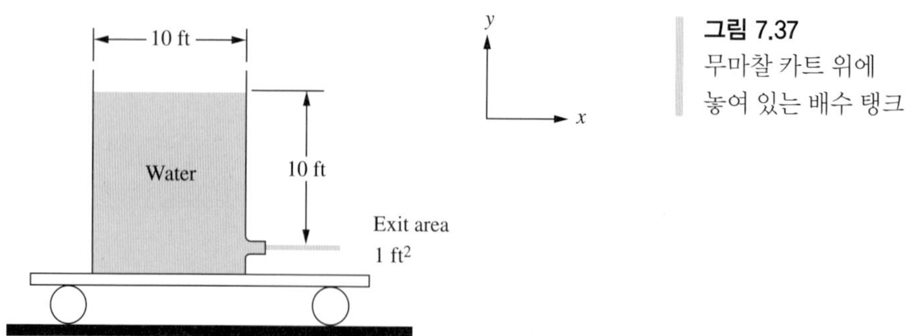

그림 7.37
무마찰 카트 위에 놓여 있는 배수 탱크

7.40. 그림 7.38에 나타낸 카트는 질량이 2000 kg이다. 무마찰 바퀴 위에 놓여 있으며, 이 바퀴는 수평 고체면 위에 있고, 공기 저항은 없다. 시간 0일 때 정지해 있던 이 카트를 소방호스의 제트가 이를 움직이게 한다. 소방호스에서 나오는 유량은 100 kg/s이고, 고정 좌표에 대한 그 유속은 50 m/s이다. 카트 후면에 있는 컵은 제트의 방향을 되돌려서 $-x$ 방향으로 떠나도록 하는데, 이 유체가 떠나는 카트에 상대적인 유속은 들어올 때의 유속과 같다. 이 카트의 속도-시간 거동을 구하라. 제트는 중력의 영향을 받지 않는다고 가정한다.(이 문제는 아주 실제적인 문제는 아니나, 정지해 있는 대형 터빈을 시동시키는 보다 복잡하고 흥미로운 문제와 유사하다. 그러한 모든 터빈은 가끔 점검을 위해 중지시켜야 한다. 이의 시작 및 정지 거동은 정속 거동보다 훨씬 복잡하다.)

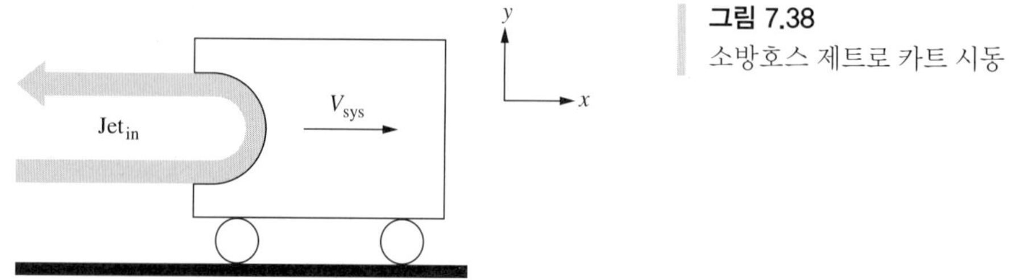

그림 7.38
소방호스 제트로 카트 시동

7.41. 다음과 같이 바꾸어 연습문제 7.40을 다시 풀어라. 카트가 제트를 180° 돌려 $-x$ 방향으로 흐르게 하는 대신에, 카트는 제트를 90°만 돌려 x축에 수직으로 옆으로 흘러나가게 한다. 카트 속도가 40 m/s에 도달하는 데 걸리는 시간을 구하라.

7.42. 그림 7.17에서 그림 7.16의 단순 날-제트 상호작용에 대한 최대 효율은 날 속도가 정확히 제트 속도의 1/2일 때 나타난다. 또한, 식 (7.43)을 다음과 같이 다시 써서 이를 알 수 있다.

$$\frac{dW}{dm} = 2\,(V_{\text{jet}} - V_{\text{blade}})\,V_{\text{blade}} \tag{7.BW}$$

이 식의 양변을 V_{blade}에 대해 미분해서 도함수를 0으로 놓으면 같은 결론이 나옴을 보여라.

7.43. 예제 7.13에서 관이 충분히 길어서 관 하류 끝에서 배출되는 유체의 운동에너지 및 입구 손실을 무시할 수 있다.

(*a*) 운동에너지 및 입구 손실을 고려하여 예제 7.13을 다시 풀고, 그 변화를 무시할 수 있음을 보여라.

(*b*) 예제 7.13에서, 관의 길이가 1 ft로서, 운동에너지를 포함하는 항에 비하여 f를 포함하

는 항을 무시할 수 있는 경우에 대하여 다시 풀어라.

7.44. 유체가 절대적으로 비압축성이라면(아직 이러한 유체가 알려지지 않았다), 이 유체를 통한 음속은 무한대가 될 것이다. 예제 7.14에서 물 대신에 압축성이 점점 적어지는 유체일 경우 압력 상승은 어떻게 되는가?

7.45.* 예제 7.14에서, 흐르는 유체가 액체 프로판일 때에 대하여 다시 풀어라. 밀도는 70°F에서 31.1 lbm/ft^{3}이고, 음속은 2150 ft/s이다. 유속은 예제 7.14와 같다.

7.46. 예제 7.14에서 알 수 있듯이, 밸브를 갑자기 잠그면 이 밸브에서 아주 고압이 될 수 있다. 따라서 물망치를 피하려면 얼마나 천천히 밸브를 잠가야 하는가라는 의문이 생긴다. 근사적으로 답한다면, 음파가 밸브에서 저장탱크까지를 왕복하는 데 걸리는 시간보다 긴 시간에 걸쳐서 밸브를 잠그면 심각한 물망치를 피할 수 있다. 보다 자세한 내용은 참고문헌 [5]를 보기 바란다.

(*a*) 예제 7.14에서 이 시간을 구하라.

(*b*) 왜 편도 시간이 아니고 왕복 시간에 해당하는 시간이 필요한가? 힌트: 즉시 잠그면 모든 유체가 시간 $t = L/c$ 안에 멈춘다. 모두 멈추면 탱크 안의 압력보다 아주 높은 압력이 된다. 이때 무슨 일이 일어나겠는가?

7.47. 연습문제 7.46에서는 물망치가 생기지 않게 하면서 밸브를 잠그는 데 필요한 시간이 관 길이에 선형적으로 비례하지만, 예제 7.14에서는 예상되는 압력 상승이 관 길이와 무관하다. 그 이유를 설명하라.

7.48* 물이 깊이 2 ft, 유속 50 ft/s로 흐른다. 이 흐름에 수력 도약이 생길 때, 도약 후의 깊이와 유속을 구하라.

7.49. 물이 깊이 z_1으로 흐른다. 이 흐름에 수력 도약이 생기는 최저 유속을 구하라. 그 이유를 설명하라.

7.50.* 물이 20 ft 깊이의 강에서 끊임없이 흐른다. 장애물이 강에 놓여 있어, 깊이를 증가시키면, 장애물이 수력 도약을 일으키는 강물의 최저 유속을 구하라. 만일 유속이 이보다 작으면 어떻게 되는지 설명하라.

7.51. 식 (7.BD)에서 계기압을 사용하여 대기압 힘 항들을 생략하였다. 이는 허용되는가? 유체가 압력을 가하는 면적은 같지 않다. 모두 만족스럽게 성립하는 이유를 설명하라.

7.52. 수력 도약에서 마찰 가열이 다음 식으로 주어짐을 증명하라.

$$\mathscr{F} = \frac{g(z_2 - z_1)^3}{4z_1z_2} \tag{7.67}$$

7.53. 수평 홈통에서 물이 유속 10 ft/s, 깊이 0.1 ft로 흐른다. 이 홈통에 큰 벽돌을 넣어서 흐름을 멈추게 한다. 이때 수력 도약이 생기고, 이어서 벽돌에서 상류로 흐른다. 이 벽돌은 아주 커서 이를 넘어 흐르지는 못한다. 벽돌과 수력 도약 사이의 유체는 유속이 0이다. 이 도약은 유속 V_j로 상류로 움직인다. 이 V_j의 값을 구하라.

이 문제는 해석적으로 다루기 어려운 문제이다. 그러나 도약에 타고 있는 사람의 관점(라그랑주 관점)을 취하고, 시행착오법에 의해서 움직이는 좌표계에서 수력도약식을 만족시키는 도약 유속을 구할 수 있다.

7.54.* 물이 수력 도약을 통하여 흐르는데, 들어가는 유속은 50 ft/s이고, 깊이는 10 ft이다. 이 도약에서 수온의 상승을 구하라. 물의 경우 $C_V = du/dt = 1.0$ Btu/lbm·°F이다.

7.55. 그림 7.23은 방사형의 수력 도약을 나타낸 것으로, 부엌 싱크에서 쉽게 볼 수 있다. 싱크 배수구를 열면 흐름이 정상이 되어, 싱크의 깊이와 유속이 시간에 따라 변하지 않는다. 수도꼭지의 유량을 그대로 유지하면서 배수구를 막으면 어떤 일이 일어나는가? 수력 도약에 관한 수식을 이용하여 이 상황을 설명하라.

7.56. 식 (7.BK)는 운동량과 질량 균형을 직접 적용하여 중력파동 방정식을 찾은 것이다. 더 만족스러운 다른 방법을 찾을 수 있다. 식 (7.54)에서 $-1/2$을 등호 왼쪽으로 이동한 다음 양쪽을 제곱하면 다음과 같다.

$$\left(\frac{z_2}{z_1}\right)^2 + \left(\frac{z_2}{z_1}\right) + \frac{1}{4} = \frac{1}{4} + 2\frac{V_1^2}{gz_1} \tag{7.BX}$$

쓰나미가 적당한 높이에서 시작하여 바다 표면에 2차원으로 퍼지면서 높이를 잃는다. 후쿠시마 쓰나미(예제 7.16)는 약 30 ft 높이에서 시작하여 바다 한가운데에서 약 15 ft 높이였다. 예제에서와 같은 바다를 가정하면 $\left(\frac{z_2}{z_1}\right) = \frac{12\,015\text{ ft}}{12\,000\text{ ft}} = 1.0021$이고 $\left(\frac{z_2}{z_1}\right)^2 = 1.0042$이다. 이것은 위의 방정식에서 1.00을 두 번 대체할 수 있을 만큼 충분히 1.00에 가깝다. 약간의 대수를 사용하여 중력파동 방정식이 아주 작은 파도 높이(또는 $z_2/z_1 \approx 1$인 모든 크기의 파도)에 대한 수력도약 방정식과 동일함을 보여라.

7.57.* 다른 모든 조건이 같을 때, 더운 날과 추운 날 중 어떤 날에 비행기가 짧은 활주로에서 이륙하기 쉬운가? 답에 대한 이유를 설명하라.

7.58. 일반 정원용 스프링클러를 그림 7.39에 나타내었다. 유체는 모두 축($r \approx 0$)에서 도입되고, 노즐($r = 6$ in)을 통하여 배출된다. 총 유량이 5 gal/min이고, 회전자를 손으로 잡고 있을 때, 이 회전자가 내는 토크를 구하라. 스프링클러를 떠나는 각 제트의 지름은 0.25 in이다.

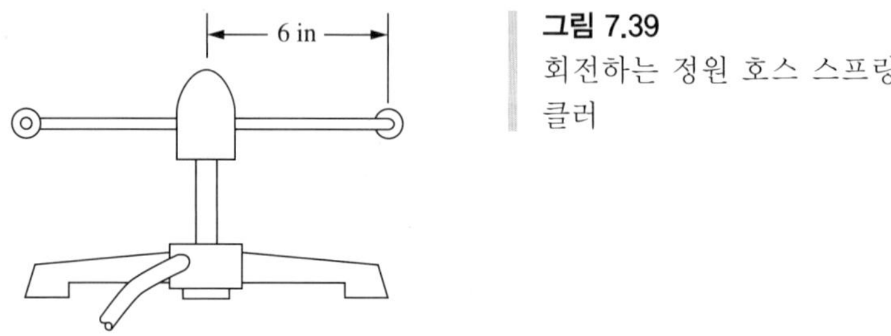

그림 7.39
회전하는 정원 호스 스프링클러

7.59. 연습문제 7.58의 스프링클러가 자유롭게 돌아가도록 하였을 때의 회전속도를 구하라. 공기 저항이나 스프링클러 베어링에서 마찰은 없다고 가정한다.

7.60. 연습문제 7.58의 스프링클러를 물속에 두고 전원을 켜면 돌아가겠는가? 답에 대한 이유를 설명하라.

7.61. 헬리콥터에 주프로펠러와 꼬리프로펠러가 한 개씩 있거나, 반대 방향으로 도는 주프로펠러가 두 개 있어야 하는 이유를 설명하라. 프로펠러 구동 비행기에서는 이에 해당하는 문제를 어떻게 해결하는가? 제트 비행기에서는 어떤가?

참고문헌

1. Kletz, T. *What Went Wrong? Case Histories of Process Plant Disasters*. 4th ed. Houston, TX: Gulf Publishing, 1998, pp. 56–57; see also Wikipedia "Flixboro disaster."
2. Flack, R. D. *Fundamentals of Jet Propulsion with Applications*. Cambridge: Cambridge University Press, 2005, p. 40.
3. Sutton, G. P. *Rocket Propulsion Elements*. New York: Wiley, 1959. This is, as the subtitle suggests, "an introduction to the engineering of rockets."
4. Ley, W. *Rockets, Missiles and Space Travel*. New York: Viking, 1957. This is an excellent history of the rocket business, which can be read and understood by any high school graduate. The author was involved in much of the early German rocket work and has many amusing tales to tell about it.
5. Parmakian, J. *Waterhammer Analysis*. Englewood Cliffs, NJ: Prentice-Hall, 1955; see also Wikipedia, "Water hammer."
6. Adler, A. C. "Vertical Takeoff." *Int. Sci. Tech., 48(12),* 1965, pp. 50–58.
7. Shepherd, D. B. *Principles of Turbomachinery*. New York: Macmillan, 1956.
8. Lewis, B., and G. Von Elbe. *Combustion, Flames and Explosions of Gases*. New York: Academic Press, 1961, p. 206.

CHAPTER

8

1차원 고속 기체 흐름

이 장에서는 지금까지 다룬 개념을 기체의 고속 흐름에 적용하기로 한다. 앞에서 다룬 원리만으로 충분하기 때문에 새로운 원리는 소개하지 않는다. 고속 기체 흐름에서는 보통 유속의 액체나 저속 기체 흐름에서는 전혀 일어나지 않거나 무시할 수 있는 몇 가지 현상이 일어나기 때문에 여기서 장을 달리하여 다룬다. 실질적으로 편의상 약 200 ft/s(61 m/s) 이상의 유속을 고속으로 정의한다. 표 5.1에서 이보다 낮은 속도에서 베르누이 식의 예상치와 이 장에서 공부하게 될 예상치와 거의 일치함을 보였다. 두 예상치의 일치는 고속 흐름에서 더 이상 맞지 않으며, 여기서 이를 보일 것이다.

고속 기체 흐름과 지금까지 다룬 흐름 사이의 기본 차이는 다음과 같다.

1. 팽창하는 고속 기체 흐름에서는 상당한 양의 내부에너지가 운동에너지로 전환된다. 이 결과 기체의 온도와 유속이 일정밀도를 가정한 베르누이 식이 예상한 것보다 크게 감소한다(표 5.1 참조).
2. 고속 기체 흐름에서의 밀도 변화는 수학적으로 복잡하게 한다. 전형적 상황에서, 다루어야 할 미지량과 수식이 대응하는 일정밀도 흐름에 비하여 하나씩 더 추가된다. 이 장에서 다루는 식이 앞에서 다룬 것보다 길고 복잡하다면, 이는 복잡성이 더해졌기 때문이다.
3. 고속 기체 흐름의 유속은 국부 음속과 같거나 이보다 클 때가 종종 있다. 유체흐름의 작은 교란에 관한 정보는 유체를 통하여 음속으로 전파되므로, 유체흐름이 음속과 같거나 그 이상일 때는, 어떤 종류의 정보는 흐름에 거슬러 상류로 이동할 수 없다. 이 때문에 고속 기체 흐름에서는 몇 가지 특별한 현상이 생기는데, 이 중에서 가장 중요한 것은 초킹(choking)과 충격파(shockwave)이다. 초킹은 화학공학 실무에서는 아주 일반적이다.

8.1 음속

고속 기체 흐름에서는 음속(speed of sound)에 비견되는 유속에 도달하는 일이 자주 있으므로, 음속이 중요한 역할을 한다. 음속은 작은 압력 교란이 연속매체를 통하여 이동하는 속도이다. 우리가 귀로 듣는 음은 사인파 형태로 진동하는 작은 기압 교란으로서, 주파수는 20~20,000 Hz (hertz = cycle/second) 범위이다. 압력 교란의 크기는 일반적으로 10^{-3} psia (7 Pa) 미만이다.

길이가 1 mi인 강철 막대가 있다고 하자. 이 막대 한 끝을 두드려서 이 끝이 0.001 in 움직였다고 할 때, 이 강철이 **절대적으로 비압축성**이면, 다른 끝 역시 즉시 0.001 in 움직일 것이다. 그러나 실제로는 한 끝이 움직인 뒤 약 1/3 s 후에 다른 끝이 움직이게 된다. 이 세상에는 절대적으로 비압축성인 것이 없기 때문이다.

어떤 유체가 가득 차 있는 관 양쪽에 피스톤이 있다고 하자. 이 피스톤의 하나를 두드리면, 이에 인접한 유체의 압력이 증가한다. 이 때문에 연속적인 유체층을 움직여서 압력이 상승하며, 이러한 현상이 계속되어 작은 압력 맥동(pressure pulse)이 관의 다른 끝으로 전달된다. 이것을 그림 8.1에 나타내었다. 우리가 이 압력 맥동에 타고 있다면, 이 문제를 해석하기가 쉽다. 7장(그림 7.20)에 보이듯이, 관찰자의 시점을 파장과 같은 속도로 움직일 때 파동 전파(wave propagation)를 분석하기 쉽다. 우리는 정지상태에 있고, 관 벽이 우리를 지나가는 것처럼 보일 것이다. 관 안의 유체 역시 우리에게 다가왔다가 뒤로 가 버리게 된다. 우리 전후에서 유체의 유속, 압력, 밀도를 측정하면, 앞의 값과 뒤의 값이 약간 다를 것이다. 이것을 그림 8.2에 나타내었다. 이것은 이번 장에서 오일러리안(eulerian) 관점(움직이지 않는 관찰자)으로부터 파동을 타고 있는 관점으로 바꾸는 몇몇 경우 중에서 첫 번째 경우이다.

그림 8.2에서는 압력 맥동이 작은 부피를 갖는 것으로 가정하였다. 이 부피에 도입되는 질량 유량과 배출되는 질량 유량은 같다. 따라서 정상상태 질량수지식을 쓰면

$$\rho AV = (\rho + d\rho)A(V + dV) \tag{8.1}$$

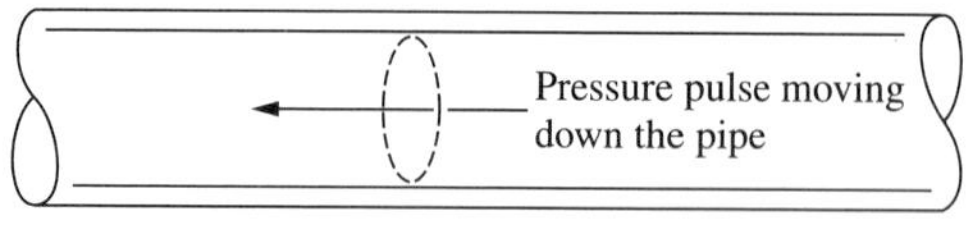

그림 8.1
관을 통해 흐르는 유체의 맥압

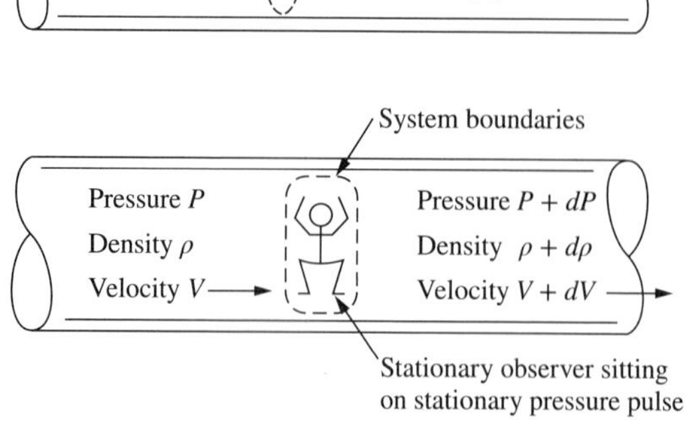

그림 8.2
관찰자가 유체의 움직임과 동일시하는 관점에서 그림 8.1의 맥압

A로 나누고, 우변을 전개하여 ρV 항을 소거하면 다음 식이 된다.

$$0 = V\,d\rho + \rho\,dV + d\rho\,dV \tag{8.2}$$

우변 마지막 항은 두 미분의 곱이므로, 무시할 수 있다.(8.5절에서는 무시할 수 없다.) 따라서

$$0 = V\,d\rho + \rho\,dV \tag{8.3}$$

그림 8.2에 나타낸 계에 정상 흐름 운동량수지식 (7.17)을 적용한다. 축적량이 없고, 도입 및 배출 흐름이 정상상태이며, 양쪽에 작용하는 힘은 압력뿐이므로

$$0 = \dot{m}[V - (V + dV)] + A[P - (P + dP)] \tag{8.4}$$

$\dot{m} = \rho AV$를 대입하고 간단히 정리하면

$$\rho\,dV = \frac{-dP}{V} \tag{8.5}$$

이 식의 $\rho\,dV$를 식 (8.3)에 대입하고 V를 구하면 다음과 같다.

$$V = \left(\frac{dP}{d\rho}\right)^{1/2} \tag{8.6}$$

이 식에서 작은 압력 맥동에 타고 있는 관찰자에게 다가오는 유체의 속도를 알 수 있는데, 이 속도는 정지 관찰자를 지나가는 압력 맥동의 속도와 같다. 이 식의 유도에서는 압력파(pressure wave)가 지나가는 물질이 유체라는 초기 가정에 의존하지 않았다. 따라서 이 식은 액체, 고체, 기체에 다 적용된다.

이 식은 압력의 첫 단계 변화에 관하여 푼 것이다. 우리가 듣는 음은 사인파 형태로 변하는 압력파이다. 그러나 이것은 서로 뒤따르는 압력의 작은 단계 변화의 조합으로 생각할 수 있다. 따라서 첫 단계 변화에 관한 이 식은 음파처럼 어떤 형태의 압력 변화에도 적용할 수 있다.

식 (8.6)에서 도함수 $dP/d\rho$가 모호하기 때문에 이 식 자체도 모호한 것이다. 압력 P는 ρ만의 함수가 아니고 온도에 따라서도 달라진다. 뉴턴[1]은 이에 대응하는 식을 유도하고, 이 도함수는 등온 과정에 관한 것이라 하였다. 즉, $(\partial P/\partial \rho)_T$이다. 이러한 가정에서 뉴턴은 공기 중의 음속을 계산하여, 실험적으로 측정한 속도의 80% 정도의 답을 얻었다. 음이 통과하는 공기가 가열되지 않으므로 그의 가정은 그럴듯하지만, 이는 틀린 것이다. 그 뒤의 연구자들의 실험 결과에 따르면, 실제로 일어나는 것은 기체의 한 층이 압축되어 가열되었다가 인접한 층으로 팽창되면서 냉각되는 것이다. 이러한 과정의 공통된 결과는 실질적으로 가역적 단열 압축-팽창이다. 단열적 조건이 유지되려면 이 과정이 아주 빨리 일어나서 압력파 한가운데 있는 더운 기체가 찬 주위의 기체에 열을 전달할 기회가 없어야 한다. 이 가정에 의하여 음파의 속도를 성공적으로 예측할 수 있었으므로, 이 과정은 이처럼 빨리

일어나는 것으로 믿게 되었다. 음파에서의 온도 상승은 아주 적다(연습문제 8.2 참조). 가역적 단열과정에서는 온도가 일정한 것이 아니고 엔트로피가 일정하다. 따라서 음속을 나타내는 최종 식은 다음과 같다.

$$V = \left(\frac{\partial P}{\partial \rho}\right)_S^{1/2} \tag{8.7-A}$$

음속은 특수한 양이므로 유체의 국부 유속과 별도로 생각하고자 한다. 따라서 음속의 기호로서 c를 사용하면, 식 (8.7-A)는 다음과 같이 된다.

$$c = \left(\frac{\partial P}{\partial \rho}\right)_S^{1/2} \tag{8.7-B}$$

이 식은 고체, 액체, 기체에 대하여 모두 유효하다. 고체와 액체에서는 쉽게 측정할 수 있는 $(\partial P/\partial \rho)_T$가 실질적으로 $(\partial P/\partial \rho)_S$와 같다. 따라서 다음과 같이 쓸 수 있는데, 이 관계는 상당히 정확하다.

$$c = \left(\frac{\partial P}{\partial \rho}\right)_S^{1/2} \approx \left(\frac{\partial P}{\partial \rho}\right)_T^{1/2} \qquad \text{[solids and liquids]} \tag{8.8}$$

화학편람에 일반적으로 고체와 액체의 $(\partial P/\partial \rho)_T$가 아니라 벌크탄성계수(bulk modulus) K,

$$K = \rho\left(\frac{\partial P}{\partial \rho}\right)_T \tag{8.9}$$

또는 이 벌크탄성계수의 역수인 등온압축계수를 도표화하였다. 음속을 벌크탄성계수의 항으로 나타내면 다음과 같다.

$$c \approx \left(\frac{\partial P}{\partial \rho}\right)_T^{1/2} = \left(\frac{K}{\rho}\right)^{1/2} \qquad \text{[solids and liquids]} \tag{8.10}$$

예제 8.1 20°C에서 강철과 물에서 음속을 구하라.

이 온도에서 강철의 $K = 1.94 \cdot 10^{11}$ Pa, $\rho = 7800$ kg/m^{3}이므로

$$c = \left(\frac{1.94 \cdot 10^{11}\ \text{Pa}}{7800\ \text{kg}/\text{m}^3} \cdot \frac{\text{N}/\text{m}^2}{\text{Pa}} \cdot \frac{\text{kg} \cdot \text{m}}{\text{N} \cdot \text{s}^2}\right)^{1/2} = 4.99\,\frac{\text{km}}{\text{s}} = 16.4 \cdot 10^3\,\frac{\text{ft}}{\text{s}} \tag{8.A}$$

물의 $K = 3.14 \cdot 10^5$ lbf/in^2, $\rho = 62.3$ lbm/ft^{3}이므로

$$\begin{aligned} c &= \left(\frac{3.14 \cdot 10^5\ \text{lbf}/\text{in}^2}{62.3\ \text{lbm}/\text{ft}^2} \cdot \frac{144\ \text{in}^2}{\text{ft}^2} \cdot 32.2\,\frac{\text{lbm} \cdot \text{ft}}{\text{lbf} \cdot \text{s}^2}\right)^{1/2} \\ &= 4.83 \cdot 10^3\,\frac{\text{ft}}{\text{s}} = 1.6\,\frac{\text{km}}{\text{s}} \end{aligned} \tag{8.B}$$

■

표 8.1
열용량 비의 값

Gas	k	Comment
Monatomic gases: He, Ar, Ne, Kr, Na, K	1.6667	Exactly
Diatomic gases: N_2, O_2, CO, NO, H_2, air	1.40	Not quite as exact, and decreases with increasing temperature
Triatomic gases: H_2O, CO_2, etc.	1.30–1.33	Less exact and more temperature dependent
More complex gases	Less than 1.3	Still more temperature dependent

실제 기체에서 $(\partial P/\partial \rho)_S$는 압력과 온도의 복잡한 함수이다. 그러나 공기처럼 저비등점 기체의 거동은 저압에서는 물론 상당히 높은 압력일 때도 대개 이상기체법칙을 적용할 수 있다. 이상기체일 때는 부록 B.3에 보였듯이 다음 관계가 성립한다.

$$\left(\frac{\partial P}{\partial \rho}\right)_S = \frac{kP}{\rho} \qquad \text{[ideal gases]} \tag{8.11}$$

이 식에서 k는 열용량 비 C_P/C_V이다. 부록 B.3에서 열용량 비를 γ로 정의하였다.(다수의 책에서 γ로 나타내기도 한다.) 이는 무차원이며, 그 값을 표 8.1에 나타내었다.

대부분의 기체는 k가 온도 상승에 따라 약간 감소하지만, 공학적 계산 문제에서는 대개 k를 상수로 생각한다. 식 (8.11)의 P/ρ에 이상기체법칙을 적용하고 식 (8.7-B)의 결과를 대입하면

$$c = \left(\frac{\partial P}{\partial \rho}\right)_S^{1/2} = \left(\frac{kP}{\rho}\right)^{1/2} = \left(\frac{kRT}{M}\right)^{1/2} \qquad \text{[ideal gas]} \tag{8.12}$$

여기서 M은 분자량이고, R은 기체상수이다.

뉴턴이 계산한 음속이 실제 관찰치의 80%인 이유를 이 식에서 알 수 있다. 이 식에서 $(\partial P/\partial \rho)_S$에 $(\partial P/\partial \rho)_T$를 대입하면, k를 1로 본 것만 제외하고는 같은 결과를 얻는다. 공기는 k가 1.4인데, 이를 1로 놓으면 이 식에 의한 계산치의 80%가 된다.(이것을 위해 필요한 열역학은 뉴턴 사망 후 100년이 지나도록 알려지지 않았었다.)

예제 8.2 20°C = 68°F의 공기 중 음속을 구하라.

여기서 $R^{1/2}$이 필요한데, 음속 계산에서 가장 많이 쓰이는 형으로 바꾸면 편리하다.

$$R^{1/2} = \left(10.73\,\frac{\text{lbf}}{\text{in}^2}\,\frac{\text{ft}^3}{\text{lbmol}\cdot{}^\circ\text{R}}\cdot\frac{144\ \text{in}^2}{\text{ft}^2}\cdot\frac{32.2\ \text{lbm}\cdot\text{ft}}{\text{lbf}\cdot\text{s}^2}\right)^{1/2}$$

$$= 223\,\frac{\text{ft}}{\text{s}}\cdot\left(\frac{\text{lbm}}{\text{lbmol}\cdot{}^\circ\text{R}}\right)^{1/2} = 91.2\,\frac{\text{m}}{\text{s}}\cdot\left(\frac{\text{g}}{\text{mol}\cdot\text{K}}\right)^{1/2} \tag{8.13}$$

이를 예제를 풀기 위해 대입한다.

$$c = \left(\frac{kRT}{M}\right)^{1/2} = R^{1/2}\left(\frac{kT}{M}\right)^{1/2}$$
$$= 223\,\frac{\text{ft}}{\text{s}} \cdot \left(\frac{\text{lbm}}{\text{lbmol} \cdot {}^\circ\text{R}}\right)^{1/2} \cdot \left(\frac{1.4 \cdot 528^\circ\text{R}}{29\ \text{lbm}/\text{lbmol}}\right)^{1/2}$$
$$= 1126\,\frac{\text{ft}}{\text{s}} = 344\,\frac{\text{m}}{\text{s}} \tag{8.C}$$

■

이상기체 중의 음속은 온도의 함수이고 유속의 함수가 아니다. 음속은 흐름의 성질이 아니라 물질의 성질이다. 유체가 흐를 때 온도가 달라지면 그 위치마다 음속이 달라진다. 그러나 한 점에서 온도가 일정하면, 기체가 정지해 있을 때나 흐를 때나 음속은 마찬가지이다. 이는 고체나 액체에도 마찬가지로 적용된다. 한편, 음속 c의 크기는, 강철에서 3 mi/s, 물에서 1 mi/s, 공기 중에서 1/5 mi/s 정도이다. 물질이 딱딱할수록 음속은 빨리 움직인다. 강철은 물보다, 공기보다 딱딱하다. 절대적으로 비압축성 물질은 극적으로 딱딱하고 무한대의 음속을 가진다.

지금까지 음속의 검토에서는 음파가 작은 압력 맥동이라고 가정하였다. 음파 전후 매체의 속도와 압력의 차이는 아주 적다. 그래서 $d\rho\ dV$는 0과 거의 같다. 차이가 큰 다른 형태의 압력 맥동(충격파)은 8.5절에서 다룬다.

8.2 이상기체의 정상상태, 무마찰, 단열, 1차원 흐름

고속 기체 흐름의 가장 흥미로운 여러 특징을 가장 간단한 경우인 이상기체의 정상상태, 무마찰, 단열, 1차원 흐름에서 볼 수 있다. 이 흐름을 세부적으로 살펴보기로 하자. 다른 흐름은 이것과 공통되는 점이 많으므로 간단히 다룬다. 이상기체 가정은 이 장에서 다루는 식에 압력 P는 항상 게이지압(psig 또는 이에 상응하는 압력)이 아닌 절대압(psia 또는 이에 상응하는 압력)을 의미하며, 온도 T는 °F, °C가 아닌 절대온도(K 또는 °R)를 의미한다. 여러 예제와 연습문제에서 °F 혹은 °C, psig로 주어지더라도 이 값들은 계산 전에 psia 또는 절대온도로 변환해야 한다.

단면적 A가 변하는 덕트, 관, 또는 폐쇄 유로 안의 흐름을 가정하자. 덕트에서 단면적이 길이에 따라 완만하게 변한다면, 주 흐름에 대한 수직 방향에서의 유속은 아주 적어서 무시할 수 있으므로 1차원 흐름으로 취급할 수 있다. 기체는 이상기체이고 열용량 C_P가 일정하다고 본다.

식 (8.14)는 이러한 덕트에서 열전달 또는 터빈이나 압축기가 없는 정상 흐름에서 두 점 R과 1 사이의 열린계 에너지수지(4장)를 나타낸다.

$$\left(h + gz + \frac{V^2}{2}\right)_R = \left(h + gz + \frac{V^2}{2}\right)_1 \tag{8.14}$$

고속 기체 흐름에서는 대개 위치에너지 변화 Δgz를 무시할 수 있으므로(연습문제 8.8), 이 식에서 gz 항들을 제거한다. 다음으로, R이 흐름에 수직인 단면적이 아주 큰 상류 저장탱크의 상태를 나타낸다면, V_R을 무시할 수 있다. 이 조건을 **저장탱크 조건**(reservoir condition), **정체 조건**(stagnation condition), **총괄 조건**(total condition)이라고도 하며, 여기서는 저장탱크 조건이라고 명명하고, 이를 아래첨자 R로 사용한다.

$V_R = 0$을 식 (8.14)에 대입하면,

$$V_1^2 = 2(h_R - h_1) = 2C_P(T_R - T_1) = \frac{2Rk}{M(k-1)}(T_R - T_1) \tag{8.15}$$

이 식에서는, Δh에 $C_P\,\Delta T$를 대입하고, 다시 C_P에 $Rk/[M(k-1)]$를 대입하였다. 이 대입에 대한 설명은 부록 B.3에 있다.

이 식의 양변을 RkT_1/M으로 나누면

$$\frac{MV_1^2}{RkT_1} = \frac{2}{k-1}\left(\frac{T_R}{T_1} - 1\right) \tag{8.16}$$

한편, 앞에서 보였듯이, RkT_1/M은 상태 1에서 음속의 제곱 c_1^2이므로, 좌변은 $(V_1/c_1)^2$이 된다. V/c비는 마하수 $\mathscr{M}$라 한다(오스트리아 물리학자 Ernst Mach, 1838~1916). 이 비는 고속 기체 흐름의 연구에서 중요한 역할을 하는 것으로(신문에서는 초음속 비행기의 속도를 마하수로 나타내는 일이 많다), 국부 음속에 대한 국부 유속의 비이다. 아음속 흐름에서는 $\mathscr{M} < 1$이고, 음속 흐름에서는 $\mathscr{M} = 1$, 초음속 흐름에서는 $\mathscr{M} > 1$이다. 이 정의를 이용하여 식 (8.16)을 다시 쓰면

$$\frac{T_R}{T_1} = \mathscr{M}_1^2\frac{k-1}{2} + 1 \tag{8.17}$$

예제 8.3 저장탱크로부터 유속을 무시할 수 있고 온도가 20°C = 68°F인 공기가 흘러나온다. 이 흐름은 정상상태 단열이다. 마하수 2.0인 점에서 기체 온도를 구하라.

공기는 이원자(diatomic) 기체이므로, 표 8.1에서 $k = 1.4$이다. 식 (8.17)에서 다음과 같이 나타낼 수 있다.

$$\frac{T_R}{T_1} = 2.0^2\left(\frac{1.4-1}{2}\right) + 1 = 1.80 \tag{8.D}$$

$$T_R = 68°\text{F} = 528°\text{R} = 293.15\ \text{K} \tag{8.E}$$

$$T_1 = \frac{T_R}{1.80} = \frac{528°\text{R}}{1.8} = 293°\text{R} = -167°\text{F} = 163\ \text{K} = -110°\text{C} \tag{8.F}$$

■

이 예제에서 온도가 놀라울 정도로 낮은 것은 팽창하는 기체가 내부에너지를 운동에너

지로 전환하기 때문이다. 내부에너지가 감소하면 그만큼 온도가 하강한다. 기체가 팽창하면서 접해 있는 기체 질량에 일을 전달하고, 결국 이는 내부에너지와 온도를 낮춘다. T_R/T_1은 k와 $\mathscr{M}_1$에 따라 달라지며, 기체 종류나 저장탱크 온도와는 무관하다.

예제 8.4 예제 8.3에서, 마하수 2.0인 점에서의 공기의 유속을 구하라.

상태 1의 음속을 알아야 한다. 식 (8.12)에서

$$c = 223\,\frac{\text{ft}}{\text{s}} \cdot \left(\frac{\text{lbm}}{\text{lbmol} \cdot {}^\circ\text{R}}\right)^{1/2} \cdot \left(\frac{1.4 \cdot 293^\circ\text{R}}{29\ \text{lbm}/\text{lbmol}}\right)^{1/2} = 839\,\frac{\text{ft}}{\text{s}} = 256\,\frac{\text{m}}{\text{s}} \tag{8.G}$$

$$V_1 = c_1 \mathscr{M}_1 = 839\,\frac{\text{ft}}{\text{s}} \cdot 2.0 = 1678\,\frac{\text{ft}}{\text{s}} = 511\,\frac{\text{m}}{\text{s}} \tag{8.H}$$

■

식 (8.17)은 마찰 여부에 관계없이 이상기체의 단열, 정상 흐름에 적용할 수 있다.(8.4절에서 마찰이 있는 경우의 단열 흐름에 대한 응용을 살펴볼 것이다.) 여기서 다시 흐름이 무마찰이라 가정한다. 비반응성 기체의 무마찰 단열 흐름은 등엔트로피 흐름이다. 따라서 부록 B의 이상기체의 등엔트로피 변화에 대한 온도, 압력, 밀도의 관계를 이용할 수 있다. 이를 이용하여 다음 식을 얻는다.

$$\frac{P_R}{P_1} = \left(\frac{T_R}{T_1}\right)^{k/(k-1)} \qquad \text{[isentropic, ideal gas]} \tag{8.18}$$

$$\frac{\rho_R}{\rho_1} = \left(\frac{T_R}{T_1}\right)^{1/(k-1)} \qquad \text{[isentropic, ideal gas]} \tag{8.19}$$

식 (8.17)에서 T_R/T_1을 대입하면

$$\frac{P_R}{P_1} = \left(\mathscr{M}_1^2\,\frac{k-1}{2} + 1\right)^{k/(k-1)} \qquad \text{[isentropic, ideal gas]} \tag{8.20}$$

$$\frac{\rho_R}{\rho_1} = \left(\mathscr{M}_1^2\,\frac{k-1}{2} + 1\right)^{1/(k-1)} \qquad \text{[isentropic, ideal gas]} \tag{8.21}$$

예제 8.5 예제 8.3의 공기에 대하여 저장탱크 압력이 2 bar이고, 밀도가 2.39 kg/m^{3}이다. $\mathscr{M} = 2.0$인 점에서의 압력과 밀도를 구하라.

식 (8.20)과 (8.21)의 괄호 안의 항은 T_R/T_1과 똑같은 것으로서, 그 값은 예제 8.3에서 1.80이었다. 따라서

$$\frac{P_R}{P_1} = 1.80^{1.4/(1.4-1)} = 1.80^{3.5} = 7.82 \tag{8.I}$$

$$P_1 = \frac{P_R}{7.82} = \frac{2\ \text{bar}}{7.82} = 0.256\ \text{bar} = 3.71\ \text{psia} \tag{8.J}$$

$$\frac{\rho_R}{\rho_1} = 1.80^{1/(1.4-1)} = 1.80^{2.5} = 4.35 \tag{8.K}$$

$$\rho_1 = \frac{\rho_R}{4.35} = \frac{2.39\ \text{kg/m}^3}{4.35} = 0.549\ \frac{\text{kg}}{\text{m}^3} = 0.034\ \frac{\text{lbm}}{\text{ft}^3} \tag{8.L}$$

■

여기서 초기 밀도, 상류, 하류 압력에 대해 계산한 결과를 예제 5.1에서 베르누이 식을 이용하여 간단히 예측한 결과와 비교할 수 있다(연습문제 8.29 참조). 계산한 속도 1253 ft/s = 382 m/s는 여기서 계산한 속도치의 75%에 불과하다. 이러한 차이가 발생한 주원인은 베르누이 식에서 일정밀도의 가정으로 팽창 흐름이 내부에너지를 운동에너지로 변환이 반영되지 않았기 때문이다.(약 200 ft/s 이하의 속도에서 계산값은 실질적으로 같다. 예제 5.1과 연습문제 8.29를 참조하라.)

이러한 결과를 온도비 T_R/T_1과 비교하면, 무마찰 단열 흐름에서는 압력과 밀도가 온도보다 빨리 변함을 알 수 있다.

식 (8.11), (8.20), (8.21)을 사용하면, 이상기체의 등엔트로피, 정상 흐름에서 마하수의 변화에 따른 온도, 압력, 밀도의 변화를 계산할 수 있다. 그리고 마하수와 온도로부터 유속을 구할 수 있다. 또 하나 흥미 있는 것은 흐름에 수직인 단면적이다. 두 점 R과 1 사이의 정상 흐름에 대하여 질량수지식을 적용하고 A_R/A_1에 대하여 풀면

$$\frac{A_R}{A_1} = \frac{\rho_1 V_1}{\rho_R V_R} \tag{8.22}$$

A_R이 무한하고 V_R이 0인 조건을 저장탱크 조건으로 정의한 바 있다. 이러한 값을 식 (8.22)에 대입하면 양변이 무한함을 알 수 있다. 따라서 온도, 압력, 밀도에 대한 가장 편리한 기준 조건인 저장탱크 조건은, 단면적에 대하여는 아주 좋지 않은 기준 조건임을 알 수 있으므로, 더 좋은 것을 선택하기로 한다. 이러한 흐름에서 마하수가 정확하게 1이 되는 상태가 있을 수 있다. 문제의 흐름에서 이러한 상태가 존재하지 않더라도 존재한다고 가정하면 문제 풀이에 도움이 된다. 이 상태를 임계 상태(critical state)라 하고 *표로 나타내기로 한다. 어떤 임의의 상태와 이 임계 상태 사이에 질량수지식은

$$\frac{A_1}{A^*} = \frac{\rho^* V^*}{\rho_1 V_1} \tag{8.23}$$

밀도비를 등엔트로피 흐름의 온도비로, 유속을 마하수와 음속으로 대치하고, 온도비를 제거하면(부록 B.4),

$$\frac{A_1}{A^*} = \frac{1}{\mathscr{M}_1}\left[\frac{\mathscr{M}_1^2(k-1)/2+1}{(k-1)/2+1}\right]^{(k+1)/2(k-1)} \tag{8.24}$$

이 관계를 그림 8.3에 나타내었다.

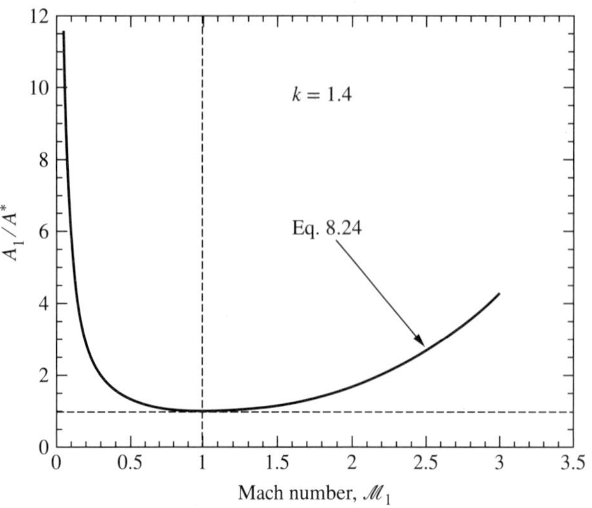

그림 8.3
식 (8.24)가 보여 주는 수렴-발산 노즐에서 초음속 흐름

그림 8.3으로 일반적 결론을 내리면, 마하수가 1보다 작을 때 유체를 빠르게 흐르게 하려면 흐름에 수직인 단면적을 감소시켜야 한다. 이러한 현상을 정원 호스에서 볼 수 있다. 질량 유량이 일정할 때 흐름 단면적을 줄이면 유속이 증가한다. 그러나 마하수가 1보다 크면, 유체를 빠르게 흐르게 하려면 단면적을 증가시켜야 한다는 놀라운 결론에 이르게 된다. 이 현상을 직관적으로 알 수 있다면, 이 책의 저자보다 나은 직관력을 지니고 있는 것이다.

그림 8.4는 노즐을 통한 거리에 따른 ρ, A, V를 동시에 표시하였다. 여기서 V는 입구에서 작은 값을 가지며, 거리에 따라 선형적으로 증가한다. 밀도는 팽창 흐름 때문에 거리에 따라 작아진다. 아음속 영역에서는 V는 ρ가 작아지는 것보다 빠르게 증가한다. 그래서 ρAV가 일정하기 위해서 A는 감소해야 한다. $\mathscr{M} = 1$까지 유체가 점점 더 빨라질수록 ρ는 더 빠르게 감소한다. V가 빠르게 증가하는 것처럼 ρ도 빠르게 감소한다. 초음속에서는, $\mathscr{M} > 1$,

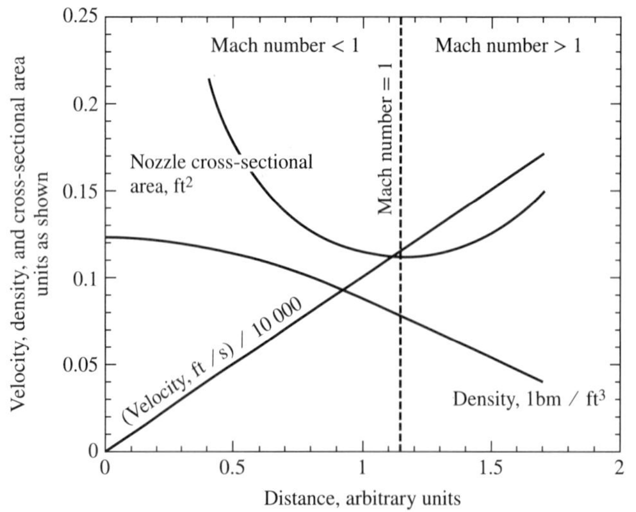

그림 8.4
노즐을 통한 밀도, 속도, 면적의 변화. 수치값은 예제 8.6과 같다. 여기서 단면적-거리 상관관계는 속도가 선형적으로 증가하도록 선택하였다. 이는 노즐을 어떻게 설계하는가에 필수적이지 않고 단지 그래프를 간단하게 만든다.

밀도는 속도가 증가하는 것보다 더 빠르게 감소한다. 그러므로 A는 증가해야 한다.

이러한 특징들은 그림에 나타난다. 앞의 정보들로부터 덕트를 통한 질량 유속을 계산할 수 있다. 흐름이 정상상태이기 때문에 질량 유속은 모든 지점에서 같다.

$$\dot{m} = \rho AV \tag{8.25}$$

여기서 ρAV는 덕트 내의 흐름이 음속(임계점)인 점을 포함해서 모든 점에서 같다. 식을 음속 흐름인 점에 대해서 나타내면, 식의 양변을 A^*로 나누고 $V^* = c^*$를 대입하여 k, R, M 항을 식 (8.12)와 (8.17)로 표현할 수 있다. 유사하게, ρ^*를 식 (8.21)의 ρ_R로 나타낼 수 있다. 이들을 식 (8.25)에 대입하면

$$\frac{\dot{m}}{A^*} = \frac{\rho_R(kRT_R\,/\,M)^{1/2}}{[(k-1)\,/\,2+1]^{(k+1)/2(k-1)}} \tag{8.26}$$

이 식에서 ρ_R에 이상기체 대응량 $MP_R/(RT_R)$을 대입하면 다음과 같은 편리한 또 다른 식이 된다.

$$\frac{\dot{m}}{A^*} = \frac{P_R}{(T_R)^{1/2}}\left(\frac{Mk}{R}\right)^{1/2}\frac{1}{[(k-1)\,/\,2+1]^{(k+1)/2(k-1)}} \tag{8.27}$$

이러한 식은 이상기체의 무마찰, 단열, 1차원, 정상 흐름을 기술하는 완성된 식이다. 기체의 종류(따라서 k와 M) 및 저장탱크 온도와 압력을 알고, 하류의 임의의 위치에서의 온도, 압력, 유속, 밀도, 마하수, 흐름에 수직인 면적당 질량 유량 중의 어느 한 값을 알면, 그 위치에서 그 외 변수값들을 구할 수 있다.

예제 8.6 절대압력 30 psia, 200°F의 공기가 저장탱크에서 덕트로 흘러 들어간다. 흐름은 정상, 단열, 무마찰이며, 질량 유량은 10 lbm/s이다. 덕트 안에서 유속이 1400 ft/s인 점의 단면적, 온도, 압력, 마하수를 구하라.

문제가 되는 점에서의 마하수를 아직 알 수 없다. 식 (8.17), (8.20), (8.21)을 사용하려면 먼저 이 값을 구해야 한다. 식 (8.15)를 다시 쓰면

$$\begin{aligned} T_1 &= T_R - V_1^2\left(\frac{k-1}{k}\right)\frac{M}{2R} \\ &= 660°\text{R} - \frac{(1400\ \text{ft/s})^2 \cdot (1.4-1) \cdot 29\ \text{lbm/lbmol}}{1.4 \cdot 2 \cdot 4.98 \cdot 10^4(\text{ft}^2/\text{s}^2) \cdot (\text{lbm}/(\text{lbmol} \cdot °\text{R}))} \\ &= 660°\text{R} - 163°\text{R} = 497°\text{R} = 276\ \text{K} \end{aligned} \tag{8.M}$$

따라서

$$c = 223\,\frac{\text{ft}}{\text{s}} \cdot \left(\frac{\text{lbm}}{\text{lbmol} \cdot \text{R}}\right)^{1/2}\left(\frac{1.4 \cdot 497°\text{R}}{29\ \text{lbm/lbmol}}\right)^{1/2} = 1092\,\frac{\text{ft}}{\text{s}} = 333\,\frac{\text{m}}{\text{s}} \tag{8.N}$$

그리고

$$\mathscr{M}_1 = \frac{1400 \text{ ft/s}}{1092 \text{ ft/s}} = 1.282 \tag{8.O}$$

이제 식 (8.20)과 (8.21)을 이용할 수 있다.

$$\frac{P_R}{P_1} = \left(\frac{T_R}{T_1}\right)^{k/(k-1)} = \left(\frac{660°\text{R}}{497°\text{R}}\right)^{3.5} = 2.70 \tag{8.P}$$

그리고

$$P_1 = \frac{P_R}{2.70} = \frac{30 \text{ psia}}{2.70} = 11.1 \text{ psia} = 76.5 \text{ kPa} \tag{8.Q}$$

유량이 10 lbm/s이므로, 식 (8.27)에서 임계 조건의 면적을 구할 수 있다.

$$\begin{aligned}\frac{\dot{m}}{A^*} &= \frac{30 \text{ lbf/in}^2 \cdot [(29 \text{ lbm/lbmol}) \cdot 1.4]^{1/2} \cdot 32.2 \text{ lbm} \cdot \text{ft/lbf} \cdot \text{s}^2}{223 \text{ ft/s} \cdot (\text{lbm/lbmol} \cdot °\text{R})^{1/2} \cdot (660°\text{R})^{1/2} \cdot [0.4/2 + 1]^{2.4/0.8}} \\ &= 0.62 \frac{\text{lbm}}{\text{s} \cdot \text{in}^2} = 437 \frac{\text{kg}}{\text{s} \cdot \text{m}^2}\end{aligned} \tag{8.R}$$

그러므로

$$A^* = \frac{\dot{m}}{0.62 \text{ lbm/in}^2 \cdot \text{s}} = \frac{10 \text{ lbm/s}}{0.62 \text{ lbm/in}^2 \cdot \text{s}} = 16.1 \text{ in}^2 = 0.030 \text{ m}^2 \tag{8.S}$$

이제 A^*를 알았으므로 식 (8.24)에서 $V = 1400$ ft/s일 때의 면적을 계산할 수 있다.

$$\begin{aligned}\frac{A}{A^*} &= \frac{1}{1.282} \cdot \left[\frac{(1.282^2 \cdot 0.4/2) + 1}{0.4/2 + 1}\right]^{2.4/2(0.4)} \\ &= \frac{1}{1.282} \cdot \left(\frac{1.329}{1.20}\right)^3 = 1.059\end{aligned} \tag{8.T}$$

따라서 $A = 1.059 \cdot A^* = 1.059 \cdot 16.1 \text{ in}^2 = 17.0 \text{ in}^2 = 0.011 \text{ m}^2$ ■

지금까지 많은 대수 계산을 하였는데, 그 대부분은 다음 양 $[\mathscr{M}_1^2(k-1)/2+1]$을 여러 배율로 계산하는 것이었다. k 값이 일정한 경우 마하수에 따라 이 함수의 변수값을 표로 만들어 두면 대수 계산을 상당히 절약할 수 있을 것이다. 부록 A.3은 $k = 1.4$인 경우의 계산치를 표로 정리하였다. 컴퓨터가 널리 보급되기 전에는 고속 기체 흐름에 관한 문제는 이 표를 이용하여 해석하였다. 이것은 아직도 컴퓨터 프로그램 혹은 스프레드시트에서 문제를 풀이할 때 사용되고 있다.

부록 A.3의 표는 식 (8.17), (8.20), (8.21), (8.24)에 기초한 것이다. 또한 V/c^*열은 식

(B.6)~(B.12)에 의해서 계산하였다. 이 비는 유속과 저장탱크 조건을 알고 마하수를 구하는 문제에서 유용하다. 예제 8.6에서처럼 국부 온도와 국부 음속을 구할 수 있지만, 이것은 지루하다. V/V_R와 같은 속도비의 표가 있으면 좋겠지만, $V_R = 0$이므로, 이것은 불가능하다. 따라서 $V/V^* = V/c^*$를 선택하는 것이 당연하며, 이는 다음 예제에서 설명한다.

예제 8.7 부록 A.3을 이용하여 예제 8.6을 다시 풀어라.

먼저 c^*를 계산한다. 이때 T^*를 알아야 하는데, 표에서 $\mathscr{M} = 1.0$일 때 T/T_R를 찾아서 구할 수 있다. $T^*/T_R = 0.83333$이다. 따라서

$$T^* = 660°\text{R} \cdot 0.83333 = 550°\text{R} \tag{8.U}$$

$$c^* = \left(\frac{kRT^*}{M}\right)^{1/2} = 223\,\frac{\text{ft}}{\text{s}} \cdot \left(\frac{\text{lbm}}{\text{lbmol} \cdot °\text{R}}\right)^{1/2} \cdot \left(\frac{1.4 \cdot 550°\text{R}}{29\ \text{lbm}/\text{lbmol}}\right)^{1/2}$$
$$= 1149\,\frac{\text{ft}}{\text{s}} = 350\,\frac{\text{m}}{\text{s}} \tag{8.V}$$

이제 다음을 계산한다.

$$\frac{V}{c^*} = \frac{1400\ \text{ft}/\text{s}}{1149\ \text{ft}/\text{s}} = 1.218 \tag{8.W}$$

표의 V/c^*열로 가서 $V/c^* = 1.218$까지 읽어 내려간다.(이후에 나오는 예제들에서 부록 A.3에 삽입한다. 대신에 값은 부록 A.3에서 사용한 식들이나 프로그램을 이용하여 계산하고, 소수점 이하 네 자리 숫자까지 정확하다.) 이 값은 마하수가 약 1.2815일 때에 해당한다. 이 표의 같은 행에서 읽으면

$$\frac{T}{T_R} = 0.7528 \qquad \frac{P}{P_R} = 0.3701 \qquad \frac{A}{A^*} = 1.0587 \tag{8.X}$$

따라서

$$T = 0.7532\ T_R = 0.7532 \cdot 660°\text{R} = 497°\text{R} \tag{8.Y}$$

$$P = 0.3708\ P_R = 0.3708 \cdot 30\ \text{psia} = 11.1\ \text{psia etc.} \tag{8.Z}$$

■

예제 8.6과 비교하면, 이러한 종류의 문제 풀이에 필요한 노력이 크게 절약됨을 알 수 있다. 숙제를 풀 때에도 부록 A.3을 활용하면 편리할 것이다. 부록 A.3에서 저장탱크와 임계조건을 사용하여 모든 계산을 한 이유를 분명히 알 수 있다. 이러한 표를 달리 만드는 방법이 있는가?

예제 8.6을 변경하여 다시 풀어 보기로 한다.

예제 8.8 유속이 4000 ft/s인 점에서 예제 8.6을 다시 풀어라.

예제 8.7에서처럼 $c^* = 1149$ ft/s이므로, $V/c^* = 4000/1149 = 3.48$이다. 부록 A.3에서 V/c^*열에 3.48을 찾아 살펴보면, 최대값이 1.6330이다. 이 표의 원본을 찾아 살펴보면, 마하수 100까지 V/c^*의 한계는 2.4489이다. 따라서 이 흐름에서는 유속이 4000 ft/s가 될 수 없다. 예제 8.6의 방법으로 돌아가서 $V = 4000$ ft/s를 대입하면

$$T_1 = 660°\text{R} - 1340°\text{R} = -680°\text{R} \qquad ??? \tag{8.AA}$$

■

여기서 알 수 있듯이 에너지수지는 팽창하는 흐름의 가능한 최대 유속을 설정한다. 모든 내부에너지가 운동에너지로 전환된 후에는 기체가 더 이상 가속될 수 없다. 속도에 대한 또 다른 제약도 있다. 공기는 0°R에 도달하기 전에 액체로 변할 것이며, 아주 낮은 온도에서는 C_P가 일정하다는 가정이 거짓이 될 것이다. 더욱이, 공기가 아주 건조하지 않은 한, 저온에서는 안개가 생길 수 있다. 고속 풍동에 대형 공기 건조기나 예열기를 설치하는 것은 이러한 이유 때문이다.

식 (8.17)에서 임의의 마하수에 대하여 T_R/T_1 값을 계산할 수 있는 최대 유속은 얼마인가? 마하수가 커지려면 온도가 계속 낮아져야 한다. $c = (kRT/M)^{1/2}$이므로, 유속을 증가시키고 온도를 낮추어서 마하수를 크게 할 수 있다. 마하수가 크면 계산한 온도는 아주 낮아진다.

식 (8.15)의 T를 V에 대하여 그린 그림 8.5를 보면 이를 알 수 있다. 이 그림은 포물선의 반으로서 최대 유속 $V_{\max}$는 $(2C_PT_R)^{1/2}$과 같다. 또한 덕트에서의 이상기체의 정상, 단열, 무마찰 흐름에 대한 식을 유도할 때의 가정들은 T가 0 K에 접근하면 부정확하게 됨을 기억해야 한다.

지금까지 저장탱크로부터의 흐름에 관해서만 검토하였다. 초기 조건이 $V = 0$인 저장탱

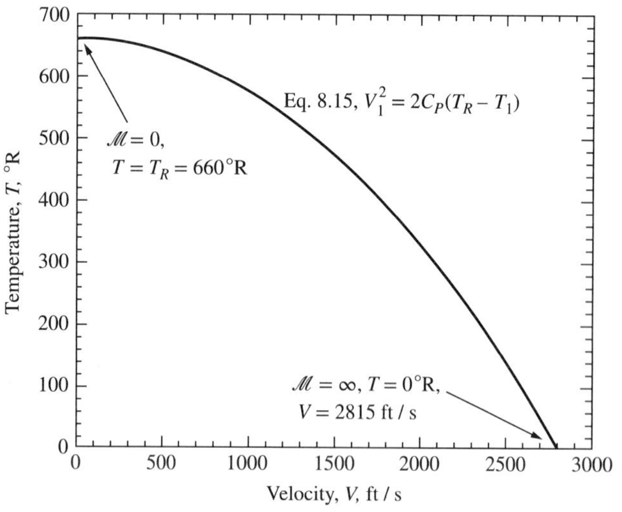

그림 8.5
이상기체($k = 1.4$, $T_R = 660°$R)의 정상 단열 흐름에서 유속에 따른 온도의 변화

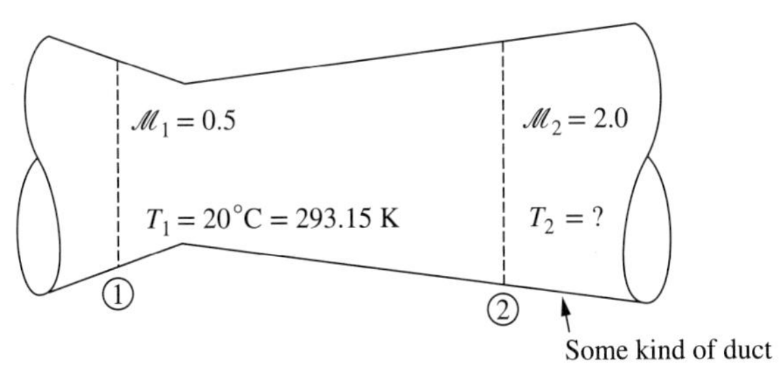

그림 8.6
예제 8.9에서 사용한 초음속 노즐

크가 아니고 다른 어떤 점이라면, 초기 유속이 0이 아닌 경우의 식을 유도할 수 있지만, 지금까지 한 것보다 대수적으로 장황하게 다루어야 할 것이다. 이때 부록 A.3을 활용하여 주어진 초기 조건에 대응하는 저장탱크 조건을 구하는 수법을 사용하면 아주 편리하다.

예제 8.9 공기가 덕트 안에서 정상, 무마찰, 단열로 흐른다. 마하수 0.5인 점에서의 온도가 20°C이다. 마하수 2.0인 점에서의 온도를 구하라. 그림 8.6을 참조하라.

부록 A.3에서 $\mathscr{M}_1 = 0.5$일 때 $T/T_R = 0.9524$이다. 따라서

$$T_R = \frac{T_1}{0.9524} = \frac{293.15 \text{ K}}{0.9524} = 307.8 \text{ K} = 554°\text{R} \tag{8.AB}$$

T_2를 찾기 위해 다시 부록 A.3에서 $\mathscr{M}_2 = 2.0$을 살펴보면 $T/T_R = 0.5556$이다. 따라서

$$T_2 = 0.5556 \cdot T_R = 0.5556 \cdot 307.8 \text{ K} = 171 \text{ K} = 308°\text{R} = -152°\text{F} \tag{8.AC}$$

■

이와 마찬가지 방법으로 점 1에서 밀도, 압력 등의 값을 알면, 점 2에서 밀도, 압력을 구할 수 있다. 이처럼 저장탱크에서 흐름에 기초한 표를 이용하여, 한 상태로부터 다른 상태를 계산할 수 있다. 따라서 저장탱크 상태를 실제 저장탱크에서 존재하는 상태로 볼 것이 아니라 하나의 편리한 기준 상태로 생각하면, 표의 값을 간단히 응용하여 여러 가지 일반 문제를 풀 수 있다. 만약 이를 계산하기 위한 컴퓨터 프로그래밍을 한다면, 부록 A.3을 참조하기 위해 적절한 방정식을 대체하여 같은 단계들을 사용해야 한다.

저장탱크 및 임계 상태의 두 가지 기준 상태 때문에 혼동해서는 안 된다. 여러 상태는 그림 8.7에서 분명히 나타내었다. 흐름의 임의의 점에 무마찰 삼방 밸브를 설치할 수 있다고 가정한다. 이 흐름은 실제로 밸브를 통해 배출 흐름 방향으로 흐르며, 가상적 무마찰 밸브의 설치 때문에 흐름이 변하지 않는다. 이제 밸브를 절환하여 흐름의 방향을 마찰 없이 저장탱크 쪽으로 바꾸면, 저장탱크에서 측정한 온도, 압력, 밀도 등이 도입 흐름에 대응하는 저장탱크 조건을 구성한다. 마찬가지로 흐름의 방향을 바꾸어 음속노즐을 통하여 흐르게 하면, 이 노즐의 목에서 측정한 조건의 임계 조건이 도입 흐름에 대응한다. 따라서 이처럼 가상적 밸브를 생각하면 도입 흐름에 대응하는 저장탱크 조건과 임계 조건을 알아내기 위

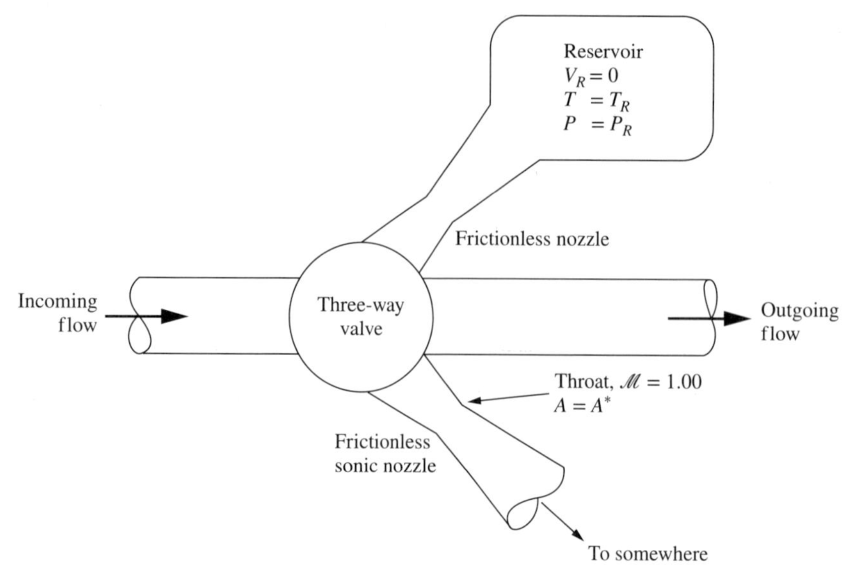

그림 8.7
저장탱크 조건과 임계 조건의 가시화. 이 조건들은 실제 흐름에서 존재하지 않으나 흐름을 개념적으로 분석하는 데 많이 사용된다.

해서 어떤 실험을 해야 할 것인지를 알 수 있다. 그러나 그림에 나타낸 두 가지 노즐은 무마찰이라 하였으므로, 실제로 실험을 수행할 필요는 없다. 이 절에 나타낸 식들을 사용하면 여기서 생기는 일을 계산할 수 있다.

가역 단열 흐름에서는 저장탱크 조건이나 임계 조건이 계의 점마다 달라지지 않는다. 따라서 흐름의 임의의 점에서 측정하거나 계산한 값이 흐름 전체에 대한 값이 된다. 그러나 마찰이 있거나(8.4절 참조), 가열이나 냉각하는 흐름(이 책에서 다루지 않았다), 수직 충격파(8.5절 참조)일 때는 저장탱크 조건과 임계 조건이 흐름 위치마다 달라진다. 이러한 흐름에서는, 그림 8.7에 나타낸 장치를 흐름의 임의의 점에서 개념적으로 사용해야 할 것이며, 한 점에서의 값이 다른 점에서의 값과 같다고 가정해서는 안 된다.

8.3 노즐 초킹

수렴노즐(converging nozzle)을 사용하여 공기가 가득 찬 고압 저장탱크를 공기가 가득 찬 저압 저장탱크에 연결했다고 하자. 그림 8.8에 보이듯이, 적절한 펌프 등을 사용하여 각 저장탱크의 압력을 임의의 값으로 유지할 수 있으며, 노즐을 통해 흐르는 기체의 질량 유량을 측정하는 수단이 있다고 가정한다.

처음에는 두 저장탱크의 압력이 고압으로 모두 P_1이다. 이때는 노즐을 통한 압력구배가 없으므로 흐름이 없다. 이어서 고압 탱크의 압력은 P_1 그대로 유지하면서 저압 탱크의 압력을 P_2로 낮추기 시작한다. 이 동안에 질량 유량 $\dot{m}$을 측정하여, $\dot{m}$을 P_2/P_1에 대하여 그린다. 이 결과를 그림 8.9에 나타내었다.(여기서 결과는 $\dot{m}/A_{\text{nozzle}}$로 나타내었으며, 이는 그림 8.7의 장치의 크기와는 무관하다.) 이 그림은 일정 유체밀도를 가정한 베르누이 식으로

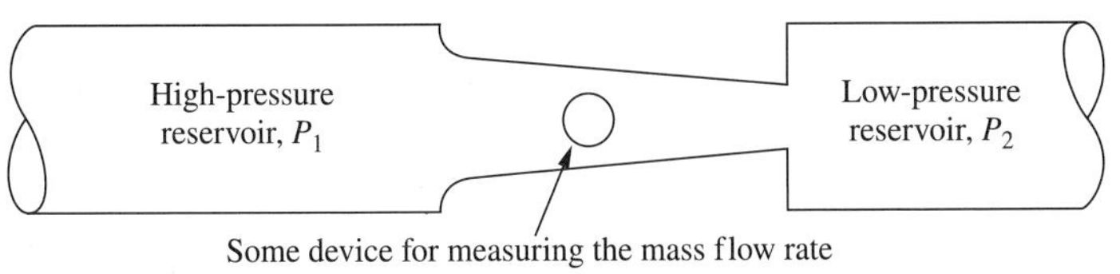

그림 8.8
수렴노즐에서 질량 유량을 측정하기 위한 장치

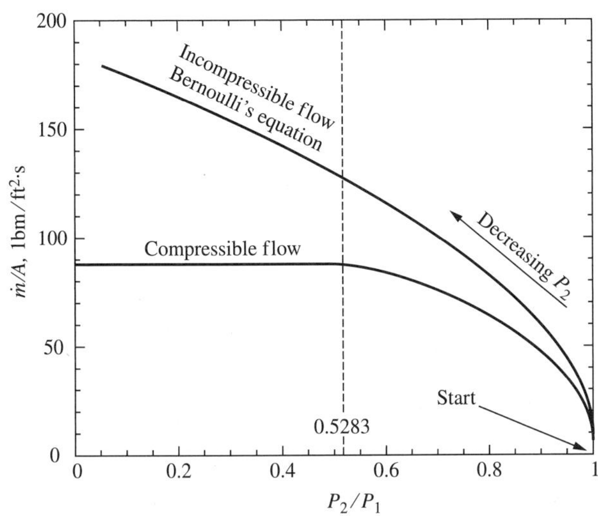

그림 8.9
등엔트로피 흐름($P_R = 30$ psia, $T_R = 660°$R)의 단위 면적당 질량 유량(때때로 질량 속도라고도 함). B.E. 곡선은 $V = \sqrt{2(-\Delta P)/\rho_R}$와 $\dot{m}/A = V\rho_R$을 계산한 것이다. 이들 곡선은 ΔP가 낮은 부분으로 부분적으로 동일하나, 큰 값에서는 같지 않다. 압축성 흐름 풀이는 노즐 초킹을 보인다. B.E. 풀이는 그렇지 않다.

계산한 값이다.

P_2가 낮아짐에 따라 질량 유량은 계속 증가하다가, $P_2/P_1 = 0.5283$이 되면 P_2가 더 낮아져도 질량 유량이 증가하지 않는다. 부록 A.3을 참조하면, 등엔트로피 1차원 정상 흐름일 때 이 압력비는 노즐 목에서 음속($\mathscr{M} = 1$)인 경우에 정확하게 해당한다. 하류의 압력을 더욱 낮추어도 질량 유량이 증가하지 않는 것은, 흐름의 가장 좁은 점에서의 흐름이 음속이기 때문이다. 또한 상태 1을 저장탱크 상태로 하면, 노즐 목에서의 $\dot{m}/A$ 값은 식 (8.27)로 추정한 값과 똑같다. 베르누이 식으로 계산한 유량은 초기($P_2/P_1 \sim 1.0$, ΔP가 매우 작은 경우)에는 같은 결과를 얻을 수 있다. 그러나 ΔP가 점점 커질수록 베르누이 식은 질량 유량이 점점 증가하는 결과를 보이지만, 이는 실제 기체에 대해 관찰한 내용과 상당한 차이를 보인다.

하류 압력을 0.5283 × 상류 압력 이하로 낮추어도 노즐에서의 유량이 증가하지 않는 이유는 무엇인가? 관찰자를 기구에 매달아서 유체와 함께 노즐을 통하여 흐르게 한다고 가정해 보자. 관찰자가 노즐 목에 도달하여 보면, 하류 압력이 등엔트로피 흐름식으로 예상한 것보다 더 낮음을 알고, 그 뒤에 있는 우리를 향해서 더 빨리 오라고 고함치게 될 것이다. 이 고함을 그림 8.10에 나타내었다.

고함은 고함을 지른 자리에서 (상류 방향으로) 떠나지 않는다. 노즐 하류에 급격한 압력 감소가 있는 소리 신호는 노즐의 상류에 있는 가스로 절대 전달될 수 없다. 노즐 하류에 예리한 노즐 목에서 일단 음속이 되면 이 점에서 질량 유량을 증가시키도록 하류에 할 수 있

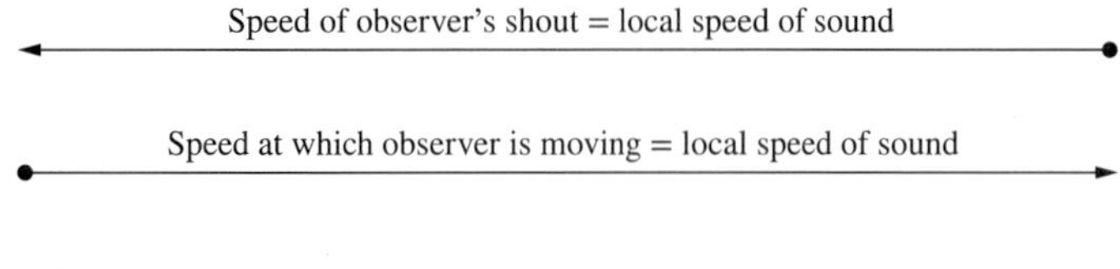

그림 8.10
관찰자가 음속으로 움직이는 유체에 타고 지른 고함은 유체의 상류 흐름으로 전파되지 않는다.(흐름은 왼쪽에서 오른쪽으로 흐른다.)

는 일이 아무것도 없다. 이처럼 목에서의 흐름이 음속인 상황을 초킹(choking)이라 한다. 상류 조건을 변화시키지 않고는 노즐을 통한 질량 유량을 증가시킬 수 없는 경우 이 노즐은 초킹되었다고 한다. 목의 하류에서는 희박화(rarefaction)에 의하여 저압의 조정이 일어나는데, 이는 등엔트로피나 1차원 과정이 아니므로, 이 장에서 유도한 1차원 식으로 다룰 수 없다.

이러한 유형의 초킹은 밸브, 오리피스, 진공장치 등에서 흔히 일어난다. 공기의 경우 진공장치 입구의 밸브나 틈 등에서 압력비가 0.5283 이하가 되면 초킹 흐름이 생긴다. 자동차나 자전거 타이어에서 바람이 새면 이 흐름은 대개 초킹된다. 대부분의 기체흐름 제어밸브는 초킹 조건에서 조작된다. 기체장치의 안전밸브가 열리면 대부분 초킹 조건이 된다. 초킹된 오리피스는 하류 압력에 무관하게 소량의 유량을 얻는 일반적 방법이다. 이러한 계는 무마찰이나 1차원이 아니지만, 그 거동은 8.2절에서 유도한 1차원 등엔트로피 흐름에 관한 일련의 식으로 잘 나타낼 수 있다. 이 장에서 다룬 개념 중에서 기체흐름에서의 초킹은 실무기술자가 계의 거동을 이해하는 데 가장 도움이 되는 것으로서, 비기술자가 이해하기 어렵긴 하다.

유체 즉 액체나 기체가 다른 유체 중으로 제팅(jetting)될 때 이 흐름이 아음속이면(음속이나 초음속이 아니고), 이 제트의 압력이 주변 유체의 압력과 같아진다고 한 사실(5.5절)을 여기서 설명할 수 있다. 흐름이 아음속이고 주변 유체의 압력이 제트의 압력보다 작으면, 이 정보는 흐름을 역류하여 전파되어, 압력이 같아질 때까지 유속이 가속된다. 흐름이 음속이나 초음속이면, 이 정보는 상류로 전파될 수 없으며, 제트의 압력은 주변 압력과 다른 압력이 된다.

8.4 마찰, 가열 등이 있을 때의 고속 기체 흐름

앞 절에서는 마찰, 외계로부터 기체로의 열전달, 흐르는 기체 중의 화학반응(예를 들면, 연소반응)의 영향을 다루지 않았다. 이상기체의 1차원 흐름에서는 면적이 일정한 덕트에서 마찰, 가열, 연소반응 등이 있는 흐름에 관한 수학적 해가 가능하다. 아음속 흐름에서는 이러한 해가 실험 결과와 만족할 만하게 일치한다. 그러나 초음속 흐름에서는 관 벽에서의 마찰이 1차원 흐름 이론으로 다룰 수 없는 경사충격파(oblique shock wave)의 원인이 되므로 1차원 가정은 신빙성을 잃게 된다.

여기서는 이러한 흐름에 관한 완전한 수학을 다루는 대신에, 두드러진 결과 일부를 간단히 제시하고, 완전한 수학적 방법에 관한 문헌을 소개하기로 한다. 화공엔지니어에게 실질적 관심의 대상이 되는 두 가지 흐름을 여기서 중점적으로 소개한다.

8.4.1 마찰이 있는 단열 흐름

기체가 긴 관에서 고속으로 흐를 때 이러한 흐름이 생긴다. 관을 단열하였거나 흐름이 빠르면, 유체로의 열전달을 무시할 수 있어서, 이 흐름은 실질적으로 단열이 된다.

이러한 흐름에서 질량 및 에너지 수지와 이상기체식은 이상기체의 정상 등엔트로피 흐름에서와 같은 형태이다. 그러나 8.2절에서는 부록 B의 등엔트로피 관계를 사용하였는데, 여기서는 마찰이 흐르는 기체의 엔트로피를 증가시키기 때문에 사용할 수 없다. 그 대신 여기서는 흐름 방향에서 dx만큼 떨어진 두 점에 대한 운동량수지식 (7.17)을 사용하기로 한다. 정상 흐름일 때 이 식은 다음과 같이 된다.

$$0 = \rho AV\,(dV) - A\,dP - \tau_{\text{wall}}\pi D\,dx \tag{8.28}$$

비압축성 유체의 흐름의 경우, 벽에서의 전단응력 τ_{wall}을 패닝 마찰인자 f의 항으로 나타낼 수 있다.

$$\tau_{\text{wall}} = f\rho\,\frac{V^2}{2} \tag{8.29}$$

실험 자료에서 보면, 이 관계식을 고속 기체 흐름에 적용할 수 있으며, 그림 6.10 또는 식 (6.22)의 여러 레이놀즈 수와 관 거칠기에 대한 마찰인자 그래프에서 f 값을 압축성 및 비압축성 유체에 모두 적용할 수 있다 . 식 (8.29)를 에너지, 질량수지, 이상기체식과 함께 식 (8.28)에 대입하면 관의 길이에 따라 온도, 압력 등의 변화를 나타낼 수 있다. 이 결과가 식 (8.17)인데, 온도와 마하수의 관계를 나타내며 마찰 여부에 관계없이 같다. 또한,

$$\frac{4f\,\Delta x}{D} - \frac{1}{k}\left(\frac{1}{\mathscr{M}_1^2} - \frac{1}{\mathscr{M}_2^2}\right) + \frac{k+1}{2k}\ln\left\{\frac{\mathscr{M}_2^2}{\mathscr{M}_1^2}\cdot\frac{1+[(\mathrm{k}-1)/2]\,\mathscr{M}_1^2}{1+[(\mathrm{k}-1)/2]\,\mathscr{M}_2^2}\right\} = 0 \tag{8.30}$$

이 결과는 $N = 4f\,\Delta x/D$를 정의하고 식에 대입함으로써 상당히 짧아졌다.

이러한 종류의 문제 중에서 가장 일반적이고 흥미로운 것을 그림 8.11에 나타내었는데, 기체가 수렴노즐을 통하여 등엔트로피적으로 흐르고, 이어서 마찰이 상당히 있는 직관을 통하여 흐른다. 이러한 상황이 되는 것은 고압 안전밸브나 분출디스크에서 관을 통하여 플레어(flare)나 스택(stack)으로 배출되는 경우와 고압 용기에서 하류의 어떤 곳에서 파열된 관을 통하여 배출되는 경우 등이다. 이러한 흐름을 피하려고 시스템을 설계하지만, 많은 사고현장이나 안전진단에서 일어난다.

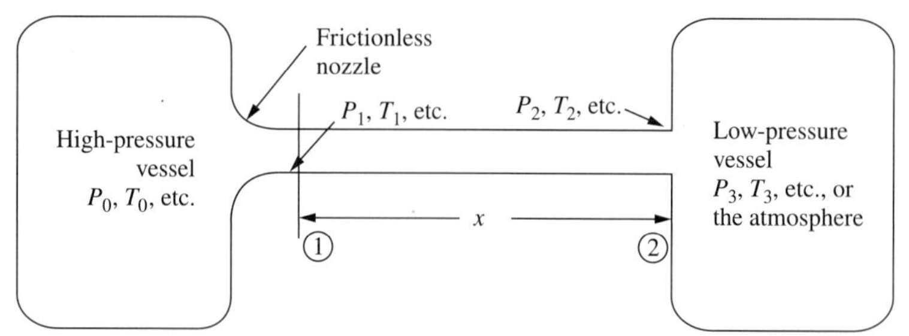

그림 8.11
마찰이 없는 단열 관을 통한 고압에서 저압으로의 흐름

이 그림에 나타낸 것과 같은 장치의 관에서 유체가 흐르면 마찰 때문에 압력이 감소한다. 이 때문에 밀도가 작아져서 유속이 증가하게 된다. 마찰 효과는 유속의 제곱에 비례하므로, 압력강하 $-dP/dx$는 비압축성 유체의 흐름과 같이 관의 단위 길이에 대하여 다른 값을 보이며, 관의 하류로 갈수록 증가한다.

그림 8.11에서 P_0와 P_3가 같다면 흐름이 없다. P_0를 일정하게 유지하면서 P_3를 낮추면 유량이 증가하며 관 출구에서의 마하수가 $\mathscr{M}_2 = 1$이 될 때까지 계속 커질 것이다. 여기서 P_3를 더 낮추어도 유량이 증가하지 않는데, 축소-확대 노즐(converging-diverging nozzle)에서처럼(8.3절) 관 출구에서 흐름이 초킹되기 때문이다. 출구에서의 흐름이 아음속이면 $P_2 = P_3$이다. 일단 이 흐름이 음속이 되면 초킹 상황이 생겨서 P_2가 달라지지 않아도 P_3가 낮아질 수 있다.

여기서의 시행착오법은 식 (8.30)의 형태 때문에 6장에서보다 더 복잡하다. M_1과 M_2를 알고 있다면 쉽게 N을 구할 수 있다. 그러나 N과 마하수들 중 하나를 아는 경우에, 마하수들이 일반 형태와 로그 안에 있기 때문에 다른 마하수를 대수적으로 구할 수 없다.(마하수 하나를 다른 마하수와 N에 대하여 대수적으로 구하려고 시도해 보면 이것을 알 수 있다.) 다른 마하수를 위한 시행착오법은 특히 엑셀과 같은 스프레드시트에서는 쉽다. 그러나 이 경우에는 시행착오 단계에서 또 다른 시행착오를 요구하기 때문에 엑셀에 있는 간단한 '해 찾기(goal seek)' 기능으로는 구할 수 없다.

예제 8.10 그림 8.11에서, $P_0 = 30$ psia, $P_3 = 18$ psia, $T_0 = 200°\text{F}$이다. 관은 1 in 규격 40으로, 길이 8 ft이다. 질량 유량을 구하라.

1 in 규격 40, 관의 상대 거칠기는 0.0017 정도이므로, 그림 6.10에서 레이놀즈 수 값이 클 때의 마찰인자는 0.006 정도이다. 따라서 예상하면,

$$N = \frac{4f\,\Delta x}{D} = \frac{4 \cdot 0.006 \cdot 8 \text{ ft}}{1.049 \text{ ft} / 12} = 2.196 \tag{8.AD}$$

표 8.3에서 수행한 것처럼 이 계산 결과를 기록한다. 표에서 처음 네 줄은 세 개의 주어진 변수값으로부터 시행착오법 동안 변하지 않는 N의 값을 예측한다.

우선, 두 번째 열의 예측치는 $(\mathscr{M}_1)_{\text{first guess}} = 0.5$인 경우이다. 이로부터 세 번째 행

표 8.2
예제 8.10 풀이 순서

Preliminary step	**Estimate *f*, compute *N***
Two nested trial-and-error solutions	Find the values of $\mathscr{M}_1$ and $\mathscr{M}_2$ that satisfy Eq. 8.30 and produce $\dot{m}_1 / \dot{m}_3 = 1$
Nozzle, assumed frictionless	Guess $\mathscr{M}_1$, using that value, compute $\dot{m}_1 / A^*, A_1 / A^*, \dot{m}_1 / A_1$
Straight pipe with friction	Compute $\mathscr{M}_2$, from Eq. 8.30; using that value, compute T_2, c_2, V_2, ρ_2, $\dot{m} / A_2$
Match	Does $\dot{m} / A_1 = \dot{m} / A_2$? If so, check value of N. If it matches the given N, accept solution. If not, make a new guess of $\mathscr{M}_1$, repeat solution.

표 8.3
예제 8.10의 단계별 풀이

	First guess	**Second guess**	**Final guess**
P_0, psia	30	30	30
T_0, °R	660	660	660
N	2.196	2.196	2.196
P_2, psia	18	18	18
$\mathscr{M}_1$, guessed	**0.5**	**0.3**	**0.371**
$\dot{m}_1 / A^*$, Eq. 8.26	0.622	0.622	0.622
A_1 / A^*, Eq. 8.24	1.340	2.035	1.692
$\dot{m}_1 / A_1$ lbm / s in^2	0.464	0.306	0.367
$\mathscr{M}_2$, guessed	0.800	0.363	0.553
N, Eq. 8.30	0.997	2.196	2.196
T_2, °R, Eq. 8.17		643.052	621.983
c_2, ft / s, Eq. 8.12		1242.490	1221.966
V_2, ft / s		451.035	675.527
ρ_2 based on P_2 and T_2		0.076	0.078
$\dot{m}_2 / A_2$, lbm / s ft^2		34.122	52.837
$\dot{m}_2 / A_2$ lbm / s in^2		0.237	0.367
Ratio $\dfrac{\dot{m}_2 / A_2}{\dot{m}_1 / A_1}$		0.776	**0.999**

에 값을 계산한다. 다음은 $\mathscr{M}_2$를 얻기 위해 식 (8.30)을 계산하자. 이는 식이 선험적이므로 시행착오법적인 계산 과정을 필요로 한다.(이 식은 $\mathscr{M}_2$와 알고리듬을 포함하고 있다. 한번 풀이를 시도해 보라. 그러면 이해될 것이다.) 이러한 계산을 스프레드시트에 수치해법을 이용하여 쉽게 풀이하기 위해 $\mathscr{M}_2$의 초기값을 가정하고, 스프레드시트 수치계산을 이용하여 식 (8.30)의 $N = 2.196$을 만족하는 $\mathscr{M}_2$ 값을 구한다. 표 8.3의 두 번째 열은 $(\mathscr{M}_2)_{\text{first guess}} = 0.8$인 경우이다. 이후에 행에는 식 (8.30) 식의 값들이 $N = 0.997$이 되는 값들을 대체한다. 이러한 수치해법 기법은 식 (8.30)의 $N = 2.196$에 해당하는 $\mathscr{M}_2$를 구하는 것이다. 그러나 이는 잘못되었다. $(\mathscr{M}_1)_{\text{first guess}} = 0.5$에 대해서 $N = 2.196$의 결과를 보이는 0.5와 1.0 사이에 존재하는 $\mathscr{M}_2$가 없기 때문이다. 결국, $N = 2.196$을 얻기 위해 $\mathscr{M}_1$은 0.5가 될 수 없다.

두 번째 시도(표 8.3의 세 번째 열) $(\mathscr{M}_1)_{\text{second guess}} = 0.3$이다. 계산을 계속하기 위해 $\mathscr{M}_2$에 예측값($\mathscr{M}_2 = 0.363$)을 대입하고 수치계산을 하여 식 (8.30)의 $N = 2.196$을 만족하는 값들에 열을 대체한다. 식 (8.17)로부터 T_2를 구한다.(이는 단열 흐름으로 제한적이며 무마찰에 대한 것이 아니다.) T의 값은 식 (8.12)로부터 c_2와 국부 음속, 마하수로부터 V_2를 얻는다. P_2와 T_2로부터 ρ_2를 구한다.

$$\dot{m}_2 / A_2 = \rho_2 V_2 \tag{8.AE}$$

표 8.3은 식 (8.AE)에 의해서 $\text{lbm}/(\text{s}\cdot\text{ft}^2)$ 단위와 이에 상응하는 $\text{lbm}/(\text{s}\cdot\text{in}^2)$ 단위로 값들을 표현하였다. 그리고 점 2와 점 1에서의 $\dot{m}/A$의 비를 계산한다. 만약 적절한 $\mathscr{M}_1$을 선택하였으면 이 비는 1.0이 된다. 세 번째 열에서 이 비의 값은 0.776이며, 이는 $(\mathscr{M}_1)_{\text{second guess}} = 0.3$이라는 초기 가정이 맞지 않음을 말한다. 표 8.3의 네 번째 열은 $(\mathscr{M}_1)_{\text{final guess}} = 0.371$이다.(표 8.3에는 나타내지 않았으나, 여러 중간값에 대한 계산이 진행되었다.) 이 마지막 예측에 대한 점 1과 2에서의 $\dot{m}/A$의 비는 0.1% 이내로 1.0에 근접하였다. 이는 만족하는 해이며, 표에서 관에 $\dot{m}/A$는 0.367 $\text{lbm}/(\text{s}\cdot\text{in}^2)$을 읽는다. 1 in 규격 40, 관의 단면적 = 0.864 in^2이므로,

$$\dot{m} = 0.864\ \text{in}^2 \cdot 0.367\ \frac{\text{lbm}}{\text{s}\cdot\text{in}^2} = 0.317\ \frac{\text{lbm}}{\text{s}} = 1.44\ \frac{\text{kg}}{\text{s}} \tag{8.AF}$$

결국 $f \approx 0.006$에 대한 레이놀즈 수는 약 $3.4 \cdot 10^5$이다. 초기 가정을 확인하라. ■

이 반복적이고 지루한 예제 풀이로부터 다음을 살펴볼 수 있다.

1. 스프레드시트를 이용하여 이러한 시행착오법을 수행하는 것은 좋은 방법이 아니다. 여기서 이를 이용하여 풀이를 수행한 것은 스프레드시트가 상세한 풀이 진행과 중간과정을 보여 주기 때문이다.
2. 여러 단계의 시행착오 해법은 비선형 방정식 풀이 프로그램 또는 프로그래밍 언어를 이용하면 쉽게 풀 수 있다. 만약 이런 형식의 문제 풀이 과정에 대한 프로그래밍을 완성하면, 다른 문제에도 적용할 수 있다.
3. 직접 계산하기 위해서, 여러 가지 조건을 풀이한 그래프를 준비하여 결과를 도식한다. 가장 많이 사용하는 것은 그림 8.12이다. 이는 다음 예제에서 설명할 것이다.

예제 8.11 그림 8.12를 이용하여 예제 8.10을 다시 풀어라.

여기서 출구 흐름은 아음속이며, $P_2 = P_3$이다.(이는 예제 8.10에서 이미 알고 있으며 그림 8.12에서 볼 것이다.)

$$\frac{P_2}{P_0} = \frac{P_3}{P_0} = \frac{18\ \text{psia}}{30\ \text{psia}} = 0.6 \tag{8.AG}$$

그림 8.12에서 이 값을 찾고 $N = 2$ ($N \approx 2.196$) 곡선까지 수평적으로 읽은 후 아래로 읽으면 다음 값을 찾을 수 있다.

$$\frac{(\dot{m} / A)}{(\dot{m} / A)^*} \approx 0.6 \tag{8.AH}$$

그림에서 $(\dot{m}/A)^*$의 값은 단열 무마찰 흐름을 말한다. 예제 8.6으로부터 P_0와 T_0 값에 대해서 $[(\dot{m}/A)^*]_{\text{frictionless flow}} = 0.62\ \text{lbm}/(\text{s}\cdot\text{in}^2)$이다. 그림 8.12에서 $N = 2.0$인 곡선의 값을 읽으면

$$(\dot{m} / A)^* \approx 0.6 \cdot 0.62 \frac{\text{lbm}}{\text{s}\cdot\text{in}^2} = 0.372 \frac{\text{lbm}}{\text{s}\cdot\text{in}^2} \tag{8.AI}$$

예제 8.10에서 $N = 2.196$에 대하여 구한 0.367을 읽을 수 있다. ■

그림 8.12를 더 설명하자면(즉, 예제 8.10에서 스프레드시트 계산법은 그림 8.12와 동등하다) 여러 가지 P_3/P_0에 대한 유량을 구하는 것이다. 그림 8.13은 그림 8.9와 같은 형식이지만, 그림 8.9에서 다룬 단순한 노즐이 아니라 마찰이 있는 관과 노즐에 대한 것이다.

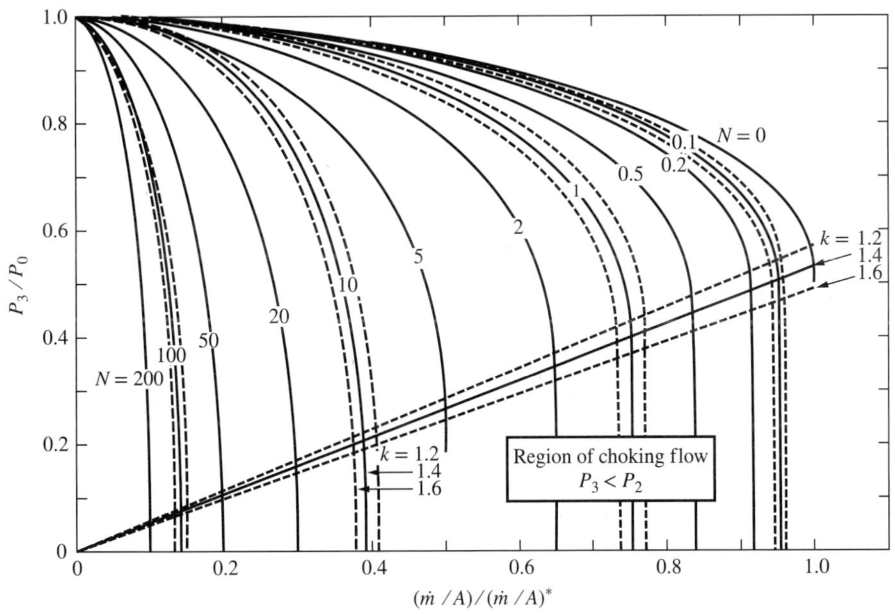

그림 8.12
그림 8.11에 나타낸 장치에 대한 압력-질량 유량 관계. 분모에서 $(\dot{m}/A)^*$는 그림 8.11에서 첨자 '0'을 갖는 저장탱크에서 마찰이 없는 흐름에 대응하는 것이다. 실선은 $k = 1.4$인 경우이다. 점선은 k에 다른 값을 대입한 경우이다. $N = 4f\,\Delta x/D$. [Levenspiel, O., "The Discharge of Gases from a Reservoir through a Pipe," *AIChEJ 23*, (1997), pp.402–403, https://www.deepdyve.com/lp/wiley/thedischarge-of-gases-from-a-reservoir-through-a-pipe-42yhqPZ5ZK]

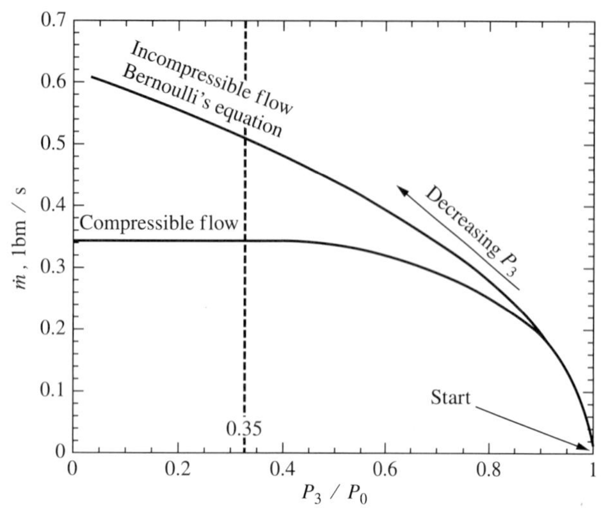

그림 8.13
그림 8.11에서 보인 장치에서 (P_3/P_0)의 함수로서의 흐름과 예제 8.10의 수치해. B.E. 곡선은 예제 8.10에서 사용한 같은 수치값을 가지고 $V = \sqrt{2(-\Delta P)\,/\,(1 + 4f\,\Delta x\,/\,D)\rho_R}$ 로부터 계산하였다. 이들 곡선은 ΔP가 낮은 영역에서 실질적으로 동일하며 높은 영역에서는 그렇지 않다. 압축 흐름 풀이는 노즐 초킹을 보이며, B.E. 풀이는 그렇지 않다.

$P_3 = 30$ psia에 대해서 노즐과 관에 교차하는 압력비 $= 1.00$이고 N의 모든 값에 대한 곡선이 수렴하는 $(\dot{m}/A)/(\dot{m}/A)^*$의 값은 0, 즉 흐름이 없다. P_3가 작아질수록 그림 8.12의 $N = 2$ (≈ 2.196) 곡선의 오른쪽으로 이동하며, 이는 $(\dot{m}/A)/(\dot{m}/A)^*$이 점점 더 큰 값을 가지며, 결국 $\dot{m}$ 값이 더욱 증가한다. $P_3 = 10.5$ psia에서 이 흐름은 초킹된다. 즉, 하류의 압력을 이 이상 내려도 질량 유량이 증가하지 않는다. 그림 8.13과 그림 8.9를 비교하면 다음을 알 수 있다.

1. 두 그래프에 대해서, 베르누이 식과 압축성 흐름 곡선은 (P_3/P_0)는 1.0에 근접한다. (P_3/P_0)가 작을수록(ΔP가 커질수록) 두 곡선은 분리된다.
2. 두 그래프에는 $(P_{\text{outlet}}/P_{\text{inlet}})$에 최소값이 있다. 이후에 출구 흐름은 초킹된다. $(P_{\text{outlet}}/P_{\text{inlet}})$의 추가 감소는 질량 유량을 증가시키지 않는다.
3. 그림 8.9에서 $(P_{\text{outlet}}/P_{\text{inlet}})$는 0.5283이며, 여기서는 0.35이다. 그림 8.12에서 $N = 0$인 곡선은 무마찰 노즐과 제로 길이 관(즉, 관이 없음)에 상응하며 $(P_{\text{outlet}}/P_{\text{inlet}}) = 0.5283$에서 초킹된다. 관 길이의 증가($N$ 증가)는 초킹 조건에서 $(P_{\text{outlet}}/P_{\text{inlet}})$ 값을 더욱 감소시킨다.
4. 베르누이 식으로 접근한 풀이는 $(P_{\text{outlet}}/P_{\text{inlet}})$가 적은 값에 대해서 실질적으로 질량 유량을 과대평가하게 된다. 이런 계산은 일상적으로 안전 분석에서 이루어진다. 압축성 흐름을 베르누이 식으로 대신하여 계산하면 유량을 과대평가하게 되고 이것은 필요보다 작은 압력 안전선의 결과를 보일 수 있다. 연습문제 8.40을 보라.

Lapple[2]은 이러한 계산 결과가 이러한 장치에서 행한 실험 결과와 아주 잘 일치함을 보였다. 노즐이 그림 8.11에 나타낸 것처럼 평탄하고, 둥글지 않고, 모서리가 각이 진 것이면, 6.9절에서 소개한 것과 같은 수축계수를 사용해야 할 것이다. 즉, 관로의 마찰 영향에 급격한 유입에 해당하는 $4f(\Delta x/D) = 0.5$를 더해야 한다. 이러한 것은 모두 아음속 흐름에 적용되고, 즉 초킹되는 출구에서 음속이 된다. 덕트에서 정상 초음속 흐름을 얻으려면 이 덕트를 축소-확대 노즐에 접속해야 한다. 이 결과의 흐름을 식 (8.17)과 (8.30)으로 기술하지만, 그 거동은 다소 다른 결과를 보인다[3].

8.4.2 마찰이 있는 등온 흐름

마찰이 있는 일반적 등온 흐름을 샤피로(Shapiro)[4]가 검토하였다. 그러나 초킹 조건에 접근하는 마하수에서 흐름을 등온으로 유지하려면 열전달속도가 무한대가 되어야 한다. 따라서 통용되는 관 지름과 길이에서는 고속 기체 흐름은 언제나 등온보다는 단열에 아주 가깝게 된다. 한 가지 흥미로운 예외적인 경우는 천연가스와 유사한 물질의 긴 관로를 통한 흐름이다. 이러한 관은 펌프장 사이의 길이가 50~75 mi로서 통상 지하에 매설하는데, 지하에서 흐름을 등온으로 유지하는 데 필요한 열이 공급된다.

이러한 배관에서의 흐름을 계산하는 데 통용되는 공식은 운동량식 (8.28), 물질수지식, 그리고 이상기체법칙이다. 식 (8.29)를 식 (8.26)에 대입하고 A로 나누면

$$\rho V\,dV + dP = -4f\rho\,\frac{V^2}{2}\cdot\frac{dx}{D} \tag{8.31}$$

앞 절에서는 이 식의 세 항을 모두 사용하였다. 여기서는 긴 관로의 경우 첫 번째 항 $\rho V\,dV$를 다른 항에 비하여 무시할 수 있으므로(연습문제 8.47), 이 식의 계산이 아주 간단해진다. 질량수지로부터 V를 $\dot{m}/\rho A$로 대체하면 식 (8.31)은 다음과 같이 간단한 식이 된다.

$$dP = \frac{-4f}{2}\left(\frac{\dot{m}}{A}\right)^2\frac{1}{\rho}\cdot\frac{dx}{D} \tag{8.32}$$

한편, 이상기체에 대해서 ρ를 대체하면

$$P\,dP = \frac{-4f}{2}\cdot\frac{RT}{DM}\left(\frac{\dot{m}}{A}\right)^2 dx \tag{8.33}$$

이므로, 만약 f가 일정하면 이 식을 적분하여 정리하면 다음과 같다.

$$\dot{m} = \left[\frac{(P_1^2 - P_2^2)D^5M(\pi/4)^2}{4f\,\Delta x RT}\right]^{1/2} \tag{8.34}$$

이 식에 실험식 $f = 0.0080/[\text{관 지름(in)}]^{1/3}$을 대입하면 웨이머스 식(Weymouth equation)이 얻어지는데, 이 식은 초기 천연가스 배관의 설계에서 널리 쓰이던 것이다. 가스배관산업의 역사적 추세를 보면 점점 더 고압을 사용하였는데, 압력이 증가할수록 기체는 이상기체 상태에서 점점 더 벗어난다. 따라서 이를 고려하여 나중에 이 웨이머스 식을 수정하였다[5]. 연습문제 8.51을 보라.

6.13절에서 검토하였듯이, 관로에서의 경제적 유속은 흐르는 유체의 밀도에 따라 일차

적으로 정해진다. 장거리 천연가스 관로에서는 압력이 보통 200~1500 psia이므로 밀도는 1~2 lbm/ft^3 정도가 된다. 표 6.4에서 경제적 유속을 추산하면 20 ft/s = 13.6 mi/h = 22 km/h 정도로, 이는 이러한 관로의 전형적 값이다. 따라서 이러한 종류의 흐름은 이 절의 주제인 고속 기체 흐름에 실제로 해당하지 않지만, 고속 기체 흐름에 관한 식을 유도한 시점에서 자연히 이 절에서 설명하였다.

8.5 수직충격파

이후의 세 절(8.5, 8.6, 8.7절)에서는 초음속 흐름을 다룬다. 이러한 흐름은 로켓추진산업에 종사하는 항공기술자와 화공기술자가 큰 관심이 있는 것이다. 그러나 대부분의 화공기술자는 실무에서 초음속을 다루는 일이 거의 없으므로, 별도의 흥미는 있을지 몰라도, 실질적 관심은 두지 않는다. 대표적인 예로는 로켓의 제트 출구의 스팀 노즐이다(그림 7.35 참조). 이는 초음속이다. 또한, 노즐 목의 면적이 출구 면적보다 작은 일반적인 밸브를 통해 고압기체가 배출될 때도 초음속이다. 공정 플랜트에서 구동장치로 사용되는 일단스팀터빈(one-stage steam turbine)도 초음속 흐름의 예이다.

노즐로부터 $\mathscr{M} = 2.0$인 기체 흐름이 정상적으로 저압 저장탱크에 배출되고 있을 때, 노즐 끝에 있는 밸브를 갑자기 잠그면 흐름이 멈추게 된다. 7.5.2절에서 이와 비슷한 액체 흐름 문제를 검토한 바 있다. 그때는 흐름이 아음속이고, 정지된 유체와 움직이는 유체 사이의 경계가 유체에 대한 국부 음속으로 흐름의 반대 방향으로 전파되었다. 여기서는 유체가 국부 음속보다 빠르게 움직이는데, 밸브를 차단하는 정보가 어떻게 흐름을 거슬러 상류로 전파될 것인가? 이 정보는 단지 음속으로 움직인다면 초음속 흐름을 거슬러 상류로 움직일 수 없다. 따라서 국부 음속보다 빨리 움직이는 압력 신호로 이 정보를 전달하는 무슨 방법이 있을 것이다. 앞에서 음파는 국부 음속으로 움직이는 작은 압력 교란이라 하였다. 이제 국부 음속보다 빨리 움직일 수 있는 큰 압력 교란인 충격파를 고려하기로 한다.

자연에서 충격파가 생기는 것은 폭발 주변의 공기(폭탄이 터지면 충격파는 건물 등을 파괴한다)와 고속 흐름이 있는 덕트에서 밸브를 갑자기 잠갔을 때이다. 폭발음(sonic boom)은 충격파이다. 실험실에서도 초음속 흐름이 있는 덕트나 노즐에서 충격파를 만들 수 있다. 이럴 때 충격파는 한곳에 머물러 있고 유체는 이를 통하여 흐른다. 이러한 것은 수학적으로 해석하기 쉬우므로 이를 계산 기준으로 사용하기로 한다. 충격파에 관한 기호를 그림 8.14에 나타내었다.

이 상황은 그림 8.2에 나타낸 것과 아주 비슷하며 수학적 유도도 마찬가지이다. 이 흐름에 대하여 식 (8.1)과 같은 식, 즉 연속식이나 질량수지식을 쓰면 다음과 같다.

$$\rho_x V_x = \rho_y V_y \tag{8.35}$$

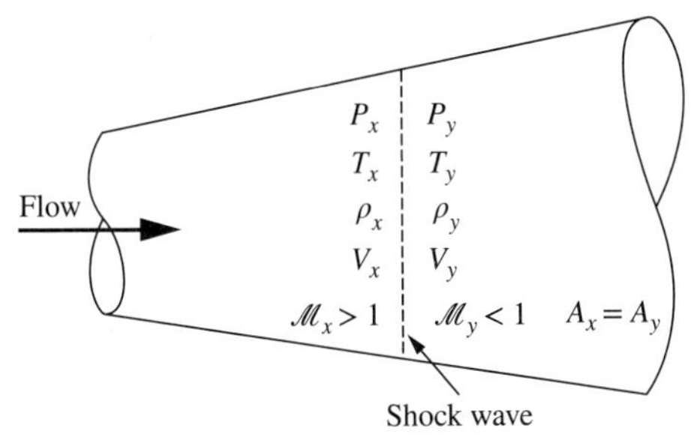

그림 8.14
충격파에 관한 기호 설명. 아래첨자 x와 y는 각각 충격파의 상류 및 하류 조건을 나타낸다.

식 (8.4), 즉 운동량수지는 다음과 같다.

$$V_x - V_y = \frac{P_y}{\rho_y V_y} - \frac{P_x}{\rho_x V_x} \tag{8.36}$$

식 (8.2)에서는 $d\rho\ dV$ 항을 무시할 수 있었으므로 이 두 식만으로 음파의 속도를 구할 수 있었다. 그러나 여기서는 이 항이 작지 않기 때문에 또 하나의 관계, 즉 에너지수지식 (8.17)이 필요하다.

식 (8.17), (8.35), (8.36)을 풀면 충격파에서의 온도, 압력, 마하수의 변화를 구할 수 있다. 이 풀이 과정은 부록 B.6에서 볼 수 있다. 결과는 다음과 같다.

$$\mathscr{M}_y^2 = \frac{\mathscr{M}_x^2 + 2/(k-1)}{[2k/(k-1)]\mathscr{M}_x^2 - 1} \tag{8.37}$$

$$\frac{P_y}{P_x} = \frac{2k}{k+1}\mathscr{M}_x^2 - \frac{k-1}{k+1} = \frac{2k\mathscr{M}_x^2 - (k-1)}{k+1} \qquad 8.38)$$

$$\frac{T_y}{T_x} = \frac{\mathscr{M}_x^2[(k-1/2)] + 1}{\left[\dfrac{k-1}{2}\right] \cdot \left[\dfrac{1 + \mathscr{M}_x^2[(k-1)/2]}{k\mathscr{M}_x^2 - [(k-1)/2]}\right] + 1} \tag{8.39}$$

이 세 함수는 좀 복잡하지만, k가 일정한 기체에 대하여 $\mathscr{M}_x$의 함수로 표를 만들 수 있다. $k = 1.4$일 때의 표를 부록 A.4에 나타내었다.

충격파가 큰 압력 교란이고, 음파가 작은 압력 교란이라면, 이 두 가지를 구분할 수 있는 선이 있는가? 없다. 충격파의 압력 교란이 작아질수록 이러한 식은 음파에 관한 식에 가까워져서 서로 같아진다. 음파의 경우, 그림 8.2에서의 흐름은 $\mathscr{M}_x = 1.0$으로 파에 접근한다. $\mathscr{M}_x = 1.0$을 식 (8.37), (8.38), (8.39)에 대입하면, 충격파를 통한 온도, 압력, 속도의 변화가 없음을 증명할 수 있다. 따라서 $\mathscr{M}_x = 1.0$인 충격파는 음파와 성질이 같으므로, 음파는 임의의 압력 교란에서 최저속도($\mathscr{M}_x = 1.0$)로 움직이는 충격파로 생각할 수 있다.

그림 8.14에 나타낸 충격파의 흐름 형태를 살펴보자. 유체는 초음속, 저압, 저온으로 들어가서 아음속, 고압, 고온으로 배출된다. 앞의 모든 것과 부록 B.6에서 유도한 모든 것이 이 충격파의 방향을 제한하지는 않는다. 이 유도에서는 흐름이 초음속에서 아음속이 된다

거나, 또는 이 반대의 사실을 사용한 일이 없다. 이러한 식만을 고려하여 결론을 내린다면, 흐름은 고속, 저압에서 저속, 고압으로 흐를 수도 있고, 이 반대일 수도 있다. 전자를 **압밀충격**(compression shock), 후자를 **희박충격**(rarefaction shock)이라 할 수 있을 것이다.

그러나 열역학 제2법칙에 따르면 압밀충격만이 가능하다(연습문제 8.51 참조). 압밀충격에서는 엔트로피가 증가하지만, 희박충격에서는 이것이 가능하다면 엔트로피가 감소하여야 하는데, 이는 단열, 정상 흐름계에서는 불가능하다. 따라서 이러한 종류의 충격파는 언제나 초음속의 상류 흐름과 아음속의 하류 흐름이어야 한다. 이는 초음속 노즐에서 흐름이 하류 흐름 밸브를 닫으면 멈춰지는지를 설명한다. 압밀충격은 초음속, 음속 흐름에 반대로 상류로 흐르고, 흐름은 멈춘다. 그러나 하류 흐름 압력을 낮추어서 초킹 흐름의 속도를 높일 수 없다. 왜냐하면 희박충격이 상류로 흐르도록 할 필요가 있으며, 희박충격은 열역학적으로 불가능하기 때문이다.

우리는 7.5.3절에서 개방 유로에서 생기는 수력 도약(hydraulic jump)을 알아보았다. 이를 표 8.4에서 충격파와 비교하였다. 여기서 보면 이 두 경우는 아주 비슷하다. 중요한 차이는, 충격파는 압축성 흐름에서 생기기 때문에 밀도라는 추가적인 변수가 있고, 에너지수지식을 운동량수지식과 질량수지식에 추가해야 풀 수 있기 때문에 수학적으로 복잡하다는 것이다.

여기서는 흐름이 파에 직각인 충격파만을 검토하였다. 1차원 흐름에서는 이러한 충격파만 생길 수 있는데, 이는 직각 관계 때문에 **수직충격파**(normal shock wave) 또는 **수직충격**이라 한다. 2차원 흐름에서는 종류가 다른 **사각충격**(oblique shock)이 생기는데, 이때는 흐름이 충격파에 직각이 아니다. 사각충격파는 초음속 비행기 날개의 앞 가장자리(leading edge)에서 생기며 폭발음의 원인이 된다. 자세한 내용은 참고문헌 [3, Chap.6]을 보기 바란다.

표 8.4
수력 도약과 충격파의 비교

	Hydraulic jump	**Shock wave**
Flowing material	Liquid	Gas
Type of flow	Open channel	Closed duct
Inlet flow	High velocity, low depth	High velocity, low pressure
Outlet flow	Lower velocity, higher depth	Lower velocity, higher pressure
Equations needed to solve	Balances of mass, momentum	Balances of mass, momentum, energy, and ideal gas law
Permissible direction of occurrence determined by	Second law of thermodynamics	Second law of thermodynamics
Upstream condition	Froude number > 1	Mach number > 1
Downstream condition	Froude number < 1	Mach number < 1

8.6 상대속도, 저장탱크 조건 변화

지금까지 정지 관찰자를 지나가는 흐름을 검토하였다. 이러한 흐름은 아주 중요한 것으로서 풍동, 터빈 노즐, 고압 밸브 등에서 볼 수 있다. 이에 못지않게 중요한 계로서, 기체가 정지상태에 있고 계가 움직이는 경우가 있는데, 비행기와 미사일, 운석을 예로 들 수 있다. 원칙적으로 이러한 계에 대하여 별도의 식을 유도할 수 있지만, 이미 정지계에 적용한 식을 이용하고 부록 A.3과 A.4의 표를 사용하는 방법을 익히는 편이 더 간단하다. 이것이 이 장에서 이용된 오일러리안, 파동에 탄, 물체와 함께 이동하는 관점의 세 번째 경우이다.

일단 저장탱크 조건이 좌표계의 함수라는 개념을 파악하면, 앞 절의 식을 이동 좌표계에 적용하기는 아주 쉽다. 처음에는 이상하게 보일지 모르지만 당연하다.

예제 8.12 비행기가 0°C = 273.15 K, 50 kPa의 공기 중에서 $\mathscr{M} = 2$로 움직인다. 이 공기의 저장탱크 온도와 압력을 구하라.

지면을 기준 좌표로 선택하면, 지면에 대한 공기의 속도는 0이므로, 저장탱크 조건은 0°C = 273.15 K, 50 kPa이다. 그러나 비행기의 거동을 해석하려면 이것은 아주 비현실적인 선택이다. 오히려 비행기에 기초한 좌표계를 선택해야 한다. 이러한 경우, 공기는 비행기를 향해서 $\mathscr{M} = 2$로 움직이므로 정지상태에 있는 것이 아니며, 따라서 저장탱크 상태에 있지 않다. 저장탱크 온도를 구하려면 단열장치에 의하여 비행기에 대한 공기의 속도를 0으로 감속시키고 그 온도를 측정하여야 한다. 식 (8.17)에서 보면, 저장탱크 온도는 다음과 같다.

$$T_R = 273.15\text{ K}\left(2.0^2\,\frac{1.4-1}{2}+1\right) = 491.7\text{ K} = 885°\text{R} = 425°\text{F} \qquad (8.\text{AJ})$$

공기를 감속시키는 장치가 무마찰(예를 들면, 완전 확산기, 8.6절)이라면, 그 출구에서의 압력은 저장탱크 압력이 된다. 식 (8.18)에서 그 결과를 계산할 수 있다.

$$P_R = 50\text{ kPa}\cdot 1.80^{3.5} = 391\text{ kPa} = 56.8\text{ psia} \qquad (8.\text{AK})$$

■

이처럼 기준 좌표를 바꾸고, 이에 따라 저장탱크 조건을 바꾸면, 덕트에서의 정상 흐름에 대하여 유도한 관계를 이용하여 이 문제를 풀 수 있다.

이 문제는 다른 방법으로도 생각할 수 있다. 풍동 안에서 정지상태에 있는 비행기를 시험한다고 하자. 공기가 0°C, 50 kPa에서 $\mathscr{M} = 2$로 들어오게 하려 한다면, 이 풍동의 저장탱크에서의 조건은 어떠하여야 하는가? 유체역학의 관점에서는 비행기가 공기에 대하여 움직이거나, 공기가 비행기에 대하여 움직이거나 차이가 없다.

이 예제에서 분명히 알 수 있는 것처럼 저장탱크 조건은 선택한 좌표계의 함수이다. 또한, 계산한 저장탱크 온도가 높은데, 이 온도는 비행기 외부와 접하는 곳에서 비행기에 대한 속도가 0인 공기 온도이다. 이것이 기내 온도를 탑승객에게 적당하게 유지하기 위하여 초음속 비행기를 냉각해야 하는 이유이다.

움직이는 비행기에서는 공기 온도가 정지 위치에서와 같은 것으로 보인다. 좌표계를 바꾸면 저장탱크 조건만 달라지고 국부 조건은 달라지지 않는다. 위의 식에서 임의의 점의 온도 T_1, T_x, T_y 등은 유체에 타고 있는 관찰자나 정지상태에 있는 관찰자가 볼 때 마찬가지이다. 유체에 대하여 움직이는 관찰자는 온도를 측정하기가 힘들겠지만(연습문제 8.56), 적절한 기기가 있으면 정지 관찰자와 같은 값을 얻게 된다.

노즐 안에서 정지상태인 수직충격파에 관하여 유도한 식은 이동계에도 적용할 수 있다.

예제 8.13 정지한 공기 중에서 원자탄이 폭발하여 그 주변의 압력을 아주 많이 증가시켰다. 이 고압이 충격파의 원인이 되어 외부로 흘러나간다. 모양이 구형이라면 이 충격파는 기구처럼 팽창한다. 충격파가 이동해 나감에 따라 계 안의 압력은 계속 내려가지만, 어떤 특정 순간의 충격파 거동은 8.5절에서 유도한 정상 흐름 식에 의하여 근사적으로 나타낼 수 있다. 충격파 내부의 압력이 2.0 atm인 순간 충격파의 이동 속도와 충격파 뒤의 압력, 온도, 속도를 구하라. 충격파 외부의 공기 조건은 14.7 psia, 528°R이다.

그림 8.14의 기호를 사용한다. 아래첨자 x는 충격파가 전진하는 정지 공기를 나타내고, 아래첨자 y는 팽창하는 고압 영역 내부의 기체를 가리킨다. 그러면 $P_y/P_x = 2$이고, 부록 A.4에서 $\mathscr{M}_x = 1.3630$이다. 공기 중의 음속(예제 8.2)은 1126 ft/s이므로, 충격파가 정지 공기로 이동해 들어가는 속도는 $V = \mathscr{M}_x c_x = (1.3630) \cdot (1126)$ ft/s $= 1535$ ft/s $= 468$ m/s이다. 충격파 뒤의 압력은 $(2) \cdot (14.7) = 29.4$ psia이다. 부록 A.4에서 $T_y/T_x = 1.2309$이다. 따라서

$$T_y = 528°\text{R} \cdot 1.2309 = 649.9°\text{R} = 361 \text{ K} \tag{8.AL}$$

y에서 음속을 계산하면 1249 ft/s이고, 부록 A.4에서 $\mathscr{M}_y = 0.7558$이다. 따라서

$$V_y = \mathscr{M}_y c_y = 0.7558 \cdot 1249 \text{ ft/s} = 944 \text{ ft/s} = 288 \text{ m/s} \tag{8.AM}$$

그러므로 파(wave)의 바로 안쪽의 영역에서는 충격파에 탄 관찰자가 보면 공기가 944 ft/s로 이동해 나간다. 고정 좌표로 바꾸면 이 충격파는 1535 ft/s로 움직이며, 고압 측에서 이 파에 근접한 공기는 $(1535 - 944) = 591$ ft/s로 중심에서부터 움직여 나간다. 속도와 물성들을 충격파를 탄 관찰자에 의해 살펴본 것과 고정된 땅에서 바라본 것과의 상관관계를 그림 8.15에 묘사하였다.

이 간단한 묘사 속에는 충격파에 관한 유체역학의 복잡성이 많이 숨겨져 있다. 여기서 팽창하는 구형의 고압 영역 내부의 압력이 일정하다고 하였지만, 이는 옳지 않다. 압력은 중심에서 최저이고 팽창하는 파의 가장자리에서 최고이기 때문이다[6].

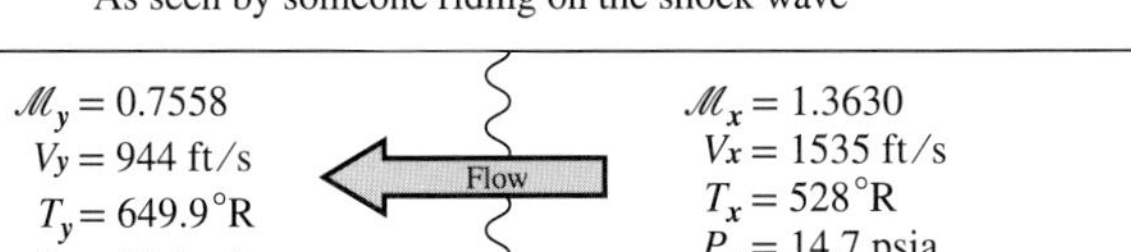

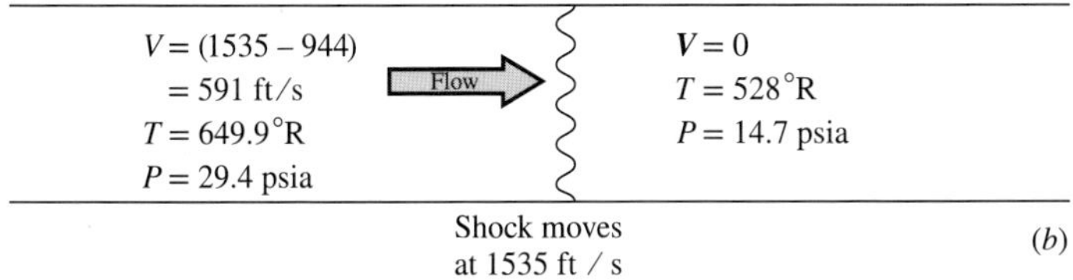

그림 8.15
예제 8.13에서 충격파의 움직임. (*a*) 관찰자가 충격파와 함께 움직이는 관점. (*b*) 관찰자가 정지해 있으며 옆에서 일어나는 움직임을 관찰한다. 두 관찰자의 경우에 대해서 충격파에 대한 속도 변화는 591 ft/s이다.

벼락은 유사한 충격파를 발생할 정도로 공기를 가열한다. 충격파는 벼락 근처에서 날카로운 소리를 일으키지만 균일하지 않은 공기를 통해 울려 퍼지며, 땅의 반향과 작용한다. ■

8.7 노즐과 확산장치

그림 8.3은 이상기체의 정상 1차원 무마찰 단열 흐름에서 A/A^*를 $\mathscr{M}$에 대하여 그린 것이다. 이것은 사실상 초음속 노즐의 설계 지침이 된다. 이상기체의 정상 등엔트로피 흐름에서 마하수를 거리에 따라 선형적으로 증가시키려면, 단면적과 거리 관계가 그림 8.3의 곡선과 똑같아야 한다. 이것은 축소-확대 노즐의 도면으로, 이러한 종류의 노즐을 최초의 실용적 수증기 터빈에서 이 노즐을 사용한 발명자의 이름인 칼 데 라발(Carl de Laval, 1845~1913)을 따라 라발 노즐(de Laval nozzle)이라 한다.

이미 축소-확대 형태의 필요성에 대하여 직관적 설명을 검토한 바 있다(그림 8.4 참조). 이상기체의 무마찰 단열 정상 흐름에 관한 모든 유도에서는 기체의 가속이나 감속에 관해서는 언급하지 않고 단지 이 흐름이 정상 무마찰 단열이라고만 하였다. 따라서 모든 식은 가속 흐름과 감속 흐름에 마찬가지로 잘 적용된다. 그림 8.3에서 흐름이 왼쪽에서 오른쪽으로 흐를 수도, 또는 오른쪽에서 왼쪽으로 흐를 수도 있다고 암시한 바 있다. 후자의 경우 기체는 초음속으로 노즐에 도입되어 아음속으로 나오게 된다. 노즐을 이런 방법으로 사용하면, 이를 디퓨저(diffuser)라 한다. 축소-확대 노즐 이외에는 정상 초음속 흐름을 얻는 방법으로 알려진 것이 없다.(비정상 초음속 흐름을 반드는 방법에는 폭약 등이 있다.) 또한, 축소-확대 디퓨저를 제외하고는 정상 초음속 흐름을 등엔트로피에서 아음속으로 감속시키

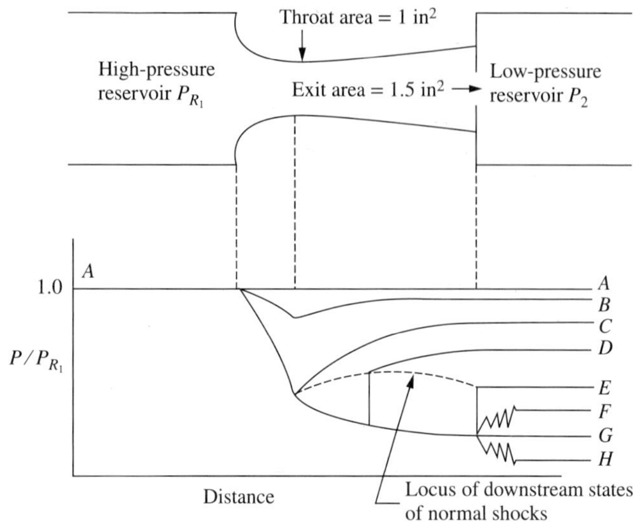

그림 8.16
축소-확대 노즐에서 유량에 따른 압력-거리 선도. 곡선은 예제 8.14~8.16에서 계산하였다.

는 방법이 없다. 수직충격파에 의하여 초음속을 아음속으로 계속해서 전환할 수 있지만, 이는 등엔트로피적이 아니다.

그림 8.3과 이를 기초한 식에서, dA/dl(여기서 l은 노즐의 길이)에 대한 제약이 없으므로, 면적을 빨리 변화시킴으로써 원하는 만큼의 짧은 거리에서 마하수를 얼마든지 변화시킬 수 있다고 가정할 수 있다. 그러나 이 면적의 변화율이 너무 높으면, 1차원 무마찰 흐름이라는 가정은 신뢰할 수 없게 되며, 관찰한 흐름은 더 이상 등엔트로피 식에 따르지 않는다. 공학 실무에서는 축소부의 각도가 크고(즉, dA/dl은 큰 음수값), 확대부는 작은 각을 가진다. 이러한 노즐을 그림 8.16에 나타내었다.

이제 등엔트로피 흐름의 식과 수직충격파의 식을 사용하여 무마찰 단열 흐름에 대한 이러한 노즐의 흐름 특성을 계산할 수 있다. 여기서 계산한 결과는 마찰이 언제나 현저하게 작용하는 실제 노즐 거동의 합당한 근사치(reasonable approximation)가 된다. 노즐의 각 점에서 흐름에 직각인 단면적을 가정하고, 여러 흐름에 대하여 P/P_{R_1}와 거리의 그래프를 작성한다. 먼저 고압 및 저압 저장탱크의 압력이 같다고 보면, 흐름이 없으므로 노즐 전체에서 압력이 저장탱크 압력과 같다. 그림 8.16에서 선 AA를 보라.

계산 전체에서 상류 저장탱크 압력 P_{R_1}을 일정하게 유지하면서 하류 저장탱크 압력 P_2를 낮추기 시작한다. 현존하는 기체가 아음속 흐름이면 배출 압력은 하류 압력과 같다. 따라서 하류 압력을 설정하여 노즐 출구의 압력을 설정할 수 있다. 이 압력과 노즐의 면적으로부터 목에서 또는 단면적을 아는 임의의 점에서의 압력을 계산할 수 있는데, 이를 다음 예제에 나타내었다.

예제 8.14 하류 저장탱크 압력을 상류 저장탱크(그림 8.16에서 점 B) 압력의 0.9506배로 설정한다. 노즐 목에서의 압력을 구하라.

부록 A.3에서 $P/P_R = 0.9506$일 때를 보면, 배출 마하수는 0.27이다. 또 A_{exit}/A^* $= 2.2385$이다. 따라서

$$\frac{A_{\text{throat}}}{A^*} = \frac{A_{\text{exit}}}{A^*} \cdot \frac{A_{\text{throat}}}{A_{\text{exit}}} = 2.2385 \cdot \frac{1\ \text{in}^2}{1.5\ \text{in}^2} = 1.4923 \tag{8.AN}$$

부록 A.4에서 보면, 이것은 목에서의 마하수가 약 0.43일 때에 해당한다. 따라서 목에서의 $P/P_R = 0.88$이다. 마찬가지로 A를 아는 노즐의 임의의 점에서의 P/P_{R_1}을 계산할 수 있으며, 그림 8.16의 전체 곡선 AB를 완성할 수 있다. ■

이 계산에서는 노즐 어느 점에서도 음속 흐름이 존재하지 않는다는 것을 알 수 있다. 이 계산에서 A^*는 이러한 흐름일 때 노즐에 실제로 존재하는 면적을 나타내는 것이 아니다. 이것은 주어진 배출 면적과 배출 P/P_R에 대하여 목에서의 흐름이 음속이라 할 때의 목의 면적이다. P_{exit}의 값을 차례대로 낮추면서 이 예제를 반복하여 풀면, 흐름이 전적으로 아음속일 때의 곡선 AB와 같은 곡선군을 얻을 수 있다. 이렇게 할 수 있는 최저 압력은 목에서의 흐름이 정확하게 음속일 때의 압력이다.

예제 8.15 그림 8.16의 목에서 음속 흐름일 때의 P_{exit}를 구하라.

목에서의 흐름이 음속이면

$$A_{\text{throat}} = A^* \qquad \text{and} \qquad A_{\text{exit}} / A_{\text{throat}} = A_{\text{exit}} / A^* = 1.5 \tag{8.AO}$$

부록 A.3에서 보면 이는 $\mathscr{M}_{\text{exit}} = 0.43$, $P_{\text{exit}}/P_{R_1} = 0.88$에 해당한다. 이것은 그림 8.16에서 점 C이다. 이 배출 압력에 대하여 노즐에 존재하는 여러 단면적에 대응하는 P/P_{R_1}를 구할 수 있으므로, 곡선 AC를 완성할 수 있다. ■

P를 더 이상 낮추어서 가령 $P_2/P_{R_1} = 0.8022$이면 어떤 일이 일어나는가? 예제 8.14에서와 똑같은 방법을 사용하면, $A_{\text{throat}}/A^* = 0.8175$이다. 이러한 노즐에서는 $\mathscr{M} = 1$(그림 8.3)인 점에서 면적이 최소가 되고 이 계산은 목 면적이 이 최소 면적보다 작다고 지적하므로, 이것은 물리적으로 불가능하다. 이러한 불가능한 답이 생기는 것은 부적절한 가정 때문이다. 예제 8.14와 8.15에서는 전체 노즐을 통한 흐름이 등엔트로피 흐름이라 가정하였다. 아음속 흐름이라면 이것이 전체적으로 타당하지만, 여기서는 그렇지 않다. 그림 8.16에서 곡선 AC로 나타낸 조건에서 시작하여 P_2를 낮추면 흐름이 빨라지게 된다. 그러나 목에서의 흐름이 음속이기 때문에 노즐이 초킹되어 질량 유량을 증가시킬 수 없다. 저압에서도 질량 유량이 같다면, 목 바로 이후 하류에서의 흐름은 초음속이 된다. 그러나 흐름이 끝까지 초음속이 되기에는 노즐 전체에서 하류 압력이 적당히 낮지 않기 때문에, 수직충격파를 통하여 노즐의 어떤 점에서 흐름이 다시 아음속으로 되돌아간다.

수직충격파 후 아음속이고 등엔트로피적으로 감소시켜 속도가 0이 되는 상황 즉 하

류 저장탱크 조건을 고려하자. 앞에서 보인 것처럼 에너지수지에 의하면 수직충격파에서 $T_{R_x} = T_{R_y}$이다. P는 어떻게 되는가? 식 (8.18)을 다시 쓰면 다음과 같다.

$$P_x = \frac{P_{R_x}}{\{\mathscr{M}_x^2[(k-1)/2]+1\}^{k/(k-1)}}, \qquad P_y = \frac{P_{R_y}}{\{\mathscr{M}_y^2[(k-1)/2]+1\}^{k/(k-1)}} \tag{8.40}$$

이 식을 식 (8.38)에 치환하여 다시 정리하면

$$\frac{P_{R_y}}{P_{R_x}} = \left\{\frac{\mathscr{M}_y^2[(k-1)/2]+1}{\mathscr{M}_x^2[(k-1)/2]+1}\right\}^{k/(k-1)} \cdot \left(\frac{2k\mathscr{M}_x^2-(k-1)}{k+1}\right) \tag{8.41}$$

이 식은 복잡하지만, 다행히도 $k = 1.4$인 기체에 대하여 부록 A.4에 표로 만들어져 있다.

저장탱크 압력이 감소하면 재미있는 결과가 생긴다. 식 (8.24)에서 보면, $\dot{m}/A^*$은 P_R에 비례한다. 따라서 수직충격파에서처럼 P_R이 감소하면 $\dot{m}/A^*$ 역시 감소한다. 식 (8.24)에 의하면

$$\frac{(\dot{m}/A^*)_x}{(\dot{m}/A^*)_y} = \frac{P_{R_x}}{P_{R_y}} \tag{8.42}$$

정상 흐름에서는 $\dot{m}_x = \dot{m}_y$이므로, $A_y^*/A_x^* = P_{R_x}/P_{R_y}$이다. 같은 현상을 가역성의 관점에서 볼 수 있다. 등엔트로피 흐름은 가역적이므로, 전체 흐름이 역류할 수 있다. 수직충격파는 비가역적이므로 일단 생기면 전체 흐름을 역류시킬 수 없고, 같은 흐름이 같은 노즐로 되돌아올 수 없다.

따라서 수직충격파가 존재하는 경우에는 비록 $A_{\text{throat}}/A^* = 1$일지라도, A_{exit}/A^*를 직접 계산할 수 없는데 이는 A^* 값이 이러한 두 점에서 같지 않기 때문이다. 8.2절 끝에서 A^*에 관하여 설명한 것을 상기하기 바란다.

예제 8.16 $P_2/P_{R_1} = 0.8022$일 때 그림 8.16의 곡선 AC와 유사한 곡선을 작도하라. 이 경우 하류 저장탱크 압력 P_{R_2}를 알 수 없고, 배출 마하수를 계산할 수 없다. 핵심 미지수는 수직충격파가 생기는 상류 마하수 $\mathscr{M}_x$이다. 배출 흐름은 아음속이므로 $P_{\text{exit}} = 0.8022\ P_{R_1}$에서 배출될 것이며, A/A^*는 이 마하수에 대응하는 것이어야 한다. 충격파에서 상류 마하수로서 이러한 조건을 만족하는 것은 하나뿐이다. 이를 표 8.5를 이용하여 수치계산법을 이용하여 구한다. 앞의 수치해에서 두 번째 열은 첫 번째 가정에 대한 계산을 보이며, 만족해를 얻기 위해 그 비는 반드시 1.00이다. 세 번째 열에서 스프레드시트 수치계산을 이용하여 추정 변수에 대한 변수값을 얻고, 이 비는 1.00이 된다. 그래서 문제는 풀이되었다.

먼저 $\mathscr{M}_x = 1.10$이라 가정하면, 식 (8.37)로부터 $\mathscr{M}_y = 0.9188$을 계산한다. 그러면 식 (8.41)로부터 $P_{R_y}/P_{R_x} = 0.9989$이다. 여기서 충격파를 통한 흐름 외에는 모든 흐름이 등엔트로피적이므로 $P_{R_1} = P_{R_x}, P_{R_2} = P_{R_y}$이다. 따라서

표 8.5
예제 8.16의 시행착오 계산 결과

Trial number	1, based on guessed $\mathscr{M}_x$	2, solved numerically
P_2 / P_{R_1}, given	0.8022	0.8022
$\mathscr{M}_x$. guessed	**1.1000**	**1.4878**
$\mathscr{M}_y$. Eq. 8.38	0.9118	0.7055
P_{R_y} / P_{R_x} Eq. 8.42	0.9989	0.9336
P_2 / P_{R_2}	0.8031	0.8592
$(A / A^*)_2$, based on P_{R_y} / P_{R_x}	1.4984	1.4004
$\mathscr{M}_2$, based on P_2 / P_{R_2} and Eq. 8.17	0.5686	0.4706
$(A / A^*)_2$, based on $\mathscr{M}_2$ and Eq. 8.21	1.2282	1.4004
Ratio of two $(A / A^*)_2$ values	1.2200	**1.0000**

$$\frac{P_2}{P_{R_2}} = \frac{P_2}{P_{R_1}} \cdot \frac{P_{R_x}}{P_{R_y}} = \frac{0.8022}{0.9989} = 0.8031 \tag{8.AP}$$

그리고

$$\frac{A_x^*}{A_y^*} = \frac{P_{R_y}}{P_{R_x}} = 0.9989 \tag{8.AQ}$$

그러므로

$$\left(\frac{A}{A^*}\right)_2 = \frac{A_2}{A_1^*} \cdot \frac{A_x^*}{A_y^*} = 1.5 \cdot 0.9989 = 1.4984 \tag{8.AR}$$

$P_2/P_{R_2} = 0.8031$일 때, 식 (8.18)로부터 $\mathscr{M}_{\text{exit}} = 0.5686$, 식 (8.24)로부터 $(A/A^*)_2 = 1.2282$를 계산한다. 마지막으로 두 계산값 $(A/A^*)_2$의 비는 $(1.4984/1.2282) = 1.2200$이다. 만약 처음 $\mathscr{M}_x$ 가정이 맞으면, 이 비의 값은 1.00이다. 그러면, 스프레드시트 수치계산법을 이용하여 이 비율이 1.00이 되는 $\mathscr{M}_x$의 값을 찾게 한다.

상류 마하수를 1.4878이라 가정하면, $(A/A^*)_2$의 두 계산치가 거의 일치하므로, 이것이 맞는 답이다. 이제 덕트 내 충격파의 위치를 정할 수 있다. 즉, 상류 마하수 $\mathscr{M}_1 = 1.4878$인 곳에서 생긴다. 이 값을 식 (8.24)에 적용하여 충격파 위치 $A/A_{\text{throat}} \approx 1.1680$을 찾을 수 있다. 이 점 왼쪽의 압력을 초음속 등엔트로피 식으로 계산한다. 이 점에서 목까지의 초음속 흐름으로 $A^* = A_{\text{throat}}$이라 하고, 목의 상부 흐름은 아음속이라 한다. 이 점 오른쪽의 압력을 $A^* = A_{\text{throat}}/0.9336$을 이용하여 아음속 등엔트로피 식으로 계산한다. 이 전체 곡선을 그림 8.16에 곡선 AD로 나타내었다. ■

이 예제에서, 세 개의 마하수 $\mathscr{M}_x, \mathscr{M}_y, \mathscr{M}_2$를 계속해서 맞춰 알기 위해 시간을 소비한다. 이러한 예제는 표 A.5의 값을 이용하여 시행착오법에 의해서 풀 수 있다. 이 풀이방법은 책의 첫 번째와 두 번째 판에서 사용하던 방법이다. 지금은 컴퓨터와 스프레드시트 계산방법을 이용하여 좀 더 만족스러워 보인다.

계속해서 P_2를 낮추면 충격파는 점점 더 큰 값의 $\mathscr{M}_x$, 즉 그림 8.16의 오른쪽으로 이동한다. 이 충격파가 노즐 안에 있으면서 가능한 한 가장 오른쪽은 바로 노즐 출구이다. 이곳의 상류 마하수를 면적비로부터 계산할 수 있는데[부록 A.3에서 내삽 또는 식 (8.24)의 수치해에 의해 1.8545] $\mathscr{M}_x = 1.854$, $P_x/P_{R_1} = 0.1601$이므로 $P_2/P_{R_1} = 0.1601\ (P_y/P_x) = 0.1601 \cdot 3.844 = 0.6154$이다. 이 조건을 그림에 곡선 AE로 나타내었다. 만약 E에 나타낸 것 이하로 하류 저장탱크 압력을 계속 낮추면, 노즐 안에서는 충격파가 생기지 않으며, 흐름은 $\mathscr{M}_2 = 1.854$로 배출되고, 그 압력은 G에 나타내었다. 저장탱크 압력이 G의 압력 이상이면(예를 들면, F의 압력), 노즐 밖에 충격파가 있게 되며, 이때 흐름은 저장탱크의 압력까지 올라간다. 이것은 수직충격파가 아니고 2차원 또는 3차원 충격파가 된다. 압력이 G의 압력과 똑같으면 흐름은 전체적으로 등엔트로피 흐름이며, 충격파가 전혀 없게 된다. 하류 저장탱크 압력이 G의 압력보다 낮으면(예를 들면, H의 압력), 노즐 외부의 압력이 2차원 또는 3차원 희박파에 의하여 조정될 것이다.

8.8 요약

1. 음속은 작은 압력 교란의 전파속도이다. 이상기체에서 음속은 $(kRT/M)^{1/2}$이다.

2. 정상 단열 흐름(등엔트로피적이든 아니든)에서는 에너지수지만으로 온도와 마하수의 관계를 얻을 수 있다. 이상기체의 등엔트로피 변화에 관한 압력-온도 관계를 이용하여 정상 무마찰 단열 이상기체 흐름을 수학적으로 완전히 기술할 수 있다. 물질수지식을 사용하면 흐름에 수직인 단면적을 구할 수 있다.

3. 노즐이나 덕트 안에서 흐름이 음속이 되면, 더 이상 하류 압력을 낮추어도 음속 점의 상류 흐름이 증가하지 않는다. 이러한 조건을 초킹이라 하며, 오리피스나 밸브에서 기체 흐름에서 자주 발생한다.

4. 고속 아음속 흐름에서 마찰이 있으면, 이 마찰 효과 때문에 압력을 낮추고 밀도가 감소하여, 유속이 증가하여 음속에 이르고 초킹된다.

5. 수직충격파는 큰 압력 교란으로서 국부 음속보다 빨리 이동한다. 수직충격파는 비가역적이며, 이를 통하여 흐르는 유체의 엔트로피를 증가시킨다.

6. 정상 초음속 흐름을 만드는 유일한 방법은 축소-확대 노즐을 통한 방법이다. 이러한 노즐은 또 등엔트로피적으로 정상 초음속 흐름을 아음속 흐름으로 전환하는 유일한 방법이다. 충격파에 의해서도 초음속 흐름이 아음속 흐름으로 전환되지만, 이는 등엔트로피적이 아니다. 비정상 초음속 흐름은 폭발을 비롯한 몇 가지 방법으로 만들 수 있다.

7. 고속 기체 흐름은 공기역학, 로켓 및 터빈 설계, 고속 연소, 탄도학 등에서 실질적으로 아주 중요하다. 고속 기체 흐름을 생산하기 위해 필요한 압력차는 중간 정도이며 관,

밸브나 그 외 여러 연결부분에서 기체의 압력을 줄이면 고속 흐름이 발생할 것이다.

8. 이 장에서는 간단한 사례를 다루면서 이러한 종류의 흐름이 액체 흐름이나 저속 기체 흐름과 다른 점을 설명하였다. 이 매력적인 분야에 관심이 있는 독자는 Oosthuizen과 Carscallen[3], Shapiro[4]를 참고하기 바란다.

연습문제

연습문제와 예제 풀이를 위한 상용 단위와 수치들은 부록 E를 참조하라. * 표시가 있는 문제는 부록 C에 그 해답이 있음을 의미한다.

8.1.* 마찰인자 $f = 0.005$라 가정하고, 안지름 2 in인 원형관에서 아래의 유체가 유속 1000 ft/s로 흐를 때, 마찰에 의한 단위 길이(ft)당 압력강하를 구하라. 6장에서 유도한 일정밀도식을 사용하라.

(*a*) 물

(*b*) 공기

8.2. 음파로 인한 공기 중 등엔트로피 압력 상승이 10^{-3} psia라 가정하고, 이러한 파동으로 인한 온도 상승을 구하라. 이상기체(예를 들면, 공기)에 관한 등엔트로피 관계는 부록 B.3에 있다.

8.3. 시끄러운 소음은 지나가는 음파에 의하여 일어나는 압력상승의 비선형함수이다. 산업위생 및 공해에 대하여 소리를 보고하기 위한 소리 표준 단위를 데시벨(decibel, dB)이라 하며 다음과 같이 정의한다.

$$\begin{pmatrix}\text{Sound loudness}\\ \text{expressed in } dB\end{pmatrix} = 10 \log \frac{I}{I_0} = 20 \log \frac{P}{P_0} \tag{8.43}$$

여기서 I는 음파의 세기이고, 단위 면적당 에너지 W/m^{2}으로 표현한다. 세기는 인간이 시끄러움을 감지하는 것을 말한다.

세기는 압력상승 P의 제곱에 비례한다. 단지 데시벨 정의에 따라 20이 전기공학 응용 분야에서의 10이 아니다. 가장 일반적인 데이터 정의에 따라 $P_0 = 2 \cdot 10^{-4}$ dyne/cm$^2 = 2 \cdot 10^{-5}$ Pa $= 2.9 \cdot 10^{-9}$ psi이다. 이 정의에 따라 다음에 상응하는 압력을 추측하라.

(*a*) 1 dB은 성인이 감지할 수 있는 가장 작은 소리이다.

(*b*) 60 dB은 3 ft 정도의 거리를 두고 대화할 때 정도의 소리이다.

(*c*) 140 dB은 잭해머(jackhammer)의 소리이고, 고통을 호소하기 시작하는 분기점이다.

8.4.* 나무에서의 음속을 구하라. 대개 나무의 부피탄성계수(bulk modulus) $K \approx 1.5 \cdot 10^6$ psi 정도이다. 대개 나무의 밀도 ρ는 약 60 lbm/ft^{3}이다. 나뭇결을 따른 음속이 결을 건너가는 음속과 같은가?

8.5. 20°C의 아세트산에서의 음속을 구하라. 아세트산의 부피탄성계수 $K = 0.110 \cdot 10^{10}$ Pa이고, 밀도 ρ는 20°C에서 1.049 g/cm^3 정도이다.

8.6.* 100°C = 212°F에서 물의 벌크탄성계수를 추정하라. NIST Chemistry WebBook, SRD 69로

부터 얻은 동일한 100°C에서 $P = 1.0142$ bar, $\rho = 958.35$ kg/m³; $P = 16.667$ bar, $\rho = 959.08$ kg/m³를 이용하라. 이때 $\left(\frac{\partial P}{\partial \rho}\right)_T \approx \left(\frac{\Delta P}{\Delta \rho}\right)$로 가정하라. 이 결과들을 예제 8.1에서 20°C의 값들과 비교하라.

8.7. 500°F의 헬륨에서의 음속을 구하라.

8.8.* 우라늄 헥사플루오라이드(우라늄 동위원소의 기체 확산 분리에서 사용되는 기체)의 분자량 $M = 352$ g/mol이다. $k = 1.2$라 가정하고, 200°F에서 음속을 구하라.

표 8.6
모든 문제 풀이에 사용되는 기체의 성질

Gas	M, g / mol = lbm / lbmol	$k = C_P \ / \ C_V$
Air	29	1.4
Helium	4	1.667
Hydrogen	2	1.4
Steam	18	1.33

8.9. 높이 1 ft인 수직노즐에 공기가 흐른다. 노즐에서 유속이 1에서 2000 ft/s로 변한다. 위치에너지 변화와 운동에너지 변화의 비를 구하라.

8.10.* 예제 8.3을 헬륨 가스에 대하여 다시 풀어라.

8.11. 예제 8.4를 수소 가스에 대하여 다시 풀어라.

8.12.* 예제 8.5를 헬륨 가스에 대하여 다시 풀어라. 저장탱크에서의 압력 $P_R = 30$ psia, $T_R = 70$°F로 가정하라. P_1과 T_1의 값을 포함시켜라.

8.13. 공기가 저장탱크에서 노즐로 흘러 들어간다. 이 흐름은 등엔트로피적이다. 저장탱크에서 압력은 60 psia, 온도는 100°F이다. 노즐의 어떤 점에서 마하수가 0.60이다. 이 점에서의 압력, 온도, 유속을 구하라.

8.14.* 연습문제 8.13을 헬륨에 대하여 다시 풀어라.

8.15. 공기가 저장탱크에서 노즐로 등엔트로피적으로 흘러 들어간다. 저장탱크에서의 압력은 60 psia, 온도는 40°F이다. 유속이 1300 ft/s인 점에서 온도와 압력을 구하라.

8.16.* 헬륨이 저장탱크에서 노즐로 등엔트로피적으로 흘러 들어간다. 저장탱크에서의 온도와 압력은 100°F와 14.7 psia이다. 노즐에서 마하수가 1.00인 점에서의 압력, 온도, 유속, 밀도를 구하라.

8.17. 주유소의 압축공기 배관에 압력 125 psia, 온도 70°F의 공기가 들어 있다. 밸브를 열어서 이 공기를 대기 중으로 흘러나가게 한다. 밸브는 등엔트로피 노즐이라 생각할 수 있다. 압축공기가 대기 중으로 흘러나갈 때 온도를 구하라. 이 공기는 아주 차서 대기 중에서 수증기가 응축하여 구름을 만들 것이다. 이러한 구름이 일반적으로 눈에 보이는가? 보이지 않는다면 그 이유는 무엇인가?

8.18.* 공기가 저장탱크에서 노즐로 등엔트로피 흐름으로 들어간다. 저장탱크에서는 유속을 무시할 수 있고, $T_R = 100$°F, $P_R = 14.7$ psia이다. 노즐에서 $V = 1200$ ft/s인 점에서의 P, T, $\mathscr{M}$을 구하라.

8.19. 수소가 노즐을 통하여 정상상태 등엔트로피적으로 흐른다. 저장탱크 조건은 $T_R = 60°F$, $P_R = 20$ psia이다. 유속이 6000 ft/s인 점에서의 마하수를 구하라.

8.20.* 수증기가 저장탱크로부터 정상적이고 등엔트로피적으로 축소-확대 노즐을 통하여 흐른다. 저장탱크에서 압력은 50 psia, 온도는 600°F이다. 마하수가 2.0인 점에서의 온도, 압력, 유속을 구하라.

8.21. 헬륨이 저장탱크로부터 축소-확대 노즐을 통하여 흐른다. 흐름은 정상적이고 등엔트로피적이다. 마하수가 1.8인 점에서 온도는 500°R, 압력은 20 psia이다. 저장탱크 압력과 온도를 구하라.

8.22.* $T_R = 70°F$, $P_R = 30$ psia의 공기가 저장탱크로부터 목 면적이 1 in^2인 노즐로 흘러 들어간다. 이 노즐을 통과할 수 있는 최대 질량 유량을 구하라.

8.23. 액화 기체[7]를 저장하는 단열되지 않은 탱크에 압력제어밸브가 부착되어 있다. 이 밸브를 시험하는 데 필요한 유량은

$$Q_a = 2 \cdot 0.00154 \cdot P \cdot Wc \tag{8.AS}$$

여기서 Q_a는 완전히 개방된 제어밸브를 통하여 단위 분당 ft^3의 공기 흐름 속도(1 atm, 60°F)이다. P는 시험 압력(psia)이다. Wc는 저장탱크의 물 용량으로, 이는 저장탱크를 완전히 채우는 데 필요한 물의 무게와 같다.

마당에서 바비큐를 할 때 사용하는 '20 lb' 프로판 탱크의 Wc는 약 48 lbm이고, $P_{test} = 480$ psig이다. 프로판 회사는 보통 이런 실린더와 $Wc = 96$ lbm인 '40 lb' 탱크에 맞는 밸브를 가진 더 작은 실린더를 갖추고 있다. 회사는 '40 lb' 프로판 탱크보다 작은 실린더에 필요한 특별한 밸브를 만드는 것을 피하고자 한다.

(*a*) 이들 탱크에 필요한 압력제어밸브를 위해 필요한 Q_a는 얼마인가?

(*b*) 완전히 개방된 제어밸브를 $C_v = 0.6$인 오리피스에 비유하면, 베르누이 식을 이용하여 압력차 (480 − 14.7) psig에서 공기가 흐르게 되는 단면적은 어느 정도인지를 계산하라.

(*c*) 이것을 이 장에서 다룬 등엔트로피 흐름으로 해석한다면, 단면적은 어느 정도인지를 계산하라.

(*d*) 문제 (*c*)의 풀이는 무마찰 노즐에 대한 것이다. 이 밸브에 대한 실제 설계는 원형 노즐보다 사각 오리피스에 더 가깝다. 하류 흐름 압력이 저장탱크 압력보다 낮은 상태에서 오리피스를 통한 초킹 흐름에 대한 오리피스 계수 = 0.84이다[8]. 이 오리피스 계수를 가지고 문제 (*c*)를 다시 풀어라.

(*e*) 세 개의 간단한 추측치는 실제 단면적(약 0.156 in)에 비하여 어떤지 비교하라.

(*f*) 이러한 압력제어밸브가 탱크에 왜 필요한지 논하라.

(*g*) 탱크가 있다면 압력제어밸브를 찾아보라. 이는 보통 375 psi를 지시하고 있고 이는 탱크에 부착된 밸브에 세팅되는 값이다.

8.24. 진공탱크가 밸브를 통하여 진공펌프에 연결되었다. 탱크 부피는 100 ft^3이다. 펌프의 부피 유량은 이를 통해서 흐르는 유체의 밀도에 관계없이 10 ft^3/min이다. 밸브는 (다 열면) 단면적이 10^{-4} ft^2인 가역 노즐에 상응한다. 이 계의 모든 배관은 밸브 치수보다 아주 크다. 진공탱크에는 압력 1 atm에서 공기가 차 있다. 가열코일이 진공탱크 안의 공기 온도를 70°F로

유지한다. 밸브를 다 열고 펌프를 작동하였을 때, 탱크 압력이 0.1 atm으로 떨어질 때까지의 시간을 구하라.

8.25.* $T_R = 100°F$, $P_R = 100$ psia의 공기가 등엔트로피 수렴노즐을 통하여 압력이 80 psia인 두 번째 탱크로 들어간다. 이 노즐의 단면이 최소인 곳의 면적은 2 in^2이다. 질량 유량을 구하라.

8.26. 실험용 정상상태 초음속 풍동을 설계하고자 한다. 이 풍동에서는 $\mathscr{M} = 2$, $P = 1$ atm인 기체를 정상 흐름으로 대기 중에 배출시키려 한다. 배출 면적은 1 in^2로 한다. 전체적으로 계는 그림 8.17에 보이듯이 공기 압축기, 탱크, 축소-확대 노즐로 구성되었다. 상류 저장탱크의 온도가 70°F일 때, 필요한 탱크 압력, 질량 유량, 이 저장탱크에 공급하는 데 필요한 압축기 동력을 구하라. 등엔트로피 압축기에서 이상기체에 대한 단위 질량당 일은 $-W/m = (RT/M) \ln (P_2/P_1)$이다.

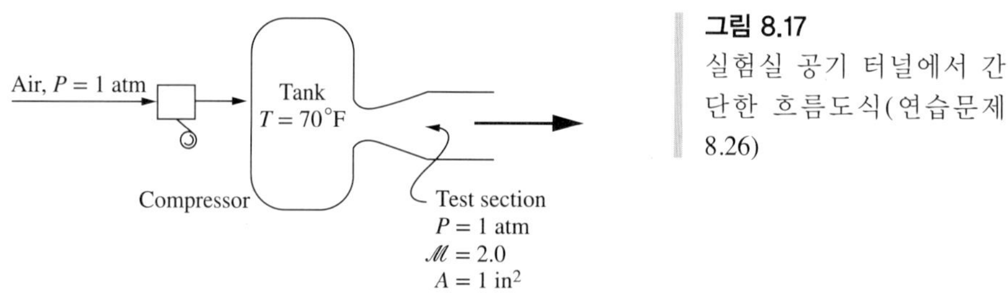

그림 8.17
실험실 공기 터널에서 간단한 흐름도식(연습문제 8.26)

8.27. 부록 A.3을 이용하여 예제 8.3과 8.5의 결과를 검토하라.

8.28. 헬륨에 관해서 부록 A.3과 같은 표를 만든다고 하자. 부록 A.3에서 $\mathscr{M} = 0.8$일 때에 대응하는 값을 계산하는 방법을 아는 대로 설명하라.[V/c^*는 식 (B.6)~(B.12)에 있다.]

8.29. 5.6절에서 수렴노즐을 통한 유속을 (*a*) 공기를 정밀도 유체라 가정한 베르누이 식과 (*b*) 등엔트로피 흐름에 관한 식으로 계산하여 비교하였다. 후자에 의한 계산을 보이고, 5.6절에서와 같은 답이 되는지 검토하라.

8.30. 저장탱크에 100 psia, 600°F의 수증기가 들어 있다. 노즐을 통하여 정상 등엔트로피 흐름으로 팽창하여 유속이 2000 ft/s가 된다. 이때의 온도, 압력, 마하수를 다음 방법으로 구하라.

(*a*) The NIST Chemistry Web-Book (온라인) 테이블 또는 (이상기체로 가정하지 않은) 이에 상응하는 자료

(*b*) 이상기체의 정상 등엔트로피 흐름에 관한 식

8.31.* 예제 8.9에서는 $\mathscr{M} = 0.5$인 점에서 압력이 20 psia이고, 밀도가 0.102 lbm/ft^3이라 가정하였다. $\mathscr{M} = 2.0$인 점에서의 압력과 밀도를 구하라.

8.32. 예제 8.9에서 상류 저장탱크를 가정하지 말고, 유속을 무시할 수 없는 두 상태(상태 1과 2)에 관하여 식 (8.17)에 대응하는 식을 유도하고, 다시 풀어라.

8.33.* 로켓의 목 면적과 출구 면적이 그림 8.18과 같다. 이 로켓을 고정 시험대에서 발사한다. 연소실에서는 유속을 무시할 수 있고, 압력은 200 psia, 온도는 2000°R, 분자량은 20 lbm/lbmol, k는 1.4이다. 노즐을 통한 흐름은 정상적이고 등엔트로피적이다. 이 로켓의 추진력을 구하라.

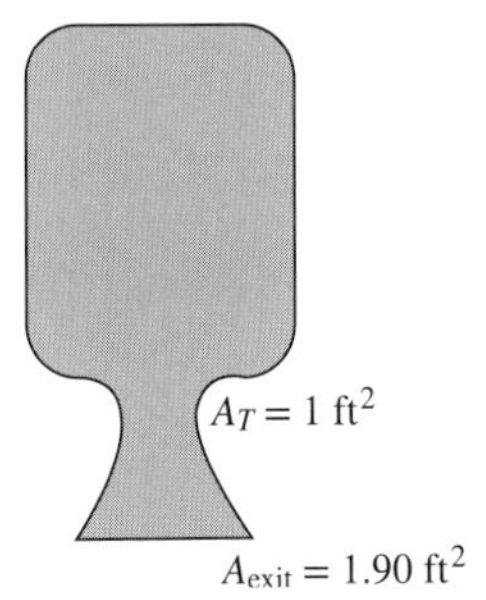

그림 8.18
수렴-발산 노즐을 갖는 로켓(연습문제 8.33)

8.34. 연습문제 8.33에 다음과 같은 변화를 적용하여 다시 풀어라.

(*a*) 연소실의 온도는 2000°R에서 4000°R로 변한다.

(*b*) 연소실 온도는 2000°R이나, 압력이 200 psia에서 400 psia로 변한다.

(*c*) 연소실 압력과 온도는 연습문제 8.33과 같으나, 배기가스의 분자량이 15 lbm/lbmol로 변한다.

8.35. 연습문제 8.33에서 기존의 노즐($A_{exit} = 1.9$ ft^2)을 새로운 노즐로 교체하였다. 새로운 노즐은 배출구의 단면적이 다르며 배출구에서 압력이 대기압(14.7 psia)과 같을 것이다.

(*a*) 새로운 노즐의 출구 속도는 얼마인가?

(*b*) 새로운 노즐을 가지고 로켓의 추진력은 어떻게 변하는가?

8.36. 그림 8.19의 진공장치에서 진공실 안의 압력 0.01 mmHg가 적당히 낮지 않다는 결론을 내렸다. 더 큰 진공펌프를 사용하면 이 압력을 더 낮출 수 있는가? 아니면, 어떤 방법이 좋은가?

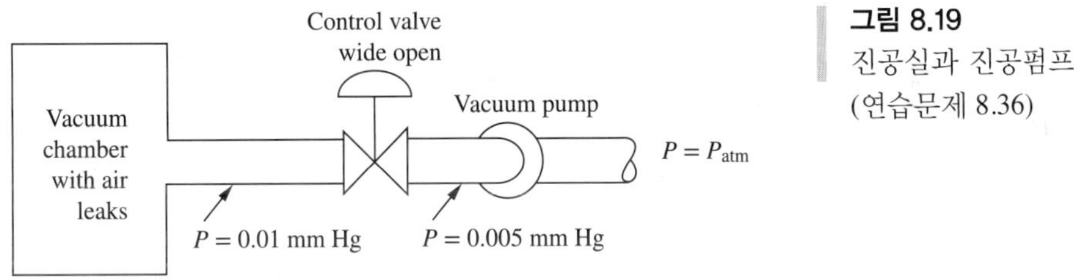

그림 8.19
진공실과 진공펌프
(연습문제 8.36)

8.37. 어떤 공정 용기의 압력이 진동하는데, 그 진동 범위는 15~35 psia이다. 압력이 35 psia를 넘는 일은 없다. 이 용기에 공기를 정상 유량 1 lbm/h로 공급하는 장치를 설계하고자 한다. 압축공기 주관은 100 psia, 70°F이며, 이 온도와 압력은 진동하지 않는다. 회사에서 경쟁 상대인 동료가 압축공기 주관과 용기 사이에 오리피스미터, 차압 트랜스듀서, 제어장치, 제어밸브를 설치하는 재래식 유량 조정 장치를 제안하였다. 이 경쟁자의 제안을 이기는 방법이 있는가?

8.38. 자료가 예제 8.10에 나타낸 것과 같고 관 출구에서 흐름이 초킹될 때, 이 노즐 출구(그림 8.11의 상태 1)에서의 압력, 온도, 마하수를 구하라.

8.39. 예제 8.10에서 무마찰 노즐의 끝점과 관의 끝점 사이의 정확히 반에 해당하는 지점에서 압력을 예측하라.

8.40. (*a*) 그림 8.13에 비압축성 흐름 B.E. 곡선을 만드는 계산들을 보여라.

(*b*) 이 계산이 '압축성 흐름' 대비 거의 두 배의 질량 흐름을 보이는 이유를 물리적으로 설명하라.

8.41. 그림 8.12에서 일정한 출구 마하수를 지시하는 선을 그려라.

8.42. 그림 8.12에서 실질적으로 초킹 흐름을 지시하는 상태의 k 값들을 연결하면 직선이 된다.

(*a*) 이것은 우연의 일치인가? 즉, 선은 반드시 직선이 아니고 값들이 우연히 직선을 형성한 것인가?

(*b*) 선이 직선이 되는 데 필요한 가정(assumption)과 그림을 보충 설명하기 위한 수학은 무엇인가?

8.43. 예제 8.10의 사례에 대하여 한 저장탱크에서 다른 저장탱크까지의 길이와 압력과의 관계를 그려라.

(*a*) $P_3/P_0 = 0.8$

(*b*) $P_3/P_0 = 0.4$

(*c*) $P_3/P_0 = 0.2$

8.44.* 그림 8.10과 8.11에 보인 흐름에 대해서, 만약 $P_0 = 150$ psia이고 $P_3 = 14.7$ psia이면 1 in 규격 40 강관의 출구에서 초킹이 일어나지 않을 가장 긴 길이는 얼마인가? $f \approx 0.0060$은 길이에 무관하다.

8.45. 그림 8.12에서 $N = 0$인 선은 등엔트로피 노즐에만 해당한다. 8.2절의 식들로부터 $\mathscr{M}_1 = 0.5$ 및 $\mathscr{M}_1 = 1.0$에 해당하는 공기에 대하여 단위 면적당 질량 유량을 계산하고, 그 결과를 $N = 0$ 선과 비교하여 이 선이 8.2절의 식들에 대응하는지 검토하라.

8.46. 압력 용기에 30 psia, 100°F의 공기가 들어 있다. 무마찰 노즐과 1 in 규격 40 강관을 통하여 이 공기를 대기 중에 방출한다.

(*a*) 질량 유량(lbm/s)과 관 길이의 관계를 그림으로 나타내라.

(*b*) 무마찰 노즐 대신에 직각 모서리 진 관 입구를 사용할 때의 관계를 나타내라.

8.47. 표 8.3에 나타낸 스프레드시트 계산 프로그램을 작성하라. 그 결과를 검증하라. $P_3 = 12$ psia를 얻기 위한 $\dot{m}/A$의 값을 구하라.

8.48. 식 (8.33)의 유도에서는 식 (8.31)의 $\rho V\, dV$ 항이 다른 항에 비하여 아주 작으므로 이 항을 제거하였다. 전형적 장거리 배관에서는 압축장(compression station) 출구의 압력이 750 psia이고, 다음 압축장 입구의 압력이 500 psia이다. 유체는 이상기체이고, 온도는 70°F로 일정하며, 분자량은 18 lbm/(lbmol)이라 가정한다. 첫 번째 펌프장 출구에서의 유속이 20 ft/s이었을 때, 식 (8.31)의 처음 두 항의 비를 구하라.

8.49. 질량 유량, 마찰인자 등이 일정할 때, 식 (8.33)으로 추산하여 P_2와 거리의 관계를 그려라.

8.50. 천연가스 배관의 안지름이 36 in이다. 압축장은 60 mi 떨어져 있다. 첫 번째 압축장 출구의 압력은 750 psia이고, 두 번째 압축장 입구의 압력은 500 psia이다. 가스는 분자량 18인 이상기체라 볼 수 있다. 온도는 70°F로 일정하다. 웨이머스 식으로 질량 유량을 구하라. 또 마찰항이 있는 일정밀도 베르누이 식(6.5절)을 사용하고, 마찰을 다음에 주어진 것을 기초하여 계산하였을 때는 어떻게 되는가? 서로 비교하라.

(*a*) 상류 밀도와 유속

(*b*) 입구에서 출구까지 평균 밀도와 평균 유속

8.51. 이 책에서 번호가 매겨진 식들은 사용된 단위와는 무관하다. 많은 '실용' 책들이 특정 단위의 사용이 필요한 형태로 같은 방정식들을 소개하지만, 이 책에서는 단위 검사를 필요로 하지 않는 형태로 제시한다. 예를 들어, 틸턴[9]은 웨이머스 방정식[식 (8.34)]을 아래와 같이 제시한다.

$$Q = \frac{871 \cdot D^{8/3}\sqrt{P_1^2 - P_2^2}}{\sqrt{L}} \tag{8.AS}$$

여기서 Q는 70°F, 14.7 psia에서 24시간당 기체의 부피(ft^3)이고, D는 파이프의 내경(in), 두 개의 P는 입구와 출구의 압력(psia), L은 파이프의 길이(mi)이다.

파이프의 길이가 6 in이고 길이가 1 mi, 입구와 출구의 압력이 각각 485, 185 psia일 때 유량을 추정하라.

(*a*) 식 (8.AS)를 이용하라.

(*b*) 식 (8.34)를 이용하고, 위의 결과와 비교하라.[식 (8.34)의 단위를 올바르게 맞추는 데 필요한 노력이 인상적일 것이다.)

8.52. $k = 1.4$인 가스 중의 수직충격파에 대하여 $\mathscr{M}_x = 1.50$일 때 $\mathscr{M}_y, T_y/T_x, P_y/P_x, \rho_y/\rho_x$를 구하라. 이 결과를 부록 A.4의 내용과 비교하라.

8.53. 압밀충격은 열역학적으로 가능하지만 희박충격은 가능하지 않은 이유를 설명하라. 이 수법은 다음과 같다. 엔트로피 변화를 부록 B의 식 (B.3-29)에 식 (B.6-18)과 식 (B.6-22)를 대입하여 다음과 같음을 밝혀라.

$$M\frac{s_y - s_x}{R} = \ln\left(\left\{\frac{\left[\left(\frac{2k}{k-1}\right)\mathscr{M}_x^2 - 1\right]\cdot\left[1 + \left(\frac{k-1}{2}\right)\mathscr{M}_x^2\right]}{\mathscr{M}_x^2\frac{(k+1)^2}{2(k-1)}}\right\}^{k/(k-1)} \cdot \left[\frac{k+1}{2k\mathscr{M}_x^2 - (k-1)}\right]\right) \tag{8.44}$$

그때, $k < 1.67$(모든 기체)에 대하여, $\mathscr{M}_x > 1$일 때는 $s_y - s_x$가 양수값이고, $\mathscr{M}_x < 1$일 때는 음수값임을 보여라.

8.54. 부록 A.4에서 수직충격파에 대한 A_y^*/A_x^*에 관한 열이 없는 이유를 설명하라.

8.55.* 지구 위성이 상층 대기에 30,000 km/h로 들어간다. 이곳의 공기는 225 K이다. 이 위성 표면과 접촉하는 기체 온도를 추산하라.

8.56.* 제트 전투기가 $\mathscr{M} = 2$의 속도로 온도 0°F, 압력 4.0 psia인 조용한 공기 중에서 날고 있다. 이 제트엔진의 공기 도입구는 축소-확대 덕트이다. 엔진 내부에서 흐름은 아음속이다. 목의 단면적은 2.0 ft^2이다. 등엔트로피 흐름이라 가정하고, 이 디퓨저를 통한 질량 유량을 구하라.

8.57. 풍동에서의 흐름이 $T = 300°R$에서 $\mathscr{M} = 2$이다. 이 점에 온도계를 삽입하였을 때의 온도계 지시값을 구하라. 힌트: 공기의 열전도도가 0이라면 아주 쉽게 풀린다. 실제로 공기는 열을

전도하므로 문제가 복잡해진다. 열전달에 관한 실험 자료가 없다면 근사적 답밖에 구할 수 없다.

8.58.* 관에서 70°F, 10 psia의 공기가 500 ft/s로 흐른다. 관 끝의 밸브를 갑자기 잠그면, 덕트 말단에서 충격파가 생겨서 상류로 이동한다. 이 이동속도와 덕트 말단의 온도 및 압력을 구하라. 힌트: 충격파 하류의 공기는 정지상태이다. 좌표계와 관계없이 $V_x - V_y = 500$ ft/s이다. 이동하는 충격파에 기초한 좌표계를 택하면 부록 A.4의 값을 이용하고, 시행착오법으로 상류 마하수를 구할 수 있다. 이 문제는 개념적으로 연습문제 7.53과 같다. 문제풀이 방법도 같지만, 여기서 액체 흐름보다는 고속 기체 흐름이므로 변수가 많아서 수학적으로 좀 더 복잡하다.(이러한 문제의 해석적 해를 참고문헌 [10]에서 볼 수 있다.)

8.59. 그림 8.16에 나타낸 노즐의 어떤 점에서 단면적이 목 면적의 1.5배이다. 충격파가 없고 $k = 1.4$인 이상기체의 등엔트로피 정상 흐름이라 가정하고, 목에서 마하수가 1.0일 때 이 점의 마하수를 구하라. 목에서의 마하수가 0.1, 0.5, 0.9일 때는 어떻게 되는가?

8.60. 축소-확대 노즐의 출구 면적이 목 면적의 1.9배이다. 부록 A.3과 A.4를 이용하여, 모든 가능한 출구 조건에 대하여 출구 마하수와 P_{out}/P_R의 관계를 그려라. 등엔트로피 흐름이고, 수직충격파가 있을 때와 없을 때에 대하여 풀어라.

8.61. 축소-확대 노즐에서 목 하류의 점 x의 단면적이 목 단면적의 1.5배이다. 공기가 이 노즐을 통하여 정상적으로 흐른다. 저장탱크 온도는 530°R이다.

(*a*) 등엔트로피 흐름일 때, 점 x에서 가능한 T의 값을 열거하라.

(*b*) 있을 수 있는 충격파를 제외하고는 등엔트로피 흐름일 때, 점 x에서 가능한 T의 값을 열거하라.

8.62. 축소-확대 노즐에서 출구 면적이 목 면적의 1.5배이다. 공기 흐름은 가능한 충격파를 제외하고는 등엔트로피 흐름이다. 출구 마하수가 다음과 같을 때 목에서의 마하수를 구하라.

(*a*) 0.30

(*b*) 0.50

8.63. 초음속 풍동에 공기가 흐른다(그림 8.20). 수직충격파가 있는 곳을 제외하고는 흐름이 정상적이고 등엔트로피적이다. $A_2/A_1 = 1.01$이고, A_1과 A_2에서 모두 $\mathscr{M} = 1.0$일 때, 수직충격파가 생기는 곳의 상류 마하수를 구하라.

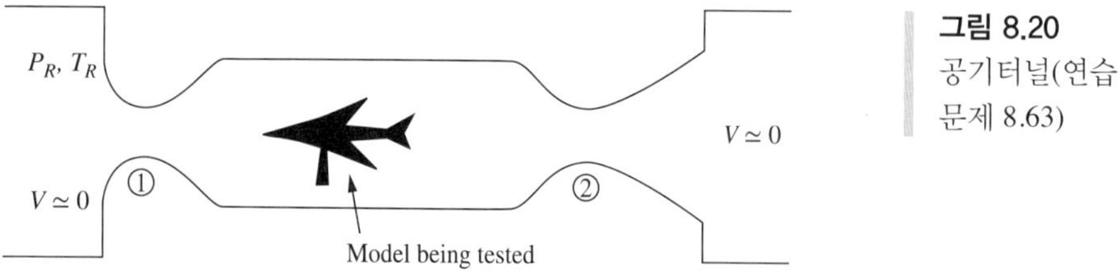

그림 8.20
공기터널(연습문제 8.63)

8.64.* 출구 압력이 $0.70\ P_{R_1}$일 때에 대하여 예제 8.14를 다시 풀어라. 이 계산을 할 수 있는 최소 출구 압력은 얼마인가?

8.65. 그림 8.21의 노즐에 공기가 흐르며 A에 수직충격파가 있다. 나머지 흐름은 등엔트로피 흐름이다. 이 충격파에서 $\mathscr{M}_x = 3.0$이다. P_{R_y}/P_{R_x}를 구하라. NACA(National Advisory Committee for Aeronautics) 표[11]에 있는 다음 값을 이용하면 좋을 것이다. 즉, $\mathscr{M}_x = 3$일 때, $\mathscr{M}_y = 0.4752, P_y/P_x = 10.33, T_y/T_x = 2.679, \rho_y/\rho_x = 3.857$이다.

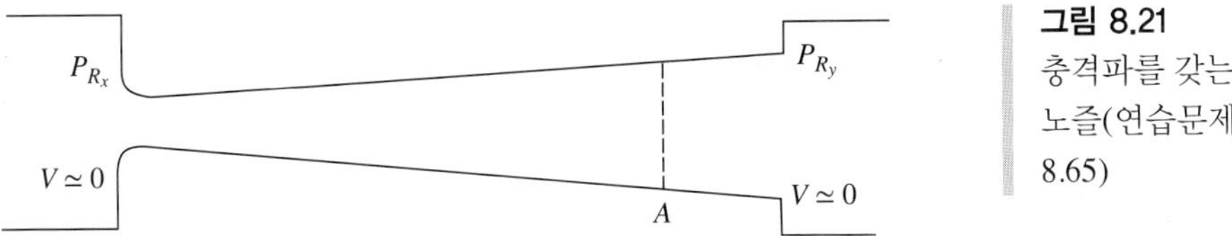

그림 8.21 충격파를 갖는 노즐(연습문제 8.65)

참고문헌

1. Westfall, R. S. "Newton and the Fudge Factor." *Science 179* (1979), pp. 751–758.
2. Lapple, C. E. "Isothermal and Adiabatic Flow of Compressible Fluids." *Trans. AIChE 39* (1943), pp. 385–432.
3. Oosthuizen, P. H., and W. E. Carscallen. *Compressible Fluid Flow*. 2e, Boca Ratpn FL CRC Press, 2014.
4. Shapiro, A. H. *The Dynamics and Thermodynamics of Compressible Fluid Flow*. New York: Ronald Press, 1958.
5. Katz, D. L., et al. *Handbook of Natural Gas Engineering*. New York: McGraw-Hill, 1959.
6. Taylor, G. I. "The Formation of a Blast Wave by a Very Intense Explosion." *Proc. Roy. Soc. Ser. A 201* (1950), pp. 159–187.
7. Compressed Gas Association, Inc. *GCA S-1.1-2001 Pressure Relief Device Standards Part 1, Cylinders for Compressed Gases*. 9th ed. Arlington, VA: CGA, p. 11.
8. McAllister, E. W. ed. *Pipeline Rules of Thumb*, 8th ed. Amsterdam: Elsevier, 2014, p. 380.
9. Tilton, J. N. "Fluid and Particle Dynamics." In D. W. Green, *Perry's Chemical Engineering Handbook*, 8th ed. New York: McGraw-Hill, 2008.
10. Zucker, R. D. *Fundamentals of Gas Dynamics*. Champaign, IL: Matrix Publishers, 1977, p. 175.
11. National Advisory Committee for Aeronautics. *Report 1135, Tables and Charts for Compressible Flow*. Washington, D.C.: U.S. Government Printing Office, 1953.

PART

3

1차원 유체역학 방법으로 다룰 수 있는 몇 가지 다른 주제들

다음 여섯 개의 장은 다양한 주제들을 다루며, 순서에 상관없이 학생 또는 강사가 선택하거나 생략할 수 있다. 내용의 대부분은 큰 책을 채울 주제들에 관한 간단한 입문이다. 대부분의 목표는 이 주제들이 1부 및 2부의 기초 개념, 대응하는 용어 및 기호와 어떤 관련이 있는지를 알아보는 것이다.

CHAPTER

9

모델, 차원해석, 무차원수

9.1 모델

모델(model)이란 사실을 묘사하며 미래 작용의 결과를 예측하도록 조작할 수 있는 지적 구조물(intellectual construct)이다. 공학은 대부분 현실적 문제에 대한 수학적 모델의 응용이다. 예를 들면, $F = ma$는 힘, 질량, 가속도의 관계에 관한 수학적 모델이다. 이를 사용하여 공학자들은 실제 물리적 계의 거동을 성공적으로 예측할 수 있었다. 더욱 복잡한 수학적 모델도 언제나 빠지지 않고 사용된다. 컴퓨터의 용량과 능력이 향상되면서 우리가 사용하는 수학적 모델의 크기와 복잡성도 증가하였다. 모델에 대한 의구심을 유지하도록 하라. "모든 모델은 틀린 것이다. 어떤 모델은 유용하다." 통계학자 조지 박스(George Box)의 말이다.

그러나 아직도 많은 문제에 대하여는, 먼저 물리적 모델 시험으로 수학적 모델의 예측치를 검토하지 않고, 많은 돈이나 인명을 걸 만큼 아주 믿을 만한 수학적 모델이 없다. 예를 들어, 계산 능력이 크나큰 발전을 하였더라도, 소규모 모델의 풍동 시험으로 계산 결과를 확인하지 않고, 계산에만 의존하여 새로 큰 비행기를 만들려고 하지 않는다. 화학반응기에 관해 많은 것을 알고 있지만, 실험실 규모나 모형 공장 시험으로 수학적 모델의 신뢰성을 확인하지 않고도, 새로운 반응 방법으로 어떤 화합물을 생산하는 실제 규모 공장을 건설할 수 있을 만큼 충분히 알고 있지는 못하다. 아직도 지진이 일어났을 때의 복잡한 구조물의 거동을 확신하고 예측할 수 없으므로, 기존의 물리적 모델을 시험하는 방법에 의존한다. 자동차 설계자조차도 공기 저항을 결정하기 위한 새로운 설계 모델에 대해 현재 풍동 시험을 이용한다! 이처럼 아직 완전히 신뢰할 수 있는 수학적 모델이 없는 문제의 경우, 공학자는 몇 가지 가치 있는 기법을 개발하여, 완전한 해답 없이 유용한 예측을 하였다. 이런 방법은 현재보다는 컴퓨터 이전 시대에 큰 역할을 하였다. 이러한 이유 때문에 이 장에서는 오늘날 공학자의 기술적 도구보다는 공학자의 역사적, 문화적 배경에 어느 정도 많이 할애하였다. 그러나 이 장에서 설명하는 방법은 문제에 대한 유용한 물리적 통찰을 제공하는 것으로, 수학적 모델과 컴퓨터 해법이 제공하는 통찰력을 보완할 것이다.

이러한 방법은 주로 물리적 모델 시험을 사용한 연구에 바탕을 둔 것이다. 새로운 형태의 선체나 비행기 또는 새로운 종류의 화학반응기의 거동을 계산할 수 없으면, 이를 만들어서 시험한다. 이때 실제 규모의 비행기나 배 또는 반응기를 만드는 대신에 완성품의 작은 모델을 만들어서 시험할 수 있으면, 시간과 돈을 절약하고, 그리고 어쩌면 시험자의 생명을 건질 수 있을 것이다.(개인적으로 작은 실패를 하고, 대중적으로 큰 성공을 거두라!) 1903년 최초의 동력 비행에서 현재에 이르기까지 항공기 산업이 괄목할 만한 발전을 이룬 것은 주로 기술자들이 소규모 모델을 사용하여 새로운 설계를 시험하고, 이 시험 결과를 실제 규모 비행기의 설계에 적용하는 방법을 알았기 때문이다. 마찬가지로, 화학공업이 발전한 것은 주로 화공기술자가 새로 만들 공장이 예측한 성능을 발휘할 것이라는 확신을 하고, 실험실 규모 또는 모형 규모의 공장을 상업용 공장으로 '규모 확대(scale up)' 하는 능력이 있었기 때문이다. 대형 컴퓨터가 출현하면서, 10년 전과 비교하면, 계산에 의해 더 많은 일을 할 수 있게 되었다. 이 때문에 과거보다 계산(수학적 모델 시험—시뮬레이션)을 많이 하고 물리적 모델 시험을 적게 한다. 그렇지만 정말로 중요한 공학적 결정은 수학적 및 물리적 모델 시험의 조합에 기초하여 내리는 일이 많은데, 이때 물리적 모델 시험은 실제 규모의 비행기나 배, 또는 화학반응기를 건조하기에 앞서서 계산 결과를 확증하는 역할을 한다. 제임슨(Jameson)[1]은 수학적 모델 시험(시뮬레이션)을 이용하여 물리적 모델 시험을 대체한 몇몇 역사들을 이야기하며 점점 더 강력해진 컴퓨터와 시뮬레이션 코드의 이용이 새로운 비행기 디자인을 위해 필요한 풍동시험 양을 약 50%까지 감소시켜 왔다고 보고하였다. 시뮬레이션과 모델 시험은 둘 다 여전히 필요하다.

그러나 비행기, 배, 화학반응기의 축척 모델을 만들어서 시험하는 것이 능사는 아니다. 홀데인(Haldane)[2]의 말을 인용하면 다음과 같다.

> 종류가 다른 동물의 가장 분명한 차이는 크기가 다르다는 것이지만, 어떤 이유 때문인지 동물학자들은 여기에는 별로 주목하지 않는다. 내 앞에 놓여 있는 동물학 교과서를 펼쳐보아도, 생쥐와 고래는 크기를 언급하기는 하였지만, 독수리가 참새보다 크다거나 하마가 토끼보다 크다는 글은 보이지 않는다. 그렇지만 토끼가 하마만큼 클 수 없고, 고래가 생쥐만큼 작을 수 없다는 것은 쉽게 설명할 수 있다. 동물은 종류마다 가장 편리한 크기가 있으며, 크기가 많이 달라지면 형태도 따라서 변할 수밖에 없다.
>
> 가장 분명한 경우로서, 키가 60 ft인 거인을 생각해 보자. 내가 어릴 때 읽은 「천로역정(Pilgrim's Progress)」에 묘사된 Giant Pope과 Giant Pagan의 키가 이 정도였을 것이다. 이러한 괴물은 높이가 Christian의 10배일 뿐만 아니라 폭과 두께도 10배가 된다. 따라서 전체 무게는 1000배나 되어, 80~90톤이 될 것이다. 불행하게도 이들 뼈의 단면적은 Christian의 100배

밖에 되지 않으므로, 이들의 뼈가 단위 면적당 받쳐야 하는 무게는 사람의 10배나 된다. 사람은 다리뼈가 받는 무게가 체중의 10배가 되면 부러지므로, Pope과 Pagan은 걸음을 걸을 때마다 다리뼈가 부러질 것이다. 내 기억에 이들이 그림 속에서 앉아 있었던 것은 이 때문이었을 것이다. 그러나 이 말은 Christian과 Giant Killer인 Jack에 대한 존경심을 훼손할 것이다.

동물학으로 돌아가서, 길고 가는 다리를 가진 우아하면서 작은 피조물인 가젤이 커졌다고 하자. 이때 다음 두 가지 중의 하나를 하지 않으면 뼈가 부러질 것이다. 무소처럼 다리를 짧고 굵게 만들어서, 뼈의 단면적이 받치는 체중이 같아지게 해야 한다. 또는 기린처럼 몸을 압축하고 안정성을 얻기 위하여 다리를 비스듬하게 뻗쳐야 한다. 여기서 이 두 가지 짐승을 거론한 것은, 이들이 가젤과 같은 목(order)에 속하는 것이고, 모두 역학적으로 성공적이어서 아주 빨리 달리는 짐승이기 때문이다.*

9.2 무차원수

위의 인용문에서 알 수 있지만, 형태를 일정하게 유지하면서 크기를 증가시켰을 때, 다른 크기의 장치나 동물의 성능이 같아진다는 보장이 없다. 왜 그런가? 거인의 뼈의 경우, 응력과 파괴강도의 비를 일정하게 유지해야 할 것이다. 이렇게 하려면 거인의 키가 커질 때 그 뼈의 파괴강도도 커져야 한다. 또는 거인 몸의 평균 밀도를 낮추어서, 키가 커지더라도 뼈의 응력이 같아지도록 하거나, 중력가속도가 작은 행성으로 가야 할 것이다. 이러한 가능성을 모두 조합하여, 거인이 사람과 마찬가지로 뼈의 파괴에 대한 상대적 저항을 하면서 키가 커지려면, 다음 비가 일정해야 함을 알 수 있다.

$$\text{Bone ratio} = \frac{\text{height} \cdot \text{average body density} \cdot \text{acceleration of gravity}}{\text{crushing strength of bones}} \tag{9.1}$$

이 비는 무차원수(dimensionless number)로서, 순수한 수이다.

그렇다면 작은 모델의 시험으로부터 큰 장치의 거동을 예측할 때도 이러한 무차원 비가 중요한가? 경험적으로는 분명히 중요하다. 실험 자료를 상관시키고 해석하여 비교하는 데도 이러한 무차원수는 가치 있는 것이다. 예를 들어, $4000를 투자하여 연수익이 $400인 사업과 $6000를 투자하여 연수익이 $650인 사업을 비교할 때도, 모든 무차원수 중에서 가장 일반적인 백분율(%)을 사용한다.

또한, 실험 결과나 계산 결과를 무차원형으로 나타낼 수 있다면 이를 이해하는 데 실제로 유익한 경우가 많다. 자연의 거동은 우리 인간이 그 거동을 기술하기 위하여 사용하는 차원계에 의존하지 않는다. 따라서 우리들의 관찰 결과(타당한 것이라 하자)는 우리가 사용하는 단위계와 전적으로 독립적인 형으로 표현할 수 있어야 한다. 이렇게 할 수 없으면

* J. B. S. Haldane, *Possible Worlds*. New York: Harper & Row, 1928; reprinted in J. R. Newman, *The World of Mathematics*. New York: Simon and Schuster, 1956, p.952 *et seq*.

타당한 것인지를 의심해 보아야 한다. 임의 단위계에서 관찰한 것을 무차원형으로 만들 수 있는 최고의 방법을 찾아보는 것은 언제나 실험 자료를 시험하는 좋은 방법이며, 이 자료에 대한 우리의 이해도를 시험하는 좋은 방법일 때가 많다. 지금까지 이 책에서 다음과 같은 무차원수를 다루었다: $\mathscr{R}, f, C_d, Fr, \mathscr{M}$. 이 밖에도 관 흐름에 대한 $\Delta x/D, \varepsilon/D$, 수력 도약에 대한 z_2/z_1와 같은 차원의 비를 다루었다. 그림 7.17에서 유체 제트의 흐름과 움직이는 날 사이의 상호작용은 무차원 에너지 비 대 무차원 속도 비의 그림으로 잘 이해할 수 있었다. 8장에서 부록 A.3 및 A.4의 변수들을 무차원 비로 나타내었다. 이는 단순히 편리함의 문제이다. 이들을 다른 방법으로 나타내면 매우 복잡할 것이다. 마지막으로 $e, \pi, \theta, \sin\theta$가 무차원수라고 생각하지 않겠지만, 모두 무차원수이다.

유체역학 역사상 차원해석에서 가장 유명한 그림 6.10의 차원해석을 적용하면 다음과 같은 혜택이 있다.

1. 유차원 변수가 여섯인 문제가 무차원 변수가 셋인 문제로 되어, 정상 관 흐름에 대한 모든 가용 마찰 데이터를 나타내고, 최종적으로 두 개의 무차원식이 된다. 이는 그림 6.10의 기초가 되는 원래 표 및 개별 실험도와 비교할 때 설명과 노력에서 대단히 경제적이다.
2. 일반적이며, 측정이 이루어진 단위계 및 실험의 다른 국소 특이점에 무관한 해를 만든다.
3. 무차원 변수의 물리적 의미의 이해로부터(이 장에서 토론) 원래 유차원 형태의 데이터 표나 그림보다 그림 6.10에 나타낸 데이터의 의미에 대한 통찰력을 발전시킬 수 있다.
4. 새로운 현상의 실험적 조사를 계획할 경우, 올바른 무차원 변수들을 찾으면 어떤 실험값들이 가장 만족스럽게 그 현상을 밝히는지를 먼저 알 수 있다.

중요한 무차원수들은 거의 모두 개별 변수의 멱수(양, 음의 정수 또는 유리 분수)의 곱이다. 예를 들면, x^{π} 또는 $x^{0.327\cdots}$을 포함하는 것은 없다. 정수의 곱 또는 유리 분수 형태는 차원을 올바르게 만드는 데 필요하다. 때때로 변수 중의 하나는 마찰인자에 나오는 $\Delta P = P_2 - P_1$ 또는 열전달 문제 차원해석에 나오는 $\Delta T = T_{\text{wall}} - T_{\text{average}}$와 같이 차이가 된다. ΔP와 ΔT는 완벽한 변수이다. 그러나 $(\Delta P/\rho + g\ \Delta z)$와 같이 균일한 차원의 조합은 어느 유용한 무차원수에도 나오지 않는다.

9.3 무차원수의 발견

주어진 종류의 모델 연구에서 중요한 무차원수를 어떻게 알아낼 수 있는가? 유차원형으로 관찰한 실험 결과를 어떻게 무차원형으로 바꿀 수 있는가? 지배식법(method of governing equation), 힘비법(method of force ratio), 버킹엄(Buckingham)의 π법 등 세 가지 일반적 방법이 통용된다.

9.3.1 지배식법

복잡한 유체 흐름계에 관한 문제로, 베르누이 식이나 다른 식을 적용할 수 있는지를 알아본다고 하자. 베르누이 식을 미분형(펌프일이나 압축일이 없는 경우)으로 쓰고 적분하면 다음과 같다.

$$d\left(\frac{P}{\rho}+gz+\frac{V^2}{2}+\mathscr{F}\right)=0 \tag{9.2}$$

$\mathscr{F}$는 푸아죄유 식과 같은 형으로 나타낼 수 있다고 하자.

$$\mathscr{F}=\frac{(V_{\text{avg}}\,D_0^2\pi\,/\,4)\cdot[\Delta x\mu\,(128\,/\,\pi)]}{D_0^4\,\rho} \tag{6.14}$$

식 (9.2)의 각 항은 차원이 같다. 따라서 이 중 하나로 다른 항을 모두 나누면 무차원식이 된다.

$V^2/2$로 나누면 다음과 같이 된다.

$$d\left(\frac{2P}{\rho V^2}+\frac{2gz}{V^2}+1+\frac{\mu}{\rho DV}\cdot 64\,\frac{\Delta x}{D}\right)=0 \tag{9.3}$$

좌변의 첫 번째 항은 중요한 것으로서 유체역학에서 압력계수(pressure coefficient)라 하며, 1/(오일러수)^{2}이라고도 한다. 이 항은 계의 다른 부분 사이에 속도와 압력이 크게 변하는 문제에서 나타난다. 예를 들어 식 (6.24)는 다음과 같이 다시 쓸 수 있다.

$$f=\frac{2\Delta P}{\rho V^2}\cdot\frac{D}{\Delta x} \tag{9.4}$$

그리고 식 (6.50)은 다음과 같이 쓸 수 있다.

$$C_d=\frac{F}{A}\cdot\frac{2}{\rho V^2}=\frac{2P_{\text{avg}}}{\rho V^2} \tag{9.5}$$

따라서 6장에서 소개한 마찰계수 및 항력계수는 보다 일반적인 이 압력계수의 특수한 경우에 해당하는 것이다.

식 (9.3)에서 좌변의 두 번째 항도 중요한 것으로, 2/(프루드 수)라 한다.

$$\mathscr{F}r=\text{Froude number}=\frac{V^2}{gz} \tag{9.6}$$

(어떤 책에서는 여기에 주어진 값의 제곱근을 프루드 수라 한다.) 선박모델 연구나 개방유로 흐름에서처럼 속도와 자유표면이 변하는 문제에서는 프루드 수가 중요한 역할을 한다.

7장에서 보았듯이 수력 도약의 기술에서는 이것이 핵심 매개변수이다.

식 (9.3)에서 좌변의 세 번째 항은 [1/레이놀즈 수][64 × (길이/지름)]이다. 점성력이 중요하고 속도가 크게 변하는 경우에는 레이놀즈 수가 중요하다. 이것의 이용을 6장에서 검토하였고, 뒤의 장들에서 다시 다룰 것이다.

이 예에서 알 수 있는 것처럼, 베르누이 식을 그 항 중의 하나로 나누기만 하면 유체역학에서 가장 자주 쓰이는 무차원수 세 가지를 얻을 수 있다. 마찬가지로 8장에서도 식 (8.15)의 양변을 한 변의 일부로 나누면 마하수가 되었는데, 이것도 아주 자주 쓰이는 것이다.

이 간단한 예들은 이 방법의 일부를 보인 것에 불과하다. 더 자세한 내용은 클라인[3]을 참고하기 바란다. 이 방법의 흥미로운 변법은 버드, 스튜어트, 라이트풋[4, p.97], 헬럼스와 처칠[5]에서 볼 수 있다.

9.3.2 힘비법

여기서 다루는 힘비법은 상사법(method of similitude 또는 method of similarity)이라고도 한다.

유체역학의 무차원군은 대개 길이의 비 또는 힘의 비라고 생각할 수 있다. 예를 들어 관 흐름에서는 두 가지 길이 비 $\Delta x/D$ 및 ε/D, 그리고 두 가지 무차원군 레이놀즈 수 및 마찰인자(이들은 힘비로 바꿀 수 있는데, 이는 뒤에서 설명한다)를 볼 수 있다. 길이비는 모델 연구에서 중요한 것으로, 축척 모델에서는 길이/폭 또는 길이/높이비가 원형과 같다. 힘비도 모델 연구에서 중요한 것인데, 크기가 다른 모델에서 유체 거동이 같으려면, 중력의 영향, 정도, 압축인자 등이 두 모델에서 비가 같아야 한다. 무차원군은 일반적으로 다른 방법으로도 생각할 수 있지만(가령 마하수는 속도비이다), 힘비라고 볼 수도 있다. 압력계수의 경우 이를 쉽게 알 수 있다. 어떤 평면체에 유체가 작용하는 압력힘은 다음과 같다.

$$\text{Pressure force} = \int_{\text{all surface}} P\, dA = P_{\text{avg}} A = F_P \tag{9.7}$$

마찬가지로 흐름 단위 부피를 정지시키는 데(흐름에 삽입한 물체가 한다) 필요한 힘은 $F = ma$이다. 이 양변에 dx를 곱하면

$$F\, dx = ma\, dx = m\frac{dV}{dt}dx = mV\, dV \tag{9.8}$$

m은 단위 부피의 질량으로 ρL^3과 같다(L은 단위 부피 한 변의 길이). 이 관계를 대입하고 적분하면

$$\int F\, dx = F_{\text{avg}}\, \Delta x = \int \rho L^3 V\, dV = L^3 \rho \Delta\left(\frac{V^2}{2}\right) \tag{9.9}$$

여기서 최종속도는 0이므로, 이 식의 $\Delta(V^2/2)$을 $-V^2/2$으로 대체할 수 있다. 부호를 무시

하고 식 (9.9)를 풀어서 평균 힘을 구하면

$$F_{\text{avg}} = \frac{L^3}{\Delta x} \rho \frac{V^2}{2} \tag{9.10}$$

여기서 $L^3/\Delta x$의 차원은 면적이므로, 이것을 임의 면적 A로 대체할 수 있다. 따라서 유체를 멈추는 힘, 즉 관성력(inertia force)은 다음과 같다.

$$\text{Inertia force} = A\rho \frac{V^2}{2} = F_I \tag{9.11}$$

식 (9.6)을 식 (9.11)로 나누면,

$$\frac{F_P}{F_I} = \frac{A\Delta P}{A\rho(V^2/2)} = \frac{\Delta P}{\rho(V^2/2)} = \text{pressure coefficient} \tag{9.12}$$

이처럼 힘과 차원의 목록을 만들면 체계적으로 적절한 힘비를 알아낼 수 있다.

점성력을 구하기 위하여 어떤 표면에서 층류로 흐르는 유체가 내는 전단력을 고려하자. 1장에서 배운 전단응력 τ는 다음과 같다.

$$\tau = \frac{F}{A} = \mu \frac{dV}{dy} \tag{1.4}$$

힘을 구하면,

$$F = \mu A \frac{dV}{dy} \tag{9.13}$$

그러나 벽에서는 $V = 0, y = 0$이므로,

$$\text{Viscous force} = \frac{\mu AV}{L} = F_V \tag{9.14}$$

마찬가지로 유체 단위 부피에 작용하는 중력 힘은,

$$\text{Gravity force} = g\rho L^3 = F_G \tag{9.15}$$

유체 표면 단위 길이에 작용하는 표면장력 힘은,

$$\text{Surface tension force} = \sigma L = F_S \tag{9.16}$$

용수철의 탄성력은 훅의 법칙 $F = kx$로 나타낸다.(여기서 k는 용수철 상수, x는 변위이다.) 이 식을 유체의 1차원 압축에 적용하면 용수철 상수(spring constant)는 $A(dP/dx)$이므로,

$$\text{Elastic force} = A \frac{dP}{dx} \Delta x = \frac{A^2\, dP\, \Delta x}{A\, dx} = A^2 \frac{dP}{dV} \Delta x \tag{9.17}$$

$V = m/\rho$이므로 질량이 일정하다면 $dV = -(m/\rho^2)d\rho$이다. 부호를 무시하고 대입하면,

$$\text{Elastic force} = \frac{A^2\rho^2}{m}\,\Delta x\,\frac{dP}{d\rho} \tag{9.18}$$

$m = \rho V$를 대입하면,

$$\text{Elastic force} = \frac{A^2\rho^2}{\rho V}\,\Delta x\,\frac{dP}{d\rho} = A^2\,\frac{\Delta x}{V}\,\rho\,\frac{dP}{d\rho} \tag{9.19}$$

$V/\Delta x$의 차원은 면적이므로,

$$\text{Elastic force} = A\rho\,\frac{dP}{d\rho} = F_E \tag{9.20}$$

이 여섯 가지 힘의 목록으로부터 가능한 모든 비의 표를 만들면 표 9.1과 같다. 이 표에서 보면, 여섯 가지 힘을 조합하여 15가지 힘비를 만들 수 있는데, 이 중 여덟 가지는 유체역학에서 중요한 것으로서 일반명칭이 있다. 클라인[3]은 열전달에서 중요한 무차원비에 대하여 비슷한 표를 만들었는데, 여기서는 힘비 대신에 에너지량의 비를 사용하였다. 틸턴[5]은 화공유체역학에 사용되는 무차원군 27가지 목록을 표 9.1과 비슷하게 만들었다.

표 9.1과 같은 것이 있으면, 주어진 문제에서 중요한 것으로 생각하는 비를 빨리 추정할 수 있어서 좋다.

예제 9.1 표 9.1을 사용하여, 다음 각 경우에 중요하다고 생각되는 무차원수 비를 추정하라: (*a*) 수평관 내의 정상 층류, (*b*) 수평관 내의 완전한 정상 난류, (*c*) 정상 비행 중인 비행기에 대한 저항, (*d*) 정상 항해 중인 배에 대한 저항, (*e*) 정상 항해 중인 잠수함에 대한 저항, (*f*) 모세관에서 유체의 상승.

(*a*) 관 내 정상 층류일 때 중요한 힘은 압력힘과 점성력뿐이라 가정한다.(실제로 이 두 힘은 같으며 방향이 반대이다.) 표 9.1에서 중요한 힘비는 스토크스 수(Stokes number)뿐이라고 결론지을 수 있다. 또한 길이/지름 비도 중요하므로, 스토크스 수는 이 비의 어떤 함수라 가정한다. 스토크스 수가 (상수)(길이/지름)이라 하면, (ΔP/길이)를 구할 수 있다.

$$\frac{\Delta P}{\text{Length}} = \text{constant} \cdot \frac{\mu V}{LD} \tag{9.A}$$

스토크스 수에서 L은 흐름 방향에 직각인 길이(이 경우 지름)이므로, 이 식의 우변은 $\rho V/D^2$가 된다. 이 결과는 푸아죄유 식(평균 유속에 관해 쓴 것)과 같다.

차원해석만으로는 식 (9.A)의 상수값을 알 수 없지만(V를 평균 유속으로 생각하면 4), 수평관에서 정상 층류일 때 (압력손실/길이) 대 (점도)(평균유속/지름^2)

표 9.1

힘비로 구한 무차원수*, **

	F_I $A\rho \dfrac{V^2}{2}$	F_V $\dfrac{\mu AV}{L}$	F_P $A\,\Delta P$	F_E $A\rho \dfrac{dP}{d\rho}$	F_S σL	F_G $g\rho\, L^3$
F_I	$\dfrac{F_I}{F_I} = 1$	$\dfrac{F_V}{F_I} = \dfrac{2\mu}{LV\rho}$ **1**	$\dfrac{F_P}{F_I} = \dfrac{2\,\Delta P}{\rho V^2}$ **2**	$\dfrac{F_E}{F_I} = \dfrac{2\,(dP\,/\,d\rho)}{V^2}$ **3**	$\dfrac{F_S}{F_I} = \dfrac{2\sigma}{L\rho V^2}$ **4**	$\dfrac{F_G}{F_I} = \dfrac{2gL}{V^2}$ **5**
F_V		$\dfrac{F_V}{F_V} = 1$	$\dfrac{F_P}{F_V} = \dfrac{\Delta PL}{\mu V}$ **6**	$\dfrac{F_E}{F_V} = \dfrac{\rho\,(dP\,/\,d\rho)\,L}{\mu V}$	$\dfrac{F_S}{F_V} = \dfrac{\sigma}{\mu V}$	$\dfrac{F_G}{F_V} = \dfrac{g\rho L^2}{\mu V}$
F_P	These numbers are merely reciprocals of numbers shown above and to the right.		$\dfrac{F_P}{F_P} = 1$	$\dfrac{F_E}{F_P} = \rho \dfrac{dP\,/\,d\rho}{\Delta P}$	$\dfrac{F_S}{F_P} = \dfrac{\sigma}{L\,\Delta P}$ **7**	$\dfrac{F_G}{F_P} = \dfrac{g\rho L}{\Delta P}$
F_E				$\dfrac{F_E}{F_E} = 1$	$\dfrac{F_S}{F_E} = \dfrac{\sigma}{L\rho\,(dP\,/\,d\rho)}$	$\dfrac{F_G}{F_E} = \dfrac{gL}{dP\,/\,d\rho}$
F_S					$\dfrac{F_S}{F_S} = 1$	$\dfrac{F_G}{F_S} = \dfrac{g\rho L^2}{\sigma}$ **8**
F_G						$\dfrac{F_G}{F_G} = 1$

***1.** 2 / Reynolds number. The Reynolds number is introduced in Chap. 6 and appears in many subsequent chapters.

2. Pressure coefficient = 1 / (Euler number)^2. The Fanning friction factor, *f*, introduced in Chap. 6 = (pressure coefficient) · $D\,/\,2\,\Delta x$ and the drag and lift coefficients introduced in Chap. 6 = 2 · (pressure coefficient).

3. 2 / (Mach number)^2 = Cauchy number. The Mach number plays a dominant role in Chap. 8.

4. 2 / Weber number. The Weber number plays a dominant role in all phenomena involving drops and sprays; see Chap. 14.

5. 2 / Froude number The Froude number is introduced in Chap. 7 in describing hydraulic jumps. It plays a major role in open channel flow phenomena and in the design of boat hulls.

6. Stokes number. Stokes law for the settling of spherical particles in laminar flow (Eq. 6.62) can be rewritten as Stokes number = 12. One seldom sees it that way, but this formulation shows that for gravity settling of spherical particles in laminar flow the Stokes number is a constant. For other shapes that constant has different values.

7. Capillary number. Figure 11.6 shows that the capillary number (in slightly modified form) governs the displacement of liquids from porous solids.

8. Eötvös number. The Eötvös number appears in studies of bubbles. For example, Tate's law, for the size of bubbles forming at an orifice, Eq. 14.14, can be written as $\text{Et} = 6\, D_{\text{bubble}}\,/\,D_{\text{orifice}}$.

**Other dimensionless groups that appear in this book mostly are not named, and are the ratios of similar quantities; e.g., the relative roughness, $\varepsilon\,/\,D$, in Chap. 6 is the ratio of two lengths, and $A\,/\,A^*$, which appears in Chap. 8, is the ratio of two areas. In Chap. 8 most quantities are presented as ratios to some reference value of the same quantity; these are dimensionless groups, which are presented that way simply for convenience.

을 그리면 모든 유체, 관, 유속에 대하여 같은 직선이 되는 것을 차원해석으로 알 수 있다.(이 관계는 실험적으로 입증할 수 있다.)

(*b*) 완전 난류일 때, 압력힘과 관성력에 비하여 점성력을 무시할 수 있다고 하면, 중요한 힘비는 압력계수뿐이다. 길이/지름 비와 관 거칠기 역시 중요하다. 관 거칠기가 일정할 때 압력계수가 (상수)(길이/지름)이라 가정하고, (압력강하/길이)를 구

하면 다음과 같다.

$$\frac{\Delta P}{\Delta x} = \frac{\text{constant}}{D} \rho \frac{V^2}{2} \qquad \text{[for a given pipe roughness]} \tag{9.B}$$

이 식을 마찰인자의 정의와 비교하면, 여기서 상수는 $4f$임을 알 수 있다. 지금까지는 관 거칠기의 영향을 포함하지 않았다. 이 식의 상수가 관 거칠기의 함수라 가정할 수 있는데, 이때 다음 관계가 된다.

$$\frac{\Delta P}{\Delta x} = \text{some function of } \frac{\varepsilon}{D} \text{ and } \frac{\rho V^2}{2D} \tag{9.C}$$

이 함수는 선형이라 가정할 수 있다.

$$\frac{\Delta P}{\Delta x} = \text{some constant} \cdot \frac{\varepsilon}{D} \cdot \frac{\rho V^2}{2D} \qquad ??? \tag{9.D}$$

그러나 실험 자료(그림 6.10)를 보면, 자연은 이러한 가정과 맞지 않는다. 그러나 식 (9.C)는 마찰인자 선도의 오른쪽 부분을 잘 기술하는 것이다. 즉, 레이놀즈 수가 아주 클 때, 마찰인자는 레이놀즈 수에는 무관하고 거칠기에 따라서만 달라진다.

(*c*) 비행기에서 중요한 힘은 압력힘, 관성력, 점성력, 탄성력 등이다. 저속이면 탄성력은 다른 것에 비해 무시할 수 있으므로, 압력계수(비행기에서는 항력계수라 한다)는 레이놀즈 수와 형상의 함수가 되어야 한다. 고속이면 탄성력에 비하여 점성력을 무시할 수 있으므로, 압력계수는 마하수와 형상의 함수가 되어야 한다. 이 두 가지 가정은 실험적으로 입증할 수 있다. 중간속도에서는 두 가지 중의 하나를 가정할 수 있다. (i) 즉, 두 범위가 중첩되어, 레이놀즈 수와 마하수가 모두 압력계수에 영향을 미치는 유속 범위가 있거나, (ii) 아니면 두 범위가 만나지 않아서, 레이놀즈 수나 마하수가 압력계수에 영향을 미치지 않고 압력계수는 형상에 따라서만 달라지는 범위가 있다고 가정할 수 있다. 이론만으로는 이 두 가지 가능성 중에 어떤 것이 맞는지 알 수 없다. 실험을 해 보면 후자가 맞다. 즉, 상당히 넓은 유속 범위에서 압력계수는 레이놀즈 수와 마하수에 무관하며, 비행기의 모양과 접근하는 기류에 대한 영각에 따라서만 달라진다.

(*d*) 선박에서는 중요한 힘이 압력힘, 중력, 점성력, 관성력 등일 것이다. 중력이 들어가는 것은 배가 밀어내는 선수파(bow wave) 때문이다. 이 파 때문에 배는 마치 계속해서 '위로(uphill)' 나가는 것처럼 보인다. 표 9.1에서, 압력계수는 프루드 수, 레이놀즈 수 및 배 모양의 함수라 할 수 있다. 이는 실험적으로 증명할 수 있다.

(*e*) 잠수함에서는 선수파가 생기지 않기 때문에 중력이 더 중요하지 않다. 따라서 (*d*)에서 구한 목록 중에서 프루드 수를 제거해야 한다.

(*f*) 모세관 상승에서 중요한 힘은 중력과 유체의 표면장력이다. 따라서 표 9.1에서 중

요한 힘비는 외트뵈시 수(Eötvös number) $g\rho L^2/\sigma$이다. 여기서 중력의 L^3은 세 직각방향을 나타낸다. 표면장력의 L 때문에 이 중의 하나가 소거되지만, 나머지 L^2은 한 차원의 제곱이 아니라 두 직각 차원을 나타낸다. 이 힘비를 상수로 놓고 이러한 차원 중의 하나에 대하여 풀면 다음과 같다.

$$L_1 = \text{constant}\,\frac{\sigma}{gL_2} \tag{9.E}$$

여기서 검토하는 형태가 수직축을 가진 직원통이라 하고, L_1을 유체로 완전히 젖을 때의 모세관 상승 높이라 하면, L_2는 직각인 특성 길이, 즉 관의 반지름이 된다. 이 경우에 이 식의 상수는 무차원수 2가 된다(14장 참조). ■

9.3.3 버킹엄의 π법

무차원수를 구하는 또 한 가지 체계적 방법은 버킹엄의 방법[6]인데, 이를 π 정리(π theorem) 또는 버킹엄의 정리(Buckingham's theorem)라 한다. 이에 따르면 종속변수 A가 독립변수 $B_1, B_2, \cdots, B_n$의 함수인 관계가 있다면, 이를 다음과 같이 쓸 수 있다.

$$A = f(B_1, B_2, \ldots, B_n) \tag{9.21}$$

또는

$$f(A, B_1, B_2, B_3, \ldots, B_n) = 0 \tag{9.22}$$

(예를 들어, $F = ma$ 또는 $[F - ma = 0]$) 또한 여기에 관계되는 독립차원의 수가 k라면, 식 (9.22)를 다음과 같이 다시 쓸 수 있다.

$$f(\pi_1, \pi_2, \ldots, \pi_m) = 0 \tag{9.23}$$

이 식에서 π는 무차원량이고, 이 π의 수는 $(n + 1 - k)$와 같다. 여기서 π는 레이놀즈 수와 같은 무차원수일 수도 있고, 관 흐름의 마찰 영향에 관한 식에 나타나는 L/D과 같은 무차원비일 수도 있다. 버킹엄 정리의 이 부분은 임의의 문제에서 우리가 찾아야 할 무차원군의 수를 결정하는 방법을 나타내는 것이다.

버킹엄[6]은 이를 증명하였다. 요컨대 식 (9.22)와 같은 관계가 존재하고 그 최종 관계가 한 항보다 많다면(즉, $A = 0$인 형이 아니라면), 각 항의 차원이 같아야 한다. 따라서 식 (9.22)와 같은 형태의 관계가 존재하고, 식 (9.22)의 $(n + 1)$개의 양의 차원 중에 k개의 독립식이 존재함을 알게 된다. 즉, 원리적으로는 이러한 식 중에서 k개의 미지량을 소거할 수 있음을 의미한다. 따라서 $(n + 1 - k)$개의 독립 무차원 π가 있다.

이 논리에는 몇 가지 제약이 있다.

1. 독립차원의 목록 중에 중복차원(redundant dimension)이 포함되면 안 된다. 예를 들어 길이와 힘이 들어 있다면 에너지는 들어 있으면 안 된다.[에너지의 차원은 (길이)·

(힘)과 같다.] 이러한 의미의 중복차원을 포함하기를 원한다면, 중복식을 서로 환산하기 위한 환산인자를 B에 포함해야 한다. 예를 들어 차원 목록에 길이, 힘, 열에너지를 포함하고자 하면, B의 목록 중에 기계적 에너지와 열에너지 사이의 환산인자 778 ft · lbf/Btu = 4.184 J/cal = 1을 추가해야 한다. 이처럼 중복차원과 환산인자를 첨가하면, n과 k가 모두 1씩 증가하므로, π의 수($n + 1 - k$)는 변하지 않는다. 이러한 방법의 또 한 가지 일반적 예는 힘, 질량, 길이, 시간을 독립차원으로 포함하는 것이다. 이렇게 할 수 있으려면, B의 목록 중에 $g_c = 32.2$ lbm · ft/(lbf · s^2) = 1.00 kg · m/(N · s^2) = 1을 추가해야 한다.

2. 두 차원이 특정 비에만 나타나면 이들은 독립적이 아니므로 한 차원으로 취급해야 한다. 예를 들어 A와 B의 목록이 V_1과 V_2의 두 가지 속도와 F_1과 F_2의 두 가지 힘으로 되어 있다고 하자. 버킹엄 정리를 단순히 적용하면 $n + 1 = 4$, $k = 3$(길이, 시간, 힘)이므로 π는 하나라는 결론을 내릴 수 있다. 그러나 이러한 결론은 틀린 것이다. 길이와 시간은 길이/시간 조합에만 나타나는 변수이므로, 실제로 독립차원은 힘과 길이/시간 두 가지뿐이다. 따라서 $k = 2$이고, π는 두 개로서, V_1/V_2과 F_1/F_2이라 할 수 있다. 이 경우에 분명히 길이와 시간의 차원은 독립적이 아니다. 덜 분명한 경우에는 목록으로부터 무차원군을 만들 수 없는 변수의 최대 수를 알아내는 방법을 사용하면 좋을 것이다. 이 예에서는 그 수가 2이다. 속도 하나와 힘 하나를 선택할 수 있는데, 이들은 변수 목록 중의 다른 것을 사용하여 무차원군으로 변환할 수 없다. 이 목록 중의 어떤 세 가지를 사용하면 무차원군 V_1/V_2이나 F_1/F_2을 만들 수 있다. 이 조합할 수 없는 변수의 최대 수는 독립차원의 수와 같다. 이 수는 차원의 전체 수보다 많을 수는 없다. 위에 보인 것처럼 적을 수는 있다.

예제 9.2 어떤 힘이 한 속도, 한 밀도, 한 점도, 두 길이의 함수라 하자. 이 문제의 자료를 상관하는 데 필요한 무차원 π의 수를 구하라.

세 가지 차원의 집합을 선택할 수 있는데, 모두 같은 결과가 된다.

1. 길이, 힘, 시간의 차원을 선택하면, 밀도의 차원은 (힘 × 시간)^2/(길이)^4, 점도의 차원은 (힘 × 시간)/(길이)^{2}이 된다. 이 경우 $n + 1 = 6$, $k = 3$이다. 무차원군으로 조합할 수 없는 세 가지 매개변수가 있는가? 그렇다. 힘, 길이의 하나, 그리고 밀도는 이렇게 조합할 수 없다. 이 세 차원은 독립적이므로, π의 수는 $6 - 3 = 3$이다.
2. 길이, 질량, 시간의 차원을 선택하면, 힘의 차원을 (질량 × 길이)/(시간)^2, 점도의 차원을 (질량)/(길이 × 시간)으로 나타내야 한다. 이 경우에도 $n + 1 = 6$, $k = 3$이다. 마찬가지로 한 길이, 힘, 밀도를 내부적으로 어떻게 조합하여도 무차원군을 만들 수 없으므로, 이 세 차원은 독립적이며, π의 수는 3이다.

3. 힘, 질량, 길이, 시간의 차원을 선택하면, $g_c = 32.2$ lbm·ft/(lbf·s^2) = 1.00 kg·m/(N·s^2)를 매개변수 목록에 추가해야 한다. 이제 조합하여 무차원군으로 만들 수 없는 매개변수로서 한 길이, 힘, 밀도, g_c를 선택할 수 있는데, 이 네 차원은 모두 독립적이므로, 이번에는 π의 수가 $7 - 4 = 3$이 된다. ■

이처럼 찾아야 할 π의 수를 정한 다음에, 이들을 어떻게 찾을 수 있는가? 버킹엄 정리에서는 이들 π를 선택하는 알고리즘도 제공한다.

1. 내부적으로 조합하여 무차원군을 만들 수 없는 k개의 변수를 선택한다. 이들을 순환변수(repeating variable)라 한다.
2. 이어서 이 순환변수와 나머지 비순환변수의 조합으로 무차원군을 만들 수 있다. 변수들로부터 이러한 무차원군 $(n + 1 - k)$개를 만든다. 이것은 대개 점검으로 할 수 있다. 또 예제 9.3에 나타낸 알고리즘에 의해 체계적으로 할 수도 있다.

예제 9.3 예제 9.2에 나타낸 변수들에 대하여 세 π의 집합을 구하라.

이 문제는 예제 9.2에서와 마찬가지로 세 가지 방법으로 풀 수 있다. 여기서는 예제 9.2의 첫 번째 방법만을 사용한다. 나머지 두 가지는 연습문제 9.4와 9.5를 참고하기 바란다.

이 경우 독립차원은 길이, 힘, 시간이다. 변수의 표를 만들어서 차원을 나타내면 표 9.2와 같다.

내부적으로 조합하여 무차원군을 만들 수 없는 세 변수, 가령 A, B_2, B_4(힘, 밀도, 길이)를 순환변수로 택한다. 이제 A, B_2, B_4, B_1; A, B_2, B_4, B_3; A, B_2, B_4, B_5로부터 세 무차원 π를 만들 수 있다.

첫 번째 π는 A, B_2, B_4, B_1의 멱수(+ 또는 −)의 곱이어야 한다. a, b, c, d로 미지의 멱수를 나타내면, 이 곱은 다음과 같다.

$$\pi_1 = (A)^a (B_2)^b (B_4)^c (B_1)^d \tag{9.F}$$

π는 무차원이므로, 이 식의 차원은 다음과 같다.

표 9.2
예제 9.3 변수들의 차원

Variable	Description	Dimensions
A	A force, F_1	F
B_1	Velocity, V	L/t
B_2	Density, ρ	Ft^2/L^4
B_3	Viscosity, μ	Ft/L^2
B_4	Length, L_1	L
B_5	Length, L_2	L

$$L^0 t^0 F^0 = (F)^a (Ft^2 / L^4)^b (L)^c (L / t)^d \tag{9.G}$$

이 식이 성립하려면 다음 세 연립방정식을 만족해야 한다.

$$\text{길이의 식: } 0 = -4b + c + d \tag{9.H}$$

$$\text{시간의 식: } 0 = 2b - d \tag{9.I}$$

$$\text{힘의 식: } 0 = a + b \tag{9.J}$$

이 연립방정식을 풀어서 해를 구하면 다음과 같다.

$$a = -d / 2, \qquad b = d / 2, \qquad c = d \tag{9.K}$$

이제 d의 값을 임의로 정하는데, 지수가 소수가 되지 않는 최소수로서 2를 택한다. 그러면 첫 번째 π는 다음과 같다.

$$\pi_1 = (A)^{-1}(B_2)^1(B_4)^2(B_1)^2 = \frac{\rho L^2 V^2}{F} \tag{9.L}$$

여기서 힘이 압력힘이면 L^2/F은 1/(압력)에 해당하고, π_1은 2/(압력계수)이다. 위에서 $d = 1$을 선택하였다면, π_1은 위에서 구한 π_1의 제곱근이 될 것이다.

마찬가지 방법으로 π_2, π_3에 관한 식을 만들어서 풀면 다음과 같다(연습문제 9.3).

$$\pi_2 = \frac{\mu^2}{F\rho} \qquad \text{and} \qquad \pi_3 = \frac{L_1}{L_2} \tag{9.M}$$

여기서 π_3는 두 길이의 비이고, π_2는 2/(레이놀즈 수·압력계수)^{2}가 됨을 알 수 있다. 경험이 많은 기술자라면 이러한 π의 집합을 검토하여 π_3, $1/\pi_1$, $(\pi_2/\pi_1)^{1/2}$, 즉 길이비, 압력계수, 레이놀즈 수를 무차원군으로 택할 것이다. 이러한 방법이 타당한 것은 순환변수의 집합을 달리 선택하면 π의 집합이 달라지기 때문이다. 그러나 모두 처음 집합의 곱이나 비의 멱수가 된다. 예를 들어 예제 9.3의 순환변수가 V, ρ, L_1이면, 같은 방법에 의해 $\pi_1 = 2/$(압력계수), $\pi_2 = 1/$(레이놀즈 수), $\pi_3 = L_1/L_2$이 된다(연습문제 9.6). ■

9.4 결합된 영역 무차원 변수들

지금까지 유체역학에서 자주 이용되는 무차원수들에 대해서 살펴보았다. 그러나 화학공학자들에게 유체역학은 열전달, 확산, 화학반응, 생물반응과 연관된다. 유체역학과 이러한 영역의 경계에서 가장 보편적인 무차원수들이 있다.

$$\text{Prandtl Number} = \frac{\nu}{\alpha} = \frac{\text{kinematic viscosity}}{\text{thermal diffusivity}} = \frac{\mu / \rho}{k / (\rho \cdot C_p)} = \frac{\mu C_p}{k} \tag{9.24}$$

여기서 k는 분자의 열전도율이다. 이 수는 운동량 확산도와 열 확산도의 비율 또는 대류에 의한 열전달과 전도성에 의한 열전달의 비율이다.

$$\text{Peclet Number} = \frac{LV}{\mathscr{D}} = \frac{\text{length} \cdot \text{velocity}}{\text{molecular diffusivity}} \tag{9.25}$$

여기서 $\mathscr{D}$는 분자확산계수이다. 이 수는 유체의 운동에 의한 흐름과 확산에 의한 흐름의 비율이다.

$$\text{Grashof Number} = \frac{g\beta(T_s - T_\infty)L^3}{\nu^2} \tag{9.26}$$

여기서 β는 열팽창계수이고 $(T_s - T_\infty)$는 뜨거운 표면과 떨어져 있는 유체 사이의 온도 차이이다. 이 수는 자유 대류에서 가열된 유체에 의한 부력과 상향 흐름에 대한 점성 저항의 비율이다.

더 많은 무차원수가 있지만, 위의 세 가지가 유체역학과 다른 현상들을 가장 직접적으로 연결시키는 수들이다. 점도 또는 동점도를 포함하는 무차원 그룹은 항상 유체의 운동을 포함하는 현상과 관련이 있다.

9.5 무차원수와 물리적 통찰력

이 책의 독자들이 위의 방법을 사용하여 중요한 새 무차원수를 발견하는 일은 극히 드물 것이다. 화이트[8, p.280]는 이 주제의 간단한 역사 외에도 무차원수를 포함하는 이 주제에 관한 24권의 책으로 독자들을 이끈다. 오히려 이 책의 대부분의 독자들은 실험 결과의 관계식을 구하고 이해하며, 미래의 실험 프로그램을 계획하고, 어떤 낯선 공정이 물리적으로 어떻게 진행되는지 생각하는 데 있어 무차원수와 이들의 개념이 가장 유용함을 알게 될 것이다.

무차원수의 관점에서 문제를 생각하는 것은 때때로 매우 도움이 된다. 원형관에서의 흐름이 레이놀즈 수가 클 때와 작을 때, 막힌 개방유로 흐름이 프루드 수가 1.00보다 작을 때와 클 때, 기체 흐름이 마하수가 1.00보다 작을 때와 클 때가 매우 다른 것을 보았다. 마하수가 0.2보다 작은 것은 유체 밀도의 변화 효과가 중요하지 않아서, 베르누이 식을 안전하게 이용할 수 있음을 의미한다. 마하수가 약 0.5보다 큰 것은 이와 반대로 마하수가 작은 흐름에 대한 직관적인 그림이 이러한 흐름에 대해 믿을 만한 안내자가 아님을 의미한다. 경험 있는 기술자는 여러 물리적인 현상을 이러한 식으로 생각한다. 학생들도 이렇게 배우기를 격려한다.

차원해석은 매우 효과적이지만, 항상 그런 것은 아니다. 차원해석을 통해 모든 관 흐름 마찰 데이터(그림 6.10)를 가장 잘 나타내는 세 무차원수가 무엇인지 알 수 있으나, 그림이 어떤 모양일지는 알 수 없다. 차원해석만으로는 층류와 난류 사이의 차이를 절대 발견할 수 없다. 주의 깊은 실험적 관찰만이 이를 가능하게 한다. 현재 거의 모든 층류 문제들을 전산유체역학(20장)으로 풀 수 있다. 차원해석이 층류 문제에 대한 통찰력을 제공하지만, 이 문제를 푸는 데는 거의 필요하지 않다. 이와는 다르게, 난류 문제에 대해서는 차원해석을 이용하여 흐름에 대한 중요한 것들을 종종 배울 수 있다.

모든 종류의 무차원수를 만들 수 있지만, 이들 중 몇 개만이 유용하다. 예를 들어 이 책의 질량을 우주의 질량으로 나눈 것은 분명히 잘 정의된 무차원수이지만, 이것이 어떤 가능한 용도가 있겠는가? 이를 어떤 문제에 이용할 수 있겠는가?

9.6 판단, 추정, 주의

차원해석과 물리적 모델 연구는 현재 수학적 모델을 사용하여 완전하게 또는 엄격하게 풀 수 없는 문제에서만 필요하다. 따라서 이러한 방법으로 완전하고 확실한 해를 얻으리라고 기대할 수는 없다. 더욱이 예제에서 본 것처럼, 이러한 방법을 적용할 때는 판단과 훌륭한 추정이 필요하다. 결과는 임시적이므로, 주의하여 응용해야 한다.

그러나 문제를 간단히 하는 데서 얻는 이득은 아주 크다고 할 수 있다. 클라인(S. J. Kline)은 다음과 같은 말을 하였다.*

> 무차원 매개변수를 사용하면 필요한 독립좌표의 수가 줄어든다. 한 독립좌표의 함수는 한 선으로 나타낼 수 있지만, 두 독립좌표는 한 페이지, 세 독립좌표는 한 권, 네 독립좌표는 도서관 하나가 필요함을 생각하면, 이러한 좌표의 감소가 얼마나 중요한지 알 수 있을 것이다.

문제를 무차원형으로 봄으로써 이해가 증가하는 데서 오는 이득은 문제를 간단히 하는 이득보다 더욱 가치가 있다고 할 것이다.

9.7 요약

1. 흐름 상황 중에는 간단하고 폐쇄적이며 해석적 방정식으로 나타낼 수 있는 것도 많지만(예를 들면, 관 내 층류), 그렇지 못한 것도 많다(예를 들면, 관 내 난류).

2. 후자의 경우에는 무차원비(예를 들면, 마찰인자, 레이놀즈 수, 상대 거칠기 선도)를 사용하여 실험 자료를 상관시켜서 간단히 할 수 있다.

3. 소규모 물리적 모델의 시험으로부터 실제 규모 장치를 설계하려면, 모델과 실제 규모 장치에 대한 고유 무차원군의 값을 동일하게 유지하면서 '규모 확대' 하는 것이 필요하다.

---

* S. J. Kline, *Similitude and Approximation Theory*, New York: McGraw-Hill, 1965, p.17

4. 고유 무차원군을 발견하는 일반적 방법에는 지배식법, 힘비법, 버킹엄의 π법 등이 있다.
5. 차원해석의 가장 큰 혜택은 때때로 흐름의 물리적인 성질을 제공하는 통찰력이다.
6. 이러한 방법에서는 모두 판단과 좋은 추정이 필요하다. 결과를 응용할 때는 주의해야 한다.

연습문제

연습문제와 예제 풀이를 위한 상용 단위와 수치들은 부록 E를 참조하라. * 표시가 있는 문제는 부록 C에 그 해답이 있음을 의미한다.

9.1. 표 9.1의 무차원 힘비 중에서, 흐름의 종류가 다음과 같을 때 중요한 것을 평가하라.

(*a*) 액체 제트가 액적으로 파괴될 때

(*b*) 욕조의 배수구 자유표면에서 와류가 형성될 때

(*c*) 문제 (*b*)에서와 같지만, 욕조에 당밀이 차 있을 때

(*d*) 점성 액체 중에서 상승하는 기포의 모양

(*e*) 잠겨 있는 수평 오리피스에서 기포가 떨어질 때

(*f*) 다공질 매체를 통해 두 유체가 작은 유량으로 동시에 수평으로 흐를 때, 예를 들면, 유정에서 석유와 기체의 흐름

(*g*) 문제 (*f*)에서와 같지만 흐름이 수직 방향일 때

9.2. 본문에서 두 속도와 두 힘으로 된 변수를 다루었는데, π가 한 개라고 가정할 때와 두 개라고 가정할 때의 최종 식의 가능한 형을 보여라.

9.3.* 예제 9.3에서 π_2와 π_3를 구하라.

9.4. 예제 9.3에서 L, m, t를 독립차원으로 사용하여 다시 풀어라.

9.5. 예제 9.3에서 L, m, t, F를 독립차원으로 사용하고 변수 목록에 g_c를 추가하여 다시 풀어라.

9.6. 예제 9.3에서 V, ρ, L_1을 순환변수로 사용하여 다시 풀어라.

9.7. 예제 9.3을 힘비법으로 다시 풀어라.

9.8. 열역학, 열전달, 물질수지 공통 입문과정에서 나오는 무차원군의 목록을 만들어라. 이것들은 비인지, 그렇다면 어떤 비인지를 나타내라.

9.9.* 비행기 축척 모델을 시험한다. 특히 착륙 거동을 시험하고자 한다. 이는 저속 문제이므로, 이 모델과 실제 규모 비행기에서 레이놀즈 수는 일정하게 유지한다. 모델의 길이는 모양이 같은 비행기의 1/10이다. 실제 규모 비행기의 착륙속도는 60 mi/h이다. 모델에서 레이놀즈 수가 같도록 할 때, 풍동에서 이 모델을 지나가는 공기속도를 구하라. 한편, 이 모델을 물속에서 시험할 때의 물의 속도를 구하라.

9.10. 새로운 대형 원심펌프(10장)를 설계한다. 이의 거동을 소규모 모델로 시험하고자 한다. 1800 rpm으로 돌아가는 지름 1 m 임펠러를 가진 펌프를 0.1 m 지름 임펠러 및 같은 유체 모델을 사용하여 시험한다. 임펠러 끝에서의 속도를 사용한 레이놀즈 수를 일정하게 유지한다. 얼마의 회전속도가 필요한가? 이러한 펌프 모델 시험에서 레이놀즈 수를 일정하게 유지하는 것이 실제적인가?

9.11. 새로운 형태의 경주용 선체를 설계한다. 예인실험조(towing basin) 안에서의 모델 시험에서는 실제 배의 1/10 크기를 사용한다. 배의 항력(물속을 통과할 때의 저항)은 레이놀즈 수와 프루드 수의 함수이다. 모델과 실제 배에서 이 두 수를 동시에 일정하게 유지할 수 있는가? 그렇지 않다면, 이 모델을 시험하는 방법을 설명하라.

9.12. 예제 9.2와 9.3에 포함된 변수들 외에 (1/시간)의 차원을 가지는 새로운 변수인 진동수 ω를 포함시켜서 두 예제를 다시 풀어라.

9.13. 어떤 무차원군이 깊은 바다에서 커다란 표면파(예를 들면, 쓰나미)의 속도에 영향을 주겠는가? 얕은 연못에서의 작은 표면파는 어떠한가?

9.14. 작은 구형 입자가 액체 내에서 중력 침강한다. 힘비법을 이용하여 이 공정을 묘사하는 무차원군을 예측하라.

9.15. 큰 입자에 대하여 연습문제 9.14를 다시 풀어라.

9.16. 식 (6.56)은 액체 내에서 침강하는 구형 입자의 종말속도를 나타낸다. 양변에 $(D\rho_{\text{fluid}}/\mu_{\text{fluid}})^2$을 곱하면 좌변이 $\mathscr{R}_p^2$이 됨을 보여라. 우변은 $(4Ar/3C_d)$로 나타낸다. 여기서 Ar은 아르키메데스 수[9]이다. 아르키메데스 수에 대한 식을 나타내라. 이를 표 9.1에 있는 다른 수의 비나 곱으로 표시할 수 있는가?

참고문헌

1. Jameson, A. "Computational Fluid Dynamics Past, Present and Future." *NASA Presentation 20121030.pdf*, 2012.
2. Haldane, J. B. S. "On Being the Right Size." in: *Possible Worlds and Other Essays*. New York: Harper & Row, 1927. Reprinted in J. R. Newman, *The World of Mathematics*. New York: Simon and Schuster, 1956. This short essay is an absolute masterpiece, which everyone should read for pleasure if not for information
3. Kline, S. J. *Similitude and Approximation Theory*. New York: McGraw-Hill, 1965.
4. Bird, R. B., E. N. Stewart, and W. E. Lightfoot. *Transport Phenomena*. 2nd ed. New York: Wiley, 2002.
5. Hellums, J. D., and S. W. Churchill. "Simplification of the Mathematical Description of Boundary and Initial Value Problems." *AIChE J. 10*, (1964), pp. 110–114.
6. Tilton, J. N. "Fluid and Particle Dynamics." In *Perry's Chemical Engineers' Handbook*. 8th ed. D. W. Green. New York: McGraw-Hill, 2008, pp. 6–49.
7. Buckingham, E. "Model Experiments and the Form of Empirical Equations." *Trans. ASME 37*, (1915), pp. 263–296. See also E. Buckingham, *Dimensional Analysis*. Cambridge, MA: Harvard University Press, 1921.
8. White, F. M. *Fluid Mechanics*. 4th ed. New York: McGraw-Hill, 1999.
9. Karamanev, D. G. "Equations for Calculation of the Terminal Velocity and Drag Coefficient of Solid Spheres and Gas Bubbles." *Chem. Eng. Comm. 147*, (1996), pp. 75–84.

CHAPTER

10

펌프, 압축기, 터빈

4~6장에서 $dW_{n.f.}$ 항(4.8절 참조)이 있는 에너지수지식을 다루었다. 정상 흐름 문제에서 이 항은 대개 펌프, 팬, 송풍기, 압축기, 터빈 등이 하는 일을 나타낸다. 여기서는 실제로 이 $dW_{n.f.}$을 실행하는 장치의 유체역학을 검토하기로 한다. 그림 10.1에 이 장에서 다루는 모든 장치의 흐름도를 나타내었다. 이 그림에 맞는 다양한 장치의 이름이 표 10.1에 주어져 있다. 이름 사이의 경계는 근사적이다. 액체는 기체보다 덜 변화한다. 또한, 여기에 나와 있는 이름은 절대적이지 않다.(가령, 자전거 바퀴를 채우는 데 사용되는 수동 공기 압축기는 자전거 펌프라 부른다.)

그림 10.1은 일을 소모하여 통과하는 유체 압력을 증가시키는 장치와 압력을 낮춰서 일

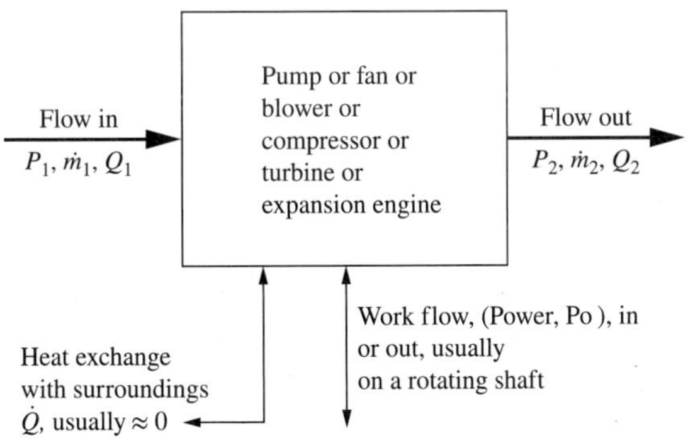

그림 10.1
펌프, 압축기, 터빈 또는 팽창기관에 대한 정상 흐름도. 유체는 왼쪽으로 도입되어 오른쪽으로 유출된다. 일은 회전 또는 왕복 축을 통해 흘러 들어가거나 나간다. 입구 압력이 출구 압력보다 작으면 펌프 또는 압축기에 해당하며, 일이 흘러 들어간다. 입구 압력이 출구 압력보다 크면 터빈 또는 팽창기관에 해당하며, 일이 흘러나간다. 정상 흐름에서 $\dot{m}_{in} = \dot{m}_{out}$이다. 장치를 거치면서 밀도가 변하지 않으면(실제로 액체는 맞으며, 기체는 거의 맞지 않음), $Q_{in} = Q_{out}$이다.

표 10.1
다양한 종류의 유체 기계 이름, 용도에 기초

Fluid passing through device	Work-consuming device, $P_2 > P_1$	Work-producing device, $P_2 > P_1$
Liquid	Pump	Turbine or expansion engine
Gas		
$\Delta P < 0.1$ psi	Fan	Turbine or expansion engine
$0.1 < \Delta P < 1$ psi	Blower	Turbine or expansion engine
$\Delta P > 1$ psi	Compressor	Turbine or expansion engine
Inlet P less than 1 atm	Vacuum pump	
Other	Bicycle pump	

을 생성하는 장치 모두 같은 선도를 이용하여 설명될 수 있음을 보여 준다. 다수의 이러한 장치는 두 가지 방식 모두로 작동하는 것이 가능하나 대부분은 한 가지 방식이 효율적이도록 설계된다. 예를 들어 효율적인 펌프는 팽창기관이나 터빈으로서는 잘 작동하지 않는다. 그러나 어떤 응용 문제에 대해서는(펌프 저장[1] 및 조력 발전[2]), 같은 장치가 일부는 한 방식의 효율적인 펌프로, 일부는 반대 방식의 효율적인 터빈으로서 작동한다.

10.1 모든 펌프, 압축기, 터빈에 대한 일반 관계

그림 10.1에 나온 장치의 성능을 결정하기 위하여, 입구 및 출구 압력과 다양한 하류 압력에 대해 정상 흐름 질량 유량 $\dot{m}$ 또는 부피 유량 $Q = \dot{m}/\rho$을 측정한다. 결과는 보통 ΔP 대 Q의 선도로 나타내며, 펌프(pump) 또는 압축기 곡선(compressor curve) 또는 지도(map)라고 부른다. 이는 다음에 제시된 것처럼, 압력 증가를 ρg로 나누어 정의하는 것이 일반적이다.

$$\begin{pmatrix}\text{Pump or}\\ \text{compressor head}\end{pmatrix} = h = \frac{\Delta P}{\rho g} \tag{10.1}$$

이 식은 베르누이 식의 두형(5.4절)과 일치한다. 이러한 펌프 시험에서는 h 및 Q와 더불어 대개 장치로의 도입동력 또는 장치로부터의 배출동력을 동시에 측정한다. 대부분의 펌프 또는 압축기 지도는 h 대 Q 선도로 나타내며, 같은 그림에 도입 또는 배출 동력 대 Q를 함께 표시한다(뒤에서 논의될 그림 10.3, 10.8, 10.9).

그림 10.1의 펌프, 압축기 또는 터빈의 입구와 출구 사이에 베르누이 식 (5.5)를 쓰고 펌프에 도입되는 일을 구하면 다음과 같이 나타내어진다.

$$\frac{dW_{\text{n.f.}}}{dm} = \Delta\left(\frac{P}{\rho} + gz + \frac{V^2}{2}\right) + \mathscr{F} \tag{10.2}$$

좌변의 항은 펌프 내로 도입된 단위 질량당 일 흐름이며, 펌프 또는 압축기의 경우 + 그리고 터빈 또는 팽창기관과 같이 임의의 동력 생산 장치의 경우 −부호를 갖는다. 동일한 부호의 우변의 첫째 항은 펌프가 한 '유용한' 일로서, 유체의 압력, 높이, 또는 유속의 증가를 나타낸다. 둘째 항은 유체나 외계를 가열하는 데 사용된 '무용한' 일이다. 대부분 이러한 장치의 경우 그림 10.1에 나와 있는 점 1과 2 사이를 잡는 데 있어서 높이 변화는 무시한다. 또한 일반적으로 운동에너지의 변화는 $\Delta P/\rho$보다 훨씬 작으므로 식 (10.2)에서 gz와 $V^2/2$는 생략 가능하다.

펌프 효율의 일반적인 정의는 다음과 같다.

$$\text{Pump efficiency} = \eta = \frac{\text{useful work}}{\text{total work}} = \frac{\Delta P / \rho}{dW_{\text{n.f.}} / dm} \tag{10.3}$$

이 펌프 효율은 펌프를 통과하는 유체의 단위 질량 기준의 값이다. 이 식의 분자 분모에 질량 유량 $\dot{m} = dm/dt = Q\rho$를 곱하여 분모가 펌프에 공급한 동력을 나타내도록 하면 편리하다.

$$\eta = \frac{\dot{m} \cdot \Delta P / \rho}{(dm / dt) \cdot (dW_{\text{n.f.}} / dm)} = \frac{Q \cdot \Delta P}{\text{Po}_{\text{supplied}}} \qquad \text{[liquids]} \tag{10.4}$$

이러한 형태는 밀도가 거의 일정한 유체(즉, 액체)에만 적용 가능하며, 기체의 경우에는 베르누이 식에서 $\Delta P/\rho$ 대신에 $\int(dP/\rho)$를 대입하여 적분해야 한다.

$$\eta = \frac{\dot{m} \int_{\text{in}}^{\text{out}} (dP / \rho)}{\text{Po}_{\text{supplied}}} \qquad \text{[liquids or gases]} \tag{10.5}$$

5장에서처럼 P의 변화가 작은 경우에 대해서는(예를 들면, 대부분의 팬 및 송풍기) 기체의 경우에도 식 (10.4)를 사용할 수 있으며 오차는 무시할 수 있다. 그러나 P의 변화가 큰 경우에는(대부분의 압축기 및 진공 펌프) 식 (10.5)를 사용해야 한다.

예제 10.1 펌프를 사용하여 압력 30 psia의 물 50 gal/min를 100 psia로 수송한다. 높이와 유속의 차는 무시할 수 있다. 펌프를 구동시키는 모터는 2.80 hp를 공급한다고 할 때 이 펌프의 효율을 구하라.

식 (10.4)에서

$$\eta = \frac{(50\ \text{gal/min}) \cdot (70\ \text{lbf/in}^2)}{2.8\ \text{hp}} \cdot \frac{\text{hp} \cdot \text{min}}{33{,}000\ \text{ft} \cdot \text{lbf}} \cdot \frac{231\ \text{in}^3}{\text{gal}} \cdot \frac{\text{ft}}{12\ \text{in}} = 0.73 \tag{10.A}$$

■

이 계산으로부터 식 (10.4)의 분자와 분모는 둘 다 마력(또는 kW)의 차원임을 알 수 있다. 분자(펌프의 수력동력이라고도 함)를 마력(또는 kW)으로 표시된 유용한 일로 생각할 수 있다. 펌프 효율 = (수력동력)/(펌프에 공급한 총 동력)이다. 예제 10.1에서 수력동력은 2.04 hp이다.

10.2 정변위 펌프 및 압축기

펌프 또는 압축기는 액체에 대해 일하는 장치이다. 관련한 $dW_{\text{n.f.}}/dm$의 부호는 이 책에 사용된 새로운 관례로는 +이나, 오래된 책에 이용된 전통적 관례로는 −이다. 펌프와 압축기에는 대개 다음과 같은 종류가 있다.

1. 정변위형(P.D.)
2. 원심형
3. 이 두 가지의 중간 특성을 가진 특수 설계

비기계식 펌프(전자, 이온, 확산, 제트 펌프 등)도 있지만 여기서는 다루지 않는다. 21장에서 다루는 미세유체학 분야에서는 가정이나 산업 규모에서는 사용되지 않는 특별한 펌프가 필요하다. 이 부분은 후에 논의하기로 한다.

10.2.1 정변위 펌프

정변위 펌프(positive-displacement pump, P.D. pump)는 저압의 유체를 폐쇄 공동(cavity)으로 끌어들여서 가두었다가 이 공동의 부피를 줄여서 고압으로 내보내는 일을 한다. 이러한 펌프는 극히 흔한 것으로, 예를 들면 자동차의 오일 및 연료 주입 펌프, 수력장치의 펌프, 액체 비누, 화장품, 케첩용 수동 분배기, 동물의 심장 등이다. P.D. 펌프와 압축기는 수천 년 동안 사용되어 왔다. 약 150년 전에는 모든 펌프와 압축기가 P.D.이었다. 그러나 이후 회전 기계를 만드는 능력이 발달하면서 다른 펌프(원심, 축류, 축열식)들이 여러 응용분야에서 P.D. 펌프를 대체하였다. P.D. 장치는 우리 몸속의 피를 순환시키며, 자동차에서의 오일 펌프와 같이 소형, 고압 흐름을 가장 경제적으로 생성할 수 있다. 다른 모든 종류의 펌프 및 압축기를 합친 것보다 더 많은 P.D. 펌프 및 압축기가 전 세계적으로 사용된다.

그림 10.2는 간단한 피스톤-실린더 P.D. 펌프의 단면을 나타낸 것이다. 연결 막대는 주기적으로 피스톤을 위아래로 움직인다. 이러한 펌프의 작동 사이클은 피스톤이 꼭대기에 있

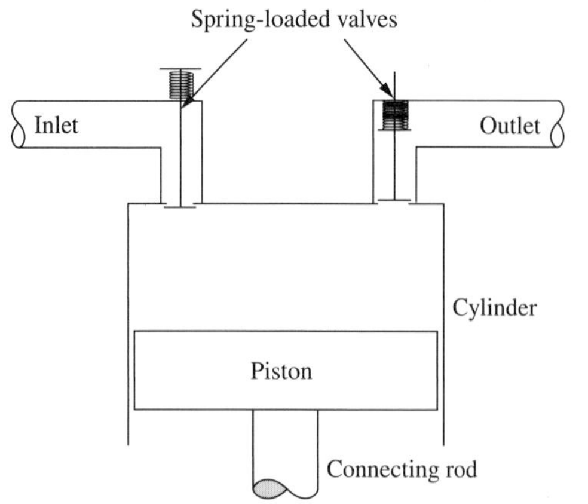

그림 10.2
피스톤-실린더 형태의 정변위 펌프

을 때부터 시작하면 다음과 같다.

1. 피스톤이 내려가기 시작하면 실린더에 약한 진공이 생긴다.
2. 이 진공에 비하여 도입관의 유체 압력이 크면 왼쪽의 도입밸브가 열린다. 이 밸브는 이러한 미소 압력차에 의해 열리도록 설계된 것이다.
3. 피스톤이 아래로 내려가는 동안 유체가 흘러 들어온다.
4. 피스톤이 이 행정(stroke)의 바닥까지 내려가면 다시 올라가기 시작한다. 이때 실린더 안의 압력이 도입관의 압력보다 커져서 도입밸브가 닫힌다.
5. 압력이 점점 올라가서 배출관의 압력보다 커진다. 유체가 완전히 비압축성이면 압력 상승은 순간적일 것이다. 실제로 대부분 액체들의 경우 압력상승은 순간적이나, 기체는 그렇지 않다.
6. 실린더 내압이 배출관의 압력보다 크면 배출밸브가 강제적으로 열린다.
7. 피스톤은 이 배출관으로 유체를 밀어낸다.
8. 피스톤이 다시 내려가기 시작한다. 실린더 내압이 내려가면 스프링에 의해서 배출밸브가 닫히고 새로운 사이클이 시작된다.

다양한 하류 압력에 대해 이러한 펌프를 시험한다고 하자. 하류 밸브는 모두 열어 하류 계기압이 0이 되도록 하고 시작한다. 하류 밸브를 천천히 닫음으로써 하류 압력을 올린다. 일정한 펌프 모터속도에 대하여 배출압력의 변화를 그림 10.3에 나타내었다.[P.D. 펌프의 도입 및 배출 압력과 속도는 주기적으로(cyclically) 변한다. 이 절에서 나타낸 값은 모두 평균압력 또는 평균속도이다.]

그림 10.3으로부터 P.D. 펌프가 실질적으로 정용유량기구(모터속도가 일정할 때)임을 알 수 있다. 고정된 구조의 P.D. 펌프 유량을 증가시키기 위해서는 모터 속력을 증가시켜야 한다. 운동할 때 혈액 공급이 더 필요한 경우 우리 몸은 가슴에 있는 P.D. 펌프의 분당 박동수를 증가시킨다. P.D. 펌프는 큰 압력을 낼 수 있으나, 이러한 큰 압력 때문에 다른 부분을 파손시킬 위험이 크므로, 배관이 사고에 의해 막혔을 때 압력을 낮출 수 있는 안전밸브를 설치해야 한다. 우리 몸에서 이에 대응하는 문제는 고혈압이다. 마모, 파손, 지방 축적 등에

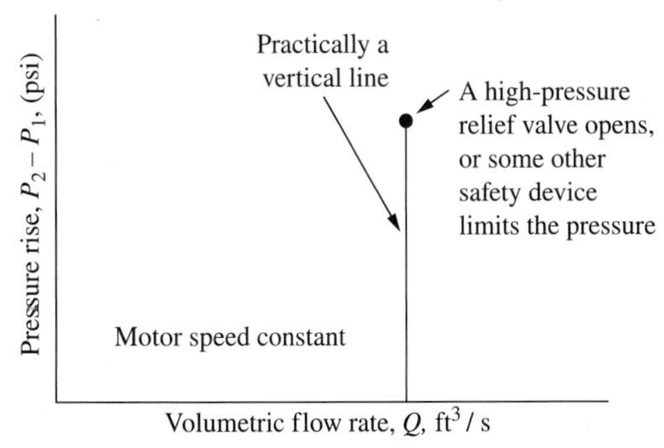

그림 10.3
일정 속도 모터 구동 시 P.D. 펌프의 성능 곡선. 펌프 곡선은 대개 수직축에 압력상승 또는 펌프두 $h = (P_{out} - P_{in})/\rho g$ 그리고 수평축에 부피 유량 Q를 선도로 나타낸다.

의해 동맥이 좁아지면 심장의 배출압력이 증가하며 뇌졸중이나 심장병을 일으킨다.

완벽한 P.D. 펌프, 그리고 비압축성 유체를 가정할 때 부피 유량은 피스톤이 단위 시간에 쓸어내는 부피와 같다. 즉,

$$\text{Volumetric flow rate} = \text{piston area} \cdot \text{piston travel} \cdot \text{cycles / time} \tag{10.6}$$

실제 펌프에서는 다양한 유체의 누설 때문에 유량이 다소 줄어든다. 그림 10.3의 곡선은 누설이 없을 때 수직선이 되지만, 실제 펌프에서는 수직선의 오른쪽으로 약간 기울어지는 것으로 나타난다.

대형 P.D. 펌프에서는 효율이 0.90까지 될 수 있지만, 소형 펌프에서의 효율은 이보다 낮다. 이 예제의 펌프에서 마찰열로 전환되어 유체를 가열한 에너지에 의한 온도 상승은 무시할 정도이다(연습문제 10.3). 그러나 기체 압축기에서는 그렇지 않다(10.2.2절 참조).

그림 10.4에 나타낸 것처럼 P.D. 펌프를 물웅덩이에 연결하고 모터를 가동한다면 어떤 일이 일어날까? P.D. 펌프는 일반적으로는 진공 펌프로서 조작 가능하다. 따라서 도입배관에 진공을 만들게 되며, 이 때문에 유체가 도입배관으로 올라온다.

유체 자유표면(점 1)과 펌프 실린더 내부(점 2) 사이에 베르누이 식의 두형인 식 (5.6)을 쓰자. 이 부분에는 펌프일이 없으며, 따라서 다음과 같이 나타내어진다.

$$z_2 - z_1 = h = \frac{P_1 - P_2}{\rho g} - \frac{V_2^2}{2g} - \frac{\mathscr{F}}{g} \tag{10.7}$$

그림 10.4에서처럼 웅덩이의 유체가 대기에 개방되어 있으면 $P_1 = P_{\text{atm}}$이다. h가 최대값이 되는 것은 $P_2 = 0$ psia일 때이다. 마찰이 없고 점 2에서의 유속을 무시할 수 있을 경우에 이는,

$$h_{\max} = \frac{P_{\text{atm}}}{\rho g} \tag{10.8}$$

표준 대기압과 상온의 물의 경우 이 값은 34 ft ≈ 10 m 정도이다. 이 높이를 **흡입 양정**(suction lift)이라 한다.

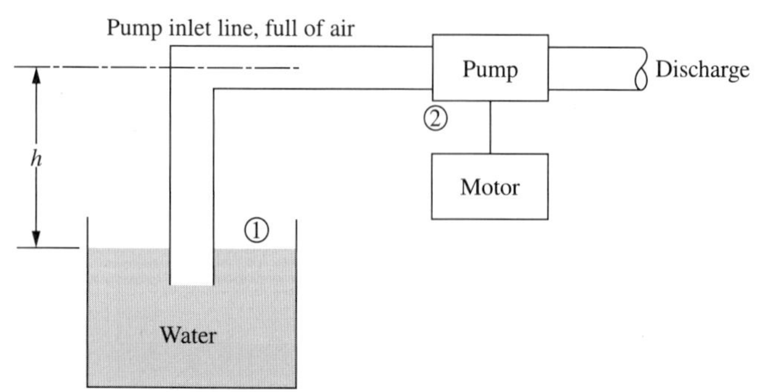

그림 10.4
흡입 양정. P.D. 펌프는 진공 펌프로서 작동하여 액체를 보통의 높이만큼 쉽게 끌어 올릴 수 있다. 그러나 원심펌프는 더욱 어려움이 있다.

P.D. 펌프의 실제 흡입 양정은 식 (10.8)의 값보다 작아지는데, 그 이유는 다음과 같다.

1. 배관 마찰, 펌프 도입밸브 및 도입 유속을 통한 마찰효과가 언제나 존재하기 마련이다.
2. 액체의 압력을 너무 낮추게 되면 끓게 되므로 0으로 낮출 수 없다. 모든 액체는 일정한 증기압이 있다. 상온에서 물의 증기압은 0.3 psia 또는 0.02 atm 정도이다. 이 값 이하로 압력을 낮추면 액체는 끓을 것이다.
3. 이 식은 펌프에서 밸브의 누설이 없는 경우를 가정한다. 그림 10.2 형태의 모든 펌프는 약간의 밸브 누설이 있으므로 아주 높은 진공을 만들 수 없다.

예제 10.2 웅덩이로부터 150°F의 물을 200 gal/min로 퍼 올리고자 한다. P.D. 펌프를 사용하는데, 이 펌프는 실린더 안의 절대압력을 1 psia까지 낮출 수 있다. 배관에서의 $\mathcal{F}/g$는 4 ft이다. 도입 유속은 밸브를 통한 유속과 같으며, 이는 10 ft/s이다. 이 조건에서 도입밸브에서의 마찰효과는 급격팽창(5.5절 참조)인 경우와 같다고 볼 수 있다. 이 위치에서의 대기압은 14.5 psia 이하가 되는 일이 없다. 펌프 입구를 설치할 수 있는 최대 높이(웅덩이 수면 기준)를 구하라.

실린더 내 최저 압력(P_2)은 150°F에서의 물의 증기압에 해당하는 3.72 psia이어야 한다. 이 이하로 내려가면 물이 끓어서 흐름이 중단된다. 150°F에서 물의 밀도는 61.3 lbm/ft^{3}이다. 따라서

$$\begin{aligned} h_{\max} &= \frac{(14.5\ -3.7)\text{lbf}/\text{in}^2}{61.3\ \text{lbm}/\text{ft}^3\cdot 32.2\ \text{ft}/\text{s}^2}\cdot\frac{144\ \text{in}^2}{\text{ft}^2} \\ &\quad\cdot 32.2\,\frac{\text{lbm}\cdot\text{ft}}{\text{lbf}\cdot\text{s}^2}-\frac{(10\ \text{ft}/\text{s})^2}{2\cdot 32.2\ \text{ft}/\text{s}^2}-4\ \text{ft} \\ &= 25.4\ \text{ft}-1.6\ \text{ft}-4\ \text{ft}=19.8\ \text{ft}=6.04\ \text{m} \end{aligned} \tag{10.B}$$

경험이 많은 기술자라면 가능한 한 이보다 낮은 흡입 양정을 선택할 것이다. ■

흡입 양정 문제를 해결하는 한 가지 방법은 펌프를 입구 배관 바닥에 설치하는 것이다. 모든 깊은 우물, 유정에서는 유체를 밖으로 빼낼 수 없으므로 이러한 방식을 사용한다. 이렇게 함으로써 흡입 양정 문제가 해결되지만, 펌프를 쉽게 관찰하거나 수리할 수 없는 곳에 설치하게 되며 펌프동력을 우물 바닥까지 전달하는 것이 요구된다.

피스톤-실린더형 P.D. 펌프가 대부분 적용분야에서 대체되고 있는 실정이기는 하나, 두드러진 압력증가하에서의 중간 내지 큰 흐름에 대해서는 여전히 나은 부분이 있다. 수압파쇄법(hydraulic fracturing, HF)이 그 예이다(예제 2.21, 6.15). 예제 6.15는 일반적인 수압파쇄법 응용에 대해 보여 주고 있다. 유량은 20 barrel/min = 1.87 ft^3/s이며, 압력 증가는 6073 psi이다. 후에 다룰 어떠한 펌프도 이러한 압력-유량 조합을 재현하는 것은 쉽지 않

으며, 따라서 피스톤-실린더형은 거의 대체불가적으로 사용된다. 필요한 가역 힘은 $(Q \cdot \Delta P) = 2218$ hp이며, 거대 트럭에 부착된 모터-펌프 조합이 이러한 정도의 압력과 유량을 공급할 수 있다.

지금까지 피스톤-실린더형 P.D. 펌프를 설명하였다. 이 펌프에는 운동 및 마모 부분이 많아서 구입과 유지에 비용이 많이 든다. 이보다 간단하고 저렴한 소형 P.D. 펌프가 많이 개발되었으며 그 예로는 기어(gear), 슬라이딩-베인(sliding-vane), 맥동(peristaltic), 스크류 펌프(screw pump) 등이 있다. 이들의 기계적 배열은 다르지만, 조작 원리와 성능은 피스톤-실린더형과 비슷하다. 이들 중 슬라이딩-베인 펌프가 가장 이해하기 쉽다. 그림 10.5는 슬라이딩-베인 펌프의 단면 및 작동원리를 나타낸 것이다.

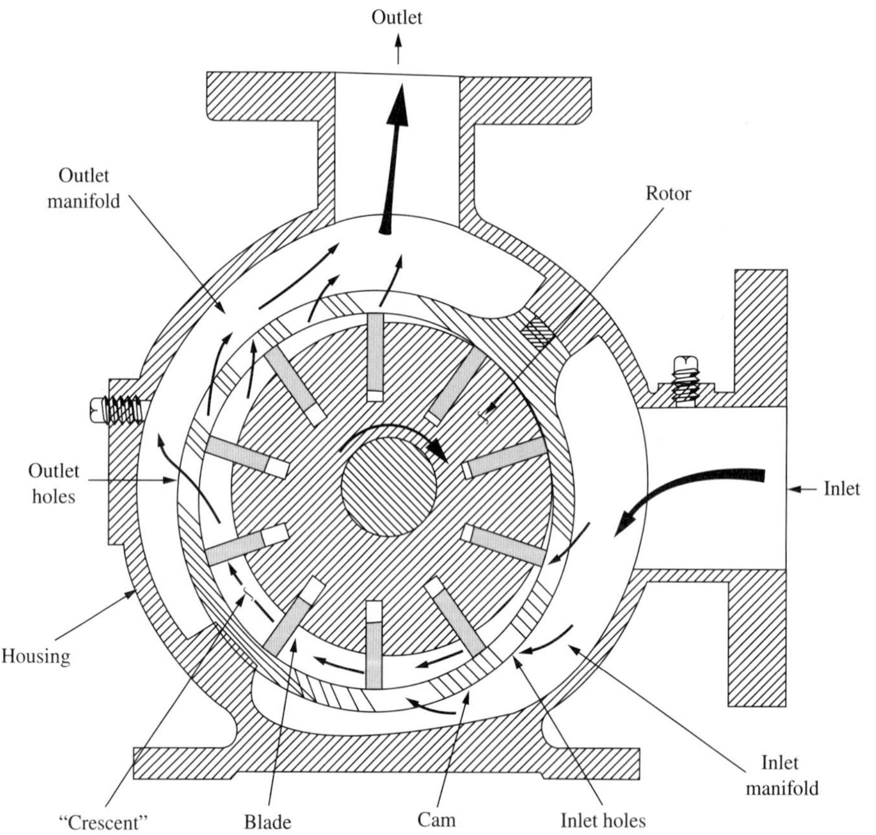

그림 10.5
슬라이딩-베인 P.D. 펌프의 단면도. 원형 회전자는 원형 케이스(그림에서 Cam)의 중심에서 벗어나 있다. 회전자는 시계방향으로 회전한다. 원심력, 수력 압력, 용수철 등에 의해 추진되는 날은 회전자 내의 구멍을 드나든다. 회전자의 회전에 따라 액체는 두 날 사이의 공간에 갇히며, 회전이 계속되면 유체는 밖으로 빠져나간다. (드나드는) 날의 운동은 그림 10.2에 있는 밸브의 운동과 정확히 비유될 수 있다. 이 장치는 그림 10.2와 기능적으로 동일하나, 회전운동 때문에 더 작고 간단하며 더 견고하다. (Corken Pump Division of the Ibex Corporation 제공)

이러한 종류의 P.D. 펌프는 널리 사용되며, 작동방식은 그림 10.2의 피스톤-실린더 P.D. 펌프와 동일하다. 유체는 팽창하는 공동으로 흡입되며, 공동의 크기가 축소되어 도입부보다 큰 압력으로 배출된다. 이의 펌프 곡선은 끝부분과 미끄러지는 날에서의 약간의 누설 때문에 그림처럼 정확히 수직선은 아니다(그림 10.3). 그러나 곡선은 수직선에 가까우며, 위험할 정도로 큰 압력이 생성되는 것을 막기 위하여 대개 압력 안전(우회) 밸브를 설치한다. 이는 건설 장비에 사용되는 수력 시스템에서 가장 일반적인 펌프이다. 이 장치를 약간 변형시켜 고압 수력 유체가 흘러 들어가고 저압 유체가 흘러나와 회전 동력이 축에 생성되도록 반대로 작동시킬 수 있다. 이는 기어 펌프 및 다른 회전 P.D. 펌프에 해당한다[3].

10.2.2 정변위 압축기

표 10.1과 같이 압축기는 ΔP가 약 1 psi 이상이 되도록 기체의 압력을 증가시키는 장치이다. 거의 모든 소형 압축기는 P.D.이다(예를 들면, 가정용 냉장고 및 에어컨의 압축기, 페인트 분무기 및 압축공기 도구에 사용되는 휴대용 공기 공급 시스템, 일반적인 실험실용 진공 펌프 등).

P.D. 압축기의 일반 형태는 P.D. 펌프와 동일하다(그림 10.2). 조작 순서는 10.2.1절에서 설명한 것과 같다. 다른 점은 부품들의 크기와 속도이다. 이러한 압축기 실린더에서의 기체의 압력-부피 이력을 그림 10.6에 나타내었다.

여기서는 실제 압축기의 거동을 간단히 나타내었다. 피스톤의 행정이 정점에 이르렀을 때 피스톤과 실린더 천정 사이에 남아 있는 부피가 0이라고 가정하였다. 이것을 **틈이 없는 압축기**(zero-clearance compressor)라고 한다. 일반적으로 실제 압축기는 행정의 정점에서 실린더 내에 약간의 기체를 남기는데, 이것 때문에 생기는 결과는 후에 살펴보겠지만 그다지 중요하지 않다.

틈이 없는 압축기에서는, 행정의 정점(점 A)에서의 압력이 배출압력 P_{outlet}과 같고, 실린더에 갇힌 부피는 0이다. 피스톤이 내려가기 시작하면 압력은 순간적으로 떨어진다. 압력

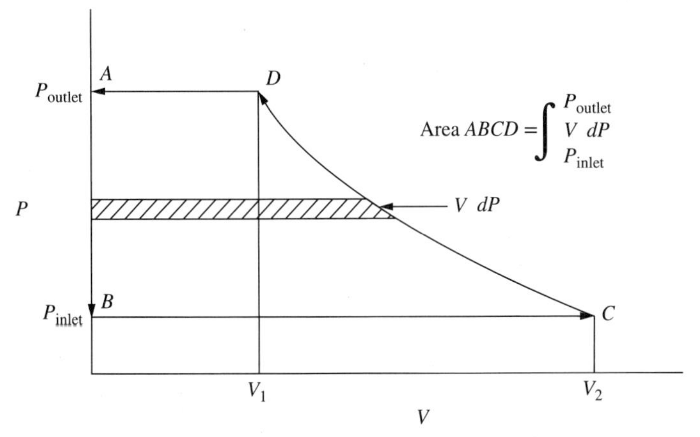

그림 10.6
틈이 없는 피스톤-실린더 P.D. 압축기의 한 주기 압력-부피 이력

이 P_{inlet}에 도달하면(점 B) 도입밸브가 열리며, 틈이 없는 압축기에서는 여전히 $V=0$이다. 이어서 도입관으로부터 기체가 정압으로 흘러 들어오는데, 피스톤이 행정의 바닥(점 C)에 도달하면 부피 V_2가 된다. 피스톤이 다시 올라가면 도입밸브가 닫히며, 실린더 안의 기체가 도입압력에서 배출압력까지 압축되는 동안 두 밸브는 닫힌 채로 있다. 기체가 배출 압력에 도달하면(점 D) 배출밸브가 열린다($P=P_{\text{outlet}}, V=V_1$). 계속해서 피스톤이 올라가면 기체는 배출관으로 배출되며, 점 A에서 이 한 사이클이 완성된다.

단일 피스톤 과정에서 하는 일은 다음과 같다.(피스톤 안쪽으로의 움직임에 대해 +이며, 피스톤 바깥쪽으로의 움직임에 대해서 −이다.)

$$W=\int F\,dx=\int PA\,dx=\int P\,dV \tag{10.9}$$

압축기가 기체에 한 일은 기체에 한 총 일(곡선 CDA 아래의 면적)에서 기체가 흘러 들어오면서 피스톤에 한 일(곡선 BC 아래의 면적)을 뺀 것과 같다. 따라서 순 일은 곡선 $ABCD$로 갇힌 면적이며, 이것이 기체에 한 일이다. 이 일은 마찰이나 가스누출 등이 없으면(즉, 조작효율이 100%) 압축기 구동에 필요한 총 일과 동일하다.

PV 선도에서 이 면적은 다음 세 면적, 즉 면적 $P_{\text{inlet}}V_2$(도입관의 기체가 피스톤을 역으로 구동시키는 데 한 일), 면적 $\int_C^D P\,dV$ (압축단계의 도입 일), 면적 $P_{\text{outlet}}V_1$(실린더의 기체를 배출관으로 내보내는 일)의 산술적 합과 같다. 세 단계의 어느 것에서나 일은 $P\,dV$ 적분이지만, 이 세 가지의 산술적 합은 $V\,dP$ 적분이 됨을 알 수 있다[식 (10.10)].

$$W_{\substack{\text{done on the}\\ \text{gas, per cycle}}}=\int_{\text{inlet}}^{\text{outlet}} V\,dP \qquad \text{[zero-clearance compressor]} \tag{10.10}$$

압축기를 계로 정하면, 계 밖으로 흘러나가는 일이므로 일의 부호는 −이다. 같거나 큰 + 부호의 일은 압축기가 어떻게 구동되든지 흘러 들어와야 한다.(정상 흐름 에너지수지에서 도입 일을 포함한 베르누이 식에서도 같은 결과를 얻을 수 있다.)

압축기는 이상기체법칙 $PV=nRT$로 비교적 잘 나타낼 수 있는 기체의 압축에 종종 사용된다. 좋은 냉각시설을 갖춘 압축기를 아주 천천히 작동시키면 실린더 안의 기체는 전체 압축과정에서 실질적으로 등온이 된다. 이 경우 식 (10.10)의 V에 nRT/P를 대입하고 적분하면 다음을 얻는다.

$$\Delta W_{\substack{\text{done on the}\\ \text{gas, per cycle}}}=\int_{P_1}^{P_2} V\,dP=nRT\int_{P_1}^{P_2}\frac{dP}{P}=nRT\ln\frac{P_2}{P_1} \qquad \text{[isothermal]} \tag{10.11}$$

그러나 대부분의 압축기는 피스톤이 아주 빨리 움직이기 때문에 실린더 벽에서 기체가 충분히 냉각되지 않는다. 이러한 경우 기체는 실질적으로 가역 단열과정, 즉 등엔트로피 과정을 겪게 된다. 따라서 부록 B의 식 (B.3-23)을 다시 쓰면,

$$PV^k = \text{constant} = P_1V_1^k \qquad \text{[adiabatic]} \tag{10.12}$$

여기서 k는 비열비를 의미한다. 이 식을 식 (10.10)에 대입하고 정리하면 다음 식이 된다(부록 B.7).

$$\Delta W_{\substack{\text{done on the} \\ \text{gas, per cycle}}} = \int_{P_1}^{P_2} V\,dP = \frac{nRT_1 k}{k-1}\left[\left(\frac{P_2}{P_1}\right)^{(k-1)/k} - 1\right] \qquad \text{[adiabatic]} \tag{10.13}$$

식 (10.11)과 (10.13)의 양변을 압축된 몰수 n으로 나누면 단위 몰당 일을 구할 수 있다.

예제 10.3 효율 100%인 압축기를 사용하여 공기($k = 1.4$)를 1 atm에서 10 atm으로 압축한다. 도입온도는 68°F = 20°C이다. (*a*) 등온 압축기와 (*b*) 단열 압축기에서 단위 lbmol당 일을 구하라.

(*a*) 등온 압축기의 경우:

$$\frac{\Delta W}{n} = 1.987\,\frac{\text{Btu}}{\text{lbmol}\cdot\text{R}}\cdot 528°\text{R}\cdot \ln 10 = 2416\,\frac{\text{Btu}}{\text{lbmol}} = 5.62\,\frac{\text{kJ}}{\text{mol}} \tag{10.C}$$

(*b*) 단열 압축기의 경우:

$$\frac{\Delta W}{n} = 1.987\,\frac{\text{Btu}}{\text{lbmol}\cdot°\text{R}}\cdot 528°\text{R}\cdot\frac{1.4}{0.4}\cdot(10^{0.4/1.4} - 1)$$

$$= 3418\,\frac{\text{Btu}}{\text{lbmol}} = 7.96\,\frac{\text{kJ}}{\text{mol}} \tag{10.D}$$

이 두 답의 차이는 단열 압축기에서 기체 온도가 상승하기 때문에 발생한다. 식 (B.3-16)에서 계산하면 단열 압축기의 배출온도는 도입온도의 1.93배로서 1019°R = 559°F이다. 따라서 이상기체법칙이 적용되는 경우 배출 부피는 등온 압축기에서 배출 부피의 1.93배가 되며, $V\,dP$의 적분값은 더욱 커진다. ■

식 (10.11)과 (10.13)에서 보면 예제 10.3의 결과는 일반적이다. 즉, 단열 압축기에서 필요한 몰당 일은 도입 및 배출 압력이 같은 등온 압축기의 경우보다 언제나 크다. 그러므로 실제 압축기는 가능하면 등온에서 운전되도록 하는 편이 좋다. 이 방법의 하나는 압축기의 실린더를 냉각하는 것인데, 실제로 압축기에 냉각 재킷이나 냉각 핀을 설치한다. 주유소 및 페인트 분사기에 있는 압축기 실린더는 배출 온도 및 필요 도입동력을 낮추기 위하여 항상 냉각 핀이 설치된 것을 관찰할 수 있다. 또 한 가지 필요 동력을 낮추는 방법은 다단 중간냉각법을 이용하는 것이다(예제 10.4).

예제 10.4 공기를 단열적으로 3 atm으로 압축하고, 이어서 68°F로 냉각한 다음, 다시 3 atm에서 10 atm으로 압축하는 2단 단열 압축기를 이용하여 예제 10.3을 다시 풀어라.

여기서

$$\frac{\Delta W}{n} = 1.987 \frac{\text{Btu}}{\text{lbmol} \cdot {}^\circ\text{R}} \cdot 528^\circ\text{R} \cdot \frac{1.4}{0.4} \cdot \left[3^{0.4/1.4} - 1 + \left(\frac{10}{3}\right)^{0.4/1.4} - 1\right]$$

$$= 2862 \frac{\text{Btu}}{\text{lbmol}} = 6.66 \frac{\text{kJ}}{\text{mol}} \tag{10.E}$$

동력 요구량은 예제 10.3의 등온 압축기보다는 크나, 단열 압축기보다는 작다. ■

이 예제에서는 단계화 및 중간냉각의 장점을 예시하였다. 그러나 가능한 일의 절약량에는 한계가 있다. 단수를 무한하게 하고 중간냉각하는 단열 압축기는 성능이 등온 압축기와 같을 것이다(연습문제 10.13). 따라서 등온 압축기의 거동은 단계화로 얻을 수 있는 최선의 성능을 나타내는 것이다. 최적 단수는 단의 추가에 따른 과외 비용과 단수 증가에 따른 성능 개선 사이의 경제적 수지를 취하여 구한다.

예제 10.4에서는 중간압력을 임의로 3 atm으로 하였다. 2단 압축기에서 최적 중간압력(전체 일이 최저인 압력)은 다음 식으로 구할 수 있다(연습문제 10.9).

$$P_{\text{interstage}} = (P_{\text{discharge}} \cdot P_{\text{inlet}})^{1/2} \tag{10.14}$$

이 중간압력은 각 단에서 $P_{\text{out}}/P_{\text{in}}$ 비가 같아지는 압력이다. 마찬가지 계산에 의해서, 2단보다 클 때의 최적 중간압력도 각 단에서 압력비가 같은 압력임을 증명할 수 있다(연습문제 10.10). 소형 휴대용 압축기의 경우에도 다단을 사용할 정도로 단계화와 중간냉각은 동력을 절감시킨다. 식 (10.12)에서 k 값은 단열 압축기의 기체에 대한 값이다. $k = 1$인 경우 이 식은 등온 압축기에 대한 식 (10.11)이 된다. 실제 압축기(냉각이 있는)는 두 극단 사이, 대개 등온보다는 단열에 가까운 조건에서 조업한다. 흔히 기체에 대한 값보다 작은 k 값을 사용하며, 식 (10.13)을 실제 압축기의 실험적 거동과 일치하도록 정한 **폴리트로프**(polytropic) k 값이라 부른다.

지금까지는 틈이 없는 압축기, 즉 배출행정 종점에서 실린더 안에 기체가 남지 않는 압축기를 고려하였다. 그러나 기계적 이유로 인해서 틈이 없는 압축기를 만드는 것은 불가능하다. 따라서 실제 압축기에서는 언제나 소량의 기체가 실린더 상부에 남는데, 이 잔존 기체는 반복하여 압축되고 팽창된다. 단열이든 등온이든 간에 압축과 팽창이 가역적이면, 이 잔존 기체는 압축 단계에서 필요한 만큼의 일을 팽창 단계에 하기 때문에, 압축기에서 필요한 순 일에는 기여하지 않는다. 실제 압축기에서는 틈에 있는 기체의 압축과 팽창 때문에 압축기의 효율이 약간 낮아진다. 따라서 압축기 설계자는 틈 부피를 실질적으로 최소가 되도록 한다.

식 (10.11)과 (10.13)은 틈이 없는 압축기를 가정하여 유도한 것이다. 이러한 식에서 n이 압축행정 초기에 실린더 내에 존재하는 전체 몰수가 아니라, 압축기를 통과하는 순 몰수를 나타내는 것이라 보면, 이러한 식을 실제 압축기에도 적용할 수 있다. 압축기의 일은 대개 처리하는 단위 몰수 또는 단위 질량에 기준으로 하여 해석하므로 어려운 점은 없다. 이러한 식의 유도 및 그림 10.6에서는 도입 및 배출 밸브를 통한 압력강하가 없다고 가정하였다. 이러한 종류의 실제 압축기에서는 밸브에서 약간의 압력강하가 있는데, 이는 압축기 효율이 100% 이하가 되게 하는 마찰열의 중요 부분을 차지한다. 1단 P.D. 압축기에 대한 P_{out}/P_{in}의 전형적인 값은 3~5이며, 더 큰 값이 필요하면 대개 예제 10.4와 같이 원하는 P_{out}/P_{in} 값을 충족시키는 데 필요한 만큼의 다단을 사용한다.

일반적으로 P_{out}/P_{in}이 약 1.1보다 큰 소형 기체흐름과 초고압 화학반응기처럼 최종압력이 매우 큰 대형 기체흐름의 경우 P.D. 압축기를 사용한다.

10.3 원심 펌프 및 압축기

1850년경부터 산업 국가들은 고속 회전 기계를 만드는 법을 배우기 시작했으며, 그 전에는 그러한 장치가 존재하지 않았다. 회전 고속 펌프 및 압축기에는 원심, 축류 또는 다른 종류가 있다. 이들은 고유량 및 대부분의 중간압력, 중간유량 수송 조작에서 P.D. 장치를 거의 완전히 대체했다. 이들은 P.D. 장치보다 더 간단하고, 더 작고, 더 저렴하고, 더 견고하며 [4], 화학공정에서 가장 흔한 종류의 펌프에 해당된다.

10.3.1 원심 펌프

원심 펌프(centrifugal pump)는 유체를 원심력장 바깥 방향으로 이동시켜 유체에 높은 운동에너지를 주고, 이를 주입일(injection work)로 전환함으로써 유체의 압력을 높인다. 자동

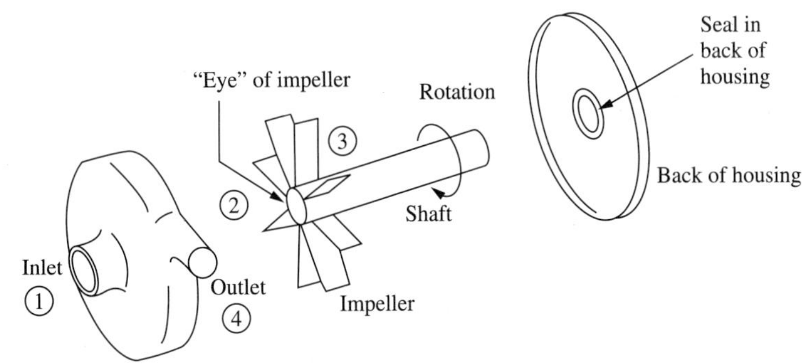

그림 10.7
자동차 물 펌프와 같이 매우 간단한 원심 펌프의 분해도. 실제 펌프는 더 복잡하나, 대부분의 경우 날이 있는 회전자, 회전자를 추진시키는 축, 중심에서 흘러 들어가고 주변으로 배출되는 하우징으로 구성된다. 모든 간단한 장치들 또한, 펌프를 통과하여 구동 모터에 연결되는 축이 밀봉된 형태의 뒤판을 가진다. 숫자 1~4는 본문에서 설명한다.

차의 물 펌프가 전형적인 원심 펌프에 해당한다. 그림 10.7에 나타낸 것처럼 이것은 회전축에 붙어 있는 임펠러(impeller, 날이 있는 휠), 중심에 입구가 있고 주변에 출구가 있는 형태의 하우징(housing), 그리고 액체가 새지 않도록 축에 밀봉한 뒤덮개로 되어 있다.

이러한 펌프에서는 유체가 중심의 입구를 통해 임펠러 '눈(eye)'으로 들어와, 임펠러 회전에 의해 바깥쪽으로 뿌려지며, 주변의 출구를 통해 배출된다. 이러한 펌프를 아주 간단한 기준에서 해석하기 위해 입구, 원심분리기, 확산기의 세 부분으로 생각해 보도록 한다. 입구에서 유체는 펌프로 흘러 들어와 임펠러에 올라탄다. 관 입구(점 1)와 임펠러 눈(점 2) 사이에 베르누이 식을 쓰면 다음과 같다.

$$P_2 - P_1 = \frac{\rho}{2}(V_1^2 - V_2^2) - \rho \mathscr{F}_{1-2} \tag{10.15}$$

임펠러는 2장에서 설명한 원심분리기처럼 행동한다. 식 (2.34)를 임펠러 눈(점 2)부터 임펠러 끝(점 3)까지 적분하면 다음과 같다.

$$P_3 - P_2 = \int_{r_2}^{r_3} \rho\omega^2 r\, dr = \frac{\rho\omega^2}{2}(r_3^2 - r_2^2) \tag{10.16}$$

원심 펌프의 세 번째 부분은 확산기(5.5절 참조)인데, 여기에서는 유체가 임펠러 팁에서 출구관으로 흐른다. 임펠러 끝(점 3)과 출구(점 4) 사이에 베르누이 식을 적용하면 다음과 같다.

$$P_4 - P_3 = \frac{\rho}{2}(V_3^2 - V_4^2) - \rho \mathscr{F}_{3-4} \tag{10.17}$$

이 세 식을 더하고 ρg로 나누어 같은 항을 소거하면 다음과 같다.

$$h = \frac{P_4 - P_1}{\rho g} = \frac{\omega^2}{2g}(r_3^2 - r_2^2) + \frac{(V_3^2 - V_4^2) + (V_1^2 - V_2^2)}{2g} - \frac{(\mathscr{F}_{3-4} + \mathscr{F}_{1-2})}{g} \tag{10.18}$$

ρg로 나누면 펌프에 흔히 사용되는 베르누이 식의 두형(5.4절)과 동일한 형태로 전환된다. 다음을 이용하여 식을 간단히 한다.

$$V_2 = \omega r_2 \qquad \text{and} \qquad V_3 = \omega r_3 \tag{10.19}$$

$$h = \frac{P_4 - P_1}{\rho g} = \frac{\omega^2}{g}(r_3^2 - r_2^2) + \frac{(V_1^2 - V_4^2)}{2g} - \frac{(\mathscr{F}_{3-4} + \mathscr{F}_{1-2})}{g} \tag{10.20}$$

식 (10.20)의 각 항은 길이 차원을 갖는다. h는 펌프두(pump head)라고 부르는데, 주어진 유량에서 펌프가 유체를 끌어 올리는 높이를 의미한다. 어떤 원심 펌프에서는 입구와 출구의 지름이 같아 식 (10.20)의 속도 항이 소거된다. 그러나 종종 입구의 지름이 출구보다 크며, 이러한 이유로 속도 항이 남게 된다.

예제 10.5 원심 펌프의 차원이 다음과 같다: 2 in 도입관(지름 = 2.067 in), 1.5 in 배출관(지름 = 1.61 in), 임펠러 안지름 = 2.067 in, 바깥지름 = 6.75 in, 회전속도 = 1750 rpm. 식 (10.20)을 이용하여 마찰 손실을 무시하고, 부피 유량이 100 gpm인 경우, 펌프두를 구하라.

다음과 같이 쓸 수 있다.

$$\omega = \frac{1750}{\text{min}} \cdot 2\pi \cdot \frac{\text{min}}{60\text{ s}} = 183.26\,\frac{1}{\text{s}} \tag{10.F}$$

$$V_1 = \frac{100\text{ gal/min}}{(\pi/4)\cdot(2.067\text{ in})^2} \cdot \frac{231\text{ in}^3}{\text{gal}} \cdot \frac{\text{min}}{60\text{ s}} \cdot \frac{\text{ft}}{12\text{ in}} = 9.56\,\frac{\text{ft}}{\text{s}} = 2.91\,\frac{\text{m}}{\text{s}} \tag{10.G}$$

마찬가지로 $V_2 = 15.76$ ft/s = 4.81 m/s, 임펠러 안쪽 및 바깥쪽 반지름은 0.086 ft, 0.336 ft이다. 이 값들을 식 (10.20)에 대입하면 마찰이 0일 때 다음을 얻는다.

$$\begin{aligned} h &= \frac{(183.26/\text{s})^2}{32.2\text{ ft/s}^2}[(0.336\text{ ft})^2 - (0.086\text{ ft})^2] + \frac{[(15.75\text{ ft/s})^2 - (9.56\text{ ft/s})^2]}{2\cdot 32\text{ ft/s}^2} \\ &= 74.76\text{ ft} - 2.44\text{ ft} = 72.3\text{ ft} = 30.4\text{ m} \end{aligned} \tag{10.H}$$

■

이 값 및 다른 유량에 대해 계산된 값들을 같은 차원의 펌프에 대한 실험값과 함께 그림 10.8에 나타내었다. 실험값은 식 (10.20)으로 얻은 값의 약 절반이며, 유량 증가에 따라 그 차이가 증가함을 알 수 있다. 이는 이러한 종류의 펌프에서 마찰효과가 상당히 크며 유량이 증가할수록 그 효과도 증가함을 단순하게 나타낸다. 실험값은 실제 원심 펌프에 대한 풍부한 정보를 나타내는 그림 10.9로부터 얻을 수 있다.

그림 10.9로부터 다음을 알 수 있다.

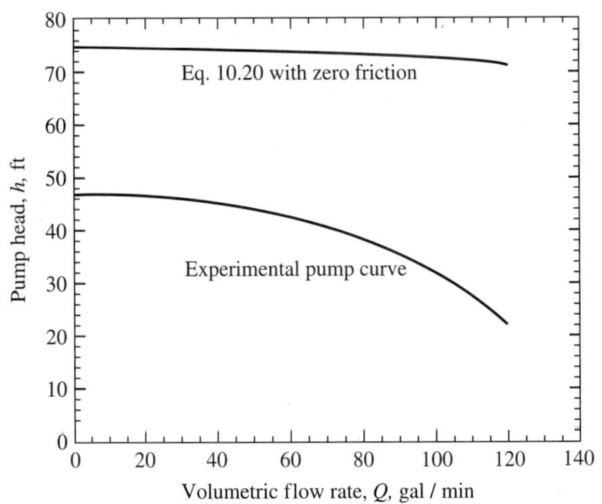

그림 10.8
무마찰 원심 펌프에 대해 식 (10.20)으로부터 계산한 값과 그림 10.9로부터 복사한 같은 차원의 실제 펌프에 대한 **펌프 곡선**(두 대 부피 유량 선도)의 비교

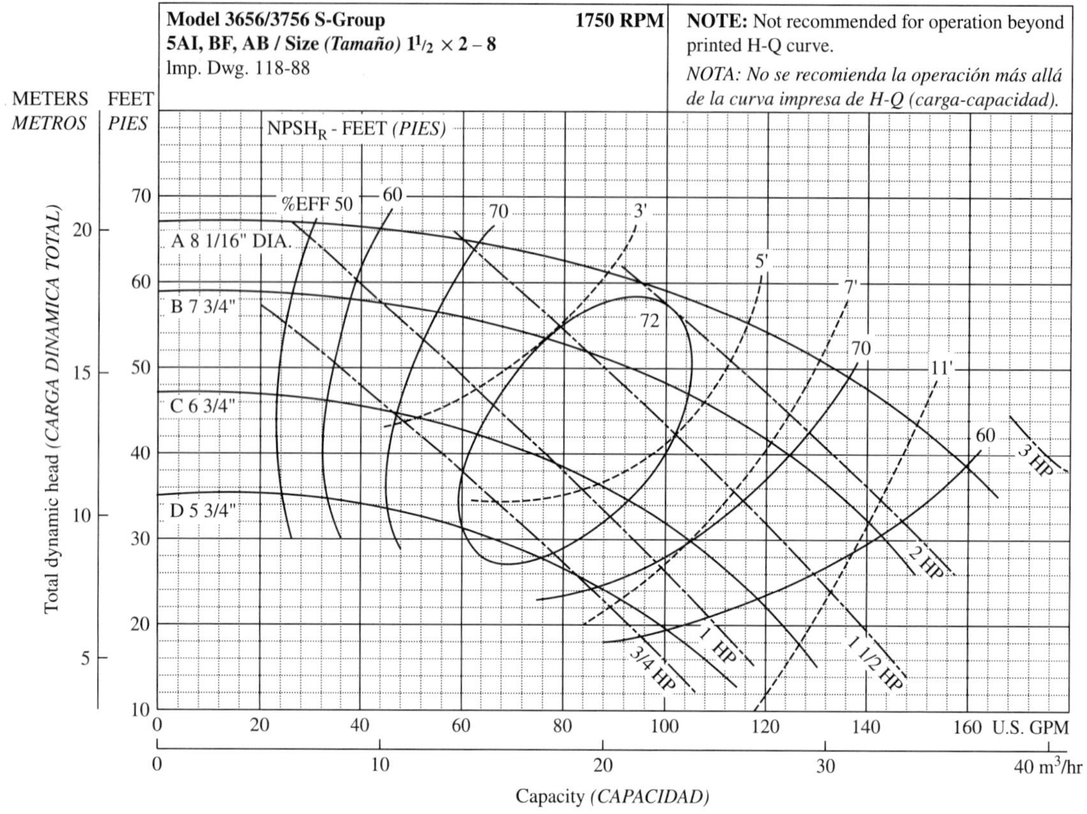

그림 10.9

네 가지 원심 펌프(같은 크기의 경우에 대해 네 가지 다른 크기의 임펠러) 계열의 펌프 지도. 이 지도는 영어로 된 결과와 영어 및 스페인어로 된 몇 가지 미터 단위를 나타낸다. $1\frac{1}{2} \times 2$ 표시는 출구 및 입구 관 크기가 미국관 크기 $1\frac{1}{2}$ 및 2 in임을 나타낸다. 이는 미국에서 원심 펌프를 표시하는 일반적인 방법이다. 마력 선들은 비중(SG)이 1인 유체, 즉 물에 대해서만 적용된다. 선도는 본문에서 설명한다. (Goulds Pumps 제공)

1. 그림 10.9는 그림 10.8과 같은 펌프두 유량 곡선이나, 네 가지 다른 임펠러 지름 A, B, C, D에 대한 곡선을 나타낸다. 그림 10.8의 실험 펌프 곡선은 그림 10.9의 'C $6\frac{3}{4}$' 곡선에서 복사한 것임을 알 수 있다. 펌프 제작자는 많지 않은 수의 펌프 외부 하우징을 만들어 일련의 다른 크기의 임펠러에 맞춤으로써 다양한 수요에 맞는 적당한 크기의 펌프를 공급한다. 이는 각각의 서비스를 위해 아주 다른 펌프를 생산하는 데 필요한 것보다 훨씬 작은 수의 모델이다. 그림 10.9는 네 가지 다른 펌프 계열에 대한 펌프 곡선을 나타낸다. 이들은 임펠러 크기는 다르나, 다른 부품은 모두 동일하다.
2. 이 선도는 일정 동력 요구량 직선들을 나타낸다. 예제 10.5에 대해서, 그림 10.9에서 내삽을 통해 필요 동력 도입량을 구하면 약 1.15 hp이다. 이 값은 SG = 1.0인 유체에 기초한다. $Q = 100$ gpm일 때 h를 읽으면 약 32 ft이다. 따라서 이 유량에서 펌프를 통

한 압력상승은 (물에 대해) 다음과 같다.

$$\Delta P = \rho g h = 62.3\,\frac{\text{lbm}}{\text{ft}^3}\cdot 32.2\,\frac{\text{ft}}{\text{s}^2}\cdot 32\text{ ft}\cdot\frac{\text{lbf}\cdot\text{s}^2}{32.2\text{ lbm}\cdot\text{ft}} = 1994\,\frac{\text{lbf}}{\text{ft}^2}$$
$$= 13.8\text{ psi} = 95.5\text{ kPa} \tag{10.I}$$

식 (10.4)로부터 다음과 같이 계산할 수 있다.

$$\eta = \frac{(100\text{ gal/min})\cdot(13.8\text{ lbf/in}^2)}{1.15\text{ hp}}\cdot\frac{\text{hp}\cdot\text{min}}{33{,}000\text{ ft}\cdot\text{lbf}}\cdot\frac{231\text{ in}^3}{\text{gal}}\cdot\frac{\text{ft}}{12\text{ in}}$$
$$= 0.70 = 70\% \tag{10.J}$$

3. 이 선도는 같은 효율의 등고선을 나타낸다. 이에 기초하여 이 예제의 효율을 예측하면 약 71%로 확인된다. 동력 요구량과 효율 곡선은 대략적인 것이므로 70%는 대략적으로 71%와 같다.

4. 이 등고선은, 그림의 중심 전체는 대략 같은 효율을 가지지만, 최대 효율은 임펠러 B와 C 사이 크기의 중간에 대응함을 보여 준다.

5. 이는 분명히 1750 rpm에 대한 지도이다. 미국에서 일반적인 전기 모터는 약 1750~1800 rpm 또는 3500~3600 rpm에서 작동한다. 3500 rpm에서 작동하는 같은 계열 펌프에 대한 개별 펌프 지도는 제작자로부터 구할 수 있다. 식 (10.20)에서 ω를 두 배 증가시키면 이 지도의 모든 두는 네 배 증가된다고 가정한다. 이 그림이 나타내는 것은 대략적인(정확하지는 않은) 것이다.

6. 이 선도는 또한 NPSH_R로 표시된 점선을 나타낸다. 이 예제에 대해 내삽을 하면 약 6.5 ft의 값이 된다. NPSH_R의 의미는 10.3.2절에서 설명한다.

7. 이 그림의 맨 위에는 이 펌프 계열의 모델을 $1\frac{1}{2}\times 2$로 표시하였다. 이는 출구 및 입구 구멍 크기가 $1\frac{1}{2}$ 및 2 in 미국관 크기임을 나타낸다. 이는 보통 크기의 펌프, 즉 $1\frac{1}{2}\times 2$를 나타내는 표준 미국 방식이다. 입구는 아래 설명처럼 대개는 더 크다.

8. 제조사의 목록에는 이 계열의 펌프가 5/16 inch = 0.8 cm의 구를 막힘없이 통과시킨다고 나와 있다. 대부분의 원심 펌프는 약간의 현탁 고체를 포함하는 액체를 P.D. 펌프보다 더 잘 다룰 수 있다.

P.D. 펌프와 원심 펌프의 출구 압력 거동의 차이가 두드러지게 큰 것에 주목하라. P.D. 펌프의 배출 압력은 배출관에서의 압력으로부터 결정된다. 피스톤이 실린더 안의 유체의 압력을 계속 높이면 다음 두 가지 일 중 하나가 생기게 된다.

1. 이 압력이 배출관 내 압력보다 커지고 배출밸브가 열린다.

2. 무엇이 파괴되거나, 또는 고압(우회) 밸브가 열린다.

반면, 원심 펌프에서 펌프 전후의 최대 압력상승은 임펠러의 r_1, r_2, ω와 유체 밀도에 의해 설정된다. 입구압력과 출구압력의 차이가 이 값보다 커지면 유체가 펌프로 역류하여 출구로 들어오고 입구로 나가게 된다.

원심 펌프를 사용하여 그림 10.4에 나타낸 흡입 양정 실험을 한다고 하자. 그림 10.9에서 흐름이 없고($Q = 0$) 1750 rpm일 때의 값을 읽으면 펌프두는 47 ft이다. 따라서 이 펌프에 물이 차 있으면 펌프 아래의 웅덩이로부터 34 ft에서 마찰두 손실을 뺀 높이까지 문제없이 물을 끌어 올릴 것이다. 물 대신에 펌프에 공기가 차 있다고 가정하자. 이 경우, 이 펌프는 공기 압축기로 잘 작동하지 않을 것이다. 공기로 차 있는 47 ft 두의 경우 펌프에서의 압력상승은 다음과 같다.

$$\begin{aligned}\Delta P = \rho g h &= 0.075\,\frac{\text{lbm}}{\text{ft}^3}\cdot 32.2\,\frac{\text{ft}}{\text{s}^2}\cdot 47\ \text{ft}\cdot\frac{\text{lbf}\cdot\text{s}^2}{32.2\ \text{lbm}\cdot\text{ft}}\\ &= 3.5\,\frac{\text{lbf}}{\text{ft}^2} = 0.024\ \text{psi} = 0.17\ \text{kPa}\end{aligned} \tag{10.K}$$

이에 따르면, 도입관의 물을 저장소 높이보다 약 0.7 in밖에 올릴 수 없게 된다. 그러므로 원심 펌프를 제대로 작동시키려면 모터를 돌리는 것만으로는 충분하지 못하다. 장치 안의 공기를 액체로 대체해야 하는데, 이를 **마중물**(priming)이라 한다. 이 펌프와 모든 일반 원심 펌프는 **자가 마중물**(self-priming)이 아니다. 이 펌프를 시동시키기 위해서는 대개 액체를 펌프에 넣어야 하며, 일단 작동되면 문제없이 마중물이 유지된다. 펌프가 멈추었을 때 펌프 내에 액체를 유지하기 위해 여러 방법이 제시되고 있으며[예를 들면, 펌프가 꺼져 있을 때 액체가 펌프 밖으로 빠져나오는 것을 막기 위해서 저장소(그림 10.4)로부터 도입관 부분에 설치하는 일방향 **풋밸브**(foot valve)] '자가 마중물 펌프' 또한 그중 하나이다.

10.3.2 NPSH

예제 10.2의 P.D. 펌프의 허용 흡입 양정 계산에서는 도입밸브 전후의 압력강하를 감안할 필요가 있었다. 여기서 피해야 할 어려운 문제는 밸브를 통한 압력 감소로 인한 액체 비등이었다. 원심 펌프에서 이와 비슷한 문제는 임펠러 눈에서의 비등이다. 유체가 이 눈으로 들어올 때 축방향 속도는 작고, 회전속도는 무시할 정도이다. 유체는 임펠러 날의 회전속도가 되어야만 이에 올라탈 수 있게 된다. 도입관(점 1) 그리고 펌프일이 유체의 압력을 증가시키기 시작하는 임펠러 날의 점(점 2) 사이에 베르누이 식을 적용하기로 한다. 마찰의 영향, 높이 변화, 도입 유체의 속도를 무시하면, 다음 결과가 얻어진다.

$$P_2 = P_1 - \rho\frac{V_2^2}{2} \tag{10.21}$$

이에 따라 5.9절에서 검토한 것처럼, 압력 하강에 의해서 유체가 끓게 된다. 원심 펌프는 비등 액체를 수송하는 데 쓰이는 경우가 많은데, 증류탑, 플래시드럼, 증발관, 환류드럼, 리보

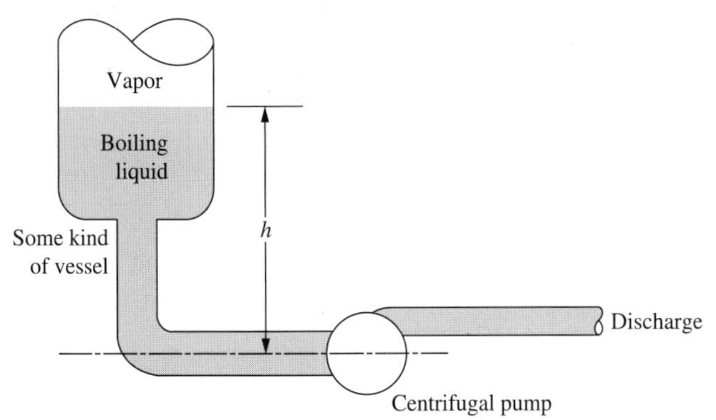

그림 10.10 유효양정(NPSH) 개념이 도입된 비등 액체 수송용 원심 펌프

일러, 응축기 등에서 사용된다(그림 10.10 참조). 그림 10.9에서 높이 h는 비등을 방지할 수 있을 만큼 충분히 큰 값을 가져야 한다.

예제 10.6 예제 10.5의 흐름에서, 펌프 임펠러 눈에서의 압력이 용기 내의 증기-액체 표면에서의 압력과 같아지는 데 필요한 h(그림 10.10)를 구하라. 무마찰 흐름을 가정하라.

용기 내의 자유표면(점 1)과 임펠러 눈(점 2) 사이에 베르누이 식을 적용하고, 두 압력이 같다고 할 때, 다음을 얻는다.

$$h = \frac{1}{\rho g} \cdot \left(\frac{V^2_{\text{eye of impeller}}}{2} + \mathscr{F}_{\text{whole system}} \right) \tag{10.22}$$

무마찰 가정하에서는 (마지막) 항 하나를 소거할 수 있다. 임펠러 눈에서의 속도는 그 점에서의 회전속도와 임펠러를 통한 바깥방향 흐름으로 인한 방사속도의 벡터합이다. 간단한 계산을 통해 회전 속도는 15.8 ft/s가 됨을 알 수 있다. 방사속도는 도입속도 9.56 ft/s와 실제로 같다고 가정한다. 이들의 벡터합(제곱의 합의 제곱근) = 18.5 ft/s이므로,

$$h = \frac{1}{(62.3\ \text{lbm/ft}^3) \cdot (32.2\ \text{ft/s}^2)} \cdot \frac{(18.5\ \text{ft/s})^2}{2} \cdot \frac{32.2\ \text{lbm} \cdot \text{ft}}{\text{lbf} \cdot \text{s}^2} = 5.28\ \text{ft} \tag{10.L}$$

■

이 거리를 유효양정(net positive suction head, NPSH)이라 한다. 그림 10.9에서 NPSH_R로 표시된 점선을 볼 수 있다. 여기서 아래첨자 R은 '필요한(required)'을 나타낸다. 이들 곡선을 내삽하면 이 유량에 대한 펌프의 $\text{NPSH}_\text{R} \approx 6.5$ ft임을 알 수 있다. 이 값은 식 (10.L)에 나온 값과 비슷하나 무시된 항 $\mathscr{F}$ 때문에 약간 더 크다.

이는 펌프에만 적용된다. 펌프 및 그림 10.10의 자유표면과 펌프 사이의 배관으로 이루어진 계에 대한 값을 구하기 위해서는 이 높이에 다음 형태의 마찰 항을 더해야 한다.

$$h_{\substack{\text{additional to overcome}\\ \text{friction in piping}}} = \frac{\mathcal{F}_{\text{in piping to pump inlet}}}{\rho g} \tag{10.M}$$

그림 10.10의 실제 거리 h가 이 값들의 합보다 크면 부드럽고 만족스러운 펌프의 작동을 기대할 수 있다. 그러나 h가 이 합보다 작으면, 펌프 임펠러 눈에서 공동이 일어나서 펌프 성능이 저하하고 펌프 임펠러의 빠른 손실을 가져오게 된다. 계의 모양으로 인해서 전형적인 원심 펌프의 NPSH_R을 만족하게 할 정도로 h를 크게 할 수 없는 경우, 낮은 NPSH_R을 갖도록 설계된 특수 원심 펌프나 P.D. 펌프를 선택할 수 있다. 예를 들어, 가정용 바비큐용 프로판 용기를 채우는 국부 프로판 분사기의 경우 열역학적으로는 그림 10.10의 것과 동일하다. 그 안의 액체와 증기는 끓고 있으며, 지면 위의 높이는 낮다. 액체 프로판을 분배하는 원심 펌프는 거의 없으며, 대신 슬라이딩-베인 펌프(그림 10.5)나 축열 또는 터빈펌프(10.7절)라 부르는 다른 펌프가 사용된다. 이들 펌프는 둘 다 일반 원심 펌프보다 NPSH_R이 훨씬 작으며 같은 크기의 일반 원심 펌프보다 더 높은 출구압력을 전달할 수 있다. NPSH 요구는, 왜 대부분의 원심 펌프가 출구보다 더 큰 입구를 갖는지 설명한다(그림 10.9에서 2 in 대 1.5 in). 큰 입구는 입구 흐름을 늦추고, 더 작은 입구의 펌프와 비교하여 NPSH_R을 낮춘다.

원심 펌프를 정리하면 다음과 같다.

1. 보통의 크기를 가지며(유량에 대해), 비교적 간단하고 견고하여 폭넓게 사용된다.
2. 압력상승(입구와 출구 지름이 같을 때)은 다음과 같다.

$$\Delta P = \rho_{\text{fluid}}\left[\begin{pmatrix}\text{rotor tip}\\ \text{speed}\end{pmatrix}^2 - \begin{pmatrix}\text{rotor inlet}\\ \text{speed}\end{pmatrix}^2\right]$$

$$\approx \rho_{\text{fluid}}\left(\omega\frac{D_{\text{impeller}}}{2}\right)^2 \qquad [\text{frictionless}] \tag{10.23}$$

설계 유량에서 보통 펌프에 대해서 다음 관계가 성립한다.

$$\Delta P_{\text{real, at design flow rate}} \approx 0.5\Delta P_{\text{frictionless}} \tag{10.24}$$

이 식은 이 장에서 계속 사용할 것이며, 문제에서 예측 목적으로 사용된다. 식 (10.24)는 산업적으로 가장 흔하게 사용되는 소형 및 중형 크기의 원심 펌프에 대해 잘 맞는다. 대형 원심 펌프에 대해서는 잘 맞지 않으며, 이 경우에 0.5는 0.8까지의 값으로 대체된다(연습문제 10.20).

3. 주어진 유체에 대하여 높은 ΔP를 얻기 위해서는 높은 ω나 D 값을 사용해야 한다. 흔히 이들에 대한 실제적인 한계가 존재한다. 매우 높은 추진기 및 펌프 속력을 위해서는 베어링, 균형, 서비스 등이 아주 좋아야 한다. 여러 관개 농업에서 의존적으로 사용되는 심정 펌프(deep well pump)의 경우, 심정 아래에 맞도록 펌프는 작아야 하며, 지

름은 가격 및 이용 가능한 심정 드릴 크기에 따라 설정된다(보통 1 ft 이하). 이 조건을 만족하기 위해 심정 펌프는 보통 여기에 설명된 것과 같은 20개의 원심 펌프를 직렬로 연결한다. 첫 번째의 배출 흐름이 두 번째의 입구가 된다. 따라서 1단에서 생성된 크지 않은 압력상승은 단의 수를 곱하여 그 서비스에 적합한 전체 압력 상승을 생성한다(흔히 수천 ft까지). 이들은 공동 축에 맞도록 효율적으로 함께 포장되고, 위에서부터 구동되며, 우물 아래로 축 위에 매달 수 있다.

4. 그림 10.7의 단순한 패들 임펠러는 일부 응용분야에 사용되기는 하나 대부분의 상업용 펌프는 다양한 설계의 훨씬 복잡한 임펠러를 가진다. 높은 두, 낮은 부피 유량의 경우 임펠러의 지름이 크며 축 방향으로 매우 얇다. 낮은 두, 높은 부피 유량의 경우, 임펠러는 보통의 팬 날과 비슷해진다. 중간 경우는 두 극단 사이의 특징을 가진다.

5. 대형 펌프는 흔히 그림 10.7과 같은 두 개의 펌프를 마주해서 설치하는데, 양쪽에서 흘러 들어가고 공동의 주변 출구로 배출된다. 이를 이중 흡입(double-suction) 펌프라 부른다. 이러한 설계는 대형 펌프에서의 골칫거리인(소형 펌프는 문제없음) 축 방향 추력을 제거한다.

6. 대형 고효율 원심 펌프는 효율이 0.90 이상일 수 있으나 고가이므로 매우 고출력용에만 사용할 수 있다(예를 들면, 콜로라도강에서 로스엔젤리스에 이르는 수로). 대부분 용도로는 간단하고 저렴한 구조로 설계된 펌프를 사용하며, 이들 효율은 0.50~0.80 정도로 한다. 원심 펌프의 효율은 수송 유체의 점도가 증가하면 빨리 감소하므로, 점도 300 cP 이상의 유체의 수송용으로 사용하는 일은 별로 없다. 점성 유체에 대해서는 슬라이딩-베인 펌프 및 유사한 P.D. 펌프가 더욱 잘 작동한다.

7. 그림 10.7은 축이 외부로부터 펌프로 들어가는 곳을 밀봉해야 함을 보여 준다. 보통은 포장 밀봉[그림 6.16(*b*)]하거나 기계적 밀봉[그림 6.16(*c*)의 고급 버전]을 한다. 수송되는 유체가 물인 경우, 보통 이 밀봉은 적은 양의 물이 항상 새어 나도록 느슨하게 하며, 이는 밀봉을 윤활시킴으로써 수명을 길게 하는 효과를 준다. 물의 경우에는 별다른 문제가 없으나, 가연성(가솔린) 또는 독성(벤젠) 액체의 경우에는 약간의 누출만으로도 문제가 될 수 있으므로 밀봉에 더 많은 주의를 기울여야 한다(연습문제 10.25).

P.D. 펌프와 원심 펌프의 특성을 표 10.2에서 비교하였다.

10.3.3 원심 압축기

P.D. 압축기는 한 세기 동안 산업에서 통용되었지만 복잡하고, 무겁고, 고가이며, 유량이 적은 장치이다. 항공기용 왕복엔진의 동력을 늘릴 필요성 및 터보제트와 가스터빈의 개발에 따라 경량, 고효율, 저가, 고유량 압축기가 필요하게 되었다. 1950년대 들어 고유량, 고효율 산업용 원심 압축기의 이용이 가능하게 되었고, 이들은 천연가스 배관, 대형 에어컨,

표 10.2
정변위 펌프와 원심 펌프의 비교

Characteristic	Positive displacement	Centrifugal
Normal flow rate	Low, up to perhaps 100 gpm	From small (automobile coolant pumps) to huge
Normal pressure rise per stage	Large, can be dangerous, requires high-pressure relief or bypass	Proportional to square of (rpm · impeller diameter), small for small pumps, larger for large ones
Self-priming (i.e., able to work as a weak vacuum pump and suck in liquid)	Yes	No
Number of moving and wearing parts	Many	Few
Number of basically different designs	Many	Only one, with modest variations
Outlet flow rate	Pulsing	Steady
Works well with high-viscosity fluids	Yes	No
$NPSH_R$	Low	Significant, increases with increasing flow rate
Ability to handle liquids with suspended solids	Poor	Fair

대형 고압 화학공정에서 P.D. 압축기를 대부분 대체하였다. 또한 암모니아 생산 산업의 혁명을 일으켰으며, P.D. 압축기와 이를 기반으로 한 공장 설비를 정지시켰다.

예제 10.7 최신 다단 원심 압축기의 임펠러가 있다. 지름은 약 2 ft이고, 약 10,000 rpm($\omega = 1047/s$)으로 작동한다. 압축기 첫 번째 단의 유체가 1 atm의 공기일 때, 첫 번째 단에서의 압력상승을 예측하라.

이 문제를 원심 펌프처럼 다루어 식 (10.23)과 (10.24)를 합치면 다음과 같다.

$$\Delta P = 0.5 \cdot 0.075 \frac{\text{lbm}}{\text{ft}^3} \cdot \left(\frac{1047}{\text{s}} \cdot \frac{2\text{ ft}}{2} \right)^2 \cdot \frac{\text{lbf} \cdot \text{s}^2}{32.2\text{ lbm} \cdot \text{ft}} \cdot \frac{\text{ft}^2}{144\text{ in}^2}$$
$$= 8.9\text{ psi} = 61\text{ kPa} \tag{10.N}$$

이 식은 비압축성 유체를 가정하여 세워진 것이다. 압력 및 온도 상승에 따라 밀도가 증가하므로, 이 가정은 대략적으로만 맞는다. 이 문제는 이러한 대형, 고속 회전 원심 압축기에서 압력상승이 상당히 크다는 것을 보여 준다. ■

본 압축기를 계속 해석해 보면, 각각의 다음 단에서의 도입 밀도가 앞에서보다 커서 단위 단에서의 압력상승이 꾸준히 증가할 것임을 알게 될 것이다. 천연가스 배관 및 암모니아 플랜트와 같은 응용 사례에서 도입압력은 흔히 1 atm보다 훨씬 크므로, 단위 단에서의 압력상승은 동등하게 더 크다.

10.4 축류 펌프 및 압축기

방금 설명한 원심 압축기는 저압에서보다는 이미 중간압력에 도달한 기체의 압력을 고압까지 상승시키기에 더 좋다. 다음에 설명하는 축류 압축기는 저압에서 원심 압축기보다 더 나으며, 같은 유량에서 지름이 더 작으므로 제트엔진에 쉽게 장착할 수 있다는 장점이 있다. 그림 7.15에서 제트엔진의 내부도를 보여 주고 있다. 그림의 왼쪽에서부터, 들어오는 공기흐름에 6/7으로 가속되는 거대한 팬, 흐름을 엔진축에 평행하게 바꾸는 한 세트의 고정된 베인, 남아 있는 흐름의 1/7을 유입 압력의 약 15배로 부스트하는 소형 축류 압축기, 대략 정압에서 공기를 연료와 혼합하고 태우는 연소실, 가스로부터 상류화 압축기에 동력을 제공하기 위한 충분한 에너지를 추출하는 2단 터빈, 그리고 전면에 동력을 보내는 최종 다단 터빈을 나타낸다. 팬, 압축기, 그리고 터빈 모두 공통적으로, 장치 축에 수직인 휠, 이들 주변에서 유체와 상호작용하는 날, 그리고 늘어선 날을 통해 흐르는 흐름을 담고 있는 하우징으로 구성된다. 날이 달린 각각의 움직이는 휠 뒤로는 하우징에 부착된 또 다른 고정된 날의 원이 존재하며, 이들은 다음 움직이는 휠 쪽인 오른쪽 방향으로, 또는 대기로 빠져나가는 방향으로 흐름을 돌린다.

압축기의 굽은 날은 축에 경사져 있어, 날이 회전함에 따라 관 아래로 유체를 밀어낸다. 이는 가정 및 사무실에서 공기를 순환시키는 휴대용 팬, 부엌 및 욕실에서 공기를 배출시키는 고정용 팬, 컴퓨터의 냉각 소형 팬과 기능적으로 동일한 것이다. 팬이 정지해 있을 때와 움직일 때를 점검해 보도록 하자.

항공 및 산업적으로 사용되는 축류 압축기에서 흐름 방향으로 날은 더 짧아지며 유로는 더 좁아진다는 특징이 존재한다. 유체의 밀도 증가에 따라서 흐름에 수직인 면적은 거의 일정한 속도를 유지하기 위해 줄어든다.

축류 압축기는 원심 압축기에 비해서 기체흐름에 수직인 단면적이 작아 유선형 항공기에 쉽게 장착할 수 있고, 속도가 낮아서 마찰 손실이 적으며, 효율이 다소 높다는 장점이 있다.

원심 및 축류 압축기는 일반적으로 작은 장치에서 다량의 기체를 취급하므로, 기체로부터의 열전달을 무시할 수 있다. 따라서 단열 압축기에 관한 식 (10.13)을 이용하여 성능을 기술할 수 있으며, 효율은 80~90% 정도이다(10.1절 참조). 천연가스 배관이나 암모니아 플랜트처럼 고유량 응용 분야에서는 이들 압축기가 P.D. 압축기를 거의 완전히 대체하였다.

원리적으로, 축류 펌프는 축류 압축기와 동일하다. 실제로 이들은 대개 1단만으로 되어 있고(액체의 밀도가 더 높아서), 폭우 제거와 같은 초고유량, 저압 분야에 이용된다. 이들은 화학공학에는 거의 이용되지 않는다.

10.5 압축기 효율

압축기(원심 및 축류)에 대한 논의는 주로 기계적 관점에서 진행된 바 있으며, 이 관점은 이들 장치의 유체역학을 이해하는 데 도움이 된다. 기초 열역학 책에서는 터빈과 압축기를 제1법칙 및 제2법칙의 관점에서 생각한다. 이러한 관점이 여기에 간략히 설명된다.

임의의 정상 흐름 압축기 또는 터빈에 대하여, 위치 및 운동 에너지를 무시할 수 있는 경우,

$$-\frac{dW_{\text{n.f.}}}{dm} = h_{\text{in}} - h_{\text{out}} + \frac{dQ}{dm} \qquad \begin{bmatrix}\text{steady-flow}\\ \text{compressor or turbine}\end{bmatrix} \tag{10.25}$$

이상기체의 등엔트로피 과정에 관한 관계를 식 (10.25)에 대입하면 식 (10.13)을 얻을 수 있다. 또 이상기체의 등온 관계를 식 (10.25)에 대입하고 엔트로피수지를 이용하여 dQ/dm에 대하여 풀면 식 (10.11)을 얻을 수 있다. 따라서 압축기 안에서 일어나는 일에 관한 기계적 관점에 의한 결과는, 외부에서 압축기를 계로 택한 열역학적 관점에 의한 결과와 같아짐을 알 수 있다.

펌프 효율의 정의(10.1절)에서, 유용한 일을 전체 일에 대하여 비교한 바 있다. 비압축성 유체에서는 정밀도 유체에 관한 베르누이 식으로 이를 쉽게 구할 수 있다. 이로부터 식 (10.4)를 얻을 수 있다. 또한 펌프 효율의 정의는 다음과 같이 다시 쓸 수 있다.

$$\text{Efficiency} = \frac{\text{work required for the best possible device doing this job}}{\text{work required by this real device}} \tag{10.26}$$

이 정의는 압축기에도 적용할 수 있다. 단열 압축기의 경우 최선의 장치는 도입 및 배출 엔트로피가 같은 가역 단열 압축기이다. 이를 통상적으로는 **등엔트로피 압축기**(isentropic compressor)라 부른다. 이들의 효율은 다음과 같이 정의한다.

$$\text{Compressor efficiency} = \eta = \frac{\text{work of isentropic compressor}}{\text{work of real compressor}} \tag{10.27}$$

그림 10.11에 나타낸 정상 흐름 단열 압축기를 살펴보자. 이 과정에 대한 에너지수지를 취할 시(압축기를 계로 선택하고 운동 및 위치 에너지의 변화를 무시),

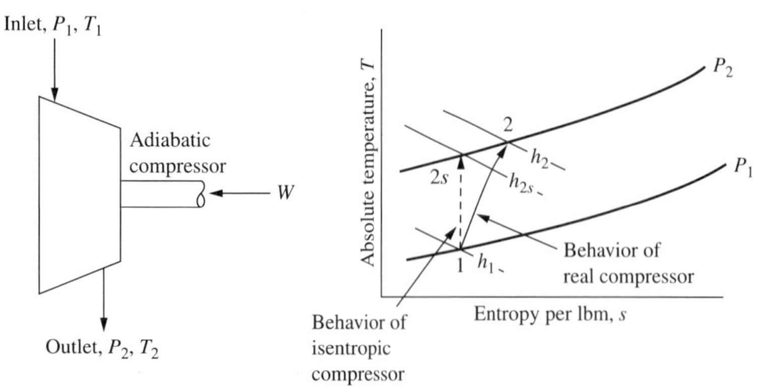

그림 10.11
회전 압축기(원심 또는 축류) 개략도 및 T-s 선도. 상태 2는 실제 압축기의 출구, 상태 2s는 가역 등엔트로피 압축기에 대응하는 출구를 나타낸다.

$$-\frac{dW}{dm} = h_{\text{in}} - h_{\text{out}} = h_1 - h_2 \tag{10.28}$$

이 압축기가 하는 일과 가역 압축기가 하는 일을 비교해 보면, 실제 압축기의 배출 엔트로피, 온도, 엔탈피가 가역 압축기의 배출 흐름에서보다 크기 때문에(그림 10.11에서 $h_2 > h_{2s}$), 똑같은 일을 하는 가역 압축기와는 비교할 수 없음을 즉시 알 수 있다. 따라서 배출 엔탈피, 배출온도, 또는 배출압력이 동일한 가역 압축기와 실제 압축기를 비교해야 한다. 실제 압축기에서는 일반적으로 배출압력을 제어하여 조절하므로 후자를 선택하는 것이 논리적으로 가장 타당하다. 이것이 압축기 효율을 정의하는 보편적인 선택이다. 이에 따라서 식 (10.27)은 다음과 같이 된다.

$$\eta_{\text{pump or compressor}} = \frac{W_{\text{isentropic}}}{W_{\text{real}}} = \frac{h_{2s} - h_1}{h_2 - h_1} \tag{10.29}$$

예제 10.8 단열 압축기에서 20°C의 공기를 1 atm에서 4 atm으로 압축한다. 공기 유량은 100 kg/h, 압축기 구동에 필요한 동력은 5.3 kW이다. 이 압축기의 효율과 배출 공기의 온도를 구하라. 또 이 압축기의 효율이 100%일 때의 배출공기 온도를 구하라.

같은 일을 하는 등엔트로피 압축기 구동에 필요한 동력은 식 (10.13)과 같다.

$$\begin{aligned}\text{Po} = \dot{m}\frac{dW_{\text{n.f.}}}{dm} &= \frac{100\text{ kg/h}}{29\text{ g/mol}} \cdot \frac{8.314\text{ J}}{\text{mol}\cdot\text{K}} \cdot 293.15\text{ K} \cdot \frac{1.4}{0.4} \\ &\cdot (4^{0.4/1.4} - 1) \cdot \frac{\text{W}\cdot\text{s}}{\text{J}} \cdot \frac{\text{h}}{3600\text{ s}} = 3.97\text{ kW} = 5.32\text{ hp}\end{aligned} \tag{10.O}$$

$$\eta = \frac{3.97\text{ kW}}{5.3\text{ kW}} = 0.75 \tag{10.P}$$

$$\begin{aligned}\Delta T_{\text{real}} = \frac{\Delta h}{C_P} &= \frac{-dW_{\text{n.f.}}/dm}{C_P} \\ &= \frac{5.3\text{ kW}/(100\text{ kg/h})}{(29.1\text{ J/mol}\cdot\text{K})\cdot(\text{mol}/29\text{ g})} \cdot \frac{3600\text{ s}}{\text{h}} \cdot \frac{\text{J}}{\text{W}\cdot\text{s}} \\ &= 190\text{ K} = 342°\text{F}\end{aligned} \tag{10.Q}$$

$$T_{\text{out}} = 20°\text{C} + 190\text{ K} = 210°\text{C} = 410°\text{F} \tag{10.R}$$

등엔트로피 압축기에 대해,

$$\begin{aligned}\Delta T_{\text{isentropic}} = \frac{\Delta h}{C_P} &= \frac{-dW_{\text{n.f.}}/dm}{C_P} \\ &= \frac{3.97\text{ kW}/(100\text{ kg/h})}{(29.1\text{ J/mol}\cdot\text{K})\cdot(\text{mol}/29\text{ g})} \cdot \frac{3600\text{ s}}{\text{h}} \cdot \frac{\text{J}}{\text{W}\cdot\text{s}} \\ &= 142\text{ K} = 142°\text{C} = 256°\text{F}\end{aligned} \tag{10.S}$$

$$T_{\text{out}} = 162°\text{C} = 324°\text{F} \tag{10.T}$$

■

이 예제에서 알 수 있는 것처럼 압축기의 비효율성에 의해서 압축기 배출온도가 높아지는데, 이는 일종의 마찰열이라 볼 수 있다. 효율 100%인 압축기가 필요로 하는 것 이상의 과외 일은 압축기를 통과하는 기체나 외계를 가열하게 된다.

10.6 펌프 및 압축기의 안정성

대부분의 화학공학 상황에서는 펌프나 압축기가 엘보, 팽창 또는 수축, 밸브 등이 있는 어떤 종류의 관이나 덕트를 통하여 유체를 이동시킨다. 보통은 입구보다 더 높은 정압 또는 고도로 이를 수송한다. 대개 어떤 종류의 제어밸브(욕실 수도꼭지 같은 수동식, 또는 플랜트 공정제어 시스템에 의해 구동되는 압축공기식 또는 전기식)를 이용하여 계를 통한 흐름을 설정하고 변화시킨다. 그림 10.12는 이들이 P-Q 좌표계에서 어떻게 상호작용하는지를 나타낸다. 왼쪽 위로부터 오른쪽 아래로, 예를 들면 그림 10.9와 같은 전형적인 원심 펌프 곡선이 나와 있다. 계의 저항 곡선은 정지 성분(공급관에서의 압력보다 유체가 들어가는 곳의 압력이 더 높아서 생기는 펌프 입구와 출구의 압력차)과 6장의 방법으로 계산된 유체 마찰 성분으로 구성되어 있다. 후자는 난류의 경우 Q의 제곱에 비례하여, 왼쪽에서 오른쪽까지 증가한다. 이 둘의 합은 그림상의 ΔP_{system} 곡선에 해당되며, 이는 완전히 열린 밸브 유량에서 펌프 곡선과 교차한다. 제어밸브를 닫으면 K(6.9절 및 표 6.7 참조)가 증가하여, ΔP_{system} 곡선의 $\Delta P_{\text{friction}}$ 부분을 약 $Q = 0$에서 반시계방향으로 회전시킨다. 따라서 곡선의 교차점을 왼쪽으로 이동시키고 유량을 감소시킨다.(이는 펌프 출구에서의 압력도 증가시킨다. 제어밸브를 닫음에 따라 이를 통한 압력 감소는 증가와 상쇄된다.)

그림 10.12의 펌프계는 모든 제어밸브 설정에서 매우 안정하나 그림 10.13의 펌프계는 그렇지 않다. 이 경우는 최대값을 갖는 펌프 곡선을 나타낸다. 많은 대형 원심 또는 축류 압축기는 이러한 종류의 곡선을 가진다. 제어밸브를 완전히 열어서 시작하면 거동은 그림

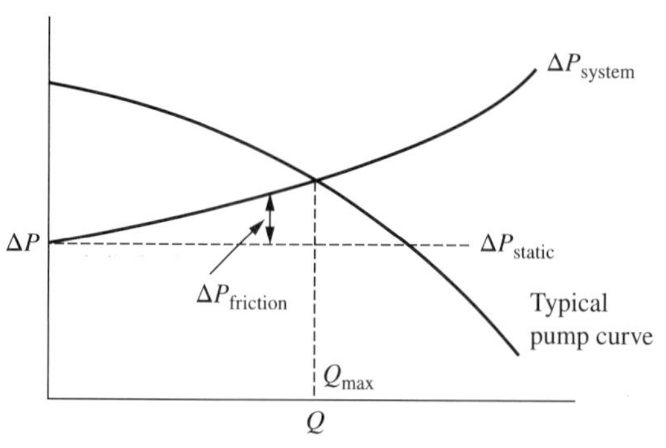

그림 10.12
펌프 곡선 및 계 저항 곡선. 정상 조업에서 흐름은 두 곡선의 교차점에 대응한다. 이 펌프는 모든 유량에서 안정하다.

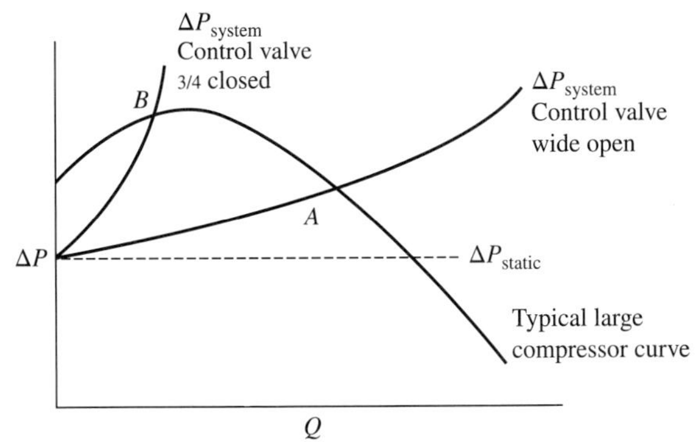

그림 10.13
그림 10.12와 마찬가지이나, 펌프 곡선이 최대값을 가진다. 최대값의 오른쪽에서 계는 안정하나, 왼쪽에서는 불안정하다. 이러한 펌프 곡선 모양은 대형 압축기의 경우 흔해서 압축기 서지(surge) 문제를 일으킨다.

10.12의 경우와 같으며, 계는 점 *A*에서 작동한다. 만약 이 점에서 어떠한 교란이 발생하여 그림의 오른쪽으로 움직이도록 *Q*를 약간 증가시키면, 압축기가 전달하는 압력은 감소하고, 따라서 *Q*를 감소시킴으로써 계를 점 *A* 상태로 되돌린다. 마찬가지로, *Q*가 약간 감소할 시 압축기가 전달하는 압력을 상승시켜서, 계를 점 *A*로 되돌린다.

압축기 곡선상의 최대값 왼쪽 임의의 점에서 계는 불안정하다. 점 *B*를 생각해 보자. 이 점에서 어떤 교란이 *Q*를 약간 증가시켜 그림의 오른쪽으로 이동시키는 경우, 압축기가 전달하는 압력은 증가하여 계를 통한 유량을 더욱 증가시키고 계를 점 *B*로부터 멀어지게 한다. 마찬가지로 *Q*가 약간 감소하면 압축기가 전달하는 압력을 낮추어 계를 점 *B*로부터 멀어지게 한다. 따라서 점 *B*는 불안정하다. 압축기 및 이와 연결된 계가 이 점에 있으면, 임의의 교란은 그 방향으로 계를 점 *B*로부터 멀어지게 할 것이다. 저항 곡선은 천천히 변화하여 달라진 흐름(증가 또는 감소한)에 적응하며 결국 안정된 흐름에 다시 도달한다. 그러나 압축기의 반응은 신속하며, 따라서 빠르고 파괴적인 진동 흐름이 압축기에 일어날 수 있다. 이를 **압축기 서지**(compressor surge)라 부른다. 이는 다음과 같은 상황에서, 즉 (i) 정지해 있던 대형 압축기를 시동시킬 때, (ii) 제어밸브를 천천히 열 때, (iii) 제어밸브를 닫아 압축기를 정지시킬 때 일어날 수 있다. 압축기 서지의 해결방법은 이러한 종류의 압력-흐름 곡선을 갖는 압축기를 사용하지 않는 것으로 생각할 수 있겠지만, 유감스럽게도 전 세계 대부분의 고효율 압축기는 이러한 종류의 곡선을 가진다. 이 문제를 피하고 대형 압축기가 서지 문제 없이 시동 및 정지 상태에 들어가도록 하는 다양한 제어계가 고안되었다[5].

10.7 축열 펌프

인간의 창의력은 P.D. 원심 및 축류 펌프 외에도 모든 종류의 펌프를 만들었다. 이들 중에서 가장 많이 접하는 종류가 터빈 펌프라 부르는 **축열 펌프**(regenerative pump)이다. 대부분의 자동차 연료 펌프 및 공정산업에서 사용되는 다양한 저유량, 고압 펌프가 이에 속한다. 그림 10.14는 터빈 펌프의 내부도를 나타낸 것이다. 임펠러는 주변부의 양쪽 면을 절단한

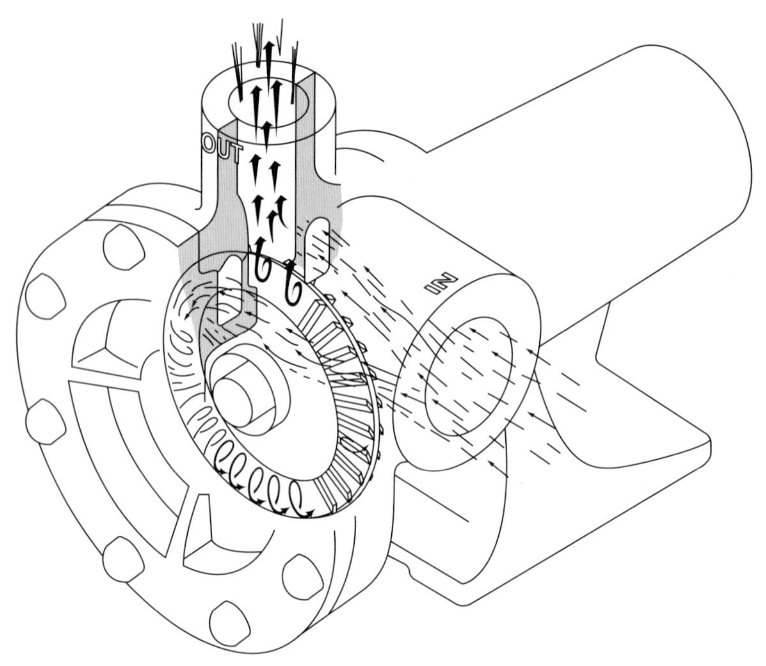

그림 10.14
터빈 또는 축열 펌프의 부분 내부 개략도. 임펠러는 주변부 근처에 절단된 홈을 가지며, 치아처럼 보인다. 임펠러는 펌프의 앞부분과 뒷부분 사이의 홈 내에서 회전한다. 유체는 오른쪽의 입구로 흘러 들어가서 반시계방향으로 한번 흘러 위쪽의 출구로 나온다. 유체는 화살표로 표시한 것처럼 임펠러와 홈 바깥부분 사이를 순환한다. (Corken Pump Division of the Idex Corporation 제공)

부분을 치아 구조로 만든 평평한 바퀴 형태이다. 임펠러는 펌프의 뒤덮개와 앞덮개 사이의 홈 안에서 회전한다. 유체는 오른쪽 입구로 흘러 들어가서 홈 안에서 한번 흘러 위쪽으로 나온다. 움직이는 임펠러가 입구에서 출구까지 홈 주위의 유체를 구동한다. 홈 주위를 통과하면서 유체는 임펠러 주변의 날과 홈의 벽 사이에서 순환하며 압력이 상당히 증가한다. 이 펌프는 입구로부터 출구까지 밖으로 향하는 순 흐름이 없으므로 원심 펌프와 다르며, 유체를 어떤 점에서 잡아 짜내지 않기 때문에 P.D. 펌프와 다르다. 대신에 이 펌프는 움직이는 날에 의해 압력구배를 가로질러, 유체를 문자 그대로 밀어서, 원심력에 의해 생성되는 난류와 내부 소용돌이로 실어 나르는 방식을 따른다.

그림 10.15는 회전자 지름 4.4 in, 속력 1750 rpm인 소형 터빈 펌프의 펌프 지도를 나타낸 것이다[6]. 두-흐름 곡선은 원심 펌프와 같이 실제로 수평이 아니며 P.D. 펌프처럼 수직도 아님을 알 수 있다. 대신에 왼쪽에서 오른쪽으로 약 45도 기울어 있다. 흐름이 없을 때의 두('정지 두')는 180 ft이다. 그림 10.9의 아래쪽으로 4.4 in 임펠러까지 외삽하면, 1750 rpm에서 같은 크기의 임펠러를 갖는 원심 펌프의 경우 정지 두가 약 20 ft임을 예측할 수 있다. 그림 10.15의 펌프 곡선은 같은 크기 및 속력의 일반 원심 펌프에 비해 약 9배가 큰

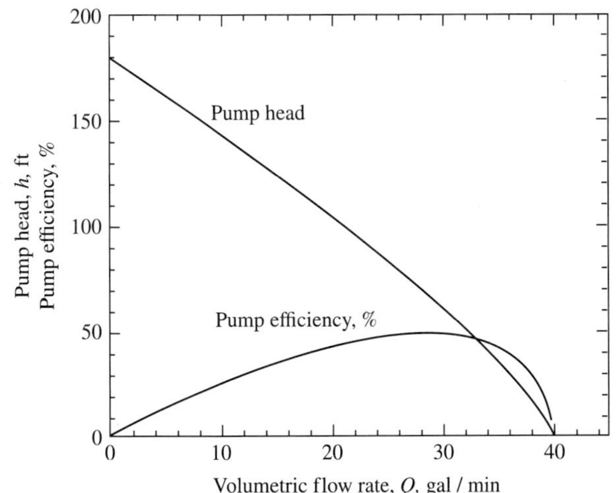

그림 10.15
터빈 또는 축류 펌프의 펌프 곡선(회전자 지름 4.5 in, 속력 1750 rpm)[6] (Abramson, E. I. "The Modern Turbine Pump—Choice of Plant Operators for Specialized Jobs." *Power 99*, no.4, 1955, pp.120–123)

정지 두를 가지며, 이는 이 펌프의 유용성을 설명한다. 작은 부피 유량으로 높은 압력상승이 필요할 때 이 유형의 펌프는 같은 흐름을 만드는 데 있어 원심 펌프보다 더 작고 저렴하며, P.D. 펌프보다 움직이는 부품이 적고 비용 및 유지 관리 문제가 적다.(그림 10.5의 베인 펌프와 터빈 펌프는 성능에서 거의 같으며, 프로판 분배와 같이 두 종류가 경쟁하는 응용분야가 있다.) 축열 펌프 이론[7]은 원심 펌프에서 사용되는 간단한 형태로는 쉽게 축약되지 않는다.

10.8 유체 엔진과 터빈

그림 10.2에 나타낸 P.D. 펌프는 밸브 개폐 시점을 바꿈으로써 간단히 유체 엔진으로 사용할 수 있다. 이것은 19세기와 20세기 초, 전 세계 기계적 동력의 대부분을 공급한 수증기 엔진과 같은 형태이다. 이의 운전은 압축기와 반대로서, 그림 10.6에 간략하게 나타내었다(사이클을 반대방향으로 돌림!). 기계적으로 유사성을 가지는 내부연소 엔진의 경우, 동력원으로서의 수증기 엔진을 거의 대체하였다. 이러한 종류의 P.D. 팽창 엔진은 (내부연소가 없는) 대규모 응용분야에서 좀 더 저렴하고 간단한 터빈으로 대체되었고, 중소규모 응용분야에서는 전동 모터로 대체되었다. 현재 남아 있는 용도는 광산이나 특수 화학공장처럼 화재 위험 때문에 전기보다는 스파크가 없는 수증기나 압축공기로 동력을 배급하여 사용해야 하는 곳뿐이다.

수력발전소의 물 및 화력발전소의 수증기나 뜨거운 연소기체처럼 유체로부터 동력을 추출해야 하는 대규모 시설에서는 터빈은 가장 일반적인 장치이다. 물, 수증기 및 기체터빈은 조작 원리가 같지만 크기, 모양, 속도는 매우 다르다.

터빈은 둘레에 날을 부착한 휠과 집 등으로 되어 있는데, 이러한 날을 대개 버킷(bucket)

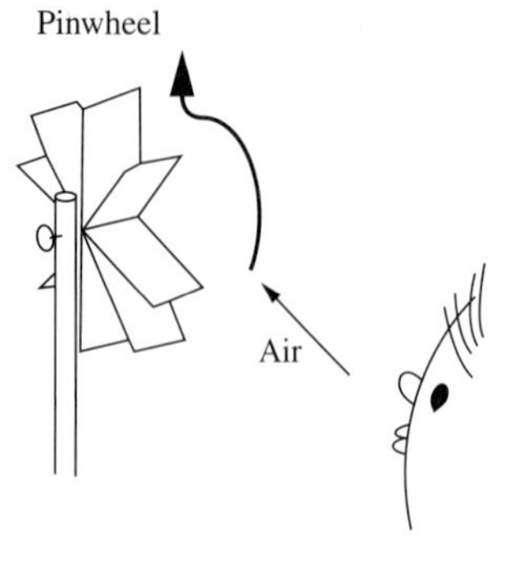

그림 10.16
가장 간단한 임펄스 터빈인 장난감 바람개비

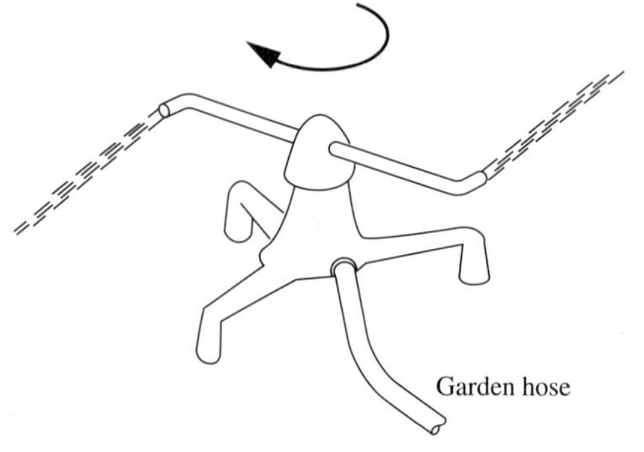

그림 10.17
가장 간단한 반작용 터빈인 정원용 회전 스프링클러

이라 한다. 날은 흐름의 방향을 바꾸어 날에 힘이 미치게 하며, 이 힘은 휠을 돌려서 동력을 생산한다.

가장 간단한 터빈은 그림 10.16에 나타낸 장난감 바람개비이다. 바람개비에서는 고속 제트가 날에 부딪혀서 속도가 느려진다. 이처럼 유체가 고정된 노즐(그림에서 아이의 입술)에서 압력이 감소하고, 실질적으로 정압에서 터빈을 통과하여 흐르는 장치를, 임펄스 터빈(impulse turbine)이라 한다. 이 거동은 7.5절에서 논의하였는데, 가장 효율적인 운전 상황에서의 날속도는 제트속도의 절반이 되며, 배출흐름의 유속은 무시할 정도가 된다(고정 좌표계에 대해).

반작용 터빈(reaction turbine)에서는 유체가 무시할 만한 속도로 날에 도입되고 날에 대하여 고속으로 배출된다. 가장 간단한 반작용 터빈의 예로는 정원용 회전 스프링클러가 있다(그림 10.17). 이러한 것을 반작용 터빈이라 부르는 이유는 로켓 모터를 반작용 모터라 할 때와 동일하다. 즉, "작용과 반작용은 같다"라는 뉴턴의 제3법칙에 의하여 모터가 내는 힘을 설명할 수 있기 때문이다. 이러한 종류의 터빈은 그림 10.17에 나타낸 것과 같이 축의 끝에 물 제트 대신 두 로켓을 부착하여 만들 수 있을 것이다. 반작용 터빈에서는 압력 감소가 이동 노즐에서 나타난다.

간단한 반작용 터빈은 각운동량 수지식 (7.62)에 의해 쉽게 해석할 수 있다. 이 식은 7.7

절에서 정상 흐름 터빈에 관하여 보인 것처럼 오일러의 터빈식 (7.63)이 된다. 단위 시간당 생산되는 동력을 구하려면 식 (7.63)의 양변에 ω를 곱한다.

$$\text{Po} = \frac{dW_{\text{n.f.}}}{dt} = \Gamma\omega = \dot{m}\,\omega\,[(rV_\theta)_{\text{out}} - (rV_\theta)_{\text{in}}] \tag{10.30}$$

여기서 유체는 중심($r_{\text{in}} = 0$)에서 도입되므로, 우변 가장 오른쪽 항은 0이다. 이어서 단위 질량당 일을 구하면 다음을 얻는다.

$$\frac{dW_{\text{n.f.}}}{dm} = \omega\,(rV_\theta)_{\text{out}} \tag{10.31}$$

ωr_{out}은 노즐의 접선속도이므로,

$$\frac{dW_{\text{n.f.}}}{dm} = V_{\theta_{\text{nozzle}}}\,V_{\theta_{\text{out}}} \tag{10.32}$$

속도 $V_{\theta_{\text{out}}}$은 $V_{\theta_{\text{nozzle}}} + V_{\text{rel}}$과 같다. 여기서 V_{rel}은 노즐에 탑승한 관찰자가 측정한 제트의 속도이다. 따라서

$$\frac{dW_{\text{n.f.}}}{dm} = V_{\theta_{\text{nozzle}}}\,(V_{\text{rel}} + V_{\theta_{\text{nozzle}}}) \tag{10.33}$$

($V_{\theta_{\text{nozzle}}}$과 V_{rel}의 부호는 반대이다!) 그림 10.17에 나타낸 간단한 정원용 스프링클러에서는 V_{rel}이 $V_{\theta_{\text{nozzle}}}$과 무관하며, 이는 정원 호스 내 압력과 계의 마찰에 따라 달라진다. V_{rel}이 일정하다면, $V_{\theta_{\text{nozzle}}}$의 가장 효율적인 값을 찾을 수 있다. 이는 $dW_{\text{n.f.}}/dm$의 최대값을 의미하는 것으로, 이는 식 (10.33)을 $V_{\theta_{\text{nozzle}}}$에 대하여 미분하고 도함수를 0이라 하였을 때의 값 $V_{\theta_{\text{nozzle}}} = 1/2 \cdot V_{\text{rel}}$에 해당된다. 즉, 노즐에 탑승한 관찰자가 측정하면 노즐이 제트속도의 절반으로 움직이고 방향이 반대이다.

그림 10.16의 단순 임펄스 터빈과 그림 10.17의 단순 반작용 터빈을 비교하면 전자가 더 효율적임을 알 수 있다. 어느 쪽이나 내부 에너지와 주입일($\Delta P/\rho$)을 운동에너지로 전환하는 노즐과 이 운동에너지로 일을 생산하는 장치로 구성되었다고 볼 수 있다. 또한 어느 경우에서나 계를 떠나는 유체의 운동에너지는 허비된다. 7.5절에서 보여 주었듯이 원리상으로는 배출유속(고정 좌표에 기초)이 0인 임펄스 터빈을 만드는 것이 가능하다. 그러나 그림 10.17과 같은 반작용 터빈에서는 최대 효율에서 $V_{\text{out}} = 1/2 \cdot V_{\text{rel}}$이 되므로 배출 운동에너지가 가용 운동에너지 총량의 1/4이 되며, 이러한 이유 때문에 그림 10.17에 나타낸 순수 반작용 터빈은 효율이 낮아서 산업에서 실용되는 일이 거의 없다. 어떤 대형 물 터빈의 경우에는 출구에 확산기를 설치하여 낭비되는 운동에너지의 대부분을 회수하고 효율을 개선함으로써 이 문제를 해결한다.

현재의 대부분의 물 및 수증기 터빈은 일련의 고정 노즐과 이동 휠에서 각각 부분적으로 압력을 감소시키므로, 임펄스 터빈인 동시에 반작용 터빈이다. 그러나 현재 순수한 임펄스

터빈도 사용되고 있으므로, 일반적으로 반작용이 없이 100% 임펄스인 것을 임펄스 터빈이라 하고, 100% 임펄스가 아닌 것은 반작용 터빈이라 한다. 대부분의 반작용 터빈은 반작용이 50% 미만이고 나머지는 임펄스 터빈이다.

액체 터빈은 대형의 느린 동작 장치이고, 가스 및 수증기 터빈은 소형의 빠른 동작 장치이다. 앞에서 보였듯이, 임펄스 터빈의 경우 날의 최적속도는 제트속도의 1/2이다. 따라서 1단 임펄스 터빈 회전자의 속도는 가능한 제트속도에 의해 설정된다. 후버댐에서는 유체가 약 700 ft 떨어진다. 수면과 터빈 노즐 사이에 베르누이 식을 적용하면, 가능한 최대(무마찰) 제트속도를 다음과 같이 구할 수 있다.

$$V = (2gh)^{1/2} = \left(2 \cdot 32.2 \frac{\text{ft}}{\text{s}^2} \cdot 700 \text{ ft}\right)^{1/2} = 212 \frac{\text{ft}}{\text{s}} = 65 \frac{\text{m}}{\text{s}} \tag{10.U}$$

따라서 터빈의 날은 약 106 ft/s로 움직인다. 회전자는 지름 10 ft로 만드는 것이 편리하므로, 회전속도(rpm)는 대략 다음과 같다.

$$\begin{pmatrix}\text{Angular velocity}\\ \text{expressed as rpm}\end{pmatrix} = \frac{106 \text{ ft/s}}{10\pi \text{ ft}} \cdot \frac{60 \text{ s}}{\text{min}} = \text{approx. } 200 \text{ rpm} \tag{10.V}$$

이제 수증기 터빈을 고려해 보자. 8장의 방법에서 보였듯이 노즐을 통하여 수증기가 약 100 psia에서 대기압으로 가역 단열팽창하면 유속이 약 3000 ft/s가 된다. 따라서 날은 1500 ft/s 정도로 움직여야 한다. 여기서도 지름이 큰 휠을 사용하는 것이 이상적이겠으나, 이러한 높은 회전속도에서는 터빈 휠을 잡아당기는 원심력이 너무 크기 때문에, 지름이 작은 휠이어야 견딜 수 있다. 가장 큰 1단 수증기 터빈 휠은 지름이 2 또는 3 ft 정도이다. 휠이 3 ft이고 날속도가 1500 ft/s일 때 회전속도는 다음과 같다.

$$\begin{pmatrix}\text{Angular velocity}\\ \text{expressed in rpm}\end{pmatrix} = \frac{1500 \text{ ft/s}}{3\pi \text{ ft}} \cdot \frac{60 \text{ s}}{\text{min}} = \text{approx. } 15\,000 \text{ rpm} \tag{10.W}$$

최초로 성공한 수증기 터빈은 구스타프 드 라발[8]이 개발한 것으로, 위에서 설명한 것과 같은 1단 임펄스 터빈이며 회전속도는 20,000 rpm 정도였다.

대부분의 제트 및 가스터빈 엔진용 터빈은 위에서 설명한 간단한 임펄스형으로 20,000 rpm 정도로 회전한다. 비행기 및 자동 터보 과급기의 터빈도 마찬가지이다. 그러나 이것은 60사이클 전류를 생산하는 발전기에 연결하기에는 불편한 속도이다. 회전속도는 3600/n rpm(n은 정수)이어야 한다. 미국에서 통용되는 발전기 속도는 1800, 1200, 600 rpm이다. 고속터빈을 기어 감속장치를 거쳐서 이러한 발전기에 연결할 수 있지만, 저속터빈을 만드는 것이 더 경제적인 해결책으로 보인다. 여기서는 공동 축에 여러 휠을 연결한다. 수증기는 노즐을 통해 흐른 다음, 날이 있는 휠을 거쳐서 다시 다른 노즐로 간다. 노즐과 휠의 각 조합은 사실상 별개의 터빈이라 할 수 있다. 이러한 노즐-휠 조합을 단(stage)이라 하고, 여러 휠 터빈을 다단터빈(multistage turbine)이라 한다. 각 단에서의 압력 감소는 작으므로, 제트속도와 끝속도를 작게 하여 효율적으로 조작한다. 현재 실용되는 수증기 터빈에서는 대개 처음 몇 단은 순수 임펄스인 단이고, 이어서 50% 임펄스 및 50% 반작용인 단으로 되어 있다. 그림 7.15의 오른쪽에 두 개의 터빈이 나와 있다. 첫 번째는 3단 터빈이고, 두 번째는 1단 터빈이다. 이들은 왼쪽에서 다른 속도로 두 개의 압축기를 추진시키는 동심축을 구동한다. 이와 같은 형태의, 다른 속도로 회전하는 동심원 부분을 가지는 기계를 '투-스풀(two-spool)' 장치라 한다.

낙차가 크고 유량이 작은 수력발전에서 가장 경제적인 터빈은 순수 임펄스 펠턴 휠이다. 유량이 크고 낙차가 작으면 마찰효과 때문에 펠턴 휠의 효율이 저하되므로, 이때는 방사 내향으로 흐르는 부분 반작용 프랜시스 터빈이 가장 경제적인 것으로 보인다. 유량이 아주 크고 낙차가 아주 작을 때의 가장 경제적인 것은 카플란 터빈인데, 선박의 프로펠러처럼 생겼고, 날 피치를 조정할 수 있게 되어 있다. 프랜시스 터빈과 카플란 터빈은 도입 헤드가 동일한 임펄스 터빈보다 여러 회전속도에서 효과적으로 기능을 발휘하도록 설계할 수 있다. 이것은 장점이 되는데, 아주 저속(가령 50 rpm)인 발전기는 만들기가 어렵기 때문이다. 다른 종류의 수증기 및 가스 터빈[8, 9], 물 터빈[10], 펌프[11], 압축기[12] 등에 관한 자세한 내용은 문헌을 참조하기 바란다.

약 1900년 이전에는 수증기 및 물 동력장치가 화학공업 기계를 포함, 기계 대부분을 구동시켰다. 편리함과 유연함 때문에 전기구동 모터가 대부분의 화학공업 분야에서 이들 장치를 대체하였다. 그러나 대형 팬 및 압축기 구동에 있어 화학공학자는 수증기 터빈을 자주 접하게 되며, 주요 화학공업 단지의 일부인 열병합발전 공장에서는 종종 이러한 터빈이 포함되어 있다. 화학공학자는 틀림없이 전기발전 산업에서 이들을 접하게 될 것이다.

10.9 유체 엔진 및 터빈의 효율

유체 엔진 및 터빈의 효율은 펌프나 압축기 효율의 역으로 정의한다.

$$\text{Efficiency} = \frac{\text{work actually delivered}}{\text{maximum possible work}} \tag{10.34}$$

물과 같은 비압축성 유체에 대해서는 일반적으로 유체가 계를 속도 0으로 떠나고, 베르누이 식의 $\mathscr{F}$ 항이 0일 때 전달할 수 있는 일을 가능한 최대 일로 정의한다. 수증기와 같은 기체의 경우에는 배출속도가 0이고, 등엔트로피 조작에서 얻을 수 있는 일을 가능한 최대 일로 정의하는 것이 일반적이다. 최대 일의 정의 형태는 다르지만, 베르누이 식의 $\mathscr{F}$가 비가역 엔트로피 증가와 연관되는 것이므로, 이 두 가지는 같게 된다.

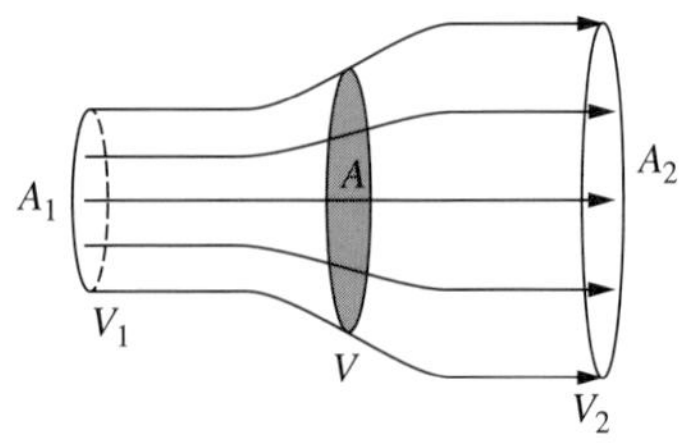

그림 10.18
풍력 터빈의 흐름 도식도. 바람은 왼쪽에서 오른쪽으로 분다. 터빈에 의해 회전된 면적은 A_{blades}이다. 유선은 터빈 통과 시 흐름이 확장됨을 보여 준다. 물질수지는 이러한 거동을 요구한다. 동력 생산을 위해 터빈은 이를 통과하는 공기를 느리게 한다. 질량 보존은 속도(V), 밀도(ρ), 흐름(A)에 수직면적의 곱이 일정해야 함을 보여 주며, 그로부터 다음 흐름 형태가 나타난다. 여기서 아래첨자 1과 2는 각각 상류와 하류 상태를 의미한다.

10.9.1 풍력 터빈

미국 평원을 가로질러 서 있는 대형 3중 날개 풍력 터빈(풍차)의 출현에 주목할 필요가 있다. 이들 터빈은 2018년경 미국에서 사용되는 전 전력의 약 7%를 생산하였다. 부분적으로는 이들의 동력 생산비용 절감에 따라서(연방 및 지방 정부 세제 혜택 보조금), 그리고 부분적으로는 글로벌 기후변화에 영향을 미치지 않는다는 이유로, 이들의 사용은 급속도로 증가하고 있다.

풍력 터빈은 전기를 생산하는 대부분의 수력, 증기, 그리고 가스 터빈과 마찬가지로, 움직이는 날들의 배열에 대한 유동체 흐름을 감독하게 된다. 날은 발전기를 작동시키는 중심축을 돌리게 된다. 여기서 베츠의 법칙(Betz's law)[13]이라고 하는 수학적 처리를 적용하는 것이 가능하다. 이 법칙은 간단하고, 꽤 직관적이며, 그 예측이 실험과 잘 일치하기 때문에 널리 사용된다. 그림 10.18은 이들 계산을 위한 계를 보여 준다.

계산은 그림 10.18에서 나타낸 부피에서의 물질수지로부터 시작한다.

$$\dot{m} = (\rho AV)_1 = (\rho AV)_{\text{blades}} = (\rho AV)_2 \tag{10.35}$$

다음으로, 회전하는 날에 의해 밀어내어진 디스크, 그리고 양쪽의 작은 부피에서의 x 방향 운동량수지를 세운다. 여기서 모든 힘과 속도는 x 방향 벡터임에 유의하라. 회전하는 날개가 공기에 가하는 힘은, 그 속도를 변화시킨다.

$$F = \dot{m}(V_1 - V_2) = (\rho AV)_{\text{blades}}(V_1 - V_2) \tag{10.36}$$

생산된 동력(모멘텀 기반)은 다음과 같다.

$$\text{Po} = \text{force} \cdot \text{velocity} = (\rho AV)_{\text{blades}}(V_1 - V_2)V \tag{10.37}$$

또한, 유체의 운동에너지 변화(무마찰)로부터 다음과 같이 동력 계산이 가능하다.

$$\text{Po} = \begin{pmatrix}\text{mass flow}\\ \text{rate}\end{pmatrix} \cdot \begin{pmatrix}\text{decrease in k.e.}\\ \text{per unit mass}\end{pmatrix} = (\rho AV)_{\text{blades}}\left(\frac{V_1^2}{2} - \frac{V_2^2}{2}\right) \quad \text{[frictionless]} \tag{10.38}$$

이는 바람으로부터의 가용 동력이 풍속의 세제곱에 비례한다는 것을 보여 준다.

이제, Po에 대한 두 방정식이 동일하다고 놓고, 수식 내 존재하는 같은 항을 소거한다.

$$(V_1 - V_2)V = \left(\frac{V_1^2}{2} - \frac{V_2^2}{2}\right) \quad \begin{bmatrix}\text{which a little}\\ \text{algebra converts to}\end{bmatrix} \quad V = \frac{1}{2}(V_1 + V_2) \tag{10.39}$$

즉, 날에서의 V는 상태 1과 2에서 속도의 평균을 의미한다는 것으로 나타난다.(이는 베츠의 유도 중 직관적으로 가장 만족스럽지 못한 부분이라 할 수 있다.) 다음으로 V_{blades}를 V로 대체하여 아래 관계식을 얻는다.

$$\text{Po} = (\rho A)_{\text{blades}}\frac{1}{2}(V_1 + V_2) \cdot \left(\frac{V_1^2}{2} - \frac{V_2^2}{2}\right) \tag{10.40}$$

이 식은 약간의 대수학 과정을 거쳐

$$\frac{\text{Po}}{\rho AV_1^3} = \frac{1}{4}\left(1 - \left(\frac{V_2}{V_1}\right)^2 + \left(\frac{V_2}{V_1}\right) - \left(\frac{V_2}{V_1}\right)^3\right) \tag{10.41}$$

또는

$$\frac{\text{Po}}{\rho AV_1 \cdot \left(\frac{V_1^2}{2}\right)} = \frac{\text{Power}}{\begin{pmatrix}\text{mass flow}\\ \text{rate}\end{pmatrix} \cdot \begin{pmatrix}\text{k.e. per}\\ \text{unit mass}\end{pmatrix}} = \frac{1}{2} \cdot \left(1 - \left(\frac{V_2}{V_1}\right)^2 + \left(\frac{V_2}{V_1}\right) - \left(\frac{V_2}{V_1}\right)^3\right) \tag{10.42}$$

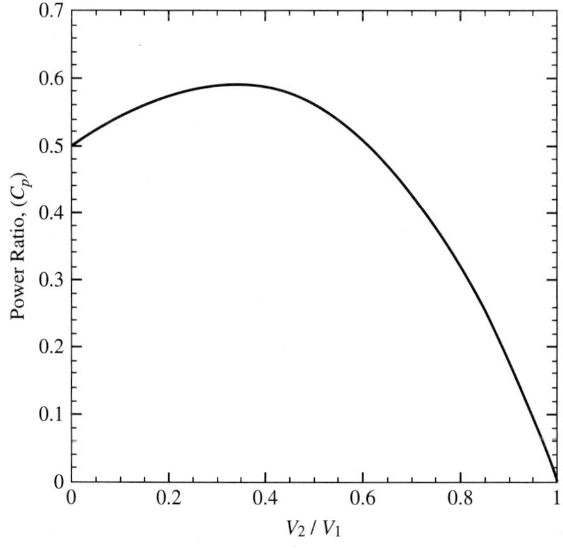

그림 10.19
식 (10.42)에 따른 (V_2/V_1)에 대한 무마찰 동력 계수

형태로 변형된다.

그림 10.19에서 왼쪽편의 C_p는 동력 계수(power coefficient)라 불리는 양으로, 날이 지나간 원형 영역을 향해 직접 불어오는 공기흐름에서의 총 운동에너지와 이로부터 터빈이 생산하는 동력 간의 비를 의미한다. 그림 10.19에서 이를 C_p 대 (V_2/V_1) 형태로 나타내고 있다.

그림 10.19 곡선의 우측을 살펴보면, (V_2/V_1)가 1.0에 가까워질수록 동력 생산량 비율은 0에 가까워지는 것으로 나타난다. V_2/V_1가 1이라는 것은 터빈으로 유입되어 통과하는 공기가 전혀 상호작용하지 않는다는 것을 뜻하며, 동력이 존재하지 않는 상황이라는 것을 내포한다. 따라서 이는 직관적으로 매우 적절하다. 반면, 곡선의 좌측에서 (V_2/V_1)가 0에 가까워지는 것이 관찰되는데, 이는 상대적으로 덜 직관적이라 할 수 있다. 식 (10.39)에 따르면, V_2가 0인 경우 터빈을 통과하는 속도는 0.5 V_1이 된다.(이 관계는 직관적으로는 가장 만족스럽지 않은 부분이다.) 유입되는 공기의 절반은 터빈을 통과하며 0의 속도로 떠난다. 따라서 모든 운동에너지를 소모하게 되고 동력 계수는 0.5가 된다.

V_1을 상수로 둔 채, 식 (10.42)의 우변을 V_2에 따라 미분하여 그 도함수의 값을 0으로 설정하자. 그 결과 최대값은 $(V_2/V_1) = 1/3$ 지점에서 나타나게 되는 것을 알 수 있다(그림 10.19). 이때 동력 계수의 최대값은 $(16/27 = 0.593)$이며, 이는 그림 10.19를 통해서 확인된다. 즉, 마찰이 무시된 베츠의 방정식에 따르면, 어떠한 풍력 터빈이 생산할 수 있는 최대 동력 생산량은 직접 들어오는 공기흐름 운동에너지의 59.3%가 된다.

예제 10.9 Vestas V164 풍력 터빈은 164 m = 538 ft의 지름을 가진다.

(*a*) 바람이 13 m/s = 29.1 mi/h로 불어온다고 하자. 이때 터빈에 의해 회전되는 디스크에서의 질량흐름과 운동에너지의 곱은 얼마인가?

$$\text{Po}_{\max} = \rho A V_1 \cdot \left(\frac{V_1^2}{2}\right) = 1.20\frac{\text{kg}}{\text{m}^3}\cdot\frac{\pi}{4}\cdot(164\,\text{m})^2\cdot\left(\frac{13\,\text{m}}{\text{s}}\right)^3\cdot\frac{1}{2}\cdot\frac{\text{W s}^2}{\text{kg m}^3}$$
$$= 27.8\,\text{MW} = 37\,300\,\text{hp} \tag{10.X}$$

(*b*) 이 터빈의 알려진 동력 출력은 9.5 MW라 한다. 이에 상응하는 동력 계수는 얼마가 되는가?

$$\frac{\text{Po}}{\rho A V_1 \cdot \left(\frac{V_1^2}{2}\right)} = \frac{9.5\,\text{MW}}{27.8\,\text{MW}} = 0.341 = 34.1\% \tag{10.Y}$$

베츠의 식에 따르면 최대값의 0.341/0.593 = 57.6%가 되며, 이는 실제 풍력 터빈의 일반적인 값에 해당한다. ■

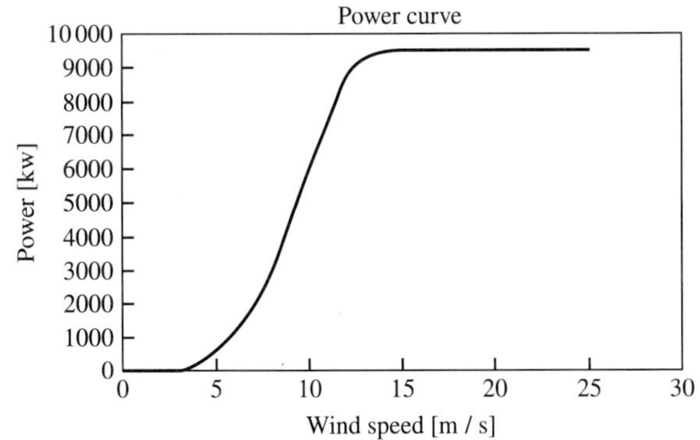

그림 10.20
Vestas V164(9.5 MW 버전)의 성능 곡선

대부분의 동력 생산을 위한 유체 기계들은 일정한 입력 유체 흐름하에서 작동되거나, 요구되는 동력 출력과 일치하도록 그 흐름을 조절한다(대개, 입력 스로틀 밸브를 이용). 풍력 터빈은 그러한 고급스러움을 가지고 있지 않으며, 자연이 이들에게 제공하는 풍속(그리고 방향) 변화를 받아들여 작동할 뿐이다. 그림 10.20은 이전 예제에서 다루었던 터빈의 풍속 변화에 따른 응답 거동을 보여 준다.

이 그림으로부터 터빈은 사용 가능한 동력을 4 m/s = 9 mph에서부터 생산하기 시작한다는 것을 알 수 있다. 동력 출력은 풍속 13 m/s = 29.0 mph까지 증가하며, 풍속이 계속 증가할 시에는 9.5 MW로 유지된다. 이러한 거동은 긴 축에 달린 날의 회전 시 생기는 상호작용의 감소(feathering), 그리고 발전기에서 기계적인 브레이크 및/또는 전기 제어를 가함으로써 발생하는 동력 출력 감소라는 두 요인들의 조합에서 비롯된다. 풍속 25 m/s = 56 mph에서 터빈은 정지하며 바람에 의한 손상을 막기 위한 보안이 시작된다. 터빈의 일반적인 '생존속도(survival speed)'는 약 60 m/s = 134 mph이며, 이보다 훨씬 높은 풍속에서는 터빈의 영구적인 손상이 발생할 것으로 예상할 수 있다.

10.9.2 흥미로운 세 종류의 P.D. 펌프

이 절에서는 화학공정 시설에서는 일반적이지 않지만, 어디에서인가 찾아볼 수 있는 흥미로운 펌프 종류 세 가지를 다루고자 한다. 오래된 유전에서 기계 팔이 위아래로 흔들리면서 '바텀-홀 펌프(bottom-hole pump)'를 구동하는 것을 보았을 것이다. 이는 (지)표면으로 기름을 전달하는 데 요구되는 압력이 부족할 때 사용된다. 유정 바닥에 기름을 공급할 정도로 압력이 크다면, 그림 10.21에 나타낸 바텀-홀 펌프를 이용하여 기름을 표면으로 가져오는 것이 가능하다.

배관 바닥에 부착된 펌프 배럴은 유정 바닥에 가만히 서 있으며, 이것의 하단 개수부를 통해 기름의 유입이 허용된다. '서커 로드(sucker rod, 일반적으로 지름 0.75~0.125인치의 강철)'는 표면에 위치한 펌프 잭(pump jack)에 의해 윗방향으로 당겨진 다음, 중력에 의해

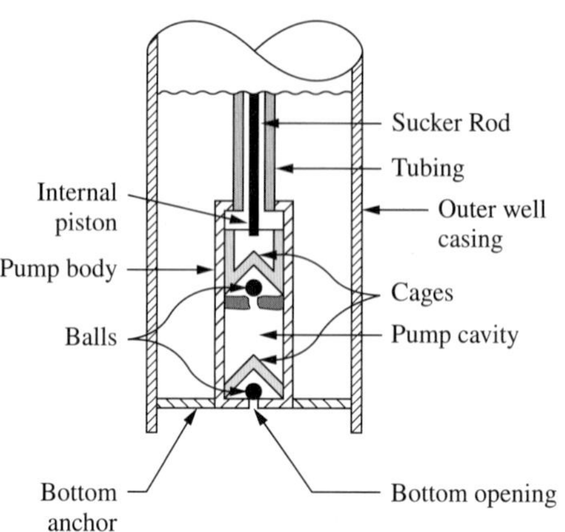

그림 10.21
전 세계 석유 생산에 이용되는 바텀-홀 펌프의 개략도

아래로 내려온다. 대부분의 P.D.(그림 10.2)와 마찬가지로 이 펌프 역시 두 개의 밸브를 가진다. 이 중 하나는 펌프 배럴의 바닥에서 움직이지 않는 반면, 다른 하나는 각 사이클에서 위아래로 움직인다. 두 밸브에는 그림 10.2에서의 스프링 대신, 시트와 느슨한 공, 그리고 공이 빠져나가지 않도록 케이지가 탑재되어 있다.

펌프는 거의 항상 액체, 기름, 기름-물 혼합물, 또는 기름-기체 혼합물로 채워져 있다. 서커 로드가 내부 피스톤을 위로 당기면, 피스톤 내 공은 밸브를 닫게 된다. 펌프의 빈공간의 압력이 낮아짐에 따라 하단에 위치한 공은 들어 올려지게 되어 기름이 펌프의 빈공간을 채우게 된다. 이때 상부 밸브 위의 액체는 펌프 행정(pump stroke) 길이만큼 들어 올려진다. 하향 행정에서는 펌프 빈공간의 압력이 증가하며, 이에 따라 하단부에 위치한 공은 밸브를 닫게 된다. 반면 상부의 공은 밸브는 열게 되어 펌프의 빈공간이 아래쪽에서부터 채워지게 된다. 따라서 각 사이클에서 일부의 누출을 제외하면, 펌프 빈공간의 부피와 동일한 양의 액체가 들어 올려진다. 전 세계에는 수천 종류의 펌프가 있으며, 이들 펌프는 견고하고 안정적이며 비용 또한 가동하기에 아주 비싸지 않다.

그림 10.22에 나타낸 유체 분사 펌프(fluid dispenser pump)는 소량의 손비누, 식기세척기 비누, 로션이나 손소독제를 상단 노브(손잡이)를 아래로 누르는 방식을 통해 공급한다. 이들은 용기 내의 내용물을 분사하기 위해 빈번히 사용되며, 사용 이후 폐기된다. 욕실, 부엌, 그리고 집안 내 다양한 장소에 비치되며, 밸브 하나로 작동하기 때문에 일회용으로 사용될 만큼 가격이 저렴하다.

펌프에서 한 사이클이 시작될 때, 장치 윗부분은 모두 액체로 가득 채워져 있다. 노브가 눌림에 따라 플런저는 아래로 하강한다. 증가된 압력은 공을 제자리에 고정시키고, 배럴 내 유체는 플런저 중앙에 위치한 구멍 위로 흘러나온 다음 스파우트를 통해 밖으로 나오게 된다. 플런저와 배럴의 단면적이 그 위의 채널의 단면적보다 크다. 따라서 플런저 위의 유체 기둥의 길이는 플런저가 아래쪽으로 이동하는 거리보다 길어야 하며 스파우트를 통해

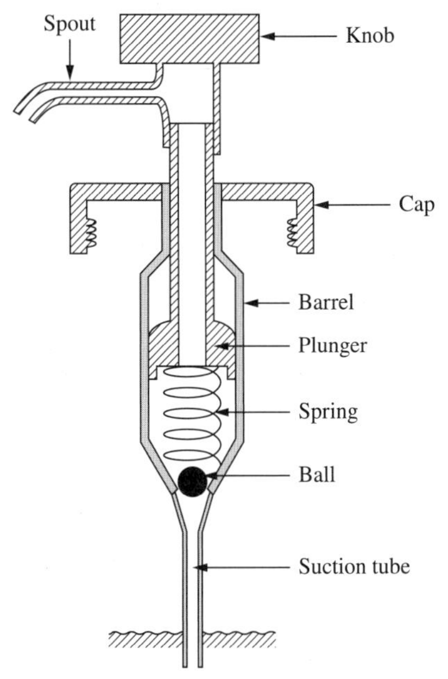

그림 10.22
비누, 로션, 손세정제 및 기타 액체의 용기에 부착되는 일회용 액체 분사기의 단순 흐름도

확장된 형태를 가진다. 노브를 놓으면 스프링은 노브-플런저 결합부를 다시 상단 위치로 되돌리게 되며, 이때 형성된 진공에 의해 (볼에 의해) 차단되어 있던 밸브가 열리게 된다. 이어서 흡입관을 통해 유체가 빨아들여지고, 다음 행정을 위해서 배럴이 채워진다. 이 펌프는 펌프를 사용하지 않을 때에도 스파우트에서 누출되지 않을 정도의 충분한 점성이 있는 유체에 대해서만 사용된다.

세 번째 흥미로운 P.D. 펌프는 연동 펌프(peristaltic pump)이다. 이는 다양한 출구 압력에 대해 작고 잘 제어된 흐름을 제공한다는 특징이 있다(그림 10.23). 약물을 느린 속도로 사람들의 정맥(또는 동맥) 내에 전달하기 위한 표준적인 방법이라 할 수 있으며, 이 유형의 펌프를 의료용으로 사용 시, 수송되는 액체가 멸균상태로 제공되는 신축성 관 외 어떠한 것과도 접촉되지 않는다는 장점이 있다(즉, 오염될 기회가 실질적으로 없다고 보아도 무방). 연동 펌프는 속도가 전기적으로 쉽게 제어되는 저속 전기 모터에 의해 일반적으로 구동되

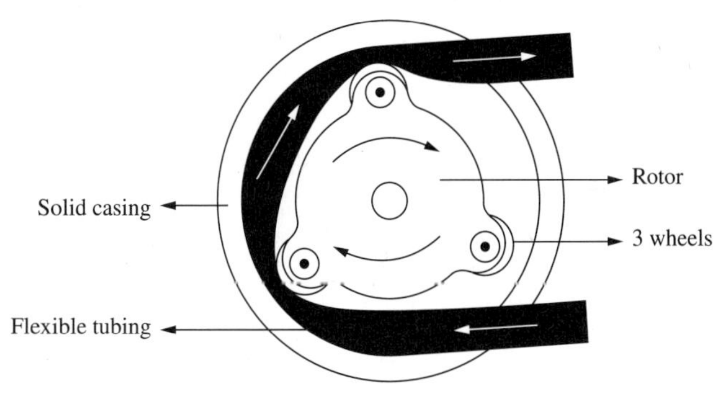

그림 10.23
연동 펌프의 개략도. 유연한 튜브(대개 플라스틱) 안에 있는 유체는 세 휠 중 두 휠 사이에 끼인 상태로 위치한다. 휠의 회전은 끼인 빈 공간을 전진시키며 이들이 유입될 때보다 더 높은 압력으로 공급하게 된다.

며, 정상상태에 있는 소량의 제어 가능한 유체가 가변압력하에서 주입되어야 하는 형태의 공정 산업에서 사용된다.

10.10 요약

1. 정변위 펌프 및 압축기는 유체를 공동에 가두었다가 고압으로 밀어냄으로써 일을 한다. 일반적으로 압력상승이 크고 유량이 작은 장치이다.
2. 원심 펌프 및 압축기는 원심력장에서 유체를 밖으로 이동시켜 유체에 운동에너지를 주었다가 주입일로 전환함으로써 일을 한다. 이들은 일반적으로 유량이 크고 압력상승이 작은 장치이다.
3. 도입관에서의 비등 문제(또는 '공동화') 때문에 유체를 끌어 올리고자 하는 저장지에 대한 펌프의 설치 높이가 제한된다. 비등 액체에 대해 펌프는 $NPSH_R$과 같은 높이만큼 비등 표면 아래에 설치해야 한다.
4. 일반적으로 압축기는 단열적이기 때문에 기체 온도가 상당히 올라간다. 단열 압축기에서보다 등온 압축기에서의 압축일이 적으므로, 대개 압축기를 냉각시키며, 여러 단으로 하여 중간냉각함으로써 필요한 일을 줄인다.
5. 터빈은 임펄스나 반작용에 의해 일을 한다. 전자에서는 고정 노즐에 의해 유체가 가속되고 이동 중인 날에 의해 감속된다. 후자에서는 유체가 이동 노즐에 의해 가속된다. 대개의 터빈은 순수 임펄스형이거나 부분 임펄스 및 부분 반작용형이다.

연습문제

연습문제와 예제 풀이를 위한 상용 단위와 수치들은 부록 E를 참조하라. * 표시가 있는 문제는 부록 C에 그 해답이 있음을 의미한다.

10.1.* 피스톤 면적 10 in^2, 피스톤 행정 5 in, 속도 1 Hz인 펌프로 수송할 수 있는 유량(gal/min)을 구하라.

10.2. 도입압력 5 psig에서 배출압력 30 psig로 500 gal/min을 수송할 때의 수력 동력(hp)을 구하라.

(*a*) 물의 경우

(*b*) 가솔린의 경우

10.3. (*a*) 예제 10.1에서 다룬 펌프에 대하여 유체가 이 펌프를 통과하는 동안의 온도 상승을 구하라. 외계로의 열전달은 없다고 가정한다.

(*b*) 대개 액체는 실제로는 비압축성이라 가정하므로, 예제 10.1과 같은 펌프를 통과하는 동안 밀도 변화는 없다. (*a*) 및 부록 A.5와 A.7에서 얻은 값을 이용하여 이 펌프에 대해 ρ_{out}/ρ_{in}을 예측하라. 압력의 효과는 온도의 효과보다 더 혹은 덜 중요한가? 이 예제에

서 비압축성 가정은 합리적인가?

10.4. P.D. 펌프를 사용하여 저장탱크의 수은을 수송하고자 한다. 마찰이 없고 수은 증기압을 무시한다고 할 때, 펌프까지 퍼 올릴 수 있는 최대 높이를 구하라.

10.5. 비압축성 유체에 대하여 그림 10.6을 다시 그려라.

10.6. 틈이 없는 압축기를 만드는 것이 실질적으로 불가능한 이유에 대해 설명하라.

10.7.* 헬륨 20 lbmol/h를 1 atm, 68°F에서 10 atm으로 압축하는 데 필요한 동력을 다음 각 경우에 대해 구하라. 헬륨의 $k = 1.666$이다.

(*a*) 등온 압축기

(*b*) 단열 압축기

(*c*) 중간압력이 최적 조건에 있고 68°F로 중간냉각하는 2단 단열 압축기

10.8. $k = 1.4$인 이상기체를 도입 조건 68°로부터 압축할 때, lbmol당 일과 압력비 P_2/P_1의 관계를 그려라. 압력비 1~20의 범위에서 단열 압축기와 등온 압축기에 대하여 모두 나타내라.

10.9. 정해진 P_{inlet}과 P_{outlet}에 대하여 식 (10.13)에 의한 중간압력일 때 lbmol당 일이 최저가 됨을 증명하라. 힌트: 2단 중간냉각 압축기의 전체 일에 관한 식을 쓰고, 중간압력에 대하여 미분한다.

10.10. 다단 압축기에서 최적 중간압력은 각 단에서의 압력비가 같을 때임을 식 (10.14)에서 추론하라.

10.11.* 예제 10.4에서 선택한 중간압력 대신에 최적 중간압력을 사용하여 다시 풀어라.

10.12. 2단 중간냉각 단열 압축기를 사용하여 공기를 1 atm, 68°F에서 10 atm으로 압축한다. 중간냉각기에서는 충분히 찬 냉수를 사용하여 공기를 100°F로 냉각한다. 이 경우의 최적 중간압력을 구하라. 2단 압축기에 대한 최적 중간압력을 도입온도의 항으로 나타내는 일반식을 써라.

10.13. 다단 중간냉각 압축기에서 단수가 아주 많아질 때의 일 필요량이 도입온도와 총괄 압력비가 같은 등온 압축기의 일 필요량의 한계에 접근함을 보여라.

10.14. 3단 압축기일 때 최적 중간압력을 사용하여 예제 10.4를 다시 풀어라.

10.15. k가 1에 접근하면 식 (10.13)(단열 압축기)이 식 (10.11)(등온 압축기) 한계에 접근함을 보여라. 힌트: $(P_2/P_1)^{(k-1)/k}$를 급수 확장 $y^x = 1 + x \ln y + (x \ln y)^2/2! + (x \ln y)^3/3! + \cdots$로 나타내고 $\ln(1 + x) = x - x^2/2 + x^3/3 + \cdots$를 사용하라.

10.16. 식 (10.18)과 (10.20) 사이의 과정을 증명하라.

10.17. 예제 10.5의 흐름에서 실험값은 $h \approx 32$ ft, Po = 1.15 hp, $\eta = 71\%$이다. 이는 물을 수송하기 위한 값이다. 이 펌프를 사용하여 $Q = 100$ gpm으로 가솔린을 수송하는 경우 h, Po, η를 예측하라.

10.18. 원심 펌프로 수은을 수송한다. 도입압력은 200 psia이다. 펌프 임펠러는 지름이 2 in이고, 회전속도는 20,000 rpm이다. 식 (10.24)에 근거하여 배출압력을 구하라.

10.19.* 물을 사용하여 원심 펌프를 시험한 결과 1800 rpm에서 50 psi의 압력상승으로 200 gal/min을 수송할 수 있었다. 기계적 효율은 75%이었다. 이 펌프를 사용하여 같은 회전속도와 유량으로 수은을 수송할 때의 압력상승과 필요한 동력을 구하라. 펌프 효율은 그대로 75%라 가정한다.

표 10.3
연습문제 10.20에 대한 데이터(펌프 곡선으로부터 읽음)

Volumetric flow rate, Q, ft^3 / s	Pump head, h, ft	Power input, hp
1600	1220	259 000
2000	1160	295 000
2400	1090	327 000
2800	1015	354 000

10.20. 그림 10.8과 식 (10.24)는 원심 펌프에서 실제 두가 간단한 이론으로 계산한 값의 약 50%임을 나타낸다. 이는 산업계에서 가장 흔한 소형 및 중형 펌프에 대해서는 맞으나 실제 대형 펌프의 경우에는 맞지 않는다. 리치[1]는 수송저장 프로젝트에서 거대 원심 펌프에 대해 그림 10.9와 같은 펌프 지도를 작성하였다. 이로부터 읽은 데이터는 표 10.3과 같다. 펌프의 회전속도는 257 rpm이고, 임펠러 안지름 및 바깥지름은 각각 4.656, 9.375 ft이다. 이들 수치를 이용하여 관찰된 두와 그림 10.23에서 예측한 값의 비를 구하고, 표 10.3의 네 가지 Q 값에 대하여 효율을 예측하라.

10.21. 원심 송풍기를 설계하고자 한다. 1 atm, 68°F의 공기를 흡입하여 2 psig로 수송하며 임펠러 회전속도는 3600 rpm이다. 식 (10.24)를 가정하여 임펠러의 최소 지름을 구하라.

10.22.* 원심 펌프 제조업자가 기어 증속 장치를 사용하여 1800 rpm의 모터로 20,000 rpm으로 임펠러를 구동시킬 수 있는 일련의 제품을 소개하였다. 이 중 한 펌프는 4500 ft의 두로 수송한다. 식 (10.24)에 근거하여 임펠러 지름을 구하라. 또한, 이러한 펌프에서 가장 중요한 기계적 설계 문제를 열거하라. 이러한 펌프의 장점은 무엇인가?

10.23. 기능이 나쁜 원심 펌프의 흡입부에 찬물을 넣고 가동하던 때가 있었다. 그 이유를 설명하라.

10.24.* 예제 10.2에서 P.D. 펌프 대신에 원심 펌프를 사용한다고 가정하자. 유량은 200 gal/min이고, $NPSH_R$은 10 ft가 필요하다. 마중물 방법을 안다고 가정할 때, 저장지로부터 펌프를 설치할 수 있는 최대 높이를 구하라. 이는 펌프에만 해당하며, 배관 내의 마찰은 포함하지 않는다. 예제 10.2에서와 같은 도입밸브는 없다.

10.25. 구동축이 외부로부터 들어가는 펌프에서는 밀봉부분이 새는 문제가 있다(6.10.2절 참조). 화학공학자는 독성 물질을 다루므로 절대 새서는 안 되는 응용분야가 있다. 이들 분야에서는 새지 않는 펌프[13]를 사용하는데, 회전 자기장이나 전자기장으로 완전히 밀폐된 용기를 구동한다. 이와 같은 펌프는 어떤 모양일지 그려 보라. 또한 이들의 가능한 장단점에 대해 설명하라.

10.26. 식 (10.23)에서 원심 펌프의 펌프 두는 지름의 제곱에 비례함을 알 수 있다. 그림 10.9는 같은 케이스에 들어 있는 네 가지 다른 크기의 임펠러들의 두-유량 성능을 나타낸다.

(*a*) 유량 0(정지) 값만을 고려하면, 그림에 보고된 두는 위의 설명에 맞는가?

(*b*) 유량이 80 gpm일 때 보고된 두는 식 (10.23)과 일치하는가? 유량 0일 때와 비교하여 설명하라.

10.27. 그림 10.9는 h, Q, D_{impeller}, Po, 효율, $NPSH_R$ 사이의 관계를 나타낸다. 이 그림은 하나의 ω

값에 대한 것이며, Po 값은 ρ(물의 밀도)에 대한 것이다. 따라서 그림 10.9를 일반화한 변수 리스트는 h, g, ρ, Q, Po, $D_{\text{impeller}}, \eta$, NPSH_R, ω이다. 고려해야 할 다른 두 변수는 점도 μ와 금속 부분의 표면 거칠기 ε인데 이 문제에서는 이들 효과를 무시한다.(이들이 포함되면 레이놀즈 수와 상대 거칠기가 해석에 포함된다.)

(*a*) 전통적인 차원 해석(9장)을 이 문제에 적용하면 gh를 두 개의 독립된 변수가 아닌 하나의 변수로 다루어야 한다. 그 이유를 설명하라.

(*b*) 차원 해석의 방법을 이용하여 gh를 $\rho, Q, D_{\text{impeller}}, \omega$와 상관하는 데 필요한 무차원 변수의 개수를 구하라. 먼저 차원 해석에 의해 ρ가 이 변수 리스트에 포함되지 않아 배제할 수 있음을 보여라. 그리고 무차원 변수가 몇 개 있는지, 변수 하나만 gh를 포함하고 하나만 Q를 포함할 때 이들이 어떤 값을 갖는지를 보여라.

(*c*) 차원 해석의 방법을 이용하여 Po를 $\rho, Q, D_{\text{impeller}}, \omega$와 상관시키는 데 필요한 무차원 변수의 개수를 구하라. 그리고 변수 하나만 Po를 포함하고 하나만 Q를 포함할 때 이들이 어떤 값을 갖는지를 보여라.

(*d*) 효율 자체도 무차원이다. 이 문제의 앞부분에서 효율은 무차원 변수로 어떻게 표시되는지 보여라.

(*e*) 차원 추론에 따라 어느 무차원 변수가 NPSH_R을 포함하는지 보여라. 화이트[15, p.724]는 다른 지름의 두 기하학적으로 유사한 펌프의 예를 들어 이들 무차원군을 근거로 이들의 펌프 지도를 다시 그리면 실제로 같아짐을 보였다.

10.28. 펌프의 성능을 설명하는 두 변수, 주로 h와 Q가 펌프 곡선(그림 10.3, 10.9, 10.10, 10.13, 10.14, 10.16)에 도시되어 있다. 어떤 작업에 대하여 어느 펌프를 선택해야 할지 알기 위해서는 이들 변수에 대해 알 필요가 있다. 문제를 단순화하면, 어떤 종류의 펌프가 필요한지를 알려 주는 h와 Q를 합친 하나의 변수가 필요하다. 이들 두 변수만으로는 무차원군을 만들 수 없으나, g와 ω를 합치면 **비속도**(specific speed)라 부르는 무차원 변수를 만들 수 있다.

$$\begin{pmatrix}\text{Specific}\\ \text{speed}\end{pmatrix} = N_s = \frac{\omega\sqrt{Q}}{(gh)^{3/4}} \tag{10.35}$$

이 양은 펌프 지도의 다른 점에서 서로 다르나, 지도상의 최고 효율점을 선택하면 이 펌프를 특징짓는 하나의 N_s 값을 갖게 된다. 고유량, 저압상승 펌프는 큰 N_s 값을 가지며, 저유량, 고압상승 펌프는 작은 N_s 값을 가진다. 여러 교재들에 원심 펌프 임펠러 형태가 N_s 고유의 함수라고 나와 있다. 수력 터빈에도 같은 개념이 적용된다. 대부분 만족스러운 터빈의 형태는 N_s 고유의 함수이다.

(*a*) N_s가 무차원임을 보여라.

(*b*) 그림 10.9의 6 3/4인치 지름 임펠러에 대해 최대 효율점에서의 N_s 값을 구하라.

(*c*) 일반적으로 미국에서는 무차원 N_s 값을 사용하지 않고 (rpm)·(gal/min)$^{1/2}$/(ft of head)$^{3/4}$으로 그 값을 나타낸다. (*b*)의 답을 이들 단위로 구하라.

10.29. 회전자 끝에 고체연료 로켓을 매단 단순 반작용 터빈을 만들어서 임시로 사용할 수 있다고 한다. 이 장치에서 최대동력 생산을 위한 최적속도를 구하라. 이 답이 그림 10.17에 나타낸

종류의 정원용 스프링클러의 경우와 다른 이유는 무엇인지 설명하라.

10.30. 이 세상에서 두가 최고인 수력발전소는 스위스의 디상스(Dixence)에 있는 것으로, 실질 두가 5330 ft이다. 이 발전소의 물은 날의 중간지름이 10.89 ft인 임펄스 터빈(펠턴 휠)을 구동시킨다. 휠의 회전속도는 500 rpm이다[10]. 이 터빈에서 날속도와 제트속도의 비를 구하라. 또한 이를 7.4절에서 다룬 최적치와 비교하라.

10.31. 대부분의 P.D. 압축기는 정속 모터에 연결하는데, 이는 변속 모터가 비싸기 때문이다. 이때 압축기 유량을 제어하는 문제가 생긴다. 한 가지 방법은 '틈 포켓(clearance pockets)'을 설치하고, 원격조작 밸브에 의해 압축기의 두에 연결했다 떼었다 하면서 틈 부피를 변화시키는 것이다. 효율 100%인 단열 압축기에서 이러한 포켓이 압력비, 유량, 동력 소요량에 미치는 영향은 무엇인지 답하라.

10.32. 연습문제 10.31에서 한 가지 대안은 도입 또는 배출 밸브를 사용하고, 원격조정 장치에 의해 개방 위치에서 정지시키는 것이다. 효율 100%인 단열 압축기에서, 고착개방 도입밸브(stuck-open inlet valve)가 압력비, 유량, 동력 소요량에 미치는 영향을 구하라. 이러한 장치를 대개 '밸브 언로더(valve unloader)'라고 한다.

10.33. 식 (10.38)로부터 (10.42)로의 과정을 설명하라.

10.34. 식 (10.42)로부터 동력 계수의 최대값이 $V_2/V_1 = 1/3$이 됨을 설명하고, 이를 식 (10.42) 우변에서 치환할 시 최대값이 $16/27 = 0.593$이 됨을 보여라.

10.35. 정지속도 25 m/s 터빈(그림 10.20)의 동력 계수는 얼마인가?

참고문헌

1. Rich, G. A., and H. A. Mayo Jr. "Pumped Storage." In *Pump Handbook*, 3rd ed., I. J. Karrasic; J. P. Messina; P. Cooper; C. C. Heald. New York: McGraw-Hill, 2001, Section 9.13.
2. Charlier, R. H. *Tidal Energy*. New York: Van Nostrand Reinhold, 1982.
3. Mobley, R. K. *Fluid Power Dynamics*. Woburn, MA: Newnes-Butterworth-Heineman, 2000.
4. To see why the P.D. pumps have disappeared in high flow systems, visit the Museum of Science and Technology in Melbourne. Part of it is an old sewage pumping plant. The original pumps were huge P.D., driven by huge steam engines. The staff run the steam engines (on compressed air) for the visitors. They are marvels of engineering complexity and beauty. Next to them is a small electric motor and small centrifugal pump, which do the same pumping task as the huge complex steam engine-P.D. pump combination.
5. Gravdahl, J. T., and O. Egeland. *Compressor Surge and Rotating Stall*. London: Springer, 1999.
6. Abramson, E. I. "The Modern Turbine Pump—Choice of Plant Operators for Specialized Jobs." *Power 99(4)*, (1955), pp. 120–123.
7. Wilson, W. A., M. A. Santalo, and J. A. Oelrich. "A Theory of the Fluid-Dynamic Mechanism of Regenerative Pumps." *ASME Trans*. *77*, (1955), pp. 1303–1316.
8. Stodola, A. *Steam and Gas Turbines*. Transl. L. C. Loewenstein. New York: McGraw-Hill, 1927, p. 558.

9. Skrotski, B. G. A. "Steam Turbines." *Power 106(6)*, (1962), pp. s-1, s-42.
10. Franzini, J. B., and E. J. Finnemore. *Fluid Mechanics with Engineering Applications*, 9th ed. New York: McGraw-Hill, 1997.
11. Karassik, I. J., J. P. Messina, P. Cooper, and C. C. Heald. *Pump Handbook*, 3rd ed. New York: McGraw-Hill, 2001.
12. Bloch, H. P. *A Practical Guide to Compressor Technology*. New York: McGraw-Hill, 1996.
13. See Wikipedia, "Betz's Law."
14. Buse, F. W., and S. A. Jaskiewicz. "Sealless Pumps." In *Pump Handbook*, 3rd ed., I. J. Karassik; J. P. Messina; P. Cooper; C. C. Heald. New York: McGraw-Hill, 2001, Section 2.2.7.
15. White, F. M. *Fluid Mechanics*. 4th ed. New York: McGraw-Hill, 1999.

CHAPTER

11

다공성 매질을 통한 흐름

다공성 매질은 그 안에 많은 빈 공간 또는 기공이 있는 연속적인 고체상이다. 예를 들면 스펀지, 천, 심지, 종이, 모래 및 자갈, 필터, 벽돌, 석고 벽, 많은 자연 발생 암석(예를 들면, 사암 및 일부 석회암)과 증류나 흡수 등에 사용되는 충전층이 있다. 고체는 빈 공간이 연속적으로 연결되어 있지 않으므로 유체가 통과할 가능성이 없다. 예를 들어 발포 폴리스티렌 핫드링크 컵, 구명조끼, 아이스박스 등은 많은 구멍을 가지고 있지만 플라스틱의 '밀폐된 셀' 구조로 인해 이러한 구멍이 서로 연결되어 있지 않다. 따라서 이러한 다공성 매질은 유체흐름에 대한 우수한 장벽(barrier)을 형성한다. 반면에 모래 더미는 발포 폴리스티렌 음료 컵보다 구멍이 적지만 구멍이 모두 연결되어 있어 액체가 쉽게 흐를 수 있다. 상호 연결된 기공이 없는 다공성 매질은 유체흐름에 대한 **불투과성**으로 설명되고 상호 연결된 기공이 있는 매체는 **투과성**으로 설명될 수 있다.(11.1절에서 투과성의 수학적 정의를 제공할 것이다.) 투과성의 다공성 매질에서 유체의 흐름은 지하수 수문학(hydrology), 석유 및 석유가스 생산, 필터, 증류 및 충전식 흡수탑, 유동층에서 실질적으로 매우 중요하다.

이러한 종류의 흐름과 우리가 이전에 논의한 흐름 사이의 유사점과 차이점을 보기 위해 그림 11.1의 일부 용기를 통과하는 물의 중력 흐름을 고려하자. 5장과 6장에서 보았듯이 이러한 유형의 선박에서 흐름은 베르누이 식으로 기술할 수 있다. 펌프나 터빈이 없고 1과 2 지점 사이의 압력 변화는 무시할 수 있으므로, 베르누이 식은 다음과 같이 간단히 기술할 수 있다.

$$g\,\Delta z + \frac{\Delta V^2}{2} = -\mathscr{F} \tag{11.1}$$

5장에서 우리는 식 (11.1)의 마찰 항이 무시할 수 있는 수많은 경우를 고려하였다. 6장에서는 마찰 항이 무시될 수 없는 경우 마찰 항을 계산하는 방법(주로 실험 데이터의 일반화에

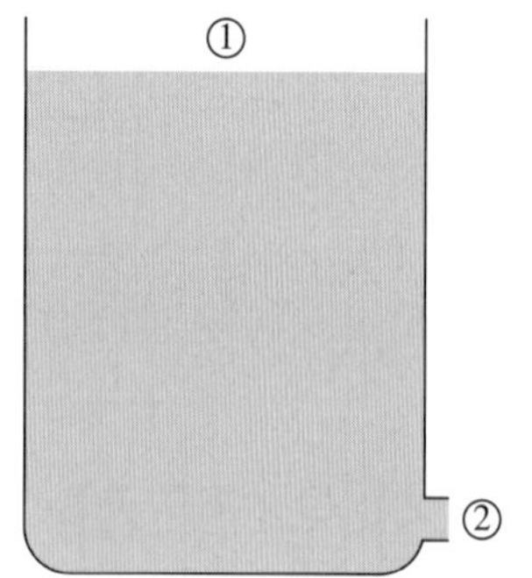

그림 11.1
다공성 매질이 가득 찬 탱크

기반)을 다루었다.

이제 전체 용기가 모래와 같은 다공성 고체로 채워져 있다고 가정하자.(이 용기는 이제 진흙투성이의 물을 정화하는 데 자주 사용되는 모래 필터와 유사하다.) 식 (11.1)은 밀도가 일정한 유체에 대한 정상 흐름의 에너지수지식을 기반으로 하기 때문에 이전과 동일한 상황을 여전히 설명한다. 또한 흐름 자체는 다공성 매질보다는 개방된 용기에서 발생한다는 가정이 기본적으로 포함되어 있지 않다. 따라서 이 두 상황을 비교할 때 중요한 차이점은 다음과 같다.

1. 대부분의 다공성 매질 흐름에서 마찰 항은 빈 용기의 유사한 흐름에서보다 훨씬 더 크며 6장의 결과로부터 직접 계산할 수 없다.
2. 대부분의 다공성 매질 흐름의 경우 V_2가 V_1과 같지 않더라도 두 속도 모두 너무 작아서 ΔV^2은 $\mathscr{F}$에 비해 무시할 수 있다.
3. 그림 11.1의 탱크에 모래가 포함되어 있지 않고, 원래 하나의 유체(예를 들면, 공기)로 가득 차 있는 경우 두 번째 유체(예를 들면, 물)를 넣으면 첫 번째 유체를 모두 빠르게 밀어낼 것이다. 그러나 실제로는 탱크에 모래가 차 있고, 그 빈 공간이 원래 공기로 가득 차 있는 경우 물을 넣는다고 모든 공기가 제거되지는 않는다. 공기의 상당부분(10~30%)이 기공에 영구적으로 갇히게 된다. 이러한 종류의 거동은 여과, 지하수 수문학 및 석유 회수에서 매우 중요하다.

이 장에서 우리는 베르누이 식의 마찰 항과 다공성 매질의 흐름에 대해 알아보고 한 유체가 다공성 매질에서 다른 유체로 불완전하게 대체되는 현상을 살펴보기로 한다. 또한 다공성 매질에서 경쟁적인 향류(countercurrent) 흐름을 알아보고, 여과 및 유동화에 대해 간략하게 다루고자 한다.

11.1 다공성 매질에서의 유체 마찰

그림 11.2에 나타낸 바와 같이 관 내부에 모래, 다공성 암석, 유리 구슬, 마카로니 또는 면

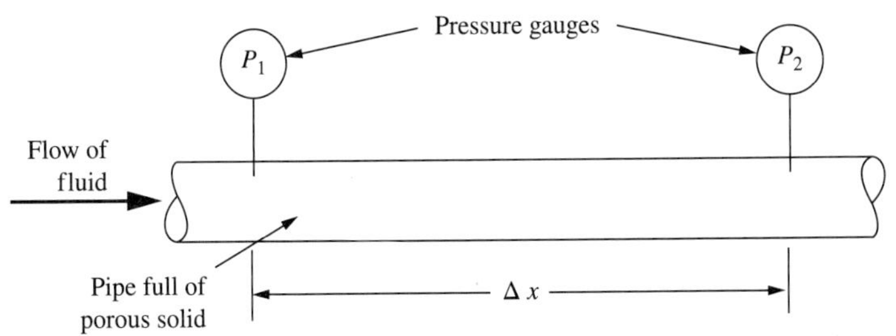

그림 11.2
다공성 매질로 채워진 관에서 흐름에 대한 압력구배 측정

포로 구성된 다공성 매질이 들어 있다고 하자. 이 관을 그림 6.1에 표시된 압력강하 실험장치에 연결하고 정확히 동일한 실험을 실행하면, 그림 6.2에 표시된 것과 동일한 형식의 결과를 찾을 수 있다. 다만 그림 6.2의 급격한 전이 영역이 다공성 매질 흐름에 대한 부드러운 곡선으로 대체된다는 점을 제외하고, 이러한 결과로부터 우리는 곡선의 두 끝 부분이 층류 및 난류 흐름에 해당한다고 추측할 수 있으며, 이것은 실험적으로 검증 가능하다.*

관 내 흐름일 때는 압력강하 곡선의 층류 부분은 간단한 힘수지로부터 계산하였고, 난류 부분에 대하여는 간단한 상관관계를 구할 수 있었다. 다공성 매질에서는 크기가 균일한 구형 입자로 된 경우에만 성공적으로 계산할 수 있었다. 이제 다공성 매질에서 유체의 마찰 문제의 해를 조사해 보자. 이러한 해는 더 복잡한 매질의 흐름에 대한 유용한 통찰력을 제공해 주고, 다공성 매질 관련 문헌에서 일반적으로 사용되는 많은 용어를 정의하고 논의할 수 있기 때문이다. 우선 몇 가지 정의부터 시작하자.

흐름에 수직인 단면에서 평균 속도는 파이프의 전체 단면적을 기준으로 할 수 있으며, 이를 **공탑속도**(superficial velocity) V_S라 하자.

$$\begin{pmatrix}\text{Superficial}\\ \text{velocity}\end{pmatrix} = V_S = \frac{Q}{A_{\text{pipe}}} = \frac{\dot{m}}{\rho A_{\text{pipe}}} \tag{11.2}$$

또는 이는 흐르는 유체에 실제로 접촉할 수 있는 면적을 기준으로 나타낼 수도 있는데, 이를 **틈새속도**(interstitial velocity) V_I라 하자.

$$\begin{pmatrix}\text{Interstitial}\\ \text{velocity}\end{pmatrix} = V_I = \frac{Q}{\varepsilon A_{\text{pipe}}} = \frac{\dot{m}}{\varepsilon \rho A_{\text{pipe}}} \tag{11.3}$$

이 식에서 ε는 **기공도**(porosity) 또는 **공극률**(void fraction)이라 한다.

---

* '층류'라는 용어는 문자 그대로 '껍질' 또는 '박막층'을 의미한다. 이것은 개별 흐름 채널의 너비가 한 지점에서 다른 시점으로 변경되는 다공성 매질의 흐름에 대한 정확한 설명이 아니다. 더 나은 용어는 '유선흐름(streamline)'으로, 개별 유체 입자가 난류흐름에서와 같이 교차하거나 혼합되지 않는 유선을 따른다. 하지만 층류라는 이름이 더 널리 사용되며, 여기에서도 사용하기로 한다.

$$\begin{pmatrix}\text{Porosity or}\\ \text{void fraction}\end{pmatrix} = \varepsilon = \frac{\text{total volume of system} - \text{volume of solids in system}}{\text{total volume of system}}$$
$$= \frac{A\,\Delta x(1 - \text{average fraction of cross section occupied by solids})}{A\,\Delta x}$$
$$= \text{average fraction of cross section } \textit{not} \text{ occupied by solids} \tag{11.4}$$

이론적 관점에서 보면 틈새속도가 더 중요한데, 이는 운동에너지와 유체가 가지는 힘, 그리고 흐름이 난류인지 층류인지를 결정하기 때문이다. 그러나 실제적인 측면에서는 공탑속도가 더 유용한데, 쉽게 측정되는 외적 변수의 항으로 유량을 나타내기 때문이다. 이 두 가지는 모두 많이 사용된다.

앞에서 비원형 도관의 경우 마찰계수와 레이놀즈 수의 직경을 수력학적 반경(hydraulic radius, HR)의 네 배로 대체하면 그림 6.10(마찰계수 도표)을 그대로 사용할 수 있다고 배웠다. 수력학적 반경은 유체흐름에 수직인 단면적을 젖음 둘레(wetted perimeter)로 나눈 것이다. 균일한 덕트(duct)에서 이 값은 일정하다. 충전층에서는 위치에 따라 이 값이 다르지만, 단면적과 젖음 둘레에 충전층의 길이를 곱하면, HR은 다음과 같다.

$$\text{HR} = \text{hydraulic radius for porous medium} = \frac{\text{volume open to flow}}{\text{total wetted surface}} \tag{11.5}$$

크기가 같은 구형 입자로 된 다공성 매질이면,

$$\text{HR} = \frac{\text{volume of bed} \cdot \varepsilon}{\text{number of spherical particles} \cdot \text{surface area of one particle}} \tag{11.A}$$

그리고

$$\text{Number of particles} = \frac{\text{volume of bed} \cdot (1-\varepsilon)}{\text{volume of one particle}} \tag{11.B}$$

이므로, 구형 입자에 대해서 다음과 같다.

$$\text{HR} = \frac{\text{volume of bed} \cdot \varepsilon}{\text{volume of bed} \cdot (1-\varepsilon) \cdot (\text{surface / volume})}$$
$$= \frac{\varepsilon}{(1-\varepsilon)\,[(\pi D_p^2)/(\pi D_p^3/6)]} = \frac{D_p}{6} \cdot \frac{\varepsilon}{1-\varepsilon} \qquad [\text{spherical particles}] \tag{11.6}$$

여기서 D_p는 입자의 지름이다. 이제 관 흐름 마찰계수와 레이놀즈 수의 정의에 이 수력학적 반경의 네 배를 대입하면, 다음 식이 된다.

$$f = \mathscr{F}\,\frac{4[D_p\varepsilon/6(1-\varepsilon)]}{4\Delta x} \cdot \frac{2}{V_I^2} = \frac{\mathscr{F}}{3} \cdot \frac{D_p}{\Delta x} \cdot \frac{\varepsilon}{1-\varepsilon} \cdot \frac{1}{V_I^2} \tag{11.7}$$

$$\mathscr{R} = \frac{V_I 4[D_p\varepsilon/6(1-\varepsilon)]\rho}{\mu} = \frac{2D_p\varepsilon V_I\rho}{3\mu(1-\varepsilon)} \tag{11.8}$$

이러한 식의 V_I는 통상적으로 V_S/ε로 대치하면, 마찰계수와 레이놀즈 수는 다음과 같다.

$$f = \frac{\mathscr{F}}{3} \cdot \frac{D_p}{\Delta x} \cdot \frac{\varepsilon^3}{(1-\varepsilon)} \cdot \frac{1}{V_S^2} \tag{11.9}$$

$$\mathscr{R} = \frac{2D_p V_S \rho}{3\mu(1-\varepsilon)} \tag{11.10}$$

관 내 흐름의 경우와 같이 다공성 매질을 통한 흐름에서도 공통적으로 사용되는 몇 가지 마찰계수가 있으며 모두 다른 상수값을 가진다. 어떤 것을 선택하는가는 완전히 임의적이다. 이 책에서는 식 (11.9)에서 1/3을, 식 (11.10)에서는 2/3를 각각 삭제하여 다공성 매질에 대한 마찰계수 및 레이놀즈 수를 사용한다.

$$f_{\text{porous medium}} = \mathscr{F} \frac{D_p}{\Delta x} \frac{\varepsilon^3}{(1-\varepsilon)} \frac{1}{V_S^2} = f_{\text{P.M.}} \tag{11.11}$$

$$\mathscr{R}_{\text{porous medium}} = \frac{D_p V_S \rho}{\mu(1-\varepsilon)} = \mathscr{R}_{\text{P.M.}} \tag{11.12}$$

지금까지의 정의를 이용하여 이제 관 내 흐름의 마찰계수 도표가 다공성 매질의 흐름에 대한 압력강하를 예측할 수 있는지 알아보자. 관 내 층류 영역에 대해 푸아죄유 방정식은 $f = 16/\mathscr{R}$으로 다시 쓸 수 있다. 여기서 f 및 $\mathscr{R}$는 식 (11.9) 및 (11.10)에 주어진 정의와 일치한다. 식 (11.11)과 (11.12)에 주어진 정의로 변환하면 이것은 $f_{\text{P.M.}} = 72/\mathscr{R}$가 된다(연습문제 11.1 참조). 이 유도에는 한 가지 명백한 오류가 있는데, 흐름이 x 방향이라는 묵시적 가정이다. 실제로 흐름은 지그재그처럼 여러 방향이다. 유체는 입자 주위를 우회하고 다시 다른 입자 주위를 돌아서 흐른다. 이런 지그재그 흐름이 x축에 대하여 평균 각도 45°라 가정하면, 실제 흐름 경로는 식 (11.11)에 나타낸 흐름 경로의 $\sqrt{2}$ 배가 되며, 실제 틈새속도도 식 (11.11)에서 사용한 틈새속도의 $\sqrt{2}$ 배가 된다. 이러한 실제 변화를 반영하면, 크기가 균일한 구로 구성된 다공성 매질 내의 층류에서는 $f_{\text{P.M.}} = 144/\mathscr{R}_{\text{P.M.}}$가 된다(연습문제 11.2 참조). 실험 데이터에 따르면 상수는 약 150이다. 즉, 위의 45° 가정은 약간 잘못된 것이다.(그러나 6장의 관 내 흐름 결과를 적용하여 최상의 실험값의 4% 이내로 도달하는 것은 여전히 매우 인상적이다!) 층류의 경우, 실험적으로

$$f_{\text{P.M.}} = \frac{150}{\mathscr{R}_{\text{P.M.}}} \tag{11.13}$$

다시 정리하면,

$$\mathscr{F} = 150 \frac{V_S \mu (1-\varepsilon)^2}{D_p^2 \varepsilon^3} \cdot \frac{\Delta x}{\rho} \qquad \text{[laminar flow, uniform sized spehers]} \tag{11.14}$$

식 (11.14)는 블레이크-코제니(Blake-Kozeny) 방정식 또는 코제니-카르만(Kozeny-Carman)

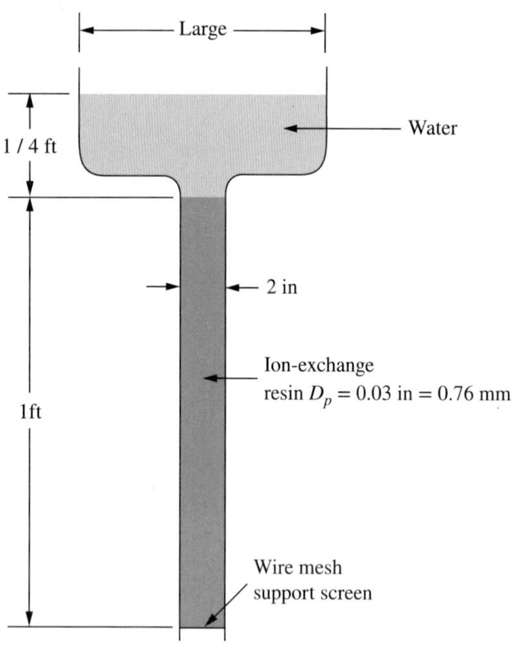

그림 11.3
다공성 매질을 통한 유체의 중력 배수

방정식으로 알려져 있다. 이 식은 뉴턴 유체가 균일 크기의 구형 입자로 된 층을 통한 정상 흐름에 관한 실험 자료를 기술한 것으로서, $\mathscr{R}_{\text{P.M.}}$이 약 10 미만일 때에 잘 맞는다.

예제 11.1 그림 11.3은 직경이 0.03 in = 0.76 mm인 구형의 이온교환수지 입자층을 통해 중력에 의해 물이 떨어지는 연수기를 나타낸 것이다. 충전층의 공극률은 0.33이다. 물의 부피 유량을 계산하라.

유체의 수면에서 충전층 출구까지 베르누이 식을 적용하고, 값이 작은 운동에너지 항과 지지 스크린을 통한 압력 손실을 무시하면,

$$g(\Delta z) = -\mathscr{F} \tag{11.C}$$

식 (11.14)를 대입하고 V_S에 관해 풀면

$$\begin{aligned} V_S &= \frac{g(-\Delta z)D_p^2\varepsilon^3\rho}{150\mu(1-\varepsilon)^2\Delta x} \\ &= \frac{32.2 \text{ ft/s} \cdot 1.25 \text{ ft} \cdot (0.03 \text{ ft}/12)^2 \cdot 0.33^3 \cdot 62.3 \text{ lbm/ft}^3}{150 \cdot 1.002 \text{ cP} \cdot (1-0.33)^2 \cdot 1 \text{ ft} \cdot 6.72 \cdot 10^{-4} \text{ lbm/(ft} \cdot \text{s} \cdot \text{cP)}} \\ &= 0.0124 \text{ ft/s} = 0.00379 \text{ m/s} \end{aligned} \tag{11.D}$$

따라서

$$Q = AV_S = \left(\frac{2}{12}\text{ ft}\right)^2 \cdot \frac{\pi}{4} \cdot 0.0124\,\frac{\text{ft}}{\text{s}} = 0.00027\,\frac{\text{ft}^3}{\text{s}} = 7.6\,\frac{\text{cm}^3}{\text{s}} \tag{11.E}$$

이 답이 맞는지 알아보기 위해 레이놀즈 수를 검산하면 다음과 같다.

$$\mathscr{R}_{\text{P.M.}} = \frac{(0.03\ \text{ft} / 12) \cdot 0.0124\ \text{ft/s} \cdot 62.3\ \text{lbm/ft}^3}{1.002\ \text{cP} \cdot 0.67 \cdot 6.72 \cdot 10^{-4}\ \text{lbm/(ft} \cdot \text{s} \cdot \text{cP)}} = 4.29 \tag{11.F}$$

이 값은 10보다 약간 작으므로, 식 (11.13)을 충분히 사용할 수 있는 흐름 범위이다.■

그림 11.3의 장치 하부에 다공성 매질이 없었다면 배출속도는 약 9 ft/s로 토리첼리 식(Torricelli's equation)으로부터 계산된 속도에 의해 얻어질 수 있다. 위 예제의 값은 이 배출속도의 1/724로 다공성 매질의 유체 마찰효과가 매우 큼을 알 수 있다!

관 내 완전 발달 난류 흐름에 대해 상대 거칠기가 주어지면, 마찰계수는 일정하지만 상대 거칠기가 달라지면, 마찰계수가 크게 달라진다. 관에서는 상대 거칠기가 광범위하게 변할 수 있어 완전한 난류 흐름에서 마찰계수 역시 다양한 값을 가진다. 그러나 균일한 구형 입자로 만들어진 다공성 매질의 경우, 상대적 거칠기의 변화가 거의 없을 수 있다. 여기서 거칠기는 개별 구의 표면에 있는 거친 점으로 구성되는 것이 아니라 개별 입자 사이를 통과할 때 개별 흐름 채널의 끊임없이 변화하는 모양으로 구성되기 때문이다. 일반적인 장애물의 높이는 단일 입자의 직경과 비슷하다. 일반적인 흐름 채널의 너비는 단일 입자 직경의 약 1/2이다. 따라서 상대 거칠기는 일반적으로 약 2이다. 관의 마찰계수 도표(그림 6.10)의 오른쪽 상단을 참조하면 이러한 상대 거칠기는 관에서 볼 수 있는 어떤 거칠기 값보다 훨씬 크다. 따라서 다공성 매질에서 완전 발달 난류 흐름에 대한 마찰계수가 관에서 볼 수 있는 어떤 마찰계수보다 훨씬 더 커야 한다고 예상할 수 있다. 이것은 실험적으로 검증이 가능하다. 균일한 구형 입자로 구성된 다공성 매질에서 난류가 심한 흐름에 대한 압력강하는 다음과 같이 잘 표현될 수 있다.

$$f_{\text{P.M.}} = 1.75 \tag{11.15}$$

다시 쓰면,

$$\mathscr{F} = 1.75\,\frac{V_S^2\,\Delta x}{D_p} \cdot \frac{1-\varepsilon}{\varepsilon^3} \qquad \text{[turbulent flow, uniform size spheres]} \tag{11.16}$$

식 (11.16)은 버크-플러머(Burke-Plumber) 식이라 하며, $\mathscr{R}_{\text{P.M.}}$이 약 1000 이상일 때 잘 맞는다.

예제 11.2 그림 11.3의 충전층을 통해 흐르는 물의 압력차를 충분히 크게 하여 물의 공탑속도를 2 ft/s로 한다. 필요한 압력구배를 구하라.

베르누이 식을 적용하면,

$$\frac{\Delta P}{\rho} + g\,\Delta z = -\mathscr{F} \tag{11.G}$$

여기서는 다른 항에 비하여 중력 항을 무시할 수 있다. 따라서 식 (11.16)을 대입하면,

$$\begin{aligned}\frac{-\Delta P}{\Delta x} &= \frac{1.75\rho V_S^2}{D_p}\cdot\frac{1-\varepsilon}{\varepsilon^3}\\ &= \frac{1.75\cdot 62.3\ \text{lbm}/\text{ft}^3\cdot(2\ \text{ft}/\text{s})^2\cdot 0.67}{(0.03\text{ft}/12)\cdot 0.33^3\cdot 32.2\ \text{lbm}\cdot\text{ft}/(\text{lbf}\cdot\text{s}^2)\cdot 144\ \text{in}^2/\text{ft}^2}\\ &= 701\ \text{psi}/\text{ft} = 15.9\ \text{MPa}/\text{m}\end{aligned} \tag{11.H}$$

여기서 레이놀즈 수를 검산하면 $\mathscr{R}_{\text{P.M.}} = 690$이므로, 실제로 흐름은 난류 영역의 하한이다(그림 11.4 참조, 아래에서 논의함). ■

이처럼 놀라울 정도로 큰 압력강하(701 psi/ft)로 인해 작은 입자로 된 다공성 매질에서는 난류가 거의 생기지 않는다. 여기서 다룬 입자 크기는 대부분의 토양이나 지하 대수층(aquifer), 석유저장소(petroleum reservoir), 산업용 여과기에서 전형적인 것으로 토양이나 산업용 여과기에서 거의 모든 유체흐름이 거의 층류인 이유를 알 수 있다.

관에서 층류에서 난류로의 전이 영역에서는 흐름이 층류 또는 난류이거나 이 둘 사이에서 요동하기 때문에 마찰 손실의 상관관계가 간단하지 않다. 다공성 매질은 흐름이 갑자기 층류에서 난류로 전환되는 일이 없으므로 전이 영역이 거의 없다. 그 이유는 흐름이 하나의 채널만을 통과하는 것이 아니라 다양한 크기의 많은 병렬 채널을 통과하기 때문이다. 유량이 낮은 값에서부터 증가함에 따라 처음에는 전적으로 층류이지만, 가장 큰 채널에서는 난류로 전환된다. 유량이 더 증가함에 따라 점점 더 많은 채널이 난류가 되고, 매우 높은 유량에서 모든 채널에 난류가 발생하게 된다. 이 때문에 모든 층류에서 모든 난류로의 부드러운 전환으로 이어지게 된다.

따라서 $f_{\text{P.M.}}$ 대 $\mathscr{R}_{\text{P.M.}}$ 그래프에서 층류에서 난류로 전이되는 하나의 완만한 곡선이 되는데, 이것이 그림 11.4이다. 에르귄[1]이 보인 바와 같이, 코제니-카르만과 버크-플러머 식의 우변을 추가하면, 전이 영역의 자료에 상당히 잘 맞는 결과가 된다. 즉,

$$f_{\text{P.M.}} = 1.75 + \frac{150}{\mathscr{R}_{\text{P.M.}}} \tag{11.17}$$

다시 정리하면

$$\mathscr{F} = 1.75\,\frac{V_S^2}{D_p}\frac{(1-\varepsilon)\Delta x}{\varepsilon^3} + 150\,\frac{V_S\mu(1-\varepsilon)^2\,\Delta x}{D_p^2\varepsilon^3\rho} \tag{11.18}$$

가 되고, 이를 Ergun 식이라 한다. 이 식은 전 영역의 레이놀즈 수 범위에 대한 자료에 잘 맞으며, 레이놀즈 수가 클 때는 이 식의 두 번째 항이 무시되어 식 (11.14)가 된다. 레이놀즈 수가 작으면, 두 번째 항이 아주 커져서 첫 번째 항이 상대적으로 무시되므로, 식 (11.16)이 된다(연습문제 11.3 참조).

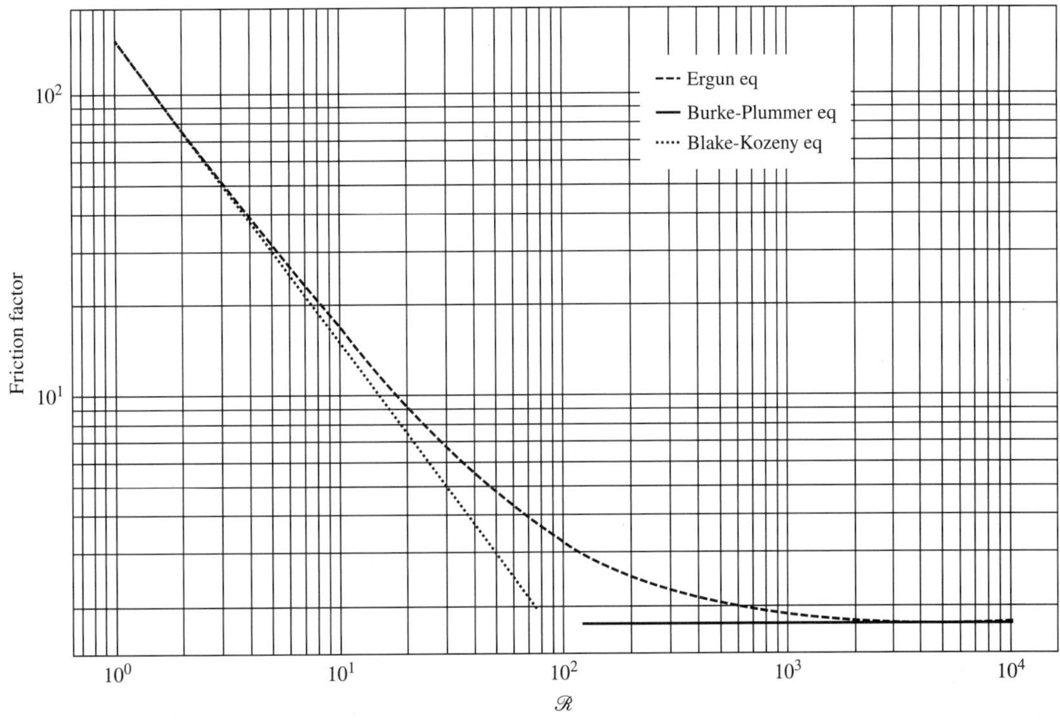

그림 11.4
다공성 매질을 통한 유체흐름의 마찰계수 상관관계도. [데이터와의 포괄적인 비교는 S. Ergun, "Fluid Flow through Packed Columns," *CEP 48*, (1952), pp.89–94를 참조]

지금까지는 모두 크기가 균일한 구형 입자층에 관한 것이다. 구형 이외의 다른 형태의 균일한 입자에 대하여는 실험적 '구형도(sphericity)'라는 인자를 정의함으로써 앞에서 보인 결과와 연관시키려고 하였다[2, 3]. 그러나 그 결과는 별로 성공적이지 못하여 실험 자료 없이는 이러한 다공성 매질의 거동을 정확하게 계산할 수 없다. 매우 균일한 비구형 입자라 하더라도 층을 형성하는 방법에 따라 공극률이 크게 달라지고, 또 입자가 촘촘히 채워져 있지 않을 때는 단순히 충전층을 흔들기만 해도 공극률이 크게 변하기 때문이다.

실험 자료 없이 천연 암석 중의 물, 석유, 또는 가스의 흐름을 계산하는 방법은 거의 진전이 없었는데, 천연 암석은 그림 11.4에 나타낸 균일한 구형 입자층에 비하면 아주 균일하지 않기 때문이다. 따라서 지하수 이동에 관한 연구와 석유 저장 공학(petroleum reservoir engineering)에서는 대개 식 (11.14)를 다음과 같이 단순화하는 것이 일반적이다.

$$\mathscr{F} = \frac{V_S}{k} \cdot \frac{\mu}{\rho} \Delta x \tag{11.19}$$

여기서 k는 투과도(permeability)이다. 식 (11.19)는 다르시 식(Darcy's equation)이라 하고, 투과도의 단위를 darcy라 한다.

$$1 \text{ darcy} = \frac{1\,(\text{cm/s}) \cdot \text{cP}}{\text{atm/cm}} = 0.99 \cdot 10^{-12}\ \text{m}^2 = 1.06 \cdot 10^{-11}\ \text{ft}^2 \tag{11.20}$$

예제 11.3 1 atm에서 압축공기를 사용하는 수평흐름 여과 테스트에서 다음 데이터가 얻어졌다. 여과면적이 1 ft², 여과기 전후의 압력차가 2 psi, 흐름 방향의 여과 매질 길이가 1/2 in, 유량이 1 ft³/min이다. 이 여과 매질의 투과도를 계산하고, 물을 1 ft³/min로 여과할 때의 압력강하를 추산하라.

식 (11.19)로부터 투과도는 다음과 같다.

$$\begin{aligned} k &= \frac{V_S\mu\,\Delta x}{\rho\mathscr{F}} = \frac{V_S\mu\,\Delta x}{\Delta P} = \frac{Q\mu\,\Delta x}{A\,\Delta P} \\ &= \frac{1\ \text{ft}^3/\text{min} \cdot 0.018\ \text{cP} \cdot \text{ft}/24}{1\ \text{ft}^2 \cdot 2\ \text{lbf/in}^2} \cdot \frac{\text{ft}^2}{144\ \text{in}^2} \\ &\quad \cdot 2.09 \cdot 10^{-5}\,\frac{\text{lbf}\cdot\text{s}}{\text{ft}^2\cdot\text{cP}} \cdot \frac{\text{min}}{60\ \text{s}} \cdot \frac{\text{darcy}}{1.06 \cdot 10^{-11}\ \text{ft}^2} \\ &= 0.080\ \text{darcy} = 80\ \text{millidarcy} \end{aligned} \tag{11.I}$$

물의 경우 이 값을 식 (11.19)에서 직접 사용할 수 있다. 그러나 식 (11.19)를 압력차에 대해 풀고 나서, 공기흐름과 물흐름에 대해 각각 한 번씩 적용한 다음 이들의 비를 구하면 쉽다. 이때 다른 항은 모두 소거되고 다음 관계가 된다.

$$\frac{\Delta P_{\text{water}}}{\Delta P_{\text{air}}} = \frac{\mu_{\text{water}}}{\mu_{\text{air}}} = \frac{1.0\ \text{cP}}{0.018\ \text{cP}} = 55.5 \tag{11.J}$$

물을 여과하기 위해 필요한 압력강하는 111 psi = 765 kPa이다. ■

투과도는 고체에 따라 크게 다르며, 표 11.1은 몇 가지 일반적인 값을 보여 준다. 대부분의 산업 및 지질학적 관심의 경우 darcy는 값이 너무 크다; millidarcy 또는 mD = 10^{-3} D가 사용 단위이다.

식 (11.14)와 식 (11.19) 사이의 $\mathscr{F}$를 제거하면,

표 11.1
고체의 전형적인 투과도

Material	Permeability, mD
Well-sorted gravel	10^7–10^8
Sand and gravel	10^4–10^6
Very fine sand and silt	1–1000
Typical oil or gas reservoir rock	100–10 000
"Tight" oil or gas reservoir rock	0.001–0.1
Sidewalk cement	0.01–0.1
Granite	0.0001–0.001

$$\frac{150\, V_s\mu(1-\varepsilon)^2}{D_p^2\varepsilon^3}\cdot\frac{\Delta x}{\rho}=\frac{V_s\mu}{k}\cdot\frac{\Delta x}{\rho} \tag{11.K}$$

동일한 변수들을 제거하고 정리하면,

$$k=\frac{D_p^2\varepsilon^3}{150(1-\varepsilon)^2}\qquad\begin{bmatrix}\text{uniform size}\\ \text{spheres}\end{bmatrix} \tag{11.21}$$

이는 투과도가 입자 크기와 공극률에 의존함을 보여 준다. 표 11.1의 소재들은 투과도가 다르며 부분적으로 공극률의 차이가 크지만 대부분 유효 입자 크기의 큰 차이(균일한 크기의 구체가 아님) 때문이다.

약 2000년부터 미국 석유 및 가스 시장은 이전에 비경제적인 '밀착' 석유 및 가스 암석의 침투성을 기계적으로 증가시켜 드릴링에 수익성이 있게 만드는 긴 수평시추 및 수압파쇄('프랙킹')의 도입으로 혁명을 일으켰으며, 이로 인해 석유 및 가스 가격이 낮아지게 되었다. 표 11.1과 같이, 일반적인 석유 저장소 암석과 '밀접한' 저장소 암석 사이의 투과도 차이는 $10^3 \sim 10^7$ 정도이다. 이것은 파쇄층의 유효 투과율을 전형적인 오일 샌드 수준으로 높이는 수압파쇄가 혁명적인 결과를 만들어 낸 이유를 잘 설명한다. 2019년 현재도 이 혁명은 진행 중이다.

지하수와 석유 저장층의 유속은 일반적으로 아주 낮으므로, 베르누이 식의 운동에너지 항이 무시된다. 또한 이 흐름은 거의 언제나 층류이므로 $\mathscr{F}$는 다르시 식 (11.19)로 나타낸다. 따라서 이 경우의 베르누이 식은 다음과 같이 된다.

$$\Delta\left(\frac{P}{\rho}+gz\right)=-\frac{\mu}{k}\cdot\frac{V\,\Delta x}{\rho} \tag{11.22}$$

일정 ρ, k, μ 및 g 값에 대해서 아래와 같이 표현된다.

$$\frac{d(P+\rho gz)}{dx}=-\frac{\mu}{k}V_x \tag{11.23}$$

y 방향에 관해서도 유사한 식을 쓰고, x와 y에 대하여 각각 미분하여 더하면 다음 식이 된다.

$$\frac{\partial^2(P+\rho gz)}{\partial x^2}+\frac{\partial^2(P+\rho gz)}{\partial y^2}=-\frac{\mu}{k}\left(\frac{\partial V_x}{\partial x}+\frac{\partial V_y}{\partial y}\right) \tag{11.24}$$

일정밀도의 질량수지식(15장과 16장 참조)에 의하면, 식 (11.24)의 우변은 0이다. 따라서

$$\frac{\partial^2\phi}{\partial x^2}+\frac{\partial^2\phi}{\partial y^2}=0,\quad \phi=P+\rho gz \tag{11.25}$$

이 식은 라플라스 식으로 '퍼텐셜 흐름'을 기술하는 것이다. 이 식은 열흐름과 정전기장 문제에서 널리 쓰이며, 다양한 기하구조에 대해 무수한 해가 알려졌다. 이를 이용하여 유전

(oil field)의 2차원 흐름, 지하수 흐름 등을 예측할 수 있다. 같은 방법을 3차원에도 적용할 수 있지만, 해가 훨씬 어렵다. 아메드[4]는 석유 저장 공학에서 일반적인 문제에 대한 2차원 라플라스 식의 해를 요약하였다. 지하수 흐름에 관한 유사한 해는 많은 수문학 교과서(예를 들면, [5])에서 볼 수 있다. 더 자세한 퍼텐셜흐름에 대해서는 16장을 참고하라.

11.2 다공성 매질을 통한 두 유체의 병류 흐름

우리는 지금까지 다공성 매질의 모든 빈 공간이 공기, 물, 석유 등 같은 유체로 채워졌다고 가정하였다. 그러나 같은 기공에 서로 혼합되지 않는 두 유체가 존재하는 경우, 예를 들어 석유 저장층의 석유와 가스 또는 석유와 물의 동시 흐름, 또는 여과층 중에서 중요한 잔류 액체를 제거하거나 비싼 여과층의 함수율을 낮추기 위해 공기를 불어넣는 등의 작업에서 중요한 문제가 발생할 수 있다.

그림 11.2에 나타낸 실험장치에서, 모든 기공을 물로 채운 다음 공기를 불어넣으면, 배출 흐름 중의 물의 부피 분율은 그림 11.5에 도시한 바와 같은 거동을 나타낸다. 처음에는 이 장치의 하류 끝에서 물만 흘러나오며 그 부피 유량은 장치에 도입되는 공기의 부피 유량과 같을 것이다. 그 후 공기가 채널을 관통(break through)하여 배출구에 나올 것이다. 짧은 시간 동안 공기와 물이 배출구에서 나오며 물의 부피 분율은 꾸준히 감소하게 된다. 마지막에는 더 이상 물이 나오지 않게 된다(장치 안에서 증발에 의해 공기에 섞여 나오는 수증기는 제외). 그림 11.5에서 물이 더 이상 나오지 않는 점을 지난 후에 장치를 열고 내부에 잔류하는 물의 양을 구해 보면, 기공의 10~30% 정도가 물이 차 있음을 알 수 있다.

이 물이 흘러나오지 않는 이유는 무엇인가? 표면력(surface force)에 의해 붙들려 있기 때문이다. 이것은 유체 1 gal이 원통형 용기에 들어 있을 경우와 전형적 사암 중에 들어 있을 경우의 표면적을 비교해 보면 알 수 있을 것이다. 보통 1 gal 페인트통은 표면적이 1.5 ft^2 정도이다. 그러나 유체 1 gal이 지름 0.01 in인 구형 입자로 되어 있고 공극률이 0.3인 전형적 사암의 기공에 들어 있다면 표면적은 216 ft^2가 된다. 이때 사암의 기공에 들어 있는 유체는 평균 두께 0.18 mm = 0.007 in인 막으로 퍼져 있다고 볼 수 있다.

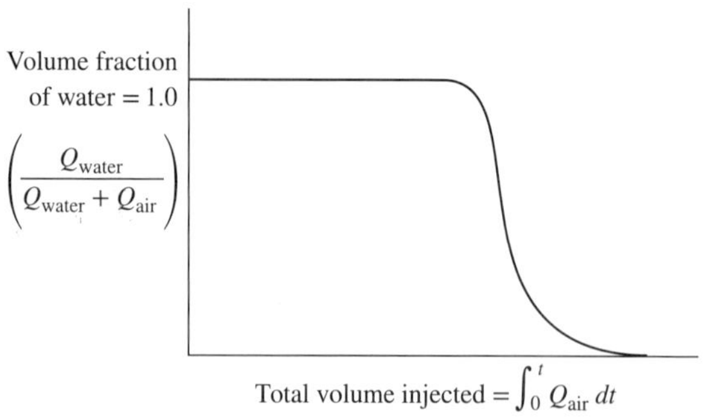

그림 11.5
다공성 매질을 통해 물이 방출될 때 공기 돌파

한 가지 유체만 존재한다면 표면은 모두 고체-유체 계면이고 이들의 상호작용은 단순히 표면에 부착과 관련된다. 그러나 두 유체가 있으면, 고체-유체 계면뿐만 아니라 유체-유체 계면이 존재하게 된다. 이러한 유체-유체 계면에서의 압력차는 다음 관계로 표현된다.[이를 모세관 압력(capillary pressure)이라 부른다.]*

$$\begin{pmatrix}\text{Capillary}\\ \text{pressure}\end{pmatrix} = \Delta P = \frac{\sigma}{r} \tag{11.26}$$

여기서 σ는 표면장력이고 r은 공극의 반경이다. 물-공기 계면의 경우 σ는 약 $4 \cdot 10^{-4}$ lbf/in이다. 물 1 gal이 보통 1 gal 통에 들어 있으면 r이 3 in 정도이므로, 공기와 물 사이의 압력차는 $2 \cdot 10^{-4}$ psi 정도로 대부분의 문제에서는 무시된다. 그러나 표면이 반지름 0.001 in인 기공의 안쪽이라면 압력차는 0.8 psi 정도가 되는데, 이는 무시할 수 없는 수준이다.(표면장력 영향의 자세한 내용은 14장을 참고하라.)

이러한 표면력 때문에 다공성 매질 중의 한 상이 다른 상에 의해 완전히 치환되지 않는다. 치환 유체(displacing fluid, 위의 예시에서는 공기)는 다공성 매질 중에 있는 흐름 유로 중에서 가장 큰 곳으로 먼저 들어가 피치환 유체(displaced fluid)의 일부를 우회하게 된다. 이러한 피치환 유체는 계속 흐르기는 하지만 그 양이 많이 감소하기 때문에, 필라멘트 형태로 연속적으로 흐르지 않고 치환 유체로 둘러싸여 액적으로 부서질 정도로 감소하면 이동을 멈춘다.[석유에서는 이를 **부동화**(immobile)라고 한다.] 모래에서 물이 공기로 치환되는 것을 현미경으로 관찰하면, 위에서 언급했듯이 체류하는 물이 있는데, 연속된 필라멘트가 아니라 대개 모래의 여러 알갱이 사이 접점에서 작은 층이나 액적으로 존재하는 것을 볼 수 있다.

이러한 물리적 설명으로부터 우리는 치환력(displacing force, 압력구배 × 액적길이 × 흐름에 수직인 단면적)이 표면력(surface force, 표면장력/액적반경 × 단면적)과 균형을 이룰 때 유체 입자의 이동이 멈춘다는 결론을 내릴 수 있다. 따라서 유체 입자가 이동을 중지하는 것은 다음과 같을 때이다.

$$\frac{\Delta P}{\Delta x} LA = \frac{\sigma}{r} A \tag{11.27}$$

또는 다시 정리하면

$$\frac{\Delta P}{\Delta x} \frac{Lr}{\sigma} = 1 \tag{11.28}$$

자연석일 때는 식 (11.28)의 L(액적길이)이나 r의 측정은 불가능하다. 또 지금까지의 해석은 구형 액적에만 적용되는데, 현미경으로 관찰하면 액적이 구형인 경우는 거의 없다. 그

---

* 여기서는 '접촉각'이 0도라고 가정한다. Scheidegger[6]는 이 단순화된 가정 없이 논의하였다.

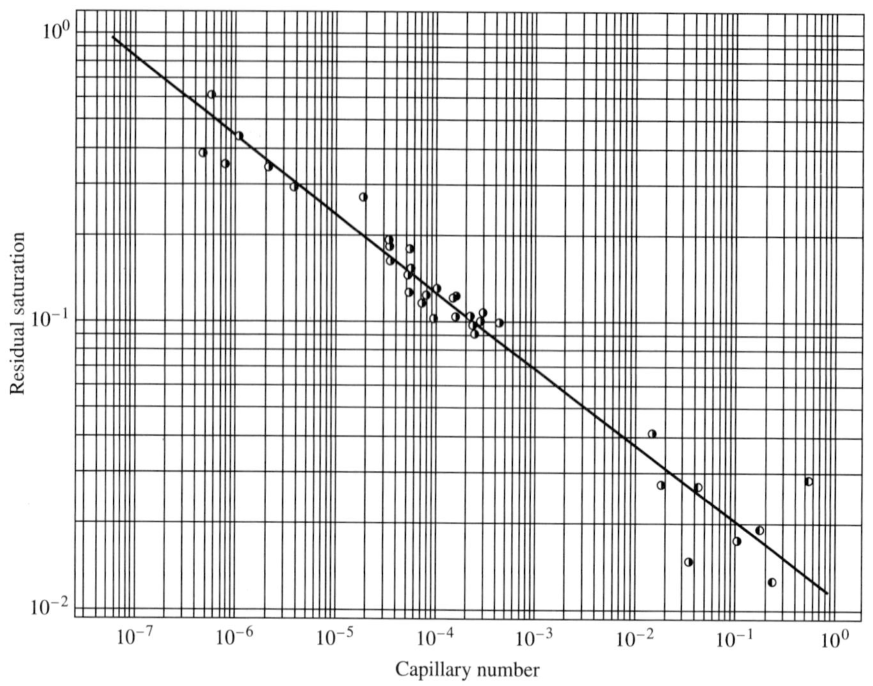

그림 11.6
모세관 수의 함수로서의 잔류포화도. 데이터 값에는 고결(굳어짐)되지 않은 모래, 고결된 모래, raschig ring, berl saddle, 유리 링, 석영으로 구성된 다공성 매질이 포함된다. [L. E. Brownell and D. L. Katz, "Flow of Fluids through Porous Media." *CEP 43*, (1950), pp.601-612에서 발췌]

러나 기본 개념은 명확하다. 이를 보이기 위하여 Lr이 투과도의 차원과 같다는 점에 주목한다. 즉, L과 r의 값이 작으면 투과도가 낮고, L과 r의 값이 크면 투과도가 높다. 따라서 피치환 유체가 이동을 중단하였을 때 피치환 유체로 찬 공극 공간의 분율은 다음 무차원군의 함수가 될 것임을 예상할 수 있다.

$$\frac{k}{\sigma}\frac{\Delta P}{\Delta x} = \text{capillary number} \tag{11.29}$$

그림 11.6은 측정된 **잔류포화도**(residual saturation)(피치환 유체의 흐름이 정지되었을 때, 피치환 유체가 차지하는 공극 공간의 분율)를 모세관 수(capillary number)의 함수로 나타낸 것이다. 투과도가 크면(예를 들어 벽돌이나 성긴 자갈 더미처럼 공극이 크면) 잔류포화도는 아주 낮아서 2~3% 정도이지만, 투과도가 낮으면(예를 들어 아주 고운 사암이나 혈암) 잔류포화도는 아주 커서 30~60%가 된다. 데이터의 분산은 잔류포화도와 투과도의 상관관계가 다공성 매질 중의 부동 유체의 분율을 대략 추정할 때만 사용할 수 있음을 나타낸다.

이러한 종류의 2상 **병류**(cocurrent) 흐름은 석유 분야에서 아주 중요하다. 유전에서의 두

상은 석유와 물 또는 석유와 천연가스일 수 있으며, 수문학에서의 두 상 흐름(지표 부근)은 공기와 물이고, 여과기에서는 여과 케이크에 잔류하는 액체를 공기로 불어 내는 것일 수 있다. 이 책에서는 이 문제를 아주 간단히 다루었으므로, 자세한 내용은 참고문헌 [3], [4]를 보기 바란다. 이러한 흐름은 점도의 영향 때문에 복잡하다. 치환 유체가 피치환 유체보다 점도가 높으면, 점도가 두 유체 사이 경계의 불균일성을 완화시킨다. 그러나 치환 유체의 점도가 작으면, 점도 때문에 이러한 불균일성이 증가되고 피치환 유체를 뚫고 들어가서, 결과적으로 피치환 유체보다 치환 유체의 점성이 클 때보다 일찍 피치환 유체를 헤치고 나와서 더 불완전한 치환을 유발한다. 불행히도 산업적으로 중요한 경우(석유 회수, 여과층의 공기 분사)에 흔히 치환 유체의 점도가 작은데, 이러한 '핑거링(fingering)' 때문에 공정의 효율성에 매우 심각한 제한이 된다[7].

11.3 다공성 매질에서의 향류 흐름

다공성 매질의 입자가 작을 때 한 유체가 이 매체를 통해 한 방향으로 흐르면, 이 매체를 통해 동시에 흐르는 다른 유체는 거의 같은 방향으로 흐르게 된다. 그러나 입자가 크면(가령 1/4 in 이상) 서로 혼합되지 않는 두 유체가 같은 매체에서 동시에 반대 방향으로 흐를 수 있다. 이는 유체 사이의 접촉 면적을 증가시키기 위해 입자층을 사용하는 기체-액체 및 액체-액체 접촉장치의 기초가 된다. 보통 이러한 장치를 충전탑(packed tower) 혹은 충전층(packed bed)이라 하는데, 흡수, 증류, 가습 등에서 많이 사용된다.

이러한 장치에서 두 유체 흐름의 중요 특징은 흐를 수 있는 영역에 대한 유체 사이의 경쟁이다. 일반적으로 밀도가 큰 유체(예를 들면, 물)는 중력에 의해 입자 표면 아래로 흐르고, 밀도가 작은 유체(예를 들면, 공기)는 탑 위에서 배출될 때보다 높은 압력으로 탑 밑에서 도입되기 때문에 위로 흘러 빠져나온다. 이러한 장치의 전형적인 압력차에 대한 결과를 그림 11.7에 나타냈다.

그림 11.7에는 탑의 하단에서 상단까지의 압력구배를 뺀 값이 탑 하단으로 내려가는 물의 다양한 공탑 질량 유량에 대해 탑 상단으로 올라가는 공기의 질량 유량에 대하여 표시되어 있다. 먼저 곡선 *A*를 고려하자. 이것은 기체만 흐를 때인데, 그 기울기(로그-로그 선도)는 1.8로서 그림 11.4에서 $f_{\text{P.M.}}$이 $\mathscr{R}_{\text{P.M.}}$이 -0.2 거듭제곱에 비례하는 전이 영역에 해당하는 흐름을 의미한다. 곡선 *B*는 액체 흐름은 없지만, 충전층을 적셨다가 배수시킨 경우이다. 이 선의 기울기는 선 *A*의 기울기와 같지만 각 유량에서 압력강하가 25% 높은데, 이 경우에는 흐름 통로 일부가 체류 액체에 의해 차단되기 때문이다. 통로 일부가 차단되면 기체가 흐를 수 있는 영역이 적어지기 때문에 기체의 틈새속도가 증가한다. 따라서 마찰로 인한 압력강하가 증가한다. 곡선 *C*는 기체와 액체의 경쟁적 흐름을 나타내는 전형적인 경우이다. 기체 유량이 적으면 모양이 곡선 *A* 및 *B*와 같지만, 액체에 의해 차단되는 통

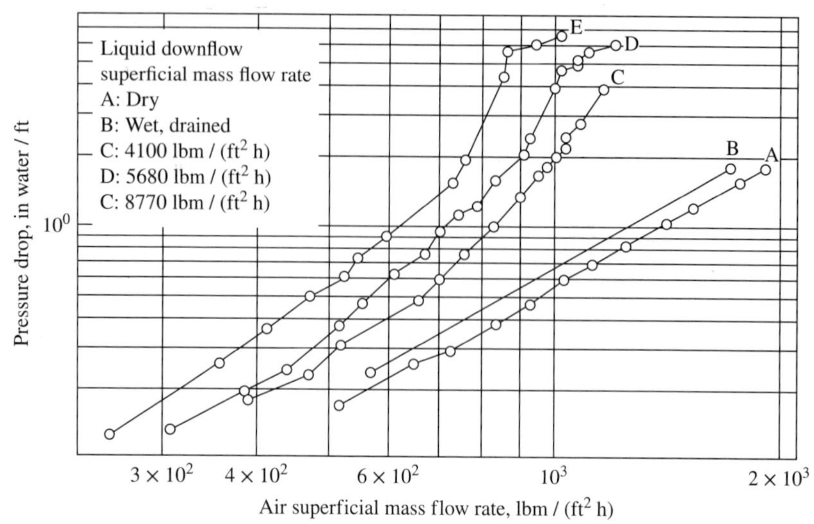

그림 11.7

길이 1 in, 직경 1 in이고 양쪽 끝이 열린 얇은 벽 실린더인 raschig ring으로 구성된 다공성 매질에서 경쟁적인 공기-물 향류 흐름의 압력강하. [B. J. Lerner and E. S. Grove, Jr., "Critical Conditions of Two-Phase Flow in Packed Columns." *Ind. Eng. Chem. 53*, (1951), p.216에서 발췌]

로가 많으므로 압력강하가 더욱 크다. 그러나 600 lbm/h · ft²의 공기 유량에서 곡선은 가파르게 상승한다. 육안 관찰에 따르면 이 시점에서부터 전에 액체가 흘러내리던 통로에서 액체가 정체되기 시작함을 나타낸다. 이로 인해 기체가 흐르는 통로를 차단한다. 유량을 계속 증가시키면 이러한 통로가 더욱 차단되어 압력이 급히 증가한다. 이러한 거동을 로딩(loading)이라고도 한다.

곡선 D와 E는 비슷한 거동을 보이지만, 더 높은 액체 유량의 경우 새로운 영역이 도입되어, 압력강하 곡선의 가파른 증가가 완화됨을 보여 준다. 이 영역을 플러딩(flooding)이라 하는데, 액체가 탑 전체를 채워 분산상이 아닌 연속상이 되는 것이다. 기체는 연속적인 기체 흐름이 아니라 액체 연속상을 통해 기포가 되어 올라간다.

증류와 흡수에서는 이러한 흐름이 있는 장치를 많이 이용하므로, 이러한 주제를 다룬 책에는 그 성능을 평가하기 위한 실험적 방법이 요약되어 있다[8, 9]. 일부 장치 내의 충전층에서 벽 가까운 영역은 입자를 꽉 채울 수 없으므로 벽 근처의 기공은 나머지 부분보다 항상 더 크다. 이러한 점은 장치의 설계와 운전을 어렵게 만든다.

11.4 간단한 여과 이론

여과기(filter)는 가스 및 액체를 정화시키거나 기체나 액체에서 유용한 생성물을 분리하는 데 널리 이용된다. 이 장에서 지금까지 찾은 결과를 적용하여 그들의 거동에 대해 배울 수

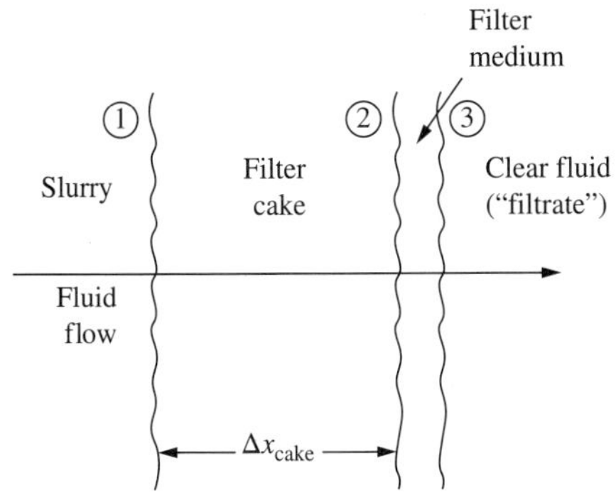

그림 11.8
여과기 안의 흐름

있다. 여과기는 크게 두 종류로 나눌 수 있다. 즉, 수집된 입자가 필터 표면에 응집성 케이크를 형성하는 표면여과기(예를 들면, 커피 필터, 소쿠리, 대부분의 산업용 백하우스, 대부분의 산업용 농축기, 플레이트 및 프레임 또는 드럼 필터)와 입자가 필터의 전체 깊이에 걸쳐 수집되는 심층여과기(예를 들면, 방진 마스크, 자동차 오일 필터, 대부분의 가정용 화로 필터)로 나누어진다.

11.4.1 표면여과기

여과기를 통한 흐름을 그림 11.8에 간단히 나타내었다. 슬러리(slurry, 현탁 고체를 포함하는 유체)는 여과 매질(주로 천이지만, 때로는 종이, 다공성 금속 또는 모래층)을 통해 흐른다. 슬러리 중의 고체 입자는 여과 매질 전면에 퇴적하여 '여과 케이크(filter cake)'를 형성한다. 고형물이 제거된 액체는 이 케이크와 여과 매질을 통해 흐른다. 지점 1과 3 사이에 베르누이 식을 적용하는데, 높이의 변화는 없다고 하자. 속도에 약간의 변화(모든 경우 여과 케이크 중에 잔류하는 고체 입자나 유체가 기체인 경우 압력강하로 인해)가 있으나, 일반적으로 무시되며, 펌프나 압축기 일이 없으므로, $\Delta P/\rho = -\mathcal{F}$가 된다. 거의 모든 여과기에서 흐름은 층류이므로, 마찰에 의한 압력강하는 식 (11.19)로 표시될 수 있다. 이를 풀어서 공탑속도를 구하면,

$$V_S = \frac{Q}{A} = \frac{-\Delta P}{\mu}\frac{k}{\Delta x} \tag{11.30}$$

여기에 동일한 유량을 갖는 직렬로 두 개의 저항이 있다. 아래첨자 'f.m.'을 사용하여 '여과 매질'을 나타낸다. 식 (11.30)을 두 번 작성하고 동일한 유속을 같다고 하면(그림 11.8 참조),

$$\begin{aligned} V_S &= \frac{P_1 - P_2}{\mu}\left(\frac{k}{\Delta x}\right)_{\text{cake}} \\ &= \frac{P_2 - P_3}{\mu}\left(\frac{k}{\Delta x}\right)_{\text{f.m.}} \end{aligned} \tag{11.31}$$

P_2를 구하면,

$$P_2 = P_1 - \mu V_S \left(\frac{\Delta x}{k}\right)_{\text{cake}} = P_3 + \mu V_S \left(\frac{\Delta x}{k}\right)_{\text{f.m.}} \tag{11.32}$$

이 식을 V_S에 대해서 전개하면,

$$V_S = \frac{P_1 - P_3}{\mu[(\Delta x / k)_{\text{cake}} + (\Delta x / k)_{\text{f.m.}}]} = \frac{Q}{A_{\text{filter}}} \tag{11.33}$$

이 식은 여과기를 통한 순간 유량을 나타내며, 두 직렬 저항에 대한 옴의 법칙과 유사하므로, $\mu\ \Delta x/k$ 항을 각각 케이크 저항(cake resistance) 및 천 저항(cloth resistance)이라고 한다.

여과 매질 저항은 일반적으로 시간에 관계없이 일정하다고 가정하므로, $(\Delta x/k)_{\text{f.m.}}$을 상수 a로 대체한다. 여과 케이크가 균일하면 순간 저항은 그 순간 두께에 비례한다. 그런데 이 두께는 물질수지에 의해 케이크를 통과한 여액의 부피와 관련된다.

$$\begin{aligned}\Delta x_{\text{cake}} &= \left(\frac{\text{mass of cake}}{\text{area}}\right) \cdot \left(\frac{1}{\rho_{\text{cake}}}\right) \\ &= \left(\frac{1}{\rho_{\text{cake}}}\right) \cdot \left(\frac{\text{volume of filtrate}}{\text{area}}\right) \cdot \left(\frac{\text{mass of solids}}{\text{volume of filtrate}}\right)\end{aligned} \tag{11.34}$$

통상적으로 다음과 같이 정의한다.

$$W\eta = \left(\frac{\text{mass of solids collected}}{\text{volume of filtrate}}\right) \cdot \left(\frac{1}{\rho_{\text{cake}}}\right) = \left(\frac{\text{volume of cake}}{\text{volume of filtrate}}\right) \tag{11.35}$$

여기서 W는 처리되는 깨끗한 용액의 단위 부피당 케이크의 부피이고, η는 고체에 대한 수집 효율로서 보통 ≈1.00로 가정하며 식 (11.35)로 구한다. 따라서

$$\Delta x_{\text{cake}} = \frac{V}{A} W \qquad \text{and} \qquad \frac{d(\Delta x_{\text{cake}})}{dt} = V_S W \tag{11.36}$$

여기서 V는 여액 부피 $= \int Q\, dt$이다. 식 (11.33)의 케이크 두께에 식 (11.36)을 대입하면,

$$\frac{Q}{A} = \frac{1}{A} \cdot \frac{dV}{dt} = \frac{P_1 - P_3}{\mu(VW / kA + a)} \tag{11.37}$$

대부분의 산업용 여과에서는 원심펌프나 송풍기를 사용하여 실질적으로 정압에서 운전하므로 $(P_1 - P_3)$는 상수가 된다. 식 (11.37)을 다시 정리하고 적분하면,

$$\left(\frac{V}{A}\right)^2 \cdot \frac{\mu W}{2k} + \frac{V}{A}\mu a = (P_1 - P_3)t \qquad \text{[constant pressure]} \tag{11.38}$$

대부분의 산업적 여과에서 여과 매질의 저항 a는 케이크 저항에 비해 무시되므로(케이크가 형성되기 시작하는 여과 초기는 제외), 식 (11.38)의 왼쪽 두 번째 항은 삭제할 수 있다.

이 경우 여액 부피는 (여과시간)$^{1/2}$에 비례한다.

케이크가 축적되므로 여과기는 정기적으로 청소해야 한다. 최적의 청소 주기는 Chen[10]에 의해 논의되었다.

산업용 여과기 중에는 실질적으로 유량이 일정한 장치인 P.D. 펌프를 사용하는 때도 있다. 이러한 펌프로 여과기에 공급하면 여과 중에 압력이 계속 증가한다. 식 (11.37)을 보면, k가 일정하고 a가 무시되는 경우에 케이크 두께가 시간에 비례하여 증가하기 때문에 압력도 시간에 비례하여 증가한다.

실제 많은 여과 문제에서 식 (11.37)의 k는 상수가 아닌 압력의 함수이다. 이것은 여액이 연약한 구조의 젤(gel)이나 응집체(floc)로 되어 있기 때문인데, 수질 정화에 사용되는 수산화철이나 수산화알루미늄이 들어 있는 경우를 그 예로 들 수 있다. 느슨한 상태에서는 흐름 저항이 비교적 작지만, 가압하에서 여액의 연약한 구조가 붕괴되고 치밀한 구조가 만들어지면 흐름 저항이 커진다. 이러한 케이크의 저항은 일반적으로 다음과 같이 나타낸다.

$$\text{Cake specific resistance} = \frac{1}{k} = \alpha P^{s} \tag{11.39}$$

이 식을 식 (11.37)에 대입하고, P_3를 0(대기압에서)이라 하면,

$$\frac{Q}{A} = \frac{1}{A} \cdot \frac{dV}{dt} = \frac{P}{\mu[(\alpha P^{s} V W / A) + a]} \tag{11.40}$$

a를 무시하면(보통 경우) 식 (11.40)에서 다음을 알 수 있다. 즉, 케이크 두께가 일정할 때 압력을 증가시키면, (i) $s = 0$(예를 들어 모래)일 때는 선형적으로 유량이 증가하고, (ii) $s = 1$(예를 들어 젤상의 수산화물)이면 유량이 전혀 영향을 받지 않으며, (iii) s 값이 0에서 1 사이이면 중간적 영향을 받는다는 것을 말해 준다. 저압에서 $s < 1$이고 고압에서 $s > 1$인 경우가 있는데, 어떤 압력에서 최대 유량이 되고 이보다 압력이 높거나 낮으면 유량이 적어진다. 여과 기술에서는 α나 s를 낮추는 첨가제인 '여과조제(filter aid)'의 선택이 중요하다[3, Sec.5.3].

11.4.2 심층여과기

유체에서 제거해야 할 고형물 농도가 클 때는 표면여과기를 사용한다. 고형물은 케이크를 형성하며 이 케이크가 실제로 여과작용을 한다. 일단 케이크가 형성되면 여과 매질은 케이크를 지지하는 역할만 하며 실질적 여과작용은 없다. 반면 심층여과기는 고형물의 농도가 낮고 출구에서 매우 깨끗한 유체를 생성하는 것이 목표일 때에 사용된다. 심층여과기는 표면여과기에서 입자 대부분을 제거한 뒤에 최종 정화단계에 사용하는 경우가 많다. 수술실이나 마이크로칩 제조시설로 가는 공기는 이 심층여과기를 사용하여 최종적으로 정화한다. 표면여과기는 표면에서 케이크를 제거하여 깨끗이 할 수 있지만, 심층여과기는 고형물

이 가득 차면 대개 버려지는데, 예를 들면 분진 마스크와 자동차 오일 필터 등이다.

심층여과기의 유체역학은 앞에서 다룬 표면여과기처럼 수학적으로 간단히 취급할 수 없다[11, Sec.9.2.2].

11.5 유동화

앞에서 다룬 다공성 매질 내의 흐름은 많은 화학공정에서 중요한 역할을 하는 유동화(fluidization)를 이해하는 데 도움이 된다. 그림 11.9는 유동층(fluidized bed)을 만드는 장치를 나타낸 것이다. 관 안의 지지스크린 위에 모래와 같은 입상 물질을 놓고, 이 물질을 통하여 공기나 물과 같은 유체가 위로 흐르게 하면 어떤 일이 생기겠는가?

이 거동은 식 (11.14)의 층류 마찰-가열 항과 베르누이 식으로 나타낼 수 있다.

$$\frac{\Delta P}{\rho} + g\,\Delta z = -\mathscr{F} \tag{11.41}$$

이 식은 $\Delta V^2/2$ 항을 무시한 것이다. 양변에 ρ를 곱하고 공기를 취급한다고 가정하면 $\rho g\,\Delta z$ 역시 작은 값이므로 생략할 수 있다. 따라서 입상 물질의 층을 가로지르는 압력차 $(P_2 - P_1)$은 부피 유량에 정비례하게 된다.

이제 유체 유량이 점차 증가하여 층 전체에 대한 압력힘[$(P_2 - P_1) \times$ 단면적]이 입상물질 층의 무게보다 약간 커지면 어떤 일이 일어나는가? 층이 사암 덩어리 같은 다공질 고체 물질이라면, 마치 총알이 고압가스에 의해 총에서 나가는 것과 같이 덩어리 전체가 관 위로 빠져나갈 것이다. 그러나 층의 고체 입자가 모래와 같은 개별 입자의 집합체이면, 공극

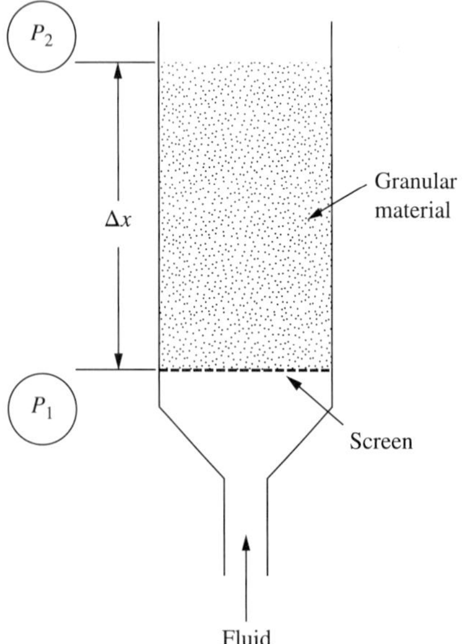

그림 11.9
다공성 매질을 통해 유체의 상향 흐름에 의해 형성된 유동층

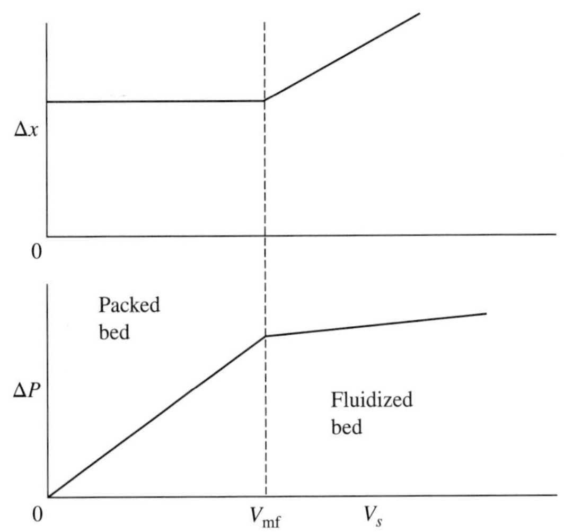

그림 11.10
충전층에서 유동층으로의 전이

률이 증가하면서 흐름에 대한 저항이 줄어들 것이다. 식 (11.14)를 식 (11.41)에 대입하면, 기상-고상계에 대하여 다음과 같이 된다.

$$-\Delta P = g\ \Delta z(1-\varepsilon)\rho_{\text{particles}}$$

$$= \frac{150\ V_S\mu(1-\varepsilon)^2\ \Delta x}{(D_p)^2\varepsilon^3} \qquad \text{[gas-solid systems]} \qquad (11.42)$$

V_s가 증가하면 ε이 증가하여 ΔP를 일정하게 유지한다.(Δx 역시 증가하겠지만, 그 영향은 ε 변화의 영향보다 아주 적다.) 따라서 이러한 실험에 관한 결과는 그림 11.10에 나타낸 것과 같다. 속도가 최소 유동화 속도(minimum fluidization velocity) V_{mf}보다 작으면, 이 층은 충전층과 같은 거동을 한다. 그러나 속도가 V_{mf}보다 크면, 층이 팽창(Δx가 증가)하는 동시에 입자가 서로 떨어져서 서로 다른 입자를 지나갈 수 있게 되며, 입자-유체 집합체 전체가 한 용기에서 다른 용기로 따르거나 수송할 수 있는 하나의 유체처럼 된다. 유속이 더 증가하면, 층은 더욱 팽창하고 고형분은 점점 더 희석된다. 결국 속도가 개별 입자의 종말 침강 속도만큼 커지면 입자는 계 밖으로 휩쓸려 나가게 된다. 따라서 유동층이 존재할 수 있는 속도 범위는 V_{mf}[구형 입자이면 식 (11.42)로 계산할 수 있고, 구형이 아니면 유사한 식으로 구할 수 있다]와 V_t(6.15절에서 설명한 방법으로 구할 수 있다)의 사이이다.

그림 11.10과 같이 앞서 설명한 것처럼 층 안의 입자가 유량의 증가에 따라 ε 값을 증가시키는 현상은 유동화 유체가 액체일 때 실제로 관찰되는 것이다. 그러나 유동화 유체가 기체이면(현재 산업에서 일반적인 경우이다), 거동이 더 복잡하다. 이 경우 유체 유량이 증가하여 V_{mf}보다 커지면 증가한 기체 흐름이 기포를 형성하는데, 이 안에는 실질적으로 입자가 들어 있지 않으며, 마치 액체 중에서 기포가 상승하는 것과 마찬가지로 유동화 입자층을 통하여 상승한다. 이러한 기포 때문에 유동층 거동과 이 안에서 수행되는 화학반응의 모든 측면이 아주 복잡해진다.

이러한 유동층은 화공기술에서 연속적 방법으로 일련의 단위 조작을 통해 입상 고체를 이동시키고자 할 때 아주 유용한 것으로 입증되었다. 가장 중요한 응용은 표준 석유 정제 조작인 유동층 촉매 분해(fluidized-bed catalytic cracking)이나, 이 밖에도 수십 가지 다른 응용분야가 있다. 여기서는 유동층 형성에 관해서만 간단히 다루었으므로, 그 특성과 용도에 관한 자세한 내용은 참고문헌 [2], [12]를 보기 바란다.

유동화 흐름의 속도를 계속 증가시켜서 층의 가장 큰 입자의 침강 속도보다 커지면, 층 전체가 위로 수송된다. 이렇게 되면 유동층은 없어지고 공압 수송관(pneumatic transport pipe)이 되는데, 곡물, 포틀랜드 시멘트, 플라스틱 펠릿 등과 같은 입상 고체를 이동시키는 데 널리 이용된다[2, 15장]. 경험상 유동층은 1 ~ 3 ft/s = 0.3 ~ 1 m/s의 공탑속도로 조작하며, 공압 수송은 30 ~ 60 ft/s = 10 ~ 20 m/s의 공탑속도로 조작한다.

11.6 요약

1. 다공성 매질을 통한 흐름은 층류, 난류, 또는 그 중간 흐름이 될 수 있다. 층류에서 난류로의 전이는 관 내 흐름에 비해 부드럽고 재현성이 크다. 일반적으로 여과기 안의 흐름, 지하수 흐름, 유전 및 천연가스전의 흐름 등은 층류이다.

2. 동일한 크기의 구형 입자로 만들어진 다공성 매질의 경우 관의 마찰계수 선도를 바탕으로 정확하게 층류의 압력강하를 계산할 수 있다.

3. 대부분의 여과 케이크와 천연 암석에서는 비유동 측정에 기초하여 압력강하를 계산할 수는 없지만, 층류 영역에서는 다르시 식을 이용하여 아주 만족할 정도로 압력강하를 상관시킬 수 있다.

4. 다공성 매질 중의 2상 흐름에는 표면력의 영향이 크다. 따라서 일반적으로 다공성 매질 중의 한 상이 다른 상으로 완전히 대체되지 않는다.

5. 다공성 매질 중의 두 비혼합성 유체의 향류에는 공극 공간에 대한 2 유체의 경쟁에 의한 영향이 크다.

6. 유동층이 형성되는 것은 유체 마찰과 압력힘이 입자에 대한 중력과 같으면서 방향이 반대일 때이다.

연습문제

연습문제와 예제 풀이를 위한 상용 단위와 수치들은 부록 E를 참조하라. * 표시가 있는 문제는 부록 C에 그 해답이 있음을 의미한다.

11.1. $f = 16/\mathscr{R}$이 $f_{\text{P.M.}} = 72/\mathscr{R}_{\text{P.M.}}$과 동일함을 증명하라.

11.2. $V_I = \sqrt{2}(V_I)_{x\text{-dir}}$이고, 흐름 경로의 길이가 $\sqrt{2}\Delta x$라 가정할 때, 마찰계수는 $f_{\text{P.M.}} = 72/\mathscr{R}_{\text{P.M.}}$ 으

로 표시된 것보다 두 배 큼을 증명하라.

11.3. $\mathscr{R}_{\text{P.M.}}$ 값이 0.1, 1, 10, 100, 1000, 10,000일 때 Ergun 식[식 (11.17)]의 두 항의 상대적 크기를 나타내라.

11.4. 예제 11.2에서 $\mathscr{R}_{\text{P.M.}}$을 계산하라.

11.5.* 예제 11.1에서 이온교환수지 입자층의 투과도를 구하라.

11.6. 예제 11.1과 11.2의 흐름에 대하여, 베르누이 식에서 제거한 $\Delta V^2/2$ 항을 계산하고, $\mathscr{F}$ 항의 크기와 비교하라.

11.7. (*a*) 식 (11.21)에 따라 균일한 구형 입자 $D_p = 1$ mm, $\varepsilon = 0.3$인 모래층의 투과도를 추정하라.

(*b*) 이것은 표 11.1의 모래(거의 구형이 아님) 값과 어떻게 비교되는지 설명하라.

11.8.* 예제 11.1의 장치에서, 처음에 공기가 차 있던 것을 물로 채우고, 그림 11.3에 나타낸 것처럼 물이 관류되도록 했을 때, 공기의 잔류포화도를 추정하라.

11.9. 그림 11.7에서 흐르지 않는 물로 충전층을 완전히 채웠다면 가로축은 어떤 값을 가지게 되는가? 이 값을 이용하여, 곡선 *D*와 *E* 상부의 플러딩(flooding) 영역에서 액체가 차지하는 공극 공간의 분율을 설명하라.

11.10.* (*a*) 그림 11.7의 곡선 *A*의 하단에서 $\mathscr{R}_{\text{P.M.}}$ 범위를 구하라. 이때 $D_p = 1$ in, $\varepsilon = 0.5$를 사용한다. 이 레이놀즈 수는 층류, 전이 영역, 난류의 어디에 해당하는가?

(*b*) 동일한 D_p, ε 값에 대해서 식 (11.16)에 따라 1000 lbm/(ft$^2 \cdot$h)에 대한 압력구배를 추정하고, 그림 11.7에서 얻은 값과 비교했을 때 만족스러울 정도의 일치함을 보이는가?

11.11. 정압 여과시험 결과를 정리하여, 단위 여과면적당 여액 부피 대 시간의 관계를 표로 나타내었다. 이 자료가 식 (11.37)과 일치한다고 가정하자. 이 자료를 그려서 직선이 되도록 하고, 이 선의 기울기와 교차점으로부터 *k*와 *a*의 값을 구하는 방법을 설명하라.

11.12. 식 (11.42)는 구형 입자층의 최소 유동화 속도 V_{mf}를 올바르게 추정할 수 있지만, 층이 팽창한 후의 V_s 대 ε의 관계를 잘 추정할 수 없다. 그 이유를 설명하라.

11.13. 모래층을 통해 물이 위로 흐를 때에 대하여 식 (11.42)와 유사한 식을 작성하라. 이 경우 식 (11.41)의 $g\,\Delta z$ 항은 무시할 수 없다.

11.14.* $D_p = 0.03$ in, $\rho_{\text{particle}} = 150$ lbm/ft^{3}인 구형 모래 입자를 공기와 물로 유동화시킬 때의 최소 유동화 속도를 각각 구하라. $\varepsilon = 0.3$이라 가정하고, 물의 경우는 입자의 부력을 고려하여 식 (11.42)를 다시 유도해야 한다.

11.15. 식 (11.14)와 (11.16)은 다공성 매질을 통한 유체의 마찰 저항이 공극률 ε에 의존한다는 것을 보여 준다. 공극률은 입자의 형태와 입자의 배열에 따라 달라진다. 다음을 설명하라.

(*a*) 만약 같은 크기의 입방체(cube)를 장방형(rectangular array)으로 나란히 채웠다면 공극률은 0이다.

(*b*) 구형 입자를 같은 방법(egg-crate packing)으로 채웠다면 공극률은 0.476이다.

(*c*) 직사각형 배열을 유지하면서 구형 입자를 채워 한 층을 만들고, 이러한 층을 추가로 구형 입자 사이의 공간에 들어가도록 이동시켜 그 위에 적층하면 사방정계 배열(orthorhombic array)이 형성되고, 이때의 공극률은 0.3954로 감소한다.

(*d*) 각 평면을 구형 입자의 밀착 패킹(closest packing)으로 형성시키고 위와 아래의 평면

에 가장 가까운 패킹을 갖도록 평면을 적층하여 배치하면 마름모 배열(rhombohedral array)이 형성되고, 이때의 공극률은 0.2595로 더 감소한다.

이들 배열과 여러 입자들에 대한 공극률에 대한 데이터는 브라운[13, p.215]에 있다.

참고문헌

1. Ergun, S. "Fluid Flow Through Packed Columns." *Chem. Eng. Prog. 48* (1952), pp. 89–94.
2. Kunii, D., O. Levenspiel. *Fluidization Engineering*, 2nd ed. Boston, MA: Butterworth-Heinemann, 1991.
3. Rushton, A., A. S. Ward, and R. G. Holdich. *Solid-Liquid Filtration and Separation Technology*, 2nd ed. Weinheim: Wiley-VCH, 1996.
4. Ahmed, T. *Reservoir Engineering Handbook*, 2nd ed., Boston, MA: Gulf Professional Publishing, 2001.
5. Kashef, A. I. *Groundwater Engineering*. New York: McGraw-Hill, 1986.
6. Scheidegger, A. E. *The Physics of Flow through Porous Media*. 3rd ed., Toronto, Ontario, Canada: University of Toronto Press, 1974.
7. Wooding, R. A., and H. J. Morel-Seytoux. "Multiphase Fluid Flow through Porous Media." *Ann. Rev. Fluid Mech. 8* (1976), pp. 233–274.
8. Fair and 5 co-authors "Gas Absorption and Gas-Liquid System Design." In *Perry's Chemical Engineers' Handbook*, 8th ed., D. W. Green, J. O. New York: McGraw-Hill, 2008, Sec. 14.
9. Kister, H. Z. *Distillation Design*. New York: McGraw-Hill, 1992, Chap. 8.
10. Chen, N. H. "Liquid-Solid Filtration: Generalized Design and Optimization Calculations." *Chem Eng. 85(17)* (1978), pp. 97–101.
11. de Nevers, N. *Air Pollution Control Engineering*. 3rd ed., New York: McGraw-Hill, 2000, p. 120.
12. Pell, M. "Gas-Solid Operations and Equipment." In *Perry's Chemical Engineers' Handbook*, 8th ed., D. W. Green, New York: McGraw-Hill, 2008, Sec. 17.
13. Brown, G. G., et al. *Unit Operations*. New York: John Wiley and Sons, 1950.

CHAPTER

12

기체-액체 흐름

앞의 장들에서 다룬 대부분의 유체역학 문제에서는 흐르는 유체가 물, 기름, 공기, 수증기 등과 같이 하나의 균일 상으로 되어 있었다. 그러나 커피 여과기의 흐름(그림 2.17), 대부분의 기화기 또는 보일러 또는 응축기의 흐름, 그리고 1985년 이전 자동차의 기화기의 흐름(그림 5.35)과 같이 동일한 도관을 통해 완전히 다른 두 물질이 동시에 흐르는 것과 관련된 흥미롭고 중요한 흐름이 많이 있다. 이러한 흐름은 기체-액체 혼합물, 액체-액체 혼합물, 기체-고체 혼합물 또는 액체-고체 혼합물일 수 있다. 각 조합의 산업적으로 중요한 예가 있지만, 가장 중요하고 흥미로운 것은 이 장에서 논의할 기체-액체의 경우이다. 기체-고체 및 액체-고체 흐름에 대해 알려진 내용에 대한 간략한 요약은 틸턴[1, pp.6–26]에 의해 제공되었다.

이러한 모든 흐름에서는 앞에서 다룬 단일상 흐름에서보다 중력의 영향이 아주 크다. 물의 관 내 층류나 난류의 경우에는 속도분포 및 마찰효과($\mathscr{F}$)는 지상에서나 위성의 무중력 환경에서나 동일하다. 관의 위치가 수평에서 수직으로 변경되어도 속도분포나 $\mathscr{F}$는 전혀 영향을 받지 않는다. 중력은 유체의 각 입자에 동등하게 작용하기 때문에 흐름 패턴이나 $\mathscr{F}$에 큰 영향을 미치지 않는다. 그러나 2상 흐름일 경우는 대개 상들은 밀도가 다르기 때문에 중력의 영향이 조금씩 다르다. 이 장에 설명된 모든 흐름은 지구에서와 같이 무중력 환경에서 동일하지 않으며 12.1절 및 12.2절에서 볼 수 있듯이 수평 및 수직 2상 흐름은 매우 다른 속도분포와 $\mathscr{F}$ 값을 갖는다.

12.1 수직 상향 기체-액체 흐름

그림 12.1에 나타낸 장치의 수직관에서 기체-액체 동시 상향 흐름을 고려함으로써 다상(multiphase) 흐름의 여러 특징을 알아볼 수 있다.

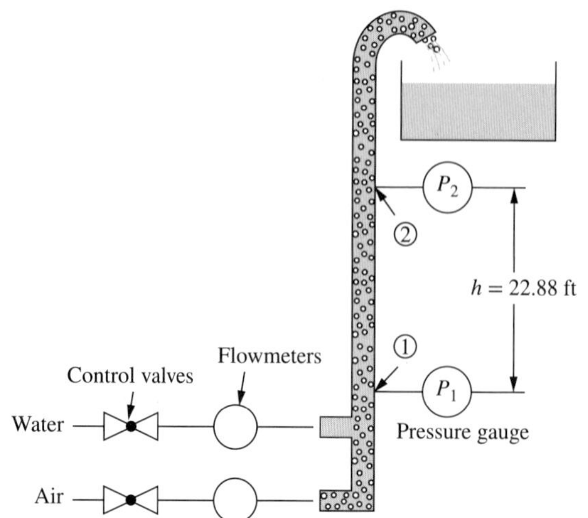

그림 12.1
수직 상향 기체-액체 흐름 장치

처음에는 물만 흐른다고 가정하고 베르누이 식을 적용하면,

$$P_1 - P_2 = \rho g (z_2 - z_1) + \rho \mathscr{F} \tag{12.1}$$

유량이 0인 경우, $(P_1 - P_2) = \rho g \ \Delta z = 9.9$ psi $= 68$ kPa로 계산할 수 있다. 물의 흐름만 시작되면 속도가 증가함에 따라 $\mathscr{F}$가 증가하기 때문에 $(P_1 - P_2)$가 증가한다.

이제 2 ft/s와 같은 적당한 평균 속도로 물의 유속을 일정하게 유지하고 공기 속도를 0에서 큰 값으로 천천히 증가시킨다. 이것은 전체 선형 속도가 증가하기 때문에 $\mathscr{F}$를 증가시키게 된다. 그러나 이제 관 안에는 기포가 존재하므로, 식 (12.1)의 밀도는 더 이상 물의 밀도가 아니라 수직관 내 기-액 혼합물의 평균 밀도가 된다. 낮은 유속에서 밀도는 $\mathscr{F}$가 증가하는 것보다 훨씬 빠르게 감소한다. 따라서 $(P_1 - P_2)$는 기체 유량을 증가시키면서 꾸준히 감소한다. 결국 기체 속도가 증가하면서 ρ가 감소하는 것보다 $\mathscr{F}$가 더 빠르게 증가하는 지점에 도달하게 되며, $(P_1 - P_2)$는 기체 유량이 증가함에 따라 커지게 된다. 이러한 계에 대한 전형적인 실험 데이터를 그림 12.2에 나타내었다.

그림 12.2의 압력구배 곡선은 위에서 설명한 모양을 가지고 있으며 체적 유량비 10 근처에서 뚜렷한 변곡을 나타낸다. 이는 이러한 시스템의 전형적인 현상으로, 위에서 설명한 변화가 원활하게 일어나지 않음을 나타낸다. 흐름 패턴을 관찰할 수 있도록 계를 유리로 만들면 공기흐름 속도가 증가함에 따라 몇 가지 뚜렷하게 다른 흐름 패턴이 형성됨을 알 수 있다. 이것은 그림 12.3에 묘사되어 있다. 공기 유량이 아주 작을 때는 작은 기포들이 액체를 통하여 상승한다. 공기 유량이 증가함에 따라 큰 단일 기포가 형성되어 실제로 튜브를 채우고 그 사이에 액체 슬러그(slug)가 발생한다. 더 높은 속도에서 이 슬러그는 거품(froth)이 되고, 마침내 높은 기체 유속에서 액체는 벽의 환형 필름(annular film)이나 안개(mist)로 존재하게 된다.

그림 12.1에 나타낸 것과 이 같은 실험의 결과를 상관시킬 때 체류(holdup)와 미끄럼(slip)

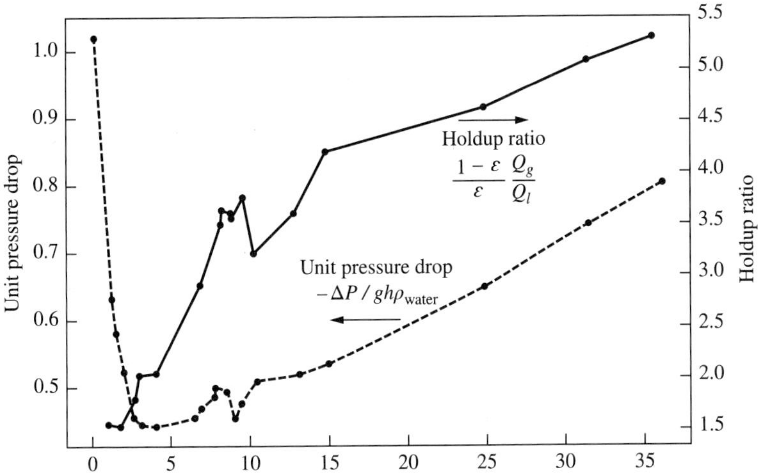

그림 12.2

일정한 액체 유속으로 그림 12.1에 표시된 장치에서 수직 상향 공기-물 흐름에 대한 전형적인 실험 결과. 여기서 V_L은 $Q_l/A = 2.06$ ft/s이다. 테스트 영역은 길이가 22.88 ft, ID가 1.025 in이며 투명한 플라스틱 튜브로 구성되었다. 테스트 영역의 중간지점에서의 압력은 36.0 psia이고 $T \approx 70°F$이다. [출처: G. W. Govier, B. A. Radford and J. S. C. Dunn, "The Upward Vertical Flow of Air-Water Mixtures," *Can. J. Chem. Eng. 35*, (1957), 58–70]

의 두 가지 개념이 추가되어 널리 사용된다. 이러한 흐름에서 관에서 기체가 차지하는 분율(ε)과 액체가 차지하는 분율($1-\varepsilon$)을 측정할 수 있다.(실험적으로 관에 두 개의 동시에 닫히는 밸브를 배치하고 흐름을 설정하여, 밸브를 동시에 닫고 갇혀 있는 기체와 액체의 양을 측정한다.) 기체 대 액체의 비율 $\varepsilon/(1-\varepsilon)$이 두 흐름의 체적 유량 비율 Q_g/Q_l와 같다고 가정할 수 있지만 실험적 증거는 전혀 다르다[2]. 그림 12.2는 관 내에 실제로 존재하는 액체-기체 부피비 대 통과하는 스트림의 액체-기체 부피비의 비율인 **체류비**(**holdup ratio**)에 대한 실험값을 보여 준다.

$$\begin{matrix}\text{Holdup}\\ \text{ratio}\end{matrix} = \frac{\begin{pmatrix}\text{liquid-gas}\\ \text{ratio in flow}\end{pmatrix}}{\begin{pmatrix}\text{liquid-gas}\\ \text{ratio in feed}\end{pmatrix}} = \frac{(1-\varepsilon)/\varepsilon}{Q_l/Q_g} = \frac{1-\varepsilon}{\varepsilon}\cdot\frac{Q_g}{Q_l} \tag{12.2}$$

그 체류비는 수직, 상향 흐름에 대해 항상 1보다 크다. 액체의 일부는 항상 중력에 의해 아래로 떨어지므로, 관을 빠져나오기 위해서는 여러 번 상향 이동을 해야 한다.

관 내 기체의 평균 유속을 다음과 같이 정의한다.

$$\begin{matrix}\text{Average velocity}\\ \text{of gas in tube}\end{matrix} = V_{\text{avg,gas}} = \frac{Q_g}{A_{\text{tube}}\varepsilon} \tag{12.3}$$

마찬가지로, 관 내 액체 평균 유속은

$$\begin{array}{c}\text{Average velocity}\\ \text{of liquid in tube}\end{array} = V_{\text{avg,liq}} = \frac{Q_l}{A_{\text{tube}}(1-\varepsilon)} \tag{12.4}$$

이다. 이들 둘의 차이를 미끄럼 속도(slip velocity)라 정의한다.

$$V_{\text{slip}} = V_{\text{avg,gas}} - V_{\text{avg,liq}} = \frac{1}{A_{\text{tube}}}\left(\frac{Q_g}{\varepsilon} - \frac{Q_l}{1-\varepsilon}\right) \tag{12.5}$$

체류비가 1.00이면, 식 (12.5)의 오른쪽 괄호 안의 항은 정확하게 0이다. 실제 상향 흐름의 경우 미끄럼 속도는 항상 양수이다. 기체는 대부분 위쪽으로 이동하고 액체는 중력 때문에 일부는 위쪽으로 이동, 일부는 아래쪽으로 흘러내려서 순 평균 상향 속도를 낮추기 때문이다.

예제 12.1 $Q_g/Q_l = 10$에 대한 그림 12.2의 데이터에서 $\mathcal{F}$, ε 및 V_{slip}의 값을 계산하라.

이러한 Q_g/Q_l 값에 대해 체류비가 ≈3.5라는 것에서 시작하자. 그러면,

$$\frac{1-\varepsilon}{\varepsilon} = \frac{3.5}{Q_g/Q_l} = \frac{3.5}{10} = 0.35, \qquad \varepsilon = 0.741 \tag{12.A}$$

액체 부피 유량은 전체 유입 부피 유량의 $1/(1+10) \approx 9\%$이나, 액체는 관 부피의 26%를 차지한다. 식 (12.1)에서,

$$\rho = \rho_{\text{air}}\varepsilon + \rho_{\text{water}}(1-\varepsilon) \tag{12.B}$$

그러나 $\rho_{\text{air}} \ll \rho_{\text{water}}$이므로, 첫 번째 항을 무시할 수 있다. 따라서 $\rho \approx \rho_{\text{water}}(1-\varepsilon)$을 사용한다. 식 (12.1)에서 $\mathcal{F}$를 구하면,

$$\mathcal{F} = \frac{-\Delta P}{\rho} - gh \tag{12.C}$$

그리고 그림 12.2에서 $-\Delta P/gh\rho_{\text{water}} \approx 0.5$이다. 따라서

$$\mathcal{F} = \frac{0.5\, gh\rho_{\text{water}}}{(1-\varepsilon)\rho_{\text{water}}} - gh = gh \cdot \left(\frac{0.5}{0.259} - 1\right) = 0.93\, gh \tag{12.D}$$

그러므로 이러한 유량에서 마찰열에 의한 사출 일의 내부에너지로의 변환은 유체의 상승을 증가시켜 사출 일을 위치에너지로 전환하는 것의 93%가 된다. 끝으로 식 (12.3)과 (12.4)로부터,

$$V_{\text{avg,liq}} = \frac{Q_l}{A_{\text{tube}}} \cdot \frac{1}{1-\varepsilon} = \frac{2.06\ \text{ft/s}}{1-0.741} = 7.95\ \frac{\text{ft}}{\text{s}} = 2.42\ \frac{\text{m}}{\text{s}} \tag{12.E}$$

$$V_{\text{avg,gas}} = \frac{Q_g}{A_{\text{tube}}\varepsilon} = \frac{Q_g}{Q_l} \cdot \frac{Q_l}{A_{\text{tube}}} \cdot \frac{1}{\varepsilon} = \frac{10 \cdot 2.06\ \text{ft/s}}{0.741} = 27.8\ \frac{\text{ft}}{\text{s}} = 8.48\ \frac{\text{m}}{\text{s}} \tag{12.F}$$

$$V_{\text{slip}} = 27.8\,\frac{\text{ft}}{\text{s}} - 7.9\,\frac{\text{ft}}{\text{s}} = 19.9\,\frac{\text{ft}}{\text{s}} = 6.07\,\frac{\text{m}}{\text{s}} \tag{12.G}$$

만약 기체와 액체가 단독으로 관에 채워진다면, 개별적으로 사용할 수 있는 영역이 더 적기 때문에 액체 및 기체 평균 속도는 모두 크게 된다. ■

이 유형의 수직 병류 흐름(cocurrent flow)은 공학분야에서 아주 일반적이다. 거의 모든 유동 및 가스 부양 유정과 가스 부양 펌프에서 발생한다. 이러한 유형의 흐름에 대한 연구의 대부분은 수직관에서 액체가 끓는 것과 관련되어 있다. 액체(예를 들면, 물)가 끓는 수직관에서는 그림 12.3에 표시된 모든 흐름 패턴이 동일한 관에 동시에 존재하는 것이 전적으로 가능하다. 이 경우 유체는 모든 액체로 관의 바닥으로 들어간다. 관을 통과하면서 점점 더 많은 부분이 끓는 과정에서 증기로 변환되어 관 상단에서 모두 증기가 되기도 한다.(보일러에서는 일반적으로 관 꼭대기의 금속 온도가 위험할 정도로 높기 때문에 피해야 한다.) 따라서 그림 12.3에 표시된 다양한 패턴은 동일한 관의 다양한 높이에 존재하며, 관 바닥은 그림 12.3의 왼쪽에 해당하고 상단은 오른쪽에 해당한다.

그림 12.3에 나타난 다양한 흐름 패턴은 서로 매우 다르기 때문에 관 내 흐름에 대한 마

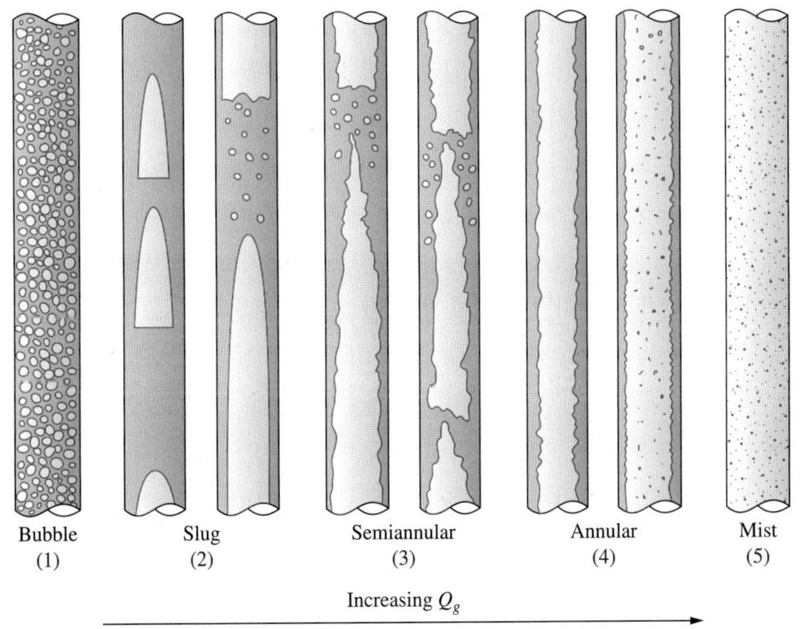

그림 12.3
수직 튜브의 2상 흐름 패턴. 액체의 유속은 작고 일정한 속도로 상향되며, 상향 기체 유량은 왼쪽에서 오른쪽으로 꾸준히 증가한다. 표시된 '환형' 패턴은 종종 상승 경막 흐름이라고 한다. (출처: D. J. Nicklin and J. F. Davidson, "The Onset of Instability in Two-Phase Slug Flow," in *Symposium in Two-Phase Flow*, Institution of Mechanical Engineers, London, 1962)

찰계수 선도의 예와 같이, 마찰효과와 수직 기-액 흐름의 체류량에 대해서 간단하고도 완벽하게 설명하기는 어렵다. 다양한 흐름 형태는 물리적으로 너무 다르기 때문에 동일한 수학적 관계를 따를 것으로 기대할 수 없다.

대신 우리는 그림 12.3에 나타낸 다양한 흐름 패턴에 대해 별도의 관계식을 구하고자 노력해 볼 수 있다. 이 접근 방식은 관심 조건에서 어떤 흐름 패턴이 관찰되고 개별 흐름 패턴 각각에 적절한 관계가 있는지를 나타내는 일종의 '흐름 지도(flow map)'가 필요하다. 이 방법은 상당히 진전이 있었다[3, 4]. 연습문제 12.5를 보라. 그러한 흐름의 거동을 연관시키려는 시도가 어려운 주요 이유는 주어진 유체, 파이프 크기 및 유량에 대해 ε 및 $\mathscr{F}$가 기-액 혼합기의 설계에 크게 영향을 받는다는 사실이다. 그림 12.1에서 간단한 파이프 티 혼합기(pipe tee mixer)에서 다공성 벽을 통해 액체가 유입되는 혼합기로 변경하게 되면, 슬러그 흐름 영역에서 관찰한 내용에 변화가 없지만, 환형 및 안개 흐름 영역에서는 크게 달라지는 것을 볼 수 있다[6, p.248]. 이 효과는 매우 긴 파이프에는 중요하지 않지만 짧은 파이프에는 중요하다.

12.2 수평 기체-액체 흐름

관이 수평이 되도록 그림 12.1에 표시된 장치를 회전시키면, 흐름 거동이 수직 흐름의 경우와 상당히 다를 것이다. 관찰된 흐름 패턴을 그림 12.4에 나타내었다. 일정 액체 유량의 경우, 기체 유량을 0에서 증가시키면 처음에는 기체가 관 상단을 따라 기포로 흐르는 것을 볼 수 있다. 그런 다음 기포의 크기와 길이가 커진다. 마지막에는 아주 커져서 연속적인 기체 흐름으로 응집되고, 연속상인 액체층 위로 흐르게 된다. 기체 유속이 더 증가하면 기체가 액체 표면에서 파동을 발생시킨다. 이 파동은 결국 관을 가로질러 도달할 때까지 성장하며, 이 경우 산재된 기체의 슬러그와 함께 액체 슬러그로 추진된다. 그런 다음 이 패턴은 수직 기-액 흐름에서 관찰된 환형 패턴으로 변형되고 마지막으로 미스트 흐름으로 변형된다.

흐름 패턴에 대한 지식은 매우 중요하다. 예를 들어, 높은 열 유속에서 수평관의 액체를 기화하는 경우 환형 흐름에서 관 벽은 항상 액체로 덮여 있으며 금속 온도가 과도하게 상승하지 않아 안전할 것이다. 반면에 흐름이 계층화(stratified)되면 관의 상단 부분이 기체로 덮여 표면에서 열을 멀리 전도하는 데 훨씬 비효과적이다. 따라서 내부 금속 온도는 관이 녹는 지점까지 매우 높아질 수 있다. 어떤 종류의 흐름 패턴이 존재할 것인지 결정하기 위해 몇 가지 상관 관계가 제안되었지만[1, pp.6–26]; [6, pp.199–277] 현재 보편적으로 적용 가능한 것으로 알려진 것은 없다. 더욱이 한 종류의 흐름에서 다른 종류의 흐름으로의 전환은 명확하게 정의된 조건에서 발생하지 않고 넓은 범위에서 발생할 수 있으며, 주어진 유체 및 유속에 대한 수직 기-액 흐름에서와 같이 흐름 패턴이 완전히 달라지고 기-액 혼합기의 유형을 변경하기만 하면 $\mathscr{F}$의 값이 배가 될 수 있다.

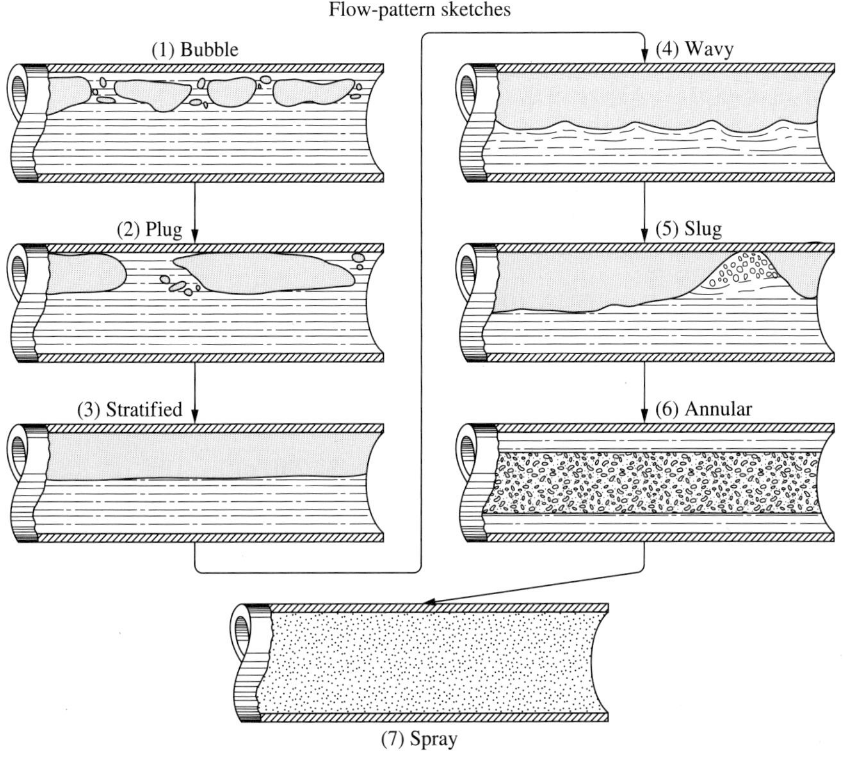

그림 12.4
수평 기체-액체 흐름 패턴. 일정 액체 유량에서 기체 유량을 증가시키면, 화살표 방향으로 흐름 패턴이 변화한다. [R. S. Brodkey, *The Phenomena of Fluid Motions*, Addison-Wesley, Reading: MA, 1967; G. Alves, "Concurrent Liquid-Gas Flow in a Pipeline Contactor." *CEP 50*, (1954), pp.449–456, 출판사의 허가를 받아 작성함]

사용 가능한 모든 실험 데이터는 $\mathscr{F}$가 유사한 조건에서 단상 흐름보다 2상 수평 흐름에서 항상 더 높다는 것을 나타낸다. 이것은 주로 두 상이 관 안에서 서로 상대적으로 이동하기 때문인데, 이러한 상대적 운동은 유체가 관을 따라 흐르는 데 기여하지 않고, 다른 형태의 에너지를 내부에너지로 전환하는 데 기여한다. 수평 기-액 흐름의 압력강하를 예측하기 위해 제안된 몇 가지 상관 관계 중에서 록하트와 마르티넬리[6]에 의해 1949년에 발표된 실험적 상관 관계는 사용하기 가장 쉬운 것 중 하나이며, 예측력에 있어서 대부분 ±50% 정확도를 가진 스콧[5]이나, 다른 관계들에 비해서 확실히 좋다고 할 수 있다. 고려할 수 있는 네 가지 경우는, 기체와 액체가 모두 난류, 기체와 액체 모두가 층류, 기체난류-액체층류, 그리고 기체층류-액체난류이다. 여기서 우리는 두 상이 모두 난류 흐름인 가장 일반적인 경우에 대해서만 논의한다. 모든 경우에 있어서 관의 직경과 거칠기, 두 유체의 밀도 및 점도를 알고 있다고 가정한다. 기체 및 액체 체적 유량을 지정하고 아래와 같이 압력구배를 계산한다.

예제 12.2 100 gal/min의 물과 100 ft³/min의 공기가 거의 대기압에서 3인치 관에서 일정하게 흐르고 있다. 압력구배를 psi/100 ft 단위로 구하라.

첫 번째 단계는 액체가 기체 없이 흐를 때 발생하는 압력강하를 계산하는 것이다. 그 반대의 경우도 마찬가지이다. 우리는 6장에서의 방법을 사용하여 계산할 수 있으며, 액체의 압력강하가 1.05 psi/100 ft임을 알 수 있다. 여기서 압력강하는 $(\Delta P/x)_{\text{L}}$로서 약간 수정된 용어로 표현된다. 기체에 대해 다음을 계산하면

$$\mathscr{R} = \frac{DV}{\nu} = \frac{(0.256\ \text{ft}) \cdot (32.5\ \text{ft/ s})}{0.000\ 161\ 3\ \text{ft}^2\ /\ \text{s}} = 52\ 000 \tag{12.H}$$

그리고 $f = 0.0057$이므로,

$$\left(\frac{\Delta P}{\Delta x}\right)_{\text{G}} = \frac{4f}{D}\rho\frac{V^2}{2} = \frac{4 \cdot 0.0057}{0.256\ \text{ft}} \cdot 0.075\frac{\text{lbm}}{\text{ft}^3} \cdot \frac{(32.2\ \text{ft}/\text{s})^2}{2} \cdot \frac{\text{lbf} \cdot \text{s}^2}{32.2\ \text{lbm} \cdot \text{ft}} \cdot \frac{\text{ft}^2}{144\ \text{in}^2}$$

$$= 0.000\ 0635\frac{\text{psi}}{\text{ft}} = 0.006\ 35\frac{\text{psi}}{100\ \text{ft}} \tag{12.I}$$

상관 관계를 통해서 이 문제에 대해 $X = \left(\frac{(\Delta P\ /\ \Delta x)_{\text{L}}}{(\Delta P\ /\ \Delta x)_{\text{G}}}\right)^{1/2}$라는 새로운 변수를 정의할 수 있다.

$$X = \left(\frac{1.05\ \text{psi}\ /\ 100\ \text{ft}}{0.006\ 35\ \text{psi}\ /\ 100\ \text{ft}}\right)^{1/2} = 12.9 \tag{12.J}$$

두 번째 변수를 하나 더 정의하면, $Y_L = \left(\frac{(\Delta P\ /\ \Delta x)_{\text{Two Phase}}}{(\Delta P\ /\ \Delta x)_{\text{L}}}\right)$. 여기서 압력강하에 대한 상관 관계는 앞서 언급한 네 가지 경우들을 모두 포함하는 Y-X 선도를 만들 수 있게 해 준다. 그러나 여기에서 고려되는 가장 일반적인 난류-난류의 경우, 곡선은 다음과 같이 대체될 수 있다.

$$Y_{\text{L}} = 1 + \frac{20}{X} + \frac{1}{X^2} \tag{12.K}$$

식 (12.J)의 X 값을 위 식에 대입하면,

$$Y_{\text{L}} = 1 + \frac{20}{12.9} + \frac{1}{12.9^2} = 2.56 \tag{12.L}$$

그러므로

$$(\Delta P\ /\ \Delta X)_{\text{Two Phase}} = 2.56 \cdot \frac{1.05\ \text{psi}}{100\ \text{ft}} = 2.69\frac{\text{psi}}{100\ \text{ft}} = 60.8\frac{\text{kPa}}{100\text{m}} \tag{12.M}$$

■

이러한 방법은 상당한 산포와 함께 실험 데이터의 경험적 상관 관계임을 기억하여야 하며, 간단하고 이해하기 쉽고 사용하기 쉽다.

12.3 끓는 2상 흐름

끓는점의 액체가 관 내로 흐를 때, 마찰로 인한 압력 감소로 인해 액체의 압력이 포화 압력 이하로 내려가고 액체가 끓기 시작한다. 이를 플래싱 흐름(flashing flow)이라고 하고, 이러한 유형의 흐름은 보일러, 증기 응축수 라인 등의 설계에서 중요하다.

이러한 흐름의 종류와 위에서 논의한 흐름 유형의 주요 차이점은 압력이 감소함에 따라 점점 더 많은 증기가 형성되므로 체적 유량, 평균 속도, ft당 압력강하가 전체 관에 대해 일정하지 않고 관 길이에 따라 변한다는 것이다. 속도와 압력 구배는 증기의 양이 증가함에 따라 급격히 증가한다. 더욱이 이러한 유형의 흐름에서는 고속 기체 흐름에서 발견되는 일종의 질식 상태(chocked condition)를 갖는 것이 매우 일반적이다(8.3절). 그러나 기체-액체 혼합물에 대해 관찰된 음속은 기체 단독에 대한 것보다 훨씬 낮으므로, 이 질식 현상은 증기 단독의 음속보다 훨씬 낮은 속도에서 관찰된다[7]. 유체역학과 열전달이 강하게 상호작용하는 이러한 종류의 흐름은 모든 종류의 증기 보일러 및 기화로(vaporizing furnace) 설계에서 큰 관심의 대상이다[1].

12.4 요약

1. 기체-액체 흐름에서는 기체 및 액체의 유속과 특성, 중력 방향에 대한 흐름 방향에 따라 다양한 흐름 패턴이 가능하다.
2. 이러한 흐름에서 유체의 마찰 가열로 인한 압력강하는 $\mathcal{F}$가 비슷한 상황에서 단상 흐름의 경우보다 항상 크다.
3. 이러한 계에 대한 압력강하, 체류 및 미끄럼 속도를 예측하는 데 사용할 수 있는 수많은 경험적 상관 관계가 존재한다. 이는 단상 흐름에 대한 압력강하 상관 관계만큼 신뢰할 수는 없으나, 일부 흐름 패턴에 대해 유용한 이론식을 활용할 수 있다.
4. 충전층에서의 향류(countercurrent), 수직 기-액 흐름은 11.3절에서 논의된다.

연습문제

연습문제와 예제 풀이를 위한 상용 단위와 수치들은 부록 E를 참조하라. * 표시가 있는 문제는 부록 C에 그 해답이 있음을 의미한다.

12.1. 그림 12.2에 주어진 데이터에서 ρ_{avg}, $10 \cdot \rho_{avg}/\rho_{water}$ 및 $\mathcal{F}/g\rho_{water}$를 Q_g/Q_l의 함수로 나타

내는 도표를 작성하라.

12.2. 그림 12.2의 데이터에서 Q_g/Q_l에 대한 함수로서 미끄럼 속도(slip velocity)에 대한 도표를 작성하라.

12.3.* 예제 12.1에서 논의된 흐름에 대해, 액체만 흐르거나 기체만 흐를 때 $\mathscr{F}$의 값을 계산하라. 동시 2상 흐름에 대해 관찰된 $\mathscr{F}$ 값과 이를 비교할 $\varepsilon/D = 0$ 즉 매끄러운 관이라고 가정한다.

12.4. 그림 12.5는 상승하는 공기-물 흐름에 대한 흐름 지도이다. 이러한 지도는 대략적인 것으로, 여러 저자들의 지도는 서로 일치하지 않는다. 다양한 영역의 이름을 지정하는 것에 대해서만 저자 간에 합의가 있을 뿐이다. 이를 고려하여 그림 12.5를 활용하여 그림 12.2에 표시된 다양한 흐름 영역과 영역 사이의 경계가 발생하는 Q_g/Q_l의 값을 추정하라.

12.5. 월크스[8]는 그림 12.3과 12.5에 보인 다양한 흐름 영역에 대한 ε 및 dP/dz를 추정하기 위한 유용한 관계들을 요약하였으며, 논리적인 기반과 참고 자료를 보여 준다.
(*a*) 기포 흐름 영역에 대해서 다음과 같이 제안하였다.

$$\varepsilon = \frac{Q_g}{Q_g + Q_l + V_b A} \tag{12.N}$$

여기서 V_b는 각 기포의 종말 상승 속도이다. 그리고

$$\frac{-dP}{gh\rho_{\text{water}}} = (1 - \varepsilon) \tag{12.O}$$

기포 흐름을 보이는 $Q_g/Q_l = 1.0$ 조건에서 그림 12.2의 데이터 값을 통해 관계식들을 평가하라. 이 그림에서 $Q_g/Q_l = 1.0$ 조건에서 두 곡선에서 값은 각각 0.58과 1.5로 읽을 수 있다. V_b는 기포 크기에 따라 변하나, 넓은 범위의 크기에 대해 V_b는 대략 25 cm/s ≈ 0.8 ft/s이다.

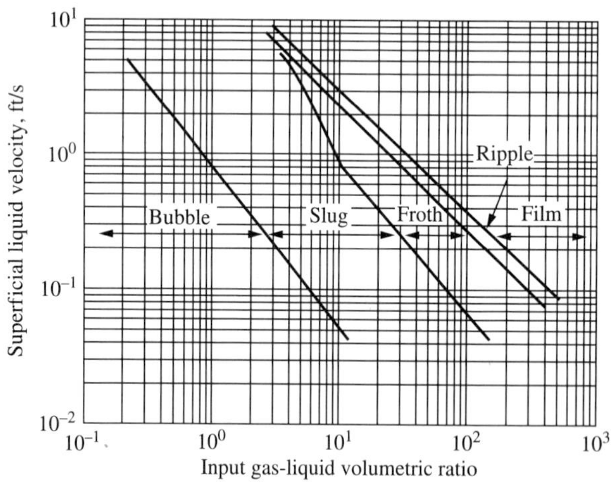

그림 12.5
수직관에서 상향하는 공기-물 병류(co-current) 흐름에 대한 흐름 지도. 이러한 모든 흐름 지도는 근사치이며 일부는 서로 모순된다. [G. W. Govier, B. A. Radford and J. S. C. Dunn, "The Upward Vertical Flow of Air-Water Mixtures," *Can. J. Chem. Eng. 35*, (1957), pp.58–70]

(*b*) 슬러그 흐름 영역에 대해서 윌크스는 다음과 같이 제안하였다.

$$\varepsilon = \frac{Q_g}{1.2(Q_g + Q_l) + 0.35A\sqrt{gD}} \tag{12.P}$$

여기서 D는 관의 지름이다. 압력강하는 식 (12.K)에 의해서 추정한 값보다 어느 정도 커야만 하나, 간단한 관계는 존재하지 않는다. 슬러그 흐름 영역에서 $Q_g/Q_l = 5.0$에서 그림 12.2의 데이터에 대해서 관계식을 평가하라. 이 그림의 두 곡선에서 $Q_g/Q_l = 5.0$에 해당하는 곡선의 값은 0.45와 2.5이다.

윌크스는 환형 흐름의 경우에 대한 추정식도 제안하였지만, 너무 길어서 여기서는 생략하였다.

12.6. 예제 12.1에서와 같이 동일한 액체를 끌어올리기 위해서는 그림 12.6에 도시된 장치를 사용할 수 있다. 이러한 장치에서 예제 12.1에 주어진 유량으로부터 터빈과 펌프의 입구에서 필요한 압력을 계산하라(이 압력은 동일하다고 가정). 이것을 예제 12.1의 기-액 기둥 바닥에서 필요한 압력과 비교하라. 전체 수직 높이 변화는 두 경우 모두 기체와 액체 모두에 대해 20 ft라고 가정한다. Q_g는 입구 압력을 기준으로 하라.

12.7. 그림 2.17에 나타낸 커피 추출기 장치에서 베르누이 식에 기초하여 상승관의 수증기-물 혼합물의 단위 면적당 최대 질량 유량을 구하라.

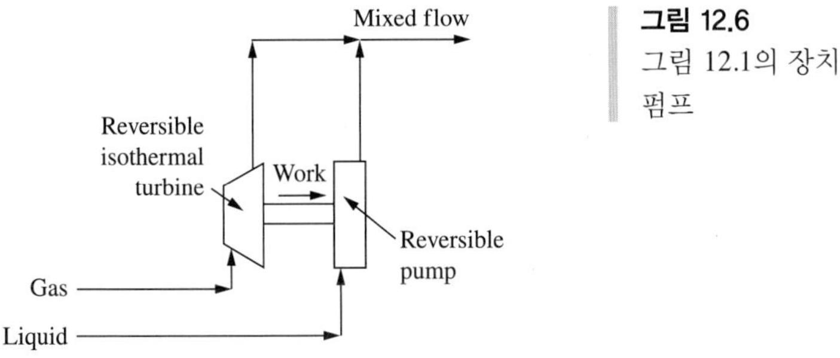

그림 12.6
그림 12.1의 장치에 해당하는 터빈 펌프

12.8. 그림 12.7은 공기 또는 가스 리프트 펌프를 나타낸 것이다. 여기서 수직관을 통하여 유체를 아래 저장 용기로부터 위 저장 용기로 이송한다. 수직관 아래로 공기 또는 가스를 도입한다. 핵연료 처리에서 방사능이 큰 용액을 처리할 때 이러한 펌프가 널리 이용되는 이유를 설명하라. 또 다른 응용을 제시하라.

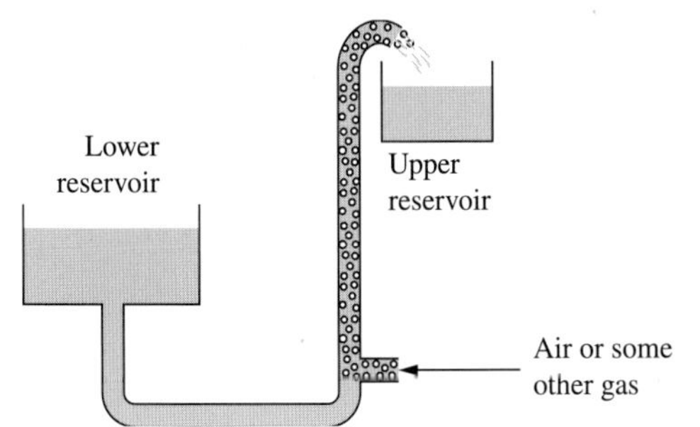

그림 12.7
공기 또는 가스 리프트 장치

12.9. 그림 12.7의 펌프에 대해 일정한 기하학 및 유체 속성에 대한 액체 유량 대 공기 유량의 도표를 작성하라. 힌트: 그림 12.2를 보라.

12.10.* 모든 기체-액체 흐름에서 압력강하로 인해 기체가 팽창하여 흐름 방향으로 Q_g가 증가한다. 이 효과는 끓는 혼합물뿐만 아니라 이러한 흐름에서도 중요할 수 있다. 예제 12.1의 흐름에 대해 Q_g는 얼마인가? 예제 12.1에서의 흐름에 대해서, Q_g는 시험부분의 유입에서 유출까지 어느 정도 변하는가? $(Q_g)_{top}/(Q_g)_{bottom}$의 값은 얼마인가? 증발은 일어나지 않으며, 시험부분에서 $\dot{m}_l$과 $\dot{m}_g$는 일정하다고 가정하라.

12.11. 300 ft^3/min의 기체 흐름에 대해 예제 12.2를 반복하라.

참고문헌

1. Tilton, J. N. "Fluid and Particle Dynamics." In *Perry's Chemical Engineers' Handbook*. 8th ed. Ed. D. W. New York: McGraw-Hill, 2008, pp. 6–52.
2. Govier, G. W, B. A. Radford, J. S. C. Dunn. "The Upward Vertical Flow of Air-Water Mixtures." *Can. J. Chem. Eng. 35*, (1957), pp. 58–70. See also later articles by Govier and his coworkers in the same journal: 36, 195–202, and 38, 62–66.
3. Delhaye, J. M. "Two Phase Flow Patterns." In *Two-Phase Flow and Heat Transfer in the Power and Process Industries*. New York: Hemisphere-McGraw-Hill, 1981.
4. Barnea, D., Y. Taitel. "Flow Pattern Transition in Two-Phase Gas-Liquid Flows." In *Encyclopedia of Fluid Mechanics, Volume 3, Gas-Liquid Flows*. ed. N. P. Cheremisinoff. Houston, TX: Gulf Publishing, 1986.
5. Scott, D. S. "Properties of Cocurrent Gas-Liquid Flow." *Advan. Chem Eng*. 4th ed. Ed. T. B. Drew, J. W. Hoopes, Jr. and T. Vermeulen. New York: Academic Press, 1963.
6. Lockhart, R. W., R. C. Martinelli. "Proposed Correlation of Data for Isothermal Two-Phase, Two-Component Flow in Pipes." *CEP 45*, (1949), pp. 39–48.
7. Wallis, G. B. *One-Dimensional Two-Phase Flow*. New York: McGraw-Hill, 1969, p. 143.
8. Wilkes, J. O. *Fluid Mechanics for Chemical Engineers*. Upper Saddle River, NJ: Prentice-Hall, 1999, Sec. 10.4.

CHAPTER

13

원형관에서 비뉴턴 유체의 흐름

이 주제에 대한 소개는 1.5.3절에 나와 있다. 이 짧은 장에서는 원형관 흐름에서 뉴턴 유체와 비뉴턴 유체의 거동을 비교하고 해당 주제를 더 공부하고자 하는 학생을 위해 참고 자료를 제공한다.

13.1 비뉴턴 거동에서 구조의 역할

거의 모든 비뉴턴 유체에는 일반적인 유체 분자의 크기에 비해 큰 부유 입자 또는 용해된 분자가 포함되어 있다(일반적인 고분자 분자는 물 분자보다 수천 배 더 클 수 있음). 대부분의 비뉴턴적 거동은 이러한 더 큰 구성요소로 인해 '원거리 구조(long-range structure)'와 관련이 있는 것으로 여겨진다. 여기서 '원거리'는 물과 같은 작은 분자의 직경과 비교하여 긴 것을 의미한다.

예를 들어, 빙햄(Bingham) 유체는 작은 전단응력에 저항하지만 항복응력보다 높은 응력을 받으면 분리되는 3차원 구조를 가지고 있다고 가정한다. 유사가소성(pseudoplastic) 유체(지금까지 가장 일반적인 유형의 비뉴턴 유체)는 대부분 용해되거나 분산된 입자(예를 들면, 용해된 고분자 또는 현탁된 작은 입자)를 가지고 있다. 정지 유체 중에서는 불규칙 배향을 갖지만 유체가 전단되면서 정렬한다. 불규칙 상태에서는 변형에 대한 저항이 크고, 정렬되면 점도가 줄어든다. 팽창(dilatant) 유체는 고체 입자가 서로 닿지 않도록 하기에 충분한 액체가 거의 없는 것으로 거의 모두 고체 입자의 슬러리이다. 그들의 거동은 낮은 전단속도에서 입자 사이의 유체가 다른 입자를 미끄러져 지나는 한 입자를 윤활시키지만 높은 전단속도에서 이 윤활작용이 파괴된다고 가정한다. 요변성(thixotropic) 유체는 유사가소성 유체(대부분의 요변성 유체는 유사가소성임)와 같이 정렬 가능한 입자를 갖는 것으로 가정되지만 입자가 흐름과 정렬되는 데 일정 시간이 필요하다고 가정한다. 요변성 거동의 또 다른 요인은 아마도 분자 사이의 약한 결합(예를 들면, 수소 결합 또는 고분자 사슬의 얽힘)의 존재일 것이다. 이러한 결합은 전단에 의해 점진적으로 파괴된다(일부 저자는 일반 유사가소성 유체가 현재 사용 가능한 점도계에서 관찰할 수 있는 것보다 입자가 정렬되거나 결합이 훨씬 빨리 끊어지는 실제로 요변성 유체라고 제안하기도 함). 레오펙틱(rheopectic) 유체는 드물고 일반적으로 매우 약한 전단력에서만 레오펙틱 거동을 보인다. 약한 전단은 유체의 입자가 서로 더 잘 맞도록 도와서 더 단단한 구조를 형성하고 점도를 증가시킨다고 가정한다. 점탄성 유체는 일반적으로 꼬이거나 확장된 형태로 존재할 수 있고 서로 연결할 수 있는 긴 사슬 분자를 포함한다. 이 분자는 잡아당겨지면 곧게 펴지지만 흐름이 멈추면 감긴 위치로 되돌아가 탄성 거동을 일으키는 경향이 있다.

이러한 설명은 이들 유체들의 대부분의 관찰된 거동과 일치하므로 유체 내에서 무슨 일이 일어나고 있는지를 마음속으로 그려본 것이다. 그러나 그것들은 그러한 유체의 미세한 내부 거동에 대한 엄밀한 설명이 결코 아니다.

13.2 비뉴턴 유체에 관한 측정과 설명

비뉴턴 유체에 관한 과거와 현재의 연구는 대부분 응력-변형속도 곡선(그림 1.6)의 측정과 곡선의 수학적 설명을 찾고자 하는 시도들이다. 재료의 흐름 거동에 관한 연구를 유변학(rheology)이라 하고 그림 1.6과 같은 도표를 레오그램(rheogram)이라 한다. 비뉴턴 유체는 유사한 상황에서 뉴턴 유체와 상당히 다른 2, 3차원 거동을 보인다. 점탄성과 시간의존성 유체는 상당히 독특한 거동을 보인다. 이 장에서는 일반적인 두 가지 유형의 비뉴턴성 유체에 대한 1차원 정상상태 관 내 흐름으로 제한하였다. 비뉴턴성 유체의 다른 거동과 좀 더 자세한 것은 참고문헌 [1–4]에서 찾아볼 수 있다.

1.5.3절에서 보였지만 점도는 기본적으로 그림 1.4에 나타낸 미끄러지는 평판 실험의 관점으로 정의한다. 뉴턴 유체일 때는 모세관 점도계를 사용하여 점도를 쉽게 측정할 수 있다(6.3절, 예제 6.2). 뉴턴 액체에서는 이러한 점도계로 측정한 점도와 미끄럼판 점도계로 측정한 점도가 똑같다는 것을 이론적으로나 실험적으로 증명할 수 있다. 모세관 점도계는 저렴하고 조작이 간단하기 때문에 산업에서 뉴턴 유체용으로 널리 쓰인다.

시간의존성 또는 점탄성이 아닌 비뉴턴 유체인 경우에는 모세관 점도계 측정치에 대응하는 미끄럼판 측정치로 환산할 수 있지만, 이때 다소의 수학적 처리가 필요하다. 시간의존성(예를 들면, 요변성) 유체의 경우 이것이 불가능하기 때문에 비뉴턴 유체의 거동에 대한 대부분의 연구는 미끄럼판 점도계의 일부 변형을 사용한다. 가장 일반적인 것은 그림 1.5에 나타낸 동심-실린더 점도계(concentric-cylinder viscometer)이다. 원추-판 점도계(cone-and-plate viscometer) 또한 널리 쓰이지만 여기서는 논의하지 않는다[2, p.517]. 비뉴턴 유체 관련 서적에서 대부분의 저자는 뉴턴 유체에 대해서만 점도 기호로 μ를 사용한다.

η는 비뉴턴 유체의 점도를 나타내는 기호로 사용된다.

그림 1.6의 그래프에서 읽는 데이터들은 식으로 표현한다면 더 쉽게 이용할 수 있다. 빙햄 유체는 다음과 같이 쉽게 표현할 수 있다.

$$\tau \leq \tau_{\text{yield}}; \frac{dV}{dy} = 0; \qquad \tau \geq \tau_{\text{yield}}; \tau = \tau_{\text{yield}} + \mu_0 \frac{dV}{dy} \tag{13.1}$$

여기서 μ_0는 그림 1.6의 직선의 기울기이다. 표 13.1은 식 (13.1)에 의해 합리적으로 잘 표현될 수 있는 유체에 대한 몇 가지 실험값을 나타낸다.

이 표의 예는 우리에게 친숙한 물질들임을 알 수 있다. 항복응력(yield stress)은 작은 것들이다. 표 맨 아래의 강철과 비교해 보라.

많은 경우 팽창 유체와 유사가소성 유체에 대한 실험 곡선은 **오스트발트-드웰 방정식**(Ostwald-de Waele equation)이라고도 하는 **멱법칙**(power law)으로 합리적으로 잘 나타낼 수 있다.

$$\tau = K\left(\frac{dV}{dy}\right)^n \tag{13.2}$$

여기서 K와 n은 상수로서, 그 값은 실험 데이터를 피팅(fitting)하여 구한다. 뉴턴 유체의 경우 $n = 1$ 및 $K = \mu$이다. 유사가소성 유체의 경우 n은 1보다 작고 팽창 유체의 경우 1보다 크다. 멱법칙은 이론적 근거가 거의 없다. 그러나 상당한 양의 실험 데이터를 합리적인 정확도로 표현하고 비교적 간단한 수학으로 나타낼 수 있는 장점이 있다. 표 13.2는 여러 유체들의 실험값들을 나열하였으며 이는 식 (13.2)로 충분히 나타낼 수 있다. 여기서 다시 우리는 친숙한 재료뿐만 아니라 종이 펄프, 석회, 점토, 포틀랜드 시멘트 및 석탄의 슬러리와 하나의 용액(등유에 네이팜)도 볼 수 있는데, 이것을 물과 비교하면(표 하단), 이 모든 물질에 대해 K가 물보다 상당히 크다는 것을 알 수 있다. 거의 모든 전단속도에서 이러한 재료는 물보다 더 점성이 있다.

표 13.1
빙햄 플라스틱의 파라미터 값*

Material	Yield stress, τ_{yield} (Pa)	Plastic viscosity μ_0(kg / m · s)
Catsup (30°C)	14	0.08
Mustard (30°C)	38	0.25
Margarine (30°C)	51	0.72
Mayonnaise (30°C)	85	0.63
Toothpaste	200	10
Paint	8.7	0.095
Steel (for comparison)	20 to 50 · 10^7	—

*Assume 20°C unless another temperature is specified. These values are approximate; repeated testing would find similar but not identical values.

표 13.2
멱법칙 유체의 파라미터 값*

Material	n (dimensionless)	K (kg / m · s^{2-n})
Applesauce (24°C)	0.41	0.66
Banana puree (24°C)	0.46	6.5
Human blood (body T)	0.89	0.003 84
Soups and sauces	0.51	3.6–5.6
Tomato juice (5.8% solids, 32°C)	0.59	0.22
Concentrated tomato juice (30% solids, 32°C)	0.40	18.7
4% Paper pulp in water	0.575	20.7
33% Powdered lime in water	0.171	7.16
23.3% Clay in water	0.229	5.56
0.67% Carboxymethylcellulose in water	0.716	0.30
15% Carboxymethylcellulose in water	0.554	3.13
10% Napalm in kerosine	0.52	4.28
54.3% Portland cement in water	0.153	2.51
50% Powdered coal in water	0.2	0.58
Water (for comparison)	1.00	0.001 002

*Assume 20°C unless another temperature is specified. These values are approximate; repeated testing would find similar but not identical values.

이러한 응력-전단변형속도 곡선을 나타내기 위해서 여러 가지 식이 사용될 수 있다(연습문제 13.2와 13.3 참조). 이들 두 가지 간단한 것들은 관심 있는 유체의 관 내 흐름을 수학적으로 꽤 간단하고 정확하게 설명한다.

시간의존성 유체(요변성 또는 레오펙틱 유체)의 경우 현재 응력-변형속도-시간의존성을 나타낼 수 있는 간단한 관계식이 없다. 그림 13.1은 요변성 유체의 전형적 응력-시간 곡선으로서 변형속도(dV/dy)가 일정한 선을 나타낸다. 시간에 따른 변화는 주로 처음 60 s 동안에 일어나며, 이후에는 변화가 적다. 대부분의 공학적 응용에서 이 유체를 그림 13.1의 오른쪽에 나타낸 것에 해당하는 성질을 가진 간단한 유사가소성 유체로 취급하는 것이 안

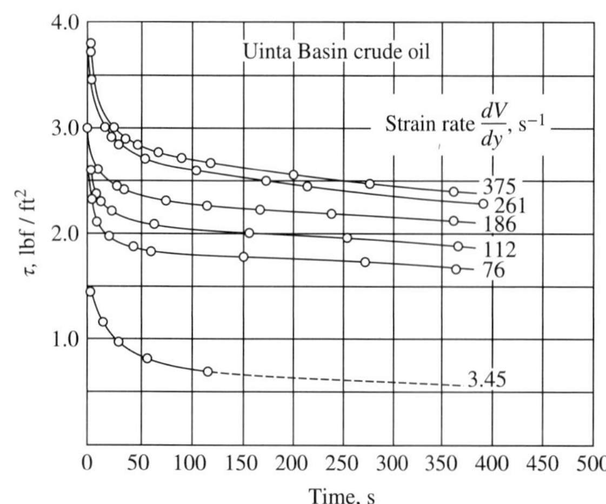

그림 13.1
그림 1.5와 같은 장치에서 얻은 일반적인 요변성 유체에 대한 다양한 변형률에 대한 응력-시간 곡선. 이 유형의 원유는 왁스질이며 여기에 표시된 것처럼 융점보다 약간 높은 고체 왁스와 액체 오일의 슬러시를 형성한다. (E. B. Christiansen 제공)

전하다.

점탄성 유체에 대한 간단한 관계는 전혀 알려져 있지 않으며, 현재 생각은 이러한 유체를 단순한 스칼라 방정식이 아닌 장력 방정식으로만 적절하게 설명하는 것이 불가능할 수 있다는 것이다[1].

13.3 수평 원형관 내의 비뉴턴 유체의 층류 정상 흐름

비뉴턴 거동이 뚜렷한 대부분의 유체는 점도가 높아 산업적으로 가장 흥미로운 상황에서 흐름이 층류이다. 이 절에서는 화공기술자들이 생산에서 가장 많이 접하게 되는 비뉴턴 유동 문제인 층류, 정상, 관 내 흐름만 고려한다. 6.3절에서 층류 또는 난류 유동의 모든 유체에 대해 정상 수평 유동에 대한 수평 원형 관의 임의 지점에서의 전단응력은 식 (6.3)으로 표현된다.

$$\tau = \frac{-r(P_1 - P_2)}{2\,\Delta x} = \frac{-r}{2} \cdot \left(\frac{-dP}{dx}\right) \tag{6.3}$$

뉴턴 유체의 층류일 때는 전단응력에 뉴턴의 점도 법칙을 대입하고 두 번 적분하여 푸아죄유 식을 얻는다.

13.3.1 멱법칙

멱법칙(power-law) 거동을 따르는 유체에 대해서 식 (6.3)을 식 (13.2)에 대입하면

$$\tau = \frac{-r}{2} \cdot \left(\frac{-dP}{dx}\right) = K\left(\frac{dV}{dy}\right)^n \tag{13.3}$$

여기서 식 (13.3)의 y는 식 (6.3)의 r과 같다. 한번 적분을 시도하면(연습문제 13.5) 다음과 같다.

$$V = \left(\frac{1}{2K} \cdot \frac{-dP}{dx}\right)^{1/n} \cdot \frac{n}{n+1} \cdot \left(r_w^{(n+1)/n} - r^{(n+1)/n}\right) \tag{13.4}$$

$V\,dA = V \cdot 2\pi r\,dr$을 관의 면적에 대해서 적분하면,

$$Q = \frac{n\pi}{3n+1}\left(\frac{1}{2K} \cdot \frac{-dP}{dx}\right)^{1/n} r_w^{(3n+1)/n} = \frac{n\pi D^3}{8(3n+1)}\left(\frac{D}{4K} \cdot \frac{-dP}{dx}\right)^{1/n} \tag{13.5}$$

여기서 r_w는 관의 반지름이고, $D = 2r_w$이다.

예제 13.1 펌프를 통해 사과소스를 0.5 ft I.D. 원형관에 1 ft/s의 평균 유속으로 공급하고자 한다. 압력구배 $(-dP/dx)$는 어느 정도인가? 비교를 위해서 물인 경우의 압력구배는 얼마인가?

여기서 흐름은 층류 흐름이라 가정한다.(나중에 확인한다.) 식 (13.5)를 사용하기 위해서 다음이 필요하다.

$$Q = VA = 1\,\frac{\text{ft}}{\text{s}} \cdot \frac{\pi}{4}\,(0.5\ \text{ft})^2 = 0.196\,\frac{\text{ft}^3}{\text{s}} = 0.005\ 56\,\frac{\text{m}^3}{\text{s}} \tag{13.A}$$

식 (13.5)를 $(-dP/dx)$에 대해서 풀면,

$$\frac{-dP}{dx} = \left(Q \cdot \frac{8\,(3n+1)}{n\pi D^3}\right)^n \cdot \frac{4K}{D} \tag{13.6}$$

표 13.2는 사과소스에 대해서 $n = 0.41$, $K = 0.66(\text{kg/m} \cdot \text{s}^{2-n})$의 실험값을 제공한다. SI 단위로 계산하는 것이 더 쉬우므로 $D = 0.5\ \text{ft} = 0.152\ \text{m}$. 따라서

$$\frac{-dP}{dx} = \left(0.005\ 56\,\frac{\text{m}^3}{\text{s}} \cdot \frac{8\,(3 \cdot 0.41 + 1)}{0.41 \cdot \pi \cdot (0.152\ \text{m})^3}\right)^{0.41} \cdot \frac{4 \cdot [0.66\ \text{kg/m} \cdot \text{s}^{(2-0.41)}]}{0.152\ \text{m}}$$

$$= 61.3\,\frac{\text{Pa}}{\text{m}} = 0.27\,\frac{\text{psi}}{100\ \text{ft}} \tag{13.B}$$

나중에 설명하겠지만 이 흐름은 층류이다. 동일한 관에서 동일한 유속의 물과 압력구배를 비교하려면 6장의 방법을 사용하여 필요한 압력구배가 ≈0.03 psi/100 ft임을 알 수 있다. 그러나 이 관에서 같은 속도의 물이라면 난류가 될 것이다. 의미 있는 비교는 층류에서 이 속도의 물과 비교하는 것이다. 식 (6.9)에서 필요한 압력구배는 0.0019 psi/100 ft가 될 것이라고 계산할 수 있다. 따라서 사과소스의 층류 흐름은 난류가 억제된 경우 동일한 흐름에서 물에 대한 145배의 압력구배가 필요하다. ■

사과소스는 고도의 비뉴턴 유체이다. 멱법칙 계수는 0.41이고 뉴턴 유체의 경우 1.00이다. 이것의 한 가지 결과는 2 ft/s의 평균 속도에 대해 이 계산을 반복하면 흐름이 여전히 층류가 되고 계산된 압력강하는 33%만 증가한다. 뉴턴 유체의 층류의 경우 평균 속도를 두 배로 하면 압력강하가 두 배가 되고, 난류의 경우 평균 속도를 두 배로 하면 압력강하가 3.5~4배 증가한다.

13.3.2 빙햄 플라스틱

빙햄 플라스틱에서 만약 관의 어느 위치에서 전단응력이 항복응력 τ_{yield}보다 작으면, 그 지점에서 $dV/dy = 0$이다. 원형관의 정상 흐름에서 전단응력 τ는 벽에서 최대이고 중앙에서 0이 된다. 따라서 원형관에서 빙햄 플라스틱의 흐름에 대해 $dV/dy = 0$인 중심 코어가 있어야 한다. 벽의 전단응력이 τ_{yield}보다 크면 튜브 벽과 움직이는 막대 모양의 중심 사이에 속도구배가 존재하는 영역이 있다. 벽의 전단응력이 τ_{yield}보다 작으면 흐름이 없다. 치약, 헤어젤, 각종 크림, 젤, 로션, 유성페인트, 안료와 같이 짜내는 튜브에 담긴 대부분의 제품에

서 이러한 흐름을 관찰할 수 있다. 이러한 튜브를 아주 살살 짜면 흐름이 발생되지 않는다. 즉, $\tau_{\text{wall}} < \tau_{\text{yield}}$이다. 그러나 튜브를 세게 짜면 $\tau_{\text{wall}} > \tau_{\text{yield}}$이고, 유체는 흐르기 시작한다. 압출되어 흐르는 유체는 유체가 배출될 때의 모양(일반적으로 원통형)을 유지한다. 대부분의 흐름은 막대 모양이며 벽 근처의 작은 레이어에만 속도구배가 있다. 짜는 튜브의 일부 유체(예를 들면, 대부분의 접착제)는 빙햄 플라스틱이 아니다. 그 튜브를 짜낼 때 속도는 흐름의 중심에서 가장 높고 분출된 유체는 반구형 액적 형태를 나타낸다.

만약 τ_{yield}가 식 (6.3)에서 전단응력의 음의 값과 같다면(반대방향, 반대부호), 다음과 같이 쓸 수 있다.

$$-\tau_{\text{yield}} = \frac{-r}{2} \cdot \left(\frac{-dP}{dx}\right) = \frac{-D_b}{4} \cdot \left(\frac{-dP}{dx}\right) \tag{13.7}$$

이는 막대형의 중앙부분과 속도구배를 보이는 주위 흐름의 경계(boundary) 위치 D_b를 나타낸다. 이 절의 나머지 부분에서 관 내 어느 위치에서의 벽에서의 전단응력은 다음과 같이 간단히 표현된다.

$$\tau_w = \frac{-r_w}{2} \cdot \left(\frac{-dP}{dx}\right) = \frac{-D}{4} \cdot \left(\frac{-dP}{dx}\right) \tag{13.8}$$

이 식들을 합치면, 다음과 같다.

$$D_b = \frac{4\tau_{\text{yield}}}{(-dP\,/\,dx)} = \frac{\tau_{\text{yield}}}{\tau_w} D \tag{13.9}$$

이 흐름에서 속도분포는 두 부분으로 쓸 수 있다. $r = 0$(관의 중앙)에서부터 $r = r_b$까지 속도는 일정하고 반지름 r에 독립적이다. r_b에서 벽까지의 속도는 식 (13.1)을 식 (6.3)에 대입하여 얻을 수 있다.

$$\tau = \tau_{\text{yield}} + \mu_0 \frac{dV}{dr} = \frac{-r}{2} \cdot \left(\frac{-dP}{dx}\right) = \frac{r}{r_w} \tau_w \tag{13.10}$$

$$\frac{dV}{dr} = \frac{-1}{\mu_0} \left(\frac{r}{r_w} \tau_w - \tau_{\text{yield}}\right) \tag{13.11}$$

r_w에서 r까지 적분하고, τ_{yield}를 $\tau_w r_b / r_w$로 대체하면 다음과 같다.

$$\begin{aligned} V &= \frac{1}{\mu_0} \left(\frac{\tau_w}{r_w} \frac{r^2}{2} - \tau_{\text{yield}} r\right)_{r_w}^{r} \\ &= \frac{\tau_w r_w}{2\mu_0} \left[1 - \left(\frac{r}{r_w}\right)^2\right] - \frac{\tau_{\text{yield}} r_w}{\mu_0} \left(1 - \frac{r}{r_w}\right) \\ &= \frac{\tau_w r_w}{2\mu_0} \left[1 - \left(\frac{r}{r_w}\right)^2\right] - \frac{\tau_w r_b}{\mu_0} \cdot \left(1 - \frac{r}{r_w}\right) \\ &= \frac{\tau_w r_w}{2\mu_0} \left[1 - \left(\frac{r}{r_w}\right)^2\right] - \frac{2r_b}{r_w} \cdot \left(1 - \frac{r}{r_w}\right) \end{aligned} \tag{13.12}$$

r_b보다 작은 r에 대해서 속도는 일정하고, 식 (13.12)에서 r에 r_b를 대입하면, r_b에서의 속도와 같다. 간단히 표현하면,

$$V_{\text{boundary}} = \frac{\tau_w r_w}{2\mu_0}\left(1 - \frac{r_b}{r_w}\right)^2 \tag{13.13}$$

부피 유량은 다음과 같다.

$$Q = \int_0^{r_b} V_{\text{Eq. 13.13}} \cdot 2\pi r\, dr + \int_{r_b}^{r_w} V_{\text{Eq. 13.12}} \cdot 2\pi r\, dr \tag{13.14}$$

약간의 산술적 계산을 하여 다음을 구한다.

$$Q = \frac{\pi r_w^4}{8\mu_0} \cdot \left(\frac{-dP}{dz}\right) \cdot \left[1 - \frac{4}{3}\left(\frac{\tau_{\text{yield}}}{\tau_w}\right) + \frac{1}{3}\left(\frac{\tau_{\text{yield}}}{\tau_w}\right)^4\right] \tag{13.15}$$

이 식의 오른쪽 첫 번째 항은 뉴턴 유체에 대한 푸아죄유 방정식[식 (6.8)]과 동일하다. 이 식에서 $\tau_{\text{yield}} = \tau_w$를 설정하고 계산하면 $Q = 0$, 즉 흐름이 없다. $\tau_{\text{yield}} > \tau_w$에 대해 식은 의미 없는 답을 준다.

예제 13.2 겨자소스에 대해 예제 13.1을 반복하라.

표 13.1로부터 $\tau_{\text{yield}} = 38$ Pa이고 $\mu_0 = 0.25$ kg/m·s이다. 예제 13.1에서 $(-dP/dx)$를 직접 구할 수 있다. 여기서 우리는 $(-dP/dx)$에 대해 식 (13.15)를 풀 수 있지만, τ_w는 1승과 4승의 오른쪽에 나타나며, 식 (13.10)에서 우리는 τ_w가 $(-dP/dx)$에 의존한다는 것을 알고 있다. 그래서 이 문제는 시행착오적 해결책이 필요하다. $(-dP/dx)$의 지정된 값에 대해 Q 값을 계산하는 것으로 시작한다. 그런 다음 (스프레드시트 또는 컴퓨터 프로그램에서) 반복하여 지정된 Q 값을 구할 때까지 $(-dP/dx)$ 값을 찾는다.

첫 번째 단계로서 $(-dP/dx)$가 예제 13.1의 61.3 Pa/m = 0.27 psi/100 ft에서 찾은 것과 동일한 값이라 가정한다. 그러면,

$$\tau_w = \frac{D_w}{4} \cdot \left(\frac{-dP}{dx}\right) = \frac{0.153 \text{ m}}{4} \cdot 61.3 \frac{\text{Pa}}{\text{m}} = 2.33 \text{ Pa} \tag{13.C}$$

이는 항복응력 38 Pa보다 낮고, 이 압력구배 조건에서는 겨자소스는 흐르지 않는다. 다시 압력구배에 대한 가정치를 100배 높인다. $\tau_w = 233$ Pa이고 $\tau_{\text{yield}}/\tau_w = 0.163$이다.

$$Q = \frac{\pi (0.0762 \text{ m})^4}{8(0.25 \text{ kg/m} \cdot \text{s})} \cdot \left(6130 \frac{\text{Pa}}{\text{m}}\right) \cdot \left(1 - \frac{4}{3}(0.163) + \frac{1}{3}(0.163)^4\right)$$

$$= 0.254 \frac{\text{m}^3}{\text{s}} \tag{13.D}$$

이는 $Q = 0.00556$ m^3/s의 가정치보다 훨씬 크다. 이제 스프레드시트를 사용하

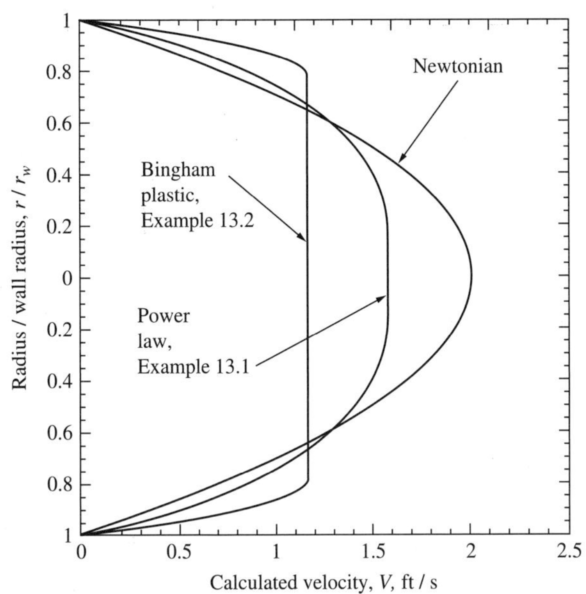

그림 13.2
원형관에서 세 종류 유체의 층류 흐름에 대해 계산한 속도분포. 각 경우 $V_{\text{avg}} = 1$ ft/s이고 멱법칙 유체와 빙햄 플라스틱에 대한 곡선은 예제 13.1과 13.2에 해당한다. 뉴턴 곡선은 푸아죄유 식이다.

여 특정한 조건의 흐름을 만족하는 $(-dP/dx)$ 값을 찾는다. $(-dP/dx) = 1276$ Pa/m = 5.57 psi/100 ft임을 찾을 수 있다. ■

이 예제는 겨자소스가 사과소스보다 흐르기 어려운 유체임을 나타내며, 낮은 압력구배에서 겨자소자는 흐르지 않는다. 이 두 예제로부터 두 종류의 유체에 대해 층류 흐름에서 속도분포를 뉴턴 유체와 비교할 수 있다. 그림 13.2는 예제 13.1과 13.2의 속도분포를 뉴턴 유체에 대한 속도분포와 함께 나타낸 것이다. 모두 평균 유속 1 ft/s를 가진다.

빙햄 플라스틱은 속도가 일정한 중앙 영역을 갖고, 멱법칙 유체는 뉴턴 유체와 빙햄 플라스틱의 중간 정도에 속도분포를 가진다. 그림 1.6을 보면, 유사가소성 곡선은 뉴턴 유체와 빙햄 플라스틱 곡선 사이에 있었음을 알고 있다. 멱법칙 유체의 지수 n의 값을 낮출수록 속도분포는 빙햄 플라스틱에 가까워진다.

13.4 관 내 비뉴턴 유체의 정상상태 난류 흐름과 층류에서 난류 흐름으로의 전이

앞 절에서 비뉴턴 유체의 관 내 흐름을 설명하기 위해 단순히 한 가지로 설명할 수 없음을 보았다. 두 종류의 유체는 분명히 서로 다른 설명이 필요하다. 이 절에서는 난류 흐름에 대해 설명하고, 흐름이 난류인지 층류인지를 판단하는 기준에 대해서 함께 설명한다.

13.4.1 멱법칙

뉴턴 유체에 대해서 층류 흐름은 레이놀즈 수가 약 2000이거나 이보다 낮다. 비뉴턴 유체

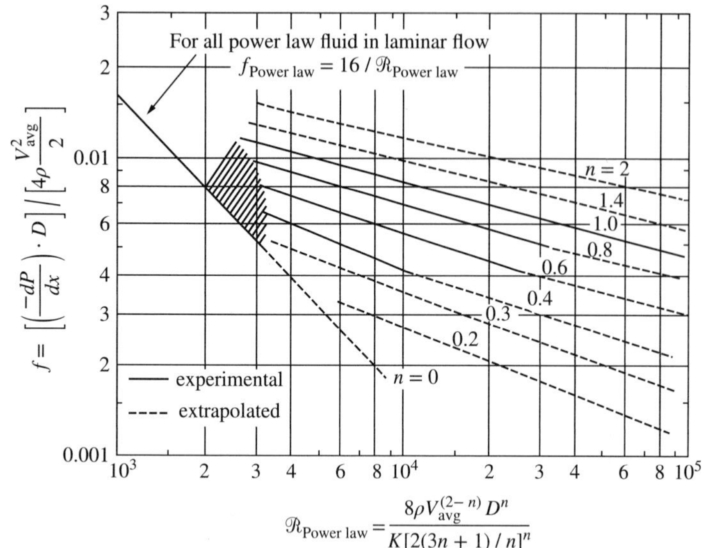

그림 13.3
멱법칙 유체에 대한 마찰계수-레이놀즈수 도표(뉴턴 유체에 대한 그림 6.10 참조). 마찰계수는 6장에서와 동일하지만, 본문에서 보는 바와 같이 $\mathscr{R}$는 $\mathscr{R}_{\text{Power law}}$로 대체되었다. [5]를 근거로 하였다. 실선은 측정값, 점선은 외삽을 나타낸다. [Dodge, D. W. and A. B. Metzner, "Turbulent Flow of Non-Newtonian Systems," *AIChEJ*. *5*, (1959), pp.189–205]

에 대해서 레이놀즈 수를 다시 정의해야 한다. 멱법칙 유체에 대해서 가장 일반적인 절차는 다음과 같이 식 (6.21)(푸아죄유 식의 마찰계수 표현식)로 쓰는 것이다.

$$f_{\text{power law}} = 16 / \mathscr{R}_{\text{Power law}} \tag{13.16}$$

식 (13.6)으로부터 마찰계수를 계산하고 대입하고 풀면 다음과 같다.

$$\mathscr{R}_{\text{Power law}} = \frac{8\rho V_{\text{avg}}^{(2-n)} D^n}{K[2(3n+1)/n]^n} \tag{13.17}$$

여기서 $K = K'[4n/(3n+1)]^n$을 추가로 대입하면 다음과 같다.

$$\mathscr{R}_{\text{Power law}} = D^n \rho V_{\text{avg}}^{(2-n)} / 8^{(n-1)} K' \tag{13.E}$$

그림 13.3[5]은 멱법칙 유체에 대한 그림 6.10(마찰계수–레이놀즈수 도표)과 동일하다. 층류와 난류 사이의 전이 영역이 2000과 4000 사이의 $\mathscr{R}_{\text{Power law}}$ 값에서 발생함을 보여 준다. 난류 영역에 대해서는 나중에 설명한다.

예제 13.3 예제 13.1에서 서술한 흐름에 대해서 f와 $\mathscr{R}_{\text{Power law}}$를 계산하라. 사과소스의 밀도는 1078 kg/m³로 가정한다.

예제 13.1에 있는 수평관에서 사과소스의 흐름에 대한 패닝 마찰계수는 다음과 같다.

$$\begin{aligned} f &= \frac{(-dP/dx) \cdot D}{4\rho\, V_{\text{avg}}^2 / 2} \\ &= \frac{(61.3 \text{ Pa/m}) \cdot 0.152 \text{ m}}{4 \cdot (1078 \text{ kg/m}^3) \cdot (0.305 \text{ m/s})^2 / 2} \cdot \frac{\text{kg}}{\text{Pa} \cdot \text{m} \cdot \text{s}^2} = 0.0465 \end{aligned} \tag{13.F}$$

$$\mathscr{R}_{\text{Power law}} = \frac{8 \cdot (1078\ \text{kg}/\text{m}^3)\,(0.304\ \text{m}/\text{s})^{(2-0.41)}\,(0.152\ \text{m})^{0.41}}{[0.66\ \text{kg}/\text{m}\cdot\text{s}^{(2-0.41)}]\cdot[2\cdot(3\cdot 0.41+1)/0.41]^{0.41}} = 343.3 \tag{13.G}$$

독자는 이러한 값들이 식 (13.15)를 만족하는지 확인해야 한다. 계산된 $\mathscr{R}_{\text{Power law}} < 2000$이면, 예제 13.1에서의 흐름은 실제도 층류 흐름이다. ■

그림 6.10과 같이 그림 13.3은 이론에 기초한 층류 곡선과 실험에 기초한 전이 영역 및 난류 유동 곡선을 보여 주고 있다. 다양한 ε/D에 대한 다양한 곡선을 갖는 대신 다양한 n에 대한 곡선을 가진다. ε/D의 영향은 n의 영향보다 작으며 일반적으로 무시될 수 있다. 이 도표를 사용하여 점탄성이 아닌 멱법칙 유체(예를 들면, 사과소스)에 대한 압력강하-유속 관계를 추정할 수 있다. 점탄성 멱법칙 유체의 경우 f의 실험값은 이 도표에 표시된 값보다 훨씬 작을 수 있다(13.5.1 참조).

예제 13.4 예제 13.1에서 주어진 1 ft/s 대신에 10 ft/s의 평균 유속에 대해서 다시 계산하라.

여기서 속도는 10배 증가하였다. 뉴턴 유체에 대해서 레이놀즈 수는 10배 증가하여 3185이다. 여기서 속도는 $(2-n)$ 거듭제곱으로 증가한다. 따라서

$$\mathscr{R}_{\text{Power law}} = \frac{8 \cdot (1000\ \text{kg}/\text{m}^3)(3.04\ \text{m}/\text{s})^{(2-0.41)}\,(0.152\ \text{m})^{0.41}}{[0.66\ \text{kg}/\text{m}\cdot\text{s}^{(2-0.41)}]\cdot[2\cdot(3\cdot 0.41+1)/0.41]^{0.41}} = 12\,300 \tag{13.H}$$

이는 다음과 같은 사실을 반영한다. $\mathscr{R}_{\text{Power law}}$의 정의는 층류 흐름 곡선을 친숙한 형태로 전개하며 어느 정도 인위적인 점이 포함되어 있다. 그림 1.7에서 어떻게 겉보기 점도를 정의했는지를 고려하여 이것을 고민해 볼 수 있다. 거기에서는 속도가 증가할수록 점도는 감소했다. 따라서 이 예제($n < 1$인 모든 멱법칙 유체)에서 유속을 증가시키면 V는 커지는 반면, μ는 감소되어 결국 $\mathscr{R}_{\text{Power law}}$가 증가하게 된다.

그림 13.3에서 $n = 0.41$과 $\mathscr{R}_{\text{Power law}}$에 대해서 $f \approx 0.004$임을 알 수 있다. 이로부터,

$$\frac{-dP}{dx} = 4f\frac{\rho}{D}\cdot\frac{V_{\text{avg}}^2}{2} = 4\cdot 0.004\,\frac{(1000\ \text{kg}/\text{m}^3)}{0.152\ \text{m}}\cdot\frac{(3.04\ \text{m}/\text{s})^2}{2}\cdot\frac{\text{Pa}\cdot\text{m}\cdot\text{s}^2}{\text{kg}} = 0.488\,\frac{\text{kPa}}{\text{m}} = 2.16\,\frac{\text{psi}}{100\ \text{ft}} \tag{13.I}$$

■

13.4.2 빙햄 플라스틱

빙햄 플라스틱의 층류-난류 전이와 난류 흐름은 그림 13.4[6]에 기술하였다.(설명이 좀 더

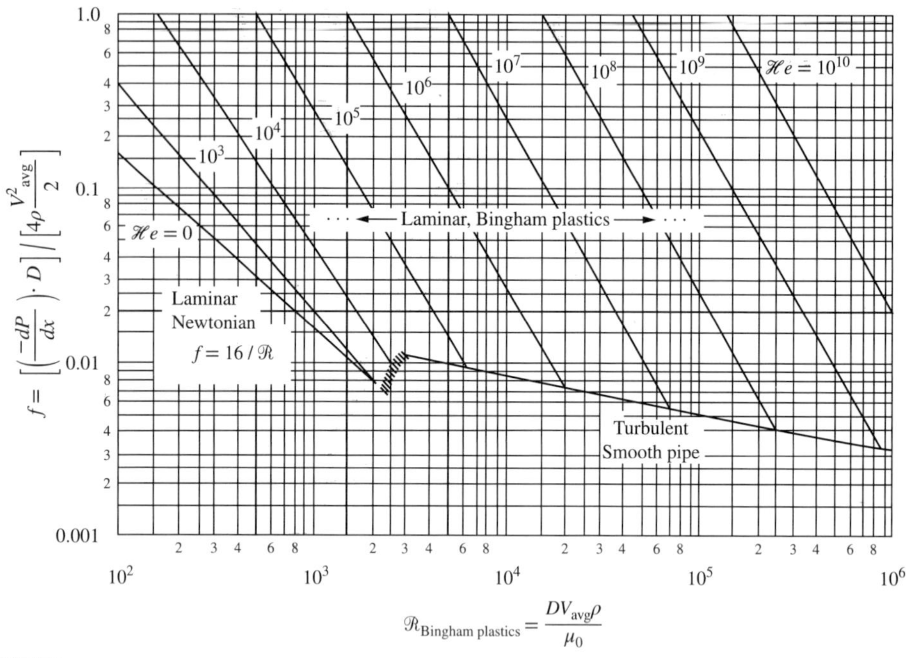

그림 13.4

빙햄 플라스틱에 대한 마찰계수-레이놀즈수 도표(뉴턴 유체에 대한 그림 6.10 참조). 마찰계수는 6장에서와 동일하지만, 본문에서 보는 바와 같이 $\mathscr{R}$는 $\mathscr{R}_{\text{Bingham}}$으로 대체되었다. 헤드스트롬[6]을 근거로 하였다. [Hedstrom, B. O. A., "Flow of Plastic Materials in Pipes," *Ind. Eng. Chem. 44*, (1952), pp.651–656]

필요하다!)

일반 레이놀즈 수를 대체할 μ 값을 정의하는 명확한 방법이 없었기 때문에 멱법칙 유체에 대한 새로운 레이놀즈 수를 고안해야 했다. 빙햄 플라스틱의 경우 μ_0이다. 그림 13.4에서는 단순히 레이놀즈 수에서 μ를 μ_0로 사용하였다. 마찰계수는 그림 6.10과 같다. 그러나 그림에는 τ_{yield}와 관련된 다른 매개변수의 곡선들이 있다. 그 매개변수는

$$\begin{pmatrix}\text{Hedstrom}\\ \text{number}\end{pmatrix} = \mathscr{H}e = \begin{pmatrix}\text{Bingham}\\ \text{number}\end{pmatrix} \cdot \begin{pmatrix}\text{Reynolds}\\ \text{number}\end{pmatrix}$$

$$= \frac{\tau_{\text{yield}} D}{\mu_0 V_{\text{avg}}} \cdot \frac{DV_{\text{avg}}\rho}{\mu_0} = \frac{\tau_{\text{yield}} D^2 \rho}{\mu_0^2} \tag{13.18}$$

빙햄 수(Bingham number)는 이 흐름에 관해 적절한 상관 매개변수 중 하나로서 차원해석의 표준방법(9장)에 의해 얻어질 수 있으며, 층류에서 유체의 항복응력 대 점성응력의 비율이다(표 9.1 참조). 그림 13.4에서 부가적인 매개변수로 사용될 수 있지만 빙햄 수에 레이놀즈 수를 곱하면 헤드스트롬 수(Hedstrom number) $\mathscr{H}e$가 얻어지므로 이 도표의 사용이 더 용이해진다. $\mathscr{H}e$는 빙햄 수와 같이 유체 유량이 아닌 관의 직경과 유체 특성에만 의존하

기 때문이다.

만약 예제 13.2에 대해서 마찰계수, 레이놀즈 수와 헤드스트롬 수를 계산한다면 각각 4.2, 92.9, 그리고 14,100이다. 이는 그림 13.4의 왼쪽 상단 모서리에 위치하고 있음을 알 수 있지만, 거기에서 곡선을 외삽하면 이 값들이 꽤 잘 일치한다는 것을 알 수 있다.

다양한 유량과 관 직경에 대해 예제 13.2를 반복할 수 있으므로 그림 13.4의 모든 $\mathscr{He}$ 곡선을 구성할 수 있다. 이 도표를 구성할 때 헤드스트롬[6]은 식 (13.15)의 유량에서 계산된 마찰계수가 비뉴턴 유체의 난류 유동에 대해 추정된 것보다 작을 때 유동이 난류가 될 것이라고 가정했으며 그림 6.10을 사용할 수 있다. 그림 13.4는 그림 6.10의 층류 곡선과 매끄러운 관의 난류 곡선을 보여 준다. 일정한 $\mathscr{He}$ 곡선은 그 아래로 연장시키지 않았다. 헤드스트롬은 또한 높은 유속에서 빙햄 플라스틱에 대한 사용 가능한 실험 데이터가 그림 13.4와 상당히 잘 일치함을 보여 주었다. 이 도표는 층류-난류 전이가 모든 빙햄 플라스틱에 대해 하나의 레이놀즈 수에서 발생하지 않고 헤드스트롬 수의 각 값에 대해 고유한 값을 갖는다는 것을 나타낸다.

예제 13.5 물에 54.3 wt.% 자갈 가루로 된 슬러리의 흐름에 대한 실험 데이터[7]를 통해 유체가 $\tau_{\text{yield}} = 3.8$ Pa 및 $\mu_0 = 6.8$ cP $= 0.00686$ Pa·s인 빙햄 플라스틱 거동을 나타내고 있음을 알 수 있다. 관 직경은 0.0206 m이었으며, 해당 관에 대해 표시된 10개의 실험 지점 중 최고 및 최저의 경우 속도는 각각 3.47과 0.442 m/s이고, 측정된 압력 구배는 각각 11.06과 1.27 kPa/m이었다. 이 두 데이터 지점에 대해 $\mathscr{He}, \mathscr{R}, f$ 값을 계산하라. 그림 13.4에 이 두 데이터 지점의 위치를 표시하라.

두 점에 대해,

$$\mathscr{He} = \frac{\tau_{\text{yield}} D^2 \rho}{\mu_0^2}$$
$$= \frac{3.8 \text{ Pa} \cdot (0.0206 \text{ m})^2 \cdot 1530 \text{ kg/m}^3}{(0.00686 \text{ Pa} \cdot \text{s})^2} \cdot \frac{\text{Pa} \cdot \text{m} \cdot \text{s}^2}{\text{kg}} = 52\,400 \tag{13.J}$$

첫 번째 지점에 대해서

$$\mathscr{R} = \frac{0.0206 \text{ m} \cdot (3.47 \text{ m/s}) \cdot (1530 \text{ kg/m}^3)}{0.0686 \text{ Pa} \cdot \text{s}} \cdot \frac{\text{Pa} \cdot \text{m} \cdot \text{s}^2}{\text{kg}} = 15\,900 \tag{13.K}$$

그리고

$$f = \frac{(-dP/dx) \cdot D}{4\rho V_{\text{avg}}^2 / 2}$$
$$= \frac{(11\,069 \text{ Pa/m}) \cdot 0.0206 \text{ m}}{4 \cdot (1530 \text{ kg/m}^3) \cdot (3.47 \text{ m/s})^2 / 2} \cdot \frac{\text{kg}}{\text{Pa} \cdot \text{m} \cdot \text{s}^2} = 0.0062 \tag{13.L}$$

두 번째 지점에 대해서, $\mathscr{R} = 2030$이고 $f = 0.044$이다.

그림 13.4에서 $\mathscr{He} = 52{,}400$ 곡선을 그릴 수 있으며, $\mathscr{R} \approx 5000$에서 난류의 매끄러운 관 곡선을 가로지르므로 이 직경의 관에 흐르는 유체에 대해 층류-난류 전환이 $\mathscr{R} \approx 5000$에서 발생할 것으로 예상된다. 첫 번째 지점은 부드러운 곡선 난류선에 있을 것으로 예상된다. $\mathscr{R} \approx 15{,}900$의 경우 해당 선에서 $f \approx 0.007$로 읽을 수 있다. 이는 실험값 0.0062에 가깝지만 동일하지는 않다. 두 번째 지점에 대해 우리는 마찰계수가 예제 13.2에서와 정확히 동일하게 계산될 것으로 예상할 수 있다. 이 흐름에 대해 계산을 반복하면 계산된 마찰계수 0.039를 찾을 수 있다. 이는 다시 실험값 0.044에 가깝지만 동일하지는 않다. 그림 13.4를 구성할 때, 계산된 값을 사용해서 $\mathscr{He} = 52{,}400$ 곡선을 그려 보면 실험값이 이 계산값보다 조금 낮음을 알 수 있다. ■

13.5 고분자 첨가제

소량의 일부 폴리머는 관 내 및 기타 응용분야의 액체 흐름에 큰 변화를 일으킬 수 있다.

13.5.1 드래그 감소

물이나 기름에 용해된 소량(5~300 ppm)의 유연한 선형 고분자는 난류관 흐름에서 마찰계수를(이에 따라서 압력강하 및/또는 펌핑 비용을) 크게 줄일 수 있다. 이것은 석유 지층의 수압파쇄 및 원유 또는 석유 유분을 수송하는 파이프라인에서 거의 보편적으로 사용된다. 용해된 고분자의 양이 상당히 낮아 유체의 밀도나 점도 변화를 측정할 수 있는 정도는 아니지만 난류 등을 감소시킨다. 공급되는 유체에서 고분자의 존재는 허용 가능할 정도로 낮아야 한다(따라서 일반 음용수에는 사용되지 못함). 그러나 이로 인해 다른 응용분야에서까지 사용이 제한되는 것은 아니다.

그림 13.5는 드래그 감소에 대한 몇 가지 실험 데이터를 보여 준다. 이 도표에서 층류 및 전이 영역과 최대 $\mathscr{R} \approx 12{,}000$의 난류 영역에서 물과 폴리머 용액이 동일한 마찰계수를 갖는다는 것을 알 수 있다. 또한 이 값이 그림 6.10에서 계산한 값과 일치하는지 확인할 수 있다. $\mathscr{R} \approx 12{,}000$에서 시작하여 항력 감소에 대한 고분자의 효과가 나타난다. $\mathscr{R} \approx 50{,}000$ 정도 관찰된 마찰계수는 고분자 수용액의 경우, 순수한 물의 경우보다 약 70% 더 작다. 특정 도관과 유체들에 대해서 나타낸 이 도표는 다른 관이나 유체들에 대한 도표와 유사한 경향을 나타낼 수는 있지만 그러한 성능을 추정하기 위한 보편적인 지침이 되는 것은 아니다. 독점적으로 첨가제를 판매하는 회사는 해당 데이터들을 보유하고 있지만 일반에게 공개하지는 않는다. 내가 본 자료 중에 가장 전적으로 공개된 것은 알래스카 파이프라인에 있다[9]. 드래그 감소 메커니즘에 대한 상당한 연구[8]를 바탕으로 고분자 분자가 버퍼층에 축적되고(17.4절 참조) 관 벽에서 생성된 난류가 벌크 흐름으로 전달되는 것을 감소시킨다는

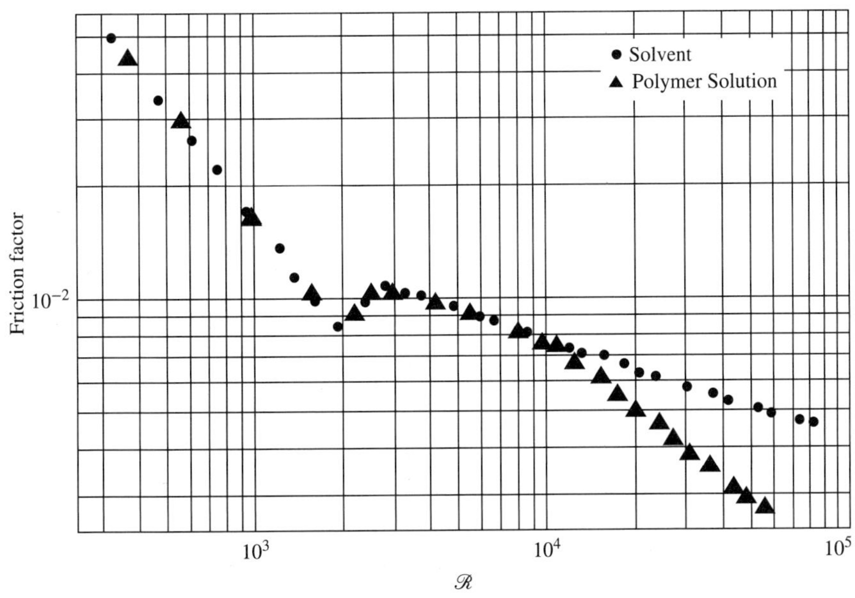

그림 13.5
참고문헌 [8]로부터 다시 그린 드래그 감소 결과. 유체 흐름은 0.33 in (8.24 mm) 내경의 매끄러운 관에서 300 ppm의 폴리에틸렌 옥사이드 고분자(분자량 60만) 수용액과 증류수이다. 원은 순수한 물, 삼각형은 고분자 수용액을 나타낸다.

것으로 여겨지고 있다. 연습문제 13.21과 13.22를 참조하라.

13.5.2 다중등급 윤활유

자동차 엔진(및 일부 다른 용도)에 사용되는 윤활유는 움직이는 부품 사이에 막을 제공하여 마찰과 마모를 증가시키는 금속 대 금속 접촉을 방지한다.(엔진의 뜨거운 부분도 식힌다).

이러한 윤활유의 점도는 엔진의 베어링과 피스톤링에 이러한 막을 유지하기에 충분히 높아야 하며, 또한 낮은 온도의 엔진 시동을 위해 스타터 모터와 배터리에서 과도한 전력이 필요하지 않을 정도로 점도가 낮아야 한다. 연소실 외부의 가장 높은 엔진 온도(일반적으로 130°C = 266°F로 간주)와 가장 낮은 저온-시동 온도(일반적으로 −30°C = −22°F로 간주)에서 이 작업을 수행해야 한다.

대부분의 자동차 오일은 적절한 특성을 갖도록 석유 정제에서 분리되어 나오는 석유 분획물이다. 초기 윤활유는 거의 순수한 석유였으나, 시간이 지남에 따라 윤활유 생산자는 여러 면에서 오일의 성능을 향상시키는 다양한 첨가제를 발명했다. 현대 윤활유는 오일 베이스에 10~30%의 첨가제가 들어가 있다.(이러한 첨가제는 엔진 수명을 크게 개선한 것으로 인정된다!) 그림 A.1에서 볼 수 있듯이 자동차 오일을 포함한 모든 액체는 온도가 증가

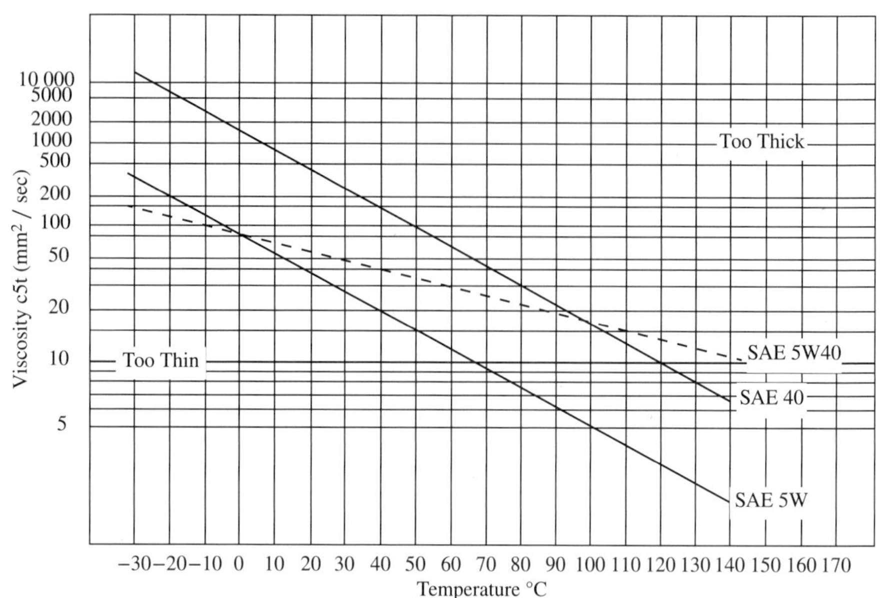

그림 13.6
두 개의 단일등급 자동차 오일과 한 개의 다중등급 오일에 대한 점도-온도 관계. (자동차 오일—윤활유 및 그리스, 연료, 냉각수 및 브레이크 오일, KEW Engineering Ltd., 2009)

함에 따라 점도가 감소한다. 따라서 이러한 첨가제를 사용하기 전에는, 겨울에는 저점도 오일('winter oil', SAE grade 5W, SAE는 Society of Automotive Engineers의 약자)을, 여름에는 고점도 오일('summer oil', SAE grade 40)을 사용했던 것이 일반적이었다. 5W 오일에 일부 고분자(여러 가지 종류의) 0.5~2%를 추가하면 고온 점도가 여섯 배 증가하여 고온에서는 40W 오일, 저온에서는 5W 오일로 작용하여 5W40 오일을 생성한다. 이 오일은 저온 및 고온 요구사항을 모두 충족하며 자동차 소유자가 봄과 가을에 오일을 교체하는 비용과 수고를 덜어 준다.

그림 13.6은 SAE5W40, SAE40, SAE5 세 가지 오일에 대한 점도-온도 도표를 보여 준다. 보이는 것처럼 5W40은 고온에서 SAE40보다 점성이 높고 저온에서 5W보다 점성이 낮다.

이에 사용되는 고분자는 길고 유연한 사슬로서 저온에서는 자체적으로 단단히 감겨 저온 점도의 변화를 거의 일으키지 않고, 고온에서는 부분적으로 풀리므로 오일-고분자 혼합물의 점도가 증가한다.

13.5.3 수압파쇄 유체 유변학

이 주제는 2.10.1절과 6.11절에 소개되어 있다. 사용되는 유체의 요구사항은 다음과 같다.

1. 유체가 균열을 일으키는 바닥 구멍 천공과 펌프 사이의 관에서 마찰계수가 가능한 한

낮아야 한다.

2. 프로판트(proppant; 대부분 모래)가 균열 지점으로 이송될 때 프로판트의 침전을 방지하고 프로판트와 함께 균열시켜야 하는 가장 먼 지점까지 보내기 위해서는 높은 점도를 가져야 한다.
3. 파쇄 처리가 끝나 파쇄용 유체를 빼낼 때 오일이나 가스가 유정으로 흘러갈 수 있는 공간을 만들기 위해 유체 점도는 흐름이 프로판트를 지층 밖으로 끌어내지 않을 만큼 충분히 낮아야 한다.

파쇄용 유체에는 펌프에서 파쇄되는 지층 부분까지 관 흐름의 압력강하를 줄이기 위해 항력 감소제[유전에서는 '슬릭워터(slickwater)'라고 함]가 포함되어 있다. 이것들은 관의 난류 흐름에서 마찰계수를 최대 70%까지 감소시키며, 난류 흐름에서만 작용하기 때문에 위의 두 번째, 세 번째 요구사항과 상충되지 않는다(그림 13.5 참조).

두 번째와 세 번째 요구사항을 충족하기 위해 유체에는 프로판트가 관 내부에서 가라앉는 것을 방지하고 유체가 이를 새로운 균열로 가능한 한 깊숙이 운반하는 데 도움이 되는 증점제가 포함되어 있다. 가장 일반적인 증점제는 유체에서 약 3000 ppm의 가교된 구아 검(guar gum)이다. 일반적인 바닥 구멍 온도(150~200°F)에서 약 2시간 내에 분해되는 바람직한 특성을 가지고 있다. 적용 시 이러한 용액의 점도는 약 800 cP 정도에서 2시간 후에 점도가 절반으로 떨어진다. 따라서 유체 회수 시 신선한 유체에 비해 프로판트를 끌어낼 만큼 충분히 점성이 있지 않게 된다.

이것은 파쇄용 유체의 복잡하면서도 복합적인 유성학에 대한 매우 단순화된 논의이다[10].

13.6 요약

1. 비뉴턴 유체의 거동을 설명하기 위해 직관적인 설명과 수많은 수식들을 사용할 수 있지만 일반적이고 보편적으로 적용할 수 있는 이론이나 수식들은 현재 알려져 있지 않다. 시간의존성 및 점탄성 유체의 경우 우리가 가진 지식은 주로 관찰된 거동에 대한 설명으로 이루어져 있다.
2. 원형관에서 비뉴턴 유체의 층류 흐름에 대해서 비뉴턴 점도의 멱법칙과 빙햄 소성 표현에 대한 거동을 쉽게 계산할 수 있다.
3. 난류의 경우 뉴턴 유체의 난류 거동을 기반으로 하는 멱법칙 유체 및 빙햄 플라스틱에 대한 데이터와 상관 관계들이 있다. 멱법칙 유체에 대한 전이 레이놀즈 수는 재정의된 레이놀즈 수를 사용하여 뉴턴 유체의 경우와 거의 동일하다. 빙햄 플라스틱의 경우 전이 레이놀즈 수는 레이놀즈 수 외에 유체의 τ_{yield}에 따라 달라진다. 일부 묽은 고분자

용액은 마찰계수가 놀라울 정도로 낮다.

4. 일반 유체에 소량의 큰 분자량의 고분자를 추가하면 흐름 거동에 심각한 영향을 미칠 수 있다.
5. 비뉴턴 유체의 거동은 현재 매우 활발한 연구 주제이다. 현재까지의 결과에 대한 자세한 요약은 참고문헌 [1, 2]에서 확인할 수 있다.

연습문제

연습문제와 예제 풀이를 위한 상용 단위와 수치들은 부록 E를 참조하라. * 표시가 있는 문제는 부록 C에 그 해답이 있음을 의미한다.

13.1. $n = 1$일 때 멱법칙 유체는 뉴턴 유체가 됨을 보여라. $\tau_{\text{yield}} = 0$에 대해 빙햄 플라스틱이 뉴턴 유체가 됨을 보여라.

13.2. 유사가소성 유체(비뉴턴 유체의 가장 일반적인 유형)의 경우, 유체는 종종 낮은 전단속도에서 매우 높은 점도(μ_0)를 갖는 뉴턴 유체로 나타나고 다시 더 높은 전단속도에서 더 낮은 점도(μ_∞)의 뉴턴 유체로 나타나며, 그림 13.7에 도시된 것처럼 전단속도의 전이가 있다.

(*a*) 이 거동에 해당하는 라이너-필리포프 식(Reiner-Phillipoff equation)을 보이고,

$$\tau = \left(A + \frac{B - A}{1 + (\tau / C)^2}\right)\frac{dV}{dy} \tag{13.19}$$

여기서 A, B, C는 데이터 피팅 상수이고, 이들 중에 어떤 상수가 μ_0 및 μ_∞에 해당하는지 보여라.

(*b*) 카로 식(Carreau equation)에 대해서 (*a*)를 반복 계산하라.

$$\mu = \mu_\infty + \frac{\mu_0 - \mu_\infty}{[1 + (\lambda\, dV / dy)^2]^p} \tag{13.20}$$

여기서 λ와 p는 실험 데이터를 기반으로 한 데이터 피팅 상수이다.

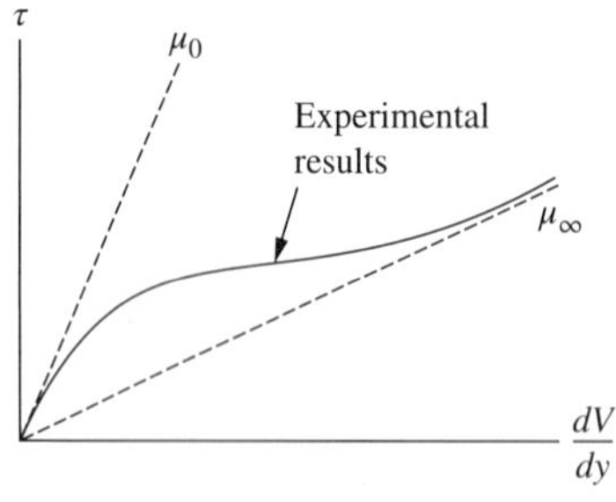

그림 13.7
점도의 두 극한을 보이는 유사가소성 유체의 거동

13.3. 엘리스 식(Ellis equation)이 아래와 같다.

$$\tau = \frac{dV / dy}{A + B\tau^C} \tag{13.21}$$

여기서 A와 B는 데이터 피팅 상수이며, 위의 식이 실질적으로 낮은 전단속도의 뉴턴 유체, 높은 전단속도에서는 멱법칙 유체에 해당됨을 보여라. Ellis 식의 어떤 상수 또는 상수 조합이 그림 13.7에서 μ_0에 해당하는지 보여라.

13.4.* 그림 13.1의 200초 동안의 데이터는 멱법칙 식으로 무리 없이 나타낼 수 있다. 이 표현에서 상수를 구하라. 힌트: 멱법칙 식은 로그 방안지에서 기울기가 n인 직선으로 나타낼 수 있다.

13.5. 식 (13.3)을 구간 r_w에서 r까지 정적분하여 식 (13.4)를 구하라.

13.6. 식 (13.5)를 구하기 위해 관의 단면적에 대해서 식 (13.4)를 적분하라.

13.7. 뉴턴 유체($n = 1$, $K = \mu$)의 경우, 식 (13.4)는 식 (6.8)과 같고 식 (13.5)는 푸아죄유 식[식 (6.9)]과 같음을 보여라.

13.8. 예제 13.1을 풀기 위한 스프레드시트를 작성하라. 이 예제에서 구한 압력구배를 확인하라. 스프레드시트를 사용하여 $V_{avg} = 2$ ft/s일 때 문제를 풀어라. 그 결과를 다음 예제의 문장과 비교하라.

13.9. 층류 및 난류에 대해 동일한 속도로 동일한 관에 흐르는 물에 대한 압력구배에 대한 예제 13.1의 설명을 증명하라.

13.10. 멱법칙 유체에 대한 표 13.2는 $n > 1.00$의 값, 즉 팽창 유체가 없음을 보여 준다. 그 이유는 이것들이 드물기 때문이다. 이러한 유체에 대한 값은 표 13.2가 공개된 자료들에서도 나타나 있지 않다. 다만, 그러한 유체가 존재하는 경우에는 13.3.1절에 제시된 방법을 따라야 한다. 표 13.2와 같은 K를 갖지만 $n = 1.5$인 새로운 형태의 사과소스가 발견되었다고 가정하자.

(*a*) 연습문제 13.8에서 작성한 스프레드시트를 이용하여 예제 13.1을 이 새로운 사과소스에 적용하여 다시 풀어라.

(*b*) 필요한 압력구배를 예제 13.1에서 구했던 것과 비교하라.

(*c*) 이 새로운 형태의 사과소스에 대해 그림 13.2에 곡선을 그려라.

13.11. 다음을 보여라.

(*a*) 식 (13.12)를 구하기 위해 식 (13.11)을 적분하라.

(*b*) 식 (13.12)에서 식 (13.13)까지 계산하여 유도하라.

(*c*) 식 (13.15)를 적분하여 유도하라.

13.12. 식 $\left[1 - \frac{4}{3}(\tau_{yield} / \tau_w) + \frac{1}{3}(\tau_{yield} / \tau_w)^4\right]$을 0에서 2 사이의 값에 대해 τ_{yield}/τ_w의 함수로 그려라. $\tau_{yield}/\tau_w < 1$, $\tau_{yield}/\tau_w = 1$, $\tau_{yield}/\tau_w > 1$일 때의 값의 의미에 대해서 서술하라.

13.13.* 예제 13.2를 풀기 위한 스프레드시트를 작성하라. 해당 풀이에서 계산된 압력구배를 입증하라. 스프레드시트를 사용하여 $V_{avg} = 2$ ft/s에 대해 문제를 풀어라.

13.14. 식 (13.16)과 식 (13.E) 사이에 계산을 보여라.

13.15. 평균 속도 2 ft/s에 대해서 예제 13.3을 다시 풀어라.

13.16.* $V_{avg} = 5$ ft/s에 대해서 예제 13.4를 다시 풀어라.

13.17. 차원해석을 통해서 관에서 빙햄 플라스틱의 층류 흐름에 대한 자연스러운 상관 매개변수로서 빙햄 수가 얻어짐을 보여라.

13.18. 표 13.3은 10회 실험 실행에 대한 전체 세트를 보여 주며[7], 그중 첫 번째와 마지막이 예제

표 13.3
물에 54.3 wt.% 암석 고형물을 포함한 슬러리의 실험 데이터
(관 지름: 0.812 in = 2.06 cm)*

Run number	V_{avg}, m / s	$(-dP / dx)$, kPa / m
23-1	3.47	11.06
23-2	3.23	10.01
23-3	2.97	8.43
23-4	2.26	5.40
25-5	1.81	3.50
23-6	1.37	2.04
23-7	0.893	1.41
23-8	1.20	1.59
23-9	0.360	1.10
23-10	0.442	1.27

*From [7].

Wilhelm, R. W., D. M. Wroughton, and W. F. Loeffel. "Flow of Suspensions Through Pipes." *Ind. Eng. Chem. 31* (1939), pp. 622–629.

13.5에 제시되었다. 이들 각각에 대해서 $\mathscr{He}, \mathscr{R}, f$의 값을 계산하고, 그림 13.4의 형태로 이들을 그려라. 그들은 대략적으로 그 수치와 유사한가? 아니면 전혀 일치하지 않는가?

13.19.* 그림 13.2는 예제 13.1 및 13.2에 해당하는 속도분포를 보여 준다. 올바르게 만들어졌는지 확인하기 위해 다음을 계산하라.

(*a*) 예제 13.1에서 최대(중심선) 속도와 $r/r_w = 0.5$에서의 속도

(*b*) 예제 13.2에서 r_b/r_w의 값과 그 지점에서의 속도

13.20. 많은 양의 작은 고체 입자를 운반하는 가장 경제적인 방법 중 하나는 슬러리 파이프라인을 이용하는 것이다[11]. Black Mesa Pipeline[12]은 1970년부터 2005년까지 애리조나 북부를 가로질러 273 mi 동안 SG가 1.26으로 추정되는 물에 50 wt.% 슬러리로 660 ton/h의 석탄을 8 mesh (2.4 mm)로 수송했다. 파이프라인의 내경(ID)은 18 in이고 슬러리 유속은 4200 gal/min이다. 273 mi의 파이프라인을 네 개의 섹션으로 나누는 네 개의 펌핑 스테이션이 있다. 슬러리는 표 13.2에 나와 있는 것처럼 멱법칙 유체의 특징을 가진다. 다음을 구하라.

(*a*) (273/4) mi 길이의 단면에서의 압력강하

(*b*) 펌프 효율이 70%라고 가정할 때 네 개의 스테이션 모두에 필요한 펌핑 전력

(*c*) 슬러리 파이프로 석탄을 1 ton·mi당 운송할 때 필요한 전력요금이 $0.10/kwh라고 하자. 철도로 운송할 때와의 비용을 비교하라. 장거리 운송 열차의 경우 비용은 석탄 1 ton·mi당 $0.02이다. 전력요금만 철도요금으로 비교하는 것이 공정한 비교인가? 그렇지 않다면 그 이유는 무엇인가?

13.21. 항력 감소 첨가제의 성능을 나타내는 일반적인 방법은 다음과 같이 정의되는 항력 감소 비율(또는 단순히 항력 감소)로 나타낼 수 있다.

$$\%\ \text{drag reduction} = 100\frac{\Delta P_{\text{original}} - \Delta P_{\text{with additive}}}{\Delta P_{\text{original}}} \tag{13.22}$$

$\mathscr{R} = 50{,}000$에서 그림 13.5의 데이터에 대해 이 값을 추정하라.

표 13.4
연습문제 13.22에 대한 실험값[9]. 마찰계수는 이 책에서 사용된 패닝 마찰계수와 일치하도록 원본 값의 1/4이다. 원본에서 4 및 6 유효숫자 값을 재현하였다. 나는 실험적 측정이 여섯 개의 유효숫자까지 신뢰할 수 있는지는 의심스럽다.

Reynolds number $\mathscr{R}$	Friction factor, f
150 567	0.014 92
202 567	0.012 31
231 050	0.011 83
233 052	0.011 58
266 236	0.011 96
266 236	0.012 18
278 644	0.011 61
304 377	0.011 45

13.22. 그림 13.5는 0.33인치 직경의 튜브에 300 ppm의 고분자가 포함된 물의 흐름에 대한 항력 결과를 보여 준다. 표 13.4는 직경 48인치 강관($\varepsilon/D \approx 4 \cdot 10^{-5}$)에서 10 ppm의 Phillips Petroleum 독점 항력 감소제가 포함된 Prudhoe 원유의 흐름에 대한 비교 데이터 포인트를 보여 준다.

그림 6.10에서 읽거나 식 (6.22)에서 계산할 값과 함께 이 데이터의 표 및/또는 도표를 작성하라. 결과값이 인상적인가? Alyeska 파이프라인의 소유자는 어땠겠는가!

13.23. 항력 감소 첨가제는 그림 13.5 또는 표 13.4(연습문제 13.22 참조)에서 쉽게 추정할 수 있는 일정한 유속에서 압력구배를 감소시킬 수 있으며, 시행착오가 필요하긴 하나 일정한 압력강하에서 유속을 증가시킬 수도 있다. 일정한 압력강하에서 항력 감소제로 인한 f의 변화와 함께 $f \cdot V^2$ 값은 일정하다. 관 직경과 동점도는 변하지 않기 때문에, 이는 유속이 증가함에 따라 $f \cdot \mathscr{R}^2$가 일정하게 유지되어야 함을 의미한다.

그림 13.5에서 일반 물의 흐름이 $\mathscr{R} = 30{,}000$이고 일정한 압력강하에서 300 ppm의 항력 감소 고분자를 도입하면 원래 속도에 대한 새로운 속도의 비율은 얼마가 되는가? 이 문제의 경우, $\mathscr{R}$ 범위 12,000~50,000에서 그림 13.5의 f 대 $\mathscr{R}$에 대한 곡선은 다음과 같은 간단한 곡선 피팅으로 나타낼 수 있다.

$$f_{\text{pure water}} = 0.072 \cdot (\mathscr{R} - 12\ 000)^{-0.0523} \qquad (13.M)$$

그리고

$$f_{\text{solution}} = 0.072 \cdot (\mathscr{R} - 12\ 000)^{-0.1305} \qquad (13.N)$$

참고문헌

1. Schowalter, W. R. *Mechanics of Non-Newtonian Fluids*. New York: Pergamon, 1978.
2. Bird, R. B., R. C. Armstrong, and O. Hassager. *Dynamics of Polymeric Liquids*, *1*, *2*. New York:

John Wiley, 1986.

3. Bird, R. B., E. N. Stewart, and W. E. Lightfoot. *Transport Phenomena*. 2nd ed. New York: Wiley, 2002.
4. Morrison, F. *Understanding Rheology*. Oxford: Oxford University Press, 2001.
5. Dodge, D. W., and A. B. Metzner. "Turbulent Flow of Non-Newtonian Systems," *AIChEJ*. *5*, (1959), pp. 189–205.
6. Hedstrom, B. O. A. "Flow of Plastic Materials in Pipes." *Ind. Eng. Chem. 44*, (1952), pp. 651–656.
7. Wilhelm, R. W., D. M. Wroughton, and W. F. Loeffel. "Flow of Suspensions Through Pipes." *Ind. Eng. Chem. 31* (1939), pp. 622–629.
8. Virk, P. S. "Drag Reduction Fundamentals." *AIChE Journal 21(4)*, (1975), pp. 625–656.
9. Burger, E. D., L. C. Chorn, and T. K. Perkins. "Studies of Drag Reduction Conducted over a Broad Range of Pipelines When Flowing Prudhoe Bay Crude Oil." *Journal of Rheology 24(5)*, (1980), pp. 603–626.
10. "Modern Shale Gas Development in the United States: A Primer." U.S. DOE Office of Fossil Energy, 2009, pp. 77–79.
11. Shook, C. A., and M. C. Roco. *Slurry Flow; Principles and Practice*. Boston, MA: Butterworth-Heinemann, 1991.
12. Anon. "Potential Energy Sources Pose Mining Problems." *Chem. Eng. News 52* (15) (1974), pp. 16–17.

CHAPTER

14

표면력

이 장에 대한 소개는 1.5.5절에서 시작된다. 거기에서 우리는 표면력이 어떻게 발생하는지 논의했다. 이러한 힘은 고체-액체, 고체-기체, 액체-기체, 액체-액체와 같은 2상 계면이 있는 모든 시스템에 존재한다. 따라서 이 책에서 지금까지 다룬 모든 예에 표면력이 존재하지만, 일반적으로 작아서 측정 가능할 정도의 오차도 생기지 않는다. 그러나 매우 작은 계, 또는 다른 힘들이 작거나 0인 계에서는 고려되어야 한다. 21.5장은 표면장력에 의해 이송되는 미세 유체 채널의 예를 제공한다.

작은 계에서 표면력이 중요한 이유를 알아보기 위해 구형 액적이나 기포에서 표면장력으로 인한 압력차를 고려해 보자(표면장력 값은 표 1.1에 있음). 그림 14.1은 이러한 액적을 반 잘라서 나타낸 것이다. 이 계가 정지상태이면 이 액적을 수축시키려는 표면력이 팽창시키려는 압력차 힘(pressure-difference force)과 같고 방향이 반대이다. 여기서 $\Delta P - P_{\text{inside}} - P_{\text{outside}}$이다. 이 두 힘이 같다고 하고 ΔP를 구하면 다음과 같다.

$$\Delta P = \frac{4\sigma}{D} \tag{14.1}$$

D가 크면 이 압력차는 무시된다. 예를 들어 이것이 20°C = 68°F에 있는 지름 1 in인 물방

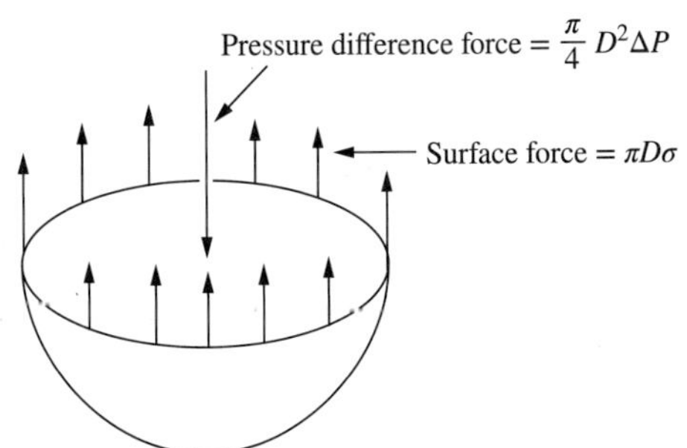

그림 14.1
표면력 때문에 생기는 압력차

울이라면,

$$\Delta P = \frac{4 \cdot 0.000\ 415\ \text{lbf/in}}{1\ \text{in}} = 0.001\ 66\ \text{psi} = 11.4\ \text{Pa} \tag{14.A}$$

이 정도는 대부분의 공학적 응용에서는 무시된다. 그러나 이 물방울의 지름이 10^{-5} in이면, 압력차는 166 psi = 1.14 MPa이나 되어 무시할 수 없다.

표면력은 물체의 지름에 비례하지만 압력에 의한 힘은 투영 면적에 비례하고(즉, 지름^{2}에 비례), 중력과 관성력은 부피에 비례(즉, 지름^{3}에 비례)하는 것을 보면 표면력이 작은 계에서 중요해지는 이유를 알 수 있다. 형태가 다르면 지름 대신에 다른 치수를 사용하지만 개념은 동일하다. 따라서 계의 형태를 일정하게 유지하고 모든 차원을 늘리면 관성력과 중력이 가장 빨리 증가하고 압력에 의한 힘은 중간으로, 표면력이 가장 느리게 증가한다.

표면장력은 다른 힘을 무시할 수 있는 문제에서도 중요하다. 예를 들면, 지상에 있는 보통 액체 저장탱크에서는 액체의 모양과 위치가 중력과 압력에 따라 결정된다(2장 참조). 그러나 중력이 0인 로켓과 인공위성에서는 탱크 안 액체의 위치와 모양이 주로 표면력에 의하여 결정된다[1, 2].

1960년대에 NSF는 유체역학에 관한 일련의 동영상 제작을 지원했다. 그중 하나가 Lloyd Trefethen 교수가 작성한 '유체역학의 표면장력'이다. 유체역학을 위한 국가 위원회(National Committee for Fluid Mechanics) 또는 http://web.mit.edu/hml/ncfmf.html로 이동하여 액세스할 수 있다. 비디오의 품질은 때때로 좋지 않지만 데모의 품질은 놀라울 정도이다. 이 영상을 시청하는 것은 학문적으로도, 순수한 즐거움을 얻기에도 모두 좋다.

14.1 표면장력과 표면에너지

표면장력의 차원은 1.5.5절에서 논의했듯이 힘/길이, lbf/in 또는 N/m이다.(과거에는 표면장력을 dyne/cm로 나타낸 것이 많다. 1 dyne/cm = 0.001 N/m = $5.7 \cdot 10^{-6}$ lbf/in이다.) 그러나 이 비율의 분자, 분모에 길이를 곱하면 (힘·길이)/길이^2 (ft·lbf/ft^2 또는 J/m^2), 즉 에너지/면적이 된다. 따라서 표면장력은 단위 면적당 표면에너지와 연관이 있다는 결론을 내릴 수 있다. 그러나 실험적 사실에 따르면, 그림 1.11에 나타낸 것과 같은 필름을 만들고 프레임의 무게를 증가시켜 늘이면 필름이 냉각된다. 이 유체의 내부에너지 일부가 새로운 표면을 만드는 데 사용된 것이다. 우리는 이것을 표면 아래의 유체가 벌크상에서 표면으로 분자를 밀어 새로운 표면을 만드는 것으로 시각화할 수 있다. 따라서 표면에너지는 외력에 의해 거리를 이동함으로써 계에 도입된 에너지일 뿐만 아니라 내부에너지가 감소하는 벌크 유체에서 파생되는 에너지이다. 이 과정이 천천히 일어나게 하여 열이 유입되어 온도가 일정하게 유지되도록 하면 표면에너지 증가는 수행한 일 ($F\,dx = \sigma\,dA$)에 추가된 열을 합한 것과 같다. 자유에너지의 관점에서 표면에너지를 바르게 표현하면 다음과 같이 됨을 입증할 수 있다[3].

$$\frac{E_s}{A} = \sigma - T\frac{d\sigma}{dT} \tag{14.2}$$

이 식은 표면장력이 단위 면적당 헬름홀츠 자유에너지와 정확히 같다는 의미이다. 따라서 고립된 시스템이 가장 낮은 자유에너지 조건으로 향하는 경향이 있다는 열역학적 평형에 관한 설명을 사용하여 시스템의 안정상태가 표면 자유에너지의 기여를 포함하여 최소 자유에너지를 갖는 상태임을 입증할 수 있다.

대부분의 유체역학 문제에서 표면장력을 단위 길이당 힘으로 생각하는 것이 가장 간단하지만, 여러 액체와 고체가 관련된 문제에서는 표면에너지 항으로 다루는 것이 더 편리하다. 고체의 표면장력을 시각화하기 어렵지만, 표면에너지를 가지는 고체를 시각화하기는 더 쉽다.

거의 모든 순수한 액체에서 표면장력은 온도가 증가함에 따라 감소하여 임계점에서 0이 된다.

14.2 젖음과 접촉각

표면장력을 측정하는 방법을 논의하기 전에 젖음에 대해 논의해 보자. 유체에 젖는 고체가 있기도 하지만 그렇지 않은 고체도 있다. 그림 14.2는 수평의 고체 표면(표면의 나머지 부분이 공기로 덮여 있으므로 두 개의 유체가 존재함)에 놓인 액체 한 방울의 가능한 젖음 거동을 보여 준다.

그림 14.2(*a*)는 고체 표면을 잘 적시는 액체의 경우를 나타낸 것이다(예를 들면, 매우 깨끗한 유리 위에 있는 물이나 매우 깨끗한 구리 위에 있는 수은). 그림에 나타낸 각 θ는 액체 안쪽에서 측정된 액체 표면의 가장자리와 고체 표면 사이의 각도이다. 이 각도를 접촉각(contact angle)이라 하며, 젖음 성질의 척도이다. 완전한 젖음 상태일 때는 액체가 고체 표면에서 퍼져서 얇은 필름을 만들기 때문에 θ는 0이 된다.

그림 14.2(*b*)는 θ가 90°보다 작지만 0이 아닌 적당한 젖음의 경우를 보여 준다. 이것은 더러운 유리의 물이나 약간 산화된 구리의 수은에서 관찰될 수 있다.

그림 14.2(*c*)는 젖지 않는 경우를 나타낸 것이다. 전혀 젖지 않는다면 θ는 180°가 된다. 그러나 액적에 작용하는 중력 때문에 액적이 퍼지므로 180°가 되는 일은 없다. 테플론

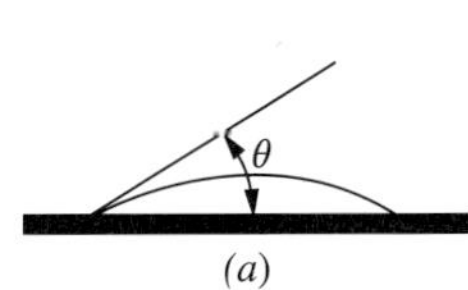

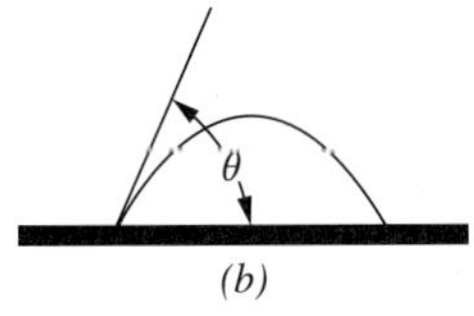

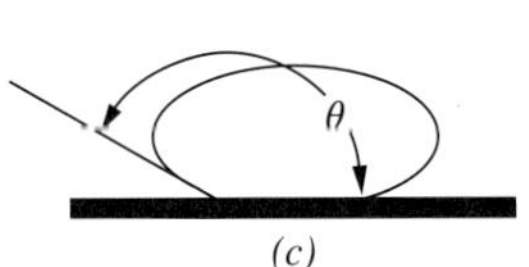

그림 14.2
젖음과 접촉각

(Teflon) 위의 물이나 깨끗한 유리 위의 수은은 이렇게 될 것이다. 통기성의 비옷이나 방수 처리된 옷감과 같은 많은 표면 처리 방법들은 물의 젖음을 막아 물방울이 그림 14.2(*c*)와 같도록 한다.

일반적으로 θ 값이 90° 미만이면 액체가 표면을 적신다고 하고, 그 이상이면 적시지 않는다고 할 수 있다. θ 값이 20° 미만이면 상당한 젖음(strong wetting)으로 보고, θ 값이 140° 이상이면 거의 젖지 않는다(strong nonwetting)고 할 수 있다.

다음 절에서 다루는 표면장력과 계면장력을 측정하는 방법에서는 대개 액체가 장치 일부를 완전히 적셔서 $\theta = 0$이라 가정한다.

14.3 표면장력 측정

표면장력을 측정하는 가장 간단한 방법의 하나는 모세관(capillary) 상승을 이용하는 것이다. 작은 직경의 유리관을 액체 수조에 넣는다(그림 14.3). 유체는 접촉각 θ가 0이 되도록 깨끗한 유리관의 표면을 완벽하게 적시는 것으로 가정한다. 직경이 작은 관의 경우 튜브에 있는 액체의 자유표면은 실질적으로 반구이므로 필름은 둘레를 따라 균일하게 당겨지고 위로 향하는 순 표면력은 다음과 같다.

$$F_s = \pi D\sigma \tag{14.3}$$

이 힘은 유체 컬럼에 작용하는 중력과 방향이 반대이며, 중력은 자유표면 위에 있는 유체의 무게와 같다. 즉,

$$F_g = \frac{\pi}{4}D^2 hg\rho_l \tag{14.4}$$

여기서 ρ_l은 액체의 밀도이다. 이 힘들이 같다고 보고 표면장력을 구하면 다음과 같다.

$$\sigma = \frac{hg\rho_l D}{4} \tag{14.5}$$

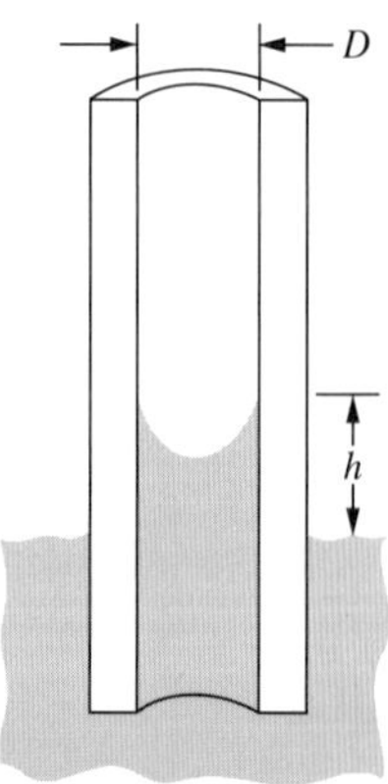

그림 14.3
원형관에서 모세관 상승

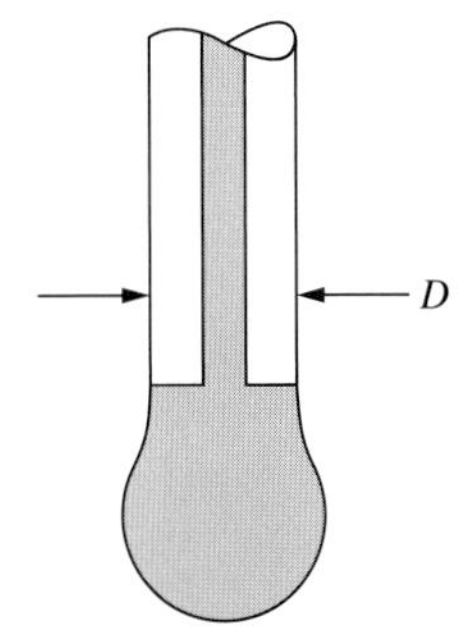

그림 14.4
표면장력을 측정하는 액적-무게법

이 식은 유체의 무게에 비해 일반적으로 작은 공기로 인한 부력과 상단 표면이 평평하지 않다는 사실을 무시한다. 그러나 이러한 생략은 관의 작은 직경을 정확하게 파악하고 관 내부를 매우 깨끗하게 하여 완벽한 젖음이 있고 θ가 0이 되도록 하는 어려움만큼 심각한 문제는 아니다.

이러한 문제를 해결하기 위해 때때로 액적-무게법(drop-weight method)을 사용하기도 한다(그림 14.4). 이 방법에서는 뷰렛이나 주사바늘 끝에서 방울이 천천히(2~5분마다 하나씩) 떨어지게 한다. 이 액적을 잡아 무게를 잰다. 액체가 뷰렛을 완벽하게 적셨다면 방울이 떨어져 나가는 순간 그 무게는 뷰렛을 지탱하는 표면력과 정확히 같아야 하기 때문이다. 즉,

$$V_{\text{drop}}\rho_l g = \pi D\sigma \tag{14.6}$$

$$\sigma = \frac{V_{\text{drop}}\rho_l g}{\pi D} \tag{14.7}$$

여기서도 역시 공기로 인한 부력을 무시하지만, 사실 대부분의 경우 무시된다. 액적-무게법은 작은 실린더의 외경을 측정하는 것이 내경을 측정하는 것보다 훨씬 쉽기 때문에 D를 정확하게 측정하는 문제를 해결할 수 있다. 더욱이, 매우 깨끗해야 하는 표면은 내부 표면보다 세척이 용이한 외부 표면이며, 이 방법의 어려움은 액체 표면이 항상 수직이 아니라 그림 14.5에 도시된 형상 중 하나를 취할 수 있다는 점이다. 이 두 경우 모두 모든 표면장력이 수직 방향으로 작용하지 않으므로 이탈 시 방울의 부피는 식 (14.6)에 표시된 것보다 작을 것이다. 실험적으로, 우리는 계산된 표면장력에 보정계수를 곱해 주어야 하는데, 그 값

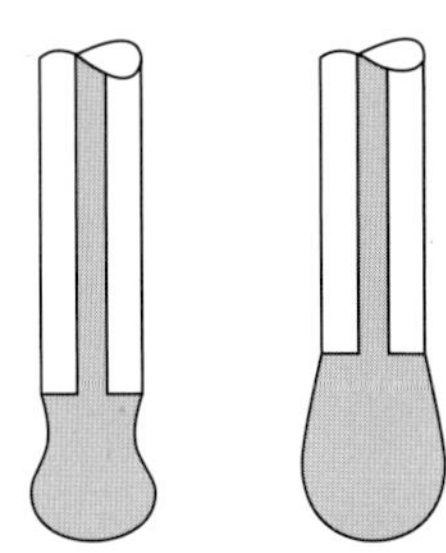

그림 14.5
액적-무게법의 난점

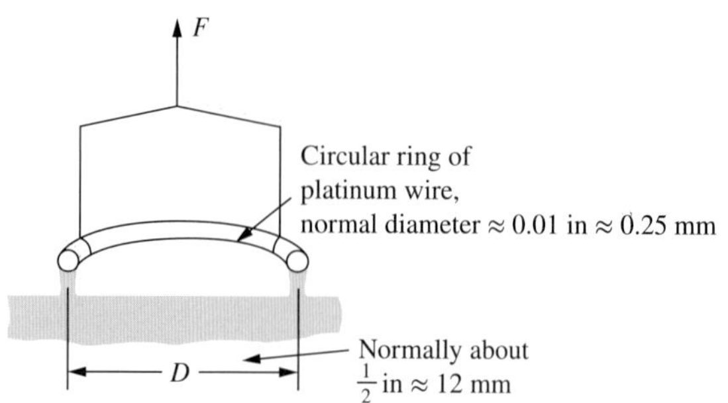

그림 14.6
드누이 장력계 링

은 일반적으로 약 1.5이며 이 모양 변화를 고려한다[3, p.45].

표면장력을 측정하는 가장 일반적이고 일상적인 실험실 방법은 드누이 장력계(Du Nouy tensiometer)를 사용하는 것이다. 그림 14.6과 같이 얇은 백금 와이어로 작은 링을 만든 다음 액체에 담그고, 고리는 그림과 같이 옷걸이 혹은 등자(stirrup)처럼 생긴 구조에 연결한 후 힘 F를 적용하여 액체로부터 들어올려지게 된다. 이 힘은 저울(보통 비틀림 저울)을 통해 가해지며, 링을 제거하는 데 필요한 힘을 측정한다. 유체가 링을 완벽하게 적시는 경우($\theta = 0$), 링의 내부 및 외부에 있는 필름이 이탈 순간에 수직으로 아래쪽을 가리키면 그 때의 힘은 다음과 같이 표현된다.

$$F = 2(\pi D\sigma) \qquad \text{or} \qquad \sigma = \frac{F}{2\pi D} \tag{14.8}$$

실험적으로, 완벽한 젖음 등의 가정이 정확히 맞지 않으며, 식 (14.8)에 의해 계산된 표면장력이 약 1.1배만큼 너무 큰 것으로 밝혀졌다. 그러나 이러한 종류의 장치를 사용하면 다른 두 장치의 경우보다 표면의 세정 문제가 훨씬 수월하며 치수를 쉽게 측정할 수 있다. 이러한 이유 및 기타 편의상의 이유로 실험실에서 표면장력을 측정할 때 많이 활용된다.

14.4 계면장력

표면력은 기체-액체 계면뿐만 아니라 액체-액체 계면에도 존재하는데, 후자를 **계면장력**(interfacial tension)이라고 한다. 밀도가 높은 유체가 링을 적시면 드누이 장력계(그림 14.6)를 사용하여 가장 쉽게 측정할 수 있다. 이 경우 링을 하부 유체에서 상부 유체로 끌어당기는 데 필요한 힘은 계면장력에 따라 달라지게 된다.

일반적으로 계면장력은 상호 용해도가 높은 액체 쌍보다 상호 용해도가 낮은 액체 쌍에서 더 크다. 따라서 헥산-물(매우 낮은 상호 용해도)은 공기-물의 2/3의 계면장력을 갖는 반면, 부탄올-물(상당히 큰 상호 용해도)은 공기-물의 계면장력의 몇 퍼센트에 불과하다. 에탄올-물과 같은 혼화성 액체 쌍의 경우는 계면이 없기 때문에 계면장력이 존재하지 않는다.

모든 표면 및 계면 장력 측정에서 표면을 깨끗하게 유지하기 위해 극도의 주의를 기울여야 한다. 많은 불순물이 계면에 모이는 경향이 있는데 그중 아주 적은 양도 계면 특성에 큰 변화를 일으킬 수 있기 때문이다. 비누, 세제, 습윤제는 **계면활성제**(surface-active agent; surfactant)의 대표적인 예이다. 이들은 일반적으로 극성의 수용성 머리와 비극성 지용성 꼬리가 있는 올챙이 모양의 분자로 구성된다. 여기서 '기름'은 물과 섞이지 않는 모든 유기 액체를 의미한다. 소량의 세제는 물이나 기름에 용해되지만 세제 분자가 선호하는 곳은 물과 기름의 계면이다. 이때 세제 분자의 수용성 머리 부분은 물 쪽에, 지용성 꼬리 부분은 기름 쪽에 걸쳐지게 된다. 따라서 물-기름 경계면에서 계면활성제의 농도는 경계면을 둘러싼 벌크 유체보다 훨씬 높게 된다. 높은 농도는 계면의 화학적 및 물리적 특성을 변화시킨다. 이러한 비누와 세제의 주요 기능은 기름과 지방을 **미셀**(micelle)이라고 하는 미세한 액적으로 분산시키고 이들이 뭉치는 것을 방지하는 것이다. 따라서 계면활성제는 물에 기름을 분산시키고 표면에서 씻어 낼 수 있는 역할을 한다.

14.5 곡면이 내는 힘

그림 1.10과 같이 평평한 표면은 그 표면과 같은 방향의 힘을 발휘한다. 곡면의 표면(curved surface) 또한 그림 14.7에 나타낸 것처럼 그 곡면에 대해 직각인 순힘을 발휘한다.

여기에서 z축에 수직인 작은 곡선 액체 표면 조각을 고려해 보자. x-y 평면의 투영 면적은 작은 직사각형 $\Delta x \cdot \Delta y$이다. 네 모서리를 따라 표면이 발휘하는 힘은 x축에 수직인 두 모서리에 대해 $F = \sigma\ \Delta y$이고 y축에 수직인 두 모서리에 대해 $F = \sigma\ \Delta x$이다. 이 조각 표면이 x 및 y축에 대해 대칭이라고 가정하면 +부분과 −부분이 상쇄되기 때문에 표면에 작용하는 힘의 x 및 y 구성요소가 0임을 알 수 있다.

이 힘의 z 성분을 구하기 위해 이 가장자리에 대한 네 표면력의 z 성분을 합산하면 다음과 같다.

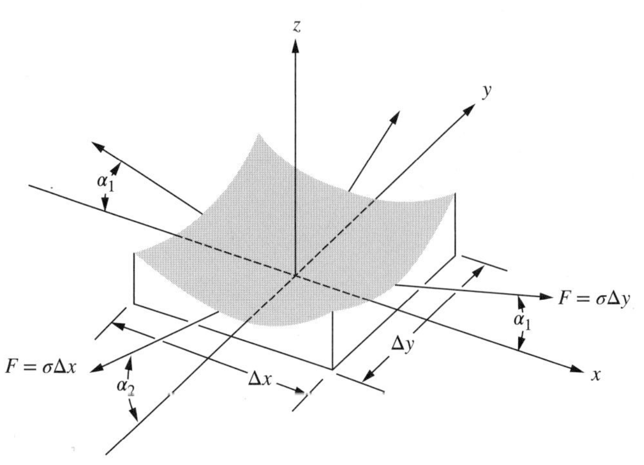

그림 14.7
곡면에서의 힘

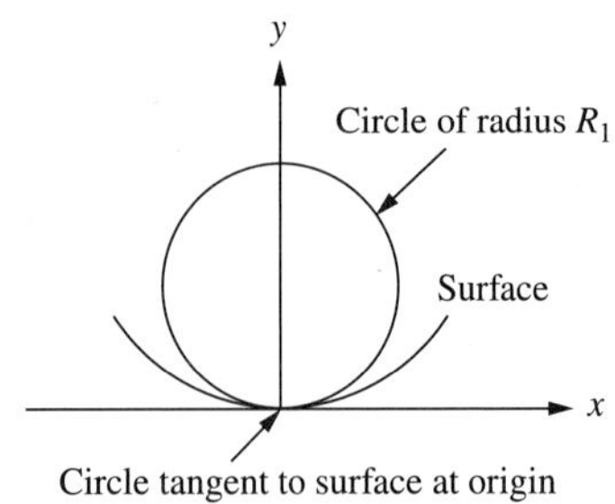

그림 14.8
한 지점에서의 곡률 반경

$$F_{z_{\text{total}}} = \sum_{\text{4 sides}} F_z = 2\sigma\,\Delta y \sin\alpha_1 + 2\sigma\,\Delta x \sin\alpha_2 \tag{14.9}$$

작은 각 α_1과 α_2에 대하여 나타내면,

$$\sin\alpha_1 \approx \tfrac{1}{2}\,\Delta x / R_1 \qquad \text{and} \qquad \sin\alpha_2 \approx \tfrac{1}{2}\,\Delta y / R_2 \tag{14.10}$$

여기서 R_1과 R_2는 각각 x-z 및 y-z 평면에서 표면의 곡률 반경이다. 원점에서 이 표면에 접하는 원을 상상하여 이러한 반경을 시각화할 수 있다. 이 반경은 평면의 곡률 반경이다(그림 14.8).

식 (14.10)을 식 (14.9)에 대입하면 다음 식이 된다.

$$F_z = 2\sigma\left(\Delta y\,\frac{1}{2}\,\frac{\Delta x}{R_1} + \Delta x\,\frac{1}{2}\,\frac{\Delta y}{R_2}\right) = \sigma A\left(\frac{1}{R_1} + \frac{1}{R_2}\right) \tag{14.11}$$

여기서 A는 표면 $\Delta x \cdot \Delta y$의 면적이다.

예제 14.1 다음 형태 (*a*) 구, (*b*) 원통, (*c*) 평면의 표면이 내는 단위 면적당 힘을 구하라.

(*a*) 구의 반지름이 r이고 그 중심이 원점에 있다고 하자. 그러면 x-y 평면에서 원이 되는데 그 식은 다음과 같다.

$$x^2 + y^2 = r^2, \qquad \frac{dy}{dx} = -\frac{x}{y}, \qquad \frac{d^2y}{dx^2} = \frac{x^2 + y^2}{y^3} \tag{14.B}$$

미적분학에서 x-y 평면의 모든 곡선의 곡률 반경은 다음과 같이 주어진다는 것이 입증되었다.

$$R = \frac{[1 + (dy/dx)^2]^{3/2}}{d^2y/dx^2} \tag{14.C}$$

따라서

$$R_1 = \frac{(1 + x^2/y^2)^{3/2}}{(x^2 + y^2)/y^3} = (x^2 + y^2)^{1/2} = r \tag{14.D}$$

마찬가지로 y-z 평면에서는 $R_2 = r$이므로,

$$\frac{F}{A} = \sigma\left(\frac{1}{r} + \frac{1}{r}\right) = \frac{2\sigma}{r} = \frac{4\sigma}{D} \tag{14.E}$$

이것은 식 (14.1)에서 구한 결과이다.

(*b*) 원통의 반경이 r이고 그 축이 x축과 같다고 하자. 그러면 x-z 평면과의 교차점은 z축에 수직인 직선이고, dz/dx와 d^2z/dx^2은 모두 0이 된다. 따라서

$$R_1 = \frac{(1+0)^{3/2}}{0} = \infty \tag{14.F}$$

y-z 평면과의 교차점은 반경이 r인 원이므로, 위의 (*a*)에서와 마찬가지로 $R_2 = r$이고, 다음과 같이 된다.

$$\frac{F}{A} = \sigma\left(\frac{1}{r} + \frac{1}{\infty}\right) = \frac{\sigma}{r} = \frac{2\sigma}{D} \tag{14.G}$$

(*c*) 평면을 x-y 평면에 평행하게 하여 x-z 및 y-z 평면과의 교차점이 z축에 수직인 직선이 되도록 하고, (*b*)의 인수에 의해 $R_1 = R_2 = \infty$이다. 따라서

$$\frac{F}{A} = \sigma\left(\frac{1}{\infty} + \frac{1}{\infty}\right) = 0 \tag{14.H}$$

■

정지상태 표면의 경우 식 (14.11)은 일반적으로 압력차 힘으로 균형을 이룬다. 유체가 움직이는 경우 이 힘은 유체를 가속하는 역할을 하여 진동, 제트류 소멸 등을 유발할 수 있다.

양쪽이 동일한 압력에 노출된 정지상태의 유체에 대해 식 (14.11)은 $[1/R_1 + 1/R_2]$가 0이어야 함을 나타낸다. 이것은 당연히 평면 표면에 대해 해당되지만, 그림 14.9에 표시된 것과 같이 많은 복잡한 표면에도 해당된다. 이것은 두 개의 원형 와이어 루프에 부착된 개방형 비누 필름에 의해 취해진 모양이다. 여기서 x-y 평면의 곡률 중심은 z축에 있고 x-z 평면의 곡률 중심은 필름 외부에 있다. 이들은 필름의 반대쪽에 있기 때문에 R_1과 R_2는 반대 부호를 갖게 된다. $[1/R_1 + 1/R_2]$를 0으로 만들려면 두 값이 동일한 절대값을 갖도록 해야 한다. 우리는 이것을 현수곡선(catenoid curve)에 대한 설명임을 보여 주고 있다(연습문제 14.8).

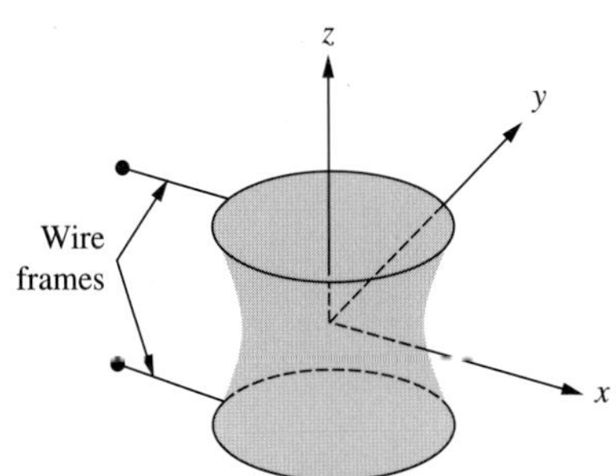

그림 14.9
두 철사 링 사이에 형성된 비누 기포

14.6 표면력 영향의 예

산업용 장치 중에는 오리피스를 통해 정체된 액체 중에 기체를 불어넣어서 기포를 형성시키는 것이 많다. 수평 원형 오리피스를 통해 기체를 도입하는 경우를 그림 14.10에 나타내었다.

기포가 구형이면, 기포에 미치는 부력은

$$F_{\text{buoyant}} = \pi D^3 \frac{(\rho_l - \rho_g) g}{6} \tag{14.12}$$

그림 14.10과 같이 액체가 오리피스 구멍의 수직 부분을 포함하여 오리피스를 적시면, 구멍 바닥에서의 표면력은 아래 수직 방향으로 작용하는데, 그 크기는

$$F_{\text{surface}} = \pi D_0 \sigma \tag{14.13}$$

부력이 표면력을 초과하면 기포는 오리피스에서 분리된다. 이 두 힘이 똑같을 때 기포가 이탈된다고 가정하면 이 두 힘을 같다고 놓고 기포 직경을 구할 수 있다.

$$D = \left[\frac{6 D_0 \sigma}{(\rho_l - \rho_g) g} \right]^{1/3} \tag{14.14}$$

이를 테이트의 법칙(Tate's Law)이라 한다. 여기서는 앞뒤 기포 간 상호작용을 무시하고, 기포로 흐르는 기체의 운동량과 기포 주변의 유체에 주어진 운동량을 무시한다. 그렇지만 식 (14.14)는 기체 유량이 작을 때 한 오리피스를 통한 기포 지름을 훌륭하게 예측할 수 있는 것임이 실험적으로 입증되었다. 실험 데이터가 이 간단한 식에서 벗어나는 데 대한 판단 기준은 Soo가 검토하였다[4]. 기체와 액체의 운동량을 고려한 것으로 고속에서도 정확한 보다 복잡한 관계식은 헤이즈 등이 제시하였다[5]. 이 거동은 성장하는 기포와 기포가 자라는 가스실 사이의 상호작용으로 인해 크게 복잡해진다[6].

그림 14.10과 같이 이 처리는 가스가 오리피스를 적시지 않고 대신 액체 박막이 오리피스 내부를 적시는 것으로 가정한다. 이것은 일반적으로 기체-액체 시스템 및 일부 액체-액체 시스템에서 관찰된다. 그러나 오리피스를 통해 흐르는 유체가 오리피스 표면을 적시면 아주 큰 기포가 발생하게 된다[7].

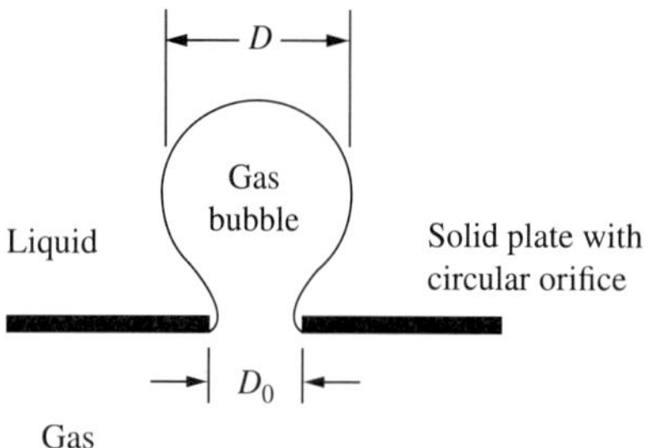

그림 14.10
원형 오리피스에서 커지는 기포

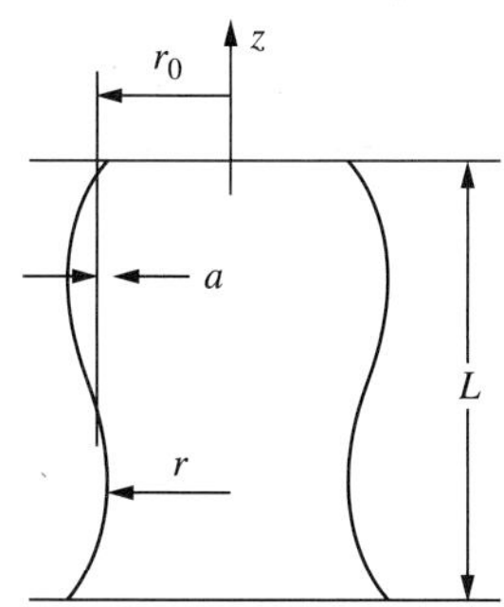

그림 14.11
원기둥상의 작은 변위. 여기서 a는 변위를 가시화하기 위해 실제 자연에서 관찰되는 것보다 크게 묘사되었다.

제한되지 않은 공간에서 액체의 제트류는 파괴되어 작은 액적으로 분리될 수 있는데, 수도꼭지나 정원용 호스에서 나오는 제트류에서 이를 관찰할 수 있다(그림 5.22). 여기서는 액체의 원통형 제트가 노즐을 떠난다. 액체가 떨어지면서 중력에 의해 가속되어 빨라진다. 이 때문에 제트의 단면적이 감소하여 물질수지를 만족한다. 결국 이 제트는 파괴되어 액적이 된다. 이는 표면력 때문에 일어나는 것인데, 유체의 원기둥이 구형 액적으로 변화됨으로써 표면적이 작은 계로 재배열될 수 있다.

이러한 파괴는 길이가 지름의 4/9인 원기둥에서 가능하지만(연습문제 14.11), 이러한 원기둥은 준안정적이다. 원기둥형에서 구형이 되었다면 표면이 큰 중간상태를 거쳤을 것이다. 레일리[8]는 이 문제를 다음과 같이 해석하였다. 그는 길이가 L인 실린더(그림 14.11)가 존재하며, 이 실린더는 실린더 표면에 파장 L의 코사인파 교란과 중첩된다고 가정하였다. 따라서 임의의 지점에서 반경은

$$r = r_0 + a \cos \frac{2\pi}{L} z \tag{14.15}$$

그의 분석에서 a가 매우 작다고 가정하였으므로, 그림 14.11에 나타낸 굴곡은 아주 과장된 것이다. a가 아주 작다고 가정함으로써, L이 $2\pi r_0$보다 크면 이 형태의 작은 교란이 교란되지 않은 실린더에 비해 표면적의 감소를 초래한다는 것을 보여 줄 수 있었다(연습문제 14.12). 가능하다면 계는 자유에너지가 작은 상태로 진행하며, 표면적이 작은 상태는 자유에너지가 작은 상태라는 것을 열역학적으로 추론해 볼 수 있다. 따라서 $2\pi r_0$보다 긴 유체 원기둥은 불안정하여 조금만 교란되어도 파괴될 것이다. 이는 원통형 비누거품을 가지고 이를 실험적으로 증명할 수 있다[9]. 그 길이가 $2\pi r_0$보다 작으면 안정하고, 이보다 크면 조금만 진동을 주어도 파괴된다.

레일리는 또한 같은 논문에서 $2\pi r_0$보다 큰 파장의 교란이 성장하고 액체의 원기둥형 제트를 파괴할 것이지만, 가장 빨리 증가하는 교란은 파장이 $9r_0$인 교란이어야 함을 보여 주었다. 부엌 싱크대에서 이러한 파괴를 입증할 수 있는데, 연속적인 액체 기둥이 싱크대 바닥에 도달하는 가장 작은 흐름을 갖도록 수도꼭지에서 나오는 흐름을 조정한 후 손으로 수도꼭지를 두드리면, 수도꼭지가 진동하여 이러한 교란이 발생하고 제트가 물방울로 파괴

됨을 관찰할 수 있다.

이 간단한 해석은 불안정한 제트의 크기와 표면력이 제트의 파괴를 일으키는 방법에 대해서만 다루고 있으며, 이러한 파괴가 얼마나 빨리 진행되는지는 나타내지 않고 있다. 파괴가 잘되는 파장에 관한 레일리의 해석에서는 유체의 점도를 무시하였다. 물과 같은 액체의 굵은 줄기에 관한 실험 자료[10]를 보면, 레일리가 예측한 $9r_0$보다는 $10r_0 \sim 12r_0$에 대응하는 길이에서 액적으로의 파괴가 가장 자주 발생한다.

메이플 시럽과 같이 점성이 매우 높은 유체의 경우 파괴 속도가 매우 느리다.(이 때문에 팬케이크에 메이플 시럽을 부을 때 물방울로 부서지지 않고 길고 가느다란 흐름으로 부을 수 있다.) 제트 파괴는 분무 건조, 연소 시 액체 연료의 기화, 분무 도장, 잉크젯 인쇄 및 살충제 분무와 같은 공정에서 매우 중요하다. 이러한 주제에 대한 자세한 내용은 참고문헌[10, 11, 12]를 보기 바란다.

지금까지는 전체 표면에서 표면장력이 균일하다고 가정하였다. 표면장력에 구배가 있으면 표면은 더 높은 표면장력 방향으로 흐르고 인접한 액체를 끌어당겨 벌크 유체 운동을 일으키는 경향이 있다. 표면장력의 이러한 구배는 조성의 차이, 온도의 차이 또는 전하의 차이로 인해 발생할 수 있다. 농도 구배에 의해 야기되는 표면 흐름의 쉽게 관찰되는 예는 '포도주 눈물'의 형성이다(그림 14.12).

알코올 농도가 12% 이상인 술이나 포도주(농도 4% 이하의 맥주에서는 관찰할 수 없다)를 깨끗한 유리잔에 붓고 휘저으면 이러한 현상을 볼 수 있다. 액체가 유리를 적시므로 액막이 유리잔 벽으로 끌려 올라간다. 알코올은 액체의 모든 노출된 표면에서 지속적으로 증발된다. 잔 안의 액체 표면에서는 증발하는 양만큼 그 밑의 액체로부터 알코올이 확산하기 때문에, 알코올 농도가 실질적으로 일정하다고 할 수 있다. 벽에 있는 막에서는 이러한 알코올의 재공급원이 없으므로 알코올 농도가 떨어진다. 알코올-물 용액에서는 물 농도의 증가에 따라 표면장력이 증가하므로, 잔 벽에 있는 막의 표면장력이 커진다. 이 때문에 막이 벽에서 위로 흐르면서 밑의 유체를 끌고 올라간다. 이 막의 상단에 유체가 모여서 '눈물'을 형성한다.

같은 종류의 운동은 섞이지 않는 두 상에 존재하는 성분 사이에서 화학반응이 일어나거나 또는 한 상에서 다른 상으로 한 물질이 확산되는 경우, 이 두 상 계면에서도 일어날 수

그림 14.12
포도주 눈물. 이는 포도주나 고농도의 알코올-물 혼합액이 깨끗한 유리잔에 있을 때 관찰할 수 있다. 적포도주는 백포도주보다 관찰하기 쉽다. 잔에 담긴 포도주를 액체 표면보다 높은 유리잔의 벽이 젖을 수 있도록 휘젓는다.

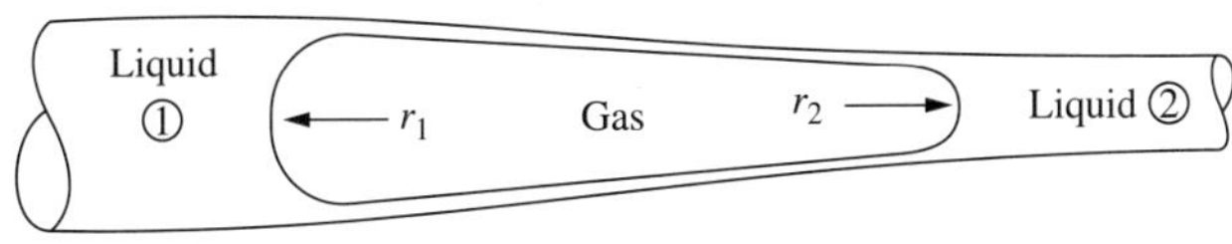

그림 14.13
재민 효과. 만약 $P_1 > P_2$이면 기포는 이 점에서 머문다.

있다. 이러한 거동은 여러 화학공학 계에서 발생하며 이를 계면 난류(interfacial turbulence) 또는 마랑고니 효과(Marangoni effect)라 한다[13].

그림 14.13과 같이 수렴하는 관에 정지해 있는 기체나 공기 기포를 고려하자. 튜브는 기포의 끝이 반지름이 r_1 및 r_2인 반구형이 될 수 있을 만큼 충분히 작다고 가정한다. 이 기포는 정지 중이어서 그 안의 압력이 P_i로 균일하다고 하자. 그러면 식 (14.1)에서 점 1과 2의 압력을 계산할 수 있다. 즉,

$$P_1 = P_i - \frac{2\sigma}{r_1}, \qquad P_2 = P_i - \frac{2\sigma}{r_2}, \qquad P_1 - P_2 = 2\sigma\left(\frac{1}{r_2} - \frac{1}{r_1}\right) \tag{14.16}$$

따라서 점성력이 없을 때 이 기포는 식 (14.16)에서 알 수 있듯이 큰 끝에서 작은 끝까지 압력차가 있을 때만 수렴관에 머물 수 있다. 식 (14.16)에 의해 계산된 것보다 더 큰 압력 차이에 의해서만 수렴 방향으로 움직일 수 있다. 이 경우 수렴 방향으로 표면장력이 압력 차이 힘과 정확하게 균형을 이루는 위치를 찾을 때까지 반경이 감소한 다음 그 자리에 기포가 머물게 된다.

기포가 이동하는 경향이 있는 압력구배에 저항하는 이러한 능력은 실험실 유리제품과 측정기기에 사용되는 작은 직경 라인에서 매우 성가실 수 있다. 이러한 기포는 종종 물에서 용존하는 공기가 기포로 성장하여 관을 막히게 한다. 동일한 효과는 공기가 존재하는 지하수 흐름과 물 또는 가스가 존재하는 오일 흐름과 같은 다공성 매체의 2상 흐름에서 기술적으로나 경제적으로 매우 중요하다. 이러한 흐름은 지름이 아주 작고 상호 연결되었으며, 모양이 불규칙한 일련의 관에서 일어난다고 볼 수 있다. 흐름은 일반적으로 압력 차이 때문에 생긴다. 유체가 부서져서 작은 액적이나 기포가 되면 그림 14.13의 기포처럼 갇히게 된다. 이러한 계에서 실험적으로 관찰하면, 한 상이 일단 불연속적이 되면(즉, 기포나 액적으로 부서지면) 움직임이 멈추며, 상당량의 다른 유체로 씻어도 움직이지 않는다. 다른 인자도 관계되지만 이 표면장력 인자가 이 결과의 주요 원인 중의 하나이다. 이 효과는 석유공학 문헌에서 재민 효과(Jamin effect)로 알려져 있다[14].

화학공학자는 잉크젯 프린터(연습문제 14.16)와 수은 공극계(porosimeter)처럼 표면장력에 아주 민감한 두 장비를 다룬다. 표면장력은 핵 형성, 기포 형성, 기포 파괴의 전 과정을 지배한다[15, Chap.14]. 젖음과 표면장력은 생물학, 특히 작은 계에 아주 중요한 역할을

한다. 깃털에서 방수 오일이 깨끗이 제거된 오리는 물에 빠져서 가라앉게 된다.

14.7 요약

1. 표면력은 작은 계, 그리고 다른 힘이 작거나 무시되는 계에서 중요하다.
2. 표면장력은 단위 길이당 힘 또는 단위 면적당 에너지로 생각할 수 있다. 표면장력은 단위 면적당 표면 헬름홀츠 자유에너지와 정확히 같다.
3. 고체 표면이 표면 현상에 관여하는 경우 고체-유체 경계의 젖음 또는 젖음 특성을 고려할 필요가 있다. 이는 일반적으로 접촉각으로 표현된다.
4. 표면력은 섞이지 않는 액체 사이의 계면에도 있는데, 이를 계면장력이라 한다. 이러한 장력은 계면활성제라 불리는 유체의 불순물에 의해 크게 영향을 받는다.
5. 기포, 액적, 스프레이, 코팅 및 유체 사이의 계면을 연구하려면 일반적으로 관련되는 표면력을 연구해야 한다.

연습문제

연습문제와 예제 풀이를 위한 상용 단위와 수치들은 부록 E를 참조하라. * 표시가 있는 문제는 부록 C에 그 해답이 있음을 의미한다.

14.1. 일부 자동 식기세척기 중에는 마지막 헹굴 때 '습윤제(wetting agent)'를 첨가하여 유리그릇에 물방울 자국이 생기지 않도록 하는 것이 있다. 이러한 습윤제의 작용을 설명하라.

14.2.* 액체의 표면장력을 모세관 상승관으로 측정한 결과 A인 것으로 밝혀졌다. 이후의 테스트에서 이 액체가 유리를 완벽하게 적시지는 않지만 접촉각 $\theta = 30°$인 것으로 나타났다. 이 액체의 실제 표면장력 값을 구하라.

14.3. 14.4절에서 검토했듯이, 밀도가 큰 유체가 Du Nouy 장력계 고리를 적신다면 이 장력계를 사용하여 일반적 방법으로 서로 섞이지 않는 액체 쌍의 계면장력을 측정할 수 있다. 밀도가 작은 유체가 이 장력계 고리를 적신다고 할 때 이러한 장력을 측정하기 위한 기기의 설치 방법을 그려라.

14.4. 표면 위의 막이 수직에서 10° 기울어진 경우, 식 (14.7)의 보정계수를 계산하라. 막이 안쪽으로 기울였을 때와 바깥쪽으로 기울였을 때 차이가 있는가?

14.5.* 화학 실험 매뉴얼에서 종종 볼 수 있듯이 '뷰렛에서 떨어지는 20방울은 1 cm^3 정도'라고 되어 있다. 이는 표면장력이 물과 비슷한 묽은 수용액에만 적용되는 것이라고 보고, 표준 뷰렛 끝의 지름을 계산하라. 계산된 D가 그러한 장치에 대한 관찰과 일치하는가? 1 cm^{3}당 방울의 수는 벤젠에 대해 동일한가?($\sigma_{20°\text{C}} = 28.9$ dyne/cm, $\rho_{20°\text{C}} = 0.8765$ g/cm^3)

14.6. 실험[3, p.45]은 가장 신뢰할 수 있는 방법으로 얻은 값과 일치하도록 식 (14.7)을 사용하여 뷰렛의 낙하 추에서 계산된 표면장력에 최대 1.5 범위의 계수를 곱해야 함을 나타낸다. 이 보정계수의 필요성이 전적으로 이탈 직전 액적의 모양 때문이라고 가정하고 액적 표면이

수직과 이루는 각도를 계산하라.

14.7.* 두 개의 완전히 평평한 유리판을 그림 14.14와 같이 조립하였다. 판 사이의 공간은 한 쪽의 두께가 0이고 다른 쪽의 두께가 B인 쐐기 형태이다($A \gg B$). 이제 판의 아래쪽 가장자리가 물이 담긴 팬에 담갔을 때 A, B, σ의 함수로 표면장력에 의해 판 사이에 그려지는 수층의 모양을 계산하라. 이 결과는 실험적으로 확인하기가 매우 쉽다. 현미경 슬라이드에 사용되는 유리판을 사용하면 좋다.

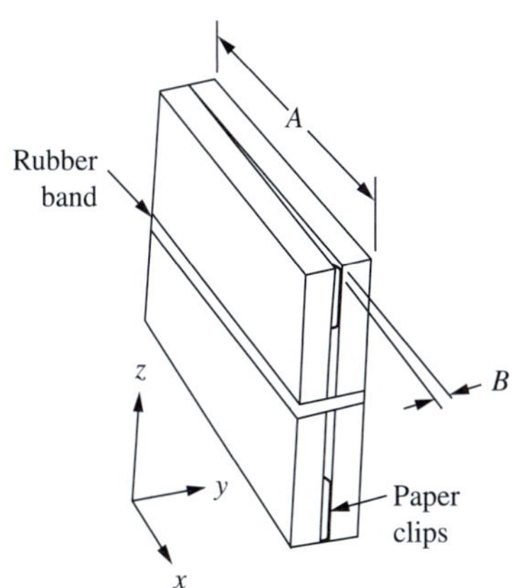

그림 14.14
쐐기(wedge) 모양의 공간에서 모세관 오름

14.8. 그림 14.9에 나타낸 표면이 현수면(catenoid surface; 현수 곡선을 z축에서 회전시켰을 때 그려지는 면)임을 증명하라. 힌트: 그림 14.15를 참고하라. 필름이 필름에 수직인 방향으로 힘을 가하지 않는다는 조건에서 서로 직각이고 필름에 수직인 두 곡률 반경은 같고 부호가 반대임을 알 수 있다. 이들은 R_1 및 R_2이다. 이들을 등식화하고 $R_2 = y[1 + (dy/dz)^2]^{1/2}$임을 증명하라. 그런 다음 결과 미분방정식이 현수 곡선의 방정식인 $y = a \cosh(z/a)$로 충족됨을 보여라. 여기서 a는 임의의 상수이다.

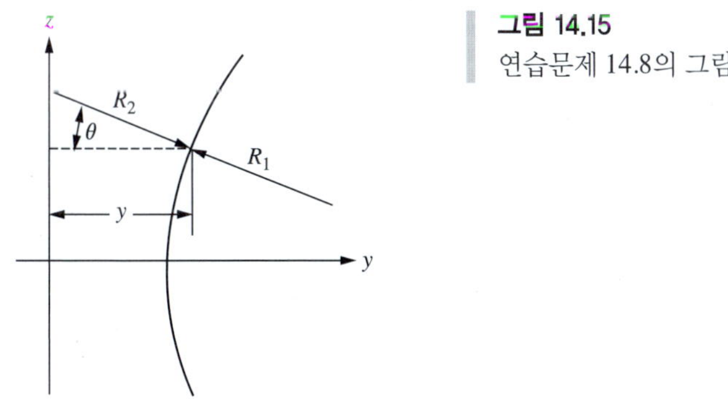

그림 14.15
연습문제 14.8의 그림

14.9. 그림 14.16과 같이 두 고체 고리 사이에 거품을 불어넣어서 끝이 막힌 원통형 비누거품을 만들 수 있다. 긴 표면을 원통형으로 유지하는 데 필요한 기포 내부의 압력 때문에 상단 및 하단 표면이 구형 세그먼트로 구부러지게 된다. 고리의 지름이 D일 때 이 구형 부분의 반지름을 구하라.

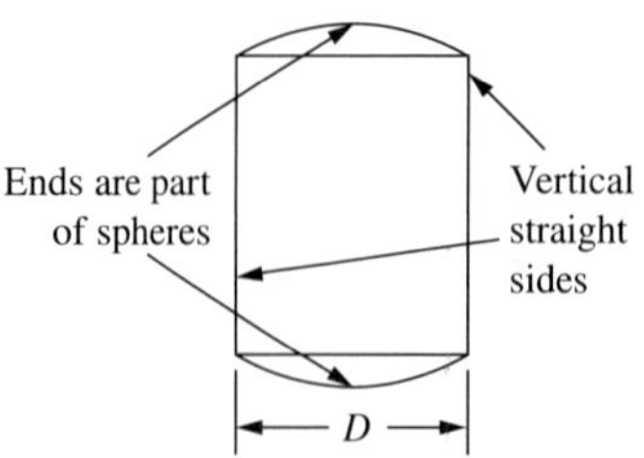

그림 14.16
두 원형 링에 붙어 있는 비누거품

14.10. 평평하고 직사각형인 두 유리 조각을 1/32 in 간격으로 평행이고 수직으로 하여, 아래 가장자리를 물에 담근다. 물은 표면장력 때문에 이 유리판 사이로 올라간다. 두 판은 서로 잡아당긴다. 두 판이 합친 뒤에는 평행으로 미끄러지게 하여 분리하기는 쉽지만, 표면에 수직으로 잡아당겨서 분리하기는 아주 어렵다. 그 이유를 설명하라. 두 판이 서로 당기는 힘의 크기는 얼마인가? 이 판을 물에서 꺼내 수평면에 올려놓으면 이 힘이 달라지는가?

14.11. (*a*) 길이 L, 지름 D_c인 원기둥을 고려하자. 이 기둥을 같은 부피의 구로 만들었을 때, 이 구의 표면과 원기둥의 원통 표면(전체 표면에서 두 끝의 표면을 뺀 표면)의 비가 $S_s/S_{\text{cyl}} = (3/2)^{2/3}\,(D_c/L)^{1/3}$임을 증명하라. 또 이 경우 L이 $4D_c/9$보다 크면 표면이 감소하고, L이 $4D_c/9$와 같으면 표면이 변하지 않으며, L이 $4D_c/9$보다 작으면 표면이 증가함을 증명하라.

(*b*) 원기둥의 표면을 계산할 때 끝의 면적을 고려하면 원통이 더 작은 표면적을 가진 구로 재배열될 수 있도록 필요한 최소 길이는 얼마인가?

14.12. 제트의 불안정성에 관한 레일리 고전 논문[8]에서 최대 안정 길이를 설명한 부분을 인용하면 다음과 같다(그림 14.11 참조). 여기서는 논문 원본에서 사용한 기호들을 바꾸어 사용하였다.

원기둥의 축을 z축이라 했을 때, 시간 t에서 원기둥 표면은 다음 형이라 가정하자.

$$r = r_0 + a\cos\frac{2\pi}{L}z \tag{1}$$

여기서 a는 시간에 따른 소량의 변수이다. ⋯

이 축의 단위 길이에 해당하는 면적(평균)을 A라 하면

$$A = 2\pi r_0 + \frac{1}{2}\pi r_0\left(\frac{2\pi}{L}\right)^2 a^2 \tag{2}$$

그러나 여기서 단위 길이당 부피 V가 주어진 조건에서 구한 값을 r_0(엄밀하게는 상수가 아니다)에 대입해야 한다.

$$V = \pi r_0^2 + \frac{1}{2}\pi a^2 \tag{3}$$

이므로

$$r_0 = \sqrt{\left(\frac{V}{\pi}\right)}\cdot\left(1 - \frac{1}{4}\frac{\pi a^2}{V}\right) \tag{4}$$

이 관계와 식 (2)에서 다음 근사식을 얻는다.

$$A = 2\sqrt{(\pi V)} + \frac{a\pi^2}{2r_0}\left[\left(\frac{2\pi r_0}{L}\right)^2 - 1\right] \tag{5}$$

교란되지 않은 조건의 A 값을 A_0라 하면,

$$A - A_0 = \frac{\pi a^2}{2r_0}\left[\left(\frac{2\pi r_0}{L}\right)^2 - 1\right] \tag{6}$$

따라서 $(2\pi r_0/L) > 1$이면 변위 후의 표면이 그 전보다 커진다.* 또 반대로 $2\pi r_0/L < 1$이면 변위 후의 표면이 작아진다.

이 유도 과정에서 누락된 단계를 채워라. 힌트: 식 (1)을 찾을 때 레일리는 축에 평행한 실린더 표면의 요소 길이에 대한 방정식으로 시작한 다음 이항 정리를 사용하여 필요한 적분을 수행했다. 마찬가지로 식 (3)에서 식 (4)를 구할 때도 이항 정리를 사용하였다. 두 경우 모두 이것은 '$(1+x)^{1/2} = 1 + 1/2x$ + 다른 항'의 형태이다. x가 작을 때 다른 항은 무시될 수 있다.

14.13. 기화, 화학반응 등을 목적으로 유체의 제트 흐름을 파괴시켜 표면적을 크게 만든다는 말을 자주 한다. 그러나 14.6절의 해석에서는 유체의 표면적이 감소하기 때문에 이러한 파괴가 일어난다고 하였다. 이 두 생각이 어떻게 양립되는가?

14.14.* 기포가 지름이 0.001 in이고 물에 젖은 오리피스를 통과하는 데 필요한 압력차를 구하라.

14.15. 철사 고리를 비누 용액에 담그고 그림 14.17에 나타낸 것처럼 들고 있으면 수직 비누 막을 만들 수 있다. 이 막의 작은 부분에 대하여 힘수지를 취하면 중력이 하향으로 작용함을 알 수 있는데, 그 자리에 그대로 있다면 표면력이 상향으로 작용해야 한다. 이 상향 표면력이 어떻게 생기는가? 이러한 점에서 절대적으로 순수한 액체에서는 이러한 막을 만들 수 없다는 결론을 내릴 수 있는가? 이 주제는 Ross에 의해 자세히 논의되었다[16].

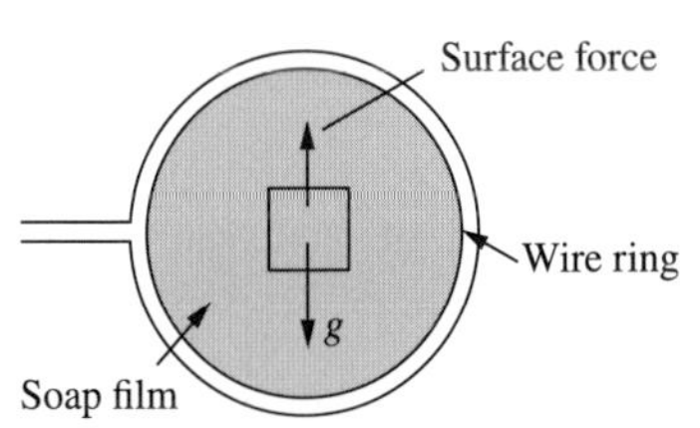

그림 14.17
링에 있는 수직 액체 막

14.16. 잉크젯 프린터는 노즐로부터 잉크 액적들을 종이 위에 뛰어난 제어 방식으로 분사한다. 액적은 압전 수정 액추에이터에 의해 생성된 압력 또는 갑작스러운 가열에 의한 증기 기포에 의해 방출된다. 일반적으로 사용되는 노즐은 $10\ \mu = 10^{-5}$ m = 0.00039 in이다. 잉크는 아주 복잡하고 값비싼 유체이다. 여기서는 잉크를 물과 같은 물리적 성질을 가진다고 가정하라. 그리고 노즐의 젖음은 $\theta = 0$이다.

(*a*) 액적을 분사하는 데 필요한 압력을 계산하라.

---

* Lord Rayleigh (John William Strutt), "On the Instability in Jets," *Proc. London Math Soc. 10*, (1879), 4–13. Reprinted in *Scientific Papers of Lord Rayleigh*, Dover, New York, 1964, p.362

(*b*) 액적이 노즐과 같은 지름을 가지는 구형이면, 이것의 부피는 얼마인가?

(*c*) 이것을 관찰한 부피값(약 10 pL)과 비교하면 어떤가?

(*d*) 이러한 차이가 발생하는 이유는 무엇인가?

(*e*) 만약 액적의 부피가 10 pL이면 종이 위에 점의 크기는 어느 정도인가? 액적은 구형이고 종이 위에 평평하게 퍼지면서 지름의 세 배로 퍼진다고 가정하라. 여기서 계산값과 300 dpi 프린터의 프린팅 성능과 비교하라.

14.17. 흡착제와 촉매지지체는 전형적으로 고체이며 강낭콩 크기로 내부에 다공질이다. 구조에 대한 아이디어를 얻으려면 돋보기로 숯 연탄을 조사해야 한다. 내부 기공의 크기를 측정하는 것은 종종 가치가 있는데, 측정에 가장 널리 사용되는 장치 중 하나는 수은 다공성 측정기이다. 이러한 장치에서 고체 샘플을 챔버에 넣고 챔버와 샘플을 비운 다음 수은을 도입하고, 수은이 챔버를 채우고 샘플을 둘러싸면 압력을 증가시켜 수은을 세공으로 밀어 넣는다. 기공 크기의 분포를 계산할 수 있는 압력의 함수로 샘플에 강제된 부피를 기록한다. 이 프로세스는 그림 14.3에 보인 것과 정반대이다. 수은은 고체를 적시지 않으며 계면은 액체 표면이다. 나머지 수학적 해석은 같다. 직경이 10 μ, 1 μ, 0.1 μ, 0.01 μ인 구멍에 수은을 밀어 넣는 데 필요한 수은 압력을 추정하라.

참고문헌

1. Serebryakov, V. N. “Control of the Dynamics of a Two-Phase Liquid-Gas Weightless Medium with the Aid of Surface Effects.” *NASA Tech. Transl., NASA TT F-469*, 1967.
2. Masica, W. J., J. D. Derdul, and D. A. Petrash. “Hydrostatic Stability of the Liquid-Vapor Interface in a Low-Acceleration Field.” *NASA Tech. Note, NASA TN-2444*, 1964.
3. Davies, J. T., and E. K. Rideal. *Interfacial Phenomena*. New York: Academic Press, 1961.
4. Soo, S. L. *Fluid Dynamics of Multiphase Systems*. Waltham, MA: Blaisdell, 1967, p. 100.
5. Hayes, W. B. I., B. W. Hardy, and C. D. Holland. “Formation of Gas Bubbles at Submerged Orifices.” *AIChEJ 5*, (1959), pp. 319–324.
6. Park, Y., A. L. Tyler, and N. de Nevers. “The Chamber-Orifice Interaction in the Formation of Bubbles.” *Chem. Eng. Sci. 32*, (1977), pp. 907–916.
7. Halligan, J. E., and L. E. Burkhart. “Determination of the Profile of a Growing Droplet.” *AIChEJ 14*, (1968), pp. 411–414.
8. Lord Rayleigh (John William Strutt). “On the Instability of Jets.” *Proc. London Math. Soc. 10*, (1879), pp. 4–13. Reprinted in *Scientific Papers of Lord Rayleigh*. New York: Dover, 1964.
9. Boys, C. V. *Soap Bubbles and the Forces Which Mould Them*. First published 1902; New York: Doubleday, (1959), p. 75.
10. Meyer, W. E., and W. E. Ranz. “Sprays.” In *Encyclopedia of Chemical Technology*, Vol. 12. 1st ed., ed. R. E. Kirk, D. F. Othmer. New York: Interscience, 1954, pp. 703–721.
11. Giffen, E., and A. Muraszew. *The Atomization of Liquid Fuels*. New York: Wiley, 1953.
12. Castleman, R. A. J. “The Mechanism of the Atomization of Liquids.” *Natl. Bur. Stds. J. Res.* 6, (1931), pp. 369–376.

13. Sternling, C. V., and L. E. Scriven. "Interfacial Turbulence; Hydrodynamic Instability and the Marangoni Effect." *AIChEJ 5*, (1959), pp. 514–523.

14. Muskat, M. *Physical Principles of Oil Production*. New York: McGraw-Hill, 1949.

15. de Nevers, N. *Physical and Chemical Equilibrium for Chemical Engineers*. 2nd ed. New York: John Wiley and Sons, 2012.

16. Ross, S. "Mechanisms of Foam Stabilization and Antifoam Action." *Chem. Eng. Prog. 63*, (1967), pp. 41–47.

PART

4

2차원, 3차원 유체역학

강력한 디지털 컴퓨터가 널리 사용되기 전에 2, 3차원적 유체역학은 유체 거동을 예측하기 위해서 이론적 계산 방법을 개발하는 항공학, 토목공학자들이 많이 사용했다. 그러나 실질적인 화학공학적 문제에는 이러한 이론적 계산법이 많이 사용되지 않았다. 이제 컴퓨터를 이용하여 이론적 해석이 어려운 문제들도 수치해석적으로 계산할 수 있기 때문에 화공학자들도 전산유체역학(computational fluid dynamics, CFD)을 통해 화공 관련 더 많은 2, 3차원적 유체역학 문제를 해결하고 있다. 화공학자들은 사용자가 편리하게 사용할 수 있는 CFD를 이용하여 여태껏 이론적으로 풀 수 없었던 복잡한 유체역학 문제에 접근하고 있다. 이러한 전산 패키지들은 유체 흐름 계산에 열전달, 물질전달 및 반응 등을 접목시키고 있다.

4부에서는 2, 3차원적 유체역학의 기본적인 수식을 보이고 간단한 응용문제를 다룰 것이다(15장). 그리고 퍼텐셜 흐름과 경계층에 대한 고전적 개념을 보여 줄 것이다(16장, 17장). 이 두 개념은 화학공학 계산에 거의 사용되지 않지만, 앞의 3부에서 다루었던 1차원 흐름을 다시 검토하고 재해석하는 데 폭넓은 이해력을 제공한다. 18장에서는 난류에 대해 논의하고, CFD에 난류 이론을 적용하는 방법을 다룬다. 19장은 혼합에 대해, 20장은 CFD에 대해, 그리고 21장은 미세유체학에 대해서 다룰 것이다.

CHAPTER

15

다차원 유체역학

이전 절들에서는 1차원적인 유체역학을 이용하여 광범위한 실제 흥미(관심)있는 문제들을 풀 수 있다는 것을 보였다. 관심이 있는 대부분의 흐름은 2차원 또는 3차원인데, 실제 속도분포 대신에 평균속도(V_{average})를 사용하여 근사해를 구하고, 실험값을 잘 예측하거나 일치하는 계산법을 제공할 수 있다. 이런 흐름에 대해 더욱 자세히 이해하고 싶다면, 3차원 형태의 접근이 필요하다. 더욱이 우리가 오랫동안 생각하고 있는 대부분의 유체 흐름은 파이프 안에서의 유체 흐름과 같이 그 형태가 기하학적으로 단순하다. 공업적으로 많이 주목하는 유체 흐름은 그림 1.15의 노에서의 흐름과 같이 기하학적으로 단순하지 않은 흐름이다. 큰 컴퓨터가 나오기 전에는 1차원 근사치를 사용하여 노를 설계했지만, 이제는 시뮬레이션을 사용하여 복잡한 형상, 유체 흐름, 열전달 및 반응을 고려할 수 있다. 결국 화학공학의 기초를 포함한 전반적인 교육을 받은 모든 엔지니어의 관심은 대기, 바다, 비행기 및 선박 수변의 흐름과 같이 본실적으로 2차원 또는 3차원의 유체 흐름이다. 이들 위해서는 4부의 방법들을 활용해야 한다.

1차원 유체역학에서 우리는 다양한 입구와 출구의 압력과 위치 변화와 부피당 흐름 속도를 구하기 위해 바깥에서 보는 관점을 취했다. 하지만 2차원 또는 3차원 유체역학에서는 x, y, z, t 함수에서 속도의 각 점의 로컬 값들이 무엇인지 묻고 살펴보게 된다.

15.1 다차원 흐름에 대한 표기법

7장에서 우리는 다음과 같이 속도벡터를 소개했다.

$$\mathbf{V} = V_x\mathbf{i} + V_y\mathbf{j} + V_z\mathbf{k} \tag{7.A}$$

우리는 이 책 전체에서 이 표기를 계속 사용할 것이다. 그러나 유체역학 문헌에서는 다음과 같이 쓰이기도 한다.

$$\mathbf{V} = u\mathbf{i} + v\mathbf{j} + w\mathbf{k} \tag{15.1}$$

위 식에서 V_x, V_y, V_z를 u, v, w로 대체한다. 학생들은 필요에 따라 두 표기에 익숙해져야 한다.

7장에서 언급했듯이 벡터 방정식은 세 가지 스칼라 성분 방정식을 쓰는 간단한 방법이다. 2차원 그리고 3차원 유체역학에서는 오직 벡터 형태로 방정식을 표현하는 것이 일반적이다. 이 책에서 우리는 벡터 형태 방정식과 스칼라 성분의 방정식 둘 다를 보일 것이다. '2차원 및 3차원 유체역학에 대한 방정식'(http://www.mhhe.com/denevers4e)이라는 제목의 온라인 학습 센터 부록(OLC 부록)에 이 책에서 사용된 벡터 표기법이 요약되어 있다.

15.2 다차원 흐름에서의 물질수지

공간 내 임의의 점에서 물질수지를 얻기 위해 우리는 국부 유체 속도의 성분과 좌표계를 정의하고, 이를 그림 15.1에 도시하였다. 우리의 계는 작은 열린 면을 가진 입방체이다. 우리는 이것을 여섯 개의 면을 통해서 물질의 유입과 유출이 가능한 와이어 프레임으로 생각할 수 있다. 이것의 축은 공간에 대해 고정되어 움직이지 않는다고 하자.

물질수지의 속도 형태는

$$\begin{pmatrix}\text{Accumulation rate of}\\ \text{mass in the system}\end{pmatrix} = \begin{pmatrix}\text{all mass flow}\\ \text{rates in}\end{pmatrix} - \begin{pmatrix}\text{all mass flow}\\ \text{rates out}\end{pmatrix} \tag{15.2}$$

어느 순간 시스템 내의 질량은 $\rho\ \Delta x\ \Delta y\ \Delta z$이다. 면 1을 통해 계에 유입되는 질량 유량은

$$\dot{m}_1 = \rho_1 V_{x_1}\ \Delta y\ \Delta z \tag{15.3}$$

그리고 면 2에서 계 밖으로 나가는 유량은

$$\dot{m}_2 = \rho_2 V_{x_2}\ \Delta y\ \Delta z \tag{15.4}$$

면 3, 4, 5, 6에 대해서도 유사하게 식을 표현하고, 이를 식 (15.2)에 대입하면 아래와 같은

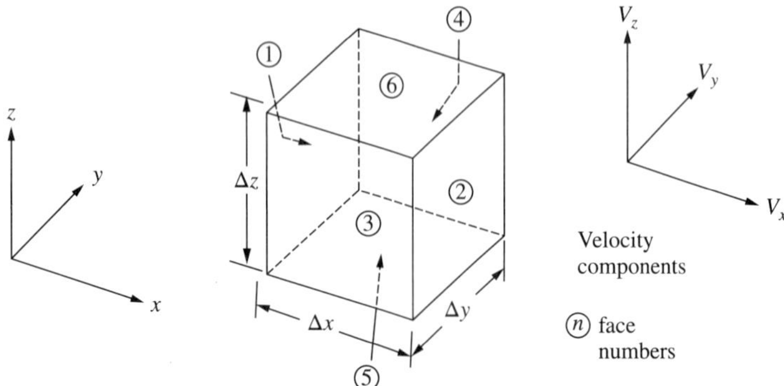

그림 15.1
3차원 질량수지와 운동량수지식을 위한 기호 표시

식이 도출된다.

$$\Delta x\ \Delta y\ \Delta z \frac{\partial \rho}{\partial t} = \Delta y\ \Delta z(\rho_1 V_{x_1} - \rho_2 V_{x_2}) + \Delta x\ \Delta z(\rho_3 V_{y_3} - \rho_4 V_{y_4}) + \Delta x\ \Delta y(\rho_5 V_{z_5} - \rho_6 V_{z_6}) \tag{15.5}$$

위의 식을 $-\Delta x\ \Delta y\ \Delta z$로 나누면

$$-\frac{\partial \rho}{\partial t} = \frac{(\rho_2 V_{x_2} - \rho_1 V_{x_1})}{\Delta x} + \frac{(\rho_4 V_{y_4} - \rho_3 V_{y_3})}{\Delta y} + \frac{(\rho_6 V_{z_6} - \rho_5 V_{z_5})}{\Delta z} \tag{15.6}$$

그리고 $\Delta x, \Delta y, \Delta z$ 각각을 동시에 '0'으로 가깝게 접근시키면 우리의 입방체는 점으로 축소된다. 이 식의 우변의 세 비율에 극한을 취하면 편도함수를 얻는다.

$$-\frac{\partial \rho}{\partial t} = \frac{\partial(\rho V_x)}{\partial x} + \frac{\partial(\rho V_y)}{\partial y} + \frac{\partial(\rho V_z)}{\partial z} = \nabla \cdot (\rho \mathbf{V}) \tag{15.7}$$

여기서 우리는 그 결과를 대수적 기호와 축약된 벡터 표기로 나타내었다. 식 (15.7)은 $\nabla \cdot$ **any vector**는 스칼라이고 이를 그 벡터의 발산(divergence)이라 부른다. 어떤 점에서 밀도 감소의 시간 변화량은 그 점에서 나가는 질량 흐름의 총괄속도와 같고, 또 벡터장(밀도·**속도**)이 그 점에서 퍼져 나가는 속도와 같다. 그림 15.2를 보면, 식 (15.7)이 우변에 벡터 기호를 포함하지만 벡터 방정식이 아니다. 우변은 스칼라가 되는 벡터와 ∇는 내적이다. 직관적으로 우리는 이것이 사실이어야 한다는 것을 안다. 왜냐하면 이것은 물질수지식이고 물질은 스칼라이기 때문이다. 스칼라는 크기는 있지만, 방향은 없다.

만약 밀도가 일정하다면, 또는 무시할 정도로 작게 변한다면, 식 (15.7)은 간단히 표현된다.

$$0 = \frac{\partial V_x}{\partial x} + \frac{\partial V_y}{\partial y} + \frac{\partial V_z}{\partial z} = \nabla \cdot \mathbf{V} \qquad \text{[constant density]} \tag{15.8}$$

식 (15.6)부터 (15.7)까지 $\Delta x, \Delta y, \Delta z$를 '0'으로 접근시켜 가면서 우리는 계를 한 점으로 축소해 왔다. 그러므로 식 (15.7)은 공간의 어떤 점에 대한 물질수지가 된다. 그리고 이것

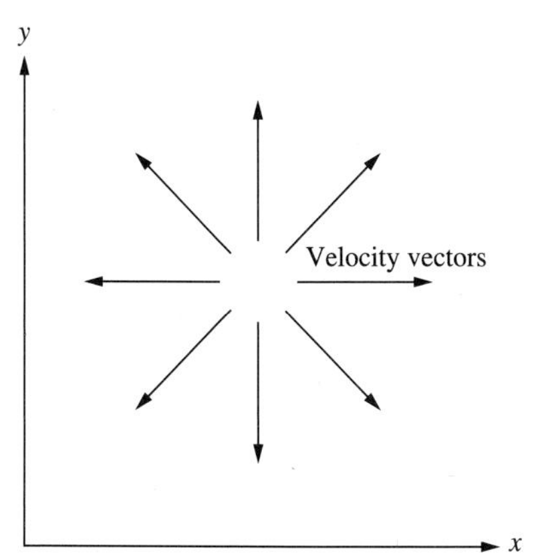

그림 15.2
만약 속도벡터가 임의의 한 점에서 모두 밖으로 향한다면, 식 (15.7)과 (15.8)에서 요구하듯이 밀도는 시간에 따라서 감소한다. 밀도가 일정한 유체에 대해서 이 식들은 **div·V**가 반드시 0임을 보인다. 그래서 여기서 보인 발산하는 형식은 밀도가 일정한 유체 혹은 고체에 대해서 일어날 수 없다.

을 일반적인 연속방정식이라 부른다. 식 (15.8)은 일정밀도 유체가 있는 공간에서 어느 점에 대한 물질수지이다. 식 (15.7)은 2차원과 3차원 흐름에 대한 일종의 기본 혹은 지배 방정식(governing equation)이다.

이 방정식과 함께 다른 기초 방정식들을 벡터 형태로 설명하는 것의 이점 중 하나는 벡터 형태가 사용되는 좌표계에 독립적이고, 잘 알려진 대체 좌표계들에서 스칼라 성분을 표현하기 위한 규칙(법칙)이라는 것이다. OLC 부록에서 직교, 원통형, 구형 좌표계들에서의 식 (15.7)을 볼 수 있다.

15.3 다차원 흐름에 대한 운동량수지

7장에서 다음과 같이 일반적인 운동량수지의 변화율 형태를 보였다.

$$\frac{d(m\mathbf{V})_{\text{sys}}}{dt} = \mathbf{V}_{\text{in}}\dot{m}_{\text{in}} - \mathbf{V}_{\text{out}}\dot{m}_{\text{out}} + \sum \mathbf{F} \tag{7.14}$$

또한 x축 성분에 대해서는

$$\frac{d(mV_x)_{\text{sys}}}{dt} = V_{x_{\text{in}}}\dot{m}_{\text{in}} - V_{x_{\text{out}}}\dot{m}_{\text{out}} + \sum F_x \tag{7.16}$$

이 식들은 완벽히 다차원 흐름에 적용할 수 있으나, 이런 흐름들에서 $V_{x_{\text{in}}}$, $V_{x_{\text{out}}}$, ΣF_x는 1차원 흐름보다 더 복잡하다. 다차원 흐름에 대한 운동량수지식을 표현하기 위해 그림 15.1의 작은 입방체에 흐름과 작용하는 힘에 대해서 일반적인 운동량수지를 적용한다.

계는 설명했듯이 작은 입방체이다. 이 계에 대해 각각 x, y, z 방향의 각각에서 세 가지 분리하여 독립적인 운동량수지를 쓸 수 있다. x축 방향 운동량수지의 변화율 형태는 1~6까지 번호가 매겨진 총 6면에 적용된 흐름과 힘을 가진 것으로 식 (7.16)이다.

이전에 우리는 첫 번째 항을 d/dt로 나타내었다. 그리고 여기 첫 번째 항은 $\partial/\partial t$로 쓰는데 V_x가 시간의 함수일 뿐만 아니라 위치의 함수이기도 하기 때문이다. 즉, $V_x = V_x(x, y, z, t)$이다. 그래서 운동량수지는 편미분방정식이 될 것이고 $\partial/\partial t$는 고정된 위치에서 d/dt를 의미한다.

유체역학에서는 어떤 변수가 일정하게 유지되는지를 나타내는 아래첨자를 편미분에 포함하지 않는 것이 일반적이다. 몇 안 되는 예외를 제외하고, 독립변수는 x, y, z, t이거나 극좌표에서 r, θ, z, t로 나타낸다. 그러므로 $\partial(\rho V_x)/\partial x$는 $[\partial(\rho V_x)/\partial x]_{y,z,t}$를 의미한다. 이 책을 통틀어 아래첨자가 없는 편도함수는 상수값임을 뜻하며, 독립변수 x, y, z, t를 가지고 있거나, 극좌표에서는 r, θ, z, t를 가진다고 가정할 것이다.

계에서 유체의 질량은 이 계에서 부피와 유체의 밀도의 곱과 같다. 그래서 우리는 다음과 같이 표기한다.

$$m_{\text{sys}} = \rho \, \Delta x \, \Delta y \, \Delta z \tag{15.9}$$

면 1을 통과해 들어오는 질량 유속은

$$\dot{m}_1 = \rho_1 A V_{x_1} = \rho_1 \, \Delta y \, \Delta z V_{x_1} \tag{15.10}$$

그리고 면 2를 통과해 나가는 질량 유속은

$$\dot{m}_2 = \rho_2 A V_{x_2} = \rho_2 \, \Delta y \, \Delta z V_{x_2} \tag{15.11}$$

따라서 등호 오른쪽의 첫 번째 항에 면 1과 면 2의 기여는 다음과 같다

$$(\dot{m} V_x)_1 - (\dot{m} V_x)_2 = \Delta z \, \Delta y (\rho_1 V_{x_1}^2 - \rho_2 V_{x_2}^2) \tag{15.12}$$

면 3을 통한 질량 유속은

$$\dot{m}_3 = \rho_3 A V_{y_3} = \rho_3 \, \Delta x \, \Delta z V_{y_3} \tag{15.13}$$

그리고 면 4를 통하는 질량 유속도 유사하게 표현된다. 등호 오른쪽 첫 번째 항에 면 3과 면 4의 기여는

$$(\dot{m} V_y)_3 - (\dot{m} V_y)_4 = \Delta z \, \Delta y (\rho_3 V_{y_3}^2 - \rho_4 V_{y_4}^2) \tag{15.14}$$

면 5와 면 6의 기여는

$$(\dot{m} V_z)_5 - (\dot{m} V_z)_6 = \Delta z \, \Delta y (\rho_5 V_{z_5}^2 - \rho_6 V_{z_6}^2) \tag{15.15}$$

입방체에 작용하는 힘은 유체의 전체 무게에 의한 중력과 입방체 면에 작용하는 법선력(normal force)과 전단력(shear force)이 된다. x축 방향에서 중력은

$$(\text{Gravity force})_x = mg \cos\theta = \rho g \, \Delta x \, \Delta y \, \Delta z \cos\theta \tag{15.16}$$

여기서 θ는 x축과 중력벡터 사이의 각이다.

입방체에서의 x축 방향의 성분을 가진 유일한 수직 힘은 면 1과 면 2의 법선력이다. x축 방향의 단위 면적당 법선력을 σ_{xx}로 표시한다면 법선력은 다음과 같이 쓸 수 있다.

$$\text{Normal force} = \Delta y \, \Delta z (\sigma_{xx_1} - \sigma_{xx_2}) \tag{15.17}$$

(대부분의 경우에서 법선력은 압력과 동일하지만 일부 상황에서는 그렇지 않을 수도 있으므로 일반적인 용어를 계속 사용할 것이다.) 면 1, 2에서 전단력은 x축 방향에서는 성분이 없어 운동량수지에서 x축 방향으로 유입이 없다. 면 3, 4에서 단위 면적당 수평 힘은 τ_{xy}로, 면 5, 6에서 τ_{xz}로 주어져 전단력의 기여는 다음과 같다.

$$\text{Shear force} = \Delta x \, \Delta z (\tau_{xy_4} - \tau_{xy_3}) + \Delta x \, \Delta y (\tau_{xz_6} - \tau_{xz_5}) \tag{15.18}$$

이 모든 항을 식 (7.16)에 대체하고 $\Delta x \, \Delta y \, \Delta z$로 나누면

$$\frac{\partial}{\partial t}(\rho V_x) = \left(\frac{\rho_1 V_{x_1}^2 - \rho_2 V_{x_2}^2}{\Delta x} + \frac{\rho_3 V_{x_3} V_{y_3} - \rho_4 V_{x_4} V_{y_4}}{\Delta y} + \frac{\rho_5 V_{x_5} V_{z_5} - \rho_6 V_{x_6} V_{z_6}}{\Delta z}\right)$$
$$+ \rho g \cos\theta + \left(\frac{\sigma_{xx_1} - \sigma_{xx_2}}{\Delta x} + \frac{\tau_{xy_4} - \tau_{xy_3}}{\Delta y} + \frac{\tau_{xz_5} - \tau_{xz_5}}{\Delta z}\right) \tag{15.19}$$

동시에 $\Delta x\ \Delta y\ \Delta z$를 '0'으로 접근시켜 극한을 취하면, 오른쪽의 변화량은 −편미분이 된다.

$$\frac{\partial}{\partial t}(\rho V_x) = -\left[\frac{\partial(\rho V_x^2)}{\partial x} + \frac{\partial(\rho V_x V_y)}{\partial y} + \frac{\partial(\rho V_x V_z)}{\partial z}\right] + \rho g \cos\theta$$
$$+ \left(\frac{-\partial\sigma_{xx}}{\partial x} + \frac{\partial\tau_{xy}}{\partial y} + \frac{\partial\tau_{xz}}{\partial z}\right) \tag{15.20}$$

이는 3차원 운동량수지의 x축 성분에 대한 한 형태이다. 식 (15.7)의 3차원 흐름의 질량수지식을 활용하여 위 식에서 몇 가지 항을 제거하면, 좀 다르지만 유용한 표현을 얻을 수 있다. 우선 식 (15.20)의 좌변 항을 확장하고 또한 오른쪽 대괄호에 첫 번째 항을 확장하여 오른쪽에 있는 항을 특별한 방식으로 선택한다.

$$\rho\frac{\partial V_x}{\partial t} + \underline{V_x\frac{\partial \rho}{\partial t}}$$
$$= -\left[\underline{V_x\frac{\partial(\rho V_x)}{\partial x}} + \rho V_x\frac{\partial V_x}{\partial x} + \underline{V_x\frac{\partial(\rho V_y)}{\partial y}} + \rho V_y\frac{\partial V_x}{\partial y} + \underline{V_x\frac{\partial(\rho V_z)}{\partial z}} + \rho V_z\frac{\partial V_x}{\partial z}\right]$$
$$+ \text{remaining terms} \tag{15.21}$$

위 식에서 밑줄 친 항들은 정확히 식 (15.7)의 항에 $-V_x$를 곱한 것과 같다. 그러므로 왼쪽의 밑줄 그어진 항은 오른쪽의 밑줄 그어진 항들과 일치한다. 식 (15.21)에서 밑줄 친 항들을 삭제하고 다시 정리하면

$$\rho\left(\frac{\partial V_x}{\partial t} + V_x\frac{\partial V_x}{\partial x} + V_y\frac{\partial V_x}{\partial y} + V_z\frac{\partial V_x}{\partial z}\right)$$
$$= \rho g\cos\theta + \left(\frac{-\partial\sigma_{xx}}{\partial x} + \frac{\partial\tau_{xy}}{\partial y} + \frac{\partial\tau_{yz}}{\partial z}\right) \tag{15.22}$$

이는 3차원 운동량수지식의 x축 성분에 관한 일반적 형태이다.

식 (15.19)에서 (15.20)까지 $\Delta x, \Delta y, \Delta z$를 '0'으로 접근시킴으로써 계를 한 점으로 축소하여 식 (15.20)은 공간의 한 지점에서의 운동량수지라 할 수 있다. 이 식은 자기력과 정전기력이 없는 모든 종류의 흐름에서 모든 지점에서 적용된다. 만약 이러한 힘들의 영향이 중요하면, 이는 중력 항과 비슷한 형태로 식에 추가될 수 있다.

식 (15.20)과 (15.22)는 그다지 실용적이지 않은데, 이는 식의 우변 항이 쉽게 얻을 수 있는 형태가 아니기 때문이다. 15.4절에서 우변 항들을 측정하는 한 방법을 조사할 것이다.

식 (15.20)과 (15.22)는 둘 다 x축 방향의 운동량수지식으로 유체역학 문제에 사용되는

서로 다른 표현 형태이다. 식 (15.20)에서 좌변은 공간의 고정점에서 미소한 부피에 포함된 유체 운동량 변화의 시간 변화율이다. 우변은 순서대로 이 체적 안팎으로 물질의 흐름으로 인한 운동량의 증가와 중력, 법선 및 전단력으로 인한 시스템의 알짜 힘(net force)이다. 이러한 관점, 즉 공간에 고정된 관찰자의 관점을 오일러리안(Eulerian) 관점이라 한다.

식 (15.20)을 간단히 재정리한 식 (15.22)의 좌변에는 관찰자가 공간에 고정되지 않고 유체와 함께 움직이는 관점에서 본 것 같은 유체의 미소 부피의 x축 운동량의 시간 변화율이 표현되어 있다. 식 (15.22)의 전체 좌변은 종종 DV_x/Dt로 줄여 쓰고, 이를 **스토크스 도함수**(Stokes derivative), **실질 도함수**(substantive derivative), **대류 도함수**(convective derivative), 또는 **흐름관점 도함수**(derivative following the motion) 등으로 부른다. 이 경우에 공간보다 유체의 특정 부분에 집중된다. 이 사물 접근 방식에서는 우리가 관찰하는 물질의 내부로 혹은 외부로의 물질의 흐름이 있을 수 없다. 따라서 좌변은 이 물질의 일부가 이동할 때의 운동량 증가이고 우변은 물질이 움직일 때 이 유체 입자에 작용하는 중력, 법선 및 전단력이 된다. 이를 라그랑지안(Lagrangian) 관점이라 한다. 오일러리안과 라그랑지안 관점은 모두 유체역학에서 사용되고 문제에 따라 두 가지 중 사용 가능한 것을 선택하여 사용한다.

식 (15.20)과 (15.22)는 단지 운동량수지식의 x축 성분만을 설명한다. y, z 방향에 대해서도 앞에서 유도한 방식을 반복하여 y, z축 방향에 해당하는 운동량수지식을 얻을 수 있다. 이 세 가지 축에 대한 수지식을 오일러리안 관점에서 아래와 같이 간단히 벡터식으로 축약할 수 있다.

$$\frac{\partial}{\partial t}(\rho \mathbf{V}) = -[\mathbf{V} \cdot \nabla \rho \mathbf{V} + \rho \mathbf{V} \cdot \nabla \mathbf{V}] + \rho \mathbf{g} + \begin{pmatrix} \textbf{terms involving} \\ \textbf{normal and shear} \\ \textbf{stresses} \end{pmatrix} \tag{15.23}$$

식 (15.20)은 식 (15.23)의 x축 성분이다. 운동량수지식의 Lagrangian 관점의 벡터 형태는 식 (15.24)와 같다.

$$\rho\left(\frac{\partial \mathbf{V}}{dt} + \mathbf{V} \cdot \nabla \mathbf{V}\right) = \rho \mathbf{g} + \begin{pmatrix} \textbf{terms involving} \\ \textbf{normal and shear} \\ \textbf{stresses} \end{pmatrix} \tag{15.24}$$

식 (15.22)는 식 (15.24)의 x 성분이다. 다음 절에서 이 형태에 대해 좀 더 설명할 것이다.

우리는 이와 유사하게 3차원의 에너지수지식을 전개할 수 있으며, 이는 주로 전산유체역학(CFD, 20장)에서 가열 또는 연소가 있는 흐름 및 일부 고속 가스 흐름에 사용된다. 그러나 이 책에서 다루는 흐름에 대해서는 그다지 유용하지 않아 포함시키지 않았다. 2, 3차원의 유체역학에 대한 대부분의 역사적이거나 현재의 업적들은 여기서 보여 주는 질량수지식과 운동량수지식(지배 방정식이라고 함)에서 시작되었으며, 유용한 해를 얻기 위해 단순화 및 수학적 기법을 적용하였다.

15.4 나비에-스토크스 방정식

식 (15.22)와 (15.24)의 해석적인 해를 얻기 위해서는 일반적으로 수직응력(normal stress)과 전단응력(shear stress) 항을 점도, 압력, 속도와 같이 측정 가능한 속성을 포함하는 항으로 대체해야 한다. 누구도 아직까지 매우 엄격한 제한적인 가정을 도입하지 않고 계산하는 방법을 찾지 못했다. 일반적으로 사용되는 가정은 다음과 같다.

1. 유체의 밀도는 일정하다.
2. 유체는 층류로 흐른다.
3. 유체는 뉴턴 유체이다[식 (1.4)].
4. 밀도가 일정한 뉴턴 유체의 3차원 응력은 고체인 경우(즉, 완전 탄성이고 등방향 고체) 후크의 법칙(Hooke's law)을 따르듯이 같은 형태로 3차원 응력을 표현한다.

이런 가정을 따른다면, 다음과 같이 나타낼 수 있다.

$$\frac{-\partial \sigma_{xx}}{\partial x} + \frac{\partial \tau_{xy}}{\partial y} + \frac{\partial \tau_{xz}}{\partial z} = \frac{-\partial P}{\partial x} + \mu\left(\frac{\partial^2 V_x}{\partial x^2} + \frac{\partial^2 V_x}{\partial y^2} + \frac{\partial^2 V_x}{\partial z^2}\right) \tag{15.25}$$

이 식의 유도는 여러 문헌[1, 2]에서 설명되었다. 오른편의 세 개의 항에 대한 직관적 의미는 명백하다. 네 번째 항은 이해하기 조금 어렵다. $\partial P/\partial x$ 항은 미소 부피에 가해진 압력의 결과이다. $\mu(\partial^2 V_x/\partial y^2)$와 $\mu(\partial^2 V_x/\partial z^2)$ 항은 y, z 방향에서 x축 방향 속도의 변화 때문에 입방체에서의 순 전단력을 의미한다. 이는 전단력이 각각 독립적이라 가정하고 점도의 뉴턴의 법칙(Newton's law) 식 (1.4)를 식 (15.22)에 $\partial \tau_{xy}/\partial y, \partial \tau_{xz}/\partial z$ 항을 대입함으로써 이 식을 얻을 수 있다.

$\mu(\partial^2 V_x/\partial x^2)$ 항은 좀 더 미묘하다. 이는 위의 네 번째 가정에 따르면 법선력은 압력과 같지 않기 때문에 발생한다. 정지상태의 유체에 법선력은 모든 방향에서 동일하고 압력과 같다. 움직이는 점성 유체에서는 다양한 수직 전단력의 상호작용 때문에 모든 방향에서 같지 않다. 압력은 세 수직 방향에서 법선력의 평균으로 정의한다. 이는 식 (15.25)에 압력으로 나타난다. $\mu(\partial^2 V_x/\partial x^2)$ 항은 압력과 법선력 사이의 차이의 결과이다. 이는 한쪽 끝을 고정하고 태피(taffy, 엿)를 만드는 과정에서 시각화할 수 있다. 태피가 한 방향으로 늘어난다면 두 수직 방향은 줄어들게 된다. 따라서 비록 작용하는 힘은 한 방향이지만, 끌어당기는 방향에 수직 방향에서 법선력이 발생한다. 법선력은 당기는 방향의 인장력과 수직 방향의 압축력이 된다. 어떤 한 방향에서는 법선력은 압력과 같지 않다. 태피를 한쪽을 고정하고 당기면 고정된 끝으로부터 거리에 따라 속도가 증가한다. 그러므로 $(\partial^2 V_x/\partial x^2)$는 양수이고, 여기서 보인 형태의 힘을 이끈다. 대부분의 식 (15.25) 후자의 항들은 흐름의 형태 혹은 다른 항과 비교하여 무시할 수 있는 것으로 가정되기 때문에 생략된다.

식 (15.25)를 (15.22)에 대입하면

$$\rho\left(\frac{\partial V_x}{\partial t} + V_x\frac{\partial V_x}{\partial x} + V_y\frac{\partial V_x}{\partial y} + V_z\frac{\partial V_x}{\partial z}\right) = \rho g\cos\theta$$
$$-\frac{\partial P}{\partial x} + \mu\left(\frac{\partial^2 V_x}{\partial x^2} + \frac{\partial^2 V_x}{\partial y^2} + \frac{\partial^2 V_x}{\partial z^2}\right) \tag{15.26}$$

주어진 가정에서 위 식은 x축 방향에 대한 미분 운동량수지식이다. y, z 방향에 대해 유사한 식들을 만들 수 있다. 세 수지식을 모두 합쳐 나비에-스토크스 방정식(Navier-Stokes equation)이라 부른다. 그들의 간략한 벡터 형태는(모든 항을 ρ로 나눈다)

$$\frac{D\mathbf{V}}{Dt} = \mathbf{g} - \frac{\nabla\cdot P}{\rho} + \frac{\mu}{\rho}\nabla^2\mathbf{V} \tag{15.27}$$

식 (15.26)은 식 (15.27)의 x축 성분이다.

질량수지식과 마찬가지로 나비에-스토크스 방정식은 벡터식에서부터 어떤 직교 좌표계에서 확장할 수 있다. 직교와 원통형 좌표계에서 확장은 OLC 부록에 있다. 간략한 벡터식 표현과 다양한 좌표계에서 간략한 벡터 확장의 장점은 대부분의 경우 직관적으로 직교좌표계로 풀이할 수 있으며, 이는 직관적 상상이 어려운 원통형, 구형 좌표계에서 같다는 것이다.(시도해 보고 OLC 부록에 나온 결과와 비교해 보라. 당신은 놀랄 것이다!) 다양한 밀도를 가진 유체에 대해 이에 상응하는 방정식은 여러 문헌[2, 3, 4]에 수록되어 있다. 만약 우리가 나비에-스토크스 방정식에서 $\mu = 0$이라고 한다면, 우변 대부분 항이 삭제되고, 오일러 식을 얻을 수 있다. 이 식은 점도 영향이 무시되는 3차원 유체현상에 대해 자주 사용된다.

예제 15.1 나비에-스토크스 방정식의 응용을 설명하기 위해 그림 15.3에 도시된 바와 같이, h만큼 떨어진 두 개의 고정된 무한 평행 판 사이의 유체 흐름을 조사해 보자.

나비에-스토크스 방정식으로 시작하기 전에, 앞에서 나열한 가정에서 일정한 밀도의 뉴턴 유체의 층류 흐름만을 고려한다고 가정한다. 그런 다음 문제에서 주어진 형태로부터 다음과 같은 가정을 할 수 있다.

1. y, z 방향으로 흐름이 없다: $V_y = V_z = 0$.

2. z 방향 속도는 x 또는 y의 함수가 아니다. 즉, 유체는 두 판과 평행한 흐름만 있는

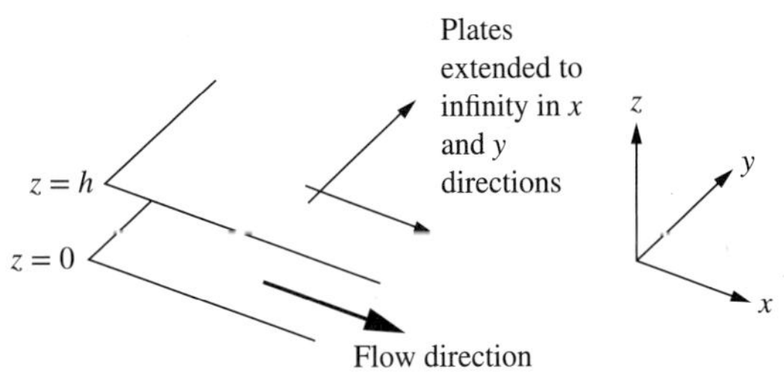

그림 15.3
수평의 두 평행판 사이의 유체 흐름에 대한 기호 표시

것처럼 보인다. 이것은 $\partial V_x/\partial x = \partial V_x/\partial y = 0$과 같다.

3. 중력 방향은 평판의 수직 방향이다. 그래서 $\cos\theta = 0$이다. 식 (15.26)에서 가정을 대입하는 단순화 과정을 통해 다음 식을 얻는다.

$$\rho\left(\frac{\partial V_x}{\partial t}\right) = -\frac{\partial P}{\partial x} + \mu\frac{\partial^2 V_x}{\partial z^2} \tag{15.28}$$

이 식은 다양한 종류의 시간 의존 흐름에 대한 문제를 풀 수 있다. 이 예제에서는 등호 왼쪽에 있는 항이 0인 정상 흐름의 해를 찾는 것으로 제한한다. 정상상태 흐름의 경우, 위에 주어진 가정에 따라 압력은 x에만 의존하고 V_x는 z에만 의존하므로 모든 편도함수를 일반 도함수로 대체할 수 있다. 압력구배 dP/dx가 일정하다고 가정하고 변수를 분리하고 두 번 적분한다.

$$\frac{dP}{dx} = \mu\frac{d}{dz}\left(\frac{dV_x}{dz}\right); \qquad \frac{dP}{dx}\int dz = \mu\int d\frac{dV_x}{dz} \tag{15.A}$$

$$\frac{dP}{dx}z = \mu\frac{dV_x}{dz} + C_1; \qquad \frac{dP}{dx}\int z\,dz = \mu\int dV_x + C_1\int dz \tag{15.B}$$

$$\frac{dP}{dx}\frac{z^2}{2} = \mu V_x + C_1 z + C_2 \tag{15.C}$$

여기서 C_1과 C_2는 적분상수이다. 적분상수를 구하기 위해서는 $z = 0$과 $z = h$인 평판의 표면에서 속도 $V_x = 0$인 경계 조건을 적용한다. 식 (15.D)에 이것들을 대입하면

$$C_2 = 0, \qquad C_1 = \frac{dP}{dx}\left(\frac{h}{2}\right) \tag{15.D}$$

$$V_x = \frac{1}{2\mu}\left(\frac{dP}{dx}\right)(z^2 - zh) = \frac{-(dP/dx)}{2\mu}(zh - z^2) \tag{15.E}$$

이 식은 속도분포를 나타낸다. y 방향으로 거리 l의 단면에 대한 부피 유량을 얻기 위해서는 다음과 같이 적분한다.

$$Q = \int V_x\,dA = \frac{-(dP/dx)\,l}{2\mu}\int_{z=0}^{z=h}(zh - z^2)\,dz$$

$$= \frac{-(dP/dx)\,l}{2\mu}\left[\frac{z^2h}{2} - \frac{z^3}{3}\right]_{z=0}^{z=h} = \frac{-(dP/dx)\,lh^3}{12\mu} \tag{15.F}$$

이것은 식 (6.28)과 같다. ■

이 예제는 나비에-스토크스 방정식의 장점과 단점을 보여 준다. 나비에-스토크스 방정식에서 했던 것처럼 1차원 운동량수지로부터 또는 6.3절에서 보인 힘수지식으로부터 식 (15.28)을 쉽게 얻을 수 있다. 그러나 구형 또는 원통형 흐름 형태의 더 복잡한 문제에서는

적절한 힘수지식이나 운동량수지식을 설정하는 것이 종종 어렵기 때문에 나비에-스토크스 방정식을 모든 항의 목록으로 시작한 다음 제외하는 것이 편리하다. 이어지는 예제들에서 이를 보일 것이다.

15.4.1 원통형 관에서 층류 흐름의 세 가지 예

6.3절에서 흐름 중심에 대해 대칭인 막대 모양의 요소 주위에 간단한 힘수지식을 사용하여 원형 파이프의 입구에서 하류에 있는 뉴턴 유체의 안정된 층류 흐름에 대한 푸아죄유의 방정식을 유도한 바 있다. 여기서 같은 문제를 다루지만, 입구에서 하류의 정상 흐름뿐만 아니라 입구 영역 흐름과 시작 흐름도 고려한다.

우리는 원통형 좌표계를 사용하기로 결정하고(이것이 유일한 논리적 선택이다; 만약 믿지 않는다면 다른 좌표계를 시도해 보기 바란다!), 또한 모든 흐름은 z 방향에서만 일어남을 가정한다. 그래서 r, θ 속도 성분은 0이다. 이 가정을 적용하여, z 방향 수지식[식 (C.20)]은 0이 아닌 항을 가짐을 OLC 부록에서 볼 수 있다.

$$\rho\left(\frac{\partial V_z}{\partial t} + V_r\frac{\partial V_z}{\partial r} + \frac{V_\theta}{r}\frac{\partial V_z}{\partial \theta} + V_z\frac{\partial V_z}{\partial z}\right) =$$

$$-\frac{\partial P}{\partial z} + \mu\left[\frac{1}{r}\frac{\partial}{\partial r}\left(r\frac{\partial V_z}{\partial r}\right) + \frac{1}{r^2}\frac{\partial^2 V_z}{\partial \theta^2} + \frac{\partial^2 V_z}{\partial z^2}\right] + \rho g_z \tag{C.20}$$

다음 예제에서는 z 방향이 중력 방향에 수직이라고 가정하여 식 (C.20)의 마지막 항은 고려하지 않는다.

예제 15.2 입구에서 멀리 떨어진 원통형 관에서 축 방향으로 일정밀도의 뉴턴 유체의 정상상태 층류 흐름에 대해 식 (C.20)에서 어떤 항이 남겨지는지 보여라.

원통형 관에서 정상상태의 1차원 흐름은 z 성분만 가지며 이것은 r에 따라 달라지지만 z 또는 θ와는 무관함은 직관적으로 명백하다.(또는 누군가가 당신에게 말한 후에 직관적으로 분명해진다.) 이는 V_z는 오직 r에만 의존하기 때문에 $\partial V_z/\partial t$, $V_r\,\partial V_z/\partial r$, $(V_\theta/r)\,\partial V_z/\partial\theta$, $V_z\,\partial V_z/\partial z$, $(1/r^2)\,\partial^2 V_z/\partial\theta^2$, $\partial^2 V_z/\partial z^2$ 항은 소멸될 수 있다. 따라서 식은 다음으로 간추려진다.

$$0 = -\frac{\partial P}{\partial z} + \mu\frac{1}{r}\frac{\partial}{\partial r}\left(r\frac{\partial V_z}{\partial r}\right) \tag{15.G}$$

만약 압력구배 $(-\partial P/\partial z)$가 일정하다고 가정하면, 식은 변수분리와 적분을 통해서 다음과 같이 표현할 수 있다.

$$\int\left(\frac{\partial P}{\partial z}\right) r\,dr = \left(\frac{\partial P}{\partial z}\right)\frac{r^2}{2} + C_1 = \mu\left(r\frac{\partial V_z}{\partial r}\right) \tag{15.H}$$

또는

$$\mu \frac{\partial V_z}{\partial r} = \frac{C_1}{r} + \left(\frac{\partial P}{\partial z}\right)\frac{r}{2} \tag{15.I}$$

속도는 관의 중앙($r = 0$)에서 무한하지 않으며, 그러므로 첫 번째 적분상수 C_1은 0이어야 한다. 게다가 V_z는 오직 r에만, P는 오직 z에만 의존하므로 식 (15.I)의 편미분 항을 전미분 항으로 바꿀 수 있다.

$$\mu \frac{dV_z}{dr} = \left(\frac{dP}{dz}\right)\frac{r}{2} = \left(-\frac{P_1 - P_2}{\Delta z}\right)\frac{r}{2} \tag{6.5}$$

■

이것은 우리가 적절하게 선택된 유체에 대한 간단한 힘수지식으로 쉽게 얻은 식 (6.5)를 찾는 데 많은 작업이 필요한 것처럼 보일 수 있다. 이 간단한 경우에 이렇게 많은 어려움을 겪을 일은 거의 없겠지만, 두 가지 예를 더 살펴보자.

예제 15.3 원통형 관에서 일정밀도의 뉴턴 유체가 입구에서부터 멀리 떨어져 하류까지 축 방향으로 흐르는 조건에서 t_0일 때 압력구배가 즉시 적용되며, t가 t_0보다 작으면 속도가 항상 0이 됨을 가정한다. 이를 식 (C.20)(OLC 부록)으로 표현하라. 긴 시간 후에 유체는 푸아죄유 방정식[식 (6.8)]과 같아야 한다. 여기서 우리는 흐름이 안정화되기 전 상태에 관심이 있다.

좌변(실질 도함수) 항 중에서 하나만 남아 있게 된다.

$$\rho \frac{\partial V_z}{\partial t} = -\frac{\partial P}{\partial z} + \mu \frac{1}{r}\frac{\partial}{\partial r}\left(r \frac{\partial V_z}{\partial r}\right) \tag{15.29}$$

이 식은 식 (15.G)보다 풀기 복잡한 식이다. 버드 등[5, p.126]은 베셀함수(Bessel function)의 무한급수를 이용하여 3페이지가 넘는 해법을 제시하였으며. 그들의 2판 저서 p.150에서는 훨씬 간단한 풀이를 제시하였다. 그 결과를 식 (15.29)가 ρ로 나누어진 형태로 그림 15.4에 요약하였다. ■

예제 15.4 예제 7.13에서 수조에 연결된 긴 관에서의 정상상태 속도의 이동시간을 계산한 바 있다. $\mu = 1000$ cP, $\rho = 1000$ kg/m^{3}의 물성을 가진 유체에 대해 예제 7.13을 반복하라. 높은 점도의 값은 층류 흐름을 만들기 위해 선택하였으며, 그림 15.4를 이용할 수 있다.

관의 입구에서의 압력은 0.981 MPa이며, 압력구배는 327 Pa/m이다. 이 값과 관의 차원들을 사용하여 식 (6.8)에 대입하면 정상상태 흐름에서 중심선에서의 속도는 0.48 m/s이며 정상상태 흐름의 평균속도는 그 절반인 0.24 m/s가 됨을 알 수 있다. 이

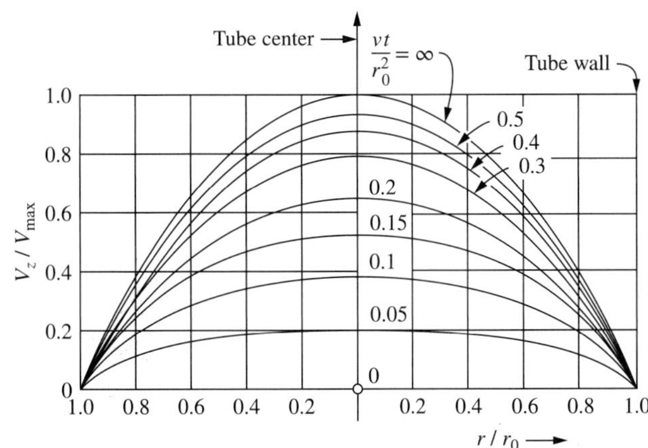

그림 15.4
원형관에서 $t=0$일 때 압력구배를 가하여 초기 층류 흐름의 시작 흐름 거동. 가장 위 곡선은 정상상태에 해당한다. [P. Szymanski, "Journal De Mathematiques Pures Et Appliquees." Series 9, 11, (1931), 67–107] 이 그림에서 r_0는 관의 반지름이다.

속도에서의 레이놀즈 수는 1470이며, 층류 흐름이다.

그림 15.4로부터 $\nu t/r_0^2 = 0.05$일 때(r_0는 관의 반경), 중심선에서의 속도는 최대속도의 0.2배임을 알 수 있다. 이 속도는 아래 계산된 시간에 나타난다.

$$t = \frac{\nu t}{r_0^2} \cdot \frac{r_0^2}{\nu} = 0.05 \frac{(0.0770\ \text{m})^2}{(1000 \cdot 0.001\ \text{Pa} \cdot \text{s}) / (1000\ \text{kg/m}^3)} = 0.296\ \text{s} \qquad (15.J)$$

그림 15.4의 다른 곡선들을 읽고 $V_{centerline}$ vs. t 그래프를 그릴 수 있다. 더 흥미로운 그래프는 V_{avg} vs. t 그래프 중 하나이다. 그림 15.4에서 그림의 위쪽 곡선은 포물선에 가깝지만 가장 아래 곡선은 포물선에 비해 가운데 부분이 평평하다는 것을 볼 수 있다. 그 세부사항을 무시하고 원형관의 포물선 속도 프로파일의 경우 평균속도는 중심선 속도의 0.5배이므로 0.296초에서 평균속도는 다음과 같다고 말할 수 있다.

$$V_{avg} \approx 0.5 \cdot 0.2 \cdot 0.48\ \text{m/s} = 0.048\ \text{m/s} = 0.157\ \text{ft/s} \qquad (15.K)$$

이 값에 그림 15.4의 다른 모든 곡선에 해당하는 값을 더한 값이 그림 7.19에 나와 있으며 여기에서 예제 7.13의 결과와 비교된다. ■

점도가 1000배 증가하기 때문에 평균속도가 난류의 물의 약 10분의 1이고 실질적으로 안정된 흐름에 훨씬 더 빨리 도달한다는 것을 알 수 있다. 그림 15.4는 가장 낮은 곡선의 경우 속도 프로파일이 정상 흐름 곡선에 비해 평평하지만 흐름이 정상속도에 가까워지면 속도 프로파일이 정상 흐름 속도 프로파일에 접근함을 보여 준다.

예제 15.5 6.3절에서 푸아죄유 방정식을 찾기 위해 힘수지식에서 접근했던 것처럼 식 (15.29)를 유도하라.

6.3절에서는 오직 정상상태의 흐름만 고려하였고, 중심에 대해 대칭적인 실린더형의 유체를 선택하였다. 만약 이번에도 같은 선택을 한다면, 다음과 같이 표현할 수 있다.

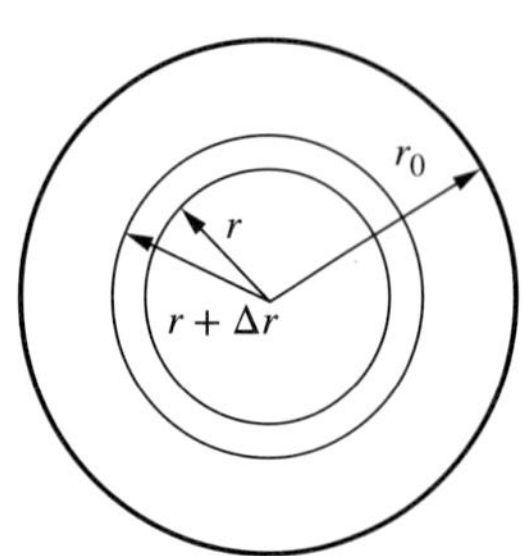

그림 15.5
원형관에서 시작 흐름을 해석하기 위한 힘수지식 형성 시 필요한 적절한 유체 요소

$$\sum F = ma \qquad -\Delta P \cdot \pi r^2 + \mu \frac{\partial V}{\partial r} \cdot \pi r \, \Delta x = \pi r^2 \rho \, \Delta x \frac{\partial V}{\partial t}$$

$$-\frac{\Delta P}{\Delta x} + \frac{\mu}{r}\frac{\partial V}{\partial r} = \rho \frac{\partial V}{\partial t} \qquad \textbf{(INCORRECT!)} \qquad (15.L???)$$

식 (15.29)의 결과와 비교해 보면 유사하지만 같지 않음을 알 수 있다. 식이 틀린 이유는 중앙 막대 모양의 영역에 대한 힘수지식 전개 시 모두 같은 가속도를 갖는다고 가정하지만, 실제로 가속도는 r의 강력한 함수이기 때문이다.

그러나 유체 요소를 극소 두께의 원통형 껍질로 선택하면(그림 15.5 참조) 올바른 결과를 얻을 수 있을 것이다(연습문제 15.7 참조). ■

예제 15.6 관에 층류 흐름의 시작에 대한 비정상상태의 힘수지식을 세우기 위해 힘수지식 요소로 내경 r과 외경 $r + \Delta r$을 갖는 원통형의 껍질을 선택해야 한다. 그런 다음 전단속도 $\partial V_z / \partial r$이 미세한 두께의 쉘의 한쪽에서 다른 쪽으로 변한다는 점을 고려하여 Δr이 0에 접근하도록 한다. 연습문제 15.7을 보라. ■

만약 간단한 힘수지식을 정확하게 적용한다면 알맞은 결과를 얻게 될 것이다. 그러나 더 복잡한 흐름 형태의 경우 제대로 수행하는 것이 점점 더 어려워지고 일부 용어를 간과하고 식 (15.L???)과 같은 잘못된 식을 찾을 가능성이 있다. OLC 부록의 완전한 식에서 시작하여 필요 없는 항들을 소거하는 것이 더 신뢰할 만하다.

예제 15.7 입구 영역(즉, 관의 시작부분의 영역)에서 원통형 관의 축 방향으로 일정한 밀도를 가진 뉴턴 유체의 정상상태 층류흐름에 대해 식 (C.20)(OLC 부록)에 남아 있는 항을 표시하라. $z = 0$에서 속도 프로파일이 평평하다고 가정한다. 즉, $V_z = r$과 무관하게 일정하다.

여기서 우리는 입구에서 멀리 떨어진 하류 흐름이 푸아죄유의 방정식으로 설명되어야 함을 알고 있다. 관 입구에서 속도 프로파일은 평평하고 벽의 마찰로 인해 느려지는 흐름의 일부가 관의 측면에서 성장하여 결국 중앙에서 만나게 된다. 질량 보존이 성립되려면 벽 근처의 유체가 마찰에 의해 지연되는 반면 중심에 있는 유체의 속도는 빨라져야 하므로 중심에서 하류로 멀리 떨어진 속도는 입구 속도의 정확히 두 배가 된다.

또한 연속방정식으로부터 이전에 행했던 속도의 r 성분은 0이 된다는 가정은 올바르지 않다는 것을 알 수 있다. 질량수지식[식 (C.13), OLC 부록)의 원통형 좌표계 식에서 밀도가 일정하고 정상상태 흐름, 속도의 θ 성분 속도가 0이면 아래의 식을 얻을 수 있다.

$$\frac{1}{r}\frac{\partial}{\partial r}(rV_r) + \frac{\partial V_z}{\partial z} = 0 \tag{15.30}$$

이것은 관 중심선 속도가 증가함에 따라 질량 보존을 위해 반경 방향 유입이 있어야 함을 나타낸다.

식 (C.20)의 원통형 운동량수지식에서 시간에 대한 도함수 항은 없어지고, 실질 도함수의 두 개 항이 남는다면 다음과 같다.

$$\rho\left(V_r\frac{\partial V_z}{\partial r} + V_z\frac{\partial V_z}{\partial z}\right) = -\frac{\partial P}{\partial z} + \mu\left[\frac{1}{r}\frac{\partial}{\partial r}\left(r\frac{\partial V_z}{\partial r}\right) + \frac{\partial^2 V_z}{\partial z^2}\right] \tag{15.31}$$

해를 얻고자 한다면 위 식과 동시에 식 (15.30)을 풀어야 할 것이다. ■

예제 15.3에서 간단히 닫힌 해(푸아죄유 방정식)를 얻은 바 있다. 예제 15.4에서 완벽한 해는 베셀함수 무한급수의 형태로 알려져 있다(그림 15.4 참조). 식 (15.30)과 (15.31)의 닫힌 해는 알려진 바 없으나, 이 식들은 수치해석적으로 풀 수 있다[6]. 몇몇 저자들은 식을 단순화하여 근사적인 해석적인 해를 찾았다(예를 들면, [7]). 그림 15.6에 랑하르(Langhaar)의 답을 요약하였다. 그림 15.7은 니쿠라드세(Nikuradse)의 실험적인 자료와 다른 근사해를 비교하였다. 이 근사해는 정확하지는 않지만 실험 데이터와 꽤 잘 일치한다. 그림 15.8

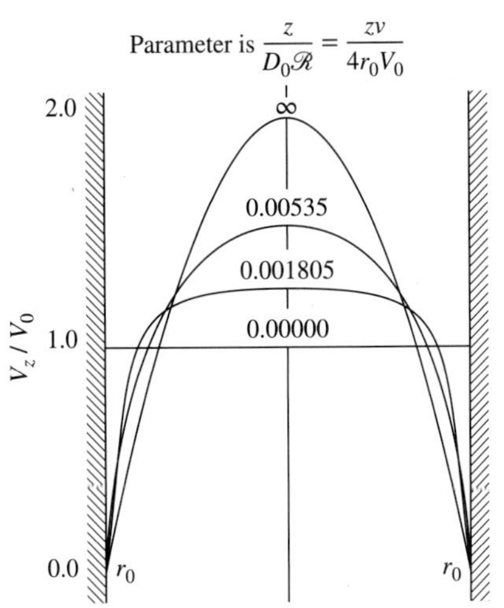

그림 15.6
일정밀도 뉴턴 유체의 정상 층류 흐름에서 입구 부분에 해당하는 흐름에 대한 랑하르의 근사해 요약. [출처: H. L. Langhaar, "Steady Flow in the Transition Length in a Straight Tube." *ASME Trans. 64*, (1942), A55]

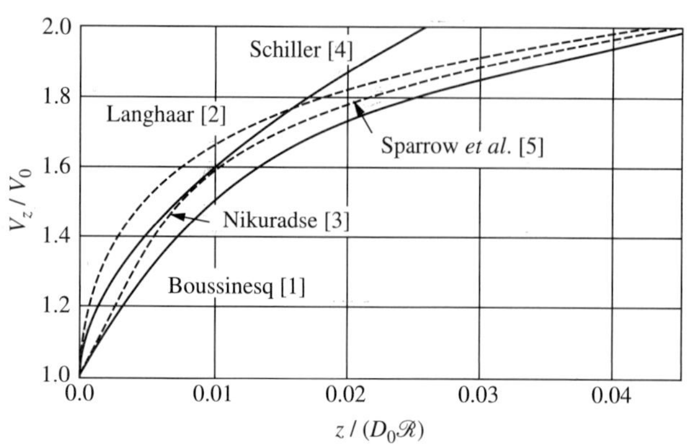

그림 15.7
일정밀도 뉴턴 유체의 정상상태 층류흐름에서 입구 부분의 중심선 속도에 대한 니쿠라드세의 실험 데이터와 여러 저자의 근사해의 비교 (J. Boussinesq, *Compt. Rend*, 113, 1891, pp.9 and 49; H. L. Langhaar, *Trans ASME, 64*, 1942, p.A.55; J. Nikuradse, *Monographie, Zen. f. wiss. Berich.*, Berlin, 1942; L. Schiller, *Physik*, Z. 23, 1922, p.14 and also *ZAMM*, 2, 1922, p.96; and E. M. Sparrow, S. H. Lin and T. S. Lundgren, *Phys. Fluids* 7, 1964, pp.338–347)

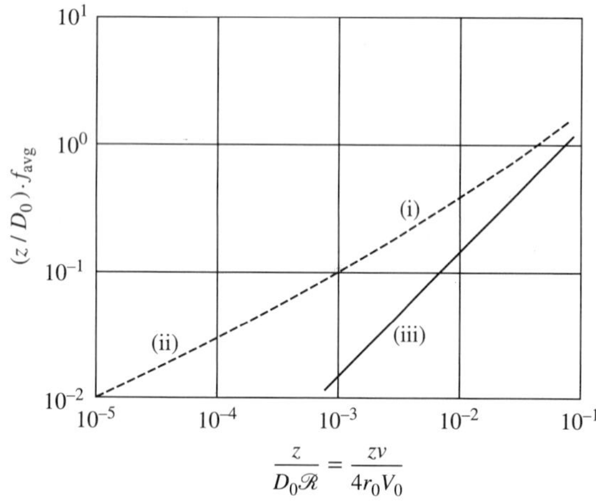

그림 15.8
입구($z = 0$)에서 길이 z 사이의 평균 마찰계수와 푸아죄유 식으로 계산한 마찰계수의 비교. 여기서 (i)은 Langhaar의 해, (ii)는 실험 데이터의 곡선 모델링, (iii)은 푸아죄유 식이다. (J. G. Knudsen, and D. L. Katz. *Fluid Mechanics and Heat Transfer*. New York, McGraw-Hill, 1958)

에는 푸아죄유 방정식, 랑하르 해, 그리고 실험적인 자료의 마찰인자를 비교하였다. 입구 영역의 평균 f 값은 푸아죄유 식에서 계산된 '표준'값보다 훨씬 크다.

15.5 이 모든 것은 무엇이 좋은가?

예제 15.1에서 15.7을 통해 간단한 흐름 형태(예를 들면, 튜브 또는 슬릿의 정상상태 층류)의 경우 나비에-스토크스 식에서 적절한 항을 소거한 후 국부속도에 대해 적분하고 풀 수 있는 형식을 찾을 수 있음을 보았다. 그런 다음 다시 적분하여 부피 유량을 얻을 수 있다. 시간에 따른 변화 항을 추가하면 나머지 항이 너무 복잡해지게 되어 해석적인 해를 얻을 수 없지만, 때로는 급수를 이용하거나 기타 닫힌 해를 얻을 수 있다. 마지막으로 흐름의 형태가 훨씬 더 복잡해짐에 따라 수치적 해를 사용해야 한다. 이 장의 끝에 있는 연습문제는 흐름 형태가 해석적인 해를 구할 수 있을 만큼 충분히 간단한 경우를 많이 보여 준다. 알려진 모든 해석적인 해에 대한 완전한 설명은 처칠에 의해 제공된다[8]. 이들 중 상당수는 실용적인 의미를 가진다.

심지어 더 복잡한 형상이나 시간 변화에 따른 경우, 흐름 영역을 그리드로 나누고(공간 및/또는 시간에 따라) 나비에-스토크스 식을 수치적으로 적분하는 전산유체역학(CFD, 20장)에 의존해야 한다. 그림 15.6은 해당 절차의 결과에 대한 초기 예를 보여 준다. 현재 컴퓨터에서는 훨씬 더 복잡한 문제가 쉽게 해결된다.

원칙적으로 우리는 난류 문제를 풀기 위해 유한 요소와 나비에-스토크스 방정식을 사용할 수 있어야 한다. 그러나 필요한 그리드 간격은 가장 작은 난류의 와류만큼 작아야 하며, 이는 밀리미터의 일부에 불과하므로 가장 큰 슈퍼컴퓨터에서도 필요한 그리드 포인트의 수가 감당할 수 없을 정도로 커진다. 대신 우리는 난류 흐름에 대한 나비에-스토크스 식의 근사해를 얻을 수 있는 근사 방법(19장 및 20장)을 고안해 냈다. 이러한 근사해들은 산업체에서 해를 찾는 비용을 지불할 만큼 충분한 가치가 있다.

15.6 오일러 방정식, 베르누이 방정식의 복습

만약 유체의 점도를 무시할 수 있다면, 식 (15.27)의 마지막 항은 0이며 다음 식을 얻을 수 있다.

$$\frac{D\mathbf{V}}{Dt} = \mathbf{g} - \frac{\nabla \cdot P}{\rho} \qquad (15.32)$$

이는 오일러 방정식(Euler's equation)이다. 위 식의 항들은 식 (C.15), (C.16), (C.17)(OLC 부록 참조)의 항들이며, 맨 오른쪽 항이 삭제되었다. 이 식에서 출발하여 많은 흐름에 대한 완전한 설명이 가능하다. 만약 점성 마찰과 난류를 무시할 정도라면 컴퓨터로 계산된 값은 실험과 잘 일치할 것이다.

유체가 음의 압력구배(예를 들면, 비행기 날개의 앞쪽 가장자리) 아래로 가속되는 표면 근처의 흐름에 대해 이러한 조건은 합리적으로 잘 근사되며 계산과 실험이 상당히 잘 일치한다. 그러나 유체가 양의('역') 압력구배(비행기나 선박의 후류에서와 같이)를 따라 흐르면서 감속되는 경우 오일러 식은 실험 결과를 잘 예측하지 못한다.

식 (15.32)를 한 유선(streamline)[2, p.112]을 따라 적분하면 다음과 같다.

$$\int \frac{\partial \mathbf{V}}{\partial t} \cdot d\mathbf{r} + \frac{\mathbf{V}^2}{2} + \int \frac{\partial P}{\rho} - gz = \text{constant} \qquad (15.33)$$

여기서 $\mathbf{r}$은 원점에서 측정된 위치벡터이며 정상 흐름($\partial \mathbf{V}/\partial t = 0$)과 밀도가 일정함은 친숙한 베르누이 식이 된다.

$$\frac{\mathbf{V}^2}{2} + \frac{P}{\rho} - gz - \text{constant} \qquad (15.34)$$

이 유도는 오직 한 유선에만 적용된다. 이를 운동량수지식에서 구하면 마찰 항이나 펌프 또는 압축기 항을 적용하기는 쉽지 않다. 이는 에너지수지식에서 동일한 결과를 찾았을 때 5장에서와 같이 자연스럽게 나타난다. 여기에서 속도가 벡터라는 사실은 제곱으로 나타나기 때문에 별 문제가 되지 않는다.(이는 벡터와 자체의 내적 또는 벡터의 절대값의 제곱과 동일한 스칼라이기 때문이다.)

15.7 수송 방정식

전단응력의 차원은 보통 (힘/길이^2)으로 정의된다. 만약 두 개의 평판 사이(그림 1.4 참조)의 정상 층류 전단을 주는 뉴턴 유체의 매우 간단한 흐름을 고려한다면

$$\tau = \mu \frac{dV}{dy} \tag{1.5}$$

한편, 우리는 차원에 대해서도 다음과 같이 전개할 수 있다.

$$\begin{pmatrix}\text{Shear}\\ \text{stress}\end{pmatrix} = \frac{\text{force}}{\text{length}^2} \cdot \frac{\text{mass} \cdot \text{length}}{\text{force} \cdot \text{time}^2} = \frac{\text{mass} \cdot \text{velocity}}{\text{area} \cdot \text{time}} = \frac{\text{momentum}}{\text{area} \cdot \text{time}} \tag{15.35}$$

또는

$$\text{Momentum flux} = \mu \frac{dV}{dy} \tag{15.M}$$

종종 식 (15.M)은 음수 부호와 함께 표현되기도 한다. 전단응력의 방향을 임의로 지정하기 때문에, 식 (15.M)은 다음 식과 같이 바꿔서 쓴다.

$$\text{Momentum flux} = -\mu \frac{dV}{dy} \tag{15.36}$$

이처럼 간단한 조작과 부호를 바꾸는 과정은 거의 사용하지 않는다. 그러나 열 및 물질 전달 교과서들을 살펴보면 다음과 같은 표현들을 찾을 수 있다.

$$\text{Conductive heat flux} = -k \frac{dT}{dy} \tag{15.37}$$

위 식은 푸리에의 열전도 법칙(Fourier's law of heat conduction)에 관한 식이다. 여기서 k는 열전도도이며, T는 온도이다. 이와 유사하게,

$$\text{Molecular diffusive mass flux} = -\mathcal{D} \frac{dc}{dy} \tag{15.38}$$

위 식은 픽의 확산 법칙(Fick's law of diffusion)이다. 여기서 $\mathcal{D}$는 분자확산도이며, c는 확산 성분의 농도이다.

이 세 가지 식들을 비교하면 일부 기하학에 대해 그중 하나에 대한 해를 알고 있는 경우

표 15.1
층류와 난류 흐름에 대한 수송 방정식의 유사성 관계식*

Flux of	Parallel forms for laminar flow or in solids	Parallel forms for turbulent flow
Momentum	$\frac{\rho V}{A} = -\mu \frac{dV}{dy}$ μ = viscosity (or molecular viscosity)	$\frac{V}{A} = -\frac{\mu_{eddy}}{\rho}\frac{dV}{dy} = -\nu_{eddy}\frac{dV}{dy}$ μ_{eddy} = turbulent eddy viscosity
Heat	$\frac{\dot{Q}}{A} = -k\frac{dT}{dy}$ k = thermal conductivity (or molecular thermal conductivity)	$\frac{1}{C_P\rho}\frac{\dot{Q}}{A} = -\frac{k_{eddy}}{C_P\rho}\frac{dT}{dy} = -\alpha_{eddy}\frac{dT}{dy}$ k_{eddy} = turbulent eddy thermal conductivity; α_{eddy} = thermal eddy thermal diffusivity
Mass	$\frac{\dot{m}}{A} = -\mathscr{D}\frac{dc}{dy}$ $\mathscr{D}$ = diffusivity (or molecular diffusivity)	$\frac{\dot{m}}{A} = -\mathscr{D}_{eddy}\frac{dc}{dy}$ $\mathscr{D}_{eddy}$ = turbulent eddy diffusivity

*The laminar forms are shown to emphasize the simple parallels. The turbulent forms are rearranged to show the coefficients ν_{eddy}, α_{eddy}, and $\mathscr{D}_{eddy}$ each of which has the same dimensions (length^2 / time, e.g., m^2/s).

동일한 기하학에 대한 다른 두 가지에 대한 해를 얻을 수 있음을 알 수 있다. 이 아이디어는 버드, 스튜어트 및 라이트풋[5]에 의해 화학공학에서 대중화되었으며, 이동 현상(transport phenomena)이라는 이름으로 명명되었다. 카슬로와 예거[9]에 의해 요약된 것처럼 다양한 기하학에 대한 이러한 방정식의 해가 알려져 있다. 일반적으로 해는 벡터 형식으로 표시된다. 예를 들어, 식 (15.36)은 식 (15.27)의 단순화로 표시된다. 위에 제시된 식들은 층류 및 고체의 열전도 또는 확산에만 적용할 수 있다. 그러나 표 15.1에 나와 있는 실험적 계수를 도입하면 난류 흐름까지 확장될 수 있다.

만약 와류 점도, 와류 열전도도 및 와류 분자확산도 사이에 간단한 관계가 존재한다면, 우리는 층류에 대해 수행하는 것과 같은 종류의 유체 흐름, 열전달 및 난류 흐름의 물질 전달 문제를 비교해 볼 수 있다.

레이놀즈의 유사성(6.6절)은 단순한 난류의 경우 위에 나열된 세 가지 와류 속성 사이에 단순한 비율이 있어야 한다고 제안하고 있다. 실험에 따르면 레이놀즈의 유사성은 오직 근사치에 불과하지만 실제로 난류의 유체 흐름, 열전달 및 물질 전달 사이의 관계를 연구하는 데 매우 유용하다는 것이 입증되었다.

이동 현상 접근법의 편리함을 느끼기 위해서는 전단응력을 운동량 플럭스로 생각해야 할 것이다. 우리 대부분은 전단응력을 단위 면적당 힘으로 생각하는 것이 더 편하기 때문이다. 그러나 그림 1.4로 돌아가 보면, 위쪽 판에서 미끄러지기 위해서는 위쪽 판에 x 방향으로 양의 힘이 적용되어 움직여야 하며, 아래쪽 판에서 움직이는 것을 막기 위해서는 위의 힘과 같고 반대의 방향으로 힘이 적용되어야 한다. 식 (15.36)이 요구하듯이 힘과 속도의 곱이 (운동량/시간)이고, 만약 이 힘이 단위 면적당 힘이라면 그 힘은 (운동량/단위 면적·시간의 흐름)과 동일하다는 것을 알 수 있다.

15.8 요약

1. 이 책의 1부, 2부, 3부에서 1차원 흐름의 단순화를 통해 유체역학의 간단하고 실용적인 화학공학 문제의 대부분을 해결할 수 있다.
2. 이러한 문제를 2, 3차원 흐름의 문제로 연구하면, 더 많은 수학적 비용을 들여 더 깊이 이해할 수 있다.
3. 현실적으로 관심이 있는 많은 문제는 2차원 또는 3차원 흐름 문제로만 이해할 수 있다.
4. 우리가 큰 컴퓨터를 갖기 전에는 이 중 몇 가지만 해결할 수 있었다. 몇 가지 예제는 이 장에서 다루었고, 다른 예제는 다음 두 장에서 다루어진다. 이제 우리는 큰 컴퓨터를 가지고 있으므로 CFD를 사용하여 좀 더 많은 문제를 해결할 수 있다.
5. 2, 3차원 유체역학의 기본 도구는 편미분 형식의 3차원 질량 및 운동량 수지식이다.
6. 나비에-스토크스 방정식은 밀도가 일정한 뉴턴 유체의 층류 흐름에 대한 3차원 미분 운동량수지식을 단순화한 것이다.

연습문제

연습문제와 예제 풀이를 위한 상용 단위와 수치들은 부록 E를 참조하라. * 표시가 있는 문제는 부록 C에 그 해답이 있음을 의미한다.

15.1. 다음에 대한 질량수지식[식 (15.7)]의 어느 항이 남는지 보여라.

(*a*) x-y 평판에서 압축성 유체의 정상 흐름

(*b*) x-y 평판에서 비압축성 유체의 비정상 흐름

(*c*) y 방향에서만 압축성 유체의 비정상 흐름

(*d*) 극좌표 평판에서 압축성 유체의 정상 흐름(즉, z축 방향으로 움직임이 없는 극좌표)

(*e*) 위의 네 가지 종류의 흐름을 설명하기 위해 실험실에서 사용 가능한 장비를 서술하라.

15.2. 원통형 좌표계[식 (C.13)]에서 질량수지식의 어떤 항이 남는지 보여라.

(*a*) 직선 원형 파이프에서 일정한 밀도를 가진 유체의 정상 흐름(예, 5, 6장)

(*b*) 직선 원형 파이프에서 밀도가 일정하지 않은 유체의 정상 흐름(예, 8장)

15.3. x축의 중심축을 갖는 수렴노즐 흐름에 대해서 x 성분은 다음 식과 같다.

$$V_x = V_0 \cdot (1 + x / L) \tag{15.N}$$

여기서 x는 노즐 입구에서부터의 거리이며, L은 노즐의 전체 길이이다.

(*a*) x의 함수로서 x 방향 가속도 dV_x/dt를 계산하라.

(*b*) $x = 0$부터 $x = L$까지 유체 입자가 이동하는 데 걸리는 시간을 계산하라.

15.4. (*a*) 연습문제 15.3에서 V_r에 대한 방정식을 구하라. 유체는 축 대칭이고 θ 방향으로 속도가 0이다.

(*b*) 연습문제 15.3의 흐름을 그림으로 나타내라.

15.5. 그림 15.3에서 평행판 대신 바닥판은 수평이지만 상부판은 기울기 $dz/dx = -\alpha$와 함께 x

방향으로 아래로 기울어져 있다. 판 사이의 공간은 $x=0$에서 높이 h가 있고 흐름 방향으로 높이가 감소하는 쐐기 모양이다. 흐르는 유체의 밀도는 일정하다.

(*a*) 이 흐름에 대한 질량수지식을 구하라.

(*b*) 만약 유입속도가 V_0이고, V_x가 z에 영향을 받지 않는다면 x의 함수로서 V_x와 V_z에 대한 방정식을 구하라.

15.6. 식 (15.22)의 좌변은 다음과 같은 유체 유동에서 스토크스 도함수 또는 운동방정식의 도함수라 불린다. $V_x = V_x(x, y, z, t)$라 할 때 아래의 식을 증명하라.

$$\frac{dV_x}{dt} = \frac{\partial V_x}{\partial t} + V_x\frac{\partial V_x}{\partial x} + V_y\frac{\partial V_x}{\partial y} + V_z\frac{\partial V_x}{\partial z} \tag{15.O}$$

즉, 스토크스 도함수는 유체의 작은 요소에 대해 시간에 대한 V_x의 전미분(편미분이 아님)이다.

15.7. $z=h$인 두 평판에서 한 평판은 고정이고 다른 판은 V_{wall}의 속도로 x 방향으로 계속 움직이는 상황에서 예제 15.1을 다시 풀어라. 판이 움직이는 이런 형식의 흐름을 쿠에트 흐름(Couette flow)이라고 한다. 이는 마치 자동차에 있는 베어링 안에서의 기름의 움직임과 비슷하다. 다음 식에 대한 속도분포를 그려라

$$\frac{h^2}{2\mu V_{\text{wall}}}\cdot\left(-\frac{dP}{dx}\right) = 0,\quad +3,\quad \text{and}\quad -3 \tag{15.P}$$

15.8.* 6장에서 원형관에서 층류 흐름에 대한 속도구배를 구했다. 그리고 평균속도는 중앙속도의 절반이라는 것을 알았다. 예제 15.1에서의 흐름에 대한 상응하는 관계는 무엇인가?

15.9. 밀도가 일정한 뉴턴 유체가 수직 벽을 얇은 막을 형성하여 아래로 층류 흐름으로 흐르고 있다(그림 15.9 참조). 다음 가정하에 나비에-스토크스 방정식(z 성분)을 사용하여 속도분포와 벽의 단위 폭 길이당 부피 유량을 구하라. 가정은 x, y 방향으로 유체 흐름이 없고, z 성분 속도는 고체 벽에서 속도가 0이다. 또한, 액체-공기 표면에서 전단응력은 없고 유체는 정상상태이다.(이 상황에서 유체 표면에 물결이 나타날 수 있지만 이 문제에 대한 가능성은 무시하라.)

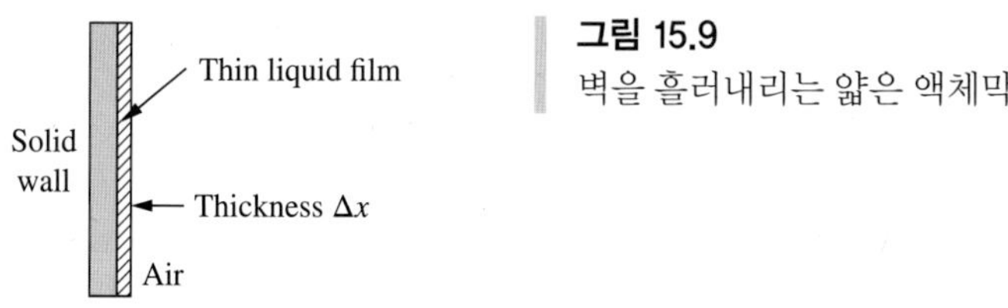

그림 15.9
벽을 흘러내리는 얇은 액체막

15.10. 연습문제 15.9에서 유체 막에 위 방향 바람이 충분한 속도로 불도록 한다면, 이제 액체와 공기 사이에 전단응력이 없다는 가정은 더 이상 유효하지 않게 된다. 대신에 기체-액체 표면에서 크기 τ_{air}의 전단응력이 작용한다고 가정한다. 연습문제 15.9를 이 변경된 상황에서 다시 풀어라.

15.11. 연습문제 15.9에서 간격이 Δx인 두 수직 평판 사이에 중력에 의한 흐름이 있는 상황에 대해 속도분포와 부피 유속을 다시 풀어라. 연습문제 15.9에서 흐름 방향에 대한 압력구배는

0이었다. 유체 흐름이 거의 일정한 압력의 공기에 노출되어 있기 때문이다. 수직 판은 유한하고, 평판 꼭대기에서 바닥까지 사이에서 압력은 같다고 가정할 수 있기 때문에 흐름 방향의 압력구배가 0이라 가정한다.

15.12. 다음과 같은 변화에서 연습문제 15.9를 다시 풀어라. 수직 판 대신에 수평에서 θ의 각도를 형성하는 판이 있다. 힌트: x 방향과 표면에 법선 방향인 z 방향에 대해 흐름이 있다. 이 경우에서 g 벡터는 평소처럼 $-z$ 방향이 아니다. 따라서 이 g 벡터의 적절한 값을 사용해야 한다.

15.13.* 새로운 도료를 설계한다. 이 도료는 벽에 0.003 in의 균일한 두께로 스프레이된다. 모든 도료와 마찬가지로 용제가 증발하면서 경화되므로 시간에 지남에 따라서 용제가 증발하고 도료의 점도는 급격하게 증가한다. 우리는 처음 짧은 몇 분 동안 도료가 벽을 타고 흘러내리는 문제[도료업계에서는 이를 '처짐(sagging)'이라 부름]에만 관심을 가지고 있다. 도료의 밀도는 80 lbm/ft^3이다. 이 문제를 풀기 위해 도료가 뉴턴 유체라고 가정한다. 도료 전문가는 도료를 처음 칠할 때 공기에 노출된 도료 표면의 하향 흐름 중력으로 인한 수직속도가 0.1 in/min 이하이면 눈에 띄는 처짐이 없을 것이라고 말한다. 이 사양을 충족하려면 도료를 도포할 때 어떤 점도를 가져야 하는가?

15.14. 연습문제 15.9는 우리가 기술적으로 관심을 가지고 있는 문제의 매우 단순화된 버전이다. 도료 또는 코팅과 같은 유체가 수직 벽 아래로 흐르는 것인데, 예를 들어 도료가 담긴 수조에 판을 담갔다가 들어 올릴 때 여분의 도료가 수직 판에서 떨어질 수 있도록 매달아 놓는 경우이다. 이러한 문제에 대한 더 유사한 경우는 다음과 같다. 시간이 0일 때, 수직인 판은 Δx의 균일한 도료층 두께를 가진다. 시간이 0일 때 새로운 도료가 더 가해지지 않은 상태에서 중력으로 인해 도료가 수직 벽을 따라 흐르도록 한다. 흐름이 진행됨에 따라 벽 상단의 도료층은 더 얇아지고 벽 하단의 도료층은 더 두꺼워진다.(바닥에 도료가 떨어지지만, 그에 대해서는 고려하지 않는다.) 수학적 문제는 시간 $t = 0$ 이후에 언제든지 벽의 임의의 위치(모든 z 값에서)의 필름 두께를 계산하는 것이다. 수직 방향은 z이고 표면에 수직인 방향은 x라 하자. 표면은 y 방향으로 충분히 커서 z와 x의 2차원만 생각한다. 유체의 밀도와 점도는 일정하다.(실제 문제에서는 용매가 증발하므로 점도와 밀도가 시간이 지남에 따라 빠르게 변하지만, 여기서는 이를 고려하지 않는다. 그래도 문제는 충분히 어렵다!) 유체는 뉴턴 유체라 가정하고(실제 도료는 상당히 비뉴턴적이지만!), 점도는 μ, 밀도는 ρ, 수직 벽의 높이는 h라 하자.

(*a*) 이 문제의 물질수지식(연속방정식)을 적절하게 표현하라.

(*b*) 이 문제의 운동량수지식(나비에-스토크스 방정식의 z 성분)을 적절하게 표현하라.

15.15. 유체가 담겨 있는 탱크의 바닥에는 길고 좁은 사각 슬롯(slot)이 있다. 유체는 얇은 시트의 형태를 띠며 천천히 슬롯을 통해 바깥으로 흐르고 있다. 슬롯에서 유체의 시트는 공기를 통해 아래로 흘러 고체 표면에 떨어진다. 이것은 떨어지는 유체 시트 아래 컨베이어 벨트에서 움직이는 다양한 제품에 코팅을 적용하는 데 사용되는 방법이다. 이 상황에서 나비에-스토크스 방정식의 z 성분(즉, 수직 요소)을 작성하라. 어떤 항이 0이 되며 또는 무시할 정도인지 표시하라. z와 x의 함수로 속도를 풀기 위해 추가로 필요한 정보는 무엇인지 나타내라.

15.16. 무한 범위의 일정한 밀도를 가진 뉴턴 유체가 단단한 벽에 인접해 있다. 시간 0에서 벽은 속도 V_0로 갑자기 움직이기 시작한다.(이것은 정지한 상태에서 전속력으로 출발한 쾌속정 측면 근처의 물에서 대략적으로 발생하는 일이다.) 식 (15.26)에서 시작하여 V_x에 대한 미분방정식을 y 및 t의 함수로 작성하라. 0이 되는 항들은 모두 소거하라. 또한 경계 조건을 나열하라. 이 결과 식은 다음 장에서 여러 번 나올 것이다.

15.17. 그림 15.5에 표시된 원통형 껍질 요소를 사용하여 원형 튜브에서 층류 흐름에 대한 시작 문제를 해결하고자 시도하면, 이것이 6.3절의 유도에 대한 유사성을 따르게 되고, 식 (15.12)를 찾을 수 있게 됨을 보여라.

15.18. 원형 파이프 대신 평행 판 사이의 흐름에 대해 예제 15.3을 반복하라. 그 예제와 같은 가정을 하고, 흐름 방향으로는 z를 취하고, 판에 수직인 방향으로는 x를 취하라.

15.19. 그림 15.4(관에서 뉴턴 유체의 층류 흐름의 시작)는 겉으로는 관의 길이를 포함하고 있지 않다. 과연 암시적으로는 내포하고 있을까? 만약 그렇다면 어떻게 표현하고 있는지 설명하라.

15.20.* $V/V_{max} = 0.8$에 대해서 예제 15.4를 다시 풀어라. 다시 푼 결과와 그림 7.19를 비교하라.

15.21. 동점도가 10^{-4} m^2/s인 유체(물 점도의 약 100배)가 둥근 입구를 통해 지름 0.01 m의 원형 튜브로 정상 흐름으로 흐른다. $V_{avg} = 1$ m/s이다.

(*a*) 무한 거리에서 중심선 속도의 95%의 중심선 속도가 되려면 입구에서 얼마나 떨어진 하류의 위치인지 예측하라.

(*b*) 입구에서 이 위치 사이의 압력강하를 예측하라. 유체의 밀도는 물과 같다고 가정하라.

(*c*) 입구 영역에서 충분히 멀리 떨어진 하류에 있는 동일한 길이의 관에 대한 압력강하를 추정하라.

15.22. (*a*) 식 (1.AH)를 유도하라. 식 (C.19)(OLC 부록)에서 시작하여 0이 되는 모든 항을 소거하여 다음 식을 유도하라.

$$0 = \frac{\partial}{\partial r}\left[\frac{1}{r}\frac{\partial}{\partial r}(rV_\theta)\right] \tag{15.Q}$$

적분을 두 번 하고, 두 경계 조건($V_\theta = 0$ @ $r = R$, $V_\theta = \omega kR$ @ $r = kR$)에서 적분상수를 계산하라.

(*b*) 외부 실린더가 회전하고 내부 실린더가 회전하지 않는 다른 버전의 쿠에트 점도계에 대한 해당 식을 유도하라. 이 경우 위의 적분 형식은 동일하지만 적분상수는 $V_\theta = \omega R$ @ $r = R$, $V_\theta = 0$ @ $r = kR$의 경계 조건에서 계산하라.

(*c*) (*a*)에서 구한 방정식으로부터 식 (1.AI)와 (1.AJ)를 유도하라. 여기서 $\sigma = r(\partial\omega/\partial r)$이다.

(*d*) 예제 1.2와 연습문제 1.10에서 움직이지 않는 외부 실린더의 벽에서 전단응력, 전단속도, 그리고 이들의 비율로 계산되는 점도는 얼마인가?

참고문헌

1. Schlichting, H., and K. Gersten. *Boundary-Layer Theory*, 8th ed. Berlin, Germany: Springer, 2000.

2. Prandtl, L., and O. G. Tietjens. *Fundamentals of Hydro- and Aeromechanics*, trans. L. Rosenhead. New York: Dover, 1957.
3. Schlichting, H. *Boundary Layer Theory*, 7th ed., trans. J. Kestin. New York: McGraw-Hill, 1979, p. 615.
4. Bird, R. B., E. N. Stewart, and W. E. Lightfoot. *Transport Phenomena*, 2nd ed. New York: Wiley, 2002.
5. Bird, R. B., E. N. Stewart, and W. E. Lightfoot. *Transport Phenomena*, New York: Wiley, 1960.
6. Christiansen, E. B., and H. E. Lemmon. "Entrance Region Flow," *AIChEJ 11*, 999 (1965), pp. 995–999.
7. Langhaar, H. L. "Steady Flow in the Transition Length in a Straight Tube." *ASME Trans. 64*, (1942), pp. A55–58.
8. Churchill, S. W. *Viscous Flows: The Practical Use of Theory*, Boston, MA: Butterworths (1988).
9. Carslaw, H. S., and J. C. Jaeger. *Conduction of Heat in Solids*, 2nd ed., Oxford, UK: Oxford University Press, 1959.

CHAPTER

16

퍼텐셜 흐름

2, 3차원 흐름(15장)에 관한 모든 기본적인 요소는 1900년까지에는 알려졌었다. 그러나 용량이 큰 컴퓨터가 없었기 때문에, 이것은 매우 단순한 기하학적 구조의 층류 흐름에만 적용되었다. 2, 3차원 흐름에 관련된 기술적인 관심사의 문제를 처리하기 위하여, 15장에서 두 개의 유용한 간소화의 개념인 퍼텐셜 흐름과 경계층이 개발되었다. 현재 화학공학자들은 퍼텐셜 흐름을 거의 사용하고 있지 않으며, 경계층을 매우 많이 사용한다. 따라서 이 장에서는 화학공학기술자의 기술적인 부분보다는 대부분 문화적 배경에 주안점을 둔다.

16.1 퍼텐셜 흐름과 경계층의 역사

19세기 말에는 유체역학에 관한 두 부류의 학파가 있었다. 한 부류인 **수력학자**(hydraulician)들은 실험 자료를 고찰하여 유용한 설계식으로 일반화하고자 하였다. 이러한 식은 이론적 내용이 없는 일반 실험식이었다. 다른 부류인 **유체동역학자**(hydrodynamicist)들은 15장과 OLC 부록(Online Learning Center Appendix, http://www.mhhe.com/denevers4e)에 있는 식들로부터 출발하여 그것을 실제적인 문제에 적용하고자 하였다. 이들은 점성마찰항이나 밀도의 변화를 유지하면 미분방정식이 아주 복잡해져서 거의 해를 구할 수 없음을 알았다. 따라서 점도가 0이고 밀도가 일정한 **이상유체**(perfect fluid)를 가정하여 점성마찰 및 밀도변화 항을 무시하였다. 그런 다음에 이러한 이상유체에 대해 여러 가지 흐름의 거동을 완전히 계산할 수 있었다. 수심이 깊은 파도나 조수처럼 고체 표면이 관여되지 않는 흐름에서는 이러한 수학적 해가 관찰 결과와 잘 일치하였다. 그러나 이상유체에 관한 해는, 유로나 관 안의 흐름, 흐름이 지나가면서 고체에 미치는 힘 등, 수력학자들이 관심을 두는 문제의 관찰 결과와 잘 맞지 않았다. 1900년까지 이 두 부류는 서로 다른 길을 걸었다.

유체동역학자는 공학적 문제는 별로 염두에 두지 않은 채 학문적 수학 논문만을 발표하였고, 수력학자는 시행착오, 직관, 실험 등에 의하여 공학적 문제를 해결하였다. 유체동역학자는 관찰할 수 없는 것을 계산하였고, 수력학자는 계산할 수 없는 것을 관찰하였다.

1904년 루트비히 프란틀(Ludwig Prandtl)[1]은 경계층이라는 새로운 개념을 도입하여 이 두 부류가 합치는 길을 제안하였다. 그림 16.1에 나타낸 것처럼 유체가 평면의 앞 가장자리를 지나서 흐르면 속도프로필이 생긴다. 이상유체 흐름의 법칙에 따르면 이 면은 어떤 방법이든 흐름에 영향을 미치면 안 된다. 즉, 유속은 흐르는 유체의 어디에서나 V_∞이어야 한다. 15장의 식들과 OLC 부록에 따르면 y 방향에는 무한에 이르기까지 속도구배가 존재해야 한다. 프란틀은 이러한 관점들의 타협으로서 흐름을 개념적으로 두 부분으로 나눌 수 있다고 제안했다. 고체 표면에 가까운 영역에서는 점성의 영향이 너무 크기 때문에 무시할 수 없다. 그러나 이 영역은 아주 작으며, 이 외부에서는 점성 영향이 적어서 무시할 수 있다. 따라서 이 영역 밖에서는 이상유체 흐름의 법칙을 적용할 수 있다.

프란틀은 점성력(viscous force)을 무시할 수 없는 영역을 **경계층**(boundary layer)이라 하였다. 그는 이 영역은 x 방향 유속이 자유흐름 유속(free-stream velocity)의 0.99배보다 작은 구역이라고 제안했다. 따라서 2차원이나 3차원 흐름 문제의 완전한 해를 구하려면, 경계층 안에서는 15장의 식들과 OLC 부록을 사용해야 하고, 경계층 밖에서는 이상유체 흐름에 관한 식을 사용해야 한다. 경계층 가장자리에서는 이 두 가지 풀이의 압력과 유속이 같아야 한다.

이처럼 구분했지만, 물리적으로 측정할 수 있는 경계가 있는 것은 아니다. 경계층의 가장자리는 흐름이 급격히 변하는 곳이라기보다는 독단적인 수학적 정의에 해당하는 것이다. 이러한 단순화에도 계산은 몹시 어려우므로 일반적으로 근사해만 구할 수 있다. 그럼에도 불구하고 이 개념은 여러 가지 설명할 수 없었던 현상을 명확히 했으며, 복잡한 흐름을 검토하는 데에 전보다 나은 지적 기반을 제공했다. 결과적으로 경계층은 유체역학자의 마음속에 표준 개념이 되었다. 이 개념이 유체역학에 수용됨에 따라 유사 개념을 열전달과 물질전달에 적용하며, 일반적으로 유용한 결과를 얻었다.

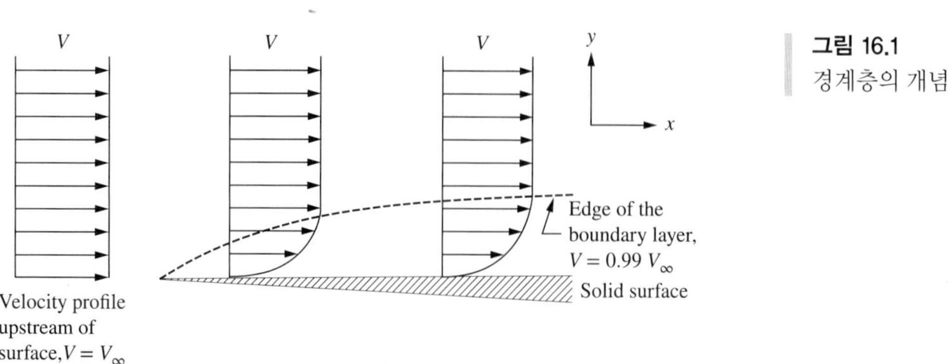

그림 16.1
경계층의 개념

이처럼 이상유체 흐름과 경계층의 개념은 서로 밀접하게 연결된 것을 알 수 있다. 물리적으로 관심의 대상이 되는 흐름을 완전히 기술하려면, 어느 한 가지만으로도 충분할 때가 있기는 하지만, 일반적으로 이 두 가지가 다 필요하다. 이 장에서는 이상유체 흐름에 관해 다루고, 경계층은 다음 장에서 다룬다. 먼저 유선의 개념을 소개하기로 한다.

16.2 유선

1차원 흐름에서는 흐름의 모든 점에서의 유속은 다를 수 있지만 흐름 방향은 같다(예를 들면, 관 내 층류). 2차원 및 3차원 흐름에서는 곳에 따라 유속과 방향이 모두 변한다. 비정상(즉, 시간이 변함) 흐름에서는 순간에 따라서도 변한다. 정상 흐름에서는 임의의 점에서의 유속과 방향을 그릴 수 있다. 그림 16.2에서는 임의의 점의 유속을 여러 점에서의 상대 유속과 흐름 방향을 화살표로 나타내었다.

점 A에서 출발한 유체 입자를 따라가 보면 직선이 아니라 곡선으로 움직이는데, 임의의 점에서의 방향은 흐름 방향의 접선 방향이다. 이러한 곡선은 정상 흐름에서 유체 입자의 경로를 보여 주는 것으로 유선(streamline)이라고 한다. 흐름 중의 모든 점을 통과하는 유선이 있으므로, 그림 16.2에 유선을 모두 그려 넣으면 전체 흐름 영역이 검어질 것이다. 따라서 일반적으로 몇 개의 유선만을 그리며 이로부터 중간 유선을 내삽할 수 있을 것이다. 정상 흐름에서는 유선을 교차하는(즉, 유선에 직각인) 흐름이 없다.

비정상 흐름 문제에서는 그림 16.2의 유속의 방향과 크기가 시간에 따라 변하므로, A를 통과하는 유선의 방향과 유속이 시간에 따라 변한다. 시간 t_1일 때 A를 통과하는 유선에 있던 유체 입자는 시간 $t_1 + \Delta t$일 때 A를 통과하는 새로운 유선에 있지 않을 수 있다. 이러한 문제를 다루려면 두 가지 개념을 더 도입해야 한다. 즉, 유체의 한 점에 주입한 물감이 만드는 선으로서, 이 점을 통과한 유체의 모든 입자의 위치를 나타내는 선인 맥선(streakline)과, 시간에 따른 유체의 단일 입자의 순간 유속과 방향을 나타내는 경로선(pathline)이다. 정상 흐름에서는 맥선, 경로선, 유선이 모두 같다. 여기서는 정상상태만 다루므로, 이 장에서는 유선에 관해서만 언급한다.

유선을 다른(유선을 교차하는 흐름은 없다는) 관점에서 보면, 흐름 중에 잠겨 있는 고체의 경계는 유선이어야 한다. 실제 유체 흐름에서는 고체의 경계에 인접한 유체는 고체에 대한 움직임이 없고 벽에 달라붙는다. 따라서 실제 유체에서는 고체 벽은 유속이 0인 유선이다. 이상유체 이론에서는 가상적 완전유체가 점도가 없으므로 벽에 달라붙지 않는다. 그

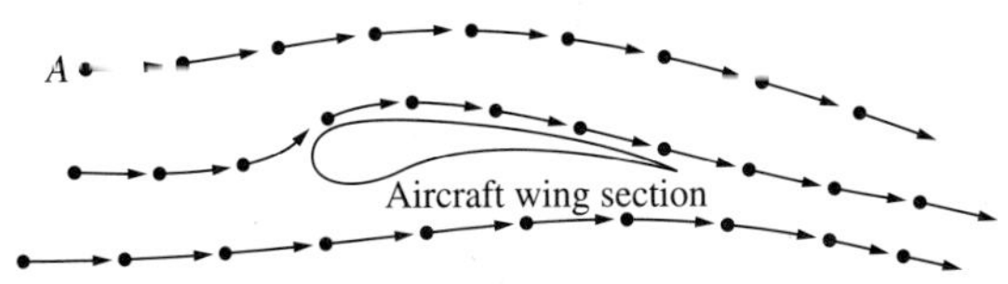

그림 16.2
정상상태 2차원 흐름의 임의의 점에서의 유속과 방향 및 유선의 개념

러므로 이상유체 흐름에서 고체에 인접한 유선은 일정한 유속을 가진 것이다. 이로부터 한 유선을 따라 이상유체 흐름을 나누고 이 유선의 한쪽 흐름을 고체로 대체한다는 생각을 할 수 있다. 이때 이 유선은 다른 쪽 흐름의 수학적 특성은 그대로라고 본다. 따라서 이상유체 이론에서 어떤 고체 주변의 흐름을 계산하려면, 이 고체와 같은 모양의 유선을 가진 흐름을 알아내고, 개념적으로 흐름의 이 부분을 고체로 대체하면 된다. 이때 흐름의 나머지 부분은 영향을 받지 않는다. 이러한 수법의 몇 가지 예를 들어보기로 한다.

16.3 퍼텐셜 흐름

유체가 점도를 갖지 않는다고 가정할 수 있는 경계층 외부 영역에서 수학적 해는 퍼텐셜 흐름(potential flow)이라는 형이 된다. 이 흐름은 온도장(temperature field)에서의 열 흐름과 정전기장(electrostatic field)에서의 전하 흐름과 유사하다. 열전도의 기본식(푸리에 법칙)은 다음과 같다.

$$q_x = -k\frac{\partial T}{\partial x} \qquad q_y = -k\frac{\partial T}{\partial y} \qquad q_z = -k\frac{\partial T}{\partial z} \tag{16.1}$$

이 식에서 q_x는 x 방향의 단위 면적당 단위 시간당 열 흐름(heat flux)이고, k는 열전도도, T는 온도이다. 공간에서 임의의 영역에 대한 에너지수지를 취하면[식 (15.7)을 구할 때의 절차와 비슷하다] 다음과 같다.

$$\rho C_V \frac{\partial T}{\partial t} = \frac{\partial[-k(\partial T/\partial x)]}{\partial x} + \frac{\partial[-k(\partial T/\partial y)]}{\partial y} + \frac{\partial[-k(\partial T/\partial z)]}{\partial z} \tag{16.2}$$

여기서 ρ는 밀도, C_V는 열용량이다. k가 일정하다면 다음과 같이 간단해진다.

$$-\frac{\rho C_V}{k}\cdot\frac{\partial T}{\partial t} = \frac{\partial^2 T}{\partial x^2} + \frac{\partial^2 T}{\partial y^2} + \frac{\partial^2 T}{\partial z^2} \tag{16.3}$$

정상상태이면 좌변이 0이므로, 정상상태 열전도식은 다음과 같다.

$$0 = \frac{\partial^2 T}{\partial x^2} + \frac{\partial^2 T}{\partial y^2} + \frac{\partial^2 T}{\partial z^2} = \nabla^2 T \tag{16.4}$$

여기에서 대수 형식과 벡터 약어로 표현된 이 식은 라플라스 식(Laplace equation)으로서, 여러 형태의 해가 알려져 있다[2].

마찬가지로 정전기장에서 전하의 흐름은 다음과 같다.

$$J_x = -\frac{1}{\rho}\cdot\frac{\partial E}{\partial x} \qquad J_y = -\frac{1}{\rho}\cdot\frac{\partial E}{\partial y} \qquad J_z = -\frac{1}{\rho}\cdot\frac{\partial E}{\partial z} \tag{16.5}$$

이 식에서 J_x는 x 성분의 전류밀도, E는 전압, ρ는 저항계수이다. 정상상태와 일정한 저항계수에 대하여 라플라스 식은 다음과 같다.

$$0 = \frac{\partial^2 E}{\partial x^2} + \frac{\partial^2 E}{\partial y^2} + \frac{\partial^2 E}{\partial z^2} = \nabla^2 E \tag{16.6}$$

열과 전하의 흐름이 라플라스 식에 따르므로(일정한 제약조건에서) 유체역학자들은 액체 흐름에도 비슷한 형식을 도입했다. 즉, 다음 식으로 **속도퍼텐셜**(velocity potential) ϕ를 정의하였다.

$$V_x = x \text{ component of velocity} = \frac{-\partial\phi}{\partial x} \tag{16.7}$$

$$V_y = y \text{ component of velocity} = \frac{-\partial\phi}{\partial y} \tag{16.8}$$

$$V_z = z \text{ component of velocity} = \frac{-\partial\phi}{\partial z} \tag{16.9}$$

일정밀도 유체에 대한 정상상태 질량수지식[식 (15.8)]을 적용하면, 이 정의 역시 라플라스 식이 됨을 알 수 있다.

$$0 = \frac{\partial^2 \phi}{\partial x^2} + \frac{\partial^2 \phi}{\partial y^2} + \frac{\partial^2 \phi}{\partial z^2} = \nabla^2 \phi \tag{16.10}$$

식 (16.7), (16.8), (16.9)에서 알 수 있듯이 ϕ의 차원은 ft^2/s 또는 m^2/s이다.

흐름 문제를 속도퍼텐셜의 항으로 나타내면 아주 간단해지는 장점이 있다. 정상 흐름 문제의 일반해를 구하려면, $V_x = f_1(x, y, z)$, $V_y = f_2(x, y, z)$, $V_z = f_3(x, y, z)$ 등 세 독립변수의 세 미지함수를 갖게 된다. 이 문제를 속도퍼텐셜의 항으로 나타낼 수 있으면, 이러한 세 함수 모두를 $\phi = \phi(x, y, z)$로부터 구할 수 있으므로, 세 함수를 구하는 문제가 아니라 한 함수를 구하는 것으로 간단해진다.

속도퍼텐셜의 물리적 의미는 무엇인가? 이상적 무마찰 유체의 흐름에서는 속도퍼텐셜은 아무런 물리적 의미도 없다. 이를 설명하기 위해 그림 16.3에 나타낸 것처럼 수평관에서 흐르는 무마찰(frictionless), 정밀도 유체의 정상 흐름을 생각하자.(이러한 무마찰 유체는 어떤 외력에 의해 일단 운동을 시작하면 이를 정지시키는 힘이 없으므로 영원히 움직일 것이다.) 이러한 무마찰 유체에서는 흐름에 직각인 단면에서 유속이 균일하다. 그러므로 베르누이 식에서 길이에 따른 압력, 유속, 또는 높이의 변화가 없음을 알 수 있으며, 또 온도, 굴절률, 유전상수, 또는 기타 측정 가능한 성질이 변하지 않음을 쉽게 증명할 수 있다. 그러

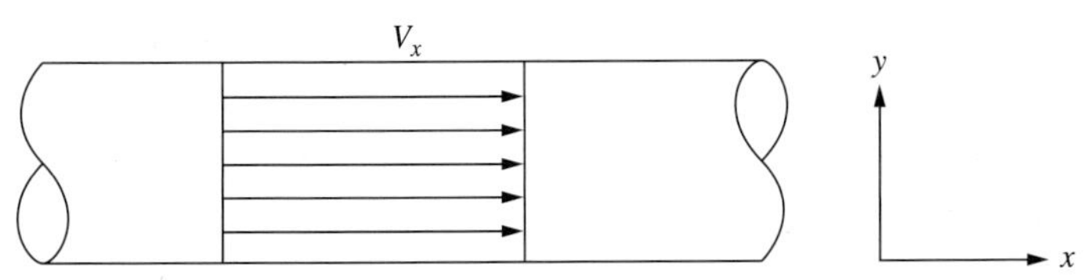

그림 16.3
수평관에서 무마찰 유체의 정상 흐름

나 식 (16.7)에서 보면 V_x가 일정하기 때문에 x 방향에서 ϕ가 계속 감소한다. 직관적으로 ϕ는 압력으로서 표기하나, 그림 16.3에 보인 흐름에서는 압력이 흐름의 방향으로 일정하게 감소하면, 무마찰 흐름은 같은 방향으로 일정하게 가속된다. 이럴 때 일정한 지름을 가진 관에서 정밀도(constant-density) 유체는 가속되지 않는다. 따라서 이상유체에서는 속도퍼텐셜 ϕ가 유체의 측정 가능한 물성(measurable physical property)의 함수가 아니다. 이것은 물리적 의미를 가지고 있지 않다.*

이처럼 ϕ의 물리적 의미가 없다고 해서 당황할 필요는 없다. 공학에는 이러한 양들이 있는데, $i = (-1)^{1/2}$을 예로 들 수 있다. 가상적 전압, 전류 등을 물리적으로 해석할 수 없지만, i를 사용하면 교류의 취급이 쉬워진다. ϕ도 이러한 관점에서 보면 된다. 즉, 실제로 물리적 의미는 없지만, 어떤 문제 풀이에서는 유용한 수학적 도구가 된다.

실제 점성 유체의 다공질 매체를 통한 흐름의 연구에서는 ϕ를 다른 의미로 사용한다. 11장에서 보면, 베르누이 식의 $V^2/2$ 항이 무시되고 마찰손실 항은 층류형이 된다.

$$\mathscr{F} = \frac{\text{viscosity} \cdot \text{velocity} \cdot \text{length}}{\text{permeability} \cdot \text{density}} \tag{16.11}$$

여기서 투과도(permeability) k는 다공질 매체의 성질이다(11장 참조). 베르누이 식에 이 관계를 대입하면

$$\Delta\left(\frac{P}{\rho} + gz\right) = -\frac{\mu}{k\rho} V_x \, \Delta x \tag{16.12}$$

양변에 $(k\rho/\mu\Delta x)$를 곱하고 Δx가 무한소가 되는 극한을 취하여 정리하면 다음과 같다.

$$\frac{k}{\mu} \cdot \frac{d(P + \rho gz)}{dx} = -V_x \tag{16.13}$$

이 식은 다음 조건이 성립할 때 식 (16.7)과 같다.

$$\phi = \frac{k}{\mu}(P + \rho gz) \tag{16.14}$$

이러한 설명은 직관적으로 상당히 만족스러운 것이다. 균일한 다공질 매체를 통한 점성 유체의 흐름에서는 밀도, 점도, 투과도가 일정하다. 따라서 높이가 일정하면 x 방향의 유속 $-\partial\phi/\partial x$는 음의 압력구배 $(-\partial P/\partial x)$에 비례한다. 퍼텐셜 흐름에서 다공질 매체의 의미는 직관적으로 만족스럽고 석유 유층공학, 지하수 수력학, 여과기와 충전층 연구에서 실질적으로 상당히 유용한 것이지만, 퍼텐셜 흐름에서 중요 응용분야는 아니다. 주요 응용은 가

---

* ϕ에 대한 한 가지 물리적 해석은 시간이 0에서 압맥박(pressure pulse)이 유체를 움직이게 하고 즉시 철수하는 것으로 표현된다. 유체가 계속 흘러가는 동안 소멸되는 순간 압맥박은 ϕ의 구배이다. 참고문헌 [3, p.155]를 보라.

표 16.1
라플라스 식에 따르는 계의 비교

$$\frac{\partial^2 \phi}{\partial x^2} + \frac{\partial^2 \phi}{\partial y^2} + \frac{\partial^2 \phi}{\partial z^2} = \nabla^2 \phi = 0$$

System	What is flowing?	ϕ	Lines of constant ϕ
Steady-state temperatures	Heat (i.e., thermal energy)	Temperature	Isotherms
Steady-state electric field	Charge (i.e., electrons in opposite direction)	Potential (voltage)	Equipotentials
Steady-state perfect-fluid flow	Perfect fluid (zero viscosity, constant density)	No physical meaning whatsoever	Equipotentials
Steady-state viscous flow in porous media	Real, viscous, constant-density fluid	$\frac{k}{\rho}(P + \rho g z)$	Equipotentials (or, for constant elevations, isobars: or for constant pressure, elevation contour lines)

상의 이상유체에 이용하며, 이때는 ϕ의 직관적 의미는 전혀 없다.

이러한 퍼텐셜 흐름계를 표 16.1에서 비교하였다. 모든 네 가지 퍼텐셜 흐름은 식 (16.10)으로 나타낼 수 있다. 식 (16.10)의 결과 중의 하나는 흐름이 항상 등퍼텐셜선(equipotential line)에 수직이다. 따라서 유체역학 술어로 나타내면, 정상 흐름 유선은 항상 일정한 ϕ의 선에 수직이다. 이 성질은 언덕을 굴러 내려오는 공을 볼 때의 경험과 상치되는 것이다. 가만히 있다가 굴러 내려오는 공은 등고선에 수직으로 구르지만, 등고선이 직선이고 평행이 아니면, 다른 각도로 이를 통과한다. 공이 이렇게 되는 이유는 관성을 가지고 있어서 언덕이 굽었을 때 곧게 가려고 하기 때문이다. 라플라스 식에 따르는 흐름은 일반적으로 관성이 없다. 전기와 열은 관성이 없다. 다공질 매체의 점성 흐름에서는 관성 항 $V^2/2$이 아주 작으므로 무시할 수 있다. 이상유체 흐름에서는 관성이 중요할 수 있지만, 비물리적 특성인 ϕ와 비회선 특성(irrotational character, 16.4절 참조)에 의해 관성이 있는 이러한 흐름이 관성이 없는 공식에 맞게 된다.

퍼텐셜 흐름의 개념에 관한 감각을 가지려면 ϕ의 선택에 따라 흐름이 어떤 종류가 되는지를 검토하기로 한다. 여기서는 2차원 흐름만 다룰 것인데, 이는 3차원 흐름보다 수학적으로 아주 간단하기 때문이다. 일반적으로 ϕ는 $\phi = \phi(x, y)$가 되지만, 모든 이러한 함수는 라플라스 식을 만족하지는 않기 때문에, 이러한 함수 모두가 퍼텐셜 흐름을 나타내는 것은 아니다. $\phi = x^2$, $\phi = x^2 + y^2$, $\phi = e^x$, $\phi = \sin x$는 라플라스 식을 만족하게 하지 않음을 증명할 수 있는데, 이러한 것은 정밀도 유체의 질량수지에 어긋나는 것이기 때문에 퍼텐셜 흐름을 나타낸 것이 아니다(연습문제 16.4 참조).

예제 16.1 라플라스 식을 만족하게 하는 함수의 예를 들기 위해, 다음 식으로 기술되는 흐름의 그림을 그렸다.

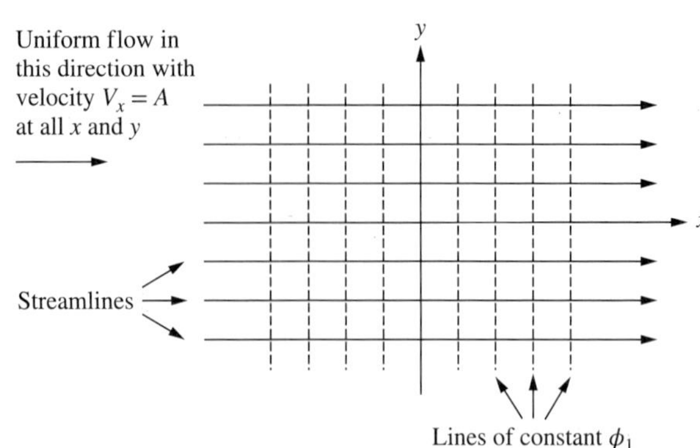

그림 16.4
속도퍼텐셜 $\phi_1 = -Ax$로 기술되는 흐름

$$\phi_1 = -Ax \tag{16.A}$$

$$\phi_2 = -(Ax + By) \tag{16.B}$$

$$\phi_3 = C \ln (x^2 + y^2)^{1/2} \tag{16.C}$$

여기서 A와 B는 속도(ft/s 또는 m/s)의 차원, C는 속도 × 거리(ft^2/s 또는 m^2/s)의 차원을 가진다. ϕ_1, ϕ_2, ϕ_3에 대하여, 라플라스 식이 만족함을 입증할 수 있다.

ϕ_1에 대하여

$$V_x = \frac{-\partial \phi_1}{\partial x} = A \qquad V_y = \frac{-\partial \phi_1}{\partial y} = 0 \tag{16.D}$$

이 ϕ_1은 $+x$ 방향으로 속도 A의 균일 정상 흐름이다. 이 속도는 기술된 전체 영역에 걸쳐서 같다. 이것은 정상 균일 속도 A로 바다에서 부는 바람으로 표현된다(그림 16.4).

ϕ_2에 대하여

$$V_x = \frac{-\partial \phi_2}{\partial x} = A \qquad V_y = \frac{-\partial \phi_2}{\partial y} = B \tag{16.E}$$

이 흐름은 그림 16.5에 나타내었다. 이러한 두 가지 예로부터 분명한 것처럼, $\phi = Ax + By + C$형의 식은 어느 것이든 속도가 $(A^2 + B^2)^{1/2}$이고 x축과의 각도가 arctan (B/A)인 균일 정속 흐름을 나타낸다. 이러한 균일 정속 흐름은 실질적으로 큰 관심의 대상이 아니지만, 뒤에서 보게 될 것처럼 다른 흐름과 조합하여 더 흥미 있는 문제를 풀 수 있다.

많은 퍼텐셜함수에서는 직교좌표보다는 평면 극좌표를 사용하면 편리하다. 극좌표에서 식 (16.7)과 (16.8)은 다음 형이 된다.

$$\text{Radial velocity} = V_r = \frac{-\partial \phi}{\partial r} \tag{16.15}$$

$$\text{Tangential velocity} = V_\theta = r\frac{\partial \theta}{\partial t} = r\omega = \frac{-1}{r} \cdot \frac{\partial \phi}{\partial \theta} \tag{16.16}$$

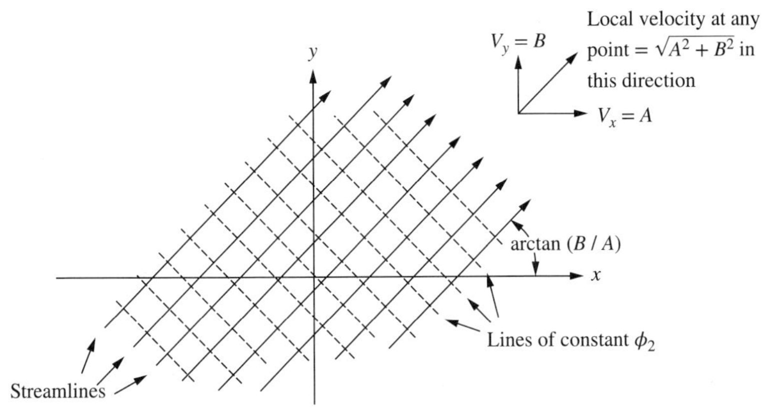

그림 16.5
속도퍼텐셜 $\phi_2 = -(Ax + By)$로 기술되는 흐름

라플라스 식은 다음 형이 된다.

$$\frac{\partial \phi}{r\,\partial r} + \frac{\partial^2 \phi}{\partial r^2} + \frac{\partial^2 \phi}{r^2\,\partial \theta^2} = \nabla^2 \phi = 0 \tag{16.17}$$

대수학적 표기법은 Cartesian 좌표와는 다르지만, 벡터 약칭형은 어느 좌표에서든 똑같다.(벡터 약칭형의 장점 중 하나이다!)

극좌표에서는 ϕ_3는 다음과 같이 나타낸다.

$$\phi_3 = C \ln r \tag{16.F}$$

그리고 속도성분은 다음과 같다.

$$V_r = \frac{-C}{r} \qquad V_\theta = 0 \tag{16.G}$$

따라서 유선은 반지름 방향에서 안으로 그은 선이며, 일정 퍼텐셜 선은 원이다(그림 16.6). C가 +값이면 흐름은 반지름 방향에서 안으로 흐른다. C가 −값이면 흐름은 반

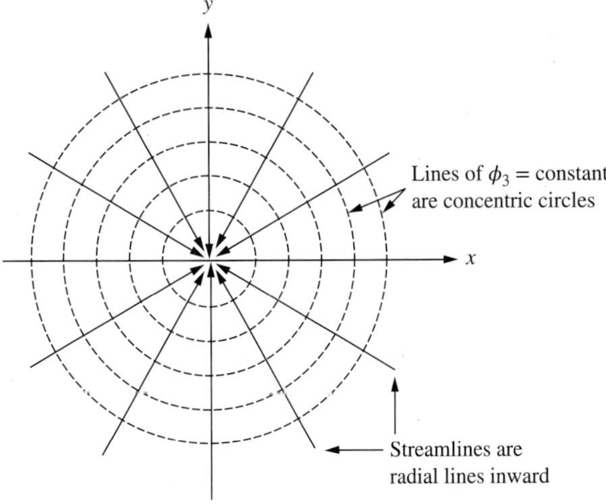

그림 16.6
속도퍼텐셜 $\phi_3 = C \ln r$로 기술되는 흐름

지름 방향에서 밖으로 흐른다. 이 흐름은 석유공업에서 실질적으로 중요한 것으로서, 얇은 수평층에서 유정으로의 흐름을 기술하는 것이다(그림 16.7). ■

식 (16.G)를 보면, 반지름 방향 유속은 $r = 0$일 때 무한하다. 따라서 이 식으로는 $r = 0$인 곳의 실제 흐름을 기술할 수 없다. 그림 16.7은 유층(oil-bearing stratum)으로부터 나와서 유정으로 들어가 올라가는 흐름을 설명한 것이다. 유정 안에서 흐름은 방향을 바꾸어 그림 16.7의 평면에 수직으로 움직이는데, 이것은 식 (16.G)로 기술할 수 없다.

식 (16.G)로부터 유정에서 올라가는 흐름에 대한 C 값을 계산할 수 있다. 유층의 두께가 h이고, 기름 생산량이 $Q(\text{ft}^3/\text{h})$이면, 유정을 둘러싼 원통면을 통해 안으로 흐르는 정상상태 유량이 Q가 된다. 반지름 방향 유속은

$$V_r = \frac{-Q}{\text{flow area}} = \frac{-Q}{h2\pi r} \tag{16.H}$$

식 (16.G)에 대입하면 다음 식이 얻어진다.

$$\frac{-C}{r} = \frac{-Q}{h2\pi r} \quad \text{or} \quad C = \frac{Q}{2\pi h} \tag{16.I}$$

이상적 무마찰 흐름의 관점에서는 이 흐름은 별로 중요하지 않지만, 개념적으로 같은 것을 기술하는 것이다. 일반적으로 흐름이 반지름 방향에서 안쪽으로 흐르면 싱크(sink)라 하고, 반지름 방향에서 바깥쪽으로 흐르면 소스(source)라 한다.

라플라스 식의 해의 흥미롭고 유용한 성질(대부분의 이상유체 흐름 응용성의 기초)은 ϕ_1과 ϕ_2가 모두 라플라스 식의 해라면 합계도 역시 해가 된다는 것이다. 즉,

$$\frac{\partial^2\phi_1}{\partial x^2} + \frac{\partial^2\phi_1}{\partial y^2} = 0 \quad \text{and} \quad \frac{\partial^2\phi_2}{\partial x^2} + \frac{\partial^2\phi_2}{\partial y^2} = 0 \tag{16.J}$$

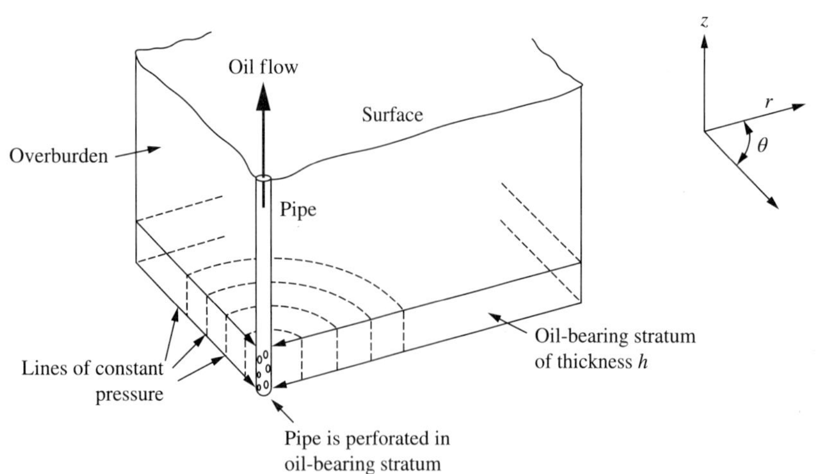

그림 16.7
얇은 수평층에서 유정(oil well)으로 들어가는 흐름. 흐름은 2차원이며 관 위쪽인 수직 방향(z)으로 흐르는 곳인 원점에서 아주 근접한 곳을 제외한 $\phi_3 = C \ln r$에 따른다.

그리고

$$\frac{\partial^2 \phi_1}{\partial x^2} + \frac{\partial^2 \phi_2}{\partial x^2} + \frac{\partial^2 \phi_1}{\partial y^2} + \frac{\partial^2 \phi_2}{\partial y^2} = 0 = \frac{\partial^2 (\phi_1 + \phi_2)}{\partial x^2} + \frac{\partial^2 (\phi_1 + \phi_2)}{\partial y^2} \tag{16.K}$$

예제 16.2 이 성질의 예로서, 앞에서 다룬 두 퍼텐셜함수 ϕ_1과 ϕ_3를 합산하면 다음 식이 된다.

$$\phi_4 = \phi_1 + \phi_3 = -Ax + C \ln(x^2 + y^2)^{1/2} \tag{16.L}$$

이 식의 속도성분은 다음과 같다.

$$V_x = -\left(-A + \frac{Cx}{x^2 + y^2}\right) \qquad V_y = \frac{-Cy}{x^2 + y^2} \tag{16.M}$$

이를 그림 16.8에 나타내었다. ■

그림 16.8의 흐름 패턴을 나타내는 물리적 계에는 몇 가지가 있다. 흐름은 그림에 나타낸 화살표 방향일 수도 있고 그 반대 방향일 수도 있다.[흐름 방향을 반대로 하려면 식 (16.L)에서 A와 C의 부호를 반대로 하기만 하면 된다.]

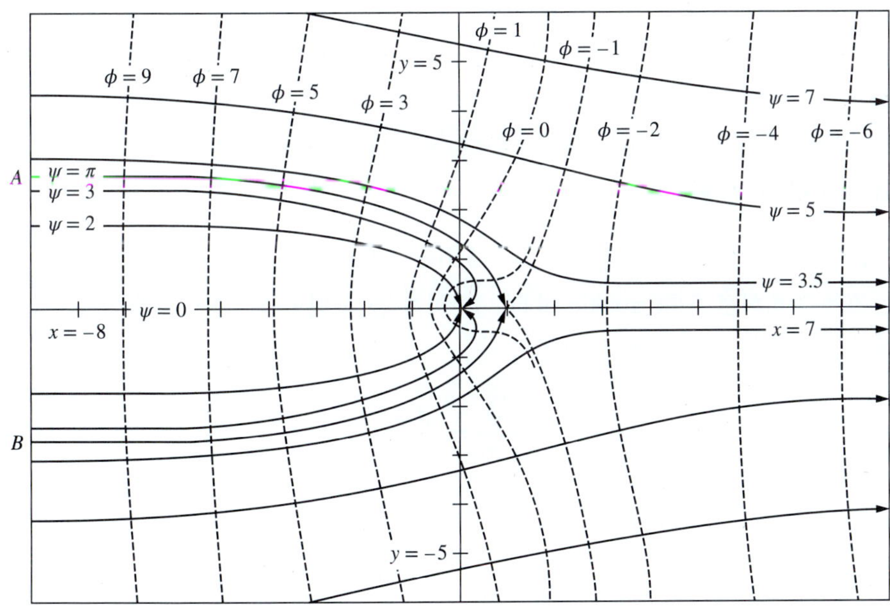

그림 16.8
속도퍼텐셜 $\phi_4 = -Ax + C\ \ln(x^2 + y^2)^{1/2}$인 흐름. $A = 1$, $C = 1$로 하여 나타내었다. 유선에 표시한 '$\psi = 7$' 등은 16.5절에서 설명한다.

1. 얇은 다공질 층에서 오른쪽에서 왼쪽으로 향하는 정상 흐름이 있고(압력구배가 선형인 수평 유층에 존재하듯이) 이 유체의 일부가 이 책과 수직인 방향에서 유정으로부터 배출된다면, 이 흐름 패턴은 여기에 나타낸 것처럼 되고 등퍼텐셜선(equipotential line)은 등압선(isobar)이 된다.
2. 흐름 방향이 반대로 되면, 왼쪽에서 오른쪽으로 향하는 정상 흐름이 있는 층으로 유체를 주입하는 패턴이 된다.
3. 그림 16.8에서 A와 B로 표시한 흐름 방향의 선은 흐름이 0인 점(즉, $y = 0$과 $x = C/A$)에 접근한다. 곡선 AB를 따라 흐름을 분할하고 이 곡선의 왼쪽 흐름만을 고려하면, 이것은 모양이 AB와 같은 2차원 물체 외부의 퍼텐셜 흐름을 나타내는 것이 된다. 이 흐름이 왼쪽에서 오른쪽으로 흐르면, 이것은 비행기 날개의 앞 가장자리나 둥근 교각의 상류측 흐름과 같아진다.

이러한 설명은 이상유체 흐름의 연구에서 일반적으로 추구하는 것이다. 이제 임의의 물체 주위의 흐름 패턴을 알아보자. 이때 일반적으로 정상 흐름, 소스, 싱크 등을 잘 조합해야 한다. 문제가 되는 물체의 모양을 갖는 유선이 만들어지는 조합을 발견하면, 이 유선 외부의 흐름은 그 물체 주위의 흐름을 나타내는 것이 된다. 이 선 내부(즉, 그림 16.8에서 선 AB 내부)의 흐름은 일반적으로 의미가 없으므로 무시한다. 또한, 그림 16.8은 다른 함수의 곡선인 ψ로 나타내고 이의 성질은 16.5절에서 설명한다.

이와 유사한 흐름 지도를 Pozrikidis[4]와 Kirchoff[5]가 여러 가지 함수와 대응하는 모양에 대해 작성하였다.

16.4 비회전 흐름

속도퍼텐셜을 정의하는 식 (16.7), (16.8), (16.9)에서 흥미로운 결과를 얻을 수 있는데, 이에 따르는 흐름은 비회전 흐름(irrotational flow)이어야 한다. 만약 $\phi = \phi(x, y)$가 연속 도함수를 가지면 미분 순서는 상관이 없다. 따라서

$$\frac{\partial^2 \phi}{\partial x\, \partial y} = \frac{\partial^2 \phi}{\partial y\, \partial x} \tag{16.18}$$

식 (16.7)과 (16.8)을 식 (16.18)에 대입하면,

$$\frac{\partial V_x}{\partial y} = \frac{\partial V_y}{\partial x} \qquad \text{or} \qquad \frac{\partial V_y}{\partial x} - \frac{\partial V_x}{\partial y} = 0 \tag{16.19}$$

이 식은 2차원 비회전 흐름의 정의이다.

식 (16.19)와 회전의 관계는 원점에 대해 2차원 강체회전(rigid-body rotation, 2.9절 참

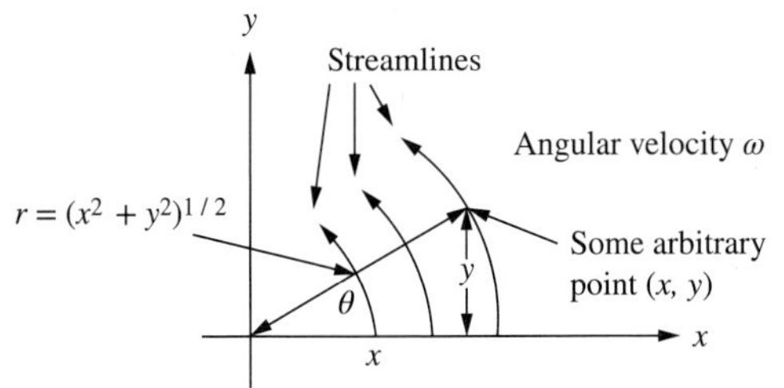

그림 16.9
강체회전(강제와류라고도 한다)

조)하는 회전 유체를 보면 알 수 있다(그림 16.9). 또한, 이 흐름은 강제와류(forced vortex)라고도 불린다. 여기에 나타낸 것처럼 유체가 강체회전에서 각속도 ω로 회전하면, 극좌표의 임의의 점에서의 속도는

$$r = \text{constant} \qquad \frac{d\theta}{dt} = \omega = \text{constant} \tag{16.N}$$

Cartesian 좌표로 나타내면

$$x = r\cos\theta \qquad y = r\sin\theta \tag{16.O}$$

그래서

$$V_x = \frac{dx}{dt} = -r\sin\theta\frac{d\theta}{dt} = -r\frac{y}{r}\omega = -y\omega \tag{16.P}$$

그리고

$$V_y = \frac{dy}{dt} = r\cos\theta\frac{d\theta}{dt} = r\frac{x}{r}\omega = x\omega \tag{16.Q}$$

따라서

$$\frac{\partial V_y}{\partial x} - \frac{\partial V_x}{\partial y} - \omega + \omega - 2\omega \tag{16.R}$$

이러한 계산은 임의의 강체회전에 대한 것이므로, $\partial V_y/\partial x - \partial V_x/\partial y$는 정확하게 각속도의 두 배임을 알 수 있다. 이 양은 이론유체역학에서 와류도(vorticity)라 한다.

$$\text{Vorticity} = \zeta = 2\omega = \frac{\partial V_y}{\partial x} - \frac{\partial V_x}{\partial y} \qquad \text{[two-dimensional flow]} \tag{16.20}$$

와류도에 대한 도함수의 조합은 벡터의 약칭으로 나타낸다(OLC 부록 참조).

$$\zeta = \frac{\partial V_y}{\partial x} - \frac{\partial V_x}{\partial y} = \nabla \times \mathbf{V} = \textbf{curl V} = \textbf{rot V} \tag{16.21}$$

curl 또는 rot(rotation의 약어)의 뜻은 유체의 회전과 관계가 있다. 3차원 흐름에서는 여기서 보인 두 개보다 더 많은 편도함수로 구성된다. 이 기능은 회전을 나타내기 때문에 흐름이 비회전 흐름이면 어느 곳에서나 와류도가 0이다.

$$\text{Vorticity} = \zeta = 2\omega = \frac{\partial V_y}{\partial x} - \frac{\partial V_x}{\partial y} = \nabla \times \mathbf{V} = \mathbf{curl\ V} = \mathbf{rot\ V} = 0 \tag{16.22}$$

어느 곳에서나 이들 도함수의 조합이 0인 것은 퍼텐셜 흐름의 성질을 나타낸다. 따라서 퍼텐셜 흐름은 어느 곳에서나 비회전 흐름이다. 벡터의 약칭으로 표현한 데 있어서, 와류도는 방향이 회전축의 방향이고 크기가 각속도의 두 배를 가진 벡터이다. x-y 평면의 흐름에서는, 회전축은 회전 평면(z 방향)과 수직이다. 3차원 흐름에서 크기와 방향은(각속도의 두 배, 회전축의 방향) 식 (C.10)으로 표현된다.

이상에서 알 수 있듯이 단순 강체회전에서 $\partial V_y/\partial x - \partial V_x/\partial y$는 0이 아니다. 따라서 식 (16.7)과 (16.8)에 대입해서는 이러한 흐름을 기술할 수 있는 퍼텐셜함수 ϕ를 구할 수 없다. 그렇다고 해서 원형운동을 하는 퍼텐셜 흐름이 없다는 뜻은 아니다. 와류도가 0인 원형운동만이 비회전이므로 퍼텐셜 흐름이 될 수 있다. 비회전 흐름이 되려면 두 도함수 $\partial V_y/\partial x$와 $\partial V_x/\partial y$가 같아야 한다. 이를 퍼텐셜 흐름으로 나타내면 다음과 같다.

$$\phi_5 = -xy \qquad V_x = \frac{-\partial \phi_5}{\partial x} = y \qquad V_y = \frac{-\partial \phi_5}{\partial y} = x \tag{16.S}$$

이 흐름은 라플라스 식을 만족하며 비회전성[식 (16.22)]을 가진다. 이를 그림 16.10에 그렸다.

이 흐름 위에 유체의 네 입자를 A, B, C, D로 표시하였다. 시간 t_1일 때 이들은 각각 한 십자(cross)의 모서리에 있다. 시간 $t_1 + \Delta t$까지 이 입자들을 따라가 보면, 이들이 납작한 모양으로 변형됨을 알 수 있다. 선 AC는 시계방향으로 회전하는데, 속도의 x 성분이 y 방향에 따라 증가하여, 점 A가 점 C보다 빨리 오른쪽으로 이동하기 때문이다. 그러나 선 BD는 반시계방향으로 회전하는데, 속도의 y 성분이 x 방향에 따라 증가하기 때문이다. 이러

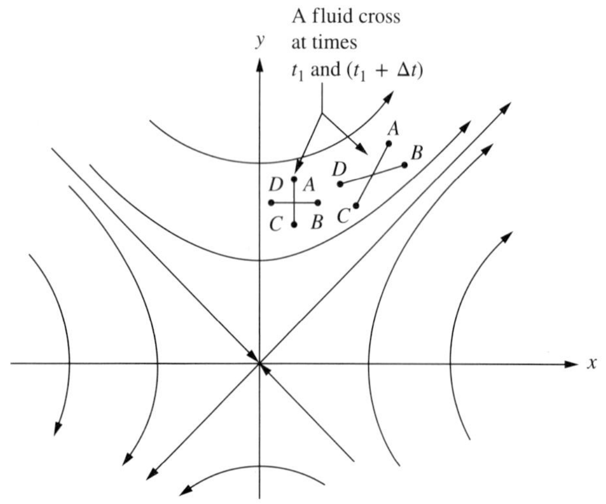

그림 16.10
속도퍼텐셜 $\phi_5 = -xy$에 의해 표현된 흐름. 선 $x = y$와 $x = -y$는 유선이다. 이것은 고체 표면에 의해 이 상유체 흐름으로 대체될 수 있으므로 이것은 모든 사분면에서 재생된 구석으로의 흐름이다.

한 선은 같은 속도로 반대방향으로 회전하므로, 유체가 흐름에 의해 변형되지만, 순 회전은 없다.

그림 16.10에 나타낸 흐름은 직각 모서리로의 흐름을 대표하는 것이다. 이것은 $y = x$와 $y = -x$가 모두 유선이며, 따라서 이를 교차하는 흐름이 없다는 것을 주목하면 알 수 있다.

유선이 원형인 흐름에 이 비회전성이 있을 수 있음을 보이기 위해 다음 식으로 기술되는 퍼텐셜 흐름을 고려하자.

$$\phi_6 = -A \arctan\frac{y}{x} = -A\theta \tag{16.T}$$

여기서는 ϕ_6의 직교좌표형과 극좌표형을 모두 나타내었다. 극좌표에서 속도성분은 다음과 같다.

$$V_r = \frac{-\partial\phi_6}{\partial r} = 0 \qquad V_\theta = \frac{-1}{r}\cdot\frac{\partial\phi_6}{\partial\theta} = \frac{A}{r} \tag{16.U}$$

따라서 어떤 점에서든지 원점을 향한 속도성분 V_r은 0이다. 그러므로 유선은 원형이며 등퍼텐셜선은 원점을 통과하는 방사선이다. 이 흐름을 그림 16.11에 나타내었다.

이 그림에서 시간 t_1일 때의 유체 십자(fluid cross) $ABCD$를 표시하고 $t_1 + \Delta t$일 때 다시 보면, 선 BD는 반시계방향으로 회전했지만 선 AC는 시계방향으로 회전했는데, 이는 C의 유체가 A의 유체보다 아주 빨리 이동하기 때문이다. 따라서 이 흐름에서 유선은 모두 원형이지만, 유체의 개별 입자는 회전하지 않는다. 이러한 흐름에 부자(float)를 놓고 관찰하면, 부자는 원을 그리며 움직이지만, 그 x-y 배향은 그대로 유지됨을 볼 수 있다. 이는 마치 원형으로 움직이는 나침판의 바늘과 같다.

그림 16.11에 나타낸 흐름은 **자유와류**(free vortex)라 하는데, 단독으로는 자연 상태에서

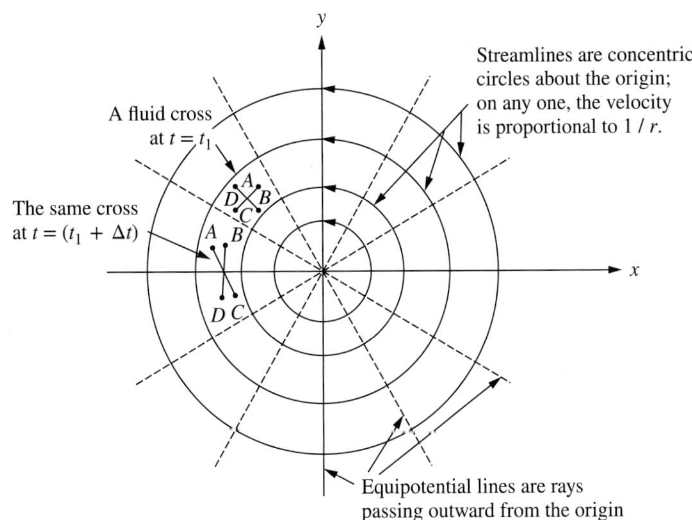

그림 16.11
속도퍼텐셜 $\phi_6 = -A\ \arctan\ (y/x) = -A\theta$로 기술되는 흐름(자유와류라고 한다). 원주속도는 중심으로 향하며 증가하고 $(1/r)$에 비례한다.

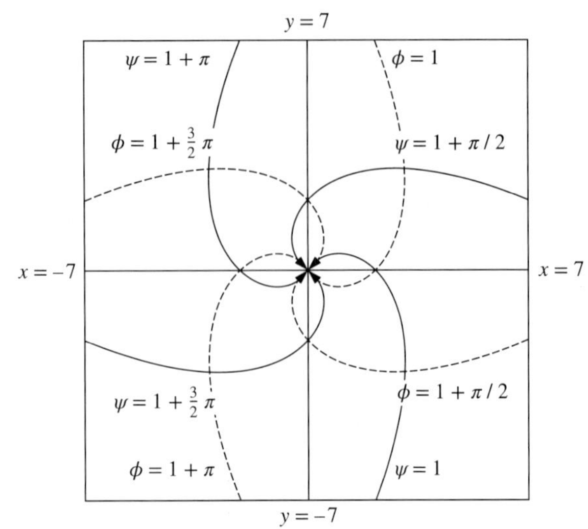

그림 16.12
속도퍼텐셜 $\phi_7 = -A\theta + C \ln r$로 기술되는 흐름. $A = 1$과 $C = 1$에 대하여 일정한 비례로 작도. $\psi = 1 + \pi$ 같은 표시에 대해서는 16.5절에서 기술한다. 각 유선과 퍼텐셜선은 r이 0에 접근함에 따라 원점에 대한 무한한 수(infinite number)의 원을 만든다. 이 작도는 무한한 수의 원이 시작되는 원점으로 들어감을 보여 준다.

흔하지 않다. 그러나 퍼텐셜함수를 더하여 자유와류와 그림 16.6에 나타낸 싱크의 조합을 구하면 다음과 같은데,

$$\phi_7 = \phi_3 + \phi_6 = -A\theta + C \ln r \tag{16.V}$$

이 식은 중심 싱크로 들어가는 유체나선(fluid spiral)을 기술하는 것이다(그림 16.12).

그림 16.12는 토네이도의 눈으로 들어가는 흐름, 또는 욕조의 배수구로 들어가면서 선회하는 흐름의 대부분을 그럴듯하게 나타낸 것이다. 어느 경우에나 흐름은 원점으로 바로 들어가지 않고, 원점 부근의 작은 영역에서 돌면서 $+z$ 또는 $-z$ 방향으로 이동한다. 그러므로 식 (16.V)와 그림 16.12는 원점으로부터 충분히 멀리 떨어져서 z 방향의 속도가 무시되는 흐름의 영역만 잘 나타낸다.

비회전 흐름의 중요한 개념은 유체의 모든 점에서 어떤 축에 대한 각속도가 0이라는 것이다. 그림 16.10과 16.11에서는 이것을 x-y 평면에 직각인 축에서의 각속도 0으로 나타내었다. 또한 라플라스 식에 따르는 3차원 흐름에서도 어떤 축에서나 각속도가 0임을 보일 수 있다.

16.5 흐름함수

지금까지 퍼텐셜 흐름 방향을 그리면서 임의의 점에서의 유선은 등퍼텐셜선에 직각이어야 한다고 단순히 언급하고 이러한 유선을 그렸다. 이제 임의의 점에서의 흐름 방향을 나타내는 보다 공식적인 방법을 소개한다. 식 (15.8)에서 보면, 정상 비압축성 2차원 흐름의 경우

$$\frac{\partial V_x}{\partial x} + \frac{\partial V_y}{\partial y} = 0 \qquad \text{[two-dimensional flow]} \tag{16.23}$$

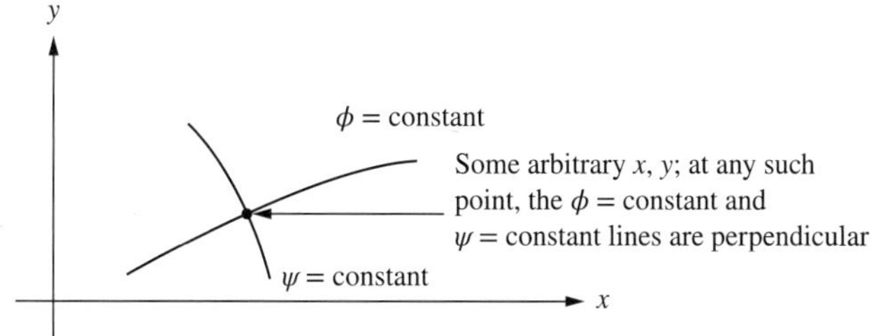

그림 16.13
비회전 흐름의 임의의 점에서, 일정한 흐름함수와 일정한 속도퍼텐셜의 선은 수직이다(부록 B.8 참조).

이제 흐름함수(stream function) 또는 라그랑주 흐름함수라 하는 함수 ψ를 다음과 같은 식으로 정의하자.

$$V_x = \frac{-\partial\psi}{\partial y} \qquad V_y = \frac{\partial\psi}{\partial x} \tag{16.24}$$

ψ가 연속 도함수를 갖는다면, 식 (16.24)를 식 (15.8)에 대입할 수 있다.

$$\frac{\partial V_x}{\partial x} + \frac{\partial V_y}{\partial y} = \frac{-\partial^2\psi}{\partial y\,\partial x} + \frac{\partial^2\psi}{\partial x\,\partial y} = 0 \tag{16.25}$$

따라서 이 식을 만족하는 흐름이면 어느 것이든 2차원 정상 흐름 비압축성 물질수지를 만족한다. 이 식에서 보면 ϕ의 차원은 [길이^2/시간]이다. 식 (16.7)과 (16.8)을 식 (16.24)와 비교하면, 다음 관계를 얻을 수 있다.

$$V_x = \frac{-\partial\phi}{\partial x} = \frac{-\partial\psi}{\partial y} \qquad V_y = \frac{-\partial\phi}{\partial y} = \frac{\partial\psi}{\partial x} \tag{16.26}$$

x와 y에 대해 만약 그 점을 통과하는 일정한 ϕ의 곡선과 일정한 ψ의 곡선이 수직이라면 식 (16.26)은 충족된다. 이것은 그림 16.13으로 표현되었고, 부록 B.8로 증명되었다(연습문제 16.7 참조).

또한, 흐름함수는 어디에서나 등퍼텐셜선에 직각인 성질을 가진 것이므로, 그림 16.3, 16.4, 16.5, 16.7, 16.8, 16.10에 나타낸 유선은 ψ가 일정한 선이다.

그림 16.14에 나타냈듯이 흐름함수는 직관적 설명이다. 앞에서 설명한 것처럼 ψ가 일정한 곡선이 유선이라면 이 곡선을 건너가는 흐름은 있을 수 없다. 그림 16.14의 경우 A에서 $\psi = 1$ 및 $\psi = 2$인 곡선 사이를 지나가는 흐름은 모두 B에서도 이들 사이를 지나가야 한다. 그러나 B에서 이들 사이의 간격이 A에서 더 좁으므로, B에서는 A에서보다 흐름이 지나가는 면적이 좁으며, 따라서 질량수지에 의해 속도가 커야 한다. 식 (16.24)에서 알 수 있듯이, 일정한 ψ의 곡선이 B에 더 가까이 있어야만(즉, $-\partial\psi/\partial y$가 A에서보다 B에서 크다) x 방향의 속도가 A에서보다 B에서 더 클 것이다. 그러므로 ψ가 일정한 선은 흐름유로의 경계라고 볼 수 있으며, 이것이 좁아지면 이 사이의 흐름은 빨라져야 한다.

그림 16.14에 나타낸 흐름에서 z 방향의 깊이가 h라면, A에서 $\psi = 2$와 $\psi = 1$인 선 사이

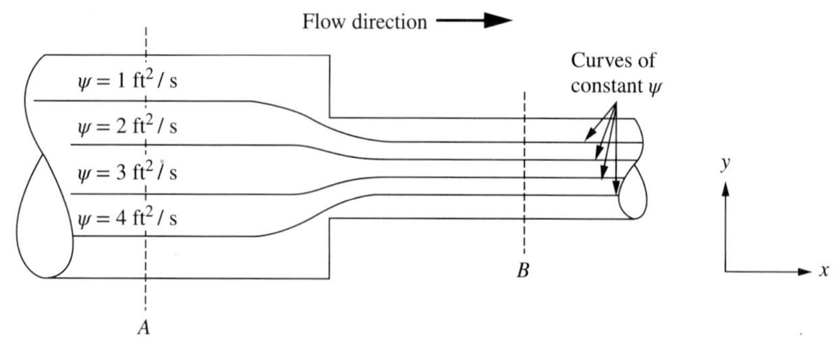

그림 16.14
유로가 바뀌는 정상 흐름의 흐름함수. 유속은 그림의 오른쪽에서 흐름함수의 선이 모여짐에 따라 증가한다.

를 지나는 흐름은 다음과 같다.

$$Q = \int_{\psi=2\,\mathrm{ft}^2/\mathrm{s}}^{\psi=1\,\mathrm{ft}^2/\mathrm{s}} V_x\,dA = \int_{\psi=2\,\mathrm{ft}^2/\mathrm{s}}^{\psi=1\,\mathrm{ft}^2/\mathrm{s}} V_x h\,dy = h\int_{\psi=2\,\mathrm{ft}^2/\mathrm{s}}^{\psi=1\,\mathrm{ft}^2/\mathrm{s}} -\left(\frac{\partial\psi}{\partial y}\right)_x dy$$

$$= h\int_{\psi=1\,\mathrm{ft}^2/\mathrm{s}}^{\psi=2\,\mathrm{ft}^2/\mathrm{s}} d\psi = h\,[\psi]_{1\,\mathrm{ft}^2/\mathrm{s}}^{2\,\mathrm{ft}^2/\mathrm{s}} = h(2-1)\,\frac{\mathrm{ft}^2}{\mathrm{s}} = h\,\frac{\mathrm{ft}^2}{\mathrm{s}} \tag{16.W}$$

(여기에서 h의 차원은 길이이므로 부피 유량의 차원은 맞는 것이다.) 그러므로 한 흐름장(flow field)에서 ψ가 일정한 곡선을 ψ 값의 같은 간격으로 그리면 이러한 연속된 두 곡선 사이의 부피 유량은 모두 같아야 한다.(예를 들면, 그림 16.14에서 $\psi = 1$과 $\psi = 2$ 사이의 부피 유량은 $\psi = 2$와 $\psi = 3$ 사이의 부피 유량과 같다.)

그림 16.14에서는 ψ가 일정한 선의 번호를 위에서부터 매겼으므로, $\partial\psi/\partial y$는 −값이고 흐름은 $+x$ 방향이다. 만일 밑에서부터 번호를 매겼다면, $\partial\psi/\partial y$는 +값이고 흐름은 $-x$ 방향이 될 것이다. 이러한 것은 순전히 임의적이며 여기서는 식 (16.24)에서 정의한 기호의 부호를 따랐을 뿐이다. 이러한 부호를 반대로 한다면 흐름함수 곡선의 번호를 반대로 매기면 마찬가지이다. 독일에서는 대개 이처럼 부호를 반대로 한 흐름함수를 사용한다. 따라서 독일 책을 읽을 때는 이러한 부호의 차이에 주의해야 한다.

어떤 흐름을 기술하는 퍼텐셜함수를 알면 흐름함수를 계산할 수 있고, 이 반대로 할 수도 있다. 이 계산에는 다음과 같은 편도함수의 일반적 적분 특성을 이용한다. 즉 A, B, C가 임의의 수학적 함수일 때 $A = A(B, C)$이면,

$$A = \left[\int\left(\frac{\partial A}{\partial B}\right)_C dB\right]_{C=\mathrm{const.}} + f_1(C) \tag{16.27}$$

여기서 $f_1(C)$는 C만의 함수이다. 이제 A가 ψ라 하고 ϕ를 알면, 곧 필요한 편도함수를 써서 적분할 수 있다.

예제 16.3 식 (16.27)의 사용을 설명하기 위해, ϕ_4[식 (16.L)]에 일치하는 ψ를 구하라.

식 (16.26)을 사용하여 ϕ_4를 구한다.

$$V_x = -\frac{\partial \phi_4}{\partial x} = -\frac{\partial \psi_4}{\partial y} = -\left(-A + \frac{Cx}{x^2 + y^2}\right) \tag{16.X}$$

그리고

$$V_y = -\frac{\partial \phi_4}{\partial y} = +\frac{\partial \psi_4}{\partial x} = -\frac{Cy}{x^2 + y^2} \tag{16.Y}$$

식 (16.27)에서 B가 식 (16.X)와 (16.Y)에 적용하면,

$$\psi_4 = \int \left(-A + \frac{Cx}{x^2 + y^2}\right) dy + f_1(x) = -Ay + C \arctan \frac{y}{x} + f_1(x) \tag{16.Z}$$

여기에서 적분은 식 (16.27)에 따라서 x를 상수로 취급하여 실시하였다.

이제 식 (16.Z)를 y가 일정할 때 x에 대하여 미분하면,

$$V_y = \frac{\partial \psi_4}{\partial x} = 0 - \frac{Cy}{x^2 + y^2} + \frac{df_1(x)}{dx} \tag{16.AA}$$

식 (16.27)로부터, f_1은 x만의 함수이므로 우변의 도함수는 편도함수가 아니다. 식 (16.AA)를 식 (16.Y)와 비교하면 $df_1(x)/dx$는 0임을 알 수 있다. 따라서 단순 적분하면 $f_1(x)$는 상수가 되어야 한다. 그러므로 ϕ_4에 대하여,

$$\psi_4 = -Ay + C \arctan \frac{y}{x} + \text{some constant} \tag{16.AB}$$

■

식 (16.27)의 B가 식 (16.X)와 (16.Y)의 x와 같다고 하더라도 같은 결과가 얻어진다(연습문제 16.8). 식 (16.AB)를 사용하여 띠가 일정한 선을 그리면 그림 16.8의 유선이 된다.

예제 16.4 식 (16.C)의 직교좌표와 식 (16.F)의 극좌표에서 설명된 퍼텐셜함수 ϕ_3에 대하여 예제 16.3을 다시 증명하라. 이것은 극좌표에서 다루기가 쉽다. 극좌표에서 흐름함수는 다음과 같은 형을 취한다.

$$V_r = \frac{-1}{r} \cdot \frac{\partial \psi_3}{\partial \theta} \tag{16.28}$$

$$V_\theta = \frac{\partial \psi_3}{\partial r} \tag{16.29}$$

따라서 식 (16.C)로부터

$$V_r = \frac{-\partial \phi_3}{\partial r} = \frac{-1}{r} \cdot \frac{\partial \psi_3}{\partial \theta} = \frac{C}{r} \tag{16.AC}$$

$$V_\theta = \frac{-1}{r} \cdot \frac{\partial \phi_3}{\partial \theta} = \frac{\partial \psi_3}{\partial r} = 0 \tag{16.AD}$$

그래서 식 (16.27)의 B를 θ, C를 r이라 하면 다음 식이 된다.

$$\psi_3 = \int -C\,d\theta + f_1(r) = -C\theta + f_1(r) \tag{16.AE}$$

$$\left(\frac{\partial \psi_3}{\partial r}\right)_\theta = \frac{df_1(r)}{dr} \tag{16.AF}$$

그러나 식 (16.AD)에서 이 값은 0이므로, $f_1(r)$은 상수이다.

$$\psi_3 = -C\theta + \text{constant} \tag{16.AG}$$

따라서 유선은 그림 16.6에 나타낸 것처럼 여러 각도에서 원점을 통과하는 방사선이 된다. ■

흐름함수와 속도퍼텐셜의 재미있는 성질은 임의의 한 흐름에서 $\phi_8 = f_1(x, y)$ 및 $\psi_8 = f_2(x, y)$이면 $\phi_9 = f_2(x, y)$ 및 $\psi_9 = f_1(x, y)$인 다른 흐름이 있다는 것이다. 이 두 번째 흐름은 첫 번째 흐름과 같은 모양이지만 라벨이 반대이다. 즉, 한 흐름의 유선은 다른 흐름의 등퍼텐셜선이다. 예를 들면, 그림 16.6과 16.11에서 이러한 관계가 있음을 볼 수 있다. 이 성질은 해석적 복소함수의 실수부와 허수부의 성질이기도 하다. 흐름함수와 속도퍼텐셜의 이러한 성질(해석적 복소함수의 실수부 및 허수부와 공통적인 성질) 때문에 복소함수에 관한 법칙을 이용하여 이들을 다룰 수 있다. 특히 등각사상(conformal mapping) 법칙에 따르는데, 이것은 열 흐름과 유체의 퍼텐셜 흐름에 모두 널리 이용되는 복소함수 수법이다[6, p.66].

지금까지 흐름함수를 퍼텐셜 흐름에 적용하는 내용만을 다루었다. 그러나 때로는 비회전이 아닌 흐름, 즉 퍼텐셜함수가 존재하지 않는 흐름에도 잘 이용할 수 있다(연습문제 16.10, 17.4 참조). 이러한 경우에는 단순히 질량수지와 기타 관계식을 조합하는 방법으로서 흐름함수를 사용한다.

여기서는 흐름함수를 2차원 흐름에 관해서만 검토하였다. 3차원 흐름에 관한 흐름함수를 제대로 정의하기는 좀 어렵다. 그러나 가령 어떤 회전체 부근에서의 균일 흐름처럼 흐름이 어떤 축에서 대칭이면, 그 문제에 편리한 흐름함수를 달리 정의할 수 있다. 이러한 3차원 흐름함수를 이 장에서 다룬 라그랑주 흐름함수와 구분하여 스토크스 흐름함수[6, p.125]라 한다.

16.6 2차원 이상유체 비회전 흐름의 베르누이 식

앞 절에서 설명한 속도퍼텐셜 흐름함수 방법을 이용하면 2차원 이상유체 비회전 흐름의 임의의 점에서의 유속과 흐름 방향을 계산할 수 있다. 때로는 이러한 정보만 있으면 될 때도 있다. 그러나 흐름 중에 잠겨 있는 물체에 작용하는 힘, 가령 날개 부분의 상승력과 항

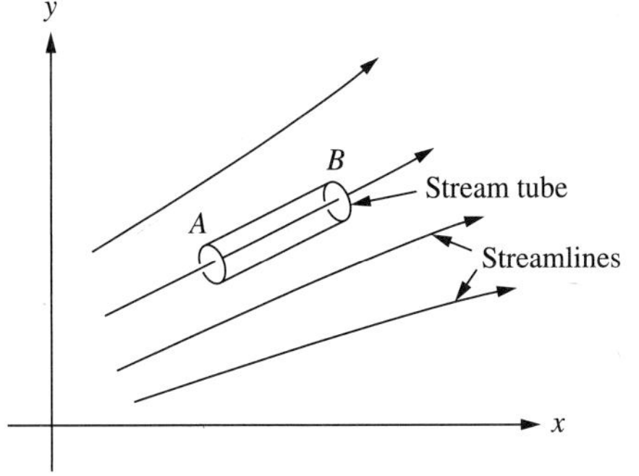

그림 16.15
유관은 유선 주위의 작은 공간 부분이다.

력, 유체를 통해 침강하는 입자에 작용하는 항력 등의 정보가 더 필요할 때가 많다.

5장에서는 에너지수지식으로부터 베르누이 식을 유도하였다. 에너지수지는 1차원적 제약이 없으므로, 같은 수법을 2차원이나 3차원 흐름에 적용할 수 있어야 한다. 그러나 베르누이 식의 유도에서는 하나의 도입흐름과 배출흐름이 있는 계만 생각하였다. 공간의 어떤 영역에서 속도가 연속적으로 변하는 2차원 흐름장에 대해서는 이 개념을 어떻게 적용할 수 있을까? 그림 16.15에 이러한 영역을 소스나 싱크 또는 고체는 없이 유선만으로 나타냈다.

유선 둘레에서 흐름에 직각인 폐곡선(closed curve, 예를 들면, 원)을 A에 그린다. 이어서 이 폐곡선의 모든 점에서 흐름 방향으로 유선을 그린다. 소스, 싱크, 또는 고체의 가장자리를 제외하고는 유선이 서로 교차하거나 분리될 수 없으므로 하류(예를 들면, B)에도 폐곡선을 그릴 수 있는데, A의 폐곡선을 통과한 모든 유선은 B의 폐곡선도 통과해야 한다. B의 폐곡선은 A의 폐곡선과 모양은 다를 수 있지만, 존재하는 것이다. 이처럼 흐름에 직각인 임의의 평면에서 폐곡선을 만드는 유선의 집합을 유관(stream tube)이라 한다. A에서 B에 이르는 유관을 계로 선택하면, 정상 흐름일 때는 A 끝의 도입흐름과 B 끝의 배출흐름만 있다.

베르누이 식의 유도에서는 계에서 도입흐름과 배출흐름의 유속 등이 균일하다고 가정하였다. 일반적으로는 유선마다 유속이 다를 수 있으므로 어떤 유관에서도 이 가정은 실제와 다르다. 그러나 유관을 점점 작게 만들면, 입구와 출구에서의 불균일 흐름을 무시할 수 있게 된다. 이러한 유관은 아주 작아서 마치 하나의 유선과 같은 것이라고 볼 수 있다. 이러한 유관에 대해서는 5장에서 유도한 그대로의 베르누이 식을 적용할 수 있다. 이 결과는 모든 종류의 비압축성 흐름에 대해 타당하다. 흐름의 마찰이 없으면(예를 들면, 이상유체) 마찰 항을 제거하고 베르누이 식을 유선의 임의의 두 점에 대해서 적분할 수 있다. 즉,

$$d\left(\frac{P}{\rho} + gz + \frac{V^2}{2}\right) = 0$$

또는

$$\frac{P}{\rho} + gz + \frac{V^2}{2} = \text{constant} \qquad \begin{bmatrix}\text{along a streamline,} \\ \text{frictionless, constant-} \\ \text{density flow}\end{bmatrix} \tag{16.30}$$

여기서 V는 고정 좌표계에 대한 유속으로, 다음과 같다.

$$V = (V_x^2 + V_y^2)^{1/2} = (V_r^2 + V_\theta^2)^{1/2} \tag{16.31}$$

이 결과를 이용하여 흐름 중에 잠겨 있는 물체 표면에 작용하는 압력을 평가할 수 있는데, 다만 이때 상류 지점의 압력과 총괄 속도장(total velocity field)을 알아야 한다. 비회전 흐름에서 식 (16.30)의 상수는 모든 유선에서 동일하며 이는 다양한 문헌에서 증명된 것을 볼 수 있고, 회전 흐름에서는 동일하지는 않지만 하나의 특정 유선에서는 일정하다.

16.7 실린더 주변의 흐름

퍼텐셜 흐름의 개념과 이를 이용하여 힘을 계산하는 방법을 설명하기 위해 흐름에 직각으로 잠겨 있는 실린더 표면에 대한 압력분포를 계산해 보기로 한다. 실린더가 아주 길면, 실린더 축 방향 흐름의 변화는 무시할 수 있으므로, 실질적으로 2차원 흐름이 된다. 흐름장을 구하려면 정상 흐름, 소스, 싱크를 현명하게 조합해야 한다. 먼저 x축에서 거리 A만큼 떨어져서 유량이 같은 하나의 소스와 하나의 싱크가 있다고 하자(그림 16.16). 이 사이의 흐름은 다음과 같다.

$$\phi_{10} = -C \ln (x^2 + y^2)^{1/2} + C \ln [(x - A)^2 + y^2]^{1/2} \tag{16.AH}$$

그림 16.16은 다공질 매체 중의 주입정과 생산정 사이의 흐름을 그럴듯하게 나타낸 것으로서, 유전공학과 수문학에서 응용된다. 식 (16.AH)에서 C가 상수일 때, A가 점점 작아지면, 소스와 싱크 사이의 직선 경로의 흐름 또한 점점 많아지기 때문에 (소스와 싱크 사이의 직선상에 있는 점을 제외한) 다른 점에서의 유량은 점점 작아져서 0에 이른다. 식 (16.AH)에서 C 대신에 C/A를 대입하면, 싱크와 소스 사이의 거리 A가 감소함에 따라 총 유량은 증가한다. 이 경우는 A가 0에 접근하더라도 임의의 점의 유량이 0이 되지 않는다. A가 0이 될 때 ϕ_{10}의 값을 로피탈(L'Hôpital)의 정리를 이용하여 구할 수 있다.

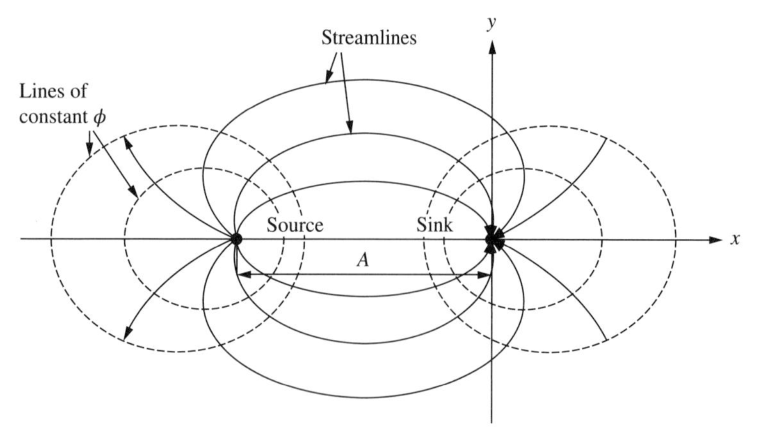

그림 16.16
식 (16.AH)의 흐름. 거리 A로 분리된 소스와 싱크로 구성되는 식 (16.AH)에 의해 기술된 흐름.

$$\phi_{10\text{ as }A\to 0} = \frac{\lim\limits_{A\to 0}\dfrac{d}{dA}\left(\dfrac{-C}{2}\ln\dfrac{x^2+y^2}{(x-A)^2+y^2}\right)}{\lim\limits_{A\to 0}\dfrac{d}{dA}A} = \frac{-Cx}{x^2+y^2} \tag{16.AI}$$

이처럼 소스와 싱크 사이의 거리가 0인 극한의 경우를 더블릿(doublet)이라 한다. 이 더블릿 흐름과 $\phi_{11} = -Dx$인 균일 흐름을 조합하면 다음 식이 된다.

$$\phi_{12} = -Dx - \frac{Cx}{x^2+y^2} \tag{16.AJ}$$

여기서 극좌표로 바꾸면 편리하다. 이때 식 (16.AJ)는 다음과 같이 된다.

$$\phi_{12} = -Dr\cos\theta - C\frac{r\cos\theta}{r^2} = -\left(\frac{C}{r} + Dr\right)\cos\theta \tag{16.AK}$$

따라서

$$V_r = \frac{-\partial\phi_{12}}{\partial r} = -\left(\frac{C}{r^2} - D\right)\cos\theta \tag{16.AL}$$

그리고

$$V_\theta = \frac{-1}{r}\cdot\frac{\partial\phi_{12}}{\partial\theta} = -\left(\frac{C}{r^2} + D\right)\sin\theta \tag{16.AM}$$

이 흐름을 그림 16.17에 나타냈는데, 유선의 하나는 원이다. 이 원은 식 (16.AL)에서 $V_r = 0$, 즉 $r = (C/D)^{1/2}$이다. 그러므로 원형 유선을 가지는 이상유체 흐름이 된다. 이상흐름 이론에서는 어떤 유선이라도 고체로 대치할 수 있으며, 이때 그 유선 외부의 흐름에는 영향을 미치지 않는다. 따라서 $r > (C/D)^{1/2}$인 흐름은 흐름에 직각인 원형 실린더 외부에 존재하는 이상유체 흐름과 같은 것이다.

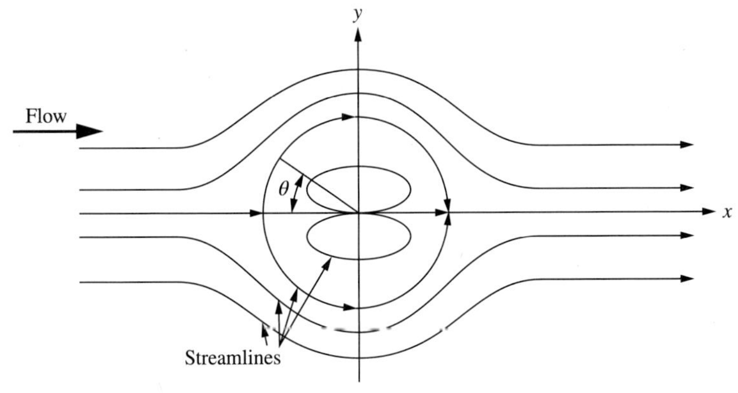

그림 16.17
식 (16.AK)의 유선. 원형 유선은 $\sqrt{C/D}$의 반지름을 갖는다. 원형 유선 내부의 흐름은 보통 무시되며, 외부 흐름은 긴 원형 실린더에 수직인 이상유체 흐름이다.

예제 16.5 실린더 주위의 퍼텐셜 흐름에 대한 식에 근거해서, 베르누이 식을 적용하여 이 실린더 표면의 임의의 점에서의 압력을 구할 수 있다. 지금 그림 16.17의 오른쪽 멀리에서는 흐름이 실린더에 의해 교란되지 않아서, 균일 유속 V_0와 균일 압력 P_0로 오른쪽에서 왼쪽으로 흐르며, 흐름 전체에서 높이 변화는 무시할 수 있다고 하자. 이 경우 식 (16.30)에서 알 수 있는 것처럼, 이 흐름의 임의의 점에서의 압력은 다음과 같다.

$$P = P_0 + \rho\left(\frac{V_0^2}{2} - \frac{V^2}{2}\right) \tag{16.AN}$$

여기에서 유속은 식 (16.31)에 나타내었다. 실린더 표면에서는 $V_r = 0$이므로, $V = V_\theta$이다. 식 (16.AM)에서 $r = (C/D)^{1/2}$을 대입하면,

$$(V_\theta)_{\substack{\text{at the surface}\\ \text{of the cylinder}}} = -2D \sin\theta \tag{16.AO}$$

ϕ_{12}와 ϕ_1을 비교하면, x는 양수이든 음수이든 매우 커지고, ϕ_{12}의 두 번째 항은 0에 근접해진다. 따라서 실린더에서 떨어진 속도 V_0는 D와 같다. 또한, 실린더 표면에서 $V_r = 0$이다. 그래서

$$P_{\substack{\text{surface of the}\\ \text{cylinder}}} = P_0 + \rho\frac{V_0^2}{2}(1 - 4\sin^2\theta) \tag{16.AP}$$

■

실린더 표면의 임의의 점에서의 압력을 구할 수 있는 이상유체 해를 얻었으므로, 이제는 자연이 실제로 이와 같은 거동을 하는지를 알아볼 차례이다. 그림 16.18은 식 (16.AP)에서 θ에 따라 계산한 압력 및 두 가지 유량에 대해 같은 각도에서 측정한 압력을 나타낸 것이다. 실린더 전면(0°~90° 및 270°~360°)에서는 계산값과 실측값이 그럴듯하게 일치하지만, 실린더 후면에서는 잘 맞지 않는다. 이 이후는 다음 절에서 분리의 개념으로 설명한다.

16.8 분리

그림 16.17은 실린더 주위에 흐르는 이상유체를 나타낸 것이다. 이 흐름은 상류쪽 면에서 분할되어 실린더 주위에서 매끄럽게 흐르고 하류쪽 면에서 다시 합친다. 식 (16.AP)에 따르면 $\theta = 0°$ 및 $\theta = 180°$에서 유속은 0이다. 이러한 점은 흐름이 분할되어 유속이 없는 점이다. 이처럼 유속이 0인 점을 일반적으로 정체점(stagnation point)이라 한다.

실린더 주위에 흐르는 실제 유체의 흐름 양상은 이 유체에 물감이나 실밥을 넣어 보면 알 수 있다. 이 관찰한 모양을 그림 16.19에 나타내었다. 흐름의 왼쪽(실린더의 상류)에서는, 흐름이 이상유체에 관한 식 (16.AP)로 기술한 것과 아주 비슷하다. 그러나 하류에서는,

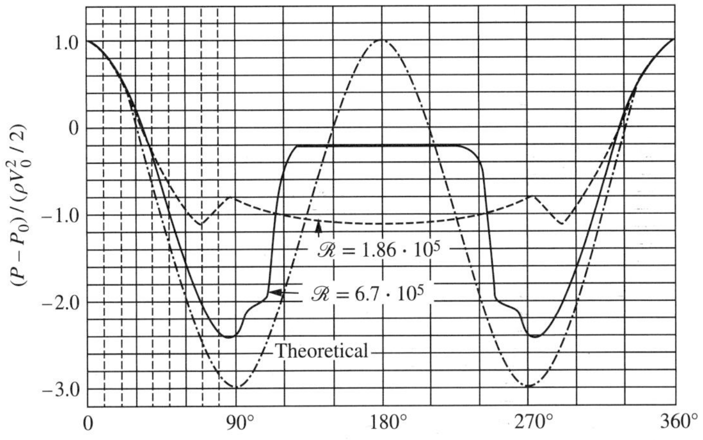

그림 16.18
실린더 표면의 압력. 이상유체 계산값과 실험값을 비교하였다. 이론 곡선은 식 (16.AP)이고, 다른 곡선은 레이놀즈 수가 $1.86 \cdot 10^5$ 및 $6.7 \cdot 10^5$인 경우이다. 이러한 곡선의 가장 큰 이유는 17.6절에서 설명한다. [H. Muttray, "Die experimentalen Tatsachen des Widerstandes ohne Auftrieb"—"The Experimental Data of Drag Without Lift"—in *Handbuch der Experimentalphysik Hydro- und Aero-Dynamik*, Leipzig: Akademische verlagsgesellschaft m.b.h. p.316 (1932); Flaschbart의 데이터 기반] $\theta = 0$ 정체점 앞과 일치하며 이는 그림 16.17에서 180°에 해당된다.

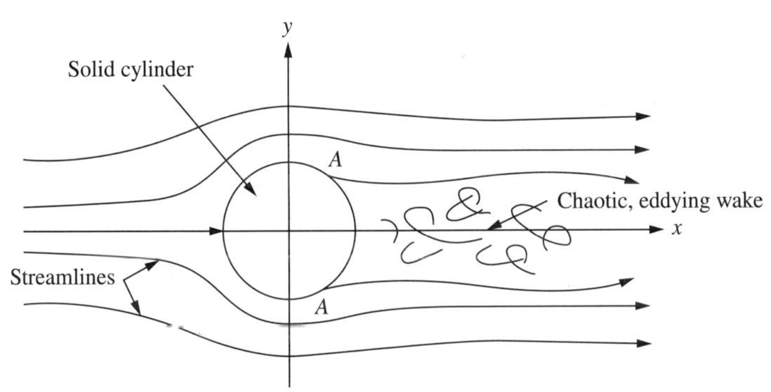

그림 16.19
높은 레이놀즈 수에서 실린더 주위의 실제 유체 흐름

이상유체처럼 실린더 후면에서 서로 가까워지는 대신에, *A*로 나타낸 점에서 실린더로부터 흐름이 떨어지며, 실린더 후면은 소용돌이가 있는 후류(eddying wake)로 덮인다. 유체가 그 주위를 흐르는 물체로부터 유선이 떨어지는 것을 분리(separation)라 한다.

분리는 마찰 때문에 생긴다. 실제 유체에서는 실린더 벽 가까이 있는 '경계층'에서의 마찰 때문에 대응하는 이상유체보다 유속이 느려진다. 실린더 전면에서는 이것이 흐름 양상에 별 영향을 미치지 않는데, 여기서는 유속이 빨라져서 압력이 감소하기 때문이다. 그러나 실린더 후면에서는 이상유체는 유속이 느려져서 압력이 증가한다. 유체가 후면 정체점에 도달하려면 마찰의 영향으로 인한 운동량의 손실이 없어야 한다. 그러나 실제 유체에서

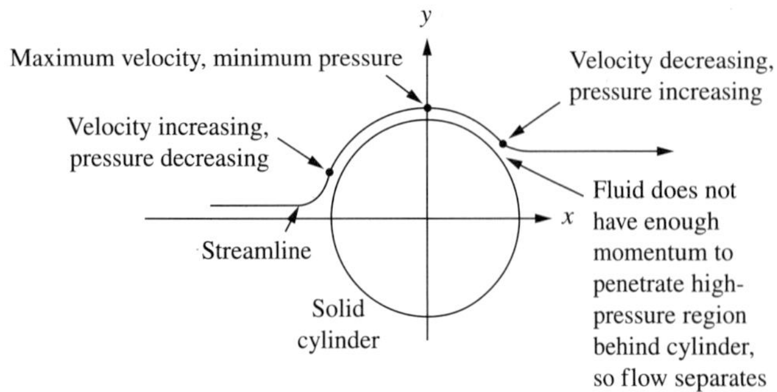

그림 16.20
높은 레이놀즈 수에서 실린더 주위 흐름의 분리

는 점성 마찰 때문에 운동량 일부가 손실되므로, 실린더 후면에서 반대의 압력구배를 극복할 수 있을 만큼 운동량이 충분치 못하며, 따라서 흐름은 떨어져 나간다. 이를 그림 16.20에 예시하였다.

비행기, 경주용 자동차, 구조물 등의 설계자에게는 분리가 아주 골칫거리이다. 그림 16.18에서 실린더 앞과 뒤의 압력을 비교하면, 실린더 뒤의 평균압력은 흐름이 분리될 수 있을 만큼 높기는 하지만, 흐름이 분리되지 않을 때의 압력만큼 높지는 못하다. 따라서 실린더에는 큰 압력순힘이 작용하게 된다. 비행기에서는 이것이 항력이므로, 이를 극복하기 위해 동력을 소비해야 한다. 이 동력은 궁극적으로 실린더 뒤의 소용돌이치는 후류에서 마찰열로 소비된다. 현재 비행기 설계자는 분리를 방지하기 위해 플랩(flap), 슬롯(slot), 스포일러(spoiler), 제트(jet) 등이 있는 특수한 날개 구조를 설계한다[7].

흐름에 직각인 실린더나 평판과 같은 뭉뚝한 물체(bluff body)에서는 분리를 거의 피할 수 없다. 그러나 비행기 날개나 물고기와 같은 유선형 물체(streamlined body)에서는 대개 분리가 생기지 않으며, 흐름 양상은 이상유체 이론으로 나타낸 것과 아주 유사하다. 그림 16.21은 유선형 물체에 작용하는 예측 압력과 관찰 압력을 비교한 것인데, 후면에서의 경우만 제외하면 이상유체 이론에 의한 예측과 실험 결과는 잘 맞는 편이다. 그러므로 항공기술자가 이상유체 이론을 사용하여 그 유선형 날개의 상승력을 어느 정도 잘 추산할 수 있다. 그러나 모든 실제 유체흐름에서는 항력이 있기 마련인데 이상유체 이론에서는 항력을 0으로 예측하므로, 항력 예측에는 이상유체 이론만으로는 아무 쓸모가 없다.

실제 유체의 유선이 달라붙어서 후면에 이르기까지 분리되지 않는 물체를 유선형 물체라 할 수 있다. 이러한 모양은 대개 전면이 벼랑이고 후면으로 가면서 점점 경사진 것이다.

슈퍼컴퓨터의 개발에 따라 경계층 외부의 퍼텐셜 흐름과 경계층 내부의 점성 흐름을 아주 복잡한 구조와 상황에 적용할 수 있게 되었다. 현재 상업용 비행기 설계는 퍼텐셜 흐름과 경계층의 조합을 이용하여 슈퍼컴퓨터로 '시험'하는데, 풍동에서 모델을 시험하거나 시험비행을 하는 것보다 아주 빠르고 저렴하다[8].

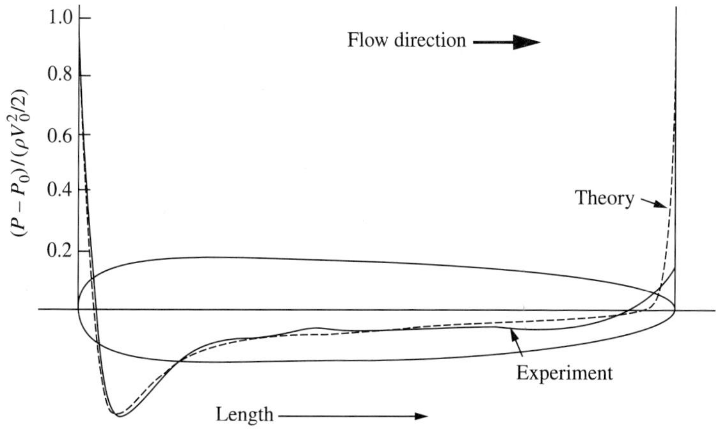

그림 16.21
유선형 물체에 대한 압력의 실험값과 이상유체 이론에 의한 계산값의 비교 [H. Muttray, "Die experimentalen Tatsachen des Widerstandes ohne Auftrieb"—"The Experimental Data of Drag Without Lift"—in *Handbuch der Experimentalphysik Hydro- und Aero-Dynamik*, Leipzig, Akademische verlagsgesellschaft m.b.h. p.316 (1932); Fuhrmann의 데이터 기반]

16.9 요약

1. 15장에서 설명한 바와 같이, 2차원 흐름과 3차원 흐름의 수학적 처리는 1차원 흐름의 경우보다 아주 복잡하다. 이를 간단히 하려고 점도가 0이고 밀도가 일정한 이상유체 개념을 만들었다.
2. 이상유체는 열전도나 정전기장과 마찬가지로 퍼텐셜 흐름 법칙에 따른다.
3. 퍼텐셜 흐름 이론으로 유전공학, 수문학, 여과기 등에서 실질적으로 상당히 중요한 다공질 매체 중의 점성 유체의 흐름도 기술할 수 있다.
4. 고체 경계 부근의 흐름을 제외한 대부분의 흐름은 이상유체 해로 그럴듯하게 기술할 수 있다.
5. 고체 경계를 포함한 복잡한 흐름을 다루기 위해 프란틀은 고체 표면에서 멀리 떨어진 부분에는 이상유체 이론을 적용하고, 고체 표면 부근의 얇은 '경계층'에서만 점도를 고려하는 생각을 도입하였다.
6. 퍼텐셜 흐름은 비회전이다.
7. 실제 흐름에서는 물체 주위에서 유선이 분리된다. 이 결과 소용돌이가 있는 후류가 형성되고 물체 후면의 압력이 낮아지며 항력이 커진다. 이러한 것은 이상유체 이론으로는 예측할 수 없지만, 경계층 이론을 통해 접근할 수 있다.

연습문제

연습문제와 예제 풀이를 위한 상용 단위와 수치들은 부록 E를 참조하라. * 표시가 있는 문제는 부록 C에 그 해답이 있음을 의미한다.

16.1. 그림 16.4, 16.6, 16.8, 16.16에 해당하는 열전도와 정전기장을 설명하라.

16.2. 그림 16.6에 나타낸 흐름은 수평 석유층으로부터 석유를 끌어 올리는 유정이라 생각할 수 있다. 석유층의 두께는 10 ft이고, 석유의 유량은 100 ft^3/h, 밀도는 50 lbm/ft^3, 점도는 10 cP이다. 층의 투과도는 10^{-11} ft^2이다. 유정(반지름 0.25 ft)의 압력은 1000 psia이다. 유정 중심으로부터의 거리에 대한 압력을 그려라.

16.3. 다음 퍼텐셜 흐름을 묘사하라. 각각 라플라스 식이 만족하는지를 증명하고, 흐름함수의 식을 계산하라. 또 이러한 흐름이 어떤 물리적 상황에 해당하는지 지적하라.

(*a*) $$\phi_{13} = A(x^2 - y^2) \tag{16.AQ}$$

(*b*) $$\phi_{14} = Ar^n \cos n\theta / n \text{ for } n = \tfrac{1}{2}, \tfrac{2}{3}, 1, \tfrac{3}{2}, \text{ and } 2 \tag{16.AR}$$

(*c*) $$\phi_{15} = Bx + C\ln(x^2 + y^2) - C\ln[(x - A)^2 + y^2] \tag{16.AS}$$

16.4. $\phi_{16} = x^2, \phi_{17} = x^2 + y^2, \phi_{18} = -e^x, \phi_{19} = \sin x$로 추정되는 흐름을 묘사하라. 정밀도 유체의 경우, 각 흐름에서 질량이 보존되지 않는 결과가 됨을 증명하라. 16.3절을 참고하라.

16.5. 식 (16.15), (16.16), (16.17)을 유도하라. 힌트: 이러한 변환에는 고등 미적분의 연쇄법칙(chain rule)을 사용할 수 있다.

16.6. (*a*) 극좌표에서 와류도 식 (16.20)은 다음 식과 같음을 보여라.

$$\zeta = V_\theta / r + \partial V_\theta / \partial r - (1/r)(\partial V_r / \partial\theta) \tag{16.32}$$

(*b*) 식 (16.32)를 이용하여, 식 (16.N)으로 나타낸 흐름은 비회전이 아니지만, 식 (16.T)로 나타낸 흐름은 비회전임을 증명하라.

16.7. ϕ와 ψ가 모두 라플라스 식 (16.4)를 만족하면 식 (16.26)이 동시에 만족됨을 증명하라. 힌트: x가 일정할 때의 y에 대하여 V_x를 미분하고, y가 일정할 때 x에 대하여 V_y를 미분한 다음, 한 식에서 다른 식을 뺀다.

16.8. 식 (16.27)에서 B가 식 (16.X) 및 (16.Y)의 x를 선택하면, 식 (16.AB)에 나타낸 같은 ψ를 얻을 수 있음을 증명하라. 힌트: $\arctan x = \pi/2 - \arctan(1/x)$이다.

16.9. $\phi_2, \phi_5, \phi_6, \phi_7$에 대응하는 흐름함수를 구하라.

16.10. 흐름함수는 주로 퍼텐셜함수와 함께 사용하지만, 퍼텐셜함수가 존재하지 않는 점성 흐름에서도 사용할 수 있다. 예를 들면, 경사진 평판에서의 점성 유체의 층류는 버드 등[9, p.45]에 의하면 다음과 같다(그림 16.22 참조). $V_x = [(\rho g d^2 \cos\beta)/(2\mu)][1 - (y/d)^2]$이다. 이 흐

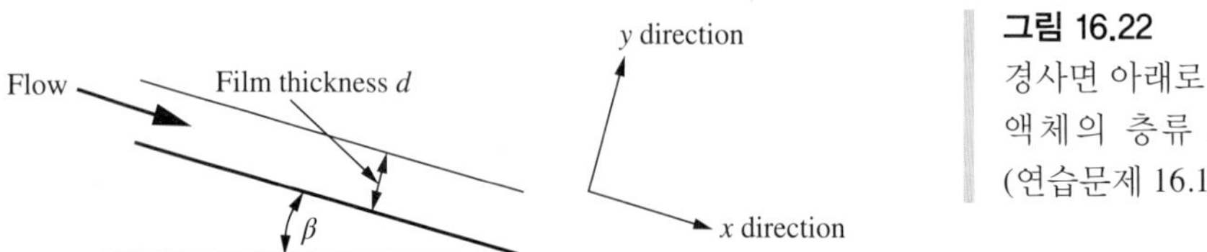

그림 16.22 경사면 아래로 점성 액체의 층류 흐름(연습문제 16.10)

름에 대한 흐름함수를 구하라. 이 흐름은 어떤 퍼텐셜함수로도 나타낼 수 없음을 증명하라.

16.11. 16.5절에서 설명한 ψ로부터 ϕ를 구하는 방법으로는 연습문제 16.10에서 계산한 ψ로부터 ϕ를 계산할 수 없음을 증명하라. 여기서는 ψ로부터 ϕ를 구하고, 얻어진 함수를 미분했을 때 $\partial\phi/\partial x$ 및 $\partial\psi/\partial y$의 맞는 값이 얻어지지 않음을 증명한다. 그러나 ϕ와 ψ가 모두 라플라스 식을 만족할 경우에만 식 (16.26)이 성립되는데, 연습문제 16.10에서 구한 띠는 라플라스 식을 만족하지 않는다.

16.12.* 무마찰 유체의 퍼텐셜 흐름은 다음 식으로 표현된다.

$$\phi_{19} = \left(-10\,\frac{1}{\text{s}}\right)(x^2 - y^2) \tag{16.AT}$$

이 유체의 밀도는 60 lbm/ft^{3}이다. 압력은 $x = 0$, $y = 0$에서 20 psia이다. $x = 1$ ft와 $y = 1$ ft에서의 압력과 $x = 5$ ft와 $y = 0$에서의 압력을 구하라.

16.13. 연습문제 16.3(a)에서는, 식 ϕ_{13}은 직사각형의 모서리로 들어가는 무마찰 퍼텐셜 흐름을 나타내는 것을 증명하였다. x_0와 $y = 0$(즉, x_0가 양의 x축에 놓인 위치)에서, P와 V는 각각 음의 x 방향으로 1.00 atm과 1 ft/s이다. $+y$축을 따른 위치의 함수로서 압력에 관한 식을 보여라(즉, $x = 0$이고 $y \geq 0$일 때 모든 점).

16.14. 토네이도를 ϕ_7으로 나타낼 수 있다. 토네이도의 눈(즉, 좌표계의 원점)으로부터 1 mi 거리에서 반지름 방향 속도가 안쪽으로 원점을 향해 1 mi/h이고, 접선 방향 속도가 1 mi/h이다.

(a) 토네이도의 중심으로부터 50 ft인 곳에서의 반지름 방향 및 접선 방향 속도성분을 구하라.

(b) 토네이도의 중심으로부터 1 mi 거리에서의 압력이 14.7 psia일 때, 중심으로부터 50 ft 지점에서의 압력을 구하라.

16.15.* 연습문제 16.14에서, 토네이도 중심으로부터 1 mi 지점에서 표시(즉, 중립부력 풍선)를 공중으로 내보낸다면, 중심으로부터 50 ft 지점까지 이동하는 데 걸리는 시간은 얼마인가?

16.16.* 그림 16.16은 다공질 매체에서 주입정으로부터 생산정으로의 흐름을 나타낸 것이다. 두 우물 사이의 흐름 중에서 유선 외부를 지나는 양을 구하라. 유선은 점 $(A/2, A/2)$와 $(A/2, -A/2)$를 지난다.

16.17. 그림 16.8은 $A = 1$, $C = 1$에 대하여 그린 것이다. (a) $A = 1$, $C = 10$, (b) $A = 10$, $C = 1$일 때에 대하여 이 그림을 그려라.

16.18. 그림 16.12는 $A = 1$, $C = 1$에 대하여 그린 것이다. (a) $A = 1$, $C = 10$, (b) $A = 10$, $C = 1$일 때에 대하여 이 그림을 그려라.

16.19. 2장에서 만약 실제 유체를 턴테이블 위의 열린 통(open can)에 넣고 회전시키면, 오랜 시간 경과 후 유체는 그림 16.9의 강제와류(forced vortex)에 상응하는 고형체가 회전하는 상태가 된다. 실제 유체를 이상유체와 대체했다고 가정하고 실험을 반복하라. 오랜 시간 경과 후, 통 안의 흐름은 어떻게 되겠는가? 이상유체의 와류도(vorticity)는 어떻게 만들어졌는가에 대해 설명하라.

참고문헌

1. Prandtl, L. "Ueber Fluessigkeitsbewegung mit kleiner Reibung" ("Concerning Fluid Movement with Small Friction"), *Verhlandl III Intern. Math.-Kongr*. Heidelberg, 1904.
2. Carslaw, H. S., J. C. Jaeger. *Conduction of Heat in Solids*. 2nd ed. Oxford: Oxford University Press, 1959.
3. Prandtl, L., O. G. Tietjens. *Fundamentals of Hydro- and Aeromechanics*, trans. L. Rosenhead. New York: Dover, 1957.
4. Pozrikidis, C. *Little Book of Streamlines*. New York: Academic Press, 1999.
5. Kirchoff, R. H. *Potential Flows; Computer Graphic Solutions*. New York: Marcel Dekker, 1985.
6. Lamb, H. *Hydrodynamics*. New York: Dover, 1945.
7. Hazen, D. C., and C. J. Lynch. "Better Airplane Wings." *Intern. Sci. Technol. 50(2)*, 1966, pp. 38–46.
8. Jameson, A. "Computational Fluid Dynamics Past, Present and Future," *NASA Presentation 20121030.pdf*, 2012.
9. Bird, R. B., and E. N. Stewart, W. E. Lightfoot. *Transport Phenomena*, 2nd ed. New York: Wiley, 2002.

CHAPTER

17

경계층

경계층의 주제는 16.1절에서 소개하였다. 이 주제는 아주 광범위하고, 유체역학의 활발한 연구 분야이기 때문에, 새로운 결과가 계속 발표된다. 여기서 전체 주제를 다룰 수는 없으므로, 얻을 수 있는 해의 유형을 몇 가지 예를 들어서 소개하고, 경계층 접근의 결과에 관한 의견을 갖도록 하고자 한다. 이 주제에 관한 술어는 실제로 다루는 것 이상으로 소개하였는데, 경계층에 관한 문헌에서 통용되는 것들이다. 이러한 술어와 이 책에서 다룬 다른 주제 사이의 관계도 여기서 소개하였다.

17.1 프란틀 경계층식

경계층 이론의 아버지인 루트비히 프란틀은 16.1절에서 설명한 흐름을 개념적으로 구분한 후, 경계층에서의 흐름을 계산하는 것을 시작하였다. 그는 나비에-스토크스 식(15.4절)에서 출발하여 중요하지 않다고 생각되는 항을 제거하였다. 즉, 다음과 같이 간단히 하였다.

1. 경계층이 원점에서 시작된다고 보고 고체 표면을 x축으로 잡는다(그림 17.1).
2. 중력은 작용하는 다른 힘에 비하여 중요하지 않으므로 제거할 수 있다.
3. 흐름은 x 및 y 방향의 2차원 흐름이다. 따라서 V_z(유속의 z 성분)는 0이고, z에 대한 모

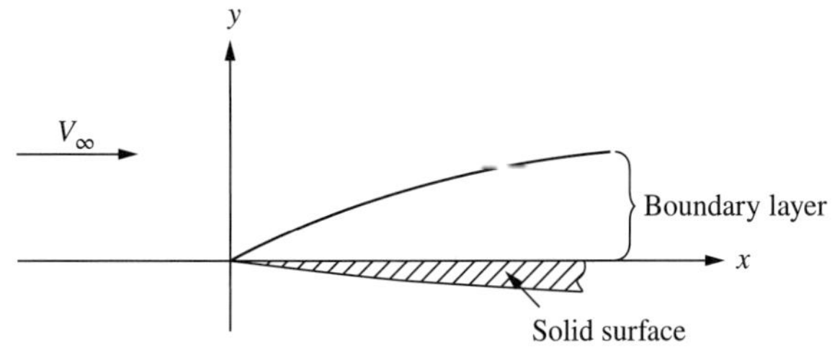

그림 17.1
얇은 평판 위의 경계층

든 도함수도 0이다. 결국, z 운동량수지는 전부 0이 되므로 풀어야 할 식에서 제거한다.

4. 경계층 내부에서 y 방향 흐름이 조금 있지만, x 방향 흐름에 비하여 아주 느리므로 y 방향 운동량수지를 생각할 필요가 없다. 이것은 V_y가 0이라는 것이 아니고 $\partial P/\partial y$를 무시할 수 있다는 것이다.
5. 운동량수지에서 $\mu(\partial^2 V_x/\partial x^2)$의 항은 $\mu(\partial^2 V_x/\partial y^2)$의 항에 비하여 작으므로 제거될 수 있다.

ρ로 나누고 μ/ρ를 ν(동점도)로 대치하여 식 (15.26)을 간소화함으로써 프란틀은 다음 식을 얻었다.

$$\frac{\partial V_x}{\partial t} + V_x \frac{\partial V_x}{\partial x} + V_y \frac{\partial V_x}{\partial y} = -\frac{1}{\rho}\frac{\partial P}{\partial x} + \nu \frac{\partial^2 V_x}{\partial y^2} \tag{17.1}$$

이 식과 2차원 정밀도(constant density) 물질수지식[식 (15.8) 참조]은 다음과 같다.

$$\frac{\partial V_x}{\partial x} + \frac{\partial V_y}{\partial y} = 0 \tag{17.2}$$

위의 두 식을 경계층식(boundary-layer equation) 또는 프란틀의 경계층식(Prandtl's boundary-layer equation)이라고 한다.

경계층 흐름은 관 내 흐름과 마찬가지로 층류 또는 난류이다. 위에 나타낸 프란틀의 식은 유체 마찰 항의 형 때문에 층류에만 적용된다. 난류에 관한 유사식도 유도되었지만[1, Chap.18] 거의 쓰이지 않는다.

17.2 흐름에 평행인 평판 위의 정상 흐름 층류경계층

경계층식의 이용을 예시하기 위하여 가장 간단한 경계층 문제를 고려하자. 즉, 흐름에 평행인 평판 위의 정밀도 뉴턴 유체의 정상 흐름으로서 유속이 아주 낮아서 어느 곳에서나 층류인 흐름을 생각해 보자(그림 17.2). 이 흐름을 완전하게 기술하려면, $y = 0$과 $x > 0$에서 속도성분인 V_x와 V_y가 0인 조건(즉, 고체 표면을 따르거나 또는 교차하는 흐름이 없는

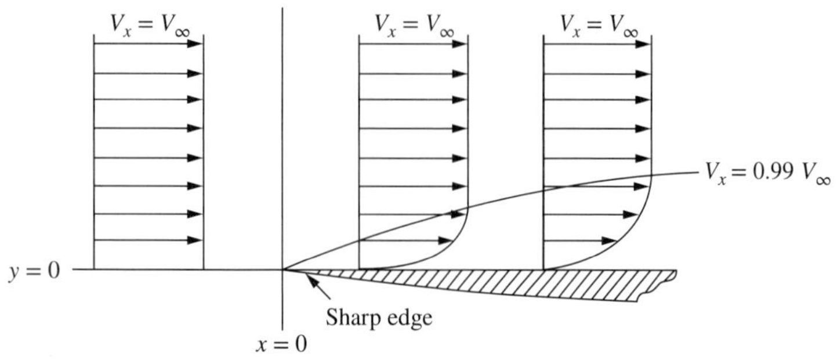

그림 17.2
얇은 평판 위의 경계층에서의 속도분포

조건)과 y가 증가함에 따라 경계층 외부에서 V_x가 이상유체 흐름과 같아지는 조건(16장 참조)들과 함께 식 (17.1)과 (17.2)를 만족하는 함수인 $V_x = V_x(x, y)$를 찾아야 한다.

그림 17.2의 계에서 이상유체 흐름은 다음과 같다.

$$\phi = -V_\infty x \tag{17.3}$$

따라서 경계층 외부에서 모든 x와 y에 대하여 $V_x = V_\infty$ 및 $V_y = 0$이다. 그러므로 두 번째 조건은 y가 커짐에 따라 V_x는 V_∞가 되어야 한다.

이상유체 해로부터 $\partial P/\partial x = 0$임을 구할 수 있다. 경계층 외부에서는 이것은 사실이다. 경계층 내부에서는 정확하게 참이 아닐 수도 있지만, 프란틀의 세 번째 가정에 따르면 경계층 내부에서는 y 방향의 압력변화가 없다. 그러므로 이 경계층의 어느 점에서나 압력은 경계층 외부의 이상유체 흐름에서 그 x에서의 압력과 같다. 경계층 전문가는 이 가정을 경계층 외부에서의 이상유체 흐름의 압력은 경계층이라고 설명을 한다. 그러므로 이 가정에 따르면 식 (17.1)의 $\partial P/\partial x$ 항은 제거되어, 다음과 같이 된다.

$$V_x \frac{\partial V_x}{\partial x} + V_y \frac{\partial V_x}{\partial y} = \nu \frac{\partial^2 V_x}{\partial y^2} \tag{17.4}$$

판 부근의 모든 점에서의 유속을 결정하는 이 문제는 경계치 문제(boundary-value problem)인데, 이것은 경계에서 특정한 값을 갖는 일련의 편미분방정식이다. 이것의 풀이를 알아보기 위하여 먼저 간단한 경계치 문제를 생각해 보자. 정지상태의 무한 유체가 정지상태의 무한 평면 벽과 인접해 있다고 가정하자. 시간이 0에서, 벽이 속도 V_0를 가지고 x 방향으로 갑자기 움직이기 시작한다. 흐름이 전체적으로 층류이면, 유체 입자의 운동량수지(연습문제 17.1)로부터 경계 조건과 함께 다음 식을 얻는다.

$$\frac{\partial V_x}{\partial t} = \nu \frac{\partial^2 V_x}{\partial y^2} \tag{17.5}$$

이 문제는 갑자기 출발하는 배의 평평한 측면 부근의 흐름을 비슷하게 기술한 것이라고 할 수 있다.

이 경계치 문제는 변수분리법이나 라플라스 변환을 이용하여 완전하게 풀 수 있으며, 해는 다음과 같고, 모든 열전달 책 및 19장과 20장에 표현되어 있다.

$$V_x = V_0 \left(1 - \operatorname{erf} \frac{y}{2(\nu t)^{1/2}} \right) \tag{17.6}$$

여기서 'erf'는 Gauss의 오차함수(error function)로서 다음과 같이 정의한다.

$$\operatorname{erf} x = \frac{2}{\pi^{1/2}} \int_0^x e^{-\lambda^2} \, d\lambda \tag{17.A}$$

여기서 λ는 임시변수(dummy variable)이다. erf의 값은 대부분 책의 수학표와 그림 19.5에서 찾을 수 있다.

식 (17.6)에서 흥미로운 점은, V_x는 y와 t에 의존하지만, 해를 보면 이들 각각에 의존하는 것이 아니라 이들의 일정한 조합 $y/[(\nu t)^{0.5}]$에만 의존한다는 점이다. 여기서 새로운 변수 $A = y/[(\nu t)^{0.5}]$를 도입하면, 유속은 y와 t의 함수 대신에 A만의 함수가 되어 아주 간단해진다. 수학적으로는 편미분방정식 (17.5)를 상미분방정식으로 바꿀 수 있게 되는 것이다. 그림으로는, V_x를 일정한 t의 선에 따른 V_x 대 y의 도표로 나타내는 대신에, V_x 대 A의 도표 위에 단일 곡선으로 V_x를 나타낼 수 있다. 이러한 단순화는 미분방정식의 특성과 경계치로부터 기인한다.

이제 평판 위의 경계층 문제를 다시 살펴보자. 블라시우스[1, p.156]의 관찰에 따르면 식 (17.4)와 (17.5)는 정확하게 같지는 않지만 형태는 비슷하다. 블라시우스는 이러한 상황의 물리적 유사성도 지적하였다. 정지상태에 있는 유체와 이 유체 중에서 일정한 속도(즉, 그림 17.2에서처럼 유체에 탄 관찰자가 보는 속도)로 움직이는 끝이 예리한 판에 의해 생성되는 경계층을 고려하면, 이 상황은 식 (17.5)로 기술한 흐름과 물리적으로 공통적인 것이 많다. 따라서 블라시우스는 해가 같은 형식이 될 것이라고 가정하였다. 즉, V_x는 x와 y 각각에 의존하는 것이 아니라 이들의 어떤 조합에만 의존한다는 것이다. 이 물리적 상황과 식 (17.5)로 기술한 문제의 상황을 비교하여, 식 (17.6)의 t는 판이 움직이는 것을 유체가 '알고 있는' 시간으로 결정하였다. 경계층 문제에서 이 시간은 판의 앞 가장자리부터의 거리 x를 자유흐름 유속 V_∞로 나눈 값이다. 이것을 대입하여 다음과 같이 정의하였다.

$$\eta = y\left(\frac{V_\infty}{\nu x}\right)^{1/2} \tag{17.7}$$

또 식 (17.6)과 비교하여 블라시우스는 다음과 같이 쓸 수 있다고 가정하였다.

$$\frac{V_x}{V_\infty} = \text{some function of}\left[y\left(\frac{V_\infty}{x\nu}\right)^{1/2}\right] \tag{17.8}$$

다른 경계치 문제의 경우에는 이러한 대입이 옳음을 수학적으로 입증할 수 있다. 여기서는 이러한 입증을 할 수 없으므로 얻어지는 해는 이러한 추가 가정에 의존한다. 이 가정은 두 편미분방정식을 하나의 상미분방정식으로 변환한 것으로서 블라시우스는 수치형으로 풀 수 있었다. Schlichting[1, p.157]은 이 계산의 자세한 내용을 보였다(연습문제 17.4 참조). 이 결과는 그림 17.3에서처럼 V_x/V_∞ 대 η의 곡선의 형태가 된다.

17.2.1 경계층의 두께

그림 17.3에 나타낸 평판 위의 층류경계층에 대한 블라시우스의 해는 여러 가지를 가정하고 간단히 한 것이다. 그러나 여러 연구자가 시험한 결과 실험 자료와 아주 잘 일치하였다.(그림 17.3은 블라시우스의 해와 니쿠라드세의 실험 자료를 비교한 것이다.) 따라서 이

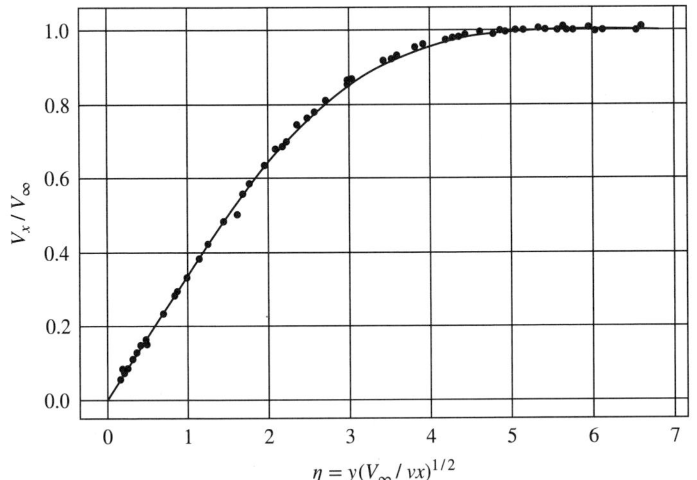

그림 17.3
레이놀즈 수 1105에서 7 × 105 범위에서 평판 위의 층류경계층에 관한 블라시우스의 해와 니쿠라드세의 실험 자료 [출처: J. Kikuradse, "Laminar Reibungsschicten an der längsangestroemten Platte," — "Laminar friction layers on plates with parallel flow," *Monograph Zentrale für Wiss. Bereichtwesen*, Berlin (1942)]

러한 가정과 간략화는 타당한 것처럼 보인다.

이 문제에 대한 블라시우스의 해는 유체역학에서 하나의 이정표이다. 이 해를 자세히 검토하면 경계층 이론의 주요 용어와 개념의 대부분을 관찰할 수 있다. 이 해는 평판에 관한 것이지만 완만한 곡면상의 흐름에 관한 해를 구하는 지침이 된다. 그러므로 비행기 날개의 면은 평평하지 않지만, 평판 위의 층류경계층에 대한 계산치는 대부분이 비행기 날개 위의 층류에 대하여도 정성적으로 타당하며, 블라시우스의 해 중의 정량적 정보는 많은 부분이 비행기 날개와 선체처럼 완만한 곡면에 대해서도 대강 맞는다.

그림 17.3에서 보면, $V_x/V_\infty = 0.99$까지의 층을 경계층으로 정의하면 층류경계층이 $\eta \approx$ 5인 거리까지 확장된다. 경계층 두께를 δ라 하면,

$$\delta \approx 5\left(\frac{\nu x}{V_\infty}\right)^{1/2} \tag{17.9}$$

즉, 층류경계층은 판 앞 가장자리로부터의 거리의 제곱근에 비례하여 커지며 그림 17.2에 나타낸 포물선형이 옳다.

예제 17.1 다음 경우의 경계층 두께를 계산하라.

(*a*) 비행기가 공기 중에서 200 mi/h로 비행 중일 때 날개 앞 가장자리로부터 2 ft인 점

(*b*) 배가 물에서 10 mi/h로 항해 중일 때 뱃머리로부터 2 ft인 점

비행기에 대하여

$$\delta = 5 \cdot \left(\frac{1.61 \cdot 10^{-4}\ \text{ft}^2/\text{s} \cdot 2\ \text{ft}}{200\ \text{mi/h} \cdot 5280\ \text{ft/mi} \cdot \text{h}/3600\ \text{s}}\right)^{1/2}$$

$$= 5.24 \cdot 10^{-3}\ \text{ft} = 0.063\ \text{in} = 1.60\ \text{mm} \tag{17.B}$$

배에 대하여

$$\delta = 5 \cdot \left(\frac{1.08 \cdot 10^{-5}\ \text{ft}^2/\text{s} \cdot 2\ \text{ft}}{10\ \text{mi/h} \cdot 5280\ \text{ft/mi} \cdot \text{h}/3600\ \text{s}} \right)^{1/2}$$

$$= 6.06 \cdot 10^{-3}\ \text{ft} = 0.073\ \text{in} = 1.8\ \text{mm} \tag{17.C}$$

■

고체에서 0인 속도가 자유흐름 속도로 전이되는 것은 유체의 아주 얇은 층에서 일어난다는 프란틀의 가정을 16.1절에서 다루었다. 예제 17.1에서 보면, 공기와 물의 층류 그리고 배와 비행기의 전형적 속도일 때는 이러한 가정이 잘 맞는다.

17.2.2 경계층의 항력

블라시우스의 경계층 해에서 평판의 임의의 부분에 대한 항력을 계산할 수 있다. 해는 뉴턴 유체의 층류에 기초한 것이므로, 임의의 점에서의 전단응력은 다음과 같다.

$$\tau = \mu \frac{dV_x}{dy} \tag{1.5}$$

식 (17.7)의 양변을 x를 일정하게 놓고 V_x에 대하여 미분하면,

$$\left(\frac{d\eta}{dV_x}\right)_x = \left(\frac{V_\infty}{\nu x}\right)^{1/2} \left(\frac{dy}{dV_x}\right)_x \tag{17.10}$$

다시 쓰면,

$$\left(\frac{dV_x}{dy}\right)_x = V_\infty \left(\frac{V_\infty}{\nu x}\right)^{1/2} \frac{d(V_x /\ V_\infty)_x}{d\eta} \tag{17.11}$$

판의 표면, 즉 $y = 0$(따라서 $\eta = 0$)에서의 $d(V_x/V_\infty)_x/d\eta$의 값을 구해야 하는데, 그림 17.3에서 곡선의 기울기로부터 이 값은 0.332이다. 그러므로 판 표면의 임의 점에서의 전단응력은 다음과 같다.

$$\tau_0 = 0.332\mu V_\infty \left(\frac{V_\infty}{\nu x}\right)^{1/2} \tag{17.12}$$

6.13절에서 설명하였지만, 물체에 작용하는 항력은 항력계수 대 레이놀즈 수의 그림으로 나타낼 수 있다. 여기서 평판의 작은 부분에 대한 국부 항력계수를 정의하면 다음과 같다.

$$C_f' = \frac{\tau_0}{(1/2)\rho V_\infty^2} \tag{17.13}$$

그리고 식 (17.12)에서 블라시우스의 해에 해당하는 항력계수를 계산할 수 있다.

$$C_f' = \frac{0.332}{1/2} \cdot \frac{\mu}{\rho} \cdot \frac{V_\infty}{V_\infty^2} \cdot \left(\frac{V_\infty}{\nu x}\right)^{1/2} = 0.664 \cdot \left(\frac{\nu}{V_\infty x}\right)^{1/2} \tag{17.14}$$

여기에서 맨 오른쪽 괄호 안의 항은 $1/\mathscr{R}$과 같은 형이다. 레이놀즈 수에서 길이는 관 지름일 때도 있고 입자 지름일 때도 있다. 경계층 이론에서는 길이가 고체의 앞 가장자리로부터 측정한 길이이다. 따라서

$$\mathscr{R}_x = \begin{pmatrix}\text{Reynolds number based}\\ \text{on distance from leading edge}\end{pmatrix} = \begin{pmatrix}\text{boundary layer}\\ \text{Reynolds number}\end{pmatrix} = \frac{V_\infty x}{\nu} \tag{17.15}$$

식 (17.14)에서 알 수 있는 것처럼 블라시우스의 해에 따라서 국부 항력계수 C_f'와 레이놀즈 수의 관계를 그리면 다음과 같이 된다.

$$C_f' = \frac{0.664}{(\mathscr{R}_x)^{1/2}} \tag{17.16}$$

그림 17.4는 실험으로 구한 국부 항력계수의 도해를 보여 주는데, 흐름이 층류일 때는 블라시우스의 해와 잘 일치하지만, 난류이면 결과가 아주 다르다. 난류경계층은 17.3절과 17.5절에서 다룬다.(유체역학의 곳곳에 항력계수는 보통 C_d로 나타내지만, 여기에서 나타낸 것처럼 경계층에서는 C_f로 나타낸다.)

판의 앞 가장자리($x = 0$)에서는 레이놀즈 수가 0이다. 따라서 식 (17.16)에 의하면 항력계수는 무한대가 되어야 한다. 이것은 물리적으로 비현실적이며, 앞 가장자리에서 아주 가까운 작은 영역에서는 블라시우스의 해가 맞지 않는다는 결론을 내리게 한다[1, p.162]. 이것은 실질적으로 우려가 거의 없는 약간의 결함일 뿐이다.

위에서 정의한 항력계수는 국부 항력(C_f')을 나타내는 것이므로, 실제 계산에서는 판 전체에 대한 항력을 나타내는 것보다 불편하다. 폭이 W인 판에 대한 항력은 다음과 같다.

$$F = W\int_0^x \tau_0\, dx \tag{17.17}$$

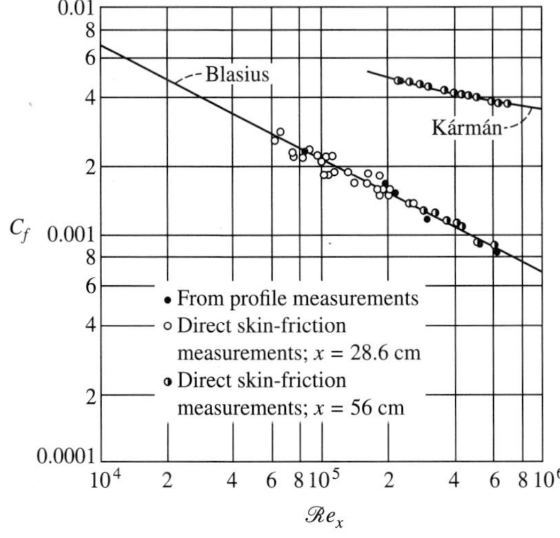

그림 17.4
평판의 국부 항력계수. 실험 자료를 블라시우스의 해[식 (17.16)] 및 프란틀 식[식 (17.36)]과 비교하였다. (NASA)

여기서 전체 표면에 대한 새로운 항력계수를 다음과 같이 정의한다.

$$C_f = \frac{F}{(1/2)\rho V_\infty^2 A} = \frac{1}{A}\int C_f' \, dA \tag{17.18}$$

블라시우스의 층류경계층 해에서는 이 항력계수가 다음과 같이 된다.

$$C_f = \frac{0.332\, W\mu V_\infty (V_\infty / \nu)^{1/2} \int_0^x dx / x^{1/2}}{0.5\, \rho V_\infty^2\, Wx} = \frac{1.328}{(\mathscr{R}_x)^{1/2}} \tag{17.19}$$

예제 17.2 흐름을 교란하지 않는 길고 가는 끈에 달린 1 m^2의 정방형 평판이 배 뒤에서 끌리고 있다. 배의 속도는 15 km/h이고, 판 양쪽 측면의 경계층은 층류이다. 이 판을 끄는 데 필요한 힘은 얼마이겠는가?

판의 전체 길이에 근거한 레이놀즈 수는 다음과 같다.

$$\mathscr{R}_x = \frac{15 \cdot 10^3 \text{ m/h} \cdot 1 \text{ m}}{(1.004 \cdot 10^{-6} \text{ m}^2/\text{s})} \cdot \frac{\text{h}}{3600 \text{ s}} = 4.15 \cdot 10^6 \tag{17.D}$$

그래서

$$C_f = \frac{1.328}{(4.15 \cdot 10^6)^{1/2}} = 6.52 \cdot 10^{-4} \tag{17.E}$$

그리고

$$\begin{aligned} F &= 6.52 \cdot 10^{-4} \cdot \frac{1}{2} \cdot 998.2 \frac{\text{kg}}{\text{m}^3} \cdot \left(\frac{15{,}000}{3600} \cdot \frac{\text{m}}{\text{s}}\right)^2 \cdot 2 \text{ m}^2 \cdot \frac{\text{N} \cdot \text{s}^2}{\text{kg} \cdot \text{m}} \\ &= 11.3 \text{ N} = 2.54 \text{ lbf} \end{aligned} \tag{17.F}$$

■

경계층에 관한 문헌에는 경계층 두께 δ 외에도 두 가지 두께가 자주 나타나는데, 변위 두께(displacement thickness) δ^*와 운동량 두께(momentum thickness) θ이다.

17.2.3 변위 두께

변위 두께의 의미를 알아보기 위하여, 평판 위의 층류경계층에서 유선을 고려하자(그림 17.5). 경계층에서 천천히 움직이는 유체층을 벗어나기 위하여, 전체 흐름의 유선은 고체 표면에서 떠나 방향을 전환한다. 얼마나 멀리 가는가를 알아보기 위하여, 폭 W에 대하여 그림 17.5에 표시한 부분의 물질수지를 취한다. 위쪽과 아래쪽의 경계는 유선을 따라 있으므로 이들 경계선은 교차하는 흐름이 없다. 따라서 물질수지는 다음과 같다.

$$\rho V_\infty y W = \rho W \int_0^{y+\delta^*} V_x \, dy \tag{17.20}$$

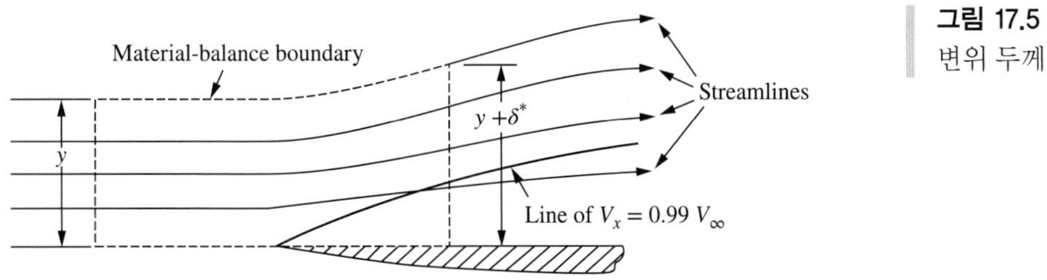

그림 17.5
변위 두께

ρW로 나누고 양변에서 $V_\infty \delta^*$를 뺀 다음 재정리하면 다음과 같다.

$$-V_\infty \delta^* = -V_\infty (y + \delta^*) + \int_0^{y+\delta^*} V_x\, dy \tag{17.21}$$

이를 다시 쓰면,

$$\delta^* = \frac{\int_0^{y+\delta^*} (V_\infty - V_x)\, dy}{V_\infty} = \int_0^{y+\delta^*} \left(1 - \frac{V_x}{V_\infty}\right) dy \tag{17.22}$$

여기서 변위 두께 δ^*는 유선이 판에 수직인 방향으로 이동한 거리이다. 경계층 가장자리에서 $V_\infty - V_x = 0.01$이고, y의 증가에 따라 빨리 0에 접근하므로, 식 (17.22)의 적분 상한은 어떤 큰 수라도 좋지만 대개 무한대로 나타낸다. 식 (17.22)는 층류이든 난류이든 간에 정밀도(constant-density) 경계층에는 다 맞는다.

블라시우스의 해를 구하기 위하여 식 (17.22)를 그림 17.3에서 도식적으로 적분할 수 있다. 그림에서 실선의 위와 왼쪽의 부분은 다음과 같다.

$$\int_0^\infty \left(1 - \frac{V_x}{V_\infty}\right) d\left[y\left(\frac{V_\infty}{\nu x}\right)^{1/2}\right] = \delta^* \left(\frac{V_\infty}{\nu x}\right)^{1/2} \tag{17.23}$$

도식 적분하면 이 부분의 면적은 1.72이다. 따라서

$$\delta^* = 1.72\left(\frac{\nu x}{V_\infty}\right)^{1/2} \tag{17.24}$$

식 (17.24)를 식 (17.9)와 비교하면, 층류경계층에서 변위 두께는 1.72/5, 즉 경계층 두께의 약 1/3 정도임을 알 수 있다.

17.2.4 운동량 두께

고체는 유체층을 느리게 하며, 실제로 벽에 접촉한 유체를 완전히 멈추게 한다. 느려지는 유체로부터는 운동량이 고체 판에서 항력의 형태로 추출된다. 이와 같은 양의 운동량(따라서 같은 힘)에 접근하는 흐름의 임의 층을 완전히 정지시켜 얻을 수 있는데, 이러한 층의 두께를 운동량 두께 θ라 한다. 폭이 W인 판으로 이러한 층을 정지시키는 데 필요한 힘은 $W\theta\rho V_\infty^2$이다. 판에 의해 실제로 추출되는 힘은 식 (17.17)과 같으므로,

$$\theta = \frac{1}{\rho V_\infty^2}\int_0^x \tau_0\, dx \tag{17.25}$$

$$\tau_0 = \rho V_\infty^2 \frac{d\theta}{dx} \tag{17.26}$$

이 식은 뒤에 난류경계층에서 사용한다. 블라시우스의 층류경계층 해를 구하기 위하여, 식 (17.25)에 τ_0를 대입하면,

$$\theta = \frac{1}{\rho V_\infty^2} 0.322\,\mu V_\infty \left(\frac{V_\infty}{\nu}\right)^{1/2} \int_0^x \frac{dx}{x^{1/2}} = \frac{0.664}{\mathscr{R}_x^{1/2}} \tag{17.27}$$

이 식과 식 (17.9)를 비교하면, 평판 위의 층류경계층에서는 운동량 두께가 0.664/5, 즉 경계층 두께의 1/8 정도임을 알 수 있다.

한편, 그림 17.5에서 물질수지를 취한 것과 같은 영역에 운동량수지를 취하면(연습문제 17.9), 어떤 경계층, 층류 또는 난류에 대하여 다음 관계가 성립한다.

$$\theta = \int_0^\infty \frac{V_x}{V_\infty}\left(1 - \frac{V_x}{V_\infty}\right) dy \tag{17.28}$$

이 식 역시 난류경계층에서 사용한다.

블라시우스의 정상 흐름 층류 평판 경계층 해는 프란틀의 경계층식을 간단히 한 수치해이며, 1차원 운동량수지와 질량수지를 취한 것이다. 이러한 종류의 해를 경계층에 관한 문헌에서는 완전해(exact solution)라 하는데, 아주 한정된 경우에만 완전해를 얻을 수 있다. 따라서 층류경계층의 거동을 합리적으로 추정하는 데에는 근사적 방법(연습문제 17.8)을 사용한다.

17.3 난류경계층

경계층 안의 흐름도 관 내 흐름(6.2절 참조)과 마찬가지로 층류나 난류가 될 수 있다. 아주 주의하여 관의 거칠기나 진동을 피하면 레이놀즈 수가 더 높게 되는 것을 지연시킬 수 있을지라도, 관에서 레이놀즈 수가 2000 정도일 때 전이가 발생한다. 지름이 일정한 관에서는 관 입구 근처의 작은 지역을 제외하고는 흐름의 전체 길이에 걸쳐서 흐름의 특성은 같다. 그러나 경계층 흐름에서는 같지 않다. 이 경계층 흐름에서는 특성의 차원은 앞 가장자리로부터의 거리이다. 이미 살펴보았지만, 경계층 계산에서의 레이놀즈 수는 이 길이에 근거한 것이다. 관 흐름에서처럼 경계층 흐름에서도 레이놀즈 수는 층류로부터 난류로의 전이를 나타내는 지표가 된다. 평판의 경우, 전이는 레이놀즈 수가 $3.5 \cdot 10^5 \sim 2.8 \cdot 10^6$의 범

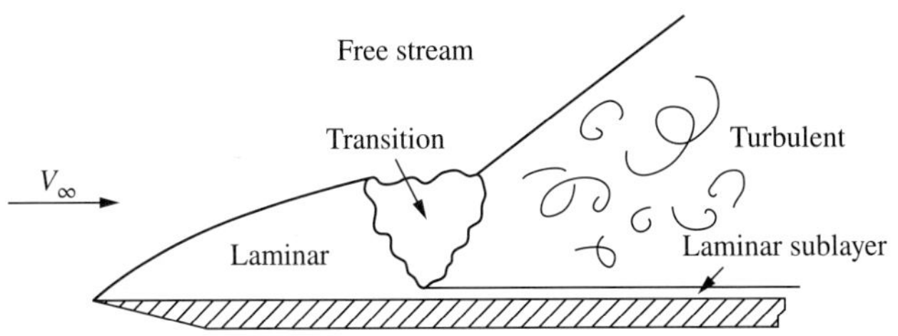

그림 17.6
경계층 내의 층류-난류 전이

위에서 일어난다. 경계층 외부 흐름의 난류와 표면의 거칠기는 이 전이에 큰 영향을 미친다. 길이가 아주 길고 매끈한 표면에서 생기는 전형적 경계층 은 그림 17.6과 같은 모양이다. 이 그림에서 보면 층류, 전이 및 난류경계층뿐만 아니라 난류경계층 밑에 '층류하부층(laminar sublayer)'도 있다(뒤에서 검토함).

층류경계층에서는, 관 내 층류와 마찬가지로, 적절한 가정을 하여 흐름 거동을 계산할 수 있으며, 이 계산한 거동을 실험적으로 보일 수 있다. 난류경계층에서는, 관 내 난류와 마찬가지로, 실험 자료가 없으면 아직 흐름 거동을 계산할 수 없다. 그러나 실험 결과로부터 어느 정도 일반 법칙화할 수 있고, 이를 다른 조건에 외삽하여 사용할 수 있다.

난류에서는 어떤 점에서의 유속은 시간에 따라 불규칙적으로 변동한다. 이러한 유속은 시간 평균 성분($V_{\text{time avg}}$)과 변동 성분(υ)으로 되어 있다고 할 수 있다. 그래서 어느 순간 어떤 점에서

$$V = V_{\text{time avg}} + \upsilon \tag{17.29}$$

여기서 $V_{\text{time avg}}$는 한 점에서 임의 시간 동안 유속계의 평균 읽음으로, 다음과 같다.

$$V_{\text{time avg}} = \frac{1}{t}\int_0^t V\,dt \tag{17.30}$$

또 υ는 전체 시간 중의 +값과 −값이 같아서 임의 시간 동안의 υ의 평균값은 0이다. 다음의 모든 설명에서 속도는 시간 평균 속도(V_{avg})이다.

난류경계층에 관한 결과는 대부분 관 내 또는 평판 위 흐름의 여러 점에서 시간 평균 유속을 측정하여 이를 일반화한 속도프로필로 나타낸다. 여러 가지 실험상의 이유 때문에 이러한 측정은 관에서 하기가 쉬우므로, 대부분 측정 결과는 관에 대한 것이다. 다음 절에서 관 내 난류에 대해 다루고 나서 다시 난류경계층으로 되돌아오기로 한다.

17.4 관 내 난류

6.4절에서 검토한 대로, 난류에서는 층류에서와 달리, 주로 다른 유속으로 흐르는 유체의 인접층 사이에서의 유체 질량의 교환 때문에 이 인접층 사이에 선단응력이 생긴다. 이것은

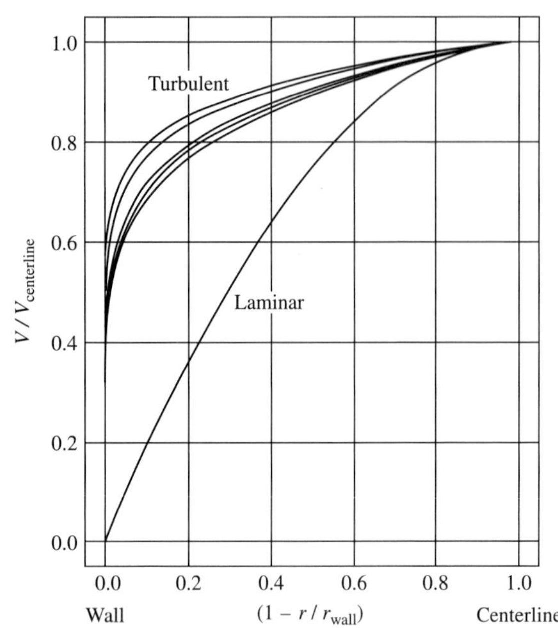

그림 17.7
매끈한 원형관 내 층류($\mathscr{R} < 2000$)와 난류($\mathscr{R} = 4 \cdot 10^3 - 3.2 \cdot 10^6$)의 속도분포. 난류 프로필은 레이놀즈 수가 증가함에 따라 더욱 플랫해진다. [출처: J. Nikuradse, "Gesetzmaessigkeiten der turbulenten Stroemung in glatten Rohren," —"Regularities of turbulent flow in smooth tubes," *Forschungsheft 356* (1932)]

추가의 응력이며 레이놀즈 응력(Reynolds stress)이라 한다. 이러한 응력의 가장 극적인 영향은 난류에서의 마찰열이 층류에서보다 많이 증가하는 것이다. 또한, 난류에서는 속도프로필의 모양이 층류일 때와는 크게 다르다. 이를 그림 17.7에 나타내었는데, Nikuradse가 실험적으로 측정한 난류 속도 프로필을 층류 프로필과 비교하였다.

6.3절에서 검토했듯이 관 내 층류 속도 프로필은 포물선형이다. 난류일 때는 **플러그 흐름**(plug flow), 즉 관의 전체 단면에 걸쳐서 균일 속도의 흐름에 가까워진다. 또 그림 17.7에 나타낸 것처럼, 레이놀즈 수가 증가함에 따라 속도프로필은 점점 더 플러그 흐름에 가깝게 된다. 벽에서는 난류 소용돌이가 소멸하므로, 뉴턴 유체의 난류와 층류에서는 모두 벽에서의 전단응력은 $\tau_0 = \mu(dV_x/dy)$가 된다. 벽에 아주 가까운 곳의 속도구배를 실험적으로 측정하기는 몹시 어렵지만, 그림 17.7에서 분명히 알 수 있는 것처럼, 벽에서의 속도구배는 난류일 때 더 가파르게 된다. 따라서 전단응력과 마찰열은 층류일 때보다 난류일 때가 더 크다.

프란틀에 따르면, 그림 17.7의 각 난류 곡선은 다음 형태의 식으로 상당히 잘 나타낼 수 있다.

$$\frac{V_x}{V_{x,\text{centerline}}} = \left(1 - \frac{r}{r_{\text{wall}}}\right)^n \tag{17.31}$$

그림 17.7의 곡선의 경우, 실험 결과를 가장 잘 나타내는 n의 값은 레이놀즈 수가 작을 때의 1/6부터 레이놀즈 수가 가장 클 때의 1/10까지이다. 모든 실험한 곡선에 대하여 식 (17.31)에서 n의 최적값을 표 17.1에 나타내었다.

표 17.1
식 (17.31)에서 n의 최적값*

Reynolds number	Best-fit value of n
$4.0 \cdot 10^3$	1/6.0
$2.3 \cdot 10^4$	1/6.6
$1.1 \cdot 10^5$	1/7.0
$1.1 \cdot 10^6$	1/8.8
$2.0 \cdot 10^6$	1/10
$3.2 \cdot 10^6$	1/10

*From Schlicting [3, p. 563].
Schlichting, H. *Boundary Layer Theory*. 6th ed. transl. J. Kestin. New York: McGraw-Hill, 1968.

프란틀은 최적 평균값으로 1/7을 선택하였는데, 이를 '프란틀의 1/7승 속도분포 법칙'이라 한다. 이것은 완전법칙이 아니다. 이 법칙이 일반적이라면 그림 17.7의 곡선은 모두 같아야 하기 때문이다. 또한, 이 법칙에 따르면 벽에 아주 가까운 곳에서는 dV/dy가 무한대가 되어 전단응력이 무한대가 되므로, 이 부분에서는 이 법칙이 맞지 않는다. 그럼에도 이 법칙은 간단하면서도 유용한 결과를 얻을 수 있기 때문에 널리 활용되고 있다(표 3.1, 17.5절, 18장 참조).

관 내 속도분포에 관하여 프란틀 1/7승 법칙의 제한을 받지 않는 보다 복잡한 관계식을 구할 수도 있다. 그림 17.7의 속도분포도에서는 레이놀즈 수가 매개변수로 되어 있다. 보편 속도분포(universal velocity distribution)의 법칙을 얻으려면, 그림 17.7의 좌표를 바꾸어서 레이놀즈 수가 그 자체로든 다른 함수관계로든 간에 좌표 중의 하나가 되게 하여, 모든 자료가 하나의 곡선으로 나타나도록 하는 것이 논리적이다.

이러한 것의 가장 성공적인 방법은 마찰속도(friction velocity, u*)라는 새로운 양을 정의하는 것이다.

$$\begin{pmatrix}\text{Friction}\\ \text{velocity}\end{pmatrix} = u^* = \left(\frac{\tau_{\text{wall}}}{\rho}\right)^{1/2} = V_{x,\text{avg}}\left(\frac{f}{2}\right)^{1/2} \tag{17.32}$$

여기에서 f는 6장에서 사용한 패닝 마찰인자이다. 마찰속도는 흐름의 임의 점에서 측정할 수 있는 물리적 속도는 아니지만, 속도의 차원을 갖는 복합 항이며 따라서 속도라 부른다. 이 '속도'를 매개변수로 사용하면, 그림 17.8에 나타낸 것처럼 관 내 속도의 보편적 선도를 작성할 수 있다.

그림 17.8에서 보면, 보편 속도분포를 만들기 위하여 변수의 두 가지 조합을 도입하였는데, 이러한 것은 유체역학 문헌에서 통용되는 것이다. 국부 속도의 마찰속도에 대한 비를 u^+(u plus로 읽는다)라 하는데, 이것은 (시간 평균 국부 속도/전체 흐름의 평균 속도) × $\sqrt{2/f}$ 와 같다. 관 벽으로부터의 거리와 마찰속도의 조합을 운동 점도로 나눈 것을 y^+라 하

는데, 이것은 관 지름 대신에 관 벽으로부터의 거리에 기초한 일종의 레이놀즈 수와 $\sqrt{f/2}$의 곱이다.

그림 17.8에서 보면, 개념적으로 흐름을 세 영역으로 나눌 수 있다. 즉, 전단응력이 주로 점성전단 때문에 생기는 관 벽 근처의 층류하부층(laminar sublayer), 전단응력이 주로 난류 레이놀즈 응력 때문에 생기는 관 중앙의 난류중심(turbulent core), 그리고 이들 사이의 층으로서 점성응력과 레이놀즈 응력이 같은 크기인 완충층(buffer layer) 등이다. 층류하부층과 완충층에서는 실험적 측정이 곤란하므로, 그림 17.8에 나타낸 경계의 위치에 대하여는 다소 의견이 일치하지 않는다. 대부분의 연구자들은 완충층을 $y^+ =$ 약 5~30에 놓았으며, 어떤 연구자들[1, p.523]은 $y^+ = 5 \sim 70$에 놓았다. 또한 최근의 연구로는, 이러한 층 경계의 위치는 한 자리에 고정된 것이 아니고 상하로 변동한다. 따라서 이러한 값들은 이러한 경계의 평균 위치를 나타내는 것에 불과하다[2]. 그러므로 그림 17.8은 실제 거동을 나타내기에는 너무 간단한 것이다. 그렇지만 이것은 합리적인 개념적 모델을 제공하며, 발표된 자료 대부분을 상당히 정확하게 상관시킬 수 있다.

그림 17.8은 매끈한 관에 대한 것이다. 그림 6.10에 나타내었지만, 난류일 때 관 벽의 거칠기가 증가하면 일반적으로 마찰인자가 증가한다. 그림 17.8에서 보면, 마찰인자가 증가하면 y^+가 증가하고 u^+가 감소한다. 따라서 다른 것이 모두 일정하게 유지될 때 거칠기가

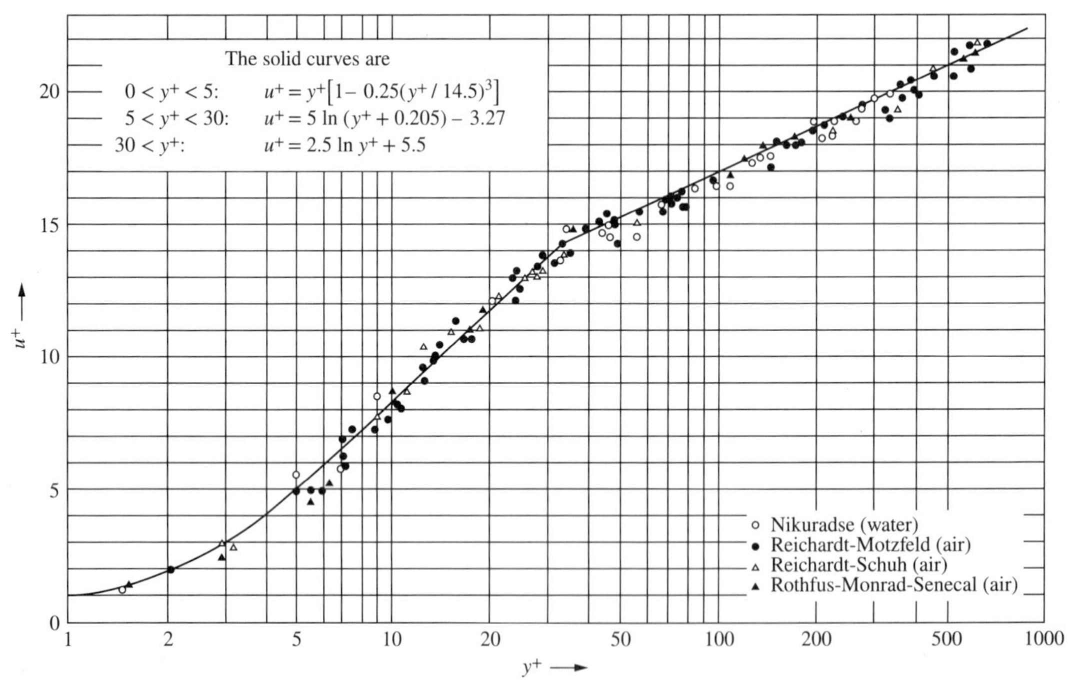

그림 17.8
매끈한 관 내에서 난류의 보편 속도분포

증가하면 곡선상의 점은 오른쪽 아래로 이동한다. Schlichting[3, p.584]은 매끈한 관에 대하여 그림 17.8과 같은 곡선을 제시하고, 상대거칠기가 다른 여러 가지 관에 대한 곡선을 오른쪽 아랫부분에 나타내었다.

예제 17.3 ID 3 in인 매끈한 관에 물이 평균유속 10 ft/s로 흐른다. 벽에서부터 층류하부층과 완충층의 경계까지의 거리를 구하라. 또 이러한 점에서의 평균유속을 구하라.

여기에서 $\mathscr{R}$은 다음과 같다.

$$\mathscr{R} = \frac{10\text{ ft/s} \cdot 0.25\text{ ft}}{1.08 \cdot 10^{-5}\text{ ft}^2/\text{s}} = 2.3 \cdot 10^5 \tag{17.G}$$

그림 6.10에서 매끈한 관일 때 $f = 0.0037$이므로,

$$u^* = 10\frac{\text{ft}}{\text{s}}\left(\frac{0.0037}{2}\right)^{1/2} = 0.44\frac{\text{ft}}{\text{s}} = 0.13\frac{\text{m}}{\text{s}} \tag{17.H}$$

그림 17.8에서 층류하부층 경계에서 $u^+ \approx 5$와 $y^+ \approx 5$이므로

$$V_x = u^+ u^* = 5 \cdot 0.44\frac{\text{ft}}{\text{s}} = 2.6\frac{\text{ft}}{\text{s}} = 0.79\frac{\text{m}}{\text{s}} \tag{17.I}$$

$$\begin{aligned}(r_{\text{wall}} - r) &= \frac{y^+\nu}{u^*} = \frac{5 \cdot 1.08 \cdot 10^{-5}\text{ ft}^2/\text{s}}{0.44\text{ ft/s}} = 1.2 \cdot 10^{-4}\text{ ft}\\ &= 1.4 \cdot 10^{-3}\text{ in} = 0.037\text{ mm}\end{aligned} \tag{17.J}$$

완충층 끝에서 $u^+ \approx 12$와 $y^+ \approx 26$이므로

$$V_x = 5.2\frac{\text{ft}}{\text{s}} = 1.59\frac{\text{m}}{\text{s}} \qquad r_{\text{wall}} - r = 7 \cdot 10^{-3}\text{ in} = 0.18\text{ mm} \tag{17.K}$$

■

이 예제는 층류하부층과 완충층에 관한 실험 자료가 적은 이유를 설명하는 것이다. 이러한 층은 극히 얇고 속도구배가 아주 가파르다.

17.5 평판상의 정상 난류경계층

난류경계층에 관해서는 평판상의 층류경계층에 관한 블라시우스의 해와 같은 해석해(analytical solution)가 알려진 것이 없다. 프란틀은 평판상의 정상 난류경계층을 기술하기 위하여 다음과 같이 가정하였다.

1. 임의 점에서 x 방향의 평균유속은 관에서와 같은 종류의 분포를 하며 프란틀 1/7승 법칙 식 (17.31)에 의하여 다음 형으로 나타낼 수 있다.

$$\frac{V_x}{V_\infty} = \left(\frac{y}{\delta}\right)^{1/7} \tag{17.33}$$

즉, 임의 x에서의 속도프로필은 서로 닮았다고 본 것이다. 이러한 가정은 속도가 x와 y의 별개의 함수가 아니라 η의 함수라고 한 블라시우스의 가정과 같은 종류이다.

2. 레이놀즈 수의 범위가 $3 \cdot 10^3$에서 $3 \cdot 10^5$일 때, 매끈한 관에 대한 마찰인자 선도는 다음과 같이 근사적으로 나타낼 수 있다(연습문제 17.13 참조).

$$f = \frac{0.0791}{\mathscr{R}^{1/2}} \tag{17.34}$$

블라시우스에 따르면 이 식은 그림 6.10의 매끈한 관에 대한 곡선에 아주 잘 맞는다. 프란틀은 위에 나타낸 레이놀즈 수의 길이 항이 경계층 두께의 두 배라고 보면, 이 식으로 평판 표면에서의 전단응력을 직접 결정할 수 있다고 가정하였다.

프란틀은 식 (11.33)과 (17.34)를 조합하여 다음 식을 얻었다.

$$\delta = 0.37x\left(\frac{\nu}{V_\infty x}\right)^{1/5} \tag{17.35}$$

이 식을 비롯한 몇 가지 관계식(연습문제 17.15)을 이용하여 난류경계층의 항력계수를 계산할 수 있다.

$$C_f' = \frac{0.0576}{\mathscr{R}_x^{1/5}} \tag{17.36}$$

$$C_f = \frac{0.072}{\mathscr{R}_x^{1/5}} \tag{17.37}$$

이 두 식은 아주 심한 가정에 기초한 것이므로, 이를 이용하려면 실험적으로 입증해야 한다. 대부분의 실험에 의하면 이 식들은 실험 자료를 아주 잘 나타낸다. 예를 들어 그림 17.4는 국부 항력계수에 관한 실험 자료를 식 (17.36)과 비교한 것인데, 아주 잘 일치한다. 다른 실험 자료를 보아도, 이러한 식들이 적어도 공학적 목적으로는 만족할 만하다. 식 (17.37)의 가정은 판의 처음($x = 0$)에서 끝까지 경계층이 난류라는 것이다. 판의 첫 부분을 일부러 거칠게 만들면 이러한 상황이 존재하게 된다. 그러나 더욱 일반적으로는 판의 첫 부분에는 층류경계층이 있고 판 하류 쪽으로 가면서 난류로 전이된다(그림 17.6). 이러한 판에 대한 항력을 계산하려면 경계층의 층류 부분과 난류 부분의 기여를 별도로 계산한다.

식 (17.35)는 또 난류경계층은 거리 x의 4/5승에 따라 증가함을 나타낸다. 층류경계층이 거리 x의 1/2승에 따라 증가하는 데 비하여, 따라서 거리가 같다면 층류일 때보다 난류일 때 경계층이 더 커지고 더 빨리 증가한다.

예제 17.4 경주용 보트가 조용한 물에서 폭 1 ft, 길이 20 ft인 평판을 속도 50 ft/s로 끌고 간다. 이 판에 대한 항력과 이 판 끝에서의 경계층 두께를 구하라.

판 끝에서

$$\mathscr{R}_x = \frac{50\ \text{ft/s} \cdot 20\ \text{ft}}{1.08 \cdot 10^{-5}\ \text{ft}^2/\text{s}} = 0.93 \cdot 10^8 \tag{17.L}$$

그리고 경계층은 난류이다. 따라서 식 (17.35)에서

$$\delta = \frac{0.37 \cdot 20\ \text{ft}}{(0.93 \cdot 10^8)^{1/5}} = 0.189\ \text{ft} = 2.3\ \text{in} = 58\ \text{mm} \tag{17.M}$$

먼저 경계층 전체가 난류로서 식 (17.37)을 적용할 수 있다고 가정하면,

$$\begin{aligned} F &= C_f \frac{1}{2}\rho V_\infty^2 A \\ &= \frac{0.072}{(0.93 \cdot 10^8)^{1/5}} \cdot \frac{1}{2} \cdot 62.3\frac{\text{lbm}}{\text{ft}^3} \cdot \left(50\frac{\text{ft}}{\text{s}}\right)^2 \cdot (2 \cdot 20\ \text{ft} \cdot 1\ \text{ft}) \cdot \frac{\text{lbf} \cdot \text{s}^2}{32.2 \cdot \text{lbm} \cdot \text{ft}} \\ &= 178\ \text{lbf} = 790\ \text{N} \end{aligned} \tag{17.N}$$

이제 오차가 어느 정도인지 알아보기 위하여 $\mathscr{R}_x = 10^6$일 때 층류에서 난류로 전이된다고 가정한다. 이것은 판 길이의 1/100 거리에 해당하므로, 처음 0.2 ft에서는 아마도 층류이다. 이 부분의 층류경계층으로 인한 항력은 식 (17.19)와 같다.

$$\begin{aligned} F &= \frac{1.328}{(10^6)^{1/2}} \cdot \frac{1}{2} \cdot 62.3\frac{\text{lbm}}{\text{ft}^3} \cdot \left(50\frac{\text{ft}}{\text{s}}\right)^2 \cdot (2 \cdot 0.2\ \text{ft} \cdot 1\ \text{ft}) \cdot \frac{\text{lbf} \cdot \text{s}^2}{32.2 \cdot \text{lbm} \cdot \text{ft}} \\ &= 1.3\ \text{lbf} = 5.8\ \text{N} \end{aligned} \tag{17.O}$$

경계층 전체가 난류라고 가정한 계산에서는 이 앞부분이 기여하는 항력이 다음과 같다.

$$\begin{aligned} F &= \frac{0.072}{(10^6)^{1/5}} \cdot \frac{1}{2} \cdot 62.3\frac{\text{lbm}}{\text{ft}^3} \cdot \left(50\frac{\text{ft}}{\text{s}}\right)^2 \cdot (2 \cdot 0.2\ \text{ft} \cdot 1\ \text{ft}) \cdot \frac{\text{lbf} \cdot \text{s}^2}{32.2 \cdot \text{lbm} \cdot \text{ft}} \\ &= 4.4\ \text{lbf} = 19.5\ \text{N} \end{aligned} \tag{17.P}$$

따라서 이때 항력이 4.4 − 1.3 = 3.1 lbf만큼 크다. 그러나 식 (17.37)이 근사식이기 때문에 생길 불확실성과 비교한다면, 이 정도의 오차는 작은 것이라 할 수 있다. ■

17.6 경계층 이론의 성공

이상에서 알 수 있듯이, 아주 간단한 경계층 문제에서도 수학은 만만치 않다. 비행기나 배 주위의 경계층을 계산한다는 것은 현재의 우리 능력 밖이다. 따라서 여기서 보인 것처럼 주로 간단한 경우의 결과를 기반으로 해서 근사화 및 단순화에 의지하는 수밖에 없다. 그렇지만 경계층 이론은 배, 비행기, 발사체 등의 거동을 설명하는 데 성공하였다.

16.8절에서는 분리에 관하여 검토하였다. 거의 어느 경우에나 분리가 생기면 항력이 많

달 이론에서 적용한 결과 일반적으로 유용하였다.

한편, 이 장에는 수학과 광범위한 가정이 섞여 있는 것처럼 보이겠지만, 이는 경계층 연구에서 전형적이다. 비행기와 같은 복잡한 구조 주위의 흐름을 기술하는 문제는 슈퍼컴퓨터를 사용하더라도 현재 우리의 능력 밖이다. 그러나 현명하게 가정하여 문제의 중요한 부분을 수학적으로 다룰 수 있는 형으로 줄일 수 있다. 루트비히 프란틀의 진정한 재능은 그의 식 중에서 제거할 수 있는 항을 올바르게 추정하고, 실험 자료와 잘 일치하는 계산 결과를 얻을 수 있는 능력이었다. 이처럼 영감적 추측을 할 수 있는 것은 식의 모든 항의 물리적 의미를 철저하게 알고 있는 기술자뿐이다. 학생들은 이러한 이해력을 개발하도록 노력해야 할 것이다.

17.7 요약

1. 프란틀은 나비에-스토크스 식과 물질수지식에서 출발하여 여러 항을 버리고 경계층식을 만들었는데, 이러한 식은 경계층 문제의 운동량식 및 연속식으로 사용되는 형식이다.
2. 블라시우스는 속도가 $y[V_\infty/(x\nu)]^{1/2}$이라 가정하고, 평판 위의 정상 흐름 층류경계층에 관한 프란틀 식을 풀 수 있었다. 그의 발견으로는, 층류경계층 두께는 판 아래 길이의 제곱근에 비례한다.
3. 난류경계층에 관한 해는 관에서 구한 결과에 바탕을 둔다. 프란틀이 이 결과를 이용하여 계산한 결과, 난류경계층 두께는 판 길이의 4/5승에 비례한다.
4. 어떤 폐쇄형 또는 단순한 수학식으로 풀 수 있는 경계층 문제는 단지 몇 가지일 뿐이다. 그러나 경계층의 관점에서는 고체 주위의 흐름의 분야와 다른 여러 분야에서 큰 결실을 얻었다고 할 수 있다.

연습문제

연습문제와 예제 풀이를 위한 상용 단위와 수치들은 부록 E를 참조하라. * 표시가 있는 문제는 부록 C에 그 해답이 있음을 의미한다.

17.1. 각각 아래의 두 가지 방법으로 식 (17.5)를 유도하라.

(*a*) 유체의 미소 요소에 대한 운동량수지식을 이용하는 방법.

(*b*) x 방향의 나비에-스토크스 식[식 (15.26)]에서 0인 항의 소거하는 방법. 이 경우 층류일 때 속도의 y와 z 성분은 어디에서나 0이라고 가정할 수 있다.

17.2. 식 (17.5)의 경계치를 열거하라.

17.3. 식 (17.5)에 $A = y/(\nu t)^{0.5}$을 대입하면, y와 t가 변수인 편미분방정식이 A가 변수인 상미분방정식으로 됨을 증명하라.

17.4. 블라시우스의 층류경계층 해(그림 17.3)는 흐름함수를 사용하여 유체역학의 편미분방정

식을 간단히 하여 푼 가장 좋은 예이다. 식 (17.4)와 (17.2)를 함께 풀기 위하여 식 (16.24)에서 V_x와 V_y를 대입하였다.

(a) 다음 식이 됨을 증명하라.

$$\frac{\partial\psi}{\partial y}\cdot\frac{\partial^2\psi}{\partial y\,\partial x}-\frac{\partial\psi}{\partial x}\frac{\partial^2\psi}{\partial y^2}=\nu\frac{\partial^3\psi}{\partial y^3} \tag{17.Q}$$

여기서 두 개의 종속변수인 V_x와 V_y가 하나인 ψ로 된다.

(b) ψ가 무차원군 η에만 의존하게 하고 싶지만, η에만 의존할 수 없다. 그 이유는 ψ의 차원은 (길이^2/시간)이지만 η는 무차원이기 때문이다. 따라서 ψ는 η뿐만 아니라 변수 x, y, ν, V_∞의 조합에 의존하게 된다. 필요한 차원을 얻을 수 있는 조합에는 몇 가지가 있다. 블라시우스의 발견에 따르면, 다음 식을 선택하면 수식이 간단해진다.

$$\psi=(\nu x V_\infty)^{1/2}f(\eta) \tag{17.R}$$

여기서 $f(\eta)$는 미지함수로서 구해야 한다. 이렇게 선택할 때 다음을 증명하라.

$$V_x=-\frac{\partial\psi}{\partial y}=-\frac{\partial\psi}{\partial\eta}\frac{\partial\eta}{\partial y}=V_\infty f'(\eta) \tag{17.S}$$

여기서 f'은 $df/d\eta$이다. 다음을 증명하라.

$$V_y=\frac{\partial\psi}{\partial x}=-0.5\left(\frac{\nu V_\infty}{x}\right)^{1/2}(\eta f'-f)(\eta) \tag{17.T}$$

힌트: V_y에 대해서는 $\partial f/\partial x$에 관해서 직접 미분한다. 또 $\partial f/\partial x=(df/d\eta)(\partial\eta/\partial x)$이다.

(c) (b)에서와 같은 방법으로 필요한 2차 및 3차 도함수를 계산하고, 이를 이 문제의 첫 번째 식에 대입하면 다음 식이 된다.

$$\left(\frac{-V_\infty^2}{2x}\right)\eta f'f''+\left(\frac{V_\infty^2}{2x}\right)(\eta f'-f)f''=\nu\left(\frac{V_\infty^2}{2\nu}\right)f''' \tag{17.U}$$

이 식을 간단히 하면 $ff''+2f'''=0$이다. 이 식은 $f(\eta)$와 η에 대한 도함수만으로 된 상미분방정식이다. 이것은 간단하게 보이지만 비선형이므로 해석적 해는 찾지 못하였다. 그러나 무한급수법을 사용하여 수치적으로 풀어서 표로 만든 값이 있다[3, p.129]. 그림 17.3의 실선은 이 무한급수 해에 기초한 것이다.

17.5.* 레이놀즈 수가 10^6일 때 층류경계층에서 난류경계층으로 전이한다고 보고, 10 ft/s로 흐르는 (a) 공기, (b) 물, (c) 글리세린($\nu_{\text{glycerin}}=8.07\cdot10^{-3}$ ft^2/s)일 경우, 평판 위의 층류경계층의 최대 두께를 구하라.

17.6. 예제 17.1의 두 항에 대하여 $\mathscr{R}_x$ 값을 계산하라. 평판에 근거한 경계층은 $\mathscr{R}_x\approx3.5\cdot10^5$에서 $2.8\cdot10^6$의 범위에서 층류이다. 이들 값을 예제 17.1의 경계층의 경우와 비교하라.

17.7. 블라시우스의 해(그림 17.3)로부터 임의의 점의 V_y(속도의 y 성분)를 구하고자 한다.

(a) 질량수지식 (17.2)에서 출발하여 다음을 증명하라.

$$V_y=-\left[\int_0^y\left(\frac{\partial V_x}{\partial x}\right)_y dy\right]_{\text{all at constant }x}=\frac{V_\infty}{2(V_\infty x/\nu)^{1/2}}\int_0^\eta\frac{d(V_x/V_\infty)}{d\eta}\eta\,d\eta \tag{17.V}$$

이어서 다음과 같이 정리하라.

$$\frac{V_y}{V_\infty}\left(\frac{V_\infty x}{\nu}\right)^{1/2} = \frac{1}{2}\int_0^\eta \frac{d(V_x/V_\infty)}{d\eta}\eta\, d\eta \tag{17.W}$$

그리고 도식 적분하라. 이때 $d(V_x/V_\infty)/d\eta$는 그림 17.3의 기울기이다. Schlichting[3, p.129]은 맨 오른쪽 열에 이 경사를 다섯 자리 유효숫자로 나타낸 표를 만들고, 이 도식 적분 결과를 그림으로 나타내었다.

(*b*) 동일한 자료가 층류경계층의 끝에서 다음을 보여 준다.

$$\left(\frac{V_y}{V_\infty}\right)_{\substack{\text{At the edge of a}\\ \text{laminar boundary layer}}} = \frac{0.8604}{\mathscr{R}_x} \tag{17.X}$$

$\mathscr{R}_x = 10, 100, 1000$에 대하여 이 식의 추정치 $(V_y/V_x)_{\substack{\text{At the edge of a}\\ \text{laminar boundary layer}}}$를 사용하는 경우, 운동량수지의 y 성분을 안전하게 무시할 수 있는 프란틀 가정에 대하여 무엇을 제시하는가?

17.8. 곡면(curved surface) 위의 경계층에서는 압력이 거리에 따라 달라진다. 이 때문에 경계층 식의 해가 평판 위의 경계층일 때(이때 $\partial P/\partial x = 0$이다)보다 아주 복잡해진다. 따라서 이러한 경계층에 관한 '완전' 해는 별로 없다. 이러한 경계층의 일부 거동은 몇 가지 방법으로 나타낼 수 있다. 예를 들면, 평판 위의 층류경계층에 대하여 적용하고, 그 결과를 블라시우스의 '완전' 해와 비교해 볼 수 있다. 이 방법에서는 먼저 속도프로필이 $V_x/V_\infty = f(y/\delta)$형이라 가정한다. 여기서 δ는 경계층 두께이다.

(*a*) 가정한 함수 $f(y/\delta)$가 만족할 만한 것이라면, $y/\delta = 0$이면 $f = 0$이고, $y/\delta = 1$이면 $f = 1$이 되는 성질이 있음을 증명하라. 또 최선의 결과가 되려면, $y/\delta = 0$이면 $d^2f/dy^2 = 0$이고, $y/\delta = 1$이면 $df/dy = 0$이며 $d^2f/dy^2 = 0$이라는 2차 조건이 부합되어야 할 것이다. 이러한 조건의 의미를 도식적으로 나타내라.

(*b*) $f(y/\delta)$로서는 $f(y/\delta)$, $f = (3/2)y/\delta - (1/2)(y/\delta)^3$, $f = \sin(\pi/2)(y/\delta)$를 택할 수 있다. 이러한 함수일 때 만족하는 조건을 보여라.

(*c*) 가정한 함수가 $f = y/\delta$일 때의 경계층 근사계산을 다음에 나타내었다. (*b*)로부터 다른 함수를 가정하였을 때의 계산을 보여라. 식 (17.28)에 $V_x/V_\infty = y/\delta$를 대입하고, 0에서부터 δ까지만 적분하면 다음과 같다.

$$\theta = \int_0^\delta \frac{y}{\delta}\left[1 - \frac{y}{\delta}\right] dy = \frac{1}{\delta^2}\left[\frac{y^2\delta}{2} - \frac{y^3}{3}\right]_0^\delta = \frac{\delta}{6} \tag{17.Y}$$

그리고 식 (17.26)에서 뉴턴의 점도 법칙을 사용하면,

$$\tau_0 = \mu\frac{dV_x}{dy} = \mu\frac{V_\infty}{\delta} = \rho V_\infty^2 \frac{d\theta}{dx} \tag{17.Z}$$

그러나 위에서 나타낸 것처럼 $\theta = \delta/6$이다. 따라서

$$\frac{d\theta}{dx} = \frac{1}{6}\cdot\frac{d\delta}{dx} \quad \text{or} \quad \delta\frac{d\delta}{dx} = \frac{6\nu x}{V_\infty} \tag{17.AA}$$

변수를 분리하고 $x=0, \delta=0$에서 $x=x, \delta=\delta$까지 적분하면 다음과 같다.

$$\frac{\delta^2}{2}=\frac{6\nu x}{V_\infty} \quad \text{or} \quad \delta=\left(\frac{12\nu x}{V_\infty}\right)^{1/2}=3.46\left(\frac{\nu x}{V_\infty}\right)^{1/2} \tag{17.AB}$$

이 결과를 같은 경계층[식 (17.9)]에 대한 블라시우스의 '완전' 해와 비교하면, 이 근사해에서의 경계층 두께는 3.46/5으로, 올바른 값의 약 70%가 된다.

식 (17.13)에서 항력계수를 구하면

$$C_f'=\frac{\mu(V_\infty/\delta)}{\frac{1}{2}\rho V_\infty^2}=\frac{2\nu}{V_\infty}\left(\frac{V_\infty}{12\nu x}\right)^{1/2}=0.577\left(\frac{\nu}{V_\infty x}\right) \tag{17.AC}$$

이 값을 블라시우스의 해[식 (17.14)]에 기초한 항력계수와 비교하면, 이 근사해에서의 항력계수는 0.577/0.664로, 맞는 해의 약 87%가 된다. 마찬가지 방법으로 속도프로필을 가정하고 경계층의 다른 성질들을 모두 구할 수 있다. 여기서 놀라운 일은, 아주 간단한 속도프로필을 가정하고, 블라시우스의 해에서 필요한 것보다 노력을 아주 적게 하였음에도 상당히 정확한 결과가 얻어진다는 것이다. 흐름이 더욱 복잡해지면 이러한 노력의 절약이 막대할 것이다. 이 근사법의 상세한 내용은 참고문헌 [1, Chap.8]을 보기 바란다.

17.9. 그림 17.5에 나타낸 경계에 대하여 x 운동량수지를 취하고 평판에 대한 힘을 구하여 식 (17.28)을 유도하라. 이어서 식 (17.22)에 의하여 변위 두께를 소거하고, 평판에 대한 힘이 $W\theta\rho V_\infty^2$과 같다고 하라.

17.10. 프란틀의 1/7승 속도 법칙에서, 관 중심의 최대유속과 관 전체의 평균유속의 비를 구하라. 또 유체의 운동에너지와 모든 유체가 평균유속으로 흐른다고 볼 때의 운동에너지의 비를 구하라. 이 문제를 연습문제 3.9와 3.10에 대하여 반복하라(표 3.1 참조).

17.11. 벽 근처의 흐름을 나타내는 속도분포식은 어느 것이든, $y=0$에서 $V_x=0$이고, dV_x/dy는 한정된 값으로 0이 아니라는 조건을 만족해야 한다. 본문에 설명하였지만, 프란틀의 1/7승 법칙은 첫 번째 조건은 만족하게 하지만 두 번째 조건은 만족하게 하지 못한다. 다음 중에서 어떤 종류의 함수가 이 두 조건을 다 만족시키는가?

(*a*) $V_x=A+By$

(*b*) $V_x=By^n$(n은 1이 아닌 멱수)

(*c*) $V_x=A\sin y$

(*d*) $V_x=A\exp y^n$(n은 임의 멱수)

17.12. (*a*) u^+, y^+의 마찰인자의 정의로부터, y^+가 0에 접근할 때 y^+와 u^+의 관계가 $u^+=y^+$임을 증명하라.

(*b*) 그림 17.8은 약간 다른 함수를 이용하여 실험 자료를 더 잘 맞게 할 수 있음을 보여 준다. 이것은 $u^+\le 5$를 사용할 때 생각할 수 있다. $u^+=5$에서 이 함수는 $u^+=y^+$와 얼마나 많이 다른가?

17.13. 레이놀즈 수의 범위가 $3\cdot10^3$에서 $3\cdot10^5$일 때, 식 (17.34)로부터 마찰인자를 계산하고 이를 몇 가지 레이놀즈 수 값에 대하여 그림 6.10의 매끈한 관에 대한 마찰인자와 비교함으로써 이 식이 대체적으로 맞음을 증명하라. $\mathscr{R}=10^8$일 때 근사적 계산이 얼마나 잘 맞겠는가?

17.14. 11.5절에 보인 가정을 하면 난류경계층이 있는 평판에 대한 항력에 관한 프란틀 식을 구할 수 있음을 증명하라. 이때 다음 순서에 따른다.

(a) 1/7승 분배 법칙 식 (17.33)으로부터, 식 (17.28)을 사용하여, 운동량 두께와 경계층 두께의 비를 구한다. 이때 0에서부터 무한대까지가 아니라 0에서부터 δ까지 적분한다. 답: $\theta = (7/22)\delta$.

(b) 식 (17.34)에서 레이놀즈 수의 속도와 마찰 인자 표현에 쓰인 속도는 관의 평균속도이다. 원형관일 때는 프란틀의 1/7승 법칙으로부터 이 평균속도가 최대속도의 0.817배임을 증명할 수 있다(연습문제 17.10). 프란틀은 이 값을 반올림하여 0.8로 하였다. 이 값을 대입하고 6장을 상기하면, 다음 식으로 되고

$$f = \tau_0 / \rho \frac{1}{2} V_{x,\text{avg}}^2 \tag{17.AD}$$

식 (17.4)는 다음 식으로 변환된다.

$$\frac{\tau_0}{\rho} \cdot \frac{V_\infty^2}{2} = 0.225 \left(\frac{\nu}{V_\infty \delta} \right)^{1/4} \tag{17.AE}$$

(c) 이 결과를 식 (17.27)과 위의 (a)의 답과 결합하면 다음 식이 된다.

$$\frac{7}{72} \cdot \frac{d\delta}{dx} = 0.225 \left(\frac{\nu}{V_\infty \delta} \right)^{1/4} \tag{17.AF}$$

이 식은 $x = 0$일 때 $\delta = 0$으로부터 임의 x일 때 $\delta = \delta(x)$까지 적분하면 식 (17.35)가 얻어진다.

17.15. 식 (17.35)에서 시작하여 식 (17.36)과 (17.37)을 유도하라. 전단응력과 운동량 두께의 관계로서 식 (17.26)과 연습문제 17.14에서 구한 $\theta = (7/22)\delta$를 사용한다. 두 가지 항력계수는 식 (17.13)과 (17.18)로 정의된다.

17.16.* 예제 15.1에서는 두 평행한 판 사이의 뉴턴 유체의 층류를 고려하고, 입구로부터 먼 하류에서 속도분포가 포물선형이 됨을 보였다. 이러한 한 쌍의 평판 입구에서는 흐름이 처음에는 평면이지만 벽으로부터 경계층이 커져서 결국 중앙에서 만나게 되는데, 이는 그림 17.10에 나타낸 것과 같다. 커지는 경계층이 서로 영향을 주지 않으며 경계층 사이의 유체

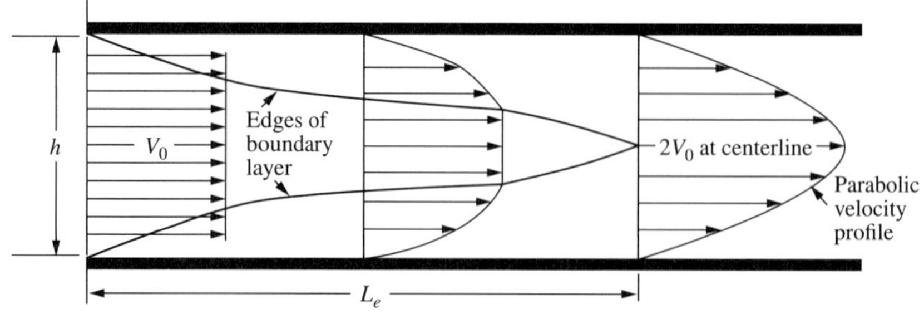

그림 17.10
두 개의 평행판 사이의 흐름에 대한 도입 길이

는 속도가 일정하다고 가정하면, 경계층이 함께 증가하는 데 필요한 하류 거리[도입 길이 (entrance length)]가 $L_e/h = 0.01\mathscr{R}$이 됨을 증명하라. 이러한 가정은 너무 간략화한 것으로서, 가장 나쁘다고 할 수 있는 것은 중심의 유체가 가속되지 않는다는 것이다. 물질수지로부터 증명해 보면 경계층이 만날 때의 유속은 도입유속의 두 배가 된다. 이를 고려한 보다 복잡한 해석[3, p.178]으로 평행판에 대한 근사식을 얻으면, $L_e/h \approx 0.04\mathscr{R}$이다. 이 도입 길이의 크기를 알아보기 위하여, 1.0 in 떨어진 판 사이에서 5 ft/s로 흐르는 공기에 대하여 계산하라.(여기서 $\mathscr{R}$은 앞 가장자리로부터의 거리가 아니라 판 사이의 거리에 근거한 레이놀즈 수이다.)

17.17. 자동차의 냉각장치(radiator)의 핀의 길이는 약 2 in이다. 자동차가 60 mi/h로 달릴 때, 이 핀(자동차의 후드 아래와 창살 뒤에 있는 핀)에 접촉하는 공기의 자유 흐름 속도는 40 mi/h로 추정된다. 핀의 하류 끝에서 경계층 두께를 계산하라.

참고문헌

1. Schlichting, H., K. Gersten. *Boundary-Layer Theory*. 8th ed. Berlin, Germany: Springer, 2000.
2. Longwell, P. A. *Mechanics of Fluid Flow*. New York: McGraw-Hill, 1966, p. 164.
3. Schlichting, H. *Boundary Layer Theory*. 6th ed. transl. J. Kestin. New York: McGraw-Hill, 1968. References are given in the text to the 6th ed. for plots and tables that were not included in later editions.
4. Mehta, R. D. "Aerodynamics of Sports Balls." *Ann. Rev. Fluid Mech. 17*, (1985), pp. 151–189.
5. Kramer, M. O. "Hydrodynamics of the Dolphin." *Adv. Hydrosci. 2*, (1965), pp. 11–130.

CHAPTER

18

난류

난류의 상세한 거동은 아주 복잡하기 때문에 지난 100여 년 동안의 상당한 연구 노력에도 난류에 관한 포괄적 이론이나 난류의 상세 작용에 관한 간단한 개념적 모델을 아직 만들지 못하였다. 우리는 난류에 관한 적합한 식을 쓸 수 있으나, 만약 우리가 이 식에서 상세함을 얻으려고 시도했다면, 결과의 계산은 대형 컴퓨터를 압도했을지도 모른다. 우리가 알고 있는 것의 대부분은 정성적 관찰, 난류의 여러 성질의 측정치, 이러한 측정치에 관한 약간의 정의와 상관관계 등이다. 난류 이론은 많은 이러한 관찰을 이해할 수 있게 해주고, 몇몇 경우에는 그것들을 확장할 수 있게 해 준다. 이 장에서는 난류의 설명, 몇 가지 용어를 이용한 난류의 정의, 그리고 난류 모형의 기본적인 적용에 대하여 주로 다룬다. 혼합에 관한 장(19장)에서 우리는 이 장으로부터 얻은 몇 가지 개념이 필요하다.

난류를 수학적으로 상세하게 기술할 수는 없지만, 몇 가지 물리적 기술은 제공할 수 있는데, 이는 학생들이 난류의 직관적 그림을 구성하는 데 도움이 될 것이다.

18.1 비수학적 관찰과 난류의 서술

보통 우리는 용기와 관이 투명하지 않으면 공기나 물과 같은 깨끗한 유체의 난류를 볼 수 없을 뿐 아니라, 용기와 관 안의 난류도 볼 수 없다. 대부분의 비공업적인 난류의 관찰은 구름, 스모그 기둥(그림 6.3) 또는 다른 색의 유체 혼합(예를 들면, 커피와 크림)을 통하여 할 수 있다. 이런 관찰로부터 난류의 몇 가지 이해를 개발할 수 있다.

18.1.1 난류의 붕괴

우리가 첫 번째로 관찰할 수 있는 것은 난류가 사라진다는 것이다. 국그릇을 세게 저으면 국 안에 난류 소용돌이가 생기지만, 몇 분이 지나면 사라져서 국이 움직이지 않는다. 이렇게 되는 것은 점도 때문이다. 큰 난류 소용돌이는 작은 소용돌이로 에너지를 전달하며, 이어서 더 작은 소용돌이로 전달하는데, 결국은 소용돌이의 크기가 아주 작아서 점도가 이를 느리게 하여 멈추게 한다. 따라서 숟가락으로 국에 도입한 난류 운동 에너지의 총량은 점성 마찰열에 의해 내부 에너지로 붕괴(decay)되었다고 한다. 유체가 사라지지 않는 난류를 갖게 하려면, 점도가 이 에너지를 열로 붕괴시키는 만큼 빨리 난류 운동 에너지를 계속 도입해야 한다.

18.1.2 난류의 생성

전단층(shear layer)은 난류를 생성하는 가장 평범한 방법이다. 국을 저을 때는 대개 원 운동을 이용하여 원형 흐름과 원형 소용돌이가 생기도록 한다. 이는 회전 혼합기가 설치된 용기에서도 일반적이다. 그러나 관, 덕트, 비행기나 배 주위, 대기 중의 흐름에서는 이러한 회전 요소가 없다. 이러한 회전 소용돌이는 고체 표면이 회전하지 않는 두 판 사이의 흐름과 같은 흐름에서 발생하는 것을 끊임없이 볼 수 있다. 그림 18.1(*a*)는 한 판이 다른 판에 대하여 미끄러지는 것을 나타낸 것인데, 두 판 사이에는 유체가 들어 있다. 유체 대신에, 두 판 사이의 공간에 원통 막대를 흐름에 직각 방향으로 정렬하여 놓았다면, 판이 이 막대를 그림에 나타낸 것처럼 시계방향으로 돌게 할 것이다. 마찬가지로 판 사이의 유체도 이 전단 흐름(shear flow)에 의해 회전운동을 하게 된다. 그러나 유체 전체가 하나의 회전 셀을 만들 수는 없으므로, 유체는 평행 회전줄기(rotational thread), 즉 와류줄기(vortex thread)를 만들게 된다. 점도가 아주 크거나 유속이 아주 작으면, 이러한 회전줄기는 곧 점도에 의해 정지될 것이다. 그러나 유속이 크거나 점도가 작으면(실제로는 레이놀즈 수가 크면) 이 와류줄기는 존속될 것이다.

와류줄기가 단단한 유체에 영구적으로 부착되어 있다면, 위에서 설명한 고체 원통 막대

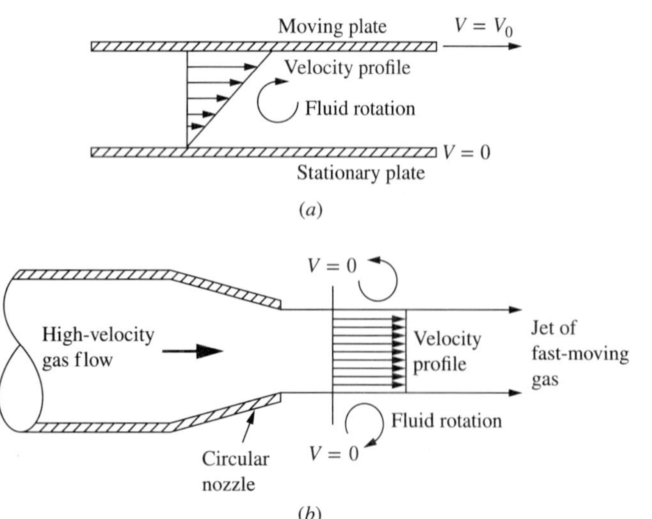

그림 18.1
(*a*) 움직이는 판 사이의 흐름과 (*b*) 자유제트(free jet)에 의해 생기는 유체 회전

와 같은 거동을 할 것이다. 그러나 그렇지 않다. 싱크에서 배수될 때는 격리된 정상와류를 통하여 유체가 흐르는 것처럼, 유체가 이들 사이로 흐른다. 와류줄기 안의 유체는 유체이기 때문에 이에 작용하는 힘에 반응하여 변형된다. 각 와류줄기는 인접한 것의 거동에 영향을 미치는데, 그 경계에서 와류줄기가 일반적으로 반대 방향으로 움직이기 때문이다. 결과적으로 서로 비틀어 꼬고 쪼개어 나눈다. 와류줄기를 눈으로 볼 수 있다면, 난류 유체흐름은 얽힌 스파게티의 꿈틀거림처럼 보일 것인데, 지름과 길이가 다른 스파게티 조각이 있으며, 큰 조각이 계속 생기고, 계속 작은 조각으로 변하며, 가장 작은 것은 결국 사라진다.

관, 덕트, 유로 중의 난류는 벽의 전단층에 의해 생성된다. 난류는 계속해서 덕트 안의 주류에 공급되며 궁극적으로는 주류에서 점성가열에 소비된다. 배나 비행기의 후류 중의 난류는 비행기나 배의 표면에 가까운 전단층이 원인이 되며, 이 난류는 비행기나 배가 지나간 뒤에 시간 경과에 따라 점도 때문에 파괴된다.

그림 18.1(*b*)에 나타낸 것처럼, 고체 표면이 관여하지 않는 전단층도 있다. 제트엔진을 떠나는 더운 가스의 제트는 주변 공기보다 아주 빨리 움직이는데, 이 더운 가스의 제트와 주변 공기 사이의 경계는 이러한 전단층을 이루어서 주변 공기를 회전시킨다. 이 제트가 원형이면, 어떤 조건에서는 원형 와류줄기를 형성하여 '연기고리(smoke ring)'를 만든다. 마찬가지로 담배의 더운 연기는 조용한 방에서 부력에 의해 상승하면서 주변 공기와의 사이에 전단층을 만든다(그림 6.3).

18.1.3 자유와 폐쇄 난류

관에서의 난류는 풍동(wind tunnel)이나 저층 대기 중의 난류와는 성격이 매우 다르다. 대기나 풍동의 중심부에서 가장 가까운 벽은 너무 멀리 떨어져 있으므로 흐름에는 거의 영향을 끼치지 않는다. 벽 근처에 의하여 영향을 많이 받지 않는 이런 종류의 흐름을 **자유 난류**(free turbulence)라고 한다. 전형적으로 긴 관에서의 흐름은 벽 근처의 존재에 의하여 강하게 영향을 받는다. 이러한 종류의 흐름을 **전단난류**(shear turbulence)나 **벽난류**(wall turbulence)라고 한다.

저층 대기나 풍동에서의 난류는 어느 지점에서든지 일반적으로 모든 방향에서 같은 성질을 가지기 때문에 이것을 **등방성 난류**(isotropic turbulence)라고 한다. 물질 연구에서 사용하는 용어와 유사한 의미가 있다. 물은 등방성인데 이는 모든 방향에서 같은 성질을 가지기 때문이다. 나무는 비등방성인데 이는 '결정립(grains)과 더불어' 그리고 '결정립을 가로질러' 다른 성질을 지니고 있기 때문이다.(만약 이것을 믿지 못한다면, 결정립계를 가로질러 통나무를 쪼개 보아라.) 관에서의 난류는 일반적으로 등방성이 아닌데, 이는 난류가 흐름 방향에 직각인 것보다 흐름 방향으로 더 강렬하기 때문이며, 벽에서 중앙까지 거리의 약 1/10의 지점이 가장 강렬하다.

관에서 난류는 일정한 방사(radial) 지점에서 하류가 움직여도 변하지 않는 특징을 가지고 있다. 이러한 형태의 난류를 **균질성 난류**(homogeneous turbulence)라고 한다. 한 지점에서 등방성일지라도, 난류원으로부터 하류의 거리에 따라 강렬함이 덜하게 되는 경향이 있는 대기 또는 풍동에서의 난류는 보통 균질성 난류는 아니다.

18.1.4 대기와 바다에서의 난류

맑은 날, 저기압에서는 바람과 지면 사이의 수평 전단층과 따뜻한 공기의 큰 덩어리의 상승과 차가운 공기의 큰 덩어리의 가라앉음에 기인한 수직 전단층에 의하여 발생하는 난류운동을 하게 된다. 이 난류는 약 30,000 ft까지 **대류권**(stratosphere)을 혼합시키고, 그 이상의 높이인 **성층권**(troposphere)에서는 난류를 거의 가지고 있지 않는다(그림 2.4 참조). 항공기는 둘 사이의 경계선을 날아가기 때문에 여행자들은 가끔 이 둘 사이의 경계선을 볼 수 있다. 난류의 경계선 아래에서는 지면에서 올라오는 미세입자(자연적인 것과 인공적인 것)를 천천히 혼합시키고 공기를 희뿌옇게 만들지만, 경계선 이상에서는 공기는 깨끗하다.

온화한 날 높은 하늘에서 제트 비행기가 비행기 구름(condensation trail)을 남기고 지나가는 것을 본 일이 있을 것이다. 이 비행기 구름 자체는 비행기의 후류에 의해 도입된 난류 그리고 빠른 제트 배기와 정체 주변공기의 상호작용으로 인한 난류 때문에 주름이 있고 나선형이다. 그러나 비행기가 지나간 후 이 비행기 구름은 커지거나 분산되지 않는다. 실질적으로 크기와 위치가 일정하게 유지된다. 그러다가 결국에는 분자확산이 비행기 구름을 사라지게 한다. 이러한 구름은 실제로 난류가 없는 지면 위의 높은 대기지역에서만 형성되고 볼 수 있지만, 만약 난류가 존재한다면 비행기 구름은 빠르게 사라지고 말 것이다.

지면에 가까우면, 지면에서 바람구동(wind-driven) 전단층에 의하거나, 또는 마치 바람이 없는 방에서의 담배의 뜨거운 연기 기둥처럼, 태양에 의해 가열된 지면에서 상승하는 더운 공기에 의하여 대기 중에 난류가 공급된다. 저층 대기에서 굴뚝으로부터 나오는 연기가 하방으로 흐르면서 계속 팽창하는 것을 본 일이 있을 것이다. 이러한 팽창은 저층 대기 중의 난류 때문에 생기는 것이다. 밤에 지면이 차가워질 때는 저층 대기 중에 난류가 거의 없다.

바다에서는 난류가 주로 표면에서 바람구동 파도를 통해 도입되고 몇 파장만큼만 아래로 침투된다. 바다에는 태양열 가열과 온도 및 염도 차 때문인 대규모 부력운동이 있다. 이러한 것과 멕시코 만류(Gulf stream)와 같은 대규모 해류는 그 가장자리에 대규모 난류를 발생시킨다. 해면에서 떨어진 곳이나 이러한 대규모 흐름에서 먼 바다에는 난류가 거의 없다[1].

대기와 바다에서 밀도 계층화는 난류를 억제하거나 파괴한다. 대기역전(더운 공기 아래 찬 공기)은 강하게 대기 난류를 약화시킨다. 하늘 아래 가늘고 흩트려지지 않는 줄기를 형성하는 연기 기둥을 보았을 때 대기역전을 거의 확실하게 볼 수 있다[2, Chap.5, 6]. 바다에서 밀도 계층화는 온도(찬 것 위에 따뜻한 것)와 염도 차(염수 위에 깨끗한 물)에 의존한다.

이러한 계층화도 난류를 억제한다. 또한 이러한 계층화는 관과 공정 장비에서 흐름을 발생시킨다. 만약 계층이 불안정하다면(예를 들면, 난로 위의 냄비바닥에서 생성된 뜨거운 유체), 냄비에서 끓는 물과 같이 수직흐름과 난류를 일으키는 원인이 된다.

18.1.5 3차원 난류

난류는 본질적으로 3차원이다. 두 평행판 사이에 압력구동 층류가 있으면, 모든 유속은 한 방향에서만 존재하고, 모든 속도구배는 평행판에 직각인 방향에서만 있을 것이다. 이러한 두 방향에 직각인 방향에서는 유속이나 속도구배가 없다. 레이놀즈 수를 충분히 크게 하여 흐름이 난류가 되게 하면, 모든 세 방향에서 변동하는 난류 속도성분을 보게 될 것이다.

18.1.6 소용돌이의 크기

상압의 액체나 기체에서는 점성 가열에 의해 난류 운동 에너지를 내부 에너지로 분주하게 전환하는 가장 작은 소용돌이도 분자 사이의 공간 또는 평균 자유경로에 비하여 수천 배 또는 수백만 배나 크다. 따라서 난류를 연속상 중의 현상으로 취급하고 분자와 원자의 존재를 무시해도 큰 오차는 생기지 않는다[3, p.8].

한정된 흐름 중의 가장 큰 소용돌이는 한정된 공간의 차원보다 클 수 없다. 일반적으로 소용돌이는 계의 경계선 또는 난류를 일으키는 동요의 크기에 비하여 0.1~0.5배만큼 크다. 따라서 관이나 덕트 안의 난류에서는 가장 큰 소용돌이는 관의 지름의 약 25%의 길이를 가진다. 배와 비행기의 후류에서 가장 큰 소용돌이는 배나 비행기의 크기 정도가 될 수 있다. 대기 중의 큰 폭풍의 규모에서 보면 이 흐름은 난류가 아니지만, 폭풍의 각 부분의 규모에서 보면 이는 일반적으로 난류이다. 따라서 태풍이나 아주 큰 폭풍우의 거대한 소용돌이를 인공위성에서 보면 흐름의 주방향을 가로지르는 흐름과 소용돌이는 거의 없지만, 구름 가장자리가 흩어져 있어서 국부 난류가 있음을 알 수 있다.

작은 계에서는 실질적으로 난류가 없다. 레이놀즈 수는 길이(흐름관의 지름)에 대해 특성을 갖는다. 길이가 짧아지면 레이놀즈 수도 작아진다. 그리고 점도의 영향은 난류에 큰 영향을 미친다. 우리 몸속 흐름이나 대부분의 생명체 안에는 거의 난류가 없다.

18.2 왜 난류를 공부하는가?

난류 연구의 주요 목표는 층류에 대해서 한 것처럼 건전한 과학과 컴퓨터 사용의 기초에 관한 난류를 자리 잡게 하기 위한 것이다. 층류에서는 뉴턴의 운동 법칙(나비에-스토크스 식의 형; 15.4절)에서 출발하여, 흐름 경계와 유체 성질의 기술을 사용하여 흐름의 완전한 수학적 기술도 추론한다. 이것은 해석적으로는 간단한 흐름에 대해서만 가능하지만, 매우 복잡한 흐름도 컴퓨터와 함께 전산유체역학(computational fluid dynamics, CFD)을 사용하여 수치로 해결하는 것이 가능하게 되었다. 더욱이 층류에서는 이렇게 속도분포를 구할 수 있으면 실험으로 측정하지 않더라도 수학적 해석에 의하여 흐름에서의 열전달과 물질전달을 일반적으로 기술할 수 있다.

난류에서는 이렇게 하기가 어렵다. 일반적으로 기본 법칙으로부터 이러한 속도분포나 열전달 및 물질전달을 계산할 수 없으며, 실험적 측정에 의한 상관관계에 의존해야 한다. 곧은 원통형 관 안의 흐름이나 실린더 외부를 교차하는 수직흐름처럼 널리 이용되는 계에 관해서는 실험 자료가 충분히 있어서, 차원해석법(9장)에 의해 이러한 자료를 아주 잘 상관시켰으므로, 어떤 새로운 실험 결과도 상당히 정확하게 예측할 수 있다. 그러나 이것은 실무 기술자에게는 만족할 만한 것이지만 이론가에게는 불안한 것이다. 또한 실험 자료 범위 외부로 외삽할 필요가 있거나 실험 자료가 없는 형태에 적용하고자 할 때는 분명히 난류 이론이 있어야 한다. 난류 이론은 별로 발전이 없어서 실험 자료를 외삽하거나 새로운 형태 주위의 흐름을 계산할 수 없다.

난류 전문가들은 오히려 어떤 종류의 포괄적 이론으로부터 기존 실험 자료를 재현시키고자 하는 데 주로 노력을 집중하였다. 이것도 아직 완수되지 못했다. 그러나 난류에 관한 부분적 결과와 부분적 이해라도 어떤 실험 결과를 추산하는 데 유용한데, 17.5절에서 다룬 난류경계층을 예로 들 수 있다.

역사적으로 난류 연구가 아주 유용하다는 것이 입증된 첫 번째 예는 풍동에서 항공기의 시험과 자유비행에 해당하는 결과를 비교한 것이었다. 이 분야의 초기 실험 작업에서 보면, 한 풍동에서 얻은 결과가 다른 풍동에서 얻은 결과나 자유비행 결과와 잘 일치하지는 않았다. 이러한 차이는 결국 여러 풍동 사이의 난류의 차이를 연구하여 설명하였다. 초기의 주의 깊은 난류 측정의 일부는 이러한 상충적 풍동 결과를 설명하기 위한 것이었다[4].

열전달과 물질전달 연구는 유체역학으로부터 난류를 이해하고자 기대하였는데, 이는 이들 분야에서 아주 유용한 것이기 때문이다. 난류에 대한 이해가 한정되어 있기는 하지만 이미 이들 분야에서 귀중한 가치가 있다. 유체 혼합은 여러 프로세스에서 중요한 역할을 하는데, 예를 들면 모든 연소 과정에서 연료-산화제 혼합, 반응기들에서의 반응물의 혼합, 그리고 식품, 플라스틱 등에서의 성분의 배합 등이다(19장 참조). 혼합되는 유체의 점도가 낮으면 난류가 혼합을 크게 촉진할 것이다. 난류의 상세한 구조에 대한 지식은 저점도 유체 혼합을 과학적으로 이해하는 전제 조건이다. 난류는 저층 대기의 기상 과정에서 중요한 역할을 한다[5]. 은하 규모(galactic scale)에 관한 현대 천문학 이론에 의하면 난류는 은하의 발전에서 아주 중요하다[6].

따라서 난류 연구가 어렵고 많은 노력을 기울였음에도 일반적이거나 포괄적인 결과를 얻지는 못하였지만, 난류에 관한 철저한 지식은 아주 유익할 것이므로 이러한 노력은 충분히 기울일 가치가 있는 것이다. 이 장에서는 주로 전형적인 화학공학 기술자에 대한 기술적이고 문화적인 배경을 다룬다. 그러나 여기에서 정의된 용어는 광범위하게 사용되며, 여기서 논의된 근사치의 방법은 전형적인 화학공학 기술자들이 사용하는 2, 3차원 CFD 프로그램에서 사용된다.

18.3 난류 측정 및 정의

17.3절에서 설명하였듯이, 난류를 검토할 때는 일반적으로 속도가 평균 성분과 변동 성분으로 이루어졌다고 본다.

$$V_x = \overline{V}_x + \upsilon_x \tag{18.1}$$

여기서 V_x는 속도의 x 성분의 순간값이고, $\overline{V}_x$는 어떤 합당한 기간의 속도의 시간 평균값이며, υ_x는 시간 평균값으로부터 이 속도의 순간 변동값이다. 이것은 벡터방정식의 한 성분이다.

$$\mathbf{V} = \overline{\mathbf{V}} + \mathbf{v} \tag{18.A}$$

이것은 OLC 부록(http://www.mhhe.com/denevers4e)의 벡터 조작 규칙에 따른다. 난류에 대한 문헌 및 이 장에 나오는 기호 위의 선(bar)은 양의 평균값을 나타낸다.

여기서 시간 평균(time average)과 위치 평균(position average)을 구분해야 한다. 시간의 임의 함수의 시간 평균 ϕ는 다음과 같다.

$$\overline{\phi} = \underset{t\to\infty}{\text{limit}} \frac{1}{t}\int_0^t \phi(t)\, dt \tag{18.2}$$

이 값은 어떤 고정점에 있는 어떤 종류의 ϕ 계측기의 읽음의 평균값이다. 위치평균은 3장에서 정의하였는데, 예를 들면 관 단면에서의 평균유속과 같은 것이다. 이 장에서 말하는 평균값은 모두 식 (18.2)로 정의한 시간 평균값이다.

위의 시간 평균에서는 시간의 극한을 무한대로 나타냈지만, 실제로는 변동 빈도와 비교하여 긴 기간만 측정하면 된다. 따라서 관 내 난류 측정에서는, 식 (18.2)에서 t가 몇 초일 때의 평균값이 더 긴 시간일 때의 평균값과 수치가 같다. 이러한 정의에 따르면, υ_x의 평균값은 0이어야 하는데, 양수가 되는 시간만큼에 대하여 그 값은 음수가 되기 때문이다.

관과 유로에서 난류의 변동은 대개 아주 빠르므로 일반 유체흐름 측정기구로는 전혀 검출하지 못한다. 이러한 기구는 $\overline{V}_x$에 관한 값만을 기록하게 된다. 예를 들어, 관 내 난류의 압력은 아주 빠른 빈도로 변동한다. 그러나 일반 압력계는 이러한 빠른 빈도에 반응할 수 없어서 흐름의 정상 평균 압력만을 나타낸다. 마찬가지로 관 내 난류에 대하여 벤투리미터(venturi meter), 오리피스미터(orifice meter), 피토관(pitot tube) 등이 나타내는 속도는 일반적으로 변동성분을 전혀 보여 주지 않는다. 이 이유는 이러한 계기의 반응이 너무 느리기 때문이다. 따라서 관 내 난류 중의 피토관의 읽음은 $\overline{V}_x$에 불과하다.(난류 변동 때문에 약간

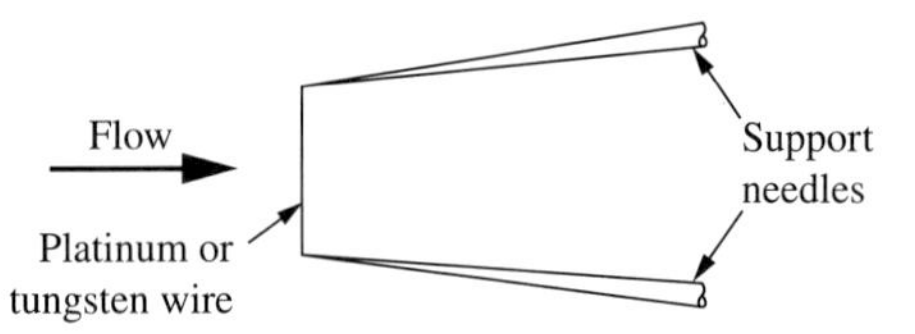

그림 18.2
열선 아네모미터. 열선의 직경은 보통 약 0.005 mm이고 길이는 약 1 mm이다.

보정해야 한다.)

υ_x를 측정하려면 유량의 빠른 변화에 아주 잘 응답하는 유량계가 있어야 한다. 가장 잘된 유량계로서 대략 1980년도 이전에 세계적으로 난류 측정에 가장 많이 사용된 것은 그림 18.2에 나타낸 열선 아네모미터(hot-wire anemometer)이다. 이 장치는 유체가 전기적으로 가열한 아주 가는 열선을 통과하게 되어 있는데, 이 열선의 온도는 유체 온도보다 아주 높다. 이 열선은 대개 백금이나 텅스텐으로 만드는데, 이들 금속의 전기저항은 온도 증가에 따라 현저히 증가한다. 적절한 전기회로를 사용하면, 열도입량이 일정할 때 변동하는 저항(따라서 변동하는 온도)을 측정하거나, 또는 열선 온도를 일정하게 유지할 때 변동하는 열도입량을 측정할 수 있다.

유량의 넓은 범위에서 열선에 직각으로 흐르는 유체가 열선에서 제거하는 열을 다음과 같이 나타낼 수 있다.

$$\text{열 제거 속도} \approx A + B \cdot (\text{유속})^{1/2} \tag{18.3}$$

여기서 A와 B는 실험상수이다. 따라서 적절히 보정하면 열선 아네모미터를 사용하여 유속을 측정할 수 있다. 또한 실험적으로 보일 수 있는 것은, 이 선은 아주 가늘어서(가장 좋은 것은 지름이 0.005 mm로, 사람 머리카락의 평균지름의 1/10이다), 유량 변화에 아주 빨리 응답한다. 열선 아네모미터 중에는 유속 변동이 50,000 Hz(주기/s) 정도로 빠른 것도 추적할 수 있는 것이 있다.

그림 18.2에 나타낸 열선 아네모미터는 선에 직각인 흐름에는 아주 민감하지만, 선에 평행인 흐름(이러한 흐름은 열전달이 비효율적이다)에는 덜 민감하다. 따라서 흐름에 대한 각도를 달리하여 열선 아네모미터를 배열함으로써 유속과 그 방향을 알 수 있다.

일단 열선 아네모미터의 기본 설계가 완성되자 여러 가지 변형이 개발되었다[7]. 일반적으로 열선 아네모미터는 정교하고 예민한 계기로서, 고가의 전기회로와 상당한 주의 그리고 사용에 관한 훈련이 필요하다.

난류를 연구하는 다른 방법은 난류 중에 추적자(tracer)를 주입하고 이 흐름 하류의 어떤 점에서 추적자의 농도분포를 측정하는 것이다.(이 방법은 레이놀즈가 선구적 난류 탐구에서 사용한 방법으로, 6.2절에서 설명되었다.) 염료를 추적자로 사용하여 한 점에서 주입한 다음 하류에서 사진을 찍거나, 전기전도성 용액(예를 들면, 소금 수용액)을 사용하여 하류에서 전기전도도 탐침으로 검출한다. 이러한 방법은 도입한 '추적자' 유체가 흐름을 교란시킬 수 있다는 결점이 있다. 또 다른 방법은 유체와 밀도가 같은 작은 입자를 유체 중에 현탁시키고 그 궤적을 사진이나 레이저 도플러 측정으로 기록하는 방법이다. 약 1980년 이후로 열선 아네모미터 방법이 대부분 레이저 도플러 방법으로 대체되고 있다[8].

18.4 난류의 실험적, 수학적 표현

궁극적으로는 난류에서 $\overline{V}_x, \overline{V}_y, \overline{V}_z, \upsilon_x, \upsilon_y, \upsilon_z$를 시간과 위치의 양함수로 기술하면 좋을 것이다. 그러면 임의 점, 임의 시간에서 평균유속과 변동유속을 예측할 수 있다. 현재는 이렇게 기술할 수 없는데 문제가 너무 복잡하기 때문이다. 차선책은 난류를 통계적으로 기술하는 것이다. 즉, $V, \upsilon_x, \upsilon_y$ 등이 얼마만큼의 순간 동안 어떤 값을 갖는가로 나타낸다. 지금까지 난류에 관한 실험적, 이론적 연구의 대부분은 흐름의 이러한 통계적 성질에 관한 것이다. 난류에 관한 문헌에서 흐름의 이러한 통계적 성질을 기술하고 정의된 양의 실험값을 나타내는 데에 널리 사용되는 것들을 아래에서 정의한다. 이들은 CFD(20장)에 사용된 난류 거동의 실험적 상관관계의 기초를 만든다.

18.4.1 난류 강도

난류 강도(turbulent intensity)는 단순히 강도(intensity)라 부르기도 하는데, 난류의 강하고 격렬한 정도의 척도이다.[난류 수준(level of turbulence) 또는 난류도(degree of turbulence)라 하는 문헌도 있다.] 난류 강도는 다음과 같이 정의한다.

$$x - \text{turbulent intensity} = \overline{(\upsilon_x^2)}^{1/2} \tag{18.4}$$

여기서 $\overline{(\upsilon_x^2)}^{1/2}$은 속도 변동 성분의 x 성분의 제곱평균제곱근(root mean square, rms)이다. 상대강도는 다음과 같이 정의한다.

$$x - \text{relative intensity} = T_x = \frac{\overline{(\upsilon_x^2)}^{1/2}}{\overline{V}} \tag{18.5}$$

여기서 $\overline{V}$는 벡터속도 절대크기의 평균으로서, $(\overline{V}_x^2,\ \overline{V}_y^2,\ \overline{V}_z^2)^{1/2}$과 같다. 식 (18.4)에서 아래첨자 x를 y 또는 z로 대치함으로써 난류 강도의 y와 z 성분도 정의할 수 있다. 식 (18.5)가 상대강도의 x 성분을 정의하는 것이면, 전체 상대강도는 다음과 같이 정의해야 한다.

$$T = \left[\frac{1}{3}\left(\frac{\overline{(\upsilon_x^2)}}{\overline{V}^2} + \frac{\overline{(\upsilon_y^2)}}{\overline{V}^2} + \frac{\overline{(\upsilon_z^2)}}{\overline{V}^2}\right)\right]^{1/2} = \left[\frac{1}{3}\left(T_x^2 + T_y^2 + T_z^2\right)\right]^{1/2} \tag{18.6}$$

어떤 저자는 상대강도라고 하는 T_x를 단순히 강도라고도 하며, 다른 저자는 절대강도라고도 한다.

18.2절에서 검토하였듯이 υ_x는 +값이 되는 것만큼 −값이 되므로 그 평균값은 0이다. 그러나 υ_x의 rms 값인 $\overline{(\upsilon_x^2)}^{1/2}$은 평균을 취하기 전에 제곱하여 −부호가 없어지기 때문에 0이 아니다. 많은 저자가 표현한 것을 저장하기 위해 $\overline{\upsilon_x^2}^{1/2}$, $\overline{\upsilon_y^2}^{1/2}$, $\overline{\upsilon_z^2}^{1/2}$ 기호 대신에 u', υ', w' 이라는 기호를 사용한다.

예제 18.1 어떤 지점에서의 난류 흐름이 다음 식에 의해 표현된다.

$$V_x = 10\,\frac{\text{ft}}{\text{s}} + 1\,\frac{\text{ft}}{\text{s}}\cdot \sin t \qquad V_y = V_z = 0 \tag{18.B}$$

$\overline{V}_x, \upsilon_x, \overline{\upsilon}_x, (\overline{\upsilon_x^2}^{1/2}), T_x, T$를 계산하라.

실질적인 난류는 간단하게 식으로 표현할 수는 없다. 이러한 식들은 난류 흐름에서 단지 몇 가지 정의된 수량 사이의 관계를 보여 줄 뿐이다. 이를 검증해 보자.

$$\overline{V}_x = 10\,\frac{\text{ft}}{\text{s}} \qquad \upsilon_x = 1\,\frac{\text{ft}}{\text{s}}\cdot \sin t \tag{18.C}$$

$$\overline{\upsilon}_x = \lim_{t\to\infty}\frac{1}{t}\int_0^t 1\,\frac{\text{ft}}{\text{s}}\cdot \sin t\,dt = 1\,\frac{\text{ft}}{\text{s}}\lim_{t\to\infty}\left(-\frac{\cos t}{t}\right) = 0 \tag{18.D}$$

$$\begin{aligned}\overline{(\upsilon_x^2)} &= \lim_{t\to\infty}\frac{1}{t}\int_0^t \left(1\,\frac{\text{ft}}{\text{s}}\right)^2 (\sin t)^2\,dt \\ &= \left(1\,\frac{\text{ft}}{\text{s}}\right)^2 \lim_{t\to\infty}\frac{1}{t}\left(-\frac{1}{2}\cos t\sin t + \frac{1}{2}t\right) = \frac{1}{2}\,\frac{\text{ft}^2}{\text{s}^2}\end{aligned} \tag{18.E}$$

$$\overline{(\upsilon_x^2)}^{1/2} = \left(\frac{1}{2}\,\frac{\text{ft}^2}{\text{s}^2}\right)^{1/2} = 0.707\,\frac{\text{ft}}{\text{s}} = 0.22\,\frac{\text{m}}{\text{s}} \tag{18.F}$$

$$\overline{V} = (\overline{V}_x^2 + 0 + 0)^{1/2} = \overline{V}_x = 10\ \text{ft/s} = 3.05\ \text{m/s} \tag{18.G}$$

$$T_x = \frac{0.707\ \text{ft/s}}{10\ \text{ft/s}} = 0.0707 \tag{18.H}$$

$$T = \left[\frac{1}{3}\cdot 0.0707^2\right]^{1/2} = 0.0408 \tag{18.I}$$

■

적절한 전자회로를 사용하면 열선 아네모미터를 만들어서 rms 변동 유속을 직접 읽을 수 있다. 따라서 적절한 장비가 있으면 아네모미터 열선에 직각 방향에서의 난류 강도를 직접 읽을 수 있다. 장방형 유로에서의 난류 강도 측정에 관한 전형적 실험 결과를 그림 18.3에 나타내었다. 이 그림으로부터 다음 사항을 정리할 수 있다.

1. 강도는 위치에 따라 변하며, 일반적으로 벽 근처의 층에서 가장 크다.

2. 강도는 벽에서 0까지 떨어진다. 그 이유는 고체 경계는 흐름 방향에 직각인 어떤 운동도

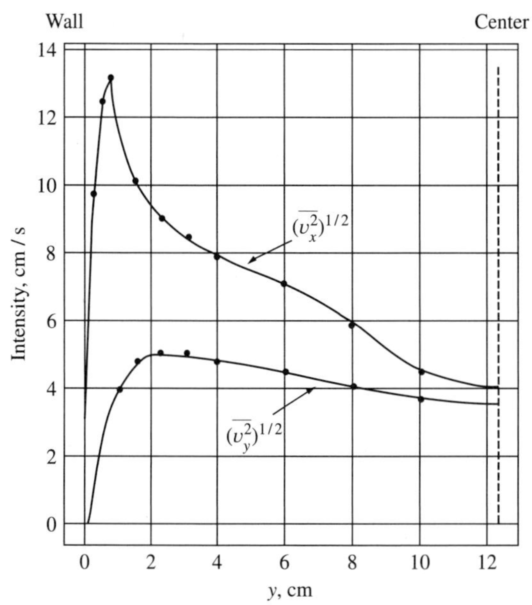

그림 18.3
장방형 유로(폭 1 m, 높이 0.24 m)의 난류 강도 측정치. 유속 V_x는 0.1 m/s이다. $(\overline{v_x^2})^{1/2}$이 최대인 벽 근처의 점에서 V_x 값은 0.7 m/s 정도이므로, T의 최대값은 0.19 정도이다. [H. Reichardt, "Messungen turbulenter Schwankungen"—"Measurements of turbulent oscillations," *Naturwissenschaften 26*, (1938), p.407를 바탕으로 작성함]

정지시키고, 벽에서 흐름 방향의 유속이 0이기 때문이다.

3. 관찰된 최대 상대강도 T_x는 약 0.19이다.(측정된 상대강도는 이 값을 거의 초과하지 않는다.)

4. 흐름 방향의 강도는 흐름에 직각인 방향의 강도보다 크다.

5. 유로의 중심 부근에서의 x 및 y 방향의 강도는 서로 접근한다.(아주 큰 유로에서는 중심에서 이러한 값이 실질적으로 같아져서, 난류는 실질적으로 등방성이 된다.)

그림 18.3에 나타낸 측정치는 난류 수준을 낮게 유지하려고 노력하지 않은 유로에서 측정한 전형적인 것이다. 풍동에서는 난류 강도를 가능한 한 낮게 유지하기를 원하므로, 좋은 풍동에서는 $T \approx 0.0005$이다.

18.4.2 난류 운동 에너지

난류로 흐르는 유체가 단위 질량당 갖는 운동 에너지는 같은 유체가 같은 평균유속으로 비난류(nonturbulent flow)로 흐를 때보다 많다. 또한 난류가 더 강해질수록 난류 운동 에너지의 양은 더 커진다.

난류 운동 에너지는 어떤 종류의 외부 일에 의해 흐름에 도입되는데, 이 외부 일은 일반적으로 관 내 압력구배(즉, 주입일), 풍동의 선풍기나 송풍기, 태양에 의한 저층 대기 중의 열대류 흐름이다. 이러한 일은 먼저 흐름 방향에서의 운동 에너지나 단순히 유속의 구배를 증가시키는데, 이들이 난류의 원인이 된다. 난류 운동 에너지는 점성 변환의 흐름에 의해 내부 에너지로 된다.

풍동에서는 난류 운동 에너지가 송풍기나 송풍기에서 하류에 있는 도입 스크린에 의해 주입되며, 풍동을 지나가는 동안에는 난류 운동 에너지는 흐름 속으로 더 이상 주입되지 않는다.(풍동은 아주 짧고 넓으므로, 벽은 시험하는 중심부에 거의 영향을 미치지 않는다.) 따라서 난류 운동 에너지의 양은 풍동의 송풍기로부터의 거리에 따라 감소한다. 이때 난류는 '감쇠 (decay)'된다. 마찬가지로 배나 비행기의 후류에서 난류 운동 에너지를 측정하면, 배나 비행기 가까이에서는 난류 운동 에너지는 강하지만, 이로부터 떨어지면 난류가 감쇠되고, 상당히 떨어진 하류에서는 사라져 버린다. 이러한 경우에는 난류 운동 에너지는 항력을 극복하여 배나 비행기를 구동시키는 엔진에 의하여 공급된다.

한편 관 입구로부터 상당히 떨어진 하류의 '완전 발달' 난류에서는 난류 운동 에너지는 관 벽에서 전단(마찰) 저항을 극복하면서 소비되는 일에 의하여 흐름 속으로 계속해서 공급된다. 이 난류 운동 에너지는 난류 중에서 점성 마찰에 의하여 계속해서 내부 에너지로 전환되므로, 난류 운동 에너지의 첨가속도와 점성 마찰에 의한 운동 에너지의 파괴속도가 균형을 이루며, 흐름이 관 아래로 이동하는 동안 존재하는 양은 일정하게 유지된다. 따라서 관 내 난류는 풍동이나 배, 비행기의 후류에서와는 달리 거리에 따라 감쇠되지 않는다.

예제 18.2 공기는 폭 1.0 m이고 높이 0.24 m인 장방형 유로를 흐른다(그림 18.3 참조). 중심선의 유속은 1.00 m/s이다. 흐름 방향에서 단위 질량당 비난류 운동 에너지(nonturbulent ke)는 얼마나 되는가? 이는 얼마나 빨리 열로 분해되는가?

표 3.1에 근거해서 평균유속을 0.82 m/s로 가정한다. 수력의 반경은 0.0915 m, 레이놀즈 수 ≈ 20,000, 상대조도를 $4 \cdot 10^{-5}$이라고 가정한 경우 계산 마찰계수는 0.0065, 압력구배는 −0.0286 Pa/m이다.

처음 부분의 계산은 다음 식과 같이 쉽다.

$$\frac{\begin{pmatrix}\text{Nonturbulent}\\ \text{kinetic energy}\end{pmatrix}}{\text{Mass}} = \frac{V^2}{2} = \frac{(0.82\ \text{m/s})^2}{2} = 0.336\ \frac{\text{m}^2}{\text{s}^2}$$

$$= 0.336\ \frac{\text{J}}{\text{kg}} = 0.000\,0144\ \frac{\text{Btu}}{\text{lbm}} \tag{18.J}$$

모든 이런 운동 에너지가 내부 에너지로 변환되었다면, 공기 온도는 0.00060°F = 0.00033°C까지 상승한다.

다른 에너지가 열로 되는 변환속도인 소멸속도(dissipation rate, 나중에 이 장에서 사용됨)를 계산하기 위하여, 길이 ΔL과 단면적 A인 관을 고려한다.

$$\begin{pmatrix}\text{Dissipation}\\ \text{rate}\end{pmatrix} = \varepsilon = \frac{\begin{pmatrix}\text{power converted}\\ \text{to internal energy}\end{pmatrix}}{\text{mass}} = \frac{-AV\,\Delta P}{A\,\Delta L \rho} = \frac{-\Delta P}{\Delta L}\frac{V}{\rho} \tag{18.7}$$

이 예제에서 $-\Delta P/\Delta L \approx 0.0286\ \text{Pa/m} = 0.00013\ \text{psi/100 ft}$가 계산된다.

$$\varepsilon = \frac{-\Delta P}{\Delta L}\frac{V}{\rho} = \frac{0.0286\ \text{Pa}}{\text{m}} \cdot \frac{0.82\ \text{m/s}}{1.20\ \text{kg/m}^3} \cdot \frac{\text{N}}{\text{Pa}\cdot\text{m}^2} \cdot \frac{\text{kg}\cdot\text{m}}{\text{N}\cdot\text{s}^2}$$
$$= 0.0196\ \frac{\text{m}^2}{\text{s}^3} = 0.0196\ \frac{\text{W}}{\text{kg}} = 0.21\ \frac{\text{ft}^2}{\text{s}^3} = 8.4\cdot 10^{-6}\ \frac{\text{Btu}}{\text{lbm}\cdot\text{s}} \tag{18.K}$$

열의 손실이 없다면, 내부 에너지로 변환된 외부 일은 공기 온도를 0.000035°F/s = 0.0000195°C/s까지 상승시킬 것이다. 여기서 계산된 값은 전체 흐름에 대한 평균값이다. 후에 ε은 흐름의 이곳저곳에서 변하므로, 국부값을 필요로 한다. ■

흐름의 어떤 지점에서 x 성분의 단위 질량당 운동 에너지는 다음과 같이 얻어진다.

$$\begin{pmatrix}\text{Turbulent ke per unit}\\ \text{mass, } x \text{ component}\end{pmatrix} = \frac{1}{2}\overline{(v_x^2)} = \frac{1}{2}(x\ \text{intensity})^2 \tag{18.8}$$

그리고 전체 운동 에너지는 세 가지 성분값의 합으로 이루어진다.

$$k = \begin{pmatrix}\text{Turbulent ke per unit}\\ \text{mass, three components}\end{pmatrix} = \frac{1}{2}\overline{(v_x^2)} + \overline{(v_y^2)} + \overline{(v_z^2)} = \frac{3}{2}\overline{V}^2T^2 \tag{18.9}$$

예제 18.3 그림 18.3에서 벽으로부터 2 cm 떨어진 지점의 k 값을 계산하라.

도표를 읽으면, $\overline{(v_x^2)}^{1/2} \approx 9.5$ cm/s이고, $\overline{(v_y^2)}^{1/2} \approx 5.0$ cm/s이다. $\overline{(v_z^2)}^{1/2}$의 값은 읽을 수가 없으므로 0이라고 가정한다. 따라서

$$k = \frac{1}{2}\left[\left(9.5\ \frac{\text{cm}}{\text{s}}\right)^2 + \left(5.0\ \frac{\text{cm}}{\text{s}}\right)^2\right]$$
$$= 57.6\ \frac{\text{cm}^2}{\text{s}^2} = 0.00576\ \frac{\text{m}^2}{\text{s}^2} = 0.00576\ \frac{\text{J}}{\text{kg}} = 2.5\cdot 10^{-6}\ \frac{\text{Btu}}{\text{lbm}} \tag{18.L}$$

■

이것은 흐름의 한 지점인 국부값을 나타낸다.

18.4.3 난류의 규모

난류 강도는 어떤 소량의 물질에 난류가 '얼마나 많이' 존재하는가의 척도이다. 우리는 소용돌이가 얼마나 크게 존재하는가를 알고 싶어 한다. 개별 소용돌이는 계속해서 변하며 고정되지 않거나 차원이 쉽게 정의되지 않는다. 그래서 일반적으로 언급되는 소용돌이의 규모란 소용돌이의 특징적인 크기를 말한다. 규모란 소용돌이의 반지름과 같으나 이는 불분명하다. 앞선 논쟁에 의하면 가장 큰 소용돌이는 전형적으로 난류 발생체계 규모(관 지름 혹은 선체의 폭)의 25~40%를 차지한다고 한다. 혼합(mixing)의 연구를 위해서는 가장 작은 소용돌이의 크기를 알아야 한다. 가장 작은 소용돌이의 규모는 콜모고로프[3]에 의해

다음과 같이 주어진다.

$$\begin{pmatrix}\text{Kolmogorov} \\ \text{scale}\end{pmatrix} = \begin{pmatrix}\text{length scale} \\ \text{of smallest eddies}\end{pmatrix} = \left(\frac{\nu^3}{\varepsilon}\right)^{1/4} \tag{18.10}$$

예제 18.4 예제 18.2에서 가장 작은 소용돌이의 규모를 계산하라. 여기에서 ε의 평균값은 알고 있지만 흐름의 이곳저곳에서 변하는 지점의 값은 알지 못한다. 그러나 ε의 평균값과 공기의 동점도를 이용하여 다음과 같이 계산할 수 있다.

$$\begin{pmatrix}\text{Kolmogorov} \\ \text{scale}\end{pmatrix} = \left[\frac{(1.613 \cdot 10^{-4}\ \text{ft}^2/\text{s})^3}{0.21\ \text{ft}^2/\text{s}^3}\right]^{1/4}$$
$$= 0.0021\ \text{ft} = 0.025\ \text{in} = 0.64\ \text{mm} \tag{18.M}$$

다시, 이는 평균 에너지 소멸을 기반으로 하는데, 흐름의 어떤 부분에서는 소멸은 더 커질 것이고, 다른 부분에서는 더 작아질 것이다. 그러나 위의 정의에서 1/4의 제곱 때문에 어떤 흐름 이곳저곳에서의 콜모고로프 규모의 변화는 크지 않을 것이다.

이는 전형적인 값은 아닌데, 그 이유는 난류 측정이 그곳에서 가능하도록 선택된 매우 느린 공기의 흐름(그림 18.3)과 부합되기 때문이다. 전형적인 공기조절 관은 $V_{\text{average}} \approx 40$ ft/s ≈ 12 m/s를 가진다. 예제 18.2와 이번 예제에서 평균속도를 12 m/s로 다시 푼다면(연습문제 18.3) 가장 작은 소용돌이는 0.10 mm의 규모를 가진다. 전형적인 물 흐름(3 in 스케줄 40 관에서 6 ft/s; 연습문제 18.4)에서 가장 작은 소용돌이는 0.033 mm의 규모를 가진다. ■

전형적인 물의 흐름에서 가장 작은 소용돌이는 약 33 μm의 크기 혹은 보통사람의 머리카락 지름의 약 65%의 크기이다. 난류 연구에서 다르게 정의된 길이에는 프란틀 혼합 길이(Prandtl mixing length)와 테일러 규모(Taylor scale)가 있으나, 화학공학 기술자에게는 둘 다 많이 사용되지는 않는다.

18.4.4 상관계수

소용돌이의 영향을 추정하는 데 있어서 두 개의 소용돌이 또는 두 개의 성분의 소용돌이가 서로 함께 일하는지 아니면 서로 독립적인지를 알아야 할 필요가 있다. **상관계수** R(통계학에서 빌려 왔으며 널리 사용되고 대부분 R^2로 인용됨)은 두 변수가 서로 일치하는 시간이 어느 정도인가에 관한 척도이다. 시간의 임의 함수 $\phi_1(t)$와 $\phi_2(t)$의 상관계수는 다음과 같다.

$$\text{Correlation coefficient} = R = \frac{\overline{\phi_1 \phi_2}}{(\overline{\phi_1^2})^{1/2}(\overline{\phi_2^2})^{1/2}} \tag{18.11}$$

이것은 어떤 두 함수의 순간값 곱의 평균이며, 각각의 rms 평균의 곱으로 나눈 것이다.

예제 18.5 다음 함수 집합의 상관계수를 구하라.

$(a)\ \phi_1(t) = t, \phi_2(t) = t$

$(b)\ \phi_1(t) = \sin t, \phi_2(t) = \cos t$

(a)에 대하여

$$R = \frac{\overline{t^2}}{(\overline{t^2})^{1/2}(\overline{t^2})^{1/2}} \tag{18.N}$$

식 (18.11)에 나타낸 것처럼 평균값을 구하면 $R = 1$이다. 따라서 두 함수에서 동일하게 상관계수는 1이다.

(b)에 대하여

$$R = \frac{\overline{\sin t \cos t}}{(\overline{\sin^2 t})^{1/2}(\overline{\cos^2 t})^{1/2}} \tag{18.O}$$

여기서 분자가 0이므로(연습문제 18.2) $R = 0$이다. 따라서 서로 위상이 90° 벗어난 두 함수에서는 상관계수가 0이다. ■

상관계수는 +1에서 −1까지의 값을 취한다. 여기에서 상관계수 값이 확실하게 간단한 해석적 함수를 예시하였다. 난류 연구에서는 일반적으로 상관계수를 불규칙하게 변동하는 변수에 적용한다. $\phi_1(t)$와 $\phi_2(t)$가 불규칙 변동 변수이고, 그 평균값이 0이며, 순간값이 어떤 방법이든 관련되지 않으면, 이들의 상관계수는 0이 됨을 알 수 있다. 난류 유속 측정에서는 적절한 전자장치로 어떤 작은 시간 구간 또는 한 지점에서 두 수직성분의 유속에 의해 분리된 두 지점에서 순간 유속 사이의 상관계수를 쉽게 결정할 수 있다.

18.4.5 난류의 스펙트럼

난류를 측정할 수 있는 다른 물리적 성질에는 난류 진동에 대한 주파수분포(distribution of frequency of turbulent oscillation)가 있다. 적절한 전자 필터를 통하여 열선 아네모미터의 출력 신호를 여러 주파수 범위로 분리할 수 있다.

진동주파수를 n[Hz = (주기/s)]이라 놓고, 먼저 전체 주파수 범위에 대한 $\overline{v_x^2}$ 값과 어떤 주파수 범위 Δn에 대한 $\Delta\overline{v_x^2}$ 값을 기록하면 다음 비를 나타낼 수 있다.

$$f(n) = \frac{1}{\overline{v_x^2}} \cdot \frac{\Delta\overline{v_x^2}}{\Delta n} \tag{18.12}$$

실험에서는 언제나 한정된 Δn 값을 사용해야 하지만, 원리적으로는 Δn이 0에 접근하는 극한을 취하여 다음을 구할 수 있다.

$$f(n) = \frac{1}{\overline{v_x^2}} \cdot \frac{d\overline{v_x^2}}{dn} \tag{18.13}$$

따라서 $f(n)$은 1 Hz당 $\overline{v_x^2}$의 전체 값의 분율이다. 여기에서 $\overline{v_x^2}$는 x 성분의 단위 질량당 난류 운동 에너지의 두 배이므로, 이 분율[식 (18.13)]은 실제로 1 Hz당 x 성분의 난류 운동 에너지의 분율이다. 이 분율(x 성분의 난류 운동 에너지라기보다는 전체 난류 운동 에너지의 분율)의 전형적 실험적 측정치를 그림 18.4에 나타냈고, 이것은 다음 함수로도 나타낼 수 있다.

$$F(n) = \int_{n=0}^{n=n} f(n)\, dn = \frac{1}{\overline{v_x^2}} \int_{n=0}^{n=n} \frac{d\overline{v_x^2}}{dn}\, dn \tag{18.14}$$

이 함수는 주어진 n 값까지의 $f(n)$ 곡선 밑의 면적인데, n보다 낮은 주파수의 진동에 포함되는 난류 운동 에너지의 분율을 나타내는 것이다. 정의에 의하여, n이 아주 커지면 $F(n)$의 값은 1에 접근해야 한다.

그림 18.4와 같은 곡선을 **난류 운동 에너지 스펙트럼**(turbulent kinetic-energy spectrum)이라 하는데, 광학 교과서에서 다루는 빛의 에너지 스펙트럼과 유사하다. 그림 18.4에서 분명히 알 수 있지만, 이 흐름에서는 난류 운동 에너지의 절반이 주파수가 0~2 Hz인 속도 변동에 포함되며, 이 난류 운동 에너지의 90%는 주파수가 0~8 Hz인 변동에 포함된다. 일반적으로 큰 소용돌이(저주파수)보다는 작은 소용돌이(고주파수)가 많지만, 난류 운동 에너지의 대부분은 큰 소용돌이 중에 있다.

실험적으로 관찰하면[9] 유체속도가 크면 이 스펙트럼 곡선은 고주파수 쪽으로 이동한다. 따라서 관 내 고속 흐름일 때는 고주파수의 진동에 포함되는 난류 운동 에너지가 더 많을 것이고, 저층 대기의 저속 흐름에서는 저주파수의 진동에 포함되는 난류 운동 에너지가 많을 것이다.

또한, 난류 스펙트럼과 상관계수 사이에는 비교적 간단한 수학적 관계가 존재함을 보일 수 있으므로[9], 이 중 하나를 상세하고 정확하게 측정하면 다른 것을 계산할 수 있다.

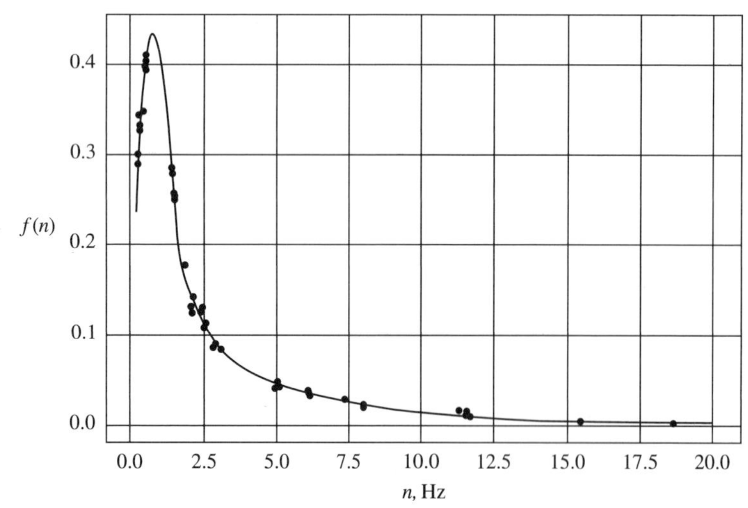

그림 18.4
그림 18.3에 나타낸 계의 운동 에너지 스펙트럼. 실선은 확률밀도함수이다. [H. Motzfeld, "Frequenzanalyse turbulenter Schwankungen," —"Frequency analysis of turbulent oscillations," *Z. für Angew. Math. Mech. 18*, (1938), pp.362–365]

18.5 레이놀즈 응력

6.4절에서 우리는 단순한 점성 전단에 의한 전단응력에 추가하여 난류 변동 때문에 전단응력이 생김을 검토하였다. 이러한 추가의 응력을 레이놀즈 응력(Reynolds stresses)이라 한다. 일반 3차원 흐름(15.3절 참조)에 대한 레이놀즈 응력 성분은 다음 식으로 나타낼 수 있다 [10, p.499].

$$\sigma_{xx} = -\rho \upsilon_x^2 \tag{18.15}$$

$$\tau_{xy} = -\rho \overline{\upsilon_x \upsilon_y} \tag{18.16}$$

τ_{xz}와 τ_{yz}에 관한 식도 마찬가지로 나타낼 수 있다. 이러한 레이놀즈 응력 성분을 사용하면 난류에 대하여 식 (15.26)을 만들 수 있다. $\overline{\upsilon_x \upsilon_y}$ 항은 υ_x와 υ_y에 관한 상관계수의 분자이다. 두 가지 변수가 상관관계가 있다면, 식 (18.16)은 0이 아닌 값을 가질 수 있다.

레이놀즈 응력에서 가장 관심의 대상이 되는 것은 전단응력이다. 식 (18.16)에서 보면 전단응력이 생기려면 두 수직 방향에서 변동해야 한다. 속도구배가 없고 난류가 등방성이면, 일반적으로 이러한 상관관계가 없을 것이므로, 레이놀즈 전단응력은 0이 된다. 그러나 어떤 흐름이든 속도구배가 있으면(벽 근처와 자유제트의 경계에서 존재하는 것처럼), 언제나 이러한 상관관계가 있고 따라서 언제나 레이놀즈 응력이 있을 것이다.

그림 18.5는 고체벽 근처의 흐름을 나타낸 것으로, $\overline{V}_x$의 값을 보였고 $\overline{V}_y$는 0이다. 이제 A에서 B까지 위로 향하는 한 소용돌이에 의해서 운반된 유체의 미소 질량을 고려해 보자. 이 유체 질량은 어떤 한정된 동안에 y 값이 큰 쪽으로 이동하므로 $+y$ 속도를 가져야 한다. 그러나 $\overline{V}_y$는 0이므로 이 소용돌이에 대해서 υ_y는 +값이다. 이 유체 질량이 y 방향으로 움직이기 전에는 그 x 속도는 V_A이었다. B에 이르렀을 때 그 x 속도를 바꿀 시간이 없었다면, 여전히 x 속도는 V_A이다. 이 값은 그 점에서의 평균 x 속도(V_B)보다 작으므로, 이는 y에서 속도의 $-x$ 변동, 즉 $-\upsilon_x$를 나타낸다.

이제 얼마 후에 소용돌이가 C의 유체 질량을 B로 가져갔다고 하자. 위에서와 마찬가지로, υ_y는 −이고 υ_x는 +이다. 그러므로 이 두 가지 변동에서 $\overline{\upsilon_x \upsilon_y}$는 −값으로, 서로 직각인 두 속도 변동 사이에 실제로 상관관계가 있고, 따라서 상당한 레이놀즈 응력이 있다.

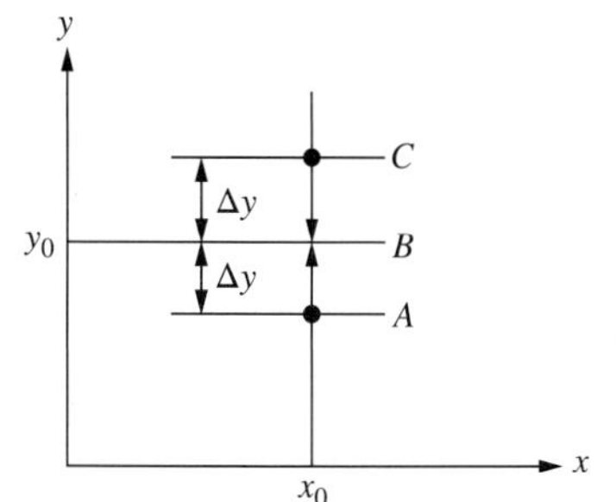

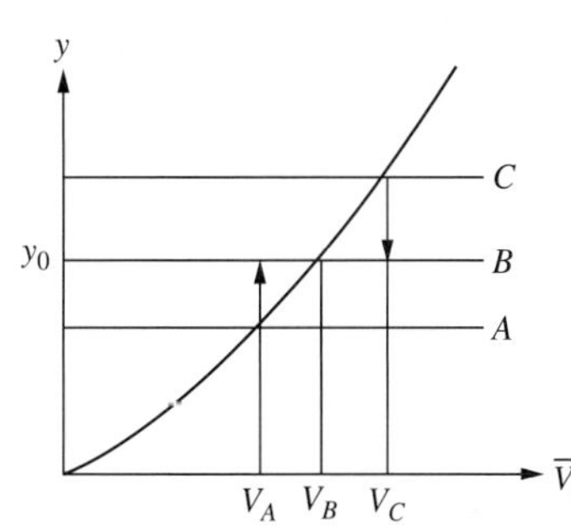

그림 18.5
레이놀즈 응력이 속도구배에 따라 난류가 어떻게 일어나는가를 보여주는 도해

18.6 와류점도

이러한 레이놀즈 응력의 크기와 성질을 부시네스크(Boussinesq)[3, p.23]가 처음 소개한 와류점도(eddy viscosity, 난류점도)의 개념을 사용하여 가시화할 수 있다. 층류에만 적용되는 뉴턴의 점도 법칙의 형식은 다음 식으로 나타낼 수 있다.

$$\tau = \mu \frac{dV_x}{dy} \tag{1.4}$$

이 식에 새로운 양인 와류점도 ε을 도입하여 난류 실험 자료를 맞출 수 있다. 와류점도 ε은 사실상 와류 동점도(eddy kinematic viscosity)이지만, 일반적으로 간단히 **와류점도**(eddy viscosity)라고 한다.

$$\tau = (\mu + \rho\varepsilon) \frac{dV_x}{dy} \tag{18.17}$$

와류점도에 관한 논의에서 혼동을 피하고자 '보통' 점도를 **분자점도**(molecular viscosity)라고도 한다. 표기법 문제를 주목해 보자. 이 장에서 ε은 두 가지 의미가 있는데, 즉 식 (18.7)에서 표기한 난류 운동 에너지 소멸속도 그리고 난류 와류점도이다. 이는 이러한 양에 대한 표준 기호이다. ε의 사용을 명백하게 하는 노력이 필요하다.

와류 동점도 ε의 정의는 분자점도처럼 유체의 단순한 성질이 아니라 유량 및 흐름 중의 위치의 함수이므로 결점을 가진다. 그러나 이것은 레이놀즈 응력과 점성응력의 비를 쉽게 나타낼 수 있는 장점이 있다. 또한, 열전달과 물질전달 계산에서 이와 비슷한 와류열전도도와 와류확산계수를 도입할 수 있다. 어떤 상황에서는 이 세 가지 소용돌이의 성질은 일치하며, 모든 상황에서 그 크기는 같은 자릿수가 된다. 따라서 이 방법을 사용하여 유체흐름에 관한 자료를 열전달 및 물질전달 문제의 풀이(15.7절 참조)에 적용할 수 있다. 유체역학에서 난류 열전달 및 물질전달 문제를 푸는 이러한 접근법을 레이놀즈 유사점(Reynolds' analogy)이라고 한다.

18.6.1 실험 속도분포로부터 와류점도 찾기

어떤 흐름의 평균 속도프로필의 측정치($\overline{V}_x$ 대 y 또는 r)와 유체의 점도 및 밀도의 정보로부터 흐름 중의 임의의 점에서의 와류점도를 계산할 수 있다. 관의 난류 흐름에서 속도 대 위치의 전형적 선도를 그림 17.7에 나타내었다. 거기에서 다양한 $\mathscr{R}$에 대한 $\overline{V}_x$ 곡선은 다음 형식의 실험 데이터 피팅 식으로 잘 나타내어질 수 있다.

$$\frac{\overline{V}_{\text{avg}}}{\overline{V}_{x\text{-centerline}}} = \left(1 - \frac{r}{r_{\text{wall}}}\right)^{1/n} \tag{18.18}$$

예제 18.6 예제 18.2의 흐름에 대하여 식 (18.18)에 근거해서 벽과 중앙 사이의 중간 지점에서의 와류점도 값을 계산하라.

관 흐름[식 (6.4)]에서 전단응력에 관한 식과 식 (18.17)을 결합하여 다음 식을 얻을 수 있다.

$$\tau = \frac{r}{2}\left(\frac{-dP}{dx}\right) = (\mu + \rho\varepsilon)\,\frac{dV_x}{dy} \tag{18.19}$$

또는

$$(\mu + \rho\varepsilon) = \frac{(r/2)(-dP/dx)}{dV_x/dy} = \frac{-(r/2)(-dP/dx)}{dV_x/dr} \tag{18.20}$$

여기에서 $y = r_{\text{wall}} - r$이고 $dy = -dr$이다. 다음 식을 제외하고 예제 18.2로부터 모든 항을 알 수 있다.

$$\frac{dV_x}{dr} = \frac{-V_{\text{centerline}}}{nr_{\text{wall}}}\left(1 - \frac{r}{r_{\text{wall}}}\right)^{(1-n)/n} \tag{18.21}$$

예제 18.2로부터 $-\Delta P/\Delta L \approx 0.0286$ Pa/m $= 0.00013$ psi/100 ft와 $V_{\text{centerline}} \approx 1.00$ m/s를 알 수 있다. 표 17.1에서 $n \approx 7$을 예측할 수 있다. r_{wall}의 상당량은 벽에서 짧은 방향에서 유로의 중앙까지의 거리로서 0.122 m이다. 그래서

$$\frac{dV_x}{dr} = \frac{-1.00\text{ m/s}}{7 \cdot 0.122\text{ m}}\,(1 - 0.5)^{(1-7)/7} = -2.12\,\frac{1}{\text{s}} \tag{18.P}$$

그리고

$$\begin{aligned}(\mu + \rho\varepsilon) &= \frac{-(0.122\text{ m}/2)(0.0286\text{ Pa/m})}{-(2.12/\text{s})}\\ &= 8.24 \cdot 10^{-4}\,\frac{\text{N}\cdot\text{s}}{\text{m}^2} = 1.72 \cdot 10^{-5}\,\frac{\text{lbf}\cdot\text{s}}{\text{ft}^2}\end{aligned} \tag{18.Q}$$

이의 비는 다음과 같이 나타낼 수 있다.

$$\begin{aligned}\frac{\varepsilon}{\nu} &= \frac{\varepsilon}{\mu/\rho} = \frac{\mu + \rho\varepsilon}{\mu} - 1 \approx \frac{\mu + \rho\varepsilon}{\mu}\\ &= \frac{\nu_{\text{turbulent}}}{\nu_{\text{molecular}}} = \frac{8.24 \cdot 10^{-4}\text{ N}\cdot\text{s/m}^2}{1.21 \cdot 10^{-5}\text{ N}\cdot\text{s/m}^2} = 68\end{aligned} \tag{18.R}$$

이 계산은 이 흐름의 이 지점에서 근사 속도분포식에 대한 레이놀즈 응력은 점성응력의 약 68배만큼 크다는 것을 보여 준다. ■

18.6.2 준이론 상관관계로부터 와류점도 찾기

예제 18.6은 속도분포(원형관에서의 일정한 흐름과 같은 단순한 흐름에 대해서)를 안다면 이 자료로부터 와류점도의 값까지 얻을 수 있다는 것을 보여 준다. 그러나 실제 문제에서는 이와 정반대로, 그림 1.5의 산업용 용광로에서와 같이 복잡한 흐름에서 와류점도를 사용하여 속도분포(그리고 열전달과 혼합과 같은 다른 성질)를 예측할 수 있다.

그러한 계산을 할 수 있는 CFD 프로그램은 대부분 나비에-스토크스식[식 (15.26)]에서 μ를 대신하여 다음 식과 같이 치환한 후, 결과 속도분포에 대하여 수치적으로 푼다.

$$\begin{pmatrix}\text{Turbulent}\\ \text{viscosity}\end{pmatrix} = \mu_t = \mu + \rho\varepsilon \tag{18.22}$$

문제를 해결하기 위해 가장 널리 사용되는 k-ε 모델에서 μ_t에 대해 준이론 상관관계(semi-theoretical correlation)를 사용한다. k-ε 모델에서 ε은 난류 운동 에너지 소멸속도(예제 18.2)이며, 와류 동점도는 아니다. 이 모델은 다음 식을 사용하여 난류점도를 계산한다.

$$\mu_t = \rho C_\mu \frac{k^2}{\varepsilon} \qquad \text{or} \qquad \nu_t = \frac{\mu_t}{\rho} = C_\mu \frac{k^2}{\varepsilon} \tag{18.23}$$

여기서 C_μ는 데이터 피팅 상수이다. k와 ε의 값은 흐름의 이곳저곳에서 변하고 일반수지식에 따르는데 속도 유형[식 (3.3)]은 생성과 파괴의 항을 포함한다.

예제 18.7 한 지점의 공기의 흐름에서 난류 동점도의 값을 계산하라. 여기서 $k = 0.00576\ \text{m}^2/\text{s}^2$(예제 18.3 참조), $\varepsilon = 0.0196\ \text{m}^2/\text{s}^3$(예제 18.2 참조), 그리고 $C_\mu = 0.09$(CFD 설명서에서 취한 값에 근거함)이다.

식 (18.23)에 직접적으로 대입하여 다음의 값을 얻을 수 있다.

$$\begin{aligned}\nu_t &= 0.09\,\frac{(0.00576\ \text{m}^2/\text{s}^2)^2}{(0.0196\ \text{m}^2/\text{s}^3)} = 1.53\cdot10^{-4}\,\frac{\text{m}^2}{\text{s}} = 1.53\cdot10^{-4}\,\frac{\text{N}\cdot\text{s}}{\text{m}^2}\\ &= 1.64\cdot10^{-3}\,\frac{\text{ft}^2}{\text{s}}\end{aligned} \tag{18.S}$$

그리고

$$\frac{\nu_{\text{turbulent}}}{\nu_{\text{molecular}}} = \frac{1.53\cdot10^{-4}\ \text{N}\cdot\text{s}/\text{m}^2}{1.21\cdot10^{-5}\ \text{N}\cdot\text{s}/\text{m}^2} = 10.3 \tag{18.T}$$

이것은 예제 18.6의 대략 1/7의 값이다. 그 이유는 벽에서 중앙까지의 절반 거리에서 유효 ε의 값과 함께, 전체 흐름에 대하여 유효 k의 값을 대부분 사용하기 때문이다.■

이 예제는 CFD 프로그램이 어떤 지점(입력값이 주어짐)에서 난류 동점도를 어떻게 계산하는지만을 설명한다. 이러한 값들의 계산은 복잡하고 난류 동점도의 값에 의존하므로,

어떤 지점에서의 3차원의 속도의 계산은 순환 반복하여야 한다. 설사 손으로 계산한다고 할지라도 k-ε 모델과 그에 관련된 모델이 거의 없다. 이 예제는 CFD의 모형에서 무슨 일이 일어나고 있는가에 대한 어떤 통찰력을 주기 위해 제공된 것이다.

18.7 난류 이론

20세기의 유명한 대부분의 이론 유체역학 전문가들은 난류의 포괄적 이론을 추론하고자 노력하였다. 각각의 결과의 이론마다 난류의 여러 양 사이에 존재할 수 있는 관계에 대하여 어느 정도 통찰력을 제공하기는 하였지만, 어느 것이나 정의되지 않은 상수가 들어 있으며, 이론이 관찰 결과와 맞으려면 이러한 상수를 실험적으로 측정해야 한다. Prandtl과 von Karman의 이론은 Schlichting[11, 19장]이 잘 요약하였다. G. I. Taylor의 이론은 Dryden[12]이 요약하였고, Kolmogorov의 이론은 Hinze[3]와 Corrsin[6]이 검토하였다. 이러한 여러 이론들로부터 관 내 난류의 속도분포를 계산하는 문제는 Bird, Stewart, Lightfoot[13, p.165]가 다루었다.

이러한 이론 중에는 수학적으로 아주 복합한 것이 많다. 이처럼 수학을 많이 다룬 이론에 대하여 한 유체역학 전문가는, "난류의 통계적 이론의 목적은 수학자를 완전히 고용하려는 데 있는 것 같다"라고 언급하였다[14].

18.8 요약

1. 난류의 해석과 측정에서는 관습적으로 흐름을 정상 성분과 변동 성분으로 개념적으로 구분한다.
2. 역사적으로 난류는 대부분 열선 아네모미터로 측정하였다. 최근에는 레이저 도플러 아네모미터도 널리 사용된다.
3. 자유난류는 고체벽이나 자유제트 근처의 난류와 실험적 성질이 다르다.
4. 난류의 실험적 성질로서 곧바로 측정할 수 있는 것은 시간 평균속도와 강도, 규모, 난류 스펙트럼 등이다.
5. 레이놀즈 전단응력은 두 방향에서의 난류 변동의 상관관계로부터 발생한다. 이것은 자유난류에서는 드물지만, 벽이나 자유제트 가장자리 근처의 난류에서는 거의 항상 존재한다.

연습문제

연습문제와 예제 풀이를 위한 상용 단위와 수치들은 부록 E를 참조하라. * 표시가 있는 문제는 부록

C에 그 해답이 있음을 의미한다.

18.1. 유속 $V = \overline{V} + \upsilon$인 흐름의 운동 에너지와 유속 $V = \overline{V}$인 흐름의 운동 에너지의 관계를 보여라.

18.2. $V_y = 0$ 대신에 $V_y = (0.5 \text{ ft/s})(\sin t)$인 동일 흐름에 대하여 예제 18.1을 반복하라.

18.3. 예제 18.2와 같이 동일 관에서 12 m/s로 흐르는 공기에 대하여 예제 18.2를 반복하라.

18.4.* 3 in 스케줄 40 관에서 6 ft/s로 흐르는 물에 대하여 예제 18.2를 반복하라.

18.5.* 그림 18.3에서 벽으로부터 6 cm 떨어진 지점에 대하여 예제 18.3을 반복하라.

18.6. 예제 18.4에서 에너지 소멸속도가 두 배가 된다면 그것은 Kolmogorov 규모를 얼마나 많이 변화시킬 것인가?

18.7. 상관계수가 −1인 두 함수 $\phi_1(t)$와 $\phi_2(t)$를 선택하라.

18.8. $\overline{\sin t \cdot \cos t} = 0$임을 증명하라.

18.9.* 만약 흐름에서 가장 작은 소용돌이가 예제 18.4에서 보인 소용돌이와 같다면, 그러한 소용돌이의 주파수는 소용돌이의 크기로 나눈 국부 흐름 속도와 동일해야 한다. 1 m/s인 유속에 대한 주파수와 예제 18.4로부터 소용돌이 크기를 계산하라.

18.10. $r/r_{\text{wall}} = 0.9$에 대하여 예제 18.6을 반복하라.

18.11.* 그림 17.7 대신에 보편 속도분포 도해(그림 17.8)를 사용하여 예제 18.6을 반복하라.

참고문헌

1. Gargett, A. E. "Ocean Turbulence." *Ann. Rev. Fluid Mech. 21* (1989), pp. 419–451.
2. de Nevers, N. *Air Pollution Control Engineering*. 3rd ed. Long Grove, IL: Waveland Press, 2017, p. 120.
3. Hinze, J. O. *Turbulence*. 2nd ed. New York: McGraw-Hill, 1975.
4. Dryden, H. L., and A. M. Kuethe. "Effect of Turbulence on Wind Tunnel Measurements." *NASA Rept. No. 342* (1929).
5. Priestly, C. B. H. *Turbulent Transfer in the Lower Atmosphere*. Chicago, IL: Chicago University Press, 1959.
6. Corrsin, S. "Turbulent Flow." *American Scientist 49* (1961), pp. 300–325.
7. Perry, A. E. *Hot-Wire Anemometry*. Oxford: Clarendon Press, 1982.
8. Durst, F., A. Melling, and J. H. Whitelaw. *Principles and Practice of Laser-Doppler Anemometry*. London: Academic Press, 1981.
9. Taylor, G. I. "The Spectrum of Turbulence." *Proceedings of the Royal Society A 164* (1938), pp. 476–490.
10. Schlichting, H., K. Gersten. *Boundary-Layer Theory*. 8th ed. Berlin, Germany: Springer, 2000.
11. Schlichting, H. *Boundary Layer Theory*. 6th ed., Transl. J. Kestin. New York: McGraw-Hill, 1968. References are given to the 6th edition for plots and tables that were not included in later editions.
12. Dryden H. L. "A Review of the Statistical Theory of Turbulence." *Quart. Appl. Math., 1*, pp. 7–42 (1943). This paper and most of G. I. Taylor's basic papers are contained in S. K. Friedlander and L.

Topper (eds.), *Turbulence—Classical Papers on Statistical Theory*. New York: Interscience, 1961.

13. Bird, R. B., E. N. Stewart, and W. E. Lightfoot. *Transport Phenomena*. 2nd ed. New York: Wiley, 2002.
14. Townsend, A. A. *J. Fluid Mech. 10* (1961), pp. 635–636.

CHAPTER

19

혼합

19.1 혼합 문제의 유형

화학공학 기술자는 다음과 같은 형태의 유체 혼합 문제를 정규적으로 취급한다. 대부분은 혼합할 때 난류를 생성시켜서 유체를 혼합한다.

19.1.1 고체의 현탁

설탕을 커피나 차 또는 레모네이드에 넣으면, 설탕은 바닥에 가라앉게 되지만, 휘저으면, 고체 설탕(비중 = 1.58)은 액체(비중 ≈ 1.00)에 떠 있게 된다. 계속 휘저으면, 액체에 노출된 설탕의 표면적이 증가하고 또한 고체 표면상에 유체흐름이 만들어져서 설탕의 용해속도가 증가하게 된다. 이것은 가장 쉬운 혼합 문제의 하나이다. 대부분의 고체는 유체에 의해서 위쪽으로 이동하여 용기 바닥에 쌓이지 않게 하는 것이 필수 조건이다. 이와 유사한 많은 현탁의 조작은 보통 약한 교반을 필요로 하며, 화학공학에서 자주 접하게 된다. 국부상승속도를 입자의 종말침강속도(6.15절)보다 크게 하면, 실제로 현탁액(suspension)은 완전하게 만들어진다.

19.1.2 고체의 분산

고체 분산의 필수 조건은 고체를 용기 바닥에 가라앉지 않게 하는 것이다. 고체의 분산 조건은 고체가 액체 속에서 균일하게 분산되어야 하기 때문에 더 까다롭다. 지름이 0.01~5 μm인 불투명 착색 입자로 구성된 페인트 색소의 분산은 대표적인 본보기이다. 페인트를 칠할 때, 페인트의 각 입자가 벽 표면을 감싸도록 벽 표면 위의 페인트 막이 균일하게 분산되어야 한다. 페인트를 저장할 때 보통 안료의 비중이 4이기 때문에, 50년 전까지는 페인트 통에서 일어나는 안료의 중력 침강이 주요 문제점의 하나였으나, 이후로 페인트의 액체 부분에 관한 유변학의 발달로 말미암아 안료 침강은 무시할 수 있게 되었다.

19.1.3 혼화성 액체의 배합

크림을 커피에 넣고 교반하는 조작을 배합(blending)이라고 하며, 두 개의 혼화성 유체(거의 항상 액체)는 어느 지점에서나 농도의 차이가 거의 없이 단일 유체로 형성된다. 커피가 이러한 요구 조건을 충족시키는 데 별로 심각한 문제가 없는데 그 이유는 한 방울의 규모가 아닌 조금 더 큰 규모(한 입 정도)의 균일성만을 요구하기 때문이다. 가솔린의 배합은 대개 1 mm 크기 미만의 액적의 균일성이 요구된다. 가솔린을 배합하는 데는 각각 다른 옥탄가를 가진 여러 가지 액체를 사용한다. 만약 배합이 불완전하면, 한 개의 통은 필요 이상의 높은 옥탄을 소유하게 되고 다른 통은 노킹(폭연)의 이유가 되는 낮은 옥탄을 갖게 된다. 커피나 가솔린처럼 저점도 액체의 배합은 대부분 난류에 의해서 이루어지며, 더 큰 소용돌이가 반복적으로 이동해서 한 무리의 유체가 다른 무리의 유체의 가운데 속으로 들어간다. 페인트와 같은 점성 액체의 흐름은 보통 층류이고, 배합할 때 한 유체의 층이 다른 유체의 층으로 반복적으로 들어감으로써 이루어진다. 페인트를 손으로 혼합할 때, 처음에 섞기 시작하면 페인트의 무색소 부분의 속으로 색소 부분의 흔적이 형성되는 것을 볼 수 있으며, 시간이 흐르면 이 흔적들이 가늘어지고 딱딱하게 되면서 없어지는 것을 볼 수 있다.

19.1.4 분자 혼합

많은 화학공정과 연소에서의 혼합은 실질적으로 분자 수준에서 완성된다. 분자 혼합은 현탁이나 배합보다 더욱 어려운 요구 조건인 강렬한 혼합이 필요하다. 18장에서 논의한 대로, 분자 차원과 비교하면 난류 소용돌이는 최소 크기를 가진다. 따라서 이런 종류의 혼합에서는 난류를 이용하여 최소 소용돌이의 크기로 혼합한 후, 분자 확산에 의해 혼합을 끝낸다.

19.1.5 고체의 배합

배합된 혼화성 액체는 보통 기계적 공정으로 분리할 수 없으나, 고체는 분리할 수 있다. 각각 다른 크기나 밀도를 가진 개별 고체 입자는 혼합 후, 스크린과 중력 장치 또는 단순히 흔들기를 하여 분리할 수 있으며, 하부에는 작은 입자가 모이고 상부에는 큰 입자가 모인다. 약의 정제는 여러 고체의 혼합물에 보통 압력을 가함으로써 제조되며, 혼합물이 혼합기에서 정제 프레스를 거치면서 균일하게 유지되기가 어렵다. 고체의 혼합은 특별한 문제로, 이 책에서는 더 이상 다루지 않는다[1].

19.1.6 관의 혼합

우리는 가끔 유체들이 관 내를 통과하여 같이 흐를 때 배합되기를 원할 때도 있고, 또 어떤 때는 서로 혼합되지 않으면서 관의 아래로 흐르는 유체의 무리를 원하기도 한다.

19.1.7 유화

마요네즈, 콜드크림, 샐러드드레싱, 균질우유 같은 많은 소비상품은 유화액이다. 이 유화액은 고강도 혼합기로 철저하게 혼합된 두 개의 비혼화성(immiscible) 액체로 구성되어 있으며, 혼합액의 합체(coalescence)를 방지하는 표면 활성 유화제를 함유하고 있으므로 분산된 액적은 합쳐지지 않는다.

19.1.8 대기 또는 해양 분산

오염물질을 함유한 연소 생성물의 흐름은 굴뚝에서 대기까지 규칙적으로 방출된다. 거기에서 연소 생성물은 대기 혼합에 의해 분산되는데, 지표면에서 측정된 최대농도는 방출줄기의 농도보다 몇 배 정도 적게 되도록 한다. 마찬가지로, 처리된(또는 처리되지 않은) 하수는 하수 배출구로부터 대양(또는 강)에 버려지는데, 거기에서 하수는 무독성으로 분산된다. 대략 1970년 이전의 환경기술자의 좌우명은 "희석은 공해의 해결책이다"라고 하였다. 많은 도시와 주 정부는 대기 방출의 희석을 제약하는 규정(예를 들면, 굴뚝 높이 요건)을 제정하였다. 현재, 미국 공해법은 환경에서 희석과 폐기를 하기보다는 공해물질의 처리와 제거 방향으로 적응시키고 있다. 그럼에도 그러한 분산은 발생하고 있으며 또한 중요한 문제이다. 비슷하게, 적은 양의 기체 연료는 예를 들어 차에 가솔린 탱크를 채우는 등의 많은 연료전달 체계를 이용함으로써 대기로 방출된다. 대기 분산은 수 피트에서 희박 가연 한계 아래까지 농도를 감소시킨다. 그렇지 않을 경우, 차의 연료 급유는 매우 위험하게 된다.

19.2 난류의 역할

대부분 혼합 적용에 있어서 혼합할 때 난류를 사용한다. 난류의 큰 소용돌이는 유체를 접고, 돌리고, 움직이는 조악(coarse) 혼합을 할 때 매우 효과적이다. 그러나 난류는 분자 수준에서 혼합할 때 효과적이지 못하다. 18장에서 설명한 바와 같이, 난류에서 최소 소용돌이는 다음 식으로 표현된다.

$$\begin{pmatrix}\text{Kolmogorov}\\ \text{scale}\end{pmatrix} = \begin{pmatrix}\text{length scale}\\ \text{of smallest eddies}\end{pmatrix} = \left(\frac{\nu^3}{\varepsilon}\right)^{1/4} \tag{18.10}$$

예제 18.4에서 제시한 대로, 물의 전형적인 난류에 관한 최소 소용돌이의 크기는 약 0.03 mm = 30 μm이다. 액체의 분자 간 거리는 10^{-9} m = 0.001 μm이므로, 최소 난류 소용돌이는 분자 간 거리의 30,000배이다. 혼합을 매우 강렬하게 하면, ε의 값은 증가하게 된다. 동력이 0.25가 되도록 식 (18.10)에 ε 값을 넣으면, ε은 크게 변하고 최소 소용돌이의 크기는 작아진다. 동력이 0.75가 되도록 동점도 ν를 식 (18.10)에 대입하면, 유체 점도가 증가하여 최소 소용돌이의 크기가 현저하게 증가한다. 난류는 혼합이 잘되게 하므로, 유체의 점성이 적을 때는 분자확산을 촉진하여 유체의 최종 불균일성을 최소화한다.

19.3 분자확산의 역할

커피에 크림이나 설탕을 넣으면 균일성이 10^{-4} m = 100 μm까지 도달하지만, 분자확산을 하게 되면 균일성은 10^{-9} m = 1 nm까지 도달하게 된다. 혼합에서 분자확산의 역할을 예제 19.1에 설명하였다.

예제 19.1 두께가 각각 L인 두 개 층의 유체를 접촉시킨다. 한 층은 순수한 물이고, 다른 한 층은 1%의 초산(아세트산, HAc)이 함유된 물이다. 시간 경과 후, 두 층의 농도는 분자확산 때문에 어느 지점이나 초산의 농도가 0.5%로 균일하게 된다. 농도가 균일하게 되기까지는 얼마의 시간이 걸릴까? 그림 19.1은 계단으로 시작해서 시간 경과 후 균일 농도까지 변화하는 농도프로필과 기하학을 보여 준다.

이것은 전형적인 확산 문제이며 수학적으로 열전달의 비슷한 문제와 동일하다. 이것의 해답은 모든 열전달 책에서 볼 수 있다.(한 면을 제외한 모든 면이 절연된 평판이고, 제외된 한 면은 0에서 T로 갑자기 온도가 변하며, 변화한 온도는 일정하게 유지된다.) 확산 또는 열전도 식은 무한급수 해를 가지며 모든 열전달 책에는 도해 형태로 제

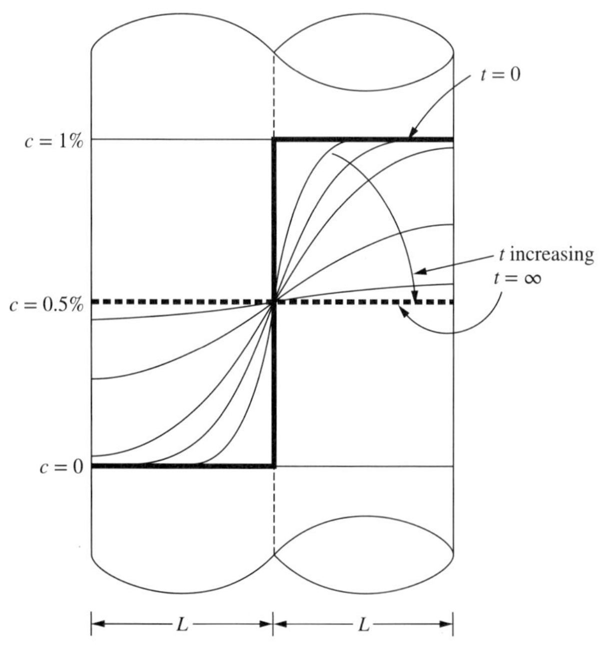

그림 19.1
예제 19.1의 도해. 각각 두께가 L인 두 유체층은 시간이 0에서 합쳐진다. 초기에 좌측은 HAc를 함유하지 않으며, 우측은 1% HAc를 함유한다. 따라서 초기 농도프로필은 계단함수이다. 시간 경과 후 확산에 의해 농도는 균일하게 되고, 프로필은 0.5% HAc에서 수평선으로 변한다.

시된다. 절대 화학 조성이 균일하게 되기까지는(열전달 문제에서는 온도 균일성) 무한대의 시간이 요구되지만, 무한 시간 내에 균일하게 흐르는 모든 초산(또는 열전달 문제에서 열)의 99%는 다음 식으로 표현된다.

$$\frac{\text{Fourier number}}{\text{Lewis number}} = \frac{\text{molecular diffusivity} \cdot \text{time}}{(\text{length})^2} = \frac{\mathscr{D}t}{L^2} \approx 2 \qquad (19.1)$$

이 문제에서 $\mathscr{D}$는 분자확산계수이며, 열전달 문제에서 $\mathscr{D}$에 대등한 것은 열확산계수 $\alpha = (k/\rho C)$이다. 이들 두 양은 (운동량 확산계수로서 고려되는 동점도의) 거리^2/시간 또는 동등한 차원을 가진다.

상온 근처에서 물에서 초산의 확산계수($\mathscr{D}$)는 거의 $1.2 \cdot 10^{-9}$ m^2/s이다. 분자확산에 의해 99%까지 전달이 완성되는 시간은 층 두께(L)에 크게 의존한다. 층의 두께가 10^{-6} m = 1 μm이면 시간은 다음 식으로 계산된다.

$$t \approx \frac{2L^2}{\mathscr{D}} = \frac{2 \cdot (10^{-6}\,\text{m})^2}{1.2 \cdot 10^{-9}\,\text{m}^2/\text{s}} = 1.667 \cdot 10^{-3}\,\text{s} \qquad (19.\text{A})$$

1 μm는 사람 신체에서 대략 신경 사이의 거리쯤 된다. 이들 신경은 신경 사이의 물이 가득 차 있는 공간을 지나서 아세틸콜린(acetylcholine)을 확산시킴으로써 서로에게 신호를 보내며, 약 1.7 ms 안에 신경 사이의 공간을 지나 화학물질을 전달한다. 이러한 크기의 수준(1.7 ms)에서는 확산은 너무나 빠르므로 뇌와 신경체계는 확산지연을 전혀 인지할 수 없다.

그러나 만약 1 mm 또는 1 cm의 두께 층에 대하여 계산을 반복하면, 확산이 99% 종료되었을 때 계산시간은 각각 10^6과 10^8배와 0.46과 46시간까지 증가한다. ■

예제 18.4에서 계산된 30 μm의 소용돌이 크기에 대해서 확산시간은 예제 19.1의 확산시간보다 900배 더 길다. 표 19.1은 여러 가지 전형적인 혼합 문제에 대한 상온에서의 확산계

표 19.1
20°C 근처에서 전형적인 분자 확산계수의 값*

Substance diffusing	Typical value of $\mathscr{D}$, m^2 / s
Common organic vapors in air	5 to 20 · 10^{-6}
Same vapors in hydrogen	About 4 times the values in air
Acids and other ionized species in water	1 to 3 · 10^{-9}
Dissolved gases in water	1 to 3 · 10^{-9} except for H_2 and He, for which $\mathscr{D}$ is about twice as large
Sugars and weak electrolytes in water	0.5 to 1 · 10^{-9}
Common organic liquids in other common organic liquids	1 to 3 · 10^{-9}
Any of the above in a viscous fluid	Approximately the value in water · $(\mu_{\text{water}} / \mu_{\text{fluid}})$

*Based on more extensive tabulations in *Perry's Chemical Engineers' Handbook* and the *Handbook of Chemistry and Physics*. Equations for predicting diffusivities and showing the effects of temperature and pressure change on them appear in *The Properties of Liquids and Gases* by Poling, Prausnitz, and O'Connell.

수의 값을 나타낸 것이다. 기체 확산계수는 물과 같은 액체의 확산계수에 비하여 약 5,000배 이상 크기 때문에 기체의 혼합이 액체의 혼합보다 훨씬 더 빠르다. 액체의 확산계수는 대략 점도에 비례하므로 고점성 유체의 분자확산은 느리며 표를 통해서 알 수 있다.

19.4 교반탱크에서의 혼합

그림 19.2는 두 종류의 교반탱크 혼합기의 도해를 나타내며, 화학공학에서 매우 일반적이다. 혼합에 관해서 책에서는 대부분 이러한 전형적인 혼합기를 이용하여 설명한다[2-6]. 혼합기는 윗부분이 열린 수직 원통 용기로 구성되며, 맨 위의 수직 축(shaft)은 유체를 혼합하는 임펠러를 구동한다. 두 개의 다른 임펠러 모형과 최종 유체흐름 패턴을 볼 수 있다. 벽에

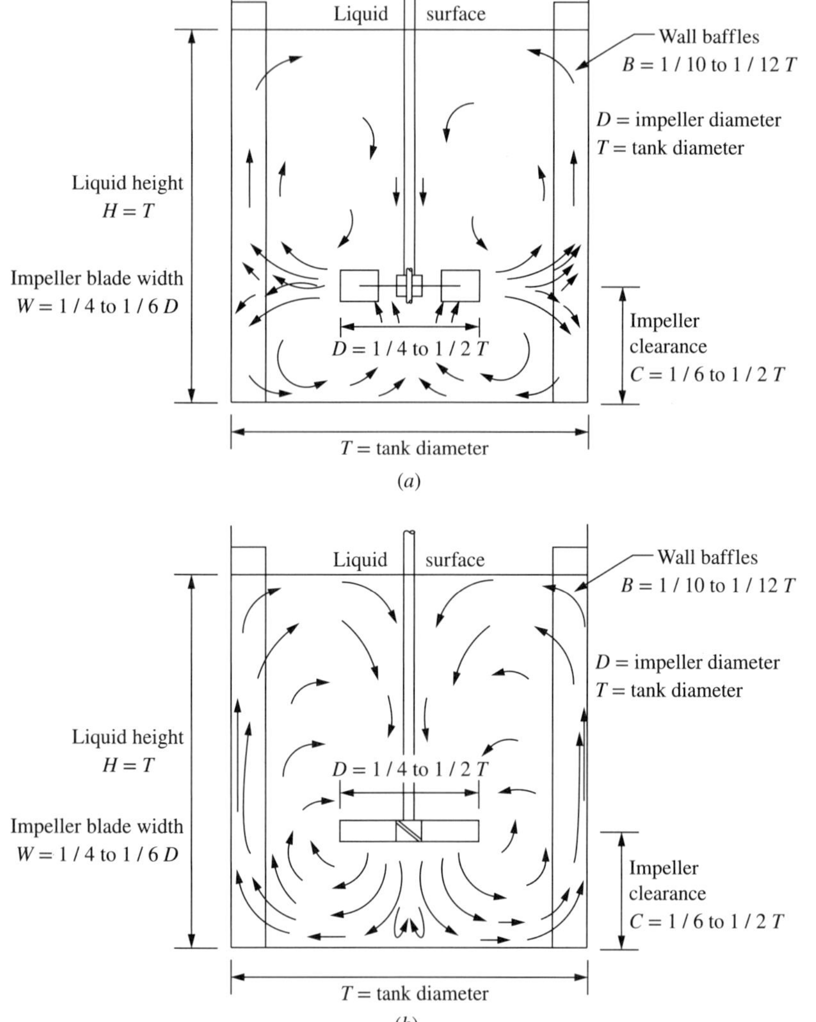

그림 19.2
두 종류의 원형 혼합탱크. (*a*) 날이 수직인 방사흐름 임펠러를 보여 준다. 약한 수직 순환과 함께 대부분 방사흐름을 유도한다. (*b*) 날이 수직에서 45°인 방사흐름 임펠러를 보여 준다. 보통 아래로 향하는 축류흐름을 유도한다. (출처: G. B. Tatterson, "*Fluid Mixing and Gas Dispersion in Agitated Tanks*," New York: McGraw-Hill, 1991)

있는 방해판(전형적으로 네 개)은 전 유체가 덩어리로 회전하는 것을 막아 주는 역할을 한다. 이들 탱크는 회분 모형 또는 유입과 배출이 있는 정상 흐름으로 사용된다. 제시된 차원비(dimension ratio)는 전형적인 값이다.

19.4.1 혼합탱크의 동력 소요량

혼합탱크의 동력 소요는 그림 19.3의 무차원 형태로 나타낸다. 가로축 눈금은 임펠러 끝의 속도와 지름에 근거한 레이놀즈 수이다.

$$\mathscr{R}_{\text{impeller}} = \frac{\rho \cdot (\text{impeller tip velocity} / 2\pi) \cdot D_{\text{impeller}}}{\mu} = \frac{\rho \cdot ND \cdot D}{\mu} = \frac{ND^2}{\nu} \qquad (19.2)$$

여기서

$$N = (\text{revolutions} / \text{time}) = \omega / 2\pi \qquad (19.3)$$

그리고 2π는 제거된다. 세로축 눈금은 동력수로서 다음 식으로 나타낸다.

$$\begin{pmatrix}\text{Power}\\ \text{number}\end{pmatrix} = \frac{\text{Po}}{\rho N^3 D^5} = \frac{(F / D^2)\, V_{\text{tip}}}{\rho\, (V_{\text{tip}} / 2\pi)^3} = \frac{\Delta P}{\rho\, (V_{\text{tip}} / 2\pi)^2} \qquad (19.4)$$

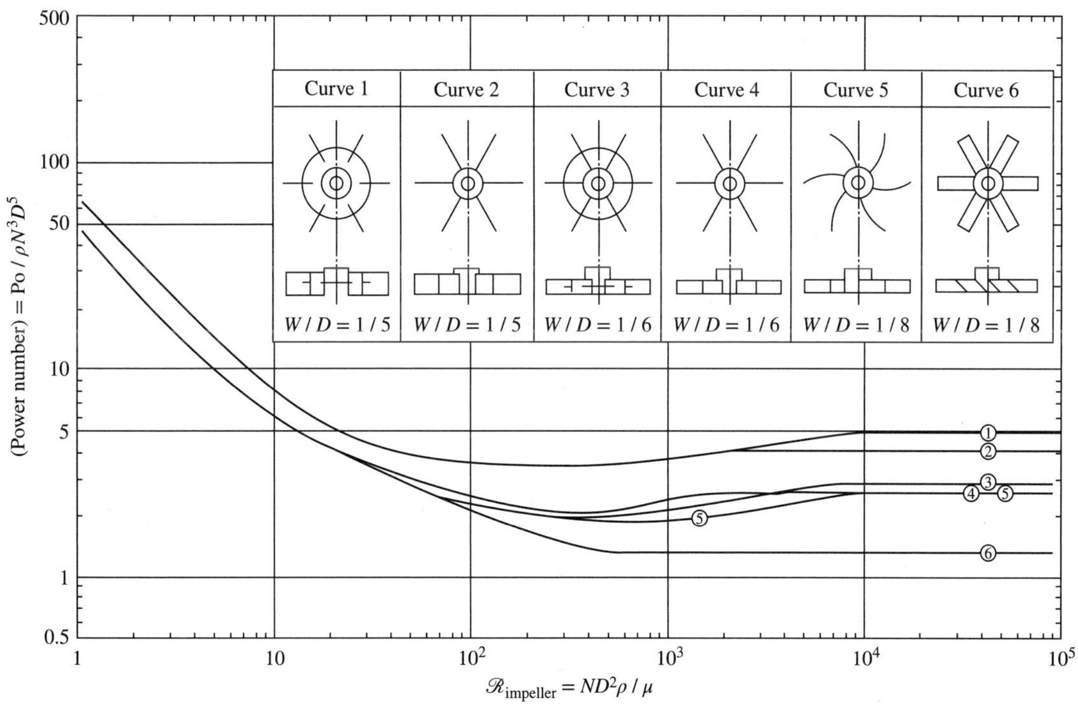

그림 19.3
여섯 개의 다른 임펠러를 사용할 때 뉴턴 유체에서 동력수와 레이놀즈 수와의 상관관계. [R. L. Bates, P. L. Fondy and R. R. Corpstein, "An Examination of Some Geometric Parameters of Impeller Power,"I & EC Proc. Des. Dev. 2:310 (1963)]

여기서 F는 힘, Po는 힘 × 속도, ΔP는 힘/면적이다. 상수를 제외하고 식 (19.4)의 제일 우측항은 6장에서 사용된 패닝(Fanning) 마찰계수이다. 그림 19.3은 간단하게 다른 기하학적 구조로 그림 6.10과 같다.

예제 19.2 $D_{\text{tank}} = 3$ ft이고 $D_{\text{impeller}} = 1$ ft인 혼합탱크가 그림 19.2(a)에서 나타낸 차원 비를 가진다. 임펠러는 그림 19.3의 Curve 1과 같고 $N = 240$ rpm $= 4/\text{s}$이다. 유체는 물과 같은 성질을 가진다. 임펠러의 동력 소요를 계산하라.

레이놀즈 수는 다음 식으로 계산된다.

$$\mathscr{R}_{\text{impeller}} = \frac{(4/\text{s}) \cdot (1\ \text{ft})^2}{1.077 \cdot 10^{-5}\ \text{ft}^2/\text{s}} = 3.7 \cdot 10^5 \tag{19.B}$$

계산된 레이놀즈 수는 그림 19.3의 난류 영역과 잘 일치한다. 그림 19.3으로부터 동력수는 거의 5임을 알 수 있다. 그래서 동력 소요는 다음과 같다.

$$\begin{aligned} \text{Po} &= 5\rho N^3 D^5 = 5 \cdot 62.3\,\frac{\text{lbm}}{\text{ft}^3} \cdot \left(\frac{4}{\text{s}}\right)^3 \cdot (1\ \text{ft})^5 \cdot \frac{\text{lbf} \cdot \text{s}^2}{32.2\ \text{lbm} \cdot \text{ft}} \cdot \frac{\text{hp} \cdot \text{s}}{550\ \text{ft} \cdot \text{lbf}} \\ &= 1.13\ \text{hp} = 0.84\ \text{kW} \end{aligned} \tag{19.C}$$

■

19.4.2 동력 소요량과 혼합시간

앞의 계산은 간단하다. 그림 19.3이나 다른 임펠러와 탱크 차원에 상응하는 값을 사용하여, 어떤 임펠러-탱크 조합의 동력 소요량도 쉽게 추정할 수 있다. 충분한 혼합을 하기 위해 얼마 동안 어느 정도의 동력이 필요한가를 아는 것은 어렵지만 재미있는 질문이다. 이 질문에 대한 답은, 예를 들어 설탕을 현탁시키기 위하여, 페인트 안료를 분산시키기 위하여, 유화액을 만들기 위하여, 분자 수준에서 균일성을 만들기 위하여 무엇이 만족스러운가에 의존하기 때문에 그렇게 간단하지 않다. 그 해답은 혼합된 유체, 고체 또는 기체의 성질에 강하게 의존하며, 간단한 규칙은 존재하지 않는다. 혼합에 대한 선행 데이터가 없는 경우는 보통 시험을 해야만 한다. 소규모 실험은 비교적 쉽게 할 수 있으며, 대부분의 공학 실험실에서는 예제 19.2의 혼합탱크를 이용하여 실험을 한다. 그러나 실험실 시험을 산업적 규모의 시험으로 확대하는 데 있어서 간단한 규칙은 없다.

예제 19.3 예제 19.2의 탱크-혼합기 조합을 이용하는 시험으로 인가시간 동안 충분한 혼합을 생성할 수 있다. 동일 N을 사용하여 모든 차원을 5까지 증가시켜 산업 규모로 건설한다면 그것의 성능은 얼마가 되어야 하는가?

첫째, $\mathscr{R}_{\text{impeller}}$는 $5^2 = 25$까지 증가함을 알 수 있다. 이것은 그림 19.3의 평평한 부분을 계속 유지한다는 것이므로, 동력수는 변하지 않는다. 소요 동력은 $5^5 = 3125$까지 증가하므로 3530 hp의 구동이 필요하다. 그것은 아마도 받아들이기 어려운 너무 나 큰 수이다. 혼합 강도의 비교는 일반적인 (동력/탱크부피)을 기준으로 한다. 그 비는 $(D^5/D^3) = 5^2 = 25$에 비례한다. 이 의미는 규모가 커짐에 따라, 간단히 차원 비(dimension ratio)와 속도를 일정하게 유지하는 것은 더 강렬한 교반을 요구한다는 것을 암시한다.

N을 일정하게 유지하는 것 대신, (동력/탱크부피)을 일정하게 유지한다면 다음 식으로 표현할 수 있다.

$$\frac{\text{Po}}{V} \propto \frac{\rho N^3 D^5}{D^3} \tag{19.5}$$

그래서 (동력/탱크부피)이 일정하려면 N^3D^2 곱은 일정해야 한다. 따라서 이러한 경우

$$\frac{N_2}{N_1} = \left(\frac{D_1}{D_2}\right)^{2/3} = 5^{2/3} = 2.92 \tag{19.D}$$

그리고 $N_2 = 240/2.92 = 82$ rpm이다. ■

이 예제의 요점은 실험실 혼합기를 산업적 혼합기로 규모를 확대할 때 특별한 규칙이 없다는 것이다. 차원 유사성과 상수 $\mathscr{R}_{\text{impeller}}$ 또는 상수 (동력/탱크부피) 또는 상수 임펠러 끝 속도 또는 이들 인자의 조합 중 한 가지를 선택할 수 있지만, 이 모두를 부합시킬 수는 없다. 상수 (동력/탱크부피)을 선택하는 것이 가장 일반적인 선택이지만, 이 비는 최적의 설계에서 단지 추정치일 뿐이다. 이런 조심스러운 면도 있지만, 표 19.2에 제시된 값들은 널리 게재되었다. 혼합에 필요한 동력과 시간을 추정하는 데 있어서 요약된 규칙은 맥케이브 등[7, Chap.9]을 통하여 알 수 있다. 배합에 관해서는 한 가지 유용한 규칙이 있다. 유체를 혼합하는 임펠러는 그림 19.2에 스케치된 흐름을 이끌면서, 그 자체를 통하여 유체를 퍼 올리는 일을 한다. 일반 임펠러 형태는 펌핑속도에 대한 적절한 상관관계가 있다. 예를 들어,

표 19.2
방해판이 있는 탱크에서 혼합에 관한 (동력/탱크부피)과 끝 속도(tip speed)의 발표된 값

Operation	Power / tank volume, hp / 1000 gal	Rotor tip speed, ft / s
Blending	0.2–0.5	<7.5
Homogeneous reaction	0.5–1.5	7.5–10
Reaction with heat transfer	1.5–5.0	10–15
Liquid-liquid mixing	5–10	15–20
Liquid-gas mixing	5–10	15–20
Slurrying	10	>20

점도가 약한 혼화성 액체는 임펠러를 통하여 흐르는 전체 부피가 탱크 부피의 약 다섯 배이면 만족스러운 배합을 할 수 있다. 이런 개념과 흐름에 대한 상관관계를 이용하여 맥케이브 등[7, p.260]은 탱크 배합의 소요시간를 추정하는 데 있어서 다음과 같은 식으로 표현하였다.

$$Nt_{\text{blend}} = 4.3 \cdot \left(\frac{D_{\text{tank}}}{H_{\text{tank}}}\right) \cdot \left(\frac{D_{\text{tank}}}{D_{\text{impeller}}}\right)^2 \tag{19.6}$$

예제 19.4 예제 19.2의 탱크에서, 두 개의 혼화성 저점도 액체를 배합시키는 데 걸리는 시간은 얼마가 되어야 하는가?

$$Nt_{\text{blend}} = 4.3 \cdot (1) \cdot (3)^2 = 38.7 \tag{19.E}$$

$$t_{\text{blend}} = \frac{38.7}{4\,/\,\text{s}} = 9.7\ \text{s} \tag{19.F}$$

■

임펠러-탱크의 여러 조합에서 동일 자료를 이용하여 Nt_{blend}와 $\mathscr{R}_{\text{impeller}}$의 관계를 작도할 수 있다. 혼합시간 인자인 Nt_{blend}는 무차원이기 때문에 Nt_{blend}의 항으로 표현하는 것은 일반적이다.

19.5 관흐름 중의 혼합

우리는 가끔 두 개의 다른 유체를 관에 넣고 혼합하기 위해 관흐름을 이용하거나, 유체를 교대로 관에 넣고 유체가 관의 저쪽 끝에 혼합되지 않은 채로 도달하기를 원한다. 후자는 석유제품 파이프라인에서 실질적으로 매우 중요하다.

두 개의 혼화성 액체(예를 들면, 두 개 등급의 가솔린)를 연속적으로 같은 파이프라인을 통하여 보내는 상황을 고려해 보자. 우리는 관의 끝에서 얼마나 많은 혼합 영역이 그들 사이에 존재하는가를 알기를 원한다. 그러한 상황을 그림 19.4에 나타냈다. 두 개의 유체 사이의 계면을 타고 있는 사람을 생각해 보자. 유체 사이에 기계적 혼합이 없다면, 상기 조건에서는 간단한 분자확산의 문제점이 존재하며, 그렇지만, 해결책은 잘 알려졌다. 3차원 분자확산식은 다음과 같다.

$$\frac{\partial c}{\partial t} = \mathscr{D}_x \frac{\partial^2 c}{\partial x^2} + \mathscr{D}_y \frac{\partial^2 c}{\partial y^2} + \mathscr{D}_z \frac{\partial^2 c}{\partial z^2} \tag{19.7}$$

여기서 c는 확산종의 농도, $\mathscr{D}_x$는 x 방향의 확산계수이다. 대부분의 분자확산의 경우, $\mathscr{D}$의 값은 방향에 의존하지 않아서 $\mathscr{D}$를 식 (19.7)의 우측 편에서 제거할 수 있고, 열전달에서 식 (16.3)과 정확하게 유사함을 알 수 있다.

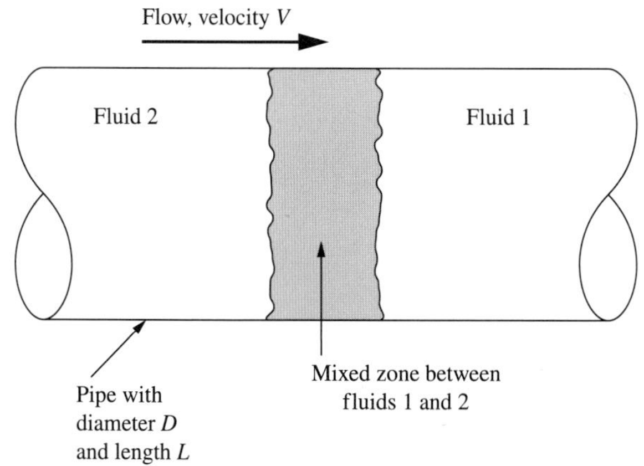

그림 19.4
길고 일정한 지름의 파이프라인에서 유체 1을 대신하는 유체 2의 도해. 이것은 계면을 타고 있는 관찰자의 입장(Lagrangian 관점)에서 보인 것이다. 시간 t가 유속($t = L/V$)으로 나눈 파이프라인의 길이와 동일한 경우, 교과서는 정지유체를 기초로 하여 유도한다.

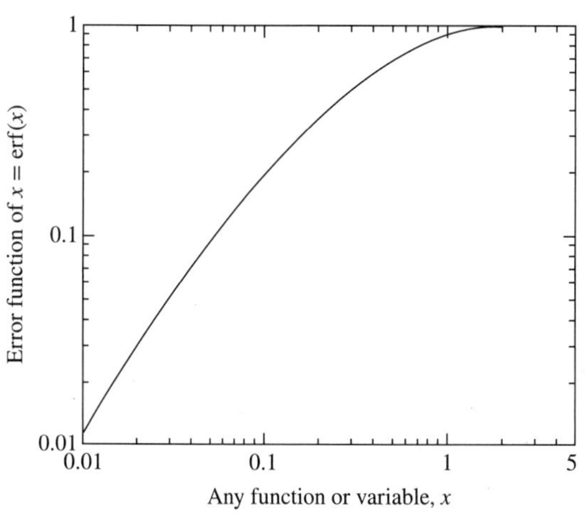

그림 19.5
오차함수, x 함수에 따른 erf(x). Excel 스프레드시트는 erf(x) = 2·(NORMSDIST($x\sqrt{2}$ − 0.5)로 이 함수를 재생시킨다. 예제 19.5에서 erf($x/2\sqrt{\mathscr{D}t}$)의 계산을 위해 이 도해(또는 이 식)를 사용한다.

그림 19.4에 스케치된 문제는 초기에 다른 온도에서 한쪽으로만 무한한 두 개의 평판과 정확하게 비슷하고, 시간이 0에서는 서로 합쳐진다. 접촉 평면은 두 온도 사이의 평균값으로 즉시 변하며, 그 온도를 유지한다. 이것은 그림 19.1의 상황과는 다르다. 그 이유는 여기에서는 확산이 일어나는 면적은 깊이가 무한하지만 그림 19.1에서는 한계 깊이는 없기 때문이다. 이 문제의 수학적 해답(x 방향의 확산만으로)은 다음과 같다.

$$\frac{c - c_{\text{interface}}}{c_{\text{original}} - c_{\text{interface}}} = \text{erf}\left(\frac{x}{2\sqrt{\mathscr{D}t}}\right) \tag{19.8}$$

여기서 erf는 가우시안 오차 적분이며, 이 값들은 수학적인 표에 제시되어 있으며, 또한 그림 19.5에 표시되어 있다.

예제 19.5 Chevron Product Pipeline System은 솔트레이크시티에서 스포캔까지 700 mi을 운행하는데 중간 기착지는 보이시와 패스코에 있으며, 지름이 각각 8 in인 두 개의 평행관으로 설치되어 있다. 한 관은 다른 등급의 가솔린을, 다른 관은 여러 등급의 경유와 제트 연료를 대부분 수송한다. 두 개의 다른 등급의 가솔린(유체 1과 2)은 8 ft/s의 평균속도로 서로 700 mi을 흐른다. 혼합에 대한 메커니즘은 분자확산계수(아래 참조)로만 구성되어 있고 유체 1에 대한 유체 2의 최대 허용 농도가 0.1%일 때, 관의 끝에서 그것은 초기 계면으로부터 어느 정도 멀어지겠는가? 두 종류의 가솔린의 $\mathscr{D}$는 서로 약 $2 \cdot 10^{-9}$ m^2/s이다.

여기에서 c는 유체 2의 농도라고 하자. 따라서

$$\frac{c - c_{\text{interface}}}{c_{\text{original}} - c_{\text{interface}}} = \frac{0.1\% - 50\%}{0 - 50\%} = 0.998 = \text{erf}\left(\frac{x}{2\sqrt{\mathscr{D}t}}\right) \tag{19.G}$$

그림 19.5로부터(실제 근거는 표로부터), 식 (19.H)가 되도록 0.998 = erf (2.15)를 읽는다.

$$\frac{x}{2\sqrt{\mathscr{D}t}} \approx 2.15 \tag{19.H}$$

8 ft/s 속도로 유체가 700 mi을 흐른 시간은 $4.57 \cdot 10^5$ s = 127 h이다. 따라서

$$\begin{aligned} x \approx 2.15 \cdot 2\sqrt{\mathscr{D}t} &= 4.3\sqrt{(2 \cdot 10^{-9}\ \text{m}^2/\text{s}) \cdot 4.57 \cdot 10^5\ \text{s}} \\ &= 0.13\ \text{m} = 0.42\ \text{ft} \end{aligned} \tag{19.I}$$

혼합 영역(유체 2의 0.1%에서 99.9%까지)은 식 (19.J)의 부피를 가진다.

$$V_{\text{mixed}} = 2 \cdot 0.42\ \text{ft} \cdot (0.355\ \text{ft}^3\ \text{of liquid / ft of pipe}) = 0.30\ \text{ft}^3 = 2.2\ \text{gal} \tag{19.J}$$

■

두 유체가 접촉하고 127시간 동안 그대로 유지했다면, 이 답은 우리가 계산한 것과 같다. 분자확산만이 작용했다면 혼합 영역은 매우 작아지게 될 것이다. 그러나 그러한 일은 전혀 발생하지 않는다. 대신에, 유체 중의 난류는 혼합을 더욱더 강렬하게 만든다. 저속 공기흐름인 한 점에서의 소용돌이 점도는 분자점도의 68배이었다는 예제 18.6을 상기하자. 우리는 여기에서 동일한 상황을 예상할 수 있다. 난류에서 이런 종류의 혼합에 대한 실험 데이터는 유사이론식[8]을 사용하여 합리적으로 표현할 수 있다.

$$\frac{\mathscr{D}_{\text{turbulent}}}{VD} = 3.57\sqrt{f} \tag{19.9}$$

여기에서 f는 흐름에 대한 패닝 마찰계수이다. 난류에서 $\mathscr{D}$는 분산계수(dispersion coefficient)를 나타내며, 분자확산계수와 구별된다. 분산이 흐름 방향일 때, $\mathscr{D}$는 축분산계수(axial dispersion coefficient)가 된다.

예제 19.6 난류 혼합을 고려하여 예제 19.5를 반복하라. 이 흐름에 관하여, 6장의 방법으로 결정된 마찰계수 $f \approx 0.0039$이다. 그래서

$$\mathscr{D}_{\text{turbulent}} = 0.665 \text{ ft} \cdot (8 \text{ ft/s}) \cdot 3.57\sqrt{0.0039} = 1.20 \text{ ft}^2/\text{s} \tag{19.K}$$

그리고

$$x \approx 2.15 \cdot 2\sqrt{\mathscr{D}t} = 4.3\sqrt{(1.2 \text{ ft}^2/\text{s}) \cdot 4.57 \cdot 10^5 \text{ s}} = 3183 \text{ ft} = 970 \text{ m} \tag{19.L}$$

$$\begin{aligned} V_{\text{mixed}} &= 2 \cdot 3183 \text{ ft} \cdot 0.355 \text{ ft}^3/\text{ft} = 2211 \text{ ft}^3 = 970 \text{ m}^3 \\ &= 16\,539 \text{ gal} = 394 \text{ bbl} \end{aligned} \tag{19.M}$$

■

파이프라인으로부터 얻은 경험[9]에서 혼합 영역은 상기 계산치의 약 1/4임을 알 수 있으며, 식 (19.9)의 근사치임을 생각할 수 있다(연습문제 19.9와 19.10 참조). 파이프라인으로 보내진 전형적인 회분 규모는 약 10,000 bbl이며, 따라서 위의 계산으로부터 약 4%가 혼합 영역에 도달할 수 있음을 결정할 수 있지만, 파이프라인으로부터 얻은 경험은 약 1%임을 시사한다. 몇 가지 제품에 대하여, 혼합 영역은 0이다. 그 이유는 예를 들어 일반 가솔린 탱크에 일반 가솔린과 우수 가솔린의 혼합물을 넣을 수 있기 때문이며, 그 혼합물은 일반 가솔린 성능의 사양을 갖게 된다.

이런 모든 논의는 난류에서 축분산(axial dispersion)에 관한 것이다. 그렇지만 층류에서 축분산은 다르면서도[10, p.49] 흥미롭다.

이전 논의는 일반적으로 피하고 싶은 것이지만 축혼합(axial mixing)에 관한 것이다. 반면에 우리는 가끔 유체를 혼합하여 관에 흐르게 하여 사용하는데, 이러한 경우 축혼합이 되기를 원한다. 염료 한 줄기를 흐름에 넣는 레이놀즈의 실험을 고려해 보자(표 6.1). 난류에서, 염료가 균일하게 분산되는 것을 관찰하기 전, 관에서 어느 정도 깊이로 내려가야 하는가? 이 문제에 대해서 앞에서 논의한 축분산 문제처럼 잘 알려진 해결책이 없지만, 다음과 같이 거리를 추정할 수 있다.

1. 먼저 우리는 난류분산계수를 사용할 수 있고, 식 (19.9)로부터 유사이론값을 얻을 수 있다. 이것은 소용돌이 확산계수의 축(axial)과 방사(radial) 값이 같을 필요가 없으므로 신빙성이 있는 가정이며(그림 18.3 참조), 최상의 가정일 수도 있다.
2. 적절한 확산 길이로서 반경 또는 지름을 식 (19.1)에 사용할 수 있음을 가정한다. 지름의 선택은 신중해야 할 것 같다.
3. 식 (19.1)에서, t는 L/V로 대체될 수 있다. 여기서 L은 하류 거리이다. 그러면

$$\frac{3.57\, VD\sqrt{f}\,(L/V)}{D^2} = 2 = 3.57\,\frac{L}{D}\sqrt{f} \tag{19.10}$$

또는

$$\frac{L}{D} = \frac{0.56}{\sqrt{f}} \tag{19.11}$$

예제 19.7 예제 19.5와 19.6을 다시 시도하면, 염료를 흐름에 넣고 유체와 배합하기 위하여 관이 사용된다. 염료는 유체를 통하여 얼마 정도의 하류까지 균일하게 분산되겠는가?

예제 19.6으로부터, $f = 0.0039$임을 안다. 그래서

$$\frac{L}{D} = \frac{0.56}{\sqrt{0.0039}} \approx 9.0 \tag{19.N}$$

또는

$$L = 9.0 \cdot 0.665 \text{ ft} = 6.0 \text{ ft} = 1.8 \text{ m} \tag{19.O}$$

■

이러한 추정 계산은 $\mathscr{R} \approx 6 \cdot 10^5$인 난류는 매우 강렬하므로 길이가 거의 아홉 배의 지름인 관에서 염료(다른 용해성 물질)가 흐름 속에서 잘 혼합할 수 있게 해 준다는 것을 암시한다. 이러한 값들은 널리 보고되어 있으나, 길이가 지름의 100배 이상인 더 큰 관에서도 혼합할 수 있음을 시사한다. 난류에서 소용돌이 확산계수는 0이므로, 흐름을 가로지르는 혼합은 매우 약하다. 관에서 층류상태의 두 유체를 혼합하고자 할 때 보통 관에 고정혼합기를 집어넣어 흐름을 나누고 순환시키거나 반복적으로 회전의 방향을 교대시켜 혼합한다. 이것은 압력강하를 증가시키나 층류흐름 혼합에서는 효과적이다[3, Chap.19].

19.6 난류 원통형 자유 제트의 혼합

많은 경우에 유체의 제트(jet, 분사)는 많은 양의 동일 유체 또는 유사 성질의 다른 유체(예를 들면, 제트엔진 또는 자동차 엔진의 배기가스, 냉방장치 관에서 방으로 흐름, 유체를 섞고 혼합하기 위하여 탱크로 주입한 제트 유체)의 일부가 된다. 이들은 액체에 대해서는 많지 않지만, 기체에 대해서는 널리 연구되고 있다. 원형 오리피스의 난류 제트에 대한 유용한 자료는 많이 있으며, 난류 제트는 여기에서 고려되는 형태이다. 그림 19.6은 한 기체가 다른 기체로 방출될 때의 제트 형태 및 표기법이다.

제트는 난류가 무시되는 둥근 노즐과 플리넘(공간)으로부터 들어오므로, 입구면적에 걸친 입구속도는 실제로 V_0로 일정하다는 것을 그림은 명백하게 보여 준다. 제트는 주변 기체로 흐르기 때문에, 제트는 제트 속으로 파고들고 제트로부터 바깥쪽으로 성장하는 환상

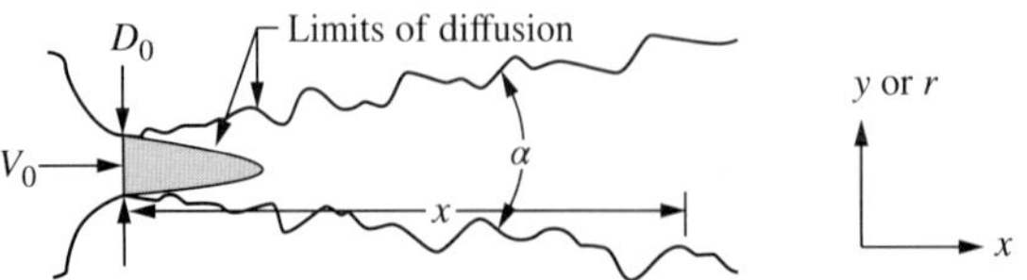

그림 19.6
난류 자유 제트의 거동과 표기

유로 난류경계층을 발생시킨다. 입구흐름은 오리피스에서 제트 주위의 기체에 의해서 영향을 받지 않는 중앙 제트가 모두 침식되는 지점까지 연장된다. 이것은 x/D_0가 약 6.4에서 7 사이에서($x/D_0 \approx 6.4 \sim 7$) 일어난다. 그 거리까지 중앙선을 따른 속도는 V_0이다. 그리고 x/D_0가 약 7에서 100까지, 제트는 지름 단위로 꾸준히 성장하고, 점점 더 주변 기체에 동반하여, 속도가 줄어든다. x/D_0가 100을 지나서는, 제트는 매우 속도가 줄어들어 제트속도는 주변의 무작위 운동과 비슷해지다가 응집되어 없어지게 된다.

실험은 x축과 수직인 어느 면을 지나는 운동량 흐름은 실제로 총질량 흐름이 증가한 것, 속도가 감소하는 것과 적분 $\int_{\text{all area}} V^2 \rho\, dA$가 상수인 것과 동일함을 보여 준다. 더욱이, x/D_0가 7에서 100일 경우 속도프로필은 자기유사성(self-similarity)이 있으며, 제트축 주위에 동일종 모양의 형태를 보인다. 공기 흐름이 공기 속으로 들어가는 경우, 이 영역의 거동은 다음 유사이론식[11, pp.6-21]에 잘 표현되어 있다.

$$\frac{V_{\text{centerline}}}{V_0} = K\frac{D_0}{x} \tag{19.12}$$

여기서 $V_0 = 2.5$에서 5 m/s일 때 $K = 5$이고, $V_0 = 10$에서 50 m/s일 때 $K = 6.2$이다(연습문제 19.11 참조).

$$\log\left(\frac{V_{\text{centerline}}}{V_{x\text{ at radial distance }r}}\right) = 40\left(\frac{r}{x}\right)^2 \tag{19.13}$$

$$\text{Jet angle} = \alpha = 18° \text{ to } 24° \qquad \text{normally} \approx 20° \tag{19.14}$$

그리고

$$\begin{pmatrix}\text{Entrainment}\\ \text{ratio}\end{pmatrix} = \frac{(\text{volumetric flow rate of jet})}{(\text{volumetric flow rate of jet})_0} = \frac{Q}{Q_0} = 0.62\sqrt{\frac{x}{D_0}} \tag{19.15}$$

예제 19.8 공기가 지름이 1 ft인 둥글고 수평한 제트에서 $V_0 = 40$ ft/s의 속도로 대기로 흘러나온다. 10 ft의 하류 거리에서 중앙선의 속도와 그 거리에서 중앙선으로부터 1 ft 떨어진 속도를 계산하라. 제트의 폭과 그 거리에서 동반 흐름 비를 계산하라.

식 (19.12)로부터, 10 ft에서 다음 값을 얻을 수 있다.

$$\frac{V_{\text{centerline}}}{V_0} = 6.2\,\frac{1\text{ ft}}{10\text{ ft}} = 0.62 \qquad V_{\text{centerline}} = 24.8\,\frac{\text{ft}}{\text{s}} = 7.6\,\frac{\text{m}}{\text{s}} \tag{19.P}$$

$V_{\text{centerline}}$ 대 x의 그림은 100 ft에서 2.5 ft/s까지 떨어진 직각 쌍곡선을 나타낸다. 10 ft의 하류 거리와 1 ft의 반경에서의 속도를 찾기 위해 다음 식을 사용한다.

$$\left(\frac{V_{\text{centerline}}}{V_{x\text{ at radial distance }r}}\right) = 10^{40(1/10)^2} = 10^{0.4} = 2.51 \tag{19.Q}$$

그리고

$$V_{\substack{x \text{ at radial distance } r=1 \text{ ft} \\ \text{and } x=10 \text{ ft}}} = \frac{24.8 \text{ ft/s}}{2.51} = 9.9 \frac{\text{ft}}{\text{s}} = 2.0 \frac{\text{m}}{\text{s}} \tag{19.R}$$

다음 식을 사용하여 제트 지름을 계산할 수 있다.

$$\begin{aligned} D_{\text{at } x} &= D_0 \left(1 + \frac{x}{D_0} \sin \alpha \right) = 1 \text{ ft} (1 + \ \cdot 10 \cdot \sin 20°) \\ &= 4.42 \text{ ft} = 1.35 \text{ m} \end{aligned} \tag{19.S}$$

10 ft에서 동반 흐름 비는 다음과 같다.

$$\frac{Q}{Q_0} = 0.62 \sqrt{\frac{10 \text{ ft}}{1 \text{ ft}}} = 1.96 \tag{19.T}$$

■

이 예제는 다음과 같은 사항을 제시한다.

1. 상기 유사 방정식을 이용하는 계산은 매우 단순하다.
2. 보여 준 속도는 시간 평균값이다. 어떤 난류에서, 이들과 같은 간단한 공식에서 속도는 항상 시간 평균값임을 보여 준다.
3. 분산각은 정확하게 정의하기 어렵고, 보고된 값은 여러 가지 변동성을 가진다.
4. 식은 내부적으로 완전히 일관되지는 않는다. 예를 들어 이 예제에서 제트의 모서리에서 속도를 얻고자 하면 다음 식으로 얻을 수 있다.

$$\left(\frac{V_{\text{centerline}}}{V_{x \text{ at radial distance } r}} \right) = 10^{40[(4.42/2)/(10)]^2} = 10^{1.95} = 89.9 \tag{19.U}$$

그리고

$$V_{\substack{x \text{ at radial distance } r=2.24 \text{ ft} \\ \text{and } x=10 \text{ ft}}} = \frac{24.8 \text{ ft/s}}{89.9} = 0.28 \frac{\text{ft}}{\text{s}} = 0.084 \frac{\text{m}}{\text{s}} \tag{19.V}$$

여기에서 식이 완전히 일관성이 있으려면 속도는 0이 되어야 한다.

5. 식은 $x/D_0 \approx 100$만을 신뢰한다. 그래서

$$Q / Q_0 = 0.62 \sqrt{100} = 6.2 \tag{19.W}$$

이러한 형태의 흐름에서 얻을 수 있는 최대 희석은 대략 여섯 배까지이다. 제트의 끝의 이상에서는, 희석이 제트에 의해서 영향을 받지 않는 주위 유체(주위 유체의 난류에 기반을 둠)와 혼합을 함으로써 계속된다.

19.7 대기 연소가스의 기둥에서의 혼합

많은 화학공학 기술자는 환경 분야에서 오염물질의 혼합과 연관된 일을 하게 된다. 이런 형태의 계산에 관한 중요한 본보기가 그림 19.7에 스케치된 가우시안 연소가스 기둥(plume)의 대기분산 모델이다. 여기에서 플룸(plume)은 굴뚝에서 나오는 연소가스의 기둥을 말한다. 이 형태의 모델은 안전 및 환경 분석에 많이 사용된다. 그림에서 보여 주는 것처럼 연소가스의 기둥은 굴뚝으로부터 나온 후 수평을 유지하다가 바람이 부는 방향으로 흐른다.

그러한 연소가스의 기둥은 대기보다 높은 온도에서 수직속도로 방출되기 때문에 굴뚝 위 상당한 거리까지 올라간다. 가우시안 연소가스 기둥 모델에서는, 실제 연소가스 기둥은 상향운동이나 부력이 아닌 수학적 근원지(point source)로 대체할 수 있다. 이 실제 연소가스 기둥은 0, 0, H 좌표인 점으로부터 방출된 방출속도(Q, 보통 g/s)를 가지며, 여기에서 H는 물리적 굴뚝 높이(그림 19.7의 h)와 연소가스의 기둥 상승(그림 19.7의 Δh)의 합인 유효 굴뚝 높이를 가리킨다. 발전소의 물리적 굴뚝 높이는 일반 측정기기로 결정된다. 연소가스 기둥의 상승은 연습문제 19.16에서 다루어진다. 바람은 속도 u, 독립시간, 위치 또는 고도 x 방향에서 분다고 가정한다. 농도의 계산에 대한 문제점이 발생하는데, 그 이유는 어떤 지점 (x, y, z)에서 근원지 때문이다.

그림 19.8은 연소가스 기둥의 순간관찰과 시간노출에 대한 그림이다. 모든 난류 혼합 흐름처럼, 연소가스 기둥의 순간 거동은 난류 소용돌이와 뱀과 같이 동그랗게 말린 모습을

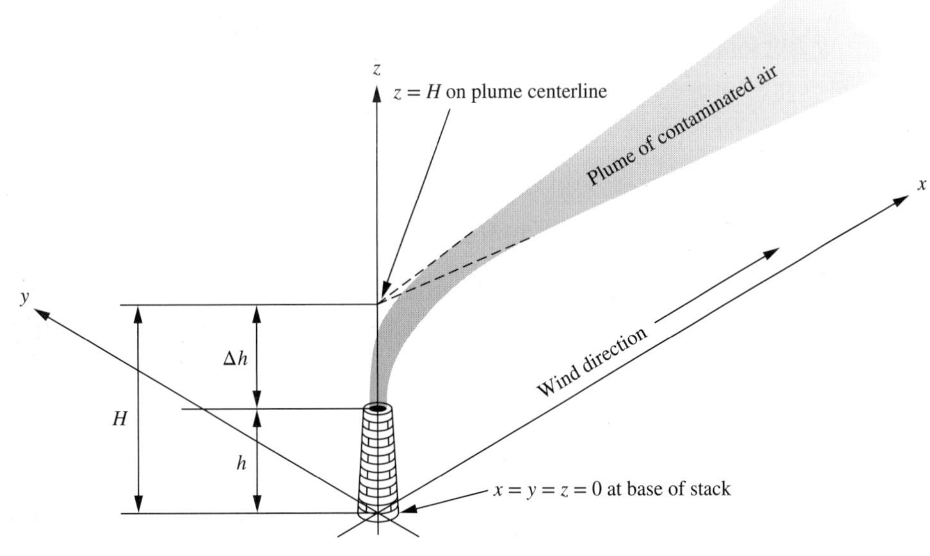

그림 19.7
가우시안 연소가스기둥식의 좌표체계 및 표기법. 실제 연소가스 기둥은 부력이나 운동량이 아닌 오염물질 Q(g/s)를 꾸준히 방출하는 0, 0, H에서 수학적인 근원지로 대체된다.

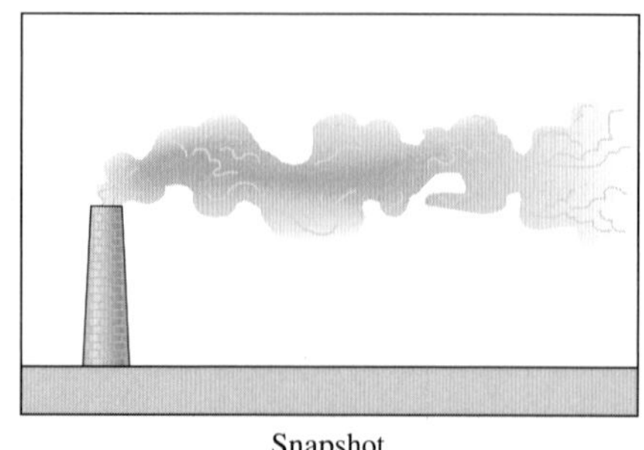

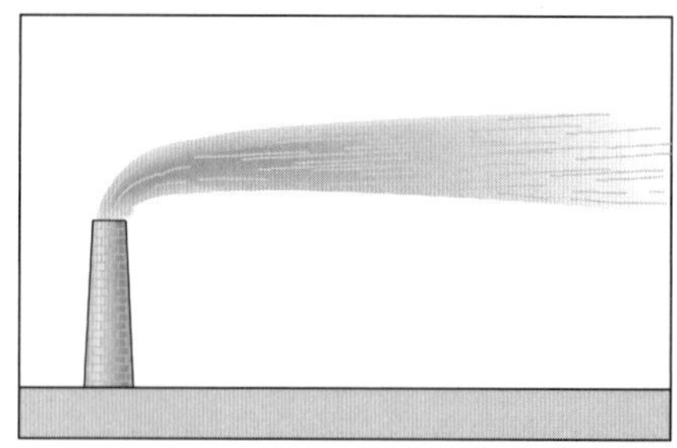

그림 19.8
가시적 연소가스 기둥의 순간촬영 및 시간노출. 모든 난류의 연소가스 기둥은 다음과 같은 거동을 보인다; 순간촬영은 가시적 소용돌이(그림 6.3)를 가진 구김살이 간 연소가스 기둥을 보이며, 시간노출은 그림 19.7에서 보인 것과 같은 형태를 가진 평균거동의 연소가스 기둥을 보인다.

보여 준다(그림 6.3 참조). 그러나 노출시간 평균값, 즉 시간을 평균한 연소가스 기둥은 아주 부드럽고 잔잔하다.

수학적으로 이 문제를 풀기 위해 우리는 바로 방출점을 통과하는 바람(라그랑지안 관점)을 타고 있는 관찰자의 입장에서 시작해 본다. 처음에 0, 0, H와 $t = 0$에서 X g의 오염물질을 함유한 작은 연소가스의 줄기(puff)를 고려해 보자. 그리고 식 (19.7)을 적용한다. 이 문제의 해답은 잘 알려져 있다[12, p.225].

$$c = \frac{X}{8(\pi t)^{3/2}(\mathscr{D}_x\mathscr{D}_y\mathscr{D}_z)^{1/2}} \exp - \left\{\frac{1}{4t}\cdot\left[\frac{x^2}{\mathscr{D}_x} + \frac{y^2}{\mathscr{D}_y} + \frac{(z-H)^2}{\mathscr{D}_z}\right]\right\} \tag{19.16}$$

여기서 t는 방출한 시간이다. 흐름을 탄 관찰자로서, $x_{\text{lagrangian}}$은 오염된 공기의 중앙에서 바람 부는 방향 또는 바람 부는 반대방향의 거리를 나타내며, 국부풍속으로 움직인다고 가정한다.

대부분 기술자의 목적 때문에, 관찰자가 움직이지 않고 보는 지점을 더 선호한다. 연소가스의 줄기의 중앙에서 순간 바람 부는 방향의 거리가 $x_{\text{eulerian, center of puff}} = ut$인 것을 관찰함으로써 그 지점을 변경할 수 있으며, 여기서 u는 풍속(상수로 가정)이고 t는 식 (19.16)에서 t이다. t에 대해 두 번 그리고 x에 대해 한 번 이것을 사용하여, 식 (19.16)을 (19.17)로 바꾼다.

$$c = \frac{X}{8(\pi x/u)^{3/2}(\mathscr{D}_x\mathscr{D}_y\mathscr{D}_z)^{1/2}} \exp - \left\{\frac{1}{4x/u}\cdot\left[\frac{(x-ut)^2}{\mathscr{D}_x} + \frac{y^2}{\mathscr{D}_y} + \frac{(z-H)^2}{\mathscr{D}_z}\right]\right\} \tag{19.17}$$

여기에서 이런 x는 근원지에서 바람이 부는 방향의 거리이다. 서술한 대로, $\mathscr{D}$는 분자확산계수인 것을 가정한다. 그러나 난류확산에 대한 이전의 추정으로부터, 난류에서 소용돌이

확산계수는 분자확산계수보다 매우 큼을 알고 있다. 분자확산계수는 등방성[식 (19.17)을 간소화하면 얻을 수 있음]이지만, 소용돌이확산계수는 이방성이라는 명백한 실험증거가 있으므로, 여기 아래에 있는 세 개의 다른 부호로 표기한다.

식 (19.17)은 우리의 이용에는 매우 만족스럽지만, 역사적인 이유로 대기오염의 문헌에 나오는 형태는 다음과 같은 세 개의 치환을 만들어 얻어진다.

$$\mathscr{D}_x = 2\sigma_x^2 \frac{u}{x} \tag{19.18}$$

$$\mathscr{D}_y = 2\sigma_y^2 \frac{u}{x} \tag{19.19}$$

$$\mathscr{D}_z = 2\sigma_z^2 \frac{u}{x} \tag{19.20}$$

여기에서 $\sigma_x, \sigma_y, \sigma_z$는 3차원 대기분산계수 또는 분산인자이다. 그리스문자 시그마는 통계에서 가우시안 분산 공식과 똑같은 공식 형태를 만들려고 이용한다. 이들 두 개 사이에는 이론적 관계는 없으며, 몇 개의 다른 부호는 여기에서 사용되어도 무방하나, 시그마는 대기오염 문헌을 통하여 사용된다. 식 (19.17)에 이것들을 치환하면 가우시안 연소가스줄기식(gaussian puff equation)이 얻어진다.

$$c = \frac{X}{(2\pi)^{3/2}\,\sigma_x\sigma_y\sigma_z} \exp - \left[\frac{(x-ut)^2}{2\sigma_x^2} + \frac{y^2}{2\sigma_y^2} + \frac{(z-H)^2}{2\sigma_z^2}\right] \tag{19.21}$$

이것은 오염물질의 한 줄기(puff)의 거동을 나타낸다. 식 (19.21)에서, 만약 $x - ut = y = (z - H) = 0$, 즉 이동구름이 정중앙에 있으면 exp 항은 $\exp 0 = 1$이 된다. exp 항의 앞의 항은 구름의 중앙에서의 농도를 나타내고, exp 항은 세 방향에서 구름의 중앙으로부터 멀어짐에 따라 농도가 얼마나 감소하는가를 보여 준다. 식 (19.21)[그리고 식 (19.21)의 가지 변형]은 핵 및 화학공장 안전 분석에 사용되며, 여기에서 오염물질의 한 줄기는 확실한 형태의 핵 또는 화학공장 사고에서 빠르게 방출되는 방사성 또는 화학 구름을 나타낸다. 그것을 사용하기 위하여, 아래에 설명되는 σ 값들이 필요하다.

식 (19.21)의 정상상태의 식이 식 (19.21)보다 더 자주 사용된다. 그것을 얻기 위해, x 방향(바람 부는 반대방향의 바람 그리고/또는 바람 부는 방향의 바람)으로 분산은 두 개의 옆바람 방향(y와 z)으로의 분산과 비교하여 중요치 않다고 가정한다. 그래서 기본 분산식인 식 (19.7)은 $\partial^2 c/\partial x^2$ 항을 제거하여 수정할 수 있다. 이 경우, 분산식에서 근원지 항 X는 Q/u가 된다. 그 이유는 속도 u로 근원지를 통과하는 x 방향의 단위 길이에 따라 공기의 평판에서 y와 z 방향으로 분산에 의해 흩어질 거라고 고려하기 때문이다.(Q/u는 질량/길이의 차원, 즉 굴뚝을 통과하는 공기의 단위 길이당 분출된 양을 가진다.)

이들 대체 항을 식 (19.21)에 삽입하면, 다음 식으로 된다.

$$c = \frac{Q}{2\pi u \sigma_y \sigma_z} \exp - \left[\frac{y^2}{2\sigma_y^2} + \frac{(z-H)^2}{2\sigma_z^2} \right] \tag{19.22}$$

여기서 부호는 앞에서처럼 똑같은 뜻을 가진다. 이것은 **기본 가우시안 연소가스기둥식**이며, 여러 가지 변형된 형태로 널리 사용되고 있다. 이것은 지수 항이 가우스 정규 분포 함수와 똑같은 형식이기 때문에 '가우시안' 연소가스의 기둥식이라고 일컫는다. 오염물질의 근원지가 세 개의 임의의 점이 되도록 좌표를 선택하면, $(0, 0, H)$에 존재하는 대신에 (x', y', z')이라고 말할 수 있으므로 식 (19.21)과 (19.22)의 지수부분의 항은 $(x-x')^2$, $(y-y')^2$ 등이 될 수 있다. 그림 19.7에서 원점의 선택은 다음 표현으로 단순화될 수 있다. 따라서 연소가스 기둥의 상승된 윗부분을 좌표계의 원점으로 선택할 수 있으나, 대부분 지표면에서 $z=0$인 것을 선호한다.

예제 19.9 어느 공장에서 20 g/s의 SO_2($Q = 20$ g/s)를 방출한다. 바람 부는 방향으로 1 km의 거리에서, σ_y와 σ_z의 값은 각각 30과 20 m이다. 바람 부는 방향으로 $x = 1$ km에서 연소가스 기둥의 중앙선에서 SO_2의 농도는 얼마이고, 또한 동일한 x($x = 1$ km)일 때 측면으로 60 m와 중앙선 아래로 20 m인 점에서 SO_2의 농도는 얼마인가?

중앙선 값은 $y=0$과 $z=H$에서의 값이므로, 지수 표현으로 양쪽 항 모두 0이다. $\exp 0 = 1$이므로 지수 항은 1이 된다. 따라서 식 (19.21)에서처럼 식 (19.22)는 두 부분으로 구성되어 있다. 첫 번째는 중앙선 농도를 제시하고, 두 번째는 중앙선에서 멀리 멀어짐에 따라 중앙선 농도가 감소하는 비율을 보여 준다. 중앙선에서 바람 부는 방향으로 1 km에서의 농도는

$$c = \frac{20 \text{ g/s}}{2\pi(3 \text{ m/s})(30 \text{ m})(20 \text{ m})}$$
$$= 0.001\,77 \frac{\text{g}}{\text{m}^3} = 1770 \frac{\mu\text{g}}{\text{m}^3} \tag{19.X}$$

중앙선에서 멀어진 점에서는, 상기 값에 식 (19.Y)의 값을 곱하면 된다.

$$\exp - \left[\left(\frac{1}{2}\right)\left(\frac{60 \text{ m}}{30 \text{ m}}\right)^2 + \left(\frac{1}{2}\right)\left(\frac{20 \text{ m}}{20 \text{ m}}\right)^2 \right] = \exp - \left(2 + \frac{1}{2}\right) = 0.0818 \tag{19.Y}$$

그래서

$$c = \left(\frac{1770\,\mu\text{g}}{\text{m}^3}\right) \cdot 0.0818 = \frac{145\,\mu\text{g}}{\text{m}^3} \tag{19.Z}$$

■

기본 가우시안 연소가스기둥식은 y와 z에 대해 대칭인 연소가스의 한 줄기를 예측하게 해 준다. 따라서 연소가스 기둥의 중앙선 위에서 다른 쪽 측면으로 60 m와 중앙선 위의 20

m인 점의 농도를 알고자 했다면, 똑같은 답을 얻었을 것이다. σ_y와 σ_z의 다른 값은 수직과 수평 방향으로의 분산은 같지 않다는 것을 뜻한다. 대부분 $\sigma_y > \sigma_z$이므로 일정한 농도의 등고선은 긴 수평축으로 타원을 이룬다. 연습문제 19.14에서 논의된 대로, 지면 가까이에서는 이 대칭을 이루는 데는 방해를 받는다.

식 (19.21) 또는 (19.22)를 사용하기 위하여, σ_y와 σ_z의 적절한 값(예제 19.8에서 간단히 예측됨)을 알아야 한다. 식 (19.18)~(19.20)으로부터, 그것들은 다음 형식으로 쓸 수 있다.

$$\sigma_y = \left(\frac{2\,\mathscr{D}_y x}{u}\right)^{1/2} \qquad \text{etc.} \tag{19.AA}$$

그러나 $\mathscr{D}$ 값들을 다시 고려해 보면, $\mathscr{D}$ 값들은 풍속의 함수와 태양열 난방의 정도(일사량)인 대기 난류 정도와 풍속에 의존해야 하는 소용돌이 확산계수이다. 어떤 주어진 일사량의 정도에 관하여, $\mathscr{D}$는 풍속과 정비례 관계(어떤 상황에서 $\mathscr{D}_y/u$와 $\mathscr{D}_z/u$는 상수임)에 있음은 아주 그럴싸한 가정이다. 따라서 식 (19.AA)로부터, 어떤 주어진 기상 조건에 대해서, 각각의 σ는 바람 부는 방향의 거리의 제곱근에 비례해야만 하는 결론을 얻을 수 있다.

실험 근거는 이런 예측과 잘 맞지 않는다. 터너 등[13]은 최상의 유용한 자료를 이용하여 연관성을 얻었는데, $\log \sigma_y$ 대 $\log x$와 $\log \sigma_z$ 대 $\log x$ 작도의 형식으로 표현하였다. 상기 계산이 정확하다면, 각각 대기 조건에서 그런 작도는 기울기가 1/2인 직선을 얻는다. 그림 19.9와 19.10에서 나타낸 것처럼, 실험 결과에 대한 최상의 연관성은 그런 작도에서 수평분산계수(σ_y)는 직선 군(群)(여러 가지 대기 조건에서)을 형성하고, 이것들은 0.50의 기울기 대신에 위의 유도로부터 예견할 수 있는 0.894의 기울기를 갖는 것을 보여 준다. 수직분산계수(σ_z)는 여러 가지 대기 조건에서 부채꼴 형태의 패턴을 형성한다.

실험 자료는 왜 우리의 산뜻한 이론과 맞지 않는 것인가? 소용돌이확산계수가 풍속과 일사량에만 의존한다는 가정은 너무나 단순하기 때문에, 식 (19.22)에 관한 실험이 시도된 유일한 날인 매우 간단한 바람 패턴의 날로는 대기에서 실제로 계속되는 모든 복잡한 사항을 설명하기는 매우 곤란하다. 따라서 앞의 유도는 단순화시킬 수밖에 없는 가정에 제약을 받아, 대기에서 오염물질의 분산에 관한 물질수지를 논리적으로 얻는 방법이지만, 이론으로부터 계산할 수 없는 실험량(상응하는 소용돌이 분산값들)인 σ_y와 σ_z의 값들을 고려해야만 한다. 그러나 그림 19.9와 19.10을 실험 결과의 적절한 대표값으로 수용한다면, 근원지로부터 바람 부는 방향의 농도를 예측하여 식 (19.22)와 함께 그 식들을 사용할 수 있다. 새로운 근원지 대기 모사는 이 절차의 고급 형식을 사용한다. 그림 19.9와 19.10에 근거한 실험 자료는 매우 제한적이어서, 도시에 직접적으로 적용할 필요가 없다. 대부분의 자료는 초원(영국의 솔즈베리 평원과 네브래스카의 초원)에서의 정상적인 바람 흐름에 적용된다. 우리는 더 좋은 자료가 없으므로 도시에 대하여 상기 자료를 사용한다.

지금까지 그림 19.9와 19.10에 관한 A에서 F까지 분류한 선들에 대해서 아무런 언급도

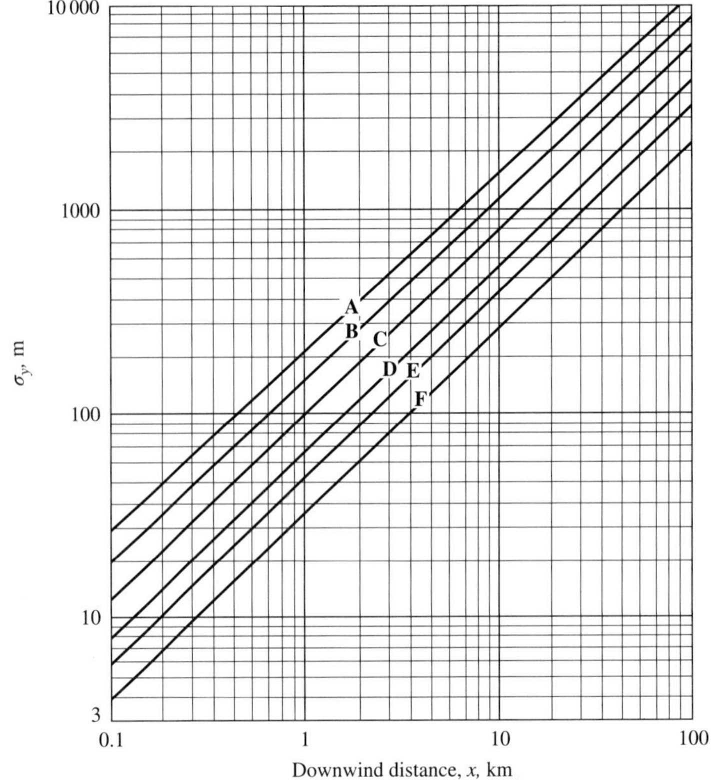

그림 19.9
여러 가지 안정성 범주에서 근원지로부터 바람 부는 방향의 거리의 함수로서 수평분산계수(σ_y). (출처: D. B. Turner, "Workbook of Atmospheric Dispersion Estimates," U.S. Environmental Protection Agency Report AP-42, Washington, D.C: Public Health Service Publication, 1970) 연소가스 줄기의 계산에서 이 작도는 σ_y를 얻는 데도 사용된다. 이 작도와 다음은 손으로 하는 계산에 유용하다. 컴퓨터 계산에서는 이것들은 정확한 값, $\sigma_y = ax^{0.894}$와 $\sigma_z = cx^d + f$로 대체된다. 여기서 x는 바람 부는 방향의 거리로서 km로 표현되고, σ들은 m로 표현되며, a, c, d, f는 다음 표에 나타낸 상수이다.

Stability category		***x* ≤ 1 km**			***x* ≥ 1 km**		
	a	***c***	***d***	***f***	***c***	***d***	***f***
A	213	440.8	1.941	9.27	459.7	2.094	−9.6
B	156	106.6	1.149	3.3	108.2	1.098	2.0
C	104	61	0.911	0	61	0.911	0
D	68	33.2	0.725	−1.7	44.5	0.516	−13.0
E	50.5	22.8	0.678	−1.3	55.4	0.305	−34.0
F	34	14.35	0.740	−0.35	62.6	0.180	−48.6

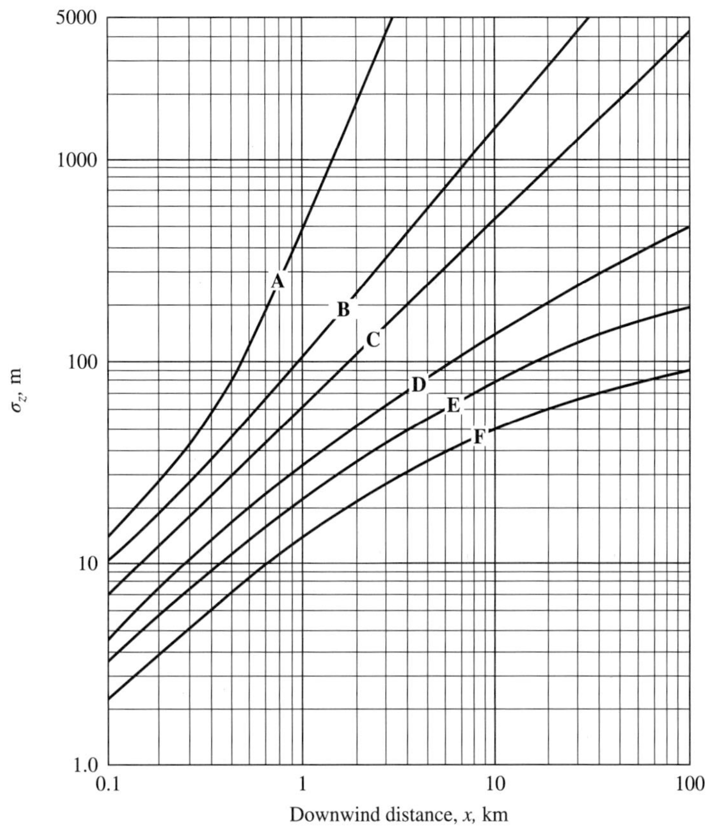

그림 19.10
터너[13]에 의한 여러 가지 안정성 범주에서 근원지로부터 바람 부는 방향의 거리의 함수로서 수직분산계수(σ_z) (출처: D. B. Turner, "Workbook of Atmospheric Dispersion Estimates," U.S. Environmental Protection Agency Report AP-42, Washington, DC: Public Health Service Publication, 1970)

하지 않았다. 이것들은 대기 안정성의 다른 정도와 일치한다. 더운 여름 오후에는, 태양이 지면을 뜨겁게 하여 지면 가까이에 있는 공기를 데우므로, 교대로 공기가 상승하고 오염물질과 잘 혼합되는 원인이 된다. 이런 상황에서, 대기는 불안정하고 σ_y와 σ_z를 이끄는 $\mathscr{D}_x$와 $\mathscr{D}_y$의 값이 커진다. 구름이 없는 겨울밤에는, 지면은 우주로 방사하여 차가워지기 때문에 지면 가까이에 있는 공기는 차가워진다. 공기는 대기가 매우 안정해지고 오염물질의 분산을 억제하여 역전층을 형성하므로 σ_y와 σ_z의 값은 작아진다.

그림 19.9와 19.10은 표 19.3에서 재생한 일사량과 풍속만을 고려한 터너[13]가 제시한 안정성 범주 분류에 의존한다. σ 값들을 추정하는 다른 체계가 있으나 이것이 단순하고 널리 사용된다.

예제 19.10 풍속이 6 m/s보다 큰 화창한 여름날에 공해 근원지에서 바람 부는 방향으로 0.5 km 지점에서 σ_y와 σ_z의 값을 추정하라. 표 19.3으로부터, 화창한 여름날은

표 19.3
안정성 범주의 핵심

Surface wind speed (at 10 m), m / s	Day*: Incoming solar radiation: Strong	Moderate	Slight	Night*: Thinly overcast or ≥4/8 low cloud	≤3/8 Cloud
0–2	A	A–B	B	—	—
2–3	A–B	B	C	E	F
3–5	B	B–C	C	D	E
5–6	C	C–D	D	D	D
≥6	C	D	D	D	D

*The neutral class, D, should be assumed for overcast conditions, day or night.

일사량이 강한 날이므로, 안정성 범주 C를 사용할 수 있다. 그래서 그림 19.9와 19.10을 사용하여 $x = 0.5$ km에 대해서 $\sigma_y = 55$ m와 $\sigma_z = 32$ m를 읽을 수 있다. ■

이 간략한 절은 대기오염에서 사용된 대기혼합[14, Chap.6]과 이 장에서 설명 된 다른 유체 혼합의 문제 사이의 관계만을 보여 준다. 폐수(처리된 하수, 폭풍우 또는 폐수의 배수)를 다른 수역(바다, 호수, 강)에 분산시키는 유사한 문제는 기본적으로 비슷하나, 폐수와 폐수가 방출된 물 사이의 현저한 밀도 차이는 문제를 보다 복잡하게 만든다.

19.8 요약

1. 화학공학 기술자는 다양한 혼합 문제를 취급한다.
2. 대부분의 혼합 문제는 난류와 관계가 있으며, 난류는 비균질의 등급을 밀리미터의 분율로 감소시키는 데 사용한다.
3. 이론 규모에서는 분자확산은 상당히 빨라서, 분자 수준(연소 또는 다른 화학반응에 필요한 대로) 아래의 혼합은 분자확산으로 혼합이 마무리된다.
4. 혼합에 대한 계산에는 일반적으로 분자확산[픽(Fick)의 법칙]에 관한 수학 형식을 사용하고, 흐름의 함수가 아닌 유체의 함수인 분자확산계수를 소용돌이확산계수로 대체한다. 소용돌이확산계수는 대부분 지점마다 변하는 흐름의 함수이다. 이것을 수행하는 데 있어서 방법은 모두 유사하며 널리 사용된다.
5. 층류에서의 혼합(고점도 또는 작은 지름)은 널리 문헌에 나오는 난류혼합과 다르다[3, 15].

연습문제

연습문제와 예제 풀이를 위한 상용 단위와 수치들은 부록 E를 참조하라. * 표시가 있는 문제는 부록 C에 그 해답이 있음을 의미한다.

19.1.* 가솔린은 보통 세 개 또는 네 개의 액체로 배합된다. 배합 가솔린은 엔진 실린더에 충전할 때마다 거의 같은 옥탄가를 가진다. 4기통 엔진을 가진 자동차가 2500 rpm의 엔진속도와 gal/25 mi의 연료소비량을 가지고 60 mi/h로 운전한다면, 각 연소에 대해 각 실린더에 들어가는 연료의 충전량은 얼마나 되는가? 4기통 엔진에서 연료는 매초 회전마다 주입된다.

19.2. 종말 침강속도가 0.03 ft/s보다 적고 0.15 ft/s보다 크면, 경험에 근거한 규칙으로 고체의 현탁은 수월하다. 물속의 설탕에 대해서, 지름이 얼마일 때 이들 종말속도가 같아지는가? 커피나 차 또는 레모네이드에 설탕을 섞을 때 이 규칙은 당신의 경험과 같은가?

19.3. 만약 페인트 안료가 SG = 4와 $D = 1\ \mu$이고, 또한 페인트의 점도가 물 점도의 50배이면, 안료가 페인트의 저장통에 얼마나 빨리 침강이 되는가? 그림 6.26을 사용해서 스토크스 법칙의 영역에서 침강속도가 1/점도에 비례하는 것을 주시하라. 한 달 경과 후, 입자는 어느 정도 침강해 있겠는가? 페인트의 액체 부분은 뉴턴 유체라고 가정한다. 50년 전에는 그것들은 모두 뉴턴 유체였으며 따라서 안료의 침강은 중요한 문제였다. 그 이후에는 높은 비뉴턴(요변성 빙햄 플라스틱)이라고 표현하게 되었으며, 침강은 더 이상 문제가 되지 않았다.

19.4. 두 가지 기체(예를 들면, CO와 O_2)의 혼합에 대하여 예제 19.1을 반복하라.

19.5.* 예제 19.2에서,

(*a*) 임펠러 끝 속도는 얼마인가? 이 값을 표 19.2의 값과 비교하면?

(*b*) (동력/탱크부피)은 얼마인가? 그림 19.2의 탱크 차원비를 가정하라. 이 값을 표 19.2의 값과 비교하면?

19.6. 예제 19.4에서, 모든 탱크의 차원이 두 배까지 증가하였다. 임펠러 차원과 rpm은 변동이 없었다. 탱크의 내용물을 배합하는 데 걸리는 예상시간은 얼마인가?

19.7. 예제 19.3에서 만약 시험 탱크로서 실물 크기의 탱크의 동일 $\mathscr{R}_{\text{impeller}}$를 유지하기를 원하고 또한 기하학적 유사성을 유지하고 싶으면, 얼마의 분당 회전수(rpm)를 사용해야 하는가?

19.8. 예제 19.6에서 축분산계수를 1.2 ft^2/s로 계산하였다. 이 계수의 값과 분자확산계수의 값의 비는 얼마인가?

19.9. 예제 19.6에서 700 mi 파이프라인의 설치 후, 두 개 등급의 가솔린 사이의 혼합 영역의 크기를 추정하였다. 파이프라인 운영자는 이 추정치가 약 네 배 정도 높다고 우리에게 정보를 주었다. 제품 순도를 위하여 더 낮은 요구량을 사용할 수 있을까? 이 예제에서 0.1% 대신에, 요구량이 유체 1에 1% 이내의 유체 2가 존재한다고 가정하고 이 예제를 반복하라. 원칙적으로, 여러분은 그림 19.5에서 필요한 값을 읽을 수 있으나, 실제로 그림 19.5에 근거한 표가 필요하다. 표에서 0.98이 erf (1.65)인 것을, 즉 0.98 = erf (1.65)를 찾을 수 있다.

19.10.* Smith와 Schulze[16]는 실험실의 세부사항과 예제 19.6과 같은 제품 파이프라인의 실지실험(filed test)을 설명하였다. 그들은 결과를 완전히 실험관계에 의해서 상관관계를 만들었다.

$$\begin{pmatrix}\text{Length of mixed}\\ \text{zone, in ft}\end{pmatrix} = \begin{pmatrix}\text{pipe length}\\ \text{in ft}\end{pmatrix}^{0.62} \cdot (1.075\ \mathscr{R}^{-0.87} + 0.550) \qquad (19.23)$$

여기에서 혼합된 영역은 1%에서 99%의 순수한 제품까지 영향을 미치고, $\mathscr{R}$은 두 개 유체의 50:50(%/%) 혼합물의 점도에 근거한다. 이 상관관계를 이용하여 예제 19.6을 반복하라. 계산값을 연습문제 19.9와 예제 19.6 및 파이프라인 운영자가 보고한 값과 비교하라 [9].

19.11. 식 (19.12)는 두 개의 다른 속도 범위에 상응하는 두 개의 상수값을 보여 준다. 이들 값은 공기 제트의 정체 공기 속으로의 흐름에 근거한다. Rushton[17]은 액체의 큰 탱크 속으로 흐르는 액체 제트에 대하여 식 (19.24)와 함께 식 (19.12)를 적용하는 것을 제안했다.

$$K = 1.41\ \mathscr{R}^{0.135} \qquad (19.24)$$

공기에 대하여 주어진 두 개의 K 값이 어떻게 이 식과 비교가 되는가? 식 (19.12)의 값은 20°C, 1 ft 지름에서 제트 공기를 적용한다고 가정하라.

19.12. 식 (19.W)는 자유제트로부터 최대 동반 흐름 비는 약 6임을 보여 준다. 만약 순수메탄(≈ 천연가스)이 자유제트로서 대기 속으로 흐른다면, 제트와 주위 기체 간의 난류 혼합이 제트의 끝에서 희박 가연 한계 이하로 메탄의 함유량을 줄일 수 있을까?

19.13. 그림 7.13에 분젠 버너를 나타냈는데, 이것은 제트가 자유 제트가 아닌 제트로 벽이 너무 가까이 있는 관 내의 제트인 제한 제트의 간단한 본보기이다. 이것은 자유 제트와 다르며 19.5절의 방사 관 혼합(radial pipe mixing)과 다르며, 이 형태의 흐름에 대해서는 많은 문헌이 있다[18].

(*a*) 기체의 완전한 혼합은 $x/D_{\text{pipe or tube}} \approx 5$로서 바람 부는 방향의 거리에 의한 흐름에서 발생하는 전형적인 결과를 보인다. 그림 7.13의 분젠 버너에 대해서 이 비율의 값은 얼마인가?

(*b*) 완전 혼합에 대한 거리를 추정하는 다른 추천할 만한 방법은 하류 거리를 계산하는 것이다. 하류 거리는, 중앙 제트로서 똑같은 차원의 자유 제트로 계산된, 제트 지름이 외관 지름과 동일하게 되는 지점이며, 보통 이 하류 거리의 두 배를 사용한다. 그림 7.13의 분사의 추정치에 대한 계산 거리는 얼마이겠는가?

19.14. 식 (19.22)는 지면 위로 멀리에 있는 정상상태의 연소가스 기둥의 농도에 대해서 현재 예측할 수 있는 최상의 방법이다. 그러나 사람과 재산은 지표면으로 노출되기 때문에 우리는 지표면의 농도에 매우 관심을 둔다. 지표면에서 또는 지표면 근처에서 식 (19.22)의 블라인드(blind) 적용을 하면 매우 낮은 결과를 얻는다. 그 이유는 심지어 0보다 적은 z의 어느 값에서 오염물질의 분산이 계속되기 때문이다.(그것을 단독으로 사용하여, 예제 19.9를 계속해서 문제를 풀 수 있으며 지하 농도를 계산할 수 있다. 그러나 그 결과는 사실상 관찰하는 것과는 전혀 관계가 없는지도 모른다.) 이런 이유로, 지면의 효과를 설명하는 것이 필요하다.

지면은 수직 분산으로 축축해진다. 수직 방향의 연소가스 기둥이 흩어지는 상승과 하강의 난류 소용돌이는 지면을 통과하지 못한다. 따라서 수직 분산은 지표면에서 끝난다. 계산에서 이것을 설명하는 데 일반적으로 사용되는 방법은 지면이 거기에 없다면 $z = 0$ 아래로 운반되는 오염물질이 지면이 거울인 것처럼 위로 반사되는 것을 가정한 것이다. 따라서 어떤 점에서 농도는 그 자체의 연소가스의 농도 때문에 지면에서 위쪽으로 반사된 것을 더한 것이다. 이것은 만약 지면이 거기에 없다면 지면 위의 연소가스 기둥이 지표면을 통하여 아래로 전달된 것이 지표면을 통해서 상승한 것만큼 거울 속에 비친 연소가스의 기둥이 지면 아래에 있는 것이라고 가정한 것과 동일하다.

거울 속에 비친 연소가스의 기둥 때문에, 농도는 $(z-H)^2$ 항이 $(z+H)^2$으로 대체된 것을 제외하고 식 (19.22)에서 제시된 농도와 매우 동일하다. $z=0$의 지면에서, 주요 연소가스의 기둥과 거울에 비친 연소가스의 기둥은 동일한 값을 갖는다. 예를 들어 $z=H$에서 대기 중 높은 주요 연소가스 기둥은 높은 농도인 [exp − (0) = 1]을 가지지만, 거울에 비친 연소가스의 기둥에 대하여 낮은 농도인 [exp − $(2H)^2$ 등]을 가진다. 두 연소가스의 기둥의 합한 농도는 두 기둥의 값을 더하고 다음 식으로 찾은 일반 항을 제외하여 식 (19.22)와 거울에 비친 연소가스의 기둥에 대한 유사식을 이용하여 얻을 수 있다.

$$c = \frac{Q}{2\pi u\sigma_y\sigma_z}\cdot\left[\exp - 0.5\left(\frac{y}{\sigma_y}\right)^2\right] \cdot\left[\exp - 0.5\left(\frac{z-H}{\sigma_z}\right)^2 + \exp - 0.5\left(\frac{z+H}{\sigma_z}\right)^2\right] \tag{19.25}$$

(*a*) 이 식이 지표면($z=0$)에서 근원지($y=0$)의 직접적으로 바람 부는 방향의 지점임을 나타낸 형식이라는 것을 보여라. 이 형식은 가장 널리 사용되는 간단한 근원 지점 대기오염 모형식이다.

(*b*) 이 식을 사용하여 $H=100$ m, $Q=10$ g/s, $u=3$ m/s, 그리고 안정성 C에 관하여 $x=1$ km에서 연소가스 기둥의 중앙선 바로 밑의 지표면에서 농도를 추정하라.

19.15. 연습문제 19.14를 보라.

(*a*) $y=z=0$에 대한 결과식을 다음 식으로 쓸 수 있음을 보여라.

$$cu/Q = f(x, H)_{\text{for a given stability category}} \tag{19.26}$$

그림 19.11은 안정성 C에 관한 함수임을 보여 준다.

(*b*) $H=100$ m, $x=1$ km에 대하여 그림 19.9와 19.10 또는 그들과 동등한 식을 사용하여 작도에서 지점을 표시하라.

(*c*) 그림 19.11을 사용하여 (*b*)를 반복하라.

19.16. 그림 19.7은 수평을 유지하기 전, 굴뚝 꼭대기 위의 거리(Δh)로 상승하는 연소가스의 기둥을 보여 준다. 브리그스[19]가 상세히 설명한 이 거리를 연소가스 기둥의 상승(plume rise)이라고 부른다. 아래 홀랜드의 유사이론식은 연소가스 기둥의 상승을 추정하는 데 널리 사용된다.

$$\Delta h = \frac{V_sD}{u}\cdot\left[1.5 + 2.68\cdot 10^{-3}\,PD\,\frac{(T_s-T_a)}{T_s}\right] \tag{19.27}$$

이것은 차원 방정식이다. 여기서 V_S는 굴뚝 출구속도(m/s), D는 굴뚝 지름(m), u는 풍속(m/s), Δh는 연소가스 기둥의 상승높이(m), P는 압력(millibar, 1기압 = 1013 millibar), T_S

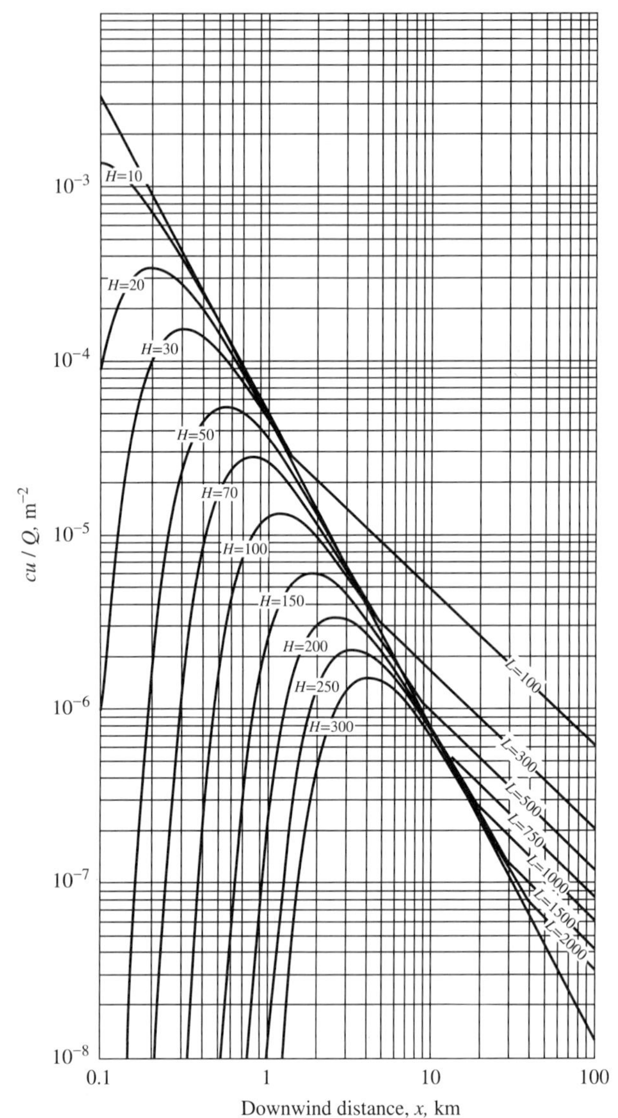

그림 19.11

식 (19.25)에 의해 계산된 안정성 C에 대한 연소가스 기둥의 중앙선 바로 밑의 지표면 cu/Q. 다른 다섯 가지의 안정성 범주에 대한 유사한 작도는 터너[13]에 의해 증명되었다. 오른쪽 멀리의 연소가스 기둥은 혼합 높이(L, m)까지 혼합되고 더 이상 위쪽으로 분산되지 않는다. 유효 굴뚝 높이는 H이며 단위는 m이다.

는 굴뚝 기체온도(K), T_a는 대기온도(K)이다.

(*a*) $V_s = 20$ m/s, $u = 2$ m/s, $P = 1$ atm, $T_s = 100°\text{C}(373\text{ K})$, $T_a = 15°\text{C}(288\text{ K})$인 3 m 지름의 굴뚝에 대한 연소가스 기둥의 상승높이를 계산하라.

(*b*) 식 (19.27)이 두 개 항의 합인 것을 보여라. 첫째 항은 단지 V_s, D, u에만 의존하고, 두 번째 항은 첫째 항의 인자 및 대기의 P와 T 그리고 굴뚝 기체와 주위 공기 온도 사이의

온도차에 의존한다.

(*c*) 굴뚝 기체가 주위 공기 온도(즉, 연소가스가 아님)와 같으면, 단지 첫 번째 항만 나타난다. 굴뚝 온도가 주위 온도와 같을 때, 이전 예제에서 연소가스 기둥의 상승을 추정하라.

(*d*) 이것을 19.6절의 자유 제트에 대한 식에서 제트를 멈추게 하는 데 계산된 거리와 비교하라. 동의하는 점과 동의하지 않는 점에 대하여 설명하라.

19.17. 안정성 C, $u = 1$ m/s, $x = 1$ km에 대하여, 소용돌이분산계수 $\mathscr{D}_y$와 $\mathscr{D}_z$의 값은 얼마인가? 이 값들은 이 장의 다른 부분에서 보여 준 값들과 어떤지 비교하라.

참고문헌

1. Weinekoetter, R., and H. Gericke. *Mixing of Solids*. Dordrecht, the Netherlands: Kluwer Academic Publishers, 2000.
2. McDonald, R. J. *Mixing for the Process Industries*. New York: Van Nostrand Reinhold, 1992.
3. Oldshue, J. Y. *Fluid Mixing Technology*. New York: McGraw-Hill, 1983.
4. Oldshue, J. Y., and N. R. Herbst. *A Guide to Fluid Mixing*. Rochester, NY: Mixing Equipment Co., 1990.
5. Tatterson, G. B. *Fluid Mixing and Gas Dispersion in Agitated Tanks*. New York: McGraw-Hill, 1991.
6. Ulbrecht, J. J., and G. K. Patterson. *Mixing of Liquids by Mechanical Agitation*. New York: Gordon and Breach, 1985.
7. McCabe, W. L., J. C. Smith, P. Harriott. *Unit Operations of Chemical Engineering*. 6th ed. New York: McGraw-Hill, 2001.
8. Levenspiel, O. "Longitudinal Mixing of Fluids Flowing in Circular Pipes." *Ind. Eng. Chem. 50* (1958), pp. 343–346.
9. I thank Mr. Brad Rosewood of Chevron Pipeline for the information about their pipelines.
10. Brodkey, R. S. "Fluid Motion and Mixing." In *Mixing, Theory and Practice, 1*. ed. V. W. Uhl, J. B. Gray. New York: Academic Press, 1966.
11. Tilton, J. N. "Fluid and Particle Dynamics." In *Perry's Chemical Engineers' Handbook*. 7th ed. R. H. Perry, D. W. Green, and J. O. Maloney. New York: McGraw-Hill, 1997, pp. 6–52.
12. Carslaw, H. S., and J. C. Jaeger. *Conduction of Heat in Solids*. 2nd ed. Oxford: Oxford University Press, 1959.
13. Turner, D.B. "Workbook of Atmospheric Dispersion Estimates." U.S. Environmental Protection Agency Report AP-42. Washington, DC: U.S. Government Printing Office, 1970. (Also available at a greater cost as Turner, D.B. *Workbook of Atmospheric Dispersion Estimates: An Introduction to Dispersion Modeling*. 2nd ed. Boca Raton, FL: Lewis, 1994.)
14. de Nevers, N. *Air Pollution Control Engineering*. 3rd ed. Long Grove, IL: Waveland Press, 2017.
15. Harnby, N., and M. F. Edwards, A. W. Nienow. *Mixing in the Process Industries*. London: Butterworths, 1985.

16. Smith, S. S., and R. K. Schulze. "Interfacial Mixing Characteristics of Products in Product Pipe Lines." *Petroleum Engineering 19(3)*, 94–103 (Sept. 1948); *20(1)*, 330–337 (Oct. 1948).
17. Rushton, J. H. "The Axial Velocity of a Submerged Axially Symmetrical Fluid Jet." *AIChEJ 26* (1980), pp. 1038–1041.
18. Guiraud, P., J. Bertrand, and J. Costes. "Laser Measurements of Local Velocity and Concentration in a Turbulent Jet-Stirred Tubular Reactor." *Chem. Eng. Sci. 46* (1991), pp. 1289–1297.
19. Briggs, G. A. *Plume Rise*. Washington, DC: U.S. Atomic Energy Commission, 1969.

CHAPTER

20

전산유체역학

15장에서 일반적인 방법으로 어떤 유체 흐름에도 적용 가능한 3차원 물질수지와 운동량수지를 쓸 수 있지만, 우리는 매우 간단한 기하학적 층류 흐름만의 폐쇄형(closed form)에서 그것들(즉, 흐름의 모든 지점에서 속도를 설명하는 방정식의 집합)을 해결할 수 있다. 매우 제한적인 이상유체의 가정(16장)을 사용하여 우리는 폐쇄형의 복잡한 흐름을 해결할 수 있었다. 그러나 그림 1.15의 노(furnace)처럼 실제 관심이 있는 대부분의 흐름에 대하여 우리는 어떻게 그러한 폐쇄형 해(closed-form solution)를 찾을지를 모른다. 큰 디지털 컴퓨터가 나오기 전, 그러한 상세한 해를 찾기 위한 시도는 의미가 없었다. 디지털 컴퓨터로, 폐쇄 대수형(closed algebraic form)이 아닌 표나 도식 형태의 수치적 출력으로 이제는 이 문제에 대한 해답을 찾을 수 있다. 상업적으로 이용 가능한 컴퓨터 패키지는 가끔 사용자 우호적 입력 인터페이스를 이용하여 이것을 계산하기 때문에, 일반 화학공학 기술자는 컴퓨터 패키지의 내부에서 무슨 일이 일어나는가의 상세한 지식이 없이 컴퓨터 패키지를 사용할 수 있다. 이 장에서는 간단한 형식으로 컴퓨터 프로그램에서 무슨 일이 일어나고 있는가를 알아보고, 또한 컴퓨터 사용자에게 도움이 되도록 컴퓨터 패키지가 이 책에서 다루는 주제와 어떻게 관계가 있는가를 알아본다.

20.1 미분방정식을 차분방정식으로 대체

모든 CFD(computational fluid dynamics, 전산유체역학) 프로그램은 기본 미분방정식(질량, 운동량, 가끔 에너지, 가끔 화학종 수지)을 수치적으로 푸는 대수차분방정식(algebraic difference equation)으로 대체한다. 이 과정인 이산(discretization)을 그림 20.1에 나타내었다.

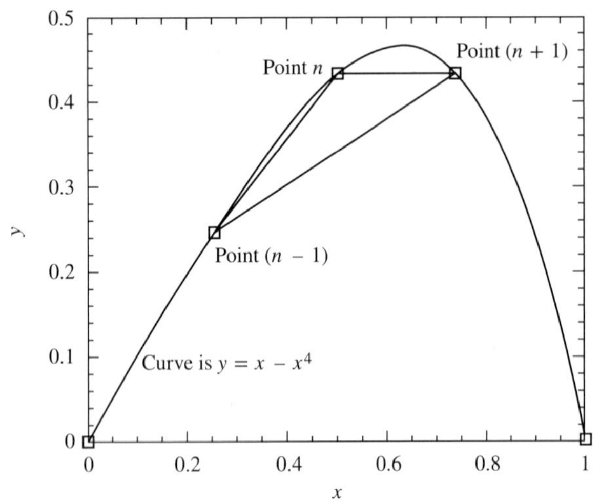

그림 20.1
간단한 대수 표현 ($y = x - x^4$)에 대하여 $x = 0.5$에서 dy/dx의 순방향-역방향 그리고 중심 차분의 근사값에 대한 기하학적 설명. 예제 20.1을 보라. 점은 $\Delta x = 0.25$에서 간격이 있다. 그리고 예제는 $\Delta x = 0.1$과 0.01을 고려한다.

$$y = x - x^4 \tag{20.A}$$

여기서 곡선에 다섯 개의 균등 공간 점과 아래에 설명한 세 개의 직선을 그렸다. 이 방정식에 대해서

$$\frac{dy}{dx} = 1 - 4x^3 \tag{20.B}$$

그리고

$$\frac{d^2y}{dx^2} = -12x^2 \tag{20.C}$$

곡선과 방정식의 정보 대신에, 만약 그림 20.1에서 정사각형으로 나타낸 다섯 개 점의 값만을 안다면, 아래와 같이 수치적인 여러 가지 방법으로 dy/dx와 d^2y/dx^2의 값을 추정할 수 있다. 이들 추정치로, n 점에서 두 개의 도함수의 값을 추정한다. 모든 첨자에 1을 더함으로써 이 절차는 점 $(n + 1)$로 간단히 이동할 수 있게 한다. n 점에서 dy/dx의 세 개의 추정치는 다음 식으로 표현할 수 있다.

$$\left(\frac{dy}{dx}\right)_{\text{at } n} \approx \left(\frac{\Delta y}{\Delta x}\right)_{\substack{\text{forward}\\\text{difference}}} = \frac{y_{n+1} - y_n}{x_{n+1} - x_n} \tag{20.1}$$

$$\left(\frac{dy}{dx}\right)_{\text{at } n} \approx \left(\frac{\Delta y}{\Delta x}\right)_{\substack{\text{backward}\\\text{difference}}} = \frac{y_n - y_{n-1}}{x_n - x_{n-1}} \tag{20.2}$$

$$\left(\frac{dy}{dx}\right)_{\text{at } n} \approx \left(\frac{\Delta y}{\Delta x}\right)_{\substack{\text{central}\\\text{difference}}} = \frac{y_{n+1} - y_{n-1}}{x_{n+1} - x_{n-1}} \tag{20.3}$$

이 세 개의 추정치는 그림 20.1에 그린 세 개의 직선의 기울기이다. 유사하게, 다음 식으로 d^2y/dx^2를 추정할 수 있다.

$$\left(\frac{d^2y}{dx^2}\right)_{\text{at } n} \approx \frac{\left(\frac{\Delta y}{\Delta x}\right)_{\substack{\text{forward}\\\text{difference}}} - \left(\frac{\Delta y}{\Delta x}\right)_{\substack{\text{backward}\\\text{difference}}}}{\Delta x} = \frac{y_{n+1} - 2y_n + y_{n-1}}{(x_{n+1} - x_n)^2} \tag{20.4}$$

예제 20.1 그림 20.1에 보이는 $(n-1), n, (n+1)$의 점에서 y와 x의 값으로부터 dy/dx의 세 개의 추정치와 d^2y/dx^2의 한 개의 추정치를 계산하라. x 값은 0.25, 0.5, 0.75이고, y 값[식 (20.A)에 의하여 계산된]은 0.2461, 0.4375, 0.4336이다. 그래서

$$\left(\frac{dy}{dx}\right)_{\text{at } n} \approx \left(\frac{\Delta y}{\Delta x}\right)_{\substack{\text{forward}\\\text{difference}}} = \frac{0.4336 - 0.4375}{0.75 - 0.50} = -0.0156 \tag{20.D}$$

$$\left(\frac{dy}{dx}\right)_{\text{at } n} \approx \left(\frac{\Delta y}{\Delta x}\right)_{\substack{\text{backward}\\\text{difference}}} = \frac{0.4375 - 0.2461}{0.5 - 0.25} = 0.766 \tag{20.E}$$

$$\left(\frac{dy}{dx}\right)_{\text{at } n} \approx \left(\frac{\Delta y}{\Delta x}\right)_{\substack{\text{central}\\\text{difference}}} = \frac{\left(\frac{\Delta y}{\Delta x}\right)_{\substack{\text{forward}\\\text{difference}}} + \left(\frac{\Delta y}{\Delta x}\right)_{\substack{\text{backward}\\\text{difference}}}}{2} = \frac{-0.0156 + 0.766}{2} = 0.375 \tag{20.F}$$

그리고

$$\left(\frac{d^2y}{dx^2}\right)_{\text{at } n} \approx \frac{\left(\frac{\Delta y}{\Delta x}\right)_{\substack{\text{forward}\\\text{difference}}} - \left(\frac{\Delta y}{\Delta x}\right)_{\substack{\text{backward}\\\text{difference}}}}{\Delta x} = \frac{-0.0156 - 0.766}{0.25} = -3.125 \tag{20.G}$$

■

이것은 식 (20.B)와 (20.C)로 계산한 참값에 대한 좋은 추정치는 아니다. 만약 $x = 0.1$, 0.2, …의 간격으로 이 방정식을 반복하면 그림 20.1은 읽기가 어렵다. 그러나 $x = 0.01$, 0.02, 0.03, …에 대해서 수치 결과는 보다 좋게 참값과 잘 맞으며, 표 20.1에서 보여 준 것처럼 그 값들은 잘 맞는다.

이 연습으로부터 다음 사항을 알 수 있다.

1. 수치적 차분식은 간단하며, 컴퓨터에서 프로그램을 만드는 것도 간단하고, 그림 20.1에서 선(그리고 그것들의 조합)의 기울기로도 쉽게 예견할 수 있다.
2. 첫 번째 도함수에 대한 세 개의 방정식 중에서, 중심 차분은 Δx의 모든 세 개의 값에서 정확한 값으로서 매우 좋은 추정치를 제공한다. 엔디슨[1, p.132]은 이것에 대한 계산을 설명하였다.
3. 근사법의 정확도는 Δx가 감소함에 따라 증가한다. 작은 구간을 선택하면 계산시간은

표 20.1
예제 20.1에서의 첫 번째와 두 번째 도함수에 대한 수치적 추정치의 비교

	$(dy\ /\ dx)_{\text{at } x=0.5}$	$(d^2y\ /\ dx^2)_{\text{at } x=0.5}$
True value (Eq. 20.A)	0.50	−3.00
Numerical values for x = 0.25, 0.50, 0.75, ...		−3.125
Forward	−0.0156	
Backward	0.765	
Central	0.375	
Numerical values for x = 0.4, 0.5, 0.6, ...		−3.02
Forward	0.329	
Backward	0.631	
Central	0.480	
Numerical values for x = 0.49, 0.50, 0.51, ...		−3.0002
Forward	0.485	
Backward	0.515	
Central	0.4998	

길어진다. 적절한 Δx 값의 선택은 정확도와 계산시간 사이의 균형을 요구한다.

4. Δx가 감소함에 따라, 세 개의 첫 번째 도함수의 추정치는 실제로 같다. 중심 차분은 항상 가장 정확하지만, 다른 두 개는 보다 간단하고 확실한 경계선에서 운영되기 때문에 CFD에서 널리 사용된다.

5. 이것은 간단한 1차원 본보기이다. 기술적 관심에 대한 본보기의 대상은 2, 3, 4차원(세 개의 공간과 한 개의 시간)이다.

6. 여기에서, 수치적 절차와 알려진 해결책을 비교한다. 모든 CFD 프로그램으로 알려진 해석해(analytical solution)의 문제를 시험한다. 만약 이 프로그램으로 해석해를 적절히 풀 수 있다면, 해석해가 없는 문제를 해결할 수 있는 몇 가지 확신을 할 수 있다. 유사하게, 대부분 교과서에서는 예제를 이용하여 수치적 결과와 알려진 해석해를 비교한다.

7. 차분을 이용한 도함수의 대체는 미분방정식을 대수방정식의 집합으로 교환하게 한다. 이러한 대체는 많은 부기(bookkeeping)를 할 수 있게 해 주지만, 컴퓨터는 부기를 능숙하게 처리할 수 있게 해 주며, 많은 계(large systems)의 대수방정식을 또한 풀 수 있게 해 준다.

20.2 그리드

차분방정식을 다차원 문제에 적용하기 위하여 공간을 몇 종류의 수학적 그리드가 있는 많은 점으로 나눌 수 있다. 할 수 있는 가장 간단한 것은 그림 20.2에 나타낸 것처럼 x-y 평면을 Δx와 Δy의 간격으로 분할한 직사각형 그리드이다. 만약 그림 20.2의 모든 교점[노드(node)라고 명명]에서 z가 주어진 값이라고 가정한다면, 다음 식을 만들기 위하여 중심차

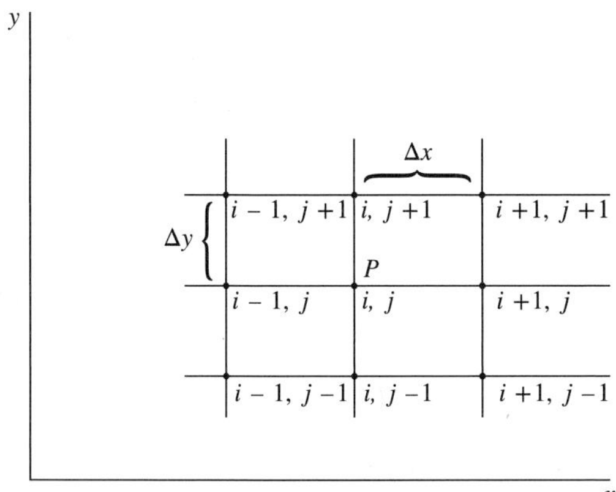

그림 20.2
P 점의 중심에 있는 간단한 직사각형 그리드로, 여기서 첨자는 i와 j이다. i 첨자는 x 방향으로, j 첨자는 y 방향으로 증가한다.

분식(central difference formula)을 사용할 수 있다.

$$\left(\frac{\partial z}{\partial x}\right)_{\text{at } i,j} \approx \left(\frac{\Delta z}{\Delta x}\right)_{\substack{\text{central}\\ \text{difference}\\ \text{constant } y}} = \frac{z_{(i+1,j)} - z_{(i-1,j)}}{x_{(i+1,j)} - x_{(i-1,j)}} \tag{20.5}$$

그리고

$$\left(\frac{\partial z}{\partial y}\right)_{\text{at } i,j} \approx \left(\frac{\Delta z}{\Delta y}\right)_{\substack{\text{central}\\ \text{difference}\\ \text{constant } x}} = \frac{z_{(i,j+1)} - z_{(i,j-1)}}{y_{(i,j+1)} - y_{(i,j-1)}} \tag{20.6}$$

이런 형태의 그리드는 3차원(두 개 대신에 세 개의 첨자) 또는 3차원과 시간(네 개의 첨자)까지 확장할 수 있다.

간단한 직사각형 그리드와 이와 연관된 방정식은 사용하기가 가장 쉬울 뿐만 아니라, 어디에서나 현실적으로 사용된다. 그러나 흐름이 몇 개의 직사각형이 아닌 바디(nonrectangular body)의 형태로 흐르기를 원하므로, 그림 20.2의 한 개의 그리드 선을 경계선의 형태와 어울리게 하여야 한다. 고체 표면의 근처에 있는 경계층의 상세한 흐름을 차지하기 위하여, 보통 고체 표면에서 멀리 있는 것보다 표면 근처의 그리드 간격과 매우 가깝게 있도록 해야 한다. CFD 컴퓨터 패키지는 문제의 해결을 위한 적절한 그리드를 선택하는 그리드 재생 방법을 가지고 있으므로, 고급 사용자는 자신들의 그리드를 만든다. 원형이나 구형 좌표의 그리드는 원형이나 구형 대칭의 문제를 해결할 때 사용된다.

20.3 CFD 방정식

그리드와 차분방정식을 이용하여 미분방정식을 대수 형식으로 변환할 수 있다. 이러한 변환의 좋은 예가 17장에서 언급한 비정상상태 1차원 층류 방정식이다.

$$\frac{\partial V_x}{\partial t} = \nu \frac{\partial^2 V_x}{\partial y^2} \tag{17.5}$$

만약 변수의 이름을 바꾸어 V_x를 T, ν(동점도)와 α(열확산계수)로 대체하면, 1차원 비정상상태 열흐름 방정식이 되고, 그리고 만약 c(농도)와 $\mathscr{D}$(분자확산계수 또는 소용돌이확산계수)를 사용하면, 19장에서 사용된 1차원 비정상상태 확산 방정식이 된다. 이것은 간단하고 유용하기 때문에 CFD, 열전달, 물질전달 교과서에서 선호하는 본보기 방정식이다.

예제 20.2 우리는 그림 20.3과 같이 t-y 좌표에 식 (17.5)를 나타내고자 한다. 거기에서 각 노드(두 개 선의 교점)는 두 개의 지표인 i와 j로 설명되며, 선 사이의 구간은 상수이고, Δt 및 Δy와 동일하다.(다른 선택이 CFD에서 사용되지만, 이것은 가장 간단한 방법이다.) 이 일련의 좌표 그리드에서 식 (17.5)의 자료 차분의 (이산된) 대수 상당량을 보여라.

먼저, 식 (17.5)는 단지 x 성분의 속도에 대한 것이므로 x 첨자를 제거한다. $V_{i,j}$는 시간이 $i\ \Delta t$(time $= i\ \Delta t$)이고 y 방향의 거리가 $j\ \Delta y$(distance $= j\ \Delta y$)에서 x 성분의 속도값을 나타낸다. 그리고 다음 식을 얻기 위해 식 (17.5)의 두 개의 도함수를 식 (20.1)과 (20.4)의 근사값과 치환한다.

$$\frac{V_{i,j} - V_{i-1,j}}{\Delta t} = \nu \frac{V_{i-1,j-1} - 2V_{i-1,j} + V_{i-1,j+1}}{(\Delta y)^2} \tag{20.7}$$

다음 식으로 다시 정리한다.

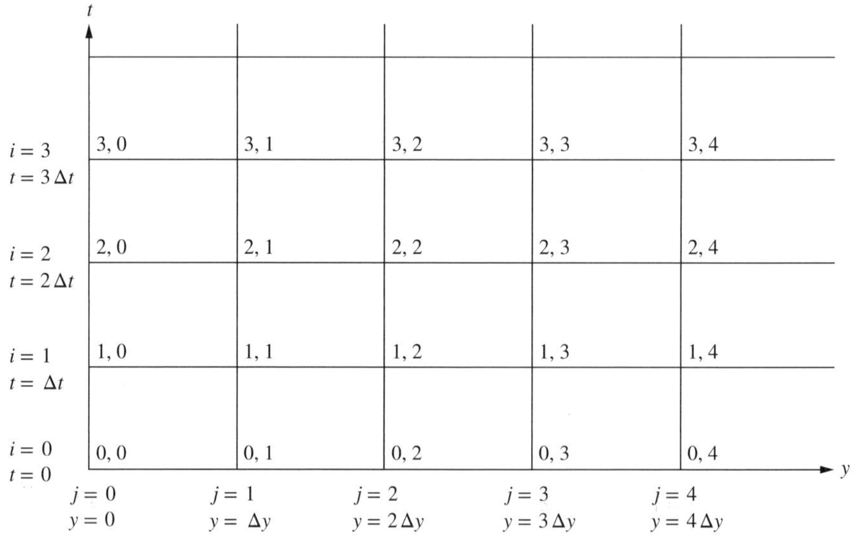

그림 20.3
예제 20.2에 대한 t-y 그리드. 노드(선의 교점)는 수직 방향으로 Δt만큼, 수평 방향으로 Δy만큼 떨어진 간격을 두고 있다. 첨자는 그림 20.2에서 보여 준 것처럼 거리에 따라 증가한다.

$$V_{i,j} = V_{i-1,j} + \left[\frac{\nu\,\Delta t}{(\Delta y)^2}\right] \cdot (V_{i-1,j-1} - 2V_{i-1,j} + V_{i-1,j+1}) \tag{20.8}$$

모든 노드(i와 j의 모든 조합)에 대하여 한 개의 그러한 대수방정식이 있다. ■

이 방정식은 $(i-1)$시간과 $[\nu\Delta t/(\Delta y)^2]$에서 V 값을 기반으로 하여 차례로 어떤 점에서 $V_{i,j}$의 값을 계산할 수 있는 성질을 지니고 있다. 그것은 어느 주어진 동점도와 어느 정규 직사각형 그리드 배열에 대해서 상수이다. 양의 공식(explicit formulation)은 어느 시간의 계단에서 다음 시간의 계단까지 이전 시간의 계단 끝의 값을 기반으로 하여 각각 시간의 계단에서 모든 y 점을 풀면서 간단히 진행한다.

예제 20.3 $t=0$에서 속도가 어디에서나 0이고, $y=0$과 $t \geq 0$에서 V_x가 5 ft/s이며, 그리고 유체가 물인 문제에 대하여, 식 (20.8)을 이용하여 t와 y의 함수로서 V_x를 풀어라. 이것은 물리적으로 갑자기 출발하는 배의 측면 근처의 경계층과 맞는다. 열전달의 유사점은 모든 열전달 책에 있으며, 물질전달의 유사점은 예제 19.5에서 설명한다.

여기서, 2 s의 시간계단과 0.01 ft의 거리계단을 임의로 선택한다. 첫 번째의 여러 시간과 거리계단의 결과를 표 20.2에 나타냈다. $y=0$ ft에 대한 열(column)은 $t \geq 0$에 대해서 5의 값을 가진다. $t=0$의 행(row)은 $y=0$을 제외하고 모두 0이다. 선택된 값의 집합에 대해서

$$\left[\frac{\nu\,\Delta t}{(\Delta y)^2}\right] = \frac{(1.077 \cdot 10^{-5}\ \text{ft}^2/\text{s}) \cdot 2\ \text{s}}{(0.01\ \text{ft})^2} = 0.2154 \tag{20.H}$$

표 20.2
예제 20.2의 수치 결과*

	***y*, ft →**						
***t*, s, ↓**	**0**	**0.01**	**0.02**	**0.03**	**0.04**	**0.05**	**0.06**
0	5	0	0	0	0	0	0
2	5	1.077	0.000	0.000	0.000	0.000	0.000
4	5	1.690	0.232	0.000	0.000	0.000	0.000
6	5	2.089	0.496	0.050	0.000	0.000	0.000
8	5	2.373	0.743	0.135	0.011	0.000	0.000
10	5	2.588	0.963	0.239	0.035	0.002	0.000
12	5	2.757	1.157	0.351	0.072	0.009	0.000
14	5	2.896	1.328	0.465	0.119	0.021	0.002
16	5	3.011	1.480	0.576	0.172	0.038	0.006
18	5	3.110	1.615	0.684	0.230	0.060	0.011
20	5	3.195	1.737	0.787	0.291	0.086	0.019
Analytical solution		3.150	1.676	0.742	0.270	0.080	0.019

*The first column gives time value(s), and the second row the position values (ft). The remainder of the table gives the values of V_x, in ft / s, at that time and location. The last row gives the analytical solution for V_x at $t = 20$ s, corresponding to the numerical solution in the row above.

그리고 $i = 1, j = 1(t = 2\text{ s}, y = 0.01\text{ ft})$에서 V 값은

$$V_{1,1} = 0 + (0.2154) \cdot [(5\text{ ft/s}) - 2 \cdot 0 + 0] = 1.077\text{ ft/s} \tag{20.I}$$

이 값은 표 20.2의 2 s와 0.01 ft에서 볼 수 있다. 나머지 행에 대해서 식 (20.I)를 반복하면 모두 0이다. 다음 행($t = 4$ s)에 대해서 0.01 ft($i = 2, j = 1$)의 값은

$$V_{2,1} = 1.077 + (0.2154) \cdot [(5\text{ ft/s}) - 2 \cdot 1.077 + 0] = 1.690\text{ ft/s} \tag{20.J}$$

그리고 0.02 ft에 대해서

$$V_{2,2} = 0 + (0.2154) \cdot [(1.077\text{ ft/s}) - 2 \cdot 0 + 0] = 0.232\text{ ft/s} \tag{20.K}$$

이것을 스프레드시트에 옮기면 표의 나머지 값은 순식간에 정리된다. ■

이 예제에서 다음을 정리할 수 있다.

1. 절차는 간단하다. $t = 0$에서 시작해서 한 개의 Δt에 대해서 풀고 다음에는 한 번에 한 점(한 번에 한 개의 방정식)을 푼다.
2. 표 20.2에서는 세 개의 숫자에서 반올림한 값을 표시하였다. 반올림 오차를 최소화하기 위하여 실제 계산은 컴퓨터가 허용한 대로 유효숫자만큼을 전달한다.
3. 해석해는 알려졌으므로(만약 y를 무한히 확장하는 부가적인 가정을 포함한다면), 이것은 CFD 본보기에 대한 선호하는 문제이다. 그 해[변경된 변수 이름을 가진 식 (19.8) 참조]는

$$\frac{V_x - V_{x@y=0}}{V_{x@t=0} - V_{x@y=0}} = \text{erf}\left(\frac{x}{2\sqrt{\nu t}}\right) \tag{20.9}$$

   또는

$$\begin{aligned} V_x &= V_{x,\,y=0} + (V_{x,\,t=0} - V_{x,\,y=0}) \cdot \text{erf}\left(\frac{x}{2\sqrt{\nu t}}\right) \\ &= 5\,\frac{\text{ft}}{\text{s}}\left[1 - \text{erf}\left(\frac{x}{2\sqrt{\nu t}}\right)\right] \end{aligned} \tag{20.L}$$

   $t = 20$에 대한 해석해의 값은 표 20.2의 마지막 행에 나타내었다.
4. 표 20.2의 마지막 두 행을 비교하면 수치해(numerical solution)는 완전해(exact solution)가 아니고 근사값임을 알 수 있다. 이 경우, 답은 잘 일치하는데, 수치해는 0.06 ft/s가 초과하지 않아 해석해와는 차이가 별로 없다.
5. 이 예제(그리고 모든 교과서의 CFD 예제)는 하나의 편미분방정식을 푸는 방법이다. 실제 CFD 문제에서는 그러한 방정식의 하나 이상은 거의 항상 존재한다. 질량과 운동량 방정식의 동시해(simultaneous solution)를 필요로 하는 프란틀 경계층식(17장)을 상기하라. 이 예제에서는 모든 항은 0이기 때문에 식 (15.8)의 질량 방정식에 신경

을 쓸 필요가 없다. 만약 모든 유선이 곧바르고 평행하다면, 식 (15.8)의 모든 항은 0이다. 경제적 관심의 문제에서는 이러한 경우는 거의 없으므로, CFD 프로그램은 동시에 한 개 이상의 편미분방정식을 거의 항상 풀 수 있다.

20.4 안정성

이전 예제에서 수치 안정성의 쟁점도 살펴보아야 한다. 오차는 수치적 근사에 의한 도함수의 대체와 컴퓨터에서 반올림하는 절차 때문에 발생한다. 만약 이러한 오차는 계단에서 계단으로 크기를 감소시키면 해는 안정해지지만, 반대로 계단의 크기를 증가시키면 해는 불안정해진다. 다음 식을 만족하면 해는 안정하다고 앤더슨[1, p.161]은 CFD 교과서에서 증명하였다.

$$\frac{\nu\ \Delta t}{(\Delta x)^2} \le \frac{1}{2} \tag{20.10}$$

예제 20.3[식 (20.H) 참조]에서, 양(quantity)은 0.2154이므로, 안정성에는 문제가 없다. 비(ratio)가 1.08이 되도록 $\Delta t = 10$ s를 택해서 예제 20.3을 반복하면 안정성의 어려움을 증명할 수 있다. 첫 번째 점을 계산하여 불가능한 결과(벽이 움직이는 것보다 빠른)인 $V = 5.385$를 찾는다. $y = 0.01$ ft에서 다음 몇 개의 요소는 -0.83, 12.59, -17.31 ft/s이다. 진동은 시간에 따라 성장하고, y가 증가함에 따라 보다 약해지면서 진동은 y의 모든 값에서 발생한다(연습문제 20.7 참조).

만약 실제 문제가 식 (20.10)을 만족하는 Δt와 Δx의 선택을 허용하면, 안정성의 어려움은 발생하지 않는다. 많은 문제에 대하여 안정성의 어려움은 존재하므로, 다른 접근법이 필요하다. 예제 20.2와 20.3에서 전적으로 $(i-1)$의 값을 기반으로 하여 $(V_{i,j} - V_{i-1,j})/\Delta t$의 값을 계산하였다. 이것은 불안정성의 원인 중의 하나이다. 만약 대신에 $(i-1)$에서 i까지의 절반값을 사용하면, 식 (20.7)을 얻을 수 있다.

$$\begin{aligned}\frac{V_{i,j} - V_{i-1,j}}{\Delta t} \\ = \nu\,\frac{0.5(V_{i-1,j-1} + V_{i,j-1}) - 2[0.5(V_{i-1,j} + V_{i,j})] + 0.5(V_{i-1,j+1} + V_{i,j+1})}{(\Delta y)^2}\end{aligned} \tag{20.11}$$

이것으로 안정성의 문제를 해결할 수 있으나, 이전해(previous solution)를 얻은 대로 한 번에 한 개의 방정식을 풀면서 간단하게 진전할 수 없기 때문에 해를 얻는 것은 더욱더 어렵다. 동시에 문제의 모든 점에 대하여 식 (20.11)을 이용하여 식 (20.11)의 상응하는 값(equivalent)을 얻어야 한다. 이것을 음해(implicit solution)라고 한다. 동시에 푼 (i, j)의 모든 점에서 하나의 대수방정식의 집합이 될 것이다. 이 방정식은 행렬로 표현된다. 이 방정식은 너무 방대해서 손 또는 스프레드시트로 풀기는 불가능하다. CFD 프로그램은 이 문제를 푸는 데 행렬 솔버 루틴(matrix-solver routine)을 사용한다. 몇 가지 문제에 대하여 이 접근법은 예제 20.2와 20.3의 양의 접근법(explicit approach)보다 더 빠르고 만족할 만하다.

20.5 CFD 적용

CFD는 여러 가지 방법이 사용되는데, 복잡성의 증가 순서대로 나열하면 다음과 같다.

1. 물질수지에만. 만약 몇 가지 임의의 공간에서 2차원 흐름함수(16장)를 다시 시작하면, 흐름을 만들기 위하여 CFD를 사용할 수 있고, 흐름이 다른 성질을 찾는 것을 만드는 데 사용된다. 이 접근법은 항공기와 같은 복잡한 구조 주위의 흐름을 만들기 위해서 사용된다.
2. 층류에서 물질수지와 운동량수지. 식 (15.8)과 (15.27)은 임의의 기하학적 구조에 대해서 동시에 풀어진다. 이 해는 나비에-스토크스(Navier-Stokes) 방정식에 대한 모든 가정을 포함한다. 많은 CFD 패키지는 이 선택을 제공한다.
3. 2번과 동일하나 난류의 추가. 18장에서 논의한 대로, 나비에-스토크스 방정식에서 동점도는 보통 k-ε 방법에 근거하여 소용돌이 동점도로 대체된다. 이 선택은 대부분 CFD 패키지에서 제공된다.
4. 3번과 같으나, 3차원 에너지수지는 동시에 풀어진다. 이 추가내용은 온도 변화에 따른 물리적 성질의 변화를 설명한다. 이것은 8장에서 보여 준 것으로 단열흐름에서 온도의 주요한 변화가 있는 항공기의 모사에 사용된다. 이것은 열전달 문제에서 화학공학 기술자에 의하여 사용된다.
5. 4번과 동일하나, 화학반응(예를 들면, 연소)의 추가. 이것은 그림 1.15에서 노(furnace)의 거동을 만들기 위해 사용되는 형태이다. 이 형태의 프로그램은 노의 효율, 제품의 질, 가공된 물질의 수율을 향상하고, 공해물질의 형성을 감소시키기 위해 목표가 되며 널리 사용된다.
6. 더 복잡한 상황(예를 들면, 2상 흐름)의 흐름과 액적 또는 입자의 흐름, 동결 또는 용해의 흐름, 비뉴턴 흐름, 그리고 다공성 매체 흐름의 추가[4].

20.6 요약

1. CFD의 기본 수학은 빠른 컴퓨터가 출현하기 전에 대부분 개발되었다. CFD의 기본 수학을 사용하여 손으로 간단한 문제를 풀 수 있었다. 그러나 빠른 컴퓨터가 개발되었을 때 기술자가 관심이 있는 대부분의 문제는 CFD를 적용할 수 있게 되었다.

2. CFD는 수치적으로 기본 유체역학 방정식을 풀 수 있게 해 준다.
3. 이것은 해의 공간(2차원 또는 3차원)을 몇 종류의 그리드의 작은 간격으로 분할하고, 도함수를 차분으로 대체할 수 있게 해 준다.
4. 그 결과는 대수방정식의 집합이다. 양의 공식(explicit formulation)에서, 이것은 한 번에 하나씩 풀 수 있게 해 준다. 음의 공식(implicit formulation)에서는 그것들은 동시에 모두 풀어져야만 한다.
5. CFD와 열전달 및 화학반응의 조합(예를 들면, 연소 방정식)은 화학공학 기술자에게 매우 실제적인 관심사인 해석적 문제에 대한 강력한 수단을 제공한다.
6. 이 장은 CFD의 가장 간단한 개념만을 보여 주었을 뿐이다. 더 자세한 정보는 앤더슨 [1]을 참고하기 바란다.

연습문제

문제 풀이를 위한 상용값은 부록 E를 참고하라.

20.1. 예제 20.1에 대하여 모든 세 개의 x 간격($\Delta x = 0.25, 0.1, 0.01$)으로 계산하라.

20.2. $x = 0.75$에 대하여 예제 20.1을 반복하라.

20.3. $\Delta x = 10°$와 $1°$의 간격을 사용하여 $x = 40°$에서 $y = \sin x$에 대한 예제 20.1을 반복하라. 수치적 도함수와 해석적 도함수를 비교하라. 힌트: 스프레드시트는 보통 radian으로 표현한 각의 sin으로 추산한다.

20.4. 식 (20.5)와 (20.6)에 상응하는 두 개의 2차 도함수를 보여라.

20.5. 예제 20.3에서,

(*a*) 계산을 하기 위해서 스프레드시트를 만들어라.

(*b*) 예제 20.3을 다시 시도하여 표 20.3과 동일한 결과를 얻는지 보여라.

(*c*) $\Delta t = 1$ s를 사용하여 20 s까지 계산을 반복하라. 계산값과 예제 20.3의 결과와 비교하라.

20.6. 예제 20.3에서, 20 s에서의 해석적 값을 계산하라. 그림 19.5를 참조하라.

20.7. $\Delta t = 10$ s를 사용하여 $y = 0.01$ ft에서 값의 초과(overshoot)와 진동을 보이는 100 s까지 예제 20.3을 반복하라.

참고문헌

1. Anderson, J. D., Jr. *Computational Fluid Dynamics: The Basics with Applications*. New York: McGraw-Hill, 1995.
2. White, F. M. *Fluid Mechanics*. 4th ed. New York: McGraw-Hill, 1999.
3. Wilkes, J. O. *Fluid Mechanics for Chemical Engineers*. Upper Saddle River, NJ: Prentice Hall, 1999, Sec. 10.4.
4. ANSYS CFD, https://www.ansys.com/products/fluids.

CHAPTER

21

미세유체학

1900년대 후반 반도체 기반의 전자 혁명은 개인용 컴퓨터, 스마트폰, 디지털 시계 및 인터넷과 함께 우리의 삶을 변화시켰다. 그 혁명은 새로운 제조 기술 중 주로 포토리소그래피법을 통해 기계적으로 가공된 것에 비해 더 작고 더 복잡하지만 저렴한 유체 흐름 장치의 생산으로 이어져 왔다. 이러한 장치의 동작은 우리가 20장까지에서 본 것과는 매우 다른 유체역학인 미세유체학(microfluidics)의 새로운 분야를 열었다. 이 장에서는 이와 관련된 다양한 문헌의 미세유체를 소개하고자 한다[1]. 이러한 문헌에서는 영국식 단위(FPS)가 아니라 거의 전적으로 SI단위를 사용하고 있지만, 이 장에서는 관련된 물리적 크기에 대한 직관적인 느낌을 얻을 수 있도록 SI단위계 외에도 종종 영국식 단위 값도 표시하였다.

미세유체 장치는 일반적으로 입자 분리 및 분석, 생물학적 샘플의 분석, 센서, 세포 계수(cell counting) 및 캡처, 마이크로 펌프 및 액추에이터(actuator)에 사용된다. 미세유체 장치를 사용하면 복잡한 분석 프로세스를 통합하고 병렬로 작동할 수 있다.

21.1 마이크로는 얼마나 작은가?

우리 대부분은 피트, 마일 또는 갤런이 어느 정도 되는지 직관적으로 이해할 수 있지만, 미크론이나 마이크로리터가 얼마나 되는지를 비슷하게라도 이해할 사람은 많지 않을 것이다. 미세유체학의 기본 길이 단위는 마이크론이다.

$$1\ \mu\text{m} = 10^{-6}\ \text{m} = 10^{-3}\ \text{mm} = 10^{3}\ \text{nm}$$

사람의 머리카락 굵기는 20~180 μm 정도이며, 사람의 적혈구 세포의 직경은 7~8 μm이다[2].

마이크로리터의 기본적 부피의 단위는 다음과 같다.

$$1\ \mu L = 1\ mm^3 = 10^{-6}\ liters = 10^{-9}\ m^3$$

1리터(10^{-3} m^3)는 길이가 0.1 m = 10 cm의 정육면체이며, 이는 1.057 U.S. quart에 해당된다. 1밀리리터는 10^{-6} m^3 = 10^{-3} liter(1입방센티미터라고 부르기도 함), 길이가 0.01 m = 1 cm인 각설탕의 부피와 비슷하다. 1마이크로리터(10^{-6} liter = 10^{-9} m^3)는 한쪽 길이가 1밀리미터인 정육면체와 같고, 그 크기는 대략 큰 모래 알갱이 정도이다. 1나노리터(10^{-9} liter = 10^{-12} m^3는 한쪽 길이가 0.1 mm 또는 100 μm인 정육면체 부피에 해당되고, 흰색 바탕에 검은색인 경우 현미경 없이도 관찰할 수 있으나, 적혈구 세포(직경 7 μm)의 경우는 현미경 없이 관찰하기 어렵다.

미세유체 장치의 체적 유량은 일반적으로 μL/min(1 μL/min = 10^{-3} mm^3/min = 1.667 · 10^{-11} m^3/s = 0.526 liter/yr)로 표시한다. 이렇게 낮은 유속은 분석 장치에는 유용하지만 우유나 가솔린 생산과 같은 대량 생산에는 유용하지 않다.

가장 작은 피하주사바늘(34 gauge)의 내경이 약 80 μm로, 더 작은 원통형 장치는 기계적인 가공을 통해 만들기 쉽지 않다. 폴리에틸렌 튜빙은 내경이 약 280 μm인 것을 사용할 수 있다. 반도체 공정 기술로 만든 미세유체 장치는 훨씬 작을 수 있다. 이러한 장치의 유체 흐름은 일반적으로 층류이다.

예제 21.1 길이가 1/2 in = 0.0127 m이고 양 끝 사이의 압력차가 1 bar인 34 gauge 피하주사바늘(ID 80 μm)에 물이 꾸준히 흐르고 있다. 평균속도와 체적 유량을 추정하라.

식 (6.9)로부터 층류를 가정하면,

$$Q = \frac{P_1 - P_2}{\Delta x} \cdot \frac{\pi}{\mu} \cdot \frac{D_0^4}{128} = \frac{10^5\,\text{Pa}}{0.0127\,\text{m}} \cdot \frac{\pi}{0.001\,\text{Pa}\cdot\text{s}} \cdot \frac{(80 \cdot 10^{-6}\,\text{m})^4}{128}$$

$$= 7.92 \cdot 10^{-9}\frac{\text{m}^3}{\text{s}} = 475\frac{\text{L}}{\text{min}} \tag{21.A}$$

식 (6.11)로부터,

$$V_{avg} = \frac{4Q}{\pi D^2} = 1.57\frac{\text{m}}{\text{s}} \tag{21.B}$$

레이놀즈 수는

$$R = \frac{\rho V D}{\mu} = \frac{1000\,\text{kg}/\text{m}^3 \cdot 1.57\,\text{m}/\text{s} \cdot 80 \cdot 10^{-6}\,\text{m}}{0.001\,\text{kg}/\text{m}\cdot\text{s}} = 126 \tag{21.C}$$

가정된 압력구배가 큰 경우에도 흐름이 층류임을 알 수 있다. ■

이 예제에서 압력구배는

$$\frac{P_1 - P_2}{\Delta x} = \frac{1\,\text{bar}}{0.0127\,\text{m}} = 78.7\frac{\text{bar}}{\text{m}} = 348\frac{\text{psig}}{\text{ft}}$$

로 1~20장에서 흔히 볼 수 있었던 것보다 크다. 미세유체에서의 압력값 자체는 작은데, 짧은 길이의 관에서 작동되기 때문에 결과적으로 큰 압력구배를 가지게 된다.

미세유체 장치는 일반적으로 유리나 실리콘 및 다양한 고분자로 만들어진다. 폴리디메틸실록산(PDMS)이 가장 많이 사용된다. 이들의 제조에는 컴퓨터 칩을 만들기 위해 개발된 동일한 공정인 포토리소그래피 및 에칭이 포함된다. 결과적으로 채널은 100 nm만큼 작을 수 있다. 포토리소그래피는 직사각형 채널을 생성하고 HF에 의한 유리의 습식 에칭은 대략 반원형 채널을 생성한다.

살아 있는 유기체 역시 작은 채널을 만드는데, 인간의 혈액 모세관은 일반적으로 약 7 μm이고 대략 원통형이다. 모세혈관은 적혈구가 통과할 수 있는 가장 작은 통로이다. 동맥과 같은 더 큰 채널에서 혈액은 일반적인 비뉴턴 유체처럼 행동하는데, 모세관에서는 개별 고체 입자를 따라 밀어내는 일반 유체처럼 작동한다.

표면 효과는 큰 흐름보다 미세유체 흐름에서 훨씬 더 중요하다. 원통형 전선관의 경우

$$\frac{\text{perimeter}}{\text{flow area}} = \frac{\pi D}{(\pi / 4)D^2} = \frac{4}{D} \tag{21.1}$$

직경이 1 cm인 도관의 경우, 흐름 면적의 둘레는 4/cm이다. 100 μm 직경 도관의 경우 400/cm이다. 따라서 큰 도관에서는 무시할 수 있는 표면 효과가 더 작은 도관에서 더 중요해진다.

21.2 압력구동 미세유체 네트워크

미세유체 장치는 종종 압력구동식의 상호 연결된 채널의 복잡한 네트워크를 포함한다. 일반적인 예는 그림 21.1에 표시된 것과 같은 직렬 희석 네트워크이다[3]. 그림 21.1의 네트워크는 대략 10 mm × 10 mm이다. 상호 연결된 채널의 이러한 배열은 농도가 0 및 100%인 두 개의 유체 흐름을 사용하고 농도가 0, 1, 10, 100%인 네 개의 유체 흐름을 생성시킨다. 직렬 희석의 몇 가지 일반적인 응용의 예로는 검출기 보정, 반응 동역학 연구, 세포 배양 및 RNA 분자의 시험관 내 진화를 들 수 있다[4]. 전기 회로의 비유는 이러한 네트워크를 분석하고 설계하는 데 유용하다. Oh 등[3]은 이러한 방법에 대한 검토를 제시하고 몇 가지 흥미로운 예를 제공하였다. 그림 21.2에 표시된 직렬 희석 네트워크는 구체적인 예 중 하나이다. 여기서 우리는 그림 21.2와 같이 그 예를 자세히 살펴보기로 하자.

Oh 등[3]은 그림 21.2의 장치에 대해 다음 사양을 만들고 가정을 단순화하였다. 채널은 높이와 너비가 100 μm인 정사각형 단면이다. 출구 유량 및 농도는 $Q_1 = Q_2 = Q_3 = Q_4 = 1$

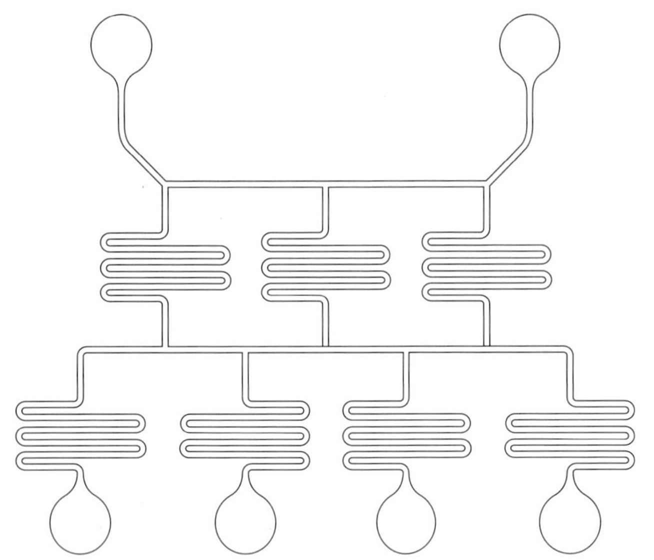

그림 21.1
압력구동 직렬 희석 흐름 네트워크용 마스크 레이아웃 [Oh, K. W., K. Lee, B. Ahn, E. P. Furlani. "Design of Pressure-Driven Microfluidic Networks Using Electric Circuit Analogy." *Lab Chip 12* (2012), pp.515–545에 근거]

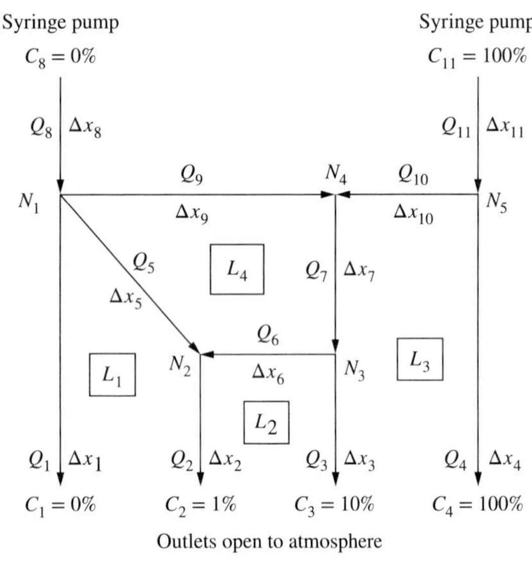

그림 21.2
0, 1, 10, 100%의 농도를 제공하는 직렬 희석 미세유체 네트워크. 여기서 C는 농도, Q는 체적 유량, Δx는 채널 세그먼트의 길이, L은 회로의 루프, N은 노드이다. [Oh, K. W., K. Lee, B. Ahn, E. P. Furlani. "Design of Pressure-Driven Microfluidic Networks Using Electric Circuit Analogy." *Lab Chip 12* (2012), pp.515–545에 근거]

μL/min 및 $C_1 = 0\%$, $C_2 = 1\%$, $C_3 = 10\%$, $C_4 = 100\%$이다. 세그먼트의 길이 Δx_7 및 Δx_2가 확산에 의한 혼합을 위해 충분히 길다는 요구사항을 만족하는 채널 길이와 입구 흐름, Q_8 및 Q_{11}을 구한다. 다음으로 미지의 흐름과 길이를 특정할 수 있는 전기 회로적 유사성을 만들어 보자.

식 (6.9)를 상기해 보자. 식 (6.9)는 수평 원통형 튜브의 정상상태의 층류 흐름을 나타낸다.

$$Q = \frac{P_1 - P_2}{\Delta x} \cdot \frac{\pi}{\mu} \cdot \frac{D_0^4}{128} \tag{6.9}$$

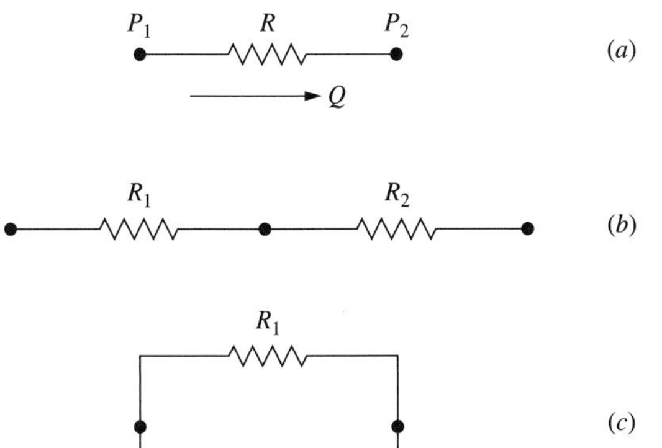

그림 21.3
세 가지 전기 회로 요소의 스케치. (a) 유량 $Q=(P_1-P_2)/R$로 표현되고 이는 옴의 법칙과 유사하다. (b) 전체 직렬 저항 $R=R_1+R_2$이다. (c) 전체 병렬 저항 $1/R=1/R_1+1/R_2$로 표현된다.

식 (6.9)를 아래와 같이 일반화된 표현으로 나타내면

$$Q=\frac{P_1-P_2}{R} \tag{21.2}$$

여기서 실린더형 튜브에 관한 수력학적 저항 R은

$$R=\frac{\Delta x\cdot\mu\cdot 128}{\pi\cdot D_0^4} \tag{21.3}$$

식 (21.2)에 의해 주어진 관계가 그림 21.3(a)에 묘사되어 있다.

수력학적 저항은 채널 형상에 따라 달라진다. 예를 들어, 높이가 h이고 너비가 l인 직사각형 슬릿의 경우 식에서 $h/l \ll 1$이며, 식 (6.29)로부터,

$$R=\frac{\Delta x\cdot\mu\cdot 12}{l\cdot h^3} \tag{21.4}$$

저항에 관한 일반식으로 표현하면,

$$R=\alpha\frac{\Delta x\cdot\mu}{A^2} \tag{21.5}$$

여기서 A는 채널의 단면적이고, α는 채널의 형태에 따라 달라지는 무차원수이다[5]. 실린더형 채널에 대해서 $\alpha=8\pi$이다. 직사각형 슬릿의 경우, $\alpha=4l/h$이다. 일반적으로 α는 아래 표현된 식에 관한 함수이다.

$$C=\frac{\text{perimeter}^2}{A} \tag{21.6}$$

직사각형 채널의 경우[5],

$$\alpha(C)\approx\frac{22}{7}C-\frac{65}{3} \tag{21.7}$$

식 (21.2)는 옴(Ohm)의 법칙 $I = V/R$와 유사하다. 여기서 I는 전류이고 V는 저항 R에 걸쳐 측정된 전압이다. R이 그림 21.3(b)와 같이 직렬로 연결된 두 개의 저항으로 구성된 경우,

$$R = R_1 + R_2 \tag{21.8}$$

R이 그림 21.3(c)와 같이 병렬로 연결된 두 개의 저항으로 구성된 경우,

$$\frac{1}{R} = \frac{1}{R_1} + \frac{1}{R_2} \tag{21.9}$$

옴의 법칙과의 유사성은 층류에 대해서 적용할 수 있지만 난류에는 적용되지 않는다. 식 (6.M)에서 출발하여 식 (21.2)를 난류에 대해서 표현하면,

$$Q_{\text{turbulent}} = AV = \left(\frac{\pi}{4}\right)D^2\sqrt{\frac{(P_2 - P_1) \cdot 2D}{\Delta x \cdot \rho \cdot 4f}} \tag{21.10}$$

여기서 Q는 압력차의 제곱근에 의존하고 f는 V에 의존하여 비선형 방정식이 된다. 이러한 유형의 문제에 대한 해결은 6장에서 논의되었기 때문에 이것으로 인해 곤란을 겪을 만한 문제는 아니지만 이 전기 유추 방법이 층류에 제한되어 있음을 보여 준다.

옴의 법칙 외에도 두 가지 다른 전기 회로 법칙, 즉 키르히호프의 전류 법칙(KCL) 및 키르히호프의 전압 법칙(KVL)이 수력학적 네트워크 분석에 유용하다. 키르히호프의 현재 법칙은 임의의 순간에 노드에 들어가는 전류의 합은 노드를 떠나는 전류의 합과 같음을 나타낸다. 예를 들어, 그림 21.2에서 노드 N_2에 대한 KCL의 적용은

$$Q_5 + Q_6 = Q_2 \tag{21.D}$$

비압축성 유체의 경우 KCL은 물질수지와 유사하다.

키르히호프의 전압 법칙은 어떤 순간에 회로의 모든 루프에 대한 전압의 합이 0이라고 명시하고 있다. 그림 21.2의 루프 L_2에 KVL을 적용하면

$$(P_2 - P_3) + (P_3 - 0) + (0 - 0) + (0 - P_2) = 0 \tag{21.E}$$

식 (21.E)는 N_2에서 시작하여 시계방향으로 루프 2 주위로 이동한 게이지 압력을 사용하였다. 루프 2는 출구 2와 3이 대기에 열려 있기 때문에 루프라 할 수 있다. 전기 회로에서 이것은 이러한 콘센트를 접지하는 것에 해당하며 그런 의미에서 접지를 통해 서로 연결되어 루프를 형성한다.

예제 21.2 이러한 아이디어를 그림 21.2의 연속 희석 장치에 적용하기 전에 그림 21.4의 더 간단한 압력구동 유량 분배기를 고려해 보자. 여기서 우리는 $P_1 = 1.2$ bar이고 두 개의 출구가 $P_3 = P_4 = 1.0$ bar가 되도록 대기에 개방되어 있다고 가정한다. 채널의 길이는 $\Delta x_1 = 5$ mm, $\Delta x_2 = 20$ mm, $\Delta x_3 = 10$ mm이다. 채널은 직선형, 원통형

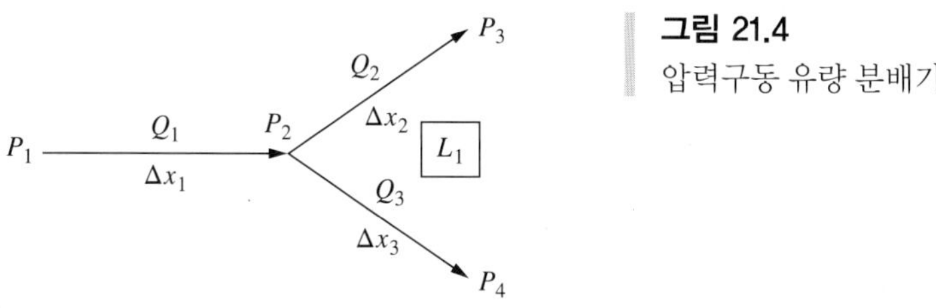

그림 21.4
압력구동 유량 분배기

이며 직경 $D_0 = 50\ \mu\text{m}$로 균일하다. 유체는 $\mu = 0.001\ \text{Pa}\cdot\text{s}$인 실온의 물이다. Q_1, Q_2, Q_3 및 P_2를 구하라.

P_2를 찾기 위해 노드 2에 키르히호프의 전류 법칙을 적용하면

$$Q_1 - Q_2 - Q_3 = 0 \tag{21.F}$$

식 (21.F)는 식 (21.2)를 사용하여 다시 작성된다.

$$\frac{P_1 - P_2}{R_1} - \frac{P_2 - P_3}{R_2} - \frac{P_2 - P_4}{R_3} = 0 \tag{21.G}$$

채널의 직경이 균일하기 때문에 각 저항은 길이에 비례하여 식 (21.G)는 압력을 bar로, 길이를 mm 단위로 미지수 P_2에 대해 풀 수 있다.

$$P_2 = \frac{\dfrac{P_1}{\Delta x_1} + \dfrac{P_3}{\Delta x_2} + \dfrac{P_4}{\Delta x_3}}{\dfrac{1}{\Delta x_1} + \dfrac{1}{\Delta x_2} + \dfrac{1}{\Delta x_3}} = \frac{\dfrac{1.2}{5} + \dfrac{1.0}{20} + \dfrac{1.0}{10}}{\dfrac{1}{5} + \dfrac{1}{20} + \dfrac{1}{10}} = 1.11\ \text{bar} = 1.11 \cdot 10^5\ \text{Pa} \tag{21.H}$$

Q_1을 찾기 위해 식 (21.2)와 (21.3)을 적용하면

$$R_1 = \frac{\Delta x_1 \cdot \mu \cdot 128}{\pi \cdot D_0^4} = \frac{0.005 \cdot 0.001 \cdot 128}{\pi \cdot (5 \cdot 10^{-5})^4} = 3.26 \cdot 10^{13} \frac{\text{Pa} \cdot \text{s}}{\text{m}^3} \tag{21.I}$$

$$Q_1 = \frac{P_1 - P_2}{R_1} = \frac{1.2 \cdot 10^5 - 1.11 \cdot 10^5}{3.26 \cdot 10^{13}} = 2.63 \cdot 10^{-10} \frac{\text{m}^3}{\text{s}} = 15.8 \frac{\mu\text{L}}{\text{min}} \tag{21.J}$$

Q_2를 찾기 위해 식 (21.2)를 한번 더 사용, Q_2/Q_1의 비를 통해 Q_2를 구하면

$$Q_2 = Q_1 \frac{P_2 - P_3\,\Delta x_1}{P_1 - P_2\,\Delta x_2} = 5.26 \frac{\mu\text{L}}{\text{min}} \tag{21.K}$$

같은 방식으로 Q_3를 구할 수 있지만, 그림 21.4의 루프 L_1에 키르히호프의 전압 법칙을 적용하여 다른 접근을 시도할 수 있다. 이를 통해

$$Q_3 = Q_2 \frac{\Delta x_2}{\Delta x_3} = Q_2 \cdot 2 = 10.5 \frac{\mu\text{L}}{\text{min}} \tag{21.L}$$

마지막으로 물질수지 또는 KCL이 충족되는지 확인하면,

$$Q_1 - Q_2 - Q_3 = 15.78 - 5.26 - 10.52 = 0.0\frac{\mu\text{L}}{\text{min}} \tag{21.M}$$

■

그림 21.2의 연속 희석 장치 설계로 돌아가기 전에, 원하는 농도를 제공하는 유량을 지정하기 위해 물질수지식이 필요하다. 만약 물질 A의 농도가 C_{A1}과 C_{A2}이고, 유량이 Q_1과 Q_2인 두 개의 흐름 1과 2를 혼합한다면, 혼합 흐름 3의 결과 농도는 다음과 같다.

$$C_{A3} = C_{A1}\frac{Q_1}{Q_1 + Q_2} + C_{A2}\frac{Q_2}{Q_1 + Q_2} \tag{21.11}$$

예제 21.3 여기에서 직렬 희석 장치의 설계를 완성한다. 그림 21.2에서 채널 2와 7의 길이는 노드 4와 2에서 유입되는 스트림의 혼합을 보장하기 위해 충분히 길어야 한다. 필요한 혼합 길이는 아래 예제 21.4에서 계산된다. 17 mm라는 길이가 적절할 수 있지만 1 μL/min 이상의 유속에서 완전한 혼합을 보장하기 위해 세그먼트 2와 7에 대해 50 mm의 채널 길이를 사용한다. 세그먼트 9가 4 mm로 선택되는 반면 중요하지 않은 세그먼트 6, 8, 10, 11의 길이는 2 mm로 이들의 길이는 레이아웃을 위해 필요에 따라 조정할 수 있다. 나머지 $\Delta x_1, \Delta x_3, \Delta x_4, \Delta x_5$의 길이는 미지의 값이며, 이들은 알려지지 않은 유량을 찾은 후에 결정될 수 있다.

먼저 장치를 떠나는 유속은 $Q_1 = Q_2 = Q_3 = Q_4 = 1$ μL/min이다. 나머지 일곱 개의 Q는 미지의 값이다. 혼합 관계식 (21.11)에서 두 개의 방정식을 얻을 수 있다. 그리고 노드 1~5에 대한 전체 질량수지식에서 다섯 개의 방정식을 얻을 수 있다. 스트림 7에 적용할 때 식 (21.11)은 다음의 결과를 얻을 수 있다.

$$\frac{Q_9}{Q_{10}} = \frac{C_{10} - C_7}{C_7} = \frac{C_{11} - C_3}{C_3} = \frac{100 - 10}{100} = 9 \tag{21.N}$$

유사하게 스트림 2에 대해서,

$$\frac{Q_5}{Q_{16}} = \frac{C_6 - C_2}{C_2} = \frac{C_3 - C_2}{C_2} = \frac{10 - 1}{1} = 9 \tag{21.O}$$

노드 1~5에 관한 물질수지식은,

$$Q_8 - Q_1 - Q_5 - Q_9 = 0 \tag{21.P}$$

$$Q_5 + Q_6 - Q_2 = 0 \tag{21.Q}$$

$$-Q_6 + Q_7 - Q_3 = 0 \tag{21.R}$$

$$Q_9 - Q_{10} - Q_7 = 0 \tag{21.S}$$

$$Q_{11} - Q_4 - Q_{10} = 0 \tag{21.T}$$

이 일곱 개의 방정식을 풀면 $Q_5 = 0.9$, $Q_6 = 0.1$, $Q_7 = 1.1$, $Q_8 = 2.89$, $Q_9 = 0.99$, $Q_{10} = 0.11$, $Q_{11} = 1.11$ μL/min이 된다.

아직 알 수 없는 네 개의 길이인 $\Delta x_1, \Delta x_3, \Delta x_4, \Delta x_5$는 그림 21.2의 루프 $L_1 \sim L_4$에 키르히호프의 전압 법칙을 적용하여 네 개의 방정식을 통해 얻을 수 있다. 여기서 모든 채널은 동일한 정사각형 단면이므로 $P_1 - P_2 \propto Q_5 \cdot \Delta x$이다. 이를 통해 아래의 관계를 얻을 수 있다.

$$Q_5\Delta x_5 + Q_2\Delta x_2 - Q_1\Delta x_1 = 0 \tag{21.U}$$

$$-Q_6\Delta x_6 + Q_3\Delta x_3 - Q_2\Delta x_2 = 0 \tag{21.V}$$

$$-Q_{10}\Delta x_{10} + Q_4\Delta x_4 - Q_3\Delta x_3 - Q_7\Delta x_7 = 0 \tag{21.W}$$

$$Q_9\Delta x_9 + Q_7\Delta x_7 + Q_6\Delta x_6 - Q_5\Delta x_5 = 0 \tag{21.X}$$

이를 풀면 $\Delta x_1 = 109.16$, $\Delta x_3 = 50.2$, $\Delta x_4 = 105.42$, $\Delta x_5 = 65.73$ mm가 된다. 이제 직렬 희석 장치가 완전히 지정될 수 있다. ■

이제 예제 21.3에서 완료된 흐름 네트워크 계산을 사용하여 그림 21.1과 유사한 마스크 레이아웃을 만들 수 있다.

21.3 미세유체에서의 혼합

난류 혼합(19장)에서 우리는 난류 소용돌이에 기반하여 유체를 약 30 μm 규모까지 혼합 계산한 후, 그 이하에서는 분자 확산에 근거한 관계식으로 계산을 완료할 수 있다. 층류 미세유체학에서 우리가 다루는 흐름의 규모는 난류 발생이 없기 때문에 거의 전적으로 분자 확산에 의존하여 혼합을 수행한다. 확산에 의한 혼합은 느리다. 수동 및 능동 믹서가 이 제한을 극복하기 위해 사용될 수 있으며 다른 곳에서 설명된다[6].

예제 21.3의 믹서에서 두 개의 채널에 농도가 다른 유체를 삽입하고 장치를 떠나기 전에 분자 확산에 의해 혼합될 것으로 예상할 수 있다. 채널은 100 μm 정사각형이다.

예제 21.4 유체 흐름이 없는 25°C의 물로 채워진 100 μm 채널을 고려하자.

(*a*) 산소 분자($\mathscr{D} = 2.10 \cdot 10^{-9}$ m^2/s)가 100 μm를 확산하는 데 필요한 시간을 추정하라.

(*b*) 미오신 분자($\mathscr{D} = 1.16 \cdot 10^{-11}$ m^2/s)에 대해 이 계산을 반복하라.

(*c*) 유속이 1 μL/min이고 채널의 단면이 정사각형인 경우 확산에 의해 채널 내용물을 혼합하는 데 필요한 길이를 추정하라. 확산계수($\mathscr{D}$)는 ~10^{-9} m^2/s로 계산하라.

(*a*)와 (*b*)의 경우 거리 L을 확산하는 시간의 규모 추정치는 다음과 같다[식 (19.1) 참조].

$$t = \frac{L^2}{\mathscr{D}} \tag{21.Y}$$

$L = 100\ \mu m$인 해당 확산시간은 산소의 경우 5초, 미오신의 경우 1000초이다.

(c)의 경우 채널의 횡단면이 정사각형이면 $\mathscr{D} = 10^{-9}\ m^2/s$ 및 $Q = 1\ \mu L/min$과의 혼합을 보장하는 데 필요한 채널 길이 Δx는 다음과 같다.

$$\Delta x = t \cdot V_{avg} = V_{avg} \cdot \frac{L^2}{\mathscr{D}} = \frac{Q}{\mathscr{D}} = \frac{1.67 \cdot 10^{-11}}{10^{-9}} = 17\,\text{mm} \tag{21.Z}$$

확산계수 $\mathscr{D} = 10^{-11}\ m^2/s$에 해당하는 거리는 약 1700 mm이다. 우리는 예제 21.3의 장치가 작은 분자를 혼합하는 데는 잘 작동하지만 미오신과 같은 큰 분자에 대해서는 과도한 길이가 필요하다는 것을 알 수 있다. ■

21.4 전기적 이중층, 전기삼투 및 전기영동

전기장하에서 전해질 수용액에 노출된 표면에는 전기적 이중층이 생성되기 때문에 이로 인한 작은 규모의 유체 흐름이 발생하게 된다. 예를 들어 유리, 실리카 및 PDMS의 표면은 양성자 손실로 인해 음전하를 띠고 있다. 채널의 경우 이러한 상황은 그림 21.5와 같이 표현될 수 있다. 즉, 양전하를 띤 반대 이온은 쿨롱 인력에 의해 벽으로 당겨지고, 음전하를 띤 상대 이온(co-ion)은 반발하게 된다. 정전기 인력과 반발력 및 확산 사이에 평형에 도달하게 된다.

그림 21.5와 같이 전기장이 가해지면 벽 근처의 양이온은 가까이 있는 유체층을 전기장 방향으로 끌어당기고 채널의 유체는 거의 균일한 흐름을 유지한다. 벽에는 논슬립(nonslip) 조건이 여전히 적용되지만, 채널의 직경에 비해 지연층의 두께가 작다. 따라서 플러그 흐름 모델은 이러한 흐름에 대한 훌륭한 근사치를 줄 수 있다.

커비[7]는 다음과 같은 실험적 관찰을 제공한다. 5기압의 압력으로 물이 직경 100 μm의 유리 채널에서 푸아죄유 흐름을 나타내면, 채널의 두 끝 사이에 약 1 V의 전압차가 측정된

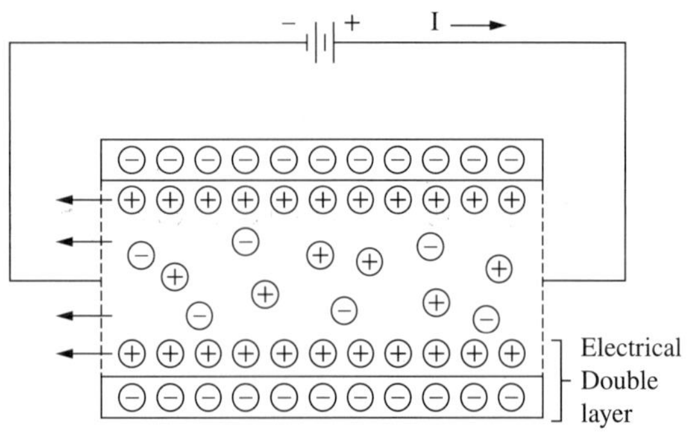

그림 21.5
전압구배에 의해 유도되는 채널의 전기적 이중층과 유체의 흐름에 대한 모식도

다. 압력이 제거되고 동일한 채널에 전압구배(약 10 kV/m)가 적용되면 물은 약 1 mm/s의 균일한 속도로 이동할 것이다.

이 현상을 전기삼투 흐름이라고 한다. 실험에 따르면 전기삼투 흐름의 속도는 전압구배 E (V/m)에 비례한다.

$$V = -\frac{\varepsilon\zeta}{\mu}E \tag{21.12}$$

여기서 ε은 액체의 전기 유전율(C/V m), μ는 점도, ζ는 제타 전위(V)이다. 후자는 채널 벽의 전기 이중층으로 인한 것이며 일반적으로 −0.1 V이다. 진공의 유전율은 $\varepsilon_0 = 8.85 \cdot 10^{-12}$ C/V·m이다. 모든 물질의 유전율은 진공유전율 ε_0와 그 물질의 상대 유전율 ε_r의 곱이다. 25°C의 물의 경우 $\varepsilon_r = 78.54$이다.

예제 21.5 식 (21.12)를 사용하여 전압구배가 10 kV/m인 100 μm 원통형 튜브에서 물의 속도를 추정하라.

$$V = -\frac{\varepsilon\zeta}{\mu}E = -\frac{78.54\left(8.85 \cdot 10^{-12}\frac{\mathrm{C}}{\mathrm{V \cdot m}}\right)(-0.1\,\mathrm{V})}{0.001\,\mathrm{Pa \cdot s}}10^4\frac{\mathrm{V}}{\mathrm{m}} = 7 \cdot 10^{-4}\frac{\mathrm{m}}{\mathrm{s}} \tag{21.AA}$$

속도는 약 0.7 mm/s이다. ■

전기삼투 이동도(μ_{EO})의 정의를 통해 식 (21.12)는 아래와 같이 표현된다.

$$\mu_{EO} = -\frac{\varepsilon\zeta}{\mu} \tag{21.13}$$

이를 바탕으로 유체의 속도를 아래와 같이 쓸 수 있다.

$$V = \mu_{EO}E \tag{21.14}$$

예제 21.5의 조건에서 $\mu_{EO} = 7 \cdot 10^{-8}$ m^2/V·s로, 이 값은 1 mM NaCl 수용액과 다양한 벽 물질 및 pH에 대해 표 21.1에 요약된 값과 대략 일치한다.

전기장이나 압력차가 흐름을 구동하는 경우 화학물질 또는 입자 종의 혼합은 확산에 의한 것이지만 전기영동 효과도 전기장이 있을 때 중요할 수 있다[7]. 전기장에서 종 i에 대한 전기영동 이동도는 다음과 같이 정의된다.

$$V_{EP,i} = \mu_{EP,i}E \tag{21.15}$$

전기영동 이동도의 전형적인 값은 표 21.2[1, 8]에 나와 있다. 전하에 따라 분자는 전기적 삼투 흐름에 의해 유발되는 플러그 흐름 속도에 비해 상대적으로 빨라지거나 느려질 수 있다.

인간 혈장에 존재하는 두 개의 단백질 분자인 알부민과 γ-글로불린이 표 21.2에 나열되

표 21.1

1 mM NaCl을 사용하는 다양한 재료 및 pH에 대한 전기삼투 이동도. 여기서 몰농도 M은 용액 1리터당 용질의 몰수이다[1].

Wall	pH	$\mu_{EO}, m^2 / V \cdot s$
Glass	7	$3 \cdot 10^{-8}$
Glass	5	$1 \cdot 10^{-8}$
Silicon	7	$3 \cdot 10^{-8}$
PDMS	7	$1.5 \cdot 10^{-8}$
polycarbonate	7	$2 \cdot 10^{-8}$

Kirby, B. J. *Micro- and Nanoscale Fluid Mechanics: Transport in Microfluidic Devices*. Cambridge: Cambridge University Press, 2010.

표 21.2

무한 희석에서 이온[1] 및 인간 플라스마 성분[8]에 대한 전기영동 이동도

Species	Solution	$\mu_{EP}, m^2 / V \cdot s$
Na^+	Infinite dilution	$5.2 \cdot 10^{-8}$
Cl^-	Infinite dilution	$-7.9 \cdot 10^{-8}$
HCO_3^-	Infinite dilution	$-4.6 \cdot 10^{-8}$
Albumin	*	$-5.9 \cdot 10^{-9}$
γ-globulin	*	$-1.0 \cdot 10^{-9}$

*Diethylbarbiturate buffer of pH 8.6 and ionic strength 0.1 M.

(Blanch, H. W., and D. S. Clark. *Biochemical Engineering*. New York: Marcel Dekker, Inc., 1997.)

어 있다. 예를 들어, 전기영동으로 알부민과 β-글로불린을 분리하고 검출하려면 전기장에 영향을 받는 샘플을 주입해야 한다. 이를 수행하는 한 가지 방법은 그림 21.6과 같이 전압 구배하에서 샘플과 캐리어의 교차 채널을 사용하는 것이다. 샘플과 캐리어의 교차 채널을 사용하여 스트림 1 및 스트림 2를 따라 전압구배를 전환하면 구성요소가 전기영동으로 분리될 수 있는 너비 w의 샘플이 분리될 수 있다.

샘플에서 종 i의 속도는 다음과 같이 지정된다.

$$V_i = V_{EP,i} + V_{EO} = (\mu_{EP,i} + \mu_{EO})E \tag{21.16}$$

표 21.1과 21.2에 요약된 조건에서 알부민 및 γ-글로불린은 전기영동 이동도가 음이고 전기삼투 이동도가 양이기 때문에 V_{EO}에 비해 지연된다. 각 종들은 고유한 속도를 갖는 것 외에도, 서로 다른 확산계수를 가진다. 알부민 및 γ-글로불린의 확산계수는 $6.1 \cdot 10^{-11}$ 및 $4.0 \cdot 10^{-11}$ m^2/s이다[9].

이러한 정보는 그림 21.6의 장치를 사용하여 알부민과 γ-글로불린 사이에 발생할 수 있는 분리 모델을 구성하는 데 충분하다. 이 모델은 흐름에 수직인 채널의 얇은 부분에 대한 물질수지식을 기반으로 한다.

$$\frac{\partial C}{\partial t} = -V\frac{\partial C}{\partial x} + D\frac{\partial^2 C}{\partial x^2} \tag{21.17}$$

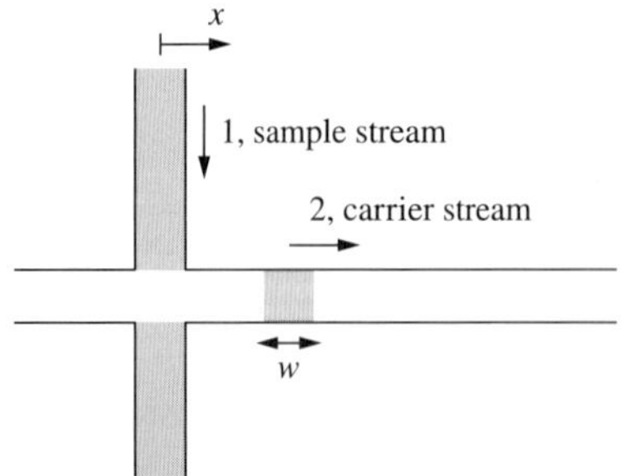

그림 21.6
샘플과 캐리어의 교차 채널을 사용하여 스트림 1 및 스트림 2를 따라 전압구배를 스위치시키면, 구성요소가 전기영동으로 분리될 수 있는 너비 w의 샘플이 분리된다.

식 (21.17)의 초기 및 경계 조건은

$$c(x, t = 0) = M\delta(x) \tag{21.18}$$

$$c(\pm\infty, t > 0) = 0 \tag{21.19}$$

여기서 $\delta(x)$는 디랙(Dirac) 델타 함수이고 M은 그림 21.6에 표시된 주입된 샘플의 너비와 샘플 스트림의 분석물 농도의 곱인 $c_0 w$로 표시된다. 날카로운 스파이크가 너비 w의 샘플 덩어리를 나타내기 때문에 우리 모델은 근사치이다. 식 (21.17)에 대한 해는 식 (21.20)과 같다[10].

$$C(x, t) = \frac{M}{(4\pi Dt)^{1/2}} \exp\left(-\frac{(x - Vt)^2}{4Dt}\right) \tag{21.20}$$

예제 21.6 10 kV/m의 전압구배하에서 측면 길이가 100 μm, 채널 길이가 20 mm인 정사각형 채널에서 알부민(입구 농도 $c_{1,0} = 5$ g/L)과 γ-글로불린($c_{2,0} = 2$ g/L)의 전기영동 분리를 시뮬레이션하기 위해서 식 (21.20)을 사용하라.

그림 21.6에 나타난 샘플 덩어리의 너비는 $w = 100$ μm이고 캐리어 용액의 전기삼투 이동도는 $3 \cdot 10^{-8}$ m^2/V·s라고 가정한다. 식 (21.20)의 속도 V는 식 (21.16)으로 계산된다. 이 예제의 목적을 위해 알부민과 γ-글로불린의 전기영동 이동도가 표 21.2에 제시된 값과 같다고 가정한다. 알부민과 γ-글로불린의 확산계수는 각각 $6.1 \cdot 10^{-11}$ 및 $4.0 \cdot 10^{-11}$ m^2/s이다. 식 (21.20)을 기반으로 계산한 결과가 그림 21.7에 주어져 있다. γ-글로불린은 69초에 중심에 먼저 나타나고, 알부민은 83초에 중심에 나타난다. 채널에서 유체의 평균 체류시간은 67초이다.

운반체 흐름 및 단백질과 관련된 속도를 표 21.3에 요약하였다. 전기삼투 속도는 식 (21.14)에 의해 주어진다. 전기영동 속도는 식 (21.15)와 (21.16)으로 계산되며, 종 i의 속도를 나타낸다. 이러한 예에서 알부민과 γ-글로불린 단백질의 순 전하는 음이고

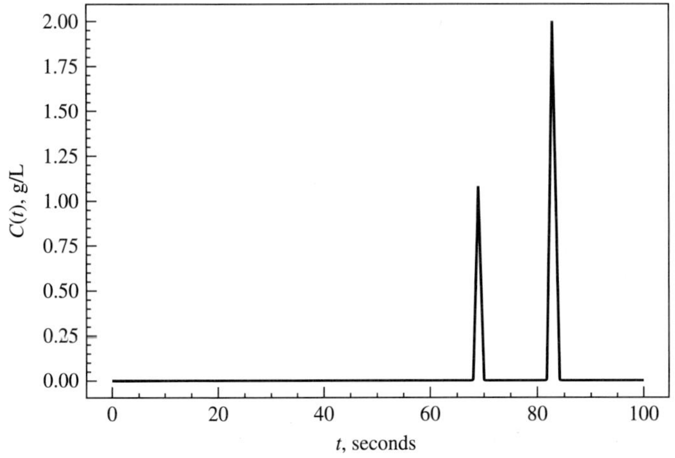

그림 21.7
식 (21.20)을 사용한 알부민과 γ-글로불린의 전기영동 분리 시뮬레이션. γ-글로불린은 69초에 중심에 먼저 나타나고 알부민은 83초에 중심에 나타난다. 채널에서 유체의 평균 체류시간은 67초이다.

표 21.3
예제 21.6 및 21.7과 관련된 주요 속도값들

Species	Name of velocity	*V*, m / s
Carrier stream	Electroosmotic	$3.0 \cdot 10^{-4}$
Albumin	Electrophoretic	$-5.9 \cdot 10^{-5}$
γ-globulin	Electrophoretic	$-1.0 \cdot 10^{-5}$
Albumin	Net	$2.4 \cdot 10^{-4}$
γ-globulin	Net	$2.9 \cdot 10^{-4}$

그 속도는 운반체에 비해 더 느리다. 단백질의 경우 각각 $2.4 \cdot 10^{-4}$와 $2.9 \cdot 10^{-4}$ m/s, 캐리어 유체의 경우 $3.0 \cdot 10^{-4}$ m/s이다. ■

21.5 표면장력 및 펌핑 미세유체 장치에서의 사용

마이크로 채널과 그 포트의 크기가 작기 때문에 액체 액적의 표면력으로 인한 압력차가 이를 통해 흐름을 유도할 수 있다[11]. 그림 21.8은 펌핑 액적과 저장소 액적을 보여 주는 이러한 채널의 개략도이다. 펌핑 액적의 크기는 일반적으로 0.5~5 μL인 반면 저장소 액적의 크기는 약 100 μL이다. 저장소 액적의 상단은 장치 표면 위의 높이 L이다. 이러한 채널을 성공적으로 작동하려면 소수성 재료로 만들어야 한다. PDMS는 극도의 소수성이 펌핑 액적의 퍼짐을 방지하고 액적 내부와 외부 사이의 상당한 압력차의 손실을 방지하기 때문에 일반적으로 사용된다.

이 원리에 따라 작동하는 펌프는 종종 수동 펌프[11]라고 하며 재순환 또는 연속 흐름을 포함하지 않는 미세유체 세포 배양 응용 분야에 사용된다[12]. 세포 배양 응용 분야에 필요한 채널 크기는 더 크고 100~1000 μm 범위이다. 수동 펌핑은 간단하며 생물학 실험실에서 흔히 볼 수 있는 자동화된 액체 처리 시스템을 사용한다. 또한 세포 현탁액을 종자 세포 배양에 정밀하게 분배할 수 있다. 다음에서 우리는 수동 펌핑의 두 가지 정상상태 사례에 대해 계산할 것이다.

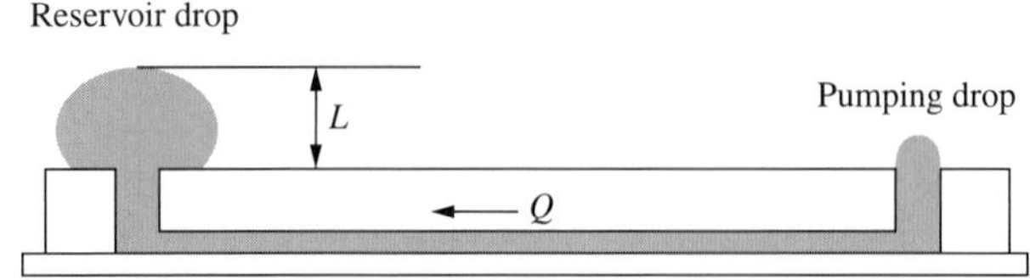

그림 21.8
펌핑 액적과 저장소 액적이 있는 마이크로 채널의 측면도. 표면력으로 인한 압력차는 표시된 방향으로 채널을 통해 액체를 이동시키게 된다. 참고문헌 [11]을 기반으로 작성. [Walker, G. M., and D. J. Beebe. "A Passive Pumping Method for Microfluidic Devices." *Lab Chip 2*, (2002), pp.131–134]

그림 21.8에 표시된 흐름은 비정상상태이다. 펌핑 액적은 마이크로피펫 또는 주사기 펌프로 작은 액적의 액체를 추가하여 갱신할 수 있다. 저장소 액적의 높이 L이 너무 커지면 흐름이 결국 멈추게 된다. Walker와 Beebe[11]는 그림 21.8에서 비정상상태 흐름의 간단한 모델을 제공하고 이를 데이터와 비교하였다. 예제 21.7에서 우리는 베르누이 방정식[식 (5.5)]을 사용하여 두 가지 정상상태의 상황을 분석한다. 즉, 저장소 액적이 너무 깊어(L이 너무 큼) 흐름이 멈추는 경우와 저장소 액적이 흡수될 정도로 적어서 L이 무시할 정도로 작은 경우이다. 후자의 조건은 최대 유속의 추정치를 제공한다.

예제 21.7 L이 너무 커서 그림 21.8의 흐름이 중지되는 상황을 고려하자. 펌핑 액적 내부(1)와 저장소 액적 상단(2) 사이에 베르누이 식을 쓰면 다음과 같다.

$$\frac{P_2 - P_1}{\rho} + gL = 0 \tag{21.AB}$$

식 (14.1)은 펌핑 액적의 내부와 외부 사이의 압력차를 나타낸다. 식 (14.1)을 펌핑 액적의 반지름 R의 관점에서 다시 쓰고, 식 (21.AA)에 적용하여 L을 풀면

$$L = \frac{2\sigma}{\rho g R} \tag{21.AC}$$

여기서 σ는 액체의 표면장력이다. 우리는 물에 대해 이 계산을 수행하고 1 μL의 펌핑 액적에 대해 R을 추정할 수 있다. 구의 부피에 대한 식을 사용하면 $V = \frac{4}{3}\pi R^3$, 여기서 $R = 6.024 \cdot 10^{-4}$ m (620 μm)이고

$$L = \frac{2 \cdot 0.07274\frac{\text{N}}{\text{m}}}{1000\frac{\text{kg}}{\text{m}^3}\,9.81\frac{\text{m}}{\text{s}^2}\,6.204 \cdot 10^{-4}\,\text{m}} = 0.0239\,\text{m} = 2.39\,\text{cm} \tag{21.AD}$$

다음으로 $L = 0$, 채널이 직경 100 μm, 길이 $\Delta x = 20$ mm, 그리고 R이 1 μL 액적에 대해 위에서 계산된 값으로 일정한 원통형인 상황을 고려해 보자. 식 (14.1)과 식 (6.9)로부터 유량은

$$Q = \frac{2\sigma\pi D_0^4}{R\Delta x\mu 128} \tag{21.AE}$$

따라서

$$Q = \frac{2 \cdot 0.07274\frac{\text{N}}{\text{m}}\pi(1 \cdot 10^{-4})^4}{6.204 \cdot 10^{-4}\text{m} \cdot 0.02\,\text{m} \cdot 0.001\,\text{Pa} \cdot \text{s} \cdot 128} = 2.88 \cdot 10^{-11}\frac{\text{m}^3}{\text{s}} = 1.73\frac{\mu\text{L}}{\text{min}} \tag{21.AF}$$

펌핑 액적이 1 μL인 예제 21.7의 조건에서 저장소 액적의 상단은 장치 표면 위 약 2 cm 높이까지 올라갈 수 있으며 장치는 약 2 μL/min의 최대 유속을 달성할 수 있다. ■

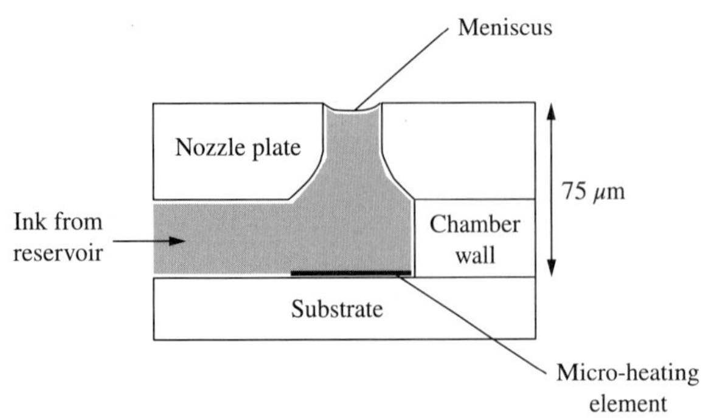

그림 21.9
열전사 잉크젯 노즐 히터 시스템의 측면도. 발열체는 60 × 60 μm 정사각형이다. 참고문헌 [13]을 기반으로 작성. [Rembe, C., S. aus der Wiesche, and E. P. Hofer. "Thermal Ink Jet Dynamics: Modeling, Simulation, and Testing." *Microelectronics Reliability 40*, (2000), pp.525–532]

21.6 잉크젯 프린터

잉크젯 프린터는 미세유체학의 가장 큰 상업적 성공이며, 우리가 가장 많이 접할 수 있는 미세유체 장치이다. 많은 종류의 잉크젯 프린터 중 가장 보편적으로 잉크 방울을 표면에 밀어내는 서로 다른 두 가지 방식이 있다. 열 공정은 잉크의 급속 가열을 사용하여 일부 잉크를 기화시켜 노즐에서 종이로 방울을 밀어낸다. 압전 공정은 압전 재료에 전압을 인가하여 노즐에서 잉크를 밀어내어 모양을 변화시킨다. 노즐 직경은 응용 분야에 따라 다르며 대략 20~50 μm 범위이다.

여기에서는 소규모 인쇄에서 가장 일반적이기 때문에 열전사, 주문형 드롭 프린터에 대해서만 설명한다. 이는 가장 흥미로운 미세유체역학 분야이기도 하다. Rembe, aus der Wiesche 및 Hofer[13]는 그림 21.9에 나타낸 것과 같은 50개의 마이크로 히터, 노즐 요소가 있는 HP DeskJet 500 프린트 헤드에서 세부 측정을 수행했다. 그 측면도는 노즐 플레이트와 챔버벽층의 두께가 약 75 μm임을 보여 준다. 60 × 60 μm 마이크로 발열체는 챔버 바닥의 잉크에 잠겨 있다. 이 구성이 일반적인 열전사 잉크젯 시스템이다.

Rembe, aus der Wiesche 및 Hofer[13]는 3 μs 지속시간으로 6.5 W의 표준 가열 펄스를 사용했다. 이 에너지에 의해 생성된 기포는 약 15 μs의 수명을 갖고 약 15 m/s의 속도로 60 μm 액적을 생성하였다. 그들은 노즐판을 유리판으로 교체하여 가열 과정을 관찰할 수 있었다. 그들은 잉크 대신 순수한 물을 사용했고 가열 시작 후 3.1 μs에서 핵 생성이 시작되는 것을 보았다. 4 μs 후 노즐에서 밀려난 액체 기둥의 높이는 12.3 μm이었다. 10 μs 후에는 약 80 μm이었다.

본질적으로 작은 저항 히터는 노즐에서 잉크 기둥을 배출하는 증기 기포의 폭발적인 성장을 유발한다. 표면장력으로 인해 잉크 기둥이 하나의 큰 구형 액적과 하나 이상의 작은 주변 액적으로 나뉘게 된다.

예제 21.8 60 μm의 물방울이 15 m/s의 속도로 움직이고 있다. 6.5 W의 가열 펄스와 3 μs의 지속시간으로 물방울이 생성되었다. 물방울의 운동에너지를 고려하면 가열

펄스의 에너지 중 물방울의 운동에너지에 존재하는 에너지의 비율은 얼마인가?

액적의 물이 초기속도 $V_1 = 0$이라고 가정하면, 우리가 구하는 운동에너지의 비율은 다음과 같다.

$$f_{KE} = \frac{\frac{1}{2} m V_2^2}{\dot{W} \Delta t} \tag{21.AG}$$

질량 m은 $1.13 \cdot 10^{-10}$ kg이고 $f_{KE} = 6.52 \cdot 10^{-4}$이다. 히터에 공급되는 전기에너지의 현저하게 적은 양이 방울의 운동에너지로 전환된다. 에너지는 어디로 가는 것인가?

우리는 또한 방울의 표면적을 생성하는 데 필요한 가열 펄스의 에너지 비율에 대해 질문할 수도 있다. 액적으로 되는 물이 물방울의 부피에 비해 큰 저장소에서 나오고 그 온도가 일정하다고 가정하면,

$$f_{SE} = \frac{m\sigma(a_2 - a_1)}{\dot{W} \Delta t} \tag{21.AH}$$

여기서 a는 단위 질량당 면적이다. 60 μm 액적의 경우 $a_2 = 100\ \mathrm{m^2/kg}$, $a_1 = 0\ \mathrm{m^2/kg}$, $f_{SE} = 4.18 \cdot 10^{-5}$가 된다.

마지막으로 히터의 모든 에너지가 방울에 들어가는 경우 60 μm 방울의 위상 변화 없이 온도 변화를 계산하면

$$\Delta T = \frac{\dot{W} \Delta t}{mC} \tag{21.AI}$$

액체 물의 열용량 $C = 4200\ \mathrm{J/(kg \cdot K)}$이며, 식 (21.AI)를 통해 물의 온도가 41°C 상승함을 알 수 있다. ■

예제 21.8의 간단한 계산은 마이크로 히터에 공급되는 대부분의 에너지가 기판, 챔버벽 및 잉크의 온도를 높이는 데 사용된다는 것을 의미한다.

21.7 요약

1. 미세유체 장치를 사용하면 소량의 유체와 여기에 포함된 입자를 처리할 수 있다. 응용 분야에는 입자의 분리 및 분석, 생물학적 시료의 특성화, 센서, 세포 수 세기 및 포획, 마이크로 펌프 및 액추에이터가 포함된다. 크기가 작기 때문에 복잡한 분석 프로세스를 통합하고 병렬로 실행할 수 있다.
2. 기본 부피 단위는 마이크로리터(μL)이고 유속은 μL/min으로 측정된다.
3. 압력구동장치의 흐름은 일반적으로 층류인 반면 전기장이 있는 경우에는 거의 균일하다.

4. 수동 및 능동 혼합기가 없는 경우, 혼합은 분자 확산에 의해 이루어진다.
5. 전기적 이중층이 존재하기 때문에 전기장은 작은 규모로 유체의 흐름을 일으킨다. 이것을 전기삼투 흐름이라고 한다. 전기장 때문에 전기영동 효과도 중요하다.
6. 마이크로 채널과 그 포트는 크기가 작기 때문에 액적의 표면력으로 인한 압력차가 이를 통해 흐름을 유도할 수 있다.

연습문제

연습문제와 예제 풀이를 위한 상용 단위와 수치들은 부록 E를 참조하라.

21.1. 물은 5기압의 압력강하로 길이 1/2인치의 피하주사바늘을 통해 강제 주입되고 있다. 5기압의 압력은 5 mL 주사기에서 손으로 밀어 쉽게 만들어질 수 있다. 아래의 경우에 대해서 레이놀즈 수와 물의 흐름속도를 구하라.

(*a*) 바늘의 내경이 80 μm인 경우

(*b*) 내경이 300 μm인 경우, (*a*) 또는 (*b*)에서 난류가 발생한다면, 바늘이 매끄러운 관이라고 가정한다.

21.2. Walker와 Beebe[11]는 길이 20 mm, 높이 140 μm, 너비 1 mm의 직사각형 채널에서 표면장력에 의한 물의 흐름을 연구했다. 부피가 0.5 μL인 물방울을 사용하여 1.25 μL/s의 유속을 측정하였다. 이 값이 합리적인 수치인가?

21.3. 예제 21.3의 계산 결과를 확인하라.

21.4. 페클레 수(Peclet number)는 이류(advection, 온도나 밀도 등 물리량 차이에 의한 대류현상)와 확산의 상대적 중요성을 나타내는 무차원수이다. 예제 21.6의 명명법을 사용하여 $Pe = LV/D$로 정의되며, 여기서 L은 채널의 길이이다. $Pe >> 1$이면 이류가 이동속도를 크게 결정한다. 즉, 이류가 확산보다 빠르게 된다. $Pe << 1$이면 확산이 이류보다 빠르다. 예제 21.6의 조건에 대해 Pe를 결정하고 이에 대해서 논의해 보라. 식 (21.17)의 맥락에서 숫자 Pe에 대한 훌륭한 논의를 위해 참고문헌 [10]을 참조하라.

21.5. 100 V/m의 전압구배로 예제 12.6을 반복 계산하라. 결과값의 차이점을 설명하고 예제 12.6의 조건에서의 페클레 수에 대한 상대적인 페클레 수를 논의하라.

참고문헌

1. Kirby, B. J. *Micro- and Nanoscale Fluid Mechanics: Transport in Microfluidic Devices*. Cambridge: Cambridge University Press, 2010.
2. Milo, R., and R. Phillips. *Cell Biology by the Numbers*. Accessed September 28, 2018. http://book.bionumbers.org/.
3. Oh, K. W., K. Lee, B. Ahn, and E. P. Furlani. "Design of Pressure-Driven Microfluidic Networks Using Electric Circuit Analogy." *Lab Chip 12* (2012), pp. 515–545.
4. Paegel, B. M., et al. "Microfluidic Serial Dilution Circuit." *Anal. Chem. 78* (2006), pp. 7522–7527.

5. Mortensen, N. A., F. Okkels, and H. Bruus. "Reexamination of Hagen-Poiseuille Flow: Shape Dependence of the Hydraulic Resistance in Microchannels." *Physical Review E 71* (2005), pp. 057301-1–057301-4.
6. Beebe, D. J., G. A. Mensing, and G. M. Walker. "Physics and Application of Microfluidics in Biology." *Annu. Rev. Biomed. Eng. 4* (2002), pp. 261–286.
7. Kirby, B. J. "Microfluidics and Electrokinetic Flow Effects," in *Fluid Mechanics for Chemical Engineers*. 2nd ed. J. O. Wilkes. Upper Saddle River, NJ: Pearson Education, 2006.
8. Blanch, H. W., and D. S. Clark. *Biochemical Engineering*. New York: Marcel Dekker, Inc., 1997.
9. Vogel, S. *Life's Devices: The Physical World of Animals and Plants*. Princeton, NJ: Princeton University Press, 1988.
10. Nepf, H. *Transport Processes in the Environment*. Accessed November 16, 2018. https://ocw.mit.edu/courses/civil-and-environmental-engineering/1-061-transport-processes-in-the-environmentfall-2008/index.htm#.
11. Walker, G. M., and D. J. Beebe. "A Passive Pumping Method for Microfluidic Devices." *Lab Chip 2* (2002), pp. 131–134.
12. Young, E. W. K., and D. J. Beebe. "Fundamentals of Microfluidic Cell Culture in Controlled Microenvironments." *Chem Soc Rev. 39(3)* (2010), pp. 1036–1048.
13. Rembe, C., S. aus der Wiesche, and E. P. Hofer. "Thermal Ink Jet Dynamics: Modeling, Simulation, and Testing." *Microelectronics Reliability 40*, (2000), pp. 525–532.

APPENDIX A

표와 선도

A.1 다양한 유체의 점도(1 atm)

그림 A.1에 기체와 액체의 점도를 온도의 함수로 한눈에 볼 수 있도록 나타내었다. 한편, 많은 경우에 상관관계식이나 온라인 데이터 표를 사용하면 더 편리하다. 예를 들어 NIST(National Institute of Standards and Technology)는 다양한 유체들의 열물리적 특성값들을 웹사이트 https://webbook.nist.gov/chemistry/fluid/를 통해 제공한다. 또한 해당 웹사이트에서는 다양한 단위를 선택할 수 있다.

다양한 액체와 기체들에 대한 점도를 구하는 대표적인 식들은 「Perry's Chemical Engineer's Handbook」에 수록되어 있다. 예를 들어, 2019년에 발간된 9판에서 액체의 점도를 구하는 식은 온도의 함수로 다음과 같다.

$$\mu = \exp(C_1 + C_2 / T + C_3 \ln T + C_4 T^{C_5})$$

여기서 μ는 점도(Pa·s)이고 T는 온도(K)이며 C_1, C_2, C_3, C_4, C_5는 주어진 액체에 대한 고유상수이다. 대표적으로 물에 대한 이들의 값들은 아래와 같다.

Name	C_1	C_2	C_3	C_4	C_5	T_{min}, K	T_{max}, K
Water	−52.843	3703.6	5.866	−5.879E-29	10	273.16	646.15

한편, 기체 점도에 대한 식은

$$\mu = C_1 T^{C_2} / (1 + C_3 / T + C_4 / T^2)$$

이고, 건조 공기에 대한 고유상수값들은 아래와 같다.

Name	C_1	C_2	C_3	C_4	T_{min}, K	T_{max}, K
Water	1.4250E-06	0.5039	108.3		80.00	2000

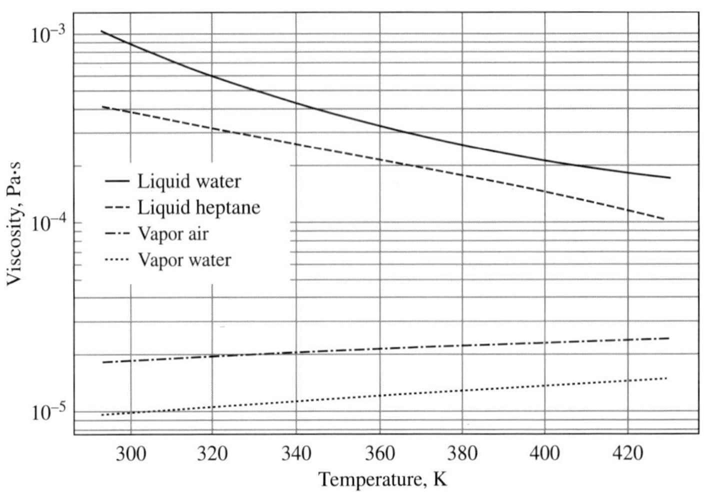

그림 A.1
1 atm(또는 이보다 낮은 증기압)에서 액체(물과 헵탄)와 기체(공기와 수증기)에 대한 점도의 온도 의존 관계. 일반적으로 임계점 부근을 제외하고 액체와 기체의 경우 압력 변화에 대한 점도의 의존성은 미약하다.

A.2 미국 규격 40 강관의 치수

규격 40은 미국에서 일반적인 관으로, 지역 공구상에 있는 판매용 강관은 규격 40 관이다.[이들 관은 공구상에서 'galvanized iron(아연철판)' 및 'black iron'이라고 불리지만 실제로는 녹 방지용 아연 코팅이 있거나 없는 강철이다.) 그다음으로 관벽이 두꺼운 것은 규격 80 관인데, 액체 프로판 수송 등 많은 곳에 사용된다. 규격 5에서 160 관들의 해당 치수는 「Perry's Chemical Engineer's Handbook」(모든 판)에 나와 있다. 한편 미터법 단위의 관 치수는 https://en.wikipedia.org/wiki/Nominal_Pipe_Size에서 확인할 수 있다. 관의 호칭 치수는 작은 관들에 대해서는 실제 외경보다 작다. 한 호칭 치수에 대하여 다양한 규격 관들은 관 벽 두께는 다르지만 모두 동일한 외경이므로 일반 이음쇠(fittings)에 연결될 수 있다. 예를 들면, 3 in 규격 40 관과 규격 80 관 모두 외경이 3.500 in로 같으나, 관벽 두께는 각각 0.216 및 0.300 in이다. 유속 1 ft/s에서 해당하는 부피 유량은 각각 23.00 및 20.55 gpm이다.

규격 수치는 대략적으로 (1000 × 허용 압력/허용 응력)에 해당한다. 따라서 허용 응력이 10,000 psi인 규격 40 관은 허용 압력이 400 psi가 될 것이다. 4 in 이하의 관들은 나사선 이음쇠로 조립될 수 있다. 큰 관들은 거의 다른 방법인 용접으로 연결한다.

Nominal pipe size, in	Outside diameter, in	Inside diameter, in	Inside cross-sectional area, ft^2	Q, U.S. gal / min at V = 1 ft / s
$\frac{1}{8}$	0.405	0.269	0.000 40	0.179
$\frac{1}{4}$	0.540	0.364	0.000 72	0.323
$\frac{3}{8}$	0.675	0.493	0.001 33	0.596
$\frac{1}{2}$	0.840	0.622	0.002 11	0.945
$\frac{3}{4}$	1.050	0.824	0.003 71	1.665
1	1.315	1.049	0.006 00	2.690
$1\frac{1}{4}$	1.660	1.380	0.010 40	4.57
$1\frac{1}{2}$	1.990	1.610	0.014 14	6.34
2	2.375	2.067	0.023 30	10.45
$2\frac{1}{2}$	2.875	2.469	0.033 22	14.92
3	3.500	3.068	0.051 30	23.00
$3\frac{1}{2}$	4.000	3.548	0.0687	30.80
4	4.500	4.026	0.0884	39.6
5	5.563	5.047	0.1390	62.3
6	6.625	6.065	0.2006	90.0
8	8.625	7.981	0.3474	155.7
10	10.75	10.020	0.5475	246.0
12	12.75	11.938	0.7773	349.0
14	14.0	13.126	0.9397	422.0
16	16.0	15.00	1.2272	550.0
18	18.0	16.876	1.5533	697.0
20	20.0	18.814	1.9305	866.0

A.3 등엔트로피 압축성흐름 표($k = 1.4$)

아래 표는 식 (8.17), (8.20), (8.21), (8.24) 및 (B.6-12)를 이용하여 만들었다. 이 표에서 내삽이 요구되는 교재의 예제들에서 나타낸 값들은 이 표를 만든 프로그램을 사용하여 원식들로부터 나왔다.

$\mathcal{M}$	T/T_R	P/P_R	ρ/ρ_R	A/A^*	V/c^*
0.00	1	1	1	∞	0.0000
0.05	0.9995	0.9983	0.9988	11.5914	0.0548
0.10	0.9980	0.9930	0.9950	5.8218	0.1094
0.15	0.9955	0.9844	0.9888	3.9103	0.1639
0.20	0.9921	0.9725	0.9803	2.9635	0.2182
0.25	0.9877	0.9575	0.9694	2.4027	0.2722
0.30	0.9823	0.9395	0.9564	2.0351	0.3257
0.35	0.9761	0.9188	0.9413	1.7780	0.3788
0.40	0.9690	0.8956	0.9243	1.5901	0.4313
0.45	0.9611	0.8703	0.9055	1.4487	0.4833
0.50	0.9524	0.8430	0.8852	1.3398	0.5345
0.55	0.9430	0.8142	0.8634	1.2549	0.5851
0.60	0.9328	0.7840	0.8405	1.1882	0.6348
0.65	0.9221	0.7528	0.8164	1.1356	0.6837
0.70	0.9107	0.7209	0.7916	1.0944	0.7318
0.75	0.8989	0.6886	0.7660	1.0624	0.7789
0.80	0.8865	0.6560	0.7400	1.0382	0.8251
0.85	0.8737	0.6235	0.7136	1.0207	0.8704
0.90	0.8606	0.5913	0.6870	1.0089	0.9146
0.95	0.8471	0.5595	0.6604	1.0021	0.9578
1.00	0.8333	0.5283	0.6339	1.0000	1.0000
1.05	0.8193	0.4979	0.6077	1.0020	1.0411
1.10	0.8052	0.4684	0.5817	1.0079	1.0812
1.15	0.7908	0.4398	0.5562	1.0175	1.1203
1.20	0.7764	0.4124	0.5311	1.0304	1.1583
1.25	0.7619	0.3861	0.5067	1.0468	1.1952
1.30	0.7474	0.3609	0.4829	1.0663	1.2311
1.35	0.7329	0.3370	0.4598	1.0890	1.2660
1.40	0.7184	0.3142	0.4374	1.1149	1.2999
1.45	0.7040	0.2927	0.4158	1.1440	1.3327
1.50	0.6897	0.2724	0.3950	1.1762	1.3646
1.55	0.6754	0.2533	0.3750	1.2116	1.3955
1.60	0.6614	0.2353	0.3557	1.2502	1.4254
1.65	0.6475	0.2184	0.3373	1.2922	1.4544
1.70	0.6337	0.2026	0.3197	1.3376	1.4825
1.75	0.6202	0.1878	0.3029	1.3865	1.5097
1.80	0.6068	0.1740	0.2868	1.4390	1.5360
1.85	0.5936	0.1612	0.2715	1.4952	1.5614
1.90	0.5807	0.1492	0.2570	1.5553	1.5861
1.95	0.5680	0.1381	0.2432	1.6193	1.6099
2.00	0.5556	0.1278	0.2300	1.6875	1.6330
2.05	0.5433	0.1182	0.2176	1.7600	1.6553
2.10	0.5313	0.1094	0.2058	1.8369	1.6769
2.15	0.5196	0.1011	0.1946	1.9185	1.6977
2.20	0.5081	0.0935	0.1841	2.0050	1.7179
2.25	0.4969	0.0865	0.1740	2.0964	1.7374
2.30	0.4859	0.0800	0.1646	2.1931	1.7563
2.35	0.4752	0.0740	0.1556	2.2953	1.7745
2.40	0.4647	0.0684	0.1472	2.4031	1.7922
2.45	0.4544	0.0633	0.1392	2.5168	1.8092
2.50	0.4444	0.0585	0.1317	2.6367	1.8257

A.4 수직 충격파 표($k = 1.4$)

아래 표는 식 (8.37), (8.38), (8.39), (B.6-20) 및 (8.41)을 이용하여 만들었다. 이 표에서 내삽이 요구되는 교재의 예제들에서 나타낸 값들은 이 표를 만든 프로그램을 사용하여 원식들로부터 나왔다.

$\mathscr{M}_x$	$\mathscr{M}_y$	T_y / T_x	P_y / P_x	ρ_y / ρ_x	P_{R_y} / P_{R_x}
1.00	1	1	1	1	1
1.05	0.9531	1.0328	1.1196	1.0840	0.9999
1.10	0.9118	1.0649	1.2450	1.1691	0.9989
1.15	0.8750	1.0966	1.3763	1.2550	0.9967
1.20	0.8422	1.1280	1.5133	1.3416	0.9928
1.25	0.8126	1.1594	1.6563	1.4286	0.9871
1.30	0.7860	1.1909	1.8050	1.5157	0.9794
1.35	0.7618	1.2226	1.9596	1.6028	0.9697
1.40	0.7397	1.2547	2.1200	1.6897	0.9582
1.45	0.7196	1.2872	2.2863	1.7761	0.9448
1.50	0.7011	1.3202	2.4583	1.8621	0.9298
1.55	0.6841	1.3538	2.6363	1.9473	0.9132
1.60	0.6684	1.3880	2.8200	2.0317	0.8952
1.65	0.6540	1.4228	3.0096	2.1152	0.8760
1.70	0.6405	1.4583	3.2050	2.1977	0.8557
1.75	0.6281	1.4946	3.4063	2.2791	0.8346
1.80	0.6165	1.5316	3.6133	2.3592	0.8127
1.85	0.6057	1.5693	3.8263	2.4381	0.7902
1.90	0.5956	1.6079	4.0450	2.5157	0.7674
1.95	0.5862	1.6473	4.2696	2.5919	0.7442
2.00	0.5774	1.6875	4.5000	2.6667	0.7209

A.5 유체의 밀도

저압 기체의 밀도는 다음 이상기체법칙으로 상당히 정확하게 나타낼 수 있다.

$$\rho = MP / RT \tag{A.1}$$

일반 기체에 대한 M 값들은 부록 A.6에 나와 있고, R은 이상기체상수로서 여러 단위에 따른 수치가 부록 E에 수록되어 있다. 고압에 대해서는 이상기체법칙과의 차이를 고려해야 한다. NIST(National Institute of Standards and Technology)는 다양한 유체들의 열물리적 특성값들을 웹사이트 https://webbook.nist.gov/chemistry/fluid/를 통해 제공한다. 또한 해당 웹사이트에서는 다양한 단위를 선택할 수 있다.

유체나 고체의 밀도는 다음 테일러 급수로 나타낼 수 있다.

$$\rho = \rho_0 + \frac{\partial \rho}{\partial T}(T - T_0) + \frac{\partial \rho}{\partial P}(P - P_0) + \frac{\partial^2 \rho}{\partial T^2}\left[\frac{(T - T_0)^2}{2}\right] + \frac{\partial^2 \rho}{\partial P^2}\left[\frac{(P - P_0)^2}{2}\right] + \frac{\partial^2 \rho}{\partial P\,\partial T}(P - P_0)(T - T_0) + \cdots \tag{A.2}$$

이 식은 무한급수 항을 사용하면 고체, 액체, 기체에 대하여 모든 조건에서 맞는다. 고체와 임계온도보다 낮은 온도(예컨대 200°F 정도 낮은 온도)의 액체에 대해서는 우변의 세 항 이외에는 모두 무시하고 다음과 같이 쓸 수 있다.

$$\rho \approx \rho_0\left[1 + \frac{1}{\rho_0}\left(\frac{\partial\rho}{\partial T}\right)(T - T_0) + \frac{1}{\rho_0}\left(\frac{\partial\rho}{\partial P}\right)(P - P_0)\right]$$
$$= \rho_0[1 - \alpha(T - T_0) + \beta(P - P_0)] \tag{A.3}$$

여기서

$$\alpha = -\frac{1}{\rho_0}\left(\frac{\partial\rho}{\partial T}\right) = \text{coefficient of thermal expansion} \tag{A.4}$$

$$\beta = -\frac{1}{\rho_0}\left(\frac{\partial\rho}{\partial P}\right) = \text{isothermal compressibility} = 1 / \text{bulk modulus} \tag{A.5}$$

일반 유체의 밀도, 등온 압축인자(isothermal compressibility), 열팽창계수(coefficient of thermal expansion)를 부록 A.7에 나타내었다. 대부분의 유체에서는 압력 변화의 영향보다 온도 변화의 영향이 크다는 것을 주목하자. 일반적으로 온도 1°F 감소의 영향은 압력 100 psi 증가의 영향과 같다.

일반적으로 부피탄성계수(bulk modulus)는 넓은 범위의 압력에서 실질적으로 일정하지만, 열팽창계수는 온도 증가에 따라 증가한다. 따라서 부록 A.7에 나타낸 한 가지 값은 온도 변화가 100°F 이상일 때는 사용하지 말아야 한다. 온도 증가가 α에 미치는 영향을 포함한 완전한 값은 「Perry's Chemical Engineer's Handbook」(모든 판)을 참조하라.

부록 A.5의 참고문헌

1. Poling, B. E., J. M. Prausnitz, and J. P. O'Connell. *The Properties of Gases and Liquids*. 5th ed. New York: McGraw-Hill, 2001.

A.6 기체의 성질

좀 더 다양한 자료들은 「Perry's Chemical Engineer's Handbook」(모든 판)과 많은 다른 문헌을 참고하라.

Gas	*M*, g / mol or lbm / lbmol	T_{crit}, °R	P_{crit}, atm
Hydrogen	2	59.5	12.8
Helium	4	9.47	2.26
Nitrogen	28	227	35.5
Oxygen	32	278	47.9
Air (≈79% N_2, 21% O_2)	29	≈240	≈37
Water	18	1165	218.5
Carbon monoxide	28	239	34.5
Carbon dioxide	44	548	73.0
Freon 12	121	694	40.7
Methane	16	343.4	45.8
Typical gasoline vapor	≈100	≈1000	≈25

A.7 액체의 성질

좀 더 다양한 자료들은 「Perry's Chemical Engineer's Handbook」(모든 판)을 참고하라. NIST(National Institute of Standards and Technology)는 다양한 유체들의 열물리적 특성값들을 웹사이트 https://webbook.nist.gov/chemistry/fluid/를 통해 제공한다. 또한 해당 웹사이트에서는 다양한 단위를 선택할 수 있다.

Liquid	Density,* lbm / ft^3	10^3 α(1 / °F)	10^5 β(1 / psi)
Hydrogen	4.4	34	11
Helium	9.1	15	48
Typical gasoline	≈44.8	0.7	0.7
Benzene	54.6	0.67	0.7
Water	62.3	0.11	0.3
Carbon tetrachloride	99.2	0.67	0.7
Mercury	845	0.10	0.3

*At 20°C and 1 atm, except H_2 and He, which are at their 1 atm boiling points, 20 and 2.1 K, respectively.

APPENDIX

B

유도 및 증명

교재의 여러 부분에는 자료의 흐름을 방해하는 것처럼 보이는 증명 및 유도가 나와 있다. 본문을 간단하고 읽기 쉽도록 이들을 여기에 수록하고 본문을 참조하도록 하였다.

B.1 정지 유체에서 압력이 모든 방향에서 같다는 증명 [1.6절 참조]

유체역학의 법칙은 인공위성의 무중력을 비롯한 임의의 중력 상황에서 완벽하게 적용된다. 다음 증명은 간단한 무중력에 관한 것이다. 결과는 유한한 중력장에 대해 확장될 수 있다. 이 증명은 다음과 같은 유체의 정의에 근거를 둔다. "유체는 임의의 전단응력을 가하면 움직인다."

그림 B.1과 같은 유체 프리즘을 생각하자. 정지 유체에서는 이 프리즘의 어느 표면에서도 전단력이 없다. 뿐만 아니라 유체가 정지해 있기 때문에 불균형 힘도 없다. 즉, 어떤 방향에서도 힘의 합은 0이다. z 방향 힘의 합이 0이 되기 위해서는, $ABCD$에 작용하는 압력힘이 $BCEF$에 작용하는 압력힘의 z 성분과 같아야 한다. 즉,

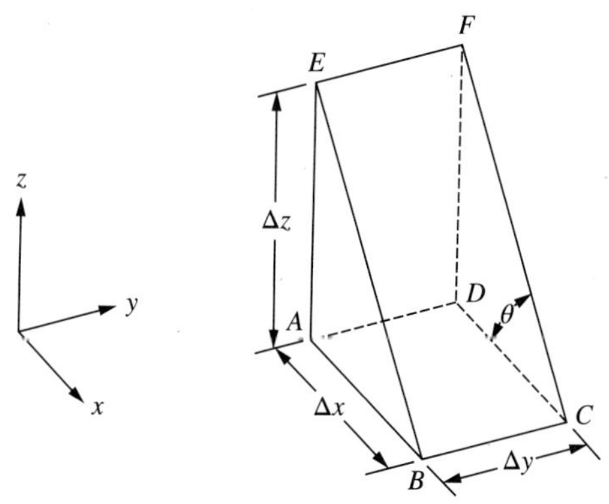

그림 B.1
힘수지를 나타내는 유체 프리즘

$$P_{\text{bottom}} \Delta x \, \Delta y = P_{\text{sloping face}} \Delta y \, (\text{length } BE) \cos\theta \qquad \text{(B.1-1)}$$

길이 BE는 정확히 $\Delta x/\cos\theta$이므로, 식 (B.1-1)은 다음과 같다.

$$P_{\text{bottom}} = P_{\text{sloping face}} \qquad \text{(B.1-2)}$$

식 (B.1-2)는 임의의 각 θ에 대해 성립한다. 임의의 방향의 압력이 수직 상방 압력과 같으므로 압력은 모든 방향에서 같다.

앞에서 무중력 상황에서 정지 유체 전체에 작용하는 압력은 모든 방향에서 같음을 알았다. 같은 추론을 중력이 상당한 경우의 프리즘에 적용하면, 식 (B.1-1)에 유체 성분에 작용하는 중력 항을 포함해야 한다. 프리즘의 크기 $\Delta x \to 0$으로 감소시키면, 중력 항은 Δx^3에 비례하나 압력 항은 Δx^2에 비례한다. 따라서 극한(즉, 점)에서는 임의의 중력가속도 값에 대하여 같은 증명이 위에 나타낸 것과 마찬가지로 유효하게 된다.

B.2 수력도약식 [7.5.3절 참조]

다음과 같은 연속방정식으로부터 시작한다.

$$V_1 z_1 = V_2 z_2 \qquad \text{(7.AX)}$$

1차원 운동량수지는 다음과 같다.

$$0 = l\rho z_1 V_1 (V_1 - V_2) + \frac{l\rho g}{2}(z_1^2 - z_2^2) \qquad \text{(7.BA)}$$

식 (7.BA)를 $l\rho g/2$로 나누고 식 (7.AX)로부터 V_2를 대입하면

$$0 = \frac{2V_1^2 z_1}{g}\left(1 - \frac{z_1}{z_2}\right) + (z_1^2 - z_2^2) \qquad \text{(B.2-1)}$$

다음에 식 (B.2-1)의 맨 오른쪽 항에 (z_2^2/z_2^2)을 곱하고 정리하면

$$0 = \frac{2V_1^2 z_1}{g}\left(1 - \frac{z_1}{z_2}\right) - z_2^2\left(1 - \frac{z_1^2}{z_2^2}\right) \qquad \text{(B.2-2)}$$

$(1 - z_1^2/z_2^2)$을 $(1 + z_1/z_2)(1 - z_1/z_2)$로 인수분해하고 $(1 - z_1/z_2)$로 나누면

$$0 = \frac{2V_1^2 z_1}{g} - z_2^2\left(1 + \frac{z_1}{z_2}\right) \qquad \text{(B.2-3)}$$

각 항에 $-$를 곱하면

$$0 = z_2^2 + z_2 z_1 - \frac{2V_1^2 z_1}{g} \qquad \text{(B.2-4)}$$

이는 다음 해를 갖는 표준 2차 방정식이다.

$$z_2 = \frac{-z_1}{2} \pm \sqrt{\left(\frac{z_1}{2}\right)^2 + \frac{2V_1^2 z_1}{g}} \tag{7.52}$$

B.3 이상기체의 성질

교재의 몇 가지 유도에서 이상기체의 성질을 이용하였다. 이 성질 모두를 여기에서 유도한다.

B.3.1 정의

이상기체는 압력, 밀도, 절대온도에 대해 다음 관계가 성립하는 기체이다.

$$\frac{P}{\rho} = \frac{RT}{M} \tag{B.3-1}$$

여기서 R은 보편 기체상수이며, 다양한 단위의 값들이 부록 E에 수록되어 있다. 이 식에서 밀도는 질량 밀도(질량/부피)이다. 몰 밀도(몰/부피)로 나타내려면 식 (B.3-1) 및 부록의 모든 식에서 단순히 M을 빼면 된다. 이 책의 어느 식에서도 질량 밀도 또는 몰 밀도가 어느 것이 사용되는가는 거의 문제가 되지 않는다.

표준 열역학 교재에는 이상기체의 경우 단위 질량당 엔탈피 h 및 단위 질량당 내부 에너지 u는 온도만의 함수이며, 압력에는 무관하다고 나와 있다.(실제기체, 고체 또는 액체에 대해서는 맞지 않다.) 따라서 이상기체에 대하여 정압 열용량 및 정적 열용량을 다음과 같이 정의할 수 있다.

$$C_P = \frac{dh}{dT} \qquad dh = C_P\, dT \tag{B.3-2}$$

$$C_V = \frac{du}{dT} \qquad du = C_V\, dT \tag{B.3-3}$$

임의의 물질에 대해, 단위 질량당 엔탈피는 $h = u + P/\rho$로 정의된다. 이들 정의를 식 (B.3-1), (B.3-2), (B.3-3)과 결합하면 다음과 같다.

$$dh = du + d\left(\frac{P}{\rho}\right) \tag{B.3-4}$$

$$C_P\, dT = C_V\, dT + \frac{R}{M}\, dT \tag{B.3-5}$$

$$C_P = C_V + \frac{R}{M} \tag{B.3-6}$$

식 (B.3-6)을 이용하여 k의 정의를 도입한다.

$$k = \frac{C_P}{C_V} = \frac{C_V + R/M}{C_V} = 1 + \frac{R}{MC_V} \tag{B.3-7}$$

정리하면,

$$\frac{R}{MC_V} = k - 1 \tag{B.3-8}$$

또는

$$C_V = \frac{R}{M(k-1)} \tag{B.3-9}$$

그리고

$$C_P = C_V + \frac{R}{M} = \frac{Rk}{M(k-1)} \tag{B.3-10}$$

B.3.2 등엔트로피 관계

표준 열역학 교재에는 단위 질량당 엔트로피, 압력, 단위 질량당 엔탈피, 온도 및 밀도 사이의 관계에 대해 아래와 같이 나와 있다.

$$dh = T\,ds + \frac{1}{\rho}\,dP \tag{B.3-11}$$

[이는 임의의 순물질, 고체, 액체 또는 기체에 대해 성립하며, 때때로 물성식(property equation)이라 부른다.] 일정 엔트로피 공정에서(즉, 등엔트로피 공정), $T\,ds = 0$이다. 식 (B.3-2)로부터 dh를 대입하고 식 (B.3-10)으로부터 C_P를 대입하면 다음과 같다.

$$\frac{Rk}{M(k-1)}\,dT_S = \frac{1}{\rho}\,dP_S \tag{B.3-12}$$

아래첨자는 이 식이 등엔트로피 공정에만 적용된다는 것을 의미한다. 식 (B.3-1)로부터 ρ를 대입하면

$$\frac{Rk}{M(k-1)}\,dT_S = \frac{RT}{PM}\,dP_S \tag{B.3-13}$$

R과 M을 소거하고 정리하면 다음과 같다.

$$\frac{k}{k-1}\frac{dT_S}{T} = \frac{dP_S}{P} \tag{B.3-14}$$

이는 다음과 같이 쉽게 적분된다.

$$\frac{k}{k-1}\ln T_S\Big]_{T_1}^{T_2} = \ln P_S\Big]_{P_1}^{P_2} \tag{B.3-15}$$

또는

$$\left(\frac{T_2}{T_1}\right)_S^{k/(k-1)} = \left(\frac{P_2}{P_1}\right)_S \tag{B.3-16}$$

P_1과 P_2에 $\rho RT/M$을 대입하고, R과 M을 소거하여 정리하면 다음과 같다.

$$\left(\frac{T_2}{T_1}\right)_S^{k/(k-1)} = \left(\frac{T_2}{T_1}\right)_S \left(\frac{\rho_2}{\rho_1}\right)_S \tag{B.3-17}$$

또는

$$\left(\frac{\rho_2}{\rho_1}\right)_S = \left(\frac{T_2}{T_1}\right)_S^{k/(k-1)} \left(\frac{T_1}{T_2}\right)_S = \left(\frac{T_2}{T_1}\right)_S^{[k/(k-1)]-1} = \left(\frac{T_2}{T_1}\right)_S^{1/(k-1)} \tag{B.3-18}$$

식 (B.3-17)로 돌아가서 T_1과 T_2에 $PM/R\rho$을 대입하고 소거하면 다음과 같다.

$$\left(\frac{P_2}{P_1}\right)_S = \left(\frac{P_2}{P_1}\cdot\frac{\rho_1}{\rho_2}\right)_S^{k/(k-1)} \tag{B.3-19}$$

양변을 $(k-1)/k$ 제곱하면

$$\left(\frac{P_2}{P_1}\right)_S^{(k-1)/k} = \left(\frac{P_2}{P_1}\right)_S \left(\frac{\rho_1}{\rho_2}\right)_S \tag{B.3-20}$$

따라서

$$\left(\frac{\rho_1}{\rho_2}\right)_S = \left(\frac{P_2}{P_1}\right)_S^{(k-1)/k} \left(\frac{P_1}{P_2}\right)_S = \left(\frac{P_2}{P_1}\right)_S^{-1/k} \tag{B.3-21}$$

이를 정리하면

$$\left(\frac{\rho_1}{\rho_2}\right)_S^{k} = \left(\frac{P_2}{P_1}\right)_S^{-1} = \left(\frac{P_1}{P_2}\right)_S \tag{B.3-22}$$

또는

$$\left(\frac{P}{\rho^k}\right)_S = \text{constant} \tag{B.3-23}$$

이를 미분하면

$$\frac{dP_S}{\rho^k} + P_S\left(\frac{-kd\rho_S}{\rho^{k+1}}\right) = 0 \tag{B.3-24}$$

또는

$$\frac{dP_S}{d\rho_S} = \left(\frac{\partial P}{\partial \rho}\right)_S = \frac{kP_S\rho_S^k}{\rho_S^{k+1}} = \frac{kP_S}{\rho_S} \tag{B.3-25}$$

B.3.3 엔트로피 변화

식 (B.3-11)을 ds에 대해 풀면 다음과 같다.

$$ds = \frac{dh}{T} - \frac{dP}{\rho T} \tag{B.3-26}$$

식 (B.3-2)와 (B.3-1)로부터 대입하면

$$ds = C_P \frac{dT}{T} - \frac{R}{M}\left(\frac{dP}{P}\right) \tag{B.3-27}$$

식 (B.3-10)을 대입하고 인수분해하면 다음과 같다.

$$ds = \frac{R}{M}\left[\frac{k}{k-1}\left(\frac{dT}{T}\right) - \frac{dP}{P}\right] \tag{B.3-28}$$

적분하면

$$\frac{M(s_2 - s_1)}{R} = \ln\left(\frac{T_2}{T_1}\right)^{k/(k-1)} - \ln\frac{P_2}{P_1} = \ln\left[\left(\frac{T_2}{T_1}\right)^{k/(k-1)}\left(\frac{P_1}{P_2}\right)\right] \tag{B.3-29}$$

B.4 면적비 [식 (8.24), 8.2절 참조]

식 (8.23)에서 시작하면

$$\frac{A_1}{A^*} = \frac{\rho^* V^*}{\rho_1 V_1} \tag{8.23}$$

식 (B.3-18)로부터 대입하면

$$\frac{\rho^*}{\rho_1} = \left(\frac{T^*}{T_1}\right)^{1/(k-1)} \tag{B.4-1}$$

$\mathscr{M}^* \equiv 1$이므로

$$\frac{V^*}{V_1} = \frac{\mathscr{M}^* c^*}{\mathscr{M}_1 c_1} = \frac{1}{\mathscr{M}_1}\left(\frac{c^*}{c_1}\right) \tag{B.4-2}$$

식 (8.11)로부터

$$\frac{c^*}{c_1} = \left(\frac{T^*}{T_1}\right)^{1/2} \tag{B.4-3}$$

식 (8.23)에 식 (B.4-1), (B.4-2), (B.4-3)을 대입하면 다음과 같다.

$$\frac{A_1}{A^*} = \frac{1}{\mathscr{M}_1}\left(\frac{T^*}{T_1}\right)^{1/2}\left(\frac{T^*}{T_1}\right)^{1/(k-1)} = \frac{1}{\mathscr{M}_1}\left(\frac{T^*}{T_1}\right)^{(k+1)/2(k-1)} \tag{B.4-4}$$

그러나

$$\frac{T^*}{T_1} = \frac{T_R / T_1}{T_R / T^*} = \frac{\mathscr{M}_1^2[(k-1)/2]+1}{1^2[(k-1)/2]+1} \tag{B.4-5}$$

따라서

$$\frac{A}{A^*} = \frac{1}{\mathscr{M}_1}\left\{\left(\mathscr{M}_1^2[(k-1)/2]+1\right) \Big/ \left([(k-1)/2]+1\right)\right\}^{(k+1)/2(k-1)} \tag{8.24}$$

B.5 마찰이 있는 고속 단열 흐름

다음 식으로 시작한다.

$$0 = -\rho V\,dV - dP - \frac{4\tau_{\text{wall}}\,dx}{D} \tag{8.28}$$

그리고

$$\tau_{\text{wall}} = f\rho\,\frac{V^2}{2} \tag{8.29}$$

$-AP$로 나누고 τ를 대입하면 다음과 같다.

$$\frac{\rho V\,dV}{P} + \frac{dP}{P} + \frac{\rho V^2}{P} \cdot \frac{2f\,dx}{D} = 0 \tag{B.5-1}$$

다음 몇 단계에서 P, V, ρ의 모든 항을 마하수(Mach number)와 상수를 포함하는 항으로 대체한다. 먼저 마하수의 정의와 이상기체에서 음속을 다시 쓰면

$$V^2 = \frac{kP}{\rho}\,\mathscr{M}^2 \tag{B.5-2}$$

또는

$$\frac{\rho V^2}{P} = k\mathscr{M}^2 \tag{B.5-3}$$

이를 식 (B.5-1)의 세 번째 항에 대입하고, 식 (B.5-2)의 양변에 dV/V를 곱하면

$$\frac{\rho V}{P}\,dV = k\mathscr{M}^2\,\frac{dV}{V} \tag{B.5-4}$$

식 (8.15)의 양변을 미분하고 다음 식으로 나누면

$$V^2 = \frac{kRT}{M} \cdot \mathscr{M}^2 \tag{B.5-5}$$

간단히 하면 다음과 같다.

$$\frac{dT}{T} = -\mathscr{M}(k-1)\frac{dV}{V} \tag{B.5-6}$$

식 (B.5-5)의 양변에 자연로그를 취하고 미분하면 다음과 같다.

$$2\frac{dV}{V} = \frac{dT}{T} + 2\frac{d\mathscr{M}}{\mathscr{M}} \tag{B.5-7}$$

마지막 두 식 사이에 dT/T를 소거하고 정리하면 다음과 같다.

$$\frac{dV}{V} = \frac{d\mathscr{M}\,/\,\mathscr{M}}{\mathscr{M}^2[(k-1)\,/\,2]+1} \tag{B.5-8}$$

dV/V에 대한 이 값을 식 (B.5-4)에 대입하면 다음과 같다.

$$\frac{\rho V}{P}dV = \frac{k\mathscr{M}\,d\mathscr{M}}{\mathscr{M}^2[(k-1)\,/\,2]+1} \tag{B.5-9}$$

단위 면적당 질량 유량은 다음과 같다.(이 흐름에서 상수이어야 한다.)

$$\frac{\dot{m}}{A} = \rho V = \frac{MP}{RT}V \tag{B.5-10}$$

이 식에 자연로그를 취하고 미분하면 (일정한 $\dot{m}/A$에서) 다음과 같다.

$$\frac{dP}{P} = \frac{dT}{T} - \frac{dV}{V} \tag{B.5-11}$$

식 (B.5-6)과 (B.5-8)을 대입하여 dT/T와 dV/V를 소거하면 다음과 같다.

$$\frac{dP}{P} = -\frac{(k-1)\mathscr{M}^2+1}{[(k-1)\,/\,2]\mathscr{M}^2+1}\cdot\frac{d\mathscr{M}}{\mathscr{M}} \tag{B.5-12}$$

식 (B.5-1)로 돌아가서 식 (B.5-3), (B.5-9), (B.5-12)를 대입하고 간단히 하면 다음과 같다.

$$\frac{4f\,dx}{D} = \frac{2(1-\mathscr{M}^2)}{[(k-1)\,/\,2]\mathscr{M}^2+1}\cdot\frac{d\mathscr{M}}{k\mathscr{M}^3} \tag{B.5-13}$$

이를 부분분수로 전개하면

$$\frac{4f\,dx}{D} = \frac{2d\mathscr{M}}{k\mathscr{M}^3} - \frac{k+1}{k}\cdot\frac{d\mathscr{M}}{\mathscr{M}\{[(k-1)\,/\,2]\mathscr{M}^2+1\}} \tag{B.5-14}$$

$x=0$에서 $\mathscr{M}=\mathscr{M}_1$부터 $x=\Delta x$에서 $\mathscr{M}=\mathscr{M}_2$까지 적분하면 다음과 같다.

$$\frac{4f\,\Delta x}{D} - \frac{1}{k}\left(\frac{1}{\mathscr{M}_1^2}-\frac{1}{\mathscr{M}_2^2}\right) + \frac{k+1}{2k}\ln\left\{\frac{\mathscr{M}_2^2}{\mathscr{M}_1^2}\cdot\frac{1+[(k-1)\,/\,2]\mathscr{M}_1^2}{1+[(k-1)\,/\,2]\mathscr{M}_2^2}\right\} = 0 \tag{8.30}$$

B.6 정상 충격파 [8.5절 참조]

이 부록에서는 이상기체에서 정상 충격파에 대한 식을 유도한다. 연속방정식에서 시작하면

$$\rho_x V_x = \rho_y V_y \tag{8.36}$$

운동량수지는

$$V_x - V_y = \frac{P_y}{\rho_y V_y} - \frac{P_x}{\rho_x V_x} \tag{8.37}$$

에너지수지는

$$\frac{T_R}{T_1} = \mathscr{M}_1^2\left(\frac{k-1}{2}\right) + 1 \tag{8.17}$$

이상기체법칙 및 이상기체에서 음속에 대한 식으로부터

$$\frac{P}{\rho} = \frac{RT}{M} = \frac{c^2}{k} \tag{B.6-1}$$

식 (8.37)에 이를 두 번 대입하면 다음과 같다.

$$V_x - V_y = \frac{c_y^2}{kV_y} - \frac{c_x^2}{kV_x} \tag{B.6-2}$$

식 (8.17)을 임의 상태 1과 임계 상태(*)에 대해 $\mathscr{M} = 1$에서 두 번 쓴다. 흐름을 단열로 가정하므로 이들 상태에 대해 T_R은 같다. 따라서 에너지수지 하나를 다른 것으로 나누면 다음과 같다.

$$\frac{T_R / T_1}{T_R / T^*} = \frac{T^*}{T_1} = \frac{\mathscr{M}_1^2[(k-1)/2] + 1}{[(k-1)/2] + 1} \tag{B.6-3}$$

그러나 $T^*/T_1 = c^{*2}/c_1^2$이고 $\mathscr{M}_1^2 = V_1^2/c_1^2$이므로

$$\frac{c^{*2}}{c_1^2} = \frac{(V_1^2/c_1^2)[(k-1)/2] + 1}{[(k-1)/2] + 1} \tag{B.6-4}$$

c_1^2에 대하여 정리하면

$$c_1^2 = c^{*2}\left(\frac{k+1}{2}\right) - V_1^2\left(\frac{k-1}{2}\right) \tag{B.6-5}$$

여기서 1은 임의의 상태이므로 x 또는 y로 놓을 수 있다. 따라서 식 (B.6-5)를 두 번 쓰고 식 (B.6-2)로부터 c_x^2과 c_y^2을 소거하면

$$V_x - V_y = \frac{c^{*2}[(k+1)/2] - V_y^2[(k-1)/2]}{kV_y} - \frac{c^{*2}[(k+1)/2] - V_x^2[(k-1)/2]}{kV_x} \tag{B.6-6}$$

양변에 $2kV_x/(k+1)$를 곱하면 다음과 같다.

$$\frac{2kV_x}{k+1}(V_x - V_y) = \frac{V_x}{V_y}\left[c^{*2} - V_y^2\left(\frac{k-1}{k+1}\right)\right] - c^{*2} + V_x^2\left(\frac{k-1}{k+1}\right) \quad \text{(B.6-7)}$$

재그룹화하면 다음과 같다.

$$\frac{2kV_x}{k+1}(V_x - V_y) = c^{*2}\frac{V_x - V_y}{V_y} + \frac{k-1}{k+1}V_x(V_x - V_y) \quad \text{(B.6-8)}$$

$(V_x - V_y)$를 소거하고, V_y를 곱하여 정리하고 간단히 하면 다음과 같다.

$$V_xV_y = c^{*2} \quad \text{(B.6-9)}$$

이 식은 프란틀 관계(Prandtl relation) 또는 프란틀-마이어 관계(Prandtl-Meyer relation)로 알려져 있다. 식 (B.6-4)로 돌아가서 $(c_1/c^*)^2[(k-1)/2+1]$을 곱하면 다음과 같다.

$$\frac{k-1}{2} + 1 = \left(\frac{V_1}{c^*}\right)^2\left(\frac{k-1}{2}\right) + \left(\frac{c_1}{c^*}\right)^2 \quad \text{(B.6-10)}$$

식 (B.6-4)로부터 $(c_1/c^*)^2$을 대입하고 간단히 하면 다음과 같다.

$$\frac{k+1}{2} = \left(\frac{V_1}{c^*}\right)^2\left(\frac{k-1}{2}\right) + \frac{(k+1)/2}{\mathcal{M}_1^2(k-1)/2+1} \quad \text{(B.6-11)}$$

$(k-1)/2$을 곱하고 정리하면 다음과 같다.

$$\left(\frac{V_1}{c^*}\right)^2 = \frac{k+1}{k-1}\left[1 - \frac{1}{\mathcal{M}_1^2(k-1)/2+1}\right] = \frac{\mathcal{M}_1^2(k+1)}{\mathcal{M}_1^2(k-1)+2} \quad \text{(B.6-12)}$$

이 식은 충격파에 특이적이지 않고 임의의 정상 단열 이상기체 흐름에 적용된다. 독자들은 부록 A.3에 있는 V/c^* 값 몇 개를 점검하여 정말로 식 (B.6-12)로부터 이들을 얻었는지를 알 수 있다.

이제 식 (B.6-12)를 식 (B.6-9)에 두 번 사용하면 다음과 같다.

$$\left[\frac{\mathcal{M}_x^2(k+1)}{\mathcal{M}_x^2(k-1)+2}\right]\left[\frac{\mathcal{M}_y^2(k+1)}{\mathcal{M}_y^2(k-1)+2}\right] = 1 \quad \text{(B.6-13)}$$

이로부터

$$\mathcal{M}_y^2 = \left[\frac{\mathcal{M}_x^2(k-1)+2}{\mathcal{M}_x^2(k+1)^2}\right]\cdot[\mathcal{M}_y^2(k-1)+2] \quad \text{(B.6-14)}$$

$\mathcal{M}_y^2$ 항을 모으고 공통분모를 사용하면 다음과 같다.

$$\mathcal{M}_y^2\left[\frac{\mathcal{M}_x^2(k+1)^2-(k-1)\,[\mathcal{M}_x^2(k-1)+2]}{\mathcal{M}_x^2(k+1)^2}\right]=2\left[\frac{\mathcal{M}_x^2(k-1)+2}{\mathcal{M}_x^2(k+1)^2}\right] \quad \text{(B.6-15)}$$

정리하면 다음과 같다.

$$\mathcal{M}_y^2=\frac{1+\mathcal{M}_x^2[(k-1)/2]}{k\mathcal{M}_x^2-[(k-1)/2]} \quad \text{(B.6-16)}$$

이제 상류 및 하류 마하수 사이의 관계를 구했으므로 다른 관계를 쉽게 계산할 수 있다. 식 (8.17)을 두 번 쓰면

$$\frac{T_R/T_x}{T_R/T_y}=\frac{T_y}{T_x}=\frac{\mathcal{M}_x^2[(k-1)/2]+1}{\mathcal{M}_y^2-[(k-1)/2]+1} \quad \text{(B.6-17)}$$

식 (B.6-16)으로부터 $\mathcal{M}_y$를 대입하면

$$\frac{T_y}{T_x}=\frac{\mathcal{M}_x^2[(k-1)/2]+1}{\left(\frac{k-1}{2}\right)\left[\frac{1+\mathcal{M}_x^2(k-1)/2}{k\mathcal{M}_x^2-(k-1)/2}\right]+1} \quad \text{(B.6-18)}$$

속도 비를 구하기 위하여 다음과 같이 쓴다.

$$\frac{V_x}{V_y}=\frac{V_x^2}{V_yV_x}=\frac{V_x^2}{c^{*2}}=\frac{\mathcal{M}_x^2(k+1)}{\mathcal{M}_x^2(k-1)+2} \quad \text{(B.6-19)}$$

여기서 식 (B.6-9)로부터 V_xV_y를 대입하고, 그런 다음 식 (B.6-12)로부터 V_x/c^*를 대입하였다.

식 (8.36)으로부터 다음을 알 수 있다.

$$\frac{\rho_y}{\rho_x}=\frac{V_x}{V_y}=\frac{\mathcal{M}_x^2(k+1)}{\mathcal{M}_x^2(k-1)+2} \quad \text{(B.6-20)}$$

끝으로 다음 식으로부터 P_y/P_x를 구한다.

$$\frac{P_y}{P_x}=\frac{\rho_y}{\rho_x}\frac{T_x}{T_y}=\frac{\left[\frac{\mathcal{M}_x^2\,(k+1)}{\mathcal{M}_x^2\,(k-1)+2}\right]\left(\frac{[(k-1)/2]\{1+\mathcal{M}_x^2\,[(k-1)/2]\}}{k_x^2-[(k-1)/2]}+1\right)}{\mathcal{M}_x^2\,[(k-1)/2]+1}$$
(B.6-21)

이 식을 간단히 하면 다음과 같다.

$$\frac{P_y}{P_x}=\frac{2k}{k+1}\mathcal{M}_x^2-\frac{k-1}{k+1} \quad \text{(B.6-22)}$$

따라서 이제 $\mathcal{M}_x$의 식으로 관련된 물성 비를 모두 구했으므로 이들 비를 부록 A.4에 도표화할 수 있고 정상 충격파 문제를 아주 편리하게 풀 수 있다.

B.7 이상기체를 처리하는 단열, 틈이 없는, 등엔트로피 압축기 [10.2절 참조]

다음 식으로 시작한다.

$$PV^k = \text{constant for an isentropic process} \tag{B.3-24}$$

다음과 같이 쓴다.

$$V = V_1\left(\frac{P_1}{P}\right)^{1/k} = \frac{nRT}{P}\left(\frac{P_1}{P}\right)^{1/k} \tag{B.7-1}$$

그러면

$$\int_{P_1}^{P_2} V\,dP = \frac{nRT_1}{P_1}P_1^{1/k}\int_{P_1}^{P_2}\left(\frac{1}{P}\right)^{1/k}dP = \frac{nRT_1}{P^{(k-1)/k}}\int_{P_1}^{P_2}\left(\frac{1}{P}\right)^{1/k}dP \tag{B.7-2}$$

그러나

$$\int_{P_1}^{P_2}\left(\frac{1}{P}\right)^{1/k}dP = \int_{P_1}^{P_2}P^{-1/k}dP = \frac{1}{1-1/k}P^{(1-1/k)}\Bigg]_{P_1}^{P_2}$$
$$= \frac{k}{k-1}\left(P_2^{(k-1)/k} - P_1^{(k-1)/k}\right) \tag{B.7-3}$$

따라서

$$\int_{P_1}^{P_2} V\,dP = \frac{k}{k-1}nRT_1\frac{P_2^{(k-1)/k} - P_1^{(k-1)/k}}{P_1^{(k-1)/k}} = \frac{k}{k-1}nRT_1\left[\left(\frac{P_2}{P_1}\right)^{(k-1)/k} - 1\right] \tag{9.15}$$

B.8 일정 ϕ 곡선과 일정 ψ 곡선이 수직인 증명 [16.5절 참조]

다음 식으로 시작한다.

$$V_x = -\left(\frac{\partial\phi}{\partial x}\right)_y = -\left(\frac{\partial\psi}{\partial y}\right)_x \qquad V_y = -\left(\frac{\partial\phi}{\partial y}\right)_x = \left(\frac{\partial\psi}{\partial x}\right)_y \tag{16.26}$$

모든 미적분학 책에서 증명된 항등식을 도입한다.

$$\left(\frac{\partial A}{\partial B}\right)_C = -\left(\frac{\partial A}{\partial C}\right)_B\left(\frac{\partial C}{\partial B}\right)_A \tag{B.8-1}$$

이 식은 임의의 A, B, C에 대해 성립한다. 이 항등식을 이용하면 다음과 같다.

$$\left(\frac{\partial\phi}{\partial x}\right)_y = -\left(\frac{\partial\phi}{\partial y}\right)_x\left(\frac{\partial y}{\partial x}\right)_\phi \tag{B.8-2}$$

$$\left(\frac{\partial\psi}{\partial y}\right)_x = -\left(\frac{\partial\psi}{\partial x}\right)_y\left(\frac{\partial x}{\partial y}\right)_\psi \tag{B.8-3}$$

식 (16.26)에 이를 대입하면 다음과 같다.

$$\left(\frac{\partial\phi}{\partial y}\right)_x\left(\frac{\partial y}{\partial x}\right)_\phi = \left(\frac{\partial\psi}{\partial x}\right)_y\left(\frac{\partial x}{\partial y}\right)_\psi \tag{B.8-4}$$

식 (16.26)으로부터 $(\partial\phi/\partial y)_x$를 대입하고 소거하면

$$-\left(\frac{\partial y}{\partial x}\right)_\phi = \left(\frac{\partial x}{\partial y}\right)_\psi \tag{B.8-5}$$

또는

$$\left(\frac{\partial y}{\partial x}\right)_\phi\left(\frac{\partial y}{\partial x}\right)_\psi = -1 \tag{B.8-6}$$

식 (B.8-6)은 일정 ϕ 곡선의 기울기와 일정 ψ 곡선의 기울기의 곱이 -1임을 나타낸다. 이는 모든 미적분학 책에 증명되었듯이 두 곡선이 수직이 되는 조건이다. 이 식은 특이적이지 않고 임의의 x 및 y에 대하여 성립하므로, 임의의 점 x에서 그 점을 통과하는 일정 ϕ 직선 및 일정 ψ 직선이 수직임을 나타낸다.

APPENDIX C

선택된 문제의 해답

1.3. 102 lbm/ft^3
1.5. 1.110 g/cm^3, an error of 0.1%
1.11. Sphere, $6/D$; cube, $6/E$; cylinder, $6/D$
1.15. 1.14 mi^3
1.18. toof = 32.2 ft; dnoces = s / $\sqrt{32.2}$
1.21. 9669 ft/s
1.23. $4.6 \cdot 10^5$
1.25. 0.0145 N = 0.0033 lbf = 1.48 g (force)
1.28. Air pollution models work in g, auto usage data are in mi.

2.1. $5.29 \cdot 10^{-5}$ ft = 0.018 mm
2.3. 998.3 kgf/m^3 = 9.792 kN/m^3
2.8. 16115 psia = 1096 atm = $1.11 \cdot 10^5$ kPa
16100 psig = 1095 atm, g = $1.109 \cdot 10^5$ kPa, g
2.12. 0.2236 ft
2.18. 96783 ft; $P = 0$
2.20. −0.00356°F/ft, −0.00536°F/ft
2.22. $1.186 \cdot 10^{19}$ lbm
2.24. 88.92 kPa, g = 12.81 psig
2.27. $F = 2\rho g r^3/3$
2.30. 0.60 in = 1.52 cm
2.39. 89.6 vol %
2.40. 62.5 lbf = 278 N
2.43. (*a*) 2573 lbf; (*b*) 2.49991 lbf
2.46. 2000 kg
2.49. 5.2 ft = 1.58 m
2.52. $\Delta h = z\dfrac{\rho_w}{\rho_{\text{Hg}} - \rho_w}$
2.54. (*a*) 2.77 in = 70 mm; (*b*) 10.72 in = 272 mm
2.58. (*a*) 4.808 ft = 1.465 m; (*b*) 0.15%
2.60. 0.017 psi = 0.47 in H_2O = 0.117 kPa

2.62. (*a*) 1234 psia = 1219 psig = 8400 kPa, g
2.65. 127.3 psig
2.68. 14.3 ft / s^2 = 4.36 m / s^2, upward
2.70. 1.779° = 0.031 rad
2.72. 0.153 lbf = 0.683 N

3.7. 500 ft^3 / s = 14.16 m^3 / s; 0.467 ft / s = 0.145 m / s
3.13. 4.8 mi / h
3.14. 2.25 ft^3 / s; 159 lbm / s; 13 ft / s
3.16. 0.0133 atm
3.19. Rising, 72 mm / h = 2.8 in / h
3.21. 0.0051 lbm / min = 0.0023 kg / min
3.26. About 50000. Depends on some assumptions.

4.3. 3.75 ft lbf = 5.05 J
4.7. 412 kJ / kg
4.9. −1.602 MW (negative because of sign convention)
4.11. 14.8 Btu = 15.62 kJ
4.15. $-1.44 \cdot 10^{-3}$ lbm = −0.65 g
4.21. −2.24 Btu / lbm = −1.07 kJ / kg

5.1. 11°F, 1.3°F
5.3. (*a*) 31.9 kPa = 4.64 psi, 0
(*b*) 28.67 kPa = 4.28 psi, 3.20 J / kg
(*c*) 0; 32.0 J / kg
5.6. 55.6 ft^3 / s = 1.57 m^3 / s
5.8. 60.6 ft^3 / s = 1.71 m^3 / s
5.12. 127 ft / s = 39 m / s
5.15. 11.3 ft / s = 3.46 m / s
5.17. 57.4 ft / s = 17.5 m / s
5.20. 5.58 m / s = 18.3 ft / s
5.22. 1341 in / s = 112 ft / s = 34 m / s
5.23. 25.4 ft / s = 17.3 mph = 7.7 m / s
5.25. 0.46 ft / s = 0.14 m / s
5.31. 123 ft / s = 37.5 m / s; 123 ft^3 / s = 3.48 m^3 / s
5.36. 60.3 ft / s = 19.2 m / s; 41.1 ft / s = 12.5 m / s
5.40. 49.1 ft / s = 15.0 m / s; 1.04 rps = 62 rpm
5.43. 36.5 s
5.53. (*a*) 1.0 lbf / ft^2 = 0.007 psi = 0.0479 kPa
(*b*) 29.3 ft / s = 8.93 m / s; Q = 146.5 ft^3 / s = 8760 cfm = 4.15 m^3 / s
(*c*) 0.344 hp = 0.264 kW

6.3. 0.0174 psi / ft = 0.92 psi / mi = 0.0039 Pa / m
6.7. 0.068 ft / s = 0.0185 m / s
6.10. 0.114 lbf = 0.507 N
6.14. 20 psi / 1000 ft; ≈40 psi / 1000 ft
6.15. 11.2 psi / 1000 ft = 0.253 Pa / m
6.20. 1.73 psi / 1000 ft = 0.392 Pa / m
6.22. 0.038 ft^3 / s = 17.2 gpm = 0.065 m^3 / s
6.36. 0.910 psi; 1.103 psi

6.38. 1032 gpm = 0.0623 m^3/s
6.40. 0.0166 = 1.66 ft / 100 ft
6.47. $2.22 \cdot 10^{-6}$ ft^3/s = $6.3 \cdot 10^{-8}$ m^3/s
6.52. 295.7 ft / s = 92.4 m / s
6.54. 48.1 ft / s = 14.7 m / s
6.56. 0.126 ft^3/s = 56.7 gpm = 0.0036 m^3/s
6.58. Max = 402 gpm = 0.025 m^3/s
Min = 238 gpm = 0.015 m^3/s
6.63. Far end; near end; don't bet much.
6.76. $5.44 \cdot 10^{-7}$ m / s = $1.79 \cdot 10^{-6}$ ft / s = 0.15 ft / day
6.78. 1.48 ft / s = 0.45 m / s
6.82. 384 ft / s = 117 m / s; 31.6 s; 8954 ft = 2778 m
107 ft / s = 32.7 m / s; 8.8 s; 696 ft = 212 m

7.1. $-2 \cdot 10^{-24}$ ft / s
7.5. 4000 N = 899 lbf
7.10. $F_x = -586$ N = −131.7 lbf
$F_y = 1414$ N = 318 lbf
7.11. (*a*) $V_1 = 19.9$ ft / s; $V_2 = 79.7$ ft / s; $\dot{m} = 103.4$ lbm / s
(*b*) $F = 288$ lbf
7.15. 828 lbf = 3.68 kN
7.17. −232.2 lbf = −1.04 kN
7.19. 3.25 kN / (kg / s) = 331.4 lbf / (lbm / s)
7.22. −2480 lbf = −11.0 kN
7.26. (*a*) 48 300 lbf = 215 kN
(*b*) $1.65 \cdot 10^5$ lbf = 736 kN
7.38. 5947 m / s = 19 500 ft / s
7.45. 816 kPa = 118 psi
7.48. 16.65 ft = 5.07 m; 6.01 ft = 1.83 m
7.50. 25.4 ft / s = 7.73 m / s
7.54. 0.014°F = 0.0077°C
7.57. Cold day; air density greater

8.1. 807 psi / ft = 18.2 MPa / m; 0.97 psi / ft = 22.0 kPa / m
8.4. 10 800 ft / s = 2.0 mi / s = 3.28 km / s
8.6. $2.98 \cdot 10^5$ psi = $2.06 \cdot 10^4$ bar
8.8. 334 ft / s = 102 m / s
8.10. 226.3°R = −233.7°F = −147.6°C
8.12. 226.3°R = −233.7°F = −147.6°C
3.60 psia = 24.9 kPa
0.0059 lbm / ft^3 = 0.095 kg / m^3
8.14. 500°R = 40°F = 4.6°C
42.5 psia = 311 kPa; 1931 ft / s = 589 m / s
8.16. 7.16 psia = 49.4 kPa
420°R = −40°F = −40°C
2950 ft / s = 899 m / s
0.006 36 lbm / ft^3 = 0.102 kg / m^3
8.18. 6.3 psia = 43.6 kPa
440°R = −20°F = −28.7°C; 1.1697

8.20. 662.5°R = 202.5°F = 94.9°C
6.52 psia = 45.0 kPa; 3085 ft / s = 940 m / s
8.22. 0.69 lbm / s = 0.315 kg / s
8.25. 3.69 lbm / s = 1.67 kg / s
8.31. 3.03 psia = 20.9 kPa
0.0265 lbm / ft^3 = 0.42 kg / m^3
8.33. 38 000 lbf = 0.26 MN
8.55. 62 700°R ≈ 62 200°F ≈ 34 500°C
8.56. 167 lbm / s = 75.7 kg / s
8.58. 967.5 ft / s = 295 m / s
631°R = 171°F = 77.3°C
18.05 psia = 124.5 kPa

9.3. $\pi_2 = \dfrac{\mu^2}{F\rho} = \dfrac{2}{(\mathscr{R} \cdot \text{Pressure coefficient})^2}$
$\pi_3 = L_1 / L_2$
9.9. 40.2 mi / h
9.12. $\pi_4 = \dfrac{F}{\rho L^4 \omega^2} = \dfrac{F}{\rho L^2 V^2} \cdot \dfrac{V^2}{L^2 \omega^2}$
$= 0.5 \cdot \begin{pmatrix}\text{pressure}\\ \text{coefficient}\end{pmatrix} \cdot \begin{pmatrix}\text{Strouhal}\\ \text{number}\end{pmatrix}^{-2}$

10.1. 13 gpm = $8.2 \cdot 10^{-4}$ m^3 / s
10.7. 18.98 hp = 14.16 kW; 31.16 hp = 23.1 kW
24.11 hp = 18.0 kW
10.11. 2860 Btu / lbmol
10.19. 106 hp = 79 kW
10.22. 0.514 ft = 6.2 in = 0.157 m
10.24. 11.4 ft = 3.47 m

11.5. 315 darcies
11.8. $Ca = 4.17 \cdot 10^{-5}$; residual saturation ≈ 0.16
11.10. $\mathscr{R}_{\text{P.M.}} = 1913$; turbulent,
$dP / dx \approx 0.52$ in H_2O / ft
11.14. 0.64 ft / s = 0.195 m / s;
0.0067 ft / s = 0.020 m / s

12.3. $\mathscr{F}_{\text{liquid}} = 0.021\, gh$; $\mathscr{F}_{\text{gas}} = 2.3\, gh$
12.10. $Q_{\text{g-top}} / Q_{\text{g-bottom}} = 1.15$

13.4. $K = 0.44$ lbf / ft; $n \approx 0.31$
13.13. $-dP / dx = 6.22$ psi / 100 ft
13.16. $-dP / dx = 7.81$ psi / 100 ft
13.19. (*a*) 1.583 ft / s; 1.437 ft / s
(*b*) $r_b / r_w = 0.7816$; $V = 1.159$ ft / s

14.2. 1.155 A
14.5. 0.084 in; 49 drops / cc

14.7. $\Delta z = 2\sigma A / (g\rho Bx)$; a hyperbola
14.14. 1.6 psi

15.8. 0.6667
15.13. 862 cP
15.20. 1.78 s

16.12. 14.82 psia
16.15. ≈0.50 h
16.16. 1 / 2

17.5. 0.081 ft; 0.0054 ft; 4.03 ft
17.16. 8.6 ft

18.4. $34.6\ \text{cm}^2/\text{s}^2 = 1.5 \cdot 10^{-6}$ Btu / lbm
18.5. 1.19
18.9. 60 600 Hz
18.11. 17.1

19.1. 0.03 mL per injection
19.5. 12.6 ft / s; 7.1 hp / 1000 gal
19.10. 6492 ft

APPENDIX

D

환산 인자*

Length:

1 ft = 0.3048 m = 12 in = mile / 5280 = nautical mile / 6076 = km / 3281

1 m = 3.281 ft = 39.37 in = 100 cm = 1000 mm = 10^6 micron = 10^{10} Å

= km / 1000

Mass:

1 lbm = 0.45359 kg = short ton / 2000 = long ton / 2240 = 16 oz (av.)

= 14.58 oz (troy) = metric ton (tonne) / 2204.63 = 7000 grains

= slug / 32.2

1 kg = 2.2046 lbm = 1000 g = (metric ton or tonne or Mg) / 1000

Force:

1 lbf = 4.4482 N = 32.2 lbm · ft / s^2 = 32.2 poundal = 0.4536 kgf

1 N = 0.2248 lbf = kg · m / s^2 = 10^5 dyne = kgf / 9.81

Volume:

1 ft³ = 0.02831 m^3 = 28.31 L = 7.48 U.S. gal = 6.23 Imperial gal

= acre-ft / 43,560

---

* These values are mostly rounded. There are several definitions for some of these quantities, e.g., the Btu and the calorie; these differ from each other by up to 0.2%. For the most accurate values, see the *NIST Guide for the Use of the International System of Units*, https://www.nist.gov/pml/special-publication-811, last accessed 2019.

$$\textbf{1 U.S. gallon} = 231\ \text{in}^3 = \text{barrel (petroleum)} / 42 = \text{barrel (beer, U.S.A.)} / 31$$
$$= 4\ \text{U.S. quarts} = 8\ \text{U.S. pints}$$
$$= 3.785\ \text{L} = 0.003785\ \text{m}^3$$
$$\textbf{1 m}^3 = 35.29\ \text{ft}^3 = 1000\ \text{L}$$

Energy:

$$\textbf{1 Btu} = 1055\ \text{J} = 1.055\ \text{kW} \cdot \text{s} = 2.93 \cdot 10^{-4}\ \text{kWh} = 252\ \text{cal} = 777.97\ \text{ft} \cdot \text{lbf}$$
$$= 3.93 \cdot 10^{-4}\ \text{hp} \cdot \text{h}$$
$$\textbf{1 J} = 1\ \text{N} \cdot \text{m} = 1\ \text{W} \cdot \text{s} = 1\ \text{V} \cdot \text{C} = 9.48 \cdot 10^{-4}\ \text{Btu} = 0.239\ \text{cal} = 10^7\ \text{erg}$$
$$= 6.24 \cdot 10^{18}\ \text{eV}$$

Power:

$$\textbf{1 hp} = 0.746\ \text{kW} = 550\ \text{ft} \cdot \text{lbf} / \text{s} = 33000\ \text{ft} \cdot \text{lbf} / \text{min} = 2545\ \text{Btu} / \text{h}$$
$$\textbf{1 W} = 1.34 \cdot 10^{-3}\ \text{hp} = \text{J} / \text{s} = \text{N} \cdot \text{m} / \text{s} = \text{V} \cdot \text{A} = 0.239\ \text{cal} / \text{s}$$
$$= 9.49 \cdot 10^{-4}\ \text{Btu} / \text{s}$$

Pressure:

$$\textbf{1 atm} = 101.3\ \text{kPa} = 1.013\ \text{bar} = 14.696\ \text{lbf} / \text{in}^2 = 33.89\ \text{ft of water}$$
$$= 29.92\ \text{in of mercury} = 1.033\ \text{kgf} / \text{cm}^2 = 10.33\ \text{m of water}$$
$$= 760\ \text{mm of mercury} = 760\ \text{torr}$$
$$\textbf{1 psi} = \text{atm} / 14.696 = 6.89\ \text{kPa} = 27.7\ \text{in H}_2\text{O} = 51.7\ \text{torr}$$
$$\textbf{1 Pa} = \text{N} / \text{m}^2 = \text{kg} / \text{m} \cdot \text{s}^2 = 10^{-5}\ \text{bar} = 1.450 \cdot 10^{-4}\ \text{lbf} / \text{in}^2$$
$$= 0.0075\ \text{torr} = 0.0040\ \text{in H}_2\text{O} = 10\ \text{dyne} / \text{cm}$$

Viscosity:

$$\textbf{1 cP} = 0.01\ \text{poise} = 0.01\ \text{g} / \text{cm} \cdot \text{s} = 0.001\ \text{kg} / \text{m} \cdot \text{s} = 0.001\ \text{N} \cdot \text{s} / \text{m}^2$$
$$= 0.001\ \text{Pa} \cdot \text{s} = 0.01\ \text{dyne} \cdot \text{s} / \text{cm}^2$$
$$= 6.72 \cdot 10^{-4}\ \text{lbm} / \text{ft} \cdot \text{s} = 2.42\ \text{lbm} / \text{ft} \cdot \text{h} = 2.09 \cdot 10^{-5}\ \text{lbf} \cdot \text{s} / \text{ft}^2$$

Kinematic viscosity:

$$\textbf{1 cSt} = 0.01\ \text{Stoke} = 0.01\ \text{cm}^2 / \text{s} = 10^{-6}\ \text{m}^2 / \text{s} = 1\ \text{cP} / (\text{g} / \text{cm}^3)$$
$$= 1.08 \cdot 10^{-5}\ \text{ft}^2 / \text{s} = \text{cP} / (62.4\ \text{lbm} / \text{ft}^3)$$

Temperature:

$$\textbf{K} = {}^\circ\text{C} + 273.15 = {}^\circ\text{R} / 1.8 \approx {}^\circ\text{C} + 273 \qquad \mathbf{{}^\circ C} = ({}^\circ\text{F} - 32) / 1.8$$
$$\mathbf{{}^\circ R} = {}^\circ\text{F} + 459.67 \approx {}^\circ\text{F} + 460 = 1.8\ \text{K} \qquad \mathbf{{}^\circ F} = 1.8{}^\circ\text{C} + 32$$

Psia, psig:

Psia means pounds per square inch, absolute. Psig means pounds per square inch, gauge, i.e., above or below the local atmospheric pressure.

Force-mass conversion factor, g_c

This factor is equal to dimensionless 1.00. Any dimensioned quantity may be multiplied or divided by g_c without changing the value of that quantity.

$$g_c = \mathbf{1.0} = 32.2\,\frac{\text{lbm}\cdot\text{ft}}{\text{lbf}\cdot\text{s}^2} = 1\,\frac{\text{slug}\cdot\text{ft}}{\text{lbf}\cdot\text{s}^2} = 1\,\frac{\text{lbm}\cdot\text{ft}}{\text{poundal}\cdot\text{s}^2} = 1\,\frac{\text{kg}\cdot\text{m}}{\text{N}\cdot\text{s}^2}$$

$$= 9.81\,\frac{\text{kgmass}\cdot\text{m}}{\text{kgforce}\cdot\text{s}^2}$$

APPENDIX E

문제 풀이를 위한 공통 단위와 상용값

For all problems and examples in this book, unless it is stated explicitly to the contrary, assume the following:

The acceleration of gravity is $g = 32.17\ \text{ft/s}^2 = 9.81\ \text{m/s}^2$

The surrounding atmospheric pressure is the "standard atmospheric pressure," $P_{\text{surroundings}} = P_{\text{atmospheric}} = 1\ \text{atm} = 14.696 \approx 14.7\ \text{lbf/in}^2 = 33.89$ ft of water =10.33 m of water = 29.92 in of mercury = 760 mm of mercury = 760 torr =101.3 kPa = 1.013 bar = $1.033\ \text{kgf/cm}^2$.

If the fluid in the problem or example is water, then it is water at 1 atm pressure and 20°C = 68°F = 293.15 K = 528°R, for which

$$\rho = 62.3\ \text{lbm/ft}^3 = 998.2\ \text{kg/m}^3 = 3.46\ \text{lbmol/ft}^3 = 55.5\ \text{kgmol/m}^3$$
$$= 55.5\ \text{mol/L} = 8.33\ \text{lbm/gal}$$

$$\mu = 1.002\ \text{cP} = 1.002 \cdot 10^{-3}\ \text{Pa} \cdot \text{s} = 6.73 \cdot 10^{-4}\ \text{lbm/ft} \cdot \text{s}$$
$$= 2.09 \cdot 10^{-5}\ \text{lbf} \cdot \text{s/ft}^2$$

$$\nu = \mu / \rho = 1.004 \cdot 10^{-6}\ \text{m}^2/\text{s} = 1.004\ \text{cSt} = 1.077 \cdot 10^{-5}\ \text{ft}^2/\text{s}$$

$$M = 18\ \text{g/mol} = 18\ \text{lbm/lbmol}$$

$$\sigma = 0.000415\ \text{lbf/in} = 72.74\ \text{dyne/cm} = 0.07274\ \text{N/m}$$

If the fluid in the problem or example is air, then it is air at 1 atm pressure and 20°C = 68°F = 293.15 K = 528°R for which

$$\rho = 0.075\ \text{lbm/ft}^3 = 1.20\ \text{kg/m}^3 = 2.59 \cdot 10^{-3}\ \text{lbmol/ft}^3 = 41.6\ \text{mol/m}^3$$

$$\mu = 0.018\ \text{cP} = 1.8 \cdot 10^{-5}\ \text{Pa} \cdot \text{s}$$

$$\nu = \mu / \rho = 1.488 \cdot 10^{-5}\ \text{m}^2/\text{s} = 14.88\ \text{cSt} = 1.613 \cdot 10^{-4}\ \text{ft}^2/\text{s}$$

$$C_P = 3.5\,R = 6.95\ \text{Btu / lbmol °R} = 6.95\ \text{cal / mol K} = 29.1\ \text{J / mol K}$$

$$M = 29\ \text{g / mol} = 29\ \text{lbm / lbmol}$$

$$k = 1.40$$

Any unspecified gas will be assumed to have the properties of air at 1 atm and 20°C shown above. Standard temperature and pressure (stp) means 1 atm and 20°C = 68°F.

For any ideal gas, the volume per mol is given by $V_{\text{molar}} = 1 / \rho_{\text{molar}} = RT / P$. Wherever R appears in this book it is the universal gas constant, shown on the next page. For real gases at 1 atm pressure the ideal gas equation is an excellent approximation.

The word "pipe" refers to U. S. Schedule 40 steel pipe.

Values of the Universal Gas Constant

$$R = \frac{10.73\,(\text{lbf / in}^2)\text{ft}^3}{\text{lbmol} \cdot \text{°R}} = \frac{0.7302\ \text{atm} \cdot \text{ft}^3}{\text{lbmol} \cdot \text{°R}}$$

$$= \frac{8.314\ \text{m}^3 \cdot \text{Pa}}{\text{mol} \cdot \text{K}} = \frac{0.08206\ \text{L} \cdot \text{atm}}{\text{mol} \cdot \text{K}} = \frac{0.08314\ \text{L} \cdot \text{bar}}{\text{mol} \cdot \text{K}}$$

$$= \frac{1.987\ \text{Btu}}{\text{lbmol} \cdot \text{°R}} = \frac{1.987\ \text{cal}}{\text{mol} \cdot \text{K}} = \frac{1.987\ \text{kcal}}{\text{kgmol} \cdot \text{K}} = \frac{8.314\ \text{J}}{\text{mol} \cdot \text{K}}$$

Chemical engineers normally work with the universal gas constant, R. Several other branches of engineering use separate values of R for each gas. These are defined by $R_{\text{individual}} = R_{\text{universal}} / M$, so that, for example,

$$R_{\text{air}} = \frac{R_{\text{universal}}}{M_{\text{air}}} = \frac{10.73[(\text{lbf / in}^2)\text{ft}^3] / \text{lbmol} \cdot \text{°R}}{28.96\ \text{lbm / lbmol}} = 0.3705\,\frac{(\text{lbf / in}^2)\text{ft}^3}{\text{lbm} \cdot \text{°R}}$$

$$= 53.35\,\frac{\text{ft} \cdot \text{lbf}}{\text{lbm} \cdot \text{°R}}$$

The molecular weights (g / mol = lbm / lbmol) of common gases are, approximately, as follows: hydrogen, 2; helium, 4; methane, 16; carbon monoxide, 28; nitrogen, 28; air, 29; oxygen, 32; carbon dioxide, 44; propane, 44.

Other fluids should be assumed to be at 20°C = 68°F and 1 atm, for which the values in the following table should be used:

Fluid	Specific gravity (water = 1.00)	Viscosity, cP
Mercury	13.6	1.55
Typical gasoline	0.72	0.6
Sea water	1.03	1.0

찾아보기

ㅋ

ㅌ

ㅍ

ㅎ

기타